"十二五"
鹿科学研究进展

杨福合　主编

中国农业科学技术出版社

图书在版编目（CIP）数据

"十二五"鹿科学研究进展 / 杨福合主编 . —北京：中国农业科学技术
出版社，2016. 6
ISBN 978 – 7 –5116 – 2657 –8

Ⅰ. ①十… Ⅱ. ①杨… Ⅲ.①鹿 – 饲养管理 – 文集 Ⅳ. ①S865. 4 – 53

中国版本图书馆 CIP 数据核字（2016）第 143239 号

责任编辑 闫庆健 孙 悦
责任校对 马广洋

出 版 者 中国农业科学技术出版社
北京市中关村南大街 12 号 邮编：100081
电 话 （010）82106632（编辑室） （010）82109702（发行部）
（010）82109709（读者服务部）
传 真 （010）82106625
网 址 http://www. castp. cn
经 销 者 各地新华书店
印 刷 者 北京科信印刷有限公司
开 本 889 mm ×1 194 mm 1/16
印 张 44. 75
字 数 1300 千字
版 次 2016 年 6 月第 1 版 2016 年 6 月第 1 次印刷
定 价 120. 00 元

前　言

　　我国是世界上人工养鹿和利用鹿产品最早的国家。从 20 世纪中期开始，饲养规模得到快速增长，有关鹿的科学研究不断取得新成果、新技术、新品种、新进展，特别是在鹿的品种培育、饲养管理、疾病防治、驯化放牧等方面已具领先水平。我国养鹿业的发展，为增加农民收入、发展农村经济、调整产业结构做出了显著贡献。

　　"十二五"期间，我国鹿的科学研究进入快速发展阶段，在遗传资源、分子育种、营养调控、繁殖机理以及鹿茸生物学等基础领域的研究取得较大成就。论文集是从 2011—2015 年期间公开发表的论文中，经严格筛选后收编的我国专家、学者有代表性的论文 99 篇，展示了国内最新研究进展，代表我国当前鹿类科学研究的最高水平。供广大从事鹿业相关领域人员学习参考。

　　论文集是中国畜牧业协会鹿业分会、中国农业科学院特产研究所、长春东大鹿业有限公司、吉林省特产学会等单位组织专家收集筛选完成的；编辑过程中得到了吉林农业大学、吉林大学、东北农业大学、新疆农业大学、北京农学院、吉林农业科技学院、塔里木大学、山西省医药与生命科学研究院等大专院校、科研单位的协助，在此一并表示衷心的感谢！

　　由于时间仓促，文集难免存在不足与问题，不妥之处，恳请作者、读者谅解，并给予批评指正。

编　者

2016 年 6 月

目　录

一　饲料与营养

二 繁殖技术

三 遗传与育种

四 疫病防治

五　健康养殖与产业发展

六　鹿茸及鹿副产品研究

七 基础研究

一　饲料与营养

茸鹿饲养与饲料新技术

李光玉 杨福合

（中国农业科学院特产研究所，长春 130112）

摘 要： 近年来中国茸鹿饲养与饲料领域的进展集中表现在 5 个领域，分别是全混合日粮配制技术、仔鹿代乳饲料及早期补饲技术、仔鹿早期培育技术、茸鹿非常规蛋白饲料利用技术和茸鹿复合饲料添加剂技术，围绕着这些技术的完善，开展了大量相关的研究和技术应用，为茸鹿科学、健康、高效的生产提供了科技支撑。

关键词： 茸鹿饲养；饲料；新技术

鹿是我国珍贵的药用和食用动物，具有很高的经济价值，我国早在古代就开始人工饲养鹿，鹿是继家畜猪、马、牛、羊、骆驼等驯化程度最高的经济动物。据 Champman 报道，世界上的鹿科动物有 41 种，在这些种中，除獐、麝不长茸角及驯鹿雌雄都长茸角外，只有雄性个体生茸。我国饲养的鹿主要有梅花鹿、马鹿、白唇鹿、驯鹿与水鹿等，其中，主要的茸用鹿种为梅花鹿和马鹿。

鹿是反刍动物，和牛、羊一样具有反刍动物的消化生理特点。野生鹿以蒿草、灌木、幼嫩枝叶、落叶和苔藓等为食，家养鹿为了提高生产水平，饲料由精饲料和粗饲料两大部分构成。精料由玉米、豆饼（豆粕）、麦麸等配制而成，价格较高；粗饲料主要由青绿树叶、幼嫩树枝、牧草、青贮、干草和作物秸秆等组成。近年来，随着鹿科学研究的不断深入和劳动生产成本的上升，茸鹿的饲养技术发生了许多新的变化，下面将从五个方面论述茸鹿饲养与饲料新技术及其应用情况。

1 全混合日粮（TMR）配制技术

随着我国饲料原料价格的上涨及劳动力成本的增加，茸鹿生产过程中考虑的首要因素是如何降低饲料成本、如何减少劳动力成本。比如合理优化地搭配精粗饲料，根据茸鹿不同生理时期调整营养水平和饲料组成，同样的劳动力饲养更多的鹿等等。全混合日粮（TMR）饲养体系能够避免鹿挑食现象，减少饲料的浪费，改善饲养环境，提高动物福利水平（李光玉，2010），在鹿养殖领域的示范应用中得到了很好的印证。茸鹿饲养上的科学研究也进一步证实了 TMR 技术具有以上优势。同时，TMR 技术可以使鹿瘤胃发酵更加平稳，有利于鹿对纤维素的分解，提高营养物质利用率，减少精饲料用量，降低饲养成本，使鹿可以从低质量的粗饲料中获得营养，促进了对低质粗饲料的利用；而且大大提高劳动效率，TMR 技术的应用，使得每人饲养梅花鹿从以前的 50 头增加到 150 头以上，同时减少鹿疾病发生，提高总效益（王凯英，2012）。

为追求鹿茸和鹿肉的产量，近年来传统养鹿生产中粗饲料比例逐渐下降，精饲料比例越来越高，不仅增加了养殖成本也诱发了许多营养代谢性疾病，如瘤胃迟缓、瘤胃积食、瘤胃酸中毒等。由此可见虽然精料具有高蛋白、高能量、营养全价、适口性较好的特点，但精饲料比例过高对鹿消化有不良影响，作为野性较强的鹿，日粮中应有足量粗饲料。合理搭配精粗饲料对降低鹿的饲养成本，提高生产水平有非常重要的作用。王凯英（2008）通过梅花鹿饲养试验和消化代谢试验，在生茸期结合血液生化指标和生产性能的分析测定，探讨了不同精粗比全混合日粮（TMR）的适口性及其对雄性梅花鹿营养物质消化代谢率、尿中嘌呤衍生物（PD）日排出量、体增重、鹿茸产量、饲料成本及血液生化指标的影响，筛选出生长期梅花鹿 TMR 适宜精粗比为45∶55；生茸期梅花鹿 TMR 适宜精粗比为55∶45。

随着劳动力成本的增加以及粗饲料资源收集和运输成本的增加，养鹿生产中获取优质粗饲料的成本也越来越高，精粗饲料混合后制粒进行茸鹿的养殖越来越多地被茸鹿养殖企业所接受，加上这种饲养方式分开了饲料供应和养鹿生产的经营，更加科学健康，是未来茸鹿饲养的趋势之一。同时在这种饲养模式下，大量的研究也支持了 TMR 饲料的科学性。张瑞安等（2011）采用全价颗粒饲料应用到生茸期 3 岁成年公梅花鹿进行饲喂试验，结果表明饲喂全价颗粒饲料可显著提高饲料的采食速度（$P < 0.01$）和产茸量（$P < 0.05$）；在鲜茸品质方面，全价颗粒饲料比常规饲养组优等茸比率提高 15% ~ 20%；增加收入 15.25% ~ 25.84%，全价颗粒饲料提高了梅花鹿的适口性，提高了梅花鹿的鲜茸产量和质量，提高了经济效益，可以在梅花鹿实际生产中应用。

2 仔鹿代乳饲料及早期补饲技术

鹿在我国有吉利、富贵、和谐的寓意，观赏鹿是近年养鹿生产中出现的新需求，仔鹿的早期人工驯化对建立观赏鹿与人的亲近关系打下了基础。鹿的人工哺乳技术弥补了母鹿乳汁少导致的仔鹿营养不良问题，提高了仔鹿的成活率，而且为仔鹿的早期人工驯化提供了可行性。钟伟等（2009）通过试验设计 3 个处理组，分别是母乳组、牛乳组、代乳粉组，通过仔鹿的生长情况（体重、体高、体长）、血液生化指标、发病情况及仔鹿成活率等指标，来综合评价仔鹿代乳饲料的应用效果。试验结果表明，在成活率方面，母乳组比代乳粉组高 10%，代乳粉组比牛乳组高 8%；在生长性能方面，20 日龄前母乳组生长发育指数显著优于其他两组、20 ~ 60 日龄代乳粉组显著优于母乳组和牛乳组；在血液生化指标方面，母乳组总蛋白浓度显著高于其他二组（$P < 0.05$）、免疫球蛋白浓度极显著高于其他二组（$P < 0.01$）。综合各项指标表明，代乳粉组优于牛乳组，可以替代母乳饲喂仔鹿，结合仔鹿生长发育不同阶段变化，可以考虑在仔鹿 20 日龄后断乳，饲喂代乳粉（王凯英等，2011）。

仔鹿断乳后的补饲技术对仔鹿的发育及早期毛桃茸的发生具有重要的意义。仔鹿断乳后很快进入冬季，体能的强弱决定了第一年仔鹿是否能越冬，越冬后体重的增加是否能达到毛桃茸发生的要求，为终身鹿茸的产量和产肉打下基础。

3 仔鹿早期培育技术

在我国，茸鹿的饲养主要是获取鹿茸，鹿茸的产量是评定生产水平的主要指标。在生产中，人们最关注每年 4—8 月的生茸期这段时间鹿的营养供给，因为充足的营养可以生产更多的鹿茸（高秀华等，2001，2002；钟立成等，2009），但鹿茸的产量不仅和短期的营养供给相关，而且和遗传、环境与健康、早期毛桃茸发育情况等关系密切。毛桃茸角基的早期发育影响着一生中鹿茸的产量，这是很多茸鹿养殖者不太重视的。王欣（2010）开展了不同蛋白水平对梅花鹿仔鹿初角茸发生机制的研究，试验得出断乳仔鹿越冬期 4 ~ 6 月龄配合日粮中适宜蛋白质水平为

14.66%，越冬期7～9月龄仔鹿配合日粮适宜蛋白质水平为15.09%，育成前期10～12月龄仔鹿配合日粮适宜蛋白质水平为18.60%，12～15月龄仔鹿处于生茸期，配合日粮中适宜蛋白质水平为19.47%；仔鹿初角茸的生长与体重的增长同时进行，随着梅花鹿仔鹿体重的增加，鹿茸的生长也呈线性增长，高蛋白质组茸长的增长幅度最大，同时体重最高。高蛋白质水平配合日粮对促进梅花鹿初角茸的提前生长具有重要意义。

王欣（2011）开展了不同蛋白质水平（15%、18%、21%和24%）精饲料对梅花鹿仔鹿营养物质利用率的影响。结果表明，随着日粮蛋白水平的提高，仔鹿对蛋白质的采食量、蛋白质消化率、可消化蛋白质、尿蛋白排出量以及氮沉积量呈上升趋势，显示出高度的相关性（$r >$ 0.90）。其中蛋白质采食量和可消化蛋白质极显著地增加（$P < 0.01$）；对干物质表观消化率、中性洗涤纤维消化率和钙磷消化率无显著性影响（$P > 0.05$）。试验得出，梅花鹿仔鹿的精料中适宜的蛋白水平为21%。

4 茸鹿非常规蛋白饲料利用技术

鹿作为反刍动物，对饲料毒性的耐受能力比牛羊强，野生状态下采食的范围更广泛，农作物秸秆、树枝叶、落叶、苔藓等都可以作为主要食物。我国传统的茸鹿饲养主要的精饲料为玉米和豆饼，不仅饲料结构单一，而且价格相对较高。茸鹿非常规蛋白质饲料利用，主要是采用棉籽粕、菜籽粕、花生粕及玉米加工产品如玉米蛋白粉、DDGS、玉米胚芽、玉米纤维等蛋白质饲料，部分或全部代替豆饼（豆粕）作为主要蛋白质来源饲料，从而降低饲料成本、增加饲料多样化的组合效应。为了给非常规蛋白饲料在茸鹿上的应用提供科学基础数据，鲍坤等（2011）研究了棉籽粕、玉米胚芽、菜籽粕、DDGS、玉米蛋白粉、玉米纤维及羊草7种饲料的蛋白质瘤胃降解规律。实验以4头安装有永久性瘤胃瘘管的成年雄性梅花鹿为试验动物，采用尼龙袋法对上面7种饲料原料的蛋白质瘤胃降解率进行了测定。实验结果表明棉籽粕的降解率始终最高，且与其他几种饲料差异极显著（$P < 0.01$），在瘤胃中的动态降解率为68%，约高于豆粕（57%），低于豆饼（76%）（郜玉钢1996）；菜籽粕的蛋白质降解率很低，为42.5%（$P < 0.01$），其他几种饲料蛋白质降解率居中，玉米蛋白粉瘤胃利用率最高；由此得出，棉籽粕的蛋白质瘤胃降解率较高，生产实践中要考虑进行过瘤胃保护技术，以减少蛋白质资源的浪费；菜籽粕的蛋白质瘤胃降解率较低，是一种待开发利用的鹿蛋白质补充饲料。

茸鹿对饲料的适口性要求比较高，部分非常规蛋白饲料适口性较差，在生产中要注意限量使用，同时部分原料含有一定有毒或营养拮抗因子，如棉粕中棉酚、菜粕中硫代葡萄糖苷、植酸、芥子碱、皂素等毒物和抗营养因子，在使用中要适当考虑，花生粕的使用要防止污染黄曲霉毒素等，棉粕的使用不要超过精饲料组成的15%，DDGS由于加工后残留酸影响适口性，一般添加不能超过20%，而且鹿需要一个较慢的适应过程。

5 茸鹿复合饲料添加剂技术

我国茸鹿的饲养主要为圈养模式，而且由于精粗饲料较为单一，饲料来源地域性较强，每年由于微量元素缺乏导致的营养性疾病常有发生。生产中适当添加微量元素和维生素及瘤胃调节剂等添加剂产品非常必要。我国茸鹿饲养在东北比例较大，每年仔鹿缺硒或缺铜导致的死亡时有发生，其他微量元素的缺乏也有相应的症状。针对这些问题，近年来在微量元素需要量方面开展了一系列研究。

在微量元素的营养需要方面，毕世丹（2009）研究了梅花鹿生长期及生茸期锌的需要量，试验认为蛋氨酸螯合锌优于其他的锌源形式，吉林地区梅花鹿生长期日粮中蛋氨酸螯合锌的适宜添加量为 15mg/kg（日粮总锌含量 80.13mg/kg），生茸期日粮锌的适宜添加量为 40mg/kg（日粮总锌含量 98.97mg/kg）左右。鲍坤（2010）研究了不同形式铜对雄性梅花鹿血清生化指标及营养物质消化率的影响，筛选出梅花鹿日粮中最适宜的添加铜源为蛋氨酸铜；吉林地区梅花鹿生长期日粮铜的适宜添加量为 15～40mg/kg（日粮总铜含量 21.21～45.65mg/kg）；生茸期日粮铜的适宜添加量为 40mg/kg（日粮总铜含量 46.09mg/kg）左右。

在益生素的添加应用方面，金立明（2004）研究表明，添加益生素可显著提高仔鹿和羔羊干物质的采食量，仔鹿干物质采食量由未添加益生素的 441.4g/d 提高到 506.0g/d，但试验组干物质、有机物、粗蛋白和中性洗涤纤维的消化率显著低于对照组；结果还发现，仔鹿可消化干物质的采食量在对照组（248.9g/d）和试验组（249.1g/d）之间无显著差异。

郜玉钢（2001）研究了梅花鹿饲粮中糊化淀粉尿素氮水平对营养物质消化及代谢的影响，试验结果表明成年梅花鹿生茸期饲粮中添加 0.75% 的糊化淀粉尿素氮是安全的。杨镒峰（2010）研究了不同单宁水平日粮对雄性梅花鹿仔鹿的生长发育各项体尺指标和血清生化指标的影响，试验结果发现，与不添加单宁组相比，饲喂添加 2% 单宁日粮组梅花鹿体重以及体高平均日增长较快（$P < 0.05$），血清尿素氮浓度显著下降（$P < 0.05$），因此得出，饲料中添加一定水平的单宁可以促进育成前期雄性梅花鹿的生长发育。在中草药添加剂对茸鹿生茸及生长方面的影响有较多的论述（贺常亮等，2009），在此不一一述及。

参考文献

[1] 鲍坤，李光玉，崔学哲，等. 不同形式铜对雄性梅花鹿血清生化指标及营养物质消化率的影响（英文）[J]. 动物营养学报，2010（3）：717－722.

[2] 毕世丹. 不同锌添加量对生长期雄性梅花鹿消化率及血液理化指标的影响 [D]. 镇江：江苏科技大学，2010.

[3] 高秀华，金顺丹，王峰，等. 饲粮粗蛋白质、能量水平对 3 岁梅花公鹿鹿茸生长和体增重的影响 [J]. 经济动物学报，2002，6（1）：5－8.

[4] 高秀华，金顺丹，杨福合，等. 饲粮营养水平对五岁以上生茸期梅花鹿公鹿的影响 [J]. 特产研究，2001（3）：1－4.

[5] 郜玉钢，金顺丹，马丽娟，等. 尼龙袋法评定鹿常用饲料的营养价值 [J]. 中国畜牧杂志，1996，32（6）：15－18.

[6] 郜玉钢，杨福合，高秀华，等. 梅花鹿饲料在瘤胃内有效降解率研究 [J]. 经济动物学报，1998（1）：36－40.

[7] 郜玉钢，高秀华，李光玉，等. 梅花鹿饲粮糊化淀粉尿素氮水平对营养物质消化、代谢的影响 [J]. 经济动物学报，2001（1）：16－21.

[8] 贺常亮，付小懂，蒋小林，等. 鹿用饲料添加剂的研究进展 [J]. 饲料工业，2009，30（3）：544.

[9] 金立明，赵全民，车亮，等. 益生素对梅花鹿仔鹿和羔羊日粮营养物质消化率的影响 [J]. 经济动物学报，2004（2）：68－73.

[10] 李光玉，杨福合. 鹿营养需要及饲料利用研究进展 [J]. 饲料工业 2S，2010：20－23.

[11] 李光玉，杨福合，王凯英，等. 梅花鹿季节性营养规律研究 [J]. 经济动物学报，2007

（1）：1-6.

［12］刘佰阳，李光玉，崔学哲，等.不同粗蛋白水平精料对梅花鹿仔鹿消化代谢的影响［J］.
特产研究，2007，4：13-15.

［13］王凯英，钟伟，李光玉，等.代乳料对梅花鹿仔鹿生长发育及血液生化指标的影响［J］.
吉林农业大学学报，2011，33（3）：310-314.

［14］王凯英，李光玉，崔学哲，等.不同全混合日粮对2岁梅花鹿消化代谢影响的研究［J］.
经济动物学报，2007，4：190-193.

［15］王凯英，李光玉，崔学哲，等.不同全混合日粮对雄性梅花鹿生产性能及血液生化指标的
影响［J］，特产研究，2008，2：5-9.

［16］王凯英，李光玉.不同全混合日粮对2岁梅花鹿消化代谢影响的研究［J］.经济动物学报，
2007，4：190-193.

［17］王凯英.不同全混合日粮（TMR）对梅花鹿消化代谢及生产性能的影响［D］.北京：中
国农业科学院，2008.

［18］王欣，徐代勋，王凯英，等.1岁雄性梅花鹿适宜蛋白质水平的研究［J］.畜牧与饲料科
学，2011，32（1）：48-51.

［19］杨镒峰.不同单宁水平日粮对育成前期雄性梅花鹿生长和血液生化指标的影响［D］.北
京：中国农业科学院，2010.

［20］杨镒峰.不同单宁水平日粮对育成前期雄性梅花鹿生长和血液生化指标的影响［D］.北
京：中国农业科学院，2010.

［21］张瑞安，宋百军，刘倩，等.3岁成年公梅花鹿生茸期全价颗粒饲料的应用研究［J］.饲料
工业，2011，32（9）：50-53.

［22］钟立成，尹远新，王桂华，等.饲粮蛋白质水平与鹿茸产量和质量的关系［J］.经济动物
学报，2009，13（2）：63-67.

此文发表于《动物营养研究进展：2012年版》

不同饲喂方式对梅花鹿生长性能、营养物质消化率及血液生化指标的影响[*]

鲍　坤[**]　王凯英　王晓旭　杨福合　李光玉[***]

（中国农业科学院特产研究所，特种经济动物分子生物学国家重点实验室，长春　130112）

摘　要：为探讨不同饲喂方式对梅花鹿生长性能、营养物质消化率及血液生化指标的影响，将15头12月龄雌性梅花鹿随机分成3组，每组5头。A组采用先粗后精的饲喂方式，试验B组采用先精后粗的饲喂方式，试验C组采取全混合日粮（TMR）的饲喂方式。试验结果如下：C组鹿的末体重显著高于A组（$P < 0.05$），C组鹿的平均日增重显著高于A组及B组（$P < 0.05$）；C组鹿的干物质消化率、粗蛋白质消化率、中性洗涤纤维消化率、钙消化率及磷消化率均显著高于A组和B组（$P < 0.05$）；B组、C组的血糖（GLU）含量及血清尿素氮（SUN）含量显著低于A组（$P < 0.05$）。TMR饲喂方式能够提高梅花鹿日增重，改善瘤胃发酵，提高日粮营养物质利用率，是梅花鹿养殖中最适宜的饲喂方式。

关键词：饲喂方式；生长性能；消化率；生化指标；梅花鹿

Effects of Feeding Patterns on Production Performance, Nutrient Digestibility and Blood Parameters in Female SikaDeer

Bao Kun, Wang Kaiying, Wang Xiaoxu, Yang Fuhe, Li Guangyu[*]

（State Key Laboratory of Special Economic Animal Molecular Biology, Institute of Special Animal and Plant Sciences, Chinese Academy of Agricultural Sciences, Changchun 130112, China）

Abstract：This experiment was conducted to study the effects of feeding patterns on production performance, nutrient digestibility and blood parameters in female sika deer. Fifteen female sika deer at the age of 12 – month – old were randomly divided into 3 groups with 5 replicates per group. Deer in Group A, Group B and Group C were fed by the patterns of roughage before concentrate, concentrate before roughage and total mixed ration (TMR) diet, respectively. The result showed that final body weight of deer in Group C were significantly higher than that of Group A ($P < 0.05$). Besides, average daily gain of deer in Group C were improved

---

[*] 基金项目：吉林省重大科技攻关专项（20140203018NY）；国家科技支撑计划（2011BAI03B02）；中国农业科学院特产研究所科技创新工程

[**] 作者简介：鲍坤（1982—　），男，江苏徐州人，硕士，助理研究员，从事特种动物营养与饲养研究，justbaokun@126.com

[***] 通讯作者：李光玉，E – mail：tcslgy@126.com

compared with Group A and B significantly （P < 0.05）. The digestibility of dry matter, crude protein, neutral detergent fiber, Calcium and Phosphorus in Group C were greater than those in groups A and B （P < 0.05）. The content of GLU and SUN in groups B and C was decreased comparing with Group A. The results indicated that average daily gain, ruminal fermentation, nutrient digestibility of deer coulid be improved by feeding pattern of TMR.

Key words：feeding patterns；production performance；digestibility；blood parameters；sika deer

梅花鹿传统饲喂方式是精粗饲料分饲饲养，这种饲喂方式存在较大弊端，如难以提高饲料采食量，造成饲料的浪费；难以保证饲料的精粗比适宜而且稳定，不利于大规模集约化经营的发展；同时也打乱了瘤胃内消化代谢的动态平衡（挥发性脂肪酸生成、菌体蛋白合成、微生物区系）等。全混合日粮（total mixed ration，TMR）在养牛业上应用相对比较普及，有研究结果表明[1,2]，TMR 饲喂方式可以提高牛的饲料转化率，增加经济效益，并且 TMR 饲养是反刍动物规模化、标准化饲养的关键技术。而 TMR 饲喂方式在梅花鹿养殖中应用较少。本试验研究以玉米青贮为主要粗饲料饲养条件下，探讨不同饲喂方式对梅花鹿生长性能、营养物质消化率及血液生化指标的影响，旨在为生产实践提供理论依据和技术指导。

1 材料与方法

1.1 试验动物和试验设计

选用 12 月龄左右、体况良好、体重相近的雌性梅花鹿 15 头，随机分成 3 组，每组 5 头。A 组采用先粗后精的饲喂方式，试验 B 组采用先精后粗的饲喂方式，试验 C 组采取全混合日粮（TMR）的饲喂方式。试验于 2014 年 5 月 25 日至 7 月 25 日在中国农业科学院特产研究所茸鹿试验基地进行。

1.2 试验日粮及饲养管理

试验日粮由混合精料和玉米青贮组成，其组成及营养水平见表 1。饲粮精粗比为 50：50。在整个试验期内，试验鹿被饲养在 10m×20m 的鹿圈内，由固定人员饲喂，消除外界环境和管理不同对鹿产生的应激影响。试验鹿每日 06：00、16：00 各饲喂一次，自由采食和饮水，其他均按照常规饲养管理方法进行。定时清理鹿粪，清扫鹿圈，保持适宜的饲养环境。

表 1 基础饲粮组成及营养成分（风干基础）

原料 Ingredient	含量 Content（%）	营养水平 Nutrient levels	实测值 Content
玉米青贮 Corn silage	50	代谢能 ME（MJ/kg）	12.45
豆粕 Soybean meal	21	粗蛋白 Crude protein（%）	15.26
玉米 Corn	10	中性洗涤纤维 NDF（%）	41.34
玉米胚芽 Corn germ meal	8	钙 Calcium（%）	1.12
玉米酒精糟及可溶物 DDGS	9.4	磷 Phosphorus（%）	0.74
盐 Salt	0.6		

（续表）

原料 Ingredient	含量 Content（%）	营养水平 Nutrient levels	实测值 Content
添加剂 Additives *	1		
合计 Total	100		

注：每千克添加剂中含有 MgO 0.076g；$ZnSO_4 \cdot H_2O$ 0.036g；$Mn-SO_4 \cdot H_2O$ 0.043g；$FeSO_4 \cdot H_2O$ 0.053g；$NaSeO_3$ 0.031g；$CaHPO_4$ 5.17g；$CaCO_3$ 4.57g；维生素 A 2 484 IU，维生素 D_3 496.8 IU，维生素 E 0.828 IU，维生素 K_3 0.23mg，维生素 B_1 0.092mg，维生素 B_2 0.69mg，维生素 B_{12} 1.38μg，叶酸 0.023mg，烟酸/烟酰胺 1.62mg，泛酸钙 1.15mg，$CaHPO_4$ 5.17g；$CaCO_3$ 4.57g

1.3　测定项目及方法

1.3.1　体重和日增重

试验开始、试验进行一个月及试验结束时对试验鹿进行空腹称重，根据体重变化及试验天数计算日增重（ADG）。

1.3.2　粪样采集及分析

试验期结束最后 4 天进行消化试验。每天早上 06：00 按部分收粪法在鹿圈中多个点收集当天部分新鲜粪样，采集完的粪样用 10% 的稀硫酸固氮，然后在 65℃ 下烘干，粉碎后过 40 目筛备用。粪样的收集严格避免鹿毛、沙粒等污染，以免影响到测定结果精确度。主要营养物质含量的测定，参考《饲料分析与饲料质量检测技术》（张丽英，2003）[3]，各营养物质消化率采用 2N 盐酸不溶性灰分法进行测定，具体步骤参照《家畜饲养试验指导》（杨胜，1990）[4]。

1.3.3　血样的采集及测定

在进行消化代谢试验的前一天，于早饲前颈静脉采血 10mL。血液样品在凝血后 3 500r/min 离心 10min，分离血清样品，分装于 Eppendorf 管中于 -20℃ 冰柜保存备用。

血清指标测定操作过程严格按照试剂盒使用说明。

1.4　数据处理与分析

试验数据用 Excel 2007 进行整理并用 SAS 6.12 软件中的单因素方差分析（one-way ANO-VA）进行差异显著性比较。

2　结果与分析

2.1　不同饲喂方式对梅花鹿生长性能的影响（表2）

表 2　不同饲喂方式对梅花鹿生长性能的影响

项目	A组	B组	C组
始重/kg	41.18 ± 2.16	40.42 ± 2.68	40.24 ± 2.42
末重/kg	47.25 ± 2.50[a]	48.28 ± 2.08[ab]	49.50 ± 3.43[b]
平均日增重 ADG/g	104.33 ± 17.66[a]	113.75 ± 16.09[a]	126.25 ± 13.36[b]

注：同行数据肩标相同字母或无字母表示差异不显著（$P > 0.05$），不同小写字母表示差异显著（$P < 0.05$），不同大写字母表示差异极显著（$P < 0.01$）。下表同

由表2可以看出，试验开始时，3组鹿的体重差异不显著（$P > 0.05$），试验结束时，C组鹿的体重显著高于A组（$P < 0.05$），A、B两组间差异不显著（$P > 0.05$）。C组鹿的平均日增重显著高于A组及B组（$P < 0.05$），A、B两组间差异不显著（$P > 0.05$）。

2.2 不同饲喂方式对梅花鹿营养物质消化率的影响（表3）

表3 不同饲喂方式对梅花鹿营养物质消化率的影响

项目	A组	B组	C组
干物质消化率/%	64.05 ± 1.23[a]	65.12 ± 1.58[a]	67.02 ± 2.02[b]
蛋白质消化率/%	58.52 ± 1.41[a]	58.91 ± 1.05[a]	61.03 ± 1.96[b]
中性洗涤纤维消化率/%	62.34 ± 1.08[a]	63.15 ± 2.14[a]	66.24 ± 3.06[b]
钙消化率/%	51.26 ± 2.58[a]	52.37 ± 3.62[a]	58.41 ± 3.12[b]
磷消化率/%	47.62 ± 2.67[a]	48.91 ± 3.15[a]	53.34 ± 3.02[b]

由表3可以看出，C组鹿的干物质消化率、蛋白质消化率、中性洗涤纤维消化率、钙消化率及磷消化率均显著高于A组和B组（$P < 0.05$），A、B两组间各项指标差异不显著（$P > 0.05$）。

2.3 不同饲喂方式对梅花鹿血清生化指标的影响（表4）

表4 不同饲喂方式对梅花鹿血液生化指标的影响

项目	A组	B组	C组
总蛋白 TP（g/L）	57.60 ± 3.47	63.79 ± 3.58	61.72 ± 3.47
白蛋白 ALB（g/L）	32.82 ± 2.25	33.01 ± 1.73	33.95 ± 3.35
碱性磷酸酶 ALP（U/L）	392.31 ± 14.28	324.63 ± 15.73	294.93 ± 12.21
血糖 GLU（mmol/L）	10.72 ± 0.96[a]	9.18 ± 1.86[b]	8.53 ± 1.99[b]
尿素氮 BUN（mmol/L）	12.07 ± 0.52[a]	10.33 ± 1.09[b]	10.93 ± 0.44[b]
谷丙转氨酶 ALT（U/L）	73.47 ± 3.01	68.33 ± 2.08	64.05 ± 3.19
谷草转氨酶 AST（U/L）	79.54 ± 2.21	98.43 ± 1.98	74.13 ± 2.80

由表4可以看出，A、B、C 3组的总蛋白、白蛋白含量，碱性磷酸酶、谷丙转氨酶及谷草转氨酶的活性差异不显著（$P > 0.05$）。B组、C组的血糖含量及血清尿素氮含量显著低于A组（$P < 0.05$）。

3 讨论

3.1 不同饲喂方式对梅花鹿生长性能的影响

梅花鹿是反刍动物，其采食习性与牛羊等反刍家畜相似。据报道，不同饲喂方式可直接影响到动物的干物质采食量和瘤胃发酵，从而影响其日增重[5]。本研究可以看出，C组即TMR饲粮组的鹿末体重及日增重显著高于精粗饲料分饲的两组。李理（2007）[6]研究结果认为在采食量相近的情况下，TMR饲粮能够促进育肥牛的生长，有利于牛的增重。TMR饲喂方式能够保证饲料的营养均衡性，改善饲料适口性，可以提高动物的采食量，同时也避免动物挑食，摄入营养不平衡的缺点，同时也可减少饲料资源的浪费，显著提高动物的增重和饲料转化效率[7,8]。高书文等[9]研究了精粗分饲和 TMR 饲喂方式对西门塔尔肉牛生产性能的影响，研究结果表明，TMR 饲喂方式的平均日增重显著高于精粗分饲的饲喂方式，与本实验的研究结果一致。

3.2　不同饲喂方式对梅花鹿营养物质消化率的影响

干物质、粗蛋白、中性洗涤纤维、钙、磷的消化率逐渐提高，说明 TMR 饲喂方式可以显著提高饲粮营养物质消化率。传统的反刍动物饲养方式是精、粗饲料分开，但是存在动物挑食、粗料采食量低，饲料成分无法稳定等诸多弊端。为了有效控制日粮成分、固定合理的精粗比、减少日粮波动带来的危害，人们提出了 TMR 饲养技术。该技术根据反刍动物营养需要，把长度适当的粗饲料、精饲料和添加剂等，按一定比例充分混合得到营养平衡的日粮进行饲喂[10]。

国内外研究表明，TMR 饲养技术可以增加饲喂频度，提高以低质粗饲料为主的饲料干物质采食量[11,12]，使瘤胃 pH 值稳定维持在较高水平[13]，有利于纤维素的分解，提高营养物质利用率，减少精饲料用量，降低饲养成本，使反刍动物可以从低质量的粗饲料中获得营养，促进了对低质粗饲料的利用。以上研究结果均与本研究结果一致，TMR 饲喂方式可以显著提高饲粮营养物质消化率，促进营养物质的吸收利用，进而提高鹿的日增重。

3.3　不同饲喂方式对梅花鹿血清生化指标的影响

血液生化指标可在一定程度上反映体内代谢及动物健康状况。血清中总蛋白（TP）在一定程度上代表了日粮中蛋白质的营养水平及动物对蛋白质的消化吸收程度。蛋白质水平不适，氨基酸不平衡，动物机体不能有效地消化吸收，血清 TP 沉积率低。血清总蛋白、白蛋白含量高低反映了机体蛋白质的吸收和代谢状况，血液中含量高，可促进机体蛋白质合成。本试验中，各组间血清总蛋白、白蛋白含量差异不显著，但饲喂 TMR 日粮组高于另外两组，表明 TMR 饲喂方式可以提高梅花鹿体内蛋白质的代谢。

谷丙转氨酶和谷草转氨酶在动物体内参与各种必需氨基酸的转化与合成，血清转氨酶数量是肝脏活力程度的重要指标[14]。本研究中，谷丙转氨酶和谷草转氨酶的活性差异不显著，说明不同饲喂方式对梅花鹿的肝脏活力没有产生明显影响。碱性磷酸酶是反映骨骼营养状况的指标，其活性的高低表明软骨细胞分化能力的强弱[15]。本试验中碱性磷酸酶浓度差异不显著，说明 3 种饲喂方式对梅花鹿骨骼的形成不产生影响。

血糖水平的稳定对确保细胞执行其正常功能具有重要意义，是动物机体能量平衡的主要标志。本试验中，TMR 饲粮组的血糖含量显著低于先粗料后精料组，饲喂 TMR 日粮对梅花鹿机体糖代谢方面较传统的饲喂方式无明显优势，这与王晶[16]等的研究结果相一致。

血液中尿素氮（BUN）是血浆蛋白以外的含氮化合物的一种，大部分是由肝脏将蛋白质分解出来的氨或从大肠吸收的氨合成的。血浆中尿素氮的水平可以反映动物蛋白质代谢状况和氨基酸平衡及其利用情况，可作为蛋白沉积的一个指标[17]。

本试验中，TMR 日粮组中尿素氮的含量比 A 组降低了 9.45%，差异显著（$P < 0.05$）。可见，饲喂 TMR 饲料显著降低了试验牛血清中的尿素氮水平，这说明，在蛋白质合成时的氮沉积显著增加，蛋白质合成量增加，表现为鹿体增重量增加。

4　结论

与先精料后粗料或先粗料后精料的分饲饲喂方式相比，TMR 饲喂方式能够提高梅花鹿日增重，改善瘤胃发酵，提高日粮营养物质利用率，提高蛋白质在鹿体内的代谢，是梅花鹿养殖中最适宜的饲喂方式。

参考文献

［1］ 张石蕊，易学武，贺喜，等．不同精粗比全混合日粮饲养技术对南方奶牛采食行为、产奶性能和血清游离氨基酸的影响［J］．草业学报，2008，17（3）：23－30．

［2］ 张峰，吴占军，张新同，等．泌乳后期奶牛干物质及部分营养需要研究［J］．天津农业科学，2011，17（2）：54－56，63．

［3］ 张丽英．饲料分析及饲料质量检测技术［M］．北京：中国农业大学出版社，2003．

［4］ 杨胜．家畜饲养试验指导［M］．北京：农业出版社，1990：52－66．

［5］ Allenms. Effect of diet on short－term regulation of feed intake by lactating dairy cow［J］．J Dairy Sci，2000，83：1 598－1 624．

［6］ 李理．TMR 饲养技术在育肥牛生产中的推广应用［D］．延吉：延边大学，2007．

［7］ Malyzes，Karason，Shefety，et al. A note on the effects of feeding total mixed ration on performance of dairy goats in late lactation［J］．Anim Feed Sci And Tech，1991（35）：1－2，15－20．

［8］ Margaret G，Beever D E. The effect of protein supplement on digestion and glucose metabolism in young cattle fed on silage［J］．Br J Nutr，1982，48（11）：37－47．

［9］ 高文书，高爱琴，王聪，等．不同饲喂方式对肉牛生产性能、日粮养分消化和经济效益的影响［J］．饲料与畜牧，2013（16）：34－37．

［10］ 张兴隆，李胜利，李新胜，等．全混合日粮（TMR）技术探索及应用．乳业科学与技术．［J］．2002，101（4）：25－26．

［11］ Kolver，E. s.，and L. D. Muller. Performance and nutrient intake of high producing Holstein cows consuming pasture or total mixed ration［J］．J. Dairy Sci. 1998，81：1 403－1 411．

［12］ Bargo，F.，L. D. Muller，J. E. Delahoy，and. T. W. Cassidy. 2002b. Perfor－mance of high producing dairy cows with three different feeding syetems combing pasture and total mixed ration.［J］．J. Dairy Sci. 2002，85：2 948－2 963．

［13］ Bargo，F. L. D. Muller. J. E. Delahoy，and. T. W. Cassidy. 2002a. Ruminal Digestion And fermentation of high producing dairy cows with three different feeding syetems comding pasture and total mixedration.［J］．J. Dairy Sci. 2002，85：2 964－2 973．

［14］ Moechegiani E，Giaeconi R，Muti E，et. al Zinc，immune plasticity，aging，and suecessful aging：role of metallothionein［J］．Ann. N. Y. Acad. Sci，2004，1019：127－134．

［15］ 李文，刘强，裴华，等．蛋氨酸铜对西门塔尔牛血液指标的影响［J］．广东微量元素科学，2008，15（4）：14－18．

［16］ 王晶，王加启，国卫杰，等．全混合日粮裹包贮存效果及对奶牛生产和血液生化指标的影响［J］．中国农业大学学报，2009，14（3）：69－74．

［17］ Chikhou FH，Moloney AP，Allcnpetal. 1993. Long－term effects of eimaterol in freesia nsteers：1Growth，feed efficiency，and selected carcass traits. J Anim Sci，（71）906－913．

此文发表于《特产研究》2015 年 3 期

常用饲料原料蛋白质在
梅花鹿瘤胃内降解率的测定[*]

鲍 坤[**] 徐 超 宁浩然 王凯英 赵家平 李光玉[***]

（中国农业科学院特产研究所，吉林省特种经济动物分子生物学重点实验室，吉林 132109）

摘 要：为研究几种鹿常用饲料原料的蛋白质瘤胃降解规律，以4头安装有永久性瘤胃瘘管的成年雄性梅花鹿为试验动物，采用尼龙袋法对棉籽粕、玉米胚芽粕、菜籽粕、干酒糟及其可溶物（DDGS）、玉米蛋白粉、玉米纤维及羊草的蛋白质瘤胃降解率进行测定。结果表明：①棉籽粕的蛋白质瘤胃降解率始终最高，与其他几种饲料原料相比，在各时间点的差异均达到极显著（$P < 0.01$）。②48h 的蛋白质瘤胃降解率从高到低依次为棉籽粕、玉米蛋白粉、羊草、DDGS、玉米胚芽粕、菜籽粕和玉米纤维，蛋白质瘤胃动态降解率亦呈现相似的变化规律。由此得出，棉籽粕的蛋白质瘤胃降解率较高，生产实践中要考虑进行过瘤胃保护技术，以减少蛋白质资源的浪费；菜籽粕的蛋白质瘤胃降解率较低，是一种待开发利用的蛋白质补充料；玉米胚芽粕、DDGS、玉米蛋白粉、玉米纤维及羊草可作为鹿生产中常用的饲料原料。

关键词：梅花鹿；蛋白质；瘤胃降解率；饲料原料；尼龙袋法

Determination of Protein Ruminal Degradability of
Common Feed Ingredients in Sika Deer

Bao Kun, Xu Chao, Ning Haoran, Wang Kaiying, Zhao Jiaping, Li Guangyu[*]

（Jilin Provincial Key Laboratory for Molecular Biology of Special Economic Animals, Institute of Special Animal and Plant Sciences of Chinese Academy of Agricultural Sciences, Jilin 132109, China）

Abstract: In order to investigate the protein degradation rule in rumen of several common feed ingredients in deer, four adult male sika deer fitted with permanent rumen cannulas were selected to estimate the protein ruminal degradability of cottonseed meal, corn germ meal, rapeseed meal, distillers' dried grains with soluble (DDGS), corn gluten meal, corn fiber and Chinese wildrye using the nylon bag technology. The results showed as follows: 1) protein ruminal degradability of cottonseed meal was always the highest, compared with other common feed ingredients, the difference in protein ruminal degradability at all time points was extremely

---

* 基金项目：国家科技支撑计划（2011BAI03B02）

** 作者简介：鲍坤（1982—），男，江苏徐州人，硕士研究生，从事经济动物营养与饲料研究。E - mail：justbaokun@126.com

*** 通讯作者：李光玉，研究员，硕士生导师，E - mail：tcslgy@126.com

significant （P < 0.01）. 2） The protein ruminal degradability at 48 hour in descending order was cottonseed meal, corn gluten meal, Chinese wildrye, DDGS, corn germ meal, rapeseed meal and corn fiber, and the protein ruminal dynamic degradability showed the similar change law. It is concluded that protection technology of protein bypass rumen must be used in practice to reduce waste of protein source because of high degradability of cottonseed meal; rapeseed meal is a kind of new protein supplement to develop because of its low protein ruminal degradability; corn germ meal, DDGS, corn gluten meal, corn fiber and Chinese wildrye can be used as common feed ingredients in deer production.

Key words：sika deer；protein；ruminal degradability；feed ingredient；nylon bag technology

梅花鹿是珍贵的特种药用经济反刍动物，具有采食饲料范围广的特点。反刍动物在采食以后，到达其小肠的蛋白质包括饲料非降解蛋白质和瘤胃合成的微生物蛋白质，而瘤胃微生物蛋白质的产生又必须由饲料蛋白质在瘤胃被降解提供氮源，所以饲料蛋白质在瘤胃中的降解率是反刍动物小肠蛋白质营养新体系的基本参数[1]。尼龙袋法作为评定饲料蛋白质瘤胃降解率的常规方法，具有简便易行、成本低、便于推广使用的优点；同时，尼龙袋直接放入瘤胃中，所得结果能反映瘤胃的实际生理情况，除能测定蛋白质在瘤胃中的降解率外，还能测定其他养分在瘤胃中的消化和降解情况[2]。因而，此方法被广泛采纳。利用尼龙袋法测定饲料原料蛋白质在牛、羊等反刍动物瘤胃中的降解率已较为普遍，而在梅花鹿上的研究则较少。本试验以吉林地区常见的几种饲料原料为研究材料，以梅花鹿为研究对象，利用尼龙袋法测定几种常用饲料原料蛋白质的瘤胃降解率，旨在为养鹿业生产提供基础数据，同时为鹿营养需要理论的进一步研究提供必要的技术参数。

1　材料与方法

1.1　待测饲料

选择吉林地区生产的 7 种鹿常用的饲料原料——棉籽粕、玉米胚芽粕、菜籽粕、干酒糟及其可溶物（DDGS）、玉米蛋白粉、玉米纤维及羊草，于 65℃烘干过筛后备用。上述 7 种饲料原料的粗蛋白质含量见表 1。

1.2　基础饲粮

试验用基础饲粮组成及营养水平见表 2。将玉米粉、豆粕、苜蓿草粉、玉米秸秆、食盐、预混料混合均匀后，制成直径 0.4cm、长度 1.2～1.5cm 的颗粒饲料待用。

1.3　试验动物及饲养管理

选择中国农业科学院特产研究所茸鹿实验基地的 4 头平均体重为 130 kg、装有永久性瘤胃瘘管的成年雄性东北梅花鹿为试验动物。饲养试验于 2010 年 11 月 25 日至 2011 年 1 月 8 日，在中国农业科学院特产研究所茸鹿实验基地进行。试验鹿单圈饲养，每日基础饲粮给量为 1.5 倍维持需要的饲养水平。

1.4 试验方法

1.4.1 尼龙袋规格

选择孔眼直径为35μm的尼龙布，裁制成7cm×9cm的长方块，对折后用涤纶线缝双道（确保边缝不会有饲料颗粒透过），制成长×宽为6cm×4cm的尼龙袋。

1.4.2 待测样本的制备

将待测样品通过2.5mm筛孔粉碎，混合均匀后置低温冰柜中待用，在装袋前再将其从冰柜中取出放入烘箱，70℃烘48h至恒重，即成待测样本。

表1 7种饲料原料的粗蛋白质含量（风干基础）

Table 1 Crude protein content of 7 feed ingredients（air－dry basis） （%）

项目 Item	棉籽粕 Cottonseed meal	玉米胚芽粕 Corn germ meal	菜籽粕 Rapeseed meal	干酒糟及其可溶物 DDGS	玉米纤维 Corn fiber	玉米蛋白粉 Corn gluten meal	羊草 Chinese wildrye
粗蛋白质 CP	38.54	17.72	36.00	29.84	17.30	61.98	7.43

表2 基础饲粮组成及营养水平（风干基础）

Table 2 Composition and nutrient levels of the basal diet（air－dry basis） （%）

原料 Ingredients	含量 Content	营养水平 Nutrient levels[2]	含量 Content
玉米粉 Corn flour	24.5	代谢能 ME/（MJ/kg）	12.32
豆粕 Soybean meal	20.0	粗蛋白质 CP	16.05
玉米秸秆 Maize straw	34.0	粗脂肪 EE	1.69
苜蓿草粉 Alfalfa meal	20.0	钙 Ca	0.89
食盐 NaCl	0.5	磷 P	0.43
预混料 Premix[1]	1.0		
合计 Total	100.0		

[1] 每千克预混料中含有 Contained the following per kg of premix：MgO 0.076g，$ZnSO_4 \cdot H_2O$ 0.036g，$MnSO_4 \cdot H_2O$ 0.043g，$FeSO_4 \cdot H_2O$ 0.053g，$NaSeO_3$ 0.031g，$CaHPO_4$ 5.17g，$CaCO_3$ 4.57g，VA 2 484 IU，VD_3 496.8 IU，VE 0.828 IU，VK_3 0.000 23g，VB_1 0.000 092g，VB_2 0.000 69g，VB_{12} 0.001 38mg，叶酸 folic acid 0.023mg，烟酸 nicotinic acid 0.001 62g，泛酸钙 0.001 15g

[2] 实测值 Measured values

1.4.3 操作步骤

1.4.3.1 放袋

准确称取精料待测样本4g或粗料待测样本2g，放入1个尼龙袋内，每2个袋夹在1根长20cm的半软性塑料管的一端上，借助一木棍将袋送入瘤胃腹囊处，管的另一端用医用缝合线与瘘管盖连接系上，每头鹿放14个袋子，每头鹿中的每个样本在每个时间点各2个重复。

1.4.3.2 放置时间

尼龙袋在瘤胃的停留时间精料为2、6、12、24、36、48h，粗料为6、12、24、36、48、72h。即将尼龙袋在不同时间点（袋停留时间从长到短次序）依次引入瘤胃内，再在同一时间点取出所有尼龙袋。

1.4.3.3 冲洗

取出的尼龙袋连同管一起立即放入低温冰箱中1h，然后室温下用自来水冲洗，冲洗时用手轻轻抚动袋子，直至水清。

1.4.3.4 测定残渣质量及蛋白质、有机物含量

将尼龙袋从管上取下，放入70℃烘箱内，烘至恒重（烘48h），称量袋中残渣重，再将每头鹿同一时间点放入的2个袋内的残渣倒出混合，取样测定其蛋白质含量。将袋洗净，70℃烘至恒重（烘24h），测其质量。待测样本中的蛋白质含量也是在70℃下烘干至恒重后取样测定。

1.5 某时间点降解率的计算

1.5.1 待测饲料蛋白质在瘤胃中不同时间点降解率的计算

$$A（\%）= [（B-C）/B] \times 100$$

式中：A为待测饲料的蛋白质瘤胃降解率；B为待测样本中蛋白质含量；C为待测样本残留物中蛋白质含量。

1.5.2 待测饲料蛋白质动态降解率的计算

蛋白质有效降解率根据Orskov等[3]提出的公式计算：

$$dp（\%）= a + b（1 - e^{-ct}）$$

式中：dp为t时刻的降解率；a为快速降解部分；b为慢速降解部分；c为b的降解常数；t为饲料在瘤胃停留时间。根据最小二乘法可将每种饲料的a、b、c解出，代入下式后求得饲料蛋白质在瘤胃中的动态降解率，即：

$$p（\%）= a + bc/（k+c）$$

式中：p为动态降解率；k为外流速度，由方程

$$k = 0.0015 + 0.0196x$$ 解出，其中x为饲养水平。

1.6 数据整理与统计分析

试验数据用Excel 2010进行整理，并用SASV6.12软件进行显著性比较。

2 结果

2.1 7种饲料原料蛋白质在梅花鹿瘤胃内的降解率（表3）

表3 7种饲料蛋白质在梅花鹿瘤胃内的降解率

Table 3 Protein degradation rate of seven kinds of feed in rumen of sika deer （%）

时间 Time （h）	棉籽粕 Cottonseed meal	玉米胚芽 Corn germ meal	菜籽粕 Rapeseed meal	干酒糟及其 可溶物 DDGS	玉米纤维 Corn fiber	玉米蛋白粉 Corn gluten meal	羊草 Chinese wildrye
2	17.84±0.56[Aa]	7.98±0.56[Dd]	13.51±0.75[Bb]	10.56±0.75[Cc]	10.34±0.54[Cc]	11.44±0.71[Cc]	11.35±1.18[Cc]
6	49.35±0.95[Aa]	12.03±0.98[Ee]	18.59±0.95[Cc]	18.17±0.67[Cc]	20.08±0.83[Bb]	15.51±0.96[Dd]	20.13±0.47[Bb]
12	57.00±0.87[Aa]	25.09±0.81[Cc]	23.62±0.34[Dd]	27.85±0.50[Bb]	27.62±1.10[Bb]	25.16±0.65[Cc]	26.62±1.38[Bb]
24	64.76±0.92[Aa]	31.98±0.65[Dd]	34.42±0.84[Cc]	38.00±0.66[Bb]	33.10±1.45[CDcd]	36.91±2.03[Bb]	36.45±0.31[Bb]
36	72.90±0.79[Aa]	41.24±1.14[Cc]	39.03±1.15[Dd]	44.09±0.25[Bb]	40.77±0.29[Cc]	44.28±1.49[Bb]	41.31±1.39[Cc]
48	80.51±1.05[Aa]	49.28±0.72[Dd]	48.72±0.62[Dd]	50.56±0.96[Dd]	45.19±0.85[Ee]	61.46±1.21[Bb]	55.12±0.36[Cc]

由表3可以看出，由于饲料种类的不同，其蛋白质在瘤胃内的降解率有所不同。棉籽粕的蛋白质瘤胃降解率始终保持最高，与其他几种饲料原料相比，在各个时间点差异均达到极显著（$P < 0.01$）。从蛋白质最终降解率（48h降解率）上看，从高到低依次是棉籽粕、玉米蛋白粉、羊草、DDGS、玉米胚芽粕、菜籽粕和玉米纤维。玉米纤维的蛋白质瘤胃降解率与其他几种饲料原料相比，差异达到极显著（$P < 0.01$）。

2.2　7种饲料原料蛋白质在梅花鹿瘤胃内的动态降解率（表4）

表4　饲料蛋白质在瘤胃内的动态降解率

Table 4　Protein dynamic degradation rate of seven kinds of feed in rumen of sika deer （%）

项目 Items	a	b	c	k	动态降解率 Dynamic degradation rate
棉籽粕	24.48	75.51	3.62	0.030 9	68.05 ± 1.32
玉米胚芽	20.96	52.16	1.10	0.030 9	48.25 ± 0.82
菜籽粕	16.22	54.06	0.03	0.030 9	42.52 ± 1.07
DDGS	19.92	70.22	0.02	0.030 9	43.44 ± 1.02
玉米纤维	15.48	72.76	1.74	0.030 9	41.38 ± 1.02
玉米蛋白粉	22.18	77.81	2.55	0.030 9	60.22 ± 0.96
羊草	21.06	78.52	2.02	0.030 9	50.42 ± 0.38

表4列出了用最小二乘法计算出的各种饲料原料的a、b和c值，并计算出了各种饲料原料蛋白质在瘤胃中的动态降解率，可以看出：棉籽粕蛋白质的动态降解率最高，为68.05%，之后依次是玉米蛋白粉、羊草、玉米胚芽粕、DDGS、菜籽粕和玉米纤维，分别为60.22%、50.42%、48.25%、43.44%、42.52%和41.38%。

3　讨论

在反刍动物蛋白质新体系中，饲料蛋白质瘤胃降解率具有重要地位，它不仅是反刍动物蛋白质需要和饲料蛋白质新体系评定的基本参数，而且也是反刍动物饲料分类的指标[4]。严格说来，用尼龙袋法估测的蛋白质瘤胃降解率应是其消失率[2]。因为除了已被降解成简单化学物质的蛋白质外，还包括通过袋孔流失的小颗粒蛋白质和可溶性蛋白质。但由于尼龙袋在瘤胃内运动很缓慢，而且通过2.5mm筛子粉碎的饲料样小于40μm的颗粒很少，因此通过袋孔流失的蛋白质很少。对于可溶性蛋白质，一般认为大多数饲料的可溶性蛋白质在瘤胃很快被降解。

很多因素会影响饲料粗蛋白质在瘤胃中的降解，其中饲料粗蛋白质的化学特性是最重要的影响因素[5]。在饲料粗蛋白质化学特性中有最重要的2点值得考虑：①非蛋白氮和真蛋白氮的含量；②饲料原料中真蛋白质部分的物理和化学特性。

一些导致蛋白质在瘤胃降解速度差异的特性包括：①蛋白质三维立体结构的差异；②分子内和分子间化学键的差异；③存在细胞壁惰性屏障和含有抗营养因子等[6]。不同的蛋白质结构将影响瘤胃微生物与蛋白质的接触程度，这无疑是影响蛋白质在瘤胃中降解速度和降解程度的最重要因素。含有大量交联键（如存在于白蛋白和免疫球蛋白内的二硫键或者由于热处理或化学处理产生的交联键）的蛋白质难以与蛋白酶接触，降解速度很慢[7]。

饲料蛋白质在瘤胃中的降解速度是不稳定的，主要取决于饲料本身的特性。饲料蛋白质可分为快速降解、慢速降解和不易降解3部分，不同饲料各部分所占的比例不同。从表4可以看出，棉籽粕和玉米蛋白粉快速降解部分和降解常数都较高，所以动态降解率也较高；羊草和玉米胚芽粕虽然快速降解部分较高，但降解常数很低，所以动态降解率比较低；其他几种饲料的快速降解部分和降解常数都低，所以动态降解率也低。本试验中，在各时间点棉籽粕的蛋白质瘤胃降解率始终保持最高，且与其他原料的差异达到极显著水平；玉米蛋白粉的蛋白质瘤胃降解率紧随其后，在48h时极显著高于除棉籽粕外的其他饲料原料，其余几种饲料原料48h的蛋白质瘤胃降解率从高到低依次为羊草、DDGS、玉米胚芽粕、菜籽粕和玉米纤维。上述饲料原料的蛋白质瘤胃动态降解率亦呈现相似的变化规律。林春建等[2]研究认为棉籽粕蛋白质在瘤胃内的动态降解率比较高，菜籽粕蛋白质在瘤胃内的动态降解率较低，潘晓亮等[8]研究表明棉籽粕蛋白质在绵羊瘤胃中降解率也较高，均与本试验的研究结果类似。然而，李建国等[9]研究认为棉籽粕蛋白质在绵羊瘤胃内的动态降解率较低，结果的差异可能是饲料的收获期、部位、加工处理、产地不同造成的[10]。

棉籽粕的蛋白质瘤胃降解率较高，若直接饲喂动物，会造成饲料真蛋白质的浪费。因此，生产实践中要考虑进行蛋白质过瘤胃保护技术，以降低饲料蛋白质在瘤胃内的降解率，同时不改变其在小肠内的消化，进而提高饲料蛋白质的利用率。在本试验中，菜籽粕的蛋白质瘤胃降解率很低，这是一种值得进一步研究的蛋白质补充料。如果它在小肠内的蛋白质消化率很高，那么它将是饲喂高产梅花鹿的优质饲料。但是菜籽粕对反刍动物的适口性差，长期过量饲喂影响其他营养物质的利用，易引起甲状腺肿大[11]，故在生产中要控制其添加的比例或是经过脱毒处理后再添加到饲粮中。

4　结论

①棉籽粕的蛋白质瘤胃降解率较高，生产实践中要考虑进行过瘤胃保护技术，以减少蛋白质资源的浪费。

②菜籽粕的蛋白质瘤胃降解率很低，是一种待开发利用的蛋白质补充料。

③玉米胚芽粕、DDGS、玉米蛋白粉、玉米纤维及羊草可作为生产中常用的饲料原料。

④生产中最好将蛋白质瘤胃降解率不同的饲料配合成或加工处理成降解率适宜的饲粮来使用，从而既能满足鹿的瘤胃微生物对蛋白质的需要，又能满足鹿对过瘤胃蛋白质的营养需要。

参考文献

[1] 莫放，冯仰廉. 常用饲料蛋白质在瘤胃的降解率 [J]. 中国畜牧杂志，1995，31（3）：23-26.

[2] 林春建，冯仰廉. 尼龙袋法评定饲料在反刍动物瘤胃内蛋白质降解率 [J]. 北京农业大学学报，1987，13（3）：375-381.

[3] ORSKOV E R，MADONALD I. The estimation of protein degradation in the rumen from incubation measurements weighted according to rate of passage [J]. Journal of Agriculture Science，1979，92：499-503.

[4] 颜品勋，冯仰廉，杨雅芳，等. 青粗饲料蛋白质及有机物瘤胃降解规律的研究 [J]. 中国畜牧杂志，1996，32（4）：42-43.

［5］李建国，冯仰廉．饲料蛋白质在反刍动物瘤胃的降解及其影响因素［J］．中国饲料，1998（15）：15-16.

［6］张力莉，徐晓锋，金曙光．豆粕蛋白质和玉米蛋白粉蛋白质在绵羊瘤胃内降解规律的比较研究［J］．黑龙江畜牧兽医，2010（7）：97-98.

［7］LARRY D S. Protein supply from undegraded dietary protein［J］．Journal of Dairy Science，1986，69（10）：2 734-2 749.

［8］潘晓亮，孙国君，王新峰，等．常用蛋白质饲料在绵羊瘤胃中降解规律的研究［J］．草食家畜，2002（3）：36-37.

［9］李建国，赵洪涛，王静华，等．不同蛋白质饲料在绵羊瘤胃中蛋白质和氨基酸降解率的研究［J］．河北农业大学学报，2004，27（3）：89-92.

［10］郜玉刚，金顺丹，马丽娟，等．尼龙袋法评定鹿常用饲料的营养价值［J］．中国畜牧杂志，1996，32（6）：15-18.

［11］王刚．微生物发酵改善菜籽粕品质的初步研究［D］．无锡：江南大学，2011.

中图分类号：S816　文献标识码：A　文章编号：1006-267X（2012）11-2257-06

此文发表于《动物营养学报》2012，24（11）

不同种类粗饲料对梅花鹿瘤胃微生物蛋白产量的影响*

宋百军[1]** 郑 雪[1] 刘忠军[2] 何玉华[1]

(1. 吉林农业科技学院动物科学学院，吉林 吉林 131101；
2. 吉林农业大学中药材学院，吉林 长春 130118)

摘 要：选择人工哺乳驯化后 9～11 月龄健康双阳品种雄性梅花鹿 4 只，采用 4×4 拉丁方试验设计，饲喂配合精饲料 – 青贮玉米 (日粮 I)、配合精饲料 – 青干草 (日粮 II)、配合精饲料 – 玉米秸粉 (日粮 III) 和配合精饲料 – 黄柞叶 (日粮 IV) 4 种日粮进行饲养代谢试验。全收样法收集每个试验期 5 d 的尿样，测定 260 nm 处样品的吸光度值，并结合尿酸浓度标准曲线，利用成年梅花鹿小肠微生物氮流量估测方程 (Y) = -4.137 + 1.245X 估测小肠微生物氮流量。结果表明：育成梅花鹿采食日粮 I 时小肠微生物氮流量为 25.32～40.60 g/d，显著高于采食日粮 II、日粮 III 和日粮 IV (P < 0.05)，表明青贮玉米在梅花鹿的饲养中效益高于其他的常用日粮，在我国北方梅花鹿生产中可广泛推广应用。

关键词：粗饲料；瘤胃微生物蛋白质；小肠微生物氮流量；梅花鹿

The Effect of Different Roughages on Production of Rumen Microbial Protein of Sika Deer

Song Baijun[1], Zheng Xue[1], Liu Zhongjun[2]*, He Yuhua[1]
(1. College of Animal Science and technology, Jilin Agriculture Science and Technology
College, Jilin 131101, China; 2. College of Chinese Medicinal Materials,
Jilin Agriculture University, Jilin Changchun 130118, China)

Abstract：In 4x4 Latin square experiment designs, four adult sika deer were fed with four roughages including silage maize (Diet I), hay (Diet II), corn stalk (Diet III) and llex salicina (diet IV). We collected urine in every trial period, and detected the absorbance in 260mm. At last, to estimat the yiled of rumen mycopratein using estimation equation: (Y) = -4.137 + 1.245X. The results showing that, the yiled of rumen mycopratein which had been concentrated feed mixed silage maize (Diet I) were higher than the other sika deers significantly (P < 0.05).

Key words：roughage; rumen microbial protein; intestinal microbial nitrogen flow; sika

---

* 收稿日期：2011 – 12 – 05 – 00；修回日期：2012 – 05 – 28
** 作者简介：宋百军 (1966—) 男，副教授，博士

deer

梅花鹿属于反刍动物，饲养原则应以优质青干草、豆科牧草、青贮饲料、秸秆类、枝叶类等粗饲料为主，并对所选定的粗饲料进行优化搭配，再结合其各生理阶段的特点，添加适量的精料[1]。进入反刍动物小肠的蛋白质，主要是日粮的非降解蛋白（UDP）和瘤胃微生物合成的微生物蛋白（MCP），以及微量内源蛋白。其中MCP是反刍动物的重要蛋白质来源，占小肠中蛋白质的40%~80%[2]。因此，正确估测MCP产量是各种新体系的重要参数之一。Rys等[3]提出反刍动物尿中的尿囊素和尿酸是嘌呤代谢的终产物，可作为MCP合成量的标记物。用直线模型表述反刍动物吸收嘌呤和排出嘌呤的关系[4]。

Chen等[5]在研究外源核酸量对绵羊嘌呤衍生物排出量的影响时发现，尿囊素与尿酸、黄嘌呤及次黄嘌呤三者之和的比例相对恒定，因此测定三者排出量之和即可反映总嘌呤衍生物（PD）的排出量，进而可估测核酸在小肠内的流量及微生物氮的流量。利用尿酸当量来代表通过肾脏排出并具有共扼结构的嘌呤衍生物的总量，即表示尿酸、黄嘌呤及次黄嘌呤的总量，再找到尿酸当量值与嘌呤摄入量间的相关关系，进而可以得到利用紫外分光光度计来估测小肠中微生物氮流量的方程[6,7]。

鉴于梅花鹿与绵羊同属反刍动物，而反刍动物瘤胃中微生物氮素循环路径基本一致[8]，因此本研究利用上述已建立嘌呤衍生物法来探讨幼年雄性梅花鹿对不同种类的粗饲料对瘤胃微生物蛋白产量的影响，为合理利用精粗饲料资源、指导制订和完善梅花鹿饲养标准提供理论依据，为促进我国养鹿业集约化、科学化和规范化饲养具有极其重要的指导意义。

1 材料与方法

1.1 试验动物

健康初生雄性仔鹿4只，购自长春市双阳区双阳梅花鹿良种繁育场，经过人工哺乳及离乳后驯化10个月，供本试验应用。

1.2 试验日粮

精料补充料为吉林省得加科技饲料公司生产的梅花鹿育成期鹿用颗粒配合饲料，精饲料组成：玉米62%，大豆粕20%，黄豆5.5%，麦麸10%，食盐1.5%，复合矿物质2%；营养成分为蛋白质含量CP 27.10%、能量浓度为17.25MJ/kg、Ca 0.65%、P 0.37%。粗饲料为青贮玉米、青干草、玉米秸粉和干柞树叶。

1.3 试验设计

本研究采用4×4拉丁方试验设计，4只育成公梅花鹿，分4期饲喂4种日粮：即配合精饲料精料－青贮玉米（日粮Ⅰ）、配合精饲料－青干草（日粮Ⅱ）、配合精饲料－玉米秸粉（日粮Ⅲ）和配合精饲料－黄柞叶（日粮Ⅳ）。

1.4 饲养管理

试验鹿装入特制的饲养笼内，均为单笼舍饲，每日每只鹿精饲料喂量为0.50 kg，粗饲料投喂前称重，自由采食饮水，每日早饲前称取剩料重量，并记录。青干草切短后饲喂，玉米秸粉

（揉碎）、青贮玉米和干柞树叶直接饲喂。

1.5 尿样采集

试验分为 4 个时期，每期试验前皆预试 15 d 后进入 5 d 的采样期，每日早饲前采样。集尿桶中每天加入 10% 硫酸 10～15 mL，以保证尿液 pH 值 <3，收集全部尿样，准确称重后留取每日总尿量的 10%，置于 -20℃ 冰柜中冷藏保存；每期试验结束后，将 4 只试验鹿 5 d 的尿样分别混匀后继续放于 -20℃ 冰柜中冷藏保存。同时于每期试验开始前和结束后称量和记录试验鹿的空腹重量。

1.6 回归方程的建立

将尿酸标准样品（SigmI 色谱级试剂）溶于碱化的热水（用稀释的氢氧化钾溶液调 pH 值为 10）中，用稀磷酸调 pH 值为 6，配制成 1N 的母液。分别精确量取 1.25、2.00、2.50、4.00、5.00、10.00、20.00mL 母液定容到 100mL，配制成浓度为 12.5、20.0、25.0、40.0、50.0、100.0、200.0μmol/d 的尿酸溶液，以蒸馏水为空白样，利用 UV—240 紫外分光光度计测定 260nm 处测得吸光度值（A 值）。根据测定的 A 值和尿酸当量绘制标准曲线，建立回归方程。

1.7 样品尿酸浓度测定

取每只试验鹿各期尿样 2mL，用蒸馏水定容于 100mL 容量瓶中，以蒸馏水为空白，利用 UV—240 紫外分光光度计测定 260nm 处样品的吸光度值（A 值），并结合尿酸浓度标准曲线和试验鹿的排尿量求得尿中的尿酸浓度值[9]。

1.8 小肠微生物氮流量的估测

根据尿酸具有对紫外光具有强吸光性的特点，利用尿酸标样建立紫外吸光度值与尿酸浓度的标准曲线方程，并以此为依据计算试验鹿尿中的尿酸浓度值。参照卢天凤等[10]获得的根据尿中尿酸当量值估测鹿小肠微生物氮流量的方程 Y（g/d）= -4.137 + 1.245X 对试验鹿的小肠微生物氮流量进行估算。

1.9 统计分析

所得数据运用 Excel 2000 软件和 SPSS 13.0 软件进行统计分析，用 LSD 法做差异显著性多重比较。

2 结果与分析

2.1 尿酸浓度与吸光度值回归方程的建立

利用 UV—240 紫外分光光度计测定不同浓度尿酸标准样品 260nm 处测得 A 值分别为 0.075、0.095、0.117、0.182、0.197、0.330、0.599。以 A 值为横坐标（X），以尿酸浓度值为纵坐标（Y），建立尿酸浓度的标准曲线（图 1）。得其回归方程：

$$Y = -18.202（SE 2.797）+ 360.448（SE 9.821）X$$

其中，Y 为尿酸浓度值（μmol/d），X 为在 260 nm 处对应浓度时的吸光度即 A 值。

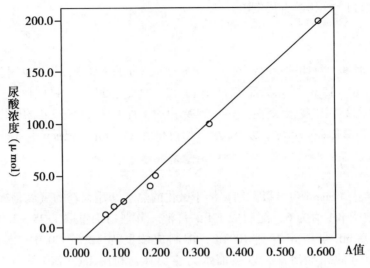

图1　利用 UV—240 紫外光分光光度计建立的尿酸吸收标准曲线

2.2　样品尿酸浓度测定

各组试验鹿的尿样在 260 nm 处吸光度值及尿酸排出量测定结果，见表。由表可知，试验鹿采食日粮 I 时尿样中的尿酸当量值为 29.80 ± 6.13，显著高于采食日粮 II、日粮 III、日粮 IV 时的尿酸当量值 12.19 ± 1.00、13.93 ± 1.03 和 17.45 ± 0.58（$P < 0.05$）；而采食日粮 II、日粮 III、日粮 IV 时，三组之间的尿酸当量值差异不显著。

表　育成公梅花鹿各试验期尿样在 260nm 波长紫外光吸收值及尿酸排出量

日粮类型	吸光度值	尿酸当量值（mmol·d^{-1}）
日粮 I	1.0755 ± 0.1157	29.80 ± 6.13[a]
日粮 II	1.4738 ± 0.1640	12.19 ± 1.00[b]
日粮 III	1.0235 ± 0.1072	13.93 ± 1.03[b]
日粮 IV	2.0190 ± 0.1726	17.45 ± 0.58[b]

注：饲喂 4 种不同日粮时尿样中尿酸当量值肩标字母 a、b 表示差异显著（$P < 0.05$）

2.3　育成梅花鹿每日小肠微生物氮流量的估测

根据表计算出的尿酸当量值，应用方程 Y（g/d）= -4.137 + 1.245X 计算得出试验鹿的小肠微生物氮流量并进行分析。由图2可知，试验鹿采食日粮 I（青贮玉米组）时每日小肠微生物氮的流量为 25.32 ~ 40.60 g/d，显著高于采食日粮 II（青干草组）、日粮 III（玉米秸粉组）和日粮 IV（黄柞叶）（$P < 0.05$）；采食日粮 II、III 和 IV 时每日小肠微生物氮的流量范围在 9.8 ~ 12.26、11.91 ~ 14.49 g/d 和 16.86 ~ 18.32 g/d，但三者间没有显著差异（$P > 0.05$）。

3　讨　论

3.1　嘌呤衍生物法的准确性

Topps 等[11]首先发现瘤胃内容物中核酸浓度与尿酸排泄量呈正相关，经过进一步研究发现，

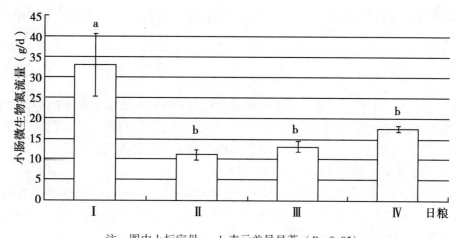

注：图中上标字母 a、b 表示差异显著（$P < 0.05$）

图 2　育成公梅花鹿采食不同类型日粮每日小肠微生物氮流量估测值比较

由于日粮中的核酸在瘤胃中的降解速度很快，而进入小肠的核酸主要来自微生物，同时微生物中的核酸氮与总氮的比值相对恒定，因此可以用尿中尿囊素的排泄量来估测进入小肠中瘤胃微生物蛋白的产量。但 Chen 等[5] 研究指出，不应该单纯的使用尿囊素来估测，应该用总嘌呤衍生物在尿中的排泄量作为估测值。该方法在正常饲养状态下即可完成，确保了试验结果更接近于真实值。据王加启[12] 采用人工瘤胃法对不同粗饲料日粮中微生物氮合成效率的研究结果表明，羊草日粮、玉米秸日粮和稻草日粮的微生物合成效率（微生物氮/可发酵有机物，g/kg），分别为21.40、24.37 和 23.25（$P > 0.05$），但是玉米秸日粮和稻草日粮的值稍高于羊草日粮[13,14]。本研究结果与王加启[12] 的研究结论一致。这也表明本试验采用的嘌呤衍生物法的准确性。

3.2　仔鹿与羔羊消化机能的差异

卢天凤等[10] 研究发现，羔羊对干物质和有机物质的消化率比仔鹿高，但二者之间相差不到1%，这表明 2 种幼龄动物在瘤胃尚未发育完全的情况下对干物质和有机物质的消化率相似，同时二者对氮的表观消化率也在一个较高的水平上。随着氮摄入量的增加，羔羊和仔鹿的氮沉积量也相应增加，但两者之间无显著差异。

3.3　4 种日粮对梅花鹿微生物氮流量的影响

育成公梅花鹿在饲喂相同精料补充料条件下，试验鹿采食日粮 I（青贮玉米）时每日小肠微生物氮的流量为 25.32 ~ 40.60g/d，显著高于采食日粮 II（青干草）、日粮 III（玉米秸粉）和日粮 IV（黄柞叶）；采食日粮 II、III 和 IV 时每日小肠微生物氮的流量分别为 9.8 ~ 12.26g/d、11.91 ~ 14.49g/d 和 16.86 ~ 18.32g/d，三者间无显著差异。在我国北方地区，青贮玉米可长时间保存，不受季节影响，一年四季均可饲喂，本试验结果显示，青贮玉米以其高效益低成本的显著特点可广应用于梅花鹿的饲养中。

本试验利用尿中嘌呤代谢物估测梅花鹿瘤胃菌体蛋白含量的间接方法，所用试验动物是经过严格人工哺乳驯化的梅花鹿，在试验中的应激反应等情况在正常范围，所以该试验结果科学可信。

4　结论

试验鹿采食精饲料 – 玉米组时每日小肠微生物氮的流量为 25.32 ~ 40.60g/d，显著高于其他

3 种日粮。青贮玉米在梅花鹿的饲养中效益高于其他的常用日粮，在我国北方梅花鹿生产中可广泛推广应用。

参考文献

[1] 龙瑞军，王元素，董世魁，等．异生物素及其代谢物在反刍家畜体组织的分泌与排泄机理 [J]．草业学报，2005，14（3）：50－55．

[2] 赵发盛，赵军，林英廷，等．添加过瘤胃保护性脂肪对瘤胃挥发性脂肪酸及菌体蛋白的影响 [J]．饲料工业，2008，9（29）：42－44．

[3] Rys R, Antoniwicz A, Maciejewicz J. Allantoin in ur ine as an index of micr obial pro tein in the rumen [A]. Tr acer Studies on No n－pr otein Nitr og en in Ruminants [M]. Vienna：International At omic Ener gy Agency, 1975：95－98.

[4] 阳伏林，王虎成，郭旭生，等．用尿中嘌呤衍生物估测瘤胃微生物蛋白产量的研究进展 [J]．草业学报，2008，2（1）：121－129．

[5] Chen X B, Hovell F D, Orskov E R, et al. Excr etion of pur ine der ivatives by r uminants：Effect of exo genous nucleic acid supply o n purine deriv ative ex cretio n by sheep [J]. Brit J Nutr, 1990, 63（11）：131－142.

[6] 王滔，薛冰纯，刘二保．化学发光法测定巯嘌呤的含量 [J]．光谱学，2008，5（5）：1028．

[7] 郭辉，李丽莉，杨膺白．瘤胃微生物蛋白测定新进展——尿液嘌呤法 [J]．中国奶牛，2007，10（10）：23－27．

[8] 钟荣珍，谭文良．反刍动物瘤胃内微生物氮代谢动力学的研究进展 [J]．华北农学报，2009，24：208－213．

[9] 郭辉，杨膺白，李丽莉，等．尿液嘌呤法估测瘤胃微生物蛋白研究 [J]．中国草食动物，2007，4（27）：59－62．

[10] 卢天凤，刘忠军．快速估测反刍动物瘤胃微生物蛋白在小肠流量的方法 [J]．经济动物学报，2012，16（1）：1－5．

[11] Topps J H, Elliott R C. Relationships betw een concentr ations o f ruminal nucleic acid and excretion of purine der ivat ive by sheep [J]. Nature, 1965, 205：498－499.

[12] 王加启，冯仰廉．不同可发酵碳水化合物和可降解氮合成瘤胃微生物蛋白质效率的研究 [J]．牧兽医学报，1996，27（2）：9－10．

[13] 张常书，焦家梅．生物饲料酵母及菌体蛋白的开发应用研究 [J]．中国林副特产报，2004，4（9）：128－134．

[14] 张耿，朱伟云，刘相玉，等．延胡索酸二钠对瘤胃微生物体外发酵不同饲料成分的影响 [J]．草业学报，2007，16（1）：112－117．

中途分类号：S825.5　文献标识码：B　文章编号：0258－7033（2012）19－0000－00

此文发表于《中国畜牧杂志》2012年第23期

不同精料补充料对育成
梅花鹿母鹿生产性能的影响*

黄 杰** 张爱武 林伟欣 刘松啸 翟 晶 鞠贵春***

（吉林农业大学中药材学院，长春 130118）

摘 要：为了探讨精饲料组成对育成期梅花鹿母鹿消化率和生产性能的影响，随机选择健康、年龄一致、体重相近的 21 头育成期母鹿，随机分成 A、B、C 3 组，每组 7 头，分别饲喂 a、b、c 3 种不同组成的精饲料。日粮精粗比分别为 35：65。结果表明：育成期母鹿干物质、有机物质的采食量 C 组显著高于 B 组和 A 组，B 组显著高于 A 组（$P < 0.05$），粗蛋白消化率 C 组最高，且 C、B 两组显著高于 A 组（$P < 0.05$）。其他营养物质消化率差异不显著（$P > 0.05$）。梅花鹿平均日增重 C 组显著高于 B、A 两组（$P < 0.05$），B 组显著高于 A 组（$P < 0.05$）。

关键词：梅花鹿；精饲料；消化率；生产性能

Impact of Concentrate Feed Composition on
Deer Doe Bred Performance

HUANG Jie, ZHANG Ai – wu, LIN Wei – xin, LIU Song – xiao, ZHAI Jing, JU Gui – chun
（College of Chinese Medicinal Materials, Jilin Agricultural University, Changchun 130118, China）

Abstract：In order to investigate the effect of different concentration on nutrient digestibility and production performance of young sika deer, 21 healthy young sika deer of the same age, similar weight were selected randomly into 3 groups and 7 deer per group. 3 different concentration were fed separately. The ratio of concentrate and roughage was 35：65 respectively. The results were shown that feed intake of dry matter and organic matter of young sika deer fed C group feed were significant higher than that of group B and A（$P < 0.05$）, and group B was higher than group A（$P < 0.05$）. CP digestibility of group C was the highest, group C and B were higher than group A（$P < 0.05$）. Other nutrients digestibility had no significant differences（$P > 0.05$）. Average daily gain of the group C was significantly higher than that of group B and A（$P < 0.05$）, and group B higher than group A（$P < 0.05$）.

Key words：*Cervus nippon*; concentration; digestibility; performance

* 收稿日期：2015 – 01 – 02
　基金项目：吉林省畜牧业管理局（吉牧科字第 20110104 号），长春市科技计划项目［长科技合（2014202）号］
** 作者简介：黄杰，男，硕士研究生，主要特种经济动物饲养
*** 通讯作者：鞠贵春，E – mail：juguichun@126.com

梅花鹿（*Cervus nippon* Temminck）属于哺乳纲、偶蹄目、鹿科、鹿属。广泛分布于亚洲东北部，是一种珍贵的药用动物。目前多个国家从事养鹿生产。我国以传统的梅花鹿、马鹿养殖为主。近年来，随着人们生活水平的提高和保健意识的增强，梅花鹿鹿茸及其副产品已经成为人们生活的保健必需品[1~6]。

梅花鹿是草食性反刍动物，野生状态下主要采食植物鲜嫩部位及草本植物的茎叶、果实，具有食性广、耐粗饲的特点。因此在圈养条件下梅花鹿可以利用的饲料种类很多，现主要饲喂的粗饲料为玉米秸秆[7]。传统饲喂方式为先精后粗，精饲料可以提供鹿机体所需的多种营养物质，但并不能仅通过喂足精饲料达到最大的生产效益。研究表明，随着日粮中精饲料水平的提高，总体上会导致粗饲料利用率的降低[8]。当精饲料水平过高时，会抑制梅花鹿瘤胃微生物的繁殖和生长，进而危害动物健康，影响生产性能。精饲料与粗饲料之间这种此消彼长的关系，对指导我们在鹿生产实践中，如何通过增加粗饲料的饲喂节省精饲料，从而降低成本具有指导意义。本试验通过不同组成的精饲料对育成期母鹿营养物质消化率和生产性能的影响的研究，探讨梅花鹿精饲料组成理想添加水平，为梅花鹿日粮配制及其科学饲养提供理论依据。

1 材料与方法

1.1 材料

1.1.1 试验动物

在吉林农业大学鹿场选择健康、1周岁龄、体重接近的育成母鹿21头。试验在吉林农业大学鹿场进行。

1.1.2 试验日粮

本试验选用吉林农业大学鹿场（a）、吉林省双阳鹿业良种繁育有限公司（b）、长春市双阳区虹桥鹿业有限公司（c）精饲料的配方，在吉林农业大学鹿场配制作为成基础日粮，基础日粮精饲料组成及其营养水平见表1。

表1　试验日粮精饲料组成及营养水平
Table 1　Ingredients and nutritional levels of experimental diets

原料	a	b	c
玉米（%）	55	50	45
豆粕（%）	30	40	45
麸皮（%）	10	5	5
食盐（%）	2	2	2
苏打（%）	1	1	1
矿物质（%）	1	1	1
碳酸氢钙（%）	1	1	1
营养水平			
水分（%）	8.02	7.55	7.30
干物质（%）	91.98	92.45	92.70
有机物质（%）	90.55	90.89	91.23
粗蛋白（%）	18.89	20.12	21.43
能量（MJ·kg^{-1}）	17.80	17.20	16.72

1.1.3 仪器

电子分析天平（FA2104N，上海精密科学仪器有限公司），蛋白分析仪（FP‒528，美国 Leco），氧弹热量计（XRY‒1‒C，上海昌吉地质仪器有限公司），原子吸收分光光度计（AT5‒990，上海博讯实业有限公司医疗设备厂），电热恒温鼓风干燥器（101‒2‒S，上海跃进医疗器械厂）。

1.2 试验方法

1.2.1 试验设计

将 21 只育成期母鹿分为 A、B、C 3 组，每组 7 只，试验初期各组梅花鹿体重差异不显著（$P > 0.05$）。每组单圈饲喂，精饲料定量饲喂。A、B、C 3 组分别按 a、b、c 精饲料配方饲喂。日粮精、粗饲料比例为 35：65。

1.2.2 饲养管理

在整个试验期中，饲养管理与吉林农业大学鹿场保持一致，试验期共 40d。试验期内每日 5：00、11：00 和 17：30 各饲喂一次，自由饮水，每日记录采食量。试验期结束前进行为期 7 d 的消化试验。

1.3 样本采集与指标测定

1.3.1 饲料样本的采集

每次饲喂前收集食槽内梅花鹿上一次采食剩余的精饲料及粗饲料，称重，计算采食量。试验期结束时采集 3 种配方的精饲料样本及粗饲料样本，用于实验室分析。

1.3.2 粪便样本的采集

消化试验期间，每日 17：00 准时对鹿圈进行清扫，采用 5 分法，将每个鹿圈分为 5 个区域，分为 5 份将粪便全部收集。每日收集的粪便各自编号称重后，记录鲜粪重，烘干备用。

1.3.3 测试指标

测定干物质和有机物质的采食量，测定精饲料、粗饲料及粪样中干物质、粗灰分、粗脂肪、粗蛋白、粗纤维、钙磷、能量等常规成分及各营养物质消化率，以及试验期间增重和平均日增重。

干物质（DM）、有机物质、灰分（Ash）、粗脂肪（EE）、粗蛋白（CP）、粗纤维（CF）、Ca、P、总能依据国标法测定。

1.3.4 称重方法

试验期开始前和试验期结束后，分别对试验梅花鹿实施称重，计算试验期间增重和日增重。

1.4 数据处理

采用 Excel 2010 和 SPSS 17.0 进行数据统计分析，采用 One‒way ANOVA 进行差异显著性检验，统计显著性水平预设为 $P < 0.05$。

2 结果与分析

2.1 不同精饲料组成对梅花鹿育成期母鹿营养物质消化率的影响

由表 2 可知，C 组的干物质及有机物采食量显著高于 B 组和 A 组（$P < 0.05$），且 B 组显著

高于 A 组 （$P<0.05$）。干物质及有机物消化率 3 组间差异不显著 （$P>0.05$）；粗脂肪、粗纤维及能量消化率，A、B、C 组间差异不显著 （$P>0.05$）；粗蛋白消化率 C 组最高，C、B 两组显著高于 A 组 （$P<0.05$）。

表 2　不同精饲料组成对梅花鹿育成期母鹿营养物质采食量和消化率的影响

Table 2　Effect of different concentration on feed intake and nutrient digestibility of young sika deer

营养物质	A	B	C
干物质采食量 （$g \cdot d^{-1}$）	$1\ 894.9 \pm 3.43^{c}$	$1\ 953.1 \pm 6.65^{b}$	$2\ 031.6 \pm 9.82^{a}$
有机物采食量 （$g \cdot d^{-1}$）	$1\ 801.0 \pm 10.01^{c}$	$1\ 871.2 \pm 7.55^{b}$	$1\ 947.7 \pm 4.32^{a}$
干物质消化率 （%）	74.3 ± 5.66	73.8 ± 4.53	71.6 ± 4.31
有机物消化率 （%）	75.6 ± 5.22	74.7 ± 4.29	73.0 ± 4.05
粗纤维消化率 （%）	76.3 ± 8.77	76.8 ± 7.98	77.1 ± 8.56
粗蛋白消化率 （%）	65.1 ± 7.93^{b}	67.7 ± 6.41^{a}	69.5 ± 2.88^{a}
粗脂肪消化率 （%）	59.6 ± 6.17	58.9 ± 4.25	59.1 ± 6.34
能量消化率 （%）	70.3 ± 4.52	68.7 ± 7.83	67.2 ± 6.21

注：同行数据肩标相同字母，表示差异不显著 （$P>0.05$）；肩标不同字母，表示差异显著 （$P<0.05$）。下表同

2.2　不同精饲料组成梅花鹿育成期母鹿的增重效果

由表 3 可知，试验母鹿的初始体重和末重 3 组间差异不显著 （$P>0.05$）；平均日增重 C 组显著高于 B 组和 A 组 （$P<0.05$），B 组显著高于 A 组 （$P<0.05$）。

表 3　不同精饲料组成对梅花鹿育成期母鹿增重的影响

Table 3　Effect of different concentration on live weight gain of young sika deer

组别	头数	试验始重 （kg）	试验末重 （kg）	平均日增重 （g）
A	7	38.89 ± 1.67	42.53 ± 3.84	91.01 ± 9.87^{c}
B	7	36.13 ± 1.95	40.06 ± 2.33	98.25 ± 12.55^{b}
C	7	37.62 ± 2.01	42.36 ± 1.76	118.50 ± 6.79^{a}

3　讨　论

3.1　不同的精饲料组成对营养物质采食量和消化率的影响

梅花鹿是反刍动物，具有反刍的生理机能。梅花鹿的瘤胃内有庞大的厌氧微生物菌群，粗饲料中的粗纤维在瘤胃中发酵所产生的挥发性脂肪酸是鹿的主要营养来源[9]。不同形式的饲料配合对梅花鹿瘤胃纤维素消化率及微生物蛋白的合成有很大的影响。日粮精粗比会影响饲料的适口性，食糜成分的不同会影响其通过瘤胃和消化道的速度，从而影响饲料消化率和干物质采食量[10]。Dean 等[11]报道，在精料为 0% ~10% 的日粮中，随着谷物精料的加入，粗饲料干物质进食量将会增加，而随着精料比例由 10% 进一步增加到 70%，会导致粗料干物质进食量的下降。

汪水平等[12]研究表明，日粮精粗比会影响奶牛干物质及有机物的进食量。当日粮中粗蛋白

所占比例为 9.181%、12.135%、14.156% 和 16.126% 时，干物质进食量分别为 16.180，14.160，16.103，17.103kg/d。低蛋白与高蛋白组相比，节省饲料 0.923kg/d。随着粗蛋白在日粮中比例的升高，干物质的采食量随之升高。孟庆祥[13]发现精料占日粮 20%~60% 时对日粮消化率（DM）无显著影响，但精料比例为 80% 时 DM 消化率降低。

王文奇等[14]采用不同精粗比全混合日粮进行母羊的消化代谢试验，饲喂 6 种不同精粗比（85:15、70:30、55:45、40:60、25:75、10:90）的日粮，结果表明，全混合饲粮精粗比对母羊干物质、有机物和表观消化率均产生了极显著影响（$P < 0.01$）。其中饲喂精粗比为 55:45 时表观消化率最高，同时在此比例下母羊对氮的利用效率最高。门小明等[8]对空怀小尾寒羊母羊在不同精粗比日粮条件下进行消化代谢试验，分组后分别饲喂精粗比为 20:80，30:70 及 40:60 的日粮，得出结论：当精料比例为 20% 时，空怀小尾寒羊体重难以维持，氮保留量低（3.29%）；增加日粮中精料量至 30% 或 40% 时，可提高日增重，并且氮保留量达到 13.82% 和 22.09%。提高精粗比例，不影响小尾寒羊对粗饲料的采食量。

本试验中 C 组精粗比为 35:65 时，干物质、有机物采食量最高，均显著高于 B、A 组（$P < 0.05$）；粗蛋白消化率也最高，与 B 组差异不显著（$P > 0.05$），但显著高于 A 组（$P < 0.05$）。其他差异均不显著（$P > 0.05$）。据以往的研究，在一定范围内当精饲料比例升高时，动物的采食量会提高，可消化营养物质也提高，但营养物质的消化率差异不显著（$P > 0.05$）。本试验的结果与已有的研究结果基本一致。

3.2　不同的饲料配比对育成期母鹿体重的影响

王凯英等[15]研究不同精粗比 TMR 日粮对梅花鹿消化代谢及生产性能的影响，结果表明，在 TMR 精粗比为 45:55 时平均日增重最大，为 364.36 g。

刘晓辉等[16]研究了不同精粗比对西杂公牛生长发育的影响，选择 18 头 9 月龄平均体重约 270 kg 的西杂公牛，分为 3 组，分别饲喂精粗比为 45:55、50:50、55:45 的 3 种日粮。结果表明，西杂牛的日增重受精料水平的影响较大，但体尺的日增量受精料水平的影响较小。当采食精粗比较高的日粮时，其增重速度较快。李辉等[17]研究表明，日粮蛋白含量分别为 18%、22% 和 26% 时，3 组犊牛的平均日增重达到 598.10、829.52 及 628.57 g/d，蛋白含量为 22% 时，犊牛的增重效果和营养物质利用率优于其他两组。

本试验中 C 组的平均日增重显著高于 B 组和 A 组（$P < 0.05$），说明在此试验范围内，母鹿的平均日增重随着日粮中精饲料比例的升高而升高。

4　小　结

不同的精饲料组成会影响育成期梅花母鹿营养物质的消化率和生产性能，在一定的试验范围内，精饲料蛋白质水平与母鹿的营养物质消化率和平均日增重呈线性相关。

参考文献

[1] 丁奇文，修昆，许丹梅. 梅花鹿养殖的两点新思路 [J]. 现代畜牧兽医，2007 (8)：18 – 19.

[2] 张传奇，郑毅男，张成中，等. 鹿茸多糖的研究概况 [J]. 经济动物学报，2013，17 (1)：45 – 48.

[3] 史小青，刘金哲，姚艳飞，等. 梅花鹿鹿花盘对小鼠抗疲劳作用的研究 [J]. 吉林农业大

学学报，2011，33（4）：408－410.

［4］陶荣珊，胡太超，李金伟，等．鹿茸多肽提取分离纯化及药理作用研究进展［J］．经济动物学报，2014，18（4）：238－242.

［5］郭倩倩，王大涛，褚文辉，等．利用慢病毒表达载体干扰梅花鹿角柄骨膜细胞P21基因［J］．吉林农业大学学报，2014，36（1）：116－121.

［6］王博，邢婷婷，黄伟，等．梅花鹿和驯鹿外周血和茸血对牛蛙离体心脏心肌收缩力和心率的影响［J］．经济动物学报，2013，17（2）：82－85.

［7］冯定远．配合饲料学［M］．北京：中国农业出版社，2003：46－130.

［8］门小明，雒秋江，唐志高，等．3种不同精粗比日粮条件下空怀小尾寒羊母羊的消化与代谢［J］．中国畜牧兽医，2006（10）：13－16.

［9］李永和，唐绍帜，孙宝泉．反刍动物能量代谢与调控［J］．饲料工业，2001，22（3）：43－44.

［10］Allen M S. Physical constrains on voluntary intake of forages by ruminants［J］. J Amin Sci, 1996, 74: 3 063－3 075.

［11］P. E. Colucci1, G. K. Macleod1, D. J. Barney1. . Digest kinetics in sheep and cattle fed diets with different forage to concentrate ratios at high and low intakes［J］. Dairy Sci, 1972, 73: 2 143.

［12］汪水平，王文娟，龚月生，等．日粮精粗比对泌乳奶牛养分消化的影响［J］．广西农业科学，2007（1）：28－34.

［13］孟庆祥．精料水平与秸秆氨化对绵羊日粮消化氮存留与进食的影响［J］．北京农业大学学报，1991（3）：109－111.

［14］王文奇，侯广田，罗永明，等．不同精粗比全混合颗粒饲粮对母羊营养物质消化率、氮代谢和能量代谢的影响［J］．动物营养学报，2014，26（11）：3 316－3 324.

［15］王凯英，李光玉，崔学哲，等．不同精粗比全混合日粮对雄性梅花鹿生产性能及血液生化指标的影响［J］．特产研究，2008（2）：5－9.

［16］刘晓辉，田军德，刘超．不同精粗比对西杂公牛生长发育的影响［J］．中国牛业科学，2012，38（3）：37－39.

［17］李辉，刁其玉，张乃峰．不同蛋白水平对犊牛生长、营养代谢及氨基酸消化率的影响［J］．畜牧兽医学报，2008，39（11）：1 510－1 516.

中图分类号：S865.4$^+$2　文献标识码：A　文章编号：1007－7448（2015）02

引文格式：黄杰，张爱武，林伟欣，等．精饲料组成对育成梅花鹿母鹿生产性能的影响［J］．经济动物学报，2015，19（2）：

DOI：10.13326/j.jea.2015.1069

此文发表于《经济动物学报》2015年第2期

超微粉碎中草药添加剂在
梅花鹿生产中的应用研究[*]

赵　蒙[**]　赵伟刚　魏海军　常忠娟　赵靖波　鞠　妍

曹新燕　杨镒峰　薛海龙　许保增[***]

（中国农业科学院特产研究所特种动物繁殖创新团队，长春　130112）

摘　要：为提高茸鹿养殖业经济效益、减少饲养成本，在茸鹿饲料中添加超微粉碎加工的中药添加剂，研究中草药添加剂对提高梅花鹿鹿茸产量的影响，结果表明：在梅花鹿开始脱盘后应用中药添加剂，直至锯二茬茸结束，梅花鹿头茬茸及二茬茸产量均有极显著（$P < 0.01$）或显著（$P < 0.05$）提高，头茬、二茬鲜茸平均单产增加 0.5kg 左右。

关键词：梅花鹿；中草药；饲料添加剂；超微粉碎

A application Study for Chinese Herbs as a
Feed Additive inChinese sika deer

Zhao Meng, Zhao Weigang, Wei Haijun, Chang Zhongjuan, Zhao Jingbo,

Ju Yan, Cao Xinyan, Yang Yifeng, Xue Hailong, Xu Baozeng[**]

（State Key Laboratory of Special Economic Animal Molecular Biology，Institute of Special Animal and Plant Sciences of CAAS（"ISAPS，CAAS"）Changchun 132109，China）

Abstract：Chinese herbs constituent Which was made up of a miro – powder as a feed additive was applied for the antler production in this study. It shows that the additive has increased total antler yield（$P < 0.01$ or $P < 0.05$）from the dropping pedicle time to the time of aftermath sawed，and the average yield increased by 0.5kg per deer in the first antler or the aftermath；Conclusions in the paper can provide a theoretical reference for improving economic efficiency and reducing feed cost.

Key words：Chinese sika deer；Chinese herbs；feed additive；micro – smashing

中草药添加剂一般由中草药原药或从中提取出化学成分的单独或联合组方制成，具备下列一项或多项功能和条件的饲料添加剂产品，这些功能包括：补充营养、预防疾病、改善饲料适口性和提高饲料利用率、改善动物产品质量，有利于饲料加工、贮藏、改善饲料产品外观和降低饲料

＊ 基金项目：吉林省科技厅计划项目（编号20140307006NY），长春市科技局计划项目【长科技合（2014189）号】

＊＊ 作者简介：赵蒙（1966—），男，研究员，博士，特种动物繁殖团队骨干，主要从事经济动物遗传与繁育研究

＊＊＊ 通讯作者：许保增（1980—），男，研究员，博士，特种动物繁殖创新团队首席科学家，主要从事经济动物繁育研究

加工业及养殖业对环境的污染等[1]。

天然物中草药饲料添加剂的特性，以其无抗药性、低残留毒副作用和低污染性，并具有药物和营养双重作用，既可防病，又能提高生产性能[2]，被认为是理想的饲料添加剂。为增加养鹿经营者的收入，提高鹿茸产量，降低生产成本，增强梅花鹿体能，减少疾病发生。笔者根据中兽医学理论，以中草药为原料制成中草药饲料添加剂，通过超微粉碎加工，添加到茸鹿饲料中，以研究中草药添加剂对提高梅花鹿鹿茸产量的影响。用纯中药配制的增茸添加剂，表现出有促进机体蛋白质合成、增强茸鹿体质和提高机体免疫功能的作用[7~10]；用中药型添加剂，能够促进鹿茸快速生长，饲喂90~93天，实验组较对照组每只增产345g[11]；利用中草药添加剂对梅花鹿脱盘效果进行实验，结果表明，试验组比对照组提前16d脱盘，生茸期延长9d，头茬茸产量增加19.67%，再生茸增加114%，两组差异显著[4,12]（$P < 0.05$）。

1 材料与方法

1.1 试验鹿群

选取健康的3锯梅花鹿138只，分为5组，每组23只；根据药理作用和剂量的不同，设计4种配方，分别投喂给4个试验组；对照组1个，23只。

1.2 供试药物

中药添加剂主要由人参、五味子、丹参、党参等中草药组成方剂。

1.3 试验方法

根据配伍组成含量的不同设计4个配方，分别为1、2、3、4，与其对应的试验组为Ⅰ、Ⅱ、Ⅲ、Ⅳ；经过超微粉碎后粒径达6.5~10.0μm；将其均匀混合在精饲料中，日喂3次，按10g/日·只添加。

1.4 试验地点及时间

本试验在长春市双阳虹桥鹿业公司、西丰海燕鹿场进行。试验时间为2015年5月5日梅花鹿脱盘期开始，至8月15日锯二茬茸结束止。

2 结 果

2.1 产茸结果

试验Ⅰ组的头茬鲜茸、二茬鲜茸平均产量与对照组的相比，差异极显著（$P < 0.01$）；试验Ⅱ、Ⅲ、Ⅳ组的头茬鲜茸平均产量与对照组的相比，差异显著（$P < 0.05$），试验Ⅱ、Ⅲ组的二茬鲜茸平均产量与对照组的相比，差异极显著（$P < 0.01$）；试验Ⅳ组的二茬鲜茸平均产量与对照组的相比，差异显著（$P < 0.05$）。

在平均增加值上，头茬茸增加的幅度为32.84%，二茬茸为46.10%。试验组平均增加产量与对照组的相比平均增加0.3895kg，二茬茸的平均增加0.13kg，合计增加总产量0.5195kg（表1）。

表1 试验组及对照组头茬茸及二茬茸鲜茸产量比较

Table 1 Yield comprison between the first sawed antler and aftermath in experimental group and control one

(kg)

组别		I	II	III	IV	对照组	试验组 I 比对照组平均增产	试验组平均与对照组平均比较
头茬茸	总产量	44.59	33.27	32.89	34.18	27.28	0.7525	0.3895
	均值	1.9385 ± 0.12^A	1.4465 ± 0.18^B	1.4308 ± 0.10^B	1.4861 ± 0.11^B	1.1860 ± 0.103		
二茬茸	总产量	9.48	8.35	9.08	8.29	6.49	0.13	0.13
	均值	0.412 ± 0.028^A	0.363 ± 0.011^A	0.395 ± 0.038^A	0.360 ± 0.016^B	0.282 ± 0.007		

注：A 为差异极显著（$P < 0.01$），B 为差异显著（$P < 0.05$）

2.2 锯茸时间（表2）

表2 头茬茸、二茬茸锯茸时间

Table 2 The antler – sawed time of the first – sawed antler and of aftermath

(d)

组别	I	II	III	IV	对照组
头茬茸	53 ± 3^B	55 ± 4^B	59 ± 6^B	60 ± 6^B	67 ± 8
二茬茸	26 ± 5^B	26 ± 3^B	25 ± 5^B	30 ± 4^B	35 ± 5

注：B 为差异显著（$P < 0.05$）

通过显著性检验可知，试验 I、II、III、IV组的头茬茸及二茬茸在锯茸时间上与对照组的相比，差异显著（$P < 0.05$），头茬茸及二茬茸在锯茸时间上均比对照组提前约12d。

3 小结与讨论

（1）对试验鹿饲喂含有中草药添加剂的日粮，经过 1~2d 饲喂后，试验鹿完全能够达到饲喂前采食状况，据现场饲喂观察，试验组的鹿茸生长速度明显高对于对照组，且茸质较好，公鹿的增膘速度加快。头茬茸锯茸的时间较对照组的提前，说明此微米中草药添加剂能够促进鹿茸的快速生长，具有较好地促进新陈代谢的生理作用，直接地为二茬茸的生长时间的延长创造有利的条件。说明中药添加剂具有促进鹿茸快速生长和提高机体免疫功能的作用。

（2）鹿茸作为养鹿的主要产品，其产量的高低直接影响养鹿的经济效益，除鹿的品种作为主要影响因素外，饲养管理等因素也很重要。笔者在兽医学传统理论指导下，选择了多味性平气和、对人畜无毒副作用的中药作为原料，制成中草药饲料添加剂，大大地提高了鹿茸产量，体现了很高的经济效益，试验组与对照组相比，净增收益为 22 000.0 元，产出投入比约为 8.95∶1.00。

（3）中草药饲料添加剂除对鹿茸有增产作用外，还对脱盘、换毛起到了良好的作用，这与王绍维等[3]报道基本一致。在锯茸时间方面，体现出锯茸时间提前及缩短，说明中药饲料添加剂有利于梅花鹿机体新陈代谢，从而促进了鹿茸的生长发育，在二茬茸产量方面，其提高的幅度比头茬茸高，与锯头茬茸时间相对提前有关，这样为二茬茸的生长赢得了更多时间，有利于其生长发育[4]，这与王建寿等[4]报道的基本一致。

（4）在抗病能力方面，通过在本研究及试验后期的观察，所有饲喂中药添加剂的鹿只，没有各种疾病的发生，越冬期膘情较好，饲用中草药添剂后，鹿群的发病率为0，说明有些中草药具有增强机体免疫力的效果，这与杜永才等[5]报道的基本一致。

（5）在中药加工方法上，采用超微粉碎加工的方法，使粉碎的粒径达到微米级[6]，从而使中药的利用效率得到最大限度的发挥，目前未见有关超微粉碎用于茸鹿生产方面的报道；但由于此种方法加工费用较高，在生产中直接利用受到一定影响，若购置气流超微粉碎机，虽然一次投入成本大些，但从长远来看，还是有利可图的。如何开发即节省加工成本，又会给生产带来更大效益的中药饲料添加剂，有待于进一步研究。

参考文献

［1］高振川．加强中草药饲料添加剂的研发［J］．饲料广角，2003（11）：1-4.

［2］陈祖川．天然物（中草药）添加剂产业化［J］．饲料与畜牧，2003（2）：15-17.

［3］王绍维，韦旭斌，王桂兰．增茸灵提高茸鹿生产性能的初步试验［J］．中国兽医科技，1987（3）：42-43.

［4］王建寿，任家琰，王俊东．中药饲料添加剂对梅花鹿脱盘增茸效果观察［J］．中国兽医学报，1997（3）：199-200.

［5］杜永才．饲用中草药添加剂的作用机理及效果［J］．畜牧兽医杂志，2003（6）：20-22.

［6］张骁，张韬．中药超微粉碎研究渐成热点［N］．中国医药报，2004-12-25，（7）.

［7］张荣，王绍维，韦旭斌，等．增茸灵对梅花鹿血清生化指标及游离氨基酸含量的影响［J］．中国兽医科技，1988（12）：39-42.

［8］贾忠山，关天颖，王恒，等．复方生茸散的生茸机理与生茸效果的实验研究［J］．吉林农业大学学报，1994（3）：78-83.

［9］于守平，贾冬舒，程培英，等．复方增茸剂对梅花鹿茸产量与品质的影响［J］．吉林农业大学学报，2002（6）：75-77.

［10］马雪云．复方中草药饲料添加剂对鹿茸产量的影响［J］．当代畜牧，2003（3）：38.

［11］梁淑芳．饲料添加剂对鹿茸的增产效果［J］．吉林畜牧兽医，1988（4）：26-28.

［12］康忠阳，吕大为，田野．中草药增茸饲料添加剂研究报告［J］．饲料工业，1991（6）：21.

此文发表于《2011年中国鹿业进展》

过瘤胃蛋氨酸和赖氨酸对越冬期梅花鹿幼鹿、养分消化率及血清生化指标的影响[*]

黄　健[**]　鲍　坤　张铁涛　崔学哲　李光玉

杨福合　张　婷　王凯英[***]

(中国农业科学院特产研究所 特种经济动物分子生物学国家重点实验室，长春　130112)

摘　要： 本试验旨在研究低蛋白质饲粮中添加过瘤胃蛋氨酸（RPM）和过瘤胃赖氨酸（RPL）对越冬期梅花鹿幼鹿生长性能、消化代谢和血清生化指标的影响。16 只健康 8 月龄遗传背景相近的雄性梅花鹿，随机分为 4 个组，组间体重无显著差异（每个组 4 个重复，每个重复 1 只），饲喂 4 种不同饲粮：对照组（Ⅰ组）饲喂粗蛋白质（CP）16.52% 的高蛋白质饲粮，试验组饲喂 CP13.70% 添加 0.30% RPL 并分别添加 0（Ⅱ组）、0.08%（Ⅲ组）、0.16%（Ⅳ组）RPM 的低蛋白质饲粮，试验期为 70 d。结果表明，对照组和Ⅳ组平均日增重（ADG）显著高于Ⅱ组（$P < 0.05$），平均日采食量（ADFI）显著高于Ⅲ组（$P < 0.05$），Ⅱ组料重比（F/G）显著高于其余各组（$P < 0.05$）；对照组磷消化率极显著低于试验组（$P < 0.01$），且Ⅱ组显著低于Ⅲ组（$P < 0.05$），Ⅱ组 CP 和粗脂肪（EE）消化率的显著低于Ⅳ组（$P < 0.05$）；对照组血清尿素氮（BUN）含量显著高于Ⅲ（$P < 0.01$）组和Ⅳ组（$P < 0.05$），葡萄糖（GLU）和尿酸（UA）含量极显著高于其余各组（$P < 0.01$）；其余各项指标差异不显著（$P > 0.05$）。由此可见，饲粮 CP 水平从 16.52% 降至 13.70% 直接降低氮、磷排放，幼鹿生长相应延缓，添加 0.16% RPM 和 0.30% RPL 能改善幼鹿生长发育、促进物质消化、提高代谢平衡。

关键词： 梅花鹿；过瘤胃蛋氨酸；过瘤胃赖氨酸；低蛋白质

[*] 收稿日期：2014 – 08 – 04

基金项目：吉林省重大科技攻关专项（20140203018NY）；长春市科技支撑计划（13NK07）

[**] 作者简介：黄　健（1989—），男，四川德阳人，硕士生，主要从事特种经济动物营养与饲养研究，E – mail：hj6503310@ vip. qq. com

[***] 通讯作者：王凯英，副研究员，E – mail：tcswky@126. com

Effects of Low Crude Protein Diet Supplemented Rumen – Protected Methionine and Rumen – Protected Lysine on Sika Deer During the Wintering Season

Huang Jian, Bao Kun, Zhang Tietao, Cui Xuezhe,

Li Guangyu, Yang Fuhe, Zhang Ting, Wang Kaiying*

(State Key Laboratory for Molecular Biology of Special Economic Animals,

Institute of Special Wild Economic Animal and Plant Science,

Chinese Academy of Agricultural Sciences, Changchun 130112, China)

Abstract: This experiment was conducted to investigate the effects of low crude protein diet supplemented rumen – protected methionine (RPM) and rumen – protected lysine (RPL) on growth performance, nutrient digesitibility and serum biochemical indices of sika deer during the wintering season. Sixteen healthy 8 – mouth – old sika deer were randomly divided into 4 groups with 4 replicates per group and 1 sika deer per replicate. Sika deers were fed 4 diets: Control group (Group I) fed 16.52% crude protein (CP) basal diet, tests group fed 13.70% CP diet with 0.30% RPL and 0 (Group II), 0.08% (Group III), 0.16% (Group IV) RPM. The results show that average daily gain (ADG) of control group and group IV were higher than group II, and average daily feed intake (ADFI) of group III was lower than control group and group IV, and feed to gain ratio (F/G) of group II was higher than other groups ($P < 0.05$); digestibility of phosphorus (P) of control group was lower than other groups ($P < 0.01$) and group II lower than group III ($P < 0.05$), CP and ether extract (EE) digestibility of group II lower than group IV; serum urea nitrogen content of control group was higher than group III ($P < 0.05$) and group IV ($P < 0.01$), glucose and uric acid content of control group higher than other groups ($P < 0.01$); other index had no significant influence ($P > 0.05$). It is concluded that reduced diet CP level from 16.52% to 13.70% reduced nitride and phosphate emission, slowed fawn growth, however, 0.16% RPM and 0.30% RPL supplementation would enhanced fawn growth, promoted nutrient digestion and metabolism balance.

Key words: sika deer; RPL; RPM; low crude protein

梅花鹿是我国养殖的主要鹿种之一，鹿产品药用价值和经济价值极高。近年来蛋白质饲料短缺不断加剧，饲料成本居高不下，调整饲粮蛋白质水平，提高蛋白质利用率，是降低饲养成本必由之路。但降低饲料蛋白质水平又难以满足动物生长需求[1,2]，氨基酸是蛋白质的基本结构单元，低蛋白质饲料添加限制性氨基酸是解决问题的有效方法之一。反刍动物瘤胃微生物能降解游离氨基酸，添加氨基酸作用有限，过瘤胃氨基酸技术克服了这一缺点。大量研究证明，降低饲粮蛋白质水平，添加过瘤胃氨基酸不影响生产性能[3,4]，甚至提高生长性能[5,6]，氮利用率得到提高[7,8]，氮排放明显降低。低蛋白质氨基酸平衡饲粮在梅花鹿养殖是否拥有高蛋白质饲粮相同的价值，国内外未见报道，需要证实。

本研究旨在研究低蛋白质饲粮中添加 RPM 和 RPL 对越冬期幼鹿生长发育、消化代谢和血清生化指标影响，为幼鹿氨基酸营养研究提供依据，并进一步探索低蛋白质平衡日粮替代高蛋白质日粮在梅花鹿运用的可能性。

1　材料与方法

1.1　试验设计

选取平均体重 40 kg 的 8 月龄健康梅花鹿幼鹿 16 只随机分为 4 个组（每组 4 个重复，每个重复 1 只）分别饲喂 4 种不同饲粮：对照组饲喂 CP16.52% 的高蛋白质饲粮，试验组在 CP13.70% 基础饲粮添加 0.30% RPL 的基础上分别添加 0、0.08%、0.16% RPM 配制Ⅱ、Ⅲ、Ⅳ组日粮。以玉米、豆粕、玉米纤维、酒糟蛋白、玉米胚芽、苜蓿草粉、糖蜜、食盐、预混料等按不同比例配制成直径 0.4 cm，长度 1.2~1.5 cm 的全混合饲粮（TMR）颗粒料，配方及营养水平见表 1，基础日粮和试验日粮中 Lys 和 Met 含量见表 2。试验于 2014 年 1 月 16 日至 3 月 25 日在中国农业科学院特产研究所茸鹿实验基地进行，在每日 08：00 和 16：00 饲喂两次，保证饲料充足，自由饮水。

表 1　基础饲粮组成及营养成分（风干基础）

Table 1　Composition and nutrient levels of basal diets（air-dry basis）　　（%）

项目 Item	对照组 Control	试验组基础饲粮 Testgroup	营养成分[2)] Nutritionallevel	对照组 Control	试验组基础饲粮 Testgroup
玉米 Corn	14	24	干物质 DM	93.88	94.18
豆粕 Soybean meal	18	9	有机物 OM	83.19	83.49
玉米纤维 Corn fiber	4.5	4.5	粗蛋白质 CP	16.52	13.70
酒糟蛋白 DDGS	6	5	能量 ME（MJ/kg）	10.13	9.96
玉米胚芽 Corn germ	6	6	脂肪 EE	1.85	1.99
苜蓿草粉 Alfalfa hay	50	50	钙 Ca	0.97	0.98
糖蜜 Syrup	3	3	总磷 P	0.45	0.43
食盐 NaCl	0.5	0.5	中性洗涤纤维 NDF	47.96	47.81
添加剂 Premix[1)]	1	1	酸性洗涤纤维 ADF	27.17	25.90
总量 Total	100	100			

[1)]. 每千克添加剂含有：MgO 0.076g；$ZnSO_4 \cdot H_2O$ 0.036g；$MnSO_4 \cdot H_2O$ 0.043g；$FeSO_4 \cdot H_2O$ 0.053g；$NaSeO_3$ 0.031g；VA 2 484 IU；VD 3 496.8 IU；VE 0.828 IU；VK_3 0.000 23g；VB_1 0.000 092g；VB_2 0.000 69g；VB_{12} 0.001 38mg；叶酸 0.023mg；烟酸/烟酰胺 0.001 62g；泛酸钙 0.001 15g；$CaHPO_4$ 5.17g；$CaCO_3$ 4.57g；
[2)]. ME为计算值，其余为实测值

[1)]. One kilogram of premix contained the following：MgO 0.076g；$ZnSO_4 \cdot H_2O$ 0.036g；$MnSO_4 \cdot H_2O$ 0.043g；$FeSO_4 \cdot H_2O$ 0.053g；$NaSeO_3$ 0.031g；VA 2 484 IU；VD 3 496.8IU；VE 0.828IU；VK_3 0.000 23g；VB_1 0.000 092g；VB_2 0.000 69g；VB_{12} 0.001 38mg；叶酸 0.023mg；烟酸/烟酰胺 0.001 62g；泛酸钙 0.001 15g；$CaHPO_4$ 5.17g；$CaCO_3$ 4.57g；[2)]. ME was calculated value，while others were measured values

表2 基础与试验日粮中 Lys 和 Met 含量（风干物质基础）

Table 2 Content of Lys and Met in basal diet and test diet（air dry basis） （%）

项目 Item	组别 Group			
	Ⅰ组	Ⅱ组	Ⅲ组	Ⅳ组
基础饲粮中 Lys 水平 Lys level in basal diet	0.92	0.59	0.59	0.59
基础饲粮中 Met 水平 Met level in basal diet	0.29	0.22	0.22	0.22
赖氨酸添加量 Addition of Lys	0.00	0.30	0.30	0.30
蛋氨酸添加量 Addition of Met	0.00	0.00	0.08	0.16
饲粮中 Lys 水平 Lys level in test diet	0.92	0.89	0.89	0.89
饲粮中 Met 水平 Met level in test diet	0.29	0.22	0.30	0.38

1.2 样品采集

1.2.1 血样采集

试验第 35 及 70 天早晨饲喂前对幼鹿进行麻醉，颈静脉采血 10mL，放置至血清析出，4 000r·min^{-1}离心 10min，收集血清于 1.5mL EP 管中，-20℃低温保存，待测。

1.2.2 粪样采集

试验于 2 月 20—23 日连续 4d 于早饲前进行粪样采集，每圈选取 6 个点按部分收粪法采集当天新鲜粪便。其中一份先在 80℃下杀菌 2h，然后在 65℃烘箱中烘干至恒重，测定干物质含量，烘干后粉碎过 40 目筛制成样品，测定样品中的钙和磷；另一份加 10% 硫酸处理后，置于 65℃烘箱中，烘干后粉碎，过 40 目筛，测定粗蛋白质。

1.3 指标测定及方法

1.3.1 生长性能测定

试验第 1 及 70 天在早晨饲喂前对幼鹿进行麻醉并采用电子称（精确到 g）空腹称重，记录体重（BW），准确计算平均日增重（ADG）。试验于 1 月 20—23 日及 2 月 20—23 日准确记录每天采食量，并计算平均日采食量（ADFI）与料重比（F/G）。

1.3.2 消化代谢指标测定

营养物质消化率采用 2N 盐酸不溶灰法测定，饲料及粪样干物质含量采用 105℃烘干法测定，参照 GB/T 6435—2006；粗蛋白质含量采用凯氏定氮法测定，参照 GB/T 6432—94；粗脂肪含量采用索氏抽提法测定，参照 GB/T 6433—94；粗灰分含量采用 550 ℃灼烧法测定，参照 GB/T 6438—92；钙含量采用乙二胺四乙酸（EDTA）络合滴定法测定，参照 GB/T 6436—92；磷含量采用钒钼酸铵比色法测定，参照 GB/T 6437—92；ADF 和 NDF 采用范氏（Van Soest）的洗涤纤维分析法测定，参照 GB/T 20806—2006。参照《饲料分析与饲料质量分析检测技术》[9]测定。

1.3.3 血清生化指标测定

BUN 采用酶偶联法测定，TP 采用双缩脲法测定，ALB 采用溴甲酚绿法测定，GLOB 采用总蛋白与白蛋白的差值表示，GLU 采用葡萄糖氧化酶法测定，UA 采样尿酸酶法测定，试剂盒购于中生北控生物科技有限公司，严格按照试剂盒操作说明进行测定，采用威图－E 全自动生化仪测定。

1.4 统计方法

数据应用统计组软件 SAS9.1.3 的 ANOVA 进程进行单因素方差分析，差异显著则 DUNCAN 法进行多重比较，$P < 0.05$ 为差异显著，$P < 0.01$ 为差异极显著。

2 结 果

2.1 生长性能

如表 3 所示。幼鹿各组各时期 BW 差异不显著（$P > 0.05$）；与对照组相比，将饲粮 CP 水平从 16.52% 降低至 13.70%，Ⅱ组幼鹿 BWG 和 ADG 显著低于对照组（$P < 0.05$），F/G 显著高于对照组（$P < 0.05$），Ⅲ组 ADFI 极显著低于对照组（$P < 0.01$），其余各项差异不显著（$P > 0.05$）；各试验组之间，在低 CP 饲粮中添加 RPM 后，BWG 和 ADG 随饲粮 RPM 添加水平增加而增加，Ⅳ组显著高于Ⅱ组（$P < 0.05$），ADFI 随饲粮 RPM 添加水平增加先降低后增加，Ⅲ组显著低于Ⅳ组（$P < 0.05$），而 F/G 随饲粮 RPM 添加水平增加而降低，Ⅲ组和Ⅳ组显著低于Ⅱ组（$P < 0.05$）。

表3 生长性能指标

Table 3 Growth performance indices

项目 Item	组别 Group			
	对照组	Ⅱ组	Ⅲ组	Ⅳ组
始重 Initial BW（kg）	38.25 ± 4.09	37.58 ± 3.07	38.75 ± 2.01	38.15 ± 3.57
末重 Final BW（kg）	44.85 ± 4.27	42.65 ± 2.24	44.85 ± 2.63	44.85 ± 4.01
增重 BWG（kg）	6.60 ± 0.71^a	5.08 ± 0.88^b	6.10 ± 0.72^{ab}	6.70 ± 0.74^a
平均日增重 ADG（g·d^{-1}）	94.27 ± 10.17^a	72.50 ± 12.53^b	87.14 ± 10.24^{ab}	95.71 ± 7.19^a
平均日采食量 ADFI（kg·d^{-1}）	1.81 ± 0.06^{Aa}	1.76 ± 0.02^{ABab}	1.70 ± 0.03^{Bb}	1.78 ± 0.07^{ABa}
料重比 F/G	19.44 ± 2.27^b	24.89 ± 4.25^a	19.79 ± 2.19^b	18.66 ± 1.35^b

2.2 营养物质消化率

越冬期梅花鹿幼鹿低蛋白质添加过 RPM 和 RPL 对营养物质消化率的影响如表 4 所示。与对照组相比，试验组幼鹿 P 消化率极显著降低（$P < 0.01$），CP、EE 和 Ca 消化率有降低趋势，而 ADF 消化率有一定降低，DM，OM 和 NDF 消化率有一定升高，但差异不显著（$P > 0.05$）；各试验组之间，CP 和 EE 消化率Ⅳ组最高，Ⅱ组最低，随饲粮 RPM 添加水平增加而增加，Ⅳ组显著高于Ⅱ组（$P < 0.05$），DM、OM、NDF 和 P 消化率均为Ⅲ组最高，且Ⅲ组 P 消化率显著高于Ⅱ组（$P < 0.05$），其余各项差异不显著（$P > 0.05$）。

表4 消化代谢指标

Table 4　Nutrients apparent digestibility %

项目 Item	组别 Group			
	对照组	Ⅱ组	Ⅲ组	Ⅳ组
干物质 DM	59.18 ± 2.64	60.86 ± 1.69	61.51 ± 3.58	60.94 ± 3.07
有机物 OM	61.34 ± 2.40	62.87 ± 1.67	63.30 ± 3.59	62.61 ± 3.20
粗蛋白质 CP	71.34 ± 2.94[ab]	68.30 ± 1.45[b]	71.22 ± 2.57[ab]	71.99 ± 1.54[a]
粗脂肪 EE	74.02 ± 4.75[ab]	69.44 ± 1.71[b]	73.59 ± 3.16[ab]	76.24 ± 1.53[a]
中性洗涤纤维 NDF	50.27 ± 2.26	52.20 ± 1.83	53.21 ± 3.65	52.76 ± 3.53
酸性洗涤纤维 ADF	41.08 ± 1.62	40.22 ± 2.07	39.33 ± 2.81	39.21 ± 4.12
钙 Ca	35.20 ± 2.52	31.95 ± 4.84	29.71 ± 5.66	31.24 ± 5.15
磷 P	50.37 ± 1.35[Bc]	59.13 ± 4.82[Ab]	65.30 ± 2.75[Aa]	61.36 ± 3.06[Aab]

2.3　血清生化指标

如表5所示。各组血清 TP、ALB、GLOB 含量差异不显著（$P > 0.05$）；对照组 BUN 显著高于Ⅲ（$P < 0.01$）组和Ⅳ组（$P < 0.05$），比Ⅱ组高 7.3%（$P > 0.05$），同时对照组 GLU 和 UA 含量极显著高于其他各组（$P < 0.01$）；试验组间，血清 BUN 和 UA 含量随 RPM 添加量的增加先降低后增加的趋势，Ⅲ组含量最低，血清 GLU 含量随 RPM 添加量的增加先增加后降低的趋势，Ⅲ组含量最高，但差异不显著（$P > 0.05$）。

表5 血清生化指标

Table 5　Serum biochemical indices

项目 Item	组别 Group			
	对照组	Ⅱ组	Ⅲ组	Ⅳ组
总蛋白 TP（$g \cdot L^{-1}$）	61.06 ± 1.91	61.28 ± 1.84	61.10 ± 2.36	61.49 ± 2.23
白蛋白 ALB（$g \cdot L^{-1}$）	34.32 ± 1.24	34.24 ± 1.48	34.88 ± 0.93	34.76 ± 2.36
球蛋白 GLOB（$g \cdot L^{-1}$）	26.53 ± 1.67	27.05 ± 2.34	26.23 ± 2.63	26.74 ± 1.98
尿素氮 BUN（$mmol \cdot L^{-1}$）	10.97 ± 0.29[Aa]	10.22 ± 0.66[ABab]	9.8 ± 0.95[Bb]	9.9 ± 0.93[ABb]
葡萄糖 GLU（$mmol \cdot L^{-1}$）	15.2 ± 1.25[A]	11.84 ± 2.13[B]	12.81 ± 0.79[B]	11.44 ± 1.13[B]
尿酸 UA（$\mu mol \cdot L^{-1}$）	8.15 ± 0.68[A]	5.49 ± 1.11[B]	4.79 ± 1.23[B]	5.6 ± 0.62[B]

3　讨　论

3.1　低 CP 饲粮添加 RPM 和 RPL 对越冬期梅花鹿幼鹿生长性能的影响

蛋白质和氨基酸是影响动物生长的主要因素[10,11]。云强等[6]发现，在 CP 为 12.02% 的饲粮中添加 RPL 和 RPM，犊牛的 ADG 可超过 CP 为 14.67% 水平的饲粮。本试验通过降低饲粮豆粕含量，升高玉米含量将饲粮 CP 水平从 16.52% 降低至 13.70%，导致适口性下降，蛋白质缺乏抑制了瘤胃微生物活性和营养物质消化吸收，幼鹿采食量降低，ADG 和 BWG 相应降低，料重比升高。王欣等[12]研究表明，幼鹿采食量和饲粮 CP 水平高度相关，ADG 随饲粮 CP 水平增加而增加。R. M. Blome 等[2]和 K. S. Bartlett 等[10]发现，犊牛采食量和 ADG 随饲粮 CP 水平提高而线性增加，与本试验结果一致。同时，本试验添加 RPL 和 RPM 后，幼鹿的氨基酸吸收能力和氨基酸利用率增强，ADG 和 BWG 随 RPM 添加增加而增加，甚至超过正常水平饲粮，与 M. N. Paula 等[13]在赤鹿的研究结果一致，而本试验采食量却随 RPM 的增加先降低后升高，料重比逐渐降低，可能是因为饲粮中添加 RPM 后，氨基酸平衡性的得到调节，Met 满足机体需要，采食相关神经及消化酶活性降低进而影响采食量，与周晓容等[14]的结果一致。可见降低饲粮 CP 水平，添加一定限制性氨基酸，可以缓解由于 CP 水平降低而对幼鹿生长的影响。本试验中Ⅳ组幼鹿的增重在数值上要高于对照组，这可能是由于试验组饲粮添加 RPL 和 RPM 后 CP 水平仅比对照组低2.62%，大多数试验研究认为降低饲粮 CP 水平在 4% 以内，添加限制性氨基酸均不影响动物的生产性能[5,15]，这也说明，研究中所用的试验组饲粮有进一步降低 CP 水平的潜能。

3.2 低 CP 饲粮添加 RPM 和 RPL 对越冬期梅花鹿幼鹿营养物质消化率的影响

营养物质消化率在适宜蛋白质水平和氨基酸比例发挥最大潜力，偏离最适营养水平就会降低其消化率，并影响其他营养物质消化利用。S. Y. Yang 等[16]报道，梅花鹿适宜的蛋白质水平为17%。本试验将饲粮 CP 水平从 16.52% 降低至 13.70%，CP、EE 和 Ca 消化率有降低趋势，与于丽伟[17]和 C. Lee 等[18]对梅花鹿、奶牛研究结果一致，但也不尽相同，其研究认为 DM、OM、NDF 和 ADF 消化率随饲粮 CP 水平降低而降低，本试验有一定升高，与云强等[6]和 J. B. Holter 等[19]结果相似，本试验仅改变了饲粮中豆粕与玉米含量，豆粕和玉米均是优质蛋白质，而于丽伟[17]和 C. Lee 等[18]试验饲粮中多种成分均发生了改变，蛋白质来源不同而影响了瘤胃微生物代谢和小肠吸收能力，进而影响营养物质消化[20,21]。此外，本试验还发现幼鹿 CP 和 EE 消化率随饲粮 RPM 添加量增加而增加，P 消化率先增加后降低。Met 和 Lys 作为反刍动物第一和第二限制性氨基酸，能够调节氨基酸的平衡性和协同性[22]，Met 是肉毒碱和脂载体蛋白合成的必要基团[23]，也是碱性磷酸酶和钠磷协同转运蛋白的组成成分，饲粮中添加 RPM 能提高 CP、EE 和 P 消化率，而 P 消化率也会受机体代谢及酶活性改变而受到影响，为满足机体对 P 的需要，必须提高消化率来降低由于采食量降低带来的影响，而 DM、OM、NDF 消化率在中间组最高也有可能是采食量降低的结果[24]。并且 ADF 和 NDF 受过瘤胃氨基酸添加量的影响较小，可能是因为 ADF 和 NDF 主要是在瘤胃中消化，而添加过瘤胃氨基酸对瘤胃微生物的影响甚微，甚至有可能受氨基酸包被物的影响而有所降低。

3.3 低 CP 饲粮添加 RPM 和 RPL 对越冬期梅花鹿幼鹿血清生化指标的影响

优化动物饲粮中蛋白质水平和氨基酸的比例可以提高畜产品品质和蛋白质饲料的利用率，动物对蛋白质和氨基酸摄入不足或吸收障碍最直接的表现就是血清蛋白质含量降低，在蛋白质摄入过多的情况下，为保持氨基酸的平衡性，富余氨基酸分解代谢加强，不足氨基酸合成增多，血清 BUN 和 UA 等代谢产物增多，同时在蛋白质分解的过程中会相应降低由糖代谢供能的过程，提高血清 GLU 含量[25,26]。K. S. Bartlett 等[10]研究表明，犊牛血清 TP，BUN，GLU 随饲粮 CP 水平增加而增加。K. M. Daniels 等[27]报道，降低饲粮 CP 水平会显著降低犊牛血清 GLU 浓度。本试验研究表明降低饲粮 CP 水平可以降低血清 BUN，GLU，UA 含量，而血清 TP、ALB、GLOB 含量并没有降低，李辉等[25]研究表明，只有部分血清蛋白质指标有差异，可能是由于试验组添加了 RPL

和 RPM，改善机体对蛋白质和氨基酸的吸收能力可提高血清蛋白质含量，并降低蛋白质分解代谢，提高氨基酸的利用率，促进正常的糖代谢，且糖代谢能够基本满足能量等需要，不需要动员机体过多的蛋白质。试验组间血清指标均没有显著差异，仅有 BUN 和 UA 降低和 GLU 升高的微弱变化，与 M. N. Paula 等[13]和李昌福等[28]对赤鹿和安哥拉兔研究的结果一致，而 G. F. Schroeder 等[29]报道，Met 含量对其有显著影响，与本试验不尽相同，但变化规律是一致的，可能是因为幼鹿采食量低，G. F. Schroeder 等[29]等组间采食 RPM 差异较大，甚至出现过量现象，而本试验对幼鹿补充 RPM 量是合理的，同时鹿科动物适应力强，能够通过部分机体调节改善营养缺陷。

4 结 论

将饲粮 CP 水平从 16.52% 降低至 13.70% 会延缓幼鹿生长，降低部分营养物质消化率，但可以提高磷消化率，降低血清 BUN 和 UA 含量，降低氮、磷排放，补充 0.16% RPM 和 0.30% RPL 有利于幼鹿代谢平衡，改善生长发育，提高饲料转化率，进一步降低氮、磷排放，有力地促进了茸鹿养殖业与环境和谐发展。

参考文献

[1] BRODERICK G A. Effects of varying dietary protein and energy levels on the production of lactating dairy cows [J]. J Dairy Sci, 2003, 86 (4): 1 370 – 1 381.

[2] BLOME R M, DRACKLEY J K, MCKEITH F K, et al. Growth nutrient utilization and body composition of dairy calves fed milk replacers containing different amounts of protein [J]. J Anim Sci, 2003, 81 (6): 1 641 – 1 655.

[3] LEONARDI C, STEVENSON M, ARMENTANO L E. Effect of two levels of crude protein and methionine supplementation on performance of dairy cows [J]. J Dairy Sci, 2003, 86 (12): 4 033 – 4 042.

[4] ALETOR V A, HAMID I I, NIEß E, et al. Low – protein amino acid – supplemented diets in broiler chickens: effects on performance, carcass characteristics, whole – body composition and efficiencies of nutrient utilisation [J]. J Sci Food Agric, 2000, 80 (5): 547 – 554.

[5] FIGUEROA J L, LEWIS A J, MILLER P S, et al. Nitrogen metabolism and growth performance of gilts fed standard corn – soybean meal diets or low – crude protein, amino acid – supplemented diets [J]. J Anim Sci, 2002, 80 (11): 2 911 – 2 919.

[6] 云强，刁其玉，屠焰，等. 日粮中赖氨酸和蛋氨酸比对断奶犊牛生长性能和消化代谢的影响 [J]. 中国农业科学, 2011, 44 (1): 133 – 142. YUN Q, DIAO Q, TU Y, et al. Effects of dietary lysine to methionine ratio on growth performance, nutrient digestibility, and metabolism in weaned calves [J]. Scientia Agricultura Sinica, 2011, 44 (1): 133 – 142. (in Chinese).

[7] DINN N E, SHELFORD J A, FISHER L J, et al. Use of the Cornell net carbohydrate and protein system and rumen – protected lysine and methionine to reduce nitrogen excretion from lactating dairy cows [J]. J Dairy Sci, 1998, 81 (1): 229 – 237.

[8] LORDELO M M, GASPAR A M, BELLEGO L L, et al. Isoleucine and valine supplementation of a low – protein corn – wheat – soybean meal – based diet for piglets: Growth performance and nitro-

gen balance [J]. J Anim Sci, 2008, 86 (11): 2 936 – 2 941.

[9] 张丽英. 饲料分析与饲料质量分析检测技术 [M]. 北京：中国农业大学出版社，2002. ZHANG L Y. Feed analysis and quality inspection technology [M]. Beijing：China Agricultural University Press, 2002. (in Chinese).

[10] BARTLETT K S, MCKEITH F K, VANDEHAAR M J, et al. Growth and body composition of dairy calves fed milk replacers containing different amounts of protein at two feeding rates [J]. J Anim Sci, 2006, 84 (6): 1 454 – 1 467.

[11] KLEMESRUD M J, KLOPFENSTEIN T J, LEWIS A J. Metabolize methionine and lysine requirements ofgrowing cattle [J]. J Anim Sci, 2000, 78 (1): 199 – 206.

[12] 王欣，李光玉，崔学哲，等. 雄性梅花鹿仔鹿越冬期配合日粮适宜蛋白质水平的研究 [J]. 中国畜牧兽医，2011，(1): 23 – 26. WANG X, LI G Y, CUI X Z, et al. Investigation about appropriate proteins of total mixed rations on young male sika cavles over winter [J]. China Animal Husbandry Veterinary Medicine, 2011, 38 (1): 23 – 26. (in Chinese).

[13] PAULA M N, GERMAN D M M, JOES H H, et al. Effect of ruminally protected methionine on body weight gain and growth of antlers in red deer (Cervus elaphus) in the humid tropics [J]. Trop Anim Health Prod, 2012, 44 (4): 681 – 684.

[14] 周晓容，高巧仙，杨飞云，等. 日粮蛋氨酸水平对6～10周龄四川白鹅生产性能和血液代谢指标的影响 [J]. 西南师范大学学报（自然科学版），2012，11: 90 – 93. ZHOU X R, GAO Q X, YANG F Y, et al. Effect of dietary methionine (Met) levels on growth performances, blood metabolic indexes for 6 – 10 week old Sichuan white geese [J]. Journal of Southwest China Normal University (Natural Science Edition), 2012, 37 (11): 90 – 93. (in Chinese).

[15] KERR B J, EASTER R A. Effect of feeding reduced protein, amino acids – supplemented diets on nitrogen and energy balance in growing pig [J]. J Anim Sci, 1995, 73: 3 000 – 3 008.

[16] YANG S Y, OH Y K, AHN H S, et al. Maintenance crude protein requirement of penned female Korean Spotted deer (Cervus nippon) [J]. Asi Austr J Anim Sci, 2014, 27 (1): 30 – 35.

[17] 于丽伟. 断乳仔鹿的蛋白质维持需要及对蛋白质和能量利用的研究 [D]. 长春：吉林农业大学，2006. YU L W. Maintenance protein requirement and utilization of protein and energy by weaned sika deer [D]. Changchun：Jilin Agricultural University, 2006. (in Chinese).

[18] LEE C, HRISTOV A N, HEYLER K S, et al. Effects of metabolizable protein supply and amino acid supplementation on nitrogen utilization, milk production, and ammonia emissions from manure in dairy cows [J]. J Dairy Sci, 2012, 95 (9): 5 253 – 5 268.

[19] HOLTER J B, HAYES H H, SMITH S H. Protein requirement of yearling white – tailed deer [J]. J Wildlife Manag, 1979, 43 (4): 872 – 879.

[20] 吴小燕，王之盛，邹华围. 不同蛋白质饲料对宣汉黄牛瘤胃固相粘附蛋白分解菌数量的影响 [J]. 畜牧兽医学报，2014，45 (6): 953 – 959. WU X Y, WANG Z S, ZOU H W. Different protein sources dietary affect the quantities of rumen proteobacteria adhensive to solid fractions in Xuanhan yellow cattle [J]. Acta Veterinaria et Zootechnica Sinica, 2014, 45 (6): 953 – 959. (in Chinese).

[21] 李辉，刁其玉，张乃锋，等. 不同蛋白质来源对早期断奶犊牛胃肠道形态发育的影响

（二）［J］．动物营养学报，2009，21（2）：186 – 191. LI H，DIAO Q Y，ZHANG N F，et al. Effects of different protein sources on gastrointestinal chara cteristicsin early – weaning calves（Ⅱ）［J］. Chinese Journal of Animal Nutrition，2009，21（2）：186 – 191.（in Chinese）.

［22］SCHWAB C G，MUIS S J，HYLTON W E，et al. Response to abomasal infusion of methionine of weaned dairy calves fed acomplete pelleted starter ration based on byproduct feeds［J］. J Dairy Sci，1982，65（10）：1 950 – 1 961.

［23］GRUMMER R R. Etiology of lipid – related metabolic disorders in periparturient dairy cows［J］. J Dairy Sci，1993，76（12）：3 882 – 3 896.

［24］余健剑，束刚，江青艳. 氨基酸调控畜禽采食的研究进展［J］. 动物营养学报，2011，23（6）：908 – 913. YU J J，SU G，JIANG Q Y. Recent advances in regulating feed intake by amino acids［J］. Chinese Journal of Animal Nutrition，2011，23（6）：908 – 913.（in Chinese）.

［25］李辉，刁其玉，张乃锋，等. 不同蛋白水平对犊牛消化代谢及血清生化指标的影响［J］. 中国农业科学，2008，41（4）：1 219 – 1 226. LI H，DIAO Q Y，ZHANG N F，et al. Effect of different protein levels on nutrient digestion metabolism and serum biochemical indexes in calves［J］. Scientia Agricultura Sinica，2008，41（4）：1 219 – 1 226.（in Chinese）.

［26］李辉，刁其玉，张乃锋，等. 不同蛋白质来源对早期断奶犊牛消化及血清生化指标的影响（一）［J］. 动物营养学报，2009，21（1）：47 – 52. LI H，DIAO Q Y，ZHANG N F，et al. Effects of different protein sources on nutrient digestibility and serum biochemical parameters in early – weaning calves（Ⅰ）［J］. Chinese Journal of Animal Nutrition，2009，21（1）：47 – 52.（in Chinese）.

［27］DANIELS K M，HILL S R，KNOWLTON K F，et al. Effects of milk replacer composition on selected blood metabolites and hormones in preweaned holstein heifers［J］. J Dairy Sci，2008，91（7）：2 628 – 2 640.

［28］李福昌，姜文学，刘宏峰，等. 日粮蛋氨酸水平对安哥拉兔氮利用、产毛性能及血液指标的影响［J］. 畜牧兽医学报，2003，（3）：246 – 249. LI F C，JIANG W X，LIU H F，et al. Effects of varying levels of methionine on nitrogen utilization，wool production and relative blood traits in angora rabbits［J］. Acta Veterinaria et Zootechnica Sinica，2003，34（3）：246 – 249.（in Chinese）.

［29］SCHROEDER G F，TITGEMEYER E C，AWAWDEH M S，et al. Effects of energy source on methionineutilization by growing steers［J］. J Anim Sci，2006，84（6）：1 505 – 1 511.

中图分类号：　文献标志码：A　文章编号：0366 – 6964（2015）06 – 0000 – 00

此文发表于《畜牧兽医学报》2015 年第 46 卷第 6 期

基于 DGGE 和 T – RFLP 分析采食不同粗饲料梅花鹿瘤胃细菌区系[*]

李志鹏[1][**]　姜　娜[2]　刘晗璐[1]　崔学哲[1]　荆　祎[1]　杨福合[1]　李光玉[1][***]

(1. 中国农业科学院特产研究所吉林省特种经济动物分子重点实验室，长春　130112；
2. 农业部环境保护科研监测所生态农业研究室，天津　300191)

摘　要：【目的】研究梅花鹿（*Cervus nippon*）瘤胃细菌区系，为梅花鹿瘤胃发酵调控提供分子生物学依据。【方法】采用 DGGE 与 T – RFLP 技术比较以玉米秸秆（CS组）和柞树叶（OL组）为主要粗饲料的梅花鹿瘤胃细菌区系变化。【结果】DGGE 图谱聚类表明，OL 组与 CS 组细菌区系相似度低于 65%，而且同组不同个体之间瘤胃细菌区系存在差异。序列分析表明，OL 组与 CS 组中存在大量 *Prevotella* spp.，但不同组中 *Prevotella* spp. 在种水平组成不同，主要纤维降解菌为 *Clostridium* spp. 与 *Eubacterium* spp.。T – RFLP 结果显示，OL 组与 CS 组以及同组不同梅花鹿瘤胃细菌的丰富度、多样性、均匀度和优势度有差异。81、214、272 和 308 bp 的 T – RFs 为 OL 组优势条带，90、95、175、273 和 274 bp 的 T – RFs 为 CS 组优势条带，161、259、264、266 和 284 bp 的 T – RFs 为共同条带。【结论】*Prevotella* spp. 是梅花鹿瘤胃优势细菌，但不同粗饲料影响梅花鹿瘤胃细菌区系组成。

关键词：梅花鹿；细菌区系；普雷沃氏菌；单宁

The Analysis of Bacterial Diversity in the Rumen of Sika Deer (*Cervus nippon*) fed Different Forages Using DGGE and T – RLFP

Li Zhipeng[1], Jiang Na[2], Liu Hanlu[1], Cui Xuezhe[1],
Jing Yi[1], Yang Fuhe[1], Li Guangyu[1]

([1]Jilin Provincial Labororary for Molecular Biology of Special Economic Animals, Insitute of Special Animal and Plant Sciences of Chinese Academy of Agricultural Sciences, Changchun 130112; [2]Laboratory of Biodiversity and Eco – Agriculture, Agro – Environmental Protection Institute, Ministry of Agriculture, Tianjin 300191)

Abstract：【Objective】The objective of present study is to investigate the bacterial diver-

---

* 收稿日期：2013 – 05 – 20；接受日期：2013 – 07 – 19

基金项目：国家科技支撑计划（2011BAI03B02）

** 作者简介：李志鹏（1984—），男，陕西蒲城人，硕士研究生，研究方向为经济动物微生物与营养；E – mail：zhplicaas@163.com

*** 通讯作者，李光玉（1971—），男，湖北恩施人，研究员，博士生导师，研究方向为特种动物营养与饲养；E – mail：tc-slgy@126.com

sity in the rumen of sika deer (*Cervus nippon*), which can provide molecular basis for manipulation of rumen fermentation. 【Method】 The bacterial communities in the rumen of sika deer feeding oak leaves based (OL group) and corn stalk based (CS group) diets were compared using DGGE and T – RFLP. 【Result】 The clustering patterns of DGGE indicated that the similarity of bacterial diversity between CS group and OL group was lower than 65%, the differences were found between animlas in the same group. Sequneces analysis of DGGE showed that *Prevotella* spp. were the dominant bacteria in the OL and CS groups, but the composition of genus *Prevotella* at species level was different in two groups. The dominant fibrolytic bacterial in two groups includes *Clostridium* spp. and *Eubacterium* spp.. The results of T – RFLP showed that the richness, diversity, evenness and dominance indices between CS group and OL group, and anmilas in the same group were varied. T – RFs representing 81bp, 214bp, 272bp and 308bp in OL group were dominant, 90bp, 95bp, 175bp, 273bp and 274 bp were predominant in CS group, and 161bp, 259bp, 264bp, 266bp and 284bp were presented in all animals. 【Conclusion】 These results suggested that *Prevotella* spp. were the dominant bacteria in the rumen of sika deer. The forage source affected the rumen bacterial communities.

Keywords：Sika deer；bacterial structure；*Prevotella* spp.；tannins

引言

【研究意义】 梅花鹿 (*Cervus nippon*) 是一种中型反刍动物，其产品具有较高的药用价值。研究表明反刍动物瘤胃内栖息大量微生物，如细菌 $10^{10} \sim 10^{11}$ 个/mL，原虫 $10^4 \sim 10^6$ 个/mL 和真菌 $10^3 \sim 10^6$ 个/mL 等[1]。反刍动物依赖瘤胃微生物将采食粗饲料降解为可被机体吸收的挥发性脂肪酸，其中瘤胃细菌是研究最为广泛的一类微生物。因此，分析梅花鹿瘤胃细菌区系，对研究梅花鹿瘤胃发酵以及提高梅花鹿生产意义重大。【前人研究进展】 目前，国内外已经报道了不同反刍动物瘤胃细菌区系，如牦牛[2]、梅花鹿[3]、大额牛[4]、山羊[5]、羊驼[5]、驯鹿[6,7] 以及双峰驼[8] 等。而且，研究证明瘤胃细菌区系受宿主种类和动物日粮影响[9~13]。Sundset 等[7] 研究表明，放牧驯鹿瘤胃内拟杆菌门和厚壁菌门的比列分别为 29.4% 和 70.6%，而采食精料驯鹿瘤胃内二者比列分别为 1.8% 和 91.1%。Sundset 等[6] 发现，夏季期间采食牧草的半家养成年雌性挪威驯鹿瘤胃内产甲烷菌，细菌和纤毛虫的数量分别为 3.17×10^9、5.17×10^{11} 和 4.02×10^7 个。*Methanobrevibacter* spp. 和未培养古菌为优势产甲烷菌。Pope 等[14] 使用高通量测序技术对斯瓦尔巴德群岛驯鹿瘤胃细菌区系进行分析，结果表明拟杆菌门和厚壁菌门为瘤胃内主要细菌，它们通过多糖降解基因座和 20 多种糖苷水解酶及其他碳水化合物活性酶家族降解多种多糖，包括纤维素、木质素和果胶等。Hiura 等[3] 从采食富含单宁树叶的北海道地区野生梅花鹿瘤胃中分离到可有效降解单宁的 *Streptococcus* spp.。然而，基于免培养技术分析梅花鹿瘤胃细菌区系的研究在国内尚未见报道。【本研究切入点】 玉米秸秆是家养梅花鹿常用粗饲料，柞树叶是放牧条件下梅花鹿喜欢采食的一种富含单宁的粗饲料。而且研究发现植物中含有的单宁对反刍动物瘤胃细菌具有抑制作用，而且影响蛋白质和纤维素的消化吸收[15~17]。但采食两种粗饲料梅花鹿瘤胃细菌区系及其差异仍不清楚。【拟解决的关键问题】 本研究基于 DGGE 和 T – RFLP 技术分析比较两种粗饲料条件下梅花鹿瘤胃细菌区系差异，旨为提高梅花鹿生产，分析梅花鹿对富含单宁粗饲料耐受以及发掘微生物基因资源提供理论依据。

1　材料与方法

动物饲养试验于 2011 年 10—11 月在中国农业科学院特产研究所茸鹿实验基地进行，样品分析于 2012 年 6—8 月在中国农业科学院特产研究所吉林省特种经济动物分子重点实验室进行。

1.1　实验动物

选取 4 头 2 岁龄的装有永久性瘤胃瘘管的成年雄性梅花鹿为研究对象，平均体重 130kg，单只单圈饲养。

1.2　试验处理与样品采集

实验动物分为两组：OL 组（梅花鹿 A 和 B）的粗饲料为柞树叶；CS 组（梅花鹿 C 和 D）的粗饲料为玉米秸秆，两组动物饲喂相同的精饲料（表 1），粗饲料在日粮中约占 35%。每天定时饲喂两次，不限饲，持续饲喂 30 d（2011 年 10 月 1—30 日）。柞树叶中粗蛋白和粗纤维含量分别为 21.4% 和 33.58%；玉米秸秆分别为 4.03% 和 37.57%；精饲料中粗蛋白含量为 16.0%；柞树叶中单宁含量为 0.973%。第 31 天早上饲喂之前通过瘤胃瘘管取瘤胃内固液混合物约 100mL，置于冰盒中迅速带回实验室，保存于 -80℃ 冰箱备用。

表 1　精饲料组成及营养水平（风干基础）

Table 1　Composition and nutrient levels of the concentrate diet（air – dry basis）

原料 Ingredients	含量 Content	营养水平 Nutrient levels	含量 Content
玉米面 Corn flour	64.5	代谢能 ME（MJ·kg⁻¹）	16.72
豆粕 Soybean meal	19.7	粗蛋白质 CP	16.00
玉米酒精糟蛋白 DDGS	14.5	酸性洗涤纤维 ADF	33.00
食盐 NaCl	0.5	中性洗涤纤维 NDF	21.00
预混料 Premix	0.8	钙 Ca	0.93
合计 Total	100.0	磷 P	0.45

1.3　基因组 DNA 提取

瘤胃样品中微生物基因组 DNA 提取按照 PowerSoil© DNA Isolation Kit 说明进行。

1.4　变性梯度凝胶电泳（DGGE）与分析

引物 F341GC/534R[18] 扩增细菌 16S rRNA 基因 V3 区，上游引物 5′端连接 40 bp GC 夹子（5′ – CGCCCGCCGCGCGCGGCGGGCGGGGCGGGGGCACGGGGGG – 3′）。DGGE 参考朱伟云等[19]方法，每个样品 3 个重复，变性物（甲酰胺和尿素）梯度：40% ~ 60%，电泳条件：60℃，80V，14 h；电泳结束后 SYBR Green I 染色 25 min，采用 Gel Doc™ XR⁺ 系统对凝胶扫描拍照；BioNumerics 6.0 软件进行聚类分析。

1.5　克隆与测序分析

DGGE 图谱中优势和特异条带割胶回收，置于 500 μL 去离子水中，4℃ 过夜培养，并用不带

GC 夹子引物 F341/534R 扩增。TOPO© TA Cloning©试剂盒克隆条带序列，送至生工生物工程（上海）有限公司进行测序。NCBI 中搜索与每个序列相似性最高的已知微生物，并将序列提交至 NCBI，登录号为 KC844068 – KC844111。

1.6 末端限制片段长度多样性（T – RFLP）与数据分析

通用引物 27F（5′ – AGAGTTTGATCMTGGCTCAG – 3′）和 1389R（5′ – ACGGGCGGTGTG-TACAAG – 3′）[20]扩增细菌 16S rRNA 基因，其中上游引物 5′端用 6 – FAM 标记。PCR 条件为：95℃ 2 min；95℃ 2 min、50℃ 60 S、72℃ 4min，20 个循环；72℃ 10min。PCR 产物纯化后于 37℃用限制性内切酶 Hae III 酶切，4h 后在 65℃反应 20 min 终止反应，并送往生工生物工程（上海）有限公司进行 STR 检测（ABI 3730 DNA Analyzer），扫描结果采用 Peak Scanner 1.0 软件输出。

剔除结果中 <50 bp 和峰面积比重 <0.5% 的 T – RFs，仅采用峰面积比重 >0.5% 的 T – RFs 进行分析。每个 T – RF 视为一个 OTU（Operational Taxonomic Unit），以相对峰面积作为对应 OTU 的丰度。BIO – DAP 程序（http：//nhsbig. inhs. uiuc. edu/wes/populations. html）计算 Shannon – Wiener 指数、Simpson 指数、Pielou 指数和 Margalef 指数，分别对应细菌群落的多样性、优势度、均匀度和丰富度。使用 Mev4 V4.8 软件中的等级相关模型进行 T – RFLP 聚类分析[21]。通过 Microbial Community Analysis III（MiCA III）数据库推测 T – RFs 可能代表的微生物种类[22]。

2 结果

2.1 DGGE 指纹图谱与聚类分析

4 头梅花鹿瘤胃细菌 16S rRNA 基因 V3 区 DGGE 图谱聚类结果如图 1 所示。DGGE 图谱存在共同泳带，但大多数泳带的位置不同。CS 组和 OL 组图谱分别聚为一类，CS 组和 OL 组瘤胃细菌区系相似性度于 65%，表明粗饲料种类影响梅花鹿瘤胃细菌区系。OL 组梅花鹿 A 和 B 的 DGGE 图谱相似度大于 70%，CS 组梅花鹿 C 和 D 的 DGGE 图谱相似性大于 75%，表明不同个体的瘤胃细菌区系有差异。

2.2 DGGE 条带分析

OL 组和 CS 组分别获得 20 和 24 个 DGGE 特异性条带（图 2），序列与已培养细菌的相似性结果见表 2。CS 组条带可归类为拟杆菌门、厚壁菌门和变形菌门，而 OL 组条带可归类为拟杆菌门、厚壁菌门、变形菌门和互养菌门。以 ≥97% 序列相似性为标准，CS 组中条带 1、3、5、10、13 和 16 可分别判定为 *Prevotella ruminicola*、*Clostridium populeti*、*Clostridium populeti*、*Succinivibrio dextrinosolvens*、*Eubacterium cellulosolvens* 和 *Coprococcus utactus*，其余条带与已知培养菌的序列相似性为 91% ~96%。OL 组中条带 1、3、9、10、12、13 和 18 可确定为 *C. populeti*、*Streptococcus pasteurianus*、*E. cellulosolvens*、*S. dextrinosolvens*、*Moryella indoligenes*、*Pseudobutyrivibrio ruminis* 和 *St. pasteurianus*，其余条带与已培养菌序列相似性为 93% ~96%。

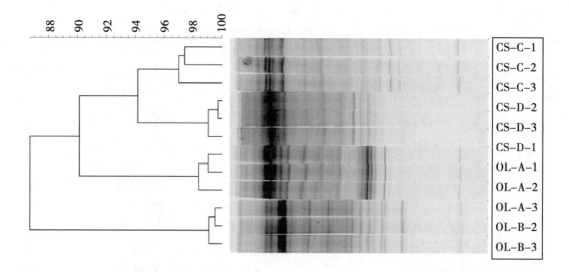

图1 不同粗饲料条件下梅花鹿瘤胃细菌 DGGE 聚类图谱

Fig. 1 Clusterring patterns of DGGE from rumen bacteria of Sika deer fed different diets

CS：corn stalk；OL：oak leaves；Letter A，B，C and D：Sika deer A，B，C and D

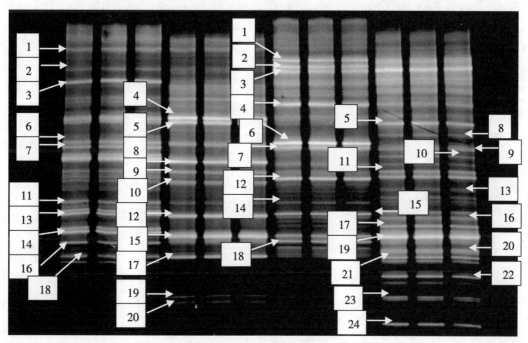

图2 不同样品 DGGE 条带信息

Fig. 2 DGGE bands information from different samples

表 2　CS 组与 OL 组 DGGE 条带序列分析

Table 2　Sequence analysis of DGGE bands from the CS and OL groups

CS 组 group			OL 组 group		
条带 Band	相似性最高细菌 Closest cultured taxon （accession No）	相似度 Identity（%）	条带 Band	相似性最高细菌 Closest cultured taxon （accession No）	相似度 Identity （%）
1	*P. ruminicola*（NR044632）	98	1	*C. populeti*（NR026103）	99
2	*P. loescheii*（NR043216）	96	2	*P. salivae*（NR024816）	93
3	*C. populeti*（NR026103）	98	3	*St. pasteurianus*（NR043660）	100
4	*P. pleuritidis*（NR041541）	94	4	*P. dentalis*（NR029284）	94
5	*C. populeti*（NR026103）	98	5	*P. salivae*（NR024816）	96
6	*P. pleuritidis*（NR041541）	94	6	*P. denticola*（NR042842）	95
7	*P. corporis*（NR044627）	94	7	*P. oulorum*（NR029147）	94
8	*P. buccalis*（NR044630）	94	8	*P. buccalis*（NR044630）	94
9	*P. dentalis*（NR029284）	95	9	*E. cellulosolvens*（NR026106）	98
10	*S. dextrinosolvens*（NR026476）	98	10	*S. dextrinosolvens*（NR026476）	98
11	*P. dentalis*（NR029284）	93	11	*P. salivae*（NR024816）	95
12	*P. melaninogenica*（NR042843）	95	12	*M. indoligenes*（NR043775）	97
13	*E. cellulosolvens*（NR026106）	98	13	*Ps. ruminis*（NR026315）	99
14	*P. dentalis*（NR029284）	95	14	*P. oulorum*（NR029147）	94
15	*P. loescheii*（NR043216）	93	15	*P. dentalis*（NR029284）	94
16	*Cp. utactus*（NR044049）	98	16	*P. histicola*（NR044407）	95
17	*D. acidaminovorans*（NR029034）	92	17	*P. dentalis*（NR029284）	95
18	*D. acidaminovorans*（NR029034）	92	18	*St. pasteurianus*（NR043660）	100
19	*E. ruminantium*（NR024661）	93	19	*P. dentalis*（NR029284）	96
20	*G. esophilus*（NR041450）	91	20	*P. dentalis*（NR029284）	96
21	*P. copri*（NR040877）	92			
22	*P. copri*（NR040877）	93			
23	*P. dentalis*（NR029284）	94			
24	*B. uniformis*（NR040866）	94			

C：*Clostridium*；*E*：*Eubacterium*；*P*：*Prevotella*；*S*：*Succinivibrio*；*St*：*Streptococcus*；*M*：*Moryella*；*Ps*：*Pseudobutyrivibrio*；*Cp*：*Coprococcus*；*B*：*Bacteroides*；*D*：*Dethiosulfovibrio*；*G*：*Galbibactera*，sequence similarity

2.3　T–RFLP 图谱多样性分析

4 头梅花鹿的 T–RFs 数分别为 26、24、22 和 44，不同梅花鹿的瘤胃细菌多样性指数见表 3。梅花鹿 D（CS 组）具有最高的丰富度（Margalef 指数）、多样性（Shannon 指数）、均匀度（Pielou 指数）和最低的优势度（Simpson 指数），梅花鹿 A 和 B（OL 组）的各项指数相近但低于梅花鹿 D，说明 OL 组中的粗饲料（柞树叶）影响瘤胃中微生物的相对生物量。梅花鹿 C 和 D 的各项指数相差较大而且梅花鹿 C 的指数低于梅花鹿 A 和 B，这表明同组不同个体之间存在差异。

表3　基于 T - RFLP 分析不同粗饲料情况下瘤胃细菌多样性指数

Table 3　Rumen bacterial diversity indicesof Sika deer from different diets based on T - RFLP

| 组/动物 | OL 组 OLgroup | | CS 组 CSgroup | |
Groups/animals	A	B	C	D
Shannon index	2. 110	2. 160	1. 890	3. 210
Simpson index	0. 230	0. 273	0. 322	0. 076
Pielou index	0. 640	0. 577	0. 541	0. 833
Margalef index	5. 346	6. 232	4. 698	9. 352

2.4　T - RFLP 图谱聚类分析与 T - RFs 定性分析

T - RFs 图谱聚类（图3）表明，4头梅花鹿 T - RFs 聚为两类，粗饲料来源影响梅花鹿瘤胃细菌 T - RFs 图谱特征，其中，梅花鹿 A、B 和 C 的 T - RFs 特征条带图谱相似，这与多样性指数结果一致。OL 组（梅花鹿 A 和 B）图谱中优势 T - RFs 为81、214、272 和308 bp；CS 组（梅花鹿 C 和 D）图谱中优势条带为 T - RFs 为90、95、175、273 和274 bp；所有梅花鹿均存在161、259、264、266 和284 bp 的 T - RFs。根据 MiCA Ⅲ 结果，它们可能代表细菌种类见表4。这些代表细菌归类于拟杆菌门、厚壁菌门、变形菌门和酸杆菌门。

表4　CS 组与 OL 组 T - RFs 代表细菌

Table 4　The putative bacteria of T - RFs from the CS and OL groups

T - RFs (bp)	可能代表细菌 Putative bacteria
81	*Proteobacterium* spp.
214	*Selenomonas* spp. ; *Syntrophomonas* spp. ; *Proteobacterium* spp. ; *Megasphaera* spp.
272	*Acidobacteria* spp. ; *Streptococcus* spp. ; *Clostridium* spp. ; *Lachnospiraceae* spp. ; *Ruminococcus* spp. ; *Eubacterium* spp.
308	*Streptococcus* spp. ; *Erysipelothrix* spp.
90	*Flavobacterium* spp.
95	*Ruminococcus* spp. ; *Geobacillus* spp.
175	*Veillonellaceae* spp. ; *Mycobacterium* spp. ; *Acidobacteria* spp.
273	*Streptococcus* spp. ; *Clostridium* spp. ; *Anaerococcus* spp. ; *Desulfotomaculum* spp. ; *Ruminococcus* spp. ; *Butyrivibrio* spp. ; *Roseburia* spp. ; *Pseudobutyrivibrio* spp. ; *Eubacterium* spp.
274bp	*Streptococcus* sp. ; *Clostridium* spp. ; *Eubacterium* spp. ; *Pseudobutyrivibrio* spp. ; *Butyrivibrio* spp. ; *Lachnospira* spp. ; *Desulfobacter* spp. ; *Roseburia* spp.
161	*Bacteroides* spp. ; *Selenomonas* spp.
259	*Ruminococcus* spp. ; *Clostridium* spp. ; *Bacteroides* spp. ; *Eubacterium* spp. ; *Parabacteroides* spp.
264	*Streptococcus* spp. ; *Bacteroides* spp. ; *Parabacteroides* spp. ; *Prevotella* spp. ; *Eubacterium* spp.
266	*Clostridium* spp. ; *Prevotella* spp.
284	*Enterococcus* spp. ; *Lactobacillus* spp.

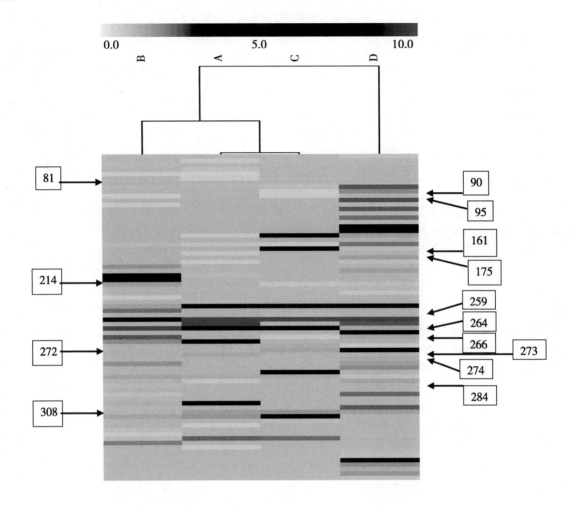

热点图代表 T – RFs 相对强度，其中最低强度为 0.0，最高强度为 20.0，每行代表 T – RF 片段大小，每列代表不同梅花鹿

The heatmap shows the relative abundance of T – RFs，where 0.0 is the lowest and 20.0 the highest abundance. Each row represents a T – RF size and each column corresponds to each Sika deer

图 3 不同饲料情况下梅花鹿瘤胃细菌 T – RFLP 聚类图谱

Fig. 3 Clustering patterns of the terminal restriction fragment length polymorphism of rumen bacteria from Sika deer under different diets

3 讨论

DGGE 与 T – RFLP 是两种以 16S rRNA 基因为靶序列的分子指纹图谱技术，可实现对环境微生物群落结构的快速定性分析。本研究基于 DGGE 和 T – RFLP 分析并比较了以玉米秸秆和柞树叶为粗饲料的梅花鹿瘤胃细菌区系变化。Yu 等[23]发现，扩增 16S rRNA 基因不同变异区会对 DGGE 图谱和环境微生物多样性结果有较大影响，V3 区作为靶序列用于 DGGE 分析效果最理想，但 V3 区序列相对较短（约 200bp），分类信息相对缺乏。Huws 等[24,25]报道，16S rRNA 基因 V6 ~ V8 区序列相对较长（引物 F968GC/1401R，约 500 bp），DGGE 分辨率和特异性高，但变异性相对较高，而且扩增过程易出现引物错配。因此，本试验选择 16S rRNA 基因 V3 区用于分析

瘤胃细菌区系。同样，PCR 引物和条件对 T - RFLP 的结果也有较大影响。引物 27F/1389R 不但能扩增几乎全长的 16S rRNA 基因，而且 1389R 的扩增位点在常用引物 1492R 之前。因为目前 RDP 数据库中大部分 16S rRNA 基因序列都是引物 27F/1492R 的扩增产物，所以 T - RFLP 分析中采用引物 27F/1389R 能提高 T - RFs 的可预测性[26]。Hongoh 等[20]发现，PCR 的退火温度和循环数增加会导致环境微生物多样性降低，因此本研究中 PCR 循环数减少至 20。

DGGE 与 T - RFLP 结果表明，采食不同粗饲料梅花鹿瘤胃内均存在 *Prevotella* spp.，而且 T - RFs 丰度与 DGGE 条带强度表明 *Prevotella* spp. 相对丰富。说明 *Prevotella* spp. 是梅花鹿瘤胃内优势细菌，这与梅花鹿、奶牛、山羊和羊驼结果一致[5,27~29]。*Prevotella* spp. 是瘤胃中存在数量最为丰富的一类细菌[27,29,30]，它们可利用多种多糖，并可促进木聚糖的降解[31,32]，说明 *Prevotella* spp. 在梅花鹿瘤胃发酵中起重要作用。但 DGGE 图谱中大部分条带与 *Prevotella* spp. 序列的相似性 <97%，表明梅花鹿瘤胃可能存在新的未培养的 *Prevotella* spp.，这可能与梅花鹿驯化时间相对较短有关。Kobayashi 等[33]报道，称北海道地区野生梅花鹿瘤胃内 96% 细菌为未培养菌。

Orpin 等[34]通过分离培养发现，*Butyrivibrio fibrisolvens* 是不同季节的野生梅花鹿瘤胃优势细菌。Aagnes 等[35]报道，冬季放牧挪威驯鹿瘤胃液相中优势细菌为 *Bacteroides* spp.、*Fibrobacter* spp.、*Streptococcus* spp. 和 *Clostridium* spp.，饲喂青苔的驯鹿瘤胃液相中优势细菌为 *Streptococcus* spp. 和 *Clostridium* spp.。Sundset 等[7]发现，驯鹿瘤胃内 *Prevotella* spp./*Bacteroides* spp. 比例为 7%~42%。与本试验结果有所不同，产生这些差异的原因可能是宿主种类、生活的地理环境及日粮不同。

DGGE 结果中未发现与常见纤维降解菌相似的基因序列，如 *B. fibrisolvens*、*Fibrobacter succinogenes*、*Ruminococcus flavefaciens* 和 *Ruminococcus albus* 等，而存在 *Clostridium* spp. 与 *Eubacterium* spp. 等纤维降解菌的相似序列。由于 DGGE 技术只能分辨环境中数量大于 1% 的微生物，因此这 4 种细菌条带的缺失并不能表明它们不存在，而可能是因它们在梅花鹿瘤胃内存在数量相对较少。此外，这也可能与通用引物的扩增效率较低有关[36]。*Clostridium populeti* 是一类以乙酸和丁酸为主要发酵产物的纤维降解菌[37]，*Eubacterium cellulosolvens* 可紧密的黏附到纤维素表面，具有内切葡聚糖酶和纤维二糖差向异构酶活性[38,39]。另外，研究发现 *Prevotella* spp. 能够通过与 *F. succinogenes* 的协同作用在半纤维素的降解中发挥作用[40]。这是说明梅花鹿瘤胃发酵可能具有一定独特性。梅花鹿瘤胃内 *Prevotella* spp. 多样性与代谢活性方面关系值得深入研究。

OL 组梅花鹿瘤胃细菌多样性低，这可能与柞树叶中高含量单宁有关。研究发现，饲料中的单宁可与瘤胃内细菌细胞壁的碳水化合物形成复合物或与细胞结合性胞外酶发生反应，导致细菌可利用养分减少，生长受到抑制[16]。*Prevotella ruminicola* 是瘤胃中重要的蛋白质降解菌之一，本试验中，OL 组未发现 *P. ruminicola*，表明柞树叶中单宁可能影响瘤胃内蛋白质降解菌。Min 等[17,41]发现，百脉根草（*Lotus corniculatus*）中的缩合单宁可抑制瘤胃蛋白质降解菌的生长速度。李成云等[42]发现黄牛日粮中添加 3% 榛树叶单宁时，瘤胃中蛋白质降解菌的生长受到显著抑制，而纤维降解菌和淀粉降解菌受到的影响较小。金龙等[43]发现，肉牛瘤胃中 *F. succinogenes*、*R. flavefaciens* 和 *R. albus* 随紫色达利菊（*Petalostemun purpureum*）的添加剂量比例增加而降低但差异不显著。但本试验中单宁对纤维降解菌及蛋白质降解菌的影响与以上研究结果存在一定差异，这可能是因为：①梅花鹿的生理特性与瘤胃微生物互相选择、共同进化导致细菌区系不同；②不同研究中单宁的来源与添加剂量有所差异；③试验期持续时间不同。

McSweeney 等[16]发现，同一种中不同菌株型对单宁表现出不同的耐受性。Jones 等[44]发现，*P. ruminicola* 可耐受 600 μg·mL⁻¹ 的红豆草（*Onobrychis viciaefolia*）源缩合单宁。虽然 OL 组与

CS 组中 *Prevotella* spp. 为优势菌群，但两组中 *Prevotella* spp. 在种水平的组成却不同。由于 *Prevotella spp.* 具有很高的遗传多样性[27~45]，因此笔者推测认为 OL 组梅花鹿瘤胃中存在的 *Prevotella* spp. 可能与梅花鹿耐受单宁有关。

4 结论

Prevotella spp. 是梅花鹿瘤胃优势细菌，但纤维降解菌种类与牛、羊等传统家畜有所区别，而且不同粗饲料影响梅花鹿瘤胃细菌区系组成。

致谢：本研究在试验过程中得到农业部环境保护科研监测所杨殿林研究员以及中国农业科学院特产研究所茸鹿实验基地技术人员的大力帮助，特此表示衷心感谢；同时感谢三位审稿专家为本文提出了宝贵建议。

参考文献

[1] Wright A D G, Klieve A V. Does the complexity of the rumen microbial ecology preclude methane mitigation？[J]. Animal Feed Science and Technology, 2011, 166 – 167：248 – 253.

[2] An D D, Dong X Z, Dong Z Y. Prokaryote diversity in the rumen of yak (*Bos grunniens*) and Jinnan cattle (*Bos taurus*) estimated by 16S rDNA homology analyses [J]. Anaerobe, 2005, 11 (4)：207 – 215.

[3] Hiura T, Hashidoko Y, Kobayashi Y, Tahara S. Effective degradation of tannic acid by immobilized rumen microbes of a sika deer (Cervus nippon yesoensis) in winter [J]. Animal Feed Science and Technology, 2010, 155 (1)：1 – 8.

[4] Leng J, Cheng Y M, Zhang C Y, Zhu R J, Yang S L, Gou X, Deng W D, Mao H M. Molecular diversity of bacteria in Yunnan yellow cattle (Bos taurs) from Nujiang region, China [J]. Molecular Biology Reports, 2012, 39 (2)：1 181 – 1 192.

[5] Pei C X, Liu Q A, Dong C S, Li H Q, Jiang J B, Gao W J. Diversity and abundance of the bacterial 16S rRNA gene sequences in forestomach of alpacas (Lama pacos) and sheep (Ovis aries) [J]. Anaerobe, 2010, 16 (4)：426 – 432.

[6] Sundset M, Edwards J, Cheng Y, Senosiain R, Fraile M, Northwood K, Praesteng KE, Glad T, Mathiesen S, Wright AD. Molecular diversity of the rumen microbiome of Norwegian Reindeer on natural summer pasture [J]. Microbial Ecology, 2009, 57 (2)：335 – 348.

[7] Sundset M A, Praesteng K E, Cann I K, Mathiesen S D, Mackie R I. Novel rumen bacterial diversity in two geographically separated sub – species of reindeer [J]. Microbial Ecology, 2007, 54 (3)：424 – 438.

[8] 张玲. 双峰驼瘤胃细菌多样性及宏基因组文库构建与初步筛选 [D]. 乌鲁木齐：新疆农业大学, 2010. Zhang L. Bacterial diversity and the metagenome library construction of the rumen from Bactrian camel (Camelus Bactrianus) [D]. Urumqi：Xinjiang Agricultural University, 2010. (in Chinese)

[9] de Menezes A B, Lewis E, O'Donovan M, O'Neill B F, Clipson N, Doyle E M. Microbiome analysis of dairy cows fed pasture or total mixed ration diets [J]. FEMS Microbiology Ecology, 2011, 78 (2)：256 – 265.

［10］ Fernando S C, Purvis H T, Najar F Z, Sukharnikov L O, Krehbiel C R, Nagaraja T G, Roe B A, DeSilva U. Rumen microbial population dynamics during adaptation to a high – grain diet ［J］. Applied and Environmental Microbiology, 2010, 76 (22)：7 482 – 7 490.

［11］ Shi P J, Meng K, Zhou Z G, Wang Y R, Diao Q Y, Yao B. The host species affects the microbial community in the goat rumen ［J］. Letters in Applied Microbiology, 2008, 46 (1)：132 – 135.

［12］ Yang S L, Ma S C, Chen J, Mao H M, He Y D, Xi D M, Yang L Y, He T B, Deng W D. Bacterial diversity in the rumen of Gayals (*Bos frontalis*), Swamp buffaloes (*Bubalus bubalis*) and Holstein cow as revealed by cloned 16S rRNA gene sequences ［J］. Molecular Biology Reports, 2010, 37 (4)：2 063 – 2 073.

［13］ 刘开朗, 卜登攀, 王加启, 等. 六个不同品种牛的瘤胃微生物群落的比较分析 ［J］. 中国农业大学学报, 2009, 14 (1)：13 – 18. Liu K L, Bu D P, Wang J Q, Yu P, Li D, Zhao S G, He Y X, Wei H Y, Zhou L Y. Comparative analysis of rumen microbial communities in six species of cattle ［J］. Journal of China Agricultural University, 2009, 14 (1)：2 063 – 2 073. (in Chinese)

［14］ Pope P B, Mackenzie A K, Gregor I, Smith W, Sundset M A, McHardy A C, Morrison M, Eijsink V G. Metagenomics of the Svalbard reindeer rumen microbiome reveals abundance of polysaccharide utilization loci ［J］. PLoS ONE, 2012, 7 (6)：e38571.

［15］ Goel G, Puniya A K, Aguilar CN, Singh K. Interaction of gut microflora with tannins in feeds ［J］. Naturwissenschaften, 2005, 92 (11)：497 – 503.

［16］ McSweeney C S, Palmer B, McNeill D M, Krause D O. Microbial interactions with tannins：nutritional consequences for ruminants ［J］. Animal Feed Science and Technology, 2001, 91 (1/2)：83 – 93.

［17］ Min B R, Attwood G T, McNabb W C, Molan A L, Barry T N. The effect of condensed tannins from Lotus corniculatus on the proteolytic activities and growth of rumen bacteria ［J］. Animal Feed Science and Technology, 2005, 121 (1/2)：45 – 58.

［18］ Nubel U, Engelen B, Felske A, Snaidr J, Wieshuber A, Amann R I, Ludwig W, Backhaus H. Sequence heterogeneities of genes encoding 16S rRNAs in Paenibacillus polymyxa detected by temperature gradient gel electrophoresis ［J］. Journal of Bacteriology, 1996, 178 (19)：5 636 – 5 643.

［19］ 朱伟云 姚文, 毛胜勇. 变性梯度凝胶电泳法研究断奶仔猪粪样细菌区系变化 ［J］. 微生物学报, 2003, 43 (3)：503 – 508. Zhu W Y, Yao W, Mao S Y. Development of bacterial community in faeces of weaning piglets as revealed by denaturing gradient gel electrophoresis ［J］. Acta Microbiologica Sinica, 2003, 43 (3)：503 – 508. (in Chinese)

［20］ Hongoh Y, Ohkuma M, Kudo T. Molecular analysis of bacterial microbiota in the gut of the termite Reticulitermes speratus (Isoptera；Rhinotermitidae) ［J］. FEMS Microbiology Ecology, 2003, 44 (2)：231 – 242.

［21］ Saeed A I, Sharov V, White J, Li J, Liang W, Bhagabati N, Braisted J, Klapa M, Currier T, Thiagarajan M, Sturn A, Snuffin M, Rezantsev A, Popov D, Ryltsov A, Kostukovich E, Borisovsky I, Liu Z, Vinsavich A, Trush V, Quackenbush J. TM4：a free, open – source system for microarray data management and analysis [J]. BioTechniques, 2003, 34 (2): 374 -378.

[22] Shyu C, Soule T, Bent SJ, Foster J A, Forney L J. MiCA: a web - based tool for the analysis of microbial communities based on terminal - restriction fragment length polymorphisms of 16S and 18S rRNA genes [J]. Microbial Ecology, 2007, 53 (4): 562 -570.

[23] Yu Z, Morrison M. Comparisons of different hypervariable regions of rrs genes for use in finger-printing of microbial communities by PCR - denaturing gradient gel electrophoresis [J]. Applied and Environmental Microbiology, 2004, 70 (8): 4 800 -4 806.

[24] Huws S A, Edwards J E, Kim E J, Scollan N D. Specificity and sensitivity of eubacterial primers utilized for molecular profiling of bacteria within complex microbial ecosystems [J]. Journal of Microbiological Methods, 2007, 70 (3): 565 -569.

[25] Watanabe K, Kodama Y, Harayama S. Design and evaluation of PCR primers to amplify bacterial 16S ribosomal DNA fragments used for community fingerprinting [J]. Journal of Microbiological Methods, 2001, 44 (3): 253 -262.

[26] Osborn A M, Moore E R, Timmis K N. An evaluation of terminal - restriction fragment length polymorphism (T - RFLP) analysis for the study of microbial community structure and dynamics [J]. Environmental Microbiology, 2000, 2 (1): 39 -50.

[27] Bekele A Z, Koike S, Kobayashi Y. Genetic diversity and diet specificity of ruminal *Prevotella* re-vealed by 16S rRNA gene - based analysis [J]. FEMS Microbiology Letters, 2010, 305 (1): 49 -57.

[28] Stevenson D M, Weimer P J. Dominance of *Prevotella* and low abundance of classical ruminal bac-terial species in the bovine rumen revealed by relative quantification real - time PCR [J]. Ap-plied Microbiology and Biotechnology, 2007, 75 (1): 165 -174.

[29] Wu S, Baldwin R L, Li W, Li C, Connor E E, Li R W. The bacterial community domposition of the bovine rumen detected using pyrosequencing of 16S rRNA genes [J]. Metagenomics, 2012, 1: 1 -11.

[30] Kim M, Morrison M, Yu Z. Status of the phylogenetic diversity census of ruminal microbiomes [J]. FEMS Microbiology Ecology, 2011, 76 (1): 49 -63.

[31] Krause D O, Denman S E, Mackie R I, Morrison M, Rae A L, Attwood G T, McSweeney C S. Opportunities to improve fiber degradation in the rumen: microbiology, ecology, and genomics [J]. FEMS Microbiology Reviews, 2003, 27 (5): 663 -693.

[32] Matsui H, Ogata K, Tajima K, Nakamura M, Nagamine T, Aminov RI, Benno Y. Phenotypic characterization of polysaccharidases produced by four *Prevotella* type strains [J]. Current Micro-biology, 2000, 41 (1): 45 -49.

[33] Kobayashi Y. Inclusion of novel bacteria in rumen microbiology: need for basic and applied sci-ence [J]. Animal Science Journal, 2006, 77 (4): 375 -385.

[34] Orpin C G M S. Microbiology of digestion in the Svalbard reindeer (Rangifer tarandus platyrhyn-chus) [J]. Rangifer, 1990 (3): 187 -199.

[35] Aagnes T H, Sormo W, Mathiesen S D. Ruminal microbial digestion in free - living, in captive lichen - ded, and in Starved Reindeer (*Rangifer Tarandus Tarandus*) in winter [J]. Applied

and Environmental Microbiology, 1995, 61 (2): 583 – 591.

[36] Tajima K, Aminov R I, Nagamine T, Matsui H, Nakamura M, Benno Y. Diet – dependent shifts in the bacterial population of the rumen revealed with real – time PCR [J]. Applied and Environmental Microbiology, 2001, 67 (6): 2 766 – 2 774.

[37] Sleat R, Mah R A. Clostridium populeti sp. nov, a cellulolytic species from a wood – biomass digestor [J]. International Journal of Systematic Bacteriology, 1985, 35 (2): 160 – 163.

[38] Taguchi H, Senoura T, Hamada S, Matsui H, Kobayashi Y, Watanabe J, Wasaki J, Ito S. Cloning and sequencing of the gene for cellobiose 2 – epimerase from a ruminal strain of Eubacterium cellulosolvens [J]. FEMS Microbiology Letters, 2008, 287 (1): 34 – 40.

[39] Yoda K, Toyoda A, Mukoyama Y, Nakamura Y, Minato H. Cloning, sequencing, and expression of a Eubacterium cellulosolvens 5 gene encoding an endoglucanase (*Cel5A*) with novel carbohydrate – binding modules, and properties of *Cel5A* [J]. Applied and Environmental Microbiology, 2005, 71 (10): 5 787 – 5 793.

[40] Osborne J M, Dehority B A. Synergism in degradation and utilization of intact forage cellulose, hemicellulose, and pectin by three pure cultures of ruminal bacteria [J]. Applied and Environmental Microbiology, 1989, 55 (9): 2 247 – 2 250.

[41] Min B R, Attwood G T, Reilly K, Sun W, Peters J S, Barry T N, McNabb W C. *Lotus corniculatus* condensed tannins decrease in vivo populations of proteolytic bacteria and affect nitrogen metabolism in the rumen of sheep [J]. Canadian Journal of Microbiology, 2002, 48 (10): 911 – 921.

[42] 李成云, 袁英良, 朴光一. 缩合单宁对瘤胃挥发性脂肪酸及微生物生长的影响 [J]. 饲料研究, 2010 (11): 5 – 7. Li C Y, Yuang Y L, Piao G Y. The effects of condensed tannins on the volatile fatty acids and the growth of microorganism in the rumen [J]. Feed Research, 2010 (11): 5 – 7. (in Chinese)

[43] 金龙. 紫色达利菊提取缩合单宁对大肠杆菌和瘤胃氮代谢以及瘤胃微生物的影响 [D]. 哈尔滨: 东北农业大学, 2011. Jin L. Effects of condensed tannins from purple prairie clover on fecal shedding of Escherichia coli by beff cattle and on rumen fermentation and rumen bacteria [D]. Harbin: Northeast Agricultural University, 2011. (in Chinese)

[44] Jones G A, McAllister T A, Muir A D, Cheng K J. Effects of sainfoin (Onobrychis viciifolia Scop.) condensed tannins on growth and proteolysis by four strains of ruminal bacteria [J]. Applied and Environmental Microbiology, 1994, 60 (4): 1 374 – 1 378.

[45] Ramsak A, Peterka M, Tajima K, Martin JC, Wood J, Johnston M E A, Aminov R I, Flint H J, Avgustin G. Unravelling the genetic diversity of ruminal bacteria belonging to the CFB phylum [J]. FEMS Microbiology Ecology, 2000, 33 (1): 69 – 79.

此文发表于《中国农业科学》2014, 47 (4)

马鹿瘤胃瘘管安装及术后护理[*]

吐尔逊阿依·赛买提[1**] 阿不力米提·太外库[1]

钱文熙[1,2***] 郭雪峰[1] 刘俊峰[1]

（1. 塔里木大学动物科学学院，阿拉尔 843300；

2. 新疆建设兵团塔里木畜牧科技重点实验室，阿拉尔 843300）

摘 要：安装瘤胃瘘管是研究反刍动物消化功能的重要手段，被广泛应用于科研和教学实践中。但马鹿不像牛、羊那样易于接近和可随意抚摸，因而对鹿制做瘤胃瘘管手术的相关报导极少。本实验在总结牛、羊瘤胃瘘管安装手术的基础上，通过对马鹿消化道解剖结构、生活习性的了解，在克服多种困难后，为5头雌性塔里木马鹿成功安装人工永久性瘤胃瘘管，通过30多天的护理，实验马鹿饮食状况和各项体征恢复正常，创面胶原纤维大量增殖，肉眼观察创面由粉红色变为较平整干燥的灰白色，创口愈合进入创伤改建过程。同时，观察可见瘤胃壁与皮肤愈合，腹壁各层粘结形成了人造瘤胃瘘，此时便可采集瘤胃液或给瘤胃投放营养素进行试验研究。

关键词：马鹿；瘤胃瘘管；护理

WAPITI RUMEN FISTULA INSTALLATION AND POST – OPERATIVE CARE

Tursunay[1], Abulimiti[1*], Qian Wenxi[1,2**], Guo Xuefeng[1], Liu Junfeng[1]

（1. Collage of Animal Science & Technology, Taim University, Alar, 843300, China;

2. Key Laboratory of Tarim Animal Husbandry Science and Technology of

Xinjiang Production & Construction Corps, Alar, 843300, China）

Abstract：Rumen fistula surgery is an important means for studying the digestive function of ruminant animal, has been widely used in scientific research and teaching practice. But the deer is not accessible and freely stroked as cows and sheep, thus the reports of rumen fistula operation on deer is rarely. In this experiment, based on the rumen fistula operation of cows and sheep, the gastrointestinal anatomical structure and life habit of Tarim Wapiti has been learned, 5 female Tarim Wapiti were installed by permanent artificial rumen fistula to overcome many technical difficulties. during the 30 – day care, the signs and dietary conditions of deer

* 项目来源：国家自然科学基金（编号：31260569）；兵团塔里木畜牧科技重点实验室开放课题（编号：HS201304）；国家级大学生创新训练项目（编号：2013107570034）

** 作者简介：吐尔逊阿依·赛买提（1990—），女，硕士研究生，从事反刍动物营养学研究

*** 通讯作者：钱文熙 E – mial：qianwenxizj@163.com

return to normal，Multiply wound collagen fiber，macroscopic observation wound changed from pink to flatter dry pale，wound healing into the reconstruction process of trauma. Simultaneously，observation with visible rumen wall skin healing，bond of abdominal layers at this point formed the artificial rumen fistula，then gastric juice were collected from rumen or nutrient was put into rumen for further researches.

Key words：Wapiti；rumen fistula；postoperative nursing

我国马鹿共可分为 8 个亚种，新疆是我国马鹿重要分布区，有 3 个亚种（赵世臻，1998）[1]。新疆人工驯养的马鹿已达 4 万多头，其中塔里木马鹿占 45% 左右，主要分布于库尔勒和阿克苏地区，是迄今为止新疆驯养、繁殖规模最大的一种野生动物（李秦豫，2010）[2]。野生塔里木马鹿主要分布于塔里木盆地北部及南部平原的荒漠地带，是新疆特有的亚种，也是马鹿 22 个亚种中唯一栖息在荒漠生境中的亚种[3]。食物主要以芦苇、怪柳、骆驼刺和沙枣树的树枝等低质粗饲料为主。这些荒漠植物的共同特点是粗纤维、盐分含量高，水分含量低，长此以往，塔里木马鹿逐渐形成了对盐碱性植物的适应、对粗糙带刺植物的适应、对木质化植物的适应及对具有浓烈气味植物的适应，属于高度适应荒漠生境的特殊马鹿亚种（钱文熙，2014）[3]。

为反刍动物进行瘤胃瘘管手术，安装瘤胃瘘管，是研究反刍动物消化功能的主要手段，被广泛应用于科研活动和教学实践中，对兽医学、生理学、生物学以及营养学等研究都具有很重要的实际意义[4~9]。对于牛、羊瘤胃瘘管手术，国内外报道较多，但马鹿不像牛、羊那样易于接近和可随意抚摸，术后护理难度极大（输液、伤口处理时人均不能靠近），因而对鹿科动物安装瘤胃瘘管手术的相关报导极少。为此，本项目拟通过对马鹿进行瘤胃瘘管安装手术，并对其术后效果进行评价并总结，这对研究马鹿消化特性、粗饲料利用效率及其瘤胃微生物特性等都具有很重要作用。

1 材料与方法

1.1 实验时间和地点

试验于 2014 年 4 月 17 日至 5 月 21 日在塔里木大学动物试验站分批进行。

1.2 实验动物

选择 5 只健康、体况较好的雌性塔里木马鹿作为安装模型。手术前喂养马鹿时要多接触，以了解其生活习性，为实验实施做好前期准备工作。手术前马鹿禁食 12~18h，以便瘤胃排空，手术时防止瘤胃液外溢，手术前 12h 停止饮水，以减少瘤胃内容物并减轻腹压[5,6]。

1.3 实验用瘤胃瘘管

马鹿的体形、瘤胃容积介于牛和羊之间，为便于实验方便进行，实验用瘤胃瘘管大小要适中。瘘管用材料最好选择既耐瘤胃液腐蚀又与肌肉黏合性较好的硅胶材料。

1.4 实验药品及器材

参考《兽医外科学》[10]和《反刍动物营养学研究方法》[11]等资料，并结合马鹿习性（警惕性极高，不易靠近），手术实施后护理难度大的特点，制定详细的手术实施及护理方案，所需手术器械及药品如下表。

表　手术器械与药品（每只马鹿手术所需）

Table　operation instruments and drugs（each deer operation required）

材料名称	数量	试验药品	数量
刀柄	2 把	麻醉药（鹿眠宝）	1~2 支
止血钳	6~8 把	解麻药（鹿醒宝）	1~2 支
镊子	2 把	青霉素 160 万 IU	3~5 支
手术刀片（质量要好）	1 包	链霉素	1~2 支
7 号缝合线及针	1 包	替硝唑 100mL	2 瓶
11 号及以上缝合线及针	1 包	生理盐水 250mL	5~8 瓶
止血纱布	若干（大小不等）	10% 葡萄糖 250mL	1~2 瓶
纱布条	2 卷	破伤风疫苗	1 支
组织钳	2 把	乳酸林格	1 瓶
大拉钩	2 把	安痛定	2 支
创布钳	4 把	利多卡因（局麻）	1 支
外科剪	2 把	酒精棉球	若干
剪毛剪	2 把	云南白药（粉状）	1 盒
线剪	1 把	碘酊	若干
持针器	2 把	磺胺粉	若干
器件盘	2 个	新洁尔灭	1 瓶
一次性注射器（5mL/10mL/20mL）	若干	来苏液	3 瓶
输液器	2 套	龙胆紫	1 瓶
毛巾	2 条	肥皂	1 块
创布	3 块	洗手盆或桶	4 个
一次性手术服	若干	保定绳	3 条
一次性术用手套	若干	高压灭菌锅（50-80L）	1 套
一次性术用帽子、口罩	若干		
桌子或大反刍兽手术台	2 张或 1 台		

注：以上所需手术用创布、纱布、缝合线、器材在手术前均需高压灭菌

1.5　实验设计

本次试验从设计到最后实施前后共经历了 6 个月左右时间。5 头马鹿手术分批实施，以便总结经验提高手术成功率，具体实施思路如下：查阅有关资料，了解马鹿消化道结构特点——制定马鹿瘘管手术和护理计划——马鹿瘤胃瘘管手术实施——术后马鹿护理——在护理过程中总结手术实施关键步骤及成功护理经验。

1.6　手术场所的选择

手术场所最好不要距离鹿舍太远，因为麻醉药物药效时长有限（60~80min），为减少麻醉

时间，避免二次补药麻醉，一般在鹿舍附近选择一宽敞明亮、干净卫生、温湿适宜、安静且没有干扰的室内场所即可，手术前对手术场所及手术台清扫干净，严格消毒（用0.05%新洁尔灭消毒液对手术台进行消毒）。

2 手术实施过程

手术实施细节是瘤胃瘘管成功安装的重要保障。手术及术后护理部分图片见图1至图9。

2.1 术前准备

手术前将麻醉药、消毒剂、解麻药、破伤风疫苗、术后护理药物等一次性备齐[10~12]，所有的手术器械、创布、纱布、脱脂棉等经高压灭菌消毒，所用缝合线术前提前穿好，术前用新洁尔灭（5%）溶液浸泡，但时间不易过长，1~2min即可。橡胶瘘管用新洁尔灭（5%）水溶液浸泡30min以上，安装前再经开水烫10min左右，术者进行常规消毒后再更换手术服。

2.2 动物麻醉及术部剔毛

本手术采用全麻的方式，用吹管或麻醉枪按照1~1.5mL/100kg体重对马鹿肌内注射鹿眠宝（3号）。10~15min一般可进入深度麻醉状态（根据鹿体况而有不同）。马鹿麻醉后翻动使其左侧腹部向上，在术部（最后肋骨与腹壁髋结节水平线中央点为手术切口部）周围15cm处用肥皂清水润湿，然后剪去长毛后（防止剪下毛粘在操作人员衣服上），用肥皂水冲洗，再用手术刀片将毛剃净[6,10,13]。剔毛不宜在手术台上进行，因鹿毛较硬不易清理，如果清理不干净，粘在创口容易造成感染，再将进入麻醉状态的马鹿快速抬入手术室，右侧卧，四肢捆绑手术台支脚上，用毛巾将实验鹿双眼蒙好。当手术进行时间较长，可根据马鹿只的反应情况，适时补充0.3~0.5mL的眠宝3号（麻药量较少，为保证很快再次进入麻醉状态，可将0.3~0.5mL的眠宝3号用盐水稀释，耳静脉注入，效果比较好）（图1，图2）。

图1　用来麻醉保定的"飞针"

Fig. 1　Flying needle for anesthesia

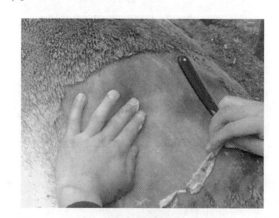

图2　术部剔毛

Fig. 2　Scrape surgical site hair

2.3 手术过程（图3至图9）

2.3.1 术部备皮、消毒

剔毛后快速用温水湿毛巾将术部擦拭干净，再用手术刀片将少量短毛剃净，然后用75%的

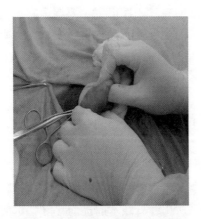

图3 切开外皮、腹腔取出瘤胃

Fig. 3 Open skin and abdominal，pull out the rumen

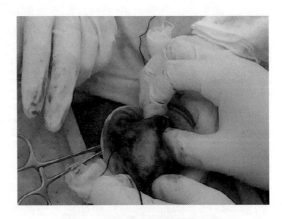

图4 "荷包"缝合瘤胃切口部

Fig. 4 Suture rumen incision

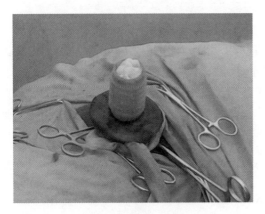

图5 瘘管装入瘤胃

Fig. 5 Installing rumen fistula

图6 马鹿瘘管安装术完成

Fig. 6 Fistula surgery completed

图7 对创口清洗、药物护理

Fig. 7 Wound cleaning，drug treatment

图8 术部愈合良好，长出新肉芽

Fig. 8 Healed well，grow new granulation

酒精涂擦，再用5%碘酊由内及外擦涂，铺好创布，用创布钳固定。

图9　愈合良好安装瘤胃瘘管马鹿

Fig. 9　Wapiti surgical site healed well

2.3.2　皮肤切口

根据瘤胃位置，在左侧最后肋骨到髋关节水平连线的中点作为手术部位，离腰椎横突4~5指，垂直向下切开皮肤6~7cm（根据瘘管尺寸而定），切口如果偏向下部，瘤胃液容易侵蚀伤口，不易愈合[11]。

2.3.3　肌肉层分离

按肌纤维走向用手术刀柄钝性剥离腹外斜肌、腹内斜肌、腹横肌；在手术后口处寻找并确认腹膜后，用止血钳或镊子将腹膜夹起，然后用剪刀小心剪开一小口或者用手术刀柄捅开一个小口，伸入左食指与中指保护瘤胃，用钝头剪刀剪开腹膜（开口不易过大）暴露部分瘤胃，用止血钳夹住腹膜的两端。

2.3.4　腹腔拉出瘤胃并进行荷包缝合

从腹腔缓缓拉出瘤胃，为防止瘤胃内容物在切开瘤胃后流出污染创口及流进腹腔内，切开瘤胃安装瘘管前，用已经高压灭菌并浸有温热生理盐水的纱布包裹在暴露的瘤胃下（即创口的四周）。为了避免扎破或刀口经过血管，在开口前应在暴露的瘤胃上选择血管较少的部位，用7号圆弯针（缝合线）作两道荷包缝合。注意缝两圈缝合线分别露出两股线头，缝合线不能穿透瘤胃黏膜层[11,13]。在缝合过程中如果遇见毛细血管不停渗出血液，需要找出流血血管进行结扎，如果是少量渗血，也可用云南白药粉撒于流血处按压，确认不再流血为止。

2.3.5　安装瘘管

根据瘘管管道直径，在荷包缝合线中央用剪刀切开一个略小于瘘管直径的切口，注意切口千万不要过大，以刚好可以将瘤胃瘘管塞入为宜，瘤胃切口两侧一定要用组织钳夹紧，特别要注意防止切口内翻，污染创口。提起组织钳，把底盘折叠并推进管道的瘘管经过瘤胃切口将瘘管基部送入瘤胃内，然后用手指或木棒将瘘管折叠的基部推展，最后再仔细检查瘘管底盘是否完全在瘤胃内舒展开；为防止在缝合切口时瘤胃液漏出污染创口，在将瘘管塞入瘤胃后用药棉将瘘管口塞紧。另外，如果瘤胃液过多可用10mL或20mL注射器吸出少量，目的也是为了防止手术过程中瘤胃液流入腹腔而引发腹膜炎。

2.3.6　瘘管固定封闭腹腔

按照由内到外的顺序，收紧"荷包"两道缝合线，重复三次再将瘤胃切口两侧的组织钳放开，打双结结扎瘤胃切口两侧，特别要注意防止瘤胃创口内翻；结扎后再将纱布取下，然后用替哨唑和生理盐水冲洗瘤胃瘘及创部污染物和血凝块（注意避免流入腹腔），清洗干净后小心地将带有瘘管的瘤胃缓缓放入腹腔内。适度摇动使瘤胃恢复原位，并对创口各层进行缝合，先缝合腹膜（7号圆弯针，缝合线），再逐层缝合肌肉层（7号圆弯针，缝合线）和皮肤（11号三棱针，缝合线）[11,14]，缝合时要注意将皮肤和皮肌对齐再一起缝合，每层中间不留空腔。皮肤缝合时，先在瘘管上部缝1~2针，然后再在下部缝，直到完全使瘘管固定为止，然后塞上瘘管塞，在伤口处撒上青霉素、链霉素和磺胺粉粉末，防止伤口感染。最后，使瘘管外垫片紧贴皮肤以固定瘘管，在垫片与创口间缠入碘酊纱布，防止感染及蚊虫叮咬，纱布上需撒1~2包磺胺粉用于吸干伤口处的渗出液。瘘管安装好后，肌内注射2mL破伤风疫苗；颈静脉输注射替硝唑200mL、乳酸林格500mL和4∶1青、链霉素250mL（4支160万青霉素，1支链霉素）；同时，肌内注射安痛定4mL（用于止痛）。

2.3.7 术后解麻

消炎护理药品注射结束后，将马鹿抬回鹿圈，在臀肌肉和耳缘静脉1∶1注射鹿醒宝3号解麻，注射剂量同麻醉剂鹿眠宝使用剂量，一般在5min之内即可解麻。当马鹿可以自然站立后术者方能离开。手术结束，鹿解麻后，由于应激，不会立即采食。在鹿恢复正常知觉4~5h后，可以给予少量优质饲草、饮水并观察鹿的采食情况，但应注意精粗比的搭配，精料饲喂量不能超过当日采食量20%。

3 术后马鹿行为变化及护理

术后护理是瘤胃瘘管手术中的重要环节，护理的好坏直接影响到手术成功与否，一般护理分为前期护理、中期护理和后期护理，一般会持续30d左右。

3.1 前期护理（术后1~10d）

在整个护理过程中前期护理至关重要，应加强以下几个方面的护理措施。

3.1.1 饲喂管理

因手术后麻醉剂的效力通常会持续几个小时，消化道平滑肌在短时间内可能还会比较松弛，为防止在吞咽时发生意外，堵塞气管，术后3~4h内禁止饲喂（可适当饮水）。禁食结束后先饲喂优质青干草，自由采食，在采食量恢复前建议只给易于消化的半青干草，保证饮水。等到采食量恢复以后，再饲喂精饲料。

3.1.2 饲养环境管理

对瘘管马鹿饲养的圈舍及运动场、护理室墙壁、门等的突出部位、棱角等易碰挂部位进行处理（尤其是和创口高度相当的地方），避免在创口没有愈合前将瘘管挂碰脱落或者碰挂而不利于伤口愈合。

3.1.3 术后观察

术后要定时定点观察试验马鹿体征状况、采食和创口愈合情况，并做详细记录。要保持马鹿的洁净和充足的日光浴，注意避免淋雨，否则易致伤口感染。术后观察对于发现马鹿伤口愈合状况至关重要，通常从以下几方面进行观察[6,10,15,16]：（1）观察试验鹿的精神状态；（2）观察排泄物颜色、形状及黏性，看是否恢复术前情形，一般术后1~3d采食量较少，排粪量减少，伤口愈合开始后，排便次数及粪便形态开始恢复正常；（3）观察反刍情况。试验鹿在术后前2d反刍时间变短，每次反刍持续时间为10~20min，反刍节奏明显变慢，采食后开始反刍的时间也推后30min左右。经过7d护理后，反刍行为可逐渐恢复正常。

3.1.4　术部护理

术后 1~3d 的护理是手术成败的关键，这期间创口进入急性炎症期，创面覆盖一层由蛋白分解酶和脱落死亡的组织细胞组成的白色或淡黄色的纤维蛋白膜覆盖的稀薄分泌物，它可分解细菌蛋白，对创面具有较强的保护作用。具体护理要点如下：

（1）术后当日因手术实施过程中已经使用了各种药物护理，因此不需要再进行用药；

（2）第 2 日起，隔日用"吹管（同麻醉用吹针，只是装的为消炎药物）"分 3~4 次肌内注射 5 支青霉素（注射器可用很细的渔线连接，便于针管取下），防止术后创口感染；

（3）第 3 日起，隔日用器械或麻醉药物（鹿眠宝 3 号）将马鹿保定，用 75% 酒精棉球轻擦创口边缘和创面。护理时动作要轻，不要破坏纤维蛋白膜，创口有污染物时用生理盐水冲洗去除。冲洗结束后在伤口处撒一层磺胺粉以便保持有较高浓度的抗菌环境；然后继续在瘘管外垫片与创口间用纱布包裹磺胺粉缠好（纱布头一定要绑结实，防止松开后其他鹿咬拉致使瘘管从瘤胃掉出），垫片和肌肉间一定要挨紧，防止污物进入创口，创口外围用碘酊消毒，防止蚊蝇等虫类叮咬。同时，静脉注射抗菌消炎（青、链霉素和替硝唑）、补充能量（如果采食较差可注射 10% 葡萄糖 500mL）、调整电解质平衡和增强抵抗力（乳酸林格，效果显著）的药物。

前期护理一般持续 5-7d 后创口内出现脓液，即转入炎症净化期的护理。炎症净化期内的护理重点是控制创口化脓现象，防止继发感染。护理过程中减小创口的炎症反应，即可以促进肉芽生长，还可以大大缩短整个愈合期的时间。

3.2　中期护理（术后 11~20d）

术后 10d，创口炎症反应基本消失，但也不应忽视对创口的护理工作，还应当依照前期护理方法，每隔 3 日对创口进行 1 次冲洗和消毒（方法同护理前期，但不再用"吹管"肌内注射消炎药物）。考虑护理创口时马鹿已经保定或麻醉，建议继续静脉注射抗菌消炎（青、链霉素和替硝唑）、补充能量（10% 葡萄糖）、调整电解质平衡和增强抵抗力（乳酸林格）的药物。根据情况一般还需要护理 3~4 次。管理中应逐渐提高其采食量，加强营养供给。

3.3　后期护理（术后 21~30d）

此时创面的炎性反应和脓性分泌物基本消失，愈合过程结束，伤口已进入组织修复过程（肉芽组织增殖期），但还有再次发炎的可能，创口应每 4~5 天再护理 1 次，护理方法和使用药物同护理中期。

3.4　异常情况护理

鹿不同于牛、羊等反刍动物那样易于接近和可随意抚摸，对其任何近距离的操作都需要麻醉，例如瘘管塞、垫片脱落等。因此，在出现特殊情况马鹿麻醉后，最好都进行一次彻底伤口护理和药物护理。

如果创口出现感染，导致瘘管周围化脓，就要增加护理和用药次数；如果切口缝合线脱落，导致创口面积变大，最好在彻底用生理盐水和替硝唑冲洗伤口后，再次缝合，当然出现此种情况后护理次数一定要增加。虽然麻药使用太过频繁不利于伤口愈合，但在创口感染危机马鹿生命时不失为一种无耐的选择。如果选择长效消炎药物，护理间隔可以适当延长。

4　小结

术后经过认真护理，5只塔木马鹿伤口愈合良好，为给相同类不易接近的草食动物瘤胃造瘘手术提供借鉴，现将手术实施过程及术后护理关键技术总结如下：

（1）手术时间的选择

马鹿警觉不易接近，任何对其近距离操作均需要麻醉（机械保定时，惊恐中的马鹿极易造成骨胳损伤），术后护理是造瘘成功的重要保证。防止感染及减少护理麻醉次数，手术时间的选择至关重要，一般宜选在10—12月或3—4月之间进行手术较为适合，尤其不能选在5月中旬到10月中旬期间进行手术（天气炎热，伤口极易感染）。

（2）手术尽可能控制在无菌的环境中进行，手术人员要求穿手术衣，戴口罩、帽子，戴好一次性手套后手臂在新洁尔灭消毒液中浸泡5min方可进行手术。手术过程应严格执行手术操作及消毒程序。

（3）瘤胃瘘管手术切口尽量靠近背部。在瘘管按装手术完成后，瘤胃瘘管口处于瘤胃的背囊顶部，这样可以避免瘤胃内容物长时间浸泡切口和瘘管，极大程度地降低了瘤胃及腹壁切口术后感染机会，使瘤胃壁和腹膜以及腹肌很快愈合，避免发生腹膜炎。

（4）安放瘤胃瘘管时，为了便于术后护理，皮肤、腹膜和瘤胃切口尽可能要小，尤其瘤胃切口要接近于瘤胃瘘管直径，为了便于缝合，腹膜和皮肤开口可略大于瘘管直径。然后把底盘折叠并推进管道的瘘管经过瘤胃切口将瘘管基部送入瘤胃内，再用手指或木棒将瘘管折叠的基部推展，使皮肤和瘤胃紧紧箍于瘤胃瘘管上，术后即可有效防止瘤胃液外溢，造成腹腔感染。在塞入瘘管时，切记要防止创口（瘤胃、腹膜）内翻；在瘘管塞入瘤胃后，为防止瘤胃液外流，瘘管口可用用药棉将其塞紧。

（5）术后给马鹿选择肌内注射用药时，为减少麻醉次数过多对伤口愈合产生的不利影响，可选用"吹管"分多次注射（操作过程类似麻醉）。

（6）在术后护理时，马鹿麻醉药用量太多或太频对伤口愈合不利[10]。因此，必须麻醉护理时药物用量要尽可能准确，但在实践中经常发现注射麻醉药后马鹿长时间不能进入深度麻醉（影响静脉注射），此时需要再次增补注射麻醉药物。补加麻醉时，鹿眠宝用量比较少，一般补加量为0.3~0.5mL，而且药效发生作用时间会比较长。为获取较好的麻醉效果，把0.3~0.5mL鹿眠宝用生理盐水稀释为1.0~1.5mL，慢慢走近快昏迷的马鹿从其耳静脉注入，往往会获得比较好的效果，又可以减少麻烦药物的用量。

参考文献

[1] 赵世臻，沈广. 中国养鹿大成 [M]. 北京：中国农业大学出版社，1998.

[2] 李秦豫. 野生塔里木马鹿粪便DNA提取方法和性别鉴定研究 [D]. 乌鲁木齐：新疆大学，2003.

[3] 钱文熙，许贵善，郭雪峰. 塔里木马鹿采食量与消化率研究 [J]. 中国草食动物科学，2014，34（2）：31-34.

[4] 高月，李丰田，孙亚波，等. 辽宁绒山羊瘤胃瘘管安装技术及护理方法 [J]. 现代畜牧兽医，2011，（5）：57-60.

[5] 王晓丽，毕可东，张剑，等. 奶牛人造瘤胃瘘管及十二指肠瘘管的手术体会 [J]. 中国奶

牛，2007，（1）：38 – 40.

［6］鲍坤，宁浩然，王凯英，等. 梅花鹿瘤胃造瘘手术及术后护理［J］. 特产研究，2011，
（2）：17 – 19.

［7］曹杰，王春傲. 大口径牛瘤胃瘘管手术新方法［J］. 畜牧与兽医，2006，（3）：47 – 48.

［8］娄丽平，张永根，工志博. 绵羊瘤胃造瘘手术及术后护理［J］. 养殖技术顾问，2007，
（6）：38 – 39.

［9］邹知明，杨膺白，张伟. 山羊瘤胃瘘管安装方法的改进及安装技巧［J］. 广西畜牧兽医，
2008，24（1）：43 – 44.

［10］丁明星. 兽医外科学［M］. 北京：科学出版社，2009.

［11］王加启. 反刍动物营养学研究方法［M］. 北京：现代教育出版社. 2011.

［12］王晓丽，张剑，毕可东，等. 奶山羊瘤胃瘘管手术新方法的尝试［J］. 江苏农业科学，
2008，（1）：181 – 182.

［13］王可人，叶玉琴，崔有斌，等. 甲状腺癌术后肢体麻木 28 例临床及肌电分析［J］. 内蒙古
农业大学学报（自然科学版），2009，30（3）：244 – 246.

［14］王玲，赵胜军，苏鹏程，等. 羊消化道永久性瘘管手术方法的改进［J］. 宁夏大学学报
（自然科学版），2004，25（3）：36 – 37.

［15］李文娟，陆舜华. 离体蛙心灌流实验手术方法的改进［J］. 内蒙古农业大学学报（自然科
学版），2005，26（3）：97 – 98.

［16］赵胜军，任莹，李魏，等. 羊消化道多位点永久性瘘管的手术装置方法及体会［J］. 畜牧
与兽医，2008，（2）：68 – 69.

［17］Yoder B，Wolf JS Jr. 2005. Canine model of surgical stress response comparing standard laparo-
scopic，microlaparoscopic，and hand – assisted laparoscopic nephrectomy［J］. Urology，65
（3）：600 – 603.

［18］Newman KD，Harvey D，Roy JP. 2008. Minimally invasive field abomasopexy techniques for cor-
rection and fixation of left displacement of the abomasum in dairy cows［J］. Vet Clin North Am
Food Anim Pract，24（2）：359 – 382.

分类号　S864

此文发表于《内蒙古农业大学学报》2015，36（3）

梅花鹿永久性人造瘤胃瘘手术[*]

宁浩然[**]   范琳琳   岳志刚   鲍　坤   王凯英   徐　超   崔学哲   赵家平

（中国农业科学院特产研究所，吉林 吉林　132109）

摘　要：永久性瘤胃瘘可以在不牺牲实验动物的情况下，提取瘤胃内容物样本。目前，瘤胃瘘手术已广泛地应用于反刍动物消化系统研究，但大多与牛羊相关，针对鹿的较少。本手术步骤针对梅花鹿的特性而设计。

关键词：梅花鹿；瘤胃漏；护理

A Permanent Rumen Fistula Cannula for Sika Deer

NING Hao－ran，FAN Lin－lin，YUE Zhi－gang，BAO Kun，

WANG Kai－ying，XU Chao，CUI Xue－zhe，ZHAO Jia－ping

（Institute of Special Wild Economic Animals and Plants，CAAS，Jilin 132109，China）

Abstract：The sample in rumen can be extracted by means of a permanent fistula without sacrificing the animals. At present，rumen fistula have been widely used in research of ruminants digestion system，which is mostly relative to the sheep and cows，but less to the sika deer. This operation is designed for the features of the sika deer.

Key word：Sika deer；Rumen fistula；Nursing care

人造瘤胃瘘管是指在反刍动物的瘤胃后背盲囊上，通过手术建造一个与外界相通的孔道。永久性人造瘤胃瘘手术具有成本低、简单可行、使用时间长等优点。是通过瘤胃内容物提取或人为投放其他物质，来研究反刍动物消化代谢、微生态环境、生理生化指标的试验手段之一。目前相关文献介绍的手术方法与效果不尽相同，但主要目的都是为了建造一个提取样品方便、术后不感染、密闭性好、可以长期保留，对瘤胃的正常功能影响小的瘤胃瘘。

目前相关文献有关的瘤胃瘘手术大多与牛羊相关，针对鹿的较少。梅花鹿虽属于反刍动物，但在驯化程度上远不及牛羊，应激性强，自然条件下难以接近。所以针对梅花鹿的瘤胃瘘手术前准备、手术过程以及术后护理上与牛羊瘤胃瘘手术的方式上会有所不同。由于对梅花鹿营养研究的需要，我场于2010年至2011年间，进行了7例永久性人造瘤胃瘘手术。现将术前准备、手术过程以及术后护理总结如下，以供参考。

---

* 基金项目：名优动物药梅花鹿产业发展关键技术研究（2011BAI03B02）

** 作者简介：宁浩然（1984—），男，吉林省吉林市人，研究实习员，硕士，从事经济动物饲养与疾病方面研究

1　术前准备

1.1　手术时间

冬季越冬期天气寒冷影响创口愈合，春季公鹿开始生茸、母鹿处于妊娠期，夏季创口容易腐烂生蛆。因此，一般在收茸结束，配种期开始前进行手术，即每年的 9 月至 10 月。

1.2　实验动物

选择身体健壮、性情温顺、应激反应较弱、最好是人工哺乳的成年鹿，预饲一个月以上，期间驯化使其降低对人的畏惧感。手术前 3~5 天开始限饲，食料减半，饮水减半；手术前一天停水停料。手术前 3~4 天术部备皮，以节省手术时间。

1.3　手术场所

选择宽敞明亮洁净的室内进行，术前彻底打扫，地面应用 0.05% 新洁尔灭等消毒液喷洒消毒山，手术前对手术室进行紫外照射 6~8 小时。

1.4　器材与药品

1.4.1　器材

瘘管、电推剪、剪毛剪、外科手术剪、手术刀柄、手术刀片、止血钳、剃毛刀片、剃毛刀柄、酒精棉、缝合线、帕金钳。

1.4.2　药品

碘酊、75% 酒精、生理盐水、5% 葡萄糖、注射用青霉素钠、注射用硫酸链霉素、磺胺结晶粉、甲硝唑、鹿眠宝 3 号、鹿醒宝 3 号、1% 盐酸普鲁卡因、肾上腺素、新洁尔灭。

2　手术方法

2.1　麻醉保定

手术采用全身麻醉方式，使用麻药为鹿眠宝 3 号，用量需比正常锯茸或保定高 20% 左右，大约 2mL，以延长麻醉时间。梅花鹿进入麻醉状态后抬入手术室，右侧卧，四肢捆绑，用毛巾遮住眼睛。可视情况配合 1% 盐酸普鲁卡因局部浸润麻醉。

2.2　备皮、消毒和静脉注射抗生素

术部备皮后用 5% 碘酊由内向外螺旋涂擦，30 秒后酒精脱碘，盖上创布。同时，5% 甲硝唑颈静脉静滴 500mL。

2.3　手术过程

2.3.1　打开腹腔

根据瘤胃后背盲囊对应的皮肤位置，即左侧腹壁髋关节与最后肋骨水平线中点略偏上为术部。做垂直切口，长度略小于瘘管直径。

2.3.2 钝性分离肌肉层

切开皮肤及皮下筋膜后，用刀柄和手指钝性分离腹外斜肌、腹内斜肌和腹横肌，显露腹膜。

2.3.3 暴漏瘤胃

用镊子将腹膜夹起，用手术剪做一小口后钝性分离，暴露部分瘤胃。选择无血管分布区域，在瘤胃壁预计切口的两端行针贯穿缝合做牵引线，牵出瘤胃背囊于创口外。

2.3.4 切开胃壁

切口大小以瘘管直径而定，以略小于瘘管直径为宜，以提高密闭性。观察瘤胃内容物，如果过多则需取出一部分，以便安装瘘管。胃液过多可用 10mL 或 20mL 注射器吸出少量，以防术中胃液流入腹腔。

2.3.5 安装瘘管

将底盘折叠好的瘘管经切口将其基部送入瘤胃内，用手指将折叠部分推开，检查其底部是否在瘤胃内舒展开，用棉花塞住瘘管口以防胃液露出。

2.3.6 封闭腹腔

结节缝合瘤胃壁、腹膜、腹肌、皮下筋膜与皮肤。缝合结束后，在创口均匀撒上磺胺结晶粉，以防感染。最后塞紧瘘管塞。

2.4 苏醒和镇痛

静脉 1/2 肌内 1/2 注射鹿醒宝 3 号，使用剂量以麻药剂量以及麻醉时间而定，一般 1 ~ 2mL。肌内注射 5mL 安定，如果鹿只站立后成弓腰状，伴随抖动，则说明镇痛效果欠佳，可用吹管适量补充注射安定，一般不超过 5mL。

3 术后护理

3.1 抗菌消炎

用吹管肌内注射注射用青霉素钠 160 万单位早晚各 3 支，注射用硫酸链霉素 100 万单位每天 1 支。注射 3 天停 1 天，持续一星期。如有发热或明显的疼痛表现，可肌内注射 5mL 安定。

3.2 饲养管理

为防止顶斗对瘤胃瘘的伤害，需单圈饲养。圈舍远离母鹿群，以防激素刺激引起躁动。术后禁食至出现反刍，饮水不限。出现反刍后，给予少量饲料，以防前胃疾病发生，一星期内逐渐恢复正常给量。创口愈合前不宜过量给料，以防瘤胃内容物长期浸泡创口，引起创口发炎。

3.3 术后常见情况及处理办法

3.3.1 瘘管塞或瘘管脱落

术后勤观察，一旦出现脱落情况，及时进行麻醉将其复位并固定。查明脱落原因将其排除以防再次脱落。

3.3.2 创口撕裂

结节缝合创口使其封闭，撒磺胺粉，肌内注射用青霉素钠 160 万单位早晚各 3 支，注射用硫酸链霉素 100 万单位每天 1 支。注射 3 天停 1 天，护理一星期。

3.3.3 创口腐烂生蛆

挑出蛆虫，除去伤口周围的腐烂皮肉，如有漏洞，则结节缝合使其封闭，撒磺胺粉，肌内注射用青霉素钠 160 万单位早晚各 3 支，注射用硫酸链霉素 100 万单位每天 1 支。注射 3 天停 1 天，护理 1 星期。

3.3.4 食糜外漏

找出外漏原因，若为创口撕裂，将其缝合。若为肌肉松弛而造成与瘘管不匹配，可用大一号瘘管直接更换；也可通过缝合来缩小创口，但效果欠佳。

3.3.5 食糜结块

瘘管塞或瘘管长时间脱落，会导致瘤胃内水分大量丧失，食糜结块。结块需及时清除，否则会因为影响消化而导致死亡。

4 手术结果

经观察，所有梅花鹿均在两天内出现反刍，体温、精神状态、以及食欲正常。7~10 天瘤胃壁与腹膜、腹肌以及皮肤良好的愈合在一起，形成自然瘘管，没有出现腹腔感染。少数出现创口撕裂、腐烂，食糜外漏、结块的情况，及时处理后仍可继续试验。

5 注意事项

5.1 手术时间

手术时间一般控制在一小时左右，术前准备充分。若手术过程中鹿出现苏醒征兆，立即注射麻药。

5.2 创口

创口位置尽量靠近背部，可避免瘤胃内容物长时间浸泡切口和漏管，降低瘤胃及腹壁切口术后的感染机会，避免腹膜炎的发生。皮肤及瘤胃切口应略小于瘤胃瘘管的直径，以确保皮肤和瘤胃紧箍于瘤胃瘘管上，减少瘤胃液外溢。

5.3 瘘管安装

橡胶类瘘管，使用前用热水浸泡使之软化，以便于安装。术后确保塞子与瘘管紧密结合，以防瘤胃液外漏。

5.4 缝合方法

应用荷包缝合时，缝合线易被扯断而不能起到固定作用。结节缝合相对安全可靠，创口愈合效果较快，故此采用。在缝合线使用上，肠衣线起到效果并不明显，推荐使用结实、牢固的缝合线。缝合针距适中，太大容易造成瘤胃内容物流入腹腔，太小会影响创口恢复而且浪费手术时间。

5.5 淘汰原则

当实验动物由于衰老或疾病而不适于科学研究时则予以淘汰。

此文发表于《畜牧与兽医》2014 年第 2 期

全混合日粮（TMR）仔鹿早期培育新技术*

王凯英** 李光玉 鲍 坤¹ 宁浩然¹ 李丹丽¹

（中国农业科学院特产研究所，吉林 132109）

摘 要：大量研究表明反刍动物早期发育状况，直接影响其成龄后生产性能。同样仔鹿发育好坏直接影响到其成年后的生产性能。公鹿直接体现在鹿茸产量、品质上，母鹿通过繁殖性能、优良基因遗传，表现在后代生产性能上。为了获得优良的生产性能，茸鹿养殖者和科研工作者付出了大量劳动，想出了很多办法。优良品种的不断选育一直是其中的关键技术，但是只有育种而没有科学的培育，优良的生产性能也很难发挥。所以仔鹿早期科学培育是目前重要的课题。科学的饲料配制技术是促进反刍动物早期发育的有力技术之一。TMR 技术能够提高鹿饲料采食量、促进瘤胃微生物生长、提高瘤胃微生物蛋白产量，有明显的提高生产性能的作用。

关键词：

1 TMR 技术历史及与现行养殖方式的区别

TMR 技术在国外养殖肉牛、奶牛、羊等反刍动物中应用很广，具有成功的历史，大量科学研究和养殖实践证明，TMR 技术有利于避免因为粗饲料适口性差，带来的粗饲料采食量过低、精饲料采食量过高引起的瘤胃酸中毒、反刍障碍。另外，近年来我国科研人员研究证明，TMR技术应用于茸鹿，不但有改善饲料的适口性、有效防止动物挑食，恒定适宜的精粗比在促进瘤胃发酵，提高营养物质消化率上作用显著的效果，而且能够开发玉米秸秆等适口性差的粗饲料资源，避免原有饲养方式为获得粗饲料大量砍伐枝叶和幼树对环境的严重危害。适宜的 TMR 日粮能够促进茸鹿生产性能的提高，对营养物质消化吸收也有促进作用，是完全适用于茸鹿养殖的先进技术。

2 仔鹿发育特点与问题

2.1 营养物质需要量大

仔鹿在出生后生长迅速，对营养物质需要量大，随着日龄不断增加，母乳渐渐不能满足仔鹿生长发育的需要，而传统的饲养方式只是让仔鹿随意吃些母鹿吃剩的精料和粗饲料，因为粗饲料适口性差，仔鹿采食量少，引起瘤胃发育迟缓、功能异常，直至影响仔鹿身体发育。

---

* 基金项目：吉林市科技支撑计划"仔鹿全混合日粮（TMR）配制技术研究与示范"（20102213 – 2）
  健元鹿业横向合作课题"茸鹿全混合日粮（TMR）配制技术研究与示范"
** 作者简介：王凯英（1975—），男，吉林农安人，硕士，副研究员，主要从事经济动物营养与生物学研究，E‑mail：tc-swky@126.com

2.2 身体发育需要营养平衡性

仔鹿身体发育所需的营养物质都要从母乳和饲料中获得，不仅需要营养物质量大而且要求营养平衡性好，以满足仔鹿对各种营养物质的需求。母乳养分不足，饲料中养分平衡性差，难以有针对性的补充，是传统养殖方式影响仔鹿生长发育，不利其成年后生产性能提高的瓶颈，只有科学的配合饲料，达到营养物质平衡，满足仔鹿生长需要，才能为仔鹿发育打下良好的基础。

2.3 强弱仔鹿的竞争作用

传统养殖方式虽然仔鹿出生时间不同、体况强弱不一，还是将母鹿和仔鹿成群的饲养在一起，这样虽然可以减少圈舍的占用，便于管理，但是因为仔鹿强弱不一，竞争作用明显，经常会发生出生晚、日龄小的仔鹿吃到的母乳少，而强壮的仔鹿却会吃了弱仔的母乳。同样剩余的精饲料和适口性好的粗饲料弱仔吃到的也很少，这就导致弱仔越来越弱，生长迟缓，发育受阻，甚至渐渐消瘦死亡。

3 TMR 技术优势

3.1 精粗比合理，营养水平适宜

TMR 技术根据仔鹿营养需要和生理发育特点，进行精粗比合理的配制，实现能量、蛋白质、脂肪、微量元素、维生素、促生长因子、粗纤维等多种营养物质的平衡，满足仔鹿生长发育对多种营养物质的需要，并且做到适宜剂量投喂，满足仔鹿对营养物质量的需求。因为营养全价，精粗比例合理，所以即使仔鹿多采食一些，也不会发生消化方面的问题。

3.2 促进瘤胃发育，促进仔鹿早期发育

因为 TMR 适口性好、营养平衡，所以幼畜采食量和营养消化率均增加。蒋涛[1]等研究表明与传统养殖方式相比 TMR 显著提高了犊牛 4 月龄瘤胃平均容积、瘤胃平均重量、四胃平均重量、瘤胃乳头平均密度及长度（$P < 0.05$），对瘤胃发育影响显著；蒋涛[2]等研究表明 TMR 显著提高了犊牛 4 月断奶体重和平均日增重断奶体重，对犊牛早期发育影响明显；王凯英[3]等研究表明，与传统养殖方式相比应用 TMR 作为补饲日粮对梅花鹿仔鹿进行饲喂，有助于仔鹿的生长发育，特别是在仔鹿出生 20 日后，用 TMR 补饲的新的饲喂方式饲养的仔鹿平均日增重最高（$P < 0.05$）。仔鹿 TMR 技术经过试验研究正逐渐成熟，已经在吉林、内蒙古、辽宁等多个省市，茸鹿养殖集中区进行了推广使用，效果明显。以吉林省长春市双阳三鹿场为例，应用该技术几年来，仔鹿育成率提高近 15%，应用该技术的仔鹿群与传统养殖技术仔鹿群相比，12 月份时相同日龄仔鹿平均肩高相差近 10cm，显著促进了仔鹿早期发育。另据国内外研究表明，茸鹿成年后鹿茸产量除与其遗传基因、生产期营养水平有关外，与产茸前一年入冬前体重相关性极高，即毛桃茸和其后鹿茸产量与仔鹿早期发育水平呈显著相关[4]。

TMR 技术正在成为我国茸鹿养殖业提高科技水平的技术，不仅对成年茸鹿意义重大，对仔鹿生长发育、早期培育更是意义非凡，结合各地自然条件和资源特点，对 TMR 技术加以调整和推广，必将促进对我国茸鹿早期培育水平的不断提高。

参考文献

[1] 蒋涛，高青山，刘真，等.完全混合日粮对延边黄牛犊牛复胃发育的影响 [J]. 湖北农业科学，2009，48（5）：1 198 – 1 120.

[2] 蒋涛，高青山，刘真，等.TMR 犊牛早期生长发育的影响 [J]. 安徽农业科学，2009，37（6）：2 514 – 2 516.

[3] 王凯英，钟伟，李光玉，等.代乳料对梅花鹿仔鹿生长发育及血液生化指标的影响 [J]. 吉林农业大学报（网络出版），2010，12：1 – 5.

[4] 张春生，王光雷译.冬季营养对红鹿鹿角发育的影响 [J]. 国外畜牧学（草食家畜），1989，4：42 – 45.

此文发表于《畜牧与兽医》2014 年第 2 期

氢化物发生 – 原子荧光光谱法测定
鹿饲料中硒含量的方法研究*

商云帅** 刘晗璐 鲍 坤 王 峰 李光玉***

（中国农业科学院特产研究所，吉林 长春 130112）

摘 要：深入研究了氢化物发生 – 原子荧光光谱法测定鹿饲料中硒的分析方法。研究结果表明，采用硝酸 – 高氯酸（8 + 1）混合酸消解样品，以 2% 盐酸介质作为载流，样品酸度控制在 20% 时进行样品分析，测定结果准确可靠。该方法的线性范围 0 ~ 10μg/L，相关系数优于 0.999，检出限 0.07μg/L，加标回收率 85.3% ~ 116.9%。此方法具有简单易行、精密度好、回收率高等优点，适用于饲料中硒含量的测定。

关键词：氢化物发生 – 原子荧光光谱法；饲料；硒

Study on the determination of selenium in feed by hydride
generation – atomic fluorescence spectrometry

Shang Yunshuai, Liu Han – lu, Bao Kun, Wang Feng, Li Guangyu*

(Institute of Special Animal and Plant Sciences of CAAS, Ji lin Changchun 130112, China)

Abstract：The determination of selenium in feed by hydride generation – atomic fluorescence spectrometry had been deep investigated. This method performs accurate and reliable, when the feed sample was digested by HNO_3 – $HClO_4$ (volume ratio was 8：1), the 2% hydrochloric acid was introduced as carry liquid, and the acidity of sample was stabled at 20%. As a result, the linear range was 0 ~ 10μg/L, the correlation coefficient reached beyond 0.999, the detection limit was 0.07μg/L, and the recovery rate attained to 85.3% ~ 116.9%. The so – established method is suitable for the analysis of selenium content within feed, in virtue of its advantages, such as easy operation, high precision and recovery rate.

Key words：hydride generation – atomic fluorescence spectrometry；selenium；feed

硒是一种非金属化学元素，人们对硒元素的认知过程是漫长曲折的。在硒被发现的早期，一直被认为是有毒元素，因此，早期的研究多集中于毒性作用方向[1,2]。直到 20 世纪 80 年代，人们对硒的研究才转变为以其营养生物学作用为主要研究方向，着重于硒与动物和人体健康的关系。硒作为人和动物的必需微量元素之一，参与机体内许多重要的生命活动过程[3~5]。硒摄入量

---

* 基金项目：国家科技支撑计划课题（2013BAD16B09），吉林省重大科技攻关专项（20140202018）

** 作者简介：商云帅（1980—），女，吉林省长春市，助理研究员。E – mail：shangyunshuai@ caas. cn

*** 通讯作者：李光玉，研究员，E – mail：tcslgy@126. com

不足或过多，都会威胁人和动物机体健康，我国国家标准规定了猪、家禽、羊及牛等配合饲料中硒的允许量不能大于 0.5mg/kg[6]。

目前富硒食品的研发与检测十分火热，市场上的富硒食品也不断更新，如富硒大米、富硒苹果、富硒豆油等等[7~9]。相对而言，动物饲料中硒含量研究的关注度较低，然而世界范围内广泛存在着反刍动物缺硒症[10,12]。饲料中硒含量的高低，是配制生产硒平衡饲料的主要依据。我国 2/3 以上地区属于缺硒地区，这些缺硒的地区几乎所有动物饲料都要外源添加硒[13~15]。鹿作为我国人工养殖的特种动物，缺硒导致白疾病及心肌损害死亡的情况时有发生，所以分析测定结果的准确性，直接影响到补硒的效果。本文利用原子荧光光谱法测定青贮、苜蓿草粉、豆粕、酒糟蛋白、玉米、玉米皮、玉米胚芽、玉米蛋白粉 8 种鹿常用饲料中硒的含量，优化了仪器条件，进行了线性范围、检出限、精密度、准确度、基准物验证等方法学研究。期望为鹿饲料配制提供有价值的数据，为动物饲料的科学营养提供有力的技术支持。

1　材料与方法

1.1　仪器

PF6 - 3 型非色散原子荧光光度计（北京普析通用仪器有限责任公司）；硒空心阴极灯（北京有色金属研究总院）；双头电炉（天津天泰仪器有限公司）；超纯水器（Milli - Q Advantage A10，美国密理博公司）；电子天平（MS204S，瑞士梅特勒 - 托利多仪器有限公司）。

为了防止外源离子污染，所用玻璃仪器均用 10% 硝酸浸泡过夜（如容量瓶、吸量管、锥形瓶、弯颈小漏斗、小漏斗、烧杯等），再用超纯水清洗干净晾干备用。

1.2　试剂

硒标准储备液，GBW（E）080215，100μg/mL，国家标准物质研究中心。菠菜基准物，GBW10015（GSB - 6），国家标准物质研究中心。氩气，纯度 99.999%，长春氧气厂。硝酸、高氯酸、盐酸，均为 mos 级，北京化学研究所。2% 盐酸溶液：取 45mL 浓盐酸，用超纯水定容至 1 000mL 即得。1.5% 硼氢化钾（GR）+0.5% 氢氧化钾（GR）溶液：称取硼氢化钾 15g，氢氧化钾 5g，用超纯水定容至 1 000mL 即得。硝酸 - 高氯酸混合溶液，体积比为 8：1。实验所用水均为超纯水（电导率 18.2MΩ·cm），实验室自制。

1.3　实验方法

1.3.1　样品前处理

饲料样品来源于吉林帝尔农业科技开发有限责任公司，包括青贮、苜蓿草粉、豆粕、酒糟蛋白、玉米、玉米皮、玉米胚芽、玉米蛋白粉八种，将其粉碎，过 40 目筛，用于实验。准确称取饲料样品 1.0000 ~ 3.0000g 于 250mL 锥形瓶中，加入 40mL 硝酸 - 高氯酸混合酸，加入玻璃珠，盖上弯颈漏斗，冷消化过夜，同时做样品空白。次日置于电炉上加热消化，控制电炉加热功率，防止加热温度过高造成硒的挥发损失，消化过程中适当补加混酸，直到溶液无色澄清透明，剩余体积 1 ~ 2mL 为止。用超纯水冲洗弯颈漏斗及锥形瓶内壁，并滴加约 2mL 浓盐酸，置于电炉上加热赶酸，剩余体积 1 ~ 2mL 为止，冷却定容，每 50mL 溶液中加入浓盐酸 10mL。加标回收实验时，在饲料样品中加入 100μg/L 的硒标液 1 ~ 2mL，其余步骤与上述样品前处理方法相同。

基准物验证实验时，准确称取 2.0000g 基准物菠菜 GSB - 6。其加标回收实验时，在基准物菠菜中加入 100μg/L 的硒标液 2mL，其余步骤与上述饲料样品前处理方法相同。

1.3.2 标准系列的配制

取 1mL 硒标准储备液用 2% HCl 溶液定容至 100mL，得 1μg/mL 硒标液；取 1μg/mL 硒标液 1mL，加入 20mL 浓 HCl，用超纯水定容至 100mL，得 10μg/L 硒标液，上机备用。

1.3.3 最佳仪器工作条件

光电倍增管负高压：280V，空心阴极灯电流：45mA，辅灯电流：45mA，载气流量：300mL/min，屏蔽气流量：600mL/min，石英炉温度：200℃，原子化炉高度：8mm，读数时间：16s，延迟时间：3s，空白判别值：3.0s，载液：2% HCl，还原剂：1.5% KBH$_4$ + 0.5% KOH。

1.3.4 检出限与线性范围

将 10μg/L 硒标液上机做标准曲线，仪器自动稀释，标曲各点浓度为 0μg/L、1μg/L、2μg/L、4μg/L、8μg/L、10μg/L，回归方程为 IF = 139.5092 × C − 29.9024，相关系数 R 为 0.99938。结果表明，标准曲线在 0 ~ 10μg/L 的线性范围内，具有良好的线性关系。

在给定的仪器工作条件下，连续进 11 次载流空白（即 2% HCl），计算得出硒的检出限为 0.07μg/L。计算公式 DL = 3 × SD/K（μg/L）[16,17]，式中：DL 为检出限，SD 为 11 次载流空白荧光值的标准偏差值，K 为标准曲线的斜率。

2 结果与讨论

2.1 前处理方法的选择及过程控制

实验中采用湿法消解，硝酸 − 高氯酸混酸体系，由于硒是易挥发元素，因此在样品前处理过程中一定要严格控制消解温度，防止高温硒损失。湿法消解中，一定要控制好消化过程，否则容易发生炭化[18]。样品加热时，最初产生大量棕色气体，而后变浅，消化液颜色逐渐变成淡黄色，随着消化液体积的减少，瓶内消化液逐渐由中等大小气泡变成细密的小气泡，这时在锥形瓶底与瓶壁交界处会出现黄色或棕黄物质，这是炭化的迹象，应立刻取下放冷后补充混酸，继续消化，此过程通常要重复数次，直到消化液无色澄清透明，且剩余 1 ~ 2mL 即为消化完全。用超纯水冲洗弯颈漏斗及锥形瓶内壁，并滴加约 2mL 浓盐酸，继续加热赶酸，最后冒高氯酸白烟，且剩余 1 ~ 2mL 即完成样品前处理。

2.2 还原剂浓度的选择

实验中所用还原剂为 1.5% KBH$_4$ + 0.5% KOH，还原剂浓度的选择很重要。如果浓度太低，氢化能力较弱，灵敏度降低；浓度过高，会产生大量氢气稀释硒化氢气体浓度，造成灵敏度降低。

2.3 酸介质及浓度的选择

实验中硒标准曲线是以 10μg/L 硒标液自动稀释测得，硒标液酸介质是 20% 盐酸体系，测硒一般要求酸度高一些。由于硒有四价和六价两种价态，而本仪器只能测四价硒，高酸度能快速把六价硒还原成四价硒。故实验中选择盐酸介质作为标准曲线配制的酸性环境，最终确定为 20% 盐酸体系。基于基体匹配原则的考虑，样品应该保持与标准曲线系列一致的酸度，故实验中每 50mL 溶液中加入浓盐酸 10mL。

实验中考察了载流空白浓度的影响。仪器条件确定的情况下，2% HCl 载流空白的荧光值为160 左右，10μg/L 硒标液的荧光值为 1 300左右，相对比较理想；若增大载流空白浓度，载流空白的荧光值提高，但 10μg/L 硒标液的荧光值变化不大，标曲的线性稍差；故本实验所用载流空白为 2% HCl 溶液。

2.4 方法精密度和准确度考察

鉴于样品基质的差异，实验中准确称取饲料 1.000 ~ 3.000g，样品做两平行测定，同时做空白实验，详见表1。为了考察方法的准确度，进行加标回收实验，实验中在饲料样品中加入100μg/L 的硒标液 1mL，详见表2。

表1 饲料中硒含量测定结果

样品名称	质量（g）	浓度（μg/L）	含量（mg/kg）	含量平均值（mg/kg）
青贮 01	3.0069	1.4337	0.024	0.023
青贮 02	3.0015	1.3395	0.022	
苜蓿草粉 01	3.0042	2.1896	0.036	0.038
苜蓿草粉 02	3.0075	2.3658	0.039	
豆粕 01	1.0053	2.2560	0.11	0.12
豆粕 02	1.0031	2.3353	0.12	
酒糟蛋白 01	3.0037	1.6111	0.027	0.028
酒糟蛋白 02	3.0060	1.7727	0.029	
玉米 01	3.0048	0.8109	0.013	0.013
玉米 02	3.0087	0.8029	0.013	
玉米皮 01	3.0023	1.5813	0.026	0.026
玉米皮 02	3.0041	1.6427	0.027	
玉米胚芽 01	2.0066	1.7742	0.044	0.043
玉米胚芽 02	2.0045	1.6932	0.042	
玉米蛋白粉 01	1.0020	1.5345	0.077	0.078
玉米蛋白粉 02	1.0010	1.5521	0.078	

表2 饲料中硒加标回收实验结果

样品名称	质量（g）	浓度（μg/L）	加标量（mL）	加标回收率（%）
青贮 01	3.0062	3.1212	1	86.9
青贮 02	3.0055	3.3106	1	96.4
苜蓿草粉 01	3.0084	6.3847	2	102.5
苜蓿草粉 02	3.0071	6.0113	2	93.1
豆粕 01	1.0052	4.4848	1	103.6
豆粕 02	1.0031	4.1784	1	88.5
酒糟蛋白 01	3.0056	4.0203	1	116.9

（续表）

样品名称	质量（g）	浓度（μg/L）	加标量（mL）	加标回收率（%）
酒糟蛋白 02	3.0037	3.9032	1	111.1
玉米 01	3.0084	2.7088	1	96.3
玉米 02	3.0078	2.6043	1	91.1
玉米皮 01	3.0032	3.6372	1	103.8
玉米皮 02	3.0014	3.4368	1	93.8
玉米胚芽 01	2.0036	3.5608	1	91.9
玉米胚芽 02	2.0054	3.4315	1	85.3
玉米蛋白粉 01	1.0027	3.7840	1	111.0
玉米蛋白粉 02	1.0018	3.6965	1	106.7

基准物验证实验时，准确称取基准物菠菜 5 份（每份约 2.0g），连续测定，考察方法的精密度；其加标回收实验是在基准物菠菜中加入 100μg/L 的硒标液 2mL，5 平行实验，详见表 3 和表 4。实验结果表明，基准物菠菜 GSB -6 中硒含量为 0.068mg/kg，在标准值范围内，相对标准偏差 RSD 为 1.2%；加标回收率在 90.0% ~110.0% 范围内，相对标准偏差 RSD 为 5.6%。

表 3　基准物菠菜硒含量测定结果

样品名称	质量（g）	浓度（μg/L）	含量（mg/kg）
GSB - 6 - 1	2.0018	2.7578	0.069
GSB - 6 - 2	2.0033	2.7261	0.068
GSB - 6 - 3	2.0021	2.6660	0.067
GSB - 6 - 4	2.0016	2.7078	0.068
GSB - 6 - 5	2.0012	2.6627	0.067

表 4　基准物菠菜硒加标回收实验结果

样品名称	质量（g）	浓度（μg/L）	加标回收率（%）
GSB - 6 - 1	2.0078	6.7728	101.1%
GSB - 6 - 2	2.0033	6.4293	92.6%
GSB - 6 - 3	2.0093	6.6962	99.1%
GSB - 6 - 4	2.0054	7.0637	108.4%
GSB - 6 - 5	2.0048	6.7329	100.2%

3　结论

本文采用湿法消解鹿饲料样品，利用氢化物发生 - 原子荧光光谱法测定了鹿饲料中的硒含量。实验中考察了样品前处理方法及过程、还原剂浓度、载流和样品消解所用酸介质及浓度等因素对实验结果的影响，并通过国家标准物质及加标回收率实验验证了该方法的准确性、可靠性。

参考文献

[1] 牟维鹏. 不同化学形式硒的毒性作用机制 [J]. 国外医学卫生分册, 2001, 28 (4): 202-205.

[2] 王光珠, 牛作霞. 微量元素硒的毒性研究进展 [J]. 西北药学杂志, 2010, 25 (3): 237-238.

[3] 陈桂英, 沈德贵. 高原人畜缺硒引发的疾病与防治对策 [J]. 当代畜牧, 2011, 7: 24-25.

[4] 张联合, 郁飞燕, 苗艳芳. 硒在人和动物健康上的研究 [J]. 安徽农业科学, 2007, 35 (21): 6 688-6 690.

[5] 李东, 周元军, 范新国, 等. 硒与人及畜禽动物健康 [J]. 医学动物防制, 2004, 20 (3): 183-186.

[6] 中华人民共和国国家标准. 饲料中硒的允许量 GB 26418—2010 [S]. 北京: 中国标准出版社, 2011.

[7] 杨玉玲, 刘元英. 富硒大豆中硒的分布研究 [J]. 大豆科学, 2014, 33 (4): 610-612.

[8] 刘娟, 焦华. 分光光度法测定大米中硒含量 [J]. 光谱实验室, 2012, 29 (4): 2 376-2 379.

[9] 吕运开, 孙汉文. 氢化物发生-原子荧光法测定苹果中富集的硒 [J]. 食品科学, 2000, 21 (9): 43-45.

[10] 高民. 反刍动物硒的营养 [J]. 内蒙古科学, 1996, 3: 32-34.

[11] 周宏生, 李崇丽, 段兴东, 等. 仔猪硒及维生素 E 缺乏症 [J]. 养殖与饲料, 2010, 2: 43-45.

[12] 李广丽, 邓广波, 郭伟清. 反刍动物缺硒原因及预防措施 [J]. 中国乳业, 2011, 114: 42-43.

[13] 王钟翊, 李前勇, 邓科敏, 等. 渝西地区饲料中硒含量的调查 [J]. 饲料工业, 2008, 29 (5): 60-61.

[14] 商常发, 张家勤, 杨红, 等. 凤阳地区部分饲料资源硒含量分析 [J]. 微量元素与健康研究, 2003, 20 (3): 28-30.

[15] 刘焕良, 齐德生, 张金凤, 等. 湖北地区畜禽饲料中微量元素硒含量的调查研究: 中国畜牧兽医学会动物营养学分会第十次学术研讨会论文集 [C]. 北京: 中国农业科学技术出版社, 2008.

[16] 李海峰. 检出限几种常用计算方法的分析和比较 [J]. 光谱实验室, 2010, 27 (6): 2 465-2 469.

[17] 陈国友. 微波消解 ICP-MS 法同时测定蔬菜中 14 种元素 [J]. 分析测试学报, 2007, 26 (5): 742-745.

[18] 王洪春. 食品类样品硝酸高氯酸湿法消化的实验现象与消化进程控制 [J]. 预防医学情报杂志, 2005, 21 (6): 764-765.

此文发表于《饲料工业》2015, 36 (23)

日粮单宁水平对梅花生长发育、
角基萌发和初角茸生长的影响[*]

杨镒峰[**]　陈秀敏　赵伟刚　赵　蒙　薛海龙　李光玉　魏海军[***]

（中国农业科学院特产研究所，特种经济动物分于生物学国家重点实验室，吉林 长春　130112）

　　摘　要：本试验旨在研究日粮单宁水平对育成期雄性梅花生长发育、角基萌发和初角茸生长的影响。选用24头体况相近的育成期雄性梅花鹿，随机分为4组，每组6头，采用单因素随机分组设计。对照组饲喂不添加单宁的基础日粮，Ⅰ、Ⅱ、Ⅲ组在基础日粮中分别添加1%、2%、4%单宁，试验期140d。结果表明，Ⅱ组梅花鹿体重、体高平均日增长显著高于对照组（$P < 0.05$），各组间体长、管围平均日增长差异均不显著（$P > 0.05$）；与对照组相比，Ⅰ、Ⅱ、Ⅲ组梅花鹿角基萌发时间早；Ⅰ组梅花鹿初角茸左右支茸长均高于对照组和Ⅱ、Ⅲ组，其中Ⅰ组梅花鹿初角茸右支长茸长显著大于Ⅲ组（$P < 0.05$），Ⅰ、Ⅱ、Ⅲ组梅花鹿初角茸左、右支的重量均显著高于对照组（$P < 0.05$）。综上所述，日粮中添加适宜单宁能促进梅花鹿的生长发育、提前角基萌发时间，同时提高初角茸的产量。

　　关键词：单宁；梅花鹿；生长发育；角基萌发；初角茸

Effects of dietary tannins levels on growth development，pedicle initiation and primary velvet antler growth of Sika Deer（*Cervus Nippon*）

YANG Yi－feng，CHEN Xiu－min，ZHAO Wei－gang，
ZHAO Meng，XUE Hai－long，LI Guang－yu，WEI Hai－jun

（State Key Laboratory of Special Economic Animal Molecular Biology，
Institute of Special Animal and Plant Science of CAAS，Changchun 130112，China）

　　Abstract：This experiment was conducted to study the effects of dietary tannins levels on growth，pedicle initiation and primary velvet antler growth of young male sika deer（*Cervus Nippon*）. Twenty four 7－month－old male sika deer with similar body condition were allocated into four groups with six per group，in a single－factor randomized complete block design. The control group was fed with basal diets without tannin and group Ⅰ，Ⅱ，Ⅲ was fed with diets adding 1%，2%，4% tannin respectively，the experiment lasted for 140d. The re-

　　* 基金项目：吉林市杰出青年项目（201262510）
　　** 作者简介：杨镒峰（1981—），男，河南人，硕士，E－mail：tcsyyf@126.com，研究方向为特种经济动物饲养
　　*** 通讯作者：魏海军，研究员，硕士生导师，E－mail：weihaijun2005@sina.com

sults showed that the group fed with 2% tannins gained significantly more daily growth in body weight and height（$P < 0.05$）than the control group. Differences of other indexes between four groups were not significant（$P > 0.05$）. The pedicle initiation time of the experimental group was earlier than the control group. The length of both branch from group Ⅰ were higher than the other groups，and the right branch of group Ⅰ were significantly higher than group Ⅲ（$P < 0.05$）. The weight of primary velvet antler from experimental group were significantly higher than the control group（$P < 0.05$）. It is concluded that feeds added tannin can promote the growth development，pedicle initiation and the production of primary velvet antler in sika deer.

Key words：tannin；sika deer；growth；pedicle initiation；primary velvet antler

梅花鹿（*Cervus Nippon*）是国家一级保护动物，其鹿茸作为名贵保健品有着悠久的历史。梅花鹿是我国人工饲养的主要茸用鹿品种之一，目前主要分布在我国东北、华中、华南及西南地区（熊家军，2012）。Hofmann（1985）根据对反刍动物形态学、生理学、微生物学、行为学等的比较研究，将反刍动物分为三大采食类型：食草型、中间型、采食嫩枝叶型。在这三大类型饲料中，以枝叶类饲料含单宁量最高，草类最低，中间型居中。在这个分类中牛和绵羊被归为食草型、山羊被归为中间型；而鹿科类动物则几乎遍布3个采食类型，其中麝、狍子、白尾鹿属于第一类，北美驯鹿、欧洲马鹿属于第二类，黇鹿、梅花鹿介于第二类和第三类之间。研究结果表明驯养的鹿和野生状态下所采食的饲料有着很大的不同，如梅花鹿、马鹿等大部分属于采食枝叶型或混合型植物饲料的动物，它们的正常生长发育除了需要常规的营养物质外，可能对其已经适应的植物次生代谢活性物质单宁有一定的需要，但在养殖条件下只能够采食人类提供的饲料，这种对单宁的需要很难得到满足。近年来，新西兰等国家在传统的苜蓿或三叶草草地中混播一定比例含单宁较高的牧草品种、如红豆草和百脉根，从而大大地提高了放牧羊和鹿的生产及繁殖性能，降低了动物膨胀病的发病率和寄生虫的感染率（Min 等，1997），国外现代牧草育种过程中也把适宜的单宁含量作为育种的目标。

在中国养鹿者早就认为柞树、椴树叶等青稞类饲料是梅花鹿最好的粗饲料，但一直没有认识到柞树、椴树叶中的单宁在梅花鹿营养中的重要作用。目前关于单宁对梅花鹿角基萌发和初角茸生长及产量的影响尚未见报道。本试验针对梅花鹿育成期这一关键的生理时期，进行不同单宁水平配合日粮对梅花鹿的饲养试验，通过对梅花鹿生长发育、角基萌发时间、初角茸长度及产量的影响来筛选出育成期雄性梅花鹿配合日粮适宜的单宁水平。

1 材料与方法

1.1 试验设计

试验采用单因素随机分组设计，选择体况良好、初始体重为（37.36 ± 0.85）kg 的 6 月龄雄性梅花鹿仔鹿24头，分为4组，每组6头。对照组饲喂不添加单宁的基础日粮，Ⅰ、Ⅱ、Ⅲ组在基础日粮中分别添加1%、2%、4%单宁。试验期140d。

1.2 试验日粮

试验日粮以养殖梅花鹿实际生产中常用的玉米、豆粕、苜蓿草粉、玉米秸秆粉、DDGS 等为主要原料，营养水平参照育成期梅花鹿基本营养需求配制（王凯英等，2008；王欣等，2011）。各试验日粮均制成直径 0.4cm、长 1.2~1.5cm 的圆柱形颗粒料，日粮组成及营养水平见表1。单宁购自天津市博迪化工有限公司，分子式为 $C_{76}H_{52}O_{46}$，相对分子质量为 1 701.23。

表1　日粮组成及营养水平（风干基础）

Table 1　Composition and nutrient levels of basal diet（air – dry basis）

项目	%	营养水平[2]	%
苜蓿	16	粗蛋白	15.8
玉米秸秆	30	粗脂肪	2.2
玉米	24.5	有机物	84.5
DDGS	12	钙	1.2
豆粕	16	磷	0.38
食盐	0.5	代谢能 ME（MJ/kg）	13.05
预混料[1]	1	中性洗涤纤维 NDF	40.5

注：1）预混料为每千克日粮提供：MgO 0.076g；$ZnSO_4 \cdot H_2O$ 0.036g；$MnSO_4 \cdot H_2O$ 0.043g；$FeSO_4 \cdot H_2O$ 0.053g；$NaSeO_3$ 0.031g；VA 2484 IU；VD_3 496.8 IU；VE 0.828 IU；VK_3 0.23mg；VB_1 0.092mg；VB_2 0.69mg；VB_{12} 1.38mg；叶酸 0.023mg；烟酸/烟酰胺 1.62mg；泛酸钙 1.15mg；$CaHPO_4$ 5.17g；$CaCO_3$ 4.57g。2）代谢能为计算值，其余营养水平均为实测值

1）The premix provided the following per kg of diet：MgO 0.076g；$ZnSO_4 \cdot H_2O$ 0.036g；$MnSO_4 \cdot H_2O$ 0.043g；$FeSO_4 \cdot H_2O$ 0.053g；$NaSeO_3$ 0.031g；VA 2484 IU；VD_3 496.8 IU；VE 0.828 IU；VK_3 0.23mg；VB_1 0.092mg；VB_2 0.69mg；VB_{12} 1.38mg；folic acid 0.023mg；nicotinic acid 1.62；calcium pantothenate 1.15mg；$CaHPO_4$ 5.17g；$CaCO_3$ 4.57g. 2）ME was a calculated value，while the others were measured values

1.3　饲养管理

饲养试验从 2013 年 1 月 11 日至 2013 年 6 月 3 日在"农业部长白山野生生物资源野外科学观测试验站"的茸鹿试验基地进行。试验期间各组试验鹿单独饲养在 12m×20m 的鹿圈内，统一由固定的饲养员负责饲养，在试验开始前用饱和氢氧化钠溶液喷洒鹿圈进行彻底消毒，并检修水槽和料槽。每天 06：00、16：00 各饲喂 1 次，自由采食、饮水，定期打扫鹿圈清理粪便。试验期为 140d，分为 4 个阶段，每 35d 为 1 个阶段。

1.4　测定指标与方法

在试验期内每个试验阶段结束时，由鹿场技术人员在早晨饲喂前对梅花鹿进行麻醉、测量或观察记录梅花鹿体重、体高、体长、管围，角基萌发和初角茸生长情况。具体指标及测量方法为：

体长：从肩端到臀端的距离；

体高：鬐甲顶点至地面的垂直高度；

管围：在左前肢管部上 1/3 最细处量取的水平周径（王根林，2006）。

在试验结束时对全部试验梅花鹿进行平茬，收取初角茸并用天平和直尺测量记录每头梅花鹿初角茸左右支茸重和茸长。

1.5　数据处理

试验数据首先用 Excel 2003 整理计算出各测量指标的平均日增长后，用 SAS 8.0 软件进行方

差分析和显著性比较分析，结果用平均值 ± 标准差表示。以 $P < 0.05$ 作为差异显著性判断标准。

2　结果与分析

2.1　日粮单宁水平对梅花鹿体重及体尺指标平均日增长的影响

由表 2 可知，日粮中添加不同水平单宁对梅花鹿体长、管围的平均日增长无显著影响（$P >$ 0.05），而对体重和体高的平均日增长有显著影响（$P < 0.05$）。其中 Ⅱ 组梅花鹿的体重、体高平均日增长均显著高于对照组（$P < 0.05$）。

表 2　日粮单宁水平对梅花鹿体重及体尺指标的影响

Table 2　Effects of dietary tannin levels on growth of body weight and body measurements in sika deer

指标	对照组	Ⅰ组	Ⅱ组	Ⅲ组
体重（g）	101.000 ± 1.3^a	109.000 ± 1.1^{ab}	140.000 ± 2.1^b	118.000 ± 3.1^{ab}
体长（cm）	0.060 ± 0.006^a	0.072 ± 0.013^a	0.075 ± 0.010^a	0.070 ± 0.018^a
体高（cm）	0.056 ± 0.004^a	0.060 ± 0.013^{ab}	0.074 ± 0.009^b	0.070 ± 0.014^{ab}
管围（cm）	0.008 ± 0.002^a	0.009 ± 0.002^a	0.009 ± 0.001^a	0.007 ± 0.002^a

注：同行数据肩标不同小写字母表示差异显著（$P < 0.05$）；肩标不同大写字母表示差异极显著（$P < 0.01$）；肩标相同字母表示差异不显著（$P > 0.05$）。下同

In the same row, values with different small letter superscripts mean significant difference$P < 0.05$）；and with different capital letter superscripts mean significant difference（$P < 0.01$）；while with same letter superscripts mean no significant difference（$P > 0.05$）. The same as below

2.2　日粮单宁水平对梅花鹿初角茸萌发情况的影响

由表 3 可知，在试验开始阶段各组梅花鹿的角基均未萌发。在第 1 阶段结束时观察测量发现对照组梅花鹿的角基均未萌发，而其他 3 个试验组梅花鹿的角基已开始萌发。在试验第 2 阶段结束时，对照组和各试验组梅花鹿角基均已萌发开始生长，但是由两侧角基平均高度来看，对照组均低于试验组。在试验结束时 Ⅰ 组梅花鹿初角茸高度大于对照组、Ⅱ、Ⅲ 三组，Ⅲ 组的初角茸高度低于对照组。

表 3　日粮单宁水平对试验期梅花鹿角基萌发情况影响

Table 3　Effects of dietary tannin levels on pedicle initiation in sika deer

阶段	对照组		Ⅰ组		Ⅱ组		Ⅲ组	
	左（cm）	右（cm）	左（cm）	右（cm）	左（cm）	右（cm）	左（cm）	右（cm）
初始	0	0	0	0	0	0	0	0
第1阶段	0	0	0.41 ± 0.06	0.43 ± 0.10	1.34 ± 0.19	1.36 ± 0.20	0.99 ± 0.08	1.20 ± 0.10
第2阶段	1.01 ± 0.06	0.86 ± 0.09	2.03 ± 0.12	1.93 ± 0.20	2.38 ± 0.26	2.08 ± 0.23	2.01 ± 0.05	2.05 ± 0.05
第3阶段	3.38 ± 0.19	3.71 ± 0.27	4.43 ± 0.10	4.67 ± 0.14	4.95 ± 0.19	5.15 ± 0.14	5.04 ± 0.06	4.78 ± 0.28
第4阶段	11.33 ± 0.57	11.67 ± 0.55	14.33 ± 0.32	14.67 ± 0.19	11.83 ± 0.43	11.33 ± 0.50	10.5 ± 0.44	10.17 ± 0.71

2.3 日粮单宁水平对育成梅花鹿初角茸长度、重量的影响

由表4可知，日粮中添加不同水平单宁对梅花鹿初角茸左支长度无显著影响（$P > 0.05$），而对梅花鹿初角茸右支长度、初角茸左右支重量影响显著（$P < 0.05$）。其中饲喂添加1%单宁的Ⅰ组梅花鹿初角茸右支长度显著高于饲喂添加4%单宁的Ⅲ组（$P < 0.05$）。饲喂添加单宁的Ⅰ、Ⅱ、Ⅲ组梅花鹿左右支初角茸的重量均显著高于饲喂基础日粮的对照组（$P < 0.05$）。

表4 日粮单宁水平对梅花鹿初角茸长度和重量的影响

Table 4 Effects of dictary tannin levels on primary velvet antler weight and length in sika deer

指标	对照组	Ⅰ组	Ⅱ组	Ⅲ组
左支长（cm）	11.33 ± 2.02^a	14.33 ± 1.44^a	11.83 ± 1.26^a	10.50 ± 1.32^a
右支长（cm）	11.67 ± 2.02^{ab}	14.67 ± 1.61^a	11.33 ± 1.04^{ab}	10.17 ± 1.04^b
左支重（g）	41.91 ± 1.96^a	60.50 ± 3.28^b	56.31 ± 2.41^b	57.26 ± 2.92^b
右支重（g）	44.56 ± 2.41^a	62.46 ± 3.25^b	55.04 ± 2.53^b	56.54 ± 3.04^b

3 讨论

3.1 日粮单宁水平对梅花鹿体重及体尺指标平均日增长的影响

梅花鹿的生长发育受多方面因素的影响，其中采食量、生长特性、日粮的消化代谢率、遗传特性等是主要的影响因素。本试验中梅花鹿均来自于试验站梅花鹿本交自繁梅花鹿仔鹿，且在试验过程中采用全价颗粒日粮，由同一饲养员进行统一饲养管理。平均日增和各项体尺指标平均日增长是直观上衡量动物生长发育快慢的主要指标。试验结果显示饲喂基础日粮的对照组体重、体长和体高的平均日增长均小于饲喂添加单宁日粮的试验组，但管围的平均日增长大于饲喂添加4%单宁组，小于饲喂添加1%和2%的试验组；其中饲喂添加2%单宁日粮组梅花鹿的平均日增重和体高平均日增长大于饲喂基础日粮的对照组，且差异显著（$P < 0.05$）。试验结果显示当日粮单宁水平由2%提高到4%时，Ⅲ组梅花鹿平均日增重和体尺平均日增长均较Ⅱ组有所下降，而且管围的平均日增长低于对照组。

一般情况下动物采食含单宁较高的饲料后，饲料中的单宁可与动物唾液黏蛋白结合并沉淀，从而引起消化道粗糙皱折的收敛感和干燥感、产生涩味、降低该饲料的适口性，并且摄食后使动物会产生短期的不适导致动物的食欲和采食量降低（Laudau 等，2000；刁其玉，1999）。单宁对于大多数动物来说是一种营养抑制剂并具有毒性作用，日粮中单宁含量超过5%就可致鸡和猪死亡，并使牛和羊生产能力下降，当反刍动物采食过多单宁后，单宁在瘤胃内经各种酶、微生物作用后降解生成多种低分子酚类化合物，这些物质被瘤胃壁吸收后进入血液，当其在血液或体液中蓄积浓度达到阈值浓度并超过动物机体的排毒能力时，就会引起动物中毒，具体症状包括食欲减退或拒绝进食、停止反刍、便秘、体温降低、水肿，严重会出现蛋白尿的现象（Ahmed 等，1991）。单宁含有多个邻位酚羟基可与铅、铜、汞等重金属离子以及碱金属离子钙、钡、锶等结合形成环状络合物，研究结果表明食物中的单宁影响人对钙和磷的吸收（Calixto 等，1986）。本试验中饲喂添加4%单宁日粮组梅花鹿平均日增重和体尺平均日增长均低于饲喂添加2%单宁组，但高于对照组，而饲喂添加4%单宁日粮组梅花鹿管围平均日增长小于对照组，这可能是由于日

粮中添加单宁过多，超过了某一临界浓度进而降低了梅花鹿对钙、磷的吸收所引起的，具体作用机理有待于进一步的研究。Rittner 等（1992）采用体外产气法测得瘤胃内蛋白质的降解率与饲料中可溶性无色花青素的含量呈负相关，这是因为单宁与蛋白质结合形成的化合物在 pH 值 4~7 之间有最大的稳定性，低于或高于此 pH 值会迅速分解；在瘤胃发酵过程中 pH 值 5~7 之间时蛋白质与单宁结合的比较稳定，不易被微生物降解利用。当单宁和蛋白质形成的复合物进入到真胃（pH 值 2.5）和小肠阶段（pH 值 8~9），蛋白质与单宁会立即分离，经胃蛋白酶和胰蛋白酶分解形成容易吸收的小分子物质，因此单宁在某种程度上起到了对蛋白质的过瘤胃保护作用。其他研究结果表明茶渣单宁具有保护蛋白质的功效（潘发明等，2012）；此外单宁能够明显降低饲料干物质的降解率、减少体外产气量、降低氨的溶解性（Khazaal 等，1996）。通过单宁对瘤胃内微生物作用的研究结果表明，单宁能够减少瘤胃内产甲烷菌的数量（Bhatta 等，2009；Tan 等，2011），而且富含单宁的柞树叶能够降低梅花鹿瘤胃内产甲烷菌多样性（李志鹏，2013）。Hoskin 等（1999）的研究结果表明饲喂含单宁酸的冠状炎黄芪后、鹿的增重效果比较明显。Clauss 等（2003）用含单宁的日粮饲喂狍子比用普通日粮饲喂获得更快的体重增重长速度，且差异显著（$P < 0.05$）。本试验研究结果与 Hoskin，Clauss 等人的研究结果基本相符，这说明在育成期雄性梅花鹿日粮中添加适量的单宁能够通过降低优质蛋白质在瘤胃内的降解率进而提高了日粮中优质蛋白质的利用率，在日粮蛋白质水平相同的情况下促进了育成期雄性梅花鹿的生长发育。

3.2　日粮单宁水平对试验期梅花鹿初角茸萌发情况影响

Fennessy 等（1985）研究表明赤鹿鹿茸的生长与营养和体内内分泌激素水平有关，并把赤鹿鹿茸的生长分为 4 个阶段，其中第一阶段指出当雄性赤鹿达到一定临界体重后角基在睾酮的作用下开始萌发。Lincoln 等（1971）研究表明初角茸的生长受营养的影响是因为在这个生长周期内鹿茸生长的发生需要达到一个最小体重，而体重的增长跟营养有直接的关系。Min 等（1997）研究表明采食菊苣的赤鹿比采食普通牧草赤鹿的平均角基萌发时间早 18 天，而且在一定范围内活体重每增长 10kg，角基萌发的时间平均提前 10 天。表 3 显示在 1 阶段试验结束时，分别饲喂添加不同水平单宁日粮的各试验组梅花鹿的角基都已萌发，而饲喂基础日粮的对照组梅花鹿角基则尚未萌发，也就说明试验组比对照组角基萌发平均早了约 35 天。这与 Min 等人研究的结果相符，可能是因为试验动物选择梅花鹿与赤鹿在品种、体型大小、生存环境以及生理特征上存在一定差异，因此角基萌发提前天数较 Min 等人研究结果差异较大。在初始体重为（37.36 ± 0.85）kg 相近的情况下，表 2 表明饲喂添加 1%、2% 和 4% 单宁日粮的试验组梅花鹿的平均日增重均高于饲喂基础日粮的对照组梅花鹿，试验组梅花鹿与对照组梅花鹿相比先达某一体重因此角基先萌发。

3.3　日粮单宁水平对育成期雄性梅花鹿初角茸长度、重量的影响

研究结果表明，赤鹿仔鹿在哺乳阶段摄入较多蛋白质能够提高初角茸的生长速度，而角基萌发的日期越晚则生长速率越慢（Gaspar 等，2008）。其他研究者的结果也表明营养摄入量与初角茸生长存在正相关的关系（Suttie 等，1982；Fennessy 等，1992）。Alexander 和 Gaspar 等（1999，2010）研究表明影响驯鹿、赤鹿等鹿茸产量的因素有：品种、年龄、营养水平、激素、骨化、光照、饲养管理、温度、收茸时期等。梅花鹿鹿茸的长度也是衡量鹿茸产量的一个表观因素，试验结果表明饲喂添加 1%、2% 单宁日粮的试验组梅花鹿初角茸左支的茸长均高于饲喂基础日粮的对照组，而对照组则略高于饲喂添加 4% 单宁日粮组；对照组梅花鹿初角茸右支的长度则低于饲喂添加 1% 单宁日粮组，高于饲喂添加 2%、4% 单宁日粮的两试验组，但是统计结果显示各试

验组间及试验组与对照组间左右支茸长差异均不显著（$P > 0.05$）。试验结果表明试验组梅花鹿初角茸的重量均高于对照组，且差异显著（$P < 0.05$），但各试验组间差异不显著（$P > 0.05$）。Gaspar等（2008）对西班牙马鹿的研究结果表明在鹿茸生长周期内鹿茸长度与体重呈正相关，而且初角茸的最终长度与母鹿总泌乳量、鹿茸开始生长时间、6月龄体重以及鹿茸生长时间相关。在赤鹿上的研究结果表明在同一的生茸周期内，鹿茸的长度、重量与该时期赤鹿体重正相关（Schmidt等，2001），这与本试验结果初始体重基本相同而体重增长较快的试验组梅花鹿具有较重的初角茸的结果相符。试验结果表明在日粮中添加不同水平的单宁能促进角基的萌发，在收茸时间相同的条件下延长初角茸的生长时间，进而能够显著的提高梅花鹿初角茸的产量，但是对梅花鹿初角茸长度的影响不是很明显，各试验组梅花鹿初角茸左右支的茸长差异不显著。

4 结论

日粮中添加适宜水平单宁能够促进育成期雄性梅花鹿的生长发育，提高平均日增重、体长和体高体尺的平均日增长。在初始体重相近的情况下，日粮中添加适宜水平单宁能够使育成期雄性梅花鹿角基萌发时间提前进而促进育成期雄性梅花鹿初角茸的生长，在锯茸时间相同的情况下能够延长初角茸的生长时间，进而提高梅花鹿初角茸的产量。

参考文献

[1] 刁其玉. 单宁的最新研究动态［J］. 饲料研究, 1999（11）: 28 - 28.

[2] 王欣, 李光玉, 崔学哲, 等. 雄性梅花鹿仔鹿越冬期配合日粮适宜蛋白质水平的研究［J］. 中国畜牧兽医, 2011, 38（1）: 23 - 26.

[3] 王凯英, 李光玉, 崔学哲, 等. 不同精粗比全混合日粮对雄性梅花鹿生产性能及血液生化指标的影响［J］. 特产研究, 2008, 30,（2）: 5 - 9.

[4] 王根林. 养牛学［M］. 北京: 中国农业出版社, 2006: 95 - 96.

[5] 李志鹏. 梅花鹿瘤胃微生物多样性与优势菌群分析［D］. 北京: 中国农业科学院, 2013.

[6] 潘发明, 李发弟, 郝正里, 等. 茶渣单宁含量对绵羊养分消化利用与氮代谢参数的影响［J］. 畜牧兽医学报, 2012, 43（1）: 71 - 81.

[7] 熊家军. 梅花鹿激素及其受体基因变异对产茸量的调控效应研究［D］. 武汉: 华中农业大学, 2012.

[8] Ahmed AE, Smithard R, Ellis M. Activities of enzymes of the pancreas, and the lumen and muco-sa of the small intestine in growing broiler cockerels fed on tannin - containing diets［J］. The British Journal of Nutrition, 1991, 65（2）: 189 - 97.

[9] Alexander K P, Greg L F, Drew H S. Factors affecting velvet antler weights in free - ranging rein-deer in Alaska［J］. Rangifer, 1999, 19（2）: 71 - 76.

[10] Bhatta R, Uyeno Y, Tajima K, et al. Difference in the nature of tannins on in vitro ruminal methane and volatile fatty acid production and on methanogenic archaea and protozoal populations［J］. Journal of Dairy Science, 2009, 92: 5 512 - 5 522.

[11] Calixto JB, Nicolau M, Rae GA. Pharmacological actions of tannic acid. I . Effects on isolated smooth and cardiac muscles and on blood pressure［J］. Planta Med, 1986, 52（1）: 32 - 35.

[12] Clauss M, Lechner - Doll M, Streich W J. Ruminant diversification as an adaptation to the physi-

comechanical characteristics of forage. A reevaluation of an old debate and a new hypothesis [J]. Oikos, 2003, 102, (2): 253 –262.

[13] Fennessy P. F. , Suttie J. M. Antler growth: nutritional and endocrine factors Biology of deer production [J]. The royal society of New Zealand, 1985, 22 (77): 239 –250.

[14] Fennessy P F, Corson I D, Suttie J M, et al. Antler growth patterns in young red deer stags [M]. The biology of deer, 1992: 487 –492.

[15] Gaspar – López Enrique, Andrés José García, Tomás Landete – Castillejos, et al. Growth of the first antler in Iberianred deer [J]. Eur J Wildl Res, 2008, 54, (1): 1 –5.

[16] Gaspar – López E, Landete – Castillejos T, Gallego L, et al. Antler growth rate in yearling Iberian red deer (*Cervus elaphus hispanicus*) [J]. Eur J Wildl Res, 2008, 54 (4): 753 –755.

[17] Gaspar – López E, Landete – Castillejos T, Estevez J A, et al. Biometrics, Testosterone, Cortisol and Antler Growth Cycle in Iberian Red Deer Stags (*Cervus elaphus hispanicus*) [J]. Reproduction in Domestic Animal, 2010, 45 (2): 243 –249.

[18] Hofmann R R. Digestive Physiology of the Deer – their morphophysiological specialization and adaptation [J]. Biology of Deer Production, 1985, 22 (87) 393 –407.

[19] Hoskin S O, Barry T N, Wilson P R, et al. Growth and carcass production of young farmed deer grazing sulla (*Hedysarum coronarium*), chicory (*Cichorium intybus*), or perennial ryegrass (*Lolium perenne*) /white clover (*Trifolium repens*) pasture in New Zealand [J]. New Zealand Journal of Agricultural Research, 1999, 42 (1): 83 –92.

[20] Khazaal A K, Zoi Parissi, Constantinous Tsiouvaras, et al. Assessment of phenolics – related antinutritive levels using the in vitro gas production technique: a comparison between different types of polyvinylpolypyrrolidone or polyethylene glycol [J]. J Sci Food Agric, 1996, 71 (1): 405 –414.

[21] Laudau S, Silanikove N, Nitsan Z. et al. Short – term changes in eating patterns explain the effects of condensed tannins on feed intake in heifers [J]. Applied Animal Behaviour Science, 2000, 69 (3): 199 –213.

[22] Lincoln GA. Puberty in a seasonally breeding male, the red deer stag (*Cervus elaphus L.*) [J]. Reprod. Fert, 1971, 25 (1): 41 –54.

[23] Min B R. , Barry T N. , Wilson P R. et al. The effects of grazing chicory (*Cichorium intybus*) and birdsfoot trefoil (*Lotus corniculatus*) on venison and velvet production by young red and hybrid deer [J]. New Zealand Journal of Agricultural Research, 1997, 40 (3): 335 –347.

[24] Rittner Ulrich, Jess D Reed. Phenolics and in – vitro degradability of protein and fiber in West African browse [J]. Sci. Food Agric, 1992, (58) 1: 21 –28.

[25] Schmidt K T, Stien A, Albon S D, et al. Antler length of yearling red deer is determined by population density, weather and early life – history [J]. Oecologia, 2001, 127 (2): 191 –197.

[26] Suttie JM, Kay RNB. The influence of nutrition and photoperiod on the growth antlers of youngred deer [M]. Antler development in Cervidae, 1982: 61 –71.

[27] Tan H Y, Sieo C C, Abdullah N, et al. Effects of condensed tannins from Leucaena on methane production, rumen fermentation and populations of methanogens and protozoa in vitro [J]. Animal Feed Science and Technology, 2011, 169: 185 –193.

此文发表于《中国畜牧兽医》2015, 42 (2)

生茸期梅花鹿蛋氨酸螯合铜需要量的研究[*]

鲍 坤[**] 李光玉[***] 刘佰阳 刘晗璐 李丹丽

（中国农业科学院特产研究所，吉林 吉林 132109）

摘 要： 为探讨生茸期梅花鹿日粮中铜的最适宜添加范围，将 20 只 2 岁雄性梅花鹿随机分成 A、B、C、D 四组，每组 5 只。A 组饲喂不添加铜的基础日粮，B、C、D 三组分别饲喂添加 15、40、80mg/kg 蛋氨酸螯合铜的日粮。试验结果表明：梅花鹿生茸期日粮加铜，改善营养物质消化率，除干物质外，对其他营养物质消化率影响均达到显著或极显著水平（$P < 0.05$）或 $P < 0.01$），变化趋势 40mg/kg 时发生改变；梅花鹿生茸期日粮中添加铜对血液生化指标有影响，其中对血清铜蓝蛋白活性影响最为显著（$P < 0.05$），当日粮铜添加量为 40mg/kg 时，其活性达到最大值；梅花鹿日粮加铜，对血清及毛中铜含量影响显著（$P < 0.05$）；梅花鹿鹿茸产量随日粮加铜量的增加呈现先上升后下降的趋势，在日粮铜添加量为 40mg/kg 时，茸产量达到最大值；梅花鹿鹿茸氨基酸含量随日粮加铜量的增加而增加，鹿茸含铜量随铜水平的增加呈现先上升后下降状态。综合各项指标，梅花鹿生茸期日粮铜的适宜添加量为 40mg/kg。

关键词： 梅花鹿；生茸期；蛋氨酸螯合铜；生化指标；生产性能

Research of the Requirement of Methionine Copper for Male Sika Deer in Antler Growing Period

BAO Kun, LI Guangyu, LIU Baiyang, LIU Hanlu, LI Danli

（Institute of Special Economic Animals and Plants,

Chinese Academy of Agricultural Sciences, Jilin 132109, China）

蛋氨酸铜有很好的化学稳定性，有易消化吸收、生物利用率高的特点，其化学结构有很强的抗细菌、真菌活性，在饲料和动物肠道内抑制有害微生物的生长，发挥类抗生素和防霉剂的作用，同时可减少排出量对环境的污染；另外蛋氨酸铜可通过反刍动物瘤胃而不影响其功能，提高了饲料报酬，是理想的高效微量元素。

目前关于梅花鹿生茸期日粮铜添加量的研究国内外未见报道，本试验通过不同水平蛋氨酸铜添加，通过对生茸期梅花鹿饲料营养物质消化率、生产性能、血液生化指标的影响，以及鹿茸氨基酸含量的研究，以及铜添加量对锌元素含量的影响，探讨生茸期梅花鹿日粮适宜的铜添加量，为 TMR 饲养技术在梅花鹿生茸期应用，提供理论依据。

* 资助项目：国家科技支撑项目（2006BAD12B08 – 07）

** 作者简介：鲍坤（1982—），男，江苏徐州人，硕士，研究方向为经济动物营养与饲料。E – mail：justbaokun@126.com

*** 通讯作者：李光玉（1971—），男，博士，研究员. Email：tcslgy@126.com

1 材料与方法

1.1 试验动物

选择中国农业科学院特产研究所茸鹿实验基地的体重相近、年龄为2岁、健康的雄性东北梅花鹿20头。

1.2 添加铜源

蛋氨酸螯合铜（上海绿源精细化工厂提供，饲料级，含铜量为17%，蛋氨酸含量为80%）。

1.3 试验时间及地点

饲养试验于2009年5月25日至8月12日，中国农业科学院特产研究所茸鹿实验基地进行。

1.4 试验设计

本试验采用单因子试验设计，研究不同水平蛋氨酸铜对生茸期梅花鹿营养物质消化率、血清生化指标、鹿茸产量及鹿茸相关成分的影响。

将20只梅花鹿根据平均体重随机分成4组：A、B、C、D；A组做对照组，饲喂无铜添加量的全价颗粒料，B、C、D组分别饲喂三个不同梯度铜锌添加量的全价颗粒料。饲喂方法采用定量饲喂。每组饲料除铜的添加水平不同，其他原料配方均一致，排除对试验造成影响的其他营养因素。日粮中加铜量及日粮中总铜含量见表1。

表1 日粮中加铜量及日粮总铜含量
Table 1 The amount of copper added into diet and the total amount of copper content （mg/kg）

组别	日粮加 Cu – Met	相当于日粮加 Cu	日粮总 Cu 含量（实测值）
A	0	0	7.97
B	88.24	15	21.38
C	235.29	40	46.09
D	470.59	80	89.15

1.5 试验基础日粮的配制及营养成分

配制以玉米粉、豆粕、麦麸、苜蓿草粉、玉米秸秆、DDGS、食盐、预混料为主要原料，铜的添加量分别是0mg/kg、15mg/kg、40mg/kg、80mg/kg的全价饲料。试验基础日粮的配方及营养成分见表2。

表2　基础日粮配方及营养成分（风干基础）

表2　基础日粮配方及营养成分（风干基础）
Table 2　Composition and nutrient levels of basal diet（DM basis）

饲料原料	百分比（%）	营养成分	实测值
玉米粉	18	ME 代谢（MJ/kg）	22.98
豆粕	15.5	粗蛋白（%）	17.02
玉米秸秆	30	粗脂肪（%）	3.99
苜蓿	15	钙（%）	0.98
DDGS	20	磷（%）	0.36
食盐	0.5	铜含量（mg/kg）	7.97
添加剂（无铜）	1		
合计	100		

每千克添加剂中含有：MgO 0.076 g；$ZnSO_4 \cdot H_2O$ 0.036 g；$MnSO_4 \cdot H_2O$ 0.043 g；$FeSO_4 \cdot H_2O$ 0.053 g；$NaSeO_3$ 0.031 g；$CaHPO_4$ 5.17 g；$CaCO_3$ 4.57 g；维生素 A 2484 IU，维生素 D_3 496.8 IU，维生素 E 0.828 IU，维生素 K_3 0.00023g，维生素 B_1 0.000092g，维生素 B_2 0.00069g，维生素 B_{12} 0.00138mg，叶酸 0.023mg，烟酸/烟酰胺 0.00162 g，泛酸钙 0.00115g。

1.6　试验鹿的饲养及管理

在整个试验期内，试验鹿被饲养在的大圈内，由固定人员饲喂，消除外界环境和管理不同对鹿产生的应激影响。试验鹿每日 06：00、16：00 各饲喂一次，自由采食和饮水，其他均按照常规饲养管理方法进行。定时清理鹿粪，清扫鹿圈，保持适宜的饲养环境，避免污染而对粪样采集造成影响。

1.7　样品的收集及处理

1.7.1　饲料及粪样的收集处理

在生茸期间，准确记录每头鹿脱盘时间，并且每 20 天进行一次消化试验，每次消化试验的预饲期17d，正试期3d。在正试期，每天早上在饲喂之前，按部分收粪法在圈中多个点收集当天部分鲜粪并用10%稀硫酸固氮，65℃烘干，粉碎过40#筛备用。粪样的收集严格避免沙粒等污染，以免影响测定结果精确度。

1.7.2　血液样品的采集

在每个阶段正试期的最后一天，将其麻醉，于早饲前颈静脉采血30mL，并记录每头鹿的体重。采血结束后，立即为鹿静脉注射尼可刹米，同时注射2mL 盘尼西林，为其解除麻醉。血液样品在凝血后3 500r/min 离心10min，分离血清样品，分装于 Eppendorf 管中于 -20℃冰柜保存，供以后分析之用。

1.7.3　体毛的采集

在鹿麻醉期间，剪取其体毛2g左右于自封袋中，用来测定微量元素含量，剪毛时一定要选择干净、不含有杂物的毛剪取，防止外界环境对试验结果的影响。

1.7.4　鹿茸的采集

鹿茸达到收取规格后，收取二杠型鹿茸，测定鲜鹿茸产量、准确计算每只鹿的鹿茸生长天数、在鹿茸进行带血加工后精确测定干茸产量、以干茸重/鲜茸重求出折干率、由鹿茸产量/生长时间得到鹿茸平均日增重。通过对体重、脱盘时间、茸重的计算和比较，每组取一只鲜鹿茸，每只鹿茸取主干茸前后两段及眉枝，在65℃烘干，粉碎过40#筛备，用以测定鹿茸铜和鹿茸氨基酸含量。

1.8 相关指标的测定

1.8.1 各营养物质消化率的测定

采用常规法测定饲料和粪样中营养物质含量；粗蛋白质含量采用微量凯氏定氮法；中性洗涤纤维采用 Van Soest 法；钙采用 EDTA 络合滴定法；磷采用钒钼酸铵显色法。具体步骤参考《饲料分析与饲料质量检测技术》（张丽英，2003）[1]；盐酸不溶灰分参照《家畜饲养试验指导》（杨胜，1990）[2]进行测定。采用内源指示剂法，以2N盐酸不溶灰分为内源指示剂。

1.8.2 血清生化指标的测定

严格按照试剂盒的操作要求进行操作。

1.8.3 样品中铜锌含量的测定

血清铜、毛铜、粪铜及基础日粮铜含量的分析采用 SpectrAA – 240 火焰原子吸收法检测（美国 VARIAN 公司）。

1.8.4 鹿茸氨基酸的测定

氨基酸测定使用氨基酸自动分析仪，委托吉林省农业科学院测定。

1.8.5 数据处理与统计分析

试验数据用 Excel – 2003 整理、计算，用 SAS 软件（V6.12，SAS，1998）进行方差分析和多重比较。

2 结果与分析

2.1 日粮不同水平蛋氨酸铜添加量对生茸期梅花鹿主要营养物质消化率的影响

日粮不同水平蛋氨酸铜添加量对生茸期梅花鹿主要营养物质消化率的影响见表3。

表3 不同水平蛋氨酸铜对梅花鹿营养物质消化率的影响

Table 3 Effects ofDifferent levels of Methionine Copper on the Digestibility of Nutrients in Male Sika Deer

消化率指标（%）	A 基础日粮	B 基础日粮 + Cu15mg/kg	C 基础日粮 + Cu 40mg/kg	D 基础日粮 + Cu 80mg/kg
干物质	73.67 ± 4.88^{AB}	75.96 ± 3.93^A	67.03 ± 4.94^B	68.37 ± 2.40^A
粗蛋白	81.59 ± 3.09^A	82.31 ± 3.00^A	74.64 ± 3.32^B	76.02 ± 2.21^A
磷	49.84 ± 4.65^a	50.18 ± 4.17^a	40.72 ± 4.0^a	42.86 ± 3.19^a
钙	59.63 ± 8.65^A	68.62 ± 3.59^A	44.10 ± 4.23^B	48.12 ± 6.98^B

注：同行不同小写字母表示差异显著（$P < 0.05$），同行不同大写字母表示差异极显著（$P < 0.01$）。下表同

由表3可以看出，在干物质消化率上，除日粮加铜15mg/kg组高于基础日粮组外，另外两组均低于基础日粮组，其中日粮加铜80mg/kg与基础日粮组达到差异极显著（$P < 0.01$）；粗蛋白消化率、磷消化率及钙消化率的变化趋势和干物质消化率变化趋势基本相同，日粮加铜40mg/kg组的粗蛋白消化率极显著低于基础日粮组（$P < 0.01$），日粮加铜40mg/kg及80mg/kg组的钙消化率极显著低于基础日粮组及日粮加铜15mg/kg组（$P < 0.01$）。

2.2 日粮不同水平蛋氨酸铜添加量对生茸期梅花鹿血清生化指标的影响

日粮不同水平蛋氨酸铜添加量对生茸期梅花鹿血清生化指标的影响见表4。

表4 不同水平蛋氨酸铜对生茸期梅花鹿血清生化指标的影响

Table 4 Effecst of Different levels of Methionine Copper on Serum Biochemical Parameters in Male Sika Deer

指标	A	B	C	D
总蛋白 TP（g/L）	66.41 ± 3.36[a]	67.91 + 3.51[a]	68.67 ± 2.80[a]	78.56 ± 4.40[b]
球蛋白 IgG（g/L）	37.20 ± 2.97[a]	41.74 ± 3.23[a]	39.67 ± 2.36[a]	48.53 ± 4.48[a]
碱性磷酸酶 ALP（U/L）	466.2 ± 13.11[a]	608.93 ± 23.05[a]	618.99 ± 17.06[a]	594.96 ± 19.42[a]
谷丙转氨酶 ALT（IU/L）	33.95 ± 3.10[a]	34.09 ± 2.59[a]	35.01 ± 2.92[a]	45.08 ± 2.10[a]
谷草转氨酶 AST（IU/L）	29.48 ± 1.92[a]	39.88 ± 2.39[a]	37.11 ± 1.85[a]	32.48 ± 1.73[a]
铜蓝蛋白 CP（U/L）	9.18 ± 0.63[b]	19.03 ± 1.98[a]	24.27 ± 1.59[a]	17.22 ± 1.20[ab]
SOD（U/mL）	118.63 ± 4.80[a]	126.81 ± 5.20[a]	128.62 ± 4.92[a]	128.36 ± 4.43[a]
睾酮 T（ng/mL）	3.38 ± 0.23[a]	4.19 ± 0.15[a]	5.13 ± 0.25[a]	2.20 ± 0.17[a]

由表4可见，血清TP、IgG含量随日粮铜添加量的增加而总体呈上升趋势，且均未达到统计学显著水平（$P < 0.05$）；ALP活性随着日粮铜添加量的增加而不断升高，但是各组间差异不显著（$P > 0.05$）；ALT和AST活性也未达到统计学显著水平（$P < 0.05$）。TP活性随日粮铜水平的增加而呈上升趋势，在日粮加铜40mg/kg时，达到差异显著水平（$P < 0.05$），之后又略有降低，但仍高于基础日粮组。SOD活性也是呈上升趋势，在日粮加铜40mg/kg时达到最大值，但是各组间均未达到差异显著水平（$P < 0.05$）；在血清T含量上，各组间变化较大，其中日粮加铜15mg/kg和40mg/kg高于基础日粮组，日粮加铜80mg/kg时，T含量低于基础日粮组，各组间差异不显著（$P > 0.05$）。

2.3 不同水平蛋氨酸铜对锯茸时梅花鹿血清铜含量、毛铜含量及粪铜含量的影响

不同水平蛋氨酸铜对锯茸时梅花鹿血清铜含量、毛铜含量及粪铜含量的影响见表5。

表5 不同水平蛋氨酸铜对生茸期梅花鹿血清铜、毛铜含量及粪铜含量的影响

Table 5 Effects of different levels of methionine copper on copper concentration in serum, pelage and feces

指标	A	B	C	D
血清铜（μg/mL）	0.74 ± 0.06[b]	0.75 ± 0.06[b]	0.87 ± 0.07[ab]	1.04 ± 0.07[a]
毛铜（mg/kg）	9.18 ± 1.09[B]	9.93 ± 1.03[B]	10.09 ± 1.09[B]	14.77 ± 1.05[A]
粪铜（mg/kg）	22.40 ± 1.23[C]	52.14 ± 3.46[B]	65.67 ± 2.14[B]	121.72 ± 4.56[A]

血清铜含量随着日粮铜添加量的增加而呈上升趋势，低铜时各组间差异不显著（$P > 0.05$），日粮铜添加量为80mg/kg时达到差异显著水平（$P < 0.05$）；毛中铜含量也是呈上升趋势，在日粮加铜80mg/kg时，差异达到极显著水平（$P < 0.01$）；粪铜排出量呈上升趋势，日粮加铜各组与基础日粮组相比，均达到差异极显著水平（$P < 0.01$）。

2.4 日粮不同水平铜添加量对梅花鹿生产性能的影响

日粮不同水平铜添加量对梅花鹿生产性能的影响见表6。

表6 日粮不同铜添加量对梅花鹿鹿茸生产性能的影响
Table 6 Effects of different copper addition on the production performance of sika deer

鹿茸相关指标	A	B	C	D
鲜茸产量（g）	448.75 ± 26.14[a]	486.00 ± 24.21[a]	521.00 ± 28.22[a]	483.75 ± 21.68[a]
干茸产量（g）	136.25 ± 16.44[a]	149.00 ± 13.42[a]	159.00 ± 16.81[a]	147.50 ± 17.17[a]
折干率（%）	30.24 ± 0.55[a]	30.71 ± 1.90[a]	30.63 ± 0.94[a]	30.46 ± 0.17[a]
鲜茸日增重（g/d）	9.84 ± 1.62[a]	11.62 ± 1.80[a]	13.20 ± 2.82[a]	11.09 ± 1.98[a]
干茸日增重（g/d）	2.99 ± 0.84[a]	3.56 ± 0.52[a]	4.03 ± 0.81[a]	3.38 ± 0.93[a]

由表6可以看出，在本实验范围内随铜添加量生茸期期梅花鹿的生产性能有增加趋势，均在日粮加铜40mg/kg处出现拐点。与对照组比日粮加铜15mg/kg、40mg/kg和80mg/kg鲜茸日增重分别提高了18.09%、34.15%和12.70%，干茸日增重分别提高了19.06%、34.78%、13.04%；与对照组相比鲜鹿茸产量分别提高了8.30%、16.10%和7.80%，干茸产量分别提高了9.36%、16.70%和8.26%。对鲜鹿茸产量、干鹿茸产量、折干率、鲜茸日增重及干茸日增重的影响均未达到统计学显著水平（$P < 0.05$）。

2.5 日粮不同水平铜添加量对鹿茸不同部位铜含量的影响

日粮不同水平铜添加量对鹿茸不同部位铜含量的影响见表7。

表7 日粮不同水平铜添加量对鹿茸不同部位铜含量的影响
Table 7 Effects of different copper addition on copper concentration in different site of antler

（mg/kg）

组别	茸头	主干	眉枝
A 组铜	3.957	4.779	3.303
B 组铜	6.264	5.794	5.071
C 组铜	7.093	10.742	6.757
D 组铜	6.252	5.436	5.879

由表7可看出，随着日粮铜水平的增加，鹿茸各部位的铜含量呈上升趋势，在日粮加铜40mg/kg时，鹿茸各部位铜含量达到最大值，当日粮加铜80mg/kg时，鹿茸各部位铜含量下降。

2.6 日粮不同铜添加对梅花鹿鹿茸氨基酸的影响

日粮不同铜添加对梅花鹿鹿茸氨基酸的影响见表8。

表8　日粮不同铜添加对梅花鹿鹿茸氨基酸的影响

Table 8　Effects of different copper addition on the content of amino acid in antler　　（%）

氨基酸种类	A 组	B 组	C 组	D 组
天冬氨酸	3.42	3.67	3.87	3.72
苏氨酸	1.51	1.65	1.73	1.68
丝氨酸	1.92	2.09	2.09	2.11
谷氨酸	6.01	6.57	6.57	6.64
脯氨酸	4.81	4.96	4.66	4.95
甘氨酸	7.91	8.52	8.21	8.63
丙氨酸	3.85	4.03	4.01	4.12
缬氨酸	1.85	2	2.13	2.04
蛋氨酸	0.45	0.52	0.53	0.53
异亮氨酸	0.95	1.08	1.08	1.06
亮氨酸	2.61	2.87	3.11	2.92
酪氨酸	0.93	1.04	1.1	1.05
苯丙氨酸	1.5	1.63	1.74	1.65
组氨酸	1.1	1.25	1.42	1.34
赖氨酸	2.43	2.66	2.77	2.67
精氨酸	3.8	4	3.92	4.04
总和	45.35	48.54	48.64	49.15

由表8可以看出，随着日粮中铜水平的提高，鹿茸中总氨基酸含量有增加的趋势，但是增长幅度比较平缓。B、C、D三组同A组相比，总氨基酸含量分别提高了7.03%、7.25%、8.38%。另外，在每一种氨基酸含量上，日粮加铜组，各种氨基酸含量均高于基础日粮组。

3　讨论

3.1　日粮不同水平铜添加量对生茸期日粮营养物质消化率及某些血清生化指标影响

在梅花鹿生茸期，梅花鹿对主要营养物质的消化率呈现相同的变化趋势。在日粮铜添加量为15mg/kg时，各营养物质消化率呈上升状态，当日粮铜添加量为40mg/kg时，各营养物质消化率下降，之后随铜添加量的增加，各消化率略有上升。除磷消化率未达到显著水平外，其余均达到差异极显著水平（$P < 0.01$）。

在梅花鹿的生茸期，CP活性变化与铜的添加量的变化有一定联系。当日粮铜添加量为15mg和40mg/kg时，CP活性增加，且达到差异显著水平，当日粮铜添加量达到80mg/kg时，CP活性开始下降。说明日粮添加一定的铜，可以促进CP活性的提高，但是高铜并未提高其活性。CP活性的变化趋势和生长期变化趋势相同。蔡永华[3]等之前报道，在日粮中加铜100mg/kg时，奶牛CP含活性显著增加；冯杰（2005）[4]报道高铜能够提高猪血清中CP活性，但是这一结果并未在梅花鹿身上得到体现。可能是不同动物间铜的吸收及利用机制不同导致。

ALP活性在生茸期内，随日粮铜水平的增加呈现上升后下降的趋势，当日粮铜添加量为

40mg/kg 时，ALP 活性达到最大值。郜玉钢[5]等研究表明，梅花鹿血清碱性磷酸酶活性变化亦受光周期和鹿生理时期所制约，在生茸期和长日照条件下，碱性磷酸酶活性升高，在非生茸期和短日照条件下则降低。进一步验证了血清碱性磷酸酶活性与鹿茸生长有直接关系，血清碱性磷酸酶参与鹿茸的生长。本试验中，铜的添加更加促进了碱性磷酸酶的活性，在铜添加量为 40mg/kg 时，效果最明显。

生茸是雄鹿的第二性征，与雄鹿血浆中性激素含量（雌二醇和睾丸酮）密切相关[6]。鹿角脱落发生在睾丸激素最低水平时，茸皮脱落发生在睾丸激素水平最高时（Lincoln，1971），在雄鹿角硬化期间，用阉割和激素处理来阻止睾丸激素分泌和作用会导致茸角在处理的任一时间脱落（Wislocki 等，1947；Fennessy 和 Suttie，1985），睾丸激素处理会阻止茸角脱落，导致早熟性的茸皮脱落。鹿茸的骨化过程取决于雄激素，据推测，茸皮脱落和交配期间（约 2 个月时间）血浆 T 的快速上升进一步刺激角柄深部的骨化过程。这样，血液中 T 水平上升的越高，角柄中骨化过程达到的部位越深。在春季，当血浆 T 水平快速下降时恢复的血液循环将破骨细胞带入角柄区，据信破骨细胞导致骨化组织的侵蚀和产生分裂间隙[7]。高志光[8]测定结果表明，从脱盘到鹿茸生长停止，外周血清睾酮、雌二醇含量变化极显著（$P < 0.01$）。

李春义[9]等研究表明，在鹿脱盘前，T 含量达到一个峰值，从脱盘到锯茸期间，T 含量没有明显的变化，但是会出现一个最低值。在茸皮脱落后的骨化期，即配种季节，有显著的睾酮峰出现。

在本试验中，当铜添加量为 15 和 40mg/kg 时，血清中睾酮含量是呈上升趋势的，当日粮铜添加量达到 80mg/kg 时，血清睾酮含量急剧下降且低于基础日粮组。这与以上所说梅花鹿生茸期特殊调节机制和机体对睾酮含量的调节息息相关。由于铜能增加垂体释放促甲状腺素（TSH）、促黄体素（LH）、生长激素（GH）和促肾上腺皮质激素（ACTH），影响肾上腺皮质类固醇和茶酚胺的合成。铜含量过低能抑制雄性动物发情，使繁殖力减退。如果铜含量过高，会影响绵羊、未成年牛这些对铜敏感的反刍动物精子的形成，从而影响它们的繁殖力。本试验中，睾酮的含量受日粮铜添加量的影响，低铜时睾酮含量增加，高铜时睾酮含量受抑制，但是各组间均为达到差异显著水平。

何河等[10]研究表明，当日粮中分别添加 150mg/kg 及 250mg/kg 的蛋氨酸铜及硫酸铜时，蛋氨酸铜组粪中铜的排泄量比硫酸铜组分别降低 17.54% 和 23.39%。本试验中日粮加铜组粪铜含量均极显著高于基础日粮组，日粮加铜 15mg/kg 和 40mg/kg 与加铜 80mg/kg 组相比粪铜含量显著降低，而这两组间粪铜含量差异不显著。说明在日粮加铜为 15 ~ 40mg/kg 时，机体对铜的利用较高。

综上，在梅花鹿生茸期日粮铜的需求量应该在 15 ~ 40mg/kg。

3.2 日粮不同水平铜添加量对生茸期梅花鹿血清铜、毛铜和鹿茸铜含量的影响

动物血液中微量元素的含量一般相对稳定，且变动于一定的生理范围内。当日粮中微量元素持续供给不足时，血液中微量元素的含量也随之下降。本试验中，随着日粮铜添加量的增加，血清铜含量逐渐升高，在日粮加铜 80mg/kg 时，达到差异显著水平。毛铜变化趋势和血清铜变化一样，且在日粮铜添加量为 80mg/kg 时达到差异极显著水平。本试验数据可以看出，日粮中铜添加量的提高，能使血清铜、毛铜含量增加。

铜是骨骼的重要组成成分，铜缺乏时幼龄生长动物或胎儿表现出成骨细胞形成减慢或停止；钙、磷不易在软骨质上沉积，使软骨细胞周围物质的骨化程度显著减退，使骨骼代谢异常和畸

形，骨质不坚实，表现出骨质疏松，发脆，易发生骨折，犊牛则易得佝偻病。本试验中鹿茸各部位中铜含量随着日粮铜添加量的增加而增加，在日粮铜添加量为 40mg/kg 时，鹿茸各部位的铜含量达到最大值，之后又降低。说明在日粮铜添加量为 40mg/kg 时，铜在鹿茸中的沉积较多。说明梅花鹿生茸期铜的利用率增加，在梅花鹿生茸期可考虑适当补铜，有利于茸的生长。

3.3　日粮不同铜添加量对生茸期梅花鹿生产性能的影响

梅花鹿的生产性能主要通过鹿茸产量和品质体现，产量高、品质好的（鹿茸的品质以粗壮、肥嫩为佳）被认为生产性能优良。本试验研究表明，日粮中不同水平铜添加量直接影响到鹿茸产量。鹿茸总产量随日粮铜添加量的增多而增多，在日粮铜添加量为 15mg/kg 和 40mg/kg 时鹿茸产量增长趋势明显，之后产量略有下降，但仍高于基础日粮组，未达到差异显著水平。新西兰的 P. D. Muir 和 Suttie 等[10]研究表明营养状况影响鹿的体格大小，对成年雄鹿营养主要影响软组织的发育，鹿茸正是幼嫩的组织，所以营养状况直接影响鹿茸产量。日粮不同水平铜添加对各种营养物质消化率影响显著，对多项血液指标影响显著，从而显著影响梅花鹿的营养状况，使梅花鹿鹿茸产量和品质等生产性能差异显著。在本试验中，梅花鹿鲜茸产量、干茸产量、鲜茸日增重和鲜茸日增重随日粮铜添加量的增加而增加，其中在日粮加铜 15mg/kg 变化较大，之后增加平缓，在日粮加铜 40mg/kg 时，各项指标达到最大值，但是未达到统计学差异显著水平（$P > 0.05$）。根据以上实验结果可以说明：在日粮加铜 15 ~ 40mg/kg 之间对梅花鹿生产性能的影响最为明显，梅花鹿生茸期适宜添加量应该在此范围内。

3.4　日粮不同铜添加对梅花鹿鹿茸氨基酸的影响

鹿茸中化学成分比较复杂，目前已发现主要含有氨基酸、脂类、蛋白质、维生素、碱基、核酸、鹿茸多肽及无机元素等[11]。其中氨基酸是鹿茸有机成分中含量居首的营养物质，总含量约达 50%，种类在 17 种以上，甘氨酸含量最高[12]。人们把鹿茸当作滋补营养药品，与其富含氨基酸密切相关[13]。

氨基酸的种类和质量分数，决定着蛋白质品质的高低。李泽鸿等[14]研究表明鹿茸中氨基酸的质量分数较高，而鹿角、鹿花盘中的氨基酸质量分数较低，充分显示了采摘鹿茸是有时间要求的，要适时采收，防止鹿茸老化，老化了的鹿茸骨质化程度较高，导致鹿茸营养成分降低[15]。本试验研究表明，日粮中不同水平添加量直接影响到鹿茸氨基酸含量。鹿茸总氨基酸含量随日粮铜添加量的增多而增多，尤其日粮加铜组与对照组鹿茸氨基酸含量增长较大，在日粮加铜组之间只是略有增长。

4　小结

（1）梅花鹿生茸期日粮加铜，可改善梅花鹿胃肠道的消化机能，改善营养物质消化率，除干物质外，对其他营养物质消化率影响均达到显著或极显著水平，变化趋势 40mg/kg 时发生改变。

（2）梅花鹿鹿茸中含铜量随铜水平的增加呈先上升后下降趋势。

（3）梅花鹿生长期日粮中添加铜对血液生化指标有影响，其中对血清铜蓝蛋白活性影响最为显著，当日粮铜添加量为 40mg/kg 时，其活性达到最大值。

（4）梅花鹿日粮加铜，对血清及毛中铜含量影响显著。

（5）梅花鹿生茸期鹿茸产量随日粮加铜量的增加呈先上升后下降趋势。在日粮铜添加量为

40mg/kg 时，茸产量达到最大值。鲜茸产量、干茸产量、鲜茸日增重、干茸日增重均未达到统计学显著水平。

（6）梅花鹿生茸期鹿茸氨基酸含量随日粮加铜量的增加而增加。

综合各项指标，梅花鹿生茸期日粮铜的适宜添加量为 40mg/kg（日粮总铜含量 46.09mg/kg）左右。

参考文献

[1] 张丽英. 饲料分析及饲料质量检测技术 [M]. 北京：中国农业大学出版社，2003.

[2] 杨胜. 家畜饲养试验指导 [M]. 北京：农业出版社，1990.

[3] 蔡永华，夏成，张洪友. 补铜对奶牛血浆铜含量和铜蓝蛋白活性及其相关性的影响 [J]. 中国畜牧兽医，2007，34（4）：43 – 44.

[4] 冯杰，刘欣，吴新民，等. 酪蛋白铜对仔猪生长及血清铜蓝蛋白和 SOD 活性的影响 [J]. 中国畜牧杂志，2005，41（3）：14 – 17.

[5] 郜玉钢，高秀华，王晓伟，等. 梅花鹿血清羟脯氨酸、碱性磷酸酶活性年周期变化及其相互关系 [J]. 经济动物学报，1999，3（1）：25 – 27.

[6] 朱南山，张彬，王洁. 鹿产茸性能的调控因素 [J]. 经济动物学报，2006，10（1）：49 – 55.

[7] 李春义，王文英译. 鹿的血浆睾酮水平与鹿茸、角柄骨化的关系 [J]. Mammalogy Rev，1989，（3）：3 – 11.

[8] 高志光. 梅花鹿鹿茸生长速度与睾酮，雌二醇关系的研究 [J]. 经济动物学报，1999，3（3）：27 – 30.

[9] 李春义，王文英，杜玉川. 梅花鹿茸角发育周期中外周血浆睾酮、雌二醇和孕酮含量的变化 [J]. 吉林畜牧兽医，1987，21 – 25.

[10] P. D. MUIR. Effect of the nutrition level on antler development of red deer in winter [J]. J. Of Agri. Res，1988，31（2）：145 – 150.

[11] 王秋玉，王本祥. 论鹿茸生长因子 [J]. 中医药学报，2000，6：10 – 11.

[12] 中华人民共和国药典委员会. 中华人民共和国药典 [M]. 北京：人民卫生出版社，2000.

[13] 陈丹，孙晓秋. 鹿茸、马鹿茸不同部位氨基酸、总磷脂、钙、磷含量的研究 [J]. 经济动物学报，1998，2（3）：31 – 34.

[14] 李泽鸿，武丽敏，姚玉霞，等. 梅花鹿鹿茸不同产品中氨基酸含量的比较 [J]. 氨基酸和生物资源，2007，29（3）：16 – 18.

[15] 李泽鸿，姚玉霞，王全凯. 二杠鹿茸和三杈鹿茸中营养元素含量的差异 [J]. 微量元素和健康研究，2003，20（4）：30 – 31.

此文发表于《畜牧与兽医》2011 年第 4 期

双阳梅花鹿幼鹿对不同粗饲料
类型日粮消化利用研究

宋百军[1]　马丽娟[1]　王守富[2]　刘建博[1]　何玉华[1]　李荣权[1]　张荣范[3]

(1. 吉林农业科技学院，吉林　132101；2. 吉林农业大学，长春　130118；
3. 吉林省双阳梅花鹿良种繁育公司，长春　130600)

摘　要：选择经过人工哺乳驯化后的9—11月龄的健康双阳梅花鹿雄性幼鹿4只，采用4×4拉丁方试验设计，饲喂配合精饲料＋青贮玉米（日粮I）、配合精饲料＋青干草（日粮II）、配合精饲料＋玉米秸粉（日粮III）和配合精饲料＋黄柞叶（日粮IV）4种日粮进行饲养代谢试验。采用全收样法收集每个试验期5d的试样，按照GB 6435—860要求的方法对饲料样、粪样和尿样中的干物质、粗灰分和有机物质、氮含量进行测定；使用瑞士Tecator纤维测定仪对饲料样和粪样中性洗涤纤维测定含量；应用Excel2000软件和SPSS13.0统计软件，采用LSR检验法对试验数据进行显著性检验。通过梅花鹿对不同种类粗饲料中营养物质的消化利用的显著性比较，在饲喂精料补充料相同的条件下，育成公梅花鹿对精粗比均为0.57：0.43的I、II、IV三种日粮消化率较高。对精粗比为0.69：0.31的III号日粮消化率较低。

关键词：双阳梅花鹿；粗饲料；消化率；精粗饲料比

Shuangyang sika deer of young male deer
feed on different types of crude use of nutrients

Song Baijun[1], Ma Lijuan[1*], Wang Shoufu[2],

Liu Jianbo[1], He Yuhua[1], Li Rongquan[1], Zhang Rongfan[2]

(1. Jilin Agriculture Science And Technology College, Jilin 132101, China;

2. Jilin Agricultural Univercity, Changchun 130118, China;

3. Jilin province Shuangyang sika deer breeding company, Changchun 130600, China)

Abstract：Select Shuangyang sika deer, domesticated through artificial feeding 9 to 11 months after the health of male deer 4, using 4 × 4 Latin square design and fed with concentrate feed + silage maize (diet I), with the concentrate feed + hay (Diet II), with concentrated feed + corn stalk powder (Diet III) and with concentrate feed + yellow oak leaves (diet IV) 4 diets for feeding metabolic test. All revenue collected by each test sample by the sample of 5d, in accordance with the requirements of the method of GB 6435—860 samples of feed, feces and urine in the dry matter, crude ash and organic matter, nitrogen content was measured; use Swiss Tecator Dietary fiber analyzer samples and determination of fecal neutral detergent fiber content of samples; application software and SPSS13.0 Excel2000 statistical software，LSR test method using test data for significance test. Different types of crude through the deer feed on the nutrients in the digestive utilization of significant compared to fed concentrate supplement in the feed under the same conditions，breeding male deer forage to concentrate ratio were 0.57 : 0.43 for the Ⅰ，Ⅱ，Ⅳ three days high grain digestibility. Forage ratio was 0.69 : 0.31 for the Ⅲ，Diets low.

Key words：Shuangyang sika deer；Qingyuan red deer；Hybridization breeding；Roughage；Digestibility；Feed concentrate to roughage ratio

梅花鹿和马鹿是继家畜（牛、马、猪、羊等）后驯化程度最高的家养草食动物，具有食性广、耐粗饲、可利用饲料种类繁多等特点。国际饲料分类法与我国饲料分类方法均将饲料中自然含水量低于45%，粗纤维高于18%的饲料划为粗饲料，包括青绿饲料制得的干草（粉）、脱谷收得农副产品（秸秆、秋壳等）以及糟渣类、饼粕产物、草籽、油料籽实等饲料[1]。其中，青干草（羊草）、玉米秸秆[2]和干柞树叶分别是我国草原区、农区和山区养鹿场秋冬春三季最主要的粗饲料，而青贮玉米是我国养鹿生产实践中最常用的四季平衡饲料。粗饲料一般营养价值相对低，其主要利用者为反刍动物，利用的关键在于瘤胃微生物对粗饲料的摄取、消化、降解的能力[3,4]。

梅花鹿和马鹿属于反刍动物，饲养原则应是以优质青干草、豆科牧草、青贮饲料、秸秆类、枝叶类等粗饲料为主，并对所选定的粗饲料进行优化搭配，再结合其各生理阶段的特点，添加适量的精料据统计[5]，我国农作物秸秆年产量约7亿t，这些农作物秸秆是发展草食动物的粗饲料资源，目前用做粗饲料的仅为20%，如何充分利用人类不能利用的秸秆资源，发展草食动物饲养，对缓和"人畜争粮"的矛盾具有重要的作用[6]。本试验开展了梅花鹿与马鹿梅花鹿F₁代幼年鹿对不同粗饲料类型日粮利用率的研究。

1 材料与方法

1.1 试验时间与地点

饲养试验于2013年3—4月在吉林省双阳鹿业良种繁育公司鹿场进行。试验样品测试在吉林农业科技学院动物营养实验室完成。

1.2 试验动物与日粮

1.2.1 试验动物

试验动物为9~10月龄的健康双阳梅花鹿4只，均为雄性，在哺乳期通过人工哺乳驯化，性情温顺，保证了试验的顺利完成。

1.2.2 试验日粮

精料补充料为长春市得加饲料公司生产的梅花鹿育成期鹿用颗粒精饲料，精饲料组成：玉米62%，大豆粕20%，黄豆5.5%，麦麸10%，食盐1.5%，复合矿物质2%；蛋白质含量27.10%，能量浓度为17.25MJ/kg，Ca 0.65%，P 0.37%。粗饲料为青贮玉米、青干草、玉米秸粉和干柞树叶，由试验鹿场提供。

试验鹿的4种日粮类型在下文中日粮类型均以Ⅰ、Ⅱ、Ⅲ、Ⅳ符号代替。

1.3　试验设计

本研究采用 4×4 拉丁方试验设计，4 只育成公梅花鹿，饲喂 4 种日粮：即配合精饲料 + 青贮玉米（日粮 I）、配合精饲料 + 青干草（日粮 II）、配合精饲料 + 玉米秸粉（日粮 III）和配合精饲料 + 黄柞叶（日粮 IV）。

1.4　试验管理

试验鹿装入特制的饲养笼内，均为单笼舍饲，每日每只鹿精饲料喂量为 0.50kg，粗饲料投喂前称重，自由采食，每日早饲前称取剩料重量，并记录。饲喂时间为每日上午 7：00，下午 16：00 喂料，先喂精料，后喂粗料，自由饮水。青干草切短后饲喂，玉米秸粉（揉碎）、青贮玉米和干柞树叶直接饲喂[7,8]，见表 1。

1.5　样品采集

每种饲料经过 15d 预饲期后，进入 5d 的正式采样期，分别在 6：00（喂饲前）采样。

采样期每种粗饲料样每日早晚投喂前各留取 100g，每日剩余饲料于次日投料前取出准确称量后留取 10%，每期试验结束后将 4 只试验鹿 5d 的新料样和剩余饲料样分别混匀后，分别于 65℃ 的烘箱中烘干，制成风干样以备分析。

采样期集尿桶中每天加入 10% 硫酸 10～15mL，以保证尿液 pH 值 <3，每日于早饲前定时收集全部尿样，准确称重后留取尿样的 10%，放于 −20℃ 冰柜中冷藏保存，每期试验结束后，将 4 只试验鹿 5d 的尿样分别混匀后继续放于 −20℃ 冰柜中冷藏保存。

采样期每日全收粪并准确称重，−20℃ 保存，每期试验结束后将 4 只试验鹿 5d 的粪样分别混匀后，于 65℃ 的烘箱中烘干，制成风干样以备分析。

于每期试验开始前和结束后称量和记录试验鹿的空腹重量。

1.6　测定项目与方法

1.6.1　干物质
饲料样、粪样和尿样中的干物质（DM）测定方法参见 GB 6435—860。

1.6.2　粗灰分和有机物质
饲料样、粪样和尿样中的粗灰分测定方法参见 GB 6432—860。

有机物质（OM）= 干物质 − 粗灰分

1.6.3　氮含量
饲料样、尿样、粪样中氮含量测定方法参照 GB 6438—860，使用凯氏定氮法测定。

1.6.4　中性洗涤纤维
使用瑞士 TecItor 纤维测定仪测定中性洗涤纤维含量。

1.7　试验数据处理

采用 4×4 拉丁方试验设计，对幼年梅花鹿采食不同粗饲料日粮量和体增重、及其对不同粗饲料组成的日粮中有机物消化率、粗蛋白的消化率、沉积氮量、中性洗涤纤维的消化率和小肠微生物氮的流量等试验数据，用 Excel2000 软件和 SPSS 13.0 统计软件进行统计分析，用 LSD 法做差异显著性多重较。

2 结果与分析

2.1 幼年梅花鹿对不同粗饲料日粮采食量和体增重效果

2.1.1 幼年梅花鹿对不同粗饲料日粮的采食量

由表1可知，幼年梅花鹿对青贮玉米（日粮 I）、青干草（日粮 II）、玉米秸粉（日粮 III）和黄柞叶（日粮 IV）4 种不同粗饲料日粮中干物质采食量分别为（876.91 ± 95.30）g/d、（880.78 ± 30.00）g/d、（727.96 ± 49.93）g/d 和（876.47 ± 22.92）g/d，没有显著差异（$P > 0.05$）[9]。

表1 试验期幼年梅花鹿对不同粗饲料日粮的采食量

（4×4 拉丁方设计方案，平均采食量（g/d），风干基础）

日粮类别	样本数	平均日采食量 *（g/d）	精粗饲料比例
I	4	876.91 ± 95.30	57∶43
II	4	880.78 ± 30.00	57∶43
III	4	727.96 ± 49.93	61∶39
IV	4	876.53 ± 22.92	57∶43

*注：没有肩标或肩标有相同字母表示差异不显著，字母不同表示差异显著。小写字母表示显著差异，大写字母表示极显著差异（以下各表相同）。

2.1.2 采食不同粗饲料组成日粮对幼年梅花鹿体增重的影响

由表2可知，青贮玉米（日粮 I）、青干草（日粮 II）和黄柞叶（日粮 IV）日粮对试验鹿的体增重率分别为 2.41% ±0.03%、2.45% ± 0.05% 和 2.28% ± 0.03%，增重效果显著高于玉米秸粉（日粮 III）日粮的 1.94% ± 0.068%。（$P < 0.01$）。这与玉米秸粉粗纤维含量高，适口性差，消化率低的营养特性密切相关。

饲喂青贮玉米（日粮 I）、青干草（日粮 II）和黄柞叶（日粮 IV）日粮，对试验鹿体增重效果没有明显差异（$P > 0.05$），这与梅花鹿喜食青贮玉米、青干草和黄柞叶 3 种粗饲料，而且对此 3 种饲料有机物消化率相近（$P > 0.05$）是一致的[10]。

表2 幼年梅花鹿饲喂不同粗饲料组成日粮对体增重的影响

日粮类型	始重（kg）	末重（kg）	增重（kg）	增重率（%）	日增重（g）
I	26.93 ±2.00	27.58 ±2.05	0.65 ±0.05	2.41 ±0.03[a]	43.33 ±0.05
II	27.15 ±2.91	27.83 ±2.35	0.68 ±0.06	2.45 ±0.05[ab]	45.33 ±0.06
III	26.95 ±1.84	27.48 ±1.89	0.5 ±0.04	1.94 ±0.07[c]	33.33 ±0.04
IV	27.38 ±1.95	28.00 ±1.99	0.63 ±0.05	2.28 ±0.03[d]	45.00 ±0.05

2.2 幼年梅花鹿对不同粗饲料组成的日粮中各营养物质消化率

2.2.1 幼年梅花鹿对不同粗饲料组成日粮的有机物消化率

由表3可知，试验鹿对青贮玉米（日粮 I）、青干草（日粮 II）和玉米秸粉（日粮 III）日粮中有机物消化率分别为 82.58% ±1.68%、80.72% ±0.75% 和 79.14% ±1.09%，显著高于黄柞叶（日粮 IV）日粮中有机物消化率的 66.54% ±1.25%（$P<0.01$）；同时青贮玉米（日粮 I）日粮中有机物消化率显著高于玉米秸粉（日粮 III）日粮中有机物消化率（$P<0.01$）；而对青干草（日粮 II）日粮中有机物消化率与对日粮 I、日粮 III 中有机物消化率没有显著差异（$P>0.05$）。

表3　幼年梅花鹿采食不同粗饲料组成日粮的有机物消化率

日粮类型	有机物质采食量 g/d	粪有机物质排出量 g/d	可消化有机物质采食量 g/d	有机物质消化率 %
I	693.01 ± 76.95	120.70 ± 26.06	572.31 ± 40.04	82.58 ± 1.68 a
II	720.68 ± 27.00	138.98 ± 9.71	581.70 ± 17.86	80.72 ± 0.75 ab
III	627.28 ± 26.23	130.82 ± 12.40	496.46 ± 13.84	79.14 ± 1.09 b
IV	823.96 ± 44.63	275.67 ± 25.54	548.29 ± 27.36	66.54 ± 1.25c

2.2.2　幼年梅花鹿对不同粗饲料组成的日粮中粗蛋白的消化率

由表4可知，试验鹿对青贮玉米（日粮 I）、青干草（日粮 II）和黄柞叶（日粮 IV）日粮中粗蛋白消化率分别为 58.32% ±3.28%，65.52% ±2.32% 和 60.81% ±1.22%，显著高于玉米秸粉（日粮 III）日粮的粗蛋白消化率（49.10% ±2.52%）（$P<0.01$）；而青贮玉米（日粮 I）、青干草（日粮 II）和黄柞叶（日粮 IV）日粮中粗蛋白消化率没有显著差异（$P>0.05$）。

表4　幼年梅花鹿对不同粗饲料组成的日粮中粗蛋白的消化率

日粮类型	CP 采食量（g/d）	粪 CP 排出量（g/d）	尿氮排出量（g/d）	可消化 CP 采食量（g/d）	CP 消化率（%）	表观沉积氮（g/d）
I	144.16 ±9.56	20.67 ±2.47	39.27 ±5.87	123.41 ±7.29	58.32 ±3.28 a	84.22 ±7.19
II	144.38 ±2.99	16.82 ±2.64	32.50 ±3.76	127.56 ±5.45	65.52 ±2.32 a	95.06 ±4.10
III	128.04 ±2.28	25.82 ±5.52	38.28 ±6.63	102.05 ±3.47	49.10 ±2.52 b	63.77 ±3.47
IV	152.02 ±4.48	39.62 ±5.85	15.91 ±2.31	112.39 ±4.16	60.81 ±1.22 a	96.48 ±3.22

2.2.3　幼年梅花鹿对不同粗饲料组成的日粮中中性洗涤纤维的消化率

由表5可知，试验鹿对青贮玉米（日粮 I）日粮和青干草（日粮 II）日粮中中性洗涤纤维（NDF）的消化率分别为 52.78% ± 1.75% 和 56.30% ± 6.28%，显著高于对玉米秸粉（日粮 III）、黄柞叶（日粮 IV）日粮中性洗涤纤维的消化率（分别为 39.30% ± 3.94% 和 34.59% ± 2.63%）（$P<0.01$）；而对青贮玉米（日粮 I）与青干草（日粮 II）日粮之间、玉米秸粉（日粮 III）与黄柞叶（日粮 IV）日粮之间中性洗涤纤维的消化率差异不显著（$P>0.05$）。

表5　幼年梅花鹿对不同粗饲料组成日粮中中性洗涤纤维消化率

日粮类型	NDF 采食量（g/d）	粪 NDF 排出量（g/d）	可消化 NDF 采食量（g/d）	NDF 消化率（%）
I	347.41 ± 58.88	163.89 ± 25.38	183.52 ± 34.64	52.78 ± 1.75 aABC
II	365.19 ± 19.59	159.59 ± 27.47	205.60 ± 23.18	56.30 ± 6.28 aAB
III	279.85 ± 41.77	169.87 ± 50.72	109.98 ± 17.29	39.30 ± 3.94 bCD
IV	353.51 ± 53.73	231.23 ± 16.88	122.28 ± 15.77	34.59 ± 2.63 aD

3 讨论

3.1 幼年梅花鹿对不同种类粗饲料组成日粮的采食量评价

由于反刍动物有一定能力随营养、生理和环境条件的变化而调节采食量以维持其机体的正常生长发育需要。但如果秸秆质量太差，往往不能采食足够的饲料量来满足其自身的维持需要。

Orskov（1987）认为反刍动物采食以谷物为主的日粮时，采食量的大小决定于动物本身，亦即象猪、鸡那样决定于动物对营养素的代谢能力。而对于粗饲料，瘤胃容积是主要限制因素，动物采食粗料的数量往往达不到动物利用营养素的能力。作物秸秆与其他质量好的粗饲料相比，采食量更低。作物秸秆可溶性快速降解部分只有8%～10%，而质量高的牧草可高达40%。秸秆慢速降解部分的速率也比质量高的牧草小。

因此，幼年梅花鹿对青贮玉米（日粮 I）、青干草（日粮 II）、玉米秸粉（日粮 III）和黄柞叶（日粮 IV）4 种不同粗饲料日粮中干物质采食量虽然没有差异，但是由于各种营养物质含量不同，同时消化率不同，最终的营养价值也不同[11]。

3.2 幼年梅花鹿对不同类型日粮中有机物消化效果评价

由于作物秸秆粗纤维含量高，粗蛋白质含量低。不同种类秸秆的化学成分变化较大，同种类的不同品种，同一种秸秆的不同部位的化学成分差异也较大，秸秆中的可溶性水化合物含量很低。例如，玉米秸中干物质含量为96.10%，粗蛋白质含量9.3%，中性洗涤纤维71.2%。因此秸秆只有通过瘤胃微生物发酵生成 VFA 后才能被家畜所利用。秸秆 CP 含量低，往往由于秸秆饲喂动物后，瘤胃液中的氨浓度低而影响瘤胃微生物的增殖和发酵，进而造成秸秆消化率的低下。作物秸秆中的蛋白质多数结合在细胞壁中，且这部分细胞壁蛋白质的消化率较低。

3.3 幼年梅花鹿对不同类型日粮中粗蛋白消化效果评价

根据杨福合等（1997）采用瘤胃瘘管法对成年梅花鹿的研究，瘤胃液瘤胃三氯醋酸沉淀蛋白（TCA - P，包括饲料蛋白、唾液蛋白及微生物蛋白）水平基本上可以反映瘤胃内微生物合成蛋白质的变化。饲喂不同的粗饲料，梅花鹿瘤胃 TCA - P 浓度也存在差异（$P < 0.01$）。采食黄柞树叶组 TCA - P 浓度极显著地高于青作树叶、青玉米秸和干玉米秸 3 种粗饲料组（$P < 0.01$）；采食青作树叶、青玉米秸和干玉米秸组间差异不显著。由此可以认为，试验鹿采食干柞树叶组日粮时瘤胃微生物合成蛋白质的量也可能较高[12,13]。

3.4 幼年梅花鹿对不同粗饲料组成日粮中中性洗涤纤维的消化利用

根据杨福合等（1997）对成年梅花鹿的研究，在补饲精饲料相同的情况下，采食各种粗饲料，梅花鹿瘤胃 pH 值均呈弱酸性，pH 值受唾液分泌、VFA 和其他有机酸生成、吸收和排除的影响，是发酵过程的综合反映。而且采食不同的粗饲料，梅花鹿瘤胃 pH 值存在显著差异（$P < 0.01$）。采食黄柞树叶及干玉米秸瘤胃 pH 值极显著高于采食青柞树叶和青玉米秸组（$P < 0.01$）。而挥发性脂肪酸（VFA）是瘤胃发酵的主要终产物，也是反刍动物重要的能量来源，瘤胃液中 VFA 含量反映瘤胃消化代谢水平。瘤胃 VFA 与日粮组成、饲喂制度均密切有关。一般来说，喂低质草料时，瘤胃发酵水平低，VFA 产量少；而日粮中增加糖类和蛋白质，就可使 VFA 水平升高。梅花鹿采食青柞树叶组、干玉米秸组、青玉米秸组及干柞树叶组各组间瘤胃挥发性脂肪酸的

浓度差异不显著（$P > 0.05$）。

本试验研究的结果，试验鹿对青干草日粮中中性洗涤纤维的消化率显著高于玉米秸日粮，与王加启（1994）采用人工瘤胃法研究所得的结论是一致的[14,15]。

4　试验结论

本研究通过对比试验，得到下列结论：幼年梅花鹿对青贮玉米（日粮 I）、青干草（日粮 II）、玉米秸粉（日粮 III）和黄柞叶（日粮 IV）4 种不同粗饲料日粮中干物质采食量虽然没有差异，但是由于各种营养物质含量不同，同时消化率不同，最终的营养价值也不同；秸秆 CP 含量低，往往由于秸秆饲喂动物后，瘤胃液中的氨浓度低而影响瘤胃微生物的增殖和发酵，进而造成秸秆消化率的低下；试验鹿采食干柞树叶组日粮时瘤胃微生物合成蛋白质的量也可能较高；试验鹿对青干草日粮中中性洗涤纤维的消化率显著高于玉米秸日粮，通过探讨幼年雄性梅花鹿对不同来源、不同种类的粗饲料的消化利用规律，分析幼年雄性梅花鹿对粗饲料中各种营养物质的消化利用率，进而合理开发利用精粗饲料资源，降低养鹿成本，提高养鹿业效益，进而大力的发展我国养鹿业。

参考文献

[1] 郜玉钢，高秀华，王晓伟，等．梅花鹿饲粮适宜精粗比的研究［J］．特产研究，2000（1）：29 - 31.

[2] 鞠桂春，孙保平，张爱武，刘忠军，等．氨化玉米秸秆对梅花鹿幼鹿营养物质消化率和增重的影响［J］．经济动物学报，2009，13（2）：68 - 71.

[3] 宋恩亮，刘晓牧，穆阿丽，等．不同精粗比全价颗粒饲料对 4 - 6 月龄犊牛增重的影响［J］．山东农业科学，2007，1：96 - 97.

[4] 汪水平，王文娟，龚月生，等．日粮精粗比对泌乳奶牛养分消化的影响［J］．广西农业科学，2007（1）：28 - 34.

[5] 鞠桂春，孙保平，张爱武，等．日粮精饲料水平对梅花鹿幼鹿营养物质消化率和生产性能的影响［J］．经济动物学报，2009，13（3）：125 - 134.

[6] 冯定远．配合饲料学［M］．北京：中网农业出版社，2003.

[7] 马晶涛，祝云江，卢景都，等．各阶段的饲养要点［J］．养殖技术顾问，2009：32.

[8] 马丽娟，金顺丹，韦晓斌，等．鹿生产与疾病学［M］．长春：吉林科学技术出版社，1998.

[9] 张丽英．饲料分析及饲料质量检测技术（第 2 版）［M］．北京：中国农业大学出版社，2003.

[10] 高秀华，金顺丹，杨福合，等．饲粮营养水平对五岁以上生茸期梅花鹿的影响［J］．特产研究，2001，3：1 - 4.

[11] 王凯英．不同精粗比全混合日粮（TMR）对梅花鹿消化代谢及生产性能的影响［D］．北京：中国农业科学院，2008.

[12] 钟立成，尹远新，王桂华，等．饲粮蛋白质水平与鹿茸产量和质量的关系［J］．经济动物学报，2009，13（2）：63 - 67.

[13] 李光玉，高秀华，郜玉钢．鹿蛋白质营养需要研究进展［J］．经济动物学报，2000，4

(2)：58 – 62.

［14］高秀华，杨福合．鹿常用饲料营养价值评定研究进展［J］．经济动物学报，1998（3）：45 – 51.

［15］李光玉，杨福合，王凯英，等．梅花鹿季节性营养规律研究［J］．经济动物学报，2007（1）：1 – 6.

此文发表于《饲料工业》2015，36（1）

塔里木马鹿采食量与消化率研究[*]

钱文熙[1,2][**]　　敖维平[1]　　玉苏普·阿布来提[1]

（1. 塔里木大学动科院，新疆阿拉尔　843300；

2. 新疆建设兵团塔里木畜牧科技重点实验室，新疆阿拉尔　843300）

摘　要： 本研究通过全收粪法测定塔里木马鹿与卡拉库尔羊、新疆牛对相同饲料的消化率，结果显示：塔里木马鹿、卡拉尔羊及新疆牛粪中 CP 含量分别为：12.90%、15.88% 和 14.90%，卡拉库尔羊和新疆土牛粪中 CP 含量显著高于塔里木马鹿（$P < 0.05$）；粗蛋白（CP）消化率塔里木马鹿为 58.78%，极显著的高于卡拉库尔羊和新疆牛（$P < 0.01$）。粗纤维（CF）消化率和粪中 CF 含量变化趋势相反，塔里木马鹿极显著高于卡拉尔羊和新疆土牛（$P < 0.01$）。由此可见，塔里木马鹿对 CF 含量较高的荒漠植物有较高的消化、利用能力，这可能是其在进化过程中为了在有限采食时间内获取较多营养物质而长期适应的结果。具体原因还有待于研究消化道结构（容积、长度）和胃、肠道微生物群落等有关内容。

关键词： 塔里木马鹿；消化率；采食量；粗饲料

Study on feed intake and digestibility about Tarim Red Deer

Qian Wenxi[1,2], Ao Weiping[1], Yusup Abulet[1]

(1. Collage of Animal Science & Technology, Taim University, Alar, Xingjiang　843300;

2. Key Laboratory of Tarim Animal Husbandry Science and Technology of Xinjiang

Production & Construction Corps, Alar, Xinjiang　843300)

Abstract： The objective of the study is digestibility of Tarim Red Deer、Karakul Sheep and Xinjiang Cattle for the same feed by total feces collection method, the the results show: CP respectively in Tarim red deer, Sheep and Xinjiang Cattle dung in Daw: 12.90%, 15.88% and 14.90%, the content of CP of Xinjiang Karakul Sheep and Cattle dung were significantly higher than those in the Tarim red deer（$P < 0.05$）; Crude protein digestibility（CP）of Tarim red deer was 58.78%, significantly higher than that of Karakul Sheep and Xinjiang Cattle（$P < 0.01$）. Crude fiber（CF）digestibility and content of CF in fecal is opposite change trend, Tarim red deer was significantly higher than that Karal sheep and Xinjiang Cattle（$P < 0.01$）. Thus, Tarim red deer on the content of CF high desert plants have higher digestion, using ability, this could be the result of the evolutionary process in order to foraging

* 资助项目：国家自然科学基金（31260569）；兵团塔里木畜牧科技重点实验室开放课题，编号：HS201304

** 作者简介：钱文熙（1977—），男，副教授，在读博士，主要从事反刍动物营养方面的教学、科研工作，E - mial：qian-wenxizj@163.com

time in the limited time to get more nutrients and long – term adaptation. The reason needed to study structure of digestive tract (volume, length) and gastric, intestinal microbial community and other relevant content.

Key words：Tarim Red Deer；digestibility；feed intake；crude feed

我国马鹿共可分为八个亚种，分布于天山西部、天山北部、伊犁河流域、喀什、叶儿羌河流域、塔里木河流域、新疆阿尔泰、甘肃、青海、川北、宁夏贺兰山、大小兴安岭、长白山、北大荒、昌都地区、四川西藏边境地区、西藏东南山区、雅鲁藏布江中游两岸。新疆是我国马鹿的重要分布区，分别有三个亚种：阿勒泰亚种（C. e. sibiricus Severtzov 1873）、天山亚种（C. e. songaricus Severtzov 1872）和塔里木亚种（C. e. yarkandensis Blanford 1892）。是我国马鹿的重要分布区之一[1]。目前，新疆人工驯养的马鹿已达4万多头，是迄今为止新疆驯养、繁殖规模最大的一种野生动物，每年新疆输送到内蒙古和东北地区及全国各地用于品种改良的马鹿达四千多头，鹿茸产品除部分在中国内陆销售外大部分远销东南亚、韩国、日本等地[2,3]。

野生塔里木马鹿主要分布于塔里木盆地各沿河地带，分布总面积达 3.5 万 km²，主要栖息于夏季炎热、冬季严寒少雨的塔克拉玛干沙漠中的稀疏胡杨林、芦苇、柽柳及白刺丛中。冬季进入农田居民区附近的弃耕地、牧业荒漠草原和开垦荒漠。食物主要以柽柳、白刺、骆驼刺、猪毛菜和沙枣树的树枝等。长此以往，塔里木马鹿逐渐形成了对盐碱性植物的适应、对粗糙带刺植物的适应、对木质化植物的适应及对具有浓烈气味植物的适应，对品质较差，粗纤维含量高的荒漠植物消化利用率普遍很高，属于高度适应荒漠生境的特殊亚种。另外，马鹿不像牛、羊那样易于接近和可随意抚摸，因此关于塔里木马鹿消化率等有关研究极少[1,2]。

考虑到塔里木马鹿食性属于高度适应荒漠生活环境的特殊马鹿亚种，估计对含粗纤维较高饲料消化率与牛、羊等动物存在差异。为此，对本研究拟通过全收粪法比较塔里木马鹿与卡拉库尔羊、新疆牛（新疆褐牛×黄牛）对粗纤维含量较高饲料的消化率，希望为塔里木马鹿养殖及粗饲料合理利用提供理论参考。

1　材料和方法

1.1　实验动物及饲养管理

分别选择雄性塔里木马鹿（4岁，非生茸期）、育肥期卡拉库尔羊（11月龄）和新疆育肥期土牛（新疆褐牛×黄牛，1.5岁）各3只，单圈饲养，所有试验动物在试验开始前进行驱虫，驱虫后连续三天清扫圈舍，并用石灰进行地面消毒。每天饲喂2次，所有试验动物自由饮水。

1.2　实验饲粮

因本试验只考虑试验动物不同对饲料消化率的影响，故三种试验动物采食饲粮组成一致，精粗比均为 3：7[4~7]，具体如表1所示。

表 1 试验饲粮配方及营养水平

饲料配方组成及营养水平	饲料原料	原料配比/养分含量
饲料配方组成（%）	芦苇（切短至2.5cm）	40.00
	风干杨树叶	30.00
	玉米	18.63
	麸皮	4.00
	胡麻饼	1.50
	豆粕	4.20
	骨粉	0.16
	食盐	0.50
	添加剂预混料①②	1.00
营养水平	（羊/鹿/牛）消化能（MJ）	14.40/35.2./35.2
	粗蛋白（%）	14.20
	粗纤维（%）	28.55
	粗灰分（%）	8.11
	Ca（%）	0.55
	P（%）	0.30

注：维生素（IU/kg）：VA 940；VE 20 矿物元素（mg/kg）：S 200；Fe 24；Cu 8；Mn 40；Zn 40；I 0.3；Se 0.2；Co 0.1

1.3 实验方法

本试验采用全收粪法研究试验动物消化率，试验分为正试期和预试期，预试期10天，其间让试验动物适应试验日粮，并摸清试验动物采食量和排粪规律；正试期5天，每天为损收集粪便[3,5]。计算消化率的公式如下：

$$某养分的消化率 = \frac{饲料中养分含量粪中养分含量}{饲料中该养分含量} \times 100\%$$

1.4 样品采集

每天饲喂前彻底清扫圈舍一次，根据预试期观测的排粪规律，排粪后尽快收集粪便，编号并单独分装。每日最后一次收粪后，把每头动物全日收集的粪便混匀、称重，并按按总5%取样，然后每100g鲜粪加10%的盐酸10mL，以避免粪中氨氮的损失[4,5]。

1.5 测定指标

试验研究三种不同动物饲料粗蛋白（CP）、粗纤维（CF）、有机物（OM）的消化率，因此测定指标为饲料水分（H_2O）、粗蛋白（CP）、粗纤维（CF）和灰分（Ash），测试选择常规方法进行[8~10]。

1.6 数据统计分析

数据处理及分析采用 SPSS 11.5 for windows[11]统计软件进行方差分析和多重比较；试验表中数据表示为平均数（$\bar{x}$）±标准差（S）。

2 结果与讨论

本试验最终目的是研究塔里木马鹿、卡拉尔羊及新疆土牛对相同饲料的表观消化率，因此试验的关键是准确知道动物的采食量和排粪量。

2.1 试验动物采食量、排粪量

动物排粪量的准确收集是消化试验成败关键。通过对鲜粪样收集、混合、称重、取样、烘干等过程，试验动物排粪量如表 2 所示：

表 2　试验动物采食量、排粪量 　　　　　　　　　　　　　　　　　　　　　（kg）

	塔里木马鹿	卡拉尔库羊	新疆牛
干物质采食量	3.15	1.60	5.20
鲜粪量粪	3.111 ± 0.110	1.995 ± 0.055	18.115 ± 0.855
干物质量	1.384 ± 0.065	0.898 ± 0.030	2.825 ± 0.257

注：粪干物质量根据鲜粪 5% 采样量烘干计算得到

由表 2 可见，塔里木马鹿、卡拉尔羊及新疆牛鲜粪排量分别为 3.111kg、1.995kg 和 18.115kg，粪干物质量分别为 1.384kg、0.898kg 和 2.825kg，无论鲜粪量还是粪干物质量均以新疆牛最高，卡拉库尔羊最低。

不同种类的动物，由于消化道结构、功能、长度和容积不同，因而采食量和排粪量也不同。通常情况下，采食量和排粪量有相同的变化趋势，都随着动物体重增加而递增。本试验塔里木马鹿、卡拉尔羊及新疆牛体重分别为 200kg、45kg 和 380kg 左右，同种类型的饲粮干物质（DM）采食量依次为 3.15kg、1.60kg 和 5.50kg，这种趋势和动物消化生理完全相符。鲜排粪量也是体重最大的新疆牛最多，到达了 18.115kg，体重最小的卡拉库尔羊最小，只有 1.995kg。

2.2 试验动物 CP、CF 和 OM 消化率

通过对收集试验动物粪中 CP、CF、H_2O 和灰分的测定结果，分别计算出塔里木马鹿、卡拉尔羊及新疆牛 CP、CF 和 OM 的消化率分别如表 3 所示。

表 3　试验动物 CP、CF 和 OM 消化率 　　　　　　　　　　　　　　　　　　　（%）

	粗蛋白（CP）		粗纤维（CF）		有机物（OM）	
	粪中 CP%	CP 消化率	粪中 CF%	CF 消化率	粪中 OM%	OM 消化率
塔里木马鹿	12.90 ± 0.31[Ab]	58.78 ± 0.99[A]	13.30 ± 0.18[Bc]	78.86 ± 0.99[Aa]	84.60 ± 1.11[a]	57.24 ± 0.99[A]
卡拉尔库羊	15.88 ± 0.51[Aa]	40.03 ± 0.87[B]	16.10 ± 0.13[Ab]	68.32 ± 1.01[Bc]	83.50 ± 1.01[a]	50.11 ± 0.89[B]
新疆土牛	14.90 ± 0.44[Aa]	42.99 ± 0.55[B]	15.00 ± 0.11[Aa]	71.55 ± 0.99[Bb]	84.00 ± 1.24[a]	49.16 ± 0.98[B]

注：同一列数字肩注用不同大写英文字母表示差异极显著（$P < 0.01$），用不同小写英文字母表示差异显著（$P < 0.05$）。

由表3可见：塔里木马鹿、卡拉尔羊及新疆牛粪中 CP 含量分别为：12.90%、15.88% 和14.90%，体重最小的卡拉库尔羊和体形最大的新疆牛粪中 CP 含量显著高于塔里木马鹿（$P < 0.05$）。三类试验动物饲粮中 CP 含量一致，均为 14.20%，塔里木马鹿粪中 CP 水平最低为12.90%，这说明其对饲料中 CP 消化、利用效率较高，其原因这可能与塔里木马鹿对粗纤维含量较高的荒漠植物长期适应的结果。粗蛋白（CP）消化率塔里木马鹿为 58.78%，极显著的高于卡拉库尔羊和新疆牛 15 个百分点（$P < 0.01$）。冀一伦等（2001）研究育肥牛 CP 消化率为59.31%[12]，高于试验中新疆牛，这可能与饲粮精料比例较高有关。

粪中 CF 含量卡拉库尔羊高于新疆牛 1 个百分点，差异显著（$P < 0.05$），这符合动物营养生理理论及动物食性，一般牛消化道比羊长，食物通过消化道时间较长，消化彻底[13]。塔里木马鹿体形介于卡拉库尔羊和新疆牛之间，其粪中 CF 含量极显著低于牛、羊（$P < 0.01$），尤其是低于卡拉库尔羊，不符合一般理论，其原因除了与动物生理状态有关外，也不能排除塔里木马鹿有较好利用粗饲料的能力。具体还要待于研究其消化道结构和胃、肠道微生物群落。粗纤维（CF）消化率塔里木马鹿极显著高于卡拉尔羊和新疆牛（$P < 0.01$），和粪中 CF 含量有变化有着相同趋势。用李胜利老师提供的方法冲洗过试验动物粪便，在深 10 ~ 15cm 的容器中盛 150g 左右的粪，用缓水冲洗，直至水清澈透明，就可看到未消化的精料渣和粗饲料。塔里木马鹿部洗后粪便中纤维长度大于 1.3cm 明显少于卡拉尔羊和新疆牛。这一切都说明塔木马鹿有较好消化粗饲料的能力。

粪中有机物质（OM）含量塔里木马鹿、卡拉尔羊及新疆土牛都在 84% 左右，组间差异不显著（$P > 0.05$）。有机物质（OM）消化率塔里木马鹿、卡拉尔羊及新疆牛分别为 57.24%、50.11% 和 49.16%，塔里木马鹿极显著高于卡拉尔羊和新疆牛（$P < 0.01$），此结果也和前面 CP和 CF 消化率测定结果理论一致。

3　结论

本研究通过全收粪法测定塔里木马鹿与卡拉库尔羊、新疆土牛（新疆褐牛 × 黄牛）对相同饲料的消化率，结果显示：塔里木马鹿、卡拉尔羊及新疆牛粪中 CP 含量分别为：12.90%、15.88% 和 14.90%，卡拉库尔羊和新疆牛粪中 CP 含量显著高于塔里木马鹿（$P < 0.05$）；粗蛋白（CP）消化率塔里木马鹿为 58.78%，极显著的高于卡拉库尔羊和新疆土牛（$P < 0.01$）。粗纤维（CF）消化率和粪中 CF 含量变化趋势相反，塔里木马鹿极显著高于卡拉尔羊和新疆土牛（$P < 0.01$）。由此可见，塔里木马鹿对 CF 含量较高的荒漠植物有较高的消化、利用能力，这可能是其在进化过程中为了在有限采食时间内获取较多营养物质而长期适应的结果。具体原因还有待于研究其消化道结构（容积、长度）和胃、肠道微生物群落等有关内容。

参考文献

[1] 赵世臻，沈广. 中国养鹿大成 [M]. 北京：中国农业大学出版社，1998：1 - 42.

[2] 李秦豫. 野生塔里木马鹿粪便 DNA 提取方法和性别鉴定研究 [D]. 乌鲁木齐：新疆大学，2003.

[3] 钱文熙，陈国辉. 马鹿饲料、被毛、血液中 S 和 S - AA 含量与食毛症关系研究 [J]. 黑龙江畜牧兽省医，2011 (7)：33 - 34.

[4] 高秀华，李光玉. 日粮蛋白质水平对梅花鹿营养物质消化代谢的影响 [J]. 动物营养学报，

2001（3）：52 - 55.

［5］方雷，旷理扬．新疆驴对 4 种秸秆日粮采食与消化的研究［J］．新疆农业大学学报，2009（3）：45 - 48.

［6］钱文熙，崔慰贤．利用 Excel 规划求解功能优化反刍家畜饲料配方［J］．中国草食动物，2004（5）：56 - 58.

［7］张宏福，张子仪．动物营养参数与饲养标准［M］．北京：中国农业出版社，1998：38 - 48.

［8］王加启，于建国．饲料分析与检验［M］．北京：中国计量出版社，2004：25 - 45.

［9］张丽英．饲料分析及饲料质量检测技术［M］．北京：中国农业大学出版社，2003：45 - 48.

［10］朱燕，夏玉宇．饲料品质检测［M］．北京：化学工业出版社，2003：48 - 55.

［11］黄海，罗友丰．Spss 10.0 for Windows 统计分析［M］．北京：人民邮电出版社，2001：12 - 18.

［12］刘富强，冀一伦．农作副产物饲用价值的研究［J］．中国动物营养学报，1991（1）：31 - 33.

［13］赵世臻．实用养鹿法［M］．北京：中国农业大学出版社，1999：47 - 66.

此文发表于《中国草食动物科学》2014，34（2）

塔里木马鹿生茸期 3 种饲料的实用性比较[*]

赵金香[1,2**]　矫继峰[4]　蔡刚成[3]　闫建英[1]　陶大勇[1,2***]

(1. 塔里木大学动物科学学院，新疆阿拉尔，843300；

2. 兵团塔里木畜牧科技重点实验室，新疆阿拉尔，843300；

3. 乌什县畜牧兽医局动检站，新疆乌什县，843300；

4. 塔里木大学生命科学学院，新疆阿拉尔，843300)

摘　要：为探明塔里木马鹿生茸期饲料营养价值与产茸量之间的关系，本研究对试验组 I（农二师鹿场）、试验组 II（农一师 12 团鹿场）、试验组 III（农一师 13 团鹿场）饲料中的干物质、粗蛋白、粗脂肪、钙、磷、总能含量进行了测定，并结合各鹿场茸鹿年均产茸量，完成了对塔里木马鹿生茸期 3 种饲料的实用性比较。试验结果表明，试验组 II 精料原料中的 CP 含量，青贮类原料中的 EE、GE 含量，粗料原料棉粕中的 CP、Ca、P 含量均显著高于试验组 I、III（$P < 0.01$），该组每只茸鹿的年均产茸量最高。这表明本研究中，试验组 II 的饲料配方最适合生茸期的塔里木马鹿，该组饲料能够最大程度的满足塔里木马鹿在生茸期对饲料中粗蛋白、粗脂肪、矿物质及能量的需要。

关键词：塔里木马鹿；生茸期；饲料

前言

新疆塔里木盆地是亚洲内陆最大、最为封闭的地区，盆地四周以水为依托的绿洲中，形成了各种生态群落包括人类在内的生物链，马鹿是其中重要的一环。它们在地理隔离和自然选择的双重作用下，繁衍不息，形成了独特的马鹿种群—塔里木亚种[1]。它之所以特殊不仅仅是外貌特征，更重要的是它生存在塔里木盆地这一特殊的环境中，该地区干燥、温暖、夏季炎热，造就了其耐干旱、耐高温、耐严寒和耐粗饲、产茸力高的优良品质[2]。其产茸量是新疆三种马鹿亚种（塔里木马鹿、天山马鹿、阿勒泰马鹿）中单位体重产茸量最高的一种。

塔里木马鹿生茸期是公鹿新陈代谢最旺盛的时期，这个时期马鹿需要大量蛋白质、矿物质和维生素来满足茸鹿的生长需要。鉴于此本试验通过测定三个鹿场饲料中的常规营养成分干物质（DM）、粗蛋白（CP）、粗脂肪（EE）、钙（Ca）、磷（P）、总能（GE）含量，结合茸鹿年均产

＊ 资助项目：兵团塔里木畜牧科技重点实验室课题．项目编号：XM0801 国家自然科学基金资助项目．项目批准号：31160437

＊＊ 作者简介：赵金香（1979—），女，汉族，吉林省农安县人，硕士，副教授．主要研究方向：动物营养与饲料学

＊＊＊ 陶大勇（通讯作者）（1967—），男，汉族，河南罗山县人，硕士生导师，教授．主要研究方向：兽医临床教学及中医药研究

茸量，比较三个鹿场的饲料原料与产茸量之间的关系，找出了较适合塔里木马鹿生茸期的饲料组成，为鹿场优化饲料配方，提高鹿茸产量提供了一定的依据。

1 材料和方法

1.1 试验材料

采集新疆农二师鹿场饲料（以精饲料、芦苇青贮、棉籽壳为主）、农一师12团鹿场饲料（以精饲料、玉米青贮、棉粕为主）、农一师13团鹿场饲料（以精饲料、麦草青贮、棉籽壳为主），分别设为试验组Ⅰ、试验组Ⅱ、试验组Ⅲ。采集的样品阴干，粉碎，过40目筛，备用。

三个试验组中精饲料由豆科籽实、禾本科籽实、糠麸类饲料、钙制剂、盐等组成。

1.2 试验动物的管理

本研究中三个鹿场均采用日喂三次，自由采食、自由饮水的饲喂方式，均可满足塔里木马鹿生茸期日采食量的要求。

1.3 试验主要仪器设备

k370型全自动凯氏定氮仪；B-811型全自动脂肪测定仪；XRY-1B型全自动微机氧弹热量计；FAL5A2004N型电子分析天平；紫外分光光度计；DZF-6050型真空干燥箱。

1.4 样品分析方法

CP采用K370型全自动凯氏定氮仪完成；EE的测定以B-811型全自动脂肪测定仪完成；Ca的测定采用高锰酸钾滴定法；P的测定采用钒钼酸铵比色法；GE的测定以XRY-1B型微机氧弹热量计完成；干物质的测定利用DZF-6050型真空干燥箱以[3]中方法完成。

1.5 数据分析

试验数据用SPSS13.0进行方差分析，数据由平均值±标准差组成，$P < 0.01$代表差异极显著，$P < 0.05$代表差异显著。

2 试验结果

由下表1可知，青贮类原料中，试验组Ⅱ玉米青贮的DM、CP、EE、P、GE等含量均差异显著性高于试验组Ⅰ或Ⅲ（$P < 0.01$）；Ca含量方面，试验组Ⅱ显著高于试验组Ⅰ（$P < 0.01$），虽然低于试验组Ⅲ但差异不显著（$P > 0.05$），试验组Ⅲ显著性高于试验组Ⅰ（$P < 0.01$）。

粗饲料类原料中试验组Ⅱ棉粕中的DM、CP、Ca、P含量均高于试验组Ⅰ、Ⅲ且CP、Ca、P与试验组Ⅰ、Ⅲ之间达到显著性差异水平（$P < 0.01$），GE含量试验组Ⅱ＞Ⅰ＞Ⅲ。

试验组Ⅱ的精饲料类原料中DM、CP、Ca含量均高于试验组Ⅰ、Ⅲ（$P < 0.01$）；EE、GE含量低于试验组Ⅰ但差异极显著性高于试验组Ⅲ（$P < 0.01$）；而P的含量与试验组Ⅲ之间无显著性差异（$P > 0.05$）但低于试验组Ⅰ（$P < 0.01$）。

表2显示，将三个试验鹿场塔里木马鹿的每只年均产茸量相比较得出：试验组Ⅱ＞试验组Ⅰ＞试验组Ⅲ。

表1　三个试验组间各种营养成分含量比较

指标 样品	DM（%）	CP（%）	EE（%）	Ca（%）	P（%）	GE（MJ/kg）
试验组I芦苇青贮	88.812±0.438[b]	3.512±0.893[a]	4.807±0.063[b]	2.989±0.203[b]	0.078±0.012[b]	15.272±30.5[a]
试验组II玉米青贮	92.598±0.125[a]	3.770±0.139[a]	17.135±0.363[a]	4.252±0.621[a]	0.242±0.012[a]	16.291±25[c]
试验组III麦草青贮	90.688±1.521[a]	1.442±0.047[b]	7.019±0.712[c]	5.029±0.264[a]	0.237±0.039[a]	15.040±27[b]
试验组I棉籽壳	90.622±0.094[b]	7.345±1.810[a]	6.592±0.458[a]	1.712±0.179[a]	0.116±0.007[b]	17.378±49.5[a]
试验组II棉粕	91.797±0.0059[b]	48.143±0.409[c]	3.313±0.635[c]	3.322±0.398[c]	1.519±0.123[c]	17.761±7.5[a]
试验组III棉籽壳	89.217±1.153[a]	4.630±0.421[b]	4.216±0.597[b]	1.514±0.35[b]	0.109±0.024[a]	16.612±11.5[b]
试验组I精饲料	90.963±0.171[a]	15.15±1.5199[a]	9.497±0.163[a]	1.883±0.324[a]	0.719±0.054[a]	16.930±22.5[a]
试验组II精饲料	92.695±0.408[b]	21.233±0.00[b]	9.003±0.639[a]	2.111±0.272[b]	0.571±0.098[a]	15.659±12.5[b]
试验组III精饲料	89.132±0.0020[c]	18.554±0.072[c]	7.019±0.7121[b]	1.896±0.138[a]	0.507±0.227[a]	15.335±29.5[c]

注：各组间同类试验样品测试指标肩标小写字母不同表示差异极显著（$P < 0.01$），小写字母相同表示差异不显著（$P > 0.05$）。

表2　各试验组塔里木马鹿平均年产茸量/只

分组 产茸量	试验组I	试验组II	试验组III
年平均产茸量	4.558kg/只/年	4.733kg/只/年	3.124 kg/只/年

3　分析与讨论

鹿是典型的反刍动物，其日常营养需要主要来源于粗饲料，但生茸期内粗饲料不能完全满足鹿茸生长的营养需要，因为此时马鹿对有机质、粗蛋白、粗脂肪、矿物质、能量需求量较大[4]。为获得高产量、高质量的鹿茸，本试验各组在粗饲料的基础上补充了精饲料，结果表明鹿茸的产量与精料营养水平密切相关。精饲料的营养是否全价，能否满足需要，将直接影响到鹿茸产量和质量，尤其应注意 CP 和无机盐的结合，CP 应达到 21% 以上[5]，表1 结果表明，三个试验组中只有试验组II精饲料中的 CP 含量达到了该营养要求，所以试验组II鹿茸每只年产量在三个试验组中最高。

动物维持生命活动和生产活动过程中都需要消耗能量，能量是物质的另一种形式。所以，精料中总能也是决定鹿茸产量的一个重要指标。本试验中，试验组I总能显著高于试验组III，年平均产茸量试验组I也高于试验组III。虽然试验组II精料总能低于试验组I，但年平均产茸量高于试验组I，这可能与试验组II的粗蛋白和钙都高于试验组I有关。

塔里木马鹿是运动量较大的马属动物，以采食粗饲料为主，因此除精饲料以外，粗饲料中也必须含有较高的能量来保证其善于运动的习性，试验组II的玉米青贮及粗饲料棉粕中的总能均高于试验组I、III，这说明其能够更好地满足塔里木马鹿的运动性消耗及产茸的需要。

综上所述，试验组II的饲料组成能够较好地满足塔里木马鹿生茸期机体对粗蛋白、粗脂肪、矿物质及能量的营养需要；且结合塔里木马鹿每只年均产茸量的结果（试验组II > 试验组I > 试验组III）进一步说明试验组II的饲料的配方优于试验组I、III，其实用性更高。新疆其他鹿场可以参照试验组 II 的饲料配方,将本场饲料配方合理优化,以满足塔里木马鹿在生茸期机体对营养物质的需要量,进而提高鹿茸产量,增加经济收入。

参考文献

[1] 时孔民. 塔里木马鹿的渊源及其生态特性 [J]. 特产研究,1995(3):32-35.

[2] 时孔民. 新疆塔里木马鹿现状及发展对策 [J]. 新疆农垦科技,1994(4):13-15.

[3] 张丽英. 饲料分析及饲料质量检测技术 [M]. 北京:中国农业大学出版社,2002:46-49.

[4] 蒋洁. 新疆马鹿饲养技术 [M]. 乌鲁木齐:新疆科技卫生出版社,1993:71.

[5] 钟立成,尹远新,王桂华,等. 鹿生茸期配合饲料研究 [J]. 经济动物学报,2009,13(3):130-134.

此文发表于《江苏农业科学》2012 年第 1 期

雄性梅花鹿仔鹿越冬期配合
日粮适宜蛋白质水平的研究[*]

王 欣[1,2][**] 李光玉[1][***] 崔学哲[1] 鲍 坤[1] 宁浩然[1]

(1. 中国农业科学院特产研究所，吉林 吉林 132109；

2. 江苏科技大学 中国农业科学院蚕业研究所，江苏 镇江 212018)

摘 要：为探讨不同蛋白质水平配合日粮对雄性梅花鹿仔鹿越冬期蛋白质消化率及生产性能的影响，选用18头雄性梅花鹿仔鹿随机分成4组，分别饲喂4种不同蛋白质水平的配合日粮（平均粗蛋白质水平分别为8.71%，11.88%，15.66%和17.95%），进行饲养试验及消化实验。结果表明，仔鹿越冬期配合日粮适宜蛋白质水平为15.66%。

关键词：梅花鹿；仔鹿；越冬期；蛋白质

Investigation about Appropriate Proteins of Total
Mixed Rations on Young Male Sika Cavles over Winter

WANG Xin[1,2]，LI Guang – yu[1][*]，CUI Xue – zhe[1]，BAO Kun[1]，NING Hao – ran[1]

(1. Insititute of Special Economic Animal and Plant Science，Jilin 132109，China；

2. Jiangsu University of science and technology，Zhenjiang 212018，China)

Abstract：Eighteen young male sika deer were randomly allocated into 4 groups and fed 4 different diets with protein levels being 8.71%，11.88%，15.66% and 16.22%，respectively. The results of feeding trials showed that the optimum protein level in sika deer diet during the winter was 15.66% in concentrate.

Key words：sika deer；calves；over winter；protein levels

饲料中蛋白质主要以氨基酸的形式被机体吸收利用，用以合成动物自身所特有的蛋白质，从而满足其生长、修复组织及合成各种酶、蛋白质、激素、血红素、胆汁酸等的需要，这些蛋白质的功能是其他营养物质所不能代替的（李光玉，2000）。雄性梅花鹿除生长发育及代谢需要大量蛋白质之外，繁殖期及生茸期的蛋白质需要量也比平时明显增高。高秀华等对1岁、3岁、4岁及5岁以上梅花鹿生茸期日粮中蛋白质适宜水平的研究结果分别为22.44%（高秀华，1997）、

* 基金项目：国家科技支撑计划子课题（2006BAD12B08 – 07）

** 作者简介：王欣（1984—），女，河北人，硕士生，研究方向：经济动物营养学。E – mail：wang7xin23@ yeah. net。电话：18796083360

*** 通讯作者：李光玉（1971—），男，湖北人，研究员，博士，主要从事经济动物营养与饲料的研究。E – mail：tcslgy@126. com

19%（高秀华，2002）、15.9%（高秀华，2001）及16.6%（高秀华，2001）。因此，研究仔鹿早期生长过程中体内蛋白质的消化率是极其重要的。

雄性梅花鹿的鹿茸是可以每年完全再生的哺乳动物器官，鹿茸的再生依赖于角柄的存在，而营养与角柄生长有着特殊的关系。早在20世纪80年代初，科学家就已经得出结论，在鹿的体重达到一定的阈值时（马鹿约56kg），角柄才开始生长，体重由营养水平决定，而与年龄和季节无关（Fennessy PF，1985；Suttie JM，1982）。蛋白质水平是决定营养水平的重要指标之一，因此，在鹿茸生长之前即角柄形成之前对雄性梅花鹿仔鹿营养水平尤其是蛋白质水平进行调控，将为进一步研究蛋白质水平与梅花鹿鹿茸生长的关系打下基础。

目前，有关雄性梅花鹿仔鹿越冬期配合日粮适宜蛋白质水平的研究尚未见报道。本试验针对梅花鹿仔鹿这一生理时期，进行不同蛋白质水平配合日粮对仔鹿的饲养试验，通过对仔鹿生长及消化性能的影响来筛选最佳的仔鹿越冬期配合日粮的蛋白质水平。

1 材料与方法

1.1 试验设计

采用单因子试验设计，选用18头雄性梅花鹿仔鹿，随机分为A、B、C、D 4组，并分别饲喂含粗蛋白质8.71%，11.88%，15.66%和17.95%的配合日粮。各仔鹿出生体重无显著差异（$P > 0.05$），试验期从2009年10月26日至2010年3月4日。

1.2 试验日粮

配合日粮由膨化玉米、豆粕、花生粕、玉米蛋白粉、豆秸粉、苜蓿草粉、糖蜜、食盐及添加剂组成。混合均匀后，制成直径0.4cm，长度1.2～1.5cm颗粒饲料备用。饲料配方及营养成分见表1。

表1 梅花鹿仔鹿饲养试验配合日粮配方及营养成分（风干基础） （%）

	A	B	C	D
膨化玉米	25.00	20.00	20.00	18.10
豆粕	4.50	9.00	9.80	14.00
花生粕	5.00	14.00	15.00	15.40
玉米蛋白粉	0.00	0.00	5.00	6.00
豆秸粉	56.00	42.50	35.70	20.00
苜蓿草粉	5.00	10.00	10.00	22.00
食盐	0.50	0.50	0.50	0.50
糖蜜	3.00	3.00	3.00	3.00
添加剂	1.00	1.00	1.00	1.00
营养水平				
蛋白质	8.71	11.88	15.66	17.95
钙	1.79	1.36	1.37	1.32
磷	0.19	0.20	0.30	0.27
代谢能（MJ/kg）	23.11	21.54	22.65	23.10

1.3 饲养管理

试验鹿分圈饲养（圈舍规格为 20m×10m），由固定人员饲喂，消除外界环境和管理不同对鹿产生的应激影响。每天供给 2 次日粮，时间分别为 7：00a. m. 和 16：00p. m.，自由饮水。

1.4 样品采集

在仔鹿越冬期采集粪便，采用内源性盐酸不溶灰分法进行消化率测定。其中前期采样时间为 2009 年 12 月 15—17 日，后期采样时间为 2010 年 1 月 25—27 日。采样时每圈选取 6 个点，于早饲前，按部分收粪法于圈中多个点采集当天新鲜粪便，粪样的收集严格避免沙粒鹿毛等污染，以免影响测定结果精确度，所采集粪样每 100g 加 10% 的硫酸 10mL 用以固氮，并在 65℃下干燥，干燥后粉碎保存（过 60 目筛），以备分析。

1.5 测试项目与方法

饲料及粪中蛋白质含量采用 BUCHI – 324 型全自动定氮仪测定，饲料及粪中营养物质消化率采用 2N 盐酸不溶灰法测定，样品中干物质、钙、磷含量等采用实验室常规方法进行测定（张丽英，2003）。

1.6 试验记录

记录仔鹿 2009 年 10 月 26 日至 2010 年 3 月 4 日的增重情况。

1.7 数据处理

用 SAS 8.0 统计软件对同一时期不同蛋白质水平日粮组数据进行统计分析。

2 结果与分析

2.1 不同蛋白质水平日粮对仔鹿生长的影响

不同蛋白质水平日粮对仔鹿生长的影响见表 2。

表 2 不同蛋白质水平日粮对仔鹿生长的影响

	A	B	C	D
实验头数	4	5	5	4
始重（kg/头）	31.00 ± 1.51^a	28.96 ± 5.40^a	27.74 ± 5.06^a	30.03 ± 5.24^a
末重（kg/头）	43.50 ± 2.04^a	41.30 ± 2.80^b	42.90 ± 3.51^b	49.75 ± 4.91^b
增重（kg/头）	12.50 ± 2.61^a	12.34 ± 2.96^b	15.16 ± 2.53^b	19.73 ± 1.42^b
日增重（kg/头）	0.0962 ± 0.0201^a	0.0949 ± 0.0228^b	0.1166 ± 0.0195^b	0.1517 ± 0.0109^b

注：同行数字具有相同肩标字母者差异不显著（$P > 0.05$）。不同肩标字母者差异显著（$P < 0.05$ 或 $P < 0.01$），以后各表同

由表 2 可知，D 组的仔鹿日增重最大，且 B 组、C 组和 D 组对仔鹿的增重效果显著高于 A 组（$P < 0.05$），说明仔鹿的快速生长与蛋白质水平有密切的关系，且高蛋白质对仔鹿的生长发

育尤其是体重的增加具有重要的影响，在初生仔鹿越冬期给予足够的蛋白质饲料是保证仔鹿体质健康发育良好的物质基础。从饲养试验可知，高蛋白质组对仔鹿体重变化有显著的作用。

2.2 不同蛋白质水平日粮对仔鹿蛋白质消化率的影响

不同蛋白质水平日粮对仔鹿蛋白质消化率的影响见表3和图。

表3 不同蛋白质水平日粮对每头每日平均蛋白质摄入量及消化率的影响

	A	B	C	D
干物质采食量（kg）	1.68	1.58	1.57	1.90
干物质消化率（%）	67.17 ± 4.88^a	64.10 ± 0.80^a	64.13 ± 2.57^a	67.17 ± 2.98^a
食入粗蛋白（g）	146.75	182.41	230.08	328.61
可消化粗蛋白（g）	55.81	66.57	65.89	91.23
粗蛋白消化率（%）	38.02 ± 11.26^a	36.48 ± 1.36^{ab}	28.60 ± 4.51^{ab}	27.76 ± 1.42^b

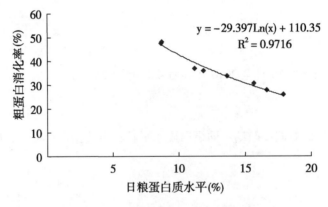

$$y = -29.397 Ln(x) + 110.35$$
$$R^2 = 0.9716$$

图 不同蛋白质水平配合日粮对仔鹿蛋白质消化率的影响

由表3可知，A组及D组仔鹿的干物质消化率高于B、C两组，D组配合日粮中含膨化玉米、豆粕、花生粕和玉米蛋白粉的比例较大，增强了饲料的适口性，使仔鹿干物质采食量及消化率均高于其他组别。仔鹿出生后的第一个冬天是仔鹿生长过程中非常关键的一个冬天，因为仔鹿在身体生长发育的同时，机体各个器官也在不断变化，尤其是瘤胃消化系统的形成，因此，适量的粗饲料，例如，本实验配合日粮中所用苜蓿草粉、豆秸粉等，都能够增强瘤胃的反刍能力，加强瘤胃微生物的生长速度，有利于仔鹿瘤胃体系的发育及形成。

随着蛋白质水平的增加，仔鹿食入粗蛋白及可消化粗蛋白的数量显著增加，D组最高，每头每天食入粗蛋白328.61g，可消化粗蛋白91.23g。这与配合日粮中精粗饲料的比例有关，由于膨化玉米、豆粕、花生粕和玉米蛋白粉中蛋白质含量比较丰富，比例越大，被仔鹿采食的也越多，因此食入及可消化粗蛋白的数量也最大。

从不同蛋白质水平对仔鹿的粗蛋白消化率可以看出，A组具有较高的消化率，并且由A组到D蛋白组有明显下降趋势，D组消化率最低。但是A组与B组、C组之间无显著差异，D组及C组之间亦无显著差异，A组及D组之间有显著差异（$P < 0.05$）。此结果表明，仔鹿瘤胃形成时期，高蛋白质水平并不能促进仔鹿对蛋白质的消化率，反倒使其降低，而低蛋白质水平却能

维持仔鹿应有的消化体系，使得仔鹿对粗蛋白的消化率高于其他组。另外，此消化试验证明了，含粗饲料较多的低蛋白组对促进瘤胃消化功能的形成以及促进蛋白质的降解确实有非常显著的作用。

本试验结果表明，日粮蛋白质水平与其消化率呈负相关。蛋白质粗蛋白消化率（％） = $-29.397\text{Ln}（x）+110.35$，$R^2 = 0.9716$，$n = 8$（$P < 0.05$）。可见，日粮蛋白质水平的提高并没有增加粗蛋白消化率，这可能与初生仔鹿瘤胃对粗蛋白的降解能力有限及日粮中优质蛋白质饲料的含量有关。

2.3 不同蛋白质水平日粮对仔鹿钙、磷消化率的影响

不同蛋白质水平日粮对仔鹿钙、磷消化率的影响见表4。

表4 不同蛋白质水平日粮对每头每日平均钙、磷食入量及消化率的影响

	A	B	C	D
食入钙（g）	29.44	21.50	21.57	25.01
钙消化率（％）	53.77 ± 4.94^a	65.29 ± 9.83^a	70.02 ± 11.48^{ab}	80.48 ± 10.97^b
食入磷（g）	6.15	3.12	3.43	5.10
磷消化率（％）	47.64 ± 5.60^a	70.55 ± 1.89^{ab}	63.10 ± 10.24^{ab}	59.77 ± 15.82^b

由表4可知，不同蛋白质水平影响着仔鹿钙的消化率，表现为A组的消化率最低，B组的消化率最高，且差异显著（$P < 0.05$）。饲喂不同蛋白质水平日粮，仔鹿对营养成分磷的消化率，A组与D组之间差异显著（$P < 0.05$）。

3 讨论

仔鹿出生后的第一个冬天往往是仔鹿生长极为关键的时期，机体的蛋白质储存情况与消化机能是决定梅花鹿成年之后体质及鹿茸产量的因素之一。

冬季因气温的降低仔鹿生长将受到一定的制约，因此增加饲料的给予量以及加强饲养管理极为重要。高蛋白质的适口性高于其他蛋白组，也可以变相提高仔鹿的采食量，使得高蛋白组仔鹿每日体增重最快。但是仔鹿瘤胃机能尚不完善，对蛋白质的消化利用率仍然很低，不适应高蛋白质饲料对瘤胃的刺激，这样也不利于仔鹿瘤胃内环境的形成以及瘤胃功能的开发，而且梅花鹿瘤胃体系中氮可通过瘤胃中氮素再循环以及部分过瘤胃蛋白来利用，而没有被利用的氮会随着机体的消化系统排泄到自然界中，对环境造成污染。综合以上所有考虑，初生雄性梅花鹿仔鹿越冬期的配合日粮蛋白质水平以15.66%为宜。

4 结论

不同蛋白水平配合日粮对雄性梅花鹿仔鹿的营养物质消化率及仔鹿生长状况的结果不同。试验结果表明，越冬期雄性梅花鹿仔鹿配合日粮适宜蛋白质水平为15.66%，每头每日平均可消化粗蛋白为65.89g。

参考文献

[1] 张丽英. 饲料分析及饲料质量检测技术（第二版）[M]. 北京：中国农业大学出版

社，2003.

[2] 李光玉，高秀华，郜玉钢，等. 鹿蛋白质营养需要研究进展 [J]. 经济动物学报，2000，4 (2)：58 – 62.

[3] 高秀华，金顺丹，王峰，等. 日粮不同蛋白质能量水平对四岁梅花鹿生茸的影响 [J]. 特产研究，2001，1：1 – 4.

[4] 高秀华，金顺丹，王峰，等. 日粮粗蛋白质、能量水平对 3 岁雄性梅花鹿鹿茸生长和体增重的影响 [J]. 经济动物学报，2002，6 (1)：5 – 8.

[5] 高秀华，金顺丹，杨福合，等. 日粮不同能量、蛋白质水平对生茸期梅花鹿的影响 [J]. 经济动物学报，1997，1 (1)：20 – 25.

[6] 高秀华，金顺丹，杨福合，等. 日粮营养水平对五岁以上生茸期梅花鹿公鹿的影响 [J]. 特产研究，2001，3：1 – 4.

[7] Fennessy PF, Suttie JM. Antler growth：Nutritional and endocrine factors. In：Fennessy PF, Drew KR, eds. Biology of Deer Production [M]. New Zealand：Royal Soc. New Zealand，1985：239.

[8] Suttie JM, Kay RNB. The influence of nutrition and photoperiod on the growth of antlers of young red deer [J]. In：Brown RD, ed. Antler Development in Cervidae. Casear Kleberg Wild l. Res. Inst. , Kingsville. TX 1982：61 – 71.

文章编号：1671 – 7236 （2010）

此文发表于《中国畜牧兽医》2011，38 (1)

二　繁殖技术

黑龙江富裕地区梅花鹿发情季节规律研究*

韩欢胜[1,2]**　赵列平[2]　高　利[1]***

（1. 东北农业大学动物医学学院，哈尔滨　150030；

2. 黑龙江省农垦科学院哈尔滨特产研究所，哈尔滨　150038）

摘　要：为科学的组织繁殖生产，本试验对梅花鹿发情季节规律进行了观测总结。结果表明，黑龙江省富裕地区梅花鹿74.07%在10月5日到11月5日发情，10月5日进入发情期，发情初期为10月5—10日，发情率为2.22%；发情盛期在10月10日至11月4日，发情率为64.07%，占发情鹿总数的86.5%；发情末期为11月5日后。

关键词：梅花鹿；发情季节规律

Estrus Season Rule Research Of Sika Deer in Heilongjiang Fuyu Zone

Han Huansheng[1], Zhao Lieping[1], Gao li[2]

（1. College of Animal Medicine, Northeast Agricultural University, Harbin 150030, China.

2. Research Institute of Special Products in Harbin, Collage of Land

Reclamation Sciences in Hei Longjiang, Harbin 150038, China）

Abstract：To scientific organizing reproduction production, this test had observed sika deer estrus season rule in heilongjiang fuyu zone. The results showed that estrus rate was 74.07% between on October 5 to November 5, begin to enter in estrus period from October 5, estrus early was between October 5 to October 10, estrus rate was 2.22% in this period; prime estrus was between October 10 to November 4, estrus rate was 64.07%, and estrus deer was 86.5% in whole estrus deer; late estrus was in after November 5.

Key words：sika deer; oestrus season rule

梅花鹿属于季节性发情动物，发情季节规律变化主要受光照、温度、营养等因素影响[1]。在中国北方发情季节一般是9月中旬至11月中旬[1]，但黑龙江富裕地区梅花鹿发情出现时间较晚，并在繁殖生产中无具体依据可循，按其他地区梅花鹿发情规律组织生产，常造成生产资料与劳动力的浪费。为使黑龙江富裕地区梅花鹿繁殖工作有规可循，进行生产资源的合理配置，本研究特对该地区梅花鹿发情季节规律进行观测总结，并根据本地区梅花鹿发情规律提出了繁殖生产管理建议。

＊ 基金项目：黑龙江省应用技术研究与开发计划项目（GC13B407）；黑龙江省农垦总局攻关项目（HNKIV－08－12A）

＊＊ 作者简介：韩欢胜（出生年1978.02），性别，男，学位，硕士，职称，助理研究员，主要研究方向。特种经济动物饲养

＊＊＊ 通讯作者：高利（1972—），男，教授，博士，研究方向为动物麻醉与临床疾病预防

1 材料与方法

1.1 地理特点

黑龙江富裕地区地处东经124°0′24″、北纬47°18′24″，平均海拔185m，属中温带大陆性季风气候，四季分明，年平均气温2℃，年平均降水量427.4mm，饲料作物主要有玉米、大豆，并盛产羊草。

1.2 供试动物

供试梅花鹿由黑龙江富裕梅花鹿场提供，均为健康经产3～5岁母鹿，9月20日膘情在7成膘以上，统一管理。2011年统计108头。2012年统计162头，其中原场88头，8月份从吉林地区引进74头。

1.3 试验方法

采取公鹿试情方法，试情公鹿选择3岁以上，个体强壮，性欲旺盛，性情温驯的公鹿，从9月15日开始到11月10日每日早（6：00）、中（11：30）、晚（17：30）三次试情，每圈试情时间20～30min，来揭发发情母鹿，连续四天没有发情母鹿认定进入发情末期，并停止试情。最后统计总结发情期梅花鹿发情季节规律变化。

2 结果与分析

2.1 梅花鹿发情规律

表　梅花鹿发情日期分布统计
Table　estrus date distribution statistics in sika deer

发情日期	2011 年		2012 年		合计	
	发情数（头）	发情率（%）	发情数（头）	发情率（%）	发情数（头）	发情率（%）
10.01～10.05	1	0.93	0	0	1	0.37
10.06～10.10	3	2.78	2	1.23	5	1.85
10.11～10.15	7	6.48	12	7.41	19	7.04
10.16～10.20	28	25.93	24	14.81	52	19.26
10.21～10.25	22	20.37	25	15.43	47	17.41
10.26～10.30	16	14.81	20	12.35	36	13.33
10.31～11.04	9	8.33	29	17.90	38	14.07
11.05	0	0	2	1.23	2	0.74
总发情率（%）	79.63（86/108）		70.37（114/162）		74.07（200/270）	

从2011—2012年梅花鹿发情统计结果看（表），梅花鹿发情日期主要集中在10月5日到11月5日，最早发情日期是10月5日，到11月5日总的发情率为74.07%。发情初期为10月5日至10月10日，发情率为2.22%；发情盛期在10月10日至11月4日发情率为64.07%，此期发情鹿占发情鹿总数的86.5%（173/200）；发情末期为11月5日后，有25.93%的鹿未发情，且

持续时间长，翌年7月份仍有产仔鹿。

2.2 梅花鹿发情规律变化

2011年与2012年发情规律变化（图1），发情最早出现时间2011年是10月5日，2012年是10月7日；2011年发情率79.63%较2012年发情率70.37%高9.26个百分点；发情盛期2011年主要集中在10月16日至10月30日，发情率61.11%（66/108），而2012年则较2011年相对延长，在10月16日至11月4日，发情率60.49%（98/162）。

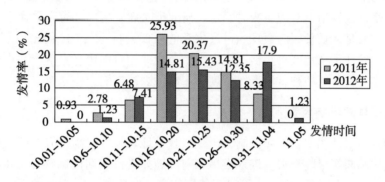

图1　梅花鹿发情规律

Fig. 1　estrus rule in sika deer

从发情规律曲线图2分析看，2012年较2011年发情规律曲线波动大，波峰出现时间晚且短，但发情开始时间（10月初）、发情高峰期到来时间（10月11日）、总体发情率（74%左右）与发情曲线的变化规律（呈正态分布）基本一致。说明，在一个地区随着年度变化梅花鹿发情季节在一定程度上有所变化，但发情季节规律总体上是相对固定的。

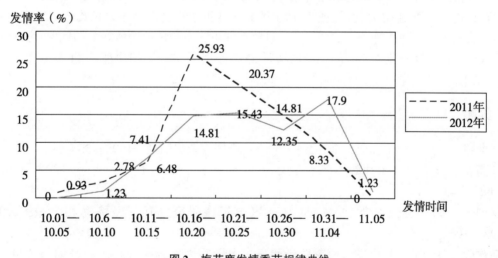

图2　梅花鹿发情季节规律曲线

Fig. 2　estrus season rule curve in sika deer

本研究中两年度发情季节规律变化的主要原因：一是鹿群结构不同，2011年鹿群整体整齐，为本场购进的幼鹿培育成的成年母鹿，而2012年鹿群中有74头是8月从不同鹿场引进的成年母鹿，产龄、体况、气候适应上存在大的差异，发情率为66.2%（49/74）偏低；二是引进的鹿风土驯化时间短，在气候适应上存在差异；三是产龄存在大的差异，2012年鹿只老龄鹿比例大；

四是 2012 年鹿群追膘慢。

3 结论与讨论

3.1 富裕地区梅花鹿发情季节规律

黑龙江富裕地区梅花鹿发情从 10 月 5 日进入发情初期，10 月 10 日—11 月 4 日为发情盛期，11 月 5 日后进入发情末期，并随着年度气候的变化、鹿群结构改变与营养的改变呈现一定程度的变化，但在一个地区发情季节规律相对固定。研究证实鹿发情出现时间早晚主要与纬度光照有关，发情的启动主要是从长日照向短日照过渡更替的时候进行[2,3]，由于光照受纬度的控制每年相对固定，所以黑龙江富裕地区每年梅花鹿发情季节规律相对固定。发情季节规律曲线在一定程度上波动变化，主要受各年鹿种、温度、湿度、年龄等因素影响[2]。

3.2 梅花鹿发情早晚影响因素

研究证实鹿发情启动主要受光照控制，出现早晚受地理纬度限制，但发情集中与否主要与鹿的膘情、年龄结构和断奶早晚有关。进入发情期前母鹿如进行短期优饲营养均衡，膘情达到 7 ~ 9 成膘的鹿进入发情季节基本发情，较不进行优饲的鹿，发情集中且提前 10 天左右[4,5]；经产壮龄鹿较初产鹿、老龄鹿发情规律且集中；断奶早的母鹿较断奶晚的母鹿发情要提前[2]。

3.3 繁殖生产管理建议

在黑龙江富裕地区进行鹿的配种管理，应参照本研究中梅花鹿发情规律合理组织生产。受该地区纬度光照控制，鹿群发情出现时间基本恒定，在 10 月初，所以建议仔鹿在 9 月 1 日前后断奶，从 9 月初开始进行母鹿的短期优饲，1 个月的短期优饲既不影响母鹿体况恢复，又便于仔鹿生长发育，进入发情期 10 月初母鹿的膘情要达到 8 成膘以上，以便于发情配种。本交配种中种公鹿不应放太早，在 9 月 25 日至 10 月 1 日放入即可，不会出现发情漏配的现象。公鹿试情人工输精考虑试情公鹿驯化需要时间，可从 9 月 25 日后开始进行，扫尾鹿从 11 月 6 日放入到 11 月 25 日结束。

参考文献

[1] 赵世臻，沈广. 中国养鹿大全 [M]. 北京：中国农业出版社，1998：50 - 51.

[2] 马丽娟，金顺丹，韦旭斌，等. 鹿生产与疾病学 [M]. 长春：吉林科学技术出版社，1998：143 - 144.

[3] 赵列平，韩欢胜，李会宁. 寒区马鹿繁殖规律研究 [J]. 经济动物学报，2008，4：193 - 196.

[4] 韩欢胜，赵列平，赵广华. 梅花鹿受胎率主要影响因素分析 [J]. 经济动物学报，2011，15 (3)：138 - 139.

[5] 韩欢胜，赵列平，赵晓静. 配种前期优饲对母鹿发情的影响 [A]. 沈广，杨福合. 2012 中国鹿业进展 [C]. 北京：中国农业科学技术出版社，2012：53 - 57.

此文发表于《特产研究》2015 年第 1 期

吉林梅花鹿发情期卵泡发育波研究[*]

陈秀敏[1][**] 魏海军[1][***] 杨镒峰[1] 崔学哲[1] 宁浩然[1]

赵 蒙[1] 宋兴超[1] 薛海龙[1] 杨福合[1] 李志和[2]

(1. 中国农业科学院特产研究所, 吉林 长春 130112;

2. 湛江金鹿实业发展有限公司, 广东 湛江 524038)

摘 要: 本研究通过直肠 B 超技术监测了经过两种同期发情处理 (CIDR + PG + PMSG 和 PG) 的 9 头吉林梅花鹿发情周期卵泡动态发育情况。实验得出:梅花鹿的卵泡发育均呈波形发育,一个发情周期由 1 – 3 个卵泡波组成。3 个 1 波周期,3 个 2 波周期,2 个 3 波周期。1 波周期的长度是 5.3d ± 0.6d, 2 波周期的长度是 12.3d ± 4.0d, 3 波周期的长度是 25.5d ± 2.1d。未发情的 216 号梅花鹿在整个观察期中出现两个卵泡发育波,而未发情的 1 号鹿卵泡发育没有出现明显的波。1 波周期梅花鹿的最大卵泡平均直径 (5.4mm ± 0.5mm) 比 2 波周期中第一个 (5.1mm ± 0.6mm) 和第二个内波的最大卵泡平均直径 (4.8mm ± 0.5mm) 和 3 波周期中第二个内波的最大卵泡平均直径 (5.2mm ± 0.4mm) 都大 ($P > 0.05$),比 3 波周期中第一个和第三个内波的最大卵泡平均直径 (分别是 5.6mm ± 0.3mm 和 5.7mm ± 1.1mm) 小 ($P > 0.05$)。2、3 波周期中的所有内波的最大卵泡平均直径差异显著 ($P < 0.05$), 2 波周期中的最大卵泡比 3 波周期中的直径小。2 波周期的内波间隔 (6.0d ± 1.4d) 比 3 波周期的所有内波间隔 (9.8d ± 1.5d 和 5.7d ± 1.4d) 明显短 ($P > 0.05$)。1 波周期生长持续期是 4.5d ± 0.7d。2 波周期生长持续期 (4.7d ± 1.5d 和 4.0d ± 1.7d) 和 3 波周期中卵泡的生长持续期 (4.5d ± 2.1d、6.5d ± 2.1d 和 2.5d ± 0.7d) 差异不显著 ($P > 0.05$)。2 波周期中第 1 波 (0.5mm/d ± 0.3mm/d) 和第 2 波的生长速率 (0.5mm/d ± 0.2mm/d) 没有显著差异 ($P > 0.05$)。排卵波和闭锁内波的卵泡生长持续期也没有显著差异 ($P > 0.05$)。

关键词: 吉林梅花鹿;发情期;卵泡波

* 收稿日期: 2013 – 11 – 06

　基金项目: 吉林省自然科学基金 (201115128)

** 作者简介: 陈秀敏 (1986—),女,河南安阳人,研究实习员,从事野生动物遗传育种与繁殖研究

*** 通讯作者: 魏海军, E – mail: weihaijun2005@ sina. com

Study on Follicular Waves of Jilin Sika Deer during Estrous Cycle

CHEN Xiu – min[1], WEI Hai – jun[1] * , YANG Yi – feng[1], CUI Xue – zhe[1], NING Hao – ran[1],

ZHAO Meng[1], SONG Xing – chao[1], XUE Hai – long[1], YANG Fu – he[1], LI Zhi – he[2]

(1. Institute of Special Wild Economic Animals and Plants,

Chinese Academy of Agricultural Sciences, Changchun 130112, China;

2. Zhanjiang Deer Industry Development Company Limited, Zhangjiang 524038, China)

Abstract: The studies were conducted to investigate the follicular dynamics during spontaneous and PGF2α – induced oestrous cycles of 9 mature hinds by B – mode transrectal ultrasonography. Results indicated as follows: CIDR + PMSG + PG group had three deer estrus synchronization 72h in average after the withdrawal of CIDR (3/4). PG group had two deer estous on day 20 after deal (2/5). No. 520, 3, 4 had two estrus cycles (about 19, 13 and 17 days long respectively), the others only rut once. There are eight complete estrous cycles in nine deer, three of them are inducing cycles and five of them are natural cycles. Both in the inducing cycles and the natural cycles, follicle development was considered wave – like, 1, 2 or 3 follicular waves were discovered in one estrous cycle in sika deer in Jilin, including three one – wave cycles, three two – wave cycles and two three – wave cycles. The length of one – wave, two – wave and three wave cycles were 5. 3d ± 0. 6d, 12. 3d ± 4. 0d and 25. 5d ± 2. 1d, respectively. No. 1 and No. 216 did not rut during the whole experiment, the former had no follicular waves and the latter had two follicular waves. The largest follicle of one – wave cycle (5. 4mm ± 0. 5mm) was larger than the largest follicles in the first (5. 1 ± 0. 6mm) and second (4. 8mm ± 0. 5mm) wave of two – wave cycles and the second wave (5. 2mm ± 0. 4mm) of three – wave cycles ($P > 0.05$), was smaller than the largest follicle in the first (5. 6mm ± 0. 3mm) and third (5. 7mm ± 1. 1mm) wave of three – wave cycles ($P > 0.05$). The largest follicles of all the waves of two – , and three cycles were significantly different ($P < 0.05$), the largest follicles of two – wave cycles were smaller than that of three – wave cycles. All the interwave intervals in three – wave cycles (9. 8d ± 1. 5d and 5. 7d ± 1. 4d) were longer than the interwave interval (6. 0d ± 1. 4d) in two – wave cycles ($P > 0.05$). The duration of growth in one – wave cycle was 4. 5d ± 0. 7d. The duration of growth (4. 7d ± 1. 5d and 4. 0d ± 1. 7d) in two – wave cycles and three – wave cycles (4. 5d ± 2. 1d、6. 5d ± 2. 1d and 2. 5 ± 0. 7d) were not significantly different ($P > 0.05$). The growth rates of the first (0. 5mm/d ± 0. 3mm/d) and second wave (0. 5mm/d ± 0. 2mm/d) in two – wave cycles were also different ($P > 0.05$). There was no difference of the duration of growth in the ovulatory waves and anovulatory waves ($P > 0.05$).

Key words: Jilin sika deer; Estrous cycles; follicular wave

超声波扫描及其他研究的结果显示，大多数哺乳动物的卵泡发育是以"卵泡波"的形式进行的。在开始的时候一起生长，在某一时刻，其中一个卵泡开始变大并发育，而其他卵泡退化。有关鹿科动物繁殖季节卵泡发育规律的研究仅见于北美马鹿的研究，国内还没有对吉林梅花鹿发情周期卵泡波的系统研究报道。本试验运用 B 超观察了吉林梅花鹿卵泡动态变化，并详细阐明了吉林梅花鹿发情周期中卵泡波发育规律，为梅花鹿卵泡体外培养、活体采卵、发情周期梅花鹿人工授精和优良品种胚胎移植等繁殖技术奠定了一些基础理论依据。

1　材料和方法

1.1　材料

选择农业部长白山野生生物资源重点野外科学观测试验站9头成年经产健康雌性梅花鹿作为试验鹿。所有试验鹿在7—9月进行过B超监测试验。

1.2　试验鹿的同期发情处理

9只试验鹿随机分为两组，一组为羊用阴道栓（CIDR）＋氯前列烯醇（PG）＋孕马血清促性腺激素（PMSG）组，10月15日，对4只鹿采取麻醉保定，放入CIDR，第7天（10月21日）取出阴道栓，同时肌内注射250IUPMSG和PG4mg。另一组为PG组，10月15日，对5只梅花鹿麻醉后肌内注射PG4mg。

1.3　试验鹿的发情鉴定

取出CIDR或注射PG后第2d，在试验鹿群放入带试情布和配种标记装置（涂有染料）公鹿试情，跟踪观察母鹿的发情情况，每天早晚各一次，当母鹿接受试情公鹿爬跨时（臀背部有来自公鹿爬跨时导致的染料印迹），记录发情时间，发情当天记为第0天（Day0）。发情时间的判定用首次观察到发情印记时间与上次观察时间的1/2处的时间。

1.4　试验鹿的卵泡发育动态观察

从10月15日起，每隔1~2d用B超系统在梅花鹿麻醉后监测左右卵巢。具体方法是肌内注射1.5~2.0mL/100kg的鹿眠宝，母鹿深度麻醉后，侧卧于操作台上，先清除直肠粪便，以保证检查区域环境清洁。然后将涂有耦合剂的6.5MHz线阵I型探头插入直肠至盆骨口前下方，隔着直肠壁轻贴在一侧（左侧或右侧）卵巢游离缘上进行探查。观察B超实时图像，当出现卵巢卵泡典型特征的图像时，对画面冻结，记录卵泡数量；通过B超内置电子标尺对每个监测到的卵泡直径进行测量，在卵巢图上记录所有直径≥3mm卵泡的相对位置情况。用同样方法观察另一侧卵巢上的卵泡。B超观察时，为了减小试验误差，均由同一人操作B超机。

由3种方法确定是否排卵：①排卵前有LH峰，②大卵泡的突然消失，②在发情周期观察到黄体的存在。

1.5　统计分析

用SAS8.0软件统计分析发情周期期梅花鹿卵泡波的如下特征：①出现的卵泡波（内波）数量；②卵泡波持续时间；③每个内波的卵泡数量；④每个卵泡波中最大卵泡的最大直径；⑤卵泡生长和退化持续期；⑥相邻卵泡波出现的间隔。卵泡的生长阶段指卵泡从3mm长到最大直径的时间。退化阶段是指卵泡从最大直径减小到3mm的时间。静止阶段指生长阶段结束到退化阶段开始。生长速率的计算公式是（最大直径－3mm）/生长持续时间。卵泡数的波峰是指卵泡数比两天前检测到的多至少2个，而在之后的至少两天里，卵泡数也都较少；卵泡数的波谷是指卵泡数比前两天的少，随后是波峰。如果卵泡数稳定时，卵泡数最大或最小的第1d定义为波峰或波谷。

统计分析中不包括优势卵泡在前一个发情周期就开始生长的卵泡波，同时也忽略在下一个发情周期里才能完成的卵泡波。同一头鹿两个卵巢上的卵泡波合并在一起分析。当一个波的至少3/4与另外波同时发生时就认为不同卵巢上的这两个波是同时发生的。当一对卵巢上都有排卵波时，只考虑持续时间最长的波。

2 结果与分析

2.1 卵泡波数

在所观察的9头鹿中，其中，1和216号鹿始终没有发情，210号鹿的2/3个发情周期里，不同大小卵泡的不规律存在使分辨卵泡波困难，在连续观察5号鹿的天数里，用B超非常难辨认卵泡，所以，剔除了1号、216号、210号和5号鹿的卵泡数据。把每个鹿的两侧卵巢上卵泡波合并在一起，3个1波周期，3个2波周期，2个3波周期。有时候不同波的卵泡间会有一些重叠。

2.2 卵泡波特征

从B超图像上来看，每次监测到的梅花鹿卵泡数目和连续大卵泡的直径都是有规律的，卵泡的发育是呈波形的。每个阶段大卵泡的发育会对小卵泡起到抑制作用。优势卵泡的生长可以分为生长、静止和退化3个阶段。卵泡波是以优势卵泡达到最大直径并开始退化为标志的，梅花鹿发情后以优势卵泡生长成为成熟卵泡并排卵为这个周期排卵卵泡发育波的标志。可以明显看到一群卵泡中小卵泡的退化、最大卵泡的继续生长、一个波中最大卵泡和第二大卵泡生长曲线的偏离。典型卵泡波中最大卵泡和第二大卵泡生长曲线图见图。在1波周期中，排卵卵泡和第二大卵泡出现的时间相似。

梅花鹿的平均发情间隔是$16.3d \pm 3.1d$。发情周期内各种波周期的卵泡波特征见表1。其中，1波周期梅花鹿的最大卵泡直径（$5.4mm \pm 0.5mm$）比2波周期中第1个波（$5.1mm \pm 0.6mm$）、第2个波的最大卵泡直径（$4.8mm \pm 0.5mm$）和3波周期中第2个波的最大卵泡直径（$5.2mm \pm 0.4mm$）都大，比3波周期中第1个（$5.6mm \pm 0.3mm$）和第3个波的最大卵泡（$5.7mm \pm 1.1mm$）直径小。2波周期的内波间隔（$6.0d \pm 1.4d$）比3波周期的所有内波间隔（$9.8d \pm 1.5d$和$9.0d \pm 1.4d$）都短。2、3波周期中的所有内波的最大卵泡直径差异显著（$P < 0.05$）。2波周期中的最大卵泡直径比3波周期中的最大卵泡直径略小。2波周期中排卵卵泡的直径比非排卵卵泡直径小。3波周期中排卵卵泡的直径比非排卵卵泡直径大。

表1 发情周期各种波周期的卵泡波特征

Table 1 Comparison of follicular dynamics in sika deer with one, two and three waves of follicle development during the estrous cycle

	1 波周期 – wave	2 波周期 – wave	3 波周期 – wave
个数 n	3	3	2
第 1 波到第 2 波间隔（d） 1st wave to 2nd（days）	—	6.0 ± 1.4	9.8 ± 1.5

（续表）

	1 波周期 – wave	2 波周期 – wave	3 波周期 – wave
第 2 波到第 3 波间隔（d） 2nd wave to 3rd（days）	—	—	9.0 ±1.4
非排卵卵泡最大直径（mm） Maximum diameter of anovulatory follicles（mm）	—	5.1 ±0.3	5.6 ±0.3
排卵卵泡最大直径（mm） Maximum diameter of ovulatory follicles（mm）	5.4 ±0.5	4.8 ±0.3	5.7 ±1.1

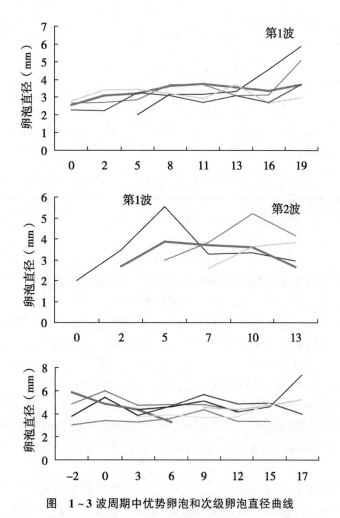

图　1 ~ 3 波周期中优势卵泡和次级卵泡直径曲线

Fig. 1　Diameter profile of dominant follicle and secondary follicle with one – , two – and three – wave

2.3　最大卵泡的生长和退化阶段

由表 2 可以看出，2 波周期中第 1 波和第 2 波的最大卵泡生长速率没有显著差异（ *P* > 0.05 ）。3 波周期中的最大卵泡生长速率从第 1 波到第 3 波逐渐的增加，要比 2 波周期的生长快。2 波周期中第 1 波的生长持续期比 3 波周期的第 1 波生长持续期长，而 2 波周期中第 2 波的生长持续期比 3 波周期的明显短。总体来说，2 波周期和 3 波周期中卵泡的生长持续期差异不显著

（$P > 0.05$）。2 波周期中第 1 波最大卵泡的退化持续期比 3 波周期中第 1 波的长，比 3 波周期中第 2 波的短。但是 2 波周期中第 1 波最大卵泡的退化速率比 3 波周期中第 1 波和第 2 波的都小。

表2 1、2、3 波周期中各波持续的天数（d）、周期的长度（d）
Table 2 Duration of interwaves and cycles in one－, two－ and three－wave cycles

	PG 组 PG group			CIDR + PMSG + PG 组 CIDR + PMSG + PG group			
	1 波周期 1－wave	2 波周期 2－wave		1 波周期 1－wave	3 波周期 3－wave		
		第 1 波 1st	第 2 波 2nd		第 1 波 1st	第 2 波 2nd	第 3 波 3rd
最大卵泡直径（mm） Maximum diameter（mm）	5.9	5.2 ± 0.3	4.9 ± 0.3	5.2 ± 0.4	5.7 ± 0.3	5.2 ± 0.6	5.8 ± 1.0
生长持续期（d） Duration of growth（days）	5.0	4.7 ± 1.5	4.0 ± 1.7	4.5 ± 0.7	4.5 ± 2.1	6.5 ± 2.1	2.5 ± 0.7
生长速率（mm/d） Growth rate（mm/d）	0.48	0.5 ± 0.3	0.5 ± 0.2	0.7 ± 0.1	0.5 ± 0.1	0.6 ± 0.4	0.9 ± 0.4
退化持续期（d） Duration of regression（days）	—	4.0 ± 1.0	—	—	3.5 ± 0.7	5.5 ± 3.5	—
退化速率（mm/d） Regression rate（mm/d）	—	0.6 ± 0.1	—	—	0.4 ± 0.2	0.4 ± 0.3	—

3 讨论

人们对卵泡波最初的定义是发情周期每天卵巢上卵泡数量的变化[1]。因此有人认为发情周期中卵泡波无明显的统计差别[2]，有人则认为发情周期重复出现卵泡波[3]。近年来超声诊断技术的应用极大地促进了人们对动物卵泡发育的研究，特别是直肠内超声诊断技术可以比较准确地监测卵泡发育的动态变化，可以无创的监测直径在 2mm 以上的卵泡状况。研究表明，发情周期中每天卵巢上卵泡的数量是有波动性的，每天大中小卵泡的数量都是变化的，表现在数天内卵泡从一个大小等级向另一个大小等级渐进性变化，所以呈现出卵泡波[4]。

关于超声波监测活体动物卵泡大小的准确性，Plamer 等[5]进行了超声影像学与剖检后实际测量结果的对比研究。经回归分析，结果显示最大卵泡的准确性相当好，相关系数为 0.91，回归斜率为 0.99。第二大卵泡的相关系数为 0.84，回归斜率为 0.53。Ginther 等[6]还利用数学方法预测了卵泡波的出现。

本试验中梅花鹿卵巢上卵泡的生长以及大卵泡的出现都不是随机的，卵泡发育呈现波的形式。在整个发情周期中，一批又一批卵泡发育到排卵或闭锁，与北美马鹿[7]卵泡有规律的、同步的卵泡生长模式相同，而与欧洲马鹿非常多变、非同步的模式不同[8]。牛卵泡波开始的特征是，在 2~3d 内用 B 超可看到直径 3~4mm 的 8~41 个小卵泡的快速生长[9]。本试验中，梅花鹿 1 波周期的卵泡波出现在第 0d，2 波周期的内波分别出现在第 5d 和第 10d，3 波周期的内波分别出现在第 0、第 9、第 17d。北美马鹿的卵泡波[8]在 2 波周期的第 0 和 10d 出现，在 3 波周期的第 0、第 9、第 16d 出现。欧洲马鹿在第 1 和 14d 都有明显的波出现[8]。

本研究的梅花鹿共出现了 3 个 1 波周期，3 个 2 波周期，2 个 3 波周期，没有像北美马鹿那样的 4 波周期[7]。原因可能是由于监测卵泡的间隔长，不像有些报道是每天都在监测。由于梅花鹿的野性大，令人无法靠近，所以必须麻醉后才能经直肠进行超声波监测。可能在此过程中，由于间隔长，而没有收集到一个卵泡最大直径时的数据，待能测的时候此卵泡已经变小，所以可能会丢失些卵泡波。从结果来看，本研究中的梅花鹿也呈现出了1、2、3波周期，与其他学者每天连续监测数据得出的卵泡波数目类似，这足以说明梅花鹿卵泡发育也是呈波形的。研究表明，绵羊的卵泡在发情周期中大都以3个卵泡波的形式生长[10]。在周期的第2和第11d有大量的卵泡离开卵泡库开始生长[11]。大多数（75%）山羊的发情周期也是由4个卵泡波组成的，分别出现在第1、第4、第8、第13d，间隔是3~4d[12]。在对牛的研究中[13]，大多数发情周期包括2个或3个波。在2波周期里，第1个卵泡波出现在排卵当天（第0d），第2个波出现在第9d或第10d。在3波周期里，第2个波出现在第8或9d，第3个波出现在第15d或第16d。而本研究中2波周期的内波间隔是6.0±1.4d，3波周期中第1波与第2波的间隔是9.8d±1.5d，第2波与第3波的间隔是9.0d±1.4d。表明梅花鹿卵泡波周期的内波间隔比山羊、牛的都长。

3波周期的长度是25.5d±2.1d，比发情周期长，原因可能是3波周期的动物4号鹿和496号鹿出现了隐性发情现象，所以在统计卵泡波数时，误把两个发情周期里的卵泡波当作了同一个发情周期里的卵泡波，即，3波周期的数据实际上是包含了一个完整发情周期以外的卵泡波数，有待于进一步研究。

本研究的3波周期中，排卵卵泡的直径比非排卵卵泡的直径大。这与[14]的报道类似，在牛的2波和3波周期中，排卵卵泡直径比非排卵卵泡直径有明显的增加。本研究中，排卵卵泡来自于最后一次卵泡波。但是在绵羊上的研究表明，经超声波检查可知排卵卵泡也可以从倒数第二个卵泡波中选择[15,16]，因此排卵卵泡到底是从最后一个还是从倒数第二个卵泡波选择还不十分清楚，有待于进一步研究。

参考文献

［1］Rajakoski E. The ovarian follicular system in sexually mature heifers with special reference to seasonally, cyclical, and left – right variations ［J］. Acta Endocrinol Suppl, 1960, 52: 1 – 68.

［2］Driancourt MA, Jego Y. Follicle population dynamics in sheep with different ovulation rate potentials ［J］. Livest Prod Sci, 1985, 13: 21 – 33.

［3］Roche JF, Mihm M, Diskin MG, et al. A review of regulation of follicle growth in cattle ［J］. J Anim Sci, 1998, 76: 16 – 29.

［4］Evans ACO, Flynn JD, Duffy P, et al. Effects of ovarian follicle ablation on FSH, oestradiol and inhibin A concentrations and growth of other follicles in sheep ［J］. Reproduction, 2002, 123: 59 – 66.

［5］E. Palmer, M. A. Driancourt. Use of ultrasonic echography in equine gynaeocology ［J］. Theriogenology, 1980, 3: 203 – 216.

［6］O. J. Ginther, D. R. Bergfelt. Ultrasonic characterization of follicular waves in mares without maintaining identity of individual follicles ［J］. J Equine Vet Sci, 1992, 6: 349 – 354.

［7］R. McCorkell, M. R. Woodbury, G. P. Adams. Ovarian follicular and luteal dynamics in wapiti during the estrous cycle ［J］. Theriogenology, 2006, 65: 540 – 556.

［8］Asher GW, Scott IC, O'Neill KT, et al. Ultrasonographic monitoring of antral follicle development in red deer (Cervus elaphus) ［J］. J. Reprod. Fertil, 1997, 111: 91.

［9］Adams GP. Comparative patterns of follicle development and selection in ruminants ［J］. J Reprod

Fertil Suppl, 1999, 54: 17 – 32.

[10] Noel B, Bister JL, Pierquin B, et al. Effects of FGA and PMSG on follicular growth and LH secretion in Suffolk ewes [J]. Theriogenology, 1994, 41: 719 – 727.

[11] Ravindra JP, Rawlings NC, Evans ACO, et al. Ultrasonographic study of ovarian follicular dynamics in ewes during the oestrous cycle [J]. J Reprod Fert, 1994, 101: 501 – 509.

[12] Ginther OJ, Kot K. Follicular dynamics during the ovulatory season in goats [J]. Theriogenology, 1994, 42: 987 – 1 001.

[13] Adams GP. Control of ovarian follicular wave dynamics in mature and prepubertal cattle for synchronization and superstimulation. In: Proceedings of the XX congress of the world association for buiatrics [J], 1998, 2: 595 – 603.

[14] Wael MB Noseir. Ovarian follicular activity and hormonal profile during estrous cycle in cows: the development of 2 versus 3 waves [J]. Reproductive Biology and Endocrinology, 2003, 1: 1 – 6.

[15] Bartlewski PM, Beard AP, Cook SJ, et al. Ovarian antral follicular dynamics and their relationships with endocrine variables throughout the oestrous cycle in breeds of sheep differing in prolificacy [J]. J Reprod Fertil, 1999, 115: 111 – 124.

[16] Gibbons JR, Kot K, Thomas DL, et al. Follcular and FSH dynamics in ewes with a history of high and low ovulation rates [J]. Theriogenology, 1999, 52: 1 005 – 1 020.

此文发表于《特产研究》2013 年第 4 期

四川梅花鹿的繁殖行为[*]

戚文华[1] 蒋雪梅[2] 杨承忠[3] 郭延蜀[4**]

（1. 重庆三峡学院生命科学与工程学院，重庆 404100；

2. 重庆三峡学院化学与环境工程学院，重庆 404100；

3. 重庆师范大学生命科学学院，重庆市动物生物学重点实验室，重庆 400047；

4. 西华师范大学生命科学学院，南充 637009）

摘 要： 2006 年 4—12 月和 2007 年 3—11 月在四川省铁布自然保护区观察和统计了野生梅花鹿的繁殖行为，包括发情交配、产仔、发情吼叫、爬跨及其昼夜节律行为等。结果表明，四川梅花鹿为季节性发情动物，发情交配行为发生在 9 月上旬至 12 月中旬，集中在 10—11 月（占 86.99% ±3.24%）。四川梅花鹿发情交配日期最早见于 9 月 8 日，最晚为 12 月 16 日，跨度 90～100d（±6d，n=90）。雌鹿交配日期与其繁殖经历具有低度正相关性（Kendall's tau – b 和 Spearman's rho，0.3 < r < 0.5，P < 0.05），成体雌鹿交配日期稍微早于初次配种雌鹿。雄鹿发情吼叫和爬跨行为具有明显的昼夜节律性，各有 2 个高峰期（05：00—08：00 和 18：00—21：00），夜间有小节律的发情吼叫和爬跨时期。U – test 检验表明发情吼叫频次和爬跨频率在昼夜间有极显著差异（P < 0.01）。雄鹿吼叫行为与其交配行为具有高度正相关性（Kendall's tau – b 和 Spearman's rho，0.8 < r < 1.0，P < 0.05），主雄、次雄和群外单身雄鹿的昼夜吼叫次数有极显著差异（P < 0.01）。雌鹿产仔期从 4 月下旬开始到 7 月下旬结束，集中在 5—6 月（占 91.51% ±4.96%），产仔日期最早见于 4 月 29 日，最晚为 7 月 28 日，跨度 80～90d（±5d，n=130）。梅花鹿产仔日期与其分娩经历具有低度正相关性（Kendall's tau – b 和 Spearman's rho，0.3 < r < 0.5，P < 0.05），成体雌鹿产仔日期早于初次繁殖雌鹿。雌鹿每胎产 1～2 个幼仔，单双胎率分别为 98.86%（±6.96%，n=129）和 1.01%（±0.07%，n=1）。妊娠期和哺乳期梅花鹿采食行为分配占较大比率，其次是卧息和移动，哺乳期采食行为分配低于妊娠期，这与妊娠期正逢冬季，食物资源相对匮乏有关，而哺乳期恰逢夏季，植物生长旺盛，食物资源相对丰富。

关键词： 四川梅花鹿；繁殖季节；繁殖行为；铁布自然保护区

* 收稿日期：2013 – 02 – 21；修订日期：2014 – 03 – 10

基金项目：国家 973 项目（2012CB722207）；重庆三峡学院人才引进项目（12RC03）

** 通讯作者：郭延蜀，E – mail：ys. guo@ tom. com

Reproductive behavior of Sichuan sika deer
(*Cervus nippon sichuanicus*)

Qi Wenhua[1], Jiang Xuemei[2], Yang Chengzhong[3], Guo Yanshu[4,*]

1. School of Life Science and Engineering, Chongqing Three Gorges University, Chongqing 404100, China; 2. School of Chemistry and Environmental Engineering, Chongqing Three Gorges University, Chongqing 404100, China; 3. Chongqing Key Laboratory of Animal Biology, College of Life Sciences, Chongqing Normal University, Chongqing 400047, China; 4. School of Life Sciences, China West Normal University, Nanchong 637009, China

Abstract: Sika deer (*Cervus nippon*) is an endangered species, which has been listed on the IUCN Red List of Threatened Species and the Appendices of the CITES. In addition, Sika deer is also classified as a Category I key species under the Wild Animal Protection Law in China. Reproductive behaviors of Sichuan sika deer (*C. n. sichuanicus*), including rutting and copulating, fawning season, circadian rhythms of estrous roar and mounting behavior, etc., were observed and recorded from April to December 2006 and from March to November 2007 in Tiebu Natural Reserve, Zoige County, Sichuan Province, China. The results indicated that Sichuan sika deer was seasonal estrus animal. The behaviors of estrus and copulation were observed from early September to the middle of December, with a higher frequency (86.99% ± 3.24%) occurring between October and November. The earliest rutting and mating behaviors occurred at 8 September and the latest in 16 December, covering a period of 90 – 100 days ($\pm 6d$, $n = 90$). There was a low positive correlation between the mating date of female deer and their mating experience (Kendall's tau – b and Spearman's rho, $0.3 < r < 0.5$, $P < 0.05$), and the mating date for the adult females were slightly earlier than that for the first breeding ones. The behaviors of estrous roar and mounting in males have noticeable circadian rhythms, in which each have two peak periods (05: 00 – 08: 00, 18: 00 – 21: 00) and several low rhythm at night. U – test showed that the roar frequency and mounting rate were significantly different between daytime and night ($P < 0.01$). The roar behaviors in males were high positive related to their mating behaviors (Kendall's tau – b and Spearman's rho, $0.8 < r < 1.0$, $P < 0.05$), and there were statistically significant differences in the frequency of circadian roar among dominant males, subordinate males and single males ($P < 0.01$). Hinds fawning took place from the end of April to the end of July, and most frequently (91.51% ± 4.96%) between May and June ($P < 0.01$). The earliest calving happened on 29 April and the latest on 28 July, covering a period of 80 – 90 days d (± 5 d, $n = 130$). There was a low positive correlation between the fawning date of females and their parturition experience (Kendall's tau – b and Spearman's rho, $0.3 < r < 0.5$, $P < 0.05$), and the fawning date in adult females was slightly earlier than the first breeding females. Its litter sizes ranged from one to two fawns once, and single and twinning rate were 98.86% ($\pm 6.96\%$, $n = 129$) and 1.01% ($\pm 0.07\%$, $n = 1$), respectively. Among all behaviors, feeding behavior has a largest proportion, followed by the resting and moving behaviors during pregnancy and lactation. The proportion of feeding behavior during lactation lower than it would be during pregnancy, which is related to the different situation of food resources in the two periods. Food resources were relatively scarce in winter (pregnancy period), and rich in summer (suckling period).

Key words：Sichuan sika deer; reproductive season; reproductive behavior; Tiebu Natural Reserve

梅花鹿（*Cervus nippon*）是东亚季风区特产的珍贵经济动物之一，为我国 I 级重点保护动物，IUCN 将其列为濒危物种[1]。根据梅花鹿的化石以及现生种类，我国学者将其划分为九个亚种[2]，包括：新竹亚种（*C. n. sintikuensis*）、台湾亚种（*C. n. taiouanus*）、葛氏亚种（*C. n. grayi*）、东北亚种（*C. n. hortulorm*）、华北亚种（*C. n. mandarinus*）、山西亚种（*C. n. grassianus*）、四川亚种（*C. n. sinchuanicus*）、江南亚种（*C. n. kopschi*）、越南亚种（*C. n. pseudaxis*）。目前，我国现存的野生梅花鹿仅有四川亚种、江南亚种和东北亚种。由于长期滥猎和栖息地的破坏，野生梅花鹿的数量已十分稀少，我国仅残存 1500 只左右[2]。四川梅花鹿（*Cervus nippon sichuanicus*）是 20 世纪 70 年代才被发现的[3]，分布于四川省若尔盖县的铁布、包座自然保护区以及与之相邻的甘肃省迭部县和四川省九寨沟县的部分区域[4]。2006 年 10 月在四川铁布自然自然保护区及其周边地区共统计到梅花鹿 1050 余只，这是目前世上最大的野生梅花鹿种群。繁殖是动物生活史的重要组成部分，是动物维持种群的重要策略。繁殖行为是动物适应环境的具体表现，也是其内在生殖功能的外在表现，一直是动物生态学的重要研究内容[5-10]。迄今关于野生梅花鹿繁殖行为的研究还很薄弱[11-13]，为此，我们于 2006 年 4—12 月和 2007 年 3—11 月在四川若尔盖铁布自然保护区对野生梅花鹿的繁殖行为进行了研究，以期为四川梅花鹿种群的扩增和保护提供基础资料。

1　研究地点概况与研究方法

1.1　研究地点概况

研究地点设在四川省若尔盖县铁布自然保护区中的冻列乡，该乡有冻列、石松、卡机岗、供玛、然多、则隆和达莫 7 个藏村/寨，研究区面积约 7 205.38hm²。其境内地貌属中切割山原，谷底海拔约 2 450m，最高可达 4 000m。气候受西风环流及东南季风的影响，夏秋季温凉、冬春季寒冷、干湿季明显，属山地温带气候。河滩及沟谷边为高山柳（*Salix spp.*）、高丛珍珠梅（*Sorbaria arborea*）等组成的灌丛，阳坡为由小檗（*Berberis* spp.）、沙棘（*Hippophae rhamnoides*）、锦鸡儿（*Caragana* spp.）、四川扁桃（*Prunus tangutica*）、枸子（*Cotoneaster* spp.）、亚菊（*Ajania* spp.）、白羊草（*Hothrisetum flaccidum*）、短柄草（*Brachypodium sylvaticum*）等组成的灌丛草甸和山坡灌丛，局部地段有紫果云杉（*Picea purpurea*）林、青杆（*P. wilsonii*）林，该植被带是四川梅花鹿主要栖息生境。保护区内农田呈块状相嵌在阳坡的灌丛草甸中，藏寨之间由道路相连。保护区内常年放养有牛、羊、马、猪等动物。研究期间冻列乡约有梅花鹿 318 只（其中成年雄鹿 52 只、成年雌鹿 150 只、亚成体 61 只、幼鹿 55 只），分成 19 个繁殖群。

1.2　研究方法

为了便于观察，在研究区内设定了观察点和小道网。由于四川梅花鹿群体较小，各繁殖群有固定的活动范围，因此根据四川梅花鹿的体形、体长、体高、毛色以及角的形状和大小，可识别成体、亚成体和幼体（包括刚出生的幼仔）。成年雄性角粗大，4 叉；成年雌性无角，体长和肩高仅次于成年雄性；亚成体的体长约为成体的 2/3，介于成体和幼体之间，雄性有角但未分叉；幼体无角，体长约为成体的 3/5，远距离不能区分雌雄性。另外，成体雌鹿具有多次交配和产仔经历（次数≥2），而初次繁殖的雌鹿首次交配且翌年首次产仔（次数≤1）。郭延蜀、Endo 和 Doi 把雄鹿划分为主雄、次雄鹿和单身雄鹿[14,15]。主雄鹿占有雌鹿群；次雄鹿活动于雌鹿群周边，有挑战主雄的行为；单身鹿为远离雌鹿群的雄鹿，等级序位最低[11]。

2006 年 9—12 月和 2007 年 8—11 月，我们对四川梅花鹿的发情交配行为进行了系统的观察。白昼观察时间为 06：00～20：00，夜间借助满月前后较强的月光，观察时间为 20：00 至次日 06：00；采用连续记录法和扫描取样法，用望远镜扫描观察记录梅花鹿的发情交配行为（主要包括泥浴、吼叫、嗅阴、卷唇、爬跨和交配等行为），每次扫描持续 10min，间隔 5min，并辅以时间取样法[5]。在发情交配期，用望远镜直接观察雄鹿交配过程，识别交配过程中的雄鹿是主雄还是次雄，记录爬跨次数，共观察了 32 只雄鹿的发情交配过程。

2006 年 4—9 月和 2007 年 3—10 月，我们观察了四川梅花鹿产仔、妊娠、育幼等行为，并统计 1 至 9 周龄幼鹿的采食、移动、休息、吮乳以及其他行为的变化。白昼观察时间为 06：00—20：00，夜间观察时间为 20：00 至次日 06：00。我们把四川梅花鹿的行为分为 5 类：①采食，指梅花鹿取食植物（包括植物的茎、叶、花、果实）、饮水以及舔土等行为；②移动，指梅花鹿通过四肢的运动完成身体的位移，包括走动、奔跑和跳跃；③休息，指梅花鹿躺卧在地面上，多以腹部着地呈侧卧状态，身体所处状态不发生改变的行为，包括卧息时的反刍行为；④吮乳，指幼鹿站立在母鹿身旁或腹下，嘴部拱向母鹿腹部，嘴和头部触动乳房而后衔住乳头吮吸乳汁；⑤其他行为，包括排遗、梳舔、玩耍等行为。

1.3 统计分析方法

利用 SPSS18.0 统计软件（SPSS Inc.，Chicago，Illinois）进行数据处理，数值为 Mean ± SD，显著性水平设为 $P < 0.05$，极显著水平设为 $P < 0.01$。采用 U – test 分析爬跨次数在主次雄鹿之间的差异性，并且使用此方法检验爬跨频率和发情吼叫频次在昼夜之间是否有差异性。为了分析不同等级序位雄鹿的吼叫频次，先采用单因素方差分析方法（One – Way ANOVA）确定平均值间的差异，然后采用 Duncan's Multiple Range Test 比较不同等级序位雄鹿的吼叫频次有无差异性。也采用 One – Way ANOVA 分析繁殖行为发生频次在主雄、次雄和单身雄鹿间是否有差异性，然后利用 Tukey HSD test 进行多重比较。变量相关分析采用 Kendall's tau – b 和 Spearman's rho 两种方法检验变量之间的相关性，相关性水平设为：$|r| = 1.0$ 为绝对相关；$0.8 < |r| < 1.0$ 为高度相关，$0.5 < |r| < 0.8$ 为中度相关，$0.3 < |r| < 0.5$ 为低度相关，$0.0 < |r| < 0.3$ 为不相关，$|r| = 0.0$ 为绝对不相关。样本容量少于 5 的变量采用 Fisher's exact test 进行分析。

2 结果

2.1 四川梅花鹿发情期的行为

2.1.1 发情交配季节性

根据野外观察，四川梅花鹿为季节性发情动物。四川梅花鹿发情交配行为一般发生在 9 月上旬至12月中旬，高峰期在10月（占53.49±3.99%），其次是11月（占33.51±2.32%），9月和12月交配行为发生比率较少，各月份交配行为发生率相比均有极显著差异（$P < 0.01$，详见图1）。在研究期间，四川梅花鹿发情交配行为最早见于2007年9月8日，最晚见于2007年12月16日，跨度为90～100d（±6d，n = 90）。雌鹿交配日期与其繁殖经历具有低度正相关性（Kendall's tau - b，$r = 0.345$，$P < 0.05$；Spearman's rho，$r = 0.368$，$P < 0.05$），成体雌鹿交配日期稍微早于初次配种雌鹿。不同年度间梅花鹿交配季节分布无显著差异（Fisher's exact test，$P > 0.05$）。四川梅花鹿的交配期结束后，未观察雌鹿有交配行为，直到翌年秋末冬初重新发情交配。

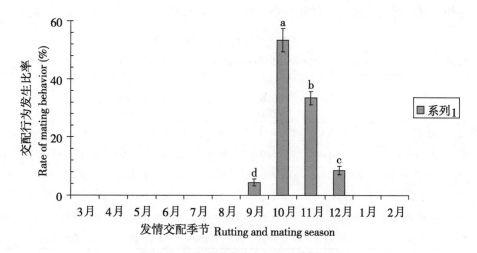

图1 四川梅花鹿发情交配行为季节分布

Fig. 1 Seasonal distribution of rutting and mating behavior in Sichuan sika deer

备注：数值为平均值±标准差表示，标注不同字母表示相互之间差异显著（$P < 0.05$）

2.1.2 雄鹿发情交配行为

根据野外观察，雄鹿发情交配期常见行为如下：

泥浴：在发情交配期，雄鹿在求偶过程中用前蹄刨出泥土，先在泥土上排尿，然后在其上翻滚，使得雄鹿满身泥泞，散发出浓烈的臊腥气味，以便吸引雌鹿。

吼叫：在发情交配期，吼叫是雄鹿主要发情行为之一，而雌鹿无此行为。雄鹿吼叫时，头部仰起，颈脖伸长。雄鹿吼叫1声包括一个前长音和一个尾长音，其中前长音洪亮，似口哨声，尾长音低沉，似哭泣声。

圈群：雄鹿从4岁龄开始占有雌鹿群，10岁龄以后就失去了曾占有的雌鹿群。在发情交配期，雄鹿占有一定的雌鹿群。若雌鹿欲逃离群体，雄鹿在其后狂奔追赶，控制雌鹿在其领域内活动。

追雌：在发情交配期，雄鹿靠近雌鹿时，低头欲嗅闻雌鹿生殖部位，雌鹿走开或跑开，雄鹿在其后追逐。

梳舔：在求偶过程中，雄鹿主动接近雌鹿，梳舔雌鹿头部、面部、颈部及耳部的毛发，这些求偶行为有利于促进雌鹿发情。

嗅阴：雄鹿行走到雌鹿身边，低头嗅闻雌鹿生殖部位，随后雌鹿走开或跑开，雄鹿伴随有卷唇行为发生。

爬跨：雌鹿站立不动或稍微下蹲，雄鹿两后肢直立着地，两前肢压在雌鹿背部。此行为多发生在雄鹿梳舔雌鹿生殖部位之后。

交配：交配时雄鹿的前足搭于雌鹿背上，后足站立，臀部左右扭动，交配通常以雌鹿向前走动而告终。在一次动情期内，雌鹿与同一雄鹿发生多次交配行为。

采用 One – way ANOVA 分析雄鹿泥浴、吼叫、追雌、嗅阴、爬跨、交配等行为平均发生频次的高低，结果表明，雄鹿发情吼叫频次较高，其次为追雌和爬跨行为，交配行为发生频次较低。Tukey HSD test 比较泥浴、吼叫、追雌、嗅阴、爬跨、交配等行为发生频次在主雄、次雄和单身雄鹿间是否有差异性，结果表明，这些繁殖行为频次在主雄鹿和单身雄鹿之间有显著差异（$P < 0.05$），仅有发情吼叫和追逐雌鹿行为频次在主、次雄鹿之间有显著差异（$P < 0.05$）。除了泥浴行为外，其他行为频次在次雄鹿和单身雄鹿之间有显著差异（$P < 0.05$，详见表1）

表1 雄鹿发情交配期行为频次比较

Table 1 The comparison of behavioral frequencies during mating period in male sika deer

类型 Type	泥浴 Mud bath	发情吼叫 Estrous roar	嗅阴 Genital sniffing	卷唇 Flehmen	追雌 Chasing Female	爬跨 Mounting	交配 Copulation
主雄鹿（DM）	0.07 ± 0.02	1.55 ± 0.15	0.10 ± 0.04	0.21 ± 0.08	0.43 ± 0.18	0.16 ± 0.09	0.03 ± 0.02
次雄鹿（SB）	0.06 ± 0.02	1.04 ± 0.04	0.07 ± 0.02	0.16 ± 0.03	0.25 ± 0.07	0.11 ± 0.03	0.02 ± 0.01
单身雄鹿（SN）	0.05 ± 0.02	0.16 ± 0.01	0.02 ± 0.02	0.09 ± 0.08	0.05 ± 0.07	0.02 ± 0.01	0.003 ± 0.006
$P > DM \times SB$	0.570^{ns}	0.000^{**}	0.254^{ns}	0.461^{ns}	0.038^{*}	0.445^{ns}	0.346^{ns}
$P > DM \times SN$	0.015^{*}	0.000^{**}	0.000^{**}	0.012^{*}	0.000^{**}	0.004^{**}	0.001^{**}
$P > SB \times SN$	0.461^{ns}	0.000^{**}	0.021^{*}	0.335^{ns}	0.045^{*}	0.039^{*}	0.044^{*}

注：（1）表中数值为平均值 ± 标准差，行为发生频次单位：次/5 分钟。采用 Tukey HSD 多重检验法；*，$P < 0.05$；**，$P < 0.01$；ns，无显著差异。（2）$P > DM \times SB$，主、次雄鹿之间差异的显著性概率；$P > DM \times SN$，主雄鹿、单身雄鹿之间差异的显著性概率；$P > SB \times SN$，次雄鹿、单身雄鹿之间差异的显著性概率。Dominant male deer（DM），subordinate male deer（SB）；single male deer（SN）

雄鹿爬跨前通常有求偶行为，包括圈群、嗅闻、梳舔雌鹿毛发及其生殖部位等。若雄鹿求偶成功，雌鹿不再跑开，随后雄鹿发生爬跨行为。爬跨方式为后面爬跨，雄鹿爬跨过程中，雌鹿不停走动，因此会发生多次爬跨行为。在雌鹿动情期内，主雄鹿平均爬跨次数约为7.9次，范围为3~34次（n=17），次雄鹿平均爬跨次数约为6.7次，范围为2~15次（n=15）。主雄鹿和次雄鹿爬跨行为发生频率无显著差异（n=32，U – test，U=277.5，z= – 0.217，$P > 0.05$）。

通过野外观察表明，雄鹿的爬跨行为具有明显的昼夜节律，主要出现在晨昏和夜间。清晨和黄昏各有一个爬跨行为高峰期（05：00~08：00 和18：00~21：00），而夜间出现2~3个小节律的爬跨行为阶段（详见图2）。雄鹿爬跨行为发生频率在白昼和夜间具有极显著的差异性（n=32，U – test，U=130.0，z= – 5.09，$P < 0.01$），夜间出现频率显著高于白昼。交配时雄鹿的前足搭于雌鹿背上，后足站立，臀部左右扭动，交配通常以雌鹿向前走动而告终。交配后，雄鹿多卧息，少数静立不动或自舔跨阴，而雌鹿多数走动，少数站立或卧息。

在发情交配期，雄鹿的吼叫声具有明显的昼夜节律性，主要出现在晨昏和夜间。清晨和黄昏各有一个发情吼叫高峰期（05：00~08：00 和18：00~21：00），而夜间出现1~2个小节律的发情吼叫期（详见图3）。雄鹿发情吼叫频率在昼夜间具有极显著的差异性，夜间吼叫频次极显著高于白昼（U – test，U=20.0，z= – 2.83，$P < 0.01$）。在繁殖群中，雄鹿发情吼叫次数与其在繁殖群中的等级序位有关，主雄、次雄和群外单身鹿的昼夜吼叫次数分别为（431.14 ±

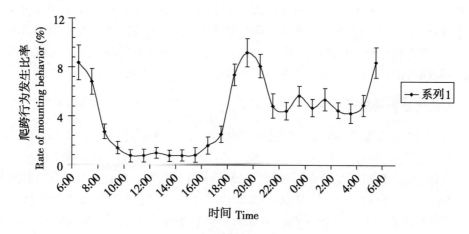

图2 雄鹿爬跨行为昼夜分布

Fig. 2 Day and night distribution of mounting behavior in male sika deer

29.58）/ d、（297.21±27.55）/ d 和（44.57±2.23）/ d（n=32），这3个等级雄鹿的发情吼叫频次存在极显著差异（One - way ANOVA，P＜0.01）。雄鹿吼叫行为与其交配行为具有高度正相关性（Kendall's tau - b，r=0.816，P＜0.05；Spearman's rho，r=0.835，P＜0.05）。每年9月为发情初期，雄鹿吼叫次数较少，平均为150次/d，极少发生交配行为，平均为1～2次/d。10—11月为发情高峰期，雄鹿吼叫次数较多，平均为250次/d，交配行为发生率为6～13次/d。12月为发情末期，雄鹿吼叫次数明显减少，平均为130次/d，交配行为发生率也减少（1～3次/d）。在非发情期，雄鹿吼叫声逐渐减少，甚至消失。

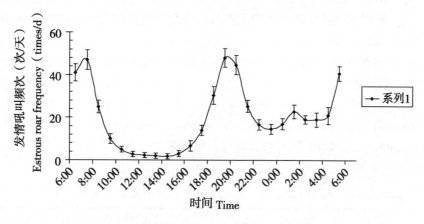

图3 雄鹿发情吼叫频次昼夜分布

Fig. 3 Day and night distribution of estrous roar frequency in male sika deer

2.1.3 雌鹿发情交配行为

在发情初期，雄鹿尾随雌鹿，嗅闻雌鹿生殖部位，并发出断断续续的低沉鸣叫声，雌鹿不接受雄鹿嗅闻而走开或跑开；到发情高峰期，雌鹿采食频率降低，站立不安，频繁走动，主动接近雄鹿，并且接受雄鹿嗅闻以及梳舔生殖部位，翘起臀部接受雄鹿爬跨和交配；发情末期，雌鹿采食频率逐渐恢复正常，雄鹿尾随雌鹿并试图嗅闻其生殖部位，而雌鹿拒绝嗅闻、爬跨以及交配等行为。雌鹿发情一次持续时间为24～56h，如果雌鹿发情一次未交配成功，间隔12～18d会再次发情。雄鹿之间为了争夺配偶会发生角斗行为，主雄鹿之间角斗时间明显长于主雄与次雄或次雄与次雄角斗时间。在一次动情期内，雌鹿与同一雄鹿发生多次交配行为，交配时间较短，一般在10s以内。若无雄鹿爬跨时，雌鹿之间会发生爬跨行为。在发情交配期，雌鹿鸣叫声类型明显增多，会发出多种低沉的鸣叫声，由于这种鸣叫声较低沉，超过100m就很难采集到。

2.2 四川梅花鹿妊娠期的行为

妊娠期成体雌雄鹿采食时间分配分别为684.28min/d ± 52.96min/d 和615.26min/d ± 38.14min/d，无显著差异（$P < 0.05$）。由于成体雌鹿在妊娠期，每天采食次数增多，累计采食时间长，而成体雄鹿此时处于发情交配末期，逐渐恢复正常采食，因此，妊娠期成体雌雄鹿采食时间基本一致。妊娠期成体雌雄鹿采食行为发生比率分别为49.33% ± 2.16% 和43.35% ± 2.03%，成体雄鹿采食行为比率稍微较低。亚成体梅花鹿采食行为累计时间为613.62min/d ± 29.80min/d（占42.73% ± 2.25%），而其移动累计时间为203.40min/d ± 17.8min/d（占14.48% ± 1.36%）。Ono‐way ANOVA 检验表明，亚成体与成体雌鹿采食时间分配有显著差异，而亚成体与成体雄鹿采食时间分配无明显差异（$P > 0.05$）。成体雌鹿移动时间（175.97min/d ± 17.20min/d，占12.22% ± 0.85%）显著低于成体雄鹿移动时间（218.31min/d ± 19.40min/d，占15.16% ± 0.93%），它们之间有显著差异（Ono‐way ANOVA，$P < 0.05$）。妊娠期亚成体与成体雄鹿卧息时间分别为2.60min/d ± 33.73min/d 和8.40min/d ± 41.30min/d（$P > 0.05$），与成体雌鹿卧息时间（520.70min/d ± 44.40min/d）有明显差异（One‐way ANOVA，$P < 0.05$）。亚成体和成体雌鹿卧息行为比率（35.63% ± 3.28% vs 36.16% ± 2.61%）高于成体雄鹿（33.52% ± 3.11%）。

雌鹿在分娩前70d卧息及运动时间分配见图4，随着分娩期的进程，雌鹿卧息时间逐渐增加。在分娩前7d，雌鹿白昼卧息时间达到了高峰，而与此相反的是，妊娠期雌鹿的运动时间逐渐减少，在分娩前7d，运动时间相当于非妊娠期的30%。妊娠期卧息和运动时间与非妊娠期相比，有显著差异（ANOVA，$P < 0.05$，详见图4）。妊娠期雌鹿卧息时容易进入睡眠状态，表现为头部贴近地面，眼睛紧闭，身体自然放松躺卧。雌鹿白昼睡眠时间为4~10min/次，随着妊娠期的进程，睡眠次数逐渐增多，临近分娩时睡眠次数又明显下降（表2）。分娩前63d雌鹿平均睡眠时间为5.6min/次，随着分娩期的进程，平均睡眠时间稍微增加，分娩前35d平均睡眠时间达到顶峰（6.6min/次），分娩前7d平均睡眠时间稍微减少（详见表2）。

表2 雌鹿分娩前63 d 睡眠时间变化

Table 2　The change of sleep time of female deer at 63 days before delivery

时间 Time	分娩前时间 Days before delivery				
	63d	49d	35d	21d	7d
睡眠 Sleep（min / daytime）	56	82	85	80	89
睡眠比率 Sleep rate（%）	3.9	5.8	6.1	6.2	6.2
睡眠次数 Sleep times	9	12	14	18	10
平均睡眠时间 Average sleep time（min）	5.6	6.4	6.6	6.3	5.9
最长睡眠时间 The longest sleep time（min）	8	9	9	8	10

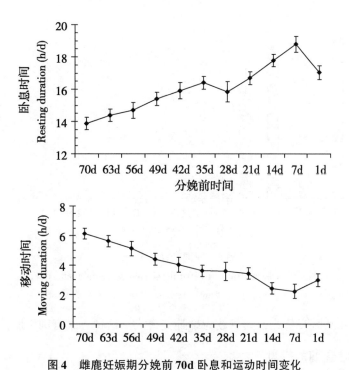

图 4　雌鹿妊娠期分娩前 70d 卧息和运动时间变化

Fig. 4　The patterns of resting and run duration of female deer at 70 days before delivery

2.3　雌鹿产仔期的行为

2.3.1　雌鹿产仔季节性

在研究期间，四川梅花鹿最早产仔日期见于 4 月 29 日，最晚产仔日期为 7 月 28 日，高峰期在 5—6 月（详见图 5）。通过野外观测数据统计表明，四川梅花鹿 4 月产仔率占 1.18% ± 0.76%，5 月产仔率较多（占 54.30% ±3.62%），其次是 6 月（占 37.21% ±4.52%），7 月产仔率占 7.30% ±2.21%，各月份产仔率相比较有极显著差异（n = 130，Fisher's exact test，P < 0.01，详见图 5）。四成梅花鹿产仔日期与其分娩经历具有低度相关性（Kendall's tau − b，r = 0.36，P < 0.05；Spearman's rho，r = 0.39，P < 0.05），初次繁殖雌鹿和成体雌鹿最早产仔日期分别为 5 月 10 日和 4 月 29 日，而最晚产仔日期分别为 7 月 28 日和 7 月 9 日，跨度为 80 ~ 90d（±5d，n = 130）。四川梅花鹿单胎率为 98.86%（±6.96%，n = 129），双胎率为 1.01%（±0.07%，n = 1），通过 Fisher's exact test 分析单双胎率之间有极显著差异性（U = 0.00，z = − 1.985，P < 0.01）。

2.3.2　雌鹿产仔行为

雌鹿较早产仔年龄为 3 ~ 4 岁，较晚产仔年龄为 11 ~ 12 岁。雌鹿产仔时，一般选择在针叶林、阔叶林、针阔混交林以及灌丛草甸等生境，这 4 种生境具有较高隐蔽性，不易被高山兀鹫等天敌发现。雌鹿临近分娩时，时而卧息时而走动，卧息后会伸颈梳舔生殖部位和腹部，并频繁收缩腹部，从雌鹿卧下到分娩出胎儿持续 90 ~ 430min（n = 12），初次繁殖雌鹿分娩持续时间较长（220.37min ± 52.65min，n = 5），而成体雌鹿分娩持续时间较短（115.28min ± 26.71min，n = 7），初次繁殖雌鹿分娩前较成体雌鹿走动频繁且难产现象多。排出胎儿后，雌鹿梳舔其全身毛发，直至舔净幼鹿身上的胎膜和粘液为止，然后伸头拉拽胎盘，并采食其胎盘。雌鹿分娩有 3 种

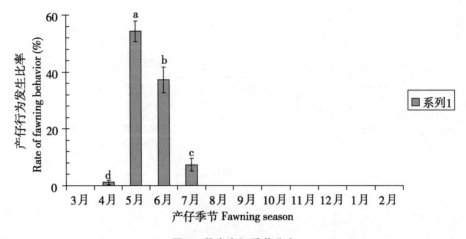

图5　雌鹿产仔季节分布

Fig. 5　Distribution of fawning season in female sika deer

备注：数值为平均值±标准差表示，标注不同字母表示相互之间差异显著（$P < 0.05$）

方式：站式、卧式和站卧交替式，大多数为站卧交替式，这种方式有利于胎儿的排出。

2.4　四川梅花鹿哺乳期的行为

哺乳雌鹿和未哺乳雌鹿采食时间分配分别为692. 35min/d±59. 60min/d 和588. 60min/d±42. 72min/d，t 检验表明有极显著差异（$P < 0.01$）。雄鹿和亚成体采食时间均少于哺乳雌鹿，分别为593. 40min/d±56. 46min/d 和603. 84min/d±60. 84min/d。哺乳和未哺乳雌鹿采食行为比率（48. 08%±2. 14% vs 40. 86%±1. 73%）存在显著差异（Fisher's exact test，$P < 0.05$），雄鹿和亚成体采食行为比率明显少于哺乳雌鹿，分别为41. 26%±1. 62% 和41. 95%±1. 93%（Fisher's exact test，$P > 0.05$）。哺乳雌鹿和亚成体鹿移动累计时间（204. 62min/d±23. 40min/d vs 211. 82min/d±26. 50min/d）稍微高于雄鹿和未哺乳雌鹿移动时间（198. 430min/d±24. 80min/d vs 196. 85min/d±27. 60min/d），无明显差异（$P > 0.05$）。由于成体雌鹿在哺乳期需要提供更多的营养物质给幼鹿，每天采食行为所占的比率高于未哺乳雌鹿、雄鹿和亚成体，采食时间也较长。另外，哺乳雌鹿为获取更多的食物，也增加了在食物基地和隐蔽地之间移动所占的比率（14. 09%±1. 02%）。哺乳期雄鹿和亚成体卧息时间（492. 05min/d±48. 60min/d vs 491. 33min/d±56. 80min/d）与未哺乳雌鹿卧息时间（504. 42min/d±61. 60min/d）与其基本一致，它们之间无显著差异（One - way ANOVA，$P > 0.05$），而哺乳雌鹿卧息时间较少（416. 73min/d±46. 20min/d），与雄鹿、亚成体以及未哺乳雌鹿卧息时间有显著差异（One - way ANOVA，$P < 0.05$）。

幼鹿吮乳时，大多数为站立式，先用头和嘴触动乳房，然后衔住乳头吮乳，吮乳时用前肢交替踢打乳房，偶尔会发出低沉的 mei - mei 叫声。幼鹿吮乳后，在隐蔽处卧息，母鹿则在其不远处卧息或采食，母幼关系属于隐蔽类型。在初生后一周内，幼鹿吮乳时间较长，为12. 53min/次±3. 84min/次，幼鹿吮乳时间随着周龄的增加而逐渐缩短，到9周龄时，其吮乳时间1. 82min/次±0. 81min/次（详见图6）。母幼鹿联系时间随着幼鹿日龄的增加呈下降趋势，9周龄时母幼联系时间约15. 85min/d±3. 78min/d（详见图7）。幼鹿出生后休息行为占较大比率，随着周龄增加其休息行为逐渐减少，而移动、吮乳、采食以及其他行为逐渐增多，并发育完善（详见表3）。

幼鹿活动具有较强的昼夜节律，主要有晨昏两个高峰期（6：00~8：00和17：00~21：00），吮乳、摄食以及母幼联系与这两个高峰期同步，昼夜活动存在显著差异（$P < 0.05$）。

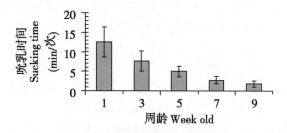

图6　1至9周龄幼鹿吮乳时间变化

Fig. 6 The change of fawn sucking time aged 1~9 weeks in Sichuan sika deer

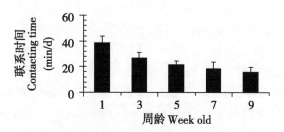

图7　1至9周龄母幼鹿联系时间变化

Fig. 7 The change of mother – fawn contacting timeaged 1~9 weeks in Sichuan sika deer

表3　不同周龄幼鹿行为的变化

Table 3　The behaviors change of fawn deer in the different week old （%）

周龄 Week old	休息 Resting	移动 Moving	吮乳 Sulking	采食 Feeding	其他行为 Others
1	96.03 ± 3.94	1.95 ± 0.81	1.85 ± 0.83	0.00 ± 0.00	1.27 ± 0.71
2	94.56 ± 2.65	2.67 ± 1.13	2.49 ± 1.11	0.00 ± 0.00	1.58 ± 0.91
3	89.02 ± 3.74	4.2 ± 1.21	3.03 ± 1.23	0.00 ± 0.00	4.35 ± 1.11
5	85.18 ± 2.91	5.97 ± 1.13	3.96 ± 1.51	1.84 ± 0.61	4.75 ± 1.31
7	76.62 ± 2.51	9.83 ± 1.91	2.93 ± 0.81	6.42 ± 1.51	5.21 ± 1.95
9	63.42 ± 2.61	13.99 ± 2.33	1.92 ± 0.82	10.67 ± 2.23	10.06 ± 2.15

3　讨论

根据鹿科动物在地球上的分布可将其分成两大类[16,17]：一类是寒温带北方类群，包括马鹿（*Cervus elaphus*）、白尾鹿（*Odocoileus virginianus*）、黇鹿（*Dama dama*）、梅花鹿（*Cervus nippon*）和狍（*Capreolus capreolus*）等；另一类是热带类群，包括水鹿（*Cervus unicolor*）、豚鹿（*Axis porcinus*）、鬣鹿（*Cervus timorensis*）、斑鹿（*Axis axis*）和麂（*Muntiacus reevesi*）等。鹿发情季节的形成是通过生理变化和环境变化相关联而实现的，同时，一些与环境相关的自然信号（尤其是光信号）间接的成为季节发情过程的标示，对发情过程的启动与控制起着重要的作用[18]。在繁殖的生理机制上，光周期的变化与鹿发情季节性有着密切的关联，成为启动鹿季节性发情的关键因素。光周期主要作用机制表明，短日照的光周期变化将引起鹿松果体分泌褪黑激素的变化，从而影响机体生殖内分泌系统的变化，激发生殖系统的活动，使鹿进入发情季节[19,20]。寒温带鹿一般是在短日照周期时发情交配[20]。圈养东北梅花鹿在吉林省发情交配从 9 月中旬开始至 11 月下旬结束，高峰期为 10 月（79.80%，n=956），其次为 11 月（13.36%，n=160）[21]。东北梅花鹿引种在四川省圈养时，其发情交配期为每年 8 月至翌年 3 月，高峰期在 9—11 月[22]。野生华南梅花鹿发情交配高峰期为每年 8 月下旬至 9 月下旬[23]。在本研究中，四川野生梅花鹿发情交配期为 9 月上旬至 12 月中旬，高峰期为 10—11 月。由上述可知，野生或圈养梅花鹿具有明显的发情季节性，而不同地区梅花鹿发情季节有一定的差异性，这与鹿科动物分布的纬度差异有密切的关系，分布于寒带和温带环境的鹿科动物发情呈明显的季节性，分布纬度越高其发情季节越明显[17]。这种季节性发情方式在鹿的进化和遗传中得到了继承，现今生存的鹿科动物表现出相似的发情季节性[17]。同时，在其移居其他地方仍然保持着相似的发情季节性。

雄鹿的发情行为早于雌鹿，表现出追逐、泥浴、吼叫、嗅阴、爬跨、交配等行为变化，这些行为可促进雌鹿发情的开始，反过来雌鹿的发情又可进一步刺激雄鹿，使雄鹿快速发情[24]。在一个发情季节，雌鹿表现出周期性的发情规律，受孕成功的雌鹿将终止周期性的发情；反之，在发情季节雌鹿会表现出多个发情周期，因物种不同而有一定差异。鹿科动物发情周期一般可分为 2 大类[25~27]：一类是短周期（10~12d）；另一类是长周期（18~25d）。一些鹿科动物在发情初期通常会表现出一个短的发情周期，这与孕激素的含量短暂迅速升高有关，例如黇鹿[25]、驯鹿（*Rangifer tarandus*）[26]、台湾梅花鹿（*Cervus nippon taiouanus*）[28]、马鹿[29,30]。就整个发情季节而言，马鹿[31]、黇鹿[25]、驯鹿[32]、麋鹿（*Elaphurus davidianus*）[33] 和坡鹿（*Cervus eldi thamin*）[34] 一般表现出长的发情周期（19.5~22.4d），这可能与这些鹿科动物的群居特性有关[35]。在本研究中，四川梅花鹿发情周期为 12~18d，属于长发情周期。

繁殖季节性是动物长期适应自然环境形成的，有利于其在自然条件下繁衍后代。自然条件改变时，虽然它们仍可保持季节性繁殖，但其繁殖季节性有一定差异。圈养东北梅花鹿在吉林省产仔期为 5 月上旬至 9 月中旬，集中在 5 月中旬至 6 月上旬[36]，而东北梅花鹿在四川省圈养时，其产仔期为每年 5—7 月，高峰期为 6 月[22]。野生华南梅花鹿产仔期为 5 月中旬至 6 月下旬[23]。日本圈养梅花鹿产仔也具有明显季节性，Honshu 岛上圈养梅花鹿产仔期为 4 月下旬至 9 月上旬，Kushu 岛上圈养梅花鹿产仔期为 4 月下旬至 8 月上旬，这 2 个圈养梅花鹿种群产仔高峰期均在 5月[37]。在本研究中，四川野生梅花鹿产仔期为 4 月下旬至 7 月下旬，高峰期为 5—6 月。由上述可知，野生或圈养梅花鹿均具有明显的产仔季节性，而不同地区梅花鹿产仔季节有一定的差异。Clutton-brock 等报道：野生雌鹿分娩期有离群现象，仔鹿出生后 1~2 周内也与鹿群分离，躲避在隐蔽性高的地方，这种隐蔽性行为是为了躲避人和天敌的发现[38]。四川梅花鹿主要栖息在针阔混交林、针叶林、次生落叶阔叶林和灌丛草旬[4]，在这些生境中，隐蔽性高是减少被天敌捕食的生存对策[39]。一些动物靠与环境相近的体色和减少活动来逃避天敌，也有些雌性动物吞食其幼体粪便以减少天敌发现幼体的线索[40]。Walther 和 Ralls et al 指出，隐蔽型与跟随型幼体的主要区别在于，隐蔽类型的幼体与其母体卧息时相隔一段距离，而跟随型幼体与其母体则接近[41,42]。根据野外观察发现，四川梅花鹿幼体出生后 1 月龄内与其母体相距约 15 m 处卧息，幼鹿主动联系其母体较少，并且母幼联系频率低，主要在晨昏联系；1 月龄后幼鹿常跟随其母体活动，联系频繁，卧息时相距较近。因此，幼鹿在出生后 1 月龄内应属于隐蔽型，而 1 月龄后应属于跟随型。雌性梅花鹿主要有 3 种保护幼体的策略：①卧息地分离，以减少被天敌发现的机会。②母幼联系频率少，Byers 等认为隐蔽策略能否减少幼体被捕食的效果至少一部分取决于母体传递给捕食者有关幼体藏身地的信息[43]。因此，如果母幼接触频繁，可增加幼体被捕食的机会。

③母鹿具有诱离天敌的行为，以降低幼体被捕食的压力。母幼卧息地分离和联系频率少有利于提高母体的采食效率和幼体的休息时间，若母幼卧息在一起，母体采食会受到幼仔的阻碍；若母幼联系频繁，母体只能在其幼体卧息周围进行采食，限制了采食质量，这对哺乳期母体需求较高能量来说是不利的，同时也会影响幼体的正常生长。这些护幼策略在林麝（*Moschus berezovskii*）中也有发现[44]。

动物行为时间分配的外界影响因素主要有食物资源、气候条件、集群大小、捕食风险等，其内部影响因素主要有年龄、性别、繁殖状态等[45-47]。为了获取足够的食物以满足生存的需求，野生动物一般采食时间分配较多[48,49]。在内外因素的影响下，动物可根据能量需求优化行为时间分配[50]。马鹿和白尾鹿在食物资源缺乏时，采食时间超过50%[47,51]，雌性扭角林羚（*Tragelaphus strepsiceros*）在高温环境下采食时间高达63%[52]。可可西里雌性藏原羚（*Procapra picticaudata*）在夏季采食时间占（42.02% ±2.22）%[53]，而同地区具有集群迁徙产仔习性的藏羚（*Pantholops hodgsoni*）采食时间分配高达59.12%[54]。本研究中，妊娠期成体雌鹿的采食行为时间也占较大比率（49.33% ±2.16%），其次依次是卧息（34.16% ±2.61%）和移动（12.22% ±0.85%），与散养条件下春季（妊娠期）东北梅花鹿行为时间分配次序基本一致[55]。Liu et al研究表明散养条件下妊娠期（春季）东北梅花鹿采食时间分配占49.14%，卧息（包括反刍）时间分配占40.08%，移动时间分配占4.44%[55]。刘振生等研究表明春季雌雄梅花鹿卧息行为时间分配（14.35% ±3.25% vs 18.88 ±2.89%）存在显著差异（$P < 0.05$），移动行为时间分配（2.91% ±2.36% vs 7.04% ±1.77%）有极显著差异（$P < 0.01$）[56]。在本研究中，春季（妊娠期）成体雌雄鹿卧息时间分配之间或移动时间分配之间也有显著差异（Ono - way ANOVA，$P < 0.05$），这与春季雌鹿正处在妊娠晚期有关，妊娠晚期雌鹿行动比往常迟缓，卧息增加，移动减少，而春季也是雄鹿的生茸期，需求较高的能量，需要增加移动时间，减少卧息时间来寻找更多的食物资源，供其采食以便满足机体需求，这在刘振生等人的研究中已得到证实[56]。在本研究中，春季成体雌雄鹿移动时间分配分别占12.22% ±0.85%和15.16% ±0.93%，远远高于散养东北梅花鹿移动时间比率，这主要由于散养梅花鹿被提供了一定的食物资源，较少通过移动来寻找食物，导致移动时间分配减少，而野生梅花鹿需要通过移动来寻找食物资源以便采食更多的食物，使野生梅花鹿移动时间分配高于散养梅花鹿移动时间。哺乳期四川梅花鹿采食行为时间低于妊娠期采食时间，这可能与妊娠期正逢冬季，植被枯萎，食物资源相对匮乏，梅花鹿采食的大部分植物数量减少，尤其是可食植物的营养水平降到最低点。另外，妊娠期雌鹿营养需求增加，寻找食物也增加了能量的消耗，迫使梅花鹿利用更多的时间采食植物来满足机体的需求。而哺乳期恰逢夏季，植物生长旺盛，食物资源相对丰富，在铁布保护区梅花鹿种群又未超过负载量，无食物竞争现象，并且夏季食物营养水平高，梅花鹿减少了采食时间，增加了卧息及其他行为的时间分配。

此文发表于《生态学报》2014 年 22 期

两种采精方法在塔里木马鹿上的应用效果分析[*]

敬斌宇[1,2**] 蒋小明[2] 孙志强[3] 姜 芸[3] 库尔班·吐拉克[1***]

(1. 新疆农业大学动物科学学院，乌鲁木齐 830052；
2. 新疆厚拾生物科技有限责任公司，库尔勒 841001；
3. 新疆生产建设兵团农二师三十三团，尉犁 841505)

摘 要：马鹿的人工采精成功了多年，但采精效果仍然不理想。本文针对新疆塔里木马鹿，对全麻侧卧式采精方法和半麻站立式采精方法的采精效果进行了比较实验。结果表明，半麻站立式采精方法的采精量及采精成功次数明显优于全麻侧卧式采精方法（$P < 0.05$）；而就鲜精及冻精活力，精液密度而言，半麻站立式采精方法略优于全麻侧卧式采精方法，但两者间无显著性差异（$P > 0.05$）。采用半麻站立式采精方法在塔里木马鹿上的应用效果优于全麻侧卧式采精方法，可在各养鹿场户推广应用。

关键词：塔里木马鹿；采精方法；采精效果

塔里木马鹿公鹿在发情季节里十分粗暴，不易让人接近，这对种公鹿的人工采精带来一定的困难。近年，虽然不同学者采用各种方法对塔里木马鹿进行人工采精，但采精效果仍然不理想，采精失败或精液质量较低下等情况常有发生。为探讨既要保证高质量的精液，又要保证对人和动物的安全，以及操作又要较方便的采精方法，我们分别于2010年及2011年公鹿发情旺期，在尉犁县乌鲁克镇新疆厚拾生物科技有限责任公司自治区种鹿场，进行全麻醉保定侧卧式采精方法和半麻站立式采精法的对比试验，探讨安全、可靠的采精方法，以便更充分地发挥优良种公鹿的配种效能。现将实验报告如下：

1 材料与方法

1.1 材料

1.1.1 实验动物

实验用种公鹿全部为纯种成年健康塔里木马鹿，其中一头是我公司种鹿场所有的种1号（8岁，头茬鲜茸16.1kg）；租借3头，分别是1913号（6岁，头茬鲜茸13.1kg）；1647号（5岁，头茬鲜茸12.3kg）；1172号（5岁，头茬鲜茸12.8kg）。

1.1.2 主要药品及器械

精液稀释液和0.25mL细管（德国米尼图）；鹿眠宝、鹿醒宝（东北农业大学生产）；脉冲

---

* 基金项目：新疆维吾尔自治区自然科学基金项目（2013211A029）

** 作者简介：敬斌宇（1973—），男，汉族，大学本科，畜牧师，从事马鹿养殖及利用工作

*** 通讯作者：库尔班·吐拉克（1970—），男，维吾尔族，博士，副教授，从事特种经济动物繁育教研工作

式电子采精器（新西兰）；电光显微镜；公鹿保定架（自制）。

1.1.3 公鹿采精保定架

公鹿保定架长 2.1m、宽 1m、高 1.6m，底座安装 3cm 厚的木板，使马鹿不易滑倒。在架内设有活动夹板，根据鹿只状态保定马鹿，使马鹿不得转身回头。在保定架的前后处各设有上下门。上下门用活栓固定，便于将公鹿哄入哄出保定架。保定架上部用帆布罩住，使采精架内没有光线。采精时公鹿处在暗处，便于保持安静（图）。

图　公鹿采精保定架

1.2 方法

1.2.1 种公鹿的准备及饲养管理

在 6 月开始对种鹿进行筛选和鉴定，年龄 5~11 岁，系谱清楚，健康无疾病，头茬鲜茸产量在 12kg 以上。对已确定的种公鹿尽量多喂青绿饲草，精料种类多样全价不低于 1.5kg，在 9 月10 日开始添加鸡蛋和胡萝卜。

1.2.2 集精杯的准备

选用牛用集精杯。首先将集精杯清洗干净，75% 的酒精消毒，生理盐水冲洗，干燥，待用。采精前将集精杯底部灌入 38℃的温水，用胶塞堵上，平放于保温箱待用。

1.2.3 采精

1.2.3.1 全麻侧卧式采精方法

给种公鹿按每 100kg 体重 1mL 计算，肌注鹿眠宝，待其头低时，将其哄入干净干燥的地方，当公鹿全麻卧倒后，将其侧卧摆齐，阴茎处剪毛、清洗，并用毛巾擦干。最后，将直肠内粪便掏净，将电刺激采精器的探棒插入直肠进行电刺激，刺激强度逐步提高而反复进行，公鹿阴茎勃起时准备接精。

1.2.3.2 半麻站立式采精方法

给种公鹿按每 100kg 体重 0.5mL 计算，肌注鹿眠宝，待其头低时，将其哄入采精架内保定，再给其肌注 0.5mL 左右的鹿醒宝，使其在采精架内半苏醒有意识。阴茎处剪毛、清洗，并用毛巾擦干。最后，将直肠内粪便掏净，将电刺激采精器的探棒插入直肠进行电刺激，刺激强度逐步提高而反复进行，公鹿阴茎勃起时准备接精。

1.2.4 精液稀释及冷冻保存

采精前2小时,将稀释液配好并放置37℃水浴恒温箱中。采集到的精液先肉眼观察颜色,确认无异物或尿液掺入后,测定射精量,镜检活力和密度。然后精子活力70%以上的精液,根据精子密度确定稀释倍数,采用缓慢多次逐步稀释法进行稀释,置于冰箱冷藏室(4～5℃)平衡4小时后,分装于0.25mL细管,置于金属纱网上液氮蒸汽预冷10min,然后投入液氮冷冻保存。

2 结果

通过4头公鹿采精6个批次,记录公鹿采精效果,详见表1,表2。

从表1可知、采用全麻侧卧式采精方法公鹿阴茎勃起状态较差,所取得的采精量较少,采精成功次数少,多数为阴囊内射精,鲜精活力及冻精解冻活力较低。

从表2可知,采用半麻站立式采精方法公鹿阴茎勃起状态较好,所取得的采精量较多,采精成功次数多,阴囊内射精次数减少,鲜精活力及冻精解冻活力较高。

表1 2010年采用全麻侧卧式采精方法的采精效果

鹿号	采精时间	勃起状态	采精量(mL)	鲜精活力	密度	稀释比例	冻后活力	冻后密度	冷冻管数	备注
种1	9月28日上	全	1.5	0.7	密	1:3	0.3	中	18	
1647	9月28日上	未								未采出
1172	9月29日下	全	1.8	0.8	密	1:4	0.35	中	29	
1913	9月29日下	未								未采出
种1	10月2日上	半	1	0.4	中					阴囊内射精
1647	10月2日上	未								未采出
1172	10月2日下	未								未采出
1913	10月2日下	未								未采出
种1	10月9日上	全	1.5	0.7	密	1:3	0.3	中	18	
1647	10月9日上	未								未采出
1172	10月9日下	全	1.2	0.7	密	1:3	0.3	中	15	
1913	10月9日下	未								未采出
种1	10月15日上	全	1.6	0.8	密	1:4	0.3	中	26	
1647	10月15日上	未								未采出
1172	10月15日下	半	1.0	0.8	密	1:4	0.3	中	16	阴囊内射精
1913	10月15日下	全	2.0	0.8	密	1:4	0.3	中	32	
种1	10月22日上	全	1.5	0.8	密	1:4	0.3	中	24	
1647	10月22日上	未								未采出
1172	10月22日下	全	1.8	0.8	密	1:4	0.3	中	29	
1913	10月22日下	半	1.0	0.8	密	1:4	0.3	中	16	阴囊内射精
种1	10月28日上	未								未采出
1647	10月28日上	未								未采出
1172	10月28日上	半	1.2	0.7	密	1:3	0.3	中	15	阴囊内射精
1913	10月28日上	未								未采出

表 2　2011 年采用半麻站立式采精方法的采精效果

鹿号	采精时间	勃起状态	采精量（mL）	鲜精活力	密度	冻后活力	稀释比例	冻后密度	冷冻管数	备注
种1	9月26日上	全	1.5	0.7	密	0.3	1:3	中	18	
1647	9月26日上	未								未采出
1172	9月27日下	全	1.8	0.8	密	0.35	1:4	中	29	
1913	9月27日下	未								未采出
种1	10月5日上	全	1.2	0.8	密	0.3	1:4	中	20	
1647	10月5日上	全	1.5	0.8	密	0.3	1:4	中	24	
1172	10月5日下	半	1.0	0.8	密	0.3	1:4	中	16	阴囊内射精
1913	10月5日下	全	2.5	0.9	密	0.4	1:5	中	50	
种1	10月12日上	全	2.8	0.8	密	0.35	1:4	中	45	
1647	10月12日上	全	2.0	0.8	密	0.3	1:4	中	30	
1172	10月12日下	未								未采出
1913	10月12日下	全	3.0	0.9	密	0.4	1:5	中	60	
种1	10月18日上	全	3.5	0.9	密	0.4	1:5	中	70	
1647	10月18日上	全	2.5	0.9	密	0.35	1:5	中	50	
1172	10月18日下	全	3.5	0.9	密	0.4	1:5	中	70	
1913	10月18日下	全	7.5	0.9	密	0.4	1:5	中	150	
种1	11月3日上	全	4.0	0.9	密	0.4	1:5	中	80	
1647	11月3日上	全	2.0	0.9	密	0.3	1:4	中	32	
1172	11月3日下	全	7.0	0.9	密	0.35	1:5	中	140	
1913	11月3日下	全	4.5	0.9	密	0.35	1:5	中	90	
种1	11月15日上	全	1.7	0.8	密	0.35	1:4	中	26	
1647	11月15日上	全	2.5	0.9	密	0.3	1:4	中	40	
1172	11月15日下	全	4.0	0.9	密	0.35	1:4	中	65	
1913	11月15日下	全	4.0	0.9	密	0.35	1:5	中	80	

3　分析与小结

鹿类动物精液的人工采集一般电刺激采精法比较常用，过去通常采用全身深度麻醉侧卧式采精方法，但近年，有学者尝试半麻醉站立式采精方法获得了较好的效果。

本实验对比全麻侧卧式采精方法和半麻醉站立式采精方法在塔里木马鹿上的应用效果，结果显示，半麻醉站立式采精方法的应用效果优于全麻侧卧式采精方法。采用全麻侧卧式采精方法时，电刺激电压升高至 4～6V 才能公鹿阴茎勃起或半勃起，6～8V 射精，电流在 10～20mA，这个可能是刺激兴奋射精中枢所需的电压和电流强度较高，因此，电刺激的时间也较长，阴茎勃起不完全而阴囊内排精也会发生。而半麻站立式采精方法，电压 2V 下连续刺激几次就公鹿阴茎开始勃起，4V 左右就射精，电流 6～12mA，电刺激时间较短，对公鹿的不良反应相对较少，阴囊内排精现象较少，但采用这种方法时，把公鹿赶入保定架内保定需要人力，费时。

本实验证明，采用半麻站立式采精方法在塔里木马鹿上的应用效果较好，可在养鹿场户推广应用。

此文发表于《新疆畜牧业》2013 年第 1 期

不同获能方法对冻融塔里木马鹿精子体外获能及其蛋白酪氨酸磷酸化的影响[*]

库尔班·吐拉克[1,2]　陈　勇[2]　王旭光[2]　迪力夏提[3]　敬斌宇[4]　李和平[2]

(1. 东北林业大学野生动物资源学院，哈尔滨　150040；2. 新疆农业大学动物科学学院，
乌鲁木齐　830052；3. 新疆维吾尔自治区畜牧总站，乌鲁木齐　830004；
4. 新疆厚拾生物科技有限责任公司，库尔勒　841001)

摘　要：为探讨不同获能方法对塔里木马鹿精子体外获能及其蛋白酪氨酸磷酸化水平的影响，冻融塔里木马鹿精子随机分为4组，用钙离子载体、肝素、咖啡因和Percool离心4种方法进行精子获能的诱导，利用金霉素（CTC）染色法评价精子获能状态，采用SDS－PAGE分离精子膜蛋白，进行Western blot免疫印迹分析，检测酪氨酸磷酸化蛋白的表达水平。结果显示，冻融精子经4种精子获能方法处理后，肝素诱发的精子获能率显著高于IA组和Percool组（$P < 0.05$）。IA组、肝素组和咖啡因组精子蛋白酪氨酸磷酸化水平高于Percool组和对照组。另外，冻融精子随着上游处理及肝素诱导获能的进行，检测到分子量分别为14ku、25～30ku、40 ku、47 ku、55 ku的酪氨酸磷酸化蛋白，这些蛋白的酪氨酸磷酸化水平在获能60～120min期间相对较高，而且此时精子获能率及超激活运动精子比例也显著提高（$P < 0.05$）。结果提示，肝素可以较好地诱导马鹿精子获能，马鹿精子获能与蛋白酪氨酸磷酸化相关。

关键词：塔里木马鹿；冻融精子；获能；蛋白酪氨酸磷酸化

Effects of Different Treatment on Capacitation and Protein Tyrosine Phosphorylation of Tarim Wapiti（Cervus elaphus yarkandensis）Frozen－thawed Sperm

Abstract：In this paper, the effects of different treatment on capacitation and protein tyrosine phosphorylation of Tarim Wapiti sperm were studied. Frozen－thawed Tarim Wapiti sperms were divided into 4 groups randomly and treated with A23187（IA）, Heparin, caffeine or Percool for capacitation. The sperm capacitation was evaluated by Aureomycin（CTC）method. Expression of sperm protein tyrosine phosphorylation was detected by membrane－protein separation on SDS－PAGE and Western blotting subsequently. The results indicated that sperm capacitation rate in treatment of heparin－induced was significantly higher than the IA

＊ 基金项目：新疆维吾尔自治区自然科学基金项目（2013211A029）

treatment and Percool treatment （$P < 0.05$）. The expression of sperm protein tyrosine phosphorylation in each group of IA, heparin and caffeine was increased than the Percool treatment and the control. With swim – up and heparin – induced, the expression of 14ku, 25 – 30ku, 40ku, 47ku and 55ku protein tyrosine phosphorylation was detected subsequently, these proteins tyrosine phosphorylation were increased when the frozen – thawed sperms capacitated 60 ~ 120mins, and the capacitated sperm rate and hyper – activated sperm rate were increased significantly （$P < 0.05$）. The results suggested that sperms of Tarim Wapiti were capacitated properly with heparin and protein tyrosine phosphorylation was associated with the capacitation of Tarim Wapiti sperm.

Key words：Tarim Wapiti （*Cervus Elaphus Yarkandensis*）；Freeze – thaw sperm；Capacitation；Protein tyrosine phosphorylation

刚射出的哺乳动物精子不具备受精能力，它必须在雌性生殖道中或者在体外适宜的培养基内经历一段时间后，改变精子催化基团的性质，或者改变相应受精蛋白质的构象，在形态和生理上发生获能（Capacitation）变化后才获得受精能力[1]，然而迄今为止，动物精子体外获能的效果仍远远低于其体内效果，尤其鹿类精子的体外获能效果还很不理想。

精子获能是精子与卵子成功受精的前提基础，是一个很复杂的分子事件，其获能后发生顶体反应继而与透明带结合完成受精[2,3]，大量研究结果证明，精子蛋白酪氨酸磷酸化程度是获能状态的标志特征[4]，精子蛋白酪氨酸磷酸化过程可能受 cAMP 及 Ca^{2+} 离子的调节[5]。蛋白酪氨酸磷酸化对精子运动力的维持、精子获能、超激活运动以及顶体反应等生理过程十分重要，许多物种如小鼠[6]、仓鼠[7]、猪[8]、牛[9]、灵长类[10]和人类[11,12]精子获能过程与蛋白质的酪氨酸磷酸化密切相关。

目前进行鹿类精子体外获能及体外受精时常用的获能方法主要有 Percoll 法、钙离子载体诱导法、肝素诱导法、咖啡因诱导法等，但目前却很少见到在鹿类动物上同时应用这几种方法来比较精子获能及精子蛋白酪氨酸磷酸化的相关报道。

本试验拟采用 Percoll 法、钙离子载体法、肝素法和咖啡因法 4 种方法诱导塔里木马鹿精子获能，利用金霉素（CTC）染色法结合各自相应的精子蛋白酪氨酸磷酸化水平的变化结果，对其获能效果进行检验，以此比较不同方法对马鹿精子体外获能及蛋白酪氨酸磷酸化的影响，从而为改善马鹿精子体外获能及相关的体外受精技术提供科学参考。

1 材料与方法

1.1 冻精来源

实验用冻精由新疆厚拾生物科技有限责任公司（原库尔勒万通鹿业）提供，全部为纯种健康成年塔里木马鹿种公鹿的冻精，每支 0.25mL。

1.2 主要化学试剂与仪器设备

金霉素（CTC，Fluka 26430）、肝素（Sigma H3149）、牛血清白蛋白（Sigma，A7030）、咖啡因（Sigma C0750）、钙离子载体（Sigma A23187）、丙酮酸钠（Sigma P5280）、Western 中分子量蛋白 Marker（康为，CW0021）、抗磷酸酪氨酸单克隆抗体（Cell Signaling，#9411）、荧光标记

羊抗鼠 IgG 二抗（DyLightTM 800，USA KPL 042 – 07 – 18 – 06）、其余生化试剂均用分析纯。主要仪器有二氧化碳培养箱（WH – 4500，WIGGENS），倒置显微镜（Olympus IX71），荧光正置摄影显微镜（Olympus BH – 2），专业数码成像系统（OLYMPUS DP72），垂直电泳槽和转印仪（Bio – rad），Odyssey 双色红外激光成像系统（美国 LI – COR），低温高速离心机（Eppendorf – 5810 R）等。

1.3 试验方法

1.3.1 精子体外获能方法

本试验精子体外获能将采用肝素诱导法，咖啡因诱导法，钙离子载体诱导法，Percool（45/90%）密度梯度离心法 4 种方法。

①对照组：将冻精立即投入 37℃温水中，30 秒解冻后，不经任何处理，用 CTC 法染色并用于提取精子膜蛋白。

②钙离子载体（IA）诱导法：解冻的精子用洗精液（BO 液[13]）离心洗 2 次（300 ×g，10min，5min），最后一次沉淀中加入钙离子载体 1μL（0.1μmol/L），作用 1min 后，用洗精液稀释 20 倍，终止钙离子载体的作用并离心洗 2 次（300 ×g，10min，5min），精子用 CTC 法染色并用于提取精子膜蛋白。

③肝素诱导法：解冻后精液，置于无菌圆底离心管底部，倾斜管壁约 45°，以精液体积与洗精液体积为 1：（3～5）的比例贴壁缓缓加入洗精液（sp – TALP[14]液 + 6mg/mLBSA），然后置于 CO$_2$ 培养箱（5%CO$_2$，饱和湿度，38.5℃）中上浮 45min 后，吸取上层精子悬液，离心洗 2 次（300 ×g，10min，5min），最后一次离心的沉淀用含有肝素的获能液（fert – TALP[14]液 + 6mg/mLBSA + 20μg/mL 肝素）稀释至 50 ×10^6 精子/mL，于 CO$_2$ 培养箱中孵育 30min 后，取出精子用 CTC 法染色并用于提取精子膜蛋白。

④咖啡因诱导法：精子的上游处理同上，最后一次沉淀用含有 Caffeine 的获能液（fert – TALP 液 + 6mg/mLBSA + 5mMCaffeine）稀释至 50 ×10^6 精子/mL，于 CO$_2$ 培养箱（5%CO$_2$，饱和湿度，38.5℃）中孵育 30min 后，取出精子用 CTC 法染色并用于提取精子膜蛋白。

⑤Percool（45/90%）密度梯度离心法：用修正 BO 液[13] 配成 90% Percool 工作液，取 1mL 90% Percool 工作液加入 1mL BO 液，配成 45% Percool 液，先取 90% Percool 液 2mL，置于离心管底部，然后贴壁缓缓重层 45% Percool 2 mL，注意分层，最后贴壁缓缓加入精液 1.5～2mL，以 700 ×g 离心 20min，弃上层液，留下 300μL 左右底层液，再次加入 BO 液 5～6mL，500 ×g 离心 5min，沉淀用含有肝素的获能液（BO 液 + 6mg/mL BSA + 20μg/mL 肝素）稀释至 50 ×10^6 精子/mL，于 CO$_2$ 培养箱中孵育 30min 后，取出精子用 CTC 法染色并用于提取精子膜蛋白。

1.3.2 精子获能的评价

采用金霉素（CTC）染色法[15]，即取 10μL 待测精子悬液，加入 37℃预温的金霉素溶液 20μL 轻轻混匀，20s 后，立即加入 3.6μL 固定液混匀，取上述混合液悬液 15μL 置于载玻片上，盖上盖玻片，指甲油封片，避光保存，24h 内荧光显微镜下观察，在载玻片四角和中间计数，每次共计数 200 个精子以上，每个载玻片计数 2 次，实验重复 3 次，按 CTC 染色类型分类，并换算成精子百分率。

1.3.3 精子酪氨酸磷酸化蛋白的检测（Western blotting）

精子膜蛋白的提取采用非离子型去污剂（NP – 40）裂解法[16]，即提取精子悬液 420 ×g，4℃离心 10 min 后，用 0.01M PBS 4℃洗涤离心 3 次（420 ×g，各 10min）弃上清液，再用 0.01M

Tris - HCL 4℃洗涤离心 3 次（420 × g，各 10min）弃上清液后，沉淀中加入含 1% NP - 40 膜蛋白裂解液置于摇床冰上裂解 1.5h，然后 10 000 × g，4℃ 离心 15min，吸取上清液于 1.5 mL 离心管，加入 5 × SDS 缓冲液，沸水中处理 5min 后分装，-20℃保存备用。

精子膜蛋白样品在 12% 的分离胶上进行 SDS - PAGE，胶上的蛋白在 60V，4℃下 2h 转至 NC 膜上，膜用 1% BSA/TPBS 室温封闭 1h 后，用一抗（Cell Signaling，#9411S）4℃孵育过夜，用 TBST 洗 4 × 10min，然后用荧光标记二抗（DyLight TM 800）室温避光孵育 1h，用 TBST 避光洗 4 × 10min 后，最后用 PBS 避光洗 2 × 5min，将 NC 膜避光自然干燥后，用 Odyssey 双色红外激光成像系统（LI - COR）扫描成像。Western blotting 图像用 Odyssey 双色红外激光成像系统（LI - COR）图像分析软件分析条带灰度值[17]，即先启动 Odyssey 操作软件打开原始图像文件，在工具栏里 Lane 下点击 Add Lane 后，点击需要检测的泳道上端中心并将鼠标拉至底端双击，调整泳道的左右侧，所有条带都在泳道范围之内，然后每个条带需由矩形条带标记，最后工具栏里打开 Report > 点击 Report View 就会自动形成数据表，其中要查找每个条带的灰度值。

1.3.4　精子活力、质膜完整率和超激活运动的测定

1.3.4.1　精子活力的检测

取 15μL 精子悬液，滴于恒温载物台上预热的载玻片上，盖上盖玻片，恒温条件下（37℃）在显微镜 200 ~ 400 倍下迅速观察精子运动状态，根据多个视野的观察情况及时估计直线前进运动精子在总精子中的百分比例，以 0 ~ 1.0 的十级评分法评定精子活力，如有 50% 的精子作直线运动，活力计为 0.5，每个样本评价 3 次，取平均值。

1.3.4.2　精子质膜完整率（HOST）的检测

采用低渗肿胀试验法（HOST）[13]，即取 10μL 待测精子悬液，用 37℃预温的低渗液稀释至 100μL，在 37℃下孵育 45min，然后加入 2% 戊二醛 150μL 混匀 2min 后，取 15μL 混合液涂片，200 倍相差显微镜下观察 5 个视野，计数 200 个以上精子，以弯尾精子作为出现膨胀质膜完整的精子，计算质膜完整精子百分率。

1.3.4.3　精子超激活运动（HAM）的评价

精子超激活运动方式的评价参照孔丽娟（2007）[18]报道的方法，即精子超激活运动方式可将分为两类，一类是精子以直线运动方式向前急剧地运动，其头部侧摆幅度和频率明显增加并伴随飘忽不定的"8 字型"运动，其尾部振幅加大，频率加快，旋即转变为有力的鞭打样运动；另一类运动是精子头部穿插直线性剧烈的冲刺运动，犹如迪斯科舞蹈样运动，此时精子头部极易黏附于卵细胞或其他细胞表面，而尾部或呈鞭打样运动或呈快速旋转运动，以上述两类精子之和在群体精子中所占百分率来评价精子超激活运动程度。评价时，提取 15μL 精子悬液，滴于载玻片上，盖上盖玻片，在恒温条件（37℃）正置摄影显微镜 200 - 400 倍下，估计超激活运动精子（上述两类精子总和）占视野中总精子数的比例，根据多个视野的观察情况，进行综合估算来确定超激活运动精子的比例，每个时间点评价 3 次，取平均值。

1.4　统计分析

本试验数据统计和分析使用 Excel 2003 和 SPSS 13.0 统计软件，采用 χ^2（chi - square test）检验法和多向方差分析法分析各试验组之间的显著性水平，$P > 0.05$ 时差异不显著；$P < 0.05$ 时差异显著。

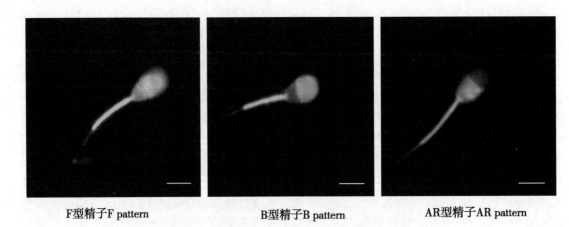

F型精子F pattern　　　　　B型精子B pattern　　　　　AR型精子AR pattern

图 1　冻融塔里木马鹿精子经 CTC 染色后的着色类型（1 000×）

Fig. 1　Different patterns ofTarim Wapiti Frozen – thawed spermatozoa

by chlortetracycline fluorescence staining（1 000×）

F 型精子为未获能精子；B 型精子为获能精子；AR 型精子为顶体反应精子；精子标尺为 5μm

F pattern：uncapacitated sperm；B pattern：capacitated sperm；AR pattern：acrosome – reacted sperm；

bar = 5μm

2　结果

2.1　体外获能塔里木马鹿精子的 CTC 染色分类

冻融塔里木马鹿精子经 CTC 染色后，所有精子尾部均染上黄绿色荧光，精子头部则呈 3 种不同的荧光染色类型，即 F 型、B 型和 AR 型（图 1）。F 型为未获能且顶体完整的精子，整个精子头部呈强烈的黄绿色荧光；B 型为获能且顶体完整的精子，精子顶体区和赤道段呈强烈的黄绿色荧光，而顶体后区的荧光显著减弱甚至消失，出现一个明显的暗区；AR 型为已发生顶体反应的精子，精子头部无荧光或顶体后区呈较强的黄绿色荧光而顶体区无荧光。

2.2　不同获能方法对冻融塔里木马鹿精子体外获能效果的比较

由表 1 可知，冻融塔里木马鹿精子经过 4 种精子获能方法处理后，肝素诱发的 B 型精子率显著高于对照组、IA 组和 Percool 组（$P < 0.05$），但与咖啡因组相比无显著性差异（$P > 0.05$）。另外，IA 诱发的 AR 型精子率显著高于对照组、肝素组和 Percool 组（$P < 0.05$），但对照、肝素组和 Percool 组之间无显著性差异（$P > 0.05$）。

表 1　不同方法获能后精子 CTC 染色分析（%）（n = 6）

Table 1　analysisof sperm capacitation by CTC staining on different treatments（%）（n = 6）

不同获能方法 Different treatment	CTC 染色类型/CTC patterns		
	F	B	AR
对照组 Control	61.2[a]（773/1263）	27.6[c]（429/1552）	11.5[b]（199/1735）
IA 诱导法 A23187	41.6[b]（508/1221）	32.64[c]（409/1254）	25.7[a]（310/1207）
肝素诱导法 Heparin	27.8[c]（393/1412）	58.2[a]（905/1556）	14.1[b]（180/1277）

（续表）

不同获能方法 Different treatment	CTC 染色类型/CTC patterns		
	F	B	AR
咖啡因诱导法 Caffeine	38. 9[b] （492/1266）	48. 1[ab] （617/1282）	12. 1[b] （147/1207）
Percool 法 Percool	55. 8[a] （755/1352）	30. 3[c] （314/1037）	14. 4[b] （164/1136）

注：表中同列数据肩标字母相同表示差异不显著（$P > 0.05$），肩标字母不同表示差异显著（$P < 0.05$）。

The same letters in the same column indicated no significant differences（$P > 0.05$），different letters indicated significant differences（$P < 0.05$）。

2.3　不同获能方法处理的冻融马鹿精子酪氨酸磷酸化蛋白的 Western blotting 分析

采用不同获能方法处理后，精子酪氨酸磷酸化蛋白的 Western blotting 分析结果（图 2）可见，冻融塔里木马鹿精子经上述 4 种获能方法处理后，IA 组、肝素组和咖啡因组的精子蛋白酪氨酸磷酸化水平显著高于对照组和 Percool 组（$P < 0.05$），对照组和 Percool 组之间无明显差异（$P > 0.05$）；肝素组分子量为 40ku 的蛋白磷酸化水平显著高于其他组（$P < 0.05$）；针对分子量分别为 52ku 和 35ku 的蛋白磷酸化水平而言，肝素组略高于 I A 组和咖啡因组，但三者之间无明显差异（$P > 0.05$）。

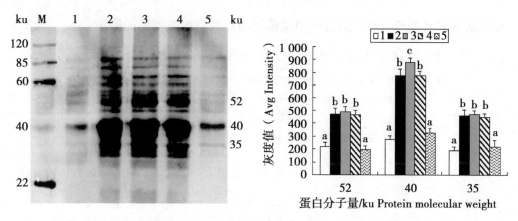

图 2　不同获能方法处理的冻融马鹿精子酪氨酸磷酸化蛋白的 Western blotting 分析

Fig. 2　Western blotting of Tyrosine Phosphorylation between different

treatments on Tarim Wapiti Frozen – thawed spermatozoa

M. 蛋白分子质量标准；1. 对照组；2. IA 诱导法；3. 肝素诱导法；4. 咖啡因诱导法；
5. Percool 法

M. Marker；1. Control；2. A23187；3. Heparin；4. Caffeine；5. Percool

2.4 不同时间肝素处理对精子体外获能效果的影响

表2 肝素处理后不同时间精子 CTC 染色分析（%）（n=6）

Table 2 duration analysisof sperm capacitation after heparin treatment by CTC staining（%）（n=6）

CTC 染色类型 CTC Patterns	解冻后 Afterthawing 0min	上游处理 Swim – up 40min	获能培养时间 Capacitation Time		
			60 min	120 min	240 min
F	59.5ª（772/1298）	43.8ᵇ（543/1239）	18.0ᶜ（228/1265）	6.2ᵈ（81/1299）	5.4ᵈ（68/1251）
B	30.6ᶜ（433/1414）	46.5ᵇ（584/1255）	65.4ª（852/1303）	70.7ª（977/1382）	44.0ᵇ（600/1364）
AR	9.7ᶜ（161/1669）	12.2ᶜ（146/1188）	16.6ᶜᵇ（206/1241）	23.3ᵇ（301/1290）	51.5ª（744/1444）

注：表中同一行数据肩标字母相同表示差异不显著（$P > 0.05$），肩标字母不同表示差异显著（$P < 0.05$）。

The same letters in the same row indicated no significant differences（$P > 0.05$），different letters indicated significant differences（$P < 0.05$），The same below.

由表2可见，冻融塔里木马鹿精子随着上游处理及不同时间获能培养后，B 型精子比例逐渐提高，并在获能 60~120min 期间最高（$P < 0.05$），但获能 60min 和 120min 之间无显著性差异（$P > 0.05$）；AR 型精子比例随着获能时间的推移逐渐提高并获能 4h 时最高（$P < 0.05$），F 型精子比例逐渐下降（$P < 0.05$）。

2.5 不同时间肝素处理对精子活力、超激活运动率和质膜完整率的影响

表3 不同时间肝素处理后精子活力，超激活运动率和质膜完整率的分析

Table 3 duration analysis of sperm capacitation after heparin treatment on sperm motility，hyper – activated motility and Membrane integrity

指标 Index	解冻后 Afterthawing 0min	上游处理 Swim – up 40min	获能培养时间 Capacitation Time		
			60min	120min	240min
活力 Motility	0.42 ± 0.04ᶜ	0.68 ± 0.03ª	0.66 ± 0.04ª	0.55 ± 0.03ᵇ	0.37 ± 0.03ᶜ
超激活运动率（%）Hyperactivation（%）	10.5 ± 3.0ᶜᵇ	17.5 ± 2.5ᵇ	29.2 ± 4.2ª	30.8 ± 2.8ª	19.2 ± 2.8ᵇ
质膜完整率（%）Membrane integrity（%）	51.3 ± 4.8ᶜᵇ	73.0 ± 4.4ª	71.3 ± 4.0ª	61.2 ± 4.4ᵃᵇ	45.4 ± 2.0ᶜ

由表3可见，冻融塔里木马鹿精子上游处理后精子活力和质膜完整率显著提高（$P < 0.05$）；然后，随着获能时间的推移精子活力和质膜完整率呈逐渐下降趋势（$P < 0.05$）；超激活运动精子比例，随着获能的进行逐渐提高并获能 60~120min 时达到最高（$P < 0.05$）。

2.6 肝素诱导法处理的冻融马鹿精子酪氨酸磷酸化蛋白的 Western blotting 分析

由肝素诱导法处理的冻融塔里木马鹿精子酪氨酸磷酸化蛋白的 Western blotting 分析结果（图3）可见，冻融精子随着上游处理及肝素诱导获能的进行，检测到分子量分别为 14ku、25 – 30ku、40 ku、47 ku 、55 ku 的酪氨酸磷酸化蛋白，这些蛋白的酪氨酸磷酸化水平在获能 60 – 120min 期间相对较高。

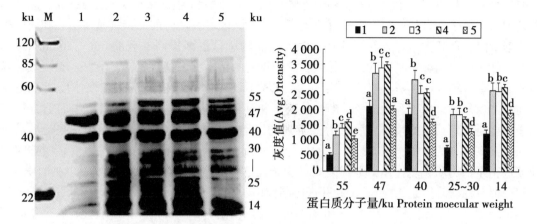

图 3 肝素诱导法处理的冻融马鹿精子酪氨酸磷酸化蛋白的 Western blotting 分析

Fig. 3 Western blotting on Tyrosine Phosphorylation of Heparin treated Tarim Wapiti Frozen－thawed spermatozoa

M. 蛋白分子质量标准；1. 解冻后 0min；2. 上游 40min；3. 获能后 60min；4. 获能后 120min；5. 获能后 240min

M. Marker；1. After thawing 0min；2. swim－up 40min ；3. 60 min after Capacitation；4. 120 min after Capacitation；5. 240 min after Capacitation

3 讨论

3.1 体外获能马鹿精子的 CTC 染色

CTC 荧光染色技术目前已被广泛地应用于受精机制领域，尤其是对精子获能机制的研究，是最常用的有效检测精子获能方法之一。CTC 是常用抗菌素之一，其本身具有一定的荧光特性，可与精子表面的 Ca^{2+} 结合并发出强烈的荧光。不同生理状态的精子其表面的 Ca^{2+} 分布不同，CTC 的分布也就不同，因此可以借助 CTC 来判断精子的获能状态。CTC 法能够区别精子顶体的完整与否，而且又可将顶体完整的精子进一步分成获能与未获能两类[19]。本试验采用 CTC 染色法检测不同方法获能精子的类型，从而判断不同方法的获能效果，试验结果显示，CTC 法能够区别马鹿精子顶体的完整与否，而且又可将顶体完整的精子进一步分成获能与未获能两类，这与其他物种上的报道[20,21]相似性。

3.2 不同获能方法对马鹿精子体外获能效果及精子活力、超激活运动率和质膜完整率的影响

精子获能是体外受精技术体系中的重要环节之一，不同实验室用于精子体外获能的方法不尽相同，如钙离子载体诱导法、肝素法、咖啡因诱导法及 Percoll 密度梯度离心法等，但是对于鹿类的精子体外获能的研究并不是很多。

本试验采用 4 种精子获能处理方法对冻融马鹿精子体外获能效果的比较（表 1）来看，肝素法和咖啡因法诱发的精子获能率明显高于 IA 法和 Percool 法。另外，不同时间肝素诱导处理对精子获能及精子活力、超激活运动率和质膜完整率的影响结果（表 2，表 3）来看，随着获能培养

时间的推移精子活力和质膜完整率呈逐渐下降，精子获能率和超激活运动率显著提高；冻融精子上游处理后，精子活力和质膜完整率有所提高，然后，随着获能时间的推移精子活力和质膜完整率呈逐渐下降，但超激活运动精子比例，随着获能的进行逐渐提高并获能 60～120min 时较高。出现以上结果的原因可能是肝素是一种生物活性较高的粘多糖，富含氨基硫酸基，是硫酸化程度最高的氨基葡聚糖（GAGs），有研究表明，GAGS 不仅在体内对精子获能和顶体反应起重要作用，而且能诱导附睾精子和射出精子的体外获能和顶体反应[22]。另外，肝素法中的上游处理优选精子主要是利用活动的精子克服重力上游到上层培养液中，将不活动精子和一些畸形精子淘汰，回收到高活力的精子，因其操作简便、经济实用、效果明显而被广泛使用[23]。咖啡因有短时间促进精子活力和获能作用，但却缩短了精子在 37～39℃ 中的寿命，单独使用咖啡因效果不太理想，但具体咖啡因是否应与 IA 和肝素协同作用，还得进一步研究。此外，本试验中 IA 诱导法和 Percoll 法的 B 型精子率较低，这可能是由于 IA 作用强烈，IA 诱导精子获能存在一个处理时间 – 浓度的阈值，作用时间长和浓度过高均会引起精子的急剧死亡[24]，IA 法提前诱发较多的精子在遇到卵子之前已经发生了完全的顶体反应，顶体酶过早释放，并被抑制因子或自身水解酶灭活，因此精子便失去了穿透卵子的能力[24]。Percoll 密度梯度离心法中，对精子进行了多次的离心处理，这对精子可能造成了伤害，随着孵育时间的延长，这种伤害性显著地体现出来。对于近年来评价较好的 Percoll 密度梯度离心法，在马鹿精子体外获能的应用上没有获得预期的效果，而且在 Percool 梯度的高密度区所获得的精子中发现混有活力和形态较差的精子，究其原因，除了多次离心之外，还可能在于离心速度的选择以及 Percool 密度梯度的分配上，也不排除操作者手法方面的原因。另有研究结果表明，随着获能时间的延长，精子会发生一些形态上的变化，质膜先膨胀然后发生系列断裂、丢失，这影响了精子的活率，因此孵育时间的不同对精子获能效果将会产生影响[13]。

3.3 不同精子获能方法对精子膜蛋白酪氨酸磷酸化的影响

最近几年，精子获能与蛋白质酪氨酸磷酸化的研究一直是热点。现已证实，鼠、牛、人等物种的精子获能皆与蛋白质酪氨酸磷酸化明显相关。精子获能是精子发生顶体反应以及精卵结合受精前重要的生理过程，许多因素参与调节精子获能，其中精子蛋白酪氨酸磷酸化是精子运动力、精子超激活运动、精子获能等多种生理生化过程的重要调控因素[25,26]。

本试验采用不同获能诱导方法处理精子后，对精子膜蛋白酪氨酸磷酸化水平进行检测（图2）结果来看，IA 组、肝素组和咖啡因组的精子蛋白酪氨酸磷酸化水平都高于对照组和 Percool 组，说明这 3 种获能方法均能促使马鹿精子蛋白酪氨酸磷酸化，其中肝素组略优于 IA 组和咖啡因组。这可能是因为肝素与精子结合后，能引起 Ca^{2+} 进入精子细胞内部引起 Ca^{2+} 浓度升高，从而可激活腺苷酸环化酶（AC），促进 cAMP 的生成及精子蛋白酪氨酸磷酸化而导致精子的获能[27]。咖啡因是一种黄嘌呤生物碱化合物，能够增强膜的通透性，提高精子的呼吸率和促进线粒体对 Ca^{2+} 的吸收，增强精子的运动功能，其非选择性地抑制磷酸二酯酶活性，阻断 cAMP（环腺苷酸）转变为 AMP（腺苷酸），保持胞内高浓度的 cAMP[28]，从而可能促使精子蛋白酪氨酸磷酸化而促进精子的获能。IA 可与 Ca^{2+} 形成复合物，使胞外 Ca^{2+} 大量流人细胞内，促进 cAMP 产生，进而激活了 cAMP—PKA 系统，最终可使一些蛋白质磷酸化，调节了精子质膜融合，同时 Ca^{2+} 启动细胞骨架系统，从而诱导出类似胞吐 AR，并激活顶体酶[29]。

另外，本试验采用肝素诱导法精子不同时间获能培养后的蛋白酪氨酸磷酸化水平的变化（图3）结果来看，冻融精子随着上游处理及肝素诱导获能的进行，检测到分子量分别为 14ku、

25～30ku、40 ku、47 ku 、55 ku 的酪氨酸磷酸化蛋白，这些蛋白的酪氨酸磷酸化水平在获能60～120min 期间相对较高，这时精子获能率及超激活运动精子比例也明显提高（表2，表3）。因此，推测这些蛋白很可能是与马鹿精子获能及超激活运动相关的酪氨酸磷酸化蛋白。分子量为55 ku 的酪氨酸磷酸化蛋白在获能牛精子上也被发现，它的磷酸化与精子的纤维鞘有关[30]。分子量为 40～50ku 之间的蛋白被推测为猪精子内源自生性酪氨酸磷酸化蛋白[31]。基于塔里木马鹿精子体外获能过程中检测到的这些蛋白在精子获能及超激活过程中起如何作用，有待进一步研究。

致谢：本实验用马鹿精液的电刺激采集、冷冻保存及冻精供应等方面获得新疆厚拾生物科技有限责任公司种鹿场，农二师 33 团和 32 团鹿场及新疆昌吉市盛华马鹿驯养繁育基地等单位及工作人员的人力支持，为此表示衷心感谢。

参考文献

［1］ Yanagimachi R. Mammalian fertilization ［M］. In The Physiology of Reproduction. Knobil E. Neil J D eds. New York：Raven Press，1994：189－317.

［2］ Jones R，James SP，Oxley D，. et al. The Equatorial Subsegment in Mammalian Spermatozoa Is Enriched in Tyrosine Phosphorylated Proteins ［J］. Biol Reprod，2008（79）：421－431.

［3］ Boerke A，Tsai PS，Garcia Gil N，. et al. Capacitation－dependent reorganization of microdomains in the apical sperm head plasma membrane：Functional relationship with zona binding and the zona－induced acrosome reaction ［J］. Theriogenology，2008，70：1 188－1 196.

［4］ Bragado MJ，Aparicio IM，Gil MC，. et al. Protein kinases A and C and phosphatidylinositol 3 kinase regulate glycogen synthase kinase－3A serine 21 phosphorylation in boar spermatozoa ［J］. J Cell Biochem，2010，109：65－73

［5］ Harayama H，Noda T，Ishikawa S，. et al. Relationship between cyclic AMP - dependent protein tyrosine phosphorylation and extracellular calcium during hyperactivation of boar spermatozoa ［J］. Molecular Reproduction and Development，2012，79（10）：727－739.

［6］ Seligman J，Zipser Y，Kosower NS，. et al. Tyrosine phosphorylation，thiol status，and protein tyrosine phosphatase in rat epididymal spermatozoa ［J］. Biol Reprod，2004，71：1 009－1 015.

［7］ Mariappa D，Aladakatti RH，Dasari SK，. et al. Inhibition of tyrosine phosphorylation of sperm flagellar proteins，outer dense fiber protein－2 and tektin－2，is associated with impaired motility during capacitation of hamster spermatozoa ［J］. Mol Reprod Dev，2010，77：182－193.

［8］ Kalab P，PěknicováJ，Geussova G，. et al. Regulation of protein tyrosine phosphorylation in boar sperm through a cAMP－dependent pathway ［J］. Mol Reprod Dev，1998，51：604－314.

［9］ Puri P，Myers K，Kline D，. et al. Proteomic analysis of bovine sperm YWHA binding partners identify proteins involved in signaling and metabolism ［J］. Biol Reprod，2008，79：1 183－1 191.

［10］ Mahony MC，Gwathmey TY. Protein tyrosine phosphorylation during hyperactivated motility of cynomolgus monkey（Macaca fascicularis）spermatozoa ［J］. Biol Reprod，1999，60：1 239－1 243.

［11］ Ficarro S，Chertihin O，Westbrook VA，. et al. Phosphoproteome analysis of capacitated human sperm evidence of tyrosine phosphorylation of a kinase－anchoring protein 3 and valosin－containing protein/p97 during capacitation [J]. J Biol Chem, 2003, 278: 11 579 - 11 589.

[12] Varano G, Lombardi A, Cantini G, . et al. Src activation triggers capacitation and acrosome reaction but not motility in human spermatozoa [J]. Hum Reprod, 2008, 23 (12): 2 652 - 2 662.

[13] 崔凯. 马鹿精子体外获能与评价体系及其体外受精的研究 [D]. 哈尔滨: 东北林业大学, 2007.

[14] Parrish JJ, Susko - Parrish J, Winer MA, . et al. Capacitation of bovine sperm by heparin [J]. Biol Reprod 1988, 38: 1 171 - 1 180.

[15] 张士芳. 体外获能马鹿精子酪氨酸磷酸化蛋白的分布与表达 [D]. 哈尔滨: 东北林业大学, 2009.

[16] 库尔班·吐拉克, 敬斌宇, 迪力夏提, 等. 塔里木马鹿不同个体冻融精子酪氨酸磷酸化蛋白的差异表达初报 [J]. 经济动物学报, 2013, 17 (3): 136 - 139, 145.

[17] 王莹, 张勇, 张容姬, 等. 红外荧光标记蛋白检测方法的优化 [J]. 哈尔滨医科大学学报, 2009, 43 (2): 111 - 117.

[18] 孔丽娟. 酪氨酸磷酸化蛋白在体外获能豚鼠精子上的分布与表达 [D]. 南京: 南京农业大学, 2007.

[19] Yuming S, Patricia O. Mice Carrying Two t - Haplotypes: Sperm Populations with Reduced Zona Pellucide Binding Are Deficient in Capacitation [J]. Biology of Reproduction, 1999, 61: 305 - 311.

[20] 刘烈琴, 刘丑生, 郭勇, 等. CTC 法结合体外受精比较不同方法对绵羊精子体外获能的影响 [J]. 中国畜牧兽医, 2007, 34 (8): 31 - 34.

[21] 梁鸿斌, 刘靖清, 李复煌, 等. 利用 CTC 染色进行猪精子不同体外获能方法的比较 [J]. 中国畜牧兽医, 2010, 37 (4): 171 - 173.

[22] 李英, 侯健. 肝素和羊血清对绵羊附睾精子体外获能的影响 [J]. 内蒙古农牧学院学报, 1998, 19 (4): 20 - 24.

[23] Patrat C, Serres C, Jouannet P. Progesterone induces hyperpolarization after depolarization phase in human spermatozoa [J]. Biol Reprod, 2006, 66: 1 775 - 1 780.

[24] 陈世林, 李颖康, 达文政, 等. 精子体外获能影响因素探析 [J]. 宁夏农林科技, 2002, 1: 43 - 44.

[25] 孔丽娟, 王根林. 精子获能过程中蛋白酪氨酸磷酸化的研究进展 [J]. 畜牧与兽医, 2007, 39 (8): 68 - 70.

[26] 张旭成, 袁慧敏, 金一. 猪精子获能期间蛋白质磷酸化时间依赖性的上调 [J]. 江西农业大学学报, 2010, 32 (3): 0577 - 0580.

[27] Parrish J J, Susko - Parrish J, Winer M A, et al. Capacitation of bovine sperm by heparin [J]. Biology of Reprod, 1988, 38 (5): 1 171 - 1 180.

[28] 林金杏, 阎萍. 甲基黄嘌呤类生物碱在精子体外处理中的应用 [J]. 黑龙江动物繁殖, 2006, 14 (4): 7 - 9.

[29] Breitbart H. Intracellular calcium regulation in sperm capacitation and acrosomal reaction [J]. MoIecuI Cellul Endocrinol, 2002, 187: 1 - 2, 139 - 144.

[30] Dube C, Leclerc P, Baba T, . et al. The proacrosin binding protein, sp32, is tyrosine phospho-

rylated during capacitation of pig sperm ［J］. J Androl, 2005, 26 (4): 519 – 528.

［31］ Bravo MM, Aparicio IM, Garcia – Herreros M, . et al. Changes in tyrosine phosphorylation asso-
ciated with true capacitation and capacitation – like state in boar spermatozoa ［J］. Mol Reprod
Dev, 2005, 71 (1): 88 – 96.

此文发表于《新疆农业大学学报》2013, 36 (5)

三　遗传与育种

东北梅花鹿遗传多样性及系统进化分析

李欢霞[1,2]　邢秀梅[1]　杨福合[1]　刘华淼[1,2]　赵　东[1,2]　邵元臣[1,2]　杨　颖[1]

（1. 中国农业科学院特产研究所，吉林 长春　132109；
2. 江苏科技大学蚕业研究所，江苏 镇江　212018）

摘　要： 采用 PCR 直接测序法和克隆测序法，测定了东北梅花鹿 4 个品种共 12 个个体的线粒体基因组全序列，四个品种梅花鹿全长均为 164 35bp，序列分析结果表明兴凯湖梅花鹿变异位点最多，然后依次为四平梅花鹿、东丰梅花鹿、敖东梅花鹿。四种梅花鹿的颠换对均小于转换对，四平梅花鹿的转换颠换率最大（R = 15.0），其次为东丰梅花鹿（R = 10.0）。兴凯湖梅花鹿与其他梅花鹿间的核苷酸距离较大，其中与东丰梅花鹿的核苷酸距离整体最大，梅花鹿的平均遗传距离为 0.03。兴凯湖梅花鹿具有较高的核苷酸多样性（π = 0.003 69），兴凯湖梅花鹿和东丰梅花鹿核苷酸间的歧异度 Dxy 最大（Dxy = 0.004 82），系统进化关系为兴凯湖梅花鹿自成一单系，其他三个品种梅花鹿相互之间互有交叉。

关键词： 梅花鹿；线粒体基因组；遗传多样性；系统进化

Analysis of genetic diversity and phyletic evolution of cervus nippon horutrum

Li huan – xia[1,2], Sing xiu – mei[1], Yang fu – he[1], Liu hua – miao[1,2],
Zhao dong[1,2], Shao yuan – chen[1,2], Yang – ying[1]

（1. Institute of Special Animal and Plant Sciences of CAAS；2. Jiangsu University Sicence and Technology）

Abstrat： We sequenced the complete mitochondrial genome of cervus nippon horutorum by PCR and Cloning. 12 indiciduals from 4 populations of cervus nippon horutorum were included in this study. The complete mitochondrial genome length was 16435 base pairs. On the analysis：Xingkaihu breed had the highest variation sites，then from more to less was Siping breed，Dongfeng breed，Andong breed. The tansversion pairs of 4 populations were less than the transform pairs. Siping breed had the highest tansversion – transform rate（R = 15.0），then Dongfeng breed had the higher tansversion – transform rate（R = 10.0）. Xingkaihu breed had the highest nucleotide distance. the nucleotide distance and the nucleotide divergence between xingkaihu breed and dongfengd breed were the greatest. The phylogenetic analysis displayed Xingkaihu breed was a separate group and other cervus nippon were cross mutually.

Key words： cervus nippon；mitochondrial genome；genetic diversity；phyletic evolution

梅花鹿是东亚季风区的代表动物之一。梅花鹿隶属偶蹄目、鹿科、鹿属，是 Telllninck 于 1836 年为其定名。梅花鹿曾广泛分布于亚洲东北部，从西伯利亚的乌苏里江到越南北部，包括朝鲜半岛、日本、中国大陆和台湾（Whitehead G K et al，1993；Ohtaishi et al，1986，1990），记录了 13 个亚种。梅花鹿可能起源于晚上新世或者早更新世，在更新世期间梅花鹿曾广泛分布于我国青藏高原的东部、华北、华中、华南、西南和东北地区，但自全新世后分布区急剧缩减。梅花鹿由于长期以来的巨大捕杀以及其栖息地减少，使得梅花鹿仅存在于日本以及亚洲大陆的一些片段化生境中（郭延蜀，1992）。目前，中国和日本的梅花鹿亚种已被 IUCN 红色名录列为极危或濒危等级。

我国也已将梅花鹿列为国家一级保护动物。历史上曾有 6 个梅花鹿亚种生活在我国，包括东北亚种（*Cervus nippon hortulorum*，分布于东北地区）、华南亚种（*Cervus nippon kopschi*，分布于河北、安徽、湖南、浙江、江西、广西、广东以及福建等省区）、台湾亚种（*Cervus nippon taiouanus*，分布于台湾省）、四川亚种（*Cervus nippon sichuanicus*，主要分布于四川省和甘肃省）、华北亚种（*Cervus nippon mandarinus*，分布于河北省）以及山西亚种（*Cervus nippon grassianus*，分布于山西省）。目前 3 个亚种（台湾亚种、华北亚种和山西亚种）的野生种群已灭绝（郭延蜀，2000；程世鹏，2006）。

东北梅花鹿虽有很大的饲养种群，但野生种群的数量十分稀少（吴华等，2006）。目前东北梅花鹿主要饲养品种有双阳、伊通、龙潭山、抚松、西丰、敖东、东丰、四平和兴凯湖等梅花鹿。改革开放以来，个体养殖场蓬勃发展，养殖户关注的是利益，很少有长期的遗传规划，他们引进新的种鹿时不会考虑其所属的品种（品系），而只看其产茸能力（或者潜能），这使得梅花鹿群体的遗传状况受到威胁（邵伟庚，2004）。本研究选取了东北梅花鹿四个品种作为研究对象，为梅花鹿的保种及梅花鹿养殖业的遗传规划提供了参考依据。

1 材料和方法

1.1 实验动物

本研究以梅花鹿为试验材料，分别取东北地区的兴凯湖、敖东、东丰、四平四个品种的梅花鹿鹿血各 3 份，共 12 份。每份抗凝血包含 10% 的 ACD 抗凝剂，采集后 −20℃ 保存。

1.2 基因组 DNA 的提取

参照 Sambrook et al（1992）的方法提取血液中的全基因组 DNA。

1.3 PCR 扩增

本文使用引物为查代明设计的 14 对鹿科通用引物，并由由上海生工生物工程技术服务有限公司合成。PCR 扩增体系为 50μl，扩增条件为：94℃ 预变性 5min，94℃ 变性 30s，最佳退火温度退火 30s，72℃ 延伸 1min，35 次循环，最后 72℃ 延伸 10min。

1.4 PCR 产物直接测序与克隆测序

敖东梅花鹿 A1，A2；东丰梅花鹿 D1，D2；兴凯湖梅花鹿 X1，X2 和四平梅花鹿 S1，S2 采用 PCR 产物直接测序。对于符合要求的 PCR 产物直接送往上海生工生物工程技术服务有限公司测序。敖东梅花鹿 A，东丰梅花鹿 D，兴凯湖梅花鹿 X，四平梅花鹿 S 采用克隆测序，即 PCR 扩增产物经琼脂糖凝胶 DNA 回收试剂盒纯化后，与 pMD 19 – T Vector 连接，然后转化感受态大肠杆菌 TOP10，经蓝白斑筛选，用菌液 PCR 鉴定出阳性克隆后送往上海生工生物工程技术服务有限公司测序。

1.5 序列分析

序列结果首先用 SeqMan 软件进行序列拼接，然后用 BioEdit 软件进行编辑和人工校对，以确保准确性。用 Clustal X 软件对 mtDNA 全长序列进行同源序列比对分析。用软件 MEGA 4.0（Kumar，2001）确定核苷酸总变异位点、碱基组成、转换/颠换比率（si/sv）及运用 Kimura 双参数法计算各种群间的遗传距离。以马鹿作为外源，应用邻接法（NJ）和最小进化法（MP）构件梅花鹿分子系统发育树。利用软件 Mrmodeltest 计算最大似然分析的最合适模型，然后利用 PAUP 软件构建最大似然树（ML 树）。用 DnaSP 软件（Romas J，et al，1999）计算各种群的核苷酸多样性（Nucleotide diversity，π）、单倍型多样性（Haplotype diversity，h）及种群间核苷酸歧异度（Nucleotide divergence，Dxy）（刘海，2003；Hua Wu，2004；Lǚ Xiao – ping，2006）（表 1）。

2 结果

2.1 PCR 结果

根据上述 PCR 反应条件，分别利用 14 对引物对东丰梅花鹿 DNA 进行 PCR 扩增，得 14 对 PCR 产物，如图 1 所示，其他样品扩增结果均与此相同。本实验中兴凯湖梅花鹿 2 个个体（X1，X2），四平梅花鹿 2 个个体（S1，S2），东丰梅花鹿 2 个个体（D1，D2），敖东梅花鹿 2 个个体（A1，A2）经 PCR 反应直接测序。

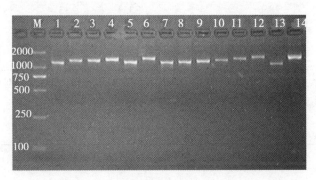

注：M：2000bp DNA Ladder Marker（100，250，500，750，1000，2000bp），1～14 泳道分别为引物 1～14。图中引物扩得片段大小依次为：1 – 1188bp，2 – 1323bp，3 – 1345bp，4 – 1422bp，5 – 1253bp，6 – 1448bp，7 – 1203bp，8 – 1244bp，9 – 1262bp，10 – 1380bp，11 – 1378bp，12 – 1459bp，13 – 1087bp，14 – 1475bp

图 1　东丰梅花鹿线粒体全基因组 PCR 扩增结果

2.2 遗传多样性分析

序列结果用 Clustal X 软件进行比对，并进行人工校对后，用 MEGA 软件确定变异位点、转换/颠换比率（表 2）以及运用 Kimura 双参数法计算各种群间的遗传距离（表 3）。表 2 中显示兴凯湖梅花鹿变异位点最多（91 个），然后依次为四平梅花鹿 S、东丰梅花鹿 D、敖东梅花鹿 A。

四种梅花鹿的颠换对均小于转换对，四平梅花鹿的转换颠换率 R 最大（R = 15），其次为东丰梅花鹿（R = 10）。表3显示兴凯湖梅花鹿与其他梅花鹿间的核苷酸距离较大（0.04 ~ 0.05），其中与东丰梅花鹿的核苷酸距离整体最大均为0.05，梅花鹿的平均遗传距离为0.03。

用 DnaSP 软件计算各种群的核苷酸多样性（Nucleotide diversity，π）及种群间核苷酸歧异度（Nucleotide divergence，Dxy）（表4）。表4显示兴凯湖梅花鹿具有较高的核苷酸多样性 π（0.003 69），兴凯湖梅花鹿和东丰梅花鹿核苷酸间的歧异度 Dxy 最大（0.004 82）。把所有品种合并为一单一品种时，核苷酸多样性为0.003 33。

表1　梅花鹿线粒体基因组全长和碱基组成比较

个体	全长（bp）	T	C	A	G	A + T	C + G
CNA	16 435	28.7	24.5	33.4	13.4	62.1	37.9
CNA1	16 435	28.8	24.5	33.3	13.4	62.1	37.9
CNA2	16 435	28.7	24.5	33.3	13.4	62	37.9
CND	16 435	28.7	24.5	33.4	13.4	62.1	37.9
CND1	16 435	28.7	24.5	33.4	13.4	62.1	37.9
CND2	16 435	28.7	24.5	33.3	13.5	62	38
CNS	16 435	28.6	24.5	33.3	13.5	61.9	38.1
CNS1	16 435	28.7	24.5	33.4	13.4	62.1	37.9
CNS2	16 435	28.7	24.5	33.4	13.5	62.1	38
CNX	16 435	28.7	24.5	33.4	13.4	62.1	37.9
CNX1	16 435	28.6	24.5	33.4	13.4	62	37.9
CNX2	16 435	28.7	24.5	33.4	13.5	62.1	38
平均	16 435	28.7	24.5	33.4	13.5	62.1	38

注：CNA，CNA1，CNA2 分别为敖东梅花鹿三个个体；CND，CND1，CND2 分别为东丰梅花鹿三个个体；CNS，CNS1，CNS2 分别为四平梅花鹿三个个体；CNX，CNX1，CNX2 分别为兴凯湖梅花鹿三个个体

表2　梅花鹿四个品种的转换颠倒率及变异位点

	转换对 si	颠换对 sv	R = si/sv	变异位点 variable sites
平均	46	9	5.1	16
A	17	8	2.2	38
D	27	3	10.0	44
S	40	3	15.0	64
X	48	13	3.8	91

表 3 梅花鹿种群间的核酸距离

	CNA	CNA1	CNA2	CND	CND1	CND2	CNS	CNS1	CNS2	CNX	CNX1	CNX2
CNA												
CNA1	0.002											
CNA2	0.002	0.001										
CND	0.003	0.003	0.003									
CND1	0.003	0.002	0.003	0.002								
CND2	0.004	0.003	0.004	0.002	0.001							
CNS	0.003	0.004	0.004	0.003	0.003	0.003						
CNS1	0.002	0.002	0.002	0.001	0.001	0.002	0.003					
CNS2	0.003	0.002	0.003	0.003	0.003	0.003	0.003	0.002				
CNX	0.002	0.003	0.004	0.004	0.004	0.005	0.004	0.003	0.004			
CNX1	0.004	0.004	0.004	0.005	0.005	0.005	0.005	0.004	0.004	0.004		
CNX2	0.003	0.004	0.004	0.005	0.005	0.005	0.005	0.004	0.004	0.002	0.005	

总体平均遗传距离：d = 0.03

表 4 梅花鹿间种群内核苷酸多样性 π 和种群间核苷酸歧异度 Dxy（对角线下方）

	A	D	S	X	π
A	0.001 03				0.001 54
D	0.003 25	0.001 19			0.001 78
S	0.002 83	0.002 54	0.001 73		0.002 60
X	0.003 54	0.004 82	0.004 23	0.024 6	0.003 69
平均					0.003 33

注 A：敖东梅花鹿，CNA，CNA1，CNA2；D：东丰梅花鹿，CND，CND1. CND2；S：四平梅花鹿，CNS，CNS1，CNS2；X：兴凯湖梅花鹿，CNX，CNX1，CNX2

2.3 系统进化分析

为探讨中国梅花鹿之间的系统发生关系，利用 MEGA 中的邻接法 NJ（Neighbor Joining）构建分子系统进化树，bootstrap 值为 1 000。同时通过 MRMODELTEST 软件计算最大似然分析的最合适模型 GTR + I + G，然后利用 PAUP 中的最大似然法 ML（Maximum likelihood）构建系统进化树见图 2。图为梅花鹿四个品种之间的进化树。从 ML 图可以看出兴凯湖梅花鹿自成一单系，置信度为 51%，相对于兴凯湖梅花鹿，其他梅花鹿相互之间品种界限不明显。4 个品种之间汇支时的置信度都不是很高。所以，4 个品种之间的进化关系有点进一步实验的检验。NJ 树结果与其相似。

结合 GENBANK 中的已有的梅花鹿线粒体全基因组序列（梅花鹿 CNH1、CNH2、CNH3；台湾梅花鹿 CNT1；华南梅花鹿 CNK1、CNK2，日本梅花鹿 CNYe1 、CNYe2、CNYa1、CNYa2、CNC1、CNC2），以梅花鹿的近缘种马鹿（CE）作为外类群构建进化树，在用 MEGA 软件 NJ 树

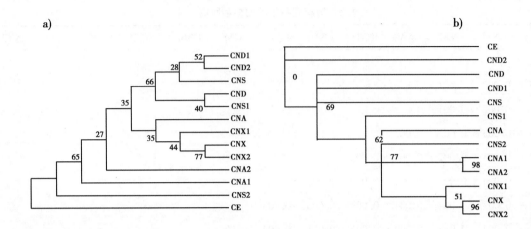

注：a）NJ 树，bootstrap1 000 次，b）ML 树，bootstrap100 次。选取马鹿 CE 为外源。图中敖东梅花鹿，CNA，CNA1，CNA2；东丰梅花鹿，CND，CND1. CND2；四平梅花鹿，CNS，CNS1，CNS2；兴凯湖梅花鹿，CNX，CNX1，CNX2。枝长代表分歧度，树枝上的数值代表支持率

图 2　四个梅花鹿品种的进化树

```
BEGIN PAUP;
set criterion=like;
set storebrlens=yes;
outgroup CE;
Lset Base=(0.3337 0.2444 0.1345)Nst=6 Rmat=(1.6721 48.9042 1.65912.3725 75.3169)
Rates=gamma Shape=0.689 Pinvar=0.8207;
bootstrap nreps=100 search=heuristic/addseq=random swap=tbr hold=1;
savebootp=NodeLabels MaxDecimals=0;
END;
```

图 3　PAUP 相关参数

的同时，通过 MRMODELTEST 软件计算最大似然分析的最合适模型 GTR + G，然后利用 PAUP 中的最大似然法 ML（Maximum likelihood）构建分子系统发生树（图 4）。其中，PAUP 构树过程中的相关参数（图 5）。

ML 树中显示：中国梅花鹿和日本梅花鹿自成单系，日本南部梅花鹿 CNY 与日本北部梅花鹿 CNC 各自成单系，然后它们汇总为日本梅花鹿支。置信度均为 100%。这支持了日本种群至少来源于两个谱系的观点。同时还发现中国梅花鹿与日本梅花鹿的亲缘关系较近，而与日本北部种群较远。在中国梅花鹿种群中，华南梅花鹿、台湾梅花鹿和梅花鹿又各自形成单系，置信度 100%。其中，华南梅花鹿与台湾梅花鹿汇为一支，置信度 100%；然后他们与梅花鹿汇为中国梅花鹿总支，置信度 100%。NJ 树结果与之相同。

3　结语

兴凯湖梅花鹿品种于 2003 年通过了国家畜禽遗传资源委员会审定。兴凯湖梅花鹿中心产区为黑龙江省密山市兴凯湖国家自然保护区内的兴凯湖农场，兴凯湖梅花鹿分布地域较窄，主要分布在中心产区内，少量引种到黑龙江省和吉林省；兴凯湖农场先后于 1958—1962 年由北京动物园引进种鹿 115 只。这群梅花鹿是 20 世纪 50 年代初，刘少奇主席访苏时斯大林赠送的，到 1975

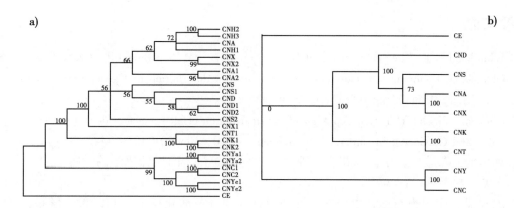

注：a) NJ 树，b) ML 树。图中梅花鹿 CNH1、CNH2、CNH3；台湾梅花鹿 CNT1；华南梅花鹿 CNK1、CNK2，日本梅花鹿 CNYe1、CNYe2、CNYa1、CNYa2、CNC1、CNC2、CHY、CHC。选取马鹿为外源。bootstrap 值均为 1000

图 4　梅花鹿的系统进化树

```
BEGIN PAUP;
set criterion=like;
set storebrlens=yes;
set increase=auto;
Lset Base=(0.3343 0.2440 0.1350) Nst=6 Rmat=(1.6364  48.5635  1.6609
2.2878  60.9022)Rates=gamma Shape=0.1028  Pinvar=0;
bootstrap nreps=1000 search=heuristic/addseq=random swap=tbr hold=1;
savetrees from=1 to=1 file=CN3=paupwin32.tre format=altnex brlens=yes
savebootp=NodeLabels MaxDecimals=0;
END;
```

图 5　PAUP 相关参数

年末存栏达 760 只，其中，可繁殖母鹿达 268 只，具备了闭锁繁育的基础条件，2008 年统计，存栏 5 625 只，核心群 1 450 只；兴凯湖梅花鹿是分布在中俄边境乌苏里梅花鹿后裔与东北梅花鹿后裔杂交选育而成，特色明显，体型较大，温顺，耐粗饲养。

本研究结果显示兴凯湖梅花鹿变异位点最多，然后依次为四平梅花鹿、东丰梅花鹿、敖东梅花鹿。四种梅花鹿的颠换对均小于转换对，四平梅花鹿的转换颠换率 R 最大，其次为东丰梅花鹿。兴凯湖梅花鹿与其他梅花鹿间的核苷酸距离较大，其中与东丰梅花鹿的核苷酸距离整体最大，梅花鹿的平均遗传距离为 0.03。兴凯湖梅花鹿具有较高的核苷酸多样性 π，兴凯湖梅花鹿和东丰梅花鹿核苷酸间的歧异度 Dxy 最大。

从系统进化树可以看出中国梅花鹿和日本梅花鹿自成单系，日本南部梅花鹿 CNY 与日本北部梅花鹿 CNC 各自成单系，然后它们汇总为日本梅花鹿支。这支持了日本种群至少来源于两个谱系的观点。中国梅花鹿与日本南部梅花鹿的亲缘关系较近。在中国梅花鹿种群中，华南梅花鹿、台湾梅花鹿和东北梅花鹿又各自形成单系。其中华南梅花鹿与台湾梅花鹿汇为一支，然后他们与东北梅花鹿汇为中国梅花鹿总支。兴凯湖梅花鹿自成一单系，相对于兴凯湖梅花鹿，其他品种相互之间界限不明显。

参考文献

[1] Whitehead G K. The Encyclopedia of Deer Shrewsbury [M]. SwannHill, UK：1993.

[2] Ohtaishi N. Preliminary memorandum of classification distribution and geographic variation on sika deer [J]. Mamm. Sci, 1986, 53：13 – 17.

[3] Ohtaishi, N. and Y. T. Gao. A review of the distribution of all species of deer (T ragulidae, M oshidae and Cervidae) in China [J]. Mammal, 1990, Rev 20：125 – 144.

[4] 郭延蜀, 郑慧珍. 中国梅花鹿地理分布的变迁 [J]. 四川师范学院学报（自然科学版）, 1992, 13（1）：1 – 9.

[5] 郭延蜀. 中国梅花鹿地史分布、种和亚种的划分及演化历史 [J]. 兽类学报, 2000, 20（3）：1 – 12.

[6] 邵伟庚. 东北地区人工驯养梅花鹿线粒体控制区遗传特质分析 [D]. 哈尔滨：东北林业大学, 2004.

[7] 程世鹏, 刘彦. 我国养鹿业的现状和发展方向 [J]. 草食家畜, 2006, 4（133）：1 – 3.

[8] 吴华, 胡杰, 方盛国, 等. 中国圈养梅花鹿的遗传多样性和遗传结构 [J]. 动物学杂志, 2006, 41（4）：41 – 47.

[9] Sambrook J and David WR. Molecular Cloning：A Laboratory Manual（3rd edn）[M]. New York：Cold Spring Harbor Laboratory Press, 2001.

[10] Kumar S, K. Tamura, I. Jakobsen and M. Nei 2001 MEGA：molecular evolutionary genetic analysis, ver 2.0 [J]. Bioinf or matics, 2001, 17（12）：1244 – 1245.

[11] Rozas. J and R. Rozas. DnaSP version 3：an integrated program for molecular population genetics and molecular evolution analysis [J]. Bioinf or matics, 1999, 15：174 – 175.

[12] LIU Hai, YANG Guang and WEI Fu – Wen. Sequence variability of the mitochondrial DNA control region and population genetic structure of sika deers（Cervus nippon）in China [J]. Acta Zoologica Sinica, 2003, 49（1）：53 – 60.

[13] Hua Wu, Qiu – Hong Wan and Sheng – Guo Fang. Two genetically distinct units of the Chinese sika deer（cervus nippon）：analyses of mitochondrial DNA variation [J]. Biological Conservation, 2004, 119：183 – 190.

[14] LuXiaoping, Wei Fuwen and Li Ming. Genetic diversity among Chinese sika（Cervus Nippon）populations and relationships between Chinese and Janpanese sika deer Chinese [J]. Science Bullentin, 2006, 51（3）：433 – 440.

[15] 王忠武, 马生良, 李海, 等. 兴凯湖梅花鹿品种选育研究 [J]. 经济动物学报, 2004, 8（1）：1 – 6.

此文发表于《2013 年中国鹿业进展》

中国家养梅花鹿种质资源特性及其保存与利用的途径分析*

胡鹏飞**　刘华淼　邢秀梅***

（中国农业科学院特产研究所，特种经济动物分子生物学国家重点实验室，农业部特种经济动物遗传育种与繁殖重点实验室，长春　130112）

摘　要：作者以"种质资源"为中心，论述了中国家养梅花鹿的遗传背景，分析比较了以东北梅花鹿为基础人工育成品种（品系）的特征特性、生产性能，并对家养梅花鹿种间杂交的生物学基础、杂交后代的遗传性状和生产性能进行了分析。针对目前中国家养梅花鹿资源现状，提出了中国家养梅花鹿的种质资源保存与合理利用的途径。

关键词：家养梅花鹿；种质资源；遗传背景；种间杂交；保存与利用

Characteristics of germplasm resources and methods of conservation and utilization of domestic sika deer in China

Hu Pengfei, Liu Huamiao, Xing Xiumei*

（State Key Laboratory for Molecular Biology of Special Economic Animals, Key Laboratory of Special Economic Animal Genetics and Breeding, Ministry of Agriculture, Institute of Special Economic Animal and Plant Sciences, Chinese Academy of Agricultural Sciences, Changchun 130112, China）

Abstract：This review focused on germplasm resources of domestic sika deer, the genetic background was discussed, characteristics and performance of improved varieties based on *Cervus nippon hortulorum Swinhoe* were compared, biological basis, genetic trait and performance of crossbreed derived from interspecific cross between sika deer and wapiti were analyzed. For the present status of domestic sika deer, the conservation and utilization methods were provided.

Key words：domestic sika deer; germplasm resources; genetic background; interspecific cross; conservation and utilization

梅花鹿是偶蹄目鹿科真鹿亚科鹿属动物，主要分布在亚洲东部，中国是梅花鹿的主产区[1]。由于过度捕猎、栖息地破坏、种群隔离、种间竞争和天敌动物等原因，野生梅花鹿已十分罕见，

---

* 基金项目：特种动物遗传资源创新团队（CAAS – ASTIP – 201X – ISAPS）；国家家养动物种质资源平台项目（2015 年）

** 作者简介：胡鹏飞（1980—），男，黑龙江伊春人，博士，副研究员，研究方向：鹿类动物遗传资源收集、保存、评价及功能基因挖掘，E – mail：pfhoo@ hotmail. com

*** 通讯作者：邢秀梅（1973—），女，黑龙江庆安人，博士，研究员，研究方向：特种经济动物种质资源保护与遗传育种，E – mail：xingxiumei2004@ 126. com

仅存在于一些片段化生境中[2]。

梅花鹿鹿茸、鹿胎、鹿血、鹿鞭等是名贵药材，具有很高的药用价值，中国在公元前14世纪至公元前12世纪就开始对野生梅花鹿进行家养化利用，是世界上最早养殖梅花鹿的国家，同时也是最早将梅花鹿产品应用于医药保健的国家，主要用于中药和保健品原料。野生梅花鹿经过多年人工驯养，适应性增强，生产力和遗传力变得稳定，成为发展养鹿业的有力保证。虽然中国养鹿业起步较早，但由于受国内政策限制、产业化程度低、饲养和加工过程中科技含量不足等诸多因素影响，加之国外养鹿业快速发展的冲击，中国养鹿业的发展缓慢[3]。针对这种情况，"九五"期间在梅花鹿养殖方面设立了"我国北方茸鹿养殖技术研究"等课题，"十五"和"十一五"期间先后在国家攻关项目、国家自然科技资源平台项目中设立梅花鹿相关内容，并取得了一批科研成果，为梅花鹿种质资源的开发利用、保护奠定了基础[4]。2014年10月24日，国家食品药品监督管理总局发布《关于养殖梅花鹿及其产品作为保健食品原料有关规定的通知》[食药监食监三〔2014〕242号]，允许养殖梅花鹿及其产品作为保健食品原料使用，解除了政策上的限制，促进了养鹿业的长远发展。基于多年来中国在驯养梅花鹿、选种育种和遗传多样性上取得的研究成果，中国的梅花鹿养殖和科学研究将迎来极大的提升和发展空间。作者现就中国家养梅花鹿的遗传背景、育成品种（品系）的特征特性和生产性能、家养梅花鹿的杂交改良利用三个方面进行综述，并提出了中国家养梅花鹿的种质资源保存与合理利用的途径。

1　家养梅花鹿的遗传背景

梅花鹿由上新世晚期古北界三趾马动物群中的 Axis speciasus 或 Asis pardinensis 演化而来，早更新世，在亚洲出现了原始的鹿类祖先，中新世出现了有角的鹿，在鹿类的演化过程中，鹿体有向增大方向发展的趋势[5]。古生物学者依据已发现化石的角、牙齿、头骨等形态将中国梅花鹿定为新竹斑鹿、台湾斑鹿、葛氏斑鹿、大斑鹿、北京斑鹿和东北斑鹿共6个种[6]。更新世期间梅花鹿曾广泛分布于中国的东北、华北、华中、华南等地，形成了中国台湾亚种、东北亚种、华北亚种、山西亚种、四川亚种和华南亚种[2]，目前中国野生梅花鹿6个亚种中仅存东北、华南和四川3个亚种，其分布区正在不断缩减，野生梅花鹿已处于濒危状态[7]。系统进化关系分析显示中国梅花鹿单倍型的系统地理格局与地理分布区或亚种划分之间不存在明显相关性，中国台湾种群与东北和四川种群间的亲缘关系较近，与华南种群较远[8]。

目前中国饲养的梅花鹿鹿种的主要来源，都是从东北地区自然环境中捕捉的。多数国内外的研究报道认为中国东北地区的梅花鹿只有一个亚种，即东北梅花鹿（又称乌苏里梅花鹿），但有学者提出东北地区的梅花鹿不只是一个亚种[9]，并得到相关研究的证实[10]。对中国长白山区野生东北梅花鹿的调查研究表明，野生梅花鹿东北亚种有两种类型，即体大型和体小型[11]，且二者在被毛特征上存在差别但后来学者证明上述差异是亚种内的个体和性别差异[12]。

野生东北梅花鹿经过长时间的人工驯养繁育，在躯体结构、生理机能、生长发育等方面与野生类型相比有了显著提高，并形成了性状不同的群体类型，如伊通型、抚松型、龙潭山型、双阳型、东丰型等[11]，具备了稳定的生产能力，从体型上看，伊通、龙潭山型较大，抚松、双阳型居中，东丰型最小；从毛色上看，毛色深的类型，如伊通型、抚松型，梅花斑点较小，条列性强，背线及臀斑周缘的黑毛圈完整，毛色浅的类型，如双阳型、东丰型，梅花斑点大，色洁白，条列性差，背线模糊，臀斑周缘的黑毛圈不完整；从茸形上看，伊通型的鹿茸主干不弯曲，呈45度向外侧上方直伸，龙潭山型主干仅向内侧略有弯曲；东丰型的鹿茸属于典型的"元宝形"，抚松型与之相近，双阳型主干基部外偏，角间距大。对不同群体的家养梅花鹿14个微卫星位点的分析表明，目前家养梅花鹿具有中等的遗传变异和多态性[13]。

总之，家养梅花鹿长期在不同的自然、经济条件和文化背景中演化形成现有的多种多样的群体类型，以便与中国多样化的环境相适应[14]，这是长期人工选育的结果，通过育种，都有可能分别育成独立的品种[11]。

2　家养梅花鹿的人工育成品种（品系）

从 20 世纪 50 年代开始，吉林、辽宁、黑龙江三省先后开展了家养梅花鹿的本品种选育研究，经过多年的人工培育，目前已通过国家畜禽品种委员会鉴定的有双阳梅花鹿、西丰梅花鹿、敖东梅花鹿、四平梅花鹿、兴凯湖梅花鹿、东丰梅花鹿共 6 个品种和长白山梅花鹿 1 个品系。这些品种（品系）的共同特点是生产性能较高，遗传性能稳定，已被广泛用于改良中低产鹿群，对提高中国梅花鹿整体质量和生产性能起到了积极作用。

2.1　双阳梅花鹿

双阳梅花鹿产于吉林省双阳县，是在双阳型梅花鹿的基础上，经过 23 年选育，于 1986 年培育出的早熟优良品种，是世界上首次育成的鹿类动物培育品种，品种形成时鹿总数为 3 725 只。其体型中等，公、母鹿被毛均有两个颜色，即棕红色和棕黄色，梅花斑点大而稀疏，背线不明显，臀斑边缘生有黑色毛圈，内着洁白长毛。成年公鹿体高（106.35 ± 5.13）cm，生茸期体重（137 ± 3.17）kg，越冬期体重（116 ± 4.10）kg；成年母鹿体高（91.1 ± 2.62）cm，体重（75 ± 4.12）kg[15]，从品种形成历史看其选育程度高且遗传背景较为单一[10]。

2.2　长白山梅花鹿

长白山梅花鹿品系产于吉林省通化县，是在抚松型梅花鹿的基础上，经过 18 年选育，于 1993 年通过了品系鉴定。品种形成时鹿总数为 2 500 只。其体型中等，呈明显的矮粗型，公、母鹿夏毛呈淡橘红色，梅花斑点大小适中，但近腹部梅花斑点大而密，无背线，臀斑边缘生有不明显的黑毛圈。成年公鹿体高（106.1 ± 11.3）cm，体重（126.5 ± 11.8）kg；成年母鹿体高（87.0 ± 8.3）cm，体重（81.0 ± 6.1）kg[15,16]。长白山品系在培育过程中，曾引进吉林省蛟河梅花鹿和辉南县鹿场梅花鹿，因此其遗传背景相对复杂[10]。

2.3　西丰梅花鹿

西丰梅花鹿产于辽宁省西丰县，由当地原始群体组建时间不同的三个鹿场联合育种，经过 21 年选育，于 1995 年通过了品种鉴定，品种形成时选育群 1 055 只，基础群 4 429 只。其体型中等，夏毛浅桔黄色，梅花斑点大，背线不明显。成年公鹿体高（103 ± 5）cm，体重（120 ± 10）kg；成年母鹿体高（86 ± 5）cm，体重（73 ± 7.8）kg[15,17]。西丰梅花鹿原始群体大，遗传基础相对较丰富[10]。

2.4　敖东梅花鹿

敖东梅花鹿产于吉林省敦化地区，以引自吉林省东丰县等地的种鹿为基础，经过 30 年选育，于 2000 年通过了品种鉴定，品种群体规模为 5 618 只[1]。其体型中等，夏毛多呈浅赤褐色。成年公鹿体高（104 ± 5）cm，体重约为 126kg；成年母鹿体高（91 ± 3）cm，体重约为 71kg[18]。

2.5　四平梅花鹿

四平梅花鹿产于吉林省四平地区，以引自吉林省长春、四平和辽源等地区的种鹿为基础，经过 28 年的选育，2002 年通过国家品种审定。其体型中等，夏毛以赤红色为主。成年公鹿体高（105±3）cm，体重约为 141kg；成年母鹿体高（89±2）cm，体重约为 80kg[18]。

2.6 兴凯湖梅花鹿

兴凯湖梅花鹿产于黑龙江省兴凯湖农场，源于 1871 年在远东地区捕获的 15 只野生东北梅花鹿，经过 4 个世代的连续系统选育，于 2003 年通过了品种鉴定，品种形成时鹿总数为 2 025 只。其体型较大[19]，夏毛呈棕红色，体侧梅花斑点较大，靠背线两侧的排列规整，延至腹部边缘的 3~4 行排列不规整，背线呈红黄色，臀斑明显，呈楔型，两侧有黑毛圈，内着洁白长毛[20]。成年公鹿体高（110±5.5）cm，体重（130±15）kg；成年母鹿体高（97±4）cm，体重（86±9）kg。兴凯湖梅花鹿以其独特的沼泽地区及湖边放牧饲养方式而著称于国内外[19]。

2.7 东丰梅花鹿

东丰梅花鹿产于吉林省东丰县，1985 年被农业部鉴定为地方品种吉林省梅花鹿的一部分，定名为东丰型梅花鹿，随后经过 5 个世代系统选择培育[1]，于 2004 年通过国家品种审定。其体型中等，夏毛呈棕黄色，梅花斑点大小一致，背线不明显或没有。成年公鹿体高约为 106cm，体重约为 128kg；成年母鹿体高约为 87cm，体重约为 75kg[18]。东丰梅花鹿鹿茸以"圆根、圆挺、圆嘴"为主要特征[21]。

家养梅花鹿培育品种（品系）是优良的种质资源，但目前现有的梅花鹿各品种基础群数量逐渐减少，育种单位为了进一步提高品种鹿的生产能力，盲目引进外血和杂交，生产性能虽有所提高，但各培育品种（品系）存在消失的危险，因此，对梅花鹿各品种（品系）的现状进行分析评价、保护和合理利用是十分必要的[22]。

3 家养梅花鹿的杂交改良利用研究

自 20 世纪 60 年代，中国在加强梅花鹿品种（品系）选育的同时，开展了梅花鹿各品种间及梅花鹿和马鹿种间杂交的研究，双阳品种（♂）与长白山品系（♀）间杂交表明，杂交 F1 代鹿茸性状仅头锯杂种优势显著，说明目前的家养梅花鹿品种或品系间差异较小，导致杂交后代杂种优势不明显[23]。中国在 1958 年首次进行了梅花鹿和马鹿的种间杂交的尝试，并获得成功[24]，目前以梅花鹿与马鹿的种间杂交最为普遍[25]。

3.1 梅花鹿和马鹿"种"的差异

系统进化研究得出梅花鹿与马鹿是两个近缘种，马鹿是梅花鹿在中东向欧洲和北非扩展的过程中产生的一个新种，这种原始型马鹿到更新世中期返回中国大陆[26]。马鹿和梅花鹿的分化时间是在 150 万年前[27]。研究指出，鹿的形态特征不一定能正确反映出其系统进化的关系，应从分子水平，并结合形态研究结果来分析鹿的种和亚种间的系统进化关系[28]。在鹿科动物中，种间的线粒体 DNA 序列差异应在 4%~12%，亚种间的 DNA 序列差异一般在 1%~3%[29,30]。中国梅花鹿与马鹿线粒体 DNA 序列差异较小，平均只有 3.6%，证明二者之间存在较小的种间差异。

3.2 梅花鹿和马鹿杂交的生物学基础

梅花鹿和马鹿不但在饲养条件下正反交的 F1 代两性都能生育，而且在自然界也发现了二者的杂交后代[31,32]。核型分析表明，马鹿的 2n = 68，核型中有 1 对大的中着丝粒染色体，梅花鹿的 2n = 66[33]，核型中有 2 对大的中着丝粒染色体，杂种鹿的 2n = 67，核型中有 3 条大的中着丝拉染色体。对 F1 代精母细胞联会复合体分析表明，在精母细胞粗线期，有一端着丝粒染色体/中着丝粒染色体的三价体，表明两种亲本鹿组型的区别与一个罗伯逊易位有关，而其他染色体的配对完全正常、形成典型的常染色体 SC 和 XY 轴，说明这两种亲本鹿的染色体具有高度的同源性[34]，这两种鹿的生殖隔离和遗传隔离的程度较浅[35]，还未进化到"限制或停止基因交换"的阶段[36]。

3.3 杂交后代的遗传性能分析

通过对梅花鹿和马鹿种间杂交组合的筛选，得到东北梅花鹿（♀）与东北马鹿（♂）的最佳杂交组合方式[37]，该组合杂交 F1 代的形态特征介于双亲中间，体型较粗大，夏毛暗赤褐色，体躯两侧被毛具有较梅花鹿暗的白色斑点，臀斑呈浅黄色，边缘无黑毛，尾尖白色，无梅花鹿的黑尾尖，尾毛长。成年公鹿体高（123.3 ± 5.24）cm，体重（190.0 ± 6.58）kg；成年母鹿体高（103.8 ± 5.18）cm，体重（123.3 ± 13.31）kg。杂交 F1 代的茸型根据单、双门桩和眉二间距的大小，分为马茸型、梅花鹿茸型和中间型 3 种，且同一只鹿的茸型每年也常变化。杂交 F1 代鲜茸平均单产较母本高 64.6%，接近父本的产量，表现出较高的经济效益[38]。此外，对东北梅花鹿（♂）与塔里木马鹿（♀）种间杂交研究表明，杂交后代的产仔成活率高达 98.6%，杂交后代的生长发育表现良好，生长速度较快，其对新疆地区的气候环境和饲料条件都表现出较强的适应能力，说明可以通过种间杂交手段培育出适应力强、耐粗饲、采食量相对少的高产优质的茸鹿品种[39]。对东北梅花鹿（♀）与天山马鹿（♂）的种间杂交表明，以东北梅花鹿为母本、天山马鹿为父本来提高东北梅花鹿的生产性能也是可行的[40]。科学合理地开展梅花鹿各品种间及梅花鹿和马鹿种间杂交及其杂种优势的利用，对提高养鹿业生产效益具有积极的作用[25]。

4 家养梅花鹿种质资源的保存和利用途径

家养梅花鹿具有适应性强、耐粗饲、繁殖率高和产品优质等特点，其种质资源关系到养鹿业持续发展和生物多样性的重大问题[14]，因此对中国家养梅花鹿种质资源应进行合理有效的保存和利用。

4.1 巩固与提高现有梅花鹿种质资源，科学处理育种和保种的关系

一个种群与其他种群间界限的清晰程度，有赖于它们之间的基因流水平，由于单纯追求梅花鹿养殖的高效益，没有相应的原种保护措施，已使 6 个选育品种和 1 个品系种质资源的保留受到品种间杂交和种间杂交的影响，种间基因流和杂交可能导致原生境隔离的近缘物种之间产生杂交没化，形成不同分类群间遗传同化现象[41]，在很短世代内，可能直接或间接地导致物种濒危甚至灭绝[42,43]。目前家养梅花鹿各培育品种都不同程度退化和改变，有些品种已呈现下降或灭绝趋势[1,14]，如何评估梅花鹿和马鹿之间基因渗透程度及杂交带来的影响，仍是目前亟须解决的问题[44]。养鹿业的持续发展不仅仅是鹿茸产量的持续提高，也包括了未来市场对质量和品种的需求，因此需要储备更多的遗传资源以适应未来环境的变化。

增强养殖者的保种意识是非常关键和必要的，需要从长远利益出发，科学、合理的规划育种，改变以往盲目改良品种的做法[4]。从控制环境、科学饲养、适时配种和优选优育等方面改

善家养梅花鹿的繁殖率[45]，利用人工授精技术巩固和提高现有家养梅花鹿品种[22]。对于濒临灭绝的品种，要在常规保种措施的基础上，利用繁殖控制技术、胚胎工程技术，在短时间内使种群扩大，同时建立抢救性保护的基因库、细胞库和配子库[14]。科学、长远地规划中国的家养梅花鹿资源，处理好育种和保种的关系，制定合理的保种计划，并采取切实可行的保种措施，才能保证养鹿业的可持续发展。

4.2 建立合理有效的家养梅花鹿选种、育种技术规范

鹿茸产量高、品质好是良种梅花鹿的重要经济性状，同时作为培育品种，应具有稳定的遗传性能。鹿的世代间隔为 5~6 年，鹿的核心群选育必须经过 4 个世代以上的连续选育，这就需要组建家养梅花鹿品种培育的专业队伍，运用现代遗传学理论，有计划、有步骤的开展家养梅花鹿的品种选育工作[46]，首先要充分了解现有家养梅花鹿种群的遗传结构和遗传多态性情况，进而掌握种群的近交系数，确定交配系统，采取合理的遗传管理，利用微卫星 DNA 分子标记对群体内的亲缘关系进行鉴定，避免近亲繁殖带来的种群遗传多样性降低的风险，最终提高种群的繁殖质量。

在选育优良梅花鹿品种时，不能单纯考虑产量，还应注重质量[47]，培育适合市场需求的品种。研究证明，鹿茸尖部含有机成分多，根部含无机成分多，有机成分决定鹿茸的药用价值，因此在选种时应有计划地选育门桩小、茸根细、短、粗、肥、嫩、上冲、主干骨豆少的个体，结合分子生物学技术手段，挖掘控制鹿茸产量、质量的关键基因位点，筛选有效的分子标记，选育携带上述优异基因的公、母鹿群体，以"分子选育、公母并重"为原则，紧密结合常规育种，通过"组建核心群、纯繁定型、扩繁提高" 3 个阶段，培育优质高产梅花鹿新品种。

4.3 积极开展家养梅花鹿优异基因的挖掘、功能研究和有效利用

克隆梅花鹿优异基因，了解其基因结构和生物学功能，是应用研究的基础。如近年来相继克隆的梅花鹿干扰素 α 和干扰素 β1（IFN－α 和 IFN－β1）[48,49]、膜联蛋白 A1（Anxa－1）[50]、骨形态发生蛋白 4（BMP4）[51]、胰岛素生长因子 1（IGF1）[52]、天然 Toll 样受体 9（TLR9）[53]、核心蛋白多糖基因（DCN）基因[54]，进一步的研究揭示了梅花鹿 IFN－α 和 IFN－β1 基因的抗病毒功能和分子机制[55,56]。通过脑源性神经生长因子（BDNF）基因多态性和圈养梅花鹿日常行为性状存在一定相关研究[57]，为深入研究 BDNF 基因在家养梅花鹿行为遗传特性提供理论基础，微观的遗传数据与宏观环境参数相结合，是从机制上阐述家养梅花鹿的保护和利用途径的有效方法。

随着高通量测序技术的发展，中国农业科学院特产研究所首次利用 SOLiD（Applied Biosciences）测序平台和全基因组鸟枪法测序策略对东北梅花鹿亚种进行了全基因组测序[58]。2015 年该所又采用基于 3 代单分子测序 PacBio 技术的全基因组鸟枪法测序策略，获取了全球第 1 个梅花鹿全基因组图谱，其质量已超过所有二代测序大基因组组装结果[59]，填补了鹿科动物基因组信息的空白，为科学的开发和利用梅花鹿资源提供了重要的理论依据。结合高通量测序技术和相关基因型分析方法，确定产量等重要经济性状相关的候选基因位点，可为家养梅花鹿遗传学研究和育种提供重要的基础数据，利用这些研究成果进行梅花鹿辅助育种工作，可提高产量和品质，将对家养梅花鹿种质资源的保存和利用工作带来切实可见的改变。

5 小结

总之，在中国家养梅花鹿种质资源特性和遗传基础的调查、分析、评价的基础上，建立保种

场和种质资源信息库，并在每个保种场建立核心育种区和生产区，建立合理有效的家养梅花鹿选种、育种技术规范，积极开展家养梅花鹿优异基因的挖掘、功能研究和有效利用，才能实现家养梅花鹿产业持续、稳定、高效的发展，满足人类社会对梅花鹿产品种类、质量的更高要求，注重对中国家养梅花鹿种质资源的保护和合理利用具有重大的战略意义。

参考文献

[1] 王立春，宋宪宗．中国的梅花鹿生态现状 [J]．特种经济动植物，2014，3：12-14．

[2] 郭延蜀，郑慧珍．中国梅花鹿地理分布的变迁 [J]．四川师范学院学报（自然科学版），1992，13（1）：1-9．

[3] 鞠贵春．吉林省养鹿业的现状及发展养鹿业的几点建议 [J]．特种经济动植物，2008，5：8-10．

[4] 邢秀梅，杨福合，李一清，等．中国茸鹿资源急需保护 [A]．中国畜牧业协会．2010 中国鹿业进展 [C]．北京：中国农业出版社，2010：119-121．

[5] 张良和，朴海仙，金一．中国梅花鹿种群演化史研究进展 [J]．延边大学农学学报，2010，32（4）：73-76．

[6] 中国科学院古脊椎动物与古人类研究所．中国脊椎动物化石手册 [M]．北京：科学出版社，1979．

[7] 国家畜禽遗传资源委员会．中国畜禽遗传资源志特种畜禽志 [M]．北京：中国农业出版社，2012．

[8] 吕晓平，魏辅文，李明，等．中国梅花鹿（Cervus nippon）遗传多样性及与日本梅花鹿间的系统关系 [J]．科学通报，2006，51（3）：292-298．

[9] 白庆余．关于我国梅花鹿亚种分化问题的探讨 [J]．农业科技资料，1978，1：6-7．

[10] 李和平，师守堃，李生．中国茸鹿品种（品系）的随机扩增多态 DNA（RAPD）研究 [J]．应用与环境生物学报，2000，6（3）：237-246．

[11] 吉林省梅花鹿类型调查组．吉林省梅花鹿类型调查简报 [J]．特产科学实验，1979，1：20-28．

[12] 郭延蜀，郑惠珍．中国梅花鹿地史分布、种和亚种的划分及演化历史 [J]．兽类学报，2000，20（3）：168-179．

[13] Lv S J, Yang Y, Wang X B. Genetic diversity analysis by microsatellite markers in four captive populations of the sika deer（Cervus nippon）[J]. Biochemical Systematics and Ecology, 2014, 57：95-101.

[14] 任战军．中国鹿科动物遗传资源的现状 [J]．西安联合大学学报（自然科学版），2000，3（4）：51-55．

[15] 李和平，郑兴涛，邴国良，等．中国茸鹿人工培育品种（品系）种质特性分析 [J]．遗传，1997，19（S1）：76-78．

[16] 赵世臻，程世鹏．长白山梅花鹿简介 [J]．畜牧与兽医，1995，27（1）：20．

[17] 邴国良，李和平，郑兴涛，等．中国茸鹿育种的成就与展望 [J]．经济动物学报，1997，1（2）：53-58．

[18] 程世鹏，刘彦．我国养鹿业的现状和发展方向 [J]．草食家畜，2006，4：1-3．

[19] 王忠武，马生良，李海，等．兴凯湖梅花鹿品种选育研究 [J]．经济动物学报，2004，8

(1)：1-6.

[20] 王忠武，马生良，姚文宪，等．兴凯湖梅花鹿品种标准 [J]．特种经济动植物，2003，12：7.

[21] 李永安，赵世臻．关于梅花鹿培育品种外貌特征的探讨 [J]．吉林农业科技学院学报，2010，19（4）：32-33.

[22] 赵世臻．对梅花鹿品种的再认识 [J]．特种经济动植物，2014，9：6-8.

[23] 李和平．中国茸鹿品种（品系）间的杂交效果 [J]．东北林业大学学报，2002，30（2）：87-89.

[24] 段成方．鹿的种间杂交 [J]．畜牧与兽医，1960，1：42-43.

[25] 米丁丹，刘爽，李和平．我国养鹿生产中主要杂交类型 [J]．特种经济动植物，2014，11：7-10.

[26] 盛和林．中国鹿类动物 [M]．上海：华东师范大学出版社，1992.

[27] 李明，王小明，盛和林等．马鹿四个亚种的起源和遗传分化研究 [J]．动物学研究，1998，19（3）：177-183.

[28] Geist V. Taxonomy：on an objective definition of subspecies, taxa as legal entities, and its application to Rangifer tarandus Lin. 1758. In：Dans Butler, C. E. and Mahoney S. P（éds.）. Procedings of the 4th North American Caribou workshop. St. John's Newfoudland, 1991：1-36.

[29] Cronin A M. Mitochondrial DNA phylogeny of deer（*Cervidae*）[J]. J Mamm, 1991, 72（3）：553-566.

[30] Tamate H B, Tsuchiya T. Mitochondrial DNA polymorphism in subspecies of the Japanese sika deer, *Cervus nippon* [J]. *J Heredity*, 1995, 86（3）：211-215.

[31] Senn H V, Pemberton J M. Variable extent of hybridization between invasive sika（*Cervus nippon*）and native red deer（*C. elaphus*）in a small geographical area [J]. Mol Ecol, 2009, 18（5）：862-876.

[32] Smith S L, Carden R F, Coad B, et al. A survey of the hybridisation status of Cervus deer species on the island of Ireland [J]. Conservation genetics, 2014, 15（4）：823-835.

[33] 俞秀璋，胡振东．东北梅花鹿的染色体组型 C 分带和 G 分带 [J]．动物学研究，1983，4（4）：301-307.

[34] 马昆，施立明，俞秀璋，等．东北马鹿和东北梅花鹿 F1 杂种精母细胞联会复合体分析 [J]．遗传学报，1988，15（3）：197-200.

[35] 俞秀璋．东北马鹿和东北梅花鹿染色体核型的比较观察及其五种杂交组合后代的组型分析 [J]．遗传学报，1986，13（2）：125-131.

[36] 俞秀璋，胡振东，马昆，等．东北梅花鹿与东北马鹿种间杂交 F1 能育性的细胞遗传学基础的研究 [J]．中国农业科学，1990，23（4）：69-73.

[37] 郑兴涛，邴国良，焦振兴，等．杂交育种技术在茸鹿中的推广应用 [J]．中国畜牧杂志，1995，31（1）：25-27.

[38] 邴国良，郑兴涛，俞秀璋，等．东北马鹿与东北梅花鹿杂交 F1 遗传性状的研究 [J]．畜牧兽医学报，1988，19（4）：244-250.

[39] 梁凡修，吴振明，梁卫青，等．梅花鹿、塔里木马鹿种间杂交效果初探 [J]．特种经济动植物，2009，2：6-7.

[40] 赵列平，韩欢胜，赵广华．东北梅花鹿与天山马鹿种间杂交效果 [J]．经济动物学报，

2011，15（3）：153－156.

[41] Gross R，Gum B，Reiter R et al. Genetic introgression between Arctic charr（*Salvelinus alpinus*）and brook trout（*Salvelinus fontinalis*）in Bavarian hatchery stocks inferred from nuclear and mitochondrial DNA markers［J］. Aquaculture international，2004，12（1）：19－32.

[42] Huxel G R. Rapid displacement of native species by invasive species：effects of hybridization［J］. Biological conservation，1999，89（2）：143－152.

[43] Wolf D E，Takebayashi N，Rieseberg LH. Predicting the risk of extinction through hybridization［J］. Conservation biology，2001，15（4）：1 039－1 053.

[44] 王美楠，刘艳华，张明海. 梅花鹿（*Cervus nippon*）保护遗传学研究现状及其保护愿景展望［J］. 野生动物，2013，34（2）：111－114.

[45] 孟婷，周路，徐椿慧，等. 梅花鹿的繁殖现状及改善措施［J］. 黑龙江畜牧兽医，2015，4：134－136.

[46] 赵世臻. 鹿育种工作之我见［J］. 黑龙江畜牧兽医，2001，8：29.

[47] 唐宇，王文东，王海玉. 我国养鹿业的现状与发展前景［J］. 吉林畜牧兽医，2005，10：1－3.

[48] 苏凤艳，李哲，刘存发，等. 梅花鹿 IFN－β1 基因的克隆与分子进化分析［J］. 畜牧与兽医，2014，46（1）：14－19.

[49] 苏凤艳，宗颖，魏吉祥，等. 梅花鹿 α 干扰素全基因的克隆与分子进化分析［J］. 动物医学进展，2013，34（2）：25－29.

[50] 曲昊淼，丁玲，赵姬臣，等. 梅花鹿鹿茸组织 Anxa－1 基因 cDNA 克隆及表达［J］. 东北林业大学学报，2015，43（3）：99－103.

[51] 林峻，李仁宽，林娟，等. 梅花鹿骨形态发生蛋白 BMP4 基因的克隆与序列分析［J］. 福州大学学报，2012，40（2）：275－280.

[52] 胡薇，孟星宇，田玉华，等. 梅花鹿 IGF1 全长 cDNA 克隆及在鹿茸组织的表达［J］. 东北林业大学学报，2011，39（11）：71－75.

[53] 张立春，王全凯，曹阳，等. 梅花鹿天然 Toll 样受体9基因克隆与序列分析［J］. 中国兽医学报，2012，32（9）：1 386－1 391.

[54] 郝丽. 鹿茸尖端组织核心蛋白多糖基因全长 cDNA 的克隆及其表达分析［J］. 畜牧兽医学报，2011，42（6）：797－803.

[55] 苏凤艳，李哲，王晓霞，等. 梅花鹿 IFN－α 基因的克隆与原核表达研究［J］. 中国兽药杂志，2015，49（2）：7－12.

[56] 苏凤艳，李哲，刘存发，等. 梅花鹿 IFN－β1 的原核表达及活性鉴定［J］. 中国预防兽医学报，2015，37（2）：136－139.

[57] 吕慎金，杨燕，魏万红. 圈养梅花鹿 BDNF 基因多态性与日常行为性状的关联分析［J］. 生态学报，2011，31（17）：4 881－4 888.

[58] 巴恒星. 中国梅花鹿全基因组初步组装、分析及单核苷酸多态性研究［D］. 北京：中国农业科学院，2012.

[59] 张妍，杨琼. 两项基因成果全球首发［N］. 深圳商报，2015－04－29（第A07）.

中国鹿亚科动物的遗传分化研究

涂剑锋 杨福合 邢秀梅

（中国农业科学院特产研究所 吉林省特种经济动物分子生物学重点实验室，长春 132109）

摘 要：通过 PCR 直接测序的方法获得我国现有 5 种鹿亚科物种线粒体 DNA 控制区（D – loop）全序列，并结合 GenBank 检索到我国的 2 种鹿亚科动物同源序列进行分析。结果显示：我国鹿亚科动物 D – loop 区序列全长在 921～1 072bp 之间，序列中存在重复单元，碱基 T、A、C、G 的平均含量分别为 32.1%、30.2%、22.7% 及 15.0%，各物种间的遗传距离范围在 0.064～0.106，处于属间差异，支持将麋鹿和豚鹿并入鹿属的观点。以控制区全序列为基础构建的系统进化树结果表明梅花鹿、马鹿和白唇鹿亲缘较近，它们与水鹿构成一组进化枝，而坡鹿与麋鹿构成一组进化枝，以上两枝最后与豚鹿并在一起。

关键词：鹿亚科；遗传分化

鹿亚科也叫真鹿亚科，主要分布在亚洲、欧洲和美洲，共分为四个属：鹿属（*Cervus*）、黇鹿属（*Dama*）、花鹿属（*Axis*）和麋鹿属（*Elaphurus*）。我国的鹿类资源较为丰富，鹿亚科动物就包括鹿属的梅花鹿（*Cervus nippon*）、马鹿（*C. elaphus*）、坡鹿（*C. eldi*）、水鹿（*C. unicolor*）和白唇鹿（*C. albirostris*），花鹿属的豚鹿（*Axis porcinus*）和麋鹿属的麋鹿（*Elaphurus davidianus*）7 个物种，其中白唇鹿和麋鹿的原产地就在我国。国内外研究者已从形态学、行为学、生理生化、保护生物学、遗传学等方面对鹿亚种动物进行了广泛研究，而对我国所有鹿亚科物种的遗传分化研究报道较少。

线粒体 DNA 控制区（D – loop 区）是一段非编码序列，其进化速率较快，最易发生变异，常用于近缘物种的研究。本研究对我国 5 个鹿亚科动物种线粒体 DNA 控制区全序列进行测定，并结合 GenBank 中检索到的麋鹿和豚鹿的同源序列，以毛冠鹿为外群，进一步在分子水平上阐述我国鹿亚科动物的遗传分化。

1 材料与方法

1.1 材料

东北马鹿、东北梅花鹿、坡鹿、水鹿样和白唇鹿血样。麋鹿、豚鹿及毛冠鹿序列来自 GenBank 数据库（表 1）。

1.2 基因组 DNA 提取

用基因组提取试剂盒提取总 DNA，紫外分光光度计定量，–20℃保存。

1.3　PCR 扩增、纯化和测序

通过序列比对，在 D – loop 区两端保守位置设计 1 对通用引物，引物序列为：上游 5′ – CAC-CCAAAGCTGAAGTTCTAT – 3′，下游 5′ – CTCATCTAGGCATTTTCAGTG – 3′，由上海生工合成。
用胶回收试剂盒对 PCR 产物进行回收纯化，纯化后的产物由上海生工完成测序工作。

1.4　序列分析和构建系统发育树

DNAstar 统计碱基含量，ClustalX1. 8 多序列比对，DnaSP4. 0 统计多态位点信息，MEGA4. 0 统计物种间遗传距离，Phylip3. 68 构建邻近法系统发育树（Kimura – 2 – Parameter 双参数模型），Tree – puzzle5. 2 构建最大似然法系统发育树（Tamura – Nei 模型）。

表 1　本研究所用材料及说明

Table 1　Materials used in this study andspecification

种名 Species	序列全长 Length（bp）	采样地点 Locality		检索号 Accession No.	来源 Source
东北马鹿 *Cervus. elaphus. xanthopygus*	995	吉林	Jilin	GQ304773	本研究（This study）
东北梅花鹿 *C. nippon. hortulorum*	993	吉林	Jilin	GQ304776	本研究（This study）
海南水鹿 *C. unicolor. hainana*	1 000	海南	Hainan	GQ304777	本研究（This study）
海南坡鹿 *C. eldi. hainanus*	921	海南	Hainan	GQ304766	本研究（This study）
白 唇 鹿 *C. albirostris*	1 072	青海	Qinghai	GQ304765	本研究（This study）
麋鹿 *Elaphurus davidianus*	920	北京	Beijing	AF291894	Randi E（2001）
豚鹿 *Axis porcinus*	938	印尼	Indonesia	AF291897	Randi E（2001）
毛冠鹿 *Elaphodus cephalophus*	911	中国	China	DQ873526	Pang H（2008）

2　结果

2.1　D – loop 区序列及差异

通过序列比对，确认本研究测得的 5 个鹿亚科动物线粒体 D – loop 区全序列（序列已上传，表 1），结合 GenBank 获得的麋鹿和豚鹿同源序列进行分析。7 种鹿亚科动物 D – loop 区序列全长在 921 ~ 1 072bp 之间，碱基 T、A、C、G 的平均含量分别为 32.1%、30.2%、22.7% 及 15.0%，A + T 含量（62.3%）明显高于 C + G（37.7%）。检测到 169 个多态位点，其中，单一信息位点 87 个，简约信息位点 82，多态位点主要分布在序列两端（图）。各动物间的遗传距离范围在 0.064 ~ 0.106（表 2）。

表 2　鹿亚科动物间 D – loop 区遗传距离和标准误

Table 2　Genetic distances and standard error for complete control region sequences in Cervinae

	1	2	3	4	5	6	7
1. *C albirostrsis*		0. 009	0. 008	0. 009	0. 011	0. 010	0. 011
2. *Celaphus*	0. 069		0. 009	0. 008	0. 011	0. 010	0. 011
3. *C nippon*	0. 064	0. 064		0. 009	0. 011	0. 010	0. 010
4. *C unicolor*	0. 078	0. 079	0. 069		0. 012	0. 011	0. 011
5. *Axis porcinus*	0. 104	0. 104	0. 097	0. 104		0. 010	0. 010
6. *Elaphurus davidianus*	0. 094	0. 100	0. 085	0. 095	0. 089		0. 009
7. *C_ eldi*	0. 098	0. 106	0. 089	0. 103	0. 094	0. 073	

2.2　系统发育分析

以毛冠鹿为外群，基于 D – loop 区全序列（插入或缺失删除），用最大似然法和邻接法构建鹿亚科动物系统进化树（图），两种建树方法得到的拓扑结构基本一致。枝上数值为 Bootstrap 1 000次的置信度。

3　讨论

3.1　我国鹿亚种动物控制区序列差异

线粒体控制区序列易发生变异，在鹿科动物中，控制区的进化速率约为编码区的 2 倍。从图 1 可知，我国鹿亚科物种间控制区序列差异较大，其多态位点主要分布在序列两端，即 CR – I 区（tRNA – Thr 和 tRNA – Pro 端，1 ~479bp）和 CR – III 区（tRNA – Phe 端，858 ~1 110bp），中央区，即 CR – II 区（480 ~857bp），较为保守。7 个物种控制区序列平均长度为 963bp，不同物种间序列长度存在一定的差异，最长的为白唇鹿 1 072bp，最短的麋鹿仅为 914bp，引起长度差异的主要原因是 CR – I 区重复单元（39 ~41bp）存在不同的拷贝次数，在白唇鹿个体重复 6 次，海南坡鹿重复 2 次。

3.2　我国鹿亚科动物的遗传分化

费辽罗夫认为鹿亚科在中新世早期从鹿科总进化枝分化出来的，最早从鹿亚科分化出来的是麋鹿属的进化枝。其次是斑鹿属进化枝，而黇鹿属一直到更新世才与鹿属进化枝分开。近年来，关于蛋白质电泳、染色体组型、线粒体 cytb 基因等方面的研究却表明麋鹿和豚鹿与鹿属动物的进化关系较近，认为麋鹿和豚鹿应并入鹿属。本研究中，麋鹿与鹿属的坡鹿互为姐妹枝，麋鹿与鹿属动物的遗传距离（0. 073 ~0. 100）近于坡鹿与鹿属其他动物的遗传距离（0. 089 ~0. 106），处于鹿科动物种间线粒体 DNA 差异范围在 0. 04 ~0. 12，麋鹿与鹿属动物的遗传差异属种间差异，支持麋鹿属并入鹿属。豚鹿与鹿属动物的遗传距离为 0. 097 ~0. 104，也属种间差异，支持将豚鹿应并入鹿属。

古生物学认为，鹿属起源于上新世晚期和更新世，由 Axis 和 Rusa 逐渐分化出鹿属的各个

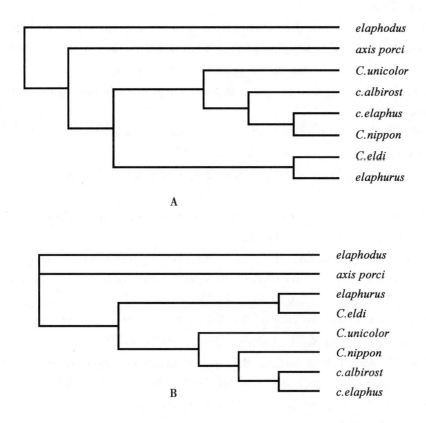

图 基于 D – loop 区序列构建邻接法 (A) 和最大似然法 (B) 系统进化树

Fig Phylogenetic trees based on the D – loop region by Neighbor – Joining (A) and maximum likelihood (B) methods

种，白唇鹿和梅花鹿是在上新世末期至更新世初期从古黑鹿系统进化枝系中分化出来，逐渐形成它们的现代种，中亚马鹿起源时间接近白唇鹿和梅花鹿，比马鹿其他亚种要早（Flerov，1957）。大泰司纪之指出梅花鹿和马鹿是近缘种，马鹿是从梅花鹿中分化出来的，水鹿和坡鹿是近缘的，水鹿最为原始，白唇鹿的祖先是水鹿，坡鹿是从斑鹿属或水鹿的祖先中分化而来。王宗仁等认为梅花鹿与马鹿的关系最近，现生鹿属动物中水鹿是最原始的，白唇鹿与梅花鹿几乎同时从水鹿的祖先种分化而来的，马鹿则是最后分化出来的。本研究中，梅花鹿与马鹿的遗传距离为 0.064，梅花鹿与白唇鹿的遗传距离为 0.064，马鹿与白唇鹿的遗传距离为 0.069，进化树的结果也显示三者关系是最近的，三者再与水鹿聚为同一进化枝，坡鹿为另一个进化枝，其与麋鹿的进化关系最近，两者的遗传距离为 0.073，坡鹿是从水鹿的祖先中分化出来的，这与前人研究的结果是一致的。

参考文献

［1］ 盛和林. 中国鹿类动物［M］. 上海：华东师范大学出版社，1992：8 – 16.

［2］ Gilbert C，Ropiquet A，Hassanin A. Mitochondrial and nuclear phylogenies of Cervidae（Mammalia，Ruminantia）：Systematics，morphology，and biogeography［J］. Molecular Phylogenetics and Evolution, 2006, 40: 101 - 117.

[3] Cronin MA, Stuart R, Pierson BJ, Patton JC. K - casein gene phylogeny of higher ruminants (Pecora, Artiodactyla) [J]. Molecular Phylogenetics and Evolution, 1996, 6: 295 - 311.

[4] Randi E, Mucci N, Claro - Herguetta F, Bonnet A, Douzery EJP. A mitochondrial DNA control region phylogeny of the Cervinae: speciation in Cervus and its implications for conservation [J]. Animal Conservation, 2001, 4: 1 - 11.

[5] Pitra C, Fickel J, Meijaard E, Groves PC. Evolution and phylogeny of old world deer [J]. Molecular Phylogenetics and Evolution, 2004, 33: 880 - 895.

[6] 刘向华, 王义权, 刘忠权, 等. 从 Cyt b 基因序列探讨鹿亚科动物的系统发生关系 [J]. 动物学研究, 2003, 24 (1): 27 - 33.

[7] Emerson BC. Tate ML. Genetic analysis of evolutionary relationships among deer (subfamily Cervinae) [J]. J. Hered, 1993, 84 (4): 266 - 273.

[8] Skog A, Zachos FE, Rueness EK, Mysterud A, Langvatn R, Lorenzini R, Hmwe SS, Lehoczky I, Hartl GB, Stenseth NC, Jakobsen KS. Phylogeography of red deer (Cervus elaphus) in Europe [J]. Journal of Biogeography, 2009, 36: 66 - 77.

[9] Ohtaishi N. The origins and evolution of the deer in China [M]. In: Sheng HL. The deer in China. Shanghai: East China Normal University Press, 1992: 8 - 18.

[10] Tamate HB, Tsuchiya T. Mitochondrial DNA polymorphism in subspecies of the Japanese sika deer, Cervus nippon [J]. Journal of Heredity, 1995, 86 (3): 211 - 215.

[11] Flerov KK. Morphology and ecology of Cervidae during its evolution [J]. Journal of Paleontology Translation, 1957, 1 - 2: 2 - 16.

[12] 王宗仁, 杜若甫. 鹿属动物的染色体组型及其进化 [J]. 遗传学报, 1982, 9 (11): 24 - 31.

此文发表于《2011 年中国鹿业进展》

家养梅花鹿品种 Y 染色体遗传多样性和父系遗传结构*

周盼伊**　邵元臣　刘华淼　张然然　王磊　邢秀梅

（中国农业科学院特产研究所 特种经济动物分子生物学重点实验室，长春　130112）

摘　要：为了全面研究家养梅花鹿的遗传多样性及遗传结构，为家养梅花鹿育种工作提供理论依据，利用 PCR 直接测序法，测定了我国培育的家养梅花鹿品种和品系 389 头雄性梅花鹿 Y 染色体 AMELY 基因部分序列，针对测序得到的序列利用生物信息学软件进行分析，筛选出 6 个 SNPs 位点，得到了 6 种单倍型（H1、H2、H3、H4、H5 和 H6），结果表明，我国家养梅花鹿 Y 染色体遗传多样性较低，种群之间没有发生显著的遗传分化。单倍型 H1 为优势单倍型，在种群中有比较高的频率，其次为单倍型 H2，其他单倍型频率比较低。

关键词：梅花鹿品种；Y 染色体；AMELY 基因；遗传多样性；遗传结构

Y Chromosomal Genetic Diversityand Patriarchal Genetic Structure of Domestic Sika Deer breeds

Zhou Panyi, Shao Yuanchen, Liu Huamiao, Zhang Ranran,

Wang Lei, Yang Ying, Xing Xiumei

（State Key Laboratory for Molecular Biology of Special Economic Animals, Institute of Special Wild Economic Animals and Plants, Chinese Academy of Agricultural Sciences, Changchun 130112, China）

Abstract: In order to investigate genetic diversity and genetic structure of domestic sika deer in China comprehensively, and provide theoretical basis for breeding of sika deer. AMELY gene fragments on Y chromosome in 389 individuals from 8 domestic sika deer populations were amplified using PCR method, and the products were sequenced directly. The sequences attained were analyzed through bioinformatics software. Six SNPs were found, and six haplotypes（H1、H2、H3、H4、H5 and H6）were observed. The domestic populations of Chinese sika deer exhibited a low level in genetic diversity on Y chromosome, and no significant genetic structure difference was found among different populations. H1 was the most dominant haplotype, showed an extraordinary high frequency across all populations. H2 showed the second frequency. Other haplotypes showed a low frequency.

Key words: sika deer breeds; Y chromosome; AMELY gene; genetic diversity; genetic structure

---

* 基金项目：特种动物遗传资源科技创新团队（CAAS – ASTIP – 201X – ISAPS）
** 作者简介：周盼伊，女，硕士生，研究方向：特种经济动物种质资源保护与育种

中国是世界最早养鹿的国家，是世界上梅花鹿资源最为丰富的国家之一，家养梅花鹿已经培育了6个品种和1个品系，六个品种分别为敖东梅花鹿、东丰梅花鹿、四平梅花鹿、双阳梅花鹿、西丰梅花鹿、兴凯湖梅花鹿，1个品系为长白山梅花鹿。根据中国畜牧业协会鹿业分会统计我国梅花鹿的存栏量大约为100万头[1]。中国家养梅花鹿各品种和品系都是在东北梅花鹿亚种基础上选育而成的。通过对线粒体DNA控制区、cytb、COⅡ基因等序列分析其遗传多样性和遗传结构表明，我国家养梅花鹿种群多样性并不贫乏。[2-6]

虽然线粒体DNA提供了较为丰富的梅花鹿遗传资源信息，但是还不够全面。Y染色体雄性特异区域（MSY）基因遵循父系遗传，不与X染色体发生重组，突变率低于线粒体DNA，高于常染色体和X染色体[7]，是分析家畜的遗传多样性重要分子标记，其变异可以补充和弥补从线粒体DNA研究无法得到的大量遗传信息。

Y染色体SNPs是指位于哺乳动物Y染色体上的非重组区的单核苷酸多态性，近年来许多Y染色体SNPs位点已经广泛应用于牛[8]、羊[9,10]、驴[11]、马[12]等家畜的的分子遗传多样性研究，但是国内尚无梅花鹿Y染色体分子遗传多样性的报道。本研究根据NCBI中已公布的梅花鹿Y染色体特异标记基因AMELY序列，对我国家养梅花鹿进行Y-SNPs筛选，并进行单倍型分析，以揭示中国家养梅花鹿Y染色体遗传多样性和父系遗传结构，为建立我国梅花鹿资源保护和育种提供理论依据。

1　材料与方法

1.1　样品采集

分别从黑龙江、吉林和辽宁采集6个品种1个品系及1个家养种群雄性梅花鹿血样389份（表1）。

表1　样品数量与采集地点
Table 1　number and site of samples

品种 Population	数量 Number	样品类型 Type	采集地点 Sampled site	采样时间（年份） Sampeld year
敖东梅花鹿 AD	32	抗凝血	吉林敖东药业集团股份有限公司	2013
东大梅花鹿种群 DD	83	抗凝血	吉林省长春市东大鹿业鹿场	2014
东丰梅花鹿 DF	79	抗凝血	吉林省东丰县横道河鹿场	2014
四平梅花鹿 SP	49	抗凝血	吉林省四平市吉春药业股份有限公司鹿场	2014
双阳梅花鹿 SY	35	抗凝血	吉林省双阳县虹桥鹿业鹿场	2015
长白山梅花鹿品系 CBS	33	抗凝血	吉林省通化市山宝鹿业鹿场	2014
西丰梅花鹿 XF	22	抗凝血	辽宁省西丰县安民镇海燕鹿场	2015
兴凯湖梅花鹿 XK	56	抗凝血	黑龙江省密山市兴凯湖农场鹿场	2011

1.2　梅花鹿基因组DNA提取与引物设计

基因组DNA的提取采用常规的酚仿抽提法。选择NCBI收录的梅花鹿AMELY基因序列，用

Primer premier 6.0 软件设计引物，引物由上海生工生物工程公司合成，引物序列见表 2。

表 2　引物序列、退火温度及目的片段长度

Table 2　sequence of primers, annealing temperature and predicted length of amplified DNA fragment

引物 Primers	目的片段长度 （bp）Amplified length	退火温度（℃） Annealing temperature	引物序列（5'→3'） Sequences of primers
AMELY1	840	60	F：GGACATGAAGCAATAAGCA
			R：CCAGGTCCCCATTTCTTGAT
AMELY2	911	60	F：CCTCTCAACTCGTATCAGAACA
			R：ATGGGGTGCACAGGTGAC

1.3　PCR 扩增

PCR 反应体系（50μL）：基因组 DNA 3μL，上下游引物（10 pmol/μL）各 1μL，Ex Taq PCR 酶 0.25μL，10×buffer 5μL，dNTP4μL，双蒸水 35.75μL。PCR 扩增体系为：94℃ 预变性 5min；94℃ 变性 30s，60℃ 退火 30s，72℃ 延伸 50s，35 个循环，72℃ 延伸 5min。PCR 产物用 1% 琼脂糖凝胶电泳检测。

1.4　数据分析

序列结果用 BioEdit 软件进行 DNA 序列排列，人工校对。用 MEGA6 软件进行序列比较和变异检测，确定变异位点和单倍型。用 DnaSP5 软件计算核苷酸多样性（nucleotide diversity，π）、单倍型多样性（haplotype diversity，h）。用 MEGA6 软件中 Kimura 双参数法计算遗传距离，邻接法（neighbour-joining，NJ）构建单倍型系统发生树，自举抽样检验 Bootstrap 设置 1 000 次重复来确定各支的置信度，以日本梅花鹿的同源序列（J）作为外群。用 Network4.1.1 绘制单倍型的最小跨度网络图（minimum spanning network，MSN）。

2　结果与分析

2.1　PCR 扩增结果

经过 35 个循环的 PCR 扩增后，取 3μL PCR 产物进行琼脂糖凝胶电泳，结果单一条带，扩增条带与目的片段大小一致，特异性较好（图 1）。

2.2　遗传多样性

在 389 只梅花鹿 Y 染色体 AMELY 基因 2 个片段共 1 751bp 的序列中，共发现 6 个 Y 染色体 SNPs，分别为 AMELY-1 序列中 115 位 C→T、185 位 T→G、673 位 T→C，AMELY-2 序列中 123 位 G→C、176 位 T→A、638 位 A→G，定义了 6 种单倍型（haplotype）（表 3）。

其中，敖东梅花鹿有 2 种单倍型（H1 和 H2），东大梅花鹿种群有 2 种单倍型（H1 和 H2），东丰梅花鹿有 2 种单倍型（H1 和 H2），四平梅花鹿有 4 种单倍型（H1、H2、H3 和 H4），双阳梅花鹿有 3 种单倍型（H1、H5 和 H6），长白山梅花鹿品系有 2 种单倍型（H1 和 H2），西丰梅花鹿有 2 种单倍型（H1 和 H2），兴凯湖梅花鹿有 3 种单倍型（H1、H2 和 H6）（表 4）。单倍型

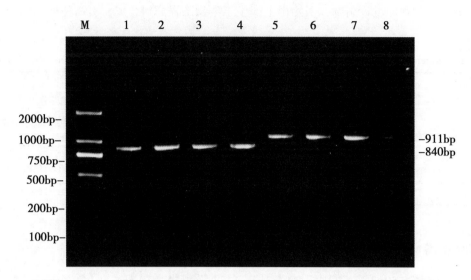

注: 1~4 是引物 AMELY－1 的 PCR 扩增结果, 5~8 是引物 AMELY－2 的 PCR 扩增结果

图1　PCR 扩增结果

Fig. 1　Products of PCR

H1 为优势单倍型, H1 和 H2 是中国家养梅花鹿中最常见的单倍型, H3、H4、H5 和 H6 是中国家养梅花鹿中稀有的单倍型。

表3　变异位点及单倍型

Table 3 Variation positions and haplotypes

单倍型 Haplotype	AMELY－1			AMELY－2		
	115	185	673	123	176	638
H1	C	T	T	G	T	A
H2	T	T	T	G	T	G
H3	C	T	C	G	A	A
H4	C	T	C	G	T	A
H5	C	G	T	G	T	G
H6	C	T	T	C	T	A

在我国家养梅花鹿各品种或种群中, 长白山梅花鹿品系具有最高的单倍型多样性 (0.444 ± 0.076) 和核苷酸多样性 (0.000 52), 其次东丰梅花鹿具有较高的单倍型多样性 (0.438 ± 0.039) 和核苷酸多样性 (0.000 55), 而东大梅花鹿种群具有最低的单倍型多样性 (0.191 ± 0.042) 和核苷酸多样性 (0.000 07)。当把所有家养种群合并为一个单一种群时, 单倍型多样性为 0.314 ±0.029, 核苷酸多样性为 0.000 34 (表4)。

表4　家养梅花鹿 Y 染色体单倍型在种群中的分布

Table 4　Distribution of Y chromosome haplotypes of domestic sika deer populations

种群名 Population	总数 Total	单倍型 Haplotype						单倍型多样性（h）	核苷酸多样性（π）
		H1	H2	H3	H4	H5	H6		
AD	32	26	6					0.310 ± 0.029	0.000 39
DD	83	82	1					0.191 ± 0.042	0.000 07
DF	79	25	54					0.438 ± 0.039	0.000 55
SP	49	36	4	4	5			0.376 ± 0.085	0.000 33
SY	35	30				3	2	0.303 ± 0.096	0.000 20
CBS	33	24	9					0.444 ± 0.076	0.000 52
XF	22	20	2					0.173 ± 0.101	0.000 22
XK	56	48	2			6		0.257 ± 0.072	0.000 21
Total	389	291	78	4	5	9	2	0.314 ± 0.029	0.000 34

2.3　遗传结构

依据所获得的 Y 染色体 AMELY 单倍型，进行系统进化分析（图2），结合最小跨度网络图表明（图3），我国家养梅花鹿6种单倍型中，单倍型 H2 是最原始的单倍型，与其他单倍型之间具有较远的亲缘关系，自成单系。单倍型 H1 是较原始的单倍型，单倍型 H3、H4、H5、H6 是由 H1 进化而来。结合表4，可以得出：四平梅花鹿、双阳梅花鹿、兴凯湖梅花鹿3个品种有一部个体来源于最原始的种群，一部分个体是后来进化而来。其他品种或品系均来源于最原始种群。敖东梅花鹿、东丰梅花鹿 四平梅花鹿、西丰梅花鹿、兴凯湖梅花鹿5个品种和长白山梅花鹿品系以及东大梅花鹿种群均为两个单系的混杂群体，双阳梅花鹿均来源于单系Ⅱ。

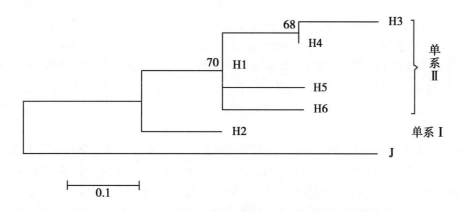

图2　中国家养梅花鹿6种单倍型的分子系统发生关系

Fig. 2　Phylogenetic relationship among 6 haplotypes of the domestic sika deer populations

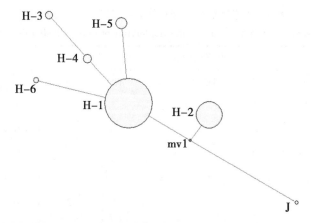

注：H1～H6 表示单倍型的编号，J 表示外群

图 3　中国家养梅花鹿 6 种单倍型的最小跨度网络

Fig. 3　A minimum – spanning network for 6 haplotypes of the domestic sika deer populations

3　讨论

整体比较来看，家养梅花鹿线粒体 DNA 具有丰富的遗传多样性[2]：h = 0.889，π = 0.031 73，而家养梅花鹿 Y 染色体遗传多样性较低：h = 0.314，π = 0.000 34。各个品种或种群间遗传多样性分布不平衡，长白山梅花鹿品系和东丰梅花鹿品种的核苷酸多态性要明显高于其他品种各个品种或种群，这与李欢霞[3]等的研究中线粒体 DNA 核苷酸多态性较高的种群为兴凯湖、西丰种群分布有差异。而且 Y 染色体单倍型之间的序列差异（0.001～0.002）显著小于线粒体单倍型序列间差异（0.011～0.059）。Y 染色体遗传多样性和线粒体 DNA 遗传多样性的差异在其他家养动物如牛[13]、驴[14]、马[15]、骆驼[16]中也存在。这一现象的原因首先可能是 Y 染色体突变率比线粒体 DNA 低。其次可能是在家畜饲养过程中，配种多采用单公群母的方式，对种公畜的人工选择强度高于母畜。梅花鹿的配种方式为单公群母，验证了这一规律。

敖东梅花鹿、东丰梅花鹿、西丰梅花鹿 3 个品种和长白山梅花鹿品系及东大梅花鹿种群都只有 2 种单倍型，即单倍型 H1 和 H2；四平梅花鹿有 4 种单倍型，H1、H2、H3 和 H4，其中单倍型 H3 和 H4 为其特有的单倍型；兴凯湖梅花鹿有 3 种单倍型，H1、H2 和 H5；双阳梅花鹿有 3 种单倍型，H1、H5 和 H6，单倍型 H6 为其特有单倍型，与兴凯湖梅花鹿共享单倍型 H5。所有种群共享单倍型 H1，单倍型间序列差异为 0.002，并没有形成对应不同种群的不同单系或单倍型，因此可以认为我国家养梅花鹿种群间没有发生明显的遗传分化，与吴华等[2]通过线粒体控制区序列分析遗传多样性得到的结论一致。

我国家养梅花鹿品种或种群中 6 种单倍型频率高低悬殊。单倍型 H1 分布于家养梅花鹿所有品种或种群，所占频率为 0.748 1，为优势单倍型，单倍型 H2 分布于除双阳梅花鹿外所有种群，所占频率为 0.200 5，其他单倍型频率非常低，单倍型 H3 为 0.010 3，单倍型 H4 为 0.012 8，单倍型 H5 为 0.023 1，单倍型 H6 为 0.00 5。出现这种现象的原因首先可能是人类根据生产需求对梅花鹿的性状进行选择性的繁育，从而使具有一些优良性状的单倍型得到扩大，其他单倍型逐渐消失，其次也可能是环境或者地理的因素导致一些单倍型逐渐消失。人类应该采取科学合理的方法，对家养梅花鹿进行育种繁育时，注意引种、选种选配，防止种群衰退，种质退化，保护我国梅花鹿资源遗传多样性。

参考文献

[1] 方怀龙，李国华，石炎，等．东北三省梅花鹿驯养繁育利用产业的 SWOT 分析 [J]．林业实用技术，2014，018 (5)：47－50．

[2] 吴华，胡杰，方盛国，等．中国圈养梅花鹿的遗传多样性和遗传结构 [J]．动物学杂志，2006，41 (4)：41－47．

[3] 李欢霞．梅花鹿线粒体基因组全序列测定及种群遗传结构分析 [D]．镇江：江苏科技大学，2012．

[4] 徐佳萍，荣敏，杨福合，等．东北梅花鹿线粒体 CO Ⅱ 基因序列的遗传结构及其系统发育分析 [J]．特产研究，2011 (04)：1－4．

[5] 吕晓平，魏辅文，李明，等．中国梅花鹿 (Cervus nippon) 遗传多样性及与日本梅花鹿间的系统关系 [J]．科学通报，2006，03 (3)：292－298．

[6] 刘海，杨光，魏辅文，等．中国大陆梅花鹿 mtDNA 控制区序列变异及种群遗传结构分析 [J]．动物学报，2003，49 (1)：53－60．

[7] Jobling M A, Tyler - Smith C. The human Y chromosome：an evolutionary marker comes of age. [J]．Nature Reviews Genetics，2003，4 (8)：598－612．

[8] Runfeng Zhang, Ming Cheng, Xiaofeng Li, et al. Y - SNPs haplotype diversity in four Chinese cattle breeds. [J]．Animal Biotechnology，2013，24 (4)：288－292．

[9] Zhang M, Peng Wei - Feng, Yang Guang - Li, et al. Y chromosome haplotype diversity of domestic sheep (Ovis aries) in northern Eurasia [J]．Animal Genetics，2014，45 (6)：903－907．

[10] Wang Y, Lei X, Wei Y, et al. Y chromosomal haplotype characteristics of domestic sheep (Ovis aries) in China [J]．Gene，2015，565：242－245．

[11] Li R, Wang S - , Xu S - , et al. Novel Y - chromosome polymorphisms in Chinese domestic yak [J]．Animal Genetics，2014，45 (3)：449－452．

[12] Wallner B. Identification of genetic variation on the horse y chromosome and the tracing of male founder lineages in modern breeds [J]．Plos One，2013，8 (4)：132－132．

[13] 蔡欣．中国黄牛母系和父系起源的分子特征与系统进化研究 [D]．杨凌：西北农林科技大学，2006．

[14] 张云生．中国 13 个家驴品种 mtDNA Cyt b 基因及 Y 染色体微卫星遗传多样性与起源研究 [D]．杨凌：西北农林科技大学，2009．

[15] 凌英会．中国主要地方马群体遗传多样性及系统进化研究 [D]．北京：中国农业科学院，2010．

[16] 张成东．中国骆驼父系和母系起源的分子特征与系统进化研究 [D]．杨凌：西北农林科技大学，2014．

中图分类号：Q75　　文献标识码：A

此文发表于《吉林农业大学学报》2016 年

东北梅花鹿线粒体CO Ⅱ基因序列的遗传结构及其系统发育分析[*]

徐佳萍[**] 荣 敏 杨福合 邢秀梅

（中国农业科学院特产研究所 吉林省特种经济动物分子生物学省部共建实验室特种经济动物种质资源遗传改良重点开放实验室，吉林 吉林 132109）

摘 要：采用基因测序的方法，对3种东北梅花鹿的CO Ⅱ基因片段进行了PCR扩增和测序。结果表明，3种东北梅花鹿CO Ⅱ基因片段的长度均为740bp，A + T含量都大于G + C的含量。3个品种单倍型多样性较高（0.673~0.717），就单个品种而言，敖东梅花鹿的遗传多样性最高。

关键词：东北梅花鹿；mtDNA CO Ⅱ基因；遗传结构；系统发育

Genetic structure and phylogenetic analysis of the mtDNA CO Ⅱ gene in Northeastern sika deer

Xu JiaPing[1], Rong Min[1], Yang Fuhe[1], Xing Xiumei[1]

（Institute of Special Economic Animal and Plat Science, Chinese Academy of Agricultural Sciebces, State Key Laboratory of Special Economic Animal Molecular Biology, Key Laboratory of Special Economic Animal Genetic Breeding and Reproduction, Jilin 132109, China）

Abstract：MtDNA CO Ⅱ gene fragments of three Northeastern sika deer species were amplified using PCR method, and the products were purified and sequenced. The result showed that all the mtDNA CO Ⅱ gene fragments had 740bp, and had greater amount of the A + T pairs than the G + C pairs. As a whole, the haplotype diversity was high (0.673~0.717). In a single species, aodong sika deer had a much higher genetic diversities.

Key words：Northeastern sika deer; mtDNA CO Ⅱ gene; genetic structure; phylogeny

梅花鹿（*Cervus nippon*）隶属偶蹄目、鹿科、鹿属，一共13个亚种[1]。主要分布于亚洲的东部，包括我国东北、华北、东南（包括台湾）和中南，以及日本、朝鲜等国，我国的梅花鹿可划分为6个亚种：台湾亚种、东北亚种、华北亚种、山西亚种、四川亚种、华南亚种。其中华北、山西和台湾3个亚种在野外已经灭绝[2]。为了拯救该物种，我国政府已于1978年将其列为国家一级重点保护物种，而IUCN（The International Union for the Conservation of Nature and Natural Resources）红色名录则将其列为濒危级别[3]。所以，对梅花鹿的遗传多样性研究具有非常重要

＊ 基金项目：吉林省自然科学基金"利用DNA条形码评估吉林梅花鹿资源"（20101567）
＊＊ 作者简介：徐佳萍（1982—）女，吉林省长春市人，从事特种经济动物遗传育种研究及计算机科学技术应用

的意义，对其遗传保护提供依据。

由于动物线粒体 DNA 具有母性遗传、进化速率快，拷贝数多得特点，常作为研究物种间系统进化及种下微进化的有效遗传标记[4,5]。与其他线粒体蛋白质编码基因相比，CO II 基因的进化速率较快，常被用来研究亲缘关系较近的种群[6]。

本研究以线粒体细胞色素 C 氧化酶亚基 II（Cytochrome Coxidase II，CO II）作为分子标记，采用 DNA 测序技术对吉林省 3 个梅花鹿品种（东丰梅花鹿、敖东梅花鹿、四平梅花鹿）进行比较研究，了解其遗传结构及其发育系统关系，以期为东北梅花鹿种质资源保护及可持续发展提供依据。

1 材料与方法

1.1 材料

锯茸期采集血样共 180 个个体，其中东丰梅花鹿 51 个（采自东丰县鹿业有限公司横道河鹿场）、敖东梅花鹿 64 个（敖东鹿业）、四平梅花鹿 65 个（采自四平种鹿场）。血样采集后 ACD 抗凝，-20℃冻存后带回实验室。

1.2 方法

1.2.1 DNA 提取

按照传统酚 - 仿法提取全血基因组 DNA。

1.2.2 PCR 引物设计

根据 NCBI 中已公布的东北梅花鹿线粒体 DNA CO II 基因序列，利用 primer 5.0 设计引物，由上海生工合成，引物序列如下：

上游：CATAACCACTATGTCTTTCTC

下游：TGTACTCTCAATCTCTAGCTT

1.2.3 PCR 扩增

50 ul 反应体系中，含有基因组 DNA2ul，引物（20uM）上下游各 1ul，dNTPs Mixture（各 2.5mM）4 ul，10X PCR buffer（Mg^{2+} Plus）5ul，Taq DNA 聚合酶（5U/L）0.25ul。

扩增条件为：预变性 95℃ 5min；变性 94℃ 30sec，55℃退火 30sec，72℃延伸 1min，共 30 个循环；最后 72℃延伸 7min，4℃保存。PCR 产物用 1.5%琼脂糖凝胶电泳分析。将 PCR 产物处理后送往上海生工测序。Taq DNA 聚合酶、Marker 和 dNTPs 均购自大连宝生物公司。

1.2.4 DNA 序列分析

测序通过 Chromas 软件读取，所获序列用 DNASTAR 软件进行比对，手工校正；MEGA5.0 软件中的 Kimura 双参数法计算遗传距离，应用邻接法（NJ）构建进化系统树，自举抽样检验 Bootstrap 设置 1 000 次重复，来确定各支系的置信度；应用 DNAsp5.0 统计单倍型。序列相同视为同一单倍型，忽略插入与缺失位点。

2 结果与讨论

2.1 基因组 DNA 的提取

提取 DNA 经 0.8%琼脂糖凝胶电泳检测，结果如图 1，可看出 DNA 条带整齐。

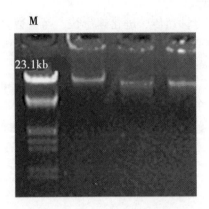

M：λDNA /*Eco*R Ⅰ + *Hind* Ⅲ Marker

图1 基因组 DNA 的电泳分析

Fig. 1 Electrophoretic analysis of genomic DNA

2.2 CO1 基因扩增结果

经 1.5% 的琼脂糖凝胶检测，扩增结果是 820bp 的序列（图 2）。

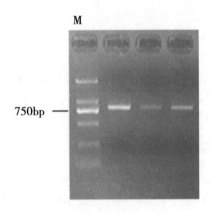

M：DL2000 DNA marker

图2 PCR 检测结果

2.3 种群单倍型和多态性分析

一个物种对环境变化的适应能力主要取决于其群体内的遗传多样性和相应的遗传结构。种群间的遗传差异主要是突变、遗传漂变、选择和基因流等因素相互作用的结果。其中，突变、遗传漂变和选择压力会促进种内遗传分化的产生；而基因流则通过配子、个体或整个群体的迁移，使种群间保持一穿上的相似性，弱化群体间的遗传差异[7]。

将测序得到的序列片段，在 GenBank 上进行 BLAST，结果与东北梅花鹿线粒体全基因组序列同源性在 99%，表明所得序列的正确性。截取有效序列 740bp 进行分析。G + C 含量：敖东梅花鹿为 0.362 9，四平梅花鹿为 0.360 5，东丰梅花鹿为 0.361 6，表现出明显的反 G 偏倚。由表 1 可知，从单倍型多态性来说，3 个品种在 0.673 ~ 0.717，可见 3 个品种的遗传多样性均较高。其中，敖东梅花鹿单倍型数量最多，核苷酸多态性也最高，遗传多样性要高于东丰梅花鹿和四平梅花鹿。三个品种中，核苷酸突变位点有 7 个是敖东梅花鹿品种特异，分别为 173 位 T→C（突变率为 0.066）、284 位 T→C（突变率为 0.066）、605 位 T→C（突变率为 0.066）、704 位 T→C（突变率为 0.016）、692 位 G→A（突变率为 0.066）、774 位 G→A（突变率为 0.066）、500 位 C→T（突变率为 0.016）；而四平梅花鹿和东丰梅花鹿则没有特异突变位点。这些目前看来的特异位点是否是敖东梅花鹿所特有的，还需进一步大量研究证实，可以作为品种鉴定的后备筛选资源。

从 Tajima's D 和 Fu and Li's D 值的结果来看（表 1），三个种群相对于中性进化的歧异度并没有明显的偏离（$P > 0.1$），说明这三个种群过去没有出现群体扩张，种群大小和遗传趋势稳定。三个种群的 Tajima's D 值均为负值，说明三个品种进化方式是不平衡选择，为负向选择。

表 1　三个品种单倍型与多态位点

品种名称	单倍型及数量		核苷酸多态位点数	单倍型多态性	核苷酸多态性	Tajima's D DT	Fu and Li's D DF
敖东梅花鹿 5	A	19	9	0.717 ± 0.022	0.002 11 ± 0.002 62	- 0.533 06	- 0.020 18
	B	16					
	C	20					
	D	3					
	E	1					
东丰梅花鹿 3	A	14	2	0.673 ± 0.019	0.001 15 ± 0.000 59	1.657 96	0.745 28
	B	17					
	C	20					
四平梅花鹿 4	A	26	3	0.675 ± 0.021	0.001 23 ± 0.000 08	0.873 55	- 0.478 16
	B	21					
	C	16					
	D	1					
总计 5	A	59	9	0.683 ± 0.009	0.001 52 ± 0.002 14	- 0.675 11	- 0.341 98
	B	61					
	C	50					
	D	3					
	E	1					

2.4　遗传距离分析

遗传距离是研究物种遗传多样性的基础，它反映了所研究群体的系统进化，用来描述群体的遗传结构和品种间的差异。它最初是用来估计不同种群间遗传分化的程度，关于遗传距离的一般假定是：遗传距离是起源于共同祖先的相同基因进化趋异的一种测度，在这个假定下，遗传距离的理想测度应能够表达这样的含义：基因之间的差异与他们起源于共同祖先的时间成比例[8]。

本研究通过 MEGA5 软件分析敖东梅花鹿、四平梅花鹿、东丰梅花鹿三个群体间及群体内的遗传距离（表2）。种间和种内的遗传距离的大小是进行物种鉴定的重要标准。目前的研究支持利用线粒体基因的生物地理学分析给种内变异确定一个普遍的标准。第一，种内差异很少有大于 2%，一般是小于 1%；第二，如果检测到高的变异时，这些个体很可能是处在不同的地理。

本研究中的三个梅花鹿群体中，种内距离和种间距离均 <1%，表明三个种群间差异非常小，近乎一个群体，这可能与三个品种的培育过程相关。而且三者之间以敖东梅花鹿和东丰梅花鹿遗传距离最近，为 0.1%；四平梅花鹿与二者遗传距离相对较远，均为 0.2%，说明相对来说敖东梅花鹿与东丰梅花鹿亲缘关系最近。

表2　三个品种间的遗传距离

	四平梅花鹿（sp）	敖东梅花鹿（ad）	东丰梅花鹿（df）
四平梅花鹿（sp）		0.001	0.001
敖东梅花鹿（ad）	0.002		0.001
东丰梅花鹿（df）	0.001	0.002	

表3　品种内的遗传距离和标准误

品种	遗传距离	标准误
四平梅花鹿（sp）	0.001	0.001
敖东梅花鹿（ad）	0.005	0.001
东风梅花鹿（df）	0.001	0.001

2.5　进化树分析

MEGA5.0 软件中的 Kimura 双参数法计算遗传距离，应用邻接法（NJ）构建进化系统树，自举抽样检验 Bootstrap 设置 1 000 次重复，来确定各支系的置信度；结果如图3所示。

由图中可以看出，敖东梅花鹿、四平梅花鹿、东丰梅花鹿三个品种均有交叉，并且从遗传距离的分析也能看出，三者之间的差别非常小，近乎一个品种。这可能与三个品种的培育及繁育现状有关。三者均是东北梅花鹿亚种，且是在其基础上培育出来的各具特色的品种。所以，本研究采用的条形码作为品种鉴定的依据是不可行的，还需进一步探索新的条形码。

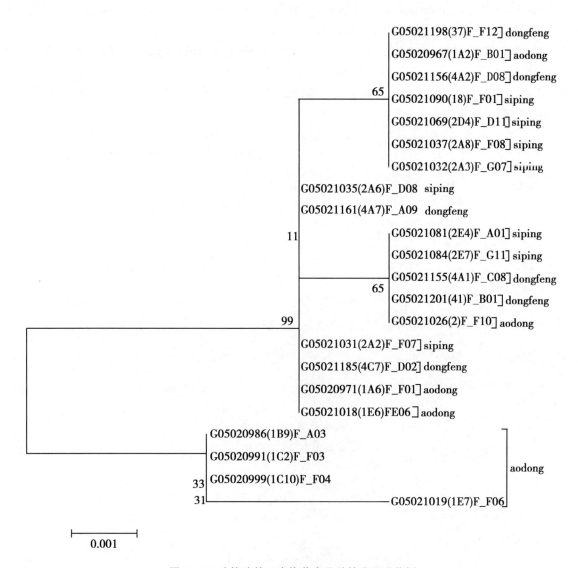

图 3　NJ 法构建的三个梅花鹿品种的分子进化树

参考文献

［1］Whitehead G K. The Encyclopedia of Deer ［M］. Shrewsbury：Swann – Hill, 1993：355.

［2］盛和林. 中国鹿类动物 ［M］. 上海：华东师范大学出版社, 1992：8.

［3］汪松. 中国濒危动物红皮书. 兽类 ［M］. 北京：科学出版社, 1998：266 – 269.

［4］Avise JC, Amold J, Ball RM, et al. Intraspecific phylogeography them itochondrial DNA bridge between population genetics and system atics ［J］. Annu Rev Ecol Evol Syst, 1987, 18：489 – 522.

［5］Harrison RG. Animal mitochondrial DNA as a genetic marker in population and evolutionary biology ［J］. Trends Ecol Evol, 1989, 4（1）：6 – 11.

［6］Jermiin L S, Crozier R H. The cytochrome b region in the mitochondrial DNA of the ant Teraponera rufoniger：sequence divergence in Hymenoptera may be associated with nucleotide content ［J］. J Mol Evol，1994，38（3）：282 － 294.

［7］ Whitlock MC，MoCauley DE. Indirect measures of gene flow and migration：Fst not equal to 1/ （4Nm ＋1）［J］. Heredity，1999，82（Pt2）：117 － 125.

［8］ 杨燕. 中国七个地方绵羊品种微卫星 DNA 的遗传多样性研究 ［D］. 杨凌：西北农林科技大学，2004.

此文发表于《特产研究》2011 年第 4 期

基于信息技术的茸鹿遗传育种相关模型建立

赵伟刚

中国农业科学院特产研究所，吉林　132109

摘　要：围绕着茸鹿选种选配育种中心工作，设计了茸鹿个体系谱录入及查看、近交系数、亲缘关系、性状遗传力、选择指数及育种值等遗传育种相关计算机模型，实践结果表明，应用该模型为育种工作者进行选种和制定选配计划带来极大的方便，可显著提高育种分析效率，有效地为不同育种方向的用户服务。

关键词：计算机；系谱；近交系数；亲缘关系；遗传力；育种值；选择指数

Establishment of Computer System for Deer Genetic and Breeding Model

Zhao Weigang

(The Institute of Special Wild Economic Animal and Plant Science, CAAS, Jilin 132109, China)

Abstract：this system was focusing on the deer breeding, included the following models, the recoding and query of individual pedigree, the calculation of inbreeding coefficient, kinship, character heritability, selection index and the breeding value and, the practice results showed that, the system applied for users for different directions of breeding and can improve the breeding efficiency significantly.

Keywords：computer; pedigree; inbreeding coefficient; kinship; heritability; breeding value; selection index

应用现代动物遗传育种理论和计算机技术进行种鹿的选育工作是现代茸鹿育种的基本特征。二者是互相依存的，现代动物遗传育种理论和方法的实施离不开计算机的支持，而计算机的应用如不与前者相结合就不能充分发挥其作用。将这二者相结合的最佳方式就是计算机软件，也就是说，将现代动物遗传育种的理论、方法和技术软件化，再结合计算机的信息管理功能将其体现出来。系统综合了现代种鹿育种理论，在总结其他同行业育种软件基础上，运用 Visual Foxpro 关系管理数据库并结合和茸鹿遗传评估数据，编制完成了"所见即所得"的、多任务的"傻瓜化"茸鹿育种管理与分析系统。本系统的主要目的首先是为育种和生物研究人员提供查询定向培育的有用数据及方便计算。第二是要按育种目标从数据库查找具有综合优良性状的亲本，可为各地选育优质茸鹿品种提供极有价值的信息；第三可以为育种工作者查找选育品种的特征、各个世代的亲本及选配率，防止盲目或重复选配，为提高育种效率服务。它集种鹿个体基本资料和生产性能测定数据的采集、管理与遗传统计分析为一体，将茸鹿育种过程规范化、程序化、定量化，适用于大中型种鹿场或科研院所育种工作者（图1）。

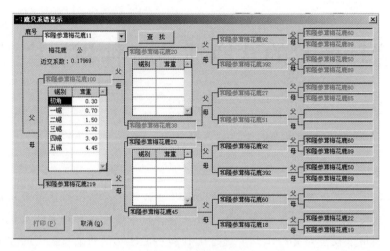

图1 鹿只系谱结构图

1 系谱录入及查看

动物谱系是一头鹿的父母及祖先的编号、品种、生产性能等的记载文件。先建立一个数据库文件，包括品种、产地、鹿号、父号、父品种、父产地、母号、母品种及母产地，录入完成后计算机自动根据父亲（母亲）相关记录自动在库中查找其上代相关记录，找到后记录到相应的字段中。谱系查询可以自动显示所录入鹿号上三代（父代、祖父代、曾祖父代）的种鹿号。通过个体谱系分析，鹿场技术人员可以了解该个体祖先的有关信息，通过谱系鉴定方式来估计个体本身的性状水平，在选种时可以初步判断宜选那头鹿；还可以通过审查个体谱系上有无共同祖先来估计个体本身的近交系数以及谱系上任意两个个体间的亲缘程度，这样，系统就可以辅助配种的技术人员更加合理地进行选配工作。

2 近交系数和亲缘关系计算

近交系数是测定近交程度的一个尺度。两个个体如有共同祖先，那么这两个个体就带有这个共同祖先传给它们的基因。当这两个个体交配时，就可以把它们从共同祖先那里得来的基因传给后代。所以近交系数可以理解为一个个体的两个相同等位基因来自同一祖先的概率。

从父方系谱的父号开始，每次取一个个体号与母方系谱的个体号一一核对，以查找共同祖先，如为共同祖先，则对该个体号做出标记，确定该个体做为共同祖先出现一次。若从父方系谱所取个体号属于共同祖先的上代个体，在与母方系谱核对时，每遇到个体号相同，不能立即确定该个体作为共同祖先出现一次。这时需要在母方系谱中查找该个体通向 X 个体是否有回路（遇到有标记的个体表明无回路，否则为有回路），若无回路，不可认为该个体作为共同祖先出现一次，有回路才可确定该个体作为共同祖先出现一次，登记共同祖先号及其在父、母系谱出现的代数 n_1、n_2。待确定全部共同祖先及其在父、母系谱上出现的代数 n_1 和 n_2 后，由下式计算近交系数：

$$F_X = \sum \left[0.5^{n_1+n_2-1} (1 + F_A) \right]$$

式中：F_X 为个体 x 的近交系数；n_1 是个体 x 的一个亲本到共同祖先的代数；n_2 是另一个亲本到共同祖先的代数；F_A 是共同祖先 A 的近交系数。

　　此外，近交系数的大小，决定于双亲间的亲缘程度，而亲缘程度的度量，则需要用亲缘系数来表示。近交系数说明个体本身是由什么程度的近交产生的，亲缘关系则说明两个个体间在遗传上的相关程度。由近交系数 F_X 和亲缘系数 R_{SD} 的关系，可由下式求得亲缘关系：

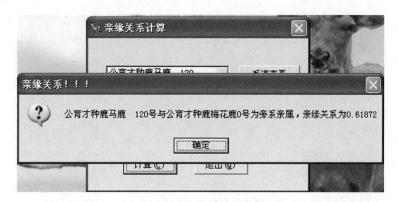

图2　亲缘关系计算界面

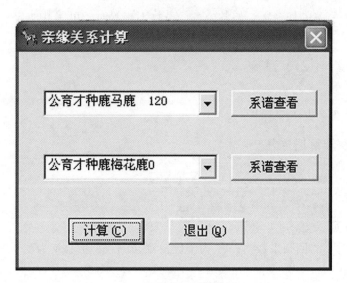

图3　亲缘关系计算结果

$$R_{SD} = \frac{2F_X}{\sqrt{(1 + F_S)(1 + F_D)}}$$

可见，由近交系数可计算出任意两个体间的亲缘关系。

3　遗传力的计算

　　遗传力就是由遗传影响所产生生产变异量占总变量的百分比，也就是说遗传力是育种值变量占表型变量的比例。前者称为广义遗传力，后者称为狭义遗传力。我们一般所说的是遗传力是指狭义遗传力。即育种值对表型的决定程度，表示性状能够遗传给后代的能力。

　　估算遗传力的方法很多，在家畜育种工作中，常用的方法有亲子回归法、半同胞相关法和全同胞相关法3种，其中以父系半同胞相关法最准确，父子回归法次之，全同胞相关法测定的遗传力偏高，只能作为遗传力的上限。

3.1 用半同胞相关法估算遗传力

计算步骤

3.1.1 求平方和

组间平方和 $\quad SS_B = \dfrac{\sum (\sum X)^2}{n_i} - \dfrac{(\sum \sum X)^2}{\sum n_i}$

组内平方和 $\quad SS_W = \sum \sum X^2 - \dfrac{\sum (\sum X)^2}{n_i}$

3.1.2 求自由度 $df_B = k - 1 \qquad\qquad df_W = \sum n_i - 1$

3.1.3 求均方值 $\quad MS_B = \dfrac{SS_B}{k - 1} \qquad\qquad MS_W = \dfrac{SS_W}{\sum n_i - 1}$

3.1.4 求组内相关系数 $r_{(HS)} = \dfrac{MS_B - MS_W}{MS_B + (n_i - 1)MS_W}$

式中，n_i 为每头公畜的仔畜数，如各公畜仔畜数不相等时，可用其加权平均值 n_0，n_0 的计算公式为：

$$n_0 = \dfrac{1}{k - 1}\left(\sum n_i - \dfrac{\sum n_i^2}{\sum n_i}\right)$$

3.1.5 计算遗传力 $h^2 = 4r_{(HS)}$

3.2 用亲子回归法计算遗传力

3.2.1 求回归系数 $b_{yx} = \dfrac{SP_{ys}}{SS_x} = \dfrac{N\sum xy - \sum x \sum y}{N\sum x^2 - (\sum x)^2}$

3.2.2 计算遗传力 $h^2 = 2b_{yx}$

式中，b_{yx} 为 y 对 x 的回归系数；y、x 为子代及双亲的表型值；N 为亲子对总数。

3.3 显著性检验

对估测的 h^2 值，应进行显著测定，一般采用 t 检验法。

3.3.1 半同胞相关法估测的 h^2 显著性测定

$$\sigma_{(HS)} = \sqrt{\dfrac{2[1 + (k - 1)r_{(HS)}]^2[1 - r_{(HS)}]}{k(k - 1)(n - 1)}} \qquad\qquad t = \dfrac{r_{(HS)}}{\sigma_{(HS)}}$$

式中，k 为有效平均子女数，n 为公畜数。查 t 表所用的自由度为组内自由度 $df_W = \sum n_i - 1$。

3.3.2 亲子回归法估测的遗传力显著性测定

$$\sigma_{h^2} = \sqrt{\dfrac{\sum (y - \bar{y})^2 - \dfrac{[\sum (x - \bar{x})(y - \bar{y})]^2}{\sum (x - \bar{x})^2}}{(N - 2)\sum (x - \bar{x})^2}} \qquad\qquad t = \dfrac{h^2}{\sigma_{h^2}}$$

式中，x、y 为亲代及子女的表型值。

图4　遗传力计算界面

4　育种值的估计

4.1　预测选择效果

根据选择反应的公式　$R = h^2 \cdot S$

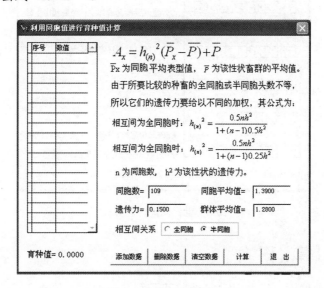

图5　育种值计算界面

择反应，S 为选择差。可以看出，选择差一定时，遗传力愈高的性状，选择效果愈好。

4.2　估计种畜的育种值

在育种工作中，根据育种值选留种畜是一种行之有效的选择方法，但育种值是不能直接度量的，而需要利用表型值和遗传力来估计。通常估计育种值所依据的资料有4种：本身记录、祖先记录、同胞记录和后裔记录。

4.2.1　根据个体本身记录　如果个体有多次记录，而且记录次数不同，这时估计个体育种值的公式为：

$$A_x = h_{(n)}{}^2 (P_x - \bar{P}) + \bar{P}$$

式中：A_x 为个体 X 的育种值；P_x 为个体 X 的表型值；$\bar{P}$ 为该性状畜群平均值；$h_{(n)}{}^2$ 为 n 次记录平均值的遗传力。

$$h_{(n)}{}^2 = \frac{nh^2}{1 + (n-1)r_e}$$ 式中，n 为记录次数，r_e 为 n 次记录间的相关系数，即重复力。

4.2.2 根据同胞记录 在家畜选种上，主要是利用半同胞或全同胞的资料估计个体育种值，更远的旁系对估计个体育种值的意义不大。用全同胞或半同胞记录估计育种值的公式为：

$$A_x = h_{(n)}{}^2 (P_x - \bar{P}) + \bar{P}$$

由于所要比较的种畜的全同胞或半同胞头数不等，所以它们的遗传力要给以不同的加权，其公式为：

子女间为全同胞时：$h_{(n)}{}^2 = \dfrac{0.5nh^2}{1 + 0.5(n-1)h^2}$ h^2 为该性状的遗传力。

子女间为全同胞时：$h_{(n)}{}^2 = \dfrac{0.5nh^2}{1 + 0.25(n-1)h^2}$

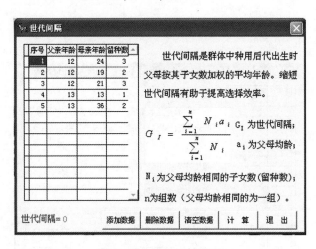

图6 世代间隔计算界面

5 世代间隔的计算（图7）

世代间隔为群体中种用后代出生时父母按其子女数加权的平均年龄。设 a_i 为种用后代出生时父母平均年龄，N_i 为同窝留种子女数，n 为窝数，则世代间隔（G_I）为：

$$G_I = \frac{\sum_{i=1}^{n} N_i a_i}{\sum_{i=1}^{n} N_i}$$

世代间隔的长短，因家畜种类的不同而不同，并随着产生新一代种畜所采用的育种和管理方法的不同而异。畜群的年龄组成也能影响世代间隔。畜群的平均年龄大，世代间隔也长。加快畜群周转，减少老龄家畜的比例，这样就能缩短世代间隔，加快改进速度。然而，盲目追求缩短世代间隔是不可取的，种畜过早配种会影响种畜的质量。更为重要的是，适当处长世代间隔可以多得到一些后代，少更替一些种畜，从而可降低留种率，提高选择强度及选择进展。

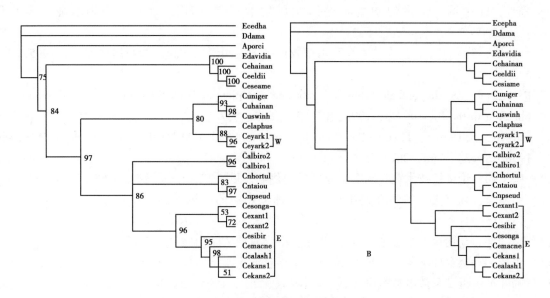

图7　选择指数计算界面

6　选择指数的计算

　　家畜育种中，经常需要同时选择1个以上的性状。应用数量遗传的原理，根据性状遗传特点和经济价值，把所要选择的几个性状综合成1个使个体间可互相比较的数值，这个数值就是选择指数。其公式是：

$$I = W_1 h_1{}^2 \frac{P_1}{P_1} + W_2 h_2{}^2 \frac{P_2}{P_2} + \cdots\cdots + W_n h_n{}^2 \frac{P_n}{P_n} = \sum_{i=1}^{n} W h \frac{P_i}{P_i}$$

　　公式表示，所选择的性状在指数中受3个因素决定：（1）性状的育种或经济重要性（W_i）；（2）性状的遗传力（h_i^2）；（3）个体表型值与畜群平均数的比值。

　　该模型严格依照茸鹿资源评估要求，综合了现代茸鹿育种理论，在总结其他同行业育种软件基础上，运用关系型数据库设计原理和茸鹿遗传评估数据的特点编制完成的，它集茸鹿资源信息、茸鹿个体基本资料和生产性能测定数据的采集、管理与遗传统计分析为一体，将茸鹿遗传资源与育种过程规范化、程序化、定量化。系统的推广应用可以更科学地进行选种选配，提高选种的准确性，加快种鹿群的遗传进展，将将极大地促进茸鹿遗传育种的飞速发展，适用于大中型鹿场和科研院校育种工作者。

参考文献

[1]　张元，高腾云，王艳玲，等．计算机在动物科学中的应用［M］．北京：中国农业科技出版社，1998．

[2]　李和平．东北梅花鹿优化育种规划中育种目标的确定［J］．经济动物学报，2004，8（3）：175－177．

[3]　王金玉，陈国宏．数量遗传与动物育种［M］．南京：东南大学出版社，2004．

[4]　吴常信．"动物比较育种学"讲座［J］．中国畜牧杂志，1999，35（6）：60－61．

[5] 吴晓林. 计算机技术在畜牧业中的应用 [J]. 计算机与农业, 1998 (1): 12 – 15.

[6] 陈越, 杜生明. 21 世纪初畜牧兽医学科发展展望 [M]. 北京: 中国农业大学出版社, 2000.

[7] 苟德明, 路兴中. 数据库技术在我国畜牧业中的应用概况 [J]. 畜牧兽医杂志, 1995 (2): 47 – 48.

[8] P. P. Leong, S. Morgenthaler. Random walk and gap plots of DNA Sequences [J]. Computer application in the Biosciences, 1995, 11 (5): 503 – 507.

[9] S. Dear, R. Durbin, L. D. Hillier. Sequence assembly with CAFTOOLS [J]. Genome Research, 1998, 8 (3): 260 – 267.

[10] 张学炜. 论微机技术在我国奶牛业中的应用与发展 [J]. 中国奶牛, 1997, (3): 8 – 10.

[11] 钱丽燕, 周克义. 微机在奶牛场生产管理工作中的应用 [J]. 中国奶牛, 1997, (2): 12 – 15.

[12] 师守坤. 动物育种学总论 [M]. 北京: 中国农业大学出版社, 1993.

[13] 张沅. 动物育种学各论 [M]. 北京: 中国农业大学出版社, 1995.

[14] 师守坤. 近交系数电算程序 [J]. 中国畜牧杂志, 1995, 5: 34 – 38.

[15] 朱军. 遗传模型分析方法 [M]. 北京: 中国农业出版社, 1997.

[16] 盛志廉, 陈瑶生. 数量遗传学 [M]. 北京: 科学出版社, 1999.

[17] P R. Bampton. Best linear unbiased prediction for pigs – the commercial experience [J]. Pig News and Information, 1992, 13 (3): 125 – 129.

[18] R. M. Tamaszenski, Fourdraine, T. Cannon. Developing value added programs to enhance herd – recording database [J]. Computer in agriculture, 1994, 4: 8 – 11.

[19] S. Lane. Utilization of integrated mainframe database and imaging technology for dairy cattle improvement in New Zealand [J]. In milk and beef recording, 1994, 6: 5 – 9.

[20] 郑兴涛, 赵蒙, 邹洪涛. 东北马鹿茸重性状遗传力和重复力的估测 [J]. 经济动物学报, 1999, 3 (2): 15 – 16.

[21] 李和平, 李生, 郑兴涛, 等. 东北梅花鹿产茸能力估测方法的研究 [J]. 经济动物学报, 1998, 2 (3): 28 – 30.

[22] 李和平. 东北梅花鹿优化育种规划步骤、基本条件及对现行育种方案的分析 [J]. 经济动物学报, 2004, 8 (4): 187 – 190.

[23] 李和平. 梅花鹿育种目标性状边际效益计算方法的研究 [J]. 林业科学, 2006, 42 (4): 78 – 81.

[24] 郑兴涛, 姜秀芳, 韩坤, 等. 双阳梅花鹿茸重性状遗传力和收复力的估测应用 [J]. 特产研究, 1992, 4: 26 – 31, 39.

[25] 王柏林, 王志启, 李兴业, 等. 影响西丰梅花鹿茸重性状选择效果诸因素的统计分析 [J]. 特产研究, 1998, 2: 39 – 41.

此文发表于《2012 年中国鹿业进展》

鹿科动物 Y 染色体概述及其主要基因的研究进展*

苏 莹** 刘松啸 张正义 鞠贵春***

（吉林农业大学中药材学院，长春 130118）

摘 要：在现代分子遗传学研究中，线粒体 DNA 和 Y 染色体非重组区 DNA 是最主要的两种标记。目前，鹿科动物的研究主要集中在线粒体 DNA 方面，本文对 Y 染色体以及其主要基因在鹿科动物物种识别、遗传多样性方面的研究进展进行概述。

关键词：鹿科动物；Y 染色体；遗传多样性

Research Progress on Y Chromosome in Deer

Su Ying, Liu Songxiao, Zhang Zhengyi, Ju Guichun

（Chinese Medical Material College, Jilin Agricultural University, Changchun 130118, China）

Abstract：In modern molecular genetics study, The most important DNA makers are Mitochondrial DNA and Y chromosome. Now, the research mainly focus on the Mitochondrial DNA, This paper summarized the structure and main gene of Y chromosome in deer. Furthermore, emphasis was put on the applications in the fields of Species identification and genetic diversity.

Key words：deer; Y chromosome; genetic diversity

鹿科动物属哺乳纲偶蹄目，雄性有角，雌性无角，全世界约有 34 种。主要分布于欧亚大陆，日本、菲律宾、印度尼西亚，北美洲、南美洲的南纬 40°以北地区及西南非洲。中国是世界上产鹿种类最多的国家，约占世界鹿种的将近一半。鹿科动物是哺乳类动物中最富有价值的种类，鹿全身都是宝，鹿茸、鹿胎、鹿鞭、鹿尾、鹿筋、鹿肉、鹿脯等均是优良的补品[1~5]，另外有几种鹿的毛皮，可制为高级衣物或皮革。目前鹿科动物的研究成为了近期的热点，其研究主要集中在线粒体 DNA 方面，本文对 Y 染色体以及其主要基因在鹿科动物物种识别、遗传多样性方面的研究进展进行概述。

1 Y 染色体简介

在异配性别的物种中，Y 染色体仅存在于雄性个体中，在某一物种内，它的形态最小，基因数目最少，Y 染色体是生物进化的产物，也是遗传物质的载体。研究表明，X、Y 染色体最初起源于一对常染色体，由于常染色体的分化和进化，形成了 X 染色体，在选择压力下，一条染色体基因失

* 基金项目：长春市科技计划项目（14NK030）
** 作者简介：苏莹，女，硕士生，主要从事特种经济动物饲养
*** 通讯作者：鞠贵春 E-mail：984945598@qq.com

活，长度缩短，逐渐退化[6]，位于 X 染色体上的 SXO3 基因发生突变，在发生退化的 X 染色体上形成了一个控制性别的雄性特异性基因 SRY（Sex - determining region of Y chromosome），于是 X 和 Y 染色体分化开来，而这条退化的染色体即为 Y 染色体的前体，之后又进行一系列的分化和进化，形成 Y 染色体[7]。Y 染色体在哺乳动物性别决定和精子生成中起着举足轻重的作用[8]。

2　哺乳动物 Y 染色体的组成与结构特点

哺乳动物的 Y 染色体很小，只占到单倍体基因组的 2%。Y 染色体由两部分组成，包括雄性特异区（The male - specific region of the Y chromosome，MSY）和拟常染色体区（Pseudo - autosomal region，PAR），其中 MSY 占 Y 染色体的 95%，由异染色质和三类常染色质拼接而成，其中这三类常染色质包括 X 染色体转座序列、X 染色体退化序列和扩增序列。在减数分裂中其不与 X 染色体发生重组和交换[9]。由于 Y 染色体的 MSY 区不与 X 染色体重组，遵循父系遗传，突变率又比较低，将是进化事件的忠实记录者[10]。而拟常染色体区（PAR）占 Y 染色体的 5%，主要位于 Y 染色体短臂的末端，在减数分裂过程中与 X 染色体进行重组[11]。

3　动物 Y 染色体遗传特点

3.1　Y 染色体严格遵循父系起源

在异配性别的物种中，Y 染色体仅存在于雄性个体中，即雄性个体的 Y 染色体只能来源于父系，其遗传方式决定了 Y 染色体严格的遵从父系遗传[4]。

3.2　Y 染色体有效群体小

Y 染色体是单倍体，很多基因都是单拷贝的，容易产生插入和缺失突变，有效群体的大小也不及常染色体，比较容易产生特异的单倍型，以研究物种的遗传多样性。

3.3　Y 染色体具有非重组区（图 4，图 5）

MSY 占整个 Y 染色体的 95%，其不与 X 染色体发生重组，位于非重组区可以筛选出许多特异性标记，为研究物种的遗传多样性提供了很好的基础。

4　Y 染色体主要基因概况

4.1　SRY 基因

SRY 基因位于 Y 染色体上，是哺乳动物的性别决定基因，其广泛的存在于哺乳动物的 Y 染色体中，但是位置、大小、结构等还是有一定的差异[12]。其中，在郭亚平等[13]对 SRY 基因的研究中发现 SRY 基因无内含子结构，该基因有一个多聚腺苷酸位点和两个转录起始位点，其间存在一个开读框架（ORF），并且存在 HMG - box 基因序列。SRY 基因是 Y 染色体上的性别决定序列，是主宰性别的性别决定因子（TDF）的遗传基础[14]。目前，SRY 基因已广泛应用于性别鉴定以及分子进化领域。2009 年，白文林等[15]对内蒙古绒山羊的 SRY 基因的 HMG - box 的分子特征进行分析，并构建系统进化树来研究物种间的同源性。2009 年，Gou 等[16]利用 mtDNA 以及 SRY 基因对云南大额牛以及家牛的起源进行研究，发现二者的研究结果相一致。为了从分子水平了解耗牛的性别形成机制，2010 年裴杰等[17]对高原耗牛的 SRY 基因的编码区进行了克隆表达，发现耗牛 SRY 基因的编码区全长 687bp，编码 229 个氨基酸。2012 年 Zhang 等[18]对中国和伊朗两个国家 24 个品种 387 只公绵羊的 SRY 基因序列进行分析，发现新疆和田羊和宁夏滩羊可能存在基因渗入现象。之后，刘军[19]利用 SRY 基因成功对黑鹿的性别进行鉴定，2015 年郑小亮等[20]利用多重 PCR 的方法成功的对家牛的性别进行了快速鉴定，2015 年周璀林等[21]利用 SRY 基因片段成功对天山马鹿进行性别鉴定。目前关于马鹿 SRY 基因的资料比较少，GeneBank 中显示马鹿 SRY 基因全长 690bp。2004 年，张亮[22]对林麝及马麝 SRY 基因片段进行克隆发现林麝及马麝 SRY 基因片段全长 684bp，包含 HMG – box 区。其编码 227 个氨基酸。

4.2　ZFY 基因

锌指蛋白（Zinc finger protein）是广泛存在于真核生物细胞中的一类核酸结合蛋白，位于 Y 染色体短臂区[23]，在病毒、酵母、哺乳动物和人类细胞中都有此类结构的蛋白存在。近几年的研究表明，在原核细胞中也有类似锌指蛋白的结构存在，但其作用还不十分明确。大多数锌指蛋白是基因表达调控因子，通过与 DNA、RNA 或其他调控因子的相互作用，控制生物体中基因的转录，翻译和蛋白的合成，进而影响生物体中各种复杂的生命过程。目前，关于 Y 染色体 ZFY 基因的研究同 SRY 基因一样，大多围绕着性别鉴定和父系起源这两个方面进行，2008 年，Nijman 等[24]利用 Y 染色体 SRY、DBY、ZFY 3 个基因片段对牛科动物的起源进化进行研究，发现 Y 染色体单倍型的变化可以很好的表达物种间的进化关系。2012 年 Li 等[25]利用 DDX3Y – 7、ZFY – 9、ZFY – 10、UTY – 19 共 4 个 SNP 标记以及 Y – STR 标记对中国家牛的父系起源进行研究，共发现了 3 种单倍型，其结果与 mtDNA 的结果相一致。2014 年朱睦楠等[26]利用线粒体 Cytb 和核基因 ZFY 对羊族物种之间的系统发生关系进行探讨，建议将林线以下矮岩羊进行独立的管理。除此之外，逐渐的也有一些学者开始在鹿科动物上进行研究，2004 年，蒋华云等[27]利用 ZFY 和 ZFX 基因成功对毛冠鹿的性别进行鉴定，发现 ZFY 和 ZFX 基因片段两者同源性达 91%，仅在少数位点有差异，其中，AvaII 为 ZFX 上特异酶切位点。2011 年，S. Pérez – Espona 等[28]利用 Y 染色体 ZFY 标记对苏格兰高地马鹿的渗入情况进行研究，研究结果与前人利用 mtDNA 的研究结果相一致并发现 ZFY 标记可以对其进行鉴定。

4.3　AMELY 基因

牙釉蛋白（Amelogenin，AMEL）是一个存在于哺乳动物牙釉质中的蛋白，在哺乳动物中这个基因的序列具有高度的保守性，在少数的胎盘胎盘类哺乳动物中 AMEL 基因同时存在于 X 和 Y 染色体即 AMELX 和 AMELY[29]。正是基于牙釉蛋白的这一特性，许多学者利用 PCR 方法进行性别鉴定。2006 年，Weikard 等[30]利用 AMELY 和 AMELX 基因成功对牛科动物的性别进行鉴定，2011 年唐纪伟[31]利用牙釉基因成功对山羊早期胚胎的性别进行鉴定，2012 年，李海静等[32]成功的对牛早期胚胎的性别进行鉴定。2010 年，Artur Gurgul 等[29]以牛外源成功扩增出马鹿的 AMELY 和 AMELX 基因片段，并利用其对马鹿的性别进行鉴定，发现 AMELX 基因序列与牛和人的序列表现出高度的同源性，但是 AMELY 基因就相对较低一点。比较分析马鹿 AMELX 和 AMELY 基因的序列。在编码区两个序列的同源性达到 82%，而在 3' 端非编码区两个基因的同源性达到了 74%。马鹿的 AMELY 基因存在一段缺失。

4.4　DBY 基因

DBY（DDX3Y，DEAD box on the Y）基因是精子发生中起关键性作用的基因之一，在动物繁殖中起着至关重要的作用[33]，定位于 Y 染色体短臂末梢 AZFa 区域 Yp11.3 – 11.23，含有 17 个外显子，编码 660 个氨基酸残基，为 ATP 依赖性 RNA 解螺旋酶[34]。目前 DBY 基因已广泛的应用于分子遗传多样性的研究中，2009 年，C. Ginja 等[35]利用线粒体 DNA 以及 Y 染色体标记 DDX3Y – 1、DDX3Y – 7、ZFY – 10、UTY – 19 克里奥牛的遗传多样性和父系起源进行研究，发现了 3 种单倍型。2014 年，Xiangpeng Yue 等[36]利用 DDX3Y – 7、ZFY – 9、ZFY – 10、UTY – 19 这 4 个 Y 染色体标记对普通牛种与瘤牛牛种进行研究，发现蒙古牛中瘤牛基因的渗入可能出现在公元前 2 ~ 7 世纪；由于其在 X 染色体上存在同源序列，许多学者开始利用其进行性别鉴定，2012 年 P. Gokulakrishn 等[37]成功利用 PCR 技术对 DDX3Y 和 DDX3X 进行扩增完成性别鉴定。目前关于鹿科动物 DBY 基因的研究还很少，大多集中在近缘物种牛、羊上，鹿科动物 DBY 基因的选序列也还没有被测定，以近缘物种牛羊为参考序列测定鹿科动物的 DBY 基因序列并利用其进行性别鉴定将是下一步的研究重点。

4.5 其他基因

除了以上介绍的 4 个基因外，在 Y 染色体上还存在 HSFY、USP9Y、UTY、OFD1Y 等基因，HSFY 基因是 Y 染色体热休克转录因子，属于热休克转录因子家族，它存在于多个物种上并发现存在多个拷贝数。它的功能我们暂时还不清楚，但许多学者猜想应该与精子发生（精原细胞）有关。USP9Y 基因是与精子生成密切相关的基因，在动物繁殖育种中起非常重要的作用[38]，UTY 基因编码 TPR（Tetratricopeptide repeat）蛋白，富含谷氨酸、丝氨酸和脯氨酸，在 X 染色体上具有同源基因 UTX[34]。目前关于动物 Y 染色体的研究多集中于 SRY、ZFY、AMELY、DBY 这 4 个基因上，关于 OFD1Y、UTY、HSFY、USP9Y 等基因的研究较少，2012 年 R Li 等[39]利用 Y 染色体上的 ZFY、SRY、UTY、USP9Y、AMELY、OFD1Y 共 6 个基因 16 个片段对耗牛的遗传多样性进行研究，共发现了 3 个单倍型。同年，A. Ludwig 等[40]利用 USP9Y、ZFY、UTY 来研究本土白牛的遗传路线，发现了 2 种单倍型，其研究结果与线粒体 DNA 的研究结果相一致。

5 展望

在鹿科动物起源进化方面，利用动物线粒体 DNA 进行母系起源的研究是近期的热点，但还需要研究其父系起源进行补充，目前 Y 染色体 SRY、ZFY、AMELY、DBY 等基因是进行动物起源进化的常用基因，可以利用 Y 染色体上的基因针对我国的鹿科动物资源，全面分析其遗传多样性，探讨我国鹿科动物的父系起源。

参考文献

[1] 王丽，刘俊渤，胡耀辉，等. 鹿油脱色工艺条件优化 [J]. 吉林农业大学学报，2012，34（4）：454 – 458.

[2] 史小青，刘金哲，姚艳飞，等. 梅花鹿鹿花盘对小鼠抗疲劳作用的研究 [J]. 吉林农业大学学报，2011，33（4）：408 – 410.

[3] 王帅，钟立成，尹冬冬，等. 鹿血清蛋白抗氧化肽体外抗氧化性及其机理研究 [J]. 经济动物学报，2014，18（2）：96 – 99，103.

[4] 林伟欣，鞠贵春，张爱武. 鹿肉的营养特性与生产概况 [J]. 经济动物学报，2014，18（4）：228 – 232，237.

［5］ 杨春，刘振，路晓，等．鹿茸干细胞 MSAP 分析技术体系的建立及引物筛选［J］．吉林农业大学学报，2015，37（4）：463－468.

［6］ Gribnau J, Grootegoed J A. Origin and evolution of X chromosome inactivation［J］. Current Opinion in Cell biology, 2012, 24（3）：397－404.

［7］ 肖红梅．绒山羊 Y 染色体的 BAC 筛选、鉴定与序列分析［D］．呼和浩特：内蒙古农业大学，2013.

［8］ Hughes J F, Rozen S. Genomics and genetics of human and primate y chromosomes［J］. Annual Review of Genomics and Human Genetics, 2012, 13：83－108.

［9］ 李辉．Y 染色体与基因家谱［J］．世界科学，2013（2）：24－28.

［10］ 徐舒远．水牛 Y－SNPs 筛选及多拷贝基因鉴定［D］．杨凌：西北农林科技大学，2014.

［11］ Otto S P, Pannell J R, Peichel C L, et al. About PAR：The distinct evolutionary dynamics of the pseudo－autosomal region［J］. Trends in Genetics, 2011, 27（9）：358－367.

［12］ 孙伟丽，李光玉，钟伟，等．SRY 基因研究进展及其在动物性别鉴定中的应用［J］．黑龙江动物繁殖，2008（3）：1－3.

［13］ 郭亚平，贺艳萍，张红梅，等．SRY 基因及其性别决定［J］．动物学报，2001（专刊）：241－246.

［14］ 孙蕾，赵英丽．哺乳动物 SRY 基因研究进展［J］．中国畜牧兽医，2008，35（2）：35－37.

［15］ 白文林，马芳，尹荣焕，等．内蒙古绒山羊 SRY 基因 HMG－box 的分子特征分析［J］．西北农林科技大学学报：自然科学版，2009（7）：44－50.

［16］ Gou X, Wang Y, Yang S, et al. Genetic diversity and origin of Gayal and cattle in Yunnan revealed by mtDNA control region and SRY gene sequence variation［J］. Journal of Animal Breeding and Genetics, 2010, 127（2）：154－160.

［17］ 裴杰，阎萍，程胜利，等．高原牦牛 SRY 基因的克隆与原核表达［J］．江苏农业学报，2010，26（1）：107－112.

［18］ Zhang G, Vahidi S, Ma Y H, et al. Limited polymorphisms of two Y－chromosomal SNPs in Chinese and Iranian sheep［J］. Animal Genetics, 2011, 43（4）：479－481.

［19］ 刘军．基于黑鹿粪便的个体识别和性别鉴定［D］．杭州：浙江师范大学，2012.

［20］ 郑小亮，潘求真，柳静，等．利用多重 PCR 技术快速鉴定牛性别的研究［J］．黑龙江畜牧兽医，2015（2）：43－44.

［21］ 周璨林，艾斯卡尔·买买提，日沙来提·吐尔地，等．非损伤技术研究天山马鹿性别比与冬季家域［J］．科技导报，2015，33（4）：91－96.

［22］ 张亮，邹方东，陈三，等．林麝及马麝 SRY 基因片段克隆及其在系统进化分析中的应用［J］．动物学研究，2004，25（4）：334－340.

［23］ Clawson M L, Heaton M P, Fox J M, et al. Male－specific SRY and ZFY haplotypes in US beef cattle［J］. Animal Genetics, 2004, 35（3）：246－249.

［24］ Nijman I J, Van Boxtel D C, Van Cann L M, et al. Phylogeny of Y chromosomes from bovine species［J］. Cladistics, 2008, 24（5）：723－726.

［25］ Li R, Zhang X M, Campana M G, et al. Paternal origins of Chinese cattle［J］. Animal Genetics, 2013, 44（4）：446－449.

［26］朱睦楠，周材权，何娅，等．基于线粒体 Cytb 和核基因 ZFY 探讨羊族物种之间的系统发生关系 ［J］．兽类学报，2014，34 （4）：366 – 373.

［27］蒋华云，曹祥荣，张锡然，等．毛冠鹿 ZFY，ZFX 基因片段的克隆与性别鉴定 ［J］．遗传，2004，26 （4）：465 – 468.

［28］Pérez – Espona S，Pérez – Barbería F J，Pemberton J M. Assessing the impact of past wapiti introductions into Scottish Highland red deer populations using a Y chromosome marker ［J］. Mammalian Biology，2011，76 （5）：640 – 643.

［29］Gurgul A，Radko A，Stota E. Characteristics of X – and Y – chromosome specific regions of the amelogenin gene and a PCR – based method for sex identification in red deer （*Cervus elaphus*）［J］. Molecular Biology Reports，2010，37 （6）：2915 – 2918.

［30］Weikard R，Pitra C，Kühn C. Amelogenin cross – amplification in the familybovidae and its application for sex determination ［J］. Molecular Reproduction and Development，2006，73 （10）：1 333 – 1 337.

［31］唐纪伟，牙釉质基因鉴定山羊早期胚胎性别的研究 ［D］．阿拉尔：塔里木大学，2011.

［32］李海静，刘岩，秦彤，等．PCR 扩增牙釉基因 X 和 Y 染色体不同序列鉴定牛早期胚胎性别 ［J］. Reproduction，2012，48 （21）：35 – 37.

［33］肖红梅，肖旭，刘志红，等．绒山羊 DBY 基因的 BAC 筛选与序列分析 ［J］．生物技术通报，2013 （7）：89 – 93.

［34］谭庆辉，王乃东，薛立群．H – Y 抗原候选基因的研究进展 ［J］．中国畜牧兽医，2011 （10）：68 – 73.

［35］Ginja C，Penedo M，Melucci L，et al. Origins and genetic diversity of New World Creole cattle：inferences from mitochondrial and Y chromosome polymorphisms ［J］. Animal Genetics，2010，41 （2）：128 – 141.

［36］Yue X，Li R，Liu L，et al. When and how did Bos indicus introgress into Mongolian cattle？［J］. Gene，2014，537 （2）：214 – 219.

［37］Gokulakrishnan P，Kumar R R，Sharma B D，et al. Sex determination of cattle meat by polymerase chain reaction amplification of the DEAD box protein （DDX3X/DDX3Y） gene ［J］. Asian – Australasian Journal of Animal Sciences，2012，25 （5）：733 – 737.

［38］肖红梅，刘志红，张文广，等．绒山羊 USP9Y 基因的 BAC 筛选与鉴定 ［J］．中国畜牧兽医，2012 （4）：31 – 34.

［39］Li R，Wang S Q，Xu S Y，et al. Novel Y – chromosome polymorphisms in Chinese domestic yak ［J］. Animal Genetics，2014，45 （3）：449 – 452.

［40］Ludwig A，Alderson L，Fandrey E，et al. Tracing the genetic roots of the indigenous White Park Cattle ［J］. Animal Genetics，2013，44 （4）：383 – 386.

中图分类号：S865.4⁺23　文献标识码：A

引文格式：苏莹，刘松啸，张正义，等．鹿科动物 Y 染色体概述及其主要基因的研究进展 ［J］．经济动物学报，2015，19 （4）：

DOI：10.13326/j.jea.2015.1097

此文发表于《经济动物学报》2015，19 （4）

基于线粒体控制区全序列的鹿亚科系统发育分析[*]

涂剑锋[**]　邢秀梅　刘琳玲　鲁晓萍　杨福合[***]

（中国农业科学院特产研究所 吉林省特种经济动物分子生物学重点实验室，吉林 吉林　132109）

摘　要：测定了13种鹿亚科动物线粒体DNA控制区全序列，并结合从GenBank获得的12种鹿亚科动物同源序列进行分析。结果显示：25种鹿亚科动物线粒体控制区序列全长在914~1 072之间，个体间序列差异范围在0.1%~12.2%，4个属间差异范围在8.0%~12.2%，构建的系统发育树结果表明马鹿分为两个不同的类群，麋鹿属的麋鹿、斑鹿属的豚鹿以及黇鹿属的黇鹿与鹿属的分化处于属间差异，支持将其并入鹿属的观点，坡鹿为鹿属中最原始的种。

关键词：鹿亚科；线粒体DNA；控制区；系统发育

A Molecular Phylogeny of Cervinae Based on Mitochondrial Complete Control Region Sequence

Tu Jianfeng, Xing Xiumei, Liu Linling, Lu Xiaoping and Yang Fuhe

（Jilin Provincial Key Laboratory for Molecular Biology of Special Economic Animals, Institute of Special Economic Animanl and Plant of Science, CAAS, Jilin 132109, China）

Abstract：The complete mitochondrial DNA （mtDNA） control region （D-loop） of 13 species of Cervinae was determined by direct DNA sequencing. In addition the homologous sequences of 12 species of Cervinae were obtained from the GenBank. Total of 25 mtDNA D-loop of Cervinae were analyzed. The results showed that the length of D-loop is 914~1 072bp. DNA difference ranged from 0.1%~12.2%, and divergence were 8.0%~12.2% among each of four genera. The results which the molecular phylogenetic tree was contructed Based on their D-loop sequences indicated that red deer divided into two distinct groups, and supported Elaphurus, Hog deer and fallow deer should be incorporated in cervus, Eld's deer was the most antique one among the cervus.

Key word：Cervinae; Mitochondrial DNA; Control Region; Phylogeny

* 基金项目：国家科技支撑计划（2007BAI38B03）和国家自然科技资源平台项目（No. 2004DKA30460）

** 第一作者：涂剑锋，男，助研，主要从事经济动物遗传育种研究。E-mali：tujianfeng11@163.com

*** 通讯作者：杨福合，男，研究员，博士生导师，主要从事经济动物资源评价和遗传育种研究。E-mail：yangfh@126.com

鹿亚科也叫真鹿亚科，形态分类法把鹿亚科分为鹿属（*Cervus*）、黇鹿属（*Dama*）、斑鹿属（*Axis*）和麋鹿属（*Elaphurus*）4个属[1,2]。我国现有梅花鹿（*Cervus nippon*）、马鹿（*C. elaphus*）、坡鹿（*C. eldi*）、水鹿（*C. unicolor*）、白唇鹿（*C. albirostris*）、豚鹿（*Axis porcinus*）和麋鹿（*Elaphurus davidianus*）7种鹿亚科动物分布[1]。前人现已从形态学、细胞学、生物化学、分子遗传学等方面对鹿亚种动物的系统发育进行了报导，但存在分歧。Gilbert等[3]认为鹿亚科分为鹿属、斑鹿属、黇鹿属和Rucervus属，麋鹿归入鹿属，泽鹿（*Cervus duvaucelii*）归入Rucervus属，鹿属为多系群（Polyphyletic group）。Cronin等[4,5]和Randi等[6,7]把鹿亚科分为3个属，认为麋鹿属应并入鹿属，鹿属为并系群（Paraphyletic group）。Pitra等[8]认为鹿亚科至少可分为3个属，其认为马鹿为并系类群，斑鹿属并非单系群（Monophyletic group）。刘向华等[9]认为斑鹿属和麋鹿属应并入鹿属，归并后的鹿属为单系群，中国马鹿各亚种也是一个单系群。Emerson等[10]认为麋鹿属与鹿属进化关系较近，水鹿与黇鹿属和斑鹿属的亲缘关系要近于其他鹿属动物。Kuwayama等[11]认为欧洲马鹿（赤鹿）、马鹿和梅花鹿是单系类群，马鹿与梅花鹿的进化关系更近于欧洲马鹿，而传统分类认为马鹿和欧洲马鹿互为姐妹群。

线粒体DNA控制区（D－loop区）是一段非编码序列，其进化速率较快，最易发生变异，常用于近缘物种的研究。鹿科动物中D－loop区的进化速率约为编码区的2倍[12]。本研究测定了13种鹿亚科动物的D－loop区全序列，并结合GenBank检索到的12种鹿亚科动物同源序列，以毛冠鹿为外群进一步探讨鹿亚科动物的系统发育问题。

1 材料与方法

1.1 材料

马鹿血样、梅花鹿血样、坡鹿血样、水鹿血样、白唇鹿血样和赤鹿鞭各1份。其他序列均来自GenBank（表1）。

1.2 基因组DNA提取

用基因组提取试剂盒提取总DNA，紫外分光光度计定量，－20℃保存。

1.3 PCR扩增、纯化和测序

通过序列同源比对，在D－loop区两端保守位置设计1对通用引物，引物序列为：上游5′－CACCCAAAGCTGAAGTTCTAT－3′，下游5′－CTCATCTAGGCATTTTCAGTG－3′，由上海生工合成。

用胶回收试剂盒对PCR产物进行回收纯化，纯化后的产物由上海生工完成测序工作。用Chromas2.22校对测序图和DNAMAN6.0进行序列拼接。

1.4 序列分析和构建系统发育树

DNAstar统计碱基含量及格式转换，ClustalX1.8多序列比对，DnaSP4.0统计多态位点信息，MEGA4.0统计物种间遗传距离及转换与颠换之比（R值），Phylip3.68构建邻近法系统发育树（Kimura－2－Parameter双参数模型），Tree－puzzle5.2构建最大似然法系统发育树（Tamura－Nei模型）。

表1 本研究所用材料及说明

Table 1 Materials used in this study andspecification

种名 Species	代码 Code	序列全长 Length（bp）	采样地点 Locality	检索号 GenBank accession No.	来源 Source
东北马鹿 C. e. xanthopygus	Cexant1	995	吉林 Jilin	GQ304773	本研究（This study）
	Cexant2	994	内蒙 Neimong	GQ304774	本研究（This study）
甘肃马鹿 C. e. kansuensis	Cekans1	993	甘肃 Gansu	GQ304767	本研究（This study）
	Cekans2	917	北京 Beijing	AF296819	Polziehn RO 2002
蒙古马鹿 C. e alashanicu	Cealash	991	青海 Qinghai	GQ304768	本研究（This study）
阿尔泰马鹿 C. e. sibiricus	Cesibir	995	新疆 Xinjiang	GQ304769	本研究（This study）
天山马鹿 C. e. songaricus	Cesonga	990	新疆 Xinjiang	GQ304772	本研究（This study）
四川马鹿 C. e. macneilli	Cemacne	918	美国 American	AF296812	Polziehn RO（2002）
塔里木马鹿 C. e yarkandensis	Ceyark 1	914	新疆 Xinjiang	GQ304770	本研究（This study）
	Ceyark 2	916	新疆 Xinjiang	GQ304771	本研究（This study）
欧洲马鹿 C. elaphus	Celaphus	915	新西兰 New zealand	GQ304775	本研究（This study）
东北梅花鹿 C. n. hortulorum	Cnhortul	993	吉林 Jilin	GQ304776	本研究（This study）
台湾梅花鹿 C. n. taiouanua	Cntaiou	986	台湾 Taiwan	E F058308	Chang HW（Unpublished）
越南梅花鹿 C. n. pseudaxis	Cnpseud	995	法国 France	AF291881	Randi E（2001）
海南水鹿 C. u. hainana	Cuhainan	1 000	海南 Hainan	GQ304777	本研究（This study）
印度水鹿 C. u. niger	Cuniger	999	印度 India	AF291884	Randi E（2001）
台湾水鹿 C. u. swinhoei	Cuswinh	1 043	台湾 Taiwan	E F035448	Wang HW（Unpublished）
海南坡鹿 C. e. hainanus	Cehainan	921	海南 Hainan	GQ304766	本研究（This study）
泰国坡鹿 C. e. siamensis	Cesiame	922	泰国 Thailand	AF291892	Randi E（2001）
印度坡鹿 C. e. eldii	Ceeldii	922	印度 India	AF291893	Randi E（2001）
白唇鹿 C. albirostris	Calbiro1	1 072	青海 Qinghai	GQ304765	本研究（This study）
	Calbiro2	920	美国 American	AF296815	Polziehn RO（2002）
麋鹿 Elaphurus davidianus	Edavidia	920	北京 Beijing	AF291894	Randi E（2001）
豚鹿 Axis porcinus	Aporci	938	印尼 Indonesia	AF291897	Randi E（2001）
黇鹿 Dama dama	Ddama	916	意大利 Italy	AF291895	Randi E（2001）
毛冠鹿 Elaphodus cephalophus	Ecepha	911	中国 China	DQ873526	Pang H（2008）

2 结果

2.1 D-loop 区序列及差异

通过序列比对，确认本研究测得的 13 种鹿亚科动物 D-loop 区全序列（GenBank 检索号为

GQ304765 ~ GQ304777)，结合 GenBank 检索得到的 12 种鹿亚科动物同源序列进行分析。25 种鹿亚科动物 D - loop 区序列全长范围在 914 ~ 1 072bp，引起长度差异的主要原因是 CR - I 区重复单元存在不同的拷贝次数。D - loop 区序列碱基 T、A、C、G 的平均含量分别为 32.0%、30.0%、22.7% 及 15.3%，A + T 含量（62%）明显高于 C + G（38%）。检测到 215 个多态位点，其中，单一信息位点 63 个，简约信息位点 152，序列比对发现多态位点主要分布在序列两端，即 CR - I 区（tRNA - Thr 和 tRNA - Pro 端，1 ~ 479bp）和 CR - III 区（tRNA - Phe 端，858 ~ 1 110bp），中央区，即 CR - II 区（480 ~ 857bp），较为保守。多态位点转换与颠换的比值为 4.11。

除塔里木马鹿外，马鹿亚种间遗传距离在 0.002 ~ 0.027，它们与塔里木马鹿的遗传距离在 0.046 ~ 0.064，鹿属各种间的遗传距离为 0.034 ~ 0.108，麋鹿与鹿属的遗传距离为 0.080 ~ 0.094，与豚鹿和黇鹿的遗传距离分别为 0.083 和 0.105，豚鹿与鹿属的遗传距离在 0.090 ~ 0.114，与黇鹿的遗传距离为 0.102，黇鹿与鹿属的遗传距离为 0.100 ~ 0.122，鹿亚科动物与毛冠鹿的遗传距离为 0.130 ~ 0.160（表2）。

2.2 系统发育分析

以毛冠鹿为外群，基于 D - loop 区全序列（插入或缺失删除），用最大似然法和邻接法构建鹿亚科动物系统发育树（图），两种建树方法得到的拓扑结构基本一致。结果显示：我国的马鹿亚种分为两枝，其中，6 种马鹿亚种聚为一枝（分枝 E），塔里木马鹿为另一枝（分枝 W）；马鹿（分枝 E）与梅花鹿互为姐妹群，两者与白唇鹿聚为一个进化枝；塔里木马鹿（分枝 W）与欧洲赤鹿先聚类，两者与水鹿聚为一个进化枝；坡鹿与麋鹿聚为一个进化枝；豚鹿和黇鹿各为一个进化枝。枝上数值为 Bootstrap1 000 次的置信度。

3 讨论

3.1 马鹿亚种的系统进化分析

根据形态特征，把全世界马鹿划分为 22 个亚种，我国有 8 个亚种分布[1]。Ohtaishi[13] 把马鹿分为欧洲、中亚和东亚北美 3 个类型。Geist[14] 认为马鹿是一个超种（亲缘关系很近、数量较多的异地种）。Pitra 等[9] 把马鹿分为 4 个单系亚种群。较多的研究认同将马鹿分为东、西两个类型，西部类型包括新疆南部塔里木种群和欧洲种群，东部类型包括新疆北部的种群、亚洲种群及北美种群的观点[7,15,16]。Halik 等[15] 和 Ludt 等[16] 认为，塔里木盆地的沙漠区和天山山脉是东西两个类型的分界线。在本研究构建的系统发育中，我国的马鹿亚种明显分为 E 和 W 两个进化枝，进化枝 E 包括 6 个马鹿亚种（东部类型），进化枝 W 仅塔里木马鹿一个亚种，它与欧洲马鹿聚为一个进化枝（西部类型），支持马鹿分为东西两个类型的结论，我国马鹿亚种为并系。进化枝 E 上各马鹿亚种的遗传差异在 0.2% ~ 2.7%，处于鹿科动物亚种间线粒体 DNA 序列差异范围 1% ~ 3%[4,17]。进化枝 E 上马鹿亚种与塔里木马鹿的遗传差异为 4.4% ~ 6.0%，与梅花鹿之间的遗传差异为 3.4% ~ 5.1%，进化枝 E 上马鹿亚种与塔里木马鹿的遗传差异已处在种间水平，与 Ludt 等[16] 和 Polziehn 等[18] 认为东西类型的马鹿亚种是两个不同的种的结论相一致。

3.2 鹿亚科的系统发育分析

麋鹿属被认为是最早从鹿亚科中分离出来的进化枝，现存麋鹿是其高度特化的种类[19]，最

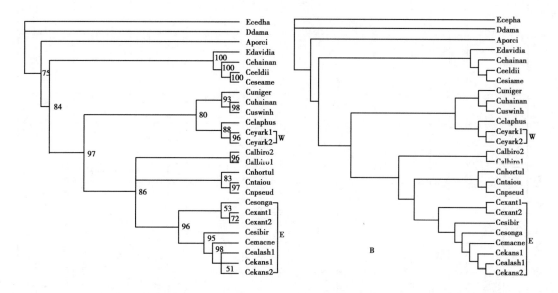

Fig　Phylogenetic trees based on the D - loop region by maximum likelihood（A）and Neighbor - Joining（B）methods

图　基于 D - loop 区序列构建最大似然法（A）和邻接法（B）系统发育树

近的研究资料却表明麋鹿与鹿属动物有较近的进化关系，应将麋鹿属并入鹿属[3-5,7,9,10]。在本研究中，麋鹿与鹿属的坡鹿互为姐妹枝，麋鹿与鹿属动物的遗传距离（0.080～0.094）近于坡鹿与鹿属其他动物的遗传距离（0.087～0.102），处在鹿科动物种间线粒体 DNA 差异范围 0.04～0.12 之内[4,17]，麋鹿与鹿属动物的遗传差异属种间差异，支持麋鹿属并入鹿属的观点。

斑鹿属包括斑鹿、喀拉米豚鹿、巴岛花鹿及豚鹿四个种，它们的体型较少，形态特征与鹿属动物很相似，早期的分类学曾将其与鹿属合并。王宗仁等[20]通过对豚鹿染色体组型差异研究，认为应将斑鹿属归入鹿属。刘向华等[9]根据 Cytb 基因序列分析认同将豚鹿并入鹿属的观点。本研究的结果表明豚鹿是第二枝从鹿亚科分离出来，豚鹿与鹿属动物的遗传距离为 0.087～0.110，支持将豚鹿应并入鹿属的观点。至于是否将斑鹿属并入鹿属，还有待于对斑鹿属其他 3 个物种的研究。

Flerov 等[19]认为黇鹿属与鹿属直到更新世才分化成独立的属。王宗仁等[20]研究发现黇鹿和鹿属动物染色体组型差异并不比鹿属内各个种间的差异更大，认为应将黇鹿属归入鹿属。Emerson 等[11]蛋白电泳研究结果显示黇鹿与鹿属动物进化关系较近。在本研究中，黇鹿是最早从鹿亚科中分离出来的进化枝，黇鹿与鹿属动物的遗传距离为 0.094～0.118，黇鹿与鹿属动物的遗传差异略大于麋鹿和豚鹿与鹿属动物的遗传差异，但仍处于属间差异，支持黇鹿属的黇鹿应并入鹿属。

古生物学认为，鹿属起源于上新世晚期和更新世，由 Axis 和 Rusa 逐渐分化出鹿属的各个种，白唇鹿和梅花鹿是在上新世末期至更新世初期从古黑鹿系统进化枝系中分化出来，逐渐形成它们的现代种，中亚马鹿起源时间接近白唇鹿和梅花鹿，比马鹿其他亚种要早。Ohtaishi 等[13]指出梅花鹿和马鹿是近缘种，马鹿是从梅花鹿中分化出来的，水鹿和坡鹿是近缘的，水鹿最为原始，白唇鹿的祖先是水鹿，坡鹿是从斑鹿属或水鹿的祖先中分化而来。王宗仁等[21]认为梅花鹿与马鹿的关系最近，现生鹿属动物中水鹿是最原始的，白唇鹿与梅花鹿几乎同时从水鹿的祖先种分化而来的，马鹿则是最后分化出来的。本研究构建的系统发育树与古生物学的结果基本一致，不同之处在于本研究的结果显示坡鹿为鹿属最为原始的种。

表 2　鹿亚科动物及毛冠鹿间 D – loop 区遗传距离

Table 2　Genetic distances for complete control region sequences in Cervinae and Tufted Deer

物种 Species	1	2	3	4	5	6	7	8	9	10	11	12	13	14	15	16	17	18	19	20	21	22	23	24	25	26
Cexant1																										
Cexant2	0.023																									
Cekans1	0.027	0.021																								
Cekans2	0.026	0.022	0.004																							
Cealash	0.027	0.021	0.002	0.004																						
Cemacne	0.026	0.017	0.004	0.005	0.004																					
Cesibir	0.026	0.022	0.016	0.017	0.016	0.015																				
Cesonga	0.026	0.027	0.023	0.022	0.023	0.022	0.025																			
Cnpseud	0.048	0.041	0.035	0.034	0.035	0.036	0.041	0.044																		
Cnhortul	0.049	0.043	0.036	0.035	0.036	0.037	0.040	0.040	0.022																	
Cntaiou	0.051	0.036	0.035	0.036	0.035	0.036	0.039	0.047	0.022	0.022																
Ceyark1	0.060	0.053	0.047	0.048	0.044	0.048	0.053	0.051	0.059	0.061	0.059															
Ceyark2	0.058	0.052	0.048	0.049	0.045	0.049	0.052	0.052	0.060	0.063	0.057	0.001														
Celaphus	0.069	0.065	0.064	0.065	0.061	0.062	0.062	0.068	0.077	0.069	0.068	0.061	0.060													
Cuswinh	0.054	0.051	0.052	0.053	0.049	0.053	0.053	0.056	0.053	0.047	0.048	0.056	0.055	0.058												
Cuhainan	0.060	0.056	0.057	0.058	0.054	0.058	0.058	0.061	0.055	0.052	0.049	0.057	0.056	0.062	0.016											
Cuniger	0.064	0.063	0.056	0.060	0.059	0.060	0.060	0.065	0.063	0.057	0.057	0.063	0.061	0.068	0.034	0.035										
Calbiro1	0.057	0.053	0.047	0.048	0.047	0.043	0.048	0.048	0.056	0.049	0.052	0.063	0.064	0.069	0.060	0.067	0.064									
Calbiro2	0.057	0.053	0.047	0.048	0.047	0.043	0.048	0.048	0.056	0.049	0.052	0.063	0.064	0.069	0.060	0.067	0.064	0.000								
Ceeldii	0.094	0.101	0.093	0.091	0.093	0.094	0.093	0.091	0.101	0.090	0.099	0.097	0.098	0.098	0.094	0.100	0.100	0.100	0.100							
Cehainan	0.094	0.101	0.093	0.091	0.093	0.094	0.093	0.091	0.102	0.087	0.099	0.091	0.093	0.095	0.088	0.097	0.097	0.091	0.091	0.015						
Cesiame	0.094	0.101	0.093	0.091	0.093	0.094	0.093	0.091	0.102	0.087	0.099	0.091	0.093	0.095	0.088	0.097	0.097	0.100	0.091	0.000	0.015					
Edavidia	0.088	0.082	0.082	0.080	0.082	0.083	0.089	0.084	0.084	0.084	0.087	0.084	0.086	0.087	0.084	0.086	0.093	0.093	0.093	0.068	0.068	0.068				
Aporci	0.092	0.094	0.094	0.092	0.091	0.092	0.095	0.087	0.100	0.094	0.097	0.095	0.097	0.096	0.090	0.095	0.110	0.100	0.100	0.094	0.088	0.094	0.079			
Ddama	0.101	0.103	0.103	0.101	0.103	0.101	0.098	0.097	0.099	0.101	0.101	0.110	0.117	0.109	0.111	0.115	0.110	0.109	0.109	0.118	0.106	0.118	0.099	0.098		
Ecepha	0.138	0.136	0.134	0.132	0.134	0.133	0.139	0.140	0.140	0.141	0.146	0.143	0.145	0.147	0.148	0.156	0.157	0.160	0.160	0.151	0.155	0.151	0.141	0.130	0.145	

参考文献

［1］盛和林. 中国鹿类动物［M］. 上海：华东师范大学出版社，1992.

［2］Grubb P. . Mammal Species of the World：A Taxonomic and Geographic Reference［M］. In：Wilson，D. E. ，Reeder，D. M. （Eds. ），Smithsonian Institution Press，Washington and London，1993.

［3］Gilbert C，Ropiquet A，Hassanin A. Mitochondrial and nuclear phylogenies of Cervidae（Mammalia，Ruminantia）：Systematics，morphology，and biogeography［J］. Molecular Phylogenetics and Evolution，2006，40：101 – 117.

［4］Cronin MA. Mitochondrial – DNA phylogeny of deer（Cervidae）［J］. Journal Of Mammalogy，1991，72：553 – 566.

［5］Cronin MA，Stuart R，Pierson BJ，Patton JC. K – casein gene phylogeny of higher ruminants（Pecora，Artiodactyla）［J］. Molecular Phylogenetics and Evolution，1996，6：295 – 311.

［6］Randi E，Mucci N，Pierpaoli M，Douzery E. New phylogenetic perspectives on the Cervidae（Artiodactyla）are provided by the mitochondrial cytochrome b gene［J］. Proceedings of the Royal Society B，1998，265：793 – 801.

［7］Randi E，Mucci N，Claro – Herguetta F，Bonnet A，Douzery EJP. A mitochondrial DNA control region phylogeny of the Cervinae：speciation in Cervus and its implications for conservation［J］. Animal Conservation，2001，4：1 – 11.

［8］Pitra C，Fickel J，Meijaard E，Groves PC. Evolution and phylogeny of old world deer［J］. Molecular Phylogenetics and Evolution，2004，33：880 – 895.

［9］刘向华，王义权，刘忠权，等. 从 Cyt b 基因序列探讨鹿亚科动物的系统发生关系［J］. 动物学研究，2003，24（1）：27 – 33.

［10］Emerson BC. Tate ML. Genetic analysis of evolutionary relationships among deer（subfamily Cervinae）［J］. J. Hered，1993，84（4）：266 – 273.

［11］Kuwayama R，Ozawa T. Phylogenetic relationships among European red deer，wapiti，and sika deer inferred from mitochondrial DNA sequences［J］. Molecular Phylogenetics and Evolution，2000，15（1）：115 – 123.

［12］Skog A，Zachos FE，Rueness EK，Mysterud A，Langvatn R，Lorenzini R，Hmwe SS，Lehoczky I，Hartl GB，Stenseth NC，Jakobsen KS. Phylogeography of red deer（Cervus elaphus）in Europe［J］. Journal of Biogeography，2009，36：66 – 77.

［13］Ohtaishi N. The origins and evolution of the deer inChina［M］. In：Sheng HL. The deer in China. Shanghai：East China Normal University Press，1992.

［14］Geist V. Deer of the World：Their Evolution，Behaviour，and Ecology［M］. UK：Swan Hill Press，1999.

［15］Halik M，Ryuichi M，Manabu O Manami T，Junko N，Masatsugu S，Noriyuki O. Molecular phylogeography of the red deer（Cervus elaphus）populations in Xinjiang of China：Comparison with other Asian，European and North American populations［J］. Zoological Science，2002，19：485 – 495.

［16］Ludt CJ, Schroeder W, Rottmann O, Kuehn R. Mitochondrial DNA phylogeography of red deer (Cervuselaphus) ［J］. Molecular Phylogenetics and Evolution, 2004, 31: 1064 – 1083.

［17］Tamate HB, Tsuchiya T. Mitochondrial DNA polymorphism in subspecies of the Japanese sika deer, Cervus Nippon ［J］. Journal of Heredity, 1995, 86 (3): 211 – 215.

［18］Polziehn RO, Strobeck C. A phylogenetic comparison of red deer and wapiti using mitochondrial DNA ［J］. Molecular Phylogenetics and Evolution, 2002, 22 (3): 342 – 356.

［19］Flerov KK. Morphology and ecology of Cervidae during its evolution ［J］. Journal of Paleontology Translation, 1957, 1 – 2: 2 – 16.

［20］王宗仁, 杜若甫. 鹿科动物的染色体组型及其进化 ［J］. 动物学报, 1983, 29 (3): 214 – 221.

［21］王宗仁, 杜若甫. 鹿属动物的染色体组型及其进化 ［J］. 遗传学报, 1982, 9 (11): 24 – 31.

此文发表于《西北农业学报》2012, 21 (3)

基于线粒体 *Cty b* 基因的西藏马鹿种群遗传多样性研究

刘艳华 张明海[*]

（东北林业大学野生动物资源学院，哈尔滨 150040）

摘 要：西藏马鹿（*Cervus elaphus wallichi*）为我国特有物种，仅分布在西藏东南部的桑日县，目前关于西藏马鹿的研究报道很少。因此，深入了解西藏马鹿各地理单元内种群的遗传变异，可以制定保护管理策略提供依据，进而使其种群得到有效的保护和管理。对54个不同西藏马鹿个体（来自3个不同地点）的线粒体 DNA *Ctyb* 基因进行了测定和群体分析，获得了 731bp 的片段，并检测到 24 个变异位点，占分析长度的 3.28%，且这 24 个变异位点皆为碱基置换，并未出现碱基插入或缺失的现象，并定义了 14 种单倍型，核苷酸多样性平均值为 0.027 81，种群总体遗传多样性较高。从 Tajima's *D* 和 Fu and Li's *D* 值的估算结果来看，这 3 个马鹿种群相对于中性进化的歧异度并没有明显的偏离（$P > 0.1$），没有明显的证据显示这 3 个西藏马鹿种群间存在很强的平衡选择。分子变异分析表明 3 个群体间基因流（$5.36 > Nm > 1.87$）均大于 1，说明这 3 个马鹿种群间存在着丰富的基因流，并建议将 3 个地区的西藏马鹿作为一个管理单元进行保护和管理。

关键词：西藏马鹿；粪便 DNA；*Cty b*；遗传多样性；西藏

Population genetic diversity in Tibet red deer（*Cervus elaphus wallichi*）revealed by mitochondrial *Cty b* gene analysis

Liu Yanhua, Zhang Minghai[*]

（College of Wildlife Resources, Northeast Forestry University, Harbin 150040, China）

Abstract：The Tibet red deer, *Cervus elaphus wallichi*, is a middling and primitive living member of the Cervidae family Tibet red deer were once wildly distributed in Tibet, Sikkim, Nepal and Bhutan. However, in the last century their range and number was drastically reduced because of over-hunting In 1992, the World Wildlife Fund（WWF）announced that Tibet red deer in the wild had become extinct. Subsequently, there were very few reports of Tibet red deer in the wild. In July 2005, we investigated the distribution of Tibet red deer and discovered a population of red deer in southeast Tibet. From the body size, morphometric traits and hair color, we thought it was likely to be Tibet red deer. We collected 123 fecal samples from the red deer distribution area and analyzed the cytochrome *b* gene sequences from the mitochondrial DNA（mtDNA）of the samples. We used BLAST（mega blast）at NCBI to identify sequences with the highest similarities（>97%）and the lowest differences（<

3%) to the published *Cyt b* sequence, AY044861, of the Tibet red deer (*Cervus elaphus wallichi*). 105 samples were identified as having high sequence similarity to the red deer (*Cervus elaphus wallichi*) sequence. We carried out genotype analysis using eleven microsatellites to identify individuals in the 105 fecal samples and obtained 54 different genotypes. Forensic medicine criteria and the results of data analysis allow the identification of different individuals according to genotypes. On the basis of forensic medicine criteria, when the genotype is in full accord with a probability of 10^{-14}, then we may assume that the genotype represents either one individual or identical twins.

Tibet red deer is an endemic species in China. Systematic and detailed ecological research on Tibet red deer is almost nonexistent. To further understand its ecological characteristics and to effectively manage its protection, basic research is urgently required. In this study, we investigated the genetic diversity and gene flow in three Tibet red deer populations by analyzing 731 base pairs of the mtDNA *Cyt b* gene fragment in 54 individuals sampled from Zengqi, Woka and Baidui. Twenty – four variable sites and fourteen haplotypes were identified. The red deer exhibited high mtDNA diversity with both haplotype diversity ($h = 0.897 \pm 0.014$) and nucleotide diversity ($\pi = 2.781 \pm 0.02465$). The estimates of Tajima's *D* and Fu and Li's *D* did not deviate significantly from the neutral selection hypothesis ($P > 0.1$) for all three populations of deer, showing no evidence of strong selective sweeps or balancing selection. An analysis of molecular variance (AMOVA) showed abundant gene flow ($5.36 > Nm > 1.87$) among the three populations. Therefore, we suggest that the three populations can be regarded as one unit for conservation and management.

Key words: Tibet red deer (*Cervus elaphus wallichi*); fecal DNA; *Cty b*; genetic diversity; Tibet

西藏马鹿 (*Cervus elaphus wallichi*),隶属于偶蹄目 (Artiodactyla)、鹿科 (Cervidae)、鹿属,是马鹿 (*Cervus elaphus*) 的一个亚种[1]。1823 年,生物学家 Cuvier 在中国西藏自治区 (全书称西藏) 和尼泊尔等地发现、采集到模式标本并将其命名为西藏红鹿 (*Cervus elaphus wallichi*);1841 年,生物学家 Hodgson 在西藏南部发现此动物实体并命名为寿鹿 (*Cervus affinis*);1850 年,有些学者将其取名为西藏马鹿 (*Cervus tibetanus*);现在我国学者正式命名为马鹿西藏亚种,俗名同称"西藏马鹿"。

西藏马鹿在历史上曾广泛分布在我国西藏东南部地区和锡金、尼泊尔、不丹等地[2]。而在 20 世纪 40 年代,世界自然资源保护协会将西藏马鹿列为"可能灭绝"的对象,在接下来几十年的调查中,研究者们在锡金、不丹、尼泊尔等地再没有见到西藏马鹿的足迹。因此,国外许多学者认为它"很可能已绝种"或"差不多是个神秘的动物"。1977 年,国际自然与自然资源保护联盟在华盛顿召开的一次世界鹿类专家讨论会中,因西藏马鹿已有多年不闻消息,认为野生的可能已经灭绝。1992 年,世界野生生物基金会 (WWF) 则正式宣布马鹿野外种群已经绝灭 50a。2005 年,西藏错勤县在一个湖边挖出了一具完整的西藏马鹿公鹿的骨架,这说明在不到 100 年前,西藏马鹿仍然分布在冈底斯山脉以南,雅鲁藏布大峡谷以西的广阔区域。同年,作者参加了关于西藏马鹿种群现状的专项调查,调查中发现西藏马鹿的主要群体仍分布在西藏山南地区的桑日县一带,活动的地区不过 1.0 万 km²,这一鹿群也成为世界上最后已知的极度濒危的西藏马鹿野生种群。遗传多样性是评价一个物种进化潜力高低,抵制自然界各种生存压力能力强弱的重要遗传学指标,而一个物种的遗传信息在其保护管理策略制定中起着重要作用。因此,为了更好的保护该珍稀物种,对现存的野生西藏马鹿种群的遗传结构进行研究是十分必要的。

动物 mtDNA 是动物体内唯一发现的核外遗传物质，脊椎动物的 mtDNA 大小在 16.5 kb 左右，以母系遗传方式遗传。其结构简单、稳定、世代间没有基因重组且进化速度快，已被公认为十分有效的研究动物遗传进化的标记物质[3]，并且在应用中已得到广泛的支持与证明[4-6]。本文测定了采自桑日县 3 个地区野生西藏马鹿线粒体细胞色素 b 基因序列，分析该物种的遗传变异，目的在于为其保护、特别是遗传多样性保护提供科学依据。

1 材料与方法

1.1 样品采集和 DNA 提取

本研究于 2005 年 8 月、2007 年 8 月和 2008 年 8 月分别在西藏马鹿分布区桑日县的增期、沃卡和白堆地区，采用非损伤性取样法采集西藏马鹿粪便样品共 123 份。采集样品时，先用望远镜观察鹿群，待其离开后沿着预先设计好的路线进行粪便收集，并将采集到的粪便保存在 95% 酒精内。采自野外的粪便样品来自西藏马鹿，而非其近源物种，且不属于同一个个体是十分重要的。因此，在采集过程中通过粪便外观对西藏马鹿与其他动物进行初步的分辨。而所采得的粪便是否属于同一西藏马鹿个体，则采用微卫星多态性位点检测进行鉴别，以排除来源于同一个个体的可能。

DNA 提取方法参考上海杰美生物公司生产的《粪便 DNA 提取试剂盒》使用说明并略作改进。具体步骤如下：取一定量的马鹿粪便放入锥形离心管内，加入缓冲液，经涡旋振荡使固态物质充分溶解，再经离心处理使杂质沉淀，然后吸取管内上部清液；将吸出的上清液放入另一锥形管内，加入一定量的酶解液、盐析液和去干扰剂，经涡旋振荡后放入培养箱中 60℃ 孵育，使细胞裂解；裂解后的溶液加入萃取液，经振荡、离心后，取上清液放入另一锥形离心管内，加入一定量的浓缩液和沉淀液后再次离心，去掉上清液，加入清理液后再次离心，再次去掉上清液，将管内物质在空气中自然晾干后加入保存液，放入冰箱中 4℃ 保存待测。

1.2 物种鉴定

选择引物 A1（L – Pro：5' – GAAAAACCATCGTTGTCATTCA – 3'）和 B2（H – Phe：5' – GGAGGTTGGAGCTCTCCTTTT – 3'）[7]进行粪便样品的鉴定。PCR 反应体系为宝生物（大连）有限公司生产的 Hotstar *Taq* DNA polymerase（5 U/μL）0.3μL，dNTPs（2.5 mmol/L）5 μL，BSA（1g/L）5 μL，10×Buffer 5 μL，L – Pro、H – Phe（20 mmol/L）各 0.5μL，DNA100 ng，加灭菌的超纯水至 50 μL。反应条件为 95℃ 预变性 10min，95℃ 变性 30s，50℃ 退火 40s，72℃ 延伸 60s，40 个循环后 72℃ 延伸 10min，4℃ 保存。扩增产物经过 2% 琼脂糖凝胶电泳检测后，用纯化试剂盒（V – Gene 公司）纯化。所有反应均设空白对照。纯化产物经过连接、转化和筛选，用通用引物（M13 +）进行单向测序。将测序后的 DNA 序列在 GenBank 数据中进行 Blast 比较，以确定粪便样品的来源物种。

1.3 个体识别

经鉴定后确定的马鹿粪便样品，应用 11 对微卫星引物进行马鹿样品的基因分型分析[8-12]，PCR 反应中所用的引物合成时上游引物都进行荧光素标记，下游引物不做标记；其他反应条件同 1.2 所述。PCR 产物在 ABI3130 测序仪上分型分析，通过 GeneMapper3.0 确定等位基因大小

（Version4.0）。只得到 1 条 PCR 产物带的判定为纯合子，有 2 条带的判定为杂合子。

1.4 序列分析

将 1.2 中所测的序列结果用 ClustalX 软件[13]进行 DNA 序列排列，并辅以人工校对。用 DnaSP4.0 软件[14]计算核苷酸多样性（Nucleotidediversity，π）和单倍型多样性（Haplotypediversity，h）。用 MEGA2.1 软件[15]进行序列比较和变异检测，确定变异位点和单倍型。使用 PAUP4.0b10[16]和 MrBayes3.0[17]软件，应用最大似然法（Maximum likelihood，ML）、最大简约法（Maximum parsimony，MP）和贝叶斯法（Bayesian，BI）分别构建了系统发育树。并通过 MODELTEST3.06[18]检验寻找最合适的 DNA 替代模型及相关参数，通过自引导获得系统树分支的置信值（重复次数为 1000）。在构建系统树时采用狍（Capreolus capreolus）序列（AY580069）做外群，以获取系统树的根。同时应用 Arlequin3.1[19]中的 AMOVA（Analysis of Molecular Variance）分析方法估算地理指数（Φ – statistics，Φst）及种群间基因流程度（Nm），以揭示种群分化程度。

2 结果

所有采集的粪便样品中，共有 105 个样品得到了扩增产物并成功测序，可以用于物种鉴定。将所测得的 DNA 序列通过 BLAST 软件在 GenBank 数据库中进行比对，发现这些 DNA 序列与数据库中的西藏马鹿 Cty b 基因（AY044861）具有很好的相似性，其相似性大于 97%。因此，这 105 个粪便样品与已知西藏马鹿基因序列的差异均小于 3%，根据 Cty b 基因的高变异特点和已有的研究[20]，确定这些序列均来自西藏马鹿，其中增期为 32 个、沃卡为 35 个、白堆为 38 个（表1）。利用所选的 11 对微卫星引物，对确定的西藏马鹿粪便样品进行基因型分型分析，通过个体识别，确定这些样品中不同西藏马鹿个体的真正数量。在所检测的样品中，共得到 54 个不同的基因型，其分布为：增期为 21 个、沃卡为 15 个、白堆为 18 个（表1）。由于两个不同个体的基因型完全一致的概率为 10^{-14}，在法医上把非同卵双生的两个样品的基因型完全一致认定为同一个体或同卵双生。CERVUS2.0 软件的分析显示，微卫星座位的联合区分率很高，即使出现同卵双生的情况，判断错误的概率 $Psib$ 也只有 0.12%。所以，依据法医标准并结合实验结果的数据分析，把基因型不同的样品判定为不同个体。

表 1　西藏马鹿各种群粪便样品信息
Table 1　Summary information on the samples of thered deer used in this study

样品采集地点 Population location	采样时间 Sampling year	样品数量 Number of individuals	鉴定的粪便数 Identification scat	微卫星分型成功样品数 Complete microstelite genotypes	单倍型数量 Number of haplotypes	多态位点数 Number of polymorphic sites
增期 Zengqi	2005	40	32	18	6	19
沃卡 Woka	2007	40	35	15	5	14
白堆 Baidui	2008	43	38	21	7	5
总计 Total	–	123	105	54	14	24

对 54 个西藏马鹿不同个体的 mtDNA *Cyt b* 基因进行测定，获得其长度为 731bp，并检测到 24 个变异位点（均为碱基置换，未见插入或缺失现象）。共获得 14 个单倍型，其中单倍型 2 和单倍型 6 为增期和沃卡共享、单倍型 1 为增期和白堆共享、单倍型 8 为沃卡和白堆共享（表 2）。序列分析结果表明，西藏马鹿白堆种群具有较低的单倍型多样性（$h = 0.592 \pm 0.129$）和核苷酸多样性（$\pi = 0.546 \pm 0.002\,73$）；增期种群具有较高的单倍型多样性（$h = 0.807 \pm 0.024$）和核苷酸多样性（$\pi = 2.490 \pm 0.020\,14$）；研究地区西藏马鹿整体的单倍型多样性（$h$）为 0.897 ± 0.014，核苷酸多样性（π）为 $2.781 \pm 0.024\,65$（表 2），Tajima's *D* 和 FuandLi's *D* 值检测结果表明这 3 个西藏马鹿种群相对于中性进化的歧异度并没有明显的偏离（$P > 0.1$）。

表 2　西藏马鹿 3 个取样点 54 个粪便样本 mtDNACtyb 遗传多样性分析

Table 2　Analysis of the genetic diversity of mitochondrial DNA *Cty b* for 54 individuals in three populations of red deer

种群 Population	单倍型多样性 Haplotype diversity（h）	核苷酸多样性% Nucleotide diversity（π）	核苷酸差异多样性 Average number of nucleotide differences	Tajima 检验 Tajima's D	Fu and Li 检验 Fu and Li 's D	单倍型分布 Location of haplotype
增期 Zengqi	0.807 ± 0.024	2.490 ± 0.020 14	8.819 05	0.196 26*	1.437 61*	HT1、HT2、HT3、HT4、HT5、HT6
沃卡 Woka	0.742 ± 0.034	2.067 ± 0.023 91	4.333 33	−1.191 30*	−1.460 75*	HT2、HT6、HT7、HT8、HT9
白堆 Baidui	0.592 ± 0.129	0.546 ± 0.002 73	3.026 14	−1.060 58*	−1.044 43*	HT2、HT6、HT7、HT8、HT9
整体 （Total）	0.897 ± 0.014	2.781 ± 0.024 65	11.591 43	−0.592 76*	0.143 48*	HT2、HT6、HT7、HT8、HT9

*$P > 0.1$，无显著差异

基于构建的 ML、MP 和 BI 树，发现 3 种树的结构相似并且来自不同地区的样品均未表现出按地理分布形成明显的簇（图）。同时对 3 个群体间的遗传参数进行了测定，结果表明：分布于增期地区的西藏马鹿种群与分布于白堆地区的西藏马鹿种群群体间 F_{st} 值为 0.219 39，两个群体间的基因流（$Nm = (1/F_{st} - 1)/2$）为 2.41（$\Phi_{st} = 0.274$，$P > 0.05$）；分布于增期地区的西藏马鹿种群与分布于沃卡地区的西藏马鹿种群群体间 F_{st} 值为 0.1364 5，两个群体间的基因流（Nm）为 1.87（$\Phi_{st} = 0.385$，$P > 0.05$）；分布于沃卡地区的西藏马鹿种群与分布于白堆地区的西藏马鹿种群群体间 F_{st} 值为 0.295 70，两个群体间的基因流（Nm）为 5.36（$\Phi_{st} = 0.404$，$P > 0.05$）（表 3）。

表3 西藏马鹿的遗传结构参数

Table 3 Populations parameters forred deer

种群 Population	增期 Zengqi	沃卡 Woka	白堆 Baidui
增期 Zengqi	–	1.87	2.41
沃卡 Woka	0.136 45*	–	5.36
白堆 Baidui	0.219 39*	0.295 70*	–

对角线上方为个体迁移率（Nm），对角线下方为Fst，* $P>0.1$ 无显著差异

3 讨论

在所有获得遗传信息的方法中，粪便DNA分析技术对保护和管理一些隐蔽性较强或濒危的物种具有较高的潜在应用价值。粪便的量很大，收集时不会对动物造成任何损伤，由于粪便中含有大量肠道脱落的粘膜细胞，并且这些细胞大部分是活的，这样可以得到足够的遗传物质进行生态学研究。本研究应用 *Cty b* 基因引物从123份样品中鉴定出105份西藏马鹿粪便样品，没有完全鉴别出来的原因可能是：粪便中含有的遗传物质已有部分降解、有些存在外源DNA的污染或粪便中有些物质会抑制酶的活性，从而影响了PCR扩增效果。那么，在后续的研究中，将进一步优化实验方案，从有限的实验样品中提取更多的生物学信息。

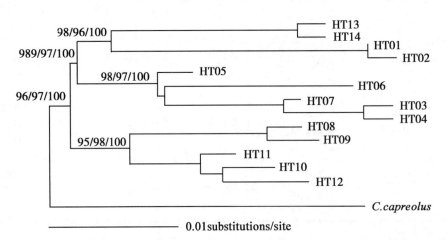

图 基于ML、MP和BI法构建的西藏马鹿mtDNA *Cty b* 序列的系统发生树以欧洲狍（*Capreolus capreolus*）的同源序列为外群，树枝处的数字为自引导值（Bootstrap），节点上>50%的自引导值标出，重复次数为1 000

Fig Phylogenetic relationships between red deer mtDNA *Cty b* haplotypes constructed by the maximum likelihood maximum parsimony and Bayesian methods with *Capreolus capreolus* as reference group. The numbers in the notes indicate the statistical results obtained from 1 000 bootstrap replicates; only reliability percentages greater than 50% are indicated

物种遗传多样性的高低是评判物种能否长期生存的依据，而衡量一个种群mtDNA的遗传多样性有两个重要指标：单倍型之间的平均遗传距离和核苷酸多态性。由于核苷酸多态性的值考虑了各种mtDNA单倍型在群体中所占的比例，因此在反映一个群体的mtDNA的多态程度时核苷酸

多态性比单纯的遗传距离平均值要精确，核苷酸多态性的值越高则说明群体的遗传多样性越高[21]。本研究对西藏马鹿 3 个地区的 54 个个体样品进行研究，共发现 14 个线粒体 DNA 单倍型，24 个变异位点，占分析序列长度的 3.28%（24/731），没有发现碱基插入和缺失现象，说明序列的突变都是发生在近期[22]。遗传多样性是评价一个物种进化潜力高低，抵制自然界各种生存压力能力强弱的重要遗传学指标[23]，是针对珍稀濒危物种制定有效保护策略和保护计划的最为重要的科学依据之一。遗传多样性的丧失对物种生存带来直接的不利影响[24]，可以使物种更加容易灭绝[25]。种群内遗传相似性增加而遗传变异变小，造成种群内遗传多样性下降，在许多珍稀濒危物种中已很常见[26]。本研究经遗传多样性检测，发现西藏马鹿平均核苷酸多态性为 2.78%，这与其他有蹄类动物相比是较高的，如非洲化毛羚（*Hippotragus equinus*），其线粒体核苷酸多态性为 1.9%[27]，英国马鹿（*Cervus elaphus*）的线粒体核苷酸多态性为 0.56%[28]，中国大陆梅花鹿（*Cervus nippon*）种群的线粒体核苷酸多态性为 2.11%[29]，从而说明西藏马鹿群体线粒体 Ctyb 存在着丰富的多态性。结合地貌分析，研究地区所在的冈底斯山脉是印度板块与亚洲板块中晚始新世相撞、挤压、断裂与褶皱上升所形成的，两地块的缝合线在冈底斯山脉南麓、印度河—雅鲁藏布江谷地一带，在海拔 4 000m 以下的雅鲁藏布江河谷地区为灌丛草原，较高地区为亚高山草原。多样化的地理环境、丰富而复杂的植被结构在山系间的融汇连接，使这一地区成为西藏马鹿喜栖生境。仍然存在适合于西藏马鹿生存的环境，不同种群间存在个体迁移的现象。

从构建的系统树中，可以看出西藏马鹿种群并没有按照地理分布分别聚为 3 个支系，而是相互交错相聚，说明群体间没有出现显著的分化，表明 3 个地理群体间的遗传基础比较一致，存在基因流。这一结果与我们用单倍型及其频率、F_{st} 值和基因流所提示的结果一致（表 3）。其中分布于增期地区的西藏马鹿种群与分布于沃卡地区的西藏马鹿种群群体间存在较小的基因流（$Nm = 1.87$），原因是，近几十年来人类活动的增加，特别是这两个地区之间道路的修建，影响了这两个地区西藏马鹿的迁移和交流，但从遗传角度来说，其种群隔离的时间并不长，还没造成明显的遗传差异（$\Phi_{st} = 0.385$，$P > 0.05$）。建议将增期、沃卡和白堆地区的西藏马鹿种群作为同一个管理单元加以保护。

参考文献

[1] Sheng H L. Chinese Deer [M]. Shanghai：East China Normal University Press, 1992：234 –243.

[2] Chen S B. Management and conservation for Tibet red deer [J]. Central South Forest Inventory and Planning, 1999, (3)：40 –42.

[3] Zhang Y P, Shi L M. Mitochondrial DNA polymorphisms in animals：a review [J]. Zoological Research, 1992, 13 (3)：289 –298.

[4] Cao L R, Wang X M, Rao G, Wan Q H, Fang S G. The phylogenetic relationship among goat, sheep and bharal based on mitochondrial cytochrome b gene sequences [J]. Acta Theriologica Sinica, 2004, 24 (2)：109 –114.

[5] Chen Y J, Zhang Y P, Zou X M, Dong F Y, Wang J J. Molecular Phylogeny of Canidae using mitochondrial cytochrome b DNA sequences [J]. Journal of Genetics and enomics, 2000, 27 (1)：7 –11.

[6] Wei M, Hou P, Huang Z H, Liu N F. Effects of environmental factors on the population genetic structure in alectoris magna [J]. Acta EcologicaSinica, 2002, 22 (4)：528 –534.

［7］ Ludt C J, Schroeder W, Rottmann O, Kuehn R. Mitochondrial DNA phylogeography of red deer (*Cervus elaphus*). ［J］ Molecular Phylogenetics and Evolution, 2004, 31 (3): 1 064 – 1 083.

［8］ Kuehn R, Schroeder W, Pirchner F, Rottmann O. Genetic diversity, gene flow and drift in Bavarian red deer populations (*Cervus elaphus*). ［J］ Conservation Genetics, 2003, 4 (2): 157 – 166.

［9］ Pierson C A, Ede A J, Crawford A M. Ovine microsatellites at the OarHH30, OarHH51, OarVH54, OarCP88, OarCP93, OarCP134 loci ［J］. AnimalGenetics, 1994, 25 (4): 294 – 295.

［10］ Red K H, Midthjell L. Microsatellites in reindeer, *Rangifer tarandus*, and their use in other Cervids ［J］. Molecular Ecology, 1998, 7 (12): 1 771 – 1 776.

［11］ Talbot J, Haigh J, Plante Y. A parentage evaluation test in North American Elk (Wapiti) using microsatellites of ovine and bovine origin. ［J］ Animal Genetics, 1996, 27 (2): 117 – 119.

［12］ Wilson G A, Strobeck C, Wu L, Coffin J W. Characterization of microsatellite loci in caribou *Rangifer tarandus*, and their use in other artiodactyls ［J］. Molecular Ecology, 1997, 6 (7): 697 – 699.

［13］ Thompson J D, Gibson T J, Plewniak F, Jeanmougin F, Higgins D G. The ClustalX windows interface: flexible strategies for multiple sequence alignment aided by quality analysis tools ［J］. Nucleic Acids Research, 1997, 25 (24): 4 876 – 4 882.

［14］ Rozas J, Rozas R. DnaSP version3: an integrated program for molecular population genetics and molecular evolution analysis ［J］. Bioinformatics, 1999, 15 (2): 174 – 175.

［15］ Kumar S, Tamura K, Jakobsen I B, Nei M. MEGA2: molecular evolutionary genetics analysis software ［J］. Bioinformatics, 2001, 17 (12): 1 244 – 1 245.

［16］ Swofford D L. PAUP: phylogenetic analysis using parsimony, version 4 ［M］. Sunderland: Sinauer Associates, 2002.

［17］ Ronquist F, Huelsenbeck J P. MRBAYES 3: Bayesian phylogenetic inference under mixed models ［J］. Bioinformatics, 2003, 19 (12): 1 572 – 1 574.

［18］ Posada D, Crandall K A. Modeltest: testing the model of DNA substitution ［J］. Bioinformatics, 1998, 14 (9): 817 – 818.

［19］ Excoffier L, Smouse P E, Quattro J M. Analysis of molecular variance inferred from metric distance among DNA haplotypes: application to human mitochondrial DNA restriction data ［J］. Genetics, 1992, 131 (2): 479 – 491.

［20］ Janec ka J E, Jackson R, Zhang Y Q, Li D Q, Munkhtsog B, Buckley – Beaso V, Murphy W J. Population monitoring of snow leopards using noninvasive collection of scat samples: a pilot study ［J］. Anima Conservation, 2008, 11 (5): 401 – 411.

［21］ Neigel J E, Avise J C. Application of a random walk model to geographic distributions of animal mitochondrial DNA variation ［J］. Genetics, 1993, 135 (4): 1 209 – 1 220.

［22］ Quinn T W, Wilson A C. Sequence evolution in and around the mitochondrial control region in birds ［J］. Journal of Molecular Evolution, 1993, 37 (4): 417 – 425.

［23］ Frankham R, Ballou J D, Briscoe D A. Introduction to conservation genetics ［M］. Cambridge: Cambridge University Press, 2002.

［24］David P. Heterozygosity – fitness correlations：new perspectives on old problems ［J］. Heredity, 1998, 80 （5）：531 –537.

［25］Hedrick P W, Lacy R C, Allendorf F W, Soulé M E. Direction in conservation biology：comment on Caughley ［J］. Conservation Biology, 1995, 10 （5）：1 312 –1 320.

［26］Frankham R. Conservation genetics ［J］. Annual Review of Genetics, 1995, 29：305 –327.

［27］Alpers D L, van Vuuren B J, Arctander P, Robinson T J. Population genetics of the roan antelope （*Hippotragus equinus*） with suggestions for conservation ［J］. Molecular Ecology, 2004, 13 （7）：1 771 –1 784.

［28］Hmwe S S, Zachos F E, Sale J B, Rose H R, Hartl G B. Genetic variability and differentiation in red deer （*Cervus elaphus*） from Scotland and England ［J］. Journal of Zoology, 2006, 270 （3）：479 –487.

［29］Liu H, Yang G, Wei F W, Li M, Hu J C. Sequence variability of the mitochondrial DNA control region and population genetic structure of sika deers （*Cervus nippon*） in China ［J］. Acta Zool Sinica, 2003, 49 （1）：53 –60.

此文发表于《生态学报》2011, 31 （7）

驯鹿种质资源及其生态分布的研究

常 悦* 张 玉** 陈巴特尔² 孙亚红³

(1 内蒙古农业大学动物科技学院，内蒙古 呼和浩特 010010
2 内蒙古家畜改良工作站，内蒙古 呼和浩特 010010
3 内蒙古根河市农牧业水利局，内蒙古 呼伦贝尔 022350)

摘 要： 驯鹿，环北极分布，广泛分布于北美洲北部、欧亚大陆，以及一些大型岛屿上的寒带、亚寒带针叶林地区和冻土苔原地区。由于侧重点的不一致，不同时期，不同学者对驯鹿亚种的划分也大不相同，世界上对驯鹿亚种的划分一直未有比较权威说法。本文根据 Valerius Geist 学者在 1998 年提出的划分方法，又结合其他学者的方法，将世界上的驯鹿划分为 17 个亚种，其中有 2 个亚种灭绝。对每个亚种的生态分布做了大致介绍，搜集和统计了各个亚种的数量变化情况，从而对世界上驯鹿亚种的分布和数量有一个比较直观的了解。探讨了驯鹿大幅度减少的原因，并提出了几点意见。以期为今后的驯鹿保护工作的进行奠定一些理论基础。

关键词： 驯鹿；亚种；生态分布；种质资源变化

1 驯鹿种质资源及其生态分布

世界上驯鹿共分 17 个亚种，这些亚种可归为四大类[1]。

1.1 Woodland Caribou 林地驯鹿类型 (caribou division)

1.1.1 挪威驯鹿 (Rangifer tarandus buskensis Millais 1915)

仅生活在俄罗斯及其周边地区。挪威驯鹿生活在 Busk 山附近，位于塞米巴拉金斯克 (哈萨克斯坦东北部城市，现改名叫谢梅市)[2]。对于此种驯鹿的数量，尚未有明确的统计数据。

1.1.2 菲拉尔克斯驯鹿 (堪察加/鄂霍次克驯鹿) (Kamchatka/Okhotsk Reindeer, Rangifer tarandus phylarchus Hollister 1912)

菲拉尔克斯驯鹿 (Rangifer tarandus phylarchus) 是俄罗斯远东地区勘察加半岛特有的种群，从 20 世纪 50 年代开始，由于商业捕杀、工业化生产的发展以及与家养驯鹿之间的竞争，导致数量急剧减少。现存的最大种群位于堪察加东北部的克洛诺斯基自然保护区内 (Kronotsky Re-

* 作者简介：常悦 (1988—)，女，籍贯河南省，研究生，主要从事特种经济动物养殖与生态方面的研究。电话：13848917734 。E - mail：naonao0726@ sina. com
** 通讯作者：张玉 (1965—)，男，籍贯内蒙古，教授、硕士生导师，博士，主要研究方向是特种经济动物养殖以及水产养殖方面。电话：13354879111 。E - mail：07210@163. com

serve)[3]。堪察加地区的驯鹿分为三个种群，南部种群、东部种群、东北部种群。数量由 1975年的 0.83 万只，下降到 1992 年的 0.31 万只。其中东部种群是三群中最健康的，且其数量也在小幅增加，1997 年半岛上的种群数量总共为 0.34 万只[4]。

1.1.3　西伯利亚森林驯鹿（Siberian forest reindeer，Rangifer tarandus valentinae Flerow 1933）

分布于俄罗斯西伯利亚针叶林区，根据 1999 年的调查显示，种群总数超过 20 万只[5]，无近期调查数据。

1.1.4　芬兰森林驯鹿（Finnish forest reindeer，Rangifer tarandus fennicus Lonnberg 1909）

也称欧亚森林驯鹿。野生的种群只分布在北欧芬诺斯坎迪亚半岛的两个地方有，分别是芬兰/俄罗斯的卡累利阿地区，以及芬兰的中部偏南地区。

在 17 世纪，野生森林驯鹿几乎分布在芬兰的各个地方，但由于过度捕猎，导致 19 世纪末驯鹿种群基本消失。20 世纪 40 年代，一部分驯鹿从俄罗斯卡累利阿（Karelia）迁移到芬兰库赫莫（Kuhmo）地区，自此，芬兰森林驯鹿的数量便开始恢复（Ruusila and Kojola in press）。

芬兰东部的亚种群繁殖很快，从 1980 年的约 40 只到 2006 年约 1 200 只，然而西部亚种群在2001 年到 2006 年间从 1 800 只左右减少到约 1 000 只[6]。因此，芬兰驯鹿的数量变化趋势很难确定。

1.1.5　北美林地驯鹿（Woodland caribou，Rangifer tarandus caribou Gmelin1788）

北美林地驯鹿又名迁徙的林地驯鹿或者北美森林驯鹿（Migratory woodland caribou or forest caribou），广泛分布于阿拉斯加、纽芬兰，以及拉布拉多地区，南抵新英格兰，爱达荷州和华盛顿的泰加林地区（北方针叶林地带）。

由加拿大野生物种濒危状态委员会（Committee on the Status of Endangered Wildlife in Canada，COSEWIC）于 2002 年 5 月最后一次测定和评估得知：北美林地驯鹿共有 5 个群[7]：

一是大西洋加斯佩半岛种群（Woodland Caribou Atlantic – Gaspésie population），主要分布于魁北克地区，加斯佩半岛是位于魁北克省东部的一个半岛。大西洋加斯佩种群是圣劳伦斯河以南唯一的驯鹿群[8]。种群数量从 20 世纪 50 年代的 500 ~ 1 000 只下降到 20 世纪 70 年代的约 200只。在 20 世纪 90 年代数量一直保持在 200 ~ 250 只，1996 年平均每平方千米 20 ~ 25 只（加佩斯半岛长约 240 千米，宽 97 ~ 145 千米）。从 2001 年的一份报告来看，显示物种数量在减少中[8]。

二是北部山区种群（Woodland Caribou Northern Mountain population），主要分布在育空地区，西北地区和不列颠哥伦比亚省的西北部。由 36 个本地种群组成，据 2001 年的报告显示，估计数量有 4.4 万，占加拿大全部林地驯鹿的 24%。36 群中，有 16 群每群的数量超过 100 只，有 20群每群的数量超过 500 只。种群数量趋势是 4 群增加，15 群保持不变，3 群减少，14 群未知[9]。

三是南部山区种群（Woodland Caribou Southern Mountain population），主要分布于不列颠哥伦比亚省和阿尔伯塔省。其中有 26 个本地种群在不列颠哥伦比亚省，还有 4 个本地种群位于阿尔伯塔省。位于不列颠哥伦比亚的种群又分三个复合群：独立的中西部群，包括 5 群本地种群；中北部群，包括 8 群本地种群，其中的 1 群与北部山区种群重叠，1 群延伸到阿尔伯塔省；南部群，包括 13 群本地种群。阿尔伯塔的 4 群分布在洛基山脉和其山麓地区。在 2002 年之前的调查显示，种群数量约有 0.72 万只，占加拿大林地驯鹿的 4%。

南部山区 30 群中 25 群的数量趋势是，0 群增加，13 群保持不变，12 群减少。30 群中只有 2群的数量是超过 500 只，有 8 群的数量不到 50 只。从 1997 年到 2002 年，种群数量平均每年减少 2.47%，若按此情形发展，预计 20 年后种群数量会下降 39.3%[10]。

四是纽芬兰种群（Woodland caribou Newfoundland population），分布于加拿大的纽芬兰和拉

布拉多地区。由 15 个本地种群和 22 个外来种群构成，大多分布于纽芬兰的主要岛屿和沿岸地区[11]。1996 年，纽芬兰岛上的驯鹿约 9 万只，而 2008 年仅剩 3.2 万只（Government of New-foundland and Labrador 2009）[12]。

五是北部种群（Woodland Caribou Boreal population），是林地驯鹿中分布最广泛的类群。主要分布在加拿大的西北地区，不列颠哥伦比亚省，阿尔伯塔省（Alberta），萨斯喀彻温省，曼尼托巴省，安大略省，魁北克省，纽芬兰和拉布拉多地区。近期的研究显示，北部种群的已知种群数量超过 64 群，而且，随着越来越多的驯鹿被戴上无线电圈，对于此种群数量的调查会更加容易，预计这一数字将会进一步增加。在 52 群已有记录的驯鹿群中，1 群数量增加，6 群数量保持不变，12 群数量减少，还有 33 群的数量趋势未知[13]。

1.1.6　道森驯鹿（Queen Charlotte Islands caribou，Rangifer tarandus dawsoni Thompson Seton 1900）

道森驯鹿来自夏洛特皇后岛，代表着一种独立种群。它们的生活区域较小，仅仅在格雷厄母岛发现过它们的踪迹。它们于 20 世纪初灭绝，灭绝的确切原因仍在调查中，但生存条件的退化、人类的猎杀和天敌的攻击，无疑是导致其灭绝的主要原因[14]。

1.2　北美荒漠驯鹿 Barren‑ground Caribou（苔原驯鹿）类型（Tarandus division）

1.2.1　卡伯特驯鹿（Rangifer tarandus caboti G. M. Allen 1914）

又名拉布拉多驯鹿（Labrador caribou），Banfield 学者曾将卡伯特驯鹿、特拉诺瓦驯鹿和奥斯本驯鹿归为北美林地驯鹿（Rangifer tarandus caribou）这一亚种中。虽然，根据 2005 年的一项关于线粒体 DNA 的实验表明，这三种驯鹿与北美林地驯鹿（Rangifer tarandus caribou）存在不同之处，但 COSEWIC 依然遵循 Banfield 学者的划分方法，将这三种驯鹿归为北美林地驯鹿亚种。因此，暂时没有关于这三种驯鹿单独的调查数据。

1.2.2　特拉诺瓦驯鹿（Rangifer tarandus terraenovae Bangs 1896）

又名纽芬兰驯鹿（Newfoundland caribou）。

1.2.3　西伯利亚苔原驯鹿（Siberian tundra reindeer，Rangifer tarandus sibiricus Murray 1866）

也称欧亚苔原驯鹿，可以进一步分为三种地区类型：泰米尔群（Taimyr‑Bulun）、亚纳—因迪吉尔河群（Yano‑Indigirka）以及新西伯利亚岛群（Novosibirsk islands）[15]。

1.2.4　波丘派恩驯鹿或格兰特驯鹿（Porcupine caribou or Grant's caribou，Rangifer tarandus granti J. A. Allen，1902）

也称阿拉斯加驯鹿（Alaska caribou）、阿拉斯加苔原驯鹿或葛氏驯鹿。此种驯鹿在阿拉斯加、加拿大的育空地区和西北地区均有分布。与北美荒漠驯鹿（瘠地驯鹿）（Rangifer tarandus groenlandicus）很相似，有研究表明，可以将此种驯鹿看成是北美荒漠驯鹿的原始种群[16]。根据 2008 年美国国家大气与海洋管理局（NOAA）发布的《北极报告》，Porcupine caribou 驯鹿是首个数量开始减少的种群，从 1989 年的 17.8 万只下降到 2001 年的 12.3 万只。

1.2.5　皮尔森驯鹿（Rangifer tarandus pearsoni Lydekker 1903）

又称新地岛驯鹿（Novaya Zemlya reindeer）。俄罗斯西北部的新地岛上的亚种，种群数量很少，约有不到 1 000 只成熟个体，而且现在还在持续减少（A. Tikhonov pers. comm. 2006）。此种驯鹿仅生活在俄罗斯地区，不进行迁徙，属于定栖种群[6]。

1.2.6　北欧驯鹿（Rangifer tarandus tarandus Linnaeus 1758）

又名山地驯鹿（Mountain reindeer），在欧亚大陆的北极苔原地区发现，包括北欧的芬诺斯坎迪亚半岛，因此又名欧亚苔原驯鹿。分布于俄罗斯和挪威环北极部分岛屿[17]，在阿拉斯加地区也有分布。此种驯鹿大多处于半驯化状态。

俄罗斯境内约有 3.5 万只，主要分布于新地岛、科拉半岛东部和西部、卡累利阿共和国、阿尔汉格尔斯克苔原区和林区、科米共和国林区[17]。

据《新科学家》杂志报道，自 20 世纪 60 年代以来，挪威野生驯鹿的数量从约 6 万只下降到约 3 万只。2005—2006 年数量约为 2.5 万只，分布在挪威南部山区的 23 个地区。根据其来源的不同，分为三类：一是本土野生驯鹿；二是野生驯鹿和驯养驯鹿组成的野生种群；三是驯养的驯鹿被放回或逃跑后形成的野生驯鹿群[18]。

分布于阿拉斯加境内的驯鹿是在 1892~1902 年间，由俄罗斯的西伯利亚地区引进而来的，共有 0.128 万只。之后数量持续增加，据调查，2006 年数量约为 2 万只[19]。

1.2.7　北美荒漠驯鹿（Barren - ground caribou，*Rangifer tarandus groenlandicus* Borowski 1780）

又称瘠地驯鹿。分布于加拿大的努纳武特和西北地区、格陵兰的西部地区以及冰岛。

在加拿大地区，驯鹿遍布阿拉斯加到巴芬岛的冻土地带，共有 5 个种群，总数大约在 120 万只。其中有记录的是多尔分和尤宁海峡（Dolphin and Union population）种群。主要分布在维多利亚岛的南部地区。冬天，驯鹿穿过多尔芬和尤宁海峡到达加拿大的西北地区和努纳武特地区。1996 年测定其种群数量约为 2.8 万，根据 COSEWIC2004 年的测定，数量约为 2.5 万只[20]。

在西格陵兰南部地区，由于捕猎的影响，种群数量大大减少。例如分布在阿梅拉利克（Ameralik）地区的驯鹿，平均每年的捕猎量是 2 950 只，这使得其数量由 1999 年的 3.1 万只减少到 2007 年的 0.89 万只；南部地区种群则从 1999 年的 3.7 万只减少到 2007 年的 1.3 万只[21]。

在西格陵兰和西北格陵兰的驯鹿，被格陵兰的冰盖、冰川和海峡隔离成大约 10 个种群。大多数在西格陵兰的驯鹿种群是小种群，而且相对独立，它们之间只有很小程度上的基因交流（Jepsen，1999）。

冰岛上的驯鹿种群自 2000 开始增长，2006 年时野生种群数量约为 1 000 只[6]。

1.3　过渡类型（between caribou and tarandus division）

奥斯本驯鹿（*Rangifer tarandus osborni* J. A. Allen 1902）。来自不列颠哥伦比亚省。

1.4　极地驯鹿（platyrhynchus division）类型

1.4.1　皮尔里驯鹿（Peary Caribou，*Rangifer tarandus pearyi* J. A. Allen 1902）

除了在布西亚半岛发现的种群外，皮尔里驯鹿全部分布在加拿大北极岛屿上，包括伊丽莎白女王群岛、班克斯岛、维多利亚岛的西北角、萨默塞特岛、威尔士王子岛、大量的小岛和布西亚半岛。此外，在海斯河的大陆南部会季节性的或不定期的发现驯鹿，这是一些来自布西亚半岛的种群，在冬天时会迁徙到海斯河[22]。

由于栖息地区的不同，皮尔里驯鹿又可以划分为四个种群：伊利莎白女王群岛，成熟个体为0.21 万；班克斯—维多利亚西北部群岛，成熟个体为 0.15 万；威尔士王子—萨默塞特岛，成熟个体 60 只；布西亚半岛成熟个体 0.335 万。在 1991 年完成的一项调查显示：在 1961 年和 1987年间，皮尔里驯鹿种群大约下降 86%（Miller 1991）。2004 年，COSEWIC 进一步的调查显示，皮尔里驯鹿的总量（包括幼仔）共有 0.789 万只[23]。

1.4.2　斯瓦尔巴驯鹿（Svalbard reindeer，*Rangifer tarandus platyrhynchus* Vrolik 1829）

大约有 1 万只野生驯鹿分布在斯瓦尔巴群岛[11]。与其他亚种相比，斯瓦尔巴驯鹿非常小，是一种海岛侏儒症现象。雌性身长约150cm，体重53～70kg；雄性身长约160cm，体重65～90kg。腿较短，肩高仅为80cm，此种现象遵循阿伦定律[24]。

1.4.3 北极驯鹿（Arctic reindeer, *Rangifer tarandus eogroenlandicus Degerbol*, M.1957）

曾分布于格陵兰岛东部，1900年灭绝[25]。

2 驯鹿种质资源现状

2008年，美国国家大气与海洋管理局（NOAA）发布的《北极报告》指出：北极地区的野生驯鹿近年来一直处于食物充足和食物短缺周期性变化的"两重天"境地，而且根据最近的一份驯鹿数量评估显示，目前驯鹿数量正在进入减少期。在1970年之前驯鹿的数量都以稳定的速度增长，没有出现过激增或锐减的现象。

2011年，美国国家大气与海洋管理局（NOAA）发布的《北极报告》（arctic report card），表明驯鹿数量已由有记录以来的550万下降到现在的270万（CARMA 2011），并将世界上野生驯鹿划分为23群，分别是[26]

1：Western Arctic；2：Teshekpuk Lake；3：Central Arctic；4：Porcupine；5：Cape Bathurst；6：Bluenose West；7：Bluenose East；8：Bathurst；9：Ahiak；10：Beverly；11：Qamanirjuaq；12：Southampton；13：Leaf River；14：George River；15：Kangerlussuaq – Sisimiut；16：Akia – Maniitsoq；17：Snoefells；18：Norwegian；19：Taimyr；20：Lena – Olenyk；21：Yana – Indigurka；22：Sundrunskya；23：Chokotka。

阿拉斯加地区，20世纪70年代中期，北极西部群（1Western Arctic）数量低至7.5万，随后在20世纪80—90年代数量增加，2003年达到鼎盛值49万只。2009年数量又下降到34.8万只（Alaska Department of Fish and Game 2011a）；20世纪70年代，特色克帕克湖群（2 Teshekpuk Lake）和北极中部群（3 Central Arctic）数量为0.4万～0.5万。2008年，特色克帕克湖群数量达到6.4107万只，北极中部群为6.7万只（Parrett，2009；Lenart 2009）；1989年，波丘派恩群（4 Porcupine）的数量达到最高值17.8万只，到2001年减少到12.3万只，2010年时数量恢复到16.9万只。

加拿大地区有10群驯鹿，在种群数量达到顶峰后便一直在减少。1986年，巴瑟斯特群（8 Bathurst）种群数量达到顶峰值47万，到2009年时，数量仅为3.2万（Government of the Northwest Territories 2009）。贝弗利群（10 Beverly）在1994年时数量为27万，到2009年数量减少到几百只（CARMA 2009）。根据2010年的统计，巴瑟斯特群、贝弗利群以及亚叶克群（9 Ahiak）数量都在继续减少，另外Qamanirjuaq群，数量从1994年的49.6万减少到2008年的34.5万（Campbell et al. 2011）。

巴瑟斯特海角群（5 Cape Bathurst）从1992年的2万只减少到2006—2009年间的0.18万只。布卢诺斯湖西部群（6 Bluenose West）的数量在14年间减少了80%，从1992年的11.2万到2006—2009年间的1.8万只。这两群在经历了大幅度的减少后，于2006—2009年间数量一直保持平稳（Davison，pers. comm，2010；CARMA，2011）。布卢诺斯湖东部群（7 Bluenose East）的数量从2000年的10.4万减少到2006年的6.67万只，2010年的调查显示数量又恢复到9.86万只（Government of NWT 2010）。

1967年，驯鹿被重新引入到南安普敦岛（12 Southampton），到1997年，数量增加到顶峰值3.0381万只。然而，由于疾病和寄生虫的影响，2009年时，数量仅为1.3953万只（Campbell et al. in press）。

乔治河群（14 George River）从 20 世纪 50 年代的 0.5 万激增到 20 世纪 90 年代中期的 75 万（Couturier et al. 2004），随后减少到 2001 年的 38.5 万只，之后继续减少到 2010 年的 7.413 1 万只（Ressources naturelles et Faune 2010）。利夫里弗群（13 Leaf River）2001 年时数量为 62.8 万。自此以后，便没有进行过统计，但认为呈下降趋势。

在格陵兰岛上有两个主要的群，最近的调查显示，最大的群堪格尔路斯瓦克 – 西西米特（15 Kangerlussuaq – Sisimiut）从 2001 年的少于 6 万只增加到 2010 年的 9.8 万只。相反的，阿卡亚—曼尼索克群（16 Akia – Maniitsoq）从 2001 年的 4.6 万减少到 2010 年的 3.1 万（Cuyler 2007；CARMA 2011）。

在 18 世纪末期，驯鹿被引进到冰岛（17 Snoefells）（Thórisson，1984）。到 2009 年秋，约有 0.65 万只（Thorarinsdottir，pers. comm. 2010；CARMA 2011）。在挪威的野生山地驯鹿（18 Norwegian）由 23 群组成，2004 年时数量在 2.2 万 ~ 2.9 万。

在俄罗斯地区分布着世界上最大的群之一，泰米尔群（19 Taimyr）。在 20 世纪 50 ~ 70 年代期间，种群数量从 11 万增加到 1975 年的 45 万。自从取消了商业猎人的补贴，捕猎数量下降，种群数量激增到 2000 年的 100 万。自 2000 年之后便没有进行过数量统计，但认为此种群数量呈下降趋势（Klovov 2004，Kolpashikov et al，in press）。

泰米尔东部是雅库特的西伯利亚地区中部，这里现在有三大群野生迁徙苔原驯鹿。勒拿—奥列尼奥克群（20 Lena – Olenek）2009 年数量超过 9.5 万只。亚纳—因迪吉尔河群（21 Yana – Indigirka）从 1987 年的 13 万减少到 2002 年的 3.4 万。Sundrunskya 群从 1993 年的约 4 万只减少到 2002 年的 2.85 万只。

雅库特东部的楚科奇群（23 Chokotka），种群数量在驯鹿饲养业停止后开始增加，饲养的驯鹿从 1971 年的 58.7 万只急速减少到 2001 年的 9.2 万只（Klokov 2004）。因此，野生驯鹿数量开始恢复，从 1986 年的 3.22 万只，到 2002 年的 12 万 ~ 13 万只，但之后减少到 2009 年的少于 7 万只。

3 驯鹿种质资源变化的原因

驯鹿全球性的数量减少是由于气候变化影响了进行迁徙的驯鹿，由于全球暖化，驯鹿迁徙时所需要通过的河流结冰时间推迟，导致驯鹿在等待期间食物不足，从而影响驯鹿的健康。另外，工业生产的进行干扰破坏了定栖驯鹿的栖息地，特别是在驯鹿产仔期间，驯鹿十分警觉，这样的干扰会让母鹿带领刚出生的小鹿匆忙离开栖息地，到一处食物相对不丰富，天敌相对更多，但是更安静的地方继续生活。因此，间接的对驯鹿种群数量产生影响[11]。

3.1 石油和天然气的开采

人类的一些活动集中在了驯鹿的产仔场地，这样会干扰雌鹿的一些本能行为，或者导致雌鹿离开原有的产仔场地，去另一处相对安静，但是食物较少，天敌也更多的地方生活。而且在产仔期间，雌鹿会变得更加警觉，若被打扰，甚至会立刻逃跑，但是幼仔仍会站立不稳，很难跟上母亲的奔跑速度。

3.2 栖息范围内的大量伐木

冬季，林地驯鹿需要依靠生长在树上的苔藓为食。雌鹿也会寻找大片的森林地带来哺育幼仔。而且，驯鹿也需要森林来掩护自己不被天敌发现。但随着伐木的加剧，驯鹿需要经常变换栖息地，解决过度砍伐导致的食物短缺等问题[25]。

3.3 地衣受到污染

由于人类的活动，导致重金属物质在地衣中富集，从而对驯鹿造成不良影响。地衣通过潮湿的空气吸收养分，加之地衣生长的缓慢而且寿命也长，所以这些养分就更容易集中到地衣中，但与此同时，很多重金属也以同样的方式被地衣所吸收，例如镉和铯，铯属于放射性元素，有致癌性[27]。

3.4 过度的商业性狩猎

驯鹿的经济价值很高，一些驯鹿物种相对丰富的国家和地区，会允许进行一定量的商业性狩猎，但由于一些人的过度狩猎、偷猎，导致驯鹿数量大幅度下降。

4 解决或恢复驯鹿种资资源的建议

4.1 加强立法

由于人类社会工业化进程的大幅度推进，开采、修路、建筑等，导致对驯鹿栖息地的破坏日益加剧，加之，驯鹿自身的经济价值很高，人类的狩猎、偷猎活动日益猖獗。因此，可以考虑通过立法，禁止人类的这一系列活动。

4.2 建立国家野生生物物种资源利益补偿机制

所谓野生生物物种资源利益补偿机制，就是由野生生物物种资源的全体受益者，给予保护野生生物物种资源的地区及其人们一定的利益补偿，从而调动该地区人民群众保护野生生物物种资源积极性的制度。

4.3 加强环境保护，建立自然保护区

由于全球气候暖化，造成迁徙驯鹿的定期活动受到影响，因此，加强环境保护，可以在一定程度上缓解全球气候暖化的状况。另一方面，也可以就地建立自然保护区，从而保障野生驯鹿的栖息地不遭受人为破坏。

参考文献

[1] GRUBB P, WILSON D E, REEDER D M, et al. Mammal species of the world Third Edition［M/OL］. Johns Hopkins University Press. 2005, 9. Available：http：//www. bucknell. edu.

[2] FLEROV C C. Review of the Palaearctic Reindeer or Caribou［J/OL］. Journal of Mammalogy, 1933, 14（4）：328 - 338.

[3] VLADIMIR I M. Conservation of wild reindeer in Kamchatka［J/OL］. Rangifer, Special Issue 2000（12）：95 - 98.

[4] MOSOLOV V. Wild reindeer of the Kamchatka Peninsula - past, present, and future［J/OL］. Rangifer, Special Issue 1996（9）：385 - 386.

[5] EUGENE E. S. Wild and semi - domesticated reindeer in Russia：status, population dynamics and

trends under the present social and economic conditions [A/OL]. The Tenth Arctic Ungulate Conference, Tromsø, Norway [C/OL]. 1999, 8.

[6] Rangifer tarandus – The IUCN Red List of Threatened Species [DB/OL]. Available: http: // www. iucnredlist. org. 2012, 2.

[7] Woodland caribou – Species at Risk Public Registry [DB/OL]. Available: http: //www. registrelep – sararegistry. gc. ca.

[8] Woodland Caribou Atlantic – Gaspésie population – Species at Risk Public Registry [DB/OL]. Available: http: //www. registrelep – sararegistry. gc. ca.

[9] Woodland Caribou Northern Mountain population – Species at Risk Public Registry [DB/OL]. Available: http: //www. registrelep – sararegistry. gc. ca.

[10] Woodland Caribou Southern Mountain population – Species at Risk Public Registry [DB/OL]. Available: http: //www. registrelep – sararegistry. gc. ca.

[11] Woodland caribou Newfoundland population – Species at Risk Public Registry [DB/OL]. Available: http: //www. registrelep – sararegistry. gc. ca.

[12] RAY J C, BOUTIN S, GUNN A, et al. Conservation of caribou (Rangifer tarandus) in Canada: an uncertain future [J]. Canadian Journal of Zoology, 2011, 89 (5): 419 – 434.

[13] Woodland Caribou Boreal population – Species at Risk Public Registry [DB/OL]. Available: http: //www. registrelep – sararegistry. gc. ca.

[14] BYUN S A, KOOP B F, REIMCHEN T E. Evolution of the Dawson caribou (Rangifer tarandus dawsoni)" [J/OL]. Canadian Journal of Zoology, 2002, 80 (5): 956 – 960.

[15] LEONID M B. Differences in the ecology and behaviour of reindeer populations in the USSR [J/OL]. Rangifer, Special Issue 1986 (1): 333 – 340.

[16] CRONIN M A, MACNEIL M D, PATTON J C. Variation in Mitochondrial DNA and Microsatellite DNA in Caribou (Rangifer tarandus) in North America [J/OL]. Journal of Mammalogy. 2005, 86 (3): 495 – 505.

[17] 钟立成, 卢向东. 世界驯鹿亚种分布与现状 [J]. 经济动物学报, 2008 (01): 46 – 48, 59.

[18] REIMERS E. Wild reindeer in Norway – population ecology, management and harvest [J/OL]. Rangifer, Report 2007 (12): 35 – 45.

[19] MATTHEW A C, MACNEIL M D, PATTON J C. Mitochondrial DNA and Microsatellite DNA Variation in Domestic Reindeer (Rangifer tarandus tarandus) and Relationships with Wild Caribou (Rangifer tarandus granti, Rangifer tarandus groenlandicus, and Rangifer tarandus caribou) [J/OL]. Journal of Heredity, 2006, 97 (5): 525 – 530.

[20] Barren – ground caribou Dolphin and Union population – Species at Risk Public Registry [DB/OL]. Available: http: //www. registrelep – sararegistry. gc. ca.

[21] WITTING L, CUYLER C. Harvest impacts on caribou population dynamics in South West Greenland [A/OL]. The 12th North American Caribou Workshop, Happy Valley/Goose Bay, Labrador, Canada [C/OL]. 2008, 11.

[22] Peary Caribou – Species at Risk Public Registry [DB/OL]. Available: http: //www. registrelep – sararegistry. gc. ca.

［23］ Department of the Interior Fish and Wildlife Service. Endangered and Threatened Wildlife and Plants；90 – Day Finding on a Petition To List the Peary Caribou and Dolphin and Union Population of the Barren – Ground Caribou as Endangered or Threatened ［R/OL］. Federal Register，2011，76 （65）：18 701 – 18 706.

［24］ AANES R. . Svalbard reindeer – Norwegian Polar Institute ［EB/OL］，2007. Available：http：// www. npolar. no/en/species/svalbard – reindeer. html.

［25］ Reindeer. From Wikipedia，the free encyclopedia ［EB/OL］. Available：http：//en. wikipedia. org/wiki/Reindeer.

［26］ Russell D，Gunn A. Arctic Report Card：Caribou and Reindeer （Rangifer） ［R/OL］. Available：http：//www. arctic. noaa. gov/reportcard/reindeer. html. 2011，11.

［27］ All About Caribou：An Educator's Guide to Wild Caribou of North America – Project Caribou ［R/OL］. Available：http：//www. projectcaribou. org.

此文发表于《家畜生态学报》2013，34 （3）

四　疫病防治

鹿科经济动物抗结核病研究进展

杨艳玲 温永俊 武 华

（中国农业科学院特产研究所，长春 130122）

摘 要：动物抗病育种具有重大的经济效益，正逐渐引起动物育种专家的兴趣。随着新西兰赤鹿抗结核病育种研究的不断深入，鹿科经济动物的抗病育种也悄然兴起，本综述将重点对目前动物抗结核病育种的途径和一些抗病候选基因的研究进展进行总结，为我国梅花鹿开展抗病育种工作奠定基础。

The researchdevelopment of breeding for resistant to tuberculosis in Cervidae economic animals

Yanling Yang, Yongjun Wen, Hua Wu

（Institution of Special Wild Economic Animal and Plant Science，CAAS，Jilin 130122，China）

Abstract：Animal breeding for disease resistance is more and more got attention because of its significant economic benefits. Following by researches on red deer breeding resistant tuberculosis in New Zealand, the breeding resistant disease of Cervidae economic animal is also commencing. The review will summary the current route of breeding for resistant to tuberculosis and the research development of some candidate genes on disease resistance in order to lay the foundation for sika deer breeding for disease resistance in China.

前言

家畜的选择性抗病育种在世界范围内普遍流行，在澳大利亚，新西兰和英国，绵羊育种专家正在选育超级耐受球虫感染的动物[1]。在斯堪的纳维亚（半岛），也开始选育耐受乳房炎的牛[2]。在加拿大也开始选育高免疫反应性的猪，从而提高商品化疫苗的免疫效果并增加了猪的生长率[3]。鸡的育种专家们正在通过长时间的培育，努力提高鸡对禽淋巴白血病和马立克病的抵抗力[4]。

结核病是一种慢性的细菌病，人和动物感染后在感染组织形成特征性的肉芽肿或结节。大多数结核患者由肺结核分枝杆菌感染引起，而一小部分患者由感染了牛结核分枝杆菌的牛和其他哺乳动物传播引起[5]。由于结核分枝杆菌属于胞内寄生菌，没有有效的疫苗和药物进行控制，为了降低结核病给公共卫生带来的危害，大部分发达国家利用检疫和扑杀相结合的措施根除家畜结核病。牛结核分枝杆菌感染后通常表现为慢性症状，并且感染后的潜伏期较长，同时潜伏期的动物具有传染性，因此动物结核病控制的关键在于结核阳性动物的早期诊断和感染动物的扑杀[6]。

国际上可以接受的畜群结核感染率为 0.2%，而目前一些国家都严重超过了这个指标，如有的国家牛群已经达到了 1.5%，鹿群为 2.3%，因此为了达到这个指标，需要一些方案来控制和根除结核病在动物之间的传播，一些发达国家采用检测和扑杀相结合的措施来根除牛结核病，但是这样要投入巨大的经济成本，为此只有澳大利亚，大部分欧盟国家以及新西兰和加拿大成功根除牛结核，还有一些发达国家至今没有彻底根除牛结核病，包括爱尔兰，美国以及其他一些欧盟国家。为此人们开始寻找新的方案去降低结核病在动物中的感染率，其中一个方法就是抗结核动物育种的研究，逐步增加动物对结核分枝杆菌的遗传耐受性[7]。

早在 1921 年和 1941 年，豚鼠和兔就被证实对结核病具有遗产耐受机制[8,9]。后来相继繁育了大量的近亲小鼠，这些小鼠分别对牛结核分枝杆菌，肺结核分枝杆菌和卡介苗具有不同的敏感性。已经证实对结核病的遗传耐受存在于不同品种的牛群和鹿群中，这一遗传性状引起了育种专家对鹿结核病遗传抗病形状研究的兴趣。本综述主要对目前国内外动物抗病育种的途径以及主要的抗病育种候选基因进行归纳总结，结合新西兰赤鹿抗结核病育种的研究进展，为我国开展梅花鹿抗病育种工作奠定基础[7]。

1　对抗病力的直接选择

抗病力性状为阈性状，表现为非连续的一类性状，要么死亡，要么存活，没有中间选择。最简单的抗病育种选择方法就是在生产中对种畜进行观察和选择，这种传统的表型选择方法具有直接，简便准确等优点，为此新西兰在对赤鹿长期的饲养过程中发现有一部分赤鹿群对结核病具有很强的耐受能力，抑或结核病在鹿群暴发，总会有那么一些赤鹿不会被感染。赤鹿的饲养在新西兰已经有近 30 年的历史，全国 5 200 个饲养场，共养殖量 1 700 万头，早在 1998 年就发现有 118 个鹿群不被结核病感染。抑或是大多数鹿群暴发结核病也就是有几个鹿发病，为此开展了赤鹿抗结核病遗传性状分析的实验研究。将 200～500CFU 的牛分枝杆菌通过扁桃体人工感染赤鹿，结果得到了一个疾病谱。其中有 5% 的鹿对结核病高度耐受，有 5% 的鹿对结核病高度敏感。随机选择的 103 只鹿中有 87% 感染了牛分枝杆菌，并伴有一定程度的组织损伤和典型的淋巴细胞转化症状。肺组织损伤的影像图谱和抗体反应在自然感染的动物体内可见。剩下 13% 没有被感染的鹿，没有发现肺损伤，培养也未见细菌，表现出低水平的，一过性的细胞免疫反应。这一研究显示在不同的赤鹿个体对牛结核分枝杆菌的耐受和易感存在着较大的差异。在不同牛群之间和同一牛群内不同牛对结核分枝杆菌感染也存在着同样的敏感性差异。为了进一步研究鹿对结核病是否具有遗传耐受性，通过 3 年的实验室人工感染牛分枝杆菌的研究发现，赤鹿对结核病的耐受是高度遗传的，遗传力为 0.48 ± 0.24[10,11]。为此可以对公鹿及其后代进行选育，选育出 R（Resistant）和 S（Susceptible）两种不同表型的公鹿群。这些动物可以用来研究实验室检测去鉴定 R 或 S 表型的鹿，以此将 R 表型的公鹿作为主要的父系进行繁育，进而筛选雌性鹿，去除 S 表型的鹿。这种抗病力性状直接选育方法将会在鹿抗结核病育种上取得显著的成果，并缩短鹿抗结核病的育种时间。

2　对抗病力的间接选择

2.1　分子遗传标记辅助选择（MAS）

Lande 和 Thompson 首先提出了分子标记辅助育种。标记辅助选择（MAS）就是利用 DNA 水平来代替表型为基础的选择，提高选种的效率和准确性。特别是对抗病性状和中等遗传力性状的选择。现已发现很多疾病都具有标记基础或标记性状，如鸡的 MHC B 血型因子，可通过间接选择 B 纯合个体而培育抗马立克病抗病群[12]。

随着分子生物学技术的发展，多种基于 DNA 水平的多态性分子标记被广泛应用于绘制遗传连锁图谱、遗传多态性分析、定位经济性状基因或抗病力主效基因（QT L）中。目前国外利用分子标记寻找抗性/易感性基因或抗病力主效基因（QT L）成为一大研究热点，取得了可喜的进展。许多疾病的抗性/易感性基因、候选基因、QT L 找到了与其紧密连锁的分子标记，从而使我们可以通过标记辅助选择（MAS）进行动物的抗病育种研究。

2.2　直接进行抗病主基因的选择

目前对抗性基因的研究不多，但是识别特定抗病基因对抗病育种具有重大意义，不仅可以直接进行主基因选择抗病育种，也可进一步进行转基因动物的培育。目前大量的抗结核分枝杆菌候选基因已经被鉴定，他们分别通过影响巨噬细胞对结核分枝杆菌的吞噬（MBP），吞噬体内吞过程（Nramp 1，iNOS），细胞因子的产生（IFN－γ，TNF－α）和 T 细胞活化（INF－γR）进而促使机体产生对结核分枝杆菌的耐受。这些抗病基因的鉴定促进了动物抗结核育种的研究进展[7]。

2.2.1　天然抗性相关的巨噬蛋白（Nramp）[13]

小鼠天然抵抗包内寄生菌感染是由于在染色体 I 上有一个基因座或是基因群，即 Bcg，Lsh，和 Ity。Bcg 能够影响宿主网状内皮组织的巨噬细胞在感染早期对胞内寄生菌复制的阻止。Nramp1 是 Bcg 的一个候选基因，其编码着巨噬细胞特异的多发的蛋白，并带有 12 个预测的跨膜区和一个共识运输基序。小鼠 Nramp1 的 cDNA 克隆显示对胞内寄生菌易感性是由于 Nramp 蛋白预测的第四个跨膜区第 169 个氨基酸位置发生了由甘氨酸到天冬氨酸的突变。作为一个较为保守的基因，Nramp1 基因主要在吞噬细胞（巨噬细胞和嗜中性粒细胞）及外周血细胞中特异表达，影响动物的先天性免疫，与沙门杆菌及多种胞内寄生病原菌的抵抗作用有关，对疾病的抗性是非病原特异性的，所以可作为畜禽综合抗病力的良好候选基因。然而初步研究显示 NRAMP 基因与赤鹿结核病的遗传耐受无关。抗病动物的免疫反应图谱显示先天性免疫和获得性免疫途径对鹿抗结核病表型的产生起到了关键的作用。

2.2.2　甘露糖结合蛋白（Mannose Binding Protein，MBP）[14]

甘露糖结核蛋白是由肝脏分泌的钙离子依赖的血清凝集素（蛋白），其连接甘露糖和 N－乙酰葡糖胺合成糖蛋白，在机体抵抗病原微生物过程中发挥着重要的作用。MBP 在 54（GGC→GAC），57（GGA→GAA）和 52（GCG → GTG）三个位置的点突变损坏了 96kDaMBP 亚基正常的的胶原蛋白三股螺旋结构，从而使蛋白易受酶的降解。同时 MBP 三个不同基因产物的显性突变会使血浆中 MBP 的浓度降低，从而降低儿童结核病的复发率，因为结核分枝杆菌外膜的某些糖蛋白与人的 MBP 结合，使其进入宿主巨噬细胞内复制。然而 MBP 的功能性突变将是机体对结核分枝杆菌易感的主要因素之一。

2.2.3　主要组织相容性复合体（Major Histocompatibility Complex，MHC）[15]

MHC 是 Snell 等在研究小鼠的移植排斥反应时发现的，它是由紧密连锁的高度多态的基因位点组成的染色体上的一个遗传区域，在动物的免疫系统中发挥着非常重要的作用。研究证实，MHC 的类型与动物疾病的抵抗力以及生产性能有着广泛的联系，因此有关家畜 MHC 的研究引起了动物遗传育种学家的兴趣，成为研究的热点。MHC 的基因产物称为 MHC 抗原或 MHC 分子，是由 MHC 编码的一类细胞表面转膜蛋白，根据其化学结构和功能的不同，分为 MHC I 类抗原、

Ⅱ类抗原、Ⅲ类抗原。MHC 许多基因座组成的单倍型并非完全随机，有些基因比其他基因更多的连锁在一起，称为连锁不平衡，它与某些疾病的易感性有关。其中牛的 MHC 分子中 DRB3 是最重要功能区域，其多态性最丰富，DQ 基因次之，其他动物如猪，羊等 MHC 的分子结构也被研究。常用的方法有分别采用血清学，细胞学以及 DNA 分型等方法进行 MHC 多态性的研究，其中常用的分子生物技术进行 DNA 分型的有 RFLP、PCR 、SSCP 等技术。MHC 是第一个被发现的与疾病有密切相关的遗传系统。自证明小鼠的 Gross 病毒所致的白血病的发病与 H－2 有关后，MHC 与疾病的相关性被大量证实。MHC Ⅱ类分子缺失后，机体对 BCG（牛型结核菌的弱毒株）易感。

2.2.4 TNF (Tumor Necrosis Factor，TNF)[16]

肿瘤坏死因子（TNF）对控制结核分枝杆菌感染起到了关键的作用，其在抗结核分枝杆菌感染过程中是必不可少的，是不可被其他致炎细胞因子取代的细胞因子。结核分枝杆菌在体内被巨噬细胞吞噬后诱导了肿瘤坏死因子，IL－12 和活性氮介质（RNI）的产生以及共刺激分子的表达。这一机制反过来刺激了 T 细胞和 NK 细胞的活化以及 IFN－γ 的产生，增强了吞噬细胞对微生物的杀伤活性[17]。结核分枝杆菌通过与抗原递呈细胞相互作用并诱导 T 细胞活化。活化了的巨噬细胞，T 细胞，以及细胞毒性 T 细胞以及他们的中间产物一起对结核分枝杆菌进行杀伤。免疫化学分子和细胞因子协同作用导致吞噬了少量的结核分枝杆菌巨噬细胞聚集，进而逃避了起始的杀伤作用，T 细胞环绕其周围形成结核分枝杆菌感染的肉芽肿。T 细胞或 TNF 或其他免疫分子在结核分枝杆菌感染的不同阶段失活都会导致所形成的肉芽肿破裂，细菌开始繁殖并进行扩散，最终可导致死亡。除了在免疫反应对结核分枝杆菌感染的保护效应之外，过量的 TNF 也可以导致病理学变化，如坏死和恶病质的超炎症反应，这些均与 TNF 水平的增加有关[18]。TNF 通过与 LTα 的信号传导以及与 TNF 受体，TNF－R1 相互作用完成其对结核分枝杆菌的杀伤作用，任何一种物质缺失的小鼠都会降低小鼠对结核分枝杆菌的感染控制。TNF－α 缺失小鼠，肺脏 iNOS 表达延迟，同时也影响了肉芽肿的形成。总之，TNF 对于形成肉芽肿和控制结核分枝杆菌的感染起到了关键作用，并且是必不可少的细胞因子。一个很重要的问题是在结核分枝杆菌感染的潜伏期，如果将 TNF 中和，结核分枝杆菌将会重新开始其对机体的感染。

2.2.5 干扰素 (Interferon，IFN)[19]

干扰素基因的激活和表达是机体第一道病毒防御体系，它先于机体的免疫应答反应。虽然干扰素还具有其他多种生物学功能（如对免疫系统的调控、影响细胞生长、分化和凋亡等），但干扰素对入侵病毒的非特异性抑制功能，对于许多疾病的预防和治疗意义重大。INF－γ 的生成可促进 Th0 细胞向 Th1 分化，而抑制 Th2 的生成，由于 Th1 和 Th2 分别介导机体细胞免疫和体液免疫，因此 INF－γ 可根据不同病原感染，与其他细胞因子（如 IL－4 等）共同作用，对机体进行免疫干预，实现免疫系统防御功能。此外，INF－γ 是主要的巨噬细胞活化因子（macrophage-activating factor，MAF），促进巨噬细胞吞噬能力和炎症反应，并可直接促进 T、B 细胞分化和 CTL 成熟，刺激 B 细胞分泌抗体，从而增强机体免疫机能。有研究报道 IFN－γ 是机体抵抗结核分枝杆菌感染的一个核心细胞因子，其能够刺激巨噬细胞活化从而抑制细菌复制，这一作用具有不可替代性。IFN－γ 缺失后能够增加机体对结核分枝杆菌的感染。在结核分枝杆菌感染过程中，发挥主要抗感染作用的辅助性 T 细胞亚型就是以分泌 IFN－γ 为主要特征的 Th1 型细胞免疫反应。Th1 型细胞活化后可以通过 IFN－γ 刺激巨噬细胞产生 NO，这是 Th1 型 T 细胞最重要的抗感染免疫作用。研究显示，分别缺失 IFN－γ，IFN－γ 受体（IFN－γR）以及一氧化氮合成酶（iNOS）被抑制剂氨基胍抑制后，都会对结核分枝杆菌高度易感。缺失 IFN－γ 小鼠对 BCG 也高度易感。

在结核分枝杆菌的细胞免疫过程中，IFN-γ是巨噬细胞的活化的执行者，活化的巨噬细胞通过产生 NO 的机制来杀伤结核分枝杆菌。

根据对人和小鼠的相关研究，干扰素对病毒的防御反应主要是通过信号转导和转录激活通路，导致一系列受干扰素调控基因表达，生成多种直接作用于入侵病毒的酶和蛋白质，保护机体免受感染，其中 JAK-STAT 通路是干扰素介导的信号转导和转录激活的主要方式（Samuel，2001）。JAK 为 Janus 家族的蛋白酪氨酸激酶，包括 Jak-1、Jak-2、Jak-3、Tyk-2，STAT（signal transducer and activator of transcription）即细胞转导与转录激活因子（包括 STAT-1、STAT-2、STAT-3、STAT-4、STAT-5a、STAT-5b、STAT-6），其中 Jak-1、Jak-2、Tyk-2 与 STAT-1、STAT-2 直接参与了干扰素介导的 JAK-STAT 信号转导通路。JAK-STAT 通路具体过程可表示为：（1）首先从受诱导表达的 INF-α/β 和 INF-γ 分别与异构二聚体受 INFAR1-INFAR2 和 INFGR1-INFGR2 的胞外区结合开始，由此激活与两种受体胞内区相连的蛋白酪氨酸激酶 Jak-1、Tyk-2 与 Jak-1、Jak-2；（2）STAT-1、STAT-2 在 Jak-1、Tyk-2 催化作用下，使蛋白链特定位置的酪氨酸磷酸化并形成异二聚体，再与干扰素调节因子-9（INF-9）形成三聚体，而两分子的 STAT-1 在 Jak-1、Jak-2 作用下形成同源二聚体；（3）形成的三聚体和同源二聚体分别与染色体的 ISRE 元件和 GAS 元件结合，从而激活各种抗病毒基因启动子，生成多种抗病毒蛋白，参与机体的病毒防御快速反应。一些研究已经证实 IFN-γ 受体下游功能区的一些蛋白基因的突变，如信号转导者，转录激活子（STAT1），干扰素调节因子（IRF-1），一氧化氮合成酶（iNOS）等，他们任何一个缺失都会导致机体对结核分枝杆菌高度易感，也可造成人和动物因感染结核分枝杆菌或 BCG 而死亡。

2.2.6　白介素 12（IL-12）[20]

IL-12 在机体抵抗结核分枝杆菌感染的过程中起到了基本的调节作用，其最重要的作用就是促进 IFN-γ 的分泌，研究显示，缺失了 IL-12 异源二聚体的 p40 链或 IL-12 受体亚基的小鼠和人均对结核分枝杆菌易感，并且 IFN-γ 的分泌量降低。用 IFN-γ 和抗结核药物已经成功的治愈了结核分枝杆菌感染的 IL-12 缺失患者。CD8+T 细胞缺失，小鼠对结核分枝杆菌高度易感，这主要依赖于 CD8+T 细胞分泌的穿孔素或粒酶，最近研究发现 CD8+T 细胞分泌的粒溶素与 CD8+T 细胞对结核分枝杆菌的毒性作用密切相关。

3　开展抗病育种存在的问题及展望

常规选择，遗传标记辅助选择和基因工程等技术可以使抗病育种取得一定的进展，尽管数量性状的多基因效应为开展动物特定病原抗病力选育奠定了理论基础，但在育种实践中至今仍存在待以解决的问题，具体表现为：（1）对特定疾病抗性的直接选择所耗费的成本和对生产造成的损失极其巨大；（2）选择对某种病原的抗性可能导致对其他病原的易感性；（3）对特定病原的抗性的间接选择，实质上导致对病原本身生存力的同步正向选择，进而阻碍了畜禽抗病力的选择效果（Gandon et al.，2001）。

因此对畜禽先天的、无病原特异性的综合防御能力-综合抗病力的选择成为畜禽抗病育种研究的重要内容，而寻找控制综合抗病力主效基因（QTL）或遗传标记，是开展畜禽综合抗病力选育重要手段。畜禽抗病育种研究方兴未艾，免疫学和分子生物学理论和技术的日新月异将进一步促进畜禽抗病育种技术发展和完善。

参考文献

［1］ BISSET, S. A. & MORRIS, C. A. Feasibility and implications of breeding sheep for resilience to nematode challenge ［J］. International Journal for Parasitology, 1996, 26, 857 – 868.

［2］ HERINGSTAD, B., KLEMETSDAL, G. & RUANE, J. Selection for mastitis resistance in dairy cattle: a review with focus on the situation in the Nordic countries ［J］. Livestock Production Science, 2000, 64: 95 – 106.

［3］ WAGTER, L., MALLARD, B., WILKIE, B. N., LESLIE, K. E., BOETTCHER, P. J. &DEKKERS, J. C. N. Aquantitative approach to classifying Holstein cows based on antibody responsiveness and its relationship to peripartum mastitis occurrence ［J］. Journal of Dairy Science, 2000, 83, 488 – 498.

［4］ COLE, R. K. Studies on genetic resistance to Marek's disease. Avian Diseases, 1968, 12, 9 – 28.

［5］ Dawson KL, Bell A, Kawakami RP, Coley K, Yates G, Collins DM. Transmission of Mycobacterium orygis from a Tuberculosis Patient to a Dairy Cow in New Zealand ［J］. J Clin Microbiol, 2012, 01652 – 12.

［6］ Buddle BM, Wedlock DN, Denis M. Progress in the development of tuberculosis vaccines for cattle and wildlife ［J］. Vet Microbiol, 2006, 112 (2 – 4): 191 – 200.

［7］ Griffin JF, Mackintosh CG. Tuberculosis in deer: perceptions, problems and progress ［J］. Vet J. 2000, 160 (3): 202.

［8］ Wright, S., P. A. Lewis. Factors in the resistance of guinea pigs to tuberculosis, with especial regard to inbreeding and heredity ［J］. Am. Nat, 1921, 55 (636): 20 – 50.

［9］ Lurie, M. R. Heredity, constitution and tuberculosis, an experimental study. Am. Rev. Tuberc, 1941, 44 (Suppl. 3): 1 – 125.

［10］ Mackintosh, C. G., K. Waldrup, R. Labes, G. Buchan, and F. Griffin. Intra – tonsil inoculation: an experimental model for tuberculosis in deer ［M］. *In* F. Griffin and G. de Lisle (ed.), Tuberculosis in wildlife and domestic animals. Otago Conference Series no. 3. University of Otago Press, Dunedin, New Zealand, 1995: 121 – 122.

［11］ Mackintosh CG, Qureshi T, Waldrup K, Labes RE, Dodds KG, Griffin JF. Genetic resistance to experimental infection with Mycobacterium bovis in red deer (Cervus elaphus) ［J］. Infect Immun. 2000, 68 (3): 1 620.

［12］ Lande R, Thompson R. Efficiency of marker – assisted selection in the improvement of quantitative traits ［J］. Genetics, 1990, 124 (3): 743 – 56.

［13］ Vidal S, Gros P, Skamene E. Natural resistance to infection with intracellular parasites: molecular genetics identifies Nramp1 as the Bcg/Ity/Lsh locus ［J］. J Leukoc Biol. 1995, 58 (4): 382.

［14］ Selvaraj P, Narayanan PR, Reetha AM. Association of functional mutant homozygotes of the mannose binding protein gene withsusceptibility to pulmonary tuberculosis in India ［J］. Tuber Lung Dis, 1999, 79 (4): 221.

［15］ Escay g A P, et al. Po lymor phism at the o vine major histocompa tibity complex class I I loci ［J］. Animal Genetics, 1996, 27: 305 – 312.

［16］ Kim SY, Solomon DH. Tumor necrosis factor blockade and the risk of viral infection ［J］. Nat Rev Rheumatol. 2010, 6 (3)：165 – 174.

［17］ L. G. Bekker, A. L. Moreira, A. Bergtold, S. Freeman, B. Ryffel, G. Kaplan. Immunopathologic effects of tumor necrosis factor alpha in murine mycobacterial infection are dose dependent ［J］. Infect. Immun, 2000, 68：6 954 – 6 961.

［18］ S. Ehlers, J. Benini, H. D. Held, C. Roeck, G. Alber, S. Uhlig, alphabeta T – cell receptor – positive cells and interferon – gamma, but not inducible nitric oxide synthase, are critical for granuloma necrosis in a mouse modelof Mycobacteria – induced pulmonary immunopathology ［J］. J. Exp. Med, 2001, 194：1 847 – 1 859.

［19］ MurrayPJ. Defining the requirements for immunological control of mycobacterial infections ［J］. Trends Microbiol, 1999, 7 (9)：366.

［20］ Ottenhoff TH, Kumararatne D, Casanova JL. Novel human immunodeficiencies reveal the essential role of type – I cytokines in immunity to intracellular bacteria ［J］. Immunol Today. 1998, 19 (11)：491.

此文发表于《2012 年中国鹿业进展》

吉林省鹿结核病的流行病学调查[*]

王春雨^{1**}　杨　莉¹　王全凯¹　宋占昀²　刘金华²

周　亮¹　赵全民¹　幺乃全¹　王振国^{2***}

(1. 吉林农业大学，长春　130118；2. 吉林出入境检验检疫局检验检疫技术中心，长春　130062)

摘　要：为掌握结核病在吉林省鹿群中的流行传播状况，从吉林省养鹿业富有代表性地区的18个鹿场随机采集血清样本1 856份作为研究对象，利用结核杆菌 Ag85 - East6 - mpt70 抗原多联表达蛋白作为检测抗原，进行酶联免疫检测，调查吉林省鹿结核病流行情况，结果发现，吉林省地区鹿群中存在结核病病例，并且各地区间阳性率差异显著或极显著（$P < 0.05$ 或 $P < 0.01$），防疫部门应加强防控，防止疫病扩散。

关键词：鹿结核病；流行病学；酶联免疫吸附试验

Epidemiology of Deer Tuberculosis in JiLin Province

Wang Chunchunyu¹, Yang Li¹, Wang Quankai¹, Song Zhanyun²,

Liu Jinhua², Zhou Liang¹, Zhao Quanmin¹, Yao Naiquan¹, Wang Zhenguo²

(1. JiLin Agricultural University, Chang Chun 130118, China;

2. JiLin Entry-Exit Inspection and Quarant Bureau, Chang Chun 130062, China)

Abstract：For investigate the prevalence of deer Tuberculosis in JiLin province of China, a total of 1856 blood samples from 20 deer farms were examined by ELISA. The result of prevalence survey showed deer tuberculosis is existence in Jilin Province, the positive rate is Significant difference between six area, prevention and control of deer tuberculosis will be enhanced by epidemic prevention departments to prevent its transmit.

Key words：Deer Tuberculosis; Epidemiology; Antigen protein; ELISA; Serum

　　鹿结核病是由结核杆菌引起的慢性消耗性传染病，其主要病原菌为牛型分枝杆菌（崔国印等，1990）。近30年来养鹿业在世界范围内迅速发展，与此同时鹿结核病在世界各个国家的鹿场中均有发现，对鹿养殖业的生存造成了严重的危害。（Stuart F. A 等，1988；李太元等，2002）. 结核病在不同地区不同物种之间的流行性存在极大地差别，并且结核病的初期诊断难度较大，给畜牧业结核病的防控带来巨大的困难。因此，及时了解掌握结核病在鹿群中的传播状况，对控制鹿结核病防治极为关键。吉林省是中国养鹿业最集中地区，与全国各养殖区交流频繁，其鹿群中

* 收稿日期：2010 - 04 - 06

** 作者简介：王春雨（1981—），男，吉林人，博士研究生，主要从事经济动物疫病学研究

*** 通讯作者：王振国（1965—），男，吉林人，研究员，主要从事微生物检验研究 Email：wangzhenguoe@sina.com

的结核病流行病学调查极为重要，本研究通过酶联免疫法对吉林省的鹿群进行血清学检验，调查不同地区、不同性别的鹿在未注射疫苗的情况下结核病发病及流行情况，进一步为防疫部门制定防制措施提供科学的理论依据，以确保养鹿业的健康发展。

1 材料与方法

1.1 材料

1.1.1 受检血清

从吉林省18个鹿场（长春地区5个鹿场、吉林地区2个鹿场、通化地区3个鹿场、四平地区4个鹿场、松原地区2个鹿场、辽源地区2个鹿场）随机从鹿群中采取血样共1 856份，采样主要考虑因素为性别（公鹿、母鹿）、年龄（仔鹿0岁、育成鹿1~2岁、成年鹿2岁以上）。血液离心后血浆抗凝处理，血清冷冻备用。

1.1.2 标准抗原、标准阴、阳性血清

多联表达蛋白抗原由中国农业科学院哈尔滨兽医研究所细菌病研究室惠赠。阳性血清为经ELSIA检测OD值高于1.5的灭活副结核杆菌苗免疫鹿血清；阴性血清为ELSIA检测OD值小于0.1的未哺母乳而死亡的仔鹿血清。

1.1.3 兔抗鹿酶标抗体 辣根过氧化物酶（HRP）

由吉林农业大学动物科技学院预防兽医学实验室惠赠。

1.1.4 其他材料

磷酸氢二钠、磷酸二氢钾、氯化钠、柠檬酸、邻苯二胺、吐温 – 20、30%过氧化氢、浓硫酸、多标记分析仪、96孔酶标板、多道移液器（Eppendorf m257074）。

1.2 方法

对鹿结核病均采用间接酶联免疫吸附试验方法（间接ELISA）进行检测。

1.2.1 包被抗原

用磷酸盐缓冲液将多联表达蛋白抗原作1:800倍稀释后，包被酶标板，50μl/孔，37℃过夜后用PBST 3×3min洗涤。

1.2.2 封闭

1%明胶，150μl/孔，37℃湿盒封闭1h后用PBST 3×3min洗涤。

1.2.3 加被检血清

将被检血清200倍稀释，50μl/孔，37℃湿盒封闭1h后用PBST 3×3min洗涤；同时设立阴、阳性标准血清对照。

1.2.4 加HRP标记的兔抗鹿IgG

将兔抗鹿酶标二抗作1:2 000倍稀释，加入反应板中，50μl/孔，37℃感作1h后用。

1.2.5 显色

加入现用现配的邻苯二胺 – H_2O_2底物液，50μl/孔，37℃感作20min。

1.2.6 终止反应

加入2mol/L H_2SO_4终止液50μl/孔，室温静置5min。

1.2.7 测OD

采用多标记分析仪，在490nm测各孔OD值。

2 结果与分析

2.1 不同地区鹿结核病血清学检测结果

对6个地区18个鹿场的1 856份血清样本进行调查,结果见表1。由表1可知,吉林、辽源和长春地区的鹿群总体阳性率较高,差异不显著($P>0.05$);吉林和辽源的鹿群总体阳性率极显著高于松原地区($P<0.01$),显著高于四平和通化地区($P<0.05$),长春鹿群总体阳性率显著高于松原地区($P<0.05$);其中辽源地区公鹿阳性率最高,显著高于四平、通化和辽源地区($P<0.05$);吉林地区母鹿阳性率最高,与其他地区差异显著或极显著($P<0.05$或$P<0.01$)。结果显示,吉林省存在鹿结核病发生和流行,不同地区的鹿结核病发病率存在差异,其中主要采用半散养方式饲养四平、通化和松原地区结核病阳性率较低,说明鹿饲养密度与结核病的流行具有相关性。长春是全国鹿及其副产品交易中心,其鹿结核病阳性率达到19.85%,流行状况不容乐观,应引起广大饲养者及相关部门高度重视,如不加以防制将会有扩大和蔓延的可能,对公共安全卫生造成巨大威胁。

表1 不同地区不同性别鹿结核病 ELISA 检测结果

地区	公鹿		母鹿		总体鹿群	
	样本数（份）	阳性率（%）	样本数（份）	阳性率（%）	样本数	阳性率（%）
长春	366	20.77abA	183	18.03bcA	549	19.85ab
四平	230	14.35bA	110	11.82bcA	340	13.53bc
吉林	145	20.00abA	66	30.30aB	211	23.22a
通化	218	16.51bA	108	14.81bcA	326	15.95bc
松原	134	13.43bA	69	7.25cB	203	11.33c
辽源	140	25.00aA	87	19.54bA	227	22.91a
合计	1 233	18.41A	623	16 69A	1 856	17 83

注:不同地区差异显著性以肩标小写字母表示,同列数据肩标相同字母表示差异不显著($P>0.05$),肩标相邻字母表示差异显著($P<0.05$),肩标相间字母表示差异极显著($P<0.01$);不同性别间差异显著性以肩标大写字母表示,同行数据肩标相同字母表示差异不显著($P>0.05$),肩标相邻字母表示差异显($P<0.05$),肩标相间字母表示差异极显著($P<0.01$)。

2.2 不同性别鹿结核病血清学检测结果

对不同性别鹿进行血清抗体检测,结果见表1。由表1可知,公鹿和母鹿的结核病总体阳性率分别为18.41%和16.69%,差异不显著($P>0.05$)。对同一地区不同性别鹿阳性率进行差异性分析,结果显示,吉林和松原地区的不同性别鹿的发病率差异显著($P<0.05$),应该加强分群饲养管理。鹿群总体上不同性别间结核病阳性率差异不显著,但在吉林和松原地区不同性别间显示差异显著,应该根据当地具体情况制定有针对性的防控措施,在高发病率地区进行引种时应特别注意兽医检测,以免造成鹿结核病的传播。

2.3 不同年龄鹿结核病血清学检测结果

对不同年龄鹿群的检测结果进行比较(表2),发现仔鹿的结核病阳性率最低,与育成鹿和成年鹿都存在显著差异（$P<0.05$），其原因可能是仔鹿暴露在结核杆菌污染的环境中时间较短，受感染机会较少，同时说明各地区对仔鹿的分群管理工作落实较好，有效地控制了结核病对仔鹿的传染，为鹿群中结核病的净化打下了良好的基础。

表 2　不同年龄鹿结核病 ELISA 检测结果

年龄	样本数	阳性数	阳性率（%）
仔鹿	369	46	12.47[a]
育成鹿	602	110	18.27[b]
成年鹿	885	175	19.77[b]

注：同列数据肩标相同字母表示差异不显著（$P>0.05$）；肩标相邻字母表示差异显著（$P<0.05$）；肩标相间字母表示差异极显著（$P<0.01$）。

3　讨论

养鹿业是中国特种动物养殖的支柱产业之一，鹿茸、鹿角盘、鹿胎等作为传统中药，在中医治疗和保健中广泛应用，所以，鹿结核病的防治不仅关系到广大养殖场的经济产值，对人结核病的防控也有重要影响。鹿结核病在吉林省地区流行时间较长（崔国印等，1989）2006 年长春、吉林的阳性率分别为 10.1% 和 21.43%（李玉梅等，2006），本次调查发现这两个地区结核病的阳性率都有所增加，特别是长春地区阳性率增加了 9 个百分点，上升趋势明显，分析其原因是由于本世纪初开始养鹿业陷入低迷时期，各地屠宰量迅速上升，病鹿扑杀率较高，对结核病的控制起到了一定的作用，2008 年以来受国家对养殖业的扶植政策和国际鹿茸价格升高的影响，各地养殖数量开始增加，但是结核病检疫工作发展缓慢，二者之间的矛盾应该是鹿结核病阳性率升高的重要原因。从调查结果来看养殖方式也是影响鹿结核病的主要因素之一，传统的围栏饲养条件下鹿结核病的阳性率普遍高于半散养的方式，因此，如何在不影响生态条件的情况下合理的改善饲养方式，不仅能够降低结核病的患病率，还可以节省饲料成本。

由于基层兽医检疫水平限制，结核病的检测目前主要依靠 PPD（OIE，1996），但由于 PPD 的非特异性和试验时的条件及试验者的技术水平等影响，结核菌素试验难免有误差，可能出现假阳性和假阴性现象（刘辛等，1998），对鹿结核病的控制和净化十分不利。因此需要科技工作者研发新的高特异性和敏感性的检测技术，提高结核病检测的准确率，同时政府加强宣传教育和淘汰病鹿的补偿制度，从根本上控制传染源，才能逐步达到消灭结核病的目的，实现养鹿业的全面、安全、可持续发展并保证人民身体健康。

参考文献

[1] 李太元，金吉东，于文会，等.鹿结核病的诊断、病原分离及鉴定 [J].黑龙江畜牧兽医，2002，11：34-35.

[2] 李玉梅，王全凯.北方三省区梅花鹿间二种疫病的血清学调查 [J].中国动物检疫疫，2006，23（11）：37-38.

[3] 刘辛，冯晓鸿.牛结核检疫中酶联免疫吸附试验和皮内变态反应的应用比较 [J].中国奶牛，1998，（1）：432-441.

[4] 崔国印，王树志，何敬芝，等.鹿结核病的病原鉴定 [J].吉林农业大学学报，1990，12

（4）：85 - 88.

［5］崔国印，关中湘，何敬芝，等.鹿结核病的病原分离［J］.吉林农业大学学报，1989，11（2）：81 - 84.

［6］Office Intemational Des Epizooties. Manual of Stundards for Diagnostic Tesis andVaccine［M］. Paris：OIE，1996.

［7］Stuart F. A，P. A. Manser，F. G. McIntosh. Tuberculosis in ImportedRed Deer［J］. Vet Rec，1988，122：508 - 511.

中图分类号：S858.9　　文献标识码：B　　文章编号：1671 - 7236（2010）10 -

此文发表于《中国畜牧兽医》2010，37（10）

鹿结核病诊断技术研究新进展[*]

郝景锋[1][**]　张秀峰[1]　刘立明[1]　张宇航[1]　崔永镇[2]　李心慰[3]　刘国文[3][***]

(1. 吉林农业科技学院动物科技学院，吉林市　132101；2. 中国农业科学院哈尔滨兽医研究所，黑龙江哈尔滨市 150030；3. 吉林大学动物医学学院，吉林省长春市　130062)

鹿结核病（Deer tuberculosis）是一种慢性、消耗性人兽共患传染病，对养鹿业危害巨大，梅花鹿等多个鹿种均可感染该病[1]，严重制约着养鹿业的健康发展。现有研究表明，牛型结核分枝杆菌（Mycobacterium bovis）是鹿结核病的主要病原体[2]，随着养鹿业的快速发展，作为对鹿养殖业危害巨大的鹿结核病越来越受到社会的重视和关注。但鹿结核病的诊断一直没有规定性标准，鹿结核病诊断方法主要参照牛结核病的诊断，现将各种诊断方法汇报如下，以期为鹿养殖业以及人类健康作出一定的贡献。

1　临床诊断

鹿结核病是一种慢性、消耗性疾病，临床主要表现为渐进性消瘦，食欲下降，精神沉郁，被毛杂乱失去光泽，皮肤弹性下降，结核主要侵害呼吸系统[3]，主要表现为呼吸困难，张口呼吸，气喘，先干咳后湿咳，胸部听诊时出现干性、湿性啰音或胸膜摩擦音，母鹿可出现空怀或产弱胎，公鹿生茸量降低，甚至不产茸。本病病程通常较长，可长达数月甚至数年，死于衰竭。临床症状诊断虽然快捷，但不是很精确，只能作为诊断参考。

2　病理解剖学诊断

在经过流行病学调查以及必要的临床诊断基础上，病理解剖是诊断鹿结核病一种常用并且较为可靠的方法，鹿结核病主要病变在于肺部以及淋巴结，在肺纵隔、肠系膜、乳房等部位出现粟粒至豌豆大小不等的结核结节[4]，甚至互相融合，变成大的干酪样坏死，初期较为坚硬，后期柔软，触之如生面团样感，切开肿大的淋巴结，流出大量黄白色且无异味的脓汁，浆膜结核由于大小相似，呈透明或者半透明状，形如珍珠，俗称"珍珠肿"[5]。

3　病原学诊断

对于鹿结核病的病原学诊断包括染色镜检和病原培养后分离鉴定。

根据鹿发生结核的不同部位采集病料，主要采集脑脊液、痰液、脓汁、胸水、腹水、粪便以

　* 基金项目：吉林农业科技学院重点学科培育项目（吉农院合字 2013 第 XD18 号）

　** 作者简介：郝景锋（1977—），男，博士生，讲师，从事临床兽医学教学及研究，电话：13943290102，E - mail：jl-hjf2012@163.com

　*** 通讯作者：刘国文，吉林大学动物医学学院，教授，博士生导师，E - mail：gwliu@jlu.edu.cn

及尿液等病料，直接或经过集菌后涂片检查，集菌的方法有离心沉淀或稀释飘浮法等，经抗酸染色后在镜下观察，菌体细长略弯曲，球杆状，呈红色，直径0.4μm，长1~4μm，

无鞭毛，不形成芽孢，传统认为无荚膜，最新研究证实结核分枝杆菌的细胞壁外有一层荚膜。由于在制片过程中受到破坏，故观察不到。若先用明胶处理样本，可防止荚膜由于脱水而收缩[6]。在电镜下可看到菌体外有一层较厚的透明区，即荚膜，具有一定的保护作用。

4 结核菌素试验诊断

结核菌素试验是鹿结核病诊断的一种非常重要方法，也是世界卫生组织（WHO）推荐、在世界各地普遍使用的结核病常规诊断方法，它是基于IV型变态反应原理的一种皮肤试验。结核菌素试验可为接种卡介苗及测定免疫效果提供依据。

5 血清学诊断

鹿结核病血清学诊断被公认为一种比较确实的诊断技术，目前应用较多的血清学诊断包括酶联免疫吸附试验（ELISA）、干扰素诊断法、斑点免疫金渗滤法以及免疫印迹法。

5.1 酶联免疫吸附试验（ELISA）

Engvall 和 Perlman 1971 年首次报道建立酶联免疫吸附试验，由于 ELISA 具有快速、简洁、敏感、易于标准化等优点，迅速得到发展并广泛应用。1976 年 ELISA 诊断正式应用于结核病患者抗体检测[7]，一直作为结核菌素试验诊断的必要补充，ELISA 方法众多，诊断技术不断完善，间接 ELISA 法目前在结核病诊断中应用广泛，王启军等对鹿结核病间接 ELISA 诊断试剂盒开展了广泛的实验研究，成功制备了兔抗鹿酶标抗体[8]。对结核菌素纯蛋白衍生物（PPD）、KNO_3 以及 KCl 等浸出抗原进行了系统的筛选，从而为成功研制出鹿结核病间接 ELISA 诊断试剂盒奠定了基础。

5.2 干扰素诊断法

γ 干扰素释放试验分析技术 IGRA（Interferon – γ release assay，IGRA）是一种用于结核杆菌感染的体外免疫检测的新方法。

PPD 与非结核分枝杆菌（Nontuberculosis mycobacteria，NTM）和卡介苗（Bacillus Calmette-Guérin，BCG）有成分交叉[9]，易导致"假阳性"，因此，在普遍接种卡介苗地区如我国，对结核菌素皮肤试验（TST）阳性结果的判定需谨慎。近年来，一种诊断结核病的免疫学新方法 – γ 干扰素释放分析（IGRA）逐渐被推广并应用于临床。IGRA 利用结核分枝杆菌而非牛分枝杆菌BCG 株系表达的抗原刺激外周血单核产生 IFN – γ。检测血样于 12~18h 后判定试验结果，在2011 年以前，全球只有英国和澳大利亚两种 γ 干扰素释放试验（IGRA）试剂盒被批准使用[10]，2011 年 7 月，我国研发生产的 IGRA 试剂盒（A. TB）正式获国家食品药品监督管理局批准。因为具有高敏感性和高特异性，并且不受卡介苗和大多数非致病分枝杆菌的影响，IGRA 在结核诊断中对实验设备、操作人员以及实验条件要求较高，因此在广大基层无法大范围推广使用。

5.3 斑点金免疫渗滤测定法

1971 年 Faulk 和 Taytor 将胶体金引入免疫化学，此后斑点金免疫渗滤测定法（Dot immunogold filtration assay，DIGFA）作为一种新的免疫学方法，在生物医学各领域得到了日益广泛的应用。斑点免疫金渗滤法作为免疫胶体金技术中重要组成部分在结核病诊断中发挥着重大的作用。吴波等研究表明，用 DIGFA 检测结核分枝杆菌抗体对肺结核的诊断，具有敏感性高、特异性强等特点，操作简便、快捷，与涂片法、培养法和 PCR 相比，对肺结核诊断有明显的优势，具有较高的应用价值[11]。但 DIGFA 在实际研究及应用过程中仍存在一些不足之处：首先，在检测过程中常出现假阴性和假阳性问题。其次，检测的重复性及灵敏度程度仍然有待于提高，检测的范围需要进一步拓展。

5.4 免疫印迹法

免疫印迹法（Western blotting）是一种将高分辨率凝胶电泳和免疫化学分析技术相结合的杂交技术。免疫印迹法具有特异性强、敏感性高等特点，广泛应用于新抗原的鉴定以及抗体的联合检测，该法目前技术比较规范，分辨率高、特异性强、可适合大样本检测，具有较强的应用前景。

6 结核病感染鹿的实验模型

建立感染实验模型的方法可解决自然感染结核病传播以及流行速度慢、养殖试验动物花费巨大甚至可能造成人畜共患发生等一系列研究自然发病规律的不便，现实意义重大，建立感染实验模型对于结核病病原学、发病机制、深入诊断研究是十分必要的，此项技术在国外已有应用，但在国内目前此项技术没有报道，McNair J 于 2001 年将 $10^2 \sim 10^4$ CFU 菌株通过鹿扁桃体感染，研究表明其病理变化与自然感染病例十分相似[12]，Griffin 于 1995—1999 年通过鹿扁桃体攻毒试验，研究表明 10^{-1} CFU 剂量牛型结核菌通过扁桃体感染，52% 以上鹿症状明显，10^2 CFU 剂量牛型结核菌对 100 多只鹿进行多次感染，研究发现 90% 以上实验动物出现症状，由于该法对鹿损伤过大，产生的经济损失太大，因此目前应用应用较多的是小组实验法（N = 10～15）[13]，有报道显示目前美国学者通过建立感染实验模型的方法研究白尾鹿结核病。

7 分子生物学诊断

应用分子生物学技术检测结核分枝杆菌，克服了传统检测方法的诸多不足，能够对难以培养、生长缓慢的结核分枝杆菌进行更加快速、特异、敏感、准确的鉴定与分析，对于结核病的防控起到了其他方法无法替代的作用。结核病常规的分子生物学诊断技术有聚合酶链式反应（PCR）、DNA 指纹技术、生物芯片技术以及核酸探针技术等。

7.1 PCR 检测法

在应用分子生物技术检测鹿结核病中目前最常见、最适合使用的方法就是聚合酶链式反应（Polymerase Chain Reaction，PCR），1985 年美国 Muliis 等发明 PCR，Young 等建立了结核杆菌基因文库，成功地分离、鉴定结核杆菌抗原蛋白编码基因。1989 年 PCR 技术首次应用于结核病诊断，该项技术灵敏度高、特异性强，很快得到极大的肯定和广泛应用，Ritelli 等将从巨噬细胞系中分离培养的分枝杆菌进行收集培养后，采用半巢氏 PCR 检测牛结核分枝杆菌中的特异性插入片段 IS6110，判定是否含有牛型结核分枝杆菌[14]。Aderem A 等 1999 年利用 2 个长度为 20 个碱基的寡核苷酸引物 PCR 扩增编码牛结核分枝杆菌分泌蛋白 MPB70 的目标基因，扩增产物为 372bP 长度 DNA 片段，此产物可通过琼脂糖凝胶电泳检测到，且特异性强[15]。刘桂香等用结核分枝杆菌引物对 12 份鹿的组织样本进行 PCR 检测，结果 11 份出现阳性反应，阳性率为 91.6%，细菌培养物 1 份为阳性[16]。刘思国等根据已发表的牛型结核分枝杆菌的 pncA 基因序列，设计特异性引物并扩增出了大小为 294bp 的目的片段，成功地构建了牛结核分枝杆菌特异性检测的 PCR 方法[17]，取得了令人满意效果。

7.2　DNA 指纹技术

DNA 指纹是指完全具有个体特异的 DNA 多态性，其个体识别能力足以与手指指纹相媲美，可用来进行个人识别及亲权鉴定，同人体核 DNA 的酶切片段杂交，获得了由多个位点上的等位基因组成的长度不等的杂交带图纹，这种图纹是独一无二的，故称为 "DNA 指纹"。此技术通常用于菌种鉴定，从而可以调查结核病的暴发流行，检测结核病病原菌来自体内还是体外再感染、病原菌敏感性检查等流行病学方面的研究，当前主要应用的有 DRE-PCR、Spoligotyping、IS6110-PCR 以及 PCR-RELP 等[18]。

7.3　生物芯片技术

生物芯片技术是通过缩微技术，根据分子间特异性地相互作用的原理，将生命科学领域中不连续的分析过程集成于硅芯片或玻璃芯片表面的微型生物化学分析系统，以实现对基因、细胞、蛋白质及其他生物组分的快速、准确、大信息量的检测，是目前分子生物学最前沿的技术[19]，按照芯片上固化的生物材料的不同，可以将生物芯片划分为基因芯片、蛋白质芯片、细胞芯片和组织芯片。

7.4　核酸探针法

核酸探针（Nuclear Acid Probe）是指用放射性或非放射性物质标记已知的 DNA 或 RNA 片段。核酸探针技术最大优势是特异性强，已在不同种群结核杆菌鉴定和结核病诊断上的许多方面显示出重要的应用价值和应用前景。在结核病诊断中应用的核酸探针技术主要有寡核苷酸探针、全染色体 DNA 探针、RNA 或 cDNA 探针及 PCR 扩增片段探针[20]。

综上所述，本文从病理学、细菌学、免疫学以及分子生物等方面系统地论述了鹿结核病诊断技术的最新研究进展，不同时期不同的诊断技术都发挥了至关重要的作用，对于不同的诊断技术应该根据实验条件、诊断目的和具体情况综合考虑并全面分析，随着分子生物的不断进步，相信不久的将来鹿结核病的诊断技术会越来越规范统一，为鹿养殖业的健康发展发挥重要作用。

参考文献

［1］杜锐.中国养鹿与疾病防治［M］.北京：中国农业出版社，2010：404.

［2］Miller J M, Jenny A L, Payeur J B. Polymerase chain reaction detection of *Mycobacterium tuberculosis* complex and *Mycobacterium avium* organisms in formalin fixed tissues from culture negative ruminants［J］. Veterinary Microbiology, 2002, 87（1）：15－23.

［3］刘清河、王全凯、胡伟群，等.应用变态反应方法诊断鹿结核病的研究［J］.吉林农业大学学报，1994，16（2）：70－73.

［4］Vordermeier N M, Whelan A, Cockle P J, et al. Use of synthetic peptides derived from the antigens ESAT－6 and CFP－10 for differential diagnosis of bovine*tuberculosis* in cattle［J］. Clinical and Diagnostic Laboratory Immunology, 2001, 8（3）：571－578.

［5］ Ravn P, Munk ME, Andersen AB, *et al*. Prospective Evaluation of a Whole – Blood test using *Mycobacterium tuberculosis* – Specific Antigens ESAT – 6 and CFP – 10 for Diagnosis of Active *Tuberculosis* ［J］. Clinical and Diagnostic Laboratory Immunology. 2005, 12 （4）: 491 – 496.

［6］ Huang TS, Chen CS, Lee SS, et al. Comparison of the BACTEC MACTEC 960 and BACTEC 460 TB Systems for Detetion Mycobacteria in Clinical Specimens ［J］. Ann Clin Lab Sci, 2001, 31 （3）: 279 – 283.

［7］ Cheung VG, Money M, Aguilar F, et al. Making and reading microarrays ［J］. Nature Genetics, 1992, 21: 15.

［8］ 王启军. 鹿结核病间接 ELISA 诊断试剂盒的实验研究 ［J］. 陕西师范大学学报, 2007, 35 （6）: 12 – 15.

［9］ LaBombardi V J. Comparison of ESP and BACTEC systems for testing susceptibilities of *Mycobacterium tuberculosis* complex isolates to pyrazinamide ［J］. J Clin Microbial, 2002, 40 （6）: 2 238 – 2 239.

［10］ Arend SM, Thijsen SF, Leyten EM, *et al*. Comparison of two interferon – gamma assays and tuberculin skin test for tracing *tuberculosis* contacts ［J］. American Journal Respiratory and Critical Care Medicine. 2007, 175 （6）: 618 – 627.

［11］ 吴波, 张书环, 邓铨涛, 等, 牛分枝杆菌特异性四联融合蛋白在牛结核病诊断中的临床应用. 中国人兽共患病学报, 2007, 23 （11）: 1 123 – 1 126.

［12］ McNair J, Corbett DM, Girvin RM, et al. Characterization of the Early Antibody Response in Bovine Tuberculosis: MPB83 is an Early Target with Diagnostic Potential ［J］. Seand J Immunol, 2001, 53 （4）: 365 – 371.

［13］ Griffin, JFT, Buchan, GS. Aetiology, pathogenesis and diagnosis of Mycobacerium bovis in deer ［J］. Veterinary Microbiology, 1994, 40: 193 – 205.

［14］ Ritelli M, Amadori M, Tagliabue S, et al. Use of a macrophage cell line for rapid detection of *Mycobacterium bovis* in diagnostic samples ［J］. Veterinary Microbiology, 2003, 94 （2）: 105 – 120.

［15］ Aderem A, Underhill D M. *Mechanisms* of phagocytosis in macrophages ［J］. Annual Review of Immunology, 1999, 17: 593 – 623.

［16］ 刘桂香, 邵锡如, 田登, 等. 应用 DNA 基因诊断白唇鹿结核杆菌的感染 ［J］. 医学动物防制. 2002, 18 （6）: 293 – 296.

［17］ 刘思国, 王春来, 宫强, 等. 牛分枝杆菌特异性 PCR 检测方法的建立及初步应用 ［J］. 中国预防兽医学报. 2006, 28 （1）: 80 – 83.

［18］ Germán Rehren, Shaun Walters, Pactricia Fontah, *et. al*. Differential fene expression between *Mycobacterium bovis* and *Mycobacterium tuberculosis* ［J］. *Tuberculosis*, 2007, 87: 347 – 359.

［19］ Priscille Brodin, Laleh Majlessi, Laurent Marsollier, *et. al*. Dissection of ESAT – 6 System 1 of *Mycobacterium tuberculosis* and Impact on Immunogenicity and Virulence ［J］. Infection and Immunity, 2012, 74 （1）: 88 – 98.

［20］ Brodin P, de Jonge M I, Majlessi L, *et. al*. Functional analysis of ESAT – 6, the dominant T – cell antigen of *Mycobacterium tuberculosis*, reveals key residues involved in secretion, complex – formation, virulence and immunogenicity. J Biol Chem, 2013, 280 （40）: 33 953 – 33 959.

此文发表于《中国兽医杂志》2015, 51 （7）

鹿结核病野毒株与卡介苗差异
基因文库的构建*

刘东旭** 时 坤 李健明 杜 锐***

（吉林农业大学中药材学院，长春 130118）

摘 要：应用四碱基限制性内切酶对鹿结核病流行株和卡介苗基因组分别酶切，以鹿结核流行株酶切产物为 testerDNA，卡介苗酶切产物为 driver DNA，testerDNA 接头连接后与 driver DNA 进行抑制性消减杂交。将获得的消减 PCR 产物与 pMD－18 连接，JM109 感受态细胞，进行蓝白斑筛选。结果：RsaI 酶切产生的酶切产物在 0.1～2.0 kb 之间，将消减 PCR 产物克隆后，挑取 208 个转化子，构建了鹿结核病流行株与卡介苗的差异基因文库。结果表明，应用抑制性消减杂交技术，成功的构建了鹿结核病流行株与卡介苗基因组差减文库。应用制性消减杂交技术构建鹿结核病野毒株与卡介苗基因组差减文库，为鹿结核病自然感染和卡介苗免疫的鉴别诊断及鹿结核病的综合防制奠定了基础。

关键词：鹿结核病野毒株；卡介苗；抑制性差减杂交；基因文库

Construction of subtracted gene library for Deer Tuberculosis wild strain and BCG

Liu Dongxu, Shi Kun, Li Jianming, Du Rui*

（School of Chinese Medicinal Materials, Jilin Agricultural University, Changchun 130118, China）

Abstract：Application of four base pairs of restriction endonucleases enzyme on deer tuberculosis wild strains and BCG genome, the enzyme products of deer tuberculosis wild strains as tester DNA, the enzyme products of BCG as driver DNA, After tester DNA joint with connection, suppression subtractive hybridization with driver DNA. Subtractive PCR products were inserted into pMD18－T vector and be transformed into the JM109, screened of blue and white clones of the transformants. Results：RsaI enzyme products in 0.1～2.0kb, after clone the subtractive PCR products, out of 208 transformants, construction of subtracted gene library for deer tuberculosis wild strain and BCG. Conclusion：By suppression subtractive hybridization, the successful construction of subtracted gene library for deer tuberculosis wild strain and BCG. By suppression subtractive hybridization, the construction of subtracted gene library for

* 基金项目：本课题为国家自然科学基金资助项目（31072140）

** 作者简介：刘东旭（1985—），女，博士研究生，研究方向为经济动物疾病防治。E－mail：sunny85622@126.com

*** 通讯作者：杜锐，教授，博士生导师，研究方向为经济动物疾病防治。E－mail：durui71@126.com

deer tuberculosis wild strain and BCG, for differential diagnosising of the deer tuberculosis nature infection and BCG immunization, and laying the foundation of comprehensive prevention and control of deer tuberculosis.

Key words：Deer tuberculosis wild strain；BCG；Suppression subtractive hybridization；gene library

鹿结核病（*Deer tuberculosis*）是由分枝杆菌（*Mycobacterium*）引起的鹿的一种慢性、消耗性传染病，其病理特点是在组织器官形成结核病灶、肉芽肿并发生干酪样坏死[1]。无论是野生还是驯化的各品种鹿几乎均易感。大部分国家的鹿场都曾发生过结核病或曾经检出过结核病菌。

目前，国内外尚无防制鹿结核病的有效方法。在某些国家采取全群诊断、宰杀诊断反应阳性动物的方法[2]，而我国，由于鹿是珍贵的经济动物，因此，许多养殖户应用卡介苗（BCG）来预防鹿结核病。但是，由于卡介苗本身就是减毒牛分枝杆菌[3]，因此，结核病的诊断，尤其是结核菌素对诊断结果产生的干扰，无法准确鉴别疫苗株与自然流行株、疫苗免疫动物与自然感染动物，以至于许多国家不用其对动物进行免疫，阻碍了结核病防治进程[4]。但实践证明，BCG免疫仍是目前有效预防鹿结核病的手段[5]。通过抑制性消减杂交筛选出结核病流行株与卡介苗的差异基因，为建立鹿结核病自然感染和卡介苗免疫鉴别诊断方法奠定基础，对促进养鹿业的健康发展，有着现实的经济意义。

1　材料与方法

1.1　材料

1.1.1　菌株及载体

鹿结核病野毒株、卡介苗由吉林农业大学经济动物疾病实验室保存、提供。PCR克隆载体pMD18-T与感受态细胞JM109购自TaKaRa公司。

1.1.2　试剂

抑制性差减杂交试剂盒PCR-Select™ Bacterial Genome Subtraction Kit（购自美国BD clontech公）；TaKaRa DNA Fragment Purification Kit（购自TaKaRa公司）；PCR Plus（购自宝泰克生物科技公司）；质粒小量试剂盒（购自杭州维特洁生化技术有限公司）；Middlebrook 7H9 Broth（购自美国DIFCO公司）。

1.2　方法

1.2.1　菌株的培养

将鹿结核病野毒株及卡介苗分别接种改良罗氏培养基，于37℃保温箱中培养4~8周，待长出淡黄色不透明形如菜花状的粗糙菌落后，无菌操作，轻轻刮取少量纯培养物置于7H9液体培养基，37℃振荡培养，待菌液内出现絮状沉淀，取出于4℃保存备用。

1.2.2　细菌的基因组提取

将用7H9液体培养基培养的细菌，85℃灭活后，5 000r·min⁻¹离心10分钟，去上清液。用TE悬浮沉淀，并加0.05mL 10% SDS，5μL 20mg·mL⁻¹蛋白酶K，混匀，37℃保温1 h。加入0.15mL 5mol·L⁻¹ NaCl，0.15mL CTAB/NaCl溶液，混匀，65℃保温20min。用等体积酚：氯仿：

异戊醇（25：24：1）抽提，5 000r·min⁻¹离心10min，将上清液移至干净的离心管中。用等体积氯仿：异戊醇（24：1）抽提，将上清液移至干净的离心管中。再用1倍体积异丙醇，颠倒混合，室温下静止10min。弃上清液，用70%乙醇漂洗DNA沉淀后，溶解于100μL TE，采用分光光度计法进行DNA定量检测后−20℃保存。

1.2.3 抑制性差减杂交

抑制性消减杂交按照Clontech公司的PCR-Select™ Bacterial Genome Subtraction Kit，说明书进行，具体过程如下：细菌基因组用RsaI酶切后，分别与接头连接。根据结核分枝杆菌的保守序列IS6110，选取中间不含有RsaI酶切位点的片段，以此为模板设计连接检测引物，扩增长度为107bp的保守片段，引物序列如下：IS6110F引物：5' GTC GCC CGT CTA CTT GGT G3' IS6110R引物：5' GCG GAT TCT TCG GTC GTG3'。按照说明书进行连接效率分析。确定连接效率后，进行两轮差减杂交。其中鹿结核病野毒株为tester组，卡介苗为driver组。按照说明书对两轮差减杂交产物进行适当的调整，进行两次杂交，两次PCR。进行差减效率的检测。

1.2.4 差减文库的构建

将第二次PCR产物经纯化后，取4μL与pMD18−T载体16℃连接过夜，42℃热击转化到JM109感受态细胞中，加入800μL LB液体培养基37℃振荡培养4 h。将培养物涂于含有氨苄青霉素/X−Gal/IPTG的LB固体培养基上，37℃培养过夜，次日观察蓝白色菌落生长情况。

1.2.5 差减文库的筛选、克隆及鉴定

挑取义库中白色菌落，接种含氨苄青霉素的LB液体培养基中，37℃振荡培养12 h后，保存菌种并提取质粒。以Nester primer 1和Nester primer 2R为引物，进行PCR扩增。反应体系为：模板1μL，Nester primer 1 0.5μL，Nester primer 2R 0.5μL，PCR Plus 7μL，DEPC水16μL，总体系20μL。反应程序：94℃预变性10min，94℃变性30 s，68℃退火30 s，72℃延伸共30个循环，72℃ 10min后4℃保存。PCR产物用1%琼脂糖凝胶电泳分析。

2 结果与分析

2.1 细菌基因组的提取、定量及酶切分析

用紫外分光光度计测定鹿结核病野毒株和卡介苗的DNA在260和280 nm处的吸光度，其OD$_{260/280}$比值均在1.8～2.0，说明提取的基因组中蛋白质和RNA污染较少，纯度较高，经RsaI酶切后的基因组DNA大小范围在0.1～2.0 kb，成弥散状分布。用2%琼脂糖凝胶电泳检测，可见清晰的DNA条带（图1）。

2.2 接头连接效率的检测

为验证接头的连接效率，根据结核分枝杆菌复合群保守IS6110设计特异性引物，预计扩增片段大小107bp且不含RsaI酶切位点。结果表明（图2），用特异性上游引物与primer 1扩增出的产物（泳道2、4），相比于用特异性引物扩增出的产物（泳道3、5），其亮度相近不低于25%，说明接头连接的效率较高。

2.3 抑制性差减杂交结果

两轮差减杂交后，差异的基因片段两端带有不同接头，鹿结核病流行株两次差减后，以第一

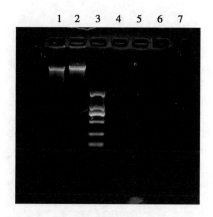

1. 鹿结核病野毒株基因组 DNA；2. 卡介苗基因组 DNA；3. DNA Marker DL 2000；4. 酶切 16 h 的
鹿结核病野毒株 DNA；5. 酶切 16 h 的卡介苗 DNA；6. 酶切 18 h 的鹿结核病野毒株 DNA；7. 酶切 18 h
的卡介苗 DNA

    1. Wild Strains of Deer tuberculosis genomic DNA；2. BCG genomic DNA；3. DNA Marker DL 2000；
4. Wild Strains of Deer tuberculosis genomic DNA digested with RsaI by 16 h；5. BCG genomic DNA digested
with RsaI by 16 h；6. Wild Strains of Deer tuberculosis genomic DNA digested with RsaI by 18 h；7. BCG ge-
nomic DNA digested with RsaI by 18 h

图1　基因组 DNA 及酶切产物的电泳检测

Fig. 1　Electrophoresis of the DNA by RsaI Restriction Enzyme Digest and DNA

次 PCR 产物为模板，Nester primer 1 和 Nester primer 2R 为引物进行 PCR 扩增。结果表明（图
3），消减杂交后的差异基因被富集，在弥散条带中出现一些清晰条带。未差减的 DNA 经两次
PCR 的产物条带微弱，且与差减杂交后的基因有显著差异。

2.4　差减效率的检测

以差减杂交第二次 PCR 产物和未差减杂交第二次 PCR 产物为模板，以 IS6110 引物做差减效
率检测，分别在 18、22、26、30 个循环时分别取样 5μL 进行 2% 琼脂糖凝胶电泳检测。结果表
明（图4、图5），未差减组，从在第 18 个循环开始出现了 107bp 左右的特异性条带。差减组从
第 26 个循环开始出现微弱条带。

2.5　差减文库的构建及鉴定

差减后 PCR 产物纯化后，与 pMD18 - T 载体连接，转化到 JM109 感受态细胞中，蓝白斑筛
选。用 Nester primer 1 和 Nester primer 2R 引物进行 PCR 鉴定，208 个克隆获得了插入片断，且插
入片断为单一条带并大于 100bp。部分结果如图6、图7。建立了鹿结核病流行株与卡介苗基因
组差减文库。

3　讨论

筛选出鹿结核病流行株和卡介苗差异基因是建立鹿结核病自然感染和卡介苗免疫鉴别诊断方
法的基础。mRNA 差异显示技术、代表性差异分析法和基因表达系统分析技术等是 20 世纪 80 年
代末 90 年代初问世的筛选差异基因的方法。上述方法的缺点是对低丰度 mRNA 富集效率低、费
时、假阳性高[6~8]。抑制性差减杂交的问世为微生物基因组学研究、致病基因的研究等提供了新

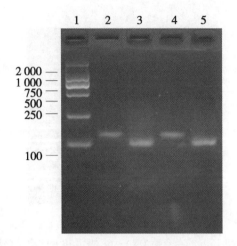

1. DNA Mark DL2000；2. 以 IS6110F 及 primer1 为引物扩增 Tester DNA（接头为 adaptor 1）；3. 以 IS6110F 及 IS6110R 为引物扩增 Tester DNA（接头为 adaptor 1）；4. 以 IS6110F 及 primer1 为引物扩增 Tester DNA（接头为 adaptor 2R）；5. 以 IS6110F 及 IS6110R 为引物扩增 Tester DNA（接头为 adaptor 2R）

1. DNA Mark DL2000；2. PCR products using tester（adaptor 1 – ligated）as the template，with primer IS6110F and primer 1；3. PCR products using tester（adaptor 1 – ligated）as the template，with primer IS6110F and primer IS6110R；4. PCR products using tester（adaptor 2 – ligated）as the template，with primer IS6110F and primer 1；5. PCR products using tester（adaptor 1 – ligated）as the template，with primer IS6110F and primer IS6110R

图2　接头连接效率 PCR 产物电泳结果

Fig 2　Result of ligation'efficient of PCR products

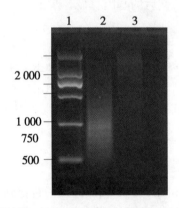

1. DNA Marker DL 2000；2. 差减的第二次 PCR 产物；3. 未差减的第二次 PCR 产物

1. DAN Marker DL 2000；2. after secondary PCR product of subtracted library；3. after secondary PCR product of unsubtracted library

图3　抑制性差减杂交 PCR 结果

Fig. 3　PCR Results of DNA subtraction

技术[9]。Akopyants[10]首次将该方法改良并应用于细菌基因组学研究。抑制性差减杂交是应用抑制性 PCR 原理[11]，利用两种接头，选择性扩增差异表达的靶片段，抑制非靶片段的扩增。经抑制差减杂交后的 DNA 群体不仅富集了差异表达基因（目的基因），而且目的基因间丰度的差异经过均等化作用已基本消除，使消减后的 DNA 群体为丰度一致的目的基因群体。

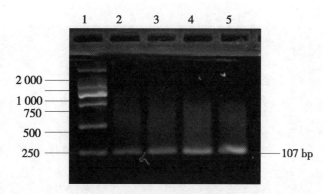

1. DAN Mark DL 2000；2. PCR 第 18 循环取样；3. PCR 第 22 循环取样；4. PCR 第 26 循环取样；5. PCR 第 30 循环取样

1. DNA Mark DL2000；2. secondary PCR products of 18 cycles；3. secondary PCR products of 22 cycles；4. secondary PCR products of 26 cycles；5. secondary PCR products of 30 cycles

图 4　未差减组杂交效率检测

Fig. 4　Analysis of efficiency of the unsubtraction

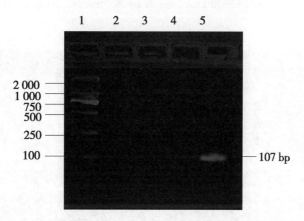

1. DNA Mark DL 2000；2. PCR 第 18 循环取样；3. PCR 第 22 循环取样；4. PCR 第 26 循环取样；5. PCR 第 30 循环取样

1. DNA Mark DL2000；2. secondary PCR products of 18 cycles；3. secondary PCR products of 22 cycles；4. secondary PCR products of 26 cycles；5. secondary PCR products of 30 cycles

图 5　差减组杂交效率检测

Fig. 5　Analysis of efficiency of the subtraction

为了保证抑制性差减杂交的顺利进行，在试验过程中，要选择合适的内切酶对基因组进行酶切，并对酶切效率要进行检查，只有酶切的片段符合要求，才能保证抑制性差减杂交有效。试剂盒要求，酶切出的片段要小于 2 000bp，本试验所选用的 RsaI 限制性内切酶可以有效的对基因组进行酶切，且酶切后的片段符合试剂盒的要求。酶切后的 DNA 与接头的连接的效率要进行检测，本试验采用结核分枝杆菌的保守序列 IS96110，选取中间不含有 RsaI 酶切位点的片段，以此为模板设计检测引物，对接头连接后的产物进行检测，检测出的结果符合试剂盒的要求，说明接头已连接好，可以进行下一步的实验。抑制性差减杂交中差减效率的检测最为重要，即是否充分的去除了实验组和对照组的相同序列。在本实验中，用检测接头连接效率的引物对差减效率进行检

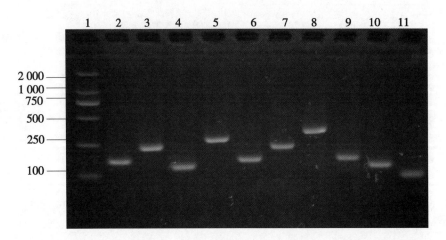

1. DNA Mark DL 2000；2-11. 差减杂交文库中部分随机克隆的 PCR 结果

1. DNA Mark DL2000；2~11. Part of PCR identification result for Subtractive hybridization library

图 6　差减杂交文库中部分随机克隆的 PCR 鉴定

Fig. 6　Part of PCR identification result for Subtractive hybridization library

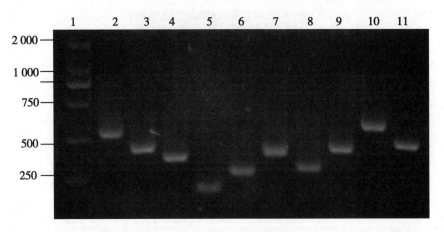

1. DNA Mark DL 2000；2~11. 差减杂交文库中部分随机克隆的 PCR 结果

1. DNA Mark DL2000；2~11. Part of PCR identification result for Subtractive hybridization library

图 7　文库菌落部分 PCR 结果

Fig. 7　Part of PCR identification result for Subtractive hybridization library

测，结果表明，差减组与差减对照组相差 8 个循环才出现条带，说明本次实验的差减较为成功，已初步的筛选出来卡介苗与鹿结核菌野毒株的差异基因。

4　结论

本试验是以鹿结核病野毒株和卡介苗为研究对象，以鹿结核病野毒株为 tester 组，卡介苗为 driver 组，构建了鹿结核病野毒株和卡介苗基因组差减文库。并获得了 208 个单一的且大于 100bp 的片段，这些克隆片段中可能含有鹿结核病野毒株独有的特异性的 DNA 片段。本实验室正在对这些基因进行鉴定、测序及序列分析，对筛选出具有反应原性的差异基因片段进行表达，为鹿结核病的防制、鹿结核病自然感染和卡介苗免疫的鉴别诊断及新型疫苗研制打下良好基础，也为人结核病和牛结核病的防制研究工作提供了理论参考。

参考文献

［1］马广福. 鹿结核病诊断方法及防制方法的研究［J］. 家畜传染病，1985（2）：17－20.

［2］Fraser M. Tuberculosis in deer：Another piece in the unfinished Mycobacterium bovis jigsaw［J］. The Veterinary Journal，2008，175（3）：287－288.

［3］Manjunatha M，Venkataswamy，Michael F，et al. *In vitro* culture medium influences the vaccine efficacy of Mycobacterium bovis BCG［J］. Vaccine，Available online 18 December 2011. http：//www. sciencedirect. com/science/article/pii/S0264410X11019670

［4］Rossignol L，Guthmann JP，Kernéis S，et al. Barriers to implementation of the new targeted BCG vaccination in France：A cross sectional study［J］. Vaccine，2011，29（7）：5 232－5 237.

［5］Abdelmoneim E M. Kheir，Abdelmoneim A. etal。The sensitivity of BCG scar as an indicator of previous vaccination among Sudanese infants［J］. Vaccine，2011，29（10）：8 189－8 191.

［6］Liang P，Pardee A B. Differential display of eukaryotic messenger RNA by means of the polymerase chainreaction［J］. Science，1992：257－967

［7］Lisitsyn N，Wigler M. Cloning the differences between two complexgenomes［J］. Science，1993，259（12）：946.

［8］Hubank M，Schatz DG. cDNA representational difference analysis：a sensitive and flexible method for identification of differentially expressed genes［J］. Methods Enzymol，1999：303－325.

［9］Diatchenko L，Laa Y F，Campbell A P，et al. Suppression subtraction hybridization：a method for generating differentially regulated or tissue specific cDNA probes and libraries［J］. Proc Natl Acad Sci USA，1996，93：6 025－6 030.

［10］Akopyants N S，Fradkov A，Diachenko L，et al. PCR—based subtractive hybridization and differences in gene content among strains ofHelicobacterpylori［J］. Proc Nail Acad Sci USA，1998，95：13 108－13 113.

［11］Huang X W，Li Y X，Niu Q H，et al. Suppression subtractive Hybridization（SSH）and its modifications in microbiological research［J］. Applied Microbiology and Biotechnology，2007，76（4）：753－760.

此文发表于《东北农业大学学报》2012，43（12）

鹿布氏杆菌病的常用检测方法

刘晓颖　程世鹏　冯二凯　陈立志

（中国农业科学院特产研究所，吉林 左家　132109）

鹿布氏杆菌病是由布氏杆菌（Brucella）引起的一类人兽共患的急、慢性传染病，在我国某些养鹿场中时有发生。大多数鹿感染布氏杆菌病后没有明显的临床表现，很难通过流行病学和临床症状进行确诊，目前消除鹿布氏杆菌病最有效的方式是准确的诊断后大规模的屠杀病鹿，从而有效的切断传染源，目前对于鹿病的诊断多采用血清学及病原学检测方法。

1 病原学诊断

1.1 显微镜检查

采集流产胎儿的胎衣、绒毛膜液、肝、脾、淋巴结、胎儿胃内容物等组织，制成抹片，用柯兹罗夫斯基染色法染色，油镜下检查，布氏杆菌为红色球杆状小杆菌，而其他菌则为蓝色。

1.2 分离培养

新鲜病料无菌接种于肝汤琼脂斜面或血液琼脂斜面、3%甘油0.5%葡萄糖肝汤琼脂斜面等培养基进行培养；陈旧病料或污染病料，用选择性培养基培养。培养时，一份在普通温箱中培养，另一份于含有5%~10%二氧化碳培养箱培养中，37℃培养7~10d。然后进行菌落特征检查和生化试验进行鉴定。

虽然布氏杆菌的病原学检查是诊断布氏杆菌病最可靠的方法，但该方法耗时长，对实验室人员存在着感染风险，病原的分离鉴定必须在生物安全实验室中进行，因此在鹿布氏杆菌病的检测中难于广泛应用。

2 血清学诊断

血清学诊断是检查鹿布病的主要方法之一。血清学诊断主要有虎红平板凝集试验、试管凝集试验和补体结合试验，补体结合试验由于操作方法等诸多因素的限制，在大多数地方难以开展，在这里不做介绍。

2.1 虎红平板凝集试验（RBPT）

鹿颈静脉采血，离心取血清，56℃灭能30min，取30μL滴于洁净的玻板上，加30μL虎红平板凝集抗原，用牙签搅动均匀混合被检血清和抗原，形成直径约2cm的液区，轻轻摇动，同时做阴性血清和阳性血清对照。室温下4min内观察结果。

当阴性血清不出现凝集，阳性血清出现凝集，可以判定结果。在4min内出现肉眼可见凝集现象的判为阳性，不出现凝集的判为阴性。

虎红平板试验容易出现假阳性，进一步检测需进行试管凝集试验来确定。

2.2　试管凝集试验（SAT）

灭能处理过的被检血清，用 0.5% 石碳酸生理盐水稀释。

取试管 5 支，标记检验编码后第 1 管，用移液器加 960μL 稀释液。第 2～4 管各加入 500μL 稀释液。然后吸取被检血清 40μL；混合均匀后吸取混合液 500μL 加入第 2 管，混匀。再吸第 2 管混合液 500μL 至第 3 管，如此倍比稀释至第 4 管，从第 4 管弃去混匀液 0.5ml。稀释完毕，1 至 4 管的血清稀释度分别为 1∶25、1∶50、1∶100 和 1∶200。将 50μL 稀释的抗原加入各血清管中，并震荡均匀，血清稀释变为 1∶50、1∶100、1∶200 和 1∶400。

设阳性血清、阴性血清和抗原对照，阴性血清和阳性血清的稀释和加抗原的方法与被检血清相同；抗原对照 1∶20 稀释抗原液 500μL，再加 500μL 稀释液，观察抗原是否有自凝现象。

置 37℃～40℃ 温箱感作 24h，取出检查并记录结果。

结果判定　根据各管中上层液体的透明度、抗原被凝集的程度及凝集块的形状来判定凝集反应的强度（凝集价）：＋＋＋＋，液体完全透明，菌体呈伞状沉于管底，振荡沉淀物呈片块或颗粒状（菌体被凝集）；＋＋＋，液体基本透明（轻微浑浊），菌体沉于管底，振荡时沉淀物呈片或颗粒状（菌体被凝集）；＋＋液体不完全透明，管底有明显的凝集沉淀，振荡时有块状或小片絮状物（菌体被凝集）；＋液体透明度不明显或不透明，沉淀不显著或仅有沉淀的痕迹（菌体被凝集）；－液体不透明，管底中央有小圆点状沉淀，摇动立即散开呈均匀浑浊。确定每份血清效价，应以出现"＋＋"以上凝集现象的血清最高稀释度为血清凝集价。以 1∶50 血清稀释度出现"＋＋"以上的凝集判定为布氏杆菌阳性鹿。

试管凝集试验为血清学诊断最重要的方法，是国际公认的布氏杆菌病标准化诊断方法，可半定量，相对于其他血清学方法具有较高的敏感性和特异性，建议鹿场检测布氏杆菌病时用虎红平板凝集试验进行初筛，试管凝集试验确诊。

此文发表于《特种经济动植物》2012 年第 10 期

吉林省梅花鹿副结核病血清流行病学调查[*]

付志金^{**} 宋战昀² 王振国^{2***} 侯红燕¹ 王春雨¹ 王全凯¹

（1. 吉林农业大学，长春 130118；2. 吉林出入境检验检疫局，长春 130062）

摘　要：【目的】了解吉林省梅花鹿副结核病感染现状。【方法】采集吉林省4个地区的8个梅花鹿场中仔鹿、育成鹿及成年鹿的630份血清样本，用ELISA方法对吉林省梅花鹿副结核病进行血清流行病学调查。【结果】吉林省梅花鹿血清中副结核分枝杆菌抗体检测阳性率为18.73%，其中，长春和通化的梅花鹿副结核病阳性率分别为17.86%和20.89%，辽源的梅花鹿副结核病阳性率为25.00%，为吉林省副结核病之首，而四平的梅花鹿副结核病的阳性率为11.86%，明显低于其他三个地区。【结论】采取半散养方式饲养的四平地区鹿副结核病阳性率最低，而采取集约化饲养方式程度较高的辽源地区梅花鹿副结核病最高。与2010年相比，2012年吉林省梅花鹿副结核病感染率呈上升趋势，净化鹿场中梅花鹿副结核病的综合性策略之一就是精确诊断并清除感染动物，此外，对鹿群进行有计划的免疫接种可以从根本上遏制该病的发生发展。

关键词：梅花鹿；副结核病；血清流行病学

Sero-epidemiological survey on Paratuberculosis prevalence of Sika Deer inJiLin province

Fu zhijin¹, Song zhanyun², Wang zhenguo², Hou hongyan¹,
Wang chunyu², Wang quankai¹

（1. Jilin Agricultural University, Changchun 130118, China;
2. Jilin Entry-Exit Inspection, Changchun 130062, China）

Abstract：【OBJECTIVE】Understanding the paratuberculosis infection status on sika deer in Jilin Province. 【METHOD】This survey researched the epidemiological survey of deer paratuberculosis, and the research method is ELISA for the randomly selected sample 630 sika deer. 【RESULTS】The positive rate is 18.73% in Mycobacterium paratuberculosis antibody detection of deer serum in JiLin Probince, and the positive rates in Liaoyuan, Changchun, Tonghua, Siping are 20.89%, 17.86%, 25% and 11.86%, The rate of deer paratubercu-

---

* 基金项目：吉林省科技厅重点项目（项目编号：20100227）
收稿日期：2012 – 11 – 04
** 作者简介：付志金，男，山东人，硕士生，主要从事动物微生物学与生物技术方面的研究。通信地址：吉林省长春市新城大街2888号，吉林农业大学研究生学院，E – mail：fzjaaa@163.com
*** 通讯作者：王振国，男，长春人，研究员，硕士生导师，主要从事动物微生物学与生物技术方面的研究。通信地址：长春市普阳街1301号，吉林出入境检验检疫局。Tel：0431 – 87607209，E – mail：wangzhenguoe@sina.com

losis in Tonghua is highest in JiLin province, and the lowest is Siping. 【CONCLUSION】 Compared with 2010, the sika deer paratuberculosis infection is rising in Jilin Province in 2011. The sika deer paratuberculosis prevalence was relatively stable and in a very high level in Jilin Province from 2004 to 2012 all over the whole, which remind the sika deer breeders and the relevant departments should be high degree of attach importance to the work of prevention and control of the sika deer paratuberculosis.

Key word：sika deer；paratuberculosis；sero-epidemiological

引言

副结核病的病原是副结核分枝杆菌，其主要感染反刍动物，仅在美国造成经济损失就高达数亿美元[1]，我国将其列入二类多种动物共患传染病。吉林省作为梅花鹿的故乡，饲养梅花鹿有300多年的历史，是吉林省重要的经济动物和野生动物。2007年，吉林省梅花鹿存栏量为40.76万只，实现产值12.18亿元，处于全国的首位，占我国饲养量的一半。梅花鹿副结核病的流行，给吉林省的梅花鹿养殖业直接或间接的造成了巨大的经济损失。近年来，虽然世界各国学者在副结核病研究方面已取得了很大进展，但是我国对该病的相关研究报道较少。通常情况下，处于亚临床状态的感染副结核病动物临床表现往往不明显，因此，梅花鹿副结核病的检疫和防治任务相当繁重。

1　研究对象和方法

1.1　研究对象

采集吉林省4个地区的8个梅花鹿场中630份血清样本（四平2个梅花鹿场、通化2个梅花鹿场、长春市2个梅花鹿场、辽源2个梅花鹿场），严格按照血清的采集及制备规程进行操作，所采集鹿的一般情况见表1。

表1　采集样本一般情况

地区	总数	仔鹿（0~1岁）	育成鹿（1~2岁）	成年鹿（>2岁）
长春	168	32	55	81
四平	160	27	57	76
通化	158	24	49	85
辽源	144	22	49	73
合计	630	105	210	315

1.2　主要仪器及试剂

副结核分枝杆菌抗体检测试剂盒购自美国IDEXX公司，酶标仪为瑞典TECAN公司产品，全自动酶标洗板机为芬兰Labsystems公司产品。

"十二五"鹿科学研究进展

1.3 方法

1.3.1 血清的采集及处理

用一次性无菌注射器（20 ML）将采集的血液转移到血清分离胶真空采血管中，实验室分离血清，-20℃保存备用。

1.3.2 ELISA 检测方法及结果判定标准

具体的操作过程及结果的判定标准严格按照试剂盒说明书进行。

2 结果

2.1 吉林省梅花鹿副结核病血清学检测结果

对吉林省长春、四平、辽源和通化4个地区8个鹿场的630份血清样本调查，试验结果显示（表2），上述4个地区均存在梅花鹿副结核病发生和流行，吉林省梅花鹿副结核病的整体阳性率为18.73%。其中，长春和通化的梅花鹿副结核病阳性率分别为17.86%和20.89%，辽源的梅花鹿副结核病阳性率为25.00%，为吉林省副结核病之首，而四平的梅花鹿副结核病的阳性率为11.86%，明显低于其他三个地区。见表2。

表2 吉林省梅花鹿结核病 ELISA 检测结果

地区	样本数	阳性数	阳性率（%）
长春	168	30	17.86
四平	160	19	11.86
通化	158	33	20.89
辽源	144	36	25.00
合计	630	118	18.73

2.2 不同年龄梅花鹿副结核病检测结果

检测结果显示，仔鹿、育成鹿和成年鹿副结核病阳性率分别为13.33%、18.57%和20.63%。通过对仔鹿、育成鹿和成年鹿进行统计学两两比较分析发现，仔鹿与育成鹿及成年鹿之间均存在显著差异（$P<0.05$），而育成鹿与成年鹿二者之间没有统计学意义（$P>0.05$）。见表3和图1。

表3 不同年龄梅花鹿副结核病 ELISA 检测结果

年龄	样本数	阳性数	阳性率（%）
仔鹿	105	14	13.33
育成鹿	210	39	18.57
成年鹿	315	75	20.63

· 278 ·

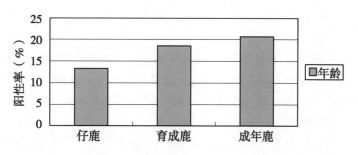

图 1 不同年龄梅花鹿副结核病 ELISA 检测结果

2.3 不同性别梅花鹿副结核病 ELISA 检测结果

通过对采集的样本按照性别的不同进行统计分析发现，吉林省梅花鹿公鹿与母鹿的副结核病的阳性率分别为 19.43% 和 17.30%。通过对同一地区不同性别的梅花鹿阳性率进行差异性分析发现，不同性别梅花鹿群的副结核病阳性率差异性不显著（$P > 0.05$）。通过对不同地区的相同性别的鹿群进行差异性分析发现，公鹿及母鹿的阳性率均表现出差异显著（$P < 0.05$），其中辽源地区的公鹿和母鹿的阳性率均最高，阳性率分别为 24.74% 和 25.53%。由此可知，吉林省不同地区的梅花鹿副结核病发病率存在差异，提示当地的养殖场在不同地区之间进行引种时应该特别注意副结核病检测，从而避免该病的传播扩散。见表 4 和图 2。

表 4 不同性别鹿副结核病 ELISA 检测结果

地区	公鹿			母鹿		
	样本（例）	阳性（例）	阳性率（%）	样本（例）	阳性（例）	阳性率（%）
长春	112	21	18.75	56	9	16.07
四平	108	12	11.11	52	7	13.46
通化	115	25	21.74	43	8	18.60
辽源	97	24	24.74	47	12	25.53
合计	422	82	19.43	208	36	17.30

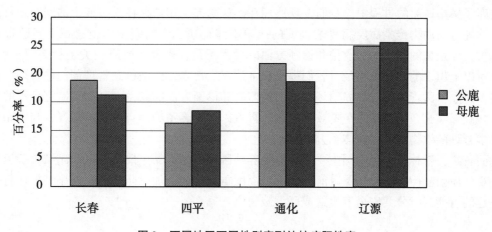

图 2 不同地区不同性别鹿副结核病阳性率

3 讨论与结论

吉林农业大学先后在 2004 年和 2010 年对北方部分地区的梅花鹿群进行了的副结核病血清学调查，其中，2004 年，李玉梅[2]对吉林、黑龙江、内蒙古三省区的梅花鹿群进行的副结核病血清学调查的结果显示，7.8% ~ 19%，平均 12%，其中内蒙古梅花鹿副结核病阳性率高达 17.86%。2010 年，王春雨等[3]采用 ELISA 方法诊断梅花鹿的副结核病，对采集的吉林省 549 份梅花鹿血清样本进行 ELISA 检测，结果显示梅花鹿副结核病阳性率为 16.03%。本次研究发现，2012 年吉林省梅花鹿副结核病的阳性率为 18.73%，此外本次调查结果还显示，仔鹿的患病率明显小于育成鹿和成鹿的患病率，这可能与饲养者有意识的加强对仔鹿的饲养管理有关，例如，在哺乳期间养殖场会重点护理母鹿与仔鹿，且对其生活环境消毒的频率也有所提高，仔鹿断奶后远离育成鹿与成鹿的养殖区进行隔离饲养，通过以上措施尽可能的降低仔鹿的染病率。通过对比 2004 年、2010 年和 2012 年针对梅花鹿副结核病血清学调查不难发现，吉林省梅花鹿副结核病感染呈上升趋势，且患病率处于相当高的水平上。

一般认为副结核病的典型特征是：身体消瘦，体力和精神状态不佳，反复腹泻。但在近几年，Antognoli 等研究发现感染副结核病的动物可能身体状况良好且没有消瘦和腹泻等典型症状[4]。Alonso-Hearn 等在一头临床表现健康的牛身上发现了两个巨大的副结核囊状物，证实了前者的发现[5]。目前，由于处于亚临床状态的感染副结核病动物缺乏临床表现，导致它们的奶肉制品进入了人类的食物链。此外，相关规定允许销售经过兽医检查并剔除可见的病理病变器官后的感染副结核病的动物的尸体，然而，副结核病病变只有在感染动物的临床期才能被观察到。Antognoli 等在粪便中不含副结核分枝杆菌的动物组织中分离出了活的病原菌[4]。Mutharia 等研究发现，副结核分枝杆菌不只存在于肠系膜淋巴结，而且在被感染动物的肝，脾，肾，肺，心脏或生殖器官中也检测到了该病原菌，这表明人们食用动物的以上器官有感染副结核病的潜在风险[6]。Greig 等[7,8]研究发现，捕食者感染副结核副结核病的可能性是被捕食者的 6 倍以上，在自然界中由于人类处于食物链的顶端，这提示人类感染副结核病的可能性较高。Vibeke 等对来自丹麦 9 个奶牛场的 895 头接种副结核疫苗奶牛和 2 526 头未接种副结核疫苗奶牛进行 ELISA 长时间跟踪检测发现，接种疫苗和未接种疫苗奶牛的阳性率分别为 37% 和 5%，其中接种疫苗的奶牛其副结核患病率相对不变（2 ~ 6 岁），而未接种疫苗的奶牛副结核患病率增加（2 ~ 6 岁），提示动物接种副结核疫苗对副结核病的血清学检测结果存在干扰[9]。

在鹿场采集样品的过程中，我们发现鹿场在疾病防控工作中存在或多或少的问题：首先，养殖场的管理者对动物传染病疾病复杂程度的认识不够且缺乏生物安全防范意识，养殖管理不规范；其次，养殖场的在疾病的监控和诊断方面的投入不足；再者，政府相关主管部门不够重视。在此针对以上出现的问题与不足，我们提出以下建议：首先，明确兽医管理部门的管理职能和服务职能，建立兽医管理部门与养殖场在疫病的监测和诊断方面的联系；其次，制定合理的免疫接种计划并确保实施，同时加强免疫效果监测；再者，根据养殖场的自身实际情况，与专家商讨并建立科学合理的生物安全防控体系方案。

总而言之，吉林省作为中国主要的梅花鹿养殖区及鹿副产品主要交易区，副结核病流行状况不容乐观，应引起广大养殖场及政府相关部门高度重视，如不加以防制梅花鹿副结核病将会有扩大和蔓延的可能，对公共安全卫生造成巨大威胁。

参考文献

［1］Stabel, J. R. Host responses to Mycobacterium avium subsp. paratuberculosis: a complex arsenal ［J］. Anim. Health Res. Rev. 7, 2007: 61 - 70.

［2］李玉梅. 东北地区梅花鹿四种疫病的血清学调查 ［D］. 长春: 吉林农业大学, 2005.

［3］王春雨, 杨莉, 等. 应用 TaqMan 荧光定量 PCR 快速检测鹿血中副结核分枝杆菌 ［J］. 中国预防兽医学报, 2011, 33 （3）: 208 - 210.

［4］Antognoli, M C, Garry, F B, Hirst, H L, et al. Characterization of Mycobacterium avium subspecies paratuberculosis disseminated infection in dairy cattle and its association with antemortem test results ［J］. Veterinary Microbiology, 2008, 127: 300 - 308.

［5］Alonso-Hearn, M., Molina, E, Geijo, M., et al. Isolation of Mycobacterium avium subsp paratuberculosis from muscle tissue of naturally infected cattle ［J］. Foodborne Pathogens and Disease, 2009, 6: 513 - 518.

［6］Mutharia, L M, Klassen, M D, Fairies, J, et al. . Mycobacterium avium subsp. paratuberculosis in muscle, lymphatic and organ tissues from cows with advanced Johne's disease ［J］. International Journal of Food Microbiology, 2010, 136: 340 - 344.

［7］Greig, A, Stevenson, K., Perez, V., Pirie, A. A., Grant, J. M., Sharp, J. M. Paratuberculosis in wild rabbits (Oryctolagus cuniculus) ［J］. Veterinary Record, 1997, 140: 141 - 143.

［8］Greig, A., Stevenson, K., Henderson, D, Perez, V., Hughes, V, Pavlik, I., Hines, M. E, McKendrick, I, Sharp, J. M. Epidemiological study of paratuberculosis in wild rabbits in Scotland ［J］. Journal of Clinical Microbiology, 1999, 37: 1 746 - 1 751.

［9］Vibeke Thulstrup Thomsen, Søren Saxmose Nielse, Aneesh Thakur, et al. Characterization of the long-term immune response to vaccination against Mycobacterium avium subsp. paratuberculosis in Danish dairy cows ［J］. Veterinary Immunology and Immunopathology. 2012, 145 （1 - 2）: 316 - 322.

中图分类号: S855.1 + 2 文献标识码: B

此文发表于《中国农学通报》2013, 29 （29）

鹿坏死杆菌病的综合防治

冯二凯[1]　陈立志[1]　刘晓颖[1]　徐　晶[2]

（1. 中国农业科学院特产研究所 特种经济动物分子生物学重点实验室，吉林长春　132112；
2. 江苏科技大学生物化学学院，江苏 镇江　212018）

摘　要：鹿坏死杆菌病是由坏死梭杆菌引起的一种慢性传染病，一直困扰我国养鹿业的健康稳定发展。本文主要通过日常饲养管理、疫苗预防和临床治疗等方面，报道了一种防治鹿坏死杆菌病的综合防治措施。

关键词：鹿；坏死杆菌病；综合防治；免疫

Comprehensive Prevention Methods of Necrobacillosis of Deer

Feng Erkai[1]，Chen Lizhi[1]，Liu Xiaoying[1]，Xu Jing[2]

（1. Institute of special animal and plant science，Chinese Academy of Agriculture Sciences；
StFate key Laboratory for Molecular Biology of Special Economical Animals，Jilin 132109，
China；2. School of Biology and Chemical Engineering Jiangsu University of Science and
Technology，Zhenjiang 212018，China）

Abstract：Necrobacterium disease of deers was a chronic infectious disease that caused by *Fusobacterium necrophorum*，which block the China deer industry development. So comprehensive measures for preventing deer necrobacillosis were stated here，which including vaccination，clinic treatment and routine prevention and scientific management.

　　养鹿在我国东北地区拥有悠久的历史，目前已经形成以吉林省为中心，涵盖辽宁、黑龙江等地区的农村支柱型产业，并成为了许多农民发家致富的法宝[1]。但是养鹿也是一个"高投入、高风险"的行业，这要求养殖户不但要掌熟练掌握整套养鹿技术，还要深入了解鹿的常见疾病及其防治措施，以防因疾病防治措施不当造成经济损失。鹿坏死杆菌病是由坏死梭杆菌引起的一种慢性顽固性传染病，也是鹿最容易感染的一种传染病[2]，多由皮肤外伤感染引起，主要侵害鹿蹄部，其次是口腔黏膜；如果感染发生于子宫和阴道时，易造成怀孕母鹿流产或死亡。若治疗不及时，常造成巨大经济损失，严重危害我国养鹿业健康稳定发展，必须做好防治工作。

1　病原学与流行病学

　　鹿坏死杆菌病的主要病原菌是坏死梭杆菌（*Fusobacteirum necrophorum*），是一种专性厌氧细菌，革兰氏染色阴性、无芽孢、不运动，常见于反刍动物的消化道和泌尿生殖道中。坏死梭杆菌能分泌一种具有杀白细胞能力的外毒素，杀死宿主释放出的保护性白细胞，进而感染宿主形成化

脓性坏死病灶。坏死梭杆菌还能与其他细菌如节瘤拟杆菌（*Dichelobacter nodosus*）协同作用形成腐蹄病，后者的主要功能是通过释放出具有蛋白酶水解酶活性的酶类，破坏动物蹄部角质层与肌肉之间的连接组织，为坏死梭杆菌感染宿主营造一个厌氧环境[3]。

鹿坏死杆菌病一年四季均可发生，但以夏秋季节多发。公鹿发病率明显高于母鹿，原因是因其在配种期间顶斗易造成外伤，被坏死梭杆菌感染而发病。此外，鹿拨群、锯茸、跳跃造成的损伤、地面不平或冬季地面过滑、蹄部机械性损伤、地面潮湿、饲养管理不当等都可引起该病的发生。

2 临床症状

鹿坏死杆菌病常见病变主要发生在四肢，特别是蹄部，局部先形成脓肿、继而坏死、坏死灶中心凹陷、破溃后流出脓汁和血液，严重时在蹄冠肿胀处流出小米汤样恶臭脓汁；时间稍久不予治疗则引起蹄夹脱落，病兽跛行，食欲逐渐降低，消瘦，甚至死亡；患鹿的生产性能严重下降，鹿茸的产量降低、质量下降；母兽感染后不孕、流产、死胎，死亡率较高。部分病鹿会出现严重的口炎症状，在唇、齿龈、颚部黏膜发生溃疡；呼气带有恶臭，尿中带脓，体温升高到40℃以上。

3 剖检病变

病死鹿一般尸体消瘦，全身呈现败血病症状，四肢坏死灶明显，坏死组织多呈灰黑色或绿色，混有灰白色浓汁；胸腔、心包内有积液；腋下淋巴节、膝下淋巴节及肝脏肿大；前胃粘膜有大小不一的坏死灶；肝脏和肺脏呈现不同程度的坏死性症状（呈灰黄色的圆形结节，切面干燥）或脓包（上面覆盖纤维结缔组织）[4]；腹膜呈现广泛性炎症[5]。

4 预防

据笔者了解，鹿坏死杆菌病目前无根本性防治措施，中国农业科学院特产研究所的王克坚研究员基于多年对鹿坏死杆菌病研究的基础上，提出对该病需要进行综合防治[6]。一切能杜绝皮肤、黏膜被感染的机会，干燥、整洁的饲养环境和科学的饲养方式是预防该病的根本；其次，早发现、早治疗对于提高鹿坏死杆菌病的治愈率也十分重要；同时还应将局部治疗与全身治疗相结合，防止病灶扩散；另外关于鹿坏死杆菌病的疫苗免疫预防措施，无疑是我国养鹿业期待已久的防治技术。

4.1 科学饲养管理

要切实控制坏死杆菌病在养殖场流行，首先要对养殖场进行科学饲养管理，提升鹿自身对疾病的抵抗力；其次应对健康鹿群进行免疫预防，对调入的鹿必须严格检查，并且要隔离饲养一段时间，观察有无携带病原菌。具体详述如下：

4.1.1 保证鹿舍干净整洁

每天及时清理动物粪便、残留食物和积水，保持地面清洁干燥，泥泞的圈舍会使蹄夹变软，坚硬度与耐磨度降低，极易造成蹄底损伤，给坏死杆菌感染创造有利机会；定期和不定期对圈舍进行消毒，限制细菌繁殖，消毒剂可选择3%漂白粉溶液、10%～20%的石灰乳和5%的苛性钠等。搞好鹿舍地面建设，铺平转地，保持皮肤和粘膜完整，杜绝细菌侵入；避免饲料中混有带刺的物体，如石子、铁丝以及带刺的鹿柴。

4.1.2 加强饲养管理，提高鹿的抗病能力

对于分娩母鹿、哺乳仔鹿和断乳仔鹿，要给予全价营养饲料，特别是断乳后仔鹿易发生营养失调，致使仔鹿虚弱，抗病力下降而形成坏死杆菌病[7]；另外进入配种季节，公鹿因性冲动而不断顶斗易造成机体抵抗力下降，所以要在平二茬茸后可通过减少精料，降低蛋白质饲料的供给，减少精子的形成和睾丸酮分泌，减低性冲动，最终减少因顶斗而引起的外伤感染的机会。

4.2 疫苗免疫预防

鹿坏死杆菌病应以免疫预防为主。中国农业科学院特产研究所的王克坚博士历经10年刻苦专研，成功研制出治疗鹿坏死杆菌病的疫苗，疫苗免疫试验和田间推广试验证明疫苗的免疫效果好，免疫保护率高达90%，免疫期达到6个月以上，尤其对于预防配种期间种鹿、成年鹿感染坏死杆菌病效果显著，避免了鹿的死亡。

疫苗适用于各种年龄的梅花鹿、马鹿、驯鹿和仔鹿。成年鹿和仔鹿常规免疫每年一次；配种公鹿、母鹿每年两次为宜；处于流行病时期或疫区的鹿需加强免疫1次。最佳免疫期通常在锯茸期或配种前3~4周接种。

5 临床治疗

如果发现病鹿，首先应及时隔离，切断传染途径，保护健康动物；其次需要采用局部治疗与全身治疗相结合的治疗措施才能取得理想的治疗效果。

5.1 局部外科处理

对病鹿患部进行彻底剪毛，清除坏死组织和浓汁，用消毒液（双氧水，3%~5%，高锰酸钾0.1%~0.2%或0.5%~1.0%氯胺）冲洗患部，清洗坏死灶和脓创；如果创面较小，可用魏氏软膏、磺胺涂搽；创面很深时，先用双氧水和高锰酸钾混合液冲洗，选用碘仿、磺胺处理创面，再用涂有魏氏软膏的纱布绷带包扎，3~5d更换一次绷带，防治继发性感染。如果肢末端出现坏死，可用添加青霉素的0.5%~1%普鲁卡因溶液（20~50mL）对跖骨进行封闭处理

5.2 全身疗法

全身疗法的核心是消炎、解热、健胃、通肠，这对于体弱的病鹿十分必要。可选用四环素，按照5~10mg/kg体重的剂量，每天肌内或静脉注射两次；或按照2~4mg/kg体重的剂量，将红霉素溶于5%葡萄糖注射液中静脉接种患鹿，每天也接种2次；还可将安钠咖溶液（5mL）、乌洛托品溶液（20mL）、磺胺嘧啶（20mL）与500~1 000mL的葡萄糖溶液混合后静脉注射患鹿，仅需一次即可获较好的效果。

参考文献

［1］冯二凯，杨镒峰，陈立志，等．东北养鹿业发展现状及发展策略与规划［J］．北方牧业，2009，23：14-15.

［2］刘军．鹿坏死杆菌病的防治［J］．养殖与饲料，2012，3：52-53.

［3］Stewart，D J. Footrot of sheep. Footrot and Foot Abscess of Ruminants［M］. 1989：5-46.

［4］冯爱国，丁文娟．茸鹿坏死梭杆菌病的诊断与综合防治措施［J］．畜禽业，2010，256：81－82．

［5］杨敏．鹿坏死杆菌病的诊治方法［J］．养殖技术顾问，2010（3）：72．

［6］王克坚，陈立志，刘晓颖，苗利光．鹿坏死杆菌病的综合防治［J］．经济动物学报，2001，5（2）：23－26．

［7］宋峥嵘，钟强．鹿坏死杆菌病的预防和治疗［J］．畜牧兽医科技信息，2011，1：87．

此文发表于《2012 年中国鹿业进展》

检测鹿黏膜病病毒 LDR – PCR 方法的建立[*]

王　雪[**]　刘新鑫　穆　昱　尹仁福　丁　壮[***]

（吉林大学动物医学学院，吉林 长春　130062）

摘　要：为准确特异灵敏地检测鹿黏膜病病毒（BVDV），本研究建立了一种新的 LDR – PCR 方法。首先在病毒的保守区内设计 1 对 LDR 探针，LDR 探针两端各连有 1 段引物对应序列，以连接产物为模板进行 PCR，琼脂糖凝胶电泳检测结果。通过对 LDR 反应的退火温度、连接酶浓度及探针浓度等反应条件进行优化，确定了 LDR 最佳的反应体系，并建立了 LDR – PCR 方法。结果表明，本方法可以特异地检测 BVDV，最低检测限为 10^1 个拷贝。此方法的建立为 BVDV 基础研究和临床应用提供了良好的技术平台，为进一步开发高通量的多病原检测技术提供了技术基础。

关键词：LDR – PCR；鹿黏膜病病毒；条件优化；检测

Development of LDR-PCR assay for deer mucosal disease

Wang Xue, Liu Xinxin, Mu Yu, Yin Renfu, Ding Zhuang[*]

（College of Veterinary Medicine，Jilin University，Changchun 130062，China）

Abstract：In order to accurately specific and sensitive detection of deer mucosal disease virus（BVDV），this study established a new LDR-PCR method. First，the conservative region of the virus to design a pair LDR probes，LDR probes attached at each end of the corresponding period of the primer sequences to the ligation product as a template PCR，agarose gel electrophoresis test results. By LDR reaction annealing temperature，the ligase concentration and reaction conditions such as probe concentrations were optimized to determine the optimum LDR reaction system，and the establishment of LDR-PCR method. The results show that this approach can specifically detect BVDV，the lowest detection limit of 10^1 copies. This method is an BVDV establish basic research and clinical applications provide a good technical platform，provide the technical foundation for the further development of high-throughput multi-pathogen detection technology.

Key words：LDR-PCR；deer mucosal disease virus；optimization；detection

梅花鹿的黏膜病，是由牛病毒性腹泻病毒（bovine viral diarrhea virus，BVDV）/黏膜病病毒

---

* 基金项目：吉林省科技厅科技支撑重点资助项目（20130206021NY）

** 作者简介：王雪（1983—），女，在读硕士

*** 通讯作者，E – mail：dingzhuang@ jlu. edu. cn

（mucosal disease virus，MDV）引起的一种以发热、黏膜糜烂溃疡、白细胞减少、腹泻、免疫耐受与持续感染、免疫抑制、先天性缺陷、咳嗽、怀孕母牛流产、产死胎或畸形胎为主要特征的一种接触性传染病。我国鹿群也存在着程度不同的 BVDV 感染，随着养鹿业的迅速发展，国内各地鹿场在秋冬季节相继发生以顽固性腹泻症状为主的幼鹿传染病，该病临床表现为腹泻、脱水、白细胞减少并可在症状出现后的凡天内死亡，或经大量抗生素治疗后表现为间歇性腹泻但不能治愈。发病率在 10% 左右，且近年来呈上升趋势。偶然有治疗好的病鹿表现背拱、皮毛松乱、不爱活动、生产性能下降，该病的致死率高，病愈幼鹿生长发育受阻，生产性能下降，这种疾病已严重阻碍了养鹿业的发展。目前检测 BVDV 的常规方法包括病毒分离鉴定、免疫荧光技术、酶联免疫吸附方法等，但这些方法费时、费力，试验条件要求较高，灵敏度和特异性不高[5,6]。近来，PCR、LAMP 等分子生物学方法被广泛用于 BVDV 检测，但这些方法亦存在假阳性问题[7,8]。连接酶检测反应（LDR）其反应原理类似聚合酶链反应（PCR），而反应特异性高于 PCR。当探针与目的 DNA 互补配对后，连接酶能通过催化磷酸二酯键将相邻的 2 条探针连接，当探针的接头处存在碱基错配时，连接反应便不能进行[9]。LDR 技术具有特异性高、通用性好、适用范围广等特点，通过整合入其他生物技术，在生物分子检测中取得了更大的进展[10]。

本研究将 LDR 与 PCR 技术相结合建立了一种新的 BVDV 检测方法。首先，从 NCBI 中下载 BVDV 全序列，通过软件比对 BVDV 的保守区域进行引物和探针的设计。探针由 4 段序列组成，从左到右依次是，上游通用引物对应序列，上游病毒特异序列，下游病毒特异序列，下游通用引物对应序列。以病毒基因组 cDNA 或构建的质粒为模板进行 LDR、PCR 扩增，琼脂糖凝胶电泳检测。此方法的建立对鹿黏膜病病毒的流行病学调查和疫情控制具有重要的意义。

1 材料和方法

1.1 病毒与主要仪器试剂

BVDV 毒株由本室保存；凝胶电泳图像分析系统（SynGen，英国）；PCR 仪（Bio-Rad，美国）；超微量核酸分光光度计（Thermo，美国），*Taq* DNA 连接酶购自 NEB 公司；其他试剂均为国产分析纯。

1.2 探针及引物设计

根据 GenBank 中已发表的序列（具体序列登记号：JX276542.1/GU120246.1/AB359932.1/KC695810.1/JN248734.1/AJ304385.1/LM994627.1、JN715040.1、AY363064.1、KJ131535.1、JN715018.1、KC757383.1、JQ994208.1、JN967742.1、EU224231.1、U97455.1、AY363072.1、GU120248.1、KF834226.1、FJ615536.1、FM165317.1、DQ088995.2、L20925.1、EF210349.1、M31182.1、FJ615532.1、GQ495685.1、AF417975.1C），应用 Primer Premier 5.0 软件设计引物和 LDR 探针，设计好的引物和探针通过 NCBI 中的 BLAST 进行特异性鉴定，如表1 和表2 所示。探针引物均由上海生工生物工程技术服务有限公司合成。

表1 BVDV 引物序列和通用引物序列

Primer	Sequence（5'－3'）	Tm /℃	Amplicon size/bp
BVDV	F：CGAGGGCATGCCCACAGCACATCT	59.1	24bp
	R：TAACCTGGACGGGGGTCGCC	67.3	20bp
Universal primer	F：AATGGCCGCTCTTCTCAACCCGTATC	49.9	26bp
	R：CTCACGAAGGGCAATTAATGGCGGAT	46.5	26bp

表2 试验所用 LDR 探针

Probe	Sequence（5'－3'）
Upstream probe	*TTACCGGCGAGAAGAGTTGGGCATAG* － CGAGGGCATGCCCACAGCACATCT
Downstream probe	TAACCTGGACGGGGGTCGCC － *CTCACGAAGGGCAATTAATGGCGGAT*

黑色字体标记的为 BVDV 特异性序列，斜体为通用序列。

1.3 模板的建立

根据产品说明（Roche 罗氏 RNA 提取试剂盒 High pure RNA Isolation Kit 购自罗氏），用病毒 RNA 抽提试剂盒从接毒 4 d 后的 MDBK 细胞中提取 BVDV 基因组 RNA，用病毒 RNA 反转录试剂盒（购于罗氏公司）反转为病毒的 cDNA 作为 LDR 反应体系的模板。

1.4 LDR 反应

以 BVDV 的 cDNA 为模板，进行 LDR 连接反应，并对 LDR 反应体系和反应参数进行优化，优化后的反应体系为：50 μmol/L 上下游探针各 1.0μL，2 U *Taq* DNA 连接酶（40U/μl），约 20 ng/μl cDNA1.0μl，10 × LDR Buffer 1.0μl，ddH$_2$O 补齐至 10μl。反应条件：94℃预变性 3min，94℃变性 30 s，67.2℃ 4min，10 个循环。

1.5 PCR 反应体系

以连接产物为模板，总体积 25μl 的 PCR 反应体系包括 10 × Buffer 2.5μl，25 mM MgCl$_2$ 2.0μl，3' 通用引物（10 μM）和 5' 通用引物（10 μM）各 0.5μl，2.5 mM dNTP2.0μl，*Taq* DNA 聚合酶（5 U/μl）0.25μl，LDR 连接产物 1.0μl。反应条件：94℃ 3min，94℃ 30s，56℃ 30s，72℃ 30s，72℃ 5min，35 个循环。反应结束后，2% 的琼脂糖凝胶电泳检测扩增产物。

1.6 LDR－PCR 的优化

通过改变 LDR 反应的参数和条件，对 LDR 进行优化。具体的优化过程包括：退火温度，探针浓度，同时也确定了 LDR－PCR 方法的灵敏度。LDR 后进行 PCR，琼脂糖凝胶电泳检测。

2 结果

通过改变 LDR 反应的参数和条件，对 LDR 进行优化。具体的优化过程包括：LDR 退火温度，PCR 退火温度，LDR 探针浓度，PCR 引物浓度，同时也确定了 LDR－PCR 方法的检测灵敏度。LDR 后进行 PCR，琼脂糖凝胶电泳检测，结果如图1至图4所示。

2.1 LDR 退火温度的优化

在 LDR 优化过程中，退火温度是主要参数之一，不同退火温度对连接效率的影响很大，因此在检测之前须确定最佳的退火温度。选择 67.2℃，68.4℃，69.6℃，70.8℃ 4 个温度值进行 LDR，PCR，电泳。结果表明随着退火温度的升高，条带亮度减弱，因此选择 67.2℃进行其他条件优化（图1）。

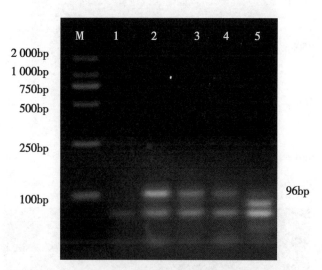

M. DNA2 000bp Marker；泳道 1~5. LDR 退火温度依次为阴性对照，67.2，68.4，69.6，70.8℃

图 1 LDR 退火温度优化

2.2 PCR 退火温度的优化

在 PCR 优化过程中，退火温度依然是主要参数之一，不同退火温度对扩增效率的影响很大，因此在检测之前须确定最佳的退火温度。选择 50℃，52℃，54℃，56℃，58℃ 5 个温度值进行 LDR，PCR，电泳。结果表明随着退火温度的升高，条带亮度减弱，因此选择 56℃进行其他条件优化（图2）。

2.3 LDR 探针浓度的优化及 PCR 引物浓度的优化

探针浓度的优化，选择探针浓度依次为 $50\mu M$，$20\mu M$，$10\mu M$ 进行；引物浓度的优化，选择引物浓度 $50\mu M$，$20\mu M$，$10\mu M$ 进行。优化结果如图3所示，将三种浓度的探针和三种浓度的引物排列组合后，选择目的条带最亮，特异性最好的组合浓度，故选取探针浓度为 $50\mu M$，引物浓度为 $10\ \mu M$ 为本实验的最佳探针浓度和引物浓度。

2.4 LDR - PCR 检测灵敏度

选择模板浓度依次为 10^4，10^3，10^2，10^1，10^0 个拷贝进行 LDR - PCR，阴性对照模板浓度为 0 个拷贝。随着模板浓度的降低电泳条带亮度减弱，10 个拷贝时电泳无明显条带，阴性对照无条带，因此 LDR - PCR 方法的检测灵敏度为 10^1 个拷贝（图4）

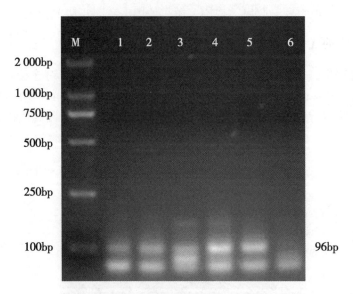

M：2 000bp Marker，泳道 1~6：退火温度依次为 50℃，52℃，54℃，56℃，阴性对照

图2　PCR 退火温度优化

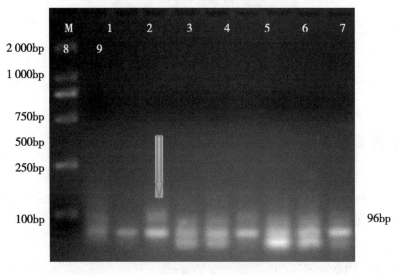

M. DNA Marker DL 2000；

1：引物浓度 10 μM、探针浓度 10 μM 时 LDR - PCR 结果　2：引物浓度 10 μM、探针浓度 20 μM 时 LDR - PCR 结果　3：引物浓度 10 μM、探针浓度 50 μM 时 LDR - PCR 结果　4：引物浓度 20 μM、探针浓度 10 μM 时 LDR - PCR 结果　5：引物浓度 20 μM、探针浓度 20 μM 时 LDR - PCR 结果　6：引物浓度 20 μM、探针浓度 50 μM 时 LDR - PCR 结果　7：引物浓度 50 μM、探针浓度 10 μM 时 LDR - PCR 结果　8：引物浓度 50 μM、探针浓度 20 μM 时 LDR - PCR 结果　9：引物浓度 50 μM、探针浓度 50 μM 时 LDR - PCR 结果

图3　LDR 探针浓度优化及引物浓度的优化

2.5　LDR - PCR 检测特异性

选择 CSFV、BVDV、PRRSV、NDV 反转录后 cDNA 为模板进行 LDR - PCR，阴性对照为水。

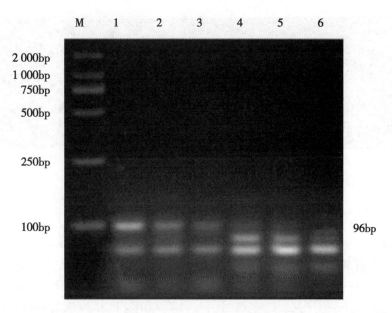

M：2 000bp Marker，泳道 1 – 6 模板浓度依次 10^4，10^3，10^2，10^1，10^0 拷贝和阴性对照

图 4　LDR – PCR 检测灵敏度

Fig. 4　The sensitivity of LDR – PCR for detection of BVDV

仅有 BVDV cDNA 泳道在 96bp 左右出现特异性条带，而其他病毒均未扩增出目的条带，说明 LDR – PCR 方法检测特异性良好（图 5）。

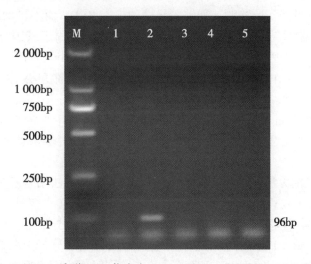

M：2 000bp Marker，泳道 1 – 5 依次为 CSFV、BVDV、PRRSV、NDV 和阴性对照

图 5　LDR – PCR 检测特异性

Fig. 5　The specificity of LDR – PCR for detection of BVDV

2.6　临床样品检测结果

对 21 例某鹿厂疑似黏膜病临床样品经 LDR – PCR 检测，其中 14 例检测为 BVDV 阳性，阳性率为 66.6%（图 6）。

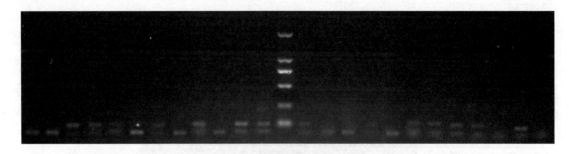

图6 临床样品检测结果

Fig. 6　LDR – PCR to detect21 cases of clinical samples

3　讨论

通过对 LDR 条件的优化，获得了 LDR 的最佳反应条件和反应体系。从电泳图可见除 100bp 附近的目的条带外，60bp 附近也有条带，应该为没有消耗的探针或探针二聚体。在设计 LDR 探针中如果加入一段 Zip-code 序列，此序列的引入可将 LDR – PCR 方法与基因芯片杂交结合，利用 LDR 的特异性、多重性、PCR 的灵敏性和基因芯片的高通量提高靶标的检测效率。

LDR 方法是在连接酶链反应基础上发展起来，其反应原理类似聚合酶链式扩增反应，但其特异性远高于 PCR 方法[11]。当 LDR 探针与目的 DNA 互补配对后，只有在探针接头处碱基完全匹配时，耐高温的连接酶才能通过催化磷酸二酯键将相邻的两条探针连接起来[12]。本实验选择 BVDV 5' – UTR 高度保守区设计 LDR 探针，选择副猪嗜血杆菌通用引物作为 PCR 引物，进行合成，该方法设计的探针经实验检测，能够特异性的扩增 BVDV 而不扩增同种属病毒 CSFV，表现出良好的特异性。该技术在国内外得到了广泛的应用，早期用于基因分型系统，如张世扬对 AGTM235T 和 ACE I/D 基因多态性的检测并应用到心血管疾病相关基因分型中[13]。李灵敏通过 LDR 方法检测 L – 1A、CGRP 的 SNP 位点，探讨了中国汉族人重度慢性牙周炎病人与 L – 1A、CGRP 基因多态性的相关性[14]。王刚用该技术对 115 例正常中国人群体样本的细胞色素 P450 的 6 个位点进行基因分型检测[15]。该方法近来也常用于病原微生物的检测，如 Rondini 等利用 RT – PCR/LDR 方法对西尼罗病毒进行检测，通过一步法和两步法测得检测限分别为 0.005 和 0.017PFU[16]。

目前对 BVDV 的检测方法有很多，本研究将 LDR 和 PCR 方法结合起来，增强了方法的特异性和灵敏度，能够区分 CSFV 及其他种属病毒，灵敏度可达到 10^1 个拷贝。

和传统的 PCR 检测手段相比，LDR 反应有多项优势：1. 特异性好，由于采用探针和引物双重控制，假阳性大大降低，LDR 技术可以较准确的检测靶核酸分子及其多态性；2. 通用性强，可以适用于各种靶核酸分子的检测；3. 高通量，能够同时对上百个核酸多态性位点进行检测，大大提高了检测效率[19]。由于 LDR 方法是线性扩增，其扩增产物一般无法用琼脂糖电泳检测，虽然毛细管电泳（CE）能够检测连接产物，但由于其灵敏度不高，且进样量少，制备能力差，也不是最佳的检测方法[12]。而多重 LDR 的应用通常需要在 LDR 之前 PCR 扩增来提高检测灵敏度，这种措施只能针对在核酸序列上存在很大同源性的同属或同科的靶标生物。本研究通过在 LDR 探针的两端分别连接一通用序列，从而可将连接产物用一对通用引物进一步扩增，进而通过琼脂糖凝胶电泳检测 LDR – PCR 产物，既增加了 LDR 的灵敏度，又增强了方法的通用性，而且还可进一步与基因芯片结合进行灵敏、特异、高通量地检测多种靶标核酸分子。此方法的建立为核酸有关的基础研究和临床应用提供了良好的技术平台，也为鹿源 BVDV 的检测提供了新的途径。

参考文献

［1］ Qi T and Cui SJ. Expression, purification, and characterization of recombinant NS－1, the porcine parvovirus non－structural protein ［J］. J Virol Methods, 2009, 157 (1): 93－97.

［2］ Sharma R and Saikumar G. Porcine parvovirus－and porcine circovirus 2－associated reproductive failure and neonatal mortality in crossbred Indian pigs ［J］. Trop Anim Health Prod, 2009, 42 (3): 515－522.

［3］ Wolf V H, Menossi M, Mourao G B, et al. Molecular basis for porcine parvovirus detection in dead fetuses ［J］. Genet Mol Res, 2008, 7 (2): 509－517.

［4］ Chen CM and Cui SJ. Detection of porcine parvovirus by loop-mediated isothermal amplification. J Virol Methods, 2009, 155 (2): 122－125.

［5］ Cai JP, Wang YD, Tse H, et al. Detection of asymptomatic antigenemia in pigs infected by porcine reproductive and respiratory syndrome virus (PRRSV) by a novel capture immunoassay with monoclonal antibodies against the nucleocapsid protein of PRRSV ［J］. Clin Vaccine Immunol, 2009, 16 (12): 1 822－1 828.

［6］ Klinge KL, Vaughn EM, Roof MB, et al. Age-dependent resistance to porcine reproductive and respiratory syndrome virus replication in swine ［J］. Virol J, 2009, 6 (1): 177.

［7］ Rossow KD. Porcine reproductive and respiratory syndrome ［J］. Vet Pathol, 1998, 35 (1): 1－20.

［8］ Wootton S, Yoo D and Rogan D. Full-length sequence of a Canadian porcine reproductive and respiratory syndrome virus (PRRSV) isolate ［J］. Arch Virol, 2000, 145 (11): 2 297－2 323.

［9］ Girigoswami A, Jung C, Mun HY, et al. PCR-free mutation detection of BRCA1 on a zip-code microarray using ligase chain reaction ［J］. J Biochem Biophys Methods, 2008, 70 (6): 897－902.

［10］ Yi P, Chen Z, Zhao Y, et al. PCR/LDR/capillary electrophoresis for detection of single-nucleotide differences between fetal and maternal DNA in maternal plasma ［J］. Prenat Diagn, 2009, 29 (3): 217－222.

［11］ Niederhauser C, Kaempf L and Heinzer I. Use of the ligase detection reaction-polymerase chain reaction to identify point mutations in extended-spectrum beta-lactamases ［J］. Eur J Clin Microbiol Infect Dis, 2000, 19 (6): 477－480.

［12］ Das S, Pingle MR, Munoz-Jordan J, et al. Detection and serotyping of dengue virus in serum samples by multiplex reverse transcriptase PCR-ligase detection reaction assay ［J］. J Clin Microbiol, 2008, 46 (10): 3 276－3 284.

［13］ 张世扬, 肖振贤, 赵建龙, 等. 基于连接酶检测反应的并行分型系统检测 agt M235t 和 ace I/D 基因多态性. 华东理工大学学报 (自然科学版), 2006, 32 (9): 1 050－1 054.

［14］ 李灵敏, 曹志中, 沈霖德. 基于连接酶检测反应的 cgrp 和 il－1a 基因多态与重度慢性牙周炎的相关性研究. 牙体牙髓牙周病学杂志, 2008, 18 (5): 241－246.

［15］ 王刚, 李凯, 周宇荀, 等. 新型通用探针 LDR 分型技术的开发及细胞色素 p450 基因多位点分型. 华东理工大学学报 (自然科学版), 2008, 34 (4): 503－508.

［16］ Rondini S，Pingle MR，Das S，*et al*. Development of multiplex PCR- ligase detection reaction assay for detection of west nile virus ［J］. J Clin Microbiol，2008，46（7）：2 269 – 2 279.

［17］ 刘业冰，张磊，宁宜宝，等. 猪细小病毒 LAMP 检测方法的建立 ［J］. 中国农业科学，2010，43（14）：3 012 – 3 018.

［18］ 李明凤，魏战勇，王学斌，等. 猪细小病毒 SYBR Green I 实时定量 PCR 检测方法的建立 ［J］. 浙江农业学报，2009，21（3）：220 – 224.

［19］ 俞琼. 应用 LDR 技术探讨 cPLA2 家族基因多态性与精神分裂症的关系 ［D］. 长春：吉林大学，2007.

此文发表于《中国兽医学报》2015，35（10）

仔鹿顽固性下痢的治疗

程子兵*

（新疆塔城地区动物疾控与诊断中心，新疆塔城　834700）

摘　要：仔鹿顽固性下痢一般发病于人工辅助哺乳的仔鹿，发病原因比较复杂，该病治愈率低，严重影响仔鹿生长，在采用抗菌、消炎、解毒和止泻治疗不见痊愈时，利用中药标本兼治，有利于本病的治愈。笔者采用了中药治疗仔鹿顽固性下痢试验，结果仔鹿痊愈。

关键词：中药方剂；仔鹿；下痢；效果

1　仔鹿发病情况

本病多发于体质较弱的 20 日龄以内的仔鹿，其病情较缓，不易好转；7 日龄以内的仔鹿很快死亡，症状不明显；30 日龄仔鹿也有发生，呈周而复始下痢，最后因各器官病理变化引起仔鹿死亡。塔城市一鹿场 2009 年仔鹿顽固性下痢 47 头，先后用止泻药、抗菌药、解毒药等药物治疗，都不见痊愈，并且复发后下痢更严重，后死亡 36 头，死亡率达 76%。2010 年仔鹿顽固性下痢 32 头，改用中药治疗，结果仔鹿病情好转，大部分能痊愈，仅死亡 8 头，死亡率 25%。2011 年仔鹿顽固性下痢 29 头，用中药治疗仔鹿基本痊愈，仅死亡 2 头，死亡率 7%。

2　临床症状

病初期仔鹿饮食欲下降，卧地不起、流涎、腹胀，不久既发生腹泻，粪开始黄绿色粥样，紧接着为白色稠粪，渐成为水泻，有恶臭味，可视黏膜苍白，该症状反复发作，每次复发症状比上次更严重，很难痊愈，最后患病仔鹿虚弱、脱水、眼窝下陷、被毛粗乱、体力衰竭、口流白沫、神志昏迷、角弓反张直至死亡。

3　解剖病变

病变主要在胃肠上，真胃内有未消化的凝乳块，小肠特别是回肠充血、并有多数微小溃疡，肠系膜脱落，有的肠内容物呈绿色，有的呈粉红色，肠系膜淋巴结肿大，充血之间有出血点、出血斑，心软，心包积液，心内膜有出血点，肺常有瘀血斑。

4　流行病学与诊断

患病仔鹿是主要的传染源，病源体随粪便排出，污染圈舍、食槽、用具，健康仔鹿舔食后经

---

　* 作者简介：程子兵（1973—），男，汉族，甘肃酒泉人，高级兽医师，大学本科，主要从事动物疫病防控研究。E-mail：183067372@qq.com

消化道感染，造成一圈仔鹿发病，给饲养户带来严重的经济损失。

仔鹿如发生下痢，可根据临床症状及流行病学进行初步诊断，随着病情逐渐漫延，如果蔓涎时间长，整圈舍仔鹿开始发病，即可诊断为仔鹿痢疾，也可根据解剖病变进行确诊。

5 预防与治疗

5.1 预防

5.1.1 加强管理，做好育幼工作

在母鹿产仔期间，要做好圈舍卫生，严格消毒，并保证初生仔鹿在4~6小时内吃上初乳，合理哺乳仔鹿，每天哺喂新鲜牛奶，防止饥饱不均，勤观察，每天认真检查是否有腹泻的。在天气突变时要防止受凉，做好保温工作。

5.1.2 预防为主，及时治疗

一旦发现有患病仔鹿，早发现、早治疗，立即隔离，将污染的圈舍用2%的火碱彻底消毒。

5.2 治疗

5.2.1 抗菌、消炎、解毒和止泻

硫酸庆大霉素5ml、VB12ml肌内注射，一天两次，连续治疗3天后没有好转后，改用中药治疗。

5.2.2 中药治疗

中药配方为白头翁15克，秦皮20克，山楂15克，苦参10克，霍香15克，甘草10克，苍术20克，厚朴20克，白茅根5克，姜黄15克。经粉碎混合制成粉剂，加水灌服，连用5天，同时细心饲养，加强圈舍消毒，防止受凉。此后，患病仔鹿粪便成型，渐而恢复正常，完全治愈，并生长良好。

6 小结

6.1 近年来，治疗腹腹泻病的抗生素药物发展迅速，并广泛应用于兽医临床，使用剂量越来越大，耐药菌株逐渐增多。选择具有广谱、抗菌力强、不易产生耐药性的药物，是兽医界急待解决的问题。因此，采用中药制剂治疗仔鹿顽固性下痢的效果试验十分重要，该试验治疗仔鹿下痢有较好疗效。

6.2 仔鹿顽固性下痢是肠道细菌引起的一种细菌性传染病，同时与仔鹿机体的免疫情况、抗病力及各个器官的发育情况有很大的关系。因此，在治疗时不但要对症治疗，同时要注意标本兼治，才能使该病彻底治愈。

此文发表于《黑龙江畜牧兽医》2014年第22期

杂交肉用鹿寄生虫病的防治[*]

刘建博[1,2][**]　郑　雪[1]　宋百军[1]　李荣权[1]　康　伟[3]　马丽娟[1][***]

（1. 吉林农业科技学院，吉林　132101；2. 长白山动植物资源利用与保护吉林省
高校重点实验室，吉林　132101；3. 桦甸市公吉乡畜牧兽医站，吉林 桦甸　132402）

摘　要：鹿的寄生虫病在各大养殖场普遍存在，但大多数养殖场对鹿场的寄生虫防治重视度不够，结果给养鹿业造成巨大经济损失。作为新兴的杂交肉用鹿培育过程中，寄生虫的防治是食品安全的重要环节。关于寄生虫病的一般性防治，本文从寄生虫病的特征、危害和防治等方面展开论述，为鹿业的健康发展做一点贡献。

关键词：杂交；肉用；鹿；寄生虫病

寄生虫病是由寄生虫侵入动物机体不同部位，造成损害而引起的疾病。寄生虫病在路群众广泛存在，主要以慢性消耗过程为主，给养鹿业造成巨大经济损失。有些寄生虫病为人畜共患，防治更显重要。

1　寄生虫病的特征

1.1　蠕虫病

蠕虫病因蠕虫生长时间与繁殖周期长，故传播速度慢，病程长，多为慢性或亚临床型。蠕虫病的严重程度常与寄生的虫体数量有直接关系。鹿机体中虫体少时几乎没有明显症状。如肝片吸虫病、绦虫病等[1]。

1.2　原虫病

原虫能在宿主体内繁殖，虫体数量可以迅速增长，破坏寄主细胞和组织，并影响其功能所以原虫病大多迅速成为全身性感染，引起急性或亚急性临床症状，消化道原虫病一般多局限于消化道及其附属器官。原虫的代谢产物和崩溃的虫体所产生的毒性、溶解和致敏作用。如伊氏锥虫病等。

1.3　昆虫蜱螨病

昆虫蜱螨病主要是外寄生虫病，主要引起皮肤病变和相应症状，一般发展缓慢，它们给宿主皮肤造成瘙痒等刺激，往往使宿主饮食不安和得不到良好的休息，以至营养不良，体质衰退其至造成死亡。外寄生虫虽然是局部刺激，但反应是全身性的。有些外寄生虫还是某些传染病、原虫

---

* 基金项目：吉林省科技发展计划项目（20120233）资助
** 作者简介：刘建博（1985—），男，助教，硕士，特种经济动物饲养，284001800@qq.com
*** 通讯作者：马丽娟，女，教授，博士，特种经济动物饲养，mlj2106@163.com

病和蠕虫病的传播媒介，如蜱虫传播梨形虫病。蚊子传播丝虫病等。

2 寄生虫病的危害

2.1 机械性障碍

造成机械性障碍的寄生虫，如寄生于小肠内的蛔虫和绦虫成虫，可能引起肠扭转和肠堵塞等，此时便会发生强烈的腹痛以至导致肠道受损乃至坏死[2]。

2.2 炎性变化和组织反应

刺激、损伤组织的寄生虫最常引起的是炎性变化和组织反应，包括纤维组织形成包围虫体的包囊，在虫体周围出现细胞浸润和组织增生，结缔组织增生给邻近组织带来压迫刺激，造成邻近组织的压迫性萎缩或坏死。

2.3 超敏反应

寄生虫的分泌物和排泄物作为抗原物质常引起宿主的超敏反应，并常常发生免疫性组织损伤。许多蠕虫病引起的发热、荨麻疹、水肿和嗜酸性白细胞增多现象。

2.4 其他

寄生虫的长期刺激可能引起受损组织的癌变，吸血的寄生虫可能使宿主营养不良或贫血。

3 寄生虫病的诊断

寄生虫病可以结合流行病学和症状进行初步诊断，确诊需要进行实验室诊断、免疫学诊断、实验动物接种等。在鹿的寄生虫病中，除了锥虫病和多头蚴病外，大多数寄生虫病没有特异性临床症状，所以在诊断上必须发现病原体或特异性抗原或抗体才能作出结论。几乎所有的寄生虫病都通过宿主的免疫应答而引起全身性反应，血相的变化最为常见并易于查知。如嗜酸性白细胞增多是许多蠕虫并感染的一个特征，寄生虫与宿主组织接触的密切程度影响反应强度，接触密切的反应较强[3]。

4 防治

4.1 治疗

由于寄生虫发育史的复杂性、阶段性，治疗起来非常困难。因此治疗时必须注意到寄生虫发育的阶段性，初期和后期的症状会有所不同，治疗上也要区别对待。对寄生虫病的治疗应包括驱虫疗法和对症辅助治疗。驱虫应使用对幼虫和成虫都有杀虫作用的药物，如蛭得净、碘醚柳胺等。

4.2 预防

对于寄生虫病，应该采取预防为主的方针。根据鹿场的情况，如种群的年龄结构、性别比例、饲养目的和饲养条件等方面，制定寄生虫病的卫生安全措施。

4.2.1 定期驱虫

定期驱虫是对鹿群预防寄生虫病的做好方法，每年应分春秋两次进行全群驱虫。

4.2.2 切断传播途径

鹿的粪便堆积发酵和利用生物热杀死虫卵等都是切断传播途径的有效方法。放牧鹿场尽量选择干燥、地势高的牧场，饲喂干燥的牧草，确保水源的卫生安全，扑灭鹿场的老鼠等。

4.2.3 加强饲养管理

对于驯养的肉用鹿，它们的一切行为都是在人的干预下进行的，只有加强对饲养人员的管理，才能促进肉用鹿的安全培育。

参考文献

[1] 马丽娟，金顺丹，韦旭斌，等．鹿生产与疾病学 [M]．吉林：吉林科学技术出版社，2003．

[2] 杜锐，魏吉祥．中国养鹿与疾病防治 [M]．北京：中国农业出版社，2010．

[3] 孔繁瑶．我国动物寄生虫病防治技术发展回顾与展望 [J]．中国兽医学报，2002，22 (5)：425 - 427．

此文发表于《吉林畜牧兽医》2014 年第 9 期

梅花鹿 IFN-β1 的原核表达及活性鉴定[*]

苏凤艳[1][**]　李　哲[1]　刘存发[2]　宗　颖[1]　曾范利[1]　王全凯[1,3][***]

（1. 吉林农业大学中药材学院，吉林 长春　130118；2. 吉林省野生动物救护繁育中心，

吉林 长春　130122；3. 吉林省中韩动物科学研究院，吉林 长春　130600）

摘　要：为表达具有抗病毒活性的梅花鹿干扰素-β1（IFN-β1），本研究通过 PCR 扩增梅花鹿 IFN-β1 基因，将其克隆至原核表达载体 pET-28a 中，构建重组质粒 pETIFNβ1，并将其转化至大肠杆菌 Rosetta（DE3）感受态细胞中，经 IPTG 诱导后，得到高效表达。SDS-PAGE 与 western blot 检测结果表明，重组梅花鹿 IFN-β1 重组蛋白的分子量大小约为 24 ku，表达产物主要为不溶性的包涵体，表达量占菌体总蛋白的 59.02%。将 Ni 柱纯化的 pETIFNβ1 诱导表达产物复性后，细胞病变抑制法检测表明表达产物具抗病毒活性。梅花鹿 INF-β1 基因的表达，为梅花鹿 INF-β1 的应用奠定了基础。

关键词：梅花鹿；IFN-β1 基因；原核表达；活性鉴定

Study on prokaryotic expression of interferon-β1 mature peptide gene of Sika deer

Su Fengyan[1], Li zhe[1], Liu Chunfa[2], Zong Ying[1],

Zeng Fanli[1], Wang Quankai[1]

（1. College of Chinese Medicinal Materials, Ji Lin Agricultural University, Changchun 130118, China

2. Wild Animal rescue and Breed center of Jilin Province, Changchun 130122, China

3. Jinlin Sino-ROK Academy of Animal Sciences, Changchun 130600, China）

Abstract：In order to express the sika deer interferon bata1（IFN-β1）with antiviral activity, IFN-β1 gene was amplified by PCR. Then the gene was inserted into prokaryotic expression vector pET28a to contruct recombinant plasmid pETIFNβ1. pETIFNβ1 was transformed into E. coli Rosseta（DE3）. The recombinant protein was expressed in E. coli Rosseta（DE3）by IPTG inducing. The expression product was identified by SDS-PAGE and Western-blot. The results showed that IFN-β1 recombinant protein of Sika deer was about 24Ku and mainly for the insoluble inclusion body. The expression product was account for 59.02% of the total bacteria protein. The expression product of pETIFNβ1 was purified by the Ni column and

＊　收稿日期：2014-06-20

　　基金项目：吉林省自然科学基金项目（201115194）；国家国际科技合作专项（2011DFA32900）

＊＊　作者简介：苏凤艳（1973—），女，吉林集安人，副教授，博士，主要从事经济动物疫病防治工作

＊＊＊　通讯作者：王全凯，E-mail：13944125038@163.com

renatured. Then，cytopathic inhibition method detected that expression product possess antiviral activity. This study set a basis for future application of sika deer IFN - β1.

Key words：sika deer；IFN - β1 gene；prokaryotic expression；activity identification

干扰素（Interferon，IFN）是在特定的诱导剂作用下，由单核细胞和淋巴细胞产生的具有广谱的抗病毒活性、抑制细胞分裂和肿瘤细胞增殖、调节免疫功能等多种生物活性的蛋白质。干扰素 β（Interferon bata，IFN - β）属Ⅰ类干扰素，是人和动物受到病毒核酸、多聚肌苷酸多聚胞苷酸等刺激物诱导下，由成纤维细胞、白细胞等产生的一种微量、高效的糖蛋白，具有广谱的抗病毒活性，同时具有抑制和杀伤肿瘤细胞、免疫调节等作用[1,2]。动物 IFN - β 既可以与疫苗配合使用，提高免疫效果；也可以单独使用，提高动物的免疫机能[3]，因此在病毒病的治疗和预防中具有重要的作用，是当前应用前景广阔的一类生物制剂，正向临床应用过渡[4,5]。

梅花鹿是中国特有的鹿科动物，是集药用、肉用、皮用和观赏用于一体的珍贵药用动物。人工养殖梅花鹿不仅可以满足人们物质文化生活的需要，而且有利于畜牧业产业结构的调整，有利于野生梅花鹿资源（国家一类保护动物）的保护[6]。但随着规模化养殖的发展，发生疫病的风险也在逐渐增大，特别是病毒性疾病（如口蹄疫、鹿黏膜—腹泻病等）严重危害了中国养鹿业的可持续发展[7,8]。因此，本研究克隆了梅花鹿 IFN - β1 基因，构建干扰素原核表达系统，表达了梅花鹿 IFN - β1，并进行了抗病毒活性检测，为研制新型、高效的抗病毒药物提供依据。

1 材料和方法

1.1 主要实验材料

梅花鹿肝脏采自吉林省长春市双阳区第三鹿场。

BVDV 病毒吉林农业大学中药材学院杜锐教授馈赠。

大肠杆菌 *E. coli* JM109、Rosetta（DE3）由吉林农业大学经济动物疫病实验室保存；原核表达载体 pET - 28a 由吉林农业大学生命科学学院胡薇教授馈赠；pMD18 - T Simple 载体购自宝生物工程（大连）有限公司。

1.2 主要试剂

*Eco*RⅠ、*Hind*Ⅲ、蛋白质分子量标准、核酸分子量标准购自宝生物工程（大连）有限公司；公司；动物基因组提取试剂盒购自生物工程（上海）有限公司；DNA 凝胶回收纯化试剂盒、质粒 DNA 回收和纯化试剂盒购自杭州维特洁生化技术有限公司；2 × *Taq* Plus PCR MasterMix、鼠抗 6 - His - Tag 抗体、辣根过氧化物酶（HRP）标记的羊抗鼠 IgG（IgG - HRP）和 Ni - Agarose His 标签蛋白纯化试剂盒购自天根生化科技（北京）有限公司。

1.3 引物设计与合成

根据梅花鹿 IFN - β1 基因序列，利用 Primer 5.0 软件设计一对特异性引物梅花鹿 IFN - β1 基因，预期扩增的基因长度为498bp。

上游引物 P1：5′ - CTTAGAATTCATGAACTACAGCTTG - 3′（*Eco* RⅠ）

下游引物 P2：5′ - AATTAAGCTTTCAGTCACAGAGGTA - 3′（*Hin* dⅢ）

在上、下游引物 5′端分别引入 *Eco*RⅠ和 *Hind*Ⅲ酶切位点。引物由上海生工生物工程技术服务有限公司合成。

1.4　IFN‑β1 基因的扩增及重组表达质粒的构建和鉴定

参照动物基因组提取试剂盒说明书进行提取。

以梅花鹿肝脏 DNA 为模板，采用 PCR 扩增梅花鹿 IFN‑β1 基因，将其克隆至 pMD18‑T 中并测序，对结果正确的 IFN‑β1 基因用 *Eco*R I 和 *Hind* III 双酶切后，连入用同样方法酶切的原核表达载体 pET‑28a 中，将鉴定正确的重组质粒命名为 pETIFNβ1。

1.5　重组蛋白的诱导表达及鉴定

将 pETIFNβ1 转化至大肠杆菌 Rosetta 感受态细胞中，重组菌振荡培养至 $OD_{600\,nm}$ 为 $0.6 \sim 0.8$ 时，加入 IPTG（终浓度为 1.0 mmol/L）诱导表达目的蛋白。分别于诱导前、诱导后 5h 收集菌液。超声波破碎裂解菌体，收集上清液和沉淀进行 SDS‑PAGE 和 western blot 分析。

1.6　梅花鹿 IFNβ1 抗病毒活性检测

表达产物经 Ni 柱纯化后，采用薄层扫描法测定其纯度，Bradford 法测定其含量，纯化产物 10 倍稀释后再 5 倍连续梯度稀释，采用微量细胞病变抑制法（CPEI）（Vero‑BVDV 系统）测定梅花鹿 IFNβ1 的生物学活性，按照 Reed-Muench 法计算其活性。

2　结果

2.1　目的基因的扩增

利用引物 P1、P2，以梅花鹿肝脏基因组 DNA 为模板，采用 PCR 反应扩增出了 498bp 的梅花鹿 IFN‑β1 基因，与预期 DNA 片段大小相符（图 1）。

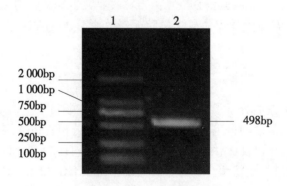

1：PCR product；2：DL2000 DNA Marker

图 1　梅花鹿 IFN‑β1 基因 PCR 扩增

Fig. 1　The amplification of Sika deer interferon-bata1 gene by PCR

2.2　重组原核表达质粒 pETIFNβ1 的鉴定

梅花鹿 IFN‑β1 基因与 pET‑28a 连接后，转化 DH 5α，挑白色菌落提取质粒，以 *Eco*R I 和 *Hind* III 双酶切重组质粒，得到 5 369bp 的 pET28a 线性片段和约 498bp 的插入片段（图 2A），与预期结果相符；以提取的质粒为模板进行 PCR 鉴定，在 498bp 处，出现目的条带（图 2B）。将经 PCR 和双酶切鉴定为阳性的重组质粒测序，测序结果与梅花鹿 IFN – β1 基因的编码序列完全一致。证实成功地构建了重组原核表达质粒 pETIFNβ1。

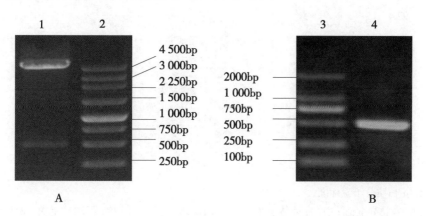

1：pET28a – IFNβ1 digested by *Eco*R Ⅰ and *Hind* Ⅲ；2：250bp DNA Ladder Marker；3：DNA Marker DL2000；4：Identification by PCR

图 2　重组质粒 pET28a – IFNβ1 的鉴定

Fig. 2　Identification of recombinant plasmid pET28a – IFNβ1

2.3　重组梅花鹿 IFN – β1 成熟肽的表达与鉴定

将 pETIFNβ1 转化 *E. coli* Rosseta（DE3）感受态细胞中，IPTG 诱导表达后收集菌体，并对菌体超生破碎处理后上清液和沉淀进行 SDS – PAGE 分析。结果显示，表达的重组 IFN – β1 成熟肽大小约 24 ku，与预期相符（图 3，5 列），而以 pET28a 空载体作为对照或 IPTG 诱导前 pETIFNβ1 的克隆，在相应位置均没有产生特异性条带（图 3，1、2、3 列）。上清中未检测到目的条带（图 3，4 列），表明表达产物主要以包涵体形式存在。薄层扫描分析结果显示，IPTG 诱导 5h 后，表达蛋白占菌体总蛋白的 59.02%，且杂蛋白最少（图 4，5 列）。Western blot 分析显示，pETIFNβ1 经 IPTG 诱导产生的 24 Ku 蛋白条带与鼠抗 His 单抗具有很强的交叉反应（图 3，6 列），表明诱导表达的目的蛋白是重组的梅花鹿 IFN – β1。

2.4　梅花鹿 IFNβ1 抗病毒活性检测

表达产物纯化复性后，蛋白纯度达 85%。Bradford 法检测终浓度约为 0.106mg/mL。采用 CPEI 方法测定原核表达重组梅花鹿 IFN – β1 蛋白的抗病毒活性。未加重组梅花鹿 IFN – β1 和 BVDV 病毒组的 Vero 细胞生长状态良好（图 4A）；未加重组梅花鹿 IFN – β1 的 BVDV 试验组发生了明显的 CPE，细胞圆缩脱落，形成"拉网"状（图 4B）；加重组梅花鹿 IFN – β1 保护组仅出现轻微的 CPE，细胞内黑色颗粒增多（图 4C）。10 倍稀释后再 5 倍连续梯度稀释的原核表达重组梅花鹿 IFN – β1 在 Vero 细胞上抑制 BVDV 复制的结果见表，按照 Reed-Muench 法计算其活性。距离比例 =（84.6 – 50）/（84.6 – 41.7）= 0.81，则原核表达梅花鹿 IFN – β1 在 Vero 细胞上抗 BVDV 活性为（$10 \times 5^{3.81}$ U/0.1mL）/0.106mg/mL = 4.34×10^4 U/mg。结果显示，原核表达的梅花鹿 IFN – β1 能够有效的抑制 BVDV 在 Vero 细胞中的复制，具有良好的抗病毒活性。

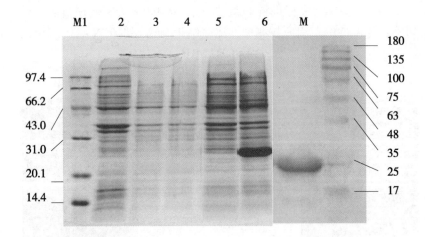

M. 蛋白质分子量标准

　　1. IPTG 诱导前的 pET28a 菌体总蛋白；2. IPTG 诱导后的 pET28a 菌体总蛋白；3. IPTG 诱导前的 pETIFNβ1 菌体总蛋白；4. IPTG 诱导 5h 后的 pETIFNβ1 上清；5. IPTG 诱导 5h 后的 pETIFNβ1 沉淀；6. 表达蛋白的 Western-blot 分析

　　M：Protein Molecular Marker

　　1：The total protein of *E. coli* pET28a induced without IPTG；2：The total protein of *E. coli* pET28a induced with IPTG；3：The total protein of *E. coli* pETIFNβ1 induced without IPTG；4：The supernatant of *E. coli* pETIFNβ1 induced with IPTG 5h；5：The precipitation of *E. coli* pETIFNβ1 induced with IPTG 5h；6：Analysis of the recombinant protein by western blot

图3　pETIFNβ1 表达产物的 SDS – PAGE 和 Western-blot 分析

Fig. 3　SDS-PAGE and Western-blot analysis of pETIFNβ1 expression product

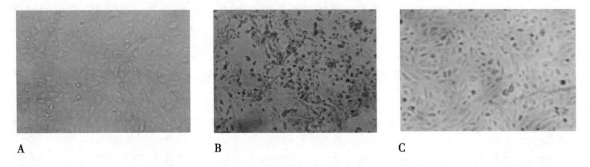

A：Negative control；B：BVDV infection in Vero cells；C：BVDV infection in recombinant deer IFN – β1 mixed Vero cells

图4　重组梅花鹿 IFN – β1 抗病毒活性测定结果

Fig. 4　Antiviral activities analysis of recombinant deer IFN – β1

表　原核表达重组梅花鹿 IFN – β1 在 Vero 细胞上抑制 BVDV 致细胞病变结果

Table　Activity of recombinant prokaryotic expressed Siker deer IFN – β1 against BVDV on Vero cells

IFN – β1 dilution degrees (10 ×)	Vaccination holes of cells	Holes with CPE	Holes without CPE	cumulative total Holes with CPE	Holes without CPE	Total number of cells hole	CPE protection rate (%)
5^1	8	0	8	0	27	27	100
5^2	8	0	8	0	19	19	100
5^3	8	2	6	2	11	13	84.6
5^4	8	5	3	7	5	12	41.7
5^5	8	6	2	13	2	15	13.3
5^6	8	8	0	21	0	21	0
5^7	8	8	0	29	0	29	0
攻毒对照	8	8	0	8	0	8	0
阴性对照	8	0	8	0	8	8	100

3　讨论

随着新毒株和变异株的不断出现，病毒性疾病给梅花鹿疾病的防制带来了极大的挑战。IFN 作为机体最重要的细胞因子之一，一方面可以直接激活免疫细胞，发挥免疫调节作用；另一方面可以通过干扰病毒基因转录或病毒蛋白组分的翻译，阻止或限制病毒感染[9]。但 IFN 具有相对的种属特异性，即由某一种生物细胞产生的 IFN 只能作用于同种生物细胞，使其获得保护力，而对其他种生物细胞则无作用[10]。而且，动物 IFN 分泌量低，直接生产成本高，所以利用基因工程方法，大批量制备高效高纯的干扰素是研究方向之一。由于 IFN 具有种属特异性，目前关于梅花鹿 IFN – β 的相关研究尚未见报道，购买商品化的梅花鹿 IFN – β 非常困难，因此，寻找一种制备梅花鹿 IFN – β 的体外表达体系非常急迫。

由于大肠杆菌表达系统具有遗传背景清淅、基因操作方便、表达水平高和成本低等优点，被广泛选作工程菌使用。本研究选择具有 His 标签和 T7 标签序列的 pET – 28a 为原核表达载体，构建了梅花鹿 IFNβ1 基因体外重组表达体系，获得了较高表达的体外重组蛋白，表达蛋白占菌体总蛋白的 59.02%，并且以包涵体形式表达。CPEI 法（Vero – BVDV 系统）检测表明梅花鹿 IFNβ1 具有抗病毒活性，抗 BVDV 活性达 4.34×10^4 U/mg，有望在梅花鹿感染性疾病的防治中发挥重要作用。许多研究表明，IFNβ 具有广谱的抗病毒活性，可抑制 Ⅰ 型单纯疱疹病毒（Herpes simplex virus type 1）、甲型流感病毒的繁殖和 SARS 相关冠状病毒的复制[11~13]，重组鸡 IFNβ 具有显著的抗法氏囊病毒和水泡性口炎病毒的活性[14]，而且，重组 IFNβ 可以发挥分子免疫佐剂的作用，增加重组病毒疫苗产生抗体的效价，同时能够降低病毒疫苗的致病性，提高疫苗的安全性。

本研究从中国梅花鹿肝脏基因组中克隆出 IFN – β1 基因，通过原核表达系统实现了表达，并且表达产物具有较好的抗病毒活性。这些研究为今后制备抗病毒药物和免疫佐剂提供了依据，为梅花鹿 INF – β 走向动物医学临床创造了良好的条件。

参考文献

［1］ Katze M G，He Y，Gale M Jr. Viruses and interferon：a fight for supremacy ［J］. Nat Rev Immunol，2002，2（9）：675 - 687.

［2］ Sin WX，Li P，Yeong JP，et al. Activation and regulation of interferon - β in immune responses ［J］. Immunol Res，2012，53（1 - 3）：25 - 40.

［3］ 曲嘉琪，李洋，钟一鸣，等. β - 干扰素及其研究进展 ［J］. 安徽农业科学，2013，41（9）：3792 - 3793，3582.

［4］ 郑拓，吴长德. 犬干扰素的研究进展 ［J］. 中国兽医杂志，2012，48（1）：77 - 79.

［5］ 张译元，张廷红，常维山. 水貂 β - 干扰素基因的克隆、测序与遗传进化分析 ［J］. 中国兽药杂志，2012，46（1）：10 - 12.

［6］ 姜亦飞，李峰，张世栋，等. 我国梅花鹿产业的发展现状及前景展望 ［J］. 山东农业科学，2012，44（9）：109 - 111，114.

［7］ 吕见涛，张一斌，陈法荣，等. 梅花鹿口蹄疫免疫操作技术 ［J］. 中国兽医杂志，2010，46（1）：47 - 48.

［8］ 杜锐，尹茉莉，时坤，等. 抗鹿源牛病毒性腹泻—粘膜病病毒特异性单克隆抗体的制备与鉴定 ［J］. 中国预防兽医学报，2010，32（8）：641 - 643.

［9］ Diebold S S，Montoya M，Unger H，et al. Viral infection swit-ches non-plasmacytoid dendritic cells into high interferon pro-ducers ［J］. Nature，2003，424（6946）：324 - 328.

［10］ 张永. 干扰素的分子生物学机制研究进展 ［J］. 海峡药学，2007，19（1）：7 - 10.

［11］ Low-Calle AM，Prada-Arismendy J，Castellanos JE. Study of interferon - β antiviral activity against Herpes simplex virus type 1 in neuron-enriched trigeminal ganglia cultures ［J］. Virus Res. 2014，180：49 - 58.

［12］ Koerner I，Koghs G，Kalinke U，et al. Protective role of interferon - β in host defense against influenza A virus ［J］. J Virol，2006，10：1 - 15.

［13］ Hensley L E，Fritz E A，Jahrling P B，et al. Interferon - β1a and SARS Coronavirus Replication ［J］. Emerging Infectious Diseases，2004，10：317 - 319.

［14］ CAI MH，ZHU F，SHEN PP. Expression and purification of chicken beta interferon and its anti-virus immunological activity ［J］. Protein Expr Purif，2012，84：123 - 129.

中图分类号：S858. 94

此文发表于《中国预防兽医学报》2015 年第 2 期

五　健康养殖与产业发展

我国茸鹿养殖现状与发展对策研究

刘　彦*　郑　策　张　旭　凌立莹　苌群红

（中国农业科学院特产研究所，吉林 左家　132109）

摘　要：鹿全身是宝，其产品对人健康有利，发展养鹿业利国利民，但近年来养鹿业形势严峻。本文就行业相关问题进行了系统分析，并初步提出了对策。

关键词：鹿；现状；对策

鹿在国人心中一直是吉祥、美丽、健康的象征，素有"仙兽"、"神兽"之美喻。我们祖先对鹿的认识及产品的应用源远流长。产品应用在唐代医书《食疗本草》中即有记载。我国自商周时代就开始人工养鹿，"大三里、高千尺"的鹿台即为官府修建的狩猎、观赏的鹿苑、围场。在东北三宝"鹿茸、貂皮、人参草"中鹿茸排在首位。

世界上从事养鹿业生产的国家主要有中国、新西兰、澳大利亚、俄罗斯等，但养殖品种不同。国外是赤鹿、驯鹿，我国则是传统意义上的中国梅花鹿、东北马鹿及新疆马鹿，消费市场集中在韩国及亚洲一些国家。

我们规模化经营养鹿是在新中国成立以后，20 世纪 70 年代在吉林、辽宁、内蒙古、新疆相继建成了一大批国营鹿场。曾经很长一个时期，鹿茸产品是向国际市场出口创汇。改革开放以来，部分县、乡的农民通过养鹿实现农村增效、农民增收效果显著，作为大畜牧业的一部分，养鹿已经成为很多地方不可替代的农业生产活动。但遗憾的是，这样一个原本是朝阳的产业，近五年来却是举步维艰，面临着生死的抉择。全面客观的分析我国养鹿业面临的问题，结合国情研讨对策有助于这个行业健康发展。

1　我国养鹿业现状

1.1　茸鹿养殖

1.1.1　养殖品种

目前，我国人工驯养的鹿类动物主要有梅花鹿（东北梅花鹿）、马鹿（东北马鹿、天山马鹿、阿尔泰马鹿）。国内经过多年的人工驯养和选育已经培育出了鹿茸生产性能高、品质好的双阳梅花鹿、西丰梅花鹿、敖东梅花鹿、四平梅花鹿、兴凯湖梅花鹿、东丰梅花鹿、长白山梅花鹿、清原马鹿、塔河马鹿等优良的茸用鹿品种。

1.1.2　养殖区分布

鹿的饲养遍布全国，主要养殖区集中在吉林、辽宁、黑龙江、内蒙古、新疆等省区，其次是

* 作者简介：刘彦（1954—）男，供职于中国农业科学院特产研究所，特产经济研究室主任兼中国农学会特产分会常务副秘书长，副研究员。主要从事特产经济研究及管理工作。

山东、河北、山西、甘肃等省。

1.1.3 养殖模式与规模

从饲养的角度分圈养、放牧＋圈养两种方式；从经营的角度又分为主业养鹿、副业养鹿、依附制药（加工）企业养鹿三种形式。目前全国梅花鹿存栏约 50 万头、马鹿约 10 万头。

1.1.4 收入来源

针对中小养鹿场而言其收入主要是通过卖茸或卖鹿实现，在不同时期通过调整鹿群公、母比例来应对市场变化。我国养鹿生产的主要目的是生产鹿茸，其梅花鹿茸、马鹿茸是质量上乘的中药材，品质优于国外的赤鹿、驯鹿茸。

1.2 产品开发

产品开发严重滞后，主要是受国家政策限制，目前尚不允许梅花鹿产品作为保健食品成分，只能入药。消费者有需求的，只好以原料方式选购。

1.3 市场现状

全国各地包括中小城市在内均设有参茸产品专柜，但是出售的鹿产品茸、鞭、筋、尾、胎等都是初级原料，且品种、产地不同的产品混杂一起使消费者无法鉴别，既不便用、不会用也不敢用。

2 存在问题分析

2.1 养鹿业形势堪忧

养鹿业近几年由于饲养成本上升，鹿茸价格下滑，行业整体效益下降，普遍反映亏损严重，经营困难，很多养殖户对养鹿前景忧心忡忡，一些人更是信心丧失，已开始放弃，另作他图。

杀鹿、"挑圈"现象普遍，且十分严重。自 2008 年以来，由原来淘汰式的宰杀，发展到"去母留公式的养殖模式"的屠宰。致使全国鹿只存栏数量锐减，与 2004 年相比保守估计也减少 50%。据双阳当地知情人介绍，双阳鹿乡 2008、2009 两年日均宰杀鹿只数量至少在 200 只，2009 年初严重时日宰杀量在 500 只以上，基本上是外地购入，多是母鹿，有些是带仔屠宰。西丰交易市场上鹿胎数量和仔鹿标本的数量大增，亦说明了这个问题[1]。

如不认真加以研究，采取有效措施扶持养鹿业，提振信心，妥善应对当前的局面，抗过低谷期，就将使这个原本对农村经济发展对农民致富起重要作用的传统养殖业遭受重创。尤其是母鹿存栏数量的大幅度减少，将来要恢复壮大我国的养鹿业也要耗费时日。

2.2 原因分析

当然从养鹿业整体的发展轨迹来分析步入这样的境地也是必然的。这里边虽然有行业自身的问题，但主要是国家政策的限制给产业形成了桎梏。

2.2.1 政策限制的原因

在 2004 年以前，我国不切实际的把养鹿业定位为其产品不能商业性应用的保护动物驯养业。我国把人工驯养的茸用鹿种梅花鹿定为一类保护动物，马鹿定为二类保护动物，其结果是养鹿业生产的副产品被禁用。错误的产业政策导致我国一直占主导地位的国际鹿产品市场份额急剧减少，现在就是国内市场也受到国外鹿产品的严重冲击。虽然国家林业局在 2004 年及时调整这种严重阻碍养鹿业发展和鹿产品应用的产业政策，下发林护发【2004】157 号《关于促进野生动植物可持续发展的指导意见》，把人工养殖的梅花鹿和马鹿列为"商业性经营利用驯养繁殖技术成熟的陆生野生动物名单"，为养鹿业和鹿产品应用解禁松绑，排除了政策法规障碍。但是野生动物主管部门——林业部门的意见在相关部门却没有同步贯彻。国家卫生部发卫法监发【2001】160 号《关于限制以野生动植物为原料生产保健食品的通知》至今没有做相应调整。该文件第三条规定"禁止使用人工驯养繁殖或人工栽培的国家一级保护野生动植物及其产品作为保健食品的成份"[2]。这是一条致命的"紧箍咒"，这项不切实际的法规不修改，梅花鹿产品就永远难以商品化，国内梅花鹿产品的市场也就难以形成。

2.2.2 行业自身的原因

现在整个行业是众口一词——养鹿不挣钱、赔钱，所以不能再养下去了。银行也对这个行业充满担忧，所以一些规模养殖企业流动资金贷款十分困难。因为行业不再被追捧所以新上的养殖户几乎没有，导致鹿只销售没有市场。即或有买卖的也不是用来发展养鹿而是杀掉卖肉。我们现在的鹿场大多数还是以卖鹿茸为主要收入来源，而母鹿不长茸，生的仔鹿卖不上价，也卖不出，自己养则加大分摊成本，所以出现了"去母留公式的养殖"模式。

效益下降的直接原因是饲养成本提升，而茸价持续下跌。与 2004 年比较饲养成本上升 30%多，主要是饲料费、人工费的上涨，这是带有共性的，其他养殖项目也是如此，只是上涨幅度的不同。问题是，养鹿业主要靠卖鹿茸来赚钱维持养鹿，但其鹿茸价格自 2004 年以来却是一路下滑，与 2004 年比较降幅高达 60%多，且持续时间已经 5 年，所以养鹿场（户）生存面临极大困难。

而鹿茸价格低迷的原因，通过调查分析现阶段看并不是产能过剩，主要是以下几个原因：①驯鹿茸的冲击影响最大。过去我国中药生产，用鹿茸投料的都是用梅花鹿、马鹿茸的下段作为药厂的主要原料，有知情人估计用量在 150~180 吨/年。现在药厂为降低成本选用的多为俄罗斯的驯鹿茸，对药厂而言其价格约为国产鹿茸的 1/3，且走私驯鹿茸仍有高额利润（更具体的数据一般行为很难核实）。所以驯鹿茸走私数量逐年增加，严重的冲击了国产鹿茸在制药行业所应有的市场份额。在消费市场有驯鹿茸价格的比照，不明真相的消费者就抱怨国产鹿茸的价格高，反过来又压制了国产真正的梅花鹿鹿茸回归到合理的价格区间。②南韩经济下滑，使我国鹿茸在南韩市场需求总量比 2004 年以前有所减少有关，其中主要是马鹿茸。因为国产鹿茸 70%是销往南韩和东南亚市场。③新西兰开始重视鹿茸生产对国际市场和对我国市场增加供给量所至。早些年新西兰养鹿主要是向国际市场出售鹿肉不收茸，在发现鹿茸市场高额的经济效益后，新西兰走向了肉茸兼用型鹿养殖模式，在过去的 30 多年里，新西兰已发展成为世界上最大的鹿茸生产国和出口国[3]，近几年鹿茸产量都在 350T 以上，详见下表。④系统科学的宣传鹿茸及鹿副产品不够，人们大多是从文学作品得知鹿茸对人体的保健功能，而对其如何服用是否有选择性认识不清，所以在国内一直没有形成大的消费市场，没有培育起稳固的客户群。⑤市场不规范，伪劣鹿茸、茸片大量的混杂期间，有些甚至真伪难辨。在南韩市场用新西兰鹿茸当作中国梅花鹿茸卖的现象也很普遍，假货冲击太严重；⑥行业组织缺位或不能有效发挥作用，在鲜茸上市期间提出的建议指导价格不能落实，有价无市，市场上完全是买方一边倒的开价。

表　新西兰历年鹿茸生产数据

年份	2002	2003	2004	2005	2006	2007	2008	2009
鹿茸产量（吨）	421.770	447.408	457.793	423.378	436.692	425.924	392.518	364.849

数据来源：新西兰国家统计局

2.3　关联影响

茸鹿饲养业当前的现状要尽快想办法改变，也必须改变。养鹿在我国历史悠久，人们对中国梅花鹿及其产品对人体的保健作用有广泛的认同、钟爱甚至迷恋，古今中外不胜枚举的应用事例已经证明。如果任由市场上、制药企业里用驯鹿茸取代中国梅花鹿茸，势必降低疗效和保健作用，从而严重损毁中国梅花鹿茸在人们心目中的形象，被消费者抛弃。

改革开放以来全国很多地区通过养鹿实现了农村增收农民致富，2000 年前后，"养上几只鹿，致富有出路"是农民的口头禅，养鹿也的确为这些养殖户，子女上学、就医、安居乐业发展生产作出了实实在在的贡献，有些地区养鹿已经发展为当地区域经济的支柱。事实证明养鹿生产在农村是非常好的强县富民之举。现在我们正在积极推进农业现代化，建设社会主义新农村，而这些又都需要在农村经济上有产业支撑，采取有效措施帮助养鹿业度过眼前的困难，扶持壮大传统的养鹿业要比不切实际地去寻求新的经济增长点来的直接、有效，也是真正在践行科学发展观。

在 2004 年前后，我国鹿产业直接与间接从业人员接近 200 万人，大小场家 8 000 余家，遍布国内 30 个省区，鹿业生产总值（包括鹿产品入药）约 1 200 亿元，其规模、影响面均不应小视！

3　市场需求分析

其实在南韩市场中国梅花鹿茸为其最爱，吃高丽参、喝鹿茸汤是韩国人普遍的进补方式。韩国 4 600 万人口年消费鹿茸 300t，人均 6.52g/年，其服用鹿茸妇孺不限，通过多年的实践鹿产品对人体独特的保健作用使韩国人获益匪浅；我国台湾地区 2 300 万人口年消费鹿茸 80t，人均 3.47g/年。简单的类比，在国内若仅以人均消费 1g/年，需要鹿茸 1 000 多吨，而我们现在的养殖规模每年生产鹿茸也仅为 120～150t，可见养鹿有很大的发展空间。另外鹿产品的应用范围近年来还有拓展的趋势，如在体育方面的应用。随着鹿产品成份分析深入，随着国民生活水平的提高保健意识的增强，随着我国城市化进程的推进，我们完全有理由相信鹿茸及其他鹿产品一定会有日益增长的消费需求。

4　对策建议

4.1　通过国家有关药监部门彻查、严查制药企业用驯鹿茸代替中国梅花鹿、马鹿茸作为原料制药的问题，如果其生产的中成药选鹿产品配伍是以药典为据，而药典明确标注应为中国产梅花鹿、马鹿茸的，则应该视其为在制售假药，因为中药原料非常讲究其"道地"性。

4.2　尽快协同有关部门解决那些中小养鹿企业融资难、贷款难的问题，制定、落实和用好养鹿补贴资金，帮助养殖场（户）战胜当前困难。其实养鹿也应该是农业生产活动，但现行对养猪、养牛有扶持，对养鹿却是限制的政策也损伤了养鹿场（户）的积极性。

4.3　加大对科研院校鹿产品开发，降低饲养成本等研究的支持力度，推进鹿产业国家创新体系及国家平台建设，提升科技对鹿产业的支撑水平。

4.4　从长远出发加快制订相应标准，依法加强对市场的整治和监管力度，系统研究，明确标识所出售的鹿产品其品种、产地来上市销售的具体管理办法。

4.5　采取国家和地方财政匹配的办法加强对已鉴定鹿品种的资源保护，并在各品种属地改扩建一批纯正的核心良种场，国家给予相应的保种费补贴。

4.6　以行政干预为手段，加快推进国家、地区行业协会建设，通过行业自律规范养鹿业的内外部环境。

4.7　在几个主要养殖区，重点扶持 2～3 个大的鹿茸经销公司，采取阶段性的鹿茸收购保护价的措施，外力推动鹿茸价格回升至合理的水平。

4.8　废止梅花鹿产品不能作为保健食品成分的规定。对有发展前景的集养殖、加工、市场开发于一体的有规模的鹿类企业重点扶持（例如内蒙古大圣集团），鼓励他们开发产品培育国内消费市场。

4.9　组织力量立题研究，提高鹿产品国际技术贸易壁垒的技术可行性。

5　结语

我国养鹿生产虽然历史久远，但是新中国成立前是皇家、显贵专用，新中国成立后很长一个时期是出口创汇给外国人，南韩、东南亚等地区独享，国人随着生活水平的提高消费鹿产品的意识才刚有苗头，鹿产业的成长期在我国还远没有到来；中国梅花鹿、马鹿副产品的医疗保健作用毋庸置疑，鹿产业生产的产品于人民健康，强壮国民体质有利，同时通过养鹿又可惠泽广大农村、农民，稳定富庶一方，更符合我国的基本国情，发展鹿产业有着良好的经济效益、社会效益和生态效益。

参考文献

［1］刘彦．我国茸鹿养殖当前形势考察报告［A］．中国畜牧业协会.2010 中国鹿业进展［C］.北京：中国农业出版社，2010.

［2］魏海军．我国鹿业"十一五"发展战略思考［J］．特种经济动植物，2008，11：6.

中图分类号：F12　文献标识码：A

此文发表于《中国畜牧杂志》2011，47（12）

吉林省养鹿业发展历程及现状分析[*]

郑　策[1][**]　全　颖[2]　凌立莹[1]　张　旭[1]　刘　彦[1]

(1. 中国农业科学院特产研究所，吉林 长春　130112；
2. 吉林财经大学信息经济学院，吉林 长春　130122)

摘　要：吉林省是我国养鹿第一大省，养鹿历史悠久。养鹿业作为吉林省特色优势产业，已纳入吉林省"十二五"战略性新兴产业规划。本文通过实地调研及历史文献查询，系统全面地梳理了这新中成立以来吉林省养鹿业的发展历程，在此基础上分析吉林省养鹿业现状，并提出科学发展建议。

关键词：吉林省；养鹿业；发展历程

吉林省自古以来就是我国最重要的养鹿区域。作为吉林省特色产业，养鹿业现已成为吉林省农业排行第六的支柱产业。但近几年由于养鹿业波动剧烈，一度的"杀鹿挑圈"现象使吉林省养鹿业遭受巨大打击[1]，2010 年市场回暖，鹿存栏量才有所恢复。

1　吉林省养鹿业发展历程

吉林省养鹿历史可以追溯到清朝，清朝在满族龙兴之地东北及内蒙等地建立了若干围场，供满清贵族打猎消遣，其中猎鹿是一项非常盛行的活动，长年的猎杀导致鹿群骤减，以致后来无鹿可猎，为了满足贡鹿的需要，猎民们只能捉鹿圈养。这就是人工养鹿开始，文字记载是清雍正 11 年（公元 1734 年）。但这些圈养鹿都是供皇家专用的，并非真正意义上以生产为目的的规模饲养。

吉林省养鹿业发展历程可以分为 4 个阶段：

1.1　自发散养时期（1734—1949 年）

这个阶段是清雍正年间至解放前，养殖形式以少部分家庭自发散养，至道光年间养鹿场主要分布在吉林省东丰、双阳、永吉等地。至建国前养鹿数量达到 2 000 多只[2]，也正是这个时期，鹿茸的药用功效逐渐被人们逐渐认识到，并成为著名的"东北三宝"之一。

1.2　计划经济时期（1950—1978 年）

1949 年，双阳县在长岭陈家屯建起第一家国营鹿场之后，永吉、东丰、辉南、伊通等县陆续建立了首批国营鹿场，这是吉林省鹿业发展的基础，标志着鹿的养殖由散养向规模养殖方向发展，这一时期，分布在全省各地的养鹿场，基本上全是国营鹿场，生产的鹿茸产品统购统销。

＊　基金项目：2012 吉林省科学技术协会决策咨询项目《吉林省鹿业发展问题及对策研究》

＊＊　作者简介：郑策（1984—），男，吉林农安人，硕士，助理研究员，主要从事农业经济研究

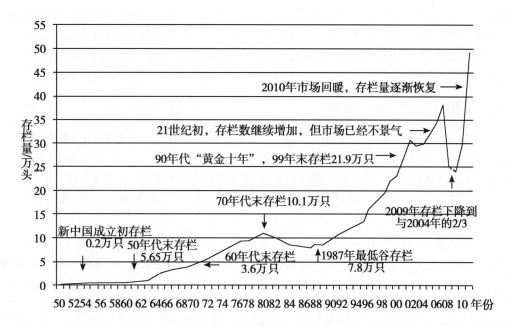

图1 吉林省养鹿业60年发展历程

这一时期，根据发展特征可以细分为20世纪50年代、60年代、70年代3个阶段。50年代，吉林省茸鹿养殖由个别市县扩大到17个市县，鹿存栏数达5 650只，年产茸690kg。到60年代末，鹿存栏数达3.6万只。70年代是吉林省养鹿业最兴旺的时期，全省47个市、县都有养鹿场，其中专业养鹿场47个，养鹿只数平均每年递增6 676只，鹿茸产量平均每年递增1 483kg，到1979年，全省养鹿数达10.1万只，是50年代初的60倍，产茸量达21t。

50—70年代，全国鹿茸销售以吉林省为主，统一调拨，产销畅通。到70年代末，吉林省经销鹿茸部门，除了土畜产品进出口公司、医药公司外，又成立了参茸公司，共同组织销售。因此，当时吉林省鹿茸销售量达到了历史最高水平，仅1979年就出口鹿茸9 577kg。

1.3 计划与市场并存时期（1978—1998年）

党的十一届三中全会后，农业实行家庭联产承包制，吉林省养鹿集中区的政府部门提出"以国营鹿场为依托，以农户为主体，大力加强养鹿基地建设，加快富县裕民"的战略方针，鼓励广大农民大力发展养鹿业，全省养鹿业空前高涨，个体养殖模式得到了快速发展，初步形成了国有、集体、个体同步发展的格局。1980年全省鹿存栏量高达10.7万只，产茸2.8万kg，是当时历史上鹿存栏数最高的时期。但由于1981年鹿茸滞销，养鹿存栏量开始下降，到1987年，全省鹿存栏量只有7.8万只，但鹿茸单产幅度得到大幅提高，1987年鹿茸产量达3.4万kg。从1987年下半年开始，鹿茸市场看旺，养鹿业又有所发展，以双阳县鹿乡镇为例，其养鹿专业户占农户的10%，有些专业户饲养梅花鹿达150只以上。

在鹿茸销售方面，80年代初，鹿茸在国内外市场开始出现滞销，从1979—1986年，鹿茸出口量每年平均下降1 000kg左右，仅1985年库存积压高达8 000kg，这种不景气的局面持续了6年之久，到1987年下半年，鹿茸市场才逐渐出现转机，由滞转畅，出现抢购，1987年鹿茸出口量达8 201kg，较1986年增长92.5%。1988年末，鹿茸市场又出现了"一、二等易销，三、四等低价滞销"现象，以及"马鹿茸畅销"的局面。但从1989年9月初开始，鹿茸再度出现降价滞销的趋势。进入90年代，国际市场马鹿茸价格持续上场，国内马鹿茸出现供不应求的局面，90年代中期，鹿及鹿产品价格迅速攀升，1995年为例，马鹿茸价格较80年代初已经翻了6~7倍[3]，市场马鹿鹿茸干品达到6 000元/kg，如此高的价位有力地拉动了养鹿业的发展，一时间各行各业，各部门投资办鹿场成风。90年代末，鹿茸价格下滑，养鹿业进入了漫长的低谷期。

1.4 现代养殖时期（1999年至今）

随着国企改革的不断深入，1999—2000年按照国家有关政策，吉林省国营鹿场种鹿几乎全部出售，职工全员买断，国有资产划拨国家，国营鹿场全部改制为个体民营鹿场。此后，随着民营企业的不断壮大和发展，梅花鹿产品已由原来的原材料和初级产品加工向高附加值精深产品方向转变，形成了科、工、贸一体化的现代化产业发展模式。一大批实力强的现代化企业不断涌现。

这一时期，鹿产业延续着90年代末的低迷态势，在世界金融危机的影响下，梅花鹿二杠、三杈茸价格从2002年到2004年价格一直低位徘徊，国家加大产业结构调整和西部开发的投资力度，促使在2002—2003年出现了一时的鹿只销售高峰，但好景不长，到2005年东北鹿只销售出现了"只进不出"的反常现象，这对广大养鹿户来说无疑是雪上加霜，难堪重负。到2005年与2006年降到最低，一些规模小、经营不善、鹿生产性能低的养鹿场户在经济压力下，逐渐退出了养鹿业的历史舞台。在这样的形势下，大量淘汰使得2007年以后鹿茸价格略有回升，此后一路上扬，到2010年开始表现为明显的上升趋势。

2 吉林省养鹿业现状

吉林省驯养梅花鹿历史悠久，300多年的养鹿历史形成了悠久的鹿文化。目前养鹿业已覆盖全省各地，主要集中在东丰、双阳、四平、吉林、通化、白山、延边等地区。围绕鹿繁育养殖、生产加工、制药及包装、物流、文化等相关产业发展，从业人员约5万人，年产值15亿元左右。

2.1 养殖规模及分布

2011年最新数据显示，吉林省全省鹿饲养量49万只，约占全国存栏量40%。

在养鹿分布区上，吉林省制定的优势畜产品区域布局规划（2008—2015年）总体目标中，明确了鹿业优势区，涉及5个市（州）：长春、吉林、四平、辽源、延边，8个县（区）：双阳、桦甸、蛟河、伊通、东丰、东辽、敦化、安图。在这8个县中，双阳区和东丰县是吉林省养鹿最集中的地区，占全省鹿存栏量的90%。

2.2 品种资源

随着养鹿业的蓬勃发展，通过农业部审定的鹿地方品种逐渐增多，我国现在鹿有3个地方品种、9个培育品种（其中包括6个梅花鹿培育品种[4]）和1个培育品系，其中吉林省拥有2个地方品种、4个培育品种和1个培育品系，地方品种有吉林梅花鹿和东北马鹿。培育品种有四平梅花鹿、双阳梅花鹿、敖东梅花鹿、东风梅花鹿、1个培育品系有长白山梅花鹿。

2.3 养殖场所有制形式

改革开放以来，鹿产业发展的所有制形式已经由过去单一的国家所有，逐步发展成了集体、个体、股份制和合作社并存的所有制形式，个体养鹿已经是鹿产业所有制形式的主体。

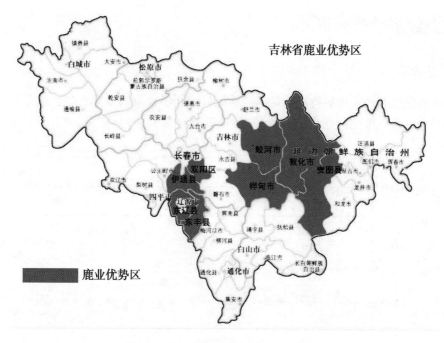

图 2　吉林省鹿业优势区分布

目前鹿产业经营模式多样，主要有以下几种：

集体经营：一种形式是传统的集体投资、职工为集体工、企业的盈亏归集体的模式；另一种是由个体户将鹿只集中起来，统一由集体经营管理，成本费用按鹿只数量分摊的经营模式。

个体经营：养鹿场完全归个人经营，养殖规模往往偏小，经营灵活。

股份制经营：这种模式往往是由从事其他经营的私企兼营养鹿场或个体入股对鹿场实施经营，养殖规模也较大，抵御养鹿业风险的能力较强，有助于在企业利润和降低成本上达到最优化。是近年发展起来的一种经营模式，但这种企业数量不多，且对鹿场的经营、技术重视程度不够。

合作社经营：由一些个体鹿场形成合作联合体，在技术、饲养管理、生产、市场等诸方面合作共享。

2.4　养殖方式

养鹿场对鹿实施的饲养方式因地区、饲料条件、饲养目的、饲养鹿的种类等的不同也有所不同。目前主要以圈养方式为主，部分养鹿企业采用半散放、人工放牧、围栏放牧等饲养方式。圈养饲养成本偏高，半散放、人工放牧往往会因载畜量过大而给林木草地造成严重生态性破坏。综合多方面因素分析，圈养方式是最科学适宜的养鹿方式。

吉林省的养鹿基本上采用圈养方式，只有少数养殖场（户）采用半散养的饲养方式。圈养方式开支较高，固定资产投资、饲养管理费用及饲养费用较散养方式明显增加。通过对吉林省几个大养鹿场调查统计结果表明，圈养鹿的成本有逐年递增的趋势，但随着近年来鹿茸价格的走高，圈养鹿仍有可观的利润空间。

3 养鹿业经济效益分析

3.1 鹿产品价格

进入21世纪，鹿产业市场行情依然延续20世纪90年代末的低迷态势，鹿茸价格从2002年到2004年一直在低位徘徊，到2005年与2006年降到最低，2010年以后产品价格逐步回升。

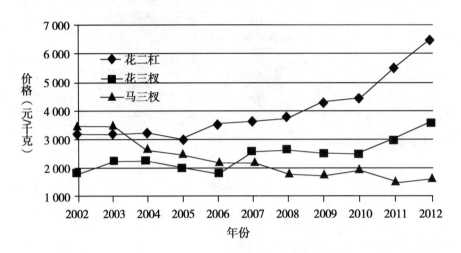

图3 鹿茸（干）价格变化曲线（2002—2012）

3.2 养鹿成本

养鹿成本中，饲料成本所占比重最大，鹿的饲料中，粗饲料根据当地资源、饲喂水平等原因，种类多种多样。吉林省鹿的精饲料主要是以玉米、豆粕、小麦麸为主，用量最多的就是玉米与豆粕。图4为吉林省玉米、豆粕、小麦麸价格变化曲线图，从图中可以看出2000—2006年3种饲料的价格相对平稳，但2006年以后价格上涨较快，加重了养殖户的负担。根据各种饲料原料在鹿的精饲料中的配比情况计算（能量饲料50%～60%，蛋白饲料15%～20%，糠麸类15%～25%），相比2000年，现在的养鹿饲料成本已经上涨了159%。以梅花鹿为例，目前普遍的饲养成本水平是：梅花鹿成年公鹿1 400元/头年，成年母鹿1 200元/头年，育成鹿1 200元/头年，幼鹿600～800元/头年。马鹿的饲料成本高于梅花鹿。

3.3 效益分析

在目前市场形势下，梅花鹿鲜茸二杠按1 600元/kg，年饲养成本1 400元/头计算的话，公鹿产茸至少1kg以上才能盈利；母鹿不仅要有较好的繁殖成活率而且仔鹿亦有较好的市场价格才可以。目前大多数鹿场平均产茸量偏低，而且鹿群的结构基本上都不合理，公鹿数量偏低，育成鹿、仔鹿和母鹿数量偏高，鹿场基本上处于亏损状态。

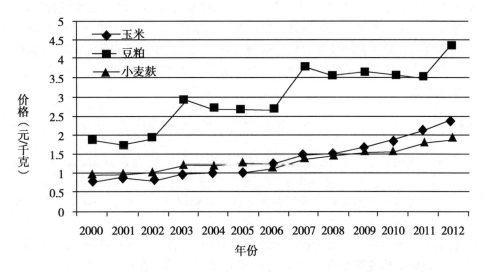

（数据来源：中国畜牧业协会，2000—2011 年数据为历年 12 月数据，2012 年数据为 9 月数据）

图 4　吉林省饲料成本价格曲线

4　建议

4.1　成立产业推进组

振兴吉林养鹿业，需要省委、省政府对茸鹿产业给予高度的重视，吉林人参产业振兴工程为茸鹿产业的发展提供了经验参考，吉林省有必要把茸鹿产业确定为战略性新兴产业，设立茸鹿产业发展专项资金，成立吉林省振兴茸鹿产业推进组，研究部署茸鹿产业振兴的有关工作，全面负责吉林茸鹿产业振兴工程各项措施的实施。

4.2　打造鹿业品牌

20 世纪 90 年代以后，以新西兰为主的西方国家养鹿业由肉用向茸用转型[5]，加大了鹿茸出口量，在国际市场上严重冲击了我国鹿茸产品。为了更好地提高产品竞争力，吉林省鹿产业应实施品牌战略，打造"吉林梅花鹿"品牌，挖掘本省鹿文化资源，加大宣传、推介，提高"吉林梅花鹿"在国内外市场上的知名度和影响力。通过各种渠道和方式，广泛宣传，形成全社会了解梅花鹿、消费梅花鹿产品、投入梅花鹿产业发展的浓厚氛围。

4.3　加大良种保护

落实专项扶持资金，采取国家和地方财政匹配的办法加强对已鉴定鹿品种的资源保护，并在各品种属地改扩建一批纯正的核心良种场，政府给予相应的保种费补贴。全省各有关科研机构、大专院校、良种场、繁育场和生产场联合起来、分工合作，建立统一的梅花鹿和马鹿的良种繁育网络或体系。便于种公鹿后代场间比较，便于制定统一的育种规划。

4.4　加强市场监管

鹿茸具有极高的药用价值，但是由于管理不严，假冒伪劣产品严重影响吉林省鹿产品的声誉。要明确和规范省、市、县质检部门的责任，强化技术措施和手段，切实发挥好质量监测作用。加强对鹿生产、加工领域的质量监管，坚决纠正和制止违规行为。建立鹿产品检测机构准入制度，进一步加强对检测机构的监管，规范检测行为。鹿产品检测机构要有固定的检测室及必需的检测设备，省里成立质量检测鉴定仲裁委员会，对乱收费和出具虚假检测结果的单位、有关人员，要坚决依法查处。

参考文献

[1] 刘彦，郑策．我国茸鹿养殖现状与发展对策研究 [J]．中国畜牧杂志，2011，47 (12)：18 - 21.

[2] 鞠贵春．吉林省养鹿业的现状及发展养鹿业的几点建议 [J]．特种经济动植物，2008 (5)：8 - 10.

[3] 徐滋．世界和中国养鹿业发展历程启示录（三）[J]．特种经济动植物，2006，10：7 - 9.

[4] 李永安，赵世臻．梅花鹿培育品种外貌特征的探讨 [J]．吉林农业科技学院学报，2010，19 (4)：32 - 39.

[5] 郑策．中国鹿业品牌战略构想 [J]．特种经济动植物，2010 (7)：7 - 9.

中图分类号：F303.2　文献标识码：A

此文发表于《中国畜牧杂志》2013，49 (10)

关于鹿场圈舍建筑设施的探讨

宁浩然　侯召华　张　旭　岳志刚　刘学庆　崔学哲　赵家平

（中国农业科学院特产研究所，吉林　132109）

圈舍的结构是鹿只日常生产管理的基础，不良的建筑对生产安全和鹿群质量都会造成危害。为足生产需要，提高经济效益，根据实际情况和驯养方式，对鹿场进行建设。为避免浪费建材、提高利用率，本文对一些鹿场内设施的设置进行了比较分析。

1　场址的选择

场址需要设立在地势较高且干燥、通风、采光好南向斜坡；远离居民区，交通运输方便且距离交通要道不小于300米。要有清洁丰富的水源，周边有充足的饲料源，建场前需充分了解周边疫情，不要以饲养过反刍动物的旧址建立新场，保证无传染病和寄生虫病发生，以免危害鹿群健康。

2　建筑设施布局

鹿场一般为砖木水泥结构，四周设立外墙，主要分为生产区和办公区。生产区主要包括圈舍、饲料储存室、饲料加工室、青贮窖、鹿茸及其副产品加工室、兽医室以及粪尿污水处理区等。办公区主要包括办公室、休息室以及仓库。办公区距离生产区不低于两百米，主干道直通办公区。生产区设有饲草、饲料堆放区，有单独的饲料运输通道。

3　圈舍

圈舍坡度小于5°，类型根据实际情况设计，分为棚舍和运动场。墙壁多采用砖墙，设有后门，以方便鹿只的调拨。棚顶一般为单坡式。圈舍不能过小，否则会导致鹿只运动量不足，采食量下降，受气鹿和病弱鹿会增多；一旦出现传染病，则会造成交叉感染。设置小圈或隔圈，可将病鹿、受气鹿等拨入单独饲养。母鹿圈应设立仔鹿栏，内铺以干树叶，以供产仔仔鹿休息。仔鹿圈舍设有临时的饲槽和水槽，以方便仔鹿采食。设置吊圈，以方便收茸及鹿只的运输。

3.1　棚舍

棚舍高度为2.5米，长度不小于4米，宽度视具体情况而定，保证光照充足和通风良好。棚舍间立柱为水泥柱或圆钢立柱，以供配种期及越冬期鹿只磨角。冬季棚舍内需要有足够厚的垫草，已达到取暖需要。

3.2　运动场

运动场建筑面积适当，以鹿只在内可自由活动又互不干扰为前提尽量减少占地面积。地面铺砖,上有一层薄土,中央略高,墙角设有排水孔以方便排水保持干燥,可有效的减少腐蹄病与寄生虫病的发生。排水孔不宜过大,以防产仔期仔鹿从中跑出。

3.3 饲槽

饲槽应为坚固的水泥槽,没有突出的棱角,以防刮伤鹿只。长、宽、深、高度适宜,方便鹿只采食,避免因饲槽过小而造成采食争抢。饲槽设置排水孔以保持干燥。

饲槽可建在运动场内,方便鹿只两侧采食,但投料必须进入运动场。配种期投料时鹿只容易攻击饲养人员,需格外小心。运动场内饲槽亦是有效的障碍物,为受气鹿提供躲避屏障,以减小鹿只顶斗造成的伤害。

也可建在跑到侧,在外墙设立投料口,可提高工作效率,保证饲养安全,但鹿只采食面积减半。

3.4 饮水槽

饮水槽要坚固牢靠无棱角,设置在饲槽边。设有锅灶和烟囱,以便冬季烧温水供鹿只饮用。锅内设置井字形圆木架,以防鹿只扒水。

3.5 跑道

圈舍设有跑道,宽3~4米,配合圈舍后门,以方便饲养管理以及鹿只调拨。

4 讨论

4.1 修整垫砖

及时修整圈舍内垫砖,以防发情期被鹿只扒开。同时圈舍不宜打扫过于清洁,以防垫砖磨坏鹿蹄而继发坏死杆菌病。

4.2 障碍物

在配种期以及越冬期的生产公鹿圈舍,设立障碍物可有效的减少顶斗造成的伤害,有利于受气鹿躲避攻击。需要注意的是,障碍物不能有棱角或缝隙,以免对鹿只造成伤害。

4.3 饲养密度

饲养密度因鹿群的类别、锯龄以及不同的生产时期而不同。配种期公鹿易发生顶斗,饲养密度不宜过大,以防造成鹿只伤亡;生茸期公鹿相对温顺,可适当提高饲养密度。锯龄较小的公鹿及育成鹿相对不易发生顶斗,饲养密度可以稍大。母鹿产仔哺乳期密度不宜过大,以免影响产仔及仔鹿的发育。

此文发表于《特种经济动植物》2014年第10期

鹿茸钙含量与塔里木马鹿收茸期的关系研究[*]

赵金香[1,2**] 张 恒[2] 矫继峰[1] 陶大勇[2,3***]

（1. 营口理工学院，辽宁营口 115014；2. 塔里木大学动物科学学院，
新疆阿拉尔 843300；3. 兵团塔里木畜牧科技重点实验室，新疆阿拉尔 843300）

摘 要：为了确定不同年龄段塔里木鹿茸的最佳收茸时间，保证鹿茸的药用价值，本试验选取老中青3个年龄段的塔里木马鹿各6头，采用火焰原子吸收分光光度法，分别于生茸不同时期进行了鹿茸中 Ca^{2+} 含量的测定。结果表明：青年组至6月17日期鹿茸上段 Ca^{2+} 含量增加显著，确定其最佳收茸时间以6月17日为宜；中、老年组的最佳收茸时期在6月3日左右，3者存在时间差异。

关键词：塔里木马鹿；生茸期；Ca^{2+} 含量

Relationship between calcium concentration and harvest time of the antler velvet in Tarim wapiti

Zhao Jinxiang[1,2], Zhang Heng[2], Jiao Jifeng[1], Tao Dayong[2,3]

(1. YingkouPolytechnic Institute, Yingkou, Liaoning, 115014, China; 2. College of Animal Science, Tarim University, Aler, XinJiang, 843300, China; 3. Xinjiang Production & Construction Corps Key Laboratory of Tarim Animal Husbandry Science of Technology, Aler, XinJiang, 843300, China)

Abstract: In order to determine optimum time harvesting the antler velvet to ensure the antler medicinal value, nine Tarim wapitis, three each of groups (old, middle and young group, respectively), were used to analyze the calcium concentrations in the antler velvet during different the antler growth period. The results showed that calcium concentration of the upper – segmental antler was distinct greater than that of middle and lower – segmental antler on June 3rd in young group and on June 17th in middle and old groups, respectively. We conclude that the optimum yield time were on June 3rd in young group and on June 17th in middle and old groups in 2012.

Key words: Tarim wapiti; the antler velvet growth period; calcium concentration

塔里木马鹿是是唯一栖息在沙漠景观中的亚种，主要分布于塔里木河流域，其产茸量是新疆

* 资助项目：国家自然基金资助项目（项目批准号：31160437；31360536）；国家级大学生创新训练计划项目（项目编号：TDGCX201229）

** 作者简介：赵金香（1979—），女，汉族，硕士，副教授。主要研究方向：动物营养与生物化学

*** 通讯作者：陶大勇（1967—），男，汉族，硕士，教授，硕士生导师。主要研究方向：临床兽医及中兽医学

三种马鹿亚种中单位体重最高的一种[1]。塔里木马鹿的鹿茸具有极高的药用和保健价值，其药用价值的高低直接取决于收茸时鹿茸的骨化程度[2]，鹿茸的骨化主要是由 Ca^{2+} 沉积造成的，骨化程度与 Ca^{2+} 沉积量成正相关。

由此，本试验（即火焰原子吸收分光光度法检测鹿茸中钙含量）以塔里木马鹿为试验对象，通过对不同年龄段塔里木马鹿鹿茸中 Ca^{2+} 含量的测定，找出鹿茸骨化时间与 Ca^{2+} 含量之间的相关性，并依此判定不同年龄段塔里木马鹿的最佳收茸期，为提高鹿茸药用价值提供理论依据。

1　材料与方法

1.1　实验动物的选择

选择体质健康、胎次相近的老、中、青 3 个年龄段的塔里木马鹿各 6 头（其中青年组为 3 ~ 4 岁；中年组 6 ~ 7 岁；老年组 10 ~ 12 岁），编号分组，日喂三次，自由饮水。试验自 2012 年 4 月至 7 月于第二师 32 团鹿场进行，试验期内观察并记录塔里木马鹿的临床症状。

1.2　主要试验仪器

火焰原子吸收分光光度计（日立 Z - 2300 型，由宁波市江东欧亿检测仪器有限公司生产）；电子秤（由兵团塔里木畜牧科技重点实验室提供）；移液枪（Eppendorf Reference，由兵团塔里木畜牧科技重点实验室提供）等。

1.3　鹿茸中 Ca^{2+} 含量的测定

将采集的鹿茸于上中下三段分别取样 10g 左右，-20℃保存。运用火焰原子吸收分光光度法，按照称重→消煮→定容→稀释→上机的步骤，对 Ca^{2+} 含量进行测定，并根据公式（C - C_0）× V_1/V_2（其中 C_0 为空白浓度，C 为样品测量浓度，V_1 为定容体积，V_2 为取样体积）记算结果。

2　试验结果

2.1　塔里木马鹿鹿茸中上段 Ca^{2+} 含量的变化

本试验自 5 月 21 日至 7 月 23 日共采集鹿茸 5 批次，用以测定鹿茸中 Ca^{2+} 含量。由表 1 可以看出，自 5 月 21 日至 7 月 23 日期间 3 组马鹿上段鹿茸中 Ca^{2+} 含量均逐渐增加；至 6 月 17 日，青年组马鹿鹿茸中 Ca^{2+} 含量突然显著增加。

表 1　塔里木马鹿鹿茸上段 Ca^{2+} 含量平均值　　　　　　　　单位:%

采样时间 马鹿分组	5 月 21 日	6 月 3 日	6 月 17 日	7 月 3 日	7 月 23 日
青年组	0.96	0.82	6.16	7.64	8.60
中年组	0.85	9.78	10.22	15.02	—

（续表）

采样时间 马鹿分组	5月21日	6月3日	6月17日	7月3日	7月23日
老年组	4.19	8.08	10.54	—	—

备注：①中青年组马鹿托盘晚于老年组，故鹿茸样本自5月中旬进入快速生茸期后统一采集
②—表示已锯茸，该组该时间段已无鹿茸样本（下同）

表2　塔里木马鹿鹿茸中段 Ca^{2+} 含量平均值　　　　　　　　　　单位:%

采样时间 马鹿分组	5月21日	6月3日	6月17日	7月3日	7月23日
青年组	16.03	19.60	21.22	14.92	19.85
中年组	20.79	21.57	20.27	27.99	—
老年组	11.77	17.24	22.20	—	—

由表2分析可知，中、老年组塔里木马鹿鹿茸中段 Ca^{2+} 含量随着生茸时间的延长而逐渐增加。青年组中段鹿茸 Ca^{2+} 含量于6月17日到达最大值，6月17日后中 Ca^{2+} 含量反而呈下降趋势，老中青3组生茸期鹿茸 Ca^{2+} 含量变化趋势存在差异。

表3　塔里木马鹿鹿茸下段 Ca^{2+} 含量平均值　　　　　　　　　　单位:%

采样时间 马鹿分组	5月21日	6月3日	6月17日	7月3日	7月23日
青年组	18.02	23.36	25.93	27.90	26.32
中年组	20.44	22.89	25.43	29.39	—
老年组	17.54	21.26	21.46	—	—

表3显示，3组塔里木马鹿下段鹿茸 Ca^{2+} 含量均随着生茸时间的延长而升高，说明生茸时间越长鹿茸 Ca^{2+} 沉积量越大，骨化程度越高。

纵观表1，2，3，塔里木马鹿上中下三段鹿茸中 Ca^{2+} 含量基本符合随生茸时间的延长而逐渐升高的规律，且生茸期内上中下三段 Ca^{2+} 含量自上而下依次增加，上段始终是三段中 Ca^{2+} 含量最少的部位，故若上段 Ca^{2+} 含量突然增加显著，说明鹿茸将进入骨化期。表1显示，青年组至6月17日上段鹿茸 Ca^{2+} 含量显著增加；中老年组出现该现象的时间为6月3日。

3　分析与讨论

鹿茸是唯一失去后能够完全再生的器官，生茸期的塔里木马鹿，鹿茸生长迅速，最快每天可达到2cm左右[3]。鹿茸的生长需要大量的矿物质元素，尤其是 Ca[4]，可以说鹿茸的生长过程即是 Ca^{2+} 逐渐沉积的过程。青年组马鹿6月17日上段鹿茸 Ca^{2+} 含量突然显著增加，此后上中下各段 Ca^{2+} 含量随着时间的推移仍逐渐增加，说明至6月17日后青年组鹿茸将进入骨化期，由此确定青年组最佳收茸期为6月17日左右为宜。中、老年组6月3日上段鹿茸中 Ca^{2+} 含量显著增加，

说明此时鹿茸已进入骨化期，故中、老年组的塔里木马鹿最佳收茸时期应在 6 月 3 日左右。

由此可见，不同年龄段的塔里木马鹿其收茸时间存在差异，在实际生产中收茸时间的确定将有利于提高鹿茸质量，确保马鹿养殖业的经济效益。但收茸时间的确定除与鹿茸中 Ca^{2+} 沉积量有关外，还与马鹿个体体质体况，养殖场饲养管理水平，当年气温积温，生茸期是否使用增茸素等因素有关[5]，故而不同年龄段的塔里木马鹿其收茸时间与本文给出的参考时间会略有波动。

参考文献

［1］赵金香，蔡刚成，闫建英，等．塔里木马鹿生茸期 3 种饲料的实用性比较 ［J］．江苏农业科学，2012（1）：193－194.

［2］高志光．梅花鹿鹿茸生长与骨化关系的研究 ［J］．特产研究，1999（3）：51－53.

［3］时孔民．塔里木马鹿的渊源及其生态特性 ［J］．特产研究，1995（3）：32－35.

［4］孙红梅，李春义，杨福合，等．鹿茸骨化机制的研究进展 ［J］．黑龙江畜牧兽医，2009（8）：26－28.

［5］雷维华．提高鹿茸产量的九项措施 ［J］．农村实用技术与信息，2004（12）：35－36.

此文发表于《黑龙江畜牧兽医》2014 年第 18 期

吉林省梅花鹿生产效益影响因素分析*

尹春洋[1]**　李有宝[1]　张美然[1]　王桂霞[1,2]

（1. 吉林农业大学经济管理学院；2. 中国粮食主产区农村经济研究中心，长春　130118）

摘　要：本文运用灰色关联系统，利用2004—2011年的数据，实证分析了吉林省梅花鹿生产效益的影响因素，并探讨了这些影响因素对梅花鹿生产效益的影响程度。结果表明，影响吉林省梅花鹿生产效益的主要因素是50公斤鹿产品平均出售价格，其次是主产品产量，最后是梅花鹿饲养成本。以此为依据，提出了提高梅花鹿养殖经济效益的对策措施。

关键词：梅花鹿；生产效益；灰色关联；吉林省

Influencing Factors of Sika Deer Production Profit in Jilin Province

Yin Chunyang, Wang Guixia

（College of Economics and Management, Jilin Agricultural University, Changchun 130118, China）

Abstract：The methods of the grey system, and discussed the influence degree of these factors on the production efficiency of Sika deer. On the basis of data to empirical analysis from 2004 to 2011, help farmers make reasonable breeding programs。The results showed that the main factors affecting the Sika deer in Jilin province, production efficiency is the main 50 kilograms of deer product average selling price, followed by product output, the last is the cost of feeding the deer. According to this, put forward measures to improve the economic benefits of the sika deer breeding.

Key words：Sika deer; Production profit; Grey correlation; Jilin province

梅花鹿产业是吉林省的特色优势产业之一，经过多年发展，已成为全国最大的梅花鹿养殖、加工基地和鹿产品集散地。吉林省梅花鹿存栏数量占全国的60%左右，并且梅花鹿的鹿群品质、生产性能好，高产个体较多，具有良好的发展基础。近几年，吉林省梅花鹿养殖业面临着萎缩的威胁，主要表现为：梅花鹿饲养户数量逐年减少，母鹿存栏量严重下降，鹿的养殖数量明显降低，鹿屠宰现象严重，导致梅花鹿数量比2004年减少为1/2。虽然2011年梅花鹿主产品的价格有所回升，但随着养鹿成本的逐渐加大，养殖效益不高，养殖户仍处于赔钱边缘，甚至有的养殖户退出梅花鹿养殖行业。根据当前吉林省梅花鹿产业生产发展情况，梅花鹿生产发展主要依靠生产效益的增加、政府给予补贴、银行贷款[1~3]。由于政府补贴和银行贷款具有阶段性，不能一直

　*　基金项目：吉林省科协决策咨询项目 kx201011
　**　作者简介：尹春洋，男，在读博士，研究方向：畜牧业经济管理

实施该政策,所以促进养鹿业发展主要是依靠生产效益。因此,本文运用灰色关联系统分析影响梅花鹿生产效益的主要因素及其影响程度,对促进吉林省梅花鹿产业可持续发展有着重要现实意义。

国内已有梅花鹿产业及灰色系统的研究成果较多,如贾丽娜(2012)认为双阳区梅花鹿产业发展的基本经验主要表现为依托良好发展基础,优化资源特色;实施品牌发展战略,催生发展活力;立足产业发展定位,谋划推进措施。黄海、姜会明(2005)认为要发展吉林省梅花鹿业就应该以加工业为突破口,带动梅花鹿产业发展,利用吉林省畜产品商品量大、劳动力成本低的有利条件,着力发展劳动密集型鹿产品深加工产业,不断延伸产业链条,提高鹿产品附加值,实施最终产品战略。王桂霞等(2003)认为吉林省畜产品的成本和价格主要受饲料价格的影响,尤其在中国的舍饲畜牧业中,饲料成本约占畜产品成本的60%。所以在饲料主产区发展畜牧业,可以有效提高畜产品的竞争力。郝庆升(1998)通过对灰色系统与传统系统方法的比较,探讨了灰色系统理论与方法在研究对象、研究内容、方法论等方面的特色,并分析了灰色系统的应用。从国内已有的研究成果发现,虽然影响生产效益的因素有很多,如技术进步、政府政策、信贷等外生变量。但是本文主要从投入产出角度出发,分析影响吉林省梅花鹿生产效益主要因素,并提出相关建议。

1 理论分析模型

灰色关联度是指事物之间的不确定的关联,常用灰色关联顺序来描述事件之间关系的强弱、大小、次序的方法,即通过灰色关联度来分析和确定系统因素间的影响程度。灰色关联模型是按照事物的发展趋势进行动态指标量化分析,具有较强的动态性,对样本量的要求较少,所分析的数据不需要有分布规律,而且计算量较少,其结果与定性分析的结果较为相似,因为本文运用灰色系统具有较强优势、较实用和稳定的分析方法[4,5]。

灰色关联分析的一般步骤为:

第一步假设有 N 个数列,每个数据列包含 M 个数据,首先要对原始数据进行标准化处理,常用的处理方法有两种:

(1)初值化处理:将所有数据用第一数据除,得出一个新的数据,计算公式为:$X_{ij}^{(1)} = \dfrac{X_{ij}^{(0)}}{X_{i1}^{(0)}}$

(2)均值化处理:用平均值去除所有数据,计算公式为:$X_{ij}^{(1)} = \dfrac{X_{ij}^{(0)}}{\bar{X}_i}$

第二步是求得关联系数中的两极差及关联系数[6]。设参数数列为 Y,而被比较的数列为 Xi(i=1,2,…n),则曲线 Y 与 Xi 在第 k 点的关联系数为:

$$\xi_i = \frac{\min\limits_{i}\min\limits_{k}\Delta_i(k) + \rho \max\limits_{i}\max\limits_{k}\Delta_i(k)}{\Delta_i(k) + \rho \max\limits_{i}\max\limits_{k}\Delta_i(k)}, \text{其中}\ \Delta_i(k) = |y(k) - x_i(k)|$$

公式中:$\Delta_i(k)$ 表示第 k 点 y 与 x_i 的绝对差;$\min\limits_{i}\min\limits_{k}\Delta_i(k)$ 为两级最小差;其中,$\min\limits_{k}\Delta_i(k)$ 为第一级最小差,表示在第 i 条曲线上,找出各点的最小差。$\min\limits_{i}\min\limits_{k}\Delta_i(k)$ 为第二级最小差,表示在各条曲线这样中找出的最小差的基础上,再找出所有曲线 x_i 中的最小差。$\max\limits_{i}\max\limits_{k}\Delta_i(k)$ 为两级最大差。ρ 为分辨系数,其一般取值为0.5。最后求出每条曲线的关联度:

计算公式为:$r_i = \dfrac{1}{n}\sum\limits_{k=1}^{n}\xi_i(k), k = 1,2,\Lambda,n$

第三步，将关联度进行排列，则得到关联序。根据关联度的大小，分析各因素的影响程度。关联度越大，影响就越大。

2　选取样本与数据说明

影响吉林省梅花鹿生产效益的因素主要分为外生变量和内生变量。外生变量主要包括技术进步（良种）、规模化饲养（牧业小区）、产业化经营、信贷等因素，这些因素是梅花鹿生产效益的驱动力，但是通过具体的数据进行量化分析影响梅花鹿生产效益的程度较为困难。笔者对外部因素的影响程度通过定性方法进行分析，并且定性分析使得外生变量在内生变量中得到较好的显现。

考虑到采用样本数据的可得性、完整性、连续性，笔者选用《吉林统计年鉴》《吉林省农产品成本收益资料汇编》中的 2005—2011 年梅花鹿投入产出的面板数据。选取梅花鹿每只净收益，作为生产效益代表因素，选取 50 千克梅花鹿产品出售价格、每只人工成本、每只土地成本、每只主产品产量、每只仔畜费、每只精饲料费、每只固定资产折旧费作为影响生产效益的因素。为了减少物价变化的干扰，净收益和 50 千克梅花鹿产品出售价格用吉林省农村居民消费价格指数平减，每只人工成本、每只仔畜费、每只精饲料费、每只固定资产折旧费用农业生产资料价格指数进行平减，近似转化成实物量指标。

笔者将梅花鹿每只净收益作为系统特征行为变量，记为 Y，将 50 千克鹿产品平均出售价格、人工成本、主产品产量、仔畜费、精饲料费、固定资产折旧费作为系统行为自变量，记为 X1、X2、X3、X4、X5、X6。从表 1 可以看出 2011 年吉林省梅花鹿净收益为负值，50 千克鹿产品出售价格持续增加，人工成本、仔畜费、精饲料费、固定资产折旧费用呈现增加趋势，但是梅花鹿主产品产量没有提高。虽然梅花鹿主产品销售价格增加，但是由于饲养成本的幅度大于价格增加幅度，导致吉林省梅花鹿养殖户处于赔钱状态，鹿茸产量减少。

表 1　原始数据

Table 1　Original data

年份	净收益 （元/只）	出售价格 （元/只）	人工成本 （元/只）	产量 （千克/只）	仔畜费 （元/只）	精饲料费 （元/只）	资产折旧 （元/只）
2005	1 019.3032	129 330.4514	202.8725	1.1000	366.5336	906.6427	141.8312
2006	210.6667	130 701.6765	242.3512	0.7000	554.9950	716.9526	84.2281
2007	529.8021	130 023.5627	301.9087	0.8000	544.6058	842.6141	82.5415
2008	379.4112	124 869.4207	162.9929	0.8000	445.5617	718.7667	90.6756
2009	78.4111	126 901.0427	216.2736	1.0800	794.8113	854.7547	141.6132
2010	705.6196	166 016.6475	248.2407	1.0500	961.9342	961.3272	143.8580
2011	− 575.4554	170 686.5844	309.9267	0.8200	892.8571	1 314.7070	164.5055

数据来源：《吉林省农产品成本收益资料汇编》《吉林统计年鉴》

3　定性分析

外生变量包括政府政策、技术进步（良种）、规模化程度、产业化经营、信贷等因素。具体在内生变量中表现，主要从以下几个方面：

（1）政府政策，在内生变量中主要表现为每50千克主产品出售价格，因为鹿产品价格的波动，政府根据市场的需求，对其进行政策控制，在鹿产品价格低时，大部分梅花鹿养殖户会减少饲养量，甚至退出梅花鹿养殖行业，这就严重吉林省特色梅花鹿产业的发展，所以通过梅花鹿产品的价格能够反映出政府政策的效果。

（2）技术进步，在内生变量中主要表现为梅花鹿生产成本中的仔畜费用，因为好的梅花鹿品种在市场上能够卖的价格较高，梅花鹿养殖户购买的鹿糕的费用较高，不好的品种在市场销售的价格较低。并且良种能够给梅花鹿养殖户带来更好的经济效益。

（3）规模化程度，在内生变量中主要体现在精饲料费用、人工成本，因为梅花鹿大规模饲养，虽然饲料使用总量较大，但是每只梅花鹿精饲料转化率得到提高，降低每只梅花鹿的人工成本，进而增加农民收入。梅花鹿进行规模化饲养，能够保障鹿产品质量，增加鹿产品的单位产量，降低了每只梅花鹿生产成本。

（4）产业化经营、信贷主要是为了是调动梅花鹿养殖户扩大饲养规模，规范鹿产品生产全过程的标准，也是为了更好的增加梅花鹿产品质量，提高了产品的价格，增加经济效益，降低生产成本。梅花鹿信贷能够调动农民饲养梅花鹿的积极性，促进了梅花鹿产业的发展。

4　实证分析

第一步，求序列中各项数值的初值。对表2中的数据进行标准化处理，采用均值法。

表2　各数据列均值化结果
Table 2　Mean results of each column data

年份	Y	X1	X2	X3	X4	X5	X6
2005	3.0391	0.9252	0.8430	1.2126	0.5625	1.0049	1.1690
2006	0.6281	0.9350	1.0071	0.7717	0.8517	0.7946	0.6943
2007	1.5796	0.9301	1.2545	0.8819	0.8358	0.9339	0.6804
2008	1.1312	0.8933	0.6773	0.8819	0.6838	0.7966	0.7474
2009	0.2338	0.9078	0.8987	1.1906	1.2198	0.9474	1.1673
2010	2.1039	1.1876	1.0315	1.1575	1.4762	1.0655	1.1858
2011	-1.7158	1.2210	1.2879	0.9039	1.3702	1.4571	1.3559

第二步，项数值的差序列。需要按照公式：$\Delta_i(k) = |y(k) - x_i(k)|$，得出差序列如表3所示。

表 3　差序列计算结果

Table 3　Results of difference sequence

年份	X1	X2	X3	X4	X5	X6
2005	1. 7523	1. 8455	1. 5316	2. 0925	1. 6984	1. 5438
2006	0. 4101	0. 4755	0. 1910	0. 3786	0. 2415	0. 1335
2007	0. 4443	0. 1192	0. 5510	0. 4884	0. 4673	0. 7297
2008	0. 0824	0. 3129	0. 1507	0. 2557	0. 2056	0. 2624
2009	0. 7338	0. 7160	0. 9510	1. 1365	0. 7477	0. 9585
2010	0. 6449	0. 8166	0. 7505	0. 2500	0. 8024	0. 6923
2011	2. 7993	2. 8567	2. 4121	3. 0426	3. 0026	2. 8875

第三步，计算出两极最小值与最大值。

$M = \max_i \max_k \Delta_i(k) = 3.0426$

$m = \min_i \min_k \Delta_i(k) = 0.0824$

第四步，求各项数据的关联度。

首先计算关联系数根据公式为：

$$\xi_i = \frac{\min_i \min_k \Delta_i(k) + \rho \max_i \max_k \Delta_i(k)}{\Delta_i(k) + \rho \max_i \max_k \Delta_i(k)}, \rho \in (0, \infty)$$，成为分辨系数。通常取值为 0. 5。

其次，计算关联度。关联度公式为：

$$r_i = \frac{1}{n} \sum_{k=1}^{n} \xi_i(k), k = 1, 2, \Lambda, n$$

表 4　各项指标的关联数据

Table 4　Indicators of correlated data

年份	X1	X2	X3	X4	X5	X6
2005	0. 4899	0. 4763	0. 5253	0. 4438	0. 4981	0. 5232
2006	0. 8303	0. 8031	0. 9366	0. 8441	0. 9097	0. 9691
2007	0. 8159	0. 9776	0. 7739	0. 7980	0. 8065	0. 7124
2008	1. 0000	0. 8743	0. 9591	0. 9025	0. 9287	0. 8991
2009	0. 7111	0. 7168	0. 6487	0. 6034	0. 7068	0. 6467
2010	0. 7403	0. 6860	0. 7059	0. 9054	0. 6902	0. 7245
2011	0. 3712	0. 3663	0. 4077	0. 3514	0. 3545	0. 3638
关联度	0. 7084	0. 7001	0. 7082	0. 6926	0. 6992	0. 6912

在灰色关联模型中，当取 $\rho = 0.5$（一般取 0. 5）时，其关联度都大于 0. 5 且接近于 1，说明各因素序列与梅花鹿产品净收益序列关联性强，这些比较序列因素的强弱将直接影响梅花鹿的生产效益。根据灰色关联度模型计算出来的关联度都大于 0. 5，且关联度排序为 X1 > X3 > X2 >

X5 > X4 > X6，此排序说明选取的系统比较因素序列与梅花鹿生产效益序列有比较强的关联性，选取因素序列是合理的，所有的比较因素序列对梅花鹿生产效益的影响关联程度排序是可靠的（表4）。

依据表4的序列排序结果，可以得出以下研究结论：

（1）每50千克梅花鹿主产品价格与饲养梅花鹿的净收益关联程度最大，即每50千克梅花鹿主产品价格与净收益发展趋势最接近的因素，梅花鹿主产品价格的提高，必然是影响梅花鹿养殖户收入的主要因素，同时也是影响梅花鹿产业发展的主要因素。

（2）梅花鹿主产品产量与净收益的关联度次大，即主产品产量趋势与梅花鹿生产的净收益趋势接近，说明梅花鹿主产品产量对梅花鹿产业的发展有很大的影响。

（3）人工成本、精饲料费与净收益的关联度较大，即人工成本、精饲料费趋势与梅花鹿生产的净收益趋势接近，说明人工成本、精饲料费对梅花鹿产业发展有较大影响。

（4）仔畜费与净收益的关联程度较前三项稍微小些，即仔畜费与梅花鹿生产的净收益趋势比较接近，对梅花鹿的生产效益有一定的影响，特别是近几年梅花鹿的仔畜进价较高，梅花鹿饲养数量减少，进而影响了梅花鹿主产品产量，造成净收益低下。

（5）固定资产折旧费与净收益关联程度最小，主要是因为固定资产折旧费是沉积成本，对净收益影响最小。

5 结论及建议

从以上所建立的灰色关联模型可以知道，梅花鹿产业系统中的50千克鹿产品出售价格、人工成本、主产品产量、仔畜费、精饲料费、固定资产折旧费，这些因素都会对梅花鹿产业经济效益产生影响。其具体影响程度大小如下：梅花鹿每50千克鹿产品出售价格和主产品产量的关联度相近，二者对梅花鹿生产净收益影响最大，说明了提高鹿产品价格，增加梅花鹿养殖数量，对增加农民收入，提高人们生活水平有着积极促进作用。其次，梅花鹿生产效益受生产成本影响较大，其中人工成本、精饲料费对梅花鹿净收益影响程度最大，其次，仔畜费对梅花鹿净收益影响程度较大，固定资产折旧费对梅花鹿净收益影响程度最小。笔者基于成本收益理论，利用灰色关联方法对影响吉林省梅花鹿生产效益的因素进行定量分析。通过对影响梅花鹿生产效益因素的灰色关联度的排序，找出目前影响吉林省梅花鹿生产效益的主要因素、次要因素。

依据结论提出增加吉林省梅花鹿生产效益建议：

（1）推广梅花鹿中小规模养殖小区，逐步扩大规模养殖的发展。吉林省梅花鹿养殖方式是散养为主，其附加值、管理水平较低。根据吉林省梅花鹿产业发展的具体情况，发展中小规模养殖降低梅花鹿养殖饲料成本和劳动力成本，进而增加了吉林省梅花鹿生产效益。

（2）加大良种繁育工作力度。由于前几年梅花鹿生产效益较差，养鹿赔钱，所以很多养殖户都退出了，养殖的不景气导致鹿只的整体质量下降，虽然淘汰了一些劣质鹿，但由于养殖数量的下降，养殖户对繁殖认识不高，特别是改良上的资金投入较少，导致梅花鹿质量水平不高。所以建立完善的梅花鹿繁育体系，能够生产优质的鹿产品，提高梅花鹿产品价格。

（3）提高梅花鹿养殖产业化水平，增强梅花鹿养殖户组织化程度。要促进梅花鹿养殖产业化发展，政府给予龙头企业扶持政策。实施梅花鹿饲养产业化服务，能够提高梅花鹿养殖技术，扩大养殖规模，形成稳定的梅花鹿生产基地。鼓励梅花鹿合作社、协会等组织为梅花鹿养殖户提高管理、繁殖、疫病防治、鹿产品销售等方面服务，进而提高梅花鹿生产组织化程度。

参考文献

[1] 贾丽娜. 长春市双阳区大力促进梅花鹿产业发展 [J]. 农村财政与财务, 2012 (2): 24 - 25.

[2] 黄海, 姜会明. 推进吉林省现代畜牧业发展的思考 [J]. 吉林农业大学学报, 2005 (6): 705 - 710.

[3] 王桂霞, 王俊波. 玉米经济与吉林省畜牧业的发展 [J]. 吉林农业大学学报, 2003 (1): 116 - 119

[4] 郝庆升. 论灰色系统方法的特色及问题 [J]. 吉林农业大学学报, 1998 (4): 92 - 94.

[5] 李翠凤. 灰色系统建模理论及应用 [D]. 杭州: 浙江工商大学, 2006.

[6] 闫大柱. 吉林省现代畜牧业建设的研究 [D]. 长春: 吉林农业大学, 2011.

此文发表于《吉林农业大学学报》2014, 36 (1)

关于中国鹿业发展的思考

郑 彬

（内蒙古圣鹿源生物科技股份有限公司，包头 014060）

摘 要："鹿乃仙兽，全身皆宝。"特别是鹿茸更是我中华民族传承千世之"珍宝"，是中医学中的"软黄金"。然而，多年来由于我国养殖基础、加工技术、经营模式等方面的薄弱，阻碍了我国鹿产业的发展。今天，随着中医学在世界范围内的崛起以及我国保健品市场的迅速增长，中国未来的鹿产业的发展值得我们去思考。

关键词：产业链条；技术创新；经营模式

鹿养殖在我国至今已有 3 000 多年的历史，鹿茸的使用已有 2 000 余年历史。然而，时至今日，我国鹿产业的整体发展仍处于较为原始的状态，养殖户各自为战，鹿产品质量参差不齐，深加工技术薄弱，营销模式无新意。面对我国目前鹿产业的发展现状，我们应该审时度势，用创新的思维和现农牧业企业的发展模式来挖掘我国鹿产业的潜力。

1 改变传统养殖模式，打造现代化的养殖基地

中国虽然已有千年的鹿驯养历史，但对于鹿养殖一直还处于较为原始的状态。目前，就连受我国鹿文化影响的一些地区和国家对鹿的养殖甚至已经超过了我国水平。因此，面对此情况，内蒙古圣鹿源生物科技股份有限公司主要从以下几个方面着手，来改变我们多年以来的传统的养殖模式，打造具有现代化的鹿养殖基地。

第一，利用现代技术实现鹿的养殖规模化、产业化。同时与国内外知名大学及学者建立合作关系，打造自己的研究生队伍，通过技术创新，进行科学、系统养殖。目前，内蒙古圣鹿源生物科技股份有限公司拥有由 9 位国际国内鹿业顶级科学家组成的科研团队，正在着力研究采用无源杂交技术培育高产种鹿，预计未来 3~5 年内，世界一流的高产种鹿将在我公司诞生。与此同时，已组建鹿基因库，为培育世界一流的种鹿打下了坚实的基础。

第二，经过十余年的发展，内蒙古圣鹿源生物科技股份有限公司已拥有 1 800 亩的三大种鹿繁育基地，并在内蒙古的中蒙边境建立了自己天然牧场——百灵牧场，百灵牧场水草肥美、日照充足，远离工业区，实现了自然放养的养殖模式，完全符合并实现了生产无污染的有机食品条件。

第三，内蒙古地域辽阔，大草原更是闻名世界。几十年来，广大农牧区主要以养殖牛羊为主。为此，内蒙古圣鹿源生物科技股份有限公司在广大农牧区通过走访调查和宣传，让农牧户在养殖畜种的选择上发生了巨大转变，内蒙古圣鹿源生物科技股份有限公司以技术服务为依托，以经济利益共享为纽带，大力发展农牧户家庭养殖，通过"公司+基地+农户"的模式，全力推进鹿养殖的产业化。目前此发展模式已在内蒙古中西部地区及周边省市得到大力推广，拥有合同养殖户 1 062 户，鹿存栏总量达 21 500 多头。

第四、据中国农学会特产协会调查，农牧户养一头梅花鹿每年纯年润可达 2 500 元，按每户 12 头计，年可实现利润 3 万元。内蒙古圣鹿源生物科技股份有限公司经过实践也表明，养一头鹿相当于养三十只羊的利润，而一头鹿只需二只羊的饲草料。在鹿养殖的过程中，广大农牧民切实地得到了经济实惠，从而促进了"公司＋基地＋农户"的模式的发展。对于生态环境而言，鹿养殖业既能减轻草场载畜压力，又降低了养殖成本，符合退耕还林，保护生态环境的要求。实现了既要经济又生态的要求。

2 融汇技术力量，提升深加工产品科技含量

中国是世界上养鹿最早的国家，也是将鹿产品用于医药保健行业最早的国家，据记载，至今已有两千多年的历史，两千年来鹿养生文化在中华民族史上谱写着绚丽乐章，为中医学的发展发挥着巨大作用。然而，2000 多年来，在精深加工的技术方面还未获得重大突破，严重地制约了中国鹿产业的发展。今天，随着现代生物技术的快速发展，鹿产业跨入了一个充满激情与挑战的时代，对鹿产品加工技术提出了新的要求。因此，在目前和今后鹿产品深加工的过程中，加大技术创新是一个必然的趋势。

内蒙古圣鹿源生物科技股份有限公司通过努力，研究出来具有自主知识产权拥有"低温超声裂解提取鹿茸素技术"和"鹿胎盘生理活性多肽制备方法"两项核心技术及 9 项发明专利，改变了中国鹿产品加工技术在国际上的地位，将中国鹿业的发展带入了一个新的历史发展时期。强大的技术基础使得我公司在鹿产品研究、开发方面走在国内外同行业的前列。目前已开发出系列鹿酒、茸参胶囊、鹿茸茶、鹿茸素、超微冻干粉系列、鹿皮革制品、鹿肉水饺等 12 大类 120 多个品种。

第一、"低温超声裂解提取鹿茸素技术"，能够使鹿茸中的营养成分在释放出来的时候，有效保留鹿茸中的营养活性物质，对鹿茸能进行充分、完全、、无污染的提取，避免沉淀出现，从而得到质优品纯的鹿茸素。低温超声裂解法和超滤浓缩提取鹿茸素的新方法，填补了中国在低温超声裂解提取鹿茸素工业化生产方面的空白，有效的解决了中国及国际上提取利用鹿茸技术能力偏低的关键问题。"低温超声裂解提取鹿茸素技术"，可把鹿茸中的 18 种氨基酸、27 种脂肪酸、超氧化物歧化酶、核酸、核苷酸、GSH 等活性营养物质直接加入到人们的膳食饮品、保健补品、医学药品、美容化妆品中。

第二、"鹿胎盘生理活性多肽的制备方法"科研成果，填补了中国在低温酶解制取鹿胎多肽工业化生产的空白，成功改变了国内传统加工鹿胎的落后现状，突破了国际上其他酶解方法制取鹿胎多肽的局限性，简化了工艺流程，提高了鹿胎多肽活性物质的提纯率。"鹿胎盘生理活性多肽的制备方法"有效地解决了中国及国际提取利用鹿胎技术能力偏低的关键难题。利用此技术可有效地提取分离出鹿胎中的生理活性物质，可直接应用于食品、保健、医药、美容、化妆等行业，把鹿胎的营养保健功效应用到人们的膳食饮品、保健品、医学药品、美容化妆品中。

3 整合资源，打造现代鹿业营销模式

随着人们生活水平的日益提高，健康意识的逐渐增强，营养保健品市场将进一步增加，数据化显示，2009 年中国营养保健品消费市场达到了 911 亿元，已超越日本成为全球第二大消费市场，预计 2015 年将成为全球第一大市场。在市场逐渐增大的情况，营养保健品行业成为朝阳产业已有目共睹，而鹿产品作为中国传统的珍贵药材之一，其产品必将引起高端消费群体的关注。

因此，十多年来，内蒙古圣鹿源生物科技股份有限公司经过实践与摸索，结合企业自身的特点和优势，总结出一条适合中国鹿业发展的经营模式。

首先是资源优势。内蒙古大草原世界闻名，绿色、无污染的优势铸就了蒙牛、鄂尔多斯等大家熟知的世界品牌。随着时代的进步，人们对健康、天然滋补品的崇尚，圣鹿源股份以天然滋补品的定位迎合了市场需求。

其次是文化优势。"草原休闲之都"包头，地处中国内蒙古西部，中国·鹿城的美名享誉海内外，20世纪80年代，考古学家在阴山山脉包头段发现的大量的人类与鹿有关的岩画，被称为是迄今为此发现的最早关于鹿与人类历史的记载之一，同时也被证实包头曾是鹿的重要发源地之一，为圣鹿源股份奠定了深厚的文化基础。

再次是资金优势。2010年3月，内蒙古圣鹿源生物科技股份有限公司的发展潜力和行业前景受到资本市场的青睐，在深圳创新投资集团在内蒙古圈定的64余家欲投资企业中脱颖而出，成为了深创投注资内蒙古的首家企业。深创投与对鹿源股份合作，为做大做强鹿城鹿产业，打造"中国鹿城"品牌具有巨大推动作用。标志着圣鹿源股份为走向资本市场迈出了实质性的一步。

最后是营销模式。截止目前，内蒙古圣鹿源生物科技股份有限公司以"1+N"的连锁加盟模式，在全国创建"圣鹿源"鹿城鹿产品营销网点500余家，已建立起了较为宽广的销售渠道，并赢得了消费者的信赖。2010年年底，深创投注资后，已在蒙晋陕、珠三角、长三角、京津冀和华中地区、胶东半岛建立6大营销中心，全面布局"圣鹿源"连锁营销体系建设。2011年5月份，选择在深圳、惠州开设了两家"圣鹿源"健康品直营店，在学习深圳先进商业模式的同时，利用深圳先进的生物技术和创新环境，加快鹿产业的新产品开发，全面提升企业的综合赢利能力。圣鹿源在深圳开店后，加快整合并规范原有加盟店，吸引新加盟店，至2013年达到直营店97家，加盟店933家，合计1030家的连锁经营规模。到2015年末，实现"圣鹿源"健康品连锁网络的全国市场及海外部分市场布局3000家以上，实现6~8个亿的销售收入，1.2亿~1.5亿的净利润，构建起可持续发展的鹿产业新模式。

4　结论

综上所述，在现代农业高速发展的今天，传统的鹿业发展模式已跟不上时代的步伐。因此，鹿产业化养殖，加强技术创新，提高鹿产品的深加工技术水平，创新营销模式，是未来中国鹿业发展必由之路。

此文发表于《2011年中国鹿业进展》

甘肃马鹿研究进展及展望

宋兴超 杨福合 魏海军 杨镒峰 徐 超

（中国农业科学院特产研究所，特种经济动物分子生物学国家重点实验室，吉林 132109）

摘 要：甘肃马鹿是中国特有马鹿亚种之一，属于国家Ⅱ级保护动物。本文根据近年文献资料系统综述了国内在甘肃马鹿生产性能、繁殖技术、饲养管理与疾病、起源进化及遗传多样性等方面的研究现状，并展望了今后甘肃马鹿的研究趋势，为中国甘肃马鹿遗传资源的保护与利用及相关科学研究的展开提供理论依据。

关键词：甘肃马鹿；保护与利用；研究进展

Recent Progress and Prospects of Gansu Wapiti
(*Cervus elaphus kansuensis*)

Song Xingchao Yang Fuhe Wei Haijun Yang Yifeng Xu Chao

(State Key Laboratory of Special Economic Animal Molecular Biology, Institute of
Special Animal and Plant Science, CAAS, Jilin 132109, China)

Abstract：Gansu wapiti (*Cervus elaphus kansuensis*) is the unique subspecies of red deer in China and is also listed category Ⅱ of protected animal. In this paper, the current research status of red deer subspecies in Gansu is reviewed according to recent literature materials in China, including production performance, reproductive technology, husbandry management, molecular phylogeny and so on. At the same time the future research is also analyzed. This will provide theoretical foundation for effective conservation, utilization and scientific research of the red deer subspecies in Gansu province.

Key words：Gansu wapiti; conservation and utilization; recent progress

甘肃马鹿（*C. e. kansuensis* Pocock）又名"白臀鹿"，是我国特有的一个马鹿亚种，主要分布于祁连山海拔 2 400～3 800m 的山地草原、草甸草原带、针叶林带和高山灌丛带，也分布于青海、宁夏、四川南部及西藏东部等地区，属于森林 - 灌丛草地生态系统的动物[1]。甘肃马鹿人工驯养最早是在甘肃省肃南裕固族自治县马鹿养殖场进行的[2]，随着马鹿驯养和饲养业的兴起，甘肃马鹿的人工养殖范围也在不断扩大，已经逐渐扩大到海拔 1 500m 左右的河西走廊绿洲农耕区[3]。作为一种重要的经济动物遗传资源，近年国内有关专家学者和技术人员围绕甘肃马鹿开展了许多研究工作，本文对这些研究工作做一综述，在此基础上对甘肃马鹿未来的研究方向进行展望，旨在提高人们对国内特有鹿类资源的保护意识，同时，也为甘肃马鹿资源行为学、生态学、遗传学等方面的深入研究奠定理论基础，对探索甘肃马鹿资源开发利用的新途径及拓展鹿科动物新品种的培育方向具有重要意义。

1　生产性能研究进展

1.1　产茸性能

鹿茸是生长在雄鹿（驯鹿除外）额骨顶端未骨化密生绒毛的嫩角，每年可再生，一般要经过脱盘、生茸、骨化、脱落再脱盘、生茸的循环过程[4]。鹿茸的生长发育具有特殊性，不同鹿种的鹿茸发生、发育有其自身的特性。到目前为止，有关甘肃马鹿产茸量与年龄间关系的报道较多，但结果却不尽一致。侯扶江等[5]研究表明，肃南鹿场甘肃马鹿的鲜茸产量随鹿龄增长分为3个阶段：产茸量快速增长阶段（1~6岁）、产茸量缓慢增加阶段（6~11岁）和产茸量下降阶段（11岁以后），产茸高峰为11岁，鲜茸产量与体重极显著正相关（$P < 0.01$）。张发慧[6]调查发现，人工驯养的甘肃马鹿1~13周岁产茸量随年龄增加而逐年上升，产茸高峰期为13岁，以后逐年降低。王天翔[7]指出，人工驯养的甘肃马鹿，1~10周岁公鹿产茸量随年龄增加而逐年上升，产茸量最高峰为10岁，以后逐渐下降。关于产茸高峰期的年龄不同问题，笔者推测，可能是由于饲养管理、个体差异及群体所处的气候条件不同所致，但是，高产期的大致范围与赵世臻[8]所列数据基本一致，甘肃马鹿产茸量不高，经过选育的成年公鹿平均干茸重4.2~4.7kg，高产期在7~11岁，产茸利用年限14~15年。刘建泉[9]总结了甘肃马鹿的生茸特点，甘肃马鹿仔鹿1周岁时即可生茸，鲜茸产量为0.5~0.9kg，2~4周岁产茸量增加较快，达到1.65~3.81kg，5~7周岁时趋于稳定，保持在4.85~6.71kg，8周岁后逐渐下降。鹿茸生长规律除与品种、年龄相关外，还会受到体内激素分泌水平[10]、营养条件[11]及气候因素[12]等多方面的影响。

1.2　产肉性能

近年来，对甘肃马鹿产肉性能、肉质性状及与肌肉生长发育相关的功能基因研究也屡见报道。侯扶江等[5]分析了肃南鹿场甘肃马鹿的肉用前景，指出，甘肃马鹿养殖可以考虑向肉用型或肉茸兼用型发展。马艳萍[13]对甘肃马鹿的胴体品质、鹿肉常规营养成分及内脏器官等副产品产量进行了详细的分析报道。冯晓群等[14]对甘肃马鹿背最长肌的挥发性物质组成及含量进行了测定与分析，为马鹿肉的生产加工提供了理论参考。随着分子生物学技术的不断发展，许多与肌肉生长发育相关的功能基因已被应用于肉用畜禽的分子遗传改良中来。甘肃马鹿作为驯化时间较短的特种药用经济动物，其肉质性状相关基因研究刚刚起步，宋兴超[15]等对甘肃马鹿肌细胞生成素（MyoG）基因启动子区序列进行了克隆及生物信息学分析；2010年，作者对甘肃马鹿MyoG基因5'UTR部分序列进行了单核苷酸多态性（SSCP）检测与分析[16]，该结果为进一步进行该基因与鹿肉质性状的相关分析及肉用鹿品种的培育奠定了较好的理论基础，同时也为我国甘肃马鹿遗传资源的保护与利用提供了遗传学资料。

1.3　繁殖特征与繁育技术研究

马鹿是季节性繁殖的动物，一年只繁殖一次。甘肃马鹿繁殖性能属中等水平，公鹿40月龄性成熟，人工养殖公鹿4~6周岁时参加配种，终止配种年龄13岁；母鹿28月龄性成熟，3周岁时受配，终止繁殖年龄18岁。甘肃马鹿每年秋季9—11月发情，母鹿可经历1~3个发情周期，每个发情周期15~20d，发情持续时间25h左右，妊娠期248~255d，翌年6~7月产仔[6]，该特性不同于东北马鹿[17]和天山马鹿[18]，可能与不同马鹿亚种所处地域、海拔高度和纬度不同有关，从而使其繁殖特性出现差异。为探索甘肃马鹿在发情和分娩方面的规律性，刘丽娟等[19]对肃南鹿场141只适繁母鹿进行了系统的观察与统计分析，结果表明，甘肃马鹿的发情季节主要在10—11月，发情特征明显，发情期为18h左右，发情周期平均为（18.22±2.26）d，分娩盛期为6月下旬至7月上旬，妊娠期为237~267d，产仔率59.57%，繁殖成活率51.77%。

随着现代先进繁殖技术在猪、马、牛、羊等普通家畜上的不断应用与发展，诸如同期发情、人工输精等技术手段也在逐渐渗透于驯化时间相对较短的经济动物之中。在甘肃马鹿繁育技术方面，刘丽娟等[20]对30头适繁甘肃母马鹿进行了同期化处理，并跟踪观察分析了同期发情效果；张发慧[21]对甘肃马鹿的人工授精情况进行了研究报道；刘丽娟等[22]利用天山马鹿的冷冻精液，通过人工授精技术对甘肃马鹿进行了杂交改良，效果显著。

2　饲养管理和疾病防治研究进展

肃南鹿场甘肃马鹿的养殖是以放牧为主、围栏舍饲为辅的饲养方式。侯扶江等[23]对甘肃马鹿夏冬季在祁连山高山草地的放牧行为进行了研究报道，初步揭示了甘肃马鹿放牧行为的季节性差异及其与草地状况和气候等因素的关系；同年，侯扶江等[24]报道了甘肃马鹿冬季放牧践踏作用，评价了其对土壤理化性质的影响，定量了甘肃马鹿冬季放牧的相对践踏强度。

基础生理常数能够反映动物机体的生理状态及健康状况，测定鹿各系统的生理生化正常值，对研究鹿的育种、疾病防治和科学饲养均具有重要理论意义。谭福安等[25]研究发现，正常成年甘肃马鹿的脉搏为50~60次/min，呼吸数15~20次/min，仔鹿稍快于成年鹿；成年鹿正常体温为38~39℃，仔鹿为36~40℃，稍高于成年鹿。马睿麟等[26]对祁连县养鹿场围栏放牧的37~40头正常甘肃马鹿的12项血清生化指标进行了测定与分析。关于甘肃马鹿疾病研究较少，韩登桥[27]对北京动物园1头甘肃马鹿的真胃梗阻的诊断与治疗进行了详细报道；张丽蓉等[28]对甘肃马鹿前胃迟缓进行了诊治。由于人工饲养的甘肃马鹿抗病力较强，一般疾病难于早期发现，晚期发现治愈率较低，因此除要加强饲养管理外，做好早期综合预防势在必行。

3　起源进化及遗传多样性研究

马鹿的系统进化及亚种分化研究是了解鹿属动物进化过程的一个重要方面。在对甘肃马鹿起源进化研究中，王宗仁等[29]研究表明，根据黑鹿与马鹿中不同亚种蛋白区带的差异，可以推测在进化过程中，甘肃马鹿与东北马鹿比中亚马鹿更为接近于起源较早的鹿种 – 黑鹿。李明等[30]利用mtDNA的Cytb基因片段序列差异分析了国内4个马鹿亚种的起源和遗传分化，结果表明，东北马鹿与阿拉善亚种和甘肃亚种的分化时间在54万年前左右，该结果符合马鹿在中国是从西向东分化扩散的。刘向华等[31]也从Cyt b基因序列探讨了鹿亚科动物的系统发生关系，发现马鹿甘肃亚种、西藏亚种和四川亚种的关系较近，聚为一支作为东北亚种的姐妹群。涂剑锋等[32]通过测定6个马鹿亚种mtDNA的D – loop区全序列，进一步构建不同亚种的进化树，认为甘肃马鹿与青海马鹿亲缘关系较近。邓铸疆等[33]对甘肃马鹿、塔里木马鹿、阿尔泰马鹿、天山马鹿及阿拉善马鹿的D – loop全序列进行了扩增、测序，进一步研究了西北马鹿群体遗传结构、多样性及其系统进化关系，结果表明，西北地区马鹿整体遗传多样性丰富，甘肃马鹿、阿尔泰马鹿及天山马鹿之间均存在基因交流，可能是群体间引种杂交所致。

在现代保护生物学研究中，众多科研学者不仅将线粒体DNA作为遗传标记用于动物起源进化及分子系统学研究，还将微卫星分子标记及血液蛋白聚丙烯酰胺凝胶电泳作为物种遗传多样性的分析手段。邢秀梅[34]采用 20 个微卫星遗传标记对中国 9 个梅花鹿、马鹿品种（包括甘肃马鹿）进行了 DNA 多态性检测与分析，指出，甘肃马鹿和其他马鹿品种和类型的遗传距离较远。雷天云[35]应用微卫星 DNA 分析了甘肃马鹿遗传多样性及其与青海马鹿的亲缘关系，表明甘肃马鹿与青海马鹿的亲缘关系较近。熊建杰[36]报道了西北地区 4 个中国特有鹿种的微卫星遗传多样性，结果发现，甘肃马鹿群体的多态信息含量（PIC）较高，并且甘肃马鹿与青海马鹿的分化程度最低，亲缘关系最近，首先聚为一类。国内关于甘肃马鹿血液蛋白多态性方面的研究较少，王宗仁等[29]测定了甘肃马鹿蛋白的分子量和总蛋白区带数目；刘丽霞等[37]报道了 66 头甘肃马鹿 8个血液蛋白位点的多态性，并分析了各位点与产茸量之间的相关性，结果表明，Prt1 位点的 AA型可用来标记甘肃马鹿的品种特征。

4 甘肃马鹿研究展望

甘肃马鹿资源从野生变家养驯化成功后，到目前已近 54 年，作为中国特有马鹿亚种及国家 II 级保护动物，与其他家养畜禽相比，许多研究相对较薄弱，今后随着我国科研投入的增加及濒危物种保护与利用意识的增强，应在以下几个方面对甘肃马鹿进行系统综合研究。

4.1 宏观研究方向

4.1.1 健康甘肃马鹿不同生理时期、不同性别间的体温、脉搏、呼吸数等基本生理指标，尤其是血液生理、生化指标，瘤胃消化生理常数等应逐渐开展测定与分析，该结果既能丰富鹿科动物生理生化指标数据库，也可为深入研究甘肃马鹿遗传资源提供科学参考依据。

4.1.2 鹿科动物的行为具有种属特异性，也表现出一定的规律性。对不同性别及生物学时期甘肃马鹿摄食、反刍、繁殖、休息、吼叫与警戒等行为生态特点的深入系统分析将是今后的研究方向，不同行为特性的掌握将有助于提供甘肃马鹿不同的饲养管理条件，可进一步改进饲养方法，提高该马鹿亚种的人工养殖及放牧管理水平。

4.1.3 随着饲养规模的不断加大，甘肃马鹿不同生物学时期营养需要量及饲料资源的研究与开发也逐渐会成为今后的研究方向。另外，加强对甘肃马鹿疾病的研究，亦实属必要，以便更好地保护开发中国特有马鹿亚种资源，对丰富生物多样性具有重要意义。

4.2 微观分子生物学探求

4.2.1 从甘肃马鹿资源保护与利用角度分析，进行精准输精及胚胎移植技术的探索，开展甘肃马鹿电刺激采精技术研究，细管冻精、精子与卵子超微结构及母马鹿卵泡发育规律等繁殖特性也是今后应该逐步开展的研究内容。

4.2.2 随着我国经济的发展和人们生活水平的提高，鹿肉将成为养殖甘肃马鹿的另一个主要产品，甘肃马鹿屠宰率较高，可与其他鹿进行杂交向肉用型方向发展；深入研究不同年龄阶段甘肃马鹿的屠宰性能、肌肉品质及肌纤维特性，为甘肃马鹿肉用潜力的开发提供科学依据。

4.2.3 生茸与产肉将是甘肃马鹿养殖的主要目的，深入研究该亚种资源鹿茸的有效药用成分，进一步从功能基因组学方面探求与鹿茸生长相关的主效基因或候选基因遗传标记，从分子生物学水平研究甘肃马鹿肌肉生长发育机制、鹿胴体品质及肌纤维特性。

参考文献

[1] 侯扶江. 草地 – 马鹿系统的草地表现 [D]. 兰州：甘肃农业大学，2000.

[2] 侯扶江，安玉峰. 祁连山高寒牧区甘肃马鹿产茸量的分析 [J]. 中国农业科学，2002，35 (10)：1 269 – 1 274.

[3] 侯扶江，李广. 甘肃马鹿茸尺性状分析 [J]. 中国畜牧杂志，2004，40 (1)：39 – 40.

[4] 郝丽，李和平，严厉. 梅花鹿鹿茸尖端组织 ESTs 分析 [J]. 遗传，2011，33 (4)：371 – 377.

[5] 侯扶江，李广，常生华，等. 肃南鹿场甘肃马鹿生产性能研究 [J]. 草业学报，2004，13 (1)：94 – 100.

[6] 张发慧. 肃南县人工养殖马鹿生产性能调查 [J]. 中国草食动物，2004，24 (3)：57 – 58.

[7] 王天翔. 人工养殖马鹿的生产性能 [J]. 中国畜牧杂志，2005，41 (6)：63 – 65.

[8] 赵世臻. 甘肃马鹿 [J]. 特种经济动植物，2010 (2)：7.

[9] 刘建泉，杨全生，李世霞，等. 甘肃马鹿产茸量与年龄及体质量的关系 [J]. 东北林业大学学报，2002，30 (1)：86 – 88.

[10] 高志光. 梅花鹿鹿茸生长速度与睾酮、雌二醇关系的研究 [J]. 经济动物学报，1999，(3)：27 – 30.

[11] 李光玉，高秀华，邰玉钢. 鹿蛋白质营养需要研究进展 [J]. 经济动物学报，2000，4 (2)：58 – 62.

[12] 赵世臻. 中国养鹿大成 [M]. 北京：中国农业出版社，2001：257 – 265.

[13] 马艳萍. 甘肃马鹿产肉性能、内脏器官结构及天 × 甘马鹿杂交效果研究 [D]. 兰州：甘肃农业大学，2007.

[14] 冯晓群，韩玲，蒋玉梅，等. 甘肃马鹿背最长肌挥发性物质的组成分析 [J]. 甘肃农业大学学报，2008，43 (6)：159 – 162.

[15] 宋兴超，荣敏，邢秀梅，等. 甘肃马鹿肌细胞生成素（MyoG）基因启动子区序列克隆与分析 [J]. 特产研究，2009，2：12 – 16.

[16] 宋兴超，杨福合，邢秀梅，等. 甘肃马鹿 *MyoG* 基因 5′UTR 单核苷酸多态性检测及其序列变异分析 [J]. 中国畜牧兽医，2010，37 (9)：100 – 106.

[17] 郑兴涛，邹洪涛，李生，等. 东北马鹿乌兰坝品种生产性能测定 [J]. 特产研究，1999，2：14 – 16.

[18] 鄂尔克勒·文胜. 天山马鹿发情表现及分析 [J] 中国畜牧杂志，1998，34 (6)：41 – 42.

[19] 刘丽娟，滚双宝，张杰，等. 甘肃马鹿繁殖特性观察研究 [J]. 甘肃农业大学学报，2005，40 (1)：83 – 86.

[20] 刘丽娟，滚双宝，罗玉柱，等. 甘肃马鹿同期发情效果初步研究 [J]. 畜牧与兽医，2005，37 (11)：4 – 6.

[21] 张发慧. 甘肃马鹿人工授精试验观察 [J]. 中国草食动物，2006，6：46.

[22] 刘丽娟，滚双宝，罗玉柱，等. 利用人工授精技术杂交改良甘肃马鹿的研究 [J]. 中国畜牧杂志，2006，42 (9)：17 – 18

[23] 侯扶江，李广，杨逢刚. 甘肃马鹿夏冬季在祁连山高山草地的放牧行为 [J]. 生态学报，2003，23 (9)：1 807 – 1 815.

[24] 侯扶江，任继周．甘肃马鹿冬季放牧践踏作用及其对土壤理化性质影响的评价 [J]．生态学报，2003，23（3）：486 – 495.

[25] 谭福安，边树信．祁连山鹿的驯养调查研究报告 [J]．甘肃畜牧兽医，1982，4：12 – 18.

[26] 马睿麟，赵青，张才俊，等．祁连马鹿血清生化指标的测定 [J]．青海畜牧兽医杂志，1998，28（1）：16 – 17.

[27] 韩登桥．甘肃马鹿真胃梗阻 [J]．黑龙江畜牧兽医，2006，6：68 – 69.

[28] 张丽蓉，杨逢刚，冯明庭．甘肃马鹿前胃迟缓病的诊治 [J]．青海畜牧兽医杂志，2008，38（5）：58.

[29] 王宗仁，甲凤兰．鹿科动物血清蛋白质的 SDS – 聚丙烯酰胺凝胶电泳分析 [J]．兽类学报，1988，8（1）：13 – 20.

[30] 李明，王小明，盛和林．马鹿四个亚种的起源和遗传分化研究 [J]．动物学研究，1998，19（3）：177 – 183.

[31] 刘向华，王义权，刘忠权，等．从 Cyt b 基因序列探讨鹿亚科动物的系统发生关系 [J]．动物学研究，2003，24（1）：27 – 33.

[32] 涂剑锋，杨福合，邢秀梅，等．基于线粒体控制区序列分析我国马鹿亚种的系统进化关系 [J]．草食家畜，2010，2：26 – 30.

[33] 邓铸疆，任战军，熊建杰，等．西北马鹿群体间遗传多样性及系统地位 [J]．西北农林科技大学学报（自然科技版），2010，38（9）：42 – 52.

[34] 邢秀梅．中国茸鹿分子遗传多样性研究 [D]．北京：中国农业科学院，2006.

[35] 雷天云．应用微卫星 DNA 分析甘肃马鹿遗传多样性及其与青海马鹿的亲缘关系 [D]．兰州：甘肃农业大学，2009.

[36] 熊建杰．西北地区 4 个中国特有鹿种的微卫星遗传多样性研究 [D]．杨凌：西北农林科技大学，2010.

[37] 刘丽霞，滚双宝，张丽，等．甘肃马鹿血液蛋白多态性及其与产茸量关系的研究 [J]．中国草食动物，2009，29（1）：12 – 15.

此文发表于《2011 年中国鹿业进展》

中国鹿茸国际竞争形势与前景分析

郑 策

（中国农业科学院特产研究所，长春 130112）

摘 要：中国养鹿历史悠久，尤其新中国成立以后，产业发展迅速，目前已成为世界上最主要的鹿茸产地之一和主要消费国之一，但随着国际鹿茸竞争的加剧，我国鹿茸产业面临巨大的挑战，本文分析了我国鹿茸进出口形势与特点，并重点研究了我国鹿茸产业最大的竞争对手—新西兰，最后对我国鹿茸产业前景进行客观的分析。

关键词：鹿茸产业；进口；出口

Analysis on situation and prospect of international competition on velvet

Zheng Ce

（1. Institute of Special Wild Economic Animals and Plants，Chinese Academy of Agricultural Sciences，Changchun 130112，China）

Abstract：Chinese velvet industry has a long history，especially after the founding of New China，the fur industrial developrapidly，China has become the importantvelvet origin in world，But as international competition intensifies on velvet，Chinese velvet industry faces enormous challenges，This paper analyzes the situation and characteristics of China's import and export on velvet，And focus on the industry's biggest competitors of velvet – New Zealand，Finally，analysis the prospects of the Chinese velvet industry.

Key words：velvet industry；import；export

1 引言

中国是世界上重要的茸鹿养殖国家，也是主要的鹿茸生产国，养鹿历史悠久，随着新中国成立后，我国养鹿业发展迅速，在一段历史时期养鹿收益相当可观，极大地促进了农村经济发展和农民增收，在主要养殖区域已成为当地的支柱产业。但随着国际鹿茸产业竞争的愈演愈烈，中国鹿茸国际竞争形势严峻，如何更好地引导产业健康可持续发展，促进产业转型升级，以创造更大的经济效益是目前需亟待解决的问题。

2 中国鹿茸进出口形势

国际贸易标准分类 SITC 第四版中没有对鹿茸进行详细分类。商品名称及编码协调制度的国际公约即 HS 编码中鹿茸编码为 0507902000，包括以下四项，鲜鹿茸；鹿茸；鹿茸及其粉末；鹿角。在我国出口管理上，统一归于05079020海关编码进行报关出口。

2.1 中国鹿茸出口现状

通过对海关统计数据和其他方面信息的综合分析，2013年，中国鹿茸出口总量为79.14吨，相比2012年的70.34吨，增加了12.51%，出口市场仍然以韩国为主，出口的79.14吨鹿茸中，韩国54.33吨，占总量的68.64%，其次是香港市场19.53吨，第三是日本市场2.93吨，第四是美国市场2.36吨，详见表1。

表1 2013年中国鹿茸出口市场一览表

Table 1 summarytable of export market of Chinese velvet in 2013

商品名称	国别代码	国家及地区	出口量（千克）	出口额（美元）	出口单价（美元/千克）
	133	韩国	54 325	6 615 668	121.78
05079020 鹿茸及其粉末	110	香港	19 529	1 405 831	71.99
	116	日本	2 930	667 669	227.87
	502	美国	2 356	146 548	62.20
合计			79 140	8 835 716	111.65

数据来源：中华人民共和国海关总署

从上表可以看出，韩国是我国鹿茸的主要出口市场，主要原因是韩国作为鹿茸的传统消费市场，在摆脱金融危机后，经济回暖，市场向好。鹿茸出口到香港地区的量也很大，但价格相对较低，平均价格只有71美元/千克，主要是鹿茸出口到香港后会经过再加工，之后再出口到其他国家，所以其需求量较大。出口到日本的鹿茸产品价格最高，达到227.87美元/千克左右，这与日本需求高档次或深加工鹿茸产品有关。

表2 2013年中国鹿茸出口省区

Table 2 summarytable of export zoneof Chinese velvet in 2013

商品名称	地区代码	地区	出口量（千克）	出口额（美元）
	21	辽宁省	76 350	8 206 647
05079020 鹿茸及其粉末	23	黑龙江省	1 390	330 493
	33	浙江省	1 100	256 577
	22	吉林省	300	42 000
合计			79 140	8 835 716

数据来源：中华人民共和国海关总署

从表2可以看出，我国鹿茸出口第一大省是辽宁省，鹿茸出口量占出口总量的96.47%，而做为我国养鹿第一大省的吉林省[1]，鹿茸出口量仅仅为300千克，几乎可以忽略不计，主要原因是吉林省出口贸易不发达，没有出口港口，大量鹿茸产品通过大连港出口到韩国，从而使辽宁省成为鹿茸出口第一大省，凭借大连港的进出口优势，大连保税区成为东北地区鹿茸产品进出口集散地。

2.2　中国鹿茸进口现状

作为传统的鹿茸消费市场，2013 年，中国鹿茸进口总量为 440.22 吨，相比 2012 年的 433.42 吨，增长了 1.57%，市场相对平稳，进口的国家来自新西兰和澳大利亚，其中 440.22 吨鹿茸中来自新西兰的有 313.18 吨，占总量的 71.14%，详见表 3。440.22 吨仅指通过正规海关渠道进口的量，除此以外还有大量通过非正规渠道进入中国的驯鹿茸，驯鹿茸主要来自俄罗斯和北美等地，具体数量难以统计。

表 3　2013 年中国鹿茸进口市场

Table 3　summarytable of import market of Chinese velvet in 2013

商品名称	地区代码	地区	进口量 （千克）	进口额 （美元）
05079020 鹿茸及其粉末	609	新西兰	313 176	4 304 257
	601	澳大利亚	127 048	1 891 851
合计			440 224	6 196 108

数据来源：中华人民共和国海关总署

3　国际鹿茸贸易竞争分析

目前，主要鹿茸生产国在鹿茸消费市场展开激烈的竞争，鹿茸的消费市场主要集中在亚洲东部国家及地区，最活跃的是韩国和中国，韩国人口不足 5 000 万，年消耗成品鹿茸 200 吨左右，与中国耗茸量相当。所以韩国和中国市场成为鹿茸出口国的主要竞争市场。

除中国外，世界上主要的鹿茸出口国还有新西兰、加拿大和俄罗斯，其中新西兰鹿茸对我国鹿茸产业冲击最大，新西兰年产鲜茸量达到 400 吨，几乎全部出口，成为世界鹿茸出口第一大国。新西兰鹿茸产业的发展，由具有政府背景的鹿产品管理局（DINZ）统一领导，该机构制度完善，经验丰富，每五年制定一次鹿茸产业发展规划，全面负责新西兰鹿业的发展。

3.1　韩国市场上的竞争

亚洲金融危机之前，中国鹿茸在国际鹿茸贸易中处于主导地位，尤其在韩国鹿茸市场，韩国消费者只认可西茸（中国新疆和苏联鹿茸），使得我国鹿茸在韩国市场上占有绝对的市场份额。新西兰鹿茸出口韩国最早可追溯到 1988 年（10 吨），但因新西兰鹿茸枝头小，市场上长期不被看好，1995 年售价不及我国鹿茸价 2/3，1999 年国际鹿茸市场复苏以后，我国鹿茸由从前的强项开始滑坡，与此同时，新西兰鹿茸凭借恰当的发展战略，以高质量、品牌化、品位化，赢得了买方市场的青睐，逐渐抢占韩国市场份额，2006 年新西兰鹿茸出口韩国达到历史最高点的近 255 吨，之后随着金融危机的影响导致韩国市场出口量逐年下降，与此同时，新西兰鹿茸发展战略开始转向开拓新市场，但目前，新西兰仍是韩国最大的鹿茸进口国，最新数据显示，2013 年新西兰出口韩国鹿茸 78.75 吨，超过中国 54.33 吨。

3.2　中国市场上的竞争

新西兰鹿茸出口中国始于 2000 年，当年出口中国鹿茸 3.48 吨，其后稳步增加，同时制定了详细的中国市场开发战略（新西兰鹿茸产业发展战略2005—2010中提出，新西兰鹿茸产业发展战略2009—2014中完善[2]），2008年，新西兰出口中国鹿茸量超过韩国（图），中国成为新西兰鹿茸最大出口市场，也证明了新西兰实施的中国鹿茸市场开发战略的巨大成功，同时也表明国内鹿茸市场正不断被蚕食。

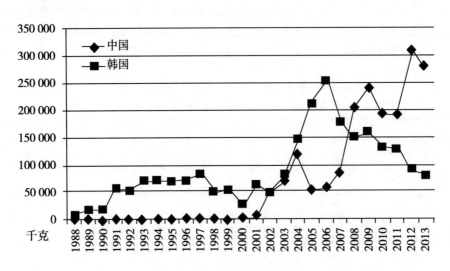

数据来源：新西兰国家统计局

图 新西兰鹿茸出口中韩走势

Fig Trend of velvet of New Zealand export to china and Korea

从销售量的角度看，新西兰鹿茸已占据62.42%国内市场，虽然国产鹿茸在销售价格上仍高于新西兰鹿茸（表4），但随着新西兰鹿茸战略的推进，随着品牌宣传力度的加大，随着资金的炒作，以及丰富的先量后价的经验，新西兰鹿茸仍有一定的升值空间，我国鹿茸产业应吸取在韩国市场失败的教训，不断强大自己，守住国内鹿茸市场。

表4 2012年国内鹿茸销售情况

Table 4 Situation of domestic sales of velvetin 2012

药材名称	商品规格	市场均价（元/千克）	市场进货量（吨）	销售数量（吨）	销售额（万元）	市场存量（吨）
鹿茸	新西兰鹿	2 440.0	651.4	555.0	110 185.9	96.5
	梅花鹿	6 148.0	264.0	234.2	195 438.3	29.8
	马鹿	1 991.1	115.9	99.9	23 105.7	18.3
			1 031.3	889.1	328 729.9	144.6

数据来源：商务部市场秩序司

表中新西兰鹿茸市场进货量651.4吨（超过中国进口量和新西兰鹿茸产量），初步分析该数字包括了其他国家的鹿茸和走私茸。

4 中国鹿茸产业前景分析

中国鹿茸产业的发展前景可谓是挑战与机遇并存，最大的挑战来自于新西兰，自2008年中国和新西兰签订自由贸易协定以来，作为单向鹿茸出口国的新西兰，利用协定税率（低于最惠国税率）的优势，不断增加对华的鹿茸出口量，目前中国已成为新西兰最大的鹿茸出口市场，同时，自由贸易协定中中方承兑货物贸易关税过渡期为 11 年，即在 2019 年 1 月 1 日取消绝大部分自新进口产品关税，而鹿产品关税在 2012 年已完全取消，中国鹿茸产业受到了进一步冲击，而且这种冲击仍在继续。

同时，国内市场开发潜力巨大，随着人们生活水平的提高，国人对养生越来越重视，鹿茸作为传统的保健材料，如若能够进行合理的功能定位和产品开发，将能够很好地吸引消费者，这也就要求我国鹿茸产业应不断强大自己，积极培育和开发国内市场，做好充分的竞争准备。

另一方面，中国鹿茸在海外市场扩张方面也面临一些重要机遇，2013 年 3 月中日韩自由贸易区首轮谈判正式开启。日本和韩国都是传统的鹿茸消费市场，所以，中日韩自由贸易协定的签署将大幅降低中国鹿茸出口日韩两国的成本。如何抢抓机遇，顺势而上，让中国鹿茸产品在国际市场抢占更大的市场份额，需要系统性整体推进。

参考文献

［1］郑策，全颖，等. 吉林省养鹿业发展历程及现状分析［J］. 中国畜牧杂志，2013，49（10）：10 - 14.

［2］郑策，刘彦，等. 新西兰鹿茸产业当今形势及 2009—2014 年发展战略—1［J］. 特种经济动植物，2011（7）：5 - 7.

中图分类号：S - 058　文献标识码：A

此文发表于《特产研究》2015 年第 1 期

台湾梅花鹿仔鹿人工饲养技术研究[*]

张玉稳[1]** 王建松[1] 侯志军[2]

（1. 威海刘公岛国家森林公园管理处，威海 264200；

2. 东北林业大学野生动物资源学院，哈尔滨 150040）

摘 要：弃养幼仔救护是野生动物救护工作的主要内容，然而一套合理有效的饲养方案是救护动物的关键。本研究根据台湾梅花鹿初乳和后期乳汁的营养成分，结合各种奶粉品类，人工合成台湾梅花鹿仔鹿不同时期的代用奶；并根据梅花鹿仔鹿日龄和体重调整喂奶次数和喂奶量；72 日龄时断奶，并人工调整饲料成分；根据需要在不同时期选择合适的饲养方案，初步开展动物驯化等技术。通过体重、身高等体征和血液分析监视其发育和营养状况。结果表明梅花鹿仔鹿身体各性状在人工喂养下发育良好，该喂养方法合理有效。本研究旨在为梅花鹿的人工喂养提供参考，为台湾梅花鹿在大陆的人工繁育提供技术支持。

关键词：台湾梅花鹿；初乳；奶粉；人工喂养

Artificial breeding technology research of young Formosan sika seer

Zhang Yuwen[1], Wang Jiansong[1], Hou zhijun[2]

（Departtment of Liugong Island National Forest Park Management，Weihai 264200，

China；Northeast Forestry University，Harbin 150040，china）

Abstract：Abandoned pups rescue work is main content of wildlife rescue，however a reasonable and effective feeding program is the key to rescue animals. According to colostrum and normal milk of Formosan sika deer，combined with the various milk powder，synthetic Formosan sika deer cubsubstitution milk at different stages of time；adjustment feeding frequency and volume baste on sika deer ages and weight. sika deer weaned at 72 – day – old，and manually adjust the feed composition. Through weight，height and other body feature and blood test to monitor their nutritional status. The results show that the sika deer cub traits of the body is well developed in the artificial feeding，so this feeding program is reasonable and correct. This study aims to provide a reference for the artificial feeding of sika deer，and provide technical support for the artificial breeding of Formosan sika deer on the mainland.

* 收稿日期：2012 年 6 月 11 日

基金项目：国家林业局珍稀濒危物种野外救护与繁育项目

** 作者简介：张玉稳，27，男，助理工程师，主要从事野生动物保护和繁育研究工作，Tel：15069408607，E – mail：zyw19860922@126. com

Key word：Formosan sika deer；colostrum；milk powder；artificial breeding

台湾梅花鹿（学名：*Cervus nippon taiouanus*，英文名：Formosan sika deer）在分类学上属偶蹄目鹿科鹿属梅花鹿亚属台湾亚种，也是仅存台湾地区的亚种，属世界濒危物种[1]。台湾梅花鹿于 1969 年在野外灭绝，于 1984 年开始实施梅花鹿复育计划，后经准备期、放养期、野放期 3 个准备阶段，于 1994 年开始野放[2]。目前野生台湾梅花鹿数量在 1 000 只左右[2]。台湾梅花鹿在遗传基因上具有其特异性，与世界其他不同亚种遗传距离较远，其中与台湾梅花鹿亲缘关系最接近的是四川梅花鹿亚种，而与日本各亚种之间遗传差异性较高[1]。

野生动物人工饲养是珍稀动物保护中重要的工作，当受伤的或者是遭到弃养的幼仔受到救护后，往往需要人工的喂养才能成活[3,4]。尽管梅花鹿人工饲养技术开展较早，但是梅花鹿幼仔人工喂养技术开展较晚，现有的喂养技术也参差不齐[5,6,7]。台湾梅花鹿是珍稀保育类物种，由于受到栖息、遗传等原因，数量极为稀少，开展梅花鹿幼仔人工喂养技术对台湾梅花鹿的保护具有重要意义。本文根据台湾梅花鹿不同时期乳汁营养成分配制人工代用奶，制定人工喂养方案，通过梅花鹿仔鹿血液成分跟踪其营养状况，建立人工喂养技术评判标准，为台湾梅花鹿的繁育提供技术支持。

1 材料与方法

1.1 材料

1.1.1 试验动物

一只被母鹿遗弃的幼仔，初生体重 3.22kg。

1.1.2 试验用具

奶瓶、毛巾、天平、温度计、奶瓶消毒器、电磁炉、空调、监控器、显微镜、血液分析仪、采血管、软尺等。

1.1.3 药品

蒙脱石散、口服补液盐、葡萄糖氯化钠注射液、乳酸钠林格氏液、葡萄糖酸钙口服溶液、免疫乳浆蛋白浓缩物、宝矿兔 Bio - Lapis、多维元素片、食物添加用 $CaCO_3$ 等。

1.1.4 代用奶

三多奶蛋白 - S、全脂奶粉、纽西兰犊牛用人工乳，各代用奶营养成分见表1。

表 1 每 100 克代用奶营养成分（g）

奶粉名称	三多奶蛋白 - S	特级全脂奶粉	犊牛用代用奶
蛋白质	88.5	25	26
脂肪	1.6	27.4	20
碳水化合物	0.5	38.3	43
其他	9.4	9.3	11

1.2 方法

1.2.1 饲养环境

饲养场所约 23m²，中间用木板围成 1.5×1.5×0.8 大小的活动空间，地面用稻草铺设，并每周更换。室外活动空间约 500m² 草丛，选择晴朗天气，中午外放，下午喂奶时带回内舍。

1.2.2 喂养要求

梅花鹿幼仔每天饲养奶量应在其体重的 10%～15% 之间，奶粉中干物质的含量应该维持在 20% 左右；前两周喂奶应每隔 2～3 小时一次，晚间可以适当延长喂奶时间；梅花鹿幼仔 20 日龄前每隔 6 小时进行人工刺激肛门排便等。

1.2.3 具体喂养方法

根据梅花鹿幼仔的体重和日龄适当调整喂养方法（表 2）。25 日龄之前完全用代用奶喂养；25 日龄到 50 日龄之间以代用奶为主，粗饲料和精饲料（配方见表 3）为辅；51 日龄到 72 日龄是断奶期，随着代用奶的减少，粗饲料和精饲料适当增加；73 日龄之后完全用粗饲料和精饲料喂养；11～90 日龄精饲料投喂标准见表 2。其中 1～3 日龄和 3 日龄以后每 100ml 代用奶配方及添加剂用量见表 4。

表 2 台湾梅花鹿幼仔不同日龄喂养方法

日龄	哺乳次数	每次哺乳量（ml）	日哺乳量（ml）	精饲料投喂次数	每次投喂量（g）	日投喂量（g）
1～3	6	30～50	180～300	/	/	/
4～10	5	100～150	335～610	/	/	/
11～28	4	120～220	480～880	1	5～20	5～20
29～51	3	280～350	750～1 050	2	10～25	20～50
52～66	2～3	140～320	280～960	2	20～100	40～200
67～72	1	40～240	40～240	3	70～120	210～360
73～90	/	/	/	3	140	420

表 3 台湾梅花鹿幼仔 90 日龄后精饲料配方

名称	玉米粉	豆粕	麦麸	酵母粉	钙粉	复合微量元素	食盐
百分比	45%	35%	15%	2%	1%	1%	1%

表 4 不同时期 100ml 代用奶具体配方及其添加剂用量

日龄	犊牛代用奶（g）	三多奶蛋白（g）	全脂奶粉（g）	添加剂
1～3 日龄	2	9.8	8	食用 CaCO₃ 1g/日；多维元素片 0.5 片/日；葡萄糖酸钙口服液 5ml/日；Bio-Lapis 1g/日连喂五天，隔 7 天再次投喂
3 日龄后	3	7.8	8	

1.2.4 血液分析

物理保定采集梅花鹿幼仔静脉血液，并进行临床血清生化分析和血液常规检查。

1.2.5 人工驯化

幼龄时期梅花鹿的可塑性高，是训练的最佳时期。动物训练的标准是口令－食物，即当动物听到口令后，然后给予食物奖励，不听口令，不予奖励。训练的主要目的是近距离的观察和触摸诊断动物的健康状况，从而为以后的医疗工作提供方便。动物训练坚决不能采取体罚的惩罚方式，以免形成记忆，给以后额饲养管理带来不必要的麻烦。

2 结果

2.1 代用奶与母乳营养成分比对结果

按梅花鹿母乳中脂肪、蛋白质和乳糖的含量，人工调制代用奶。通过表5可以看出，人工调制的代用奶中蛋白质和乳糖基本能够满足梅花鹿幼仔的需要，但是脂肪的比例和母乳中差别较大；普通鲜牛奶中三大营养物质中除乳糖基本能够满足需求外其他两种都不能满足营养的需要；通过此表可以看出人工待用乳较普通鲜牛奶营养价值高。

表5 母乳、代用奶和新鲜牛奶中三大营养物质比对结果

营养成分（%）	母乳三日内	母乳三日后	代用奶三日内	代用奶三日后	普通鲜牛奶
脂肪	12.19 ± 1.07%	12.61 ± 0.91%	2.75%	2.94%	3.0% ~ 5.0%
蛋白质	11.20 ± 1.02%	6.35 ± 0.28%	11.2%	9.78%	3.3% ~ 3.5%
乳糖	3.36 ± 0.18%	4.86 ± 0.20%	3.97%	4.43%	4.6% ~ 4.8%

2.2 喂奶量和体重随时间的变化结果

由图1可以看出：梅花鹿幼仔从第三天适应人工代用奶之后，随着喂奶量的增加体重持续增长；断奶期喂奶量逐渐减少，由于精饲料（精饲料增加情况见：表1）的及时补充，体重没有出现明显波动，仍呈现上升趋势；断奶后期没有饲喂人工代用奶，由于精饲料的合理搭配，体重增长趋势没有发生明显波动，但日增重量放缓。

台湾梅花鹿幼仔出生体重在（3.3 ± 0.3）kg之间，30日龄时体重一般达到出生时的两倍，72日龄断奶时体重维持在12kg左右。台湾梅花鹿幼仔日平均增重约0.1kg，体重增加过速或过缓都不利于其身体健康。

2.3 身体发育变化结果

从表6可以看出梅花鹿幼仔身体特征身高、体长、胸围、腹围和体斜长，符合健康动物发育的标准。

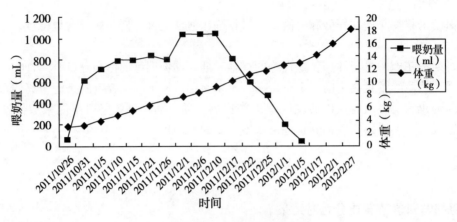

图 1　喂奶量和体重随时间的变化结果

表 6　台湾梅花鹿幼仔身体发育指标

测量时间	身高（cm）	体长（cm）	胸围（cm）	腹围（cm）	体斜长（cm）
2011/10/26	40	56	33	33.5	45
2011/11/10	42	64	39	40	47
2011/11/26	46	82	47	50	55
2012/12/17	48	86	50	54	60
2012/1/17	53	90	53	56	63
2012/2/20	56	93	56	59	66

2.4　血液分析结果

血细胞分析和血清生化分析结果，各项数据均在正常范围内，说明梅花鹿幼仔身体发育状况良好。见表7。

表 7　血液分析结果

测试项目	单位	平均值	最低值	最高值	2011/12/24 血样	2011/12/25 血样	2012/4/16 血样
白细胞（WBC）	109/L	4.286	1.7	8.69	5.63	5.69	/
红细胞（RBC）	1012/L	9.99	4.9	15.7	6.64	5.99	7.32
血红蛋白（HGB）	g/L	143	53	207	130	151	158
红细胞压（HCT）	L/L	0.39	0.2	0.6	0.273	0.246	0.294
红细胞平均体积（MCV）	fL	41.2	24.2	89.8	41.1	41.1	40.2
平均血红蛋白量（MCH）	pg/cell	14	4.8	29	19.6	25.2	21.6
平均血红蛋白浓度（MCHC）	g/L	346	161	423	476	614	537
血小板（PLT）	1012/L	0.345	0.18	0.737	0.6	0.396	0.256

（续表）

测试项目	单位	平均值	最低值	最高值	2011/12/24血样	2011/12/25血样	2012/4/16血样
总胆红素（TBIL）	μMol/L	12	2	63	2.7	2.5	2.5
直接胆红（DBIL）	μMol/L	5	0	14	1.3	1.2	0.7
间接胆红（IDBIL）	μMol/L	9	2	50	1.4	1.3	1.8
碱性磷酸（ALP）	U/L	354	3	3 220	1715	1 223	1 155
谷丙氨酸转氨酶（ALT）	U/L	42	11	125	79	153	94
谷草酰胺转氨酶（AST）	U/L	70	30	198	116	168	130
γ-谷氨酰转移酶（GGT）	U/L	61	18	285	14	13	15
总蛋白（TP）	g/L	70	48	88	48.1	53.5	59.6
球蛋白（GLO）	g/L	35	17	57	19.9	21.7	29.1
白蛋白（ALB）	g/L	35	16	62	28.2	31.8	30.5

2.5　人工驯化结果

仔鹿在1月龄时就建立了稳固的条件反射，能够辨知饲养员的声音，当饲养员饲喂时会定点守候，并随人奔跑；2月龄时就能够按照工作人员口令完成，上地磅称量体重、身体触摸检查、听诊等操作。

3　讨论

3.1　喂养方式和方法

台湾梅花鹿幼仔人工抚育技术尽管开展的较早，但是没有形成统一的喂养方法和技术，所以开展梅花鹿幼仔人工繁育技术，寻找探索更加合理、有效、健康的喂养方式和方法显得十分必要，该技术对台湾梅花鹿繁育、迁地保护、扩大种群也具有重要的现实意义。

已有的文献中人工喂养用代用奶主要是鲜牛奶和鲜羊奶[8]，但普通鲜牛（羊）奶的营养成分与梅花鹿乳存在差异，不能完全满足梅花鹿幼仔的营养需要。按梅花鹿母乳营养成分调制代用奶，效果更好，且用奶粉做代用奶更安全、方便。

3.2　生长过程和健康判断

在人工喂养的条件下梅花鹿幼仔身体状况是否健康，一直没有合理的评判标准。本文通过体重、身体体征和血液分析相结合的方法，提出了一套合理的检验标准。通过血液中的微量成分来判断动物的营养状况，结果更直观、更科学、更具有说服力，是最终的判断标准。通过不定期的检查血液中红细胞数量，钙离子含量，白蛋白的高低等，能够直观判断动物营养状况。

综上所述，本研究科学的阐述了台湾梅花鹿幼仔人工喂养的方法，初步形成了人工喂养幼仔生长发育健康水平评判标准，探讨了台湾梅花鹿幼仔人工驯化的技术技巧，为台湾梅花鹿保育事业提供了技术参考。

参考文献

[1] Wilson, R. L. An Investigation into the Phylogeography of Sika Deer (Cervus nippon) using Microsatellite Markers [D]. UK: University of Edinburgh, 2000.

[2] 王颖, 颜士清. 台湾梅花鹿简介 [J]. 动物园杂志, 2008, 28 (1): 4 – 11.

[3] Charles E. Cook, Ying Wang, George Sensabaugh. A Mitochondrial Control Region and Cytochromeb Phylogeny of Sika Deer (Cervus nippon) and Report of Tandem Repeats in the Control Region [J]. Molecular Phylogenetics and Evolution, 1999, 12 (1): 47 – 56.

[4] 史洋, 田恒玖, 潘红 等. 北京市野生动物救护工作现状与研究 [J]. 四川动物, 2011, 30 (5): 815 – 817.

[5] 邓大军. 河南省野生动物救护现状与对策研究 [D]. 郑州: 河南农业大学, 2008.

[6] 梁凤锡, 秦荣前, 秦贵贤, 等. 仔鹿的人工哺乳 [J]. 畜牧与兽医, 1983, (1): 20.

[7] 潘庆杰, 刘焕奇, 徐德武, 等. 梅花鹿幼鹿人工培育技术的研究 [J]. 经济动物学报, 1999, 3 (4): 24 – 27.

[8] 李坤, 陈颀, 唐宝田. 麋鹿幼仔人工哺育及驯化 [J]. 经济动物学报, 2008, 12 (4): 197 – 199.

中国分类号: S864.5　文献标志码: A

此文发表于《野生动物》2013 年第 3 期

大兴安岭驯鹿（*Rangifer tarandus*）的春季生境选择*

葛小芳[1,2]　孟凡露[2**]　王　朋[2]　孟秀祥[1]

(1. 中国人民大学 环境学院，北京　100872；2. 中央民族大学
生命与环境科学学院，北京　100081)

摘　要：为确定分布于我国大兴安岭西北麓的濒危驯鹿（*Rangifer tarandus*）的春季生境选择特征，于 2012 和 2013 年的 3~4 月间，采用样线样方结合的生境调查方法，对内蒙根河驯鹿的春季偏好生境和对照生境进行了取样，并对样方的海拔和乔木郁闭度等 23 个生境变量进行了计测与分析。结果表明：与非利用样方（$n = 132$）相比，驯鹿春季偏好生境（$n = 79$）的海拔（957.27m ± 1.68m）、乔木郁闭度（32.84% ± 2.72%）、乔木密度（21.72 ± 1.52）、地表植被盖度（85.06% ± 1.03%）、树桩数（6.81 ± 0.45）和倒木数（5.73 ± 0.54）均显著较大（Mann – Whitney U test，$P < 0.05$），而灌木盖度（57.95% ± 2.79%）、枯草盖度（33.11% ± 2.79%）、乔木高度（9.58m ± 0.27m）和灌木均高（59.85 cm ± 2.69cm）显著较小（Mann-Whitney U test，$P < 0.05$），而且驯鹿春季趋向于选择西坡和南坡（77.21%）的坡度较缓（93.67%）、位于坡中下位（67.09%）的生境，并偏好选择针叶林（68.35%）中的隐蔽度好（82.28%）、避风状况良好（64.56%）、湿润（60.76%）、距水源较近（≤1 000 m，94.94%）及距人为干扰较远（≥1 000 m，87.34%）的生境（Chi-Square test，$P < 0.05$）。此外，驯鹿偏好生境的变量主成分分析结果表明，"坡位"、"乔木特征"（乔木胸径和乔木高度）、"食物多度"（灌木盖度、倒木数及树桩数）、"雪被特征"（雪深、雪盖度和郁闭度）、"干扰强度"（距人为干扰距离）、"植被类型"（坡向和植被类型）是影响驯鹿春季生境选择的重要因素，综合体现了驯鹿在春季对保温、食物和安全性的需求。

关键词：大兴安岭；驯鹿（*Rangifer tarandus*）；春季；生境选择；主成分分析

---

* 中国人民大学科学研究基金项目（中央高校基本科研业务费专项资金）（15XNLQ02）；中国人民大学"统筹支持一流大学和一流学科建设专项"项目；国家科技支撑计划（2013BAC09B02 – 6）

** 通讯作者 Corresponding author，E – mail：meng2014@ruc.edu.cn

Studies on the SpringHabitat Selection of Reindeer (*Rangifer tarandus*) in Great Xing'anling of China

Ge Xiaofang[1,2], Meng Fanlu[2], Wang Peng[2], Meng Xiuxiang[1]

(1. School of Environment and Natural Resources, Renmin University of China, Beijing 100872, China; 2. College of Life and Environmental Sciences, Minzu University of China, Beijing 100081, China)

Abstract: The reindeer (*Rangifer tarandus*) has been a wildlife resource used extensively by local people across its range for thousands of years. In China, the reindeer only occurs in the northeastern part of the Great Xing' anling area in Inner Mongolia. The Owenki people in this area have long exploited the reindeer for its hide, meat, velvet antler and milk, showing its economic importance. However, the reindeer has fallen into the critically endangered status, with only 800 or so left in its native range. There have been some publications addressing biological and ecological characteristics of the Chinese reindeer, but most of them have been anthropological and ethnological studies that are anecdotal. Therefore, no study on the habitat selection of reindeer has been conducted so far. To implement an *in situ* conservation program for increasing its population, it is critical to study the habitat selection of the reindeer in China. The purpose of this paper is to present quantitative surveying results of the reindeer's spring habitat selection in China, and to explore the key factors influencing its habitat utilization, thereby, implications for conservation measures to be implemented are discussed. In March and April of 2012 and 2013, habitat selection of the reindeer was surveyed in the Genhe area of northeastern China using line – transect surveys. A total of 23 habitat factors were measured and compared for 211 sample plots, in which 79 plots were designated as used – plots, and 132 as non – used plots. The results indicated that reindeer in Genhe area preferred to select spring habitats with higher altitude (957. 27 ± 1. 68m), arbor canopy (32. 84% ± 2. 72%), arbor density (21. 72 ± 1. 52 per 400m^2), ground – plant cover (85. 06% ± 1. 03%), stump quantity (6. 81 ± 0. 45) and fallen – wood quantity (5. 73 ± 0. 54), but with lower shrub canopy (57. 95% ± 2. 79%), withered – grass cover (33. 11% ± 2. 79%), arbor height (9. 58 ± 0. 27m) and shrub height (59. 85 ± 2. 69 cm), compared to the non – used habitat plots, . Moreover, the reindeer also selected habitats with intermediate to low slope positions (67. 09%) in south and west slopes (77. 21%) which were located mainly in conifer forests (68. 35%), and provided relatively good concealment (82. 28%), more protection from wind (64. 56%), relative proximity to water sources (<1 000m, 94. 94%), and longer distance from human disturbance (<1 000m, 87. 34%). The principal component analysis showed that "slope position", "tree characteristics" (tree height and arbor DBH), "food abundance" (shrub cover, fallen – wood number and stump number), "snow characteristics" (snow depth, snow cover and tree canopy), "disturbance intensity" (distance from human influence) and "vegetation type" (slope aspect and vegetation type) were most important in influencing the spring habitat selection of the reindeer. In summary, the results indicated the reindeer's habitat selection in the spring was a multidimensional process, through which the reindeer could adapt to local ecological conditions of temperature, food abundance, shelter, water supply and ground cover. Furthermore, the reindeer in China has not yet been domesticated, and it is necessary to introduce conservation methods for its protection since it is endangered.

Key words：the Great Xing'anling area；reindeer；spring；habitat selection；principal component analysis

生境选择作为动物对异质环境的适应方式之一，表现为动物对具备某些生态特征的生境斑块的偏好选择。动物生境选择涉及复杂的选择决策过程，包括发生在多层次、多水平、多尺度上的动态性生境适宜性判别，具有时空制约性[1]。深入了解动物偏好生境的季节性变化格局及群落结构是野生动物保护及生境管理的前提和基础[2~3]。

驯鹿（*Rangifer tarandus*）是资源性有蹄类动物，分布于欧洲、亚洲和北美洲的北极和亚北极区域的苔原、山地及泰加林林区[4~5]，共9个亚种，我国的驯鹿属西伯利亚森林驯鹿亚种（*R. t. valintinae*），仅分布于我国大兴安岭西北麓的内蒙根河区域，目前种群仅800头左右，已极度濒危，被列为我国的Ⅱ级重点保护野生动物[6~7]。

我国的驯鹿呈半野生状态（semi-domesticated），是我国鄂温克族的传统驯养和伴生动物，其分布区变动和种群消长与鄂温克族的迁移和发展息息相关，是泰加林林区特有"驯鹿–鄂温克"生态系统的关键构成。长期以来，关于我国驯鹿的研究散见于对鄂温克族驯鹿文化（reindeer culture）的民族学和人类学研究[8~10]。关于我国驯鹿的生态生物学研究极为稀少，仅见冯超和白学良[11]研究了驯鹿栖息地的苔藓物种多样性，钟立成和卢向东[6]综述了我国驯鹿的历史分布和迁移，Ma[12]综述了我国鄂温克族和驯鹿的关系等。

迄今缺乏对我国驯鹿生境的相关研究，深入了解其季节性偏好生境的群落结构是进行驯鹿生境和种群保护及管理的基础。本文通过对我国大兴安岭分布的驯鹿春季生境选择的研究，确定其偏好生境的生态特征，以期为我国的濒危驯鹿种群及栖息地的保护管理提供参考。

1　研究区域概况

本研究于内蒙古自治区呼伦贝尔盟根河市的敖鲁古雅地区进行。敖鲁古雅地处大兴安岭北段西麓（52°10′E，122°5′N），多为低山丘陵高原，海拔区间为700~1 100m，森林覆盖率达85%以上。该地区为寒温带湿润型森林气候，寒冷湿润，冬季漫长，春季干燥风大，夏季凉爽短促，秋季气温骤降，霜冻较早。年最高温30.8 ℃，最低温–48.8 ℃，年均温–6.5 ℃，年均降水量450mm。

2　研究方法

2.1　样方布设及生境变量定义

于2012年3月4日至4月10日及2013年3月15日至4月28日期间，于内蒙根河市的敖鲁古雅地区开展驯鹿生境取样。在驯鹿分布区随机确定样线起点并设置样线，样线间距大于1 000m。沿样线每隔100m，向左右垂直样线方向各前行50m，以最先发现驯鹿痕活动痕迹（粪便、足迹、卧迹、采食痕迹等)为中心,布设1个20m×20m的驯鹿利用生境大样方(以下简称大样方),单侧50m内最多布设1个利用样方,若未发现驯鹿利用痕迹,则仅在50m样线中点处设置一个20m×20m对照性非利用生境大样方。在上述大样方中心和四角位置各布设1个4m×4m小样方(以下简称小样方)。根据报道的驯鹿栖息地特征及其他有蹄类动物生境选择研究的生态因子设立[1,13-14],确定描述驯鹿春季生境的23个变量,其定义及测定方法如下:

海拔(Altitude,m):样方内驯鹿新鲜活动痕迹中心所处地的海拔高度;

乔木郁闭度(Arbor canopy,%):样方内4个方向的植被上层林冠投影比例的平均值;

乔木胸径(Arbor DBH,cm):样方4个方向距中心点最近乔木的胸径(DBH,约1.3m高处的直径,下同)平均值;

乔木高度(Arbor height,m):样方4个方向上距中心点最近乔木(针叶树,DBH>10cm)高度的平均值;

乔木密度(Arbor density):样方内乔木(DBH≥10cm)数量;

灌木盖度(Shrub cover,%):样方内5个小样方的灌木盖度的平均值;

灌木均高(Shrub height,cm):样方内5个小样方的灌丛高度平均值;

地表植被盖度(Ground-plant cover,%):样方内地表植被占样方面积的比率;

苔藓及地衣盖度(Muscus-lichen cover,%):样方内5个小样方的苔藓及地衣盖度的平均值;

树桩数(Number of stump):样方内树桩(基径大于15cm)数量;

雪深(Snow depth,cm):样方内5个小样方的雪深平均值;

雪盖度(Snow cover,%):样方内积雪面积的百分比平均值;

倒木数(Number of fallen-wood):样方内倒木(基部和稍部直径平均值大于15cm)数量;

枯草盖度(Withered-grass cover,%):样方内枯萎植被占样方面积的比率;

坡向(Slope aspect):样方的坡向,分为:1,东坡(45°~135°);2,南坡(135°~225°);3,西坡(225°~315°);4,北坡(315°~45°);

坡度(Slope gradient):样方的坡度,分为:1,平坡(≤30°);2,缓坡(30°~60°);3,陡坡(≥60°);

坡位(Slope position):样方所处地的坡位,分为:1,坡下位(含山谷);2,坡中位(含山腰);3,坡上位(含山脊);

植被类型(Vegetation type):样方植被类型,分为:1,针叶林(conifer forest,CF);2,针阔混交林(conifer and broadleaf mixed forest,CBM);3,灌丛(shrub,S);4,草甸(grassland,G);

隐蔽度(Concealment):在1.6m高处(驯鹿直立时头眼位置的大致高度),样方4个方向可视距离的平均值,分为:1,良(≤10m);2,中(10~20m);3,差(≥20m);

避风状况(Lee condition):样方受风侵扰程度,分为:1,优;2,良;3,中;4,差;

土壤湿润度(Soil moisture):样方中心点土壤的湿润度,分为:1,极湿(手握可出水);2,湿润(手握可成团);3,较湿润(手握可成团,松手即散);4,干燥(手握不可成团);

距最近水源距离(Water dispersion):样方到水源(泉水及河溪等水体,不含积雪)的直线距离,分为:1,近(≤500m);2,中等(500~1 000m);3,远(≥1 000m);

距人为干扰距离(Anthropogenic dispersion):样方到人为干扰(如旅游活动、交通、农耕、采集及放牧等)的直线距离,分为:1,近(≤500m);2,中等(500~1 000m);3,远(≥1 000m);

2.2 数据处理

整理生境数据。采用 Mann-Whitney U Test 方法检测驯鹿利用样方与非利用样方间的海拔等连续性变量的差异，采用 Chi-Square Test 比较两种样方间的坡向等离散型变量的差异。对驯鹿春季利用样方生境变量数据进行主成分分析（Principal Components Analysis，PCA），计算样本相关矩阵及特征根和特征向量，据此确定各主成分、贡献率及关键构成生境变量。

3 结果与分析

3.1 驯鹿春季利用生境和非利用生境的比较

如表 1 所示，与非利用样方相比，驯鹿春季利用样方的海拔、乔木郁闭度、乔木密度、地表植被盖度、树桩个数和样方内倒木数均较大（$P < 0.01$），而利用样方的灌木盖度和枯草盖度较小（$P < 0.01$），乔木高度和灌木均高也显著小于非利用样方（$P < 0.05$）。

利用样方与非利用样方的离散变量的比较如表 2 所示。驯鹿春季对西坡和南坡的选择较多（77.21%），并倾向于选择平坡（37.97%）和缓坡（55.7%）的坡中下位（67.09%）生境，但与非利用样方的差异未达显著水平（$P > 0.05$）。利用样方与非利用样方在植被类型、隐蔽度、避风状况、土壤湿润度、距人为干扰距离变量上存在极显著差异（$P < 0.01$），驯鹿春季多选择植被类型为针叶林（68.35%）、隐蔽度好（82.28%）、避风状况良好（64.56%）、湿润（60.76%0、距水源较近（≤1 000 m，94.94%）及距人为干扰较远（≥1 000 m，87.34%）的生境。

表 1　驯鹿春季利用生境和非利用生境连续型变量的比较

Table 1　Continuous variables in spring used and random habitat plots of reindeer

变量 Variables	利用样方（$n = 79$） Used plots	非利用样方（$n = 132$） Random plots	P
海拔 Altitude（m）	957.27 ± 1.68	950.98 ± 1.14	0.004 **
乔木郁闭度 Arbor canopy（%）	32.84 ± 2.72	14.08 ± 1.57	0.000 **
乔木高度 Arbor height（m）	9.58 ± 0.27	10.16 ± 0.43	0.040 *
乔木胸径 Arbor DBH（cm）	41.93 ± 1.24	42.75 ± 1.63	0.238
乔木密度 Arbor density	21.72 ± 1.52	7.28 ± 0.51	0.000 **
灌木盖度 Shrub cover（%）	57.95 ± 2.79	69.28 ± 1.85	0.001 **
灌木均高 Shrub height（cm）	59.85 ± 2.69	71.41 ± 2.88	0.013 *
地表植被盖度 Ground-plant cover（%）	85.06 ± 1.03	90.58 ± 5.6	0.000 **
苔藓及地衣盖度 Muscus – lichen cover（%）	61.07 ± 2.27	57.75 ± 1.64	0.144
树桩数 Number of stump	6.81 ± 0.45	2.77 ± 0.30	0.000 **
雪深 Snow depth（cm）	0.82 ± 0.14	0.99 ± 0.21	0.348
雪盖度 Snow cover（%）	18.53 ± 3.22	17.62 ± 1.89	0.332
倒木数 Number of fallen – wood	5.73 ± 0.54	2.83 ± 0.24	0.000 **
枯草盖度 Withered – grass cover（%）	33.11 ± 2.79	45.71 ± 2.58	0.002 **

注：数据为平均值 ± 标准误；* 差异显著（$P < 0.05$）；** 差异极显著（$P < 0.01$）

表2 驯鹿春季利用生境与非利用生境的离散型变量比较

Table 2　Discrete variables in spring used and random habitat plots of reindeer

变量 Variables	类目 Item	频次 Frequency		比例 Percentage（%）		χ2 检验
		非利用样方 （n=132） Random plots	利用样方 （n=79） Used plots	非利用样方 （n=132） Random plots	利用样方 （n=79） Used plots	
坡向 Slope aspect	东 East	23	9	17.42	11.39	$\chi^2=7.167$, df=3, P=0.067
	西 West	53	30	40.15	37.97	
	南 South	31	31	23.48	39.24	
	北 North	25	9	18.94	11.39	
坡度 Slope gradient	平坡（≤30°）、	51	30	38.64	37.97	$\chi^2=2.070$, df=2, P=0.355
	缓坡（30°~60°）	65	44	49.24	55.70	
	陡坡（≥60°）	16	5	12.12	6.33	
坡位 Slope position	上坡 Upper	44	26	33.33	32.91	$\chi^2=0.746$, df=2, P=0.689
	中坡 Middle	61	33	46.21	41.77	
	下坡 Lower	27	20	20.45	25.32	
植被类型 Vegetation type	针叶林 CF	11	54	8.33	68.35	$\chi^2=97.039$, df=3, P=0.000**
	针阔混交 CBMF	10	7	7.58	8.86	
	灌丛 S	53	18	40.15	22.78	
	草甸 G	58	0	43.94	0	
避风状况 Lee condition	优 Excellent	50	51	37.88	64.56	$\chi^2=28.80$, df=3, P=0.000**
	良 Good	0	7	0	8.86	
	中 Medium	42	5	31.82	6.33	
	差 Poor	40	16	30.30	20.25	
隐蔽度 Concealment	良 Good	58	65	43.94	82.28	$\chi^2=33.355$, df=2, P=0.000**
	中 Medium	37	12	28.03	15.19	
	差 Poor	37	2	28.03	2.53	
土壤湿润度 Soil moisture	极湿 Excellent	80	31	60.61	39.24	$\chi^2=9.049$, df=1, P=0.003**
	湿润 Good	52	48	39.39	60.76	
	较湿 Medium	0	0	0	0	
	干燥 Poor	0	0	0	0	
距最近水源距离 Water dispersion	远 ≥1 000m	1	4	0.76	5.06	$\chi^2=3.924$, df=2, P=0.141
	中 500~1 000m	23	13	17.56	16.46	
	近 ≤500m	107	62	81.68	78.48	

（续表）

变量 Variables	类目 Item	频次 Frequency		比例 Percentage（%）		χ2 检验
		非利用样方 （n = 132） Random plots	利用样方 （n = 79） Used plots	非利用样方 （n = 132） Random plots	利用样方 （n = 79） Used plots	
距人为干扰距离 Anthropogenic dispersion	远 ≥1 000m	23	69	17.42	87.34	χ2 = 25.532， df = 2， P = 0.000 **
	中 500 ~ 1 000m	38	8	28.79	10.13	
	近 ≤500m	71	?	53.79	2.53	

注：数据为平均值 ± 标准误；* 差异显著（P < 0.05）；** 差异极显著（P < 0.01）

3.2 驯鹿春季生境变量的主成分分析

对驯鹿春季利用样方的生境变量进行主成分分析（PCA）。如表3所示，前6个特征值的累计贡献率达64.39%，能较好地反映驯鹿春季选择生境的特征，因此选择前6个主成分进行分析。据各变量的载荷系数绝对值大小详细划分每一个主成分（表4）。

表3 驯鹿春季利用生境构成变量的特征值

Table 3 Eigenvalues of habitat variables forreindeer in spring

主成分 Principal component	特征值 Eigenvalues	贡献率（%） Percent of variances	累计贡献率（%） Cumulative percent of variances
1	3.88	16.87	16.87
2	3.13	13.62	30.49
3	2.53	10.99	41.48
4	2.27	9.89	51.37
5	1.68	7.29	58.66
6	1.32	5.74	64.39

表4 驯鹿春季利用生境构成变了的因子载荷系数转置矩阵

Table 4 Rotated component matrix on loading coefficients of habitat variables for reindeer in spring

变量 Variable	特征向量 Eigenvector					
	1	2	3	4	5	6
海拔 Altitude（m）	0.56	0.24	0.32	0.07	0.43	0.12
乔木郁闭度 Arbor canopy	0.44	-0.15	-0.28	0.60	0.13	-0.05
乔木胸径 Arbor DBH（cm）	0.03	0.71	-0.03	-0.31	0.301	0.11
乔木高度 Arbor height（m）	0.30	0.69	-0.11	-0.05	0.40	-0.10
乔木密度 Arbor density	0.4	-0.32	-0.30	0.39	0.21	-0.20
灌木盖度 Shrub canopy（%）	0.17	0.13	0.75	-0.20	-0.06	0.05
灌木均高 Shrub height（m）	-0.30	-0.23	0.46	0.16	0.10	0.32

（续表）

变量 Variable	特征向量 Eigenvector					
	1	2	3	4	5	6
地表植被盖度 Ground-plant cover（%）	0.22	0.27	0.58	0.23	−0.30	−0.35
苔藓及地衣盖度 Muscus-lichen cover（%）	0.41	0.46	0.20	0.09	−0.45	−0.21
雪深 Snow depth（cm）	−0.45	0.44	0.03	0.61	−0.02	0.23
雪盖度 Snow cover（%）	−0.34	0.55	−0.05	0.61	−0.01	0.08
树桩数 Stump quantity	0.41	0.03	−0.61	−0.11	−0.13	0.03
倒木数 Fallen wood quantity	0.19	0.35	−0.61	−0.01	0.04	0.01
枯草盖度 withered grass cover（%）	−0.65	−0.37	0.21	0.06	0.16	−0.17
坡向 Slope aspect	0.19	−0.05	−0.04	0.28	−0.41	0.67
坡度 Slope gradient	0.58	−0.01	0.01	0.16	−0.44	0.02
坡位 Slope position	−0.81	−0.20	−0.23	0.06	0.13	−0.05
植被类型 Vegetation type	0.19	0.10	0.07	−0.35	0.16	0.63
避风状况 Lee condition	−0.20	0.47	−0.28	−0.36	−0.06	−0.04
隐蔽度 Concealment	−0.25	0.49	0.19	−0.31	−0.20	−0.15
土壤湿润度 Soil moisture degree	0.47	−0.52	−0.01	−0.50	−0.03	0.02
距最近水源距离 Water dispersion	0.52	−0.26	0.17	0.15	0.08	0.01
距人为干扰距离 Anthropogenic dispersion	0.37	−0.01	0.34	0.21	0.61	−0.07

　　第一主成分特征值为3.88，对差异的贡献率达16.87%，其中坡位的载荷系数绝对值相对较高（0.81），反映了驯鹿春季生境坡位方面的特征，故将第一主成分定义为"坡位"。结合表2，驯鹿春季主要选择中下坡位的生境（67.09%）。

　　第二主成分特征值为3.13，贡献率达13.62%，乔木胸径及乔木高度的载荷系数绝对值较高（分别为0.71和0.70），反映了驯鹿春季生境的乔木特征，故将第二主成分定义为"乔木特征"。结合表1，驯鹿春季偏好选择具一定胸径（41.93cm±1.24cm）和乔木高度（9.58m±0.27m）的生境。

　　第三主成分特征值为2.53，贡献率为10.99%，其中载荷系数绝对值较大的变量是灌木盖度（0.75）、倒木数（−0.61）和树桩个数（0.61）。灌木及附生在树桩和倒木上的地衣苔藓是驯鹿的喜食食物，因此，该三个变量反映了驯鹿春季生境食物多度方面的特征，故将第三主成分定义为"食物多度"。结合表1，驯鹿趋于选择具一定灌木盖度（57.95%±2.79%）、倒木数（5.73±0.54）和树桩个数（6.81±0.45）的生境作为其春季生境。

　　第四主成分的特征值为2.27，贡献率为9.89%，其中载荷系数绝对值较大的变量是雪深（0.61）、雪盖度（0.61）和乔木郁闭度（0.60），反映的是驯鹿春季生境地表雪被方面的特征，将其定将其定义为"雪被特征"。结合表1，驯鹿春季趋于选择具一定地表雪深（0.82cm±

0.14cm)、雪盖度（18.53%±3.22%）和乔木郁闭度（32.84%±2.72%）的生境。

第五主成分的特征值为1.68，贡献率为7.29%，其中载荷系数绝对值较大的变量时距人为干扰距离（0.61），反映了其春季栖息地的认为干扰强度，故将第五主成分定义为"干扰强度"。结合表2，驯鹿春季趋于选择距人为干扰较远（≥1 000m，87.34%）的生境。

第六主成分的特征值为1.32，贡献率为5.74%，其中载荷系数绝对值较大的变量为坡向（0.67）和植被类型（0.63），反映了驯鹿春季生境植被类型方面的特征，将其定将其定义为"植被类型"。结合表2，驯鹿春季趋于选择位于西坡及南坡（77.21%）的针叶林（68.35%）生境。驯鹿春季生境各主成分的构成及命名如表5所示。

表5　驯鹿春季利用生境因子的主成分分类及命名

Table 5　The principal components of spring habitat factors in reindeer

主成分 Principle components	构成变量 Variables	变量值 values	因子命名 Definition	贡献率 Percent %
1	坡位	67.09%（坡中下位）	坡位	21.90
2	乔木胸径	41.93±1.24cm	乔木特征	17.04
	乔木高度	9.58±0.27m		
3	灌木盖度	57.95%±2.79%	食物多度	10.10
	倒木数	5.73±0.54		
	树桩个数	6.81±0.45		
4	雪深	0.82±0.14 cm	雪被特征	8.05
	雪盖度	18.53%±3.22%		
	乔木郁闭度	32.84%±2.72%		
5	距人为干扰距离	87.34%（≥1 000m）	干扰强度	7.53
6	坡向	西坡和南坡（77.21%）	植被类型	6.13
	植被类型	针叶林（63.35%）		

4　讨论

生境选择体现为动物对环境主动适应的综合对策，受诸多因素影响，动物的生物生态学特性、气候、生境特征、食物多度、隐蔽性、捕食和竞争压力等均可对其生境选择和利用格局产生效应[15]。我国的驯鹿虽与鄂温克族伴生，但终年并无食物的人为补给，而鄂温克族对驯鹿的驯养或放牧仅体现为拥有和远距离看护，驯鹿的迁移、生境选择和栖息地利用等均不受人为控制。因此，我国驯鹿的生境选择仍然是一个自然的生态过程，并必然与其存活和繁殖等生理功能密切相关。

在寒冷季节或寒冷地区，动物的保温需求是决定其偏好生境选择的重要因素[1,16]。本研究中的研究地点地处亚北极区域的大兴安岭西北麓，属典型寒温带湿润型森林气候，春季气温较低、多北风，积雪尚未融化消失。在该种气候环境下的野生动物，其生境的保温性和与之相关的避风性等是决定其生存和种群发展的关键。在本研究中，驯鹿春季多选择中下坡位（67.09%）的针叶林生境，并回避北坡生境，这是寒冷季节的保温策略。在多寒冷北风的亚北极环境，中下坡位生境的北风降温作用相对较低，郁闭度较大针叶林的避风和保温作用也较开阔生境要好，加之阳坡生境的日照和气温相对较高，驯鹿通过对上述生态因子的选择，实现了在寒冷春季的保温。也正因如此，"坡位"因子成为决定其春季生境选择的首要的主要因素（第一主成分），而变量"坡向"和"植被类型"也共同构成了决定因素之一，即第六主成分。在描述驯鹿春季生境选择的6个决定因素中，有两个与保温性有关，这反映了驯鹿在寒冷春季强烈的保温需求，也说明"保温性"是决定野生动物在寒冷季节生境选择的最重要因素。

食物也是决定野生动物生境选择的重要因素[16]。驯鹿食性较广，其食物多样性随环境、气候、季节和植被情况的不同而变化[17]。大兴安岭是我国历史上的重要森工基地，其采伐多属皆伐，伐后迹地正处于天然或人工植被恢复期，本研究中的大兴安岭西北麓即为典型的伐后次生针叶林区。森林采伐和植被去除会影响鹿类动物的觅食，从而对其生境选择产生效应[18]。如在伐后迹地环境，白尾鹿（*Odocoileus virginianus*）一般偏好选择郁闭度较高、胸径较大的乔木栖息地[19]。本研究的结果表明，驯鹿生境的乔木特征是其春季生境选择的重要因子（第二主成分，乔木特征），即驯鹿春季偏好生境的乔木郁闭度和密度等显著较高，可能与这种生境中的地衣苔藓及其他地表植物多度相对较大有关，这些是驯鹿冬春季的最喜食植物[11]。地处大兴安岭西北麓的驯鹿分布林区，初春时积雪尚未融化，驯鹿多以生境中地表及树干上的石蕊属地衣（*Cladonia* spp.）为食物，而在春季中晚期，植物开始萌芽，驯鹿即开始大量采食灌木状生长的柴桦（*Betula fruticosa*）及朝鲜柳（*Salix koreensis*）等灌丛植物的萌芽、新叶及嫩枝为食，也采食立金花（*Caltha palustris*）等地表植物[20]。因此，驯鹿春季生境中的灌木、地表植被及栖息地基底的特征就与其春季的摄食需求密切关联，从而影响驯鹿的春季生境选择。首先，虽驯鹿喜食灌木的细嫩枝叶，但因驯鹿属大型鹿类动物，而且雌雄头部均生有大角，郁闭度太大的乔灌木环境不利于其林中移动和穿行，因此本研究中的驯鹿春季偏好生境的灌木盖度（57.95% ± 2.79%）和灌木高度（59.85 cm ± 2.69 cm）均小于对照生境。此外，生境中的地衣苔藓类植物等驯鹿的喜食植物多附生于树桩和倒木，所以，驯鹿春季偏好生境的树桩数（6.81 ± 0.45）和倒木数（5.73 ± 0.54）相对较多。上述灌木盖度、树桩个数和倒木数描述了新路生境的食物多度，共同构成了决定其春季生境选择的第三个关键因子（食物多度）。在灌木盖度相对较小的生境，乔木郁闭度相对较大，由于其林冠层的阻挡作用，其生境中的春季初期的积雪相对较少，雪深和雪盖度即相对较小，除利于驯鹿的运动便捷外，驯鹿在冬春季多用蹄刨开积雪，摄食雪被下的地表植被，而较厚的雪深和较多的雪被将不利于驯鹿觅食及卧息[21]。因此，雪深、雪盖度和乔木郁闭度变量构成的"雪被特征"成为描述其春季偏好生境特征的第四个主成分，仍间接表征了驯鹿对食物多度的需求。

野生动物分布区内及周边的人为活动会对其生境选择产生效应[22~23]。在内蒙根河的驯鹿分布区，驯鹿与鄂温克族伴生，鄂温克族牧民散居于驯鹿分布区内，其人为活动及当地社区的传统生计方式（如放蜂、野菜采集、蓝莓采集等）较多。此外，地处驯鹿分布区的敖鲁古雅是国内外的驰名旅游景区，泰加林及"驯鹿－鄂温克"文化为其显著特色，区域内的道路交通、旅游设施和旅游活动较多。上述人为活动和旅游活动必然会对区域内的驯鹿等野生动物产生影响。本研究结果也表明，敖鲁古雅驯鹿通过其偏好生境的选择，远离人为影响，这说明驯鹿在生境选择中的安全性需求仍然较强，并未体现出驯化动物一般具备的"伴人性"。

综合上述，本研究表明，我国驯鹿的春季生境选择主要基于对其保温性和食物多度的需求发生，所以在春季极端气候（如大雪、大风及连续低温天气等）发生时，应加强对驯鹿种群的管护，尤其是针对老年鹿、弱鹿、孕鹿及新生仔鹿等特殊种群，可采用人为补饲等保育措施。此外，我国驯鹿的生境选择并未体现出"伴人性"，而是强烈回避源于社区和旅游的人为影响，说明我国驯鹿未被驯化，仍属于野生动物，国家目前将其定为Ⅱ级重点保护野生动物是有必要的，而且考虑到其极为狭窄的分布区（仅在敖鲁古雅地区）和极小的种群（800 头左右）[6~7]，有必要将其升级为Ⅰ级重点保护动物，以加强对我国驯鹿种群和生境的保护。

参考文献

［1］Mcng X X, Pan S X, Luan X F, Feng J C. Spring habitat selection by Alpine musk deer（Moschus sifanicus）in Xinglongshan National Nature Reserve, western China ［J］. Acta Ecologica Sinica, 2010, 30（20）：5 509 – 5 517.

［2］Buckley N J. Spatial – concentration effects and the importance of local enhancement in the evolution of colonial breeding in seabirds ［J］. American Naturalist, 1997, 149（6）：1 091 – 1 112.

［3］Jiang Z G. Principles ofanimal behavior and species protection method ［J］. Beijing：Science Press, 2004：254 – 279.

［4］Røed K H, Ferguson M A D, Crête M, Bergerud T A. Genetic variation in transferrin as a predictor for differentiation and evolution of caribou from eastern Canada ［J］. Rangifer, 1991, 11（2）：65 – 74.

［5］Sandström P, Pahlén T G, Edenius L, Tømmervik H, Hagner O, Hemberg L, Olsson H, Baer K, Stenlund T, Brandt L G, Egberth M. Conflict resolution by participatory management：remote sensing and GIS as tools for communicating land – use needs for reindeer herding in Northern Sweden ［J］. Ambio, 2003, 32（8）：557 – 567.

［6］Zhong L C, Lu X D. Distribution and status of reindeer/caribou in the world ［J］. Journal of Economic Animal, 2008, 12（1）：46 – 48.

［7］Yin R X, Wu J P, Wang J, Liu S W. The reindeer in China ［J］. Chinese Wildlife, 1999, 20（4）：34 – 34.

［8］Wang Y X. The reindeers and breeding of Ewenki people in the northeast China ［J］. Heilongjiang National Series, 1995,（4）：95 – 97.

［9］Tang G. The plight and countermeasures for Ewenki's reindeer breeding ［J］. Heilongjiang National Series, 2008,（6）：129 – 134.

［10］Qi H J. Ethnological investigation on the ecological immigration of reindeer Ewenki ［J］. Manchu Studies, 2006,（1）：98 – 105.

［11］Feng C, Bai X L. The bryophyte consumed by reindeers and species diversity of bryophyte in reindeer habitats ［J］. Acta Ecologica Sinica, 2011, 31（13）：3 830 – 3 838.

［12］Ma Y Q. The management and utilization of reindeer in China ［J］. Rangifer, 1986, 6（1）：345 – 346.

［13］Skarin A, DanellÖ, Bergström R, Moen J. Insect avoidance may override human disturbances in reindeer habitat selection ［J］. Rangifer, 2004, 24（2）：95 – 103.

［14］Zhao C N, Su Y, Liu Z S, Yao Z C, Zhang M M, Li Z G. Habitat selection of feral yak in winter and spring in the Helan Mountains ［J］. Acta Ecologica Sinica, 2012, 32（6）：1 762 – 1 772.

［15］ Chu H J, Jiang Z G, Jiang F, Ge Y, Tao Y S, Li B. Summer and winter bed – site selection by Goitred Gazelle (Gazella subgutturosa sairensis) ［J］. Zoological Research, 2009, 30 (3): 311 – 318.

［16］ Cransac N, Hewison A J M. Seasonal use and selection of habitat by mouflon (*Ovis gmelini*): comparison of the sexes ［J］. Behavioral Process, 1997, 41 (1): 57 – 67.

［17］ Heggberget T M, Gaare E, Ball J P. Reindeer (*Rangifer tarandus*) and climate change: importance of winter forage ［J］. Rangifer, 2002, 22 (1): 13 – 32.

［18］ Newton M, Cole E C, Lautenschalger R A, White D E, McCormack J M L. Browse availability after conifer release in Maine's spruce – fir forests ［J］. Journal of Wildlife Management, 1989, 53 (3): 643 – 649.

［19］ Hughes J W, Fahey T J. Availability, quality, and selection of browse by white – tailed deer after clearcutting ［J］. Forest Science, 1991, 37 (1): 261 – 270.

［20］ Sun Y H. Study on the management model of Rangifer tarandus ［J］. Journal of Minzu University of China: Natural Sciences Edition, 2013, 22 (2): 42 – 44.

［21］ Moen J. Climate change: effects on the ecological basis for reindeer husbandry in Sweden ［J］. A Journal of the Human Environment, 2008, 37 (4): 304 – 311.

［22］ Liu B W, Jiang Z G. Quantitative analysis of the habitat selection by *Procapra prezwalskii* ［J］. Acta Theriologica Sinica, 2002, 22 (1): 15 – 21.

［23］ Luo Z H, Liu B W, Liu S T. Spring habitat selection of Mongolian gazelle (*Procapra gutturosa*) around Dalai Lake, Inner – Mongolia ［J］. Acta Theriologica Sinica, 2008, 28 (4): 342 – 352.

［24］ 孟秀祥, 潘世秀, 栾晓峰, 冯金朝. 兴隆山自然保护区马麝春季生境选择 ［J］. 生态学报, 2010, 30 (20): 5 509 – 5 517.

［25］ 蒋志刚. 动物行为原理与物种保护方法 ［M］. 北京: 科学出版社, 2004: 254 – 279.

［26］ 钟立成, 卢向东. 世界驯鹿亚种分布与现状 ［J］. 经济动物学报, 2008, 12 (1): 46 – 48.

［27］ 印瑞学, 吴建平, 王君, 刘邵文. 中国驯鹿的现状 ［J］. 野生动物, 1999, 20 (4): 34.

［28］ 王永曦. 东北地区鄂温克人的驯鹿和饲养 ［J］. 黑龙江民族丛刊, 1995, (4): 95 – 97.

［29］ 唐戈. 鄂温克族驯鹿饲养业的困境与对策 ［J］. 黑龙江民族丛刊, 2008, (6): 129 – 134.

［30］ 祁惠君. 驯鹿鄂温克人生态移民的民族学考察 ［J］. 满语研究, 2006, (1): 98 – 105.

［31］ 冯超, 白学良. 驯鹿对苔藓植物的选择食用及其生境的物种多样性 ［J］. 生态学报, 2011, 31 (13): 3 830 – 3 838.

［32］ 赵宠南, 苏云, 刘振生, 姚志诚, 张明明, 李志刚. 贺兰山牦牛冬春季的生境选择 ［J］. 生态学报, 2012, 32 (6): 1 762 – 1 772.

［33］ 初红军, 蒋志刚, 蒋峰, 葛炎, 陶永善, 李斌. 鹅喉羚夏季和冬季卧息地选择 ［J］. 动物学研究, 2009, 30 (3): 311 – 318.

［34］ 孙亚红. 驯鹿发展管理模式探讨 ［J］. 中央民族大学学报: 自然科学版, 2013, 22 (2): 42 – 44.

［35］ 刘丙万, 蒋志刚. 普氏原羚生境选择的数量化分析 ［J］. 兽类学报, 2002, 22 (1):

15 – 21.

［36］罗振华，刘丙万，刘松涛. 内蒙古达赉湖地区蒙原羚的春季生境选择［J］. 兽类学报，
2008，28（4）：342 – 352.

此文发表于《生态学报》2015 年第 35 卷第 15 期

我国驯鹿养殖现状与发展策略的研究

杨镒峰[1] 陈秀敏[1] 赵伟刚[1] 古革军[2] 魏海军[1]

(1. 中国农业科学院特产研究所；2. 根河市敖鲁古雅乡畜牧兽医工作站)

摘 要： 以"人·鹿·自然—可持续发展"为主题的第五届国际驯鹿养殖者大会在敖鲁古雅鄂温克民族乡召开，与会者就全世界驯鹿驯养面临的机遇和挑战、民族文化的传承等问题展开了讨论。本文就我国驯鹿鄂温克人在驯鹿养殖和使鹿文化发展上所面临的问题进行分析研究，为今后的驯鹿养殖的发展提供参考。

关键词： 鄂温克 驯鹿养殖

Abstract： "People, deer, natural, sustainable development" as the theme of the 5th international conference on reindeer breeders in the Aoluguya Ewenke nationality township, participants is the domesticated reindeer is facing opportunities and challenges in the world, national culture inheritance and other issues discussed. Reindeer ewenki nationality people in China are presented in this paper on the reindeer breeding and deer culture development research and analyze the problems facing, providing theoretical basis for reindeer breeding in the future.

Key words： Ewenki; Reindeer Farming

驯鹿（*Rangifer tarandus*）是环北极动物，广泛分布于欧洲、亚洲和北美洲的北极、亚北极和北极生物区系的苔原、山地和林区，是北极和亚北极地区大型哺乳动物区系的典型代表[1~2]。驯鹿作为生态环境的参与者在很大的时空范围内影响着周围生态环境的结构和进程[3]。当前已知世界驯鹿分为 11 个亚种，现存 9 个亚种，其中 2 个亚种已灭绝[4]。我国大兴安岭林区的驯鹿是外来物种，17 世纪以前，生活在贝加尔湖东部勒拿河上游的鄂温克人为躲避战乱，带着驯鹿迁移至大兴安岭林区，因此从起源上来看我国驯鹿鄂温克人所饲养的驯鹿应属 *R. t. valintinae* 亚种。

驯鹿鄂温克人饲养驯鹿已有数百年的历史，驯鹿养殖业已经与鄂温克人生活和社会文化特征紧密地联系在一起，并为当地居民提供重要的经济来源。为了发展驯鹿鄂温克民族文化、保护驯鹿资源，政府先后对驯鹿鄂温克族实施三次生态移民，最后定居于根河市敖鲁古雅鄂温克民族乡[5]。移民后驯鹿被分配给八个猎民点进行饲养和管理，由于猎民点生活条件较差多数的年轻人不愿意从事养殖驯鹿的工作，驯鹿养殖业正面临饲养后继无人，驯鹿文化无人传承的窘境[8]。此外草场林地退化、气候变化、人类活动对栖息地环境的破坏[6~7]、捕杀偷猎、近交引起的种群退化、以及半野生粗放式散养的饲养模式严重制约了驯鹿养殖的发展，据统计目前驯鹿不足 800 头、濒临灭绝[8]。针对当前驯鹿养殖发展过程中存在的问题，结合作者的调查研究和实际情况，提出几点驯鹿饲养管理的建议以供参考。

1 培养驯鹿文化传承人

在数百年的驯鹿养殖过程中，驯鹿已经和驯鹿鄂温克人融为一个整体，驯鹿鄂温克人的生产生活都离不开驯鹿。鄂温克人经过长期的生产实践创造了丰富的驯鹿文化，这种文化在日常生产、服饰、饮食、居住等物质生活以及语言文学、艺术审美、宗教信仰等精神生活领域都得以充分的体现，而这些也充分地揭示了驯鹿文化的本质[9]。然而经过三次生态移民后年轻的鄂温克人适应现代便利的生活后渐渐地淡化了对驯鹿的感情和传承驯鹿文化的使命感。调查显示猎民点大多数猎民都是在40岁以上，他们虽然对驯鹿有着浓厚的感情，但是面对当前驯鹿种群因近交而造成的退化束手无策；而大部分年轻人对驯鹿则没有那么深厚的感情，经济不安感和支柱缺乏感使年轻人都不想以驯鹿养殖为生，这导致世代传承的驯鹿养殖的学问可能无法传承给下一代[10]，年轻人传承驯鹿文化使命感的缺失，使培养驯鹿文化传承人成为当前亟需解决的问题。解决方法如下：

1.1　应成立专门驯鹿文化宣传推广教育部门，借助各种媒体加大驯鹿文化的宣传推广力度以吸引更多的鄂温克或其他民族的年轻人去学习驯鹿文化、关注并从事驯鹿养殖。

1.2　政府应设立专项资金对驯鹿养殖予以定额的补贴或奖励，根据实际情况实施每头公鹿、母鹿或者仔鹿每年发放数量不等的补助金，鼓励猎民或者其他人养殖驯鹿。

1.3　选拔驯鹿鄂温克民间艺人、组成驯鹿文化艺术表演团体，以多种艺术表演的形式宣传驯鹿文化的内涵，2011年《敖鲁古雅》舞台剧在第四届国际民俗艺术节获得了六项国际艺术大奖，成功地把驯鹿鄂温克的驯鹿文化推向世界，这次成功给我们一个很好的启示[11]。

1.4　通过媒体宣传、民俗文化交流等形式引起国家相关部门对驯鹿养殖和驯鹿文化的重视。例如，在挪威驯鹿养殖由驯鹿养殖行政部门管理，该行政部门直属于挪威农业部，这样的做法保护并促进驯鹿养殖业的发展。因此我们应呼吁政府成立国家级的驯鹿养殖协会，争取国家在政策上和经济上的支持。

2 改进现有饲养管理模式

驯鹿鄂温克人在移民敖鲁古雅乡后政府投资修建标准化鹿圈，对300多头驯鹿进行圈养，但是由于驯鹿无法适应圈养、最终导致200多头驯鹿死亡，其余驯鹿也疾病频发，养殖户不得不放弃圈养，重返山林继续放牧驯鹿。在半野生粗放式散养模式下，在配种季节猎民把母鹿圈养起来以稳定控制鹿群，九到十月份完成配种后，猎民会选择食物资源比较丰富的地方作为猎民点、把驯鹿群散放出去后就会下山居住，定期有人轮换到猎民点给驯鹿补饲盐和豆粕等精饲料。然而冬春两季正是妊娠母鹿需要能量最多的季节，而野外可采食食物相对较少，导致很多母鹿因体况差而无法维持妊娠、哺乳[12]；狼、熊、猞猁、金雕等驯鹿的天敌也捕杀成年驯鹿及仔鹿；此外人为的偷猎捕杀行为也时有发生。这些因素都严重地影响了驯鹿的繁殖成活率和种群的扩大。具体做法如下：

2.1　冬季在驯鹿经常活动的地点建立固定的精料、食盐投放点，由专一人员驻守并对鹿群进行观察和定期补饲，特别注意妊娠母鹿的体况和精神状况；对于体况差、精神状态不佳的母鹿要进行一定阶段的圈养复壮，使其恢复正常体况后再散放饲养，以保证妊娠母鹿能够安全越冬、维持妊娠并分娩、哺乳[13]。

2.2　在产仔的高峰期要提高巡视观察鹿群的频率，特别注意对妊娠母鹿的观察，发现有产仔有难产情况要及时实施助产，对于母性较差遗弃仔鹿的要予以登记，并对仔鹿及时进行人工哺乳或者选择母性较好的经产母鹿进行寄养，防止仔鹿因吃不到母乳而死亡、提高繁殖成活率。

2.3 产仔后要登记仔鹿详细的系谱、佩戴耳牌、定期注射疫苗并记录，通过搭建仔鹿圈舍、加强看护等方法加强对仔鹿的保护和管理，防止狼、熊、猞猁、金雕等驯鹿的天敌捕杀仔鹿。

3 成立繁殖育种与疾病防治中心

为了改变当前驯鹿种群因过度近交引起的种群退化现象和疾病频发的问题，应成立繁殖育种与疾病防治中心，加强对驯鹿繁殖育种和疾病防治技术的研究，同时加强疫苗的接种和免疫工作，减少传染病的发生和传播，具体措施如下：

3.1 当前我国驯鹿养殖量较少，缺乏专业研究驯鹿繁殖育种与疾病防治的机构；应由政府出资与相关院校、研究所等科研机构联系，借鉴国外的先进繁殖育种经验，将人工授精、胚胎移植等先进繁育技术应用到驯鹿的繁育工作中。

3.2 借助第五届国际驯鹿养殖者大会的召开扩大对外联系，积极开展驯鹿良种或者冷冻精液、胚胎的引进工作，实施种群改良、复壮工程。

3.3 当前敖鲁古雅畜牧兽医工作站仅有一名畜牧兽医专业人员，很难满足驯鹿繁殖育种与疾病防治对专业人员的需求，必须加大引进相关专业人才的力度以满足驯鹿养殖发展对人才的需求。

4 建立驯鹿自然保护区

2003 年第三次生态移民定居敖鲁古雅乡后，由于缺乏谋生手段再加上猎枪被没收禁猎，猎民们面临着经济上更为拮据的生活。此外，鄂温克人发现移民前自己独享的资源，现在被众多外来人分享（偷猎者、伐木工人、采集红豆、蘑菇、小浆果等），更为重要的是他们重要的财产驯鹿也面临着越来越多的偷猎者、猎兽套、陷阱的威胁，使驯鹿数量不断减少。森林被砍伐、环境的污染破坏导致驯鹿食物越来越少[14]。这种现象在北美、北欧等地区也广泛存在，促进了加拿大等国致力于建立国家级和省级的自然保护区，以保护和恢复驯鹿种群[15]。敖鲁古雅乡面积为1 767.2平方千米、耕地面积2.65 万亩，林地、自然草场、林缘林间草场占全乡土地面积的80%以上，大部分地方适宜驯鹿生存且无人居住、具备建立驯鹿自然保护区得天独厚的资源条件。我国也应该行动起来，保护驯鹿资源：

4.1 建立省级或市级驯鹿自然保护区并健全相关法律法规，对于人为的捕杀、偷猎、贩卖驯鹿等犯罪行为给予严厉的惩处，彻底杜绝人类的捕杀偷猎活动，同时减少人类采秋、伐木、耕种等活动对驯鹿栖息环境的进一步破坏。

4.2 开展驯鹿自然保护区生态旅游和特色驯鹿文化旅游项目，鼓励驯鹿鄂温克人参与到自然保护区的管理、生态旅游以及特色驯鹿文化旅游的具体工作中去，给鄂温克青年提供更多的就业机会和经济收入，进而提高他们的民族自豪感和传承驯鹿文化的责任感[16]。

驯鹿鄂温克人民俗文化作为我国民族文化宝库中的瑰宝，对于保护我国民族文化多样性具有重要的意义，而驯鹿养殖作为驯鹿鄂温克人民俗文化传承的载体，需要获得社会的关注、政府的扶持。

参考文献

[1] Benfield, A. W. F. A revision of the reindeer and caribou, genus *Rangifer* [J]. *Bulletin of Na-*

tional Museum of Canada 1961，177.

［2］K H RØed，M A D Ferguson，M Crête，et al1 Genetic variation in transferrin as a predictor for differentiation and evolution of caribou from eastern Canada ［J］．Rangifer，1991，11（2）：65 - 741.

［3］Suominen，O.，and J. Olofsson. 2000. Impacts of semi - domesticated reindeer on structure of tundra and forest communities in Fennoscandia：A review. *Annales Zoologici Fennici* 37：233 - 249.

［4］钟立成、卢向东 世界驯鹿亚种分布与现状 ［J］．经济动物学报 Vol. 12 No. 2 Mar 2008.

［5］卡丽娜．驯鹿鄂温克人文化研究 ［M］．沈阳：辽宁民族出版社，2006：211.

［6］Roland Pape，Jörg Löffler. Climate change，land use conflicts，predation and ecological degradation as challenge for reindeer husbandry in northern Europe：What do we really know after half a century of research? ［J］．Royal Swedish academy of sciences AMBIO 2012，41：421 - 434.

［7］Meon J. Climate change：Effects on the ecological basis for reindeer husbandry in Sweden Ambio. 2008 Jun；37（4）：304 - 11.

［8］钟立成、朱立夫、卢向东 我国驯鹿起源，历史变迁与现状 ［J］．经济动物学报 Vol. 12 No. 2 June 2008.

［9］卡丽娜．论鄂温克人的驯鹿文化 ［J］．黑龙江民族丛刊 2007 年第 2 期。

［10］孙亚红．驯鹿发展管理模式探讨 ［J］．中央民族大学学报（自然科学版）Vol. 22 No. 2 May，2013.

［11］刘明军．敖鲁古雅：追寻一个末世民族的背景 ［J］．文化月刊 2011 年第 8 期 104 - 110.

［12］Barboza PS，Parker KL. Allocating protein to reproduction in arctic reindeer and caribou ［J］．*Physiol Biochem Zool.* 2008 Nov - Dec；81（6）：835 - 55.

［13］E. Ropstad. Reproduction in female reindeer ［J］．Animal Reproduction Science. 60 - 61（2000）561 - 570.

［14］廖志敏，谢元媛．制度变迁的经济原因与困难——使鹿鄂温克族裔文明兴衰的启示 ［J］．中国农业大学学报（社会科学版）Vol. 28 No. 3 Sep. 2011.

［15］Richard R. Schneider，Grant Hauer，Kimberly Dawe，Wiktor Adamowicz，Stan Boutin. Selection of reserves for woodland caribou using an optimization approach. http：//www. plosone. org/ Feb. 2012 Vol. 7 Issue 2.

［16］林春芳，唐立君．大兴安岭呼中国家自然保护区生态旅游业发展初探 ［J］．国土于自然资源研究，2002（2）：58 - 59.

此文发表于《中国畜牧兽医文摘》2014 年第 30 卷第 2 期

我国麋鹿药用资源的发展与研究现状及其资源产业化的思考[*]

李锋涛[1,2**]　　段金廒[2***]　　钱大玮[2]　　蒋　情[2]

刘　睿[2]　　彭蕴茹[3]　　丁玉华[4]　　任义军[4]

(1. 江苏农牧科技职业学院，江苏泰州　225300；2. 南京中医药大学 江苏省中药资源产业化过程协同创新中心/中药资源产业化与方剂创新药物国家地方联合工程研究中心，江苏 南京　210023；3. 江苏省中医药研究院，江苏 南京　210028；4. 江苏省大丰麋鹿国家级自然保护区，江苏 大丰　224136)

摘　要：麋鹿为我国珍贵的药用生物资源，其茸、角、骨、肉、血等入药已逾千年，均为我国传统名贵中药。由于麋鹿在我国的灭绝而无药可用。随着麋鹿种群重引入并快速扩大，围绕麋鹿生物资源的保护与利用开展了广泛的现代研究。系统分析了麋鹿药用资源的保护现状，提出了应明确麋鹿作为我国特种经济动物的战略地位，积极开展麋鹿野化驯养与人工规范化养殖相结合的资源发展模式，通过开展以麋鹿药用资源科学合理利用为目的的应用性基础研究，并研究开发独具特色的麋鹿系列产品，促进麋鹿生物资源在中药农业、工业、商业、保健品业、食品业、化妆品业以及加工设备技术等产业化的构想，以期引导和推动麋鹿生物资源综合利用与保护的健康可持续发展。

关键词：麋鹿；中药资源产业化；保护与利用；野生驯化；规范化养殖

* 收稿日期：2014 - 11 - 08

基金项目：国家自然科学基金资助项目（81274017）；江苏省"六大人才高峰"第七批资助项目；江苏省博士后科研项目（1002021C）

** 作者简介：李锋涛（1980—），男，博士，研究方向为中药资源化学。E - mail：lili - 2006@ 163. com

*** 通讯作者：段金廒（1956—），男，教授，博士生导师，研究方向为中药资源化学与方剂功效物质基础研究

Tel：（025）85811116　E - mail：dja@ njutcm. edu. cn

Research and development of Chinese medicinal resources of Milu and thoughts on its resources industrialization

Li Fengtao[1,2], Duan Jinao[1], Qian Dawei[1], Jiang Qing[1],

Liu Rui[1], Peng Yunru[3], Ding Yuhua[4], REN Yi – jun[4]

(1. Jiangsu Collaborative Innovation Center of Chinese Medicinal Resources Industrialization,

and National and Local Collaborative Engineering Center of Chinese Medicinal Resources

Industrialization and Formulae Innovative Medicine, Nanjing University of Chinese Medicine,

Nanjing 210023, China; 2. Jiangsu Agri – animal Husbandry Vocational College, Taizhou 225300,

China; 3. Jiangsu Provincial Academy of Chinese Medicine, Nanjing 210028, China;

4. Jiangsu Dafeng Milu National Nature Reserve, Dafeng 224136, China)

Abstract: As a precious Chinese medicinal resources, the antler, bone, flesh, and blood of *Elaphurus davidianus* (Milu) were used for over 2000 years in Chinese medicine. However, they had been out of use for more than 100 years since the deer was extinct in the wild in China. Nowadays, as the reintroduction of Milu population in China, which has increased rapidly and aroused a great interest in studies on the protection and utilization of biological resources of Milu. Based on analysis of the development and conservation of the Milu resources, the strategies of resources industrialization of Milu biological resources were put forward. Firstly, the combination development model of wild domestication and artificial breeding should be established. Secondly, basic researches on the rational utilization of the deer resources need to be carried out. Thirdly, a series of products originated from Milu resources should be developed. All these strategies could promote the resources industrialization of Milu in agriculture, industry, commerce, health care products, food, cosmetics, and industrial processing equipment and technology of Chinese medicine. They could also guide and promote the comprehensive utilization and protection of Milu biological resources for sustainable development.

Key words: *Elaphurus davidianus* Milne – Edwards; Chinese materia medica resources industrialization; utilization and protection; wild domestication; standardized breeding

麋鹿 *Elaphurus davidianus* Milne – Edwards 属哺乳纲偶蹄目鹿科麋鹿属大型食草动物。麋鹿原为我国独有、唯一适宜在湿地环境中生存的鹿科动物,几乎与人类同时期起源,距今有 200 万~300 万年的历史。由于自然、人为和动物特化等原因,麋鹿野生种群在自然界灭绝。到 20 世纪初叶,世界仅剩下英国乌邦寺养殖的 18 头麋鹿。如今,经过近一个世纪的发展,麋鹿已遍布世界各地,物种得以保存并繁衍生息[1~2]。基于麋鹿种群的有效恢复和

快速发展,本研究团队对我国麋鹿的发展历程、药用价值及其本草记载进行了梳理,并提出了麋鹿生物资源可持续发展的战略构想[3]。随着麋鹿种群的不断发展,近年来围绕麋鹿药用资源的保护与利用研究取得了较大的进展。

1 我国麋鹿药用资源发展与保护现状

1.1 麋鹿重引入，种群有效恢复并逐年增长

20世纪80年代，我国启动了麋鹿重引进项目，自此麋鹿种群在我国得到了重新繁衍壮大，相继建立了北京南海子、江苏大丰和湖北石首三大麋鹿保护区及全国50多处麋鹿饲养场所[4]。目前我国麋鹿种群的饲养管理模式已由圈养、半散养发展到野生放养，并成功恢复了可自我维持的自然野生种群，为麋鹿的本土驯化、优良基因的保存及扩大种群规模奠定了重要的基础。

目前，我国麋鹿总数已经超过3 000头。2013年调查显示，江苏省大丰麋鹿国家级自然保护区麋鹿种群已经达到2 027头，湖北石首麋鹿国家级自然保护区总数达1 016头。江苏大丰已成为目前世界上最大的麋鹿自然保护区，建立了世界上最大的麋鹿基因库。从1986年麋鹿重引入到2013年间，江苏大丰麋鹿保护区麋鹿数量逐年上升，年增长率为7.7%～27.1%，平均年增长率为16.1%，麋鹿种群增长稳定。大丰保护区麋鹿种群数量增长符合密度制约的logistic数学模型[5]，随着麋鹿数量的增长，环境容量将达到饱和，麋鹿数量将维持在一定的水平（图1）。

1.2 麋鹿种群日益扩大，麋鹿角再生资源不断累积

随着麋鹿大量繁育，其茸自然变角，继而自然脱落，麋鹿角的拾取量逐年增长。粗略估算江苏省大丰麋鹿自然保护区麋鹿角产量以2013年麋鹿总数2 027头计算，约为2 027（麋鹿总数）×0.32（麋鹿雄雌性比例[6]）×2 100（每支角平均质量[7]）×2（每头雄鹿的角数量）= 2 724kg，1986—2013年麋鹿角产量及2014—2018年产量预测见图2。2014年江苏大丰保护区估计约有3 t麋鹿角可以利用，随着麋鹿种群的不断繁殖壮大，其产量呈逐年递增趋势，全国资源将更加丰富。

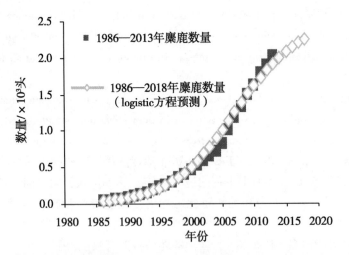

图例：
- 1986—2013年麋鹿数量
- 1986—2018年麋鹿数量（logistic方程预测）

纵轴：数量/×10³头
横轴：年份

图1　江苏省大丰麋鹿国家级自然保护区麋鹿种群数量及Logistic方程预测值

Fig. 1　Populations of elk in Jiangsu Dafeng Elk National Nature Reserve and predicted value of Logistic equation

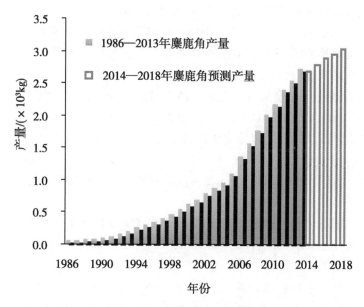

图2　江苏省大丰麋鹿国家级自然保护区麋鹿角
产量及 Logistic 方程预测值

Fig. 2　Horn production of elk in Jiangsu Dafeng Elk National Nature Reserve and
predicted value of Logistic equation

2　麋鹿茸、角的现代研究进展

麋鹿是我国珍贵的药用生物资源，其药用记载始于《神农本草经》。麋鹿的茸、角、血、肉、骨等均为我国传统名贵中药，我国应用麋鹿资源治疗疾病和养生保健已有逾千年的历史。由于近代麋鹿在中国的灭绝，麋鹿角的近代药用记载及其相关研究甚为稀少。近年来，随着麋鹿种群的不断繁殖壮大，麋鹿茸、角药用的重要性越来越受到重视，针对麋鹿茸、角开展了许多研究。

2.1　资源化学分析评价

基于中药资源化学的研究思路与方法，运用现代分析与分离技术，对不同鹿龄及不同角部位的麋鹿角、麋鹿茸中的氨基酸、核苷和无机元素等化学成分进行分析评价，并与鹿角和鹿茸进行比较。

2.1.1　麋鹿角资源化学分析评价

（1）氨基酸类成分：采用柱前衍生化液相色谱法分析了不同鹿龄麋鹿角及其不同角部位中18种蛋白氨基酸的量，并与鹿角进行了比较。结果显示，麋鹿角中含有丰富的蛋白氨基酸[8~9]，含量因鹿龄和角部位不同存在较大差异[10]。不同鹿龄角中各氨基酸种类相似，部分氨基酸的量有所不同，甘氨酸在2岁鹿龄麋鹿角中量较高，谷氨酸、丙氨酸、胱氨酸和色氨酸在5岁鹿龄麋鹿角中量最高。3个部位平均总量最高为大于5岁龄的角，与2岁龄角接近；其次是5、3和4岁龄。麋鹿角中主要含有苯丙氨酸、亮氨酸、缬氨酸、丙氨酸、甘氨酸、谷氨酸、天冬氨酸、精氨酸及赖氨酸（＞70％）等，色氨酸、甲硫氨酸和组氨酸等量较低。此外，麋鹿角与梅花鹿角中所含氨基酸种类基本一致，但是量有所差异。梅花鹿角中胱氨酸、谷氨酸、亮氨酸、甲硫氨酸等的量明显高于麋鹿角，而缬氨酸和色氨酸在麋鹿角中量较高。

（2）核苷及碱基类成分：运用 HILIC-UHPLC-TQ-MS/MS 技术测定了不同鹿龄麋鹿角及其不同角部位中的核苷及碱基类成分[11]。结果从麋鹿角中检测到了 17 种核苷及碱基类成分，总核苷量因鹿龄和角部位不同差异较大，最高的是 2 岁龄尖部，达 49.7 μg/g，最低为 3 岁龄尖部，仅为 5.97 μg/g。3 个部位平均总量最高的是 2 岁龄，可达 28.6 μg/g，其次为 5 岁龄、6 ~ 8 岁龄、3 岁龄，最低的是 4 岁龄，仅为 9.63 μg/g。其中 2 岁、6 ~ 8 岁龄角部位中核苷及碱基总量从尖部、中部、基部依次递减，这与鹿茸骨化成角的变化趋势相一致。结果显示，麋鹿角中主要含有黄嘌呤、次黄嘌呤、尿嘧啶、胸腺嘧啶、鸟嘌呤及鸟苷（＞70%）等，脱氧核苷（2′－脱氧肌苷、2′－脱氧尿苷、胸苷、2′－脱氧鸟苷、2′－脱氧腺苷、2′－脱氧胞苷），腺嘌呤及腺苷类成分的量较低。

（3）无机元素类成分：采用电感耦合等离子体质谱法分析了不同鹿龄麋鹿角及其不同角部位中 23 种无机元素，包括 Zn、Ni、Fe、Si、Mn、Cr、Cu、Sr 8 种人体必需微量元素和 Ca、P、K、Na、Mg 5 种人体必需宏量元素[8,9,12]。

结果显示，所有样品中均检测到 Be、Sn、Cu、Mn、Ba、Fe、Zn、Al、Sr、Mg、K、Na、P、Ca、Pb、Cd 及 Cr 共 17 种元素，未检测到 As、Co、Ni、Hg、V、Ti 6 种元素。5 种宏量元素中，以 Ca、P 的量最高，且高于梅花鹿角和马鹿角，其次为 Na、K、Mg；必需微量元素中 Fe、Zn、Mn 量较高。不同鹿龄麋鹿角及其不同角部位中无机元素组成相似，其量有所差异。2 岁龄角中 Ca、Fe、Sr、Cu、Al 和 Zn 等元素的量都高于其他龄角，而在 4 岁龄角中相对较低。麋鹿角各部位中仅 Ba、Be、Pb 和 Fe 等差异较大，其他元素的量差异不明显，以角尖部平均量最高。元素相关性分析显示，共有 18 对元素显著正相关，表明这些元素间具有相互协同、促进吸收的关系。

此外，麋鹿角中还含有 0.70% 水溶性蛋白质、0.007 8% 胆固醇和 2.69% 总磷脂[13~14]。

2.1.2 麋鹿茸资源化学分析评价

对麋鹿茸中的粗蛋白、粗脂肪、膳食纤维、水溶性及脂溶性维生素、氨基酸和无机元素等化学成分的研究结果显示，麋鹿茸与马鹿茸和梅花鹿茸的化学成分及其量相近，其中膳食纤维和必需无机元素的量高于其他 2 种鹿茸[15~16]。麋鹿茸中含有丰富的氨基酸，其中 8 种人体必需氨基酸占测定的 19 种氨基酸总量的 32.61%[17]。麋鹿角中还有多种对人体有益的维生素，其中维生素 C 的量达到 2.93%，维生素 B_2、B_6 及尼克酸的量均大于 0.1%；维生素 B_1、B_2 的量分别比梅花鹿茸高出 1.63 倍和 2.42 倍；其他种类维生素如维生素 A、D、E 及尼克酸氨也被检出[17]。

麋鹿茸还含有睾酮、雌二醇、雌酮和孕酮等激素[18~20]，麋鹿茸中雌二醇、雌酮等的量高于梅花鹿角[21]。麋鹿茸中含有 26 种无机元素，其中作为酶的辅基或某些维生素组成成分的元素 Mn、Zn、Cu、Co 等的量均高于梅花鹿茸和马鹿茸[17]；Ca、Li、Mg、Ni、P、Sr、Ti 等多种微量元素的量也高于其他 2 种鹿茸[16,22~23]。

此外，采用 X 射线衍射和傅里叶变换红外光谱法建立了麋鹿角的指纹图谱，结果发现不同鹿龄及不同角部位的谱图相似度较高，但部分组分的量存在差异，可用于麋鹿角药材的品质评价[24~26]。

2.2 功效生物效应评价与药理活性

采用现代药效学研究思路与方法，对麋鹿角的补阴、抗衰老和免疫增强等功效与作用进行生物效应评价，部分揭示了其作用机制。

2.2.1　补阴

分别采用甲状腺素和氢化可的松所致阴虚和阳虚小鼠模型来评价麋鹿角和鹿角对于 2 个模型的选择性治疗作用，结果发现麋鹿角对于阴虚证模型动物物质代谢水平和抗应激损伤能力的影响较鹿角更为显著，而鹿角对于阳虚证的治疗作用比麋鹿角更强。这与传统文献记载的麋鹿角善于滋阴而鹿角偏向于助阳的理论一致[27]。

进一步考察了麋鹿角不同提取部位对甲状腺素致大鼠和小鼠阴虚模型的作用。结果显示麋鹿角乙醇提取部位能明显降低模型大鼠异常增高的进食量、饮水量和体温，降低血清中促肾上腺皮质激素（ACTH）、丙二醛（MDA）水平及环磷酸腺苷/环磷酸鸟苷（cAMP/cGMP）值，升高白细胞介素 -2（IL -2）水平并提高超氧化物歧化酶（SOD）活性，明显降低其异常升高的肾脏和肾上腺系数，表明醇提部位能明显改善模型大鼠的阴虚症状，补阴作用与调节机体神经 - 内分泌 - 免疫网络系统功能密切相关。水提取物部位补阴作用相对较弱[28]。麋鹿角乙醇提取部位也能显著调节阴虚模型小鼠的物质代谢，提高其抗应激损伤的能力，对其病理状态有明显的改善作用，其补阴功效优于水提部位[29]。

2.2.2　抗衰老

麋鹿角不同样品对 D - 半乳糖诱导小鼠亚急性衰老模型的研究显示，麋鹿角粉、麋鹿角水提取物、麋鹿角水提取药渣以及麋鹿角乙醇提取液均具有一定的抗衰老作用。麋鹿角可通过提高衰老模型小鼠肝、肾、脑组织内 SOD 和谷胱甘肽过氧化物酶（GSH - P_X）等抗氧化酶系活性，抑制脑组织单胺氧化酶（MAO）活性，升高脾脏和胸腺指数，升高模型小鼠背部皮肤中羟脯氨酸的量，延缓皮肤衰老而发挥抗衰老作用[30]。麋鹿角乙醇提取液能显著升高衰老模型小鼠 Y 型电迷宫学习、记忆能力，降低脑组织中单胺氧化酶 B（MAO - B）活性及脂褐质（LP）的量，对衰老小鼠认知功能衰退有改善作用，并呈现一定的剂量依赖性；显著提高衰老小鼠血清 SOD 活性，降低血清 MDA 及脑组织中 LP 水平，显示出较好的抗氧化能力；还能升高衰老小鼠血清中免疫球蛋白 G（IgG）、IL -2 和 γ 干扰素（IFN - γ）水平，升高脾淋巴细胞转化刺激指数，增强脾淋巴细胞 IL -2、IFN - γ mRNA 的表达，显示出增强衰老模型小鼠体液免疫及细胞免疫功能的作用[31 - 35]。

此外，麋鹿角乙醇提取液能延长小鼠缺氧条件下的存活时间和常温下游泳时间，增强小鼠耐缺氧和耐疲劳能力；提高小鼠脾脏指数，并降低胸腺指数；对小鼠免疫功能有一定的调节作用[36]。

2.2.3　增强免疫功能

麋鹿角乙醇提取液能促进正常小鼠细胞因子 IL -2、IFN - γ 的分泌与表达，增强细胞免疫功能[37]；还能增强环磷酰胺模型小鼠的单核吞噬细胞功能，对其体液免疫、细胞免疫功能都有一定的促进作用[38]。

2.2.4　对性功能的影响

麋鹿角乙醇提取物对电刺激应激性诱发的雄性小鼠性功能低下具有保护作用，其机制可能是其对抗应激引起的血清睾酮与促黄体生成素水平的降低，促进性功能恢复，防止应激引起的皮质酮过度释放，避免对机体及其性功能的损害[39]。乙醇提取液还能增加幼鼠睾丸的质量，升高幼鼠促黄体生成素的水平，具有一定促性激素样作用[40]。

麋鹿角乙醇提取液能对抗环磷酰胺引起的小鼠血清睾酮与黄体生成素水平下降，提高睾丸质量指数，提高精子密度与精子活率，增加睾丸组织中 SOD 活力并降低 MDA 水平，并能改善环磷酰胺所致模型小鼠睾丸组织的病理性变化，显示出麋鹿角醇提液对环磷酰胺致雄鼠性腺损伤具有明显保护作用，可能与其促性激素样作用以及抗氧化作用有关[41]。麋鹿茸提取液还能促进小鼠幼鼠生殖系统组织发育，增加子宫和卵巢的质量，能使去势大鼠子宫和阴道代偿性增生和变化，具有雌激素样作用[42]。

3 对我国麋鹿生物资源产业化的展望

3.1 以麋鹿药用资源的科学合理利用与保护为目的，开展系统的基础研究

麋鹿药用资源的基础研究主要集中在麋鹿茸和角，而对其骨、肉、血等的研究尚未涉足。由于锯茸会对麋鹿造成伤害，因此对其自然脱落角的研究较多。但对麋鹿茸、角仍缺乏系统的研究，仅对麋鹿茸、角中的氨基酸、核苷、无机元素等部分小分子化学成分进行了分析评价，而蛋白、多肽等大分子成分尚未开展研究；仅对麋鹿角的补阴功效进行了生物效应评价，对麋鹿角药理活性的研究也仅局限于其乙醇提取物，麋鹿角的功效物质基础及其作用机制尚未完全阐明。因此，系统深入的研究工作有待全面展开。在前期研究的基础上，基于中药资源化学理论与方法，进一步对麋鹿茸、角中的化学成分进行分析评价，尤其是大分子成分；进一步围绕麋鹿茸、角的滋阴壮阳、益血脉、强筋骨等传统功效，采用现代药效研究手段与分离、分析技术，开展一系列的功效物质基础研究，科学评价其传统功效生物效应，明确其物质基础并阐释其作用机制，以揭示其药用价值和不可替代性，为麋鹿药用资源的合理利用及其产业化奠定基础。

3.2 以麋鹿资源为原料研究开发独具特色的系列产品，促进麋鹿资源产业化

从长远来看，人类保护野生动物的目的之一是为了持续地利用野生动物资源。应借鉴梅花鹿和马鹿作为药用经济动物资源开发与利用的模式，以麋鹿生物资源为原料进行系列产品研究开发，除以饮片配伍或作为制剂原料开发成相应的医药产品外，还可以开发具有较高经济价值的产品，如利用麋鹿的茸、角、鞭和血等制成酒类保健品，角、骨、胎和脂等制成化妆品、面膜类护肤与美容产品，茸、骨、肉和奶加工成奶糖、饼干、果冻、奶茶、啤酒等食品以及饮料，角以及其水提残渣制成补钙制剂，茸、骨制成植骨材料，皮用于制革和制毯，角用作雕刻材料制作工艺品等。在此基础上，进一步开展麋鹿生物资源的深加工及产品开发，开展资源利用效率提升研究，同时对其资源产业化过程中产生的废弃物进行资源化利用研究，促进麋鹿生物资源的综合利用，促进麋鹿资源在中药农业、工业、商业、保健品业、食品业、化妆品业以及加工设备技术等的产业化。

3.3 开展麋鹿人工规范化养殖研究，促进麋鹿资源可持续发展

自我国麋鹿重引入30多年来，科研工作者围绕麋鹿生境、种群、遗传繁殖和饲养管理等方面进行了大量研究工作[4]，有力地促进了麋鹿资源的保护与发展。但是受到遗传多样性较低、目标种群数量过小、密度制约、人类干扰、疾病风险、生存条件的限制、管理方式低下、科研工作相对滞后等多种原因的影响，麋鹿种群的发展受到了明显的限制[43]。特别是我国三大主要麋鹿保护区北京南海子、江苏大丰和湖北石首的麋鹿种群发展都明显受到了种群密度的制约[44-46]。尽管已恢复了野生麋鹿种群并采取了异地输出保护等措施，但各输出地都存在麋鹿种群较小，发展受限等问题，严重影响了麋鹿种群的健康发展。因此，为使麋鹿资源健康可持续发展，人工规范化养殖势在必行。在目前已取得麋鹿圈养经验的基础上，通过优良品种选育，发展供生产用的麋鹿品系；借鉴梅花鹿和马鹿规范化养殖的成熟模式，建立麋鹿的人工规范化养殖模式，同时依

据《中药材生产质量管理规范》（GAP），建立麋鹿药用资源的规范化生产模式。通过开展麋鹿野化驯养与人工规范化养殖相结合的资源发展模式，以利用促发展，通过发展使麋鹿资源得到更好的保护，引导和推动麋鹿生物资源合理利用与保护的良性发展，最终形成一条健康的可持续发展的资源利用模式。

参考文献

[1] 曹克清．麋鹿研究［M］．上海：上海科技教育出版社，2005.

[2] 丁玉华．中国麋鹿研究［M］．长春：吉林科学技术出版社，2004.

[3] 刘睿，段金廒，钱大玮，等．我国麋鹿资源及其可持续发展的思考［J］．世界科学技术——中医药现代化，2011，13（2）：213 – 220.

[4] 白加德，张林源，钟震宇，等．中国麋鹿种群发展现状及其研究进展［J］．中国畜牧兽医，2012，39（11）：225 – 230.

[5] 周宇虹，黄佳怡．大丰自然保护区麋鹿种群密度制约增长的模型［J］．南京林业大学学报：自然科学版，2013，37（5）：172 – 174.

[6] 张林源，陈耘，于长青．中国麋鹿的迁地保护与遗传多样性现状［A］//麋鹿还家二十周年国际学术交流研讨会论文集［C］．北京：北京出版社，2007.

[7] 丁玉华．麋鹿的角［J］．野生动物，1998，19（1）：11 – 13.

[8] 曹谷珍，张德昌，唐兆义，等．麋鹿角的生药学研究［J］．南京中医药大学学报，1998，14（2）：28 – 29.

[9] 张德昌，曹谷珍，唐兆义，等．麋鹿角与鹿角的生药学比较［J］．中国中医药信息杂志，2001，8（5）：36 – 38.

[10] 宋建平，王丽娟，韩乐，等．麋鹿角氨基酸的高效液相色谱分析［J］．时珍国医国药，2013，24（1）：144 – 146.

[11] Li F T, Duan J A, Qian D W, *et al.* Comparative analysis of nucleosides and nucleobases from different sections of *Elaphuri Davidiani Cornu* and *Cervi Cornu* by UHPLC – MS/MS［J］．*J Pharm Biomed Anal*，2013，83：10 – 18.

[12] 宋建平，王丽娟，刘训红，等．麋鹿角无机元素的ICP – MS分析［J］．时珍国医国药，2012，23（5）：1 208 – 1 210.

[13] 王丽娟，刘训红，丁玉华，等．麋角超细粉体表征及其水溶性蛋白质溶出度研究［J］．南京中医药大学学报，2010，26（2）：132 – 134.

[14] 宋建平，王丽娟，刘训红，等．超微粉碎技术对麋鹿角主要化学成分提取率的影响［J］．时珍国医国药，2011，22（6）：1 431 – 1 433.

[15] 杨若明，张经华，张林源，等．麋鹿茸、马鹿茸和梅花鹿茸营养成分的分析比较研究［J］．广东微量元素科学，2000，7（12）：47 – 51.

[16] 杨若明，张经华，顾平圻，等．麋鹿茸样品的制备和化学成分分析［J］．分析科学学报，2001，17（2）：106 – 109.

[17] 丁玉华，徐安宏，沈华，等．麋鹿茸化学成分的测定［J］．特产研究，1995（1）：36 – 37.

[18] 杨若明，张经华，顾平圻，等．毛细管电泳法分离检测三种鹿茸样品中天然性激素的研究［J］．中央民族大学学报：自然科学版，2003，12（4）：301 – 306.

[19] 杨若明, 张经华, 顾平圻, 等. 高效液相色谱法分析麋鹿茸中的性激素 [J]. 分析化学, 2001, 29 (5): 618.

[20] 杨若明, 张经华, 蓝叶芬. 固相萃取 – 毛细管电泳法测定麋鹿茸中的性激素 [J]. 现代仪器, 2005, (1): 25 – 27.

[21] 李春旺, 蒋志刚, 曾岩, 等. 麋鹿茸与梅花鹿茸、黇鹿茸雌二醇含量比较 [J]. 动物学报, 2003, 49 (1): 124 – 127.

[22] 俞青芬, 吴启勋. 三种鹿茸中无机宏量及微量元素的综合评价 [J]. 西南民族大学学报: 自然科学版, 2008, 34 (5): 978 – 981.

[23] 张经华, 杨若明, 张林源, 等. 麋鹿、梅花鹿和马鹿鹿茸中微量元素的分析测定 [J]. 微量元素与健康研究, 2000, 17 (4): 39 – 40.

[24] 王丽娟, 朱育凤, 刘训红, 等. 鹿角的 X 射线衍射 Fourier 谱鉴别 [J]. 现代中药研究与实践, 2009, 23 (2): 24 – 26.

[25] 王丽娟, 刘训红, 丁玉华, 等. 麋鹿角的 X 射线衍射 Fourier 指纹图谱研究 [J]. 中药材, 2009, 32 (5): 667 – 669.

[26] 严加琴, 王丽娟, 周逸芝, 等. 麋鹿角的 FTIR 指纹图谱分析 [J]. 药学研究, 2013, 32 (11): 621 – 623.

[27] 汪银银, 彭蕴茹, 方泰惠, 等. 麋鹿角与鹿角对于阴阳虚证模型小鼠选择性作用的实验研究 [J]. 江苏中医药, 2008, 40 (1): 84 – 86.

[28] 彭蕴茹, 钱大玮, 段金廒, 等. 麋鹿角不同部位对于甲亢阴虚症大鼠的作用及其机制初探 [J]. 中药材, 2011, 34 (4): 509 – 511.

[29] 钱大玮, 彭蕴茹, 段金廒, 等. 麋鹿角不同提取部位对甲亢阴虚模型小鼠的补阴活性评价 [J]. 中华中医药杂志, 2011, 26 (11): 2 666 – 2 668.

[30] 李锋涛, 段金廒, 钱大玮, 等. 麋鹿角对 D – 半乳糖诱导小鼠衰老模型抗衰老作用 [J]. 南京中医药大学学报, 2014, 30 (3): 235 – 238.

[31] 秦红兵, 杨朝晔, 熊存全, 等. 麋鹿角醇提液对衰老小鼠的抗氧化作用 [J]. 时珍国医国药, 2009, 20 (10): 2 451 – 2 452.

[32] 秦红兵, 杨朝晔, 成海龙, 等. 麋鹿角乙醇提取液对实验性衰老模型小鼠认知功能衰退的改善 [J]. 中国新药与临床杂志, 2009, 28 (7): 505 – 508.

[33] 秦红兵, 杨朝晔, 于广华, 等. 麋鹿角醇提取液改善衰老小鼠免疫功能 [J]. 江苏医药, 2009, 35 (12): 1 464 – 1 467.

[34] 杨朝晔, 秦红兵, 朱清. 麋鹿角醇提液对衰老小鼠细胞因子的影响 [J]. 时珍国医国药, 2010, 21 (4): 773 – 774.

[35] 杨朝晔, 秦红兵, 成海龙, 等. 麋鹿角醇提液对衰老小鼠行为及免疫功能的影响 [J]. 中华中医药杂志, 2010, 25 (2): 221 – 225.

[36] 秦红兵, 杨朝晔, 朱清, 等. 麋鹿角乙醇提取液抗衰老作用研究 [J]. 中成药, 2004, 26 (4): 322 – 324.

[37] 杨朝晔, 秦红兵, 朱清. 麋鹿角醇提液对正常小鼠 IL – 2 和 IFN – γ 的影响 [J]. 中国中药杂志, 2009, 34 (15): 1 986 – 1 988.

[38] 杨朝晔, 秦红兵, 熊存全, 等. 麋鹿角醇提取液对环磷酰胺模型小鼠免疫功能的影响 [J]. 江苏医药, 2010, 36 (21): 2 556 – 2 558.

[39] 成海龙，秦红兵，陆晓东，等. 麋鹿角醇提液对小鼠应激性性功能低下的保护作用及机制研究 [J]. 江苏中医药，2009，41（11）：71-72.

[40] 成海龙，陆晓东，秦红兵，等. 麋鹿角醇提液对幼鼠睾丸以及附性器官发育的影响 [J]. 时珍国医国药，2010，21（3）：653-654.

[41] 成海龙，陈鹤林，韩中保，等. 麋鹿角醇提液对环磷酰胺致雄鼠性腺损伤的保护作用 [J]. 南京医科大学学报：自然科学版，2011，31（9）：1 285-1 288.

[42] 杨若明，张经华，周素红，等. 麋鹿茸中的性激素对大鼠和小鼠生殖系统的影响 [J]. 解剖学报，2001，32（2）：180-181.

[43] 张树苗，梁兵宽，张林源，等. 我国圈养麋鹿种群发展面临的挑战及保护管理对策 [J]. 林业调查规划，2011，36（2）：128-132.

[44] 王立波，丁玉华，魏吉祥. 大丰麋鹿种群增长抑制因素初步探讨 [J]. 野生动物，2009，30（6）：299-301.

[45] 蒋志刚，张林源，杨戎生，等. 中国麋鹿种群密度制约现象与发展策略 [J]. 动物学报，2001，47（1）：53-58.

[46] 杨道德，马建章，何　振，等. 湖北石首麋鹿国家级自然保护区麋鹿种群动态 [J]. 动物学报，2008，53（6）：947-952.

中图分类号：R282.74　文献标志码：A　文章编号：0253-2670（2015）08-0-06　DOI：10.7501/j. issn. 0253-2670. 2015. 08.

此文发表于《中草药》2015，46（8）

新西兰鹿茸产业当今形势及其
2009—2014 发展战略

郑 策 刘 彦 凌立莹 张 旭 孙晓东

(中国农业科学院特产研究所,吉林　132109)

摘 要：新西兰鹿茸出口始于20世纪80年代后期,短短近30年的时间,新西兰已发展成为世界鹿茸出口第一大国,迅速超越了中国、俄罗斯等传统鹿茸生产国。新西兰鹿茸产业的成功得益于其得天独厚的地理条件,更离不开管理者正确规划,新西兰鹿茸产业发展有着具体可行的发展战略规划。做为我国鹿茸产业的主要竞争者,深入了解其发展战略,有助于认知当今国际鹿茸市场形势,摸清我国鹿茸在国际市场中的地位。同时可以学习和借鉴其成功经验,使我国鹿茸产业获得更好的发展。本文主要叙述了新西兰鹿茸产业当今发展形势、回顾新西兰鹿茸产业过去发展战略、分析了新西兰鹿茸产业未来发展战略。

关键词：农业经济；发展战略；综述

current situation and 2009 – 2014 velvet industry
Strategic intent of New Zealand

Zheng Ce, Liu Yan, Ling Liying, Zhang Xu, Sun Xiaodong

(Institute of Special Wild Economic Animal and Plant Science, CAAS, Jilin 132109)

Abstract：New Zealand's exports of deer velvet began in the late 1980s, just 30 years, New Zealand has become the superpower on the deer velvet export in the world, quickly overtook China, Russia and other traditional deer velvet producer. The success of New Zealand deer velvet industry thanks to its unique geographical conditions, can not do without proper planning, the development of New Zealand deer velvet industry has concrete and feasible strategy planning. As a major competitor in deer velvet industry, in – depth understanding of their Strategic intent, will help understanding the current international situation of deer velvet market, finding out our position in the international deer velvet market. we can also learn from their successful experiences, so that the better development of our deer velvet industry. This paper describes the current situation of New Zealand deer velvet industry, review the Strategic intent of New Zealand deer velvet industry in the past, analysis of the future Strategic intent of New Zealand deer velvet industry's.

Key words：Agricultural Economy；Strategic intent；summarize

新西兰是位于太平洋西南部的一个岛国。面积约 26.8 万平方千米。新西兰是一个现代、繁荣的发达国家。2008 年人均 GDP 30 679美元；2007 年人类发展指数为 0.95（高居世界第 20名）。畜牧业是新西兰经济的基础，新西兰农牧产品出口量占其出口总量的 50%，羊肉、奶制品和粗羊毛的出口量均居世界第一位。新西兰还是世界上最大的鹿茸生产国和出口国，生产量占世界总产量的 30%

新西兰无野生鹿资源，于 19 世纪中叶从英格兰、苏格兰等地引进并放养了第一批赤鹿和麋鹿，这两种鹿，非常适应当地的森林和草原，特别是赤鹿在新西兰繁殖很快。1970 年建立了第一个养鹿场。当时世界上急需鹿制品，新西兰进行了有选择的进口和饲养计划，迅速提高鹿群质量。中国和韩国养鹿都是在小块土地上圈养，而新西兰则不同，鹿群放牧在大草原上，放牧的面积从 50 公顷到 1 000 多公顷，鹿的食物来源主要是黑麦、三叶草等植物和森林的树叶。

新西兰养鹿业建立时定位于肉用，20 世纪 80 年代后期，国际鹿茸市场开始形成，新西兰鹿茸作为副产品出口到东南亚地区。由于赤鹿茸枝头较小，曾好长时间不被市场看好，价格相当低廉。新西兰是畜牧业高度发达的国家，借助畜牧业的经验，整治养鹿行业组织，制定了具体可行的发展战略，使新西兰鹿茸产业得到了快速的发展，成为世界鹿茸出口第一大国。

1 新西兰鹿茸产业当今形势

无论是从产量还是从加工能力上讲，都表明新西兰鹿茸产业正在萎缩。一些指标显示新西兰鹿茸产量已经下滑到 90 年代初的水平，新西兰统计局最新统计，截至 2010 年 6 月，存栏鹿1 123 600头，其中母鹿 548 600头，公鹿 575 000头。而且几乎完全失去了加工能力。见图 1。

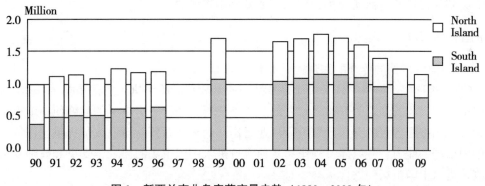

图1 新西兰南北岛鹿茸产量走势（1990—2009 年）

出口商/加工商：大部分仍维持经营的出口商/加工商计划在下一年停止经营。虽然他们能生产出高品质的鹿茸产品，并且有几十年的经验，但他们当前面临资金瓶颈。

农民（养殖户）：由于鹿茸发展计划对养殖环节要求比较严格和同时存在土地使用压力，很多农户选择了大量捕杀他们的鹿茸种群。这可能是导致在短时期内鹿茸产量显著降低。

主要消费者：韩国受当前全球经济衰退冲击很严重。在金融危机袭击之间，韩国经济就已经恶化，金融危机进一步冲击了韩国经济。韩元贬值，失业率上升。然而，鹿茸作为中药的重要组成部分已深入人心，消费者们依然会坚持选用鹿茸的习惯，但可能减少鹿茸的用量，或者选用低等级的鹿茸。

近来，新西兰鹿茸进口价格超过了中国鹿茸，这也从侧面反应了新西兰鹿茸的质量及其发展战略的作用。

2 新西兰鹿茸发展战略回顾

2005 年新西兰制定了 2005—2010 年鹿茸发展战略,发展战略的核心是在保证传统市场的同时,为 NZ 鹿茸寻找新市场和新定位。针对不同的市场提出了不同的计划。

2.1 韩国市场

①确保非官方贸易征收更少的特殊消费税(Special Excise Tax)。

②进一步开拓韩国市场:获得鹿茸切片的准入,同时尽可能获得更多产品的准入;努力使新西兰鹿茸定位为农产品在韩国市场销售;努力开拓鹿茸加工产品的准入,如胶囊,补剂和提取物。

③开展产品来源国标识的工作。

④通过宣传来支持合作伙伴的促销活动。

⑤雇佣韩国职员进行市场调查工作。

2.2 中国台湾市场

①游说台湾农业委员会,以使冷冻鹿茸获得更好的市场准入。

②支付一定的费用来支持台湾农民自有产业的发展,以换取取消鹿茸配额制度(现在的关税率:干茸进口关税为 25%,冻茸在 5 吨配额限制以内的关税为 22.5%,超出配额的关税为 560%。)。

③继续开展市场游说活动(类似于韩国的特别消费税)。

2.3 中国大陆市场

① 收集任何可得到的传统的和现代的鹿茸产品形式信息。[1]

② 打造品牌形象:新西兰认为协作是打造新西兰鹿茸品牌和进入中国市场的一个有效途径,由对中国市场有兴趣的新西兰鹿业参与者成立一个公司,经营一个单一的品牌使中国市场能够接受,然后各公司按照各自的分布计划进行商业运作,为某个新西兰鹿业成员提供合作资金使其获得进入中国市场的能力,并以此过程作为其他成员进入中国市场的模式,支持和鼓励双边和多边努力以改善进入中国市场的条件。

③ 收集有关可能的销售和市场开发机会的信息。

相关礼品、TCM*;从业者(进品商、批发商、零售商);产品形式(整枝、切片和深加工产品)。

④ 制定了开发我国市场的中长期战略,新西兰计划在 2010 年前,每年出口中国 55 吨冷冻鹿茸,出口到我国台湾 50 吨冷冻鹿茸(2006 年是 20 吨)。

3 新西兰鹿茸发展战略 2009—2014

2005—2010 年的鹿茸产业发展战略是在保证传统市场的同时,为 NZ 鹿茸寻找新市场和新定位。新西兰鹿产品管理局认为 2005—2010 年鹿茸产业战略没有达到理想的效果,而且在一定程

---

* TCM (Traditional Chinese Medicine) 传统中药

度上，使新西兰鹿业协会脱离了鹿茸产业，只取得了有限的成功。基于现状，新西兰鹿产品管理局建议在接下来的 5 年改变实施策略。新的鹿茸产业五年战略，希望投入更少的资源，实现保护传统市场、消除贸易壁垒、开拓新市场。

这一产业发展战略，综合了不同产业参与者的意见，最终确定出协定战略详见表 1，不同的参与者可能拥有自己的商业策略，但当商业策略与产业战略发生矛盾时，以服从产业战略为准。具体战略方案如下：

表 1　协定战略：作用与职责

核心战略	加工商/零售商/出口商	养殖户	新西兰鹿业委员会
自由经营	符合法规要求和行业标准，确保产品高效人道地生产	符合法规要求和行业标准，确保产品高效人道地生产	执行国家鹿茸标准体系和行业标准（如分级指南）。保证及时沟通、及时解决任何可能会影响产业的国际或国内问题
扩大市场准入	向 DINZ* 传递市场准入方面存在的问题或机会。协助实现市场准入的目标	支持市场开拓计划	继续采取行动以扩大市场准入
保护和扩大传统市场	保持与核心目标市场的文化商业关系	鹿茸生产符合市场需求并经过卫生处理的	与企业合作，发展核心市场。与市场份额占有率高的销售公司合作，把握市场趋势。
提高基础研究水平	发现通过科研能够提高销量的新的市场机会	无	协调和管理科研
强化 NZ 鹿茸品牌	提高新西兰鹿茸核心效益。确保产品符合规定的标准，使消费者获得积极的购买经验	鹿茸生产符合市场需求并经过卫生处理的	开发和推广新西兰鹿茸标识。确保成本最小和便于监管，确保其起到适当的促销作用
西方市场	发展任何一个具有商业潜在的市场	确保产品符合西方市场要求	支持将仅限于材料的提供和研究成果的交流。与之前的战略相比投入的资源会减少

3.1　保证自由运营

自由运营使鹿茸及其联产品**能够可持续的生产和销售，但这就要求鹿茸产业必须建立完善的制度，确保鹿茸及其联产品人道的生产出来，同时能够规范的处理市场上存在的问题。

支持这一战略的具体措施包括：

3.1.1　鹿茸制造商协会 VPA

鹿茸制造商协会主要处理鹿茸加工过程中存在的争议和问题，DINZ 在一定程度上支持和协助鹿茸制造商协会的工作。

3.1.2　国家鹿茸标准体系（NVSB）计划

国家鹿茸标准体系能够衡量在取茸时，雄鹿是否获得相应的动物福利。同时能够检测卫生水

---

* DINZ（DEER INDUSTRY NEW ZEALAND）新西兰鹿产品管理局

** 联产品：指同一种原来，经过同一个生产过程，生产出两种或两种以上的不同性质和用途的产品

平是否达标。这一计划能够监督企业的行为，并能快速发现不符合标准的企业。这一计划将持续进行。

3.1.3 提高争端管理效率

快速地发现国内市场上出现的问题。

3.1.4 加强市场监管

确保市场上存在的问题能够得到恰当的处理。及时发现市场上潜在的威胁，并以最有效的方式（及时性和合理性）处理这些问题。

3.2 扩大市场准入

95%的新西兰鹿茸出口到海外市场，因此扩大海外市场对于新西兰鹿茸产业非常重要。新西兰希望凭借其鹿茸及其联产品的优势，寻找机会，进一步打开海外市场，由于市场上存在各种不确定性因素，新西兰也做好了打持久战的准备和耐心。

支持这一战略的具体措施包括：

3.2.1 韩新自由贸易协定

依据自由贸易协定，进口税率以及个人消费税将进行调整，这将有助于新西兰鹿产品的出口。同时新西兰鹿业产业部门积极与新西兰政府合作，以确保市场信息能够及时被反馈。当自贸协定产生负面影响时，调控出口的进程。如果自由贸易协定的部分内容不利于新西兰鹿业，则产业部门需要利用允许的方式进行谈判。

3.2.2 中国大陆市场的准入

最近新西兰和中华人民共和国之间的自由贸易协定签署尚未有关于涉及开放在鹿产品贸易。然而，自贸区的设立可以缓解目前对鹿产品的限制，逐渐改善准入条件。

中国经济的显著增长使庞大的人口的个人财富得到迅速地增长，虽然，中国人对传统中医药的态度是坚信的，但随着人们现代化意识的增强，人们更容易获得信息。如果不提倡正确使用鹿茸，在传统疗法的竞争中，鹿茸可能失去它的生存空间。

3.2.3 中国台湾市场的准入

继续努力保持已经获得的5吨鲜茸配额，设法扩大制成品市场。

3.3 尽可能地保护和扩大传统的核心市场

在亚洲，鹿茸被用做药材至少已有2000年了。自从新西兰进入鹿养殖业，其主要市场一直在韩国。韩国有着最大的鹿茸市场需求，然而，随着其他国家财富的增加，新的市场也逐渐形成。一个迅速成长为消费市场的国家就是中国。从中期来看，中国可能成为新西兰最大的鹿茸消费市场。在亚洲市场上，人们对鹿茸对健康有益处这一观点已形成共识，因此在选择目标市场时，应以亚洲市场为主要目标市场。

3.3.1 保护核心韩国市场

确保市场占有率维持在（或提高）在一个（慢慢地）增长的水平；针对韩国消费者，继续灌输新西兰鹿茸高品质的思想，使其认识到新西兰鹿茸符合严格的质量安全标准、有着庞大的规模养殖系统、其产品具有可追溯性；与一个认可鹿茸作用的产业合作，确保他们有能力促进鹿茸的销售。

3.3.2 实施中国战略

制定和实施中国产业发展战略。随着其财富的不断增加和持续的现代化。中国中医药市场有着广阔利润空间。虽然在经济，社会和政治上存在着相关的风险，但是，它是一个合乎逻辑的目标市场，以补充韩国市场。

在最近几年，新西兰鹿茸销售（与中国贸易中）有着显着增长。如果经济继续增长，中国的中产阶级群体将增长。中国的城市化战略促使大量新兴城市的诞生（而不是使现有城市扩大）。这些都有可能提供形成利基市场*的机会。虽然出口商相信他们可以合法地将新西兰鹿茸出售到中国，但新西兰鹿业协会知道事实并非如此（通过 2 个独立的报告）。新西兰鹿茸出口到中国消费市场仍然是有限制的。最近签署的中新自由贸易协定可能提供一个很好的途径突破当前的限制。不过，这需要时间并制定出一个可行的进程来落实。

新西兰鹿业协会的战略预期是，最初将集中在市场准入上，逐步转移到市场的发展。

3.3.3　尽可能抓住机会进入其他亚洲市场，如中国台湾地区

台湾人口规模相当于韩国的一半，相似的人均国民生产总值，而且对中医有着相似的认知度。然而台湾的人均鹿茸消费量只有韩国消费量的 10%，大约在 25 吨。虽然台湾气候温暖，但按照类似的韩国市场计算，消费量也应该在 100 ~ 200 吨。开发台湾市场的工作正在按照我们得预期进行着，我们的努力将会给我们带来回报。

3.4　提高基础研究水平

鹿茸被用于中药已超过两千多年，但仍然存在的问题就是，它的效用是依据临床疗效还是基于传统的惯例。相关的产品如人参已经取得了一定的科研成果，证实其含有有效的成分皂甙，但鹿茸这方面的研究还没有实质性的进展。

在新的 5 年战略中，新西兰鹿产品管理局不计划在科研上投入更多的资源，但鉴于其在世界生产和贸易的地位，仍然会获取一些新的知识。

3.4.1　市场/效用基础研究

市场预期研究：结合商业因素和针对消费者的产品营销工作，确定出需要增加的需求。

产品效用研究：这些项目可以包括免疫功能，关节功能和血液环境（包括糖尿病）的研究。新西兰鹿业协会预计，实验将一般都在体外或专供人体实验的小动物进行。

3.4.2　优先研究主要项目

在资源有限的前提下，研究重点应放在支持鹿茸市场化的主要事项上。如：第一年：关节功能；第二年：免疫功能；第三年：关节炎；第四年：血液环境。很明显，妥善开展一个项目可能需要超过一年或更长的时间，因此，这些主要的项目可能需要很大比例的资金，而且其他项目的完成仍然需要额外的资金。

3.4.3　伤口治疗

在伤口愈合领域，新西兰鹿业投入了大量的时间和精力。市场调研报告指出，伤口愈合产品有一定的市场机会和良好的基础数据支持。人体临床试验将会在 2009/2010 年度，并完成对伤口愈合提取物的提取。接下来的工作就是进行相关的审查。

3.5　强化新西兰鹿茸品牌

打造新西兰鹿茸品牌，有助于规避要求提供商品成分的难题。通过昂贵的广告提高产品知名

---

　　* 利基市场：指那些被市场中的统治者/有绝对优势的企业忽略的某些细分市场，指企业选定一个很小的产品或服务领域，集中力量进入并成为领先者，从当地市场到全国再到全球，同时建立各种壁垒，逐渐形成持久的竞争优势

度，比通过销售、技术支持和科研来提高知名度更有效。支持这一战略的措施包括

3.5.1 形成一个统一的新西兰品牌

在保证新西兰鹿茸产品质量的前提下，尽可能利用现有的 LOGO/标记（如新西兰鹿产品标识）见图2，以促进新西兰鹿产品销售。这使客户的认可他们购买的是正宗产品，同时通过促进鹿茸产品 QA 体系建立和产品可追溯性的建立，可以创造出产品的溢价购买。

图2 新西兰鹿产品标识

3.5.2 控制标识使用

控制标识的分配，以确保那些真正 NZ 产品生产者的信誉，凭借这一地位，支持相关市场活动的开展。

3.6 其他西方市场

由于这些市场规模小，到目前为止，销售一直没有达到可观的规模，新西兰鹿产品管理局不会将有限的产业基金投放在这一市场。但新西兰鹿产品管理局可以提供相应的担保，以支持产品的营销定位和销售。

3.6.1 宠物市场

鉴于全球宠物的数量及鹿茸的性质，鹿茸产品可以作为宠物食品添加剂，同时也使宠物食品具有一定的科技支撑。

3.6.2 亚洲移民

当今世界，亚裔人口在西方大城市获得了工作的机会并定居下来，一些公司在亚洲移民市场上获得了相当的成功，新西兰鹿产品管理局计划努力开拓这一市场。

3.6.3 西方市场

DINZ 认为这是一个大的/稳定的利基市场。按照西方的文化，以营养品开展鹿茸产品的促销。宣传重点如：能够使运动员强壮，并加快训练恢复时间；能够提高关节灵活性和免疫力等，然而，目前为止，西方鹿茸市场尚未取得任何实质性的推进。

参考文献

[1] 魏海军. 我国鹿业"十一五"发展战略思考 [J]. 特种经济动植物，2008，11：6-9.

此文发表于《2011 年中国鹿业进展》

新西兰2012年度鹿肉生产与市场形势
及鹿产品出口贸易概况

李和平　唐　澜

（东北林业大学野生动物资源学院，哈尔滨　150040）

　　新西兰是养鹿大国，其产品市场形势能够直接体现国际养鹿业的发展趋势。本文通过查阅和搜集资料，对近几年新西兰鹿肉市场和鹿产品出口的数据进行了整理，并着重将2012年度的数据同往年同期加以比较，以期为国内养鹿业同仁们提供数据信息参考。

　　新西兰位于南半球，在养鹿生产季节上与我国相反，而且在养鹿产业的有关数据统计上也与我们的习惯有所不同。新西兰在统计养鹿产业的数据时，习惯上以每年的9月30日为界点，从上一年10月1日至当年的9月30日为一个年度。例如，"2012年度鹿的屠宰数量是406 744头"是指2011年10月1日至2012年9月30日，共计12个月的屠宰量。为了表述方便，本文按照新西兰的年度统计方式进行表述。

1　鹿肉市场

　　欧洲是新西兰鹿肉的主要销售市场。虽然前几年新西兰一直在稳步推进价格和增加订单，但欧洲国家的经济衰退对新西兰鹿肉销售产生了持续的消极影响；虽然新西兰鹿肉在欧洲市场的地位相对稳定，但贸易维系艰难，销售也不容乐观。

　　2012年度冷鲜鹿肉的出口比2011年度减少，8，9月份的出口量仅为486吨，比上年度同期的828吨明显减少。而且，为了降低风险，欧洲的一些进口商通过削减冷鲜肉订单的方式加以规避，这同时也意味着进口商绝不会以大量现金的形式来购买冷鲜鹿肉。正是由于鹿肉出口量的减少才使鹿肉价格保持了相对的稳定。前几年，瑞典、瑞士、英国等主要国家零售新西兰鹿肉的量较多。虽然新西兰冷冻腰条鹿肉的价格比欧洲同类产品价格高25%~30%，鹿腿肉的销售价格也相当不错，但价格压力问题也在日益凸显出来。

　　新西兰有关鹿肉价格的官方数据表明，2012年度第1个月（即2011年10月）的鹿肉价格是7.92新元/kg，比2012年5月的最低价格高0.85新元，比2011年度的最高价格低15%；2012年度的最高价格（7.92新元/kg）是自2007年度以来各年度最高价格中的最低值；2012年度鹿肉的加权平均价格是7.52新元/kg，比2011年度的8.23新元/kg低；自2008年度以来，鹿肉的加权平均价格在7.36~8.23新元/kg之间，波动范围仅有6%；而2012年11月至2013年1月以来的鹿肉加权平均价格仅是7.26新元/kg，低于近10年平均值的22%，比2011年同期低17%。

2　鹿的屠宰量

　　2012年度新西兰鹿的屠宰量是406 700头，比2011年度减少2%；2012年9月的屠宰量比

2011 年度同期减少27%，2007—2012 年度及按月份统计的鹿屠宰量数据，见表1。2011、2012 年度母鹿屠宰量占屠宰总量的49%，屠宰比例超出了维持鹿群规模扩繁所需的比例，表明新西兰近年来全国鹿群数量规模一直在减少。2011，2012 年度公母鹿屠宰量及比例，见表2

表 1　新西兰 2007—2012 年度及按月份统计的鹿屠宰量　（单位：头）

月	2007	2008	2009	2010	2011	2012	2012 与 2011 相比
10	72 490	67 966	50 502	46 241	37 379	41 564	11%
11	75 327	66 835	65 220	51 796	51 820	54 027	4%
12	48 969	47 918	53 778	39 978	46 516	39 047	− 16%
1	54 907	64 286	61 123	36 306	40 473	44 881	11%
2	49 751	68 089	53 392	31 724	38 958	50 860	31%
3	63 786	56 623	47 449	43 403	49 730	41 711	− 16%
4	45 355	63 786	34 824	29 722	31 019	24 066	− 22%
5	43 157	41 966	26 769	19 769	25 751	24 052	− 7%
6	26 479	37 152	22 411	18 231	22 085	19 981	− 10%
7	30 540	34 725	20 728	18 193	19 377	20 566	6%
8	43 210	23 871	25 773	25 051	20 743	23 454	13%
9	54 547	30 740	28 182	24 287	30 661	22 535	− 27%
年度总计	608 518	603 957	490 151	384 701	414 512	406 744	− 2%

表 2　2011、2012 年度公母鹿屠宰量及比例　（单位：头）

	2011		2012		2012 与 2011 相比	
母鹿	49%	201 972	49%	198 868	− 3 104	− 2%
公鹿	51%	212 540	51%	207 876	− 4 664	− 2%

3　鹿肉生产量

虽然 2012 年度鹿的屠宰量（406 744头）比 2011 年度（414 512头）减少，但由于屠宰胴体重的增加，使得 2012 年度鹿肉生产量（22 900吨）并没有比 2011 年（22 920吨）降低太多（仅降低0.1%），且比前 2 个年度都高。2012 年度鹿只屠宰的平均胴体重为 56.13kg，比 2011 年度高 1kg。2007—2012 年度及按月份统计的鹿肉生产量，见表3。

表 3 新西兰 2007—2012 年度及按月份统计的鹿肉生产量 （单位：吨）

月	2007	2008	2009	2010	2011	2012	2012 与 2011 相比
10	3 818	3 575	2 772	2 528	2 043	2 324	13.8%
11	4 209	3 737	3 891	2 985	3 011	3 215	6.8%
12	2 773	2 698	3 130	2 295	2 634	2 274	− 13.7%
1	3 125	3 609	3 623	2 106	2 341	2 616	11.8%
2	2 850	3 701	2 997	1 838	2 223	2 943	32.4%
3	3 503	2 987	2 536	2 401	2 729	2 297	− 15.8%
4	2 391	3 292	1 815	1 590	1 632	1 290	− 20.9%
5	2 210	2 138	1 393	1 026	1 334	1 256	− 5.8%
6	1 349	1 871	1 168	937	1 153	1 045	− 9.4%
7	1 584	1 823	1 076	955	1 027	1 103	7.4%
8	2 221	1 242	1 387	1 389	1 114	1 265	13.6%
9	2 860	1 644	1 522	1 290	1 680	1 273	− 24.2%
年度总计	32 893	32 318	27 290	21 339	22 920	22 900	− 0.1%

4 鹿产品出口概况

2012 年度新西兰鹿产品出口创汇额降至 2.685 亿新元（FOB 额，即离岸价），比 2011 年度降低 3%，比 2000 年以来的最高年度降低创汇额 1 亿新元。虽然 2012 年度鹿肉出口价格比 2011 年度略低，但其他鹿产品的出口价格上涨。2012 年度鹿肉、鹿茸、鹿副产品、鹿皮革、鹿皮张等鹿产品出口贸易及与 2011 年度比较，见表 4。

表 4 新西兰 2012 年度鹿产品出口贸易及与 2011 年度的比较

	年度	鹿肉（t）	鹿茸（t）	鹿副产品（t）	鹿皮革（m²）	鹿皮张（张）	
出口贸易重	2012	15 271	179	4 396	239 000	187 000	
	2011	14 484	181	4 114	308 000	158 000	
	2012 与 2011 相比	39%	− 19%	7%	− 22%	18%	
FOB 额（百万新元）	2012	198.1	28.0	19.6	17.5	5.4	268.5
	2011	210.5	25.5	17.7	19.9	3.8	277.5
	2012 与 2011 相比	− 6%	10%	10%	− 12%	41%	− 3%
价格（FOB 值/单位）	2012	12.97	109.38	6.38	73.10	28.91	
	2011	14.18	97.99	6.0	64.65	24.22	
	2012 与 2011 相比	− 9%	12%	3%	13%	19%	

从上述新西兰 2012 年度鹿肉生产与市场、鹿产品出口贸易及与其近几年情况的比较可知，新西兰的养鹿业在国际市场上同样面临着严峻的挑战。

此文发表于《特种经济动植物》2013 年第 5 期

试论中国休闲农业发展中的鹿文化挖掘[*]

邓　蓉[**]　郑文堂　胡宝贵　华玉武

（北京农学院，北京　102206）

摘　要：从中国古代诗词中的鹿文化、传统文化中的鹿文化符号、中国农耕文化中的鹿文化以及关于鹿的美好传说等几个方面阐述在休闲农业发展中可以尝试挖掘的鹿文化视角，并针对中国休闲农业发展，提出着眼于社会和谐宣传鹿文化、着眼于乡村经济发展养鹿业、着眼于促进增收开发特色鹿产品、着眼于休闲农业发展拓展养鹿业的多功能性的发展建议。

关键词：鹿文化；鹿产业；休闲农业

Study on exploring deer culture of leisure agriculture industry development in China

Deng Rong, Zheng Wentang, Hu Baogui, Hua Yuwu

（Beijing University of Agriculture，Beijing 102206，China）

Abstract：For the purpose of the development of leisure agriculture，this paper analyzes Chinese ancient poetry in the deer culture，the traditional culture of the deer culture symbols，the deer culture in China's farming culture and some beautiful legends about the deer culture. And several suggestions are put forward：propagation deer culture focusing on the social harmonious，development of deer industry focusing on the development of rural economy；promoting deer products focusing on increasing farms' income；multi-functioning of deer industry focusing on the development of rural leisure industries.

Key words：deer culture；deer industries；leisure agriculture

　　自古以来，鹿就是人类的朋友，无论是欧洲那在圣诞之夜拉着雪橇带着圣诞老人和礼物到来人间的驯鹿，还是中国敦煌壁画中传说的九色神鹿，鹿都是每个人童年的美好遐想并寄托了人类的美好期盼。

　　中国有着悠久的养鹿历史，全世界共有 38 种鹿，中国就拥有 19 种。鹿是哺乳动物中最富营养价值的动物，人类食用鹿肉历史相当悠久。中国也是最早利用鹿副产品的国家，将鹿茸用作药物治病已有 3000 多年的历史。在中国各级政府都在大力推进乡村休闲农业发展的今天，深入挖

---

　　* 基金项目：（1）北京市哲学社会科学规划重点项目（10AbZH172）；（2）北京市人才强教深化计划 - 学术创新团队（畜牧经济与畜产品贸易）项目；（3）国家社科基金项目（13BGL098）

　　** 作者简介：邓蓉，管理学博士，农业经济学教授，主要从事农业经济管理领域研究，E - mail：agrirose@ bua. edu. cn

掘中国悠久灿烂的鹿文化历史，对于引导中国当前乡村休闲农业的健康发展，对于通过发展养鹿产业繁荣乡村经济和实现农民增收，都有着十分重要的现实意义。

1　中国古代诗词中的鹿文化

中国的鹿文化历史悠久、内容丰富。在古代，鹿文化的具体表现形式为穿着、饮食、观赏、驯养、狩猎、骑乘、医药、民俗活动等，鹿文化的无形表现形式为诗歌、吟唱、崇拜和信仰。在中国古典诗词歌赋中，文人对于鹿文化的具体表现形式和无形表现形式都有过众多的描写，既表现了外在感触，也表现了内心追求。

在《诗经·小雅》中有一篇为"鹿鸣"：

呦呦鹿鸣，食野之苹。

我有嘉宾，鼓瑟吹笙。

吹笙鼓簧，承筐是将。

人之好我，示我周行。

呦呦鹿鸣，食野之蒿。

我有嘉宾，德音孔昭。

视民不恌，君子是则是效。

我有旨酒，嘉宾式燕以敖。

呦呦鹿鸣，食野之芩。

我有嘉宾，鼓瑟鼓琴。

鼓瑟鼓琴，和乐且湛。

我有旨酒，以燕乐嘉宾之心。

"鹿鸣"描写古人宴会以美酒、音乐款待宾客，表现了当时人们待客的热情和礼仪。"呦呦鹿鸣"不仅表明鹿叫声悦耳，同时还以鹿的叫声营造热情而和谐的氛围。全诗以"呦呦鹿鸣"作为每段的开篇，足见当时人们对于鹿的友善和偏好。

唐朝花间派诗人韦庄在《雨霁池上作呈侯学士》一诗中写到了"鹿巾"：

鹿巾藜杖葛衣轻，雨歇池边晚吹清。

正是如今江上好，白鳞红稻紫莼羹。

唐朝在穿着上有鹿巾，这是那时的隐士们戴的一种鹿皮头巾或鹿皮帽子。"鹿巾藜杖葛衣轻"中的"鹿巾"展现了当时隐士的穿着，也衬托出作者愉悦的心情。

宋代词人陆游在《和陈鲁山十诗以孟夏草木长绕屋树扶疏为韵》（之七）中也提到了鹿：

匆匆过三十，梦境日已蹙。

谁知叹亡羊，但有喜得鹿。

本来作何面，认此逆旅屋。

逢人吹布毛，出世不忍独。

志趣远大的陆游在诗中慨叹时光飞逝，并以"谁知叹亡羊，但有喜得鹿"来表现世事难料的心境，以及"大丈夫贵自树立，虽穷不改其节"的操守。

中国古代描写到鹿的诗词众多，比如诗仙李白在其名篇"梦游天姥吟留别"中写道"且放白鹿青崖间，须行即骑访名山"的豪迈诗句；唐朝诗人贾岛在其"盐池院观鹿"中写道"条峰五老势相连，此鹿来从若个边；别有野麋人不见，一生长饮白云泉。"；唐朝诗人施肩吾在"山中玩白鹿"中写道"绕洞寻花日易销，人间无路得相招；呦呦白鹿毛如雪，踏我桃花过石桥。"

总之，在有关鹿的古诗词中，鹿总是代表着美好的希冀、愉悦的心境、优雅的追求。

在中国当前的休闲农业发展中，在规划休闲农业项目实践中，从古典诗词歌赋中汲取文化的营养，有意的营造诗词歌赋中的情境，提升休闲农业的文化内涵，拓展养鹿业的文化功能，对于引导休闲农业健康发展有着重要的意义。

2 中国传统文化中的鹿文化符号

2.1 岩画中的鹿

岩画是古代人类社会生活的重要记录，是刻划在岩石或石壁上的图形艺术形式，它记载着当时人们的狩猎、放牧等生活内容。在内蒙古西南的阴山、狼山地区，曾出现数以万计的岩画，经研究确定其开始创作的时代为新石器时代初期。这些岩画中以鹿类动物为最多，这表明鹿在古代北方民族生活中占据重要的地位。内蒙古阴山岩画中的鹿类动物形象见图1。另外，在云南沧源新石器时代的岩画、在广西花山战国时代的岩画、在四川珙县宋代的岩画中都存有鹿的图案，在新疆博格达山岩画中同样也有鹿的图案。

图1　内蒙古阴山岩画中的鹿类动物形象

Fig. 1　Images of Deer Species in Yinshan Rock Paintings

2.2 鹿字的形成和演变

中国汉字是以象形为主的造字法来构造的。所谓象形造字即古书上说的"远取诸物、近取诸身，观鸟兽之行迹，察山川风雨之演相，体类象形而造字"。"鹿"字的构造主要是突出雄鹿头上的两枝角、侧面的一只眼睛和四肢的特征。

"鹿"字经过了的长期的演变（见图2），到了秦代统一成小篆文字后，便基本上固定下来并一直沿用至今。

初文　　甲骨文　　金文　　秦篆

图2　"鹿"字的演变过程

Fig. 2　Evolutionary Process of the Chinese Equivalent of Deer

2.3 鹿在文字图案中象征美丽

鹿是善于奔跑、跳跃的机灵动物，有"草上飞"的美誉，其身形优美，性情温顺，深受人们的喜爱，历来都被看成是旅游观赏与狩猎的珍贵动物。在北宋徽宗的鹿苑，就养有"鹿数千百头"供其观赏。元朝末年的帝王亦有"聚鹿数百……缕金花为鞍，群皆饰以锦绣邀游江上"的雅兴。

中国古文字的创造是很有讲究的，美丽的"丽"的繁写体就是"麗"，构字中就包含了"鹿"。繁体的"麗"字实际上就是一支头顶晶莹鲜嫩茸角的青年鹿的象形，足见古人是将鹿与美丽联系在一起的。"麋鹿游我前，猿猴戏我侧"，这是晋朝刘琨的诗句；"霜落熊升树，林空鹿饮溪"，这是宋代梅尧臣的诗句；"梦见梧桐生后圃，眼看麋鹿上高台"，这是宋代范成大的诗句。这些诗人都不约而同地将鹿与环境的美好融为一体，在诗歌中将鹿作为美景的一部分来加以描述，足见在古人眼中"鹿"与"美景"关系之密切。

3　中国农耕文化中的鹿文化

农耕文化包含了农耕时代与人们的衣食住行相关的文化。中国有悠久的农耕历史，也有着丰富灿烂的农耕文化。我们的祖先很早就开始用鹿拉车，《南史·东夷扶桑国传》中就记载了"有马车、牛车、鹿车，国人养鹿，如中国畜牛。"在《后汉书·鲍宣妻传》中，就有"妻乃悉归侍御服饰，更著短布裳，与宣共挽鹿车，归乡里"的描写。由此可见，在古人的农耕生活中，鹿占据了重要的地位。

古人类学遗迹的发掘已经证明，人类与鹿是同步进化的。早在170万年前的元谋人，就开始食用鹿肉，并使用鹿骨工具。元谋人生活在凉爽的稀树草原中，除了马和水牛之外，鹿的种类最多，是当时最主要的猎食对象，元谋人还将鹿骨烧制成骨器工具。山西芮城西侯度人遗迹和陕西蓝田人遗迹的发掘，也都证实了鹿与当时人们的生活关系密切。北京猿人遗址（距今60万～20万年前）有关鹿的遗迹发掘更为丰富。北京人猎鹿食用，对鹿的生活习性了解很深，并用鹿骨制作工具，将鹿的头骨做成水瓢用来盛水，鹿角被从根部砍下用作锤子和挖掘工具，鹿的肢骨被劈开做成尖刀用以挖掘等。

鹿是动物界最有经济价值的类群之一，自古以来鹿和人类生活饮食就有着密不可分的关系，鹿既是人类食物的来源，也是人类药物的来源。至今，许多北方民族还对于食用鹿肉有着特殊的偏爱。鹿肉具有高蛋白、低脂肪、低胆固醇的优点，现代食品分析的结果已经证明，鹿肉中的粗蛋白、磷脂、维生素 B_2 及10种人体所需氨基酸均高于牛肉，难怪历代帝王都珍视鹿肉，而且相传唐代的宫宴即称为"鹿鸣宴"，可见鹿肉在古人饮食中的重要性。在《齐民要术》中就记载了鹿肉的烹饪术，这说明当时人们烹制鹿肉食品的水平已相当高了。据清代《奉天通志》等古籍记载，清廷贡品以鹿产品居多，由此可见清廷对于食用鹿肉的偏爱。在著名的古典小说《红螺梦》中，就有大量关于食用鹿肉的故事记载。鹿肉饮食文化在中国的传统饮食文化中占有重要的地位。

鹿茸和麝香是历史上著名的贵重药材，中国最早的药书《神农本草经》对鹿茸的药用已有详细的记载。此外，鹿血、鹿心、鹿胎、鹿筋、鹿骨、鹿皮、鹿角等皆可入药，马王堆汉墓出土的"五十药方"就有燔鹿角治肿痛的记载。以鹿为药用的记载，丰富了中国悠久灿烂的中医药文化，而且至今依然在造福于人类。

古代文人墨客穿着"鹿巾"或许是代表风雅，而中国北方的鄂温克人则以鹿皮作为基本的制衣原料。他们用鹿皮缝制衣裤、被褥以及帐篷，还用鹿皮做成靴子。另外，鄂温克人还喜欢在猎刀的刀鞘上刻上鹿的纹饰，在妇女使用的桦皮包、桦皮盒上也喜欢刻上鹿的纹饰。

中华民族的祖先喜爱鹿，并以鹿的纹饰装饰居所和日常生活用品。比如人们会把鹿的纹饰刻在瓦当上，以装饰居所（见图3）；人们还在铜镜的背面刻上鹿的图案，以使铜镜更具有装饰性（见图4）。

图3 刻有鹿的纹饰的瓦当
Fig. 3 Eaves Tile Engraved with the Figure of Deer

图4 刻有鹿纹的铜镜
Fig. 4 Bronze Mirror Engraved with the Figure of a Deer

4 关于鹿的美好传说

在民间，鹿是美丽、富有、和平、长寿的象征。近代以来，由于"鹿"与"禄"字谐音，因而人们在祈求升官晋级时，又常以"有鹿"为吉兆，意为"有禄"。由于鹿的寿命比较长，因此，在神话传说中，鹿常与鹤同被"仙化"，因此就有了"仙鹤"、"仙鹿"之美称。在神话传说中，鹿常常充当仙人的坐骑或是与老寿星相伴，这也是鹿代表长寿的表现形式。

中华民族的祖先崇拜鹿，古代民间视鹿为神兽，并有许多神鹿救人的美丽传说。"五色云中白鹿鸣，三更海底金鸡唱"这是明代胡奎的诗句，其中提到了白鹿，白鹿即是传说中神仙的坐骑，此处的"白鹿"已被神化为吉祥的象征。

九色鹿的传说更是神奇，在敦煌壁画中有详尽的描述（见图5）。相传在古代，在荒无人烟的戈壁滩上，商人的骆驼队因遇到风沙而迷路了，忽然出现一头九色神鹿给商人指点方向。弄蛇人在采药时不慎落水呼救，九色鹿也将其救上来。当国王执意要取九色鹿皮做衣裳时，弄蛇人见利忘义，向国王告密，并假装再次落水，将神鹿引入国王设下的包围圈。当武士们万箭齐发射向九色鹿时，九色鹿却发出神光，将利箭化为灰烬。

鹿回头的故事流传于海南，是一个美丽动人的传说。相传在很久很久以前，有一个残暴的洞主，想取一副名贵的鹿茸，便强迫黎族青年阿黑上山猎鹿。阿黑上山打猎时，看见了一只美丽的

图5　敦煌壁画中的九色鹿

Fig. 5　Nine – color Deers on Dunhuang Murals

花鹿，正被一只斑豹紧追，阿黑先用箭射死了斑豹，然后又对花鹿穷追不舍，一直追了九天九夜，翻过了九十九座山，追到三亚湾南边的珊瑚崖上，花鹿面对大海已无路可走。此时，猎手阿黑正欲射箭，花鹿突然回头凝望着阿黑并变成了一位美丽的少女，于是他们结为夫妻。他们从此在石崖上定居，过着男耕女织的生活，"鹿回头"的故事从此传颂于世。今天，人们在海南三亚海边建立了鹿回头公园，并设立了"鹿回头"雕塑（见图6）。

图6　海南三亚的鹿回头雕塑

Fig. 6　Sculpture of Turn – head Deer in Sanya，Hainan

在中国的河北省，有几个县名都带"鹿"字，如"巨鹿""涿鹿""束鹿""获鹿"。在民间，老百姓对其来历都有着美好的传说。比如"获鹿城"的来历，就很具故事性。传说，秦朝末年，楚汉相争，项羽追赶刘邦的大将韩信，从太行山上来到河北平原。当时正是烈日炎炎的盛夏，火热的太阳烤得大地直冒烟，花草树木都蔫了。韩信的人马又热又渴，士兵们都吵着要喝水。可是附近既没有井，也不见河。没有办法，韩信只好派人去四处找水。走着走着，忽然从草丛里跑出来一头白鹿，韩信搭弓射箭，射中了白鹿。但赶到近处一看，才知是射中了一块跟鹿一模一样的白石头。韩信有点失望，但当他把箭向外拔出时，地下却流出了一股清泉。人们就给它起名为"白鹿泉"。后来人们在这儿建立了一座城池，今天这座城市就被人们称作"获鹿城"。

关于包头这座城市的来历也有与鹿的传说相关。相传当年成吉思汗西征途径九峰山一带，军队在行进中听鹿鸣声，只见一头健壮的鹿在山坡上与大军对视，头上一对犄角大的出奇。于是成吉思汗就取来弓箭射向梅花鹿。但是，战争百战百胜、射箭百发百中的成吉思汗却怎么也射不中这头梅花鹿。随后，成吉思汗策马扬鞭向鹿奔去，但只要是成吉思汗搭箭射击，鹿就随之奔跑。这样跑跑停停，若即若离，几经转合也不能追上鹿。成吉思汗追随着鹿转过一道山弯跑到一处空地，只见梅花鹿跑进一片树林，林中苍松翠柏、草高林密，好似人间仙境。成吉思汗命将士在林中仔细搜索，活捉这只梅花鹿，但人们只能听到呦呦鹿鸣在林中回荡，却不见神鹿的踪影。随后成吉思汗发现一棵大树枝叶繁茂、树枝粗壮，几人都合抱不拢，再仔细观察，发现这树的形态活像一只跃蹄腾飞的鹿。成吉思汗为大为震惊，便命令士兵将此树连根刨起，却见树下埋着一块方方正正、熠熠闪光的青石，石板上一只梅花鹿的图案赫然显现，正和刚才追捕的那只梅花鹿别无二致。成吉思汗在心中惊叹：真乃神鹿也！于是脱口而出："包可图、包可图……"，并感慨万千地叹道："这是天意，神鹿显灵了，此处是一块风水宝地！"。于是，此地处就根据这则故事中蒙语"包可图"的发音命名为"包头"，后来人们也称包头为鹿城，这一点可以在包头市的市徽中体现出来（见图7）。

图7 包头市徽中的鹿——寓意鹿城
Fig. 7 The Deer on the City Emblem of Baotou – The Moral of the Emblem is the City of Deers

5 中国鹿文化的传承与休闲农业发展

中国鹿文化约始于先秦，兴于汉代，盛于唐宋，明清继而不衰。鹿文化也同时经历了由自然物，到人格化以及神化的过程，形成了具有中国特色的人文习俗和鹿文化氛围，并在中国民族的心理上产生了积淀，对民族性格的形成有着一定的影响。在民间，有关鹿的美好传说还有许许多多，这些都是我们在发展休闲农业时可以挖掘的传统文化基因，伴随着这些文化基因的不断挖掘，中国的休闲农业发展将会更具文化底蕴。

5.1 着眼于社会和谐宣传鹿文化

文化承载历史，积淀文明，生生不息。以文化人，化于无形；以文育人，细语无声。在中国未来的休闲农业发展中，努力传承中国传统文化中的优秀鹿文化，不仅有利于人们追求美好的事物、有利于教育青少年健康成长、有利于促进城乡和谐发展，同时，也是在通过对鹿文化的传承来净化人类的心灵，承载我们灿烂的历史文化。

5.2　着眼于乡村经济发展养鹿业

鹿温驯而美丽，是人们心目中"福禄吉庆、祥瑞长寿"的象征。在中国乡村大力发展养鹿产业，不仅能促进畜牧业大发展，同时也能促进休闲农业的发展。作为世界上鹿品种资源最丰富的国家，中国也是最早驯养鹿的国家，现代意义上的养鹿业在中国也已经有了300年多年的发展历史。目前中国的人工养殖鹿存栏量已达到百万只，未来进一步发展的潜力依然巨大。

5.3　着眼于促进农民增收开发特色鹿产品

养鹿业在中国方兴未艾，并且通过产业延伸拓展出了新的特色产品。鹿具有很强的食用性和药用性，中国原本就是鹿产品应用开发最早的国家，也是世界上鹿产品消费市场最大的国家。中国的鹿食品文化源远流长，已经成为中国饮食文化的重要组成部分；而鹿药品早已伴随着是中国博大精深的中医药文化而发扬光大。与鹿相关的艺术品和旅游纪念品的开发也极大地丰富了特色鹿产品市场。伴随着未来具有特色的鹿产品的不断开发，在促进养鹿业发展的同时，也会带动乡村休闲农业的发展，并促进农民增收致富。

5.4　着眼于休闲农业发展拓展养鹿业的多功能性

养鹿业具有多种功能，比如生产功能、游憩功能、景观功能、食品功能、药品功能、文化传承功能、社会功能等。着眼于休闲农业发展，有效地拓展养鹿业的多种功能，就能使养鹿业在促进乡村经济发展中起到更大的作用，并能直接促进以养鹿业为基本平台的休闲农业的发展。在休闲农业发展中，可以在大力发展养鹿业的基础上，拓展养鹿业的游憩功能、观赏功能、食用功能、药用功能、文化功能和社会功能（艺术品和旅游纪念品开发、乡村鹿文化活动的开展）等，使中国的休闲农业发展更具文化底蕴和更具有可持续性。

参考文献

［1］邓蓉. 从农耕文化到创意农业//都市农业与乡村旅游发展研究［C］. 北京：中国矿业大学出版社，2010.

［2］邓蓉. 论农业多功能性与休闲农业发展//北京新农村建设研究报告（2010）［C］. 北京：中国农业出版社，2011.

［3］李春泉. 中国鹿文化溯源［J］. 湖南林业，2005（1）：35－36.

［4］李淑玲，马逸清. 中国鹿文化的始源与演变［J］. 东北农业大学学报：社会科学版，2009（10）：75－78.

此文已发表于《北京农学院学报》2014年第1期

从医患的角度看人们对鹿茸的消费心理

于得水　石　丹

（中国农业科学院特产研究所，长春中医药大学附属医院）

摘　要：本文根据个人多年工作经验，从医生和消费者两个层面归纳分析人们对鹿茸的消费需求和消费心理，希望能对鹿产品开发和培育消费市场有益，从而让更多的人正确认识并应用鹿产品造福百姓。

关键词：鹿茸；医生；患者；消费心理

Analysis of the Antler Consumer Psychology from the Perspective of the Doctor and Patient

Yu Deshiu，Shi Dang

Worker hospital of specialty graduate school of Chinese farming academy sciences （132109）

Abstract：This paper analysis the demand and psychology of the antler consumer from the perspective of the doctor and patient based on the author's experience，with a hope that it will be helpful for the deer products development and market cultivating，and allow more people to positive effects of the deer products.

Key words：antler；doctor；patient；consumer psychology

鹿茸是一种名贵的中药材，这一点是人所共知，但是鹿茸在国内的消费却一直处在一个尴尬的境地。一是卖不上价，二是消费者对其是"叶公好龙"。本文抛开政策约束、产品开发、市场营销、企业经营行为等原因不谈，仅就医生按中医理论的指导和消费者对鹿产品的消费心理两个层而加以分析，探讨问题存在的瓶颈，借此给鹿产品开发推广提供一孔之见，以便开发更好更多鹿产品服务百姓健康。

从医者的角度来看，我们说鹿全身都是宝，是因其茸（角）、血、肉、筋、鞭、骨、尾、肾等皆可入药，且功效神奇，这些在唐代的食疗木学论，宋代日华诸家木学论，明代木学纲目等历代医书中均有医例医方记载。如食鹿肉养血生容，饮鹿血大补虚损益精血，鹿茸（角）益气补虚治五劳七伤等等，这些结论的由来主要是从医例总结而得汇集在《千金方》、《古今录验方》、《梅师方》、《济生方》等典籍中为后人服务。也正因为有实际功效中医就试图结合中医的理论解释其因果。

如《清代木学经》论鹿茸（角）曰："鹿之精气全在于角，角本连督脉，鹿之角于诸兽为最大，则鹿之督脉最盛可知，故能补人身之督脉，督脉为周身骨节之主，肾主骨，故又能补肾"。其他各项鹿副产品也都有诸如此类的理论上的阐述。这些介绍表明，应用鹿茸或者是鹿的其他副产品不止是有千百年的实践依据，也有深厚的中医药理论作为支撑。尽管如此，但现在无论是医者还是消费者（患者）这两方而人群对鹿茸及鹿副产品指导和应用上还是存有疑虑或者是认知误区。

就医者而言，由于多年的习惯和职责修为是以诊治为主，是把鹿茸一直做为名贵的中药材入药治疗病症来对待。这主要是因为过去生活水平的原因，除达官显贵以外普通百姓没有进补的条件和奢望，所以历史上的所有医书案例记述的都是医方、医治案例，很少有针对各类体况通过酌量服食鹿茸进行调理来增强体质的记载。也就是说医者介绍鹿茸的时候都是针对的实症，对于虚症较少涉及。但社会进步到今天，人们生活水平有很大提高，人们保健意识增强，好身体、好心情、长寿成为大家考量幸福与否的首要指标时，有越来越多的人开始投入兴趣和精力探索保健与长寿之法，比之古代帝工"求道炼丹"毫不逊色。所以"练气功""喝胖大海""煮绿豆汤""生吃泥鳅"等等真伪保健之法广泛传播。近些年咨询服用鹿茸或者是其他鹿副产品的人也开始多起来，这时医生个人认识鹿茸局限性的理论和建议对鹿茸的推广应用就起到了关键的作用。

这里谈到的"医生认知鹿茸的局限性"概括来说有两方而：　一是对鹿茸与壮阳简单的等同起来，二是讲非术后体虚者不得服用。木人曾以用户的身份走访过一些中医结论基本一致，只谈及上述两方而。在网上通过访问18位中医，从虚拟症状、准备进补咨询、服用鹿茸与什么配伍、服用鹿茸的年龄限制等各个方而开展咨询调查后，统计结果是持积极态度的占38.9%，持积极谨慎态度的占11%持谨慎态度占50%。在持谨慎态度的答复中还常用到"不得""不可""不能""禁止服用"等用词。我们知道百姓常识里就对遵循医嘱意识根深蒂固，当然这是对的，很多科学也本该如此。问题是对推广鹿产品来说，由此一来当普通消费者有意向选择鹿茸或者其他鹿的副产品时，一去咨询再遵循医嘱，得到的又是如上的结论，结果人们消费鹿产品的念头就被扼杀了。这个主流的推广渠道对大众传达着片而的认知信息，就为宣传鹿产品消费设置了坚固的门槛，剩下的虽然还有一些服用鹿产品的人群，都是通过口口相传的介绍来选择鹿产品来消费的，结果还是有疑虑不积极主动导致短期浅试则止。

这种状况应该改变，也必须改变。否则鹿茸这么好的东西，古代被誉为"斑龙顶上珠"，被我们宠爱几千年的瑰宝就还会是束之高阁。这不仅是从鹿产品开发推广的角度，就是从服务于国民健康强健体质出发也应该想办法为鹿茸正名，客观评价与介绍。与我们毗邻的南韩对鹿产品应用就非常广泛与普遍，而我们对其认识却在初级阶段实属不该。另外现在食品安全很是问题，加上生活的快节奏我们亚健康人群比重越来越大，我们也需要安全有实际功效的保健品来矫正我们的体况，使人们更健康站在用户（患者）的角度分析也有两个认识上的误区作祟。一是人们历来认为"是药二分毒"，二是把保健与治疗相混淆，这也是人们不热衷鹿茸应用的主观原因。

关于依据是药二分毒的理解而排斥鹿茸的，人们的逻辑推理是，不是说鹿茸是名贵的中药材么，那么是药就有毒副作用除非不得已不用就是了，这种心理占一定比重，其实这是误解。中医讲究的是辨证施治，量的大小导致质的变化这要辩证的看待。就是说服食适量的鹿茸则鹿茸是上好的保健仕品，而与其他药材配伍或者超量服用就是在吃药。这不单鹿茸如此其他很多可食的动植物都是这样，否则就没有药食同源的说法了，这点需要对消费者普及利一普知识。

把保健与治疗相混淆，从而导致对鹿产品实际作用在认识上产生低毁抱怨也是人们在选择鹿茸作为保健品时经常出现的隋况。保健与治疗有木质的区别，保健是通过选取适宜的方式和适宜补品辅助调整体况与人体机能，体况的改变是长期的过程，是需要服食的补品在体内叠加产生作用，否则就是变为服药在治病。这与运动锻炼是同一个道理，都需要坚持经常才会体察到实际效果。但是我们很多人吃了不过二五天就盲下结论这是不利一学的。更有甚者木意是服用补品却当作服用药物来考评，短期期望值过高，没有达标就评价鹿茸实际功效的木质显然也有失公允。当然这里谈的要排除产品质量的真伪所产生的实际效果客观的讲，根据笔者多年工作实践和跟踪调查的结果，人们长期或者择时适量的进补鹿茸是完全可以规避掉我们每人身体机能发展趋势变坏的风险的，至少也是可以延缓人们机体虚耗进程，可说是有利无害。尽管我们现在在作用机理上还没有能力如西医要求的那样清晰的加以阐述，但历史实践与各类人群应用后大样木统计的结果让我们对鹿茸及鹿副产品的保健作用有理由深信不疑。

参考文献

[1] 陈存仁. 中国药学大辞典 [M]. 中华民国二十四年四月世界书局印刷.

此文发表于《内蒙古中医药》2012 年第 1 期

六　鹿茸及鹿副产品研究

鹿产品研究的方向与开发的关键技术

张争明　杨　静

（山西省医药与生命科学研究院）

近年来，由于中成药的销量下降导致的鹿源药材的需求下降，市场上伪劣鹿产品充斥，国家有关政策的限制，国际市场上鹿产品的饱和，国内鹿产品成本增加以及缺乏合理有组织的宣传等因素致使鹿产品价格下降，销售不畅，我国鹿业连续多年低迷，鹿场举步维艰，难以为继，许多鹿场停产倒闭，鹿业前途堪忧。面对鹿业经营的困难，许多业界精英采取各种方法积极应对，扩大延长鹿业经营链，深加工鹿产品增加其经济效益，战胜了经营中的困难并取得了突破性的发展。事实证明鹿产品研发是鹿业生存和发展的必由之路。为促进鹿业健康稳定持续的发展，在此探讨我国鹿产品的研究方向和开发的关键技术，愿与各位同行商榷，共求我国鹿业发展。

1　鹿产品研究的方向

鹿产品是鹿科动物梅花鹿和马鹿生产和加工的产品。鹿产品按加工程度不同分为初加工产品（主要是加工干燥的原材料）和深加工产品（采用现代技术加工成的产品），鹿产品的初加工产品归属于食用农产品和中药材，深加工产品归属于食品、保健食品、药品，这三类产品国家法律有明确的界定，技术含量，质量要求逐个增，鹿产品中代表性的产品是鹿茸，为此我们认为鹿茸研发产品的方向可以代表鹿产品的研究方向。中华人民共和国药典（2010 年版）一部收载了鹿茸、鹿角、鹿角胶、鹿角霜四种鹿产品为药材。鹿茸是传统的中药，中药（Chinese Herbal Drugs）是指在中医理论指导下，用于疾病预防、治疗、诊断和康复的天然药物及其制品的总称。包括中药材、中药饮片、中成药、提取物、民族药。中医理论是建立在整体观念的基础上的，正因如此，才产生了相应的整体疗法。人是有机的整体，虽然各脏自成体系，五脏却组织相联，网络相通，联为一体。五脏功能活动的物质基础是气血津精，气血津精的生化输泄，升降出入，都是五脏协同配合，共同完成的。据此形成了机体自身的整体观。人是自然环境中一员，四季气候突变，时刻影响着机体、自然界的致病因素时刻危害着机体，人与自然休戚与共，于是又形成了天人相应的整体观。这一内外环境的的整体观指导医者从全局出发，重视整体治疗。中医的理论体系主要包括阴阳五行学说，脏象学说、经络学说、八纲辩证等，中药用药理论主要包括四气、五味、归经、升降沉浮等。而西医药的优势是现代科学技术，是以微观为特征的，以局部的观念研究细胞、分子、基因结构与功能为中心的。那么鹿茸的研究方向就要遵循中药现代化的研究方向，将传统中药的特色优势与现代科学技术相结合，走中西相结合的道路，把中医的哲理与宇宙观和现代医学的科学唯物论、宏观思维与微观实体相结合。按照国际的标准规范《药品非临床安全性研究质量管理规范》（GCP），《药品临床研究质量管理规范》（GLP）以及《药品生产质量管理规范》（GMP）等对中药进行研究、开发、生产和管理，并适应当今社会发展的需要。

鹿产品的研究方向为：

1.1 坚持鹿茸化学成分研究与药理研究相结合的原则

要科学阐明鹿茸的药效物质基础，必须坚持化学成分研究和药理研究相结合。离开药理学指导的化学成分研究将变成唯成分至上的纯学术研究，而缺乏化学成分研究的药理学研究也只能是不知其所以然、重复性差的低水平重复。实现二者的结合，我们就有可能做到基本讲清鹿茸的化学成分，药效和作用机理。鹿茸的全部成分还不完全清楚，鉴于检测技术和经济条件要说清鹿茸的化学成分目前尚有困难，也无此必要。结合药理研究，找出其药效作用的有效部位、有效成分，从药效和作用机理方面基本阐明它们所起的主次和整合作用。

1.2 开展鹿茸血清靶成分研究

鹿茸从胃肠道吸收入血后，与鹿茸中效应相关的原有成分和在吸收过程中由原有成分变化产生的新成分统称为鹿茸血清靶成分。这是一种对血清所含化学成分进行分析、鉴定、把得到的化学成分与鹿茸成分再次进行药效学比较，就有可能揭示直接产生药效的化学成分。从而推断出鹿茸药效的物质基础。目前还未见这方面的研究报道。

1.3 将以鹿茸组成的方剂和鹿茸单味药的研究相结合

这样可以更适应临床应用。

1.4 应用分子生物学技术与方法和系统生物学技术与方法进行鹿茸药效物质基础的研究

系统生物学是在细胞、组织、器官和生物整体水平上研究结构和功能各异的生物分子以及特定条件下，如遗传、环境因素变化时，分析这些组分之间相互关系的科学。该学科致力与实体系统（如生物个体、器官、组织和细胞）的建模和仿真、生化代谢途径的动态分析、各种信号转导途径的相互作用、基因调控网络以及疾病机理研究等。基因组学、转录组学、蛋白组学、代谢组学、相互作用组学和表型组学等是其主要技术平台。

1.5 开展鹿茸指纹图谱研究

指纹图谱是指运用现代分析技术对中药多维化学及其相关生物信息以图形（图像）的方式进行表征并加以描述。指纹图谱是一种综合的、可量化的检测手段，是当前符合中药特色，能较全面反映中药多成分物质基础信息的模式，它可使鹿茸质量实现从单点控制到多点控制，从单一控制到相关控制，是鹿产品质量控制和鉴别的一种有效手段。

1.6 把鹿茸临床药理学研究与基础药理学研究相结合

这样才能达到我们研究的真正目的，使鹿茸更好应用于人类的防病治病。

1.7 在继承和保持中医药特色的基础上，将中西医理论相结合应用于鹿茸的研究工作

2 鹿产品开发的关键技术

2.1 超微粉碎技术

超微粉碎技术是指制备和使用微粉及其相关技术，中药超微粉碎是指在遵循中医药用药理论

的前提下，采用现代粉体技术，将中药材微粉化。中药微粉目前比较公认的粒径范围在微 $0.1 \sim 75\mu m$，$D50 \approx 10 \sim 15\mu m$。中药微粉化的主要目的在于通过增大药物颗粒的表面积，增强药物的溶出和吸收，从而提高药物疗效，节省药材资源。另外，在中药超微粉碎的基础上，运用现代制剂技术，能有效改善中药制剂的外观及应用新剂型，进一步促进中药现代化。这项技术对既有韧性和硬度又有较高的价值的鹿茸加工最为适宜。我们研究室已开展了鹿茸微粉的制备与研究项目，可将鹿茸粉碎到 1 000 目的细度，研究了鹿茸超微粉碎的工艺条件，粒度检测方法的比较，超微鹿茸粉的质量标准，溶出比较试验和药效学实验，取得一套完整的技术成果。

2.2 膜分离技术

膜分离技术是利用有选择透过性的薄膜，以压力为推动力实现混合物组分分离的技术。以膜为滤过介质，按所截留的微粒最小粒径，可分为四类。微孔滤过膜、超滤膜、反渗透膜、纳滤膜。在保健酒的过滤中现在已采用超滤膜，一般膜孔径在 $1 \sim 2\mu m$，结合大孔树脂吸附技术成功地解决了保健酒低温浑浊，易沉淀的问题。

2.3 真空冷冻干燥技术，简称冻干

它是指将被干燥物料冷冻成固体，在低温减压的条件下利用水的升华，使物料低温脱水而达到干燥目的的一种干燥方法。我们已成功地研究了整枝鹿茸的冻干工艺，取得了一套成熟的冻干加工技术。这种方法省事省力，鹿茸的活性物质含量高，但有悖于常规的鹿茸加工干燥法，可能改变鹿茸的性味，常规用药还有待进一步研究。

2.4 生物酶解技术

酶是生物体活细胞产生的，以蛋白质形式存在的一类特殊的生物催化剂，能够参与和促进活体细胞内的多种化学、生化反应。酶具有极高的活性，高度专一性和反应条件温和的特定。市售的各种"精"类保健食品和制剂，如蛇精、鳖精、等均是以肽、氨基酸为主的蛋白水解物，有的鹿血采用酶解技术生产成酒剂和口服液类产品。

2.5 微波提取技术

是微波通过"介电损耗"和离子传导，导致细胞内的极性物质尤其是水分子吸收微波能量而产生大量的热量，使细胞内温度迅速升高，液态水气化产生的压力将细胞膜和细胞壁冲破，形成微小的空洞，再进一步加热，细胞内部和细胞壁水分减少，细胞收缩，表面出现裂纹，空洞和裂纹的存在使细胞外溶剂进入细胞内，溶解并释放细胞内的产物。目前有用微波提取技术进行鹿茸成分提取的，但未见详细的研究报道。

2.6 提取分离新技术的应用

如超临界流体萃取法，大孔树脂吸附分离技术。

2.7 制剂的新技术

3 与鹿产品研究开发相关的知识及法规政策

3.1 目前已报道研究的鹿茸药理作用

(1) 增强免疫功能。

(2) 抗氧化作用。

(3) 抗肿瘤作用。

(4) 抗炎作用。

(5) 抗溃疡作用。

(6) 抗创伤作用。

(7) 抗应激作用。

(8) 对心脏的影响。

(9) 抗缺氧作用。

(10) 对神经系统作用。

(11) 性激素样作用。

(12) 促进蛋白质和核酸合成作用。

(13) 促进糖酵解作用。

(14) 对血压的影响。

(15) 促进造血功能作用。

(16) 增智作用。

(17) 强壮作用。

(18) 抗衰老作用。

(19) 增加骨密度作用。

(20) 抗疲劳,等。

从以上的研究报道知道鹿茸的药理作用比较宽泛,目前研究应选择重点用现代技术开展详细的研究。

3.2 国家保健食品可以申报的27种保健功能

(1) 增强免疫力。▲

(2) 辅助降脂。

(3) 辅助降糖。

(4) 抗氧化。

(5) 辅助改善记忆力。

(6) 缓解视疲劳。●

(7) 促进排铅。

(8) 清咽功能。

(9) 辅助降血压。

(10) 改善睡眠。▲

(11) 促进泌乳。

(12) 缓解体力疲劳。▲

（13）提高缺氧耐受力。▲

（14）对辐射危害有辅助保护功能。▲

（15）减肥。

（16）改善生长发育。

（17）增加骨密度。

（18）改善营养性贫血。

（19）对化学性肝损伤有辅助保护。▲

（20）祛痤疮。●

（21）祛黄褐斑。●

（22）改善皮肤水分。●

（23）改善皮肤油分。●

（24）通便功能。

（25）对胃粘膜损伤有辅助保护功能。

（26）调节肠道菌群。

（27）促进消化。

注：标有▲的项目只做动物试验，标有●的项目只做人体试验，其他项目人体、动物试验均须做。

3.3 既是食品又是药品的物品名单

（按笔划顺序排列）丁香、八角茴香、刀豆、小茴香、小蓟、山药、山楂、马齿苋、乌梢蛇、乌梅、木瓜、火麻仁、代代花、玉竹、甘草、白芷、白果、白扁豆、白扁豆花、龙眼肉（桂圆）、决明子、百合、肉豆蔻、肉桂、余甘子、佛手、杏仁（甜、苦）、沙棘、牡蛎、芡实、花椒、赤小豆、阿胶、鸡内金、麦芽、昆布、枣（大枣、酸枣、黑枣）、罗汉果、郁李仁、金银花、青果、鱼腥草、姜（生姜、干姜）、枳椇子、枸杞子、栀子、砂仁、胖大海、茯苓、香橼、香薷、桃仁、桑叶、桑椹、桔红、桔梗、益智仁、荷叶、莱菔子、莲子、高良姜、淡竹叶、淡豆豉、菊花、菊苣、黄芥子、黄精、紫苏、紫苏籽、葛根、黑芝麻、黑胡椒、槐米、槐花、蒲公英、蜂蜜、榧子、酸枣仁、鲜白茅根、鲜芦根、蝮蛇、橘皮、薄荷、薏苡仁、薤白、覆盆子、藿香。

可用于保健食品的物品名单

人参叶、人参果、三七、土茯苓、大蓟、女贞子、山茱萸、川牛膝、川贝母、川芎、马鹿胎、马鹿茸、马鹿骨、丹参、五加皮、五味子、升麻、天门冬、天麻、太子参、巴戟天、木香、木贼、牛蒡子、牛蒡根、车前子、车前草、北沙参、平贝母、玄参、生地黄、生何首乌、白及、白术、白芍、白豆蔻、石决明、石斛（需提供可使用证明）、地骨皮、当归、竹茹、红花、红景天、西洋参、吴茱萸、怀牛膝、杜仲、杜仲叶、沙苑子、牡丹皮、芦荟、苍术、补骨脂、诃子、赤芍、远志、麦门冬、龟甲、佩兰、侧柏叶、制大黄、制何首乌、刺五加、刺玫果、泽兰、泽泻、玫瑰花、玫瑰茄、知母、罗布麻、苦丁茶、金荞麦、金樱子、青皮、厚朴、厚朴花、姜黄、枳壳、枳实、柏子仁、珍珠、绞股蓝、胡芦巴、茜草、荜茇、韭菜子、首乌藤、香附、骨碎补、党参、桑白皮、桑枝、浙贝母、益母草、积雪草、淫羊藿、菟丝子、野菊花、银杏叶、黄芪、湖北贝母、番泻叶、蛤蚧、越橘、槐实、蒲黄、蒺藜、蜂胶、酸角、墨旱莲、熟大黄、熟地黄、鳖甲。

3.4 鹿产品开发的有关法律政策

（1）卫生部关于养殖梅花鹿副产品作为普通食品有关问题的批复。

吉林省卫生厅：

你厅《关于明确部分养殖梅花鹿副产品作为普通食品管理的请示》（吉卫文〔2011〕77号）收悉。经研究，现批复如下：

开发利用养殖梅花鹿副产品作为食品应当符合我国野生动植物保护相关法律法规。根据《食品安全法》及其实施条例，以及我部《关于普通食品中有关原料问题的批复》（卫监督函〔2009〕326号）和《关于进一步规范保健食品原料管理的通知》（卫法监发〔2002〕51号）有关规定，除鹿茸、鹿角、鹿胎、鹿骨外，养殖梅花鹿其他副产品可作为普通食品。

此复。

二〇一二年一月十日

（2）中华人民共和国农产品质量安全法。

本法所称农产品，是指来源于农业的初级产品，即在农业活动中获得的植物、动物、微生物及其产品。

（3）新食品原料安全性审查管理办法（国家卫生和计划生育委员会令第1号）。

《新食品原料安全性审查管理办法》已于2013年2月5日经原卫生部部务会审议通过，现予公布，自2013年10月1日起施行。

第二条 新食品原料是指在我国无传统食用习惯的以下物品：

（1）动物、植物和微生物。

（2）从动物、植物和微生物中分离的成分。

（3）原有结构发生改变的食品成分。

（4）其他新研制的食品原料。

第三条 新食品原料应当具有食品原料的特性，符合应当有的营养要求，且无毒、无害，对人体健康不造成任何急性、亚急性、慢性或者其他潜在性危害。

第四条 新食品原料应当经过国家卫生计生委安全性审查后，方可用于食品生产经营。

第五条 国家卫生计生委负责新食品原料安全性评估材料的审查和许可工作。

（1）中华人民共和国食品安全法。食品，指各种供人食用或者饮用的成品和原料以及按照传统既是食品又是药品的物品，但是不包括以治疗为目的的物品。食品安全，指食品无毒、无害，符合应当有的营养要求，对人体健康不造成任何急性、亚急性或者慢性危害。预包装食品，指预先定量包装或者制作在包装材料和容器中的食品。

（2）保健食品注册管理办法。本办法所称保健食品，是指声称具有特定保健功能或者以补充维生素、矿物质为目的的食品。即适宜于特定人群食用，具有调节机体功能，不以治疗疾病为目的，并且对人体不产生任何急性、亚急性或者慢性危害的食品。

（3）中华人民共和国药品管理法。药品，是指用于预防、治疗、诊断人的疾病，有目的地调节人的生理机能并规定有适应症或者功能主治、用法和用量的物质，包括中药材、中药饮片、中成药、化学原料药及其制剂抗生素、生化药品、放射性药品、血清、疫苗、血液制品和诊断药品等。

（4）中华人民共和国野生动物保护法。本法规定保护的野生动物，是指珍贵、濒危的陆生、水生野生动物和有益的或者有重要经济、科学研究价值的陆生野生动物。掌握学习以上法律可知：《药典》收载的鹿茸、鹿角、鹿角胶、鹿角霜是药品，不能用做食品的原料加入。那么鹿骨、鹿筋、鹿血、鹿肉等可作为食品原料使用，打擦边球。进行食品生产 QS 认证企业要报省级卫生行政部门备案。

（5）卫生部《关于限制以野生动植物及其产品为原料生产保健食品的通知（卫法监发〔2001〕160 号〕》第二条规定：禁止使用国家一级和二级保护野生动植物及其产品作为保健食品成份。第三条规定：禁止使用人工驯养繁殖或人工栽培的国家一级保护野生动植物及其产品作为保健食品成分。使用人工驯养繁殖或人工栽培的国家二级保护野生动植物及其产品作为保健食品成份的，应提供省级以上农业（渔业）、林业行政主管部门的批准文件。规定马鹿胎、马鹿茸、马鹿骨可以作为保健食品原料而梅花鹿茸不行。养殖的梅花鹿、马鹿要办理野生动物驯养繁殖许可证、加工利用许可证。这些限制了鹿产品的开发利用。

（6）中华人民共和国药品管理法实施条例。第三十六条规定：进口药品，应当按照国务院药品监督管理部门的规定申请注册，国外企业生产的药品取得《进口药品注册证》，中国香港、澳门和台湾地区生产的药品取得《医药产品注册证》方可进口。第四十八条规定：禁止生产（包括配制，下同）、销售假药。有下列情形之一的，为假药：（一）药品所含成份与国家药品标准规定的成份不符的；（二）以非药品冒充药品或者以他种药品冒充此种药品的。有下列情形之一的药品，按假药论处：（一）国务院药品监督管理部门规定禁止使用的；（二）依照本法必须批准而未经批准生产、进口，或者依照本法必须检验而未经检验即销售的；（三）变质的；（四）被污染的；（五）使用依照本法必须取得批准文号而未取得批准文号的原料药生产的；（六）所标明的适应症或者功能主治超出规定范围的。第四十九条规定：禁止生产、销售劣药。药品成份的含量不符合国家药品标准的，为劣药。有下列情形之一的药品，按劣药论处：（一）未标明有效期或者更改有效期的；（二）不注明或者更改生产批号的；（三）超过有效期的；（四）直接接触药品的包装材料和容器未经批准的；（五）擅自添加着色剂、防腐剂、香料、矫味剂及辅料的；（六）其他不符合药品标准规定的。

（7）药品经营质量管理规范实施细则。规定进口药材应有《进口药材批件》复印件。这些都有利于我们对市场上鹿产品的打假，保护鹿业健康发展。

（8）中华人民共和国药典。2010 年版一部收载了鹿茸、鹿角、鹿角胶、鹿角霜四种鹿产品为中药材。2010《中国药典》重点规范药材和饮片功能主治，彻底解决描述不确切，前后矛盾，主治宽泛等问题，药材及饮片的功能要体现治法治则以最简练的中医术语概括中药的作用。主治功能要与功能相呼应，有内在逻辑联系。鹿茸的【性味与归经】甘、咸、温。归肝、肾经。【功能与主治】壮肾阳，益精血，强筋骨，调冲任，托疮毒。用于肾阳不足，精血亏虚，阳痿滑精，宫冷不孕，羸瘦，神疲，畏寒，眩晕，耳鸣，腰脊冷痛，筋骨痿软，崩漏带下，阴疽不敛。较2005 年版增加了肾阳不足，精血亏虚主治病症。鹿角和鹿角胶的功能主治没有变动。鹿角霜的【功能主治】温肾助阳，收敛止血。用于脾肾阳虚，白带过多，遗尿尿频，崩漏下血，疮疡不敛。去掉了食少吐泻。规范了鹿茸拉丁名。采用国际上采用的药材名在前，药用部位在后的命名原则。鹿茸 *CERVI CORNU PANTOTRICHUM*，而非以前的 *CORNU CERVI PANTOTRICHUM*。鹿角 *CERVI CORNU* 鹿角胶 *CERVI CORNUS COLLA* 鹿角霜 *CERVI CORNU DEGELATINATUM*

以上简单的介绍了鹿产品的研究方向、开发的关键技术以及相关的法律政策，愿与各位同行和有关企业交流探讨，不妥之处请大家指正。

此文发表于《2014 中国鹿业进展》

鹿脱盘研究进展

张　巍* 白雪媛² 杨学敏¹ 曲正义¹ 姚春林¹**

（1. 中国农业科学院特产研究所新药创制研究室，吉林　132109；
2. 长春中医药大学新药研发中心，长春　130117）

摘　要：总结鹿脱盘的活性成分、生理活性、炮制加工、药用剂型和有效成分提取工艺，为指导新剂型开发提供研究依据。从不同方面对鹿脱盘在各个领域内的应用进行总结。鹿脱盘的乳腺增生治疗效果显著，主要与蛋白、多肽和氨基酸成分有关。仍需开发和利用简单、高效、安全的给药方式和途径。

关键词：鹿脱盘；乳腺增生；剂型

The research progress of Cornu Cervi

Zhang wei¹, Bai xue – yuan¹, Yang xue – min¹, Qu zheng – yi¹, Yao chun – lin¹*

（1 Special Economic Plants and Wildlives Utilization Research Institute of Chinese Academy of Agricultural Sciences, Jilin 132109, China; 2 Center for New Drugs Research, Changchun University of Traditional Chinese Medicine, Changchun 130117, China）

Abstract: The active components, physiological activity, processing, formulation and purifying of Cornu Cervi were summarized to supply evidence for new formulation. Summarize the application of Cornu Cervi in different aspects. The galactophore hyperplasia was related to Cornu Cervi protein, peptide and aminophenol. The simple, effective and safe administration route should be developed and applied.

Key words: Cornu Cervi; Galactophore Hyperplasia; Formulation

　　鹿脱盘，通常叫鹿花盘，又称鹿角盘、鹿角脱盘、鹿角花盘、鹿角帽，为鹿科动物梅花鹿或马鹿的雄鹿锯茸后翌年脱落的角基[1]。具有益肾补虚、消肿散瘀的功能，对急性乳腺炎、乳汁不下、乳房胀痛、乳腺癌等症状疗效显著。目前，鹿脱盘与梅花鹿角和马鹿角一并被归为中药材鹿角的来源之一[2]。梅花鹿是一种特产于我国东北地区的珍贵经济动物，同时吉林省也是世界上人工养殖梅花鹿最成功、饲养规模最大的地区，梅花鹿产业也已成为吉林省的特色型支柱产业。然而，对于梅花鹿鹿茸的营养和药用价值方面的过于关注，使人们忽略了对其副产品鹿脱盘的产业化开发和高效性的应用研究。为此，笔者总结了鹿脱盘的活性成分、生理活性、炮制加工和提取工艺等方面，尤其是在乳腺疾病应用方面的活性研究，比较了不同给药方式和剂型的优劣

---

　　* 作者简介：张巍（1980—），男，博士，长春人，从事新药研发工作，E – mail：zhangwei19800105@ yahoo. cn
　　** 通讯作者：姚春林，E – mail：yaocl@ yahoo. com. cn

程度，以期为日后更好、更高效地利用鹿脱盘提供研究依据。

1 鹿脱盘的活性成分

鹿脱盘的活性成分方面与鹿茸相似，目前尚未确定其标志性物质。

1.1 水溶性蛋白质、多肽及氨基酸

蛋白质、多肽和氨基酸是鹿脱盘中含量极其丰富的一类营养物质，同时又具有很高的药理活性。张宝香等采用的氨基酸自动分析仪对鹿脱盘中含有的氨基酸进行了测定，发现一共有 16 种，其中碱性氨基酸有色氨酸、赖氨酸、组氨酸和精氨酸，其含量约为 231mg/g，并且以赖氨酸含量居高；而其余的 12 种氨基酸则为酸性和中性氨基酸，总含量约为 242.17mg/g，以甘氨酸含量居高[3]。

1.2 胆固醇

王芳等采用高效液相色谱法检测了鹿脱盘中胆固醇的含量，并建立了鹿脱盘品质的质量评价标准和方法[4]，可为鹿脱盘资源的进一步开发利用提供科学依据。

1.3 多糖

郜玉刚等采用中性红染料法测定了鹿脱盘多糖对牛肾传代细胞的最大安全浓度，以此来研究对牛病毒性腹泻病毒的抗病毒活性，结果发现鹿脱盘多糖具有显著抗病毒作用，且有一定的量效关系，即在安全浓度范围内，随着浓度的提高，鹿脱盘多糖的抗病毒作用增强[5]。

1.4 无机元素

鹿脱盘为锯茸时在角基上部留下的茸角骨化后第 2 年生新茸时的脱落部分，因此质地坚硬，含有胶质、磷酸钙、碳酸钙及氮化物等[1]，通过原子吸收分光光度法可对鹿脱盘中的钙、磷、钾、锌及铝的含量进行测定，并且这些数据随着鹿年龄的增长而有所增加，但是铁的含量却不受年龄增加的影响[3]。

2 鹿脱盘的生理活性

2.1 对乳腺增生的影响

鹿脱盘中所含有的多肽类成分能明显地抑制戊酸雌二醇所导致的乳腺增生的发生，其可使左前肢腋下的乳腺直径和高度减少，并且乳腺的萎缩数目随治疗时间的延长而有所增加。致使其抗乳腺增生作用远较丙酸睾丸素强。这种作用机制是通过升高脑多巴胺（DA）的含量从而达到抑制血中催乳素（PRL）的分泌而进行的[3,6,7]。王志兵等以鹿脱盘为原料，经过酶水解提纯的鹿脱盘蛋白多肽具有明显的抗大鼠乳腺增生的作用[8]。赵文静等发现复方鹿脱盘胶囊能改善乳腺增生小鼠乳腺组织形态学各项指标，以高剂量组效果较显著，并且高剂量组有降低血清黄体生成素含量作用，总体效果好于西药他莫昔芬[9]，此外还发现复方鹿脱盘胶囊能不同程度的影响乳腺增生小鼠子宫、卵巢重量，其作用机理之一是调节血清促卵泡雌激素的含量[10]。

2.2　降血糖

黄凤杰等以鹿脱盘为原材料，经稀醋酸提取，再利用凝胶层析分离纯化得到的鹿脱盘多肽具有明显的降糖活性，不仅能够降低 KK – ay 小鼠的血糖水平，并且还能显著促进胰岛素抵抗 HepG2 细胞模型的葡萄糖消耗[11]。

3　鹿脱盘的炮制加工

3.1　鹿角胶和鹿角霜

鹿脱盘可以加工成鹿角胶和鹿角霜。操作工艺如下：取鹿脱盘（或鹿角），刷净其表面，置流水中浸泡至水清，然后取出沥干。再将其切成薄片，置锅中煎煮制取胶液，反复煎煮至胶质耗尽，经过滤后合并滤液（或加入明矾细粉少许）静止，再滤取清胶液，可用文火浓缩（或加适量豆油、冰糖、黄酒）至稠膏状，倒入凝胶槽中，待其自然冷却凝固，取出后切成小块，置阴凉干燥处阴干后即为鹿角胶。其剩余灰白色骨渣即为鹿角霜。

3.2　微切变助剂互作加工

刘成等采用一种鹿角帽微切变助剂互作加工工艺方法，将鹿角帽原料进行预处理，然后向固体物料中加入酸性助剂，选用具有产生剪切作用的钢球体行星震动磨对混合物料进行处理。这种工艺在表面积增大幅度和功效成分溶出率方面都有十分明显的提升，对比表面积增大幅度提高了 10 倍以上，细度达到物料通过 18 微米筛孔的水平，功效因子的溶出率可提高 3.05 ~ 3.35 倍[12]。

4　鹿脱盘有效成分的提取工艺

张峰等研究了底物浓度、酶添加量、温度、时间，pH 值对鹿脱盘酶水解的影响，并利用神经网络建立了鹿脱盘酶解过程的数学模型，该模型能很好地描述鹿脱盘酶水解过程，可以为有限水解提供研究基础[13]。苏凤艳等通过采用盐浸提、加热变性处理和凝胶过滤色谱法从鹿脱盘中提取出了鹿脱盘蛋白质，该蛋白质经电泳显现 5 条谱带，测定其分子量分别为 65.57 KD、28.179 KD、21.265 KD、16.758 KD、13.79 KD，氨基酸分析表明鹿脱盘蛋白质含有 17 种氨基酸[14]。邱芳萍等通过超微粉碎技术对坚硬的鹿脱盘进行粉碎，再经过盐浸提、盐析、透析和分子筛层析分离等技术，分离纯化出了一种鹿脱盘蛋白质，经过 SDS – 聚丙烯酰胺凝胶电泳检测其分子质量在 20.1 ~ 31.0 KD 之间[15]。幺宝金等采用 SDS – 聚丙烯酰胺凝胶电泳法考察了不同 pH 值、不同料液比、不同浸提时间、不同盐浓度等影响因素对鹿脱盘蛋白提取效果的影响，建立了鹿脱盘蛋白的提取工艺，结果显示为鹿脱盘蛋白在 pH 值 12 的缓冲液（含 50 mM EDTA、0.5 M NaCl）、料液比为 1:5、浸提时间为 3 小时、浸提次数为 2 次的条件下效果最佳，鹿脱盘总蛋白的收率可达 2%，纯度可达 80%，工艺稳定、合理、可行[16]。此外，赵雨等发明了一种从鹿脱盘中提取胶原蛋白的纯化技术，先是采用水提法提取鹿角盘胶原蛋白，再用胰蛋白酶进行酶解，从而得到水溶性很好的胶原蛋白的方法，该工艺简单易操作，实验结果稳定，并且可适用于工业化大生产[17]。

5　鹿脱盘的药用剂型

5.1　口服液

以鹿脱盘为主要制取原料，再配以枸杞、阿胶、蜂王浆、人参皂苷等加工而成口服液，能显著提高女性性功能。

5.2　冲剂

以鹿脱盘为主要制取原料，再经提取和制粒等加工工艺可制成固体颗粒，这种固体颗粒具有快速溶解和容易吸收等特点，并且能够强身健骨、增强机体免疫力等。

5.3　软胶囊剂和口嚼片

由于鹿脱盘中的钙、磷等矿物质含量较高，因此以鹿脱盘为主要原料，配以鹿茸、人参和蒲公英等辅料可制成对乳腺和甲状腺等腺体有消炎和化瘀疗效的软胶囊和口嚼片，且能壮骨强身、提高机体免疫力。

5.4　注射剂

鹿脱盘注射液是采用提取和分子筛分离的方法制备的，主要成分为多肽和氨基酸。

6　其他

鹿脱盘碎粉机能够有效地粉碎鹿角盘以及其他硬质的药材，不破坏药材营养成分性能安全，且具有结构简单合理、使用方便、粗级粉碎效果好等特点[18,19]。此外，鹿脱盘还可以作为工艺品。

7　结语

自古以来，古籍记载和民间使用鹿脱盘对乳腺增生的治疗已有着悠久的历史，随着现代科学技术的不断发展，对鹿脱盘的化学成分、药理活性和提取工艺的研究已经逐步证实了鹿脱盘在乳腺增生疾病治疗方面的专属性和特效性，但给药途径仍局限在传统的直接粉碎口服、灌装软胶囊、压制口嚼片和与其他药材配伍制成口服液或冲剂等，这些剂型均通过消化道进行吸收，药物的有效成分变化较大，并且给药剂量大，到达有效部位的有效成分含量低，即鹿脱盘有效物质的有效利用率低。鹿脱盘注射液虽然有效利用率高，但成品制造繁冗复杂，需要灭菌级别较高，提高生产成本，而且给药方式是静脉或皮下注射，不利于方便使用。随着中药现代化与生物药剂学、药动学、药效学以及临床应用研究的进一步有机结合，鹿脱盘的临床应用新剂型的开发和利用一定能展示出其广阔的研究前景。

参考文献

［1］高士贤．中国动物药志［M］．长春：科学技术出版社，1996：978 - 979.
［2］国家药典委员会．中华人民共和国药典（2005 版，一部）［M］．北京：化学工业出版社，2005：225.

[3] 张宝香，金春爱，赵延平. 鹿角盘的化学成分与开发利用 [J]. 特种经济动植物，2005，(12)：7.

[4] 王芳，赵余庆. 鹿花盘中胆固醇的 HPLC 测定 [J]. 中草药，2009，40：286 - 287.

[5] 郜玉刚，于文影，李然，等. 鹿角盘多糖抗病毒的研究 [J]. 安徽农业科学，2010，38，(22)：11 857 - 11 858.

[6] 王丽虹，高志光. 鹿花盘水溶性成分的药理活性与临床应用 [J]. 经济动物学报，1999，3 (3)：18 - 22.

[7] 陈玉山，王淑贤，王本祥. 鹿花盘注射液的药理实验 [J]. 特产研究，1989，4：9 - 12.

[8] 王志兵，邱芳萍，解耸林. 鹿角盘蛋白多肽的制备与活性研究 [J]. 中国食品学报，2008，8 (3)：28 - 32.

[9] 赵文静，吴勃岩，赵向上，等. 复方鹿花盘胶囊对乳腺增生小鼠乳腺组织形态学影响及作用机制的研究 [J]. 四川中医，2010，28 (4)：14 - 16.

[10] 赵文静，赵向上，旺建伟，等. 复方鹿花盘胶囊对乳腺增生小鼠子宫、卵巢重量影响及作用机制的研究 [J]. 中医药信息，2010，27 (3)：41 - 43.

[11] 黄凤杰，吉静娴，样开源，等. 鹿角脱盘多肽的分离纯化及其降糖活性的研究 [J]. 药物生物技术，2010，17 (2)：s151 - 156.

[12] 刘成，肖振泽，刘志桐，等. 鹿角帽微切变助剂互作加工工艺方法 [P]，CN 101444531 A. 2009 - 06 - 03.

[13] 张峰，王志兵，邱芳萍. 基于神经网络的鹿角盘蛋白水解模型 [J]. 长春工业大学学报，2009，30 (1)：22 - 25.

[14] 苏凤艳，李慧萍，王艳梅，等. 鹿花盘蛋白质的提取与生物活性测定 [J]. 动物科学与动物医学，2001，18 (2)：18 - 20.

[15] 邱芳萍，马波，王志兵，等. 鹿角盘蛋白的分离纯化与活性研究 [J]. 长春工业大学学报，2007，28 (3)：144 - 147.

[16] 幺宝金，赵雨，牛放，等. 鹿角脱盘蛋白的提取工艺研究 [J]. 时珍国医国药，2010，21 (7)：1 611 - 1 612.

[17] 赵雨，徐云凤，惠歌，等. 一种鹿角盘胶原蛋白的制备方法 [P]. CN 101805776 A. 2010 - 08 - 18.

[18] 周云贵. 鹿角盘粉碎机 [P]. ZL 200520127759. 2. 2006 - 11 - 08.

[19] 杨金宝. 鹿角盘粉碎机 [P]. ZL 200720094224. 9. 2008 - 12 - 31.

此文发表于《特产研究》2011 年第 2 期

鹿茸化学成分及提取方法研究进展[*]

侯召华[**] 张 宇 金春爱 赵昌德 孙晓东 崔松焕[***]

（中国农业科学院特产研究所，吉林 132109）

摘 要：目的：为鹿茸的研究开发利用提供参考。方法：经数据库检索，查阅国内外公开发表的文章，从鹿茸的化学成分及功效成分提取两方面进行综述。结果：鹿茸含有多种化学成分，主要有氨基酸类、蛋白质类、脂类、糖类、甾类、性激素、无机成分等。鹿茸功效成分的提取近年来取得了巨大的进展，从传统的溶剂粗提，发展为超临界萃取，分子筛纯化等技术。结论：鹿茸具有多种化学成分，化学成分与鹿茸药理活性有密切关系，化学成分有效的提取可以为进一步研究鹿茸的生物学活性及其有效利用提供了基础。

关键词：鹿茸；化学成分；提取方法

ResearchProgress on Chemical Constituents of Antler and its Extraction Technology

Hou Zhaohua, Zhang Yu, Jin Chunai, Zhao Changde,

Sun Xiaodong, Cui SongHuan

（Institute of Special Economic Animal and Plant Science，Chinese Academy of Agricultural Sciences，Jilin 132109，China）

Abstract：To provide the reference for study on the chemical constituents of antler and its extraction method. Methods：Based on the literature about Antler at home and abroad through various databases，the constituents and extraction method were reviewed，respectively. Results：Antler contained many kinds of chemical constituents，primarily including amino acids，fatty acids，lipids，nitrogenous compounds，and polysaccharides，mineral etc. The extraction technology of chemical constituents made great progress. Conclusions：Antler contains various chemical constituents and extraction method，the further chemical and pharmacological research on antler will play an important role for the utilization of Antler reasonably.

Key words：Antler；chemical constituents；extraction technology

* 基金项目：中国农业科学院特产研究所科研基金项目（201111）

** 作者简介：侯召华（1982—），男，山东泰安人，助理研究员，博士，研究方向为特产经济动植物功能成分研究。E - mail：kevin19820427@163.com

*** 通讯作者：崔松焕，吉林省吉林市左家镇中国农业科学研特产研究所，邮编：132109，E - mail：tcsjgs@126.com

鹿茸是雄性梅花鹿或马鹿颅骨附属物，能进行周期性更换[1]，其作为传统中药或膳食补充剂，在韩国中国等亚洲国家中生产消费非常普遍[2]。鹿茸作为传统中药已经有2000多年历史，被视为加强肾功能，性功能，延长寿命和抗衰老的补品[1]。

本文讨论了鹿茸的化学成分及功效成分提取工艺研究进展，为鹿茸的进一步研究开发提供参考。

1 鹿茸主要成分

近几年来，随着检测技术的进步，对鹿茸研究了解也不断深入。鹿茸的化学成分比较复杂，目前已知的有上百种之多，其主要化学成分是氨基酸、多糖、脂肪酸、胆固醇、磷脂和矿物质[3]。

1.1 氨基酸多肽类

鹿茸中含有极其丰富的氨基酸，约占干重的一半。李泽鸿等对梅花鹿鹿茸不同产品中氨基酸含量的比较，其中尤以甘氨酸质量分数最高，谷氨酸、精氨酸和脯氨酸质量分数也很高；三杈鹿茸中各种氨基酸的总质量分数达到48.57%，其中必需氨基酸质量分数平均值为14.98%，三杈鹿茸中氨基酸的总质量分数明显高于二杠鹿茸；在必需氨基酸含量上，三杈鹿茸的必需氨基酸质量分数高于二杠鹿茸的必需氨基酸，营养价值亦高于二杠鹿茸；鹿茸是一种富含多种氨基酸的营养物质，既可药用也可食用[4]。梅花鹿茸多肽的2条主要电泳区带分布在低分子量区域，分子量为1 000 ~ 3 000Da；东北马鹿茸多肽呈现明显的3条多肽区带，分子量范围为1 000 ~ 9 000Da，为阐明梅花鹿茸和马鹿茸这两种不同来源的鹿茸活性成分、分子结构的差别奠定了基础[5]。Yan等从鹿茸分离纯化出多肽CNT14，经过MALDI/TOF/MS分析CNT14得到分子量为1 479.9028，多肽主要包括谷氨酸、亮氨酸、缬氨酸、脯氨酸，CNT14氨基酸序列为E－P－T－V－L－D－E－V－C－L－A－H－G－P[6]。Guan等得到一种鹿茸含32个氨基酸的多肽，序列为VLSAT DKTNV LAAWG KVGGN APAFG AEALE RM[7]。

1.2 脂类

鹿茸含有大量的滋养神经组织的脂质类成分。鹿茸中分离出了蛋白脂质、脑磷脂、卵磷脂等15种滋养神经组织的脂类成分[8]。脂肪酸类化合物包括：豆蔻酸、棕榈酸、硬脂酸、棕榈烯酸、油酸、亚油酸、亚麻酸、花生酸、花生二烯酸和花生四烯酸[9]。Jeon等比较了不同采收日期鹿茸中成分的变化，其中亚油酸、11，14，17－顺－二十碳三烯酸，ω－3和ω－6脂肪酸和多不饱和脂肪酸的含量在65天时含量最高[10]。神经节苷脂（Gangliosides，GLS）细胞膜脂质中的微量成分，细胞识别、粘连、分化、发育及生长均与神经节苷脂有关。Kim等[11]研究确定了梅花鹿茸中多种神经节苷脂。

1.3 糖类

鹿茸多糖（PAPS）具有抗体活性、调节淋巴细胞系统、增加免疫能力等多种药用功能[12,13]。蛋白聚糖（Proteoglycan）是一类由一个核心蛋白与一条或多条糖胺聚糖链共价结合构成的非常复杂的高分子化合物，其分子中前者占6% ~ 20%，后者占80% ~ 90%[14]。鹿茸软骨和骨质组织中存在一定含量的糖胺聚糖。鹿茸中的多糖成分主要为糖胺聚糖。糖胺聚糖（glycosaminoglycan，GAG）是一种蛋白多糖，又名黏多糖，是己糖醛酸、己糖胺及它们的硫酸化和乙酰化衍生物构成的不分支的长链大分子，带负电荷，多具有重复的二糖结构单元[15]。根据 GAG 糖链的组成不同以及硫酸化和乙酰化的部位差别，可以将 GAG 分为硫酸软骨素（CS）、硫酸角质素（KS）、透明质酸（HA）、硫酸皮肤素（DS）、肝素（HP）等[16]。

1.4　甾体类化合物和性激素

鹿茸的抗炎、强心、补肾及激素样作用都与其所含甾类衍生物密切相关[17]。甾体化合物中含有重要的活性物质，如性激素和激素样物质等[18]。在鹿茸中含有雄激素（含睾酮），雌激素（包括雌二醇，雌酮和雌三醇）和孕激素。鹿茸的睾丸激素含量较低和雌激素和孕激素的含量较高。鹿茸中雌二醇和孕酮是两个重要的性激素[19]。麋鹿茸中含有雌二醇及其在体内的代谢物雌酮，还含有睾酮，含量顺序为雌二醇 > 雌酮 > 睾酮。麋鹿茸中的雌二醇含量高于梅花鹿茸和马鹿茸[20]。

1.5　含 N 化合物和多胺类

鹿茸中生物碱基是我们主要研究的抗衰老成分之一，主要包括尿嘧啶，次黄嘌呤。尿苷等[21]。多胺是刺激 RNA 和蛋白质合成的有效成分之一。多胺类包括精脒、精胺和腐胺，含 N 化合物包括尿嘧啶、次黄嘌呤、尿肝、脲、烟酸及肌酐[22]。

1.6　无机成分

目前，无机元素，特别是微量元素在中药有效成分研究上引起了人们的极大关注。鹿茸中含有大量的无机元素，鹿茸各部位均检测出 26 种无机元素。其中包括 5 种人体必需的常量元素 Ca，Na，K，P，Mg 和 11 种人体必需的微量元素 Fe，Zn，Cu，Cr，Sr，Ni，Mo，Co，Mn，V，Sn [23]。Landete-Castillejos 等对鹿茸不同部位不同生理期的灰分进行了分析，鹿茸灰分如钙、磷、钾、锌和铁，差异比较大，而钠和镁差异不显著[24]。尽管各种鹿茸不同部位的无机元素种类相同，但是同一元素在同一鹿茸不同部位的含量以及同一元素在不同鹿茸相同部位中的含量也有差异。Estevez 等研究表明饮食能影响鹿茸矿物质成分，尤其是鹿茸中钠、镁和钾含量受影响显著，但是钙、铁和锌的含量影响不显著[25]。

2　鹿茸化学成分的提取工艺

2.1　鹿茸蛋白质多肽的提取

严铭铭等利用硫酸铵沉淀，得梅花鹿茸蛋白粗提物，其纯度为 47.81% [26]。梅花鹿鹿茸粗蛋白，经过 DEAE SepHarose Fast Flow、SepHacryl S-200 和 Affi-gel Blue Gel 柱色谱分离纯化，分离得到 3 个单一蛋白化合物 CNTP Ⅰ、CNTP Ⅱ、CNTP Ⅲ。潘风光等应用分子排阻层析和离子交换层析提取并纯化不同加工方法处理的梅花鹿鹿茸活性多肽（PAP），鹿茸活性多肽蛋白含量分别为：冻干茸 9.20mg/mL，冷冻鲜茸 1.30mg/mL，热炸茸 1.10mg/mL[27]。

2.2　脂类物质的提取

脂类物质极性较小，易溶于有机溶剂，但此法毒性大，功效成分易于损失。超临界萃取是一种越来越重要的技术，CO_2 是应用最广泛的萃取剂，其临界点较温和，无毒，廉价，环保，无腐蚀性，此外，CO_2的极性可以通过添加溶剂来调整，这样可扩大其应用范围[28]。徐志红等利用超临界CO_2萃取技术提取脂类物质，总提取率可达1.56%，从萃取物中共解析出了22种物质和分析出5种磷脂[29]。

2.3 多聚糖的提取

活性多糖是国内外研究的热点，但对鹿茸多糖的研究甚少，所以其具有广阔的发展前景和现实意义。徐桂英等对梅花鹿鹿茸中总糖与还原糖的提取进行了比较，发现鹿茸中总糖的提取以30%盐酸为溶剂，于沸水浴中提取30分钟，含量最高；以85%乙醇为溶剂，60℃下反复提取三次为还原糖提取的最佳工艺条件[13]。熊和丽等利用离子交换柱纯化梅花鹿鲜鹿茸中蛋白聚糖，得总蛋白聚糖含量为6.69mg/g；DEAE Sepharose FF离子交换层析收集到三个蛋白聚糖组分Ⅰ、Ⅱ、Ⅲ，其蛋白聚糖含量分别占总蛋白聚糖含量的45.25%、25.15%、18.26%[14]。赵玉红等利用酶提取法优化鹿茸糖胺聚糖提取工艺，酶用量为5.72%，提取温度为51.82℃，pH值为8.63，糖胺聚糖得率为2.89%[16]。郑磊等（2010）利用超声波辅助碱性盐法提取鹿茸糖胺聚糖，在超声波处理时间19.57min、超声波功率401.2W、液料比43.8∶1，提取率为3.29%。与蛋白酶提取法相比，超声波辅助碱性盐法降低了生产成本，是一种高效、经济的提取方法[15]。

2.4 甾类物质和生长因子的提取

传统提取鹿茸性激素是通过振荡提取和回流提取，甲醇，乙醚和丙酮作为提取剂。这些方法存在提取温度高，时间长，有害溶剂消耗量大及需要增加浓缩步骤等缺点，这能导致活性成分降解，鹿茸价值会大大降低。CO_2超临界萃取和超声波技术结合用来提取鹿茸中两种性激素（雌二醇和孕酮）及IGF-1，雌二醇和孕酮含量分别为1 224.10pg·g^{-1}，354.06ng·g^{-1}；鹿茸残渣中IGF-1的最高含量为7 425.75ng·g^{-1}，且IGF-1活性能保持为93.68%，然而传统提取后残渣中活性极小[30]。CO_2超临界萃取和超声溶剂辅助提取相结合具有显著的优点，能有效保持鲜鹿茸活性成分。

综观上述研究，鹿茸中含有非常复杂的化学成分，随着科技的进步，对鹿茸中不同化学成分的研究将更加深入，尤其是对不同成分的特性及其相互作用的研究，将是化学成分研究的重点。在研究过程中，能够利用先进的提取纯化技术得到高纯度的功效成分尤为重要，利用不断出现的新技术新方法得到高纯度的成分，为以后鹿茸药理研究提供坚实的基础。

参考文献

［1］Zhou R，Li S F. In vitro antioxidant analysis and characterisation of antler velvet extract ［J］. Food Chemistry，2009，114，1 321 - 1 327.

［2］Wen H，Jeon B，Moon SH，Song YH，Kang S，Yang HJ，Song YM，and Park S. Differentiation of Antlers from Deer on Different Feeds using an NMR-based Metabolomics Approach ［J］. Archives Pharmacal Research，2010，33（8）：1 227 - 1 234.

［3］Jeon B，Kim S，Lee S，Park P，Sung S，Kim J，Moon S. Effect of antler growth period on the chemical composition of velvet antler in sika deer（Cervus nippon）［J］. Mammalian biology. 2009，74，374 - 380.

［4］李泽鸿，武丽敏，姚玉霞，王全凯. 梅花鹿鹿茸不同产品中氨基酸含量的比较［J］. 氨基酸

和生物资源，2007，29（3）：16 – 18.

[5] 刘琳玲，丛波，姜洪梅，杨福合. 鹿茸多肽功能的研究进展 [J]. 特产研究，2009，（2）：67 – 70.

[6] Yan, M M；Qu, X B；Wang, X；Liu, N；Liu, ZQ；Zhao, DQ；Liu, SY. Purification, sequencing and biological activity of polypeptide from velvet antler [J]. chemical journal of chinese universities-chinese. 2007, 28 (10): 1 893 – 1 896.

[7] Guan, SW；Duan, LX；Li, YY；Wang, BX；Zhou, QL. A novel polypeptide from Cervus nippon Temminck proliferation of epidermal cells and NIH3T3 cell line [J]. acta biochimica polonica, 2006, 53 (2): 395 – 397.

[8] 晋大鹏，胡志帅，陈书明. 鹿茸的化学成分及其生物活性研究进展 [J]. 山西中医学院学报，2009，10（2）：67 – 73.

[9] 桂丽萍，郭萍，郭远强. 鹿茸化学成分和药理活性研究进展 [J]. 药物评价研究，2010，33（3）：237 – 240.

[10] Jeon, BT；Cheong, SH；Kim, DH；Park, JH；Park, PJ；Sung, SH；Thomas, DG；Kim, KH；Moon, SH. Effect of Antler Development Stage on the Chemical Composition of Velvet Antler in Elk (Cervus elaphus canadensis) [J]. asian-australasian journal of animal sciences, 2011, 24 (9): 1 303 – 1 313.

[11] Kim K H, Kim K S, Choi B J, et al. Anti-bone resorption activity of deer antler aqua-acupuncture, the pilose antler of Cervus Korean TEMMINCK vat. mantchuricus Swinhoe (Nokyong) in adjuvant-induced arthritic rats [J]. Journal of Ethnopharmacology, 2005, 96 (3): 497 – 506.

[12] 都宏霞，邱芳萍，解耸林. 鹿茸多糖提取工艺的优化 [J]. 现代食品科技，2006，22（4）：130 – 132.

[13] 徐桂英，徐元礼，刘玉华，等. 梅花鹿鹿茸多糖优选提取工艺条件的研究 [J]. 河南畜牧兽医，2007，28（2）：9 – 10.

[14] 熊和丽，杨鸣琦，杨萍，等. 梅花鹿鹿茸蛋白聚糖的提取与分离 [J]. 西北农业学报，2007，16（4）：80 – 82.

[15] 郑磊，金秀明，赵玉红. 超声波辅助盐法提取鹿茸糖胺聚糖的工艺优化 [J]. 食品科学，2010，31（16）：61 – 66.

[16] 赵玉红，郑磊，毛凤彪，等. 利用 Box – Behnken 设计优化鹿茸糖胺聚糖的提取工艺 [J]. 东北林业大学学报，2010，38（5）：93 – 96.

[17] 吉静娴，钱景，黄凤杰，吴梧桐，高向东. 鹿茸的活性物质及药理作用的研究进展 [J]. 中国生化药物杂志，2009，30（2）：141 – 143.

[18] 齐艳萍. 鹿茸的化学成分及对肝损伤的修复作用 [J]. 甘肃中医，2010，23（1）.

[19] Zhou R, Li SF. Supercritical carbon dioxide and co – solvent extractions of estradiol and progesterone from antler velvet [J]. Journal of Food Composition and Analysis, 2009, 22, 72 – 78.

[20] 杨若明，张经华，顾平圻，曹红，张林源，包塔娜，赵珊，项新华. 高效液相色谱法分析麋鹿茸中的性激素 [J]. 分析化学，2001，29（5）：618.

[21] 周冉，李淑芬. RP – HPLC 同时快速测定鹿茸中尿嘧啶、次黄嘌呤、尿苷含量 [J]. 药物分析杂志，2009，29（4）：575 – 578.

[22] 薄士儒，李庆杰，王春雨，等. 鹿茸化学成分与药理作用研究进展 [J]. 经济动物学报，

2010，14（4）：243 – 248.

[23] 吴瑕，常洋，何剑斌. 鹿茸药理作用的研究进展 [J]. 畜产品研究，2008，236：56 – 57.

[24] Landete-Castillejos T，Garcia A，Gallego L. Body weight，early growth and antler size influence antler bonemineral composition of Iberian Red Deer（*Cervus elaphus* hispanicus）[J]. Bone，2007，40，230 – 235.

[25] Estevez，JA；Landete-Castillejos，T；Martinez，A；Garcia，AJ；Ceacero，F；Gaspar-Lopez，E；Calatayud，A；Gallego，L. Antlermineral composition of Iberian red deer Cervus elaphus hispanicus is related tomineral profile of diet [J]. acta theriologica 2009，54（3）：235 – 242.

[26] 严铭铭，曲晓波，钟英杰，等. 梅花鹿鹿茸中促进海马神经细胞增殖蛋白的分离纯化 [J]. 中草药，2007，38（8）：1 163 – 1 167.

[27] 潘风光，孙威，周玉，等. 梅花鹿鹿茸活性多肽的提取及免疫功效的初步研究 [J]. 中国生物制品学杂志，2007，20（9）：669 – 673.

[28] Lang Q Y，Wai，C M. Supercritical fluid extraction in herbal and natural product studies-a practical review [J]. Talanta，2001，53（4 – 5）：771 – 782.

[29] 徐志红，李淑芬，王金宇，等. 超临界 CO2 萃取鹿茸中的性激素研究 [J]. 中国中药杂志，2007，32（19）：2 000 – 2 003.

[30] Zhou R，Li S F，Zhang D C. Combination of Supercritical Fluid Extraction with Ultrasonic Extraction for Obtaining Sex Hormones and IGF – 1 from Antler Velvet，separation science and engineering [J]. Chinese Journal of Chemical Engineering，2009，17（3）：370 – 380.

此文发表于《特产研究》2012 年第 2 期

鹿产品中胶原蛋白的研究及应用进展*

卫功庆** 刘少华 陈大勇 范 宁 赵 岩 张连学***

（吉林农业大学中药材学院，长春　130118）

摘　要：胶原蛋白作为一种重要的功能性蛋白质已被广泛应用于食品、化妆品、生物及医学等各个领域。鹿产品，作为一种新型胶原蛋白资源，对其进行研究与开发具有重要意义。文中就鹿产品胶原蛋白的研究及应用现状进行概括，为鹿产品胶原蛋白的深度开发利用提供参考。

关键词：鹿产品；胶原蛋白；研究；应用

Research and Application Progress of Collagen from the Products of Deer

Wei Gongqing, Liu Shaohua, Chen Dayong, Fan Ning,
Zhao Yan, Zhang Lianxue**

（Chinese Medicine Material College of Jilin Agricultural University,
Changchun 130118, China）

Abstract：Collagen as an important functional protein had been extensively used in food, cosmetic, biologic and medical fields. Deer products as a new type of collagen resource, was of great significance to be studied and developed. In this paper, the current research status and application of deer product collagen was reviewed, for providing reference for further development and use of deer products.

Key words：deer product; collagen; research; application

胶原蛋白（Collagen）是哺乳动物体内含量最多、分布最广的蛋白质[1]，它属于不溶性纤维型蛋白质，主要存在于结缔组织中，是韧带和肌键的主要成分，同时，胶原蛋白还是细胞外基质的重要组成成分[2]。胶原蛋白具有很强的伸张能力，具有增强肌肤弹性、增强机体皮肤组织细胞储水能力以及保持皮肤细嫩、柔软等生理功能[3]。胶原蛋白中甘氨酸的含量几乎占1/3，脯氨酸和羟脯氨酸（Hyp）的含量在各种蛋白质中含量也较高，而且胶原蛋白中存在的羟基赖氨酸（Hyl）在其他蛋白质中不存在[4]。胶原蛋白广泛存在于动物的韧带、肌鞘、骨、软骨、肌腱、皮肤和筋膜中，其提取制品已广泛应用于化妆品、食品、医药、保健等众多领域[5]。因此，对

＊　基金项目：吉林省农业产业技术体系项目（08sys – 097）

＊＊　作者简介：卫功庆，男，副教授，硕士生导师，主要从事特种经济动物研究

＊＊＊　通讯作者：张连学，E – mail：zlx863@163.com

胶原蛋白的研究也越来越受到人们的重视。

鹿（Cervidae）是现存的、仅有的、可再生茸的动物，在动物分类上属于脊索动物门（Chordata）、脊椎动物亚门（Vertebrata）、哺乳纲（Mammalia）、真兽亚纲（Eutheria）、偶蹄目（Artiodactyla）、反刍亚目（Ruminantia）、鹿科（Cervidae）动物，是一种珍贵的、经济价值较高的草食动物[7]。我国是世界上鹿种类及数量较多的国家。从某种程度上来讲，鹿全身是宝。鹿茸是著名的中药材，但除鹿茸外，很多部位皆可供药用，如鹿皮、鹿筋、鹿骨、鹿胎、鹿鞭、鹿肉、鹿茸血、鹿尾、鹿角盘等[8]。

鹿产品，如鹿皮、鹿筋、鹿骨、鹿角盘、鹿角等，富含胶原蛋白。开发这种新型胶原蛋白资源具有重要意义。本文就鹿产品中胶原蛋白的研究及应用现状进行概括，为鹿科动物的深度利用及开发提供参考。

1 鹿产品中胶原蛋白的研究现状

1.1 鹿茸中提取胶原蛋白

鹿茸是雄性马鹿（*Cervus elaphus* Linnaeus）或梅花鹿（*Cervus nippon* Temmick）未骨化的、密生的、茸毛的幼角，始载于《神农本草经》。鹿茸"味甘、性温、主漏下恶血、寒热惊痫、益气强志、生齿不老"。对多种鹿茸中化学成分的分析表明[9,10]：鹿茸中含有大量的I型胶原。鹿茸中粗蛋白质含量占干重质量50%以上，而胶原是鹿茸中含量最高的蛋白质。鹿茸具有可再生、生长速度快的特点，药理作用广泛，因此鹿茸作为胶原提取原料具有其他原料无法比拟的特点。

徐云凤等[11]采用胰蛋白酶水解制备鹿茸胶原蛋白，运用正交试验法考察胶原蛋白的提取工艺，用高效凝胶色谱法考察胶原蛋白的酶解条件，优选出提取鹿茸胶原蛋白的最佳工艺为：料液比1：3（g/mL），水煮时间4 h，提取5次，胰蛋白酶与底物（鲜鹿茸）比1：5 000，酶解时间2 h，得出鹿茸胶原蛋白收率为12.52%，蛋白含量为56.89%。赵玉红等[12,13]采用胃蛋白酶法提取鹿茸中的胶原，运用Box-Behnken中心组合试验设计优化胶原提取条件：提取时间52 h、酶用量5%、液料比1：23（g/mL）。试验结果表明，二杠茸中胶原含量和得率分别为65.8 mg/g和4.53%，均高于毛桃茸和三权茸。采用胃蛋白酶法在酸性条件下制备的梅花鹿鹿茸胶原在波长230 nm处具有强特征峰；红外图谱证明提取的鹿茸胶原为I型胶原；含有17种氨基酸，其中甘氨酸含量最高，其次为丙氨酸和脯氨酸，酪氨酸、蛋氨酸和组氨酸含量较低；其热收缩温度为84.05℃，高于一般脊椎动物的热收缩温度；具有完整的三螺旋结构。李银清等[14,15]采用醇提法制备鹿茸胶原，得出鹿茸醇提物中主要含有I型胶原，含量约70%；相对鲜鹿茸，胶原提取率为10.3%。醇提法制备的鹿茸胶原中含有18种氨基酸，其中甘氨酸、脯氨酸和丙氨酸含量最高，组氨酸和酪氨酸含量较低。对鹿茸胶原酶解物进行药效学研究结果表明，鹿茸胶原酶解物具有免疫调节、抗炎、抗应激作用[16~17]。同时，鹿茸胶原对大鼠成骨细胞有明显的促贴壁和增殖作用，对雌性大鼠骨质疏松症具有一定的治疗作用[18]。

1.2 鹿筋中提取胶原蛋白

鹿筋是贵重的动物类中药，是鹿科动物马鹿（*Cervus elaphus* Linnaeus）或梅花鹿（*Cervus nippon* Temmick）的四肢干燥筋。始载于《唐本草》[19]，性温，味淡微咸，主要用于治疗风湿关节痛、手足无力、肾虚、大壮筋骨、转筋及劳损等症，临床上主要用于治疗肩周炎、骨关节炎、强直性脊柱炎、风湿性关节炎、风湿等[20]。鹿筋是一种营养保健价值较高的补品，现代研究表明：胶原蛋白是鹿筋的主要成分。

从鹿筋中提取胶原蛋白的常规方法是将新鲜的鹿筋去筋膜、皮及脂肪后，用生理盐水反复清洗去除脂肪和血，再用蒸馏水冲洗干净以备用。张鹤等[21~22]对鹿筋用石油醚脱脂、4%的盐酸脱钙后，采用醋酸浸泡、100℃沸水浸提、胃蛋白酶酶解，运用单因素试验和正交试验筛选出提取鹿筋胶原蛋白的最佳条件为：醋酸体积分数 5.5%、料液比 1∶7（g/mL）、浸提时间 14h，胃蛋白酶与底物比 1∶1 000、酶解时间 24h。采用盐酸浸泡、100℃沸水浸提、胰蛋白酶酶解，运用单因素试验筛选出提取鹿筋胶原蛋白的最佳条件为：盐酸质量浓度为 0.2%，料液比为 1∶12（g/mL），浸提时间 48h，胰蛋白酶与底物比为 1∶8 000，酶解时间 3h。试验结果表明：鹿筋胶原蛋白收率分别为 74.56% 和 82.12%；蛋白含量分别为 65.54% 和 72.25%。从试验结果可以看出，采用胰蛋白酶酶解鹿筋胶原蛋白得出的胶原蛋白收率和蛋白含量较高。Takeshi 等[23]通过胃蛋白酶酶解制备梅花鹿鹿筋胶原，得出的胶原蛋白的产量相当于鹿筋冷冻干燥后质量的 37.5%。红外光谱分析显示从鹿筋中提取的胶原蛋白的二级结构与猪皮、牛皮中提取的胶原蛋白不同。

孙晓迪等[24,25]对鹿筋胶原蛋白进行药理学研究，结果表明，鹿筋胶原蛋白具有免疫调节、抗炎作用。同时，鹿筋胶原蛋白还对弗氏佐剂诱导的大鼠佐剂性关节炎有明显的治疗作用。曲毅等[26]对鹿筋胶原蛋白进行药理学研究，结果表明，鹿筋胶原蛋白具有明显抗炎、镇痛作用。张鹤等[27]研究鹿筋胶原对维甲酸诱导的大鼠骨质疏松模型的治疗作用，结果表明，鹿筋胶原蛋白对维甲酸导致的骨质疏松症具有较好的防治作用，同时也为临床上治疗骨质疏松方面的新药开发提供了理论基础。

1.3　鹿骨、鹿角盘中提取胶原蛋白

鹿骨是鹿科动物马鹿（Cervus elaphus Linnaeus）或梅花鹿（Cervus nippon Temmick）的骨骼。鹿骨的药用被首载于《名医别录》。现代研究表明，鹿骨胶具有祛风除湿、益气补血、补肾壮阳的功能，对四肢疼痛、风湿、贫血、精髓不足、久病体弱等症临床疗效较好。鹿骨是养鹿业的副产物，富含胶原蛋白，约占 57%。鹿角盘是雄性鹿科动物马鹿（Cervus elaphus Linnaeus）或梅花鹿（Cervus nippon Temmick）在每年的 7—8 月份，鹿茸被割下以后自然生长出来的形状不一、十分坚硬的盘状物质，待到第 2 年的 4—5 月份自然脱落。鹿角盘中含有大量的胶原蛋白，是鹿角霜、鹿角胶的原料[28]。因此，对鹿骨、鹿角盘的开发利用，是增加养鹿业经济效益的有效途径之一。由于鹿骨和鹿角盘都属于骨类，质地坚硬，从中提取胶原蛋白一般采用高温浸提或酒制的方法。粗提得到的胶原蛋白为明胶，低温放置仍具有凝胶性，分子量在几万到十万，不易被人体消化利用，因此常进行酶解，酶解得到胶原蛋白分子量在几千到几万。

从鹿骨和鹿角盘中提取胶原蛋白的常规方法是预处理（脱脂、脱钙）、溶胶（高温浸提）、酶解（蛋白酶切除胶原的末端肽）。赵玉红等[29~31]利用 Alcalase 碱性蛋白酶对鹿骨进行水解的最佳酶解条件为水解温度 65℃、水解时间 135min、pH 值为 9、酶用量 3 500 U/g。在此条件下得出鹿骨胶原蛋白的水解度为 12.2%，·OH 自由基的清除率 70.8%。研究表明，鹿骨胶水解物蛋白具有较强的体外抗氧化作用。他们还采用酸和酶提取法从鹿骨中提取酸溶性胶原蛋白（ASC）和胃蛋白酶促溶性胶原蛋白（PSC），通过紫外扫描分析得出鹿骨的 ASC 和 PSC 在 234nm 处均有强烈吸收，具有胶原蛋白的特性；通过红外光谱分析说明胶原纤维保留了大量的三股螺旋结构；经 DSC 测定，鹿骨的 ASC 和 PSC 热收缩温度分别为 55℃ 和 58℃。SDS - PAGE 电泳显示，胶原蛋白含有 3 条不同的链，α1、α2 和 β 链。张鹤[32]采用单因素试验和正交试验优化，得到鹿骨胶原

蛋白提取的最佳工艺：料液比 1 : 5（g/mL），水煮时间 3.5 h，水煮 3 次；采用 SDS - PAGE 确定胰蛋白酶的用量为酶与底物比 1 : 5 000，酶解 1 h，提取率为 5.11%，蛋白含量约 80.59%。采用单因素试验和正交试验优化得到提取鹿角盘胶原蛋白的最佳工艺：料液比 1 : 5（g/mL），水煮时间 5 h，提取 4 次；采用高效液相凝胶色谱法确定胰蛋白酶的用量为酶与底物比 1 : 10 000，酶解 1.5 h，收率为 22.31%，平均蛋白含量 66.32%。氨基酸分析表明，鹿骨胶原蛋白和鹿角盘胶原蛋白中均含有 17 种氨基酸，其中甘氨酸含量最高，分别为 33.87% 和 31.51%，这表明运用此方法水解得到的胶原蛋白中各成分均没有受到破坏，依然保存胶原蛋白的特点。牛放等[33]采用热水浸提，胰蛋白酶酶解，得到鹿角脱盘胶原蛋白，采用 Folin - 酚试剂法测定鹿角盘胶原蛋白中蛋白含量约为 66%。试验结果表明，鹿角盘胶原蛋白对去卵巢所致的骨质疏松大鼠有一定的治疗作用。

1.4 鹿皮中提取胶原蛋白

鹿皮是鹿科动物马鹿（*Cervus elaphus* Linnaeus）或梅花鹿（*Cervus nippon* Temmick）的皮，它是梅花鹿系列产品中的一个重要组成部分。《本草纲目》中记载鹿皮"补气，涩精，敛疮"。《四川中药志》收录："性温，味咸，无毒，能补气，涩虚滑。治妇女白带，血崩不止，肾虚滑精；涂一切疮。"王建辉等[34]采用酸法和酶法从东北特产梅花鹿鹿皮中提取胶原蛋白，其中，酶法提取的胶原蛋白含量高于酸法的 1.5 倍，而且纯度较高。酶法提取鹿皮胶原蛋白中蛋白质含量为 81.4%，鹿皮胶原的相对分子量分布为（11.7 ~ 21.4）× 10^4，饱湿倍数、吸水倍数分别为 20、2.4，等点电为 4.19。鹿皮胶原蛋白中含有 18 种氨基酸（谷氨酸、甘氨酸、丙氨酸、精氨酸、脯氨酸和羟脯氨酸的含量较高）和 21 种人体所必需的微量元素（其中 Zn、Ge、Se 的含量较高，分别为 93.4、0.56、0.01 μg/g）。

2 鹿产品胶原蛋白的应用现状

2.1 在食品、保健品行业的应用

胶原蛋白本身可以作为一种食品，食用胶原蛋白一般来源于动物的肌腱、真皮和骨骼，但多数情况下，胶原蛋白在食品方面主要是营养和功能应用两方面[35]。人们食用富含胶原蛋白的食品，能够有效地增强体质、强筋健体、延缓机体衰老[36]。在古代，我国食用鹿产品在诸多典籍中均有记载，近现代，鹿产品食用有了更大的发展，食用鹿产品几乎包括其全部品种，鹿产品早已成为中餐的重要组成部分以及最受消费者欢迎的门类之一。药理学研究表明：鹿筋、鹿茸、鹿角盘等酶解产物均具有抗氧化、抗疲劳和提高免疫功能的作用。但是，由于鹿产品在保健食品、预包装食品和中医药膳食疗领域的应用受到现行体制及相关的法律、法规政策的限制，仅有少数品种审批上市[39]。

2.2 在化妆品行业中的应用

胶原蛋白具有纯天然的防皱、祛斑、美白保湿等作用，胶原蛋白广泛应用于化妆品中主要有亲和性、保湿性、修复性、营养性及配伍性等功效。在化妆品工业中，胶原蛋白作为化妆品原料的有效性已经确定。胶原蛋白可从动物皮中提取，其中，从鹿皮中提取的胶原蛋白具有较强的吸水性和饱湿性，利用这一性质，可以用于化妆品生产。研究表明，鹿皮胶具有特有香气，鹿皮胶营养液具有养颜、润肤作用[37~38]。鹿产品中鹿皮、鹿筋、鹿茸等都含有丰富的胶原蛋白，我国古籍中有许多鹿产品用于美容化妆的记载，如"永和公主澡豆方"《太平圣惠方》中的鹿角胶、鹿角霜；"小地黄煎丸"《圣济总录》中的鹿角胶等[39]。现在市场上也不断有鹿产品为原料的高档美容化妆品上市，如鹿胎素化妆品、康鹿鹿茸养颜宝、鹿脂蛋白乳等，不断满足消费者对天然、高档美容化妆品的需求。

2.3　在医疗卫生行业中的应用

胶原蛋白是细胞重要的组成成分，可构成细胞外基质的骨架，胶原蛋白能防止血栓、保持血管壁弹性、提高韧带及软骨的润滑、减轻关节僵硬等，其在治疗真皮缺陷或损伤、美容整形、增强机体免疫力等方面的作用已被认可。我国是世界上最早将鹿产品列入药用的国家，但是《中华人民共和国药典》仅将鹿茸、鹿角及鹿角制品鹿角胶、鹿角霜4种鹿产品列入法定中药材，在民间，我国应用鹿花盘治疗儿童腮腺炎及乳房肿块等疾病具有较悠久的历史。鹿角盘中具有丰富的蛋白质及多肽；临床上，鹿角盘胶原蛋白具有治疗骨质疏松、乳腺增生等作用。张金宝[40]报道了1例鹿角盘治疗胃癌晚期患者的病例，2年后痊愈。张维滋等[41]通过146例临床观察证实，鹿花盘注射液对乳腺增生的良好疗效。药理研究结果表明，鹿茸胶原多肽可以应用于治疗骨质疏松[42]、成骨细胞生长[43]、组织修复[44]、乳腺增生等，鹿茸液能够减少CHF大鼠心肌细胞凋亡，从而抑制左室重构，具有良好的临床研究前景[45]。

3　小结

随着生活水平的提高，人们追求健康的意识逐渐加强，胶原蛋白的美容、保健功效越来越受到人们的青睐。鹿科动物也是哺乳类动物中最富有价值的动物。鹿产品具有极高的药用价值和保健功效。鹿的人工养殖技术已经成熟，现有鹿产品已经脱离对野生动物资源的依赖。利用人工生产的鹿产品可以作为提取胶原蛋白的一种新型原料来源应用于食品、化妆品及医疗卫生领域。而且，我国是世界上产鹿种类最多的国家，也是人工养鹿业的开拓者。从世界范围来看，养鹿业已经成为一个新兴的产业，相信随着科学的发展、技术的进步，鹿产业将带来更好的经济、社会和生态效益。

参考文献

[1] Birgit L, Erhard H. . Mammalian collagen receptors [J]. Matrix Biology, 2007, 26 (3): 146 - 155.

[2] 蒋挺大，张春萍. 胶原蛋白 [M]. 北京：化学工业出版社，2006.

[3] 陈丽丽，赵利，刘华，等. 水产品胶原蛋白的研究进展 [J]. 食品研究与开发，2012，33 (1)：205 - 208.

[4] 宋芹，陈封政，颜军，等. 胶原蛋白研究进展 [J]. 成都大学学报：自然科学版，2012，31 (1)：35 - 38.

[5] 白海英，柯蕾芬，朱文赫，等. 胶原蛋白应用的研究进展 [J]. 吉林医药学院学报，2013，34 (2)：133 - 134.

[6] Matthew D, Shoulders, Ronald T, et al. Collagen Structure and Stabi - lity [J]. Annual Review of Biochemistry, 2009, 78: 929 - 958.

［7］ 邓明鲁. 中国动物药资源［M］. 北京：中国中医药出版社，2007：323 – 325.

［8］ 杨福合. 中国鹿产业发展战略研究［D］. 长春：吉林大学，2012.

［9］ 晋大鹏，胡志帅，陈书明. 鹿茸的化学成分及其生物活性研究进展［J］. 山西中医学院学报，2009，10（2）：67 – 68.

［10］ Byongtae J，Sungjin K，Sangmoo P，et al. Effect of antler growth period on the chemical composition of velvet antler in sika deer（*Cervus nippon*）［J］. Mammalian Biology，2008，74（5）：374 – 380.

［11］ 徐云凤，赵雨，张鹤，等. 酶解法制备鹿茸胶原蛋白的工艺研究［J］. 中华医药杂志，2011，26（1）：53 – 55.

［12］ 赵玉红，金秀明，王珊珊. 不同生长阶段鹿茸中胶原含量比较及提取条件优化［J］. 食品科学，2012，33（10）：67 – 71.

［13］ 赵玉红，金秀明. 梅花鹿鹿茸胶原的理化特性研究［J］. 食品科学，2012，33（11）：75 – 78.

［14］ 李银清，毕胜男，韩烨，等. 醇提法制备鹿茸胶原的初步研究［J］. 特产研究，2007（1）：9 – 11.

［15］ 李银清. 梅花鹿茸胶原的分离提取及活性研究［D］. 长春：长春中医药大学，2007.

［16］ 李银清. 梅花鹿鹿茸胶原酶解物的制备及活性研究［D］. 长春：长春中医药大学，2010.

［17］ 李银清，赵雨，孙晓迪，等. 鹿茸胶原酶解物抗炎免疫抗应激作用的实验研究［J］. 中华中医药杂志，2010，25（7）：1 070 – 1 072.

［18］ 李银清，赵雨，范冬艳，等. 鹿茸胶原促进大鼠成骨细胞生长的实验研究［J］. 吉林中医药，2009，29（12）：1 089 – 1 090.

［19］ 苏敬. 唐本草［M］. 上海：上海卫生出版社，1957：210.

［20］ 刘邦强，卢振，高音，等. 二品同名异物鹿筋的代替使用鉴别及应用［J］. 中国民族民间医药杂志，2005（74）：173 – 174.

［21］ 张鹤，赵雨，徐云凤，等. 梅花鹿鹿筋胶原蛋白提取工艺条件优化［J］. 食品科学，2010，31（18）：14 – 17.

［22］ 张鹤，赵雨，徐云凤，等. 胰蛋白酶水解梅花鹿鹿筋胶原工艺条件的研究［J］. 食品科技，2010，35（9）：216 – 218.

［23］ Takeshi N，Nobutaka S，Yasuhiro T，et al. Collagen from Tendon of Yezo Sika Deer（*Cervus nippon yesoensis*）as By – Product［J］. Food and Nutrition Sciences，2012，3：72 – 79.

［24］ 孙晓迪，李银清，赵雨，等. 鹿筋胶原抗炎免疫作用研究［J］. 时珍国医国药，2010，22（4）：853 – 854.

［25］ 孙晓迪，李银清，赵雨，等. 鹿筋胶原对大鼠佐剂性关节炎的治疗作用［J］. 中国中药杂志，2009，34（23）：3 135 – 3 138.

［26］ 曲毅，赵雨，李银清，等. 鹿筋胶原抗炎镇痛作用研究［J］. 辽宁中医杂志，2010，37（9）：1 825 – 1 827.

［27］ 张鹤，赵雨，李银清，等. 鹿筋胶原对维甲酸所致大鼠骨质疏松的治疗作用［J］. 中药材，2010，33（3）：411 – 413.

［28］ Wu F F，Li H Q，Jin L J，et al. Deer antler base as a traditional Chinese medicine：A review of its traditional uses，chemistry and pharmacology［J］. Journal of Ethnopharmacology，2013，

145 （2）：403 - 415.

[29] 赵玉红，韩琳琳，高天. 鹿骨胶原蛋白的酶解及其水解物羟自由基清除活性的研究 ［J］.
东北农业大学学报，2007，38 （6）：780 - 783

[30] 赵玉红，高天. 鹿骨胶原蛋白特性的研究 ［J］. 食品科学，2008，29 （7）：43 - 46.

[31] 高天. 鹿骨胶原蛋白的制备及其水解物抗氧化活性的研究 ［D］. 哈尔滨：东北林业大
学，2007.

[32] 张鹤. 梅花鹿胶原蛋白制备及治疗骨质疏松症作用研究 ［D］. 长春：长春中医药大
学. 2011.

[33] 牛放，赵雨，徐云凤，等. 鹿骨胶原蛋白对去卵巢所致骨质疏松大鼠的治疗作用 ［J］. 中
国现代应用药学，2012，29 （2）：93 - 96.

[34] 王建辉，李琦，刘在群，等. 鹿皮胶原的提取与性质 ［J］. 吉林大学自然科学学报，
2011，106 - 107.

[35] 陈金明，冯洁，温升南. 胶原蛋白在食品中的应用及发展趋势 ［A］// 中国食品添加剂和
配料协会. 第十四届中国国际食品添加剂和配料展览会学术论文集 ［C］. 北京：中国食品
添加剂杂志社，2010.

[36] 王春侠. 胶原蛋白在医疗保健领域的应用研究 ［J］. 现代医药卫生，2011，27 （23）：
3 588 - 3 590.

[37] 蒙海燕. 鹿茸及鹿角胶主要传统功效作用机理研究 ［D］. 长春：长春中医药大学，2008.

[38] 张宝香. 鹿皮营养液的加工 ［J］. 特种经济动植物，2002 （11）：39.

[39] 宋胜利，宋文辉，张凯，等. 中国鹿产品应用开发历史、现状及对策 ［A］//中国畜牧业
协会. 2010 中国鹿业进展 ［C］. 北京：中国农业出版社，2010.

[40] 张金宝. 试用鹿角盘治疗胃癌一例 ［J］. 畜牧兽医科技信息，2006 （4）：21.

[41] 张维滋，王振玉. 鹿花盘注射液治疗乳腺增生病 146 例临床观察 ［J］. 中国生化药物杂
志，1987，35 （2）：16.

[42] Li Y Q, Zhao Y, Tang R N, et al. Prevention and therapeutic effect of Sika Deer Velvet collagen
hydrolysate on osteoporosis in ovariectomized rats ［J］. Natural product research and develop-
ment, 2010, 22: 578 - 581.

[43] 李银清，赵雨，范冬艳，等. 鹿茸胶原促进大鼠成骨细胞生长的实验研究 ［J］. 吉林中医
药，2009，29 （12）：1 089 - 1 090.

[44] 李夏. 骨关节炎软骨细胞修复紊乱及鹿茸多肽对软骨细胞的保护作用 ［D］. 长春：吉林大
学，2008.

[45] 宋业琳，孙兰军，赵英强，等. 鹿茸液对慢性心衰大鼠心肌细胞凋亡和 I 、Ⅲ 型胶原表达
的实验研究 ［J］. 世界中医药，2008，3 （6）：370 - 371.

中图分类号：S874 文献标识码：A

引文格式：卫功庆，刘少华，陈大勇，等. 鹿产品中胶原蛋白的研究及应用进展 ［J］. 经
济动物学报，2013，17 （4）.

此文发表于《经济动物学报》2014，18 （2）

近五年鹿类中药材药理作用研究进展[*]

刘　冬[1][**]　高久堂[2]　孙佳明[1][***]　张　辉[1][****]

（1. 长春中医药大学，长春　130117；2. 吉林省东北亚药业股份
有限公司，敦化　133700）

摘　要：鹿类中药材为我国传统滋补类中药，主要包括鹿茸、鹿角、鹿血、鹿角盘、复方，具有广泛的药理作用。鹿茸对心肌损伤有保护作用，能修复骨缺损，促进伤口愈合，提高机体免疫功能，促进脂肪分解，延缓衰老，改善学习记忆。鹿血在心悸、骨质疏松、抗衰老等方面效果良好。鹿角盘表现在对乳腺增生，免疫增强，骨质疏松，补血等方面。复方对骨头缺血性坏死等方面有治疗作用。本文对鹿类中药材药理作用进行详细综述，为其研究奠定基础，并为其开发和利用提供科学依据。

关键词：鹿类中药材；药理作用；开发利用

The pharmacological action research deer nearly five years

Liu Dong, Gao Jiu Tang, Sun Jia Ming, Zhang Hui

（1. Changchun University of Chinese Medicine, Changchun 130117, China

2. Jilin province northeast Asia pharmaceutical industry company

limited by shares, Dunhua 133700, China）

Abstract：Deer for our traditional Chinese medicinal materials class tonic kind of traditional Chinese medicine (TCM), mainly including pilose antl-er, deer antlers, blood, antler plate, compound, has extensive pharmacolo-gical action. Velvet antler on myocardial injury has a protective effect, can repair bone defect, and promote wound healing, improve the body's immune function, promote adipose decompose, anti-aging, improve the learning and memory. Deer blood in such aspects as palpitation, osteopo rosis, anti-aging effect is good. Staghorn disk performance on hyperplasia of mammary glands, immune enhancement, osteoporosis, blood, etc. Compound avascular necrosis of bone treatment effect. Deer in this paper, the kind of traditional Chinese medicine pharmacology were reviewed in detail, and lay the foundation for the research, and provide scientific basis for its development and utilization.

Key words：traditional chinese medicines of deer；pharmacological effects；development

　＊ 项目来源：1. 国家自然基金面上项目（基金编号：81373936）：应用靶向亲和－色谱－质谱联用技术对梅花鹿茸促进睾酮合成关键酶 mRNA 表达的研究 20130312

2. 吉林省卫生厅科研课题（2013Z041）：梅花鹿茸物质基础研究与补益脾肾药对产品开发

　＊＊ 作者简介：刘冬（1990—），硕士研究生，研究方向：中药学

＊＊＊ 孙佳明：sun＿jianming2000@163.com。

＊＊＊＊ 通讯作者：张辉，E－mail：zhanghui＿8080@163.com

and utilization

鹿类中药材为我国名贵中药材之一，因其作用广泛，历史悠久，愈受人们的关注。目前，鹿茸、鹿角、鹿血、鹿角盘、复方及鹿茸炮制品等品种研究较多，为了研究者深入研究提供依据，本文详细综述了近五年鹿类中药材的药理作用。

1　鹿茸药理作用

鹿茸为脊索动物门哺乳纲鹿科的动物梅花鹿 *Cervus Nippon* Temminck 或马鹿 *Cervus elaphus* Linnaeus 的雄鹿未骨化密生茸毛的幼角。始载于《神农本草经》列为中品，具有壮肾阳，益精血，强筋骨等功效。现今，鹿茸活性研究已经涉及很多方面，故系统综述鹿茸在医药方面的药理作用。

1.1　对心血管系统的影响

鹿茸多肽对动物缺血性心肌造成的心肌损伤有一定的保护作用。赵天一[1]等以组织形态学、电生理学、血液生化学 cTn-I 含量为指标，采用结扎大鼠左前冠状动脉降支法造心肌缺血模型，观察鹿茸多肽对缺血心肌的保护作用。结果表明，组织形态学中鹿茸多肽可缩小坏死区面积，减轻心肌缺血损伤程度。电生理学研究表明鹿茸多肽可降低-ST，减轻心肌损伤的程度。血液生化学检测表明，鹿茸多肽可降低心肌缺血大鼠血清中 cTn-I 含量，降低心肌损伤的程度。并且对缺血性心肌保护作用机制进行研究，实验研究表明，其机制与鹿茸多肽增强机体抗氧化能力、抗心肌细胞凋亡、促进心肌细胞线粒体 DNA 修复有关。

1.2　对神经系统的影响

鹿茸多肽对脊髓神经元细胞具有显著的促进增殖作用。神经元细胞凋亡是脊髓损伤细胞死亡的重要形式，所以治疗脊髓损伤的方式是抑制细胞凋亡。吴昊霖[2]等采用 H_2O_2 致脊髓神经元细胞损伤通过 IC_{50} 测定法检测鹿茸多肽对神经元细胞凋亡的抑制作用。结果表明，鹿茸多肽中 thymosin β10 单体对脊髓神经元细胞凋亡具有抑制作用。

1.3　对骨细胞、骨骼的影响

1.3.1　修复骨缺损

骨缺损是临床常见的病症，感染、肿瘤、创伤、骨髓炎手术清创等原因导致骨缺损。临床上修复骨缺损的方法有骨移植、人工骨等。刘晓峰[3]等通过鹿茸多肽纳米复合材料和单纯的纳米复合材料置。

兔下颌骨缺损模型，以 Micro-CT、组织病理学和扫描电镜观察为指标评价术后 4、8、12 周后鹿茸多肽纳米复合材料的骨修复效果。结果鹿茸多肽纳米复合材料可以促进人成骨细胞的黏附、增殖，并促进成骨细胞分泌细胞外基质和形成钙结节，促进成骨细胞的分化成熟，对受损的成骨细胞有保护和修复的作用。此外，张然然[4]等对鹿茸抗骨质疏松作用的研究进展进行了综述。

1.3.2　减缓骨关节炎

骨关节炎是临床上常见的关节退行性改变的疾病之一，老年人的发病率很高。可见，骨关节炎的预防和治疗已成为重大问题。孙钦亮[5]等对鹿茸多肽的骨折修复及成骨细胞分裂、关节软骨、骨质疏松的方面进行了详细的讲述。近年来，学者们对骨关节炎的组织细胞学、分子生物学、软骨生物学等方面做了大量的研究。经研究，与其相关的细胞信号转导通路成为骨关节炎发病的重要手段。孙志涛[6]等研究鹿茸能够调控软骨组织中 TGF－β1、Smad2、Smad3、Smad4 基因和蛋白的表达，而且软骨病理切片 Mankin's 评分和软骨 II 型胶原表达检测提示，鹿茸能够促进软骨细胞增殖、分化，延缓软骨的退变。推理，鹿茸提高了 TGF－β/Smads 信号通路中 TGF－β1、Smad2、Smad3、Smad4 分子的表达，从而促进该信号通路的转导，起到促进软骨形成的作用。

1.4 对免疫功能的影响

张梦莹[7]等将鹿茸中的蛋白类物质、磷脂类物质和鹿茸乙醇提取物，应用于环磷酰胺致免疫功能低下小鼠进行免疫活性实验研究。结果发现，三种提取物的低（200mg/kg）、中（400mg/kg）、高（800mg/kg）剂量组均表现出良好的免疫调节活性，为鹿茸的广泛应用提供科学依据。

1.5 抗氧化作用

鹿茸具有较强的抗氧化作用。刘唯佳[8]等以 DPPH 及 O2－自由基清除率为指标，对比了硫酸铵分级沉淀、乙醇沉淀法、超滤分离法三种粗分方法提取水溶性蛋白，与 PEF 下对鹿茸渣中蛋白质酶解提取法对比，结果得出酶解产物的抗氧化性最好。金虹旭[9]等采用 Sevage 法除蛋白，并辅以乙醇沉淀的方法获得粗分多糖，经离子交换树脂 DEAE-Sephadex 分离得到 GAG1、GAG2、GAG3 三种鹿茸多糖对其做体外抗氧化活性（超氧阴离子自由基清除率、DPPH 自由基清除率、羟自由基清除率）检测，结果同一浓度下，GAG2 的抗氧化活性最高。

1.6 抗肥胖作用

肥胖是由于机体的能量摄入量超过能量消耗量所导致的体内脂肪堆积。如何治疗肥胖成为现在颇受关注的社会问题。目前，治疗肥胖的方法主要有药物治疗、运动减肥、针灸减肥等。梁湖梅[10]等寻找鹿茸中减肥功效的组份及其作用机理，为其深入研究提供了科学意义。张传奇[11]等研究鹿茸醇提物及各部位醇提物在体内和体外抗肥胖的作用。高畅[12]等有进一步研究鹿茸醇提物对离体脂肪分解的影响及其促进脂肪分解的活性因子。

1.7 其他作用

鹿茸有改善学习记忆的作用，赵玉红[13]等研究鹿茸醇提物对小鼠记忆获取、记忆巩固、记忆再现三个阶段的记忆障碍有显著的改善作用，有助于保护 SOD 的活力，拮抗超氧阴离子自由基的攻击，抑制脂质过氧化作用，减少 MDA 的产生，能有效提高小鼠学习记忆能力。王春雷[14]等探索在体外培养条件下不同浓度褪黑激素对鹿茸间质细胞的影响及褪黑激素发挥效应的信号通路，结果褪黑激素可以促进鹿茸间充质细胞的增殖，可促进间充质细胞中睾酮的分泌。

2 鹿血药理作用

鹿血为鹿科动物梅花鹿或马鹿的血液，是十分珍贵的滋补保健品。鹿血性热，味甘、咸，具有养血益精、行血祛瘀、利水消肿的功效。以鹿血为研究对象，探讨鹿血对心功能的作用。采用斯氏法灌流牛蛙离体心脏，观察其对离体心脏的心肌收缩力和心率的影响。结果表明，梅花鹿外周血和驯鹿外周血增强离体蛙心心肌收缩力强于梅花鹿茸血和驯鹿茸血[15]。为了进一步探讨不同方法处理的鹿血对心功能的作用，王博[15]对不同处理方法的鹿血进行研究，结果新鲜鹿血和经处理过的鹿血均有一定的强心作用。鹿血还具有抗骨质疏松和抗氧化的作用，高强等研究鹿茸血酒对雌性去势大鼠的雌激素水平及抗氧化的影响，经实验数据得出，日常饮用高剂量的鹿茸血酒31d可提高雌性去势大鼠的雌激素水平，低剂量的鹿血酒具有抗氧化作用。对鹿血的研究与利用提供科学意义。

3　鹿角盘药理作用

鹿角盘（Deer antler base）别名"鹿花盘"、"鹿角帽"、鹿角脱盘"或"珍珠盘"，为雄性梅花鹿（Cervus nippon Temminck）或马鹿（Cervus elaphus Linnaeus）经锯茸后，于第2年脱落的盘状骨化残角或据去角的干燥鹿顶骨。据《神农本草经》记载，本品味咸、微温、无毒，具有温补肝肾，强筋健骨，活血消肿，治阴症疮疡，乳痈初起，淤血肿痛等功效。现代药理作用和临床应用主要表现在对乳腺增生的治疗，对乳腺癌和胃癌的防治，免疫增强，抗骨质疏松，抗疲劳，抗炎、镇痛，补血，抑菌等方面。文献报道，鹿角盘微切助粉对去卵巢大鼠绝经后骨质疏松症模型有明显且良好的治疗效果。吴菲菲[16]系统地研究鹿角盘提取物对体外培养的成骨细胞骨形成功能和破骨细胞骨吸收活性的影响，并进一步探讨其防治骨质疏松症的作用机制。研究证实了鹿角盘提取物是通过调控p38 MAPK信号通路来促进成骨细胞的骨形成和抑制破骨细胞的骨吸收，从而起抗骨质疏松的作用，为鹿角盘用于治疗骨质疏松症提供了理论依据。

4　复方

健骨复肢胶囊药物由熟地黄，肉苁蓉，鹿茸，淫羊藿，黄芪，骨碎补，三七，丹参组成。方中以熟地黄、肉苁蓉为君药，以鹿茸、骨碎补、三七为臣药，以淫羊藿、黄芪，丹参为佐药。此方具有补肾健骨，通络止痛的功效，不荣则荣之，不通则通之，具有标本兼顾的特点。董启文[17]等观察健骨复肢胶囊治疗股骨头缺血性坏死的临床疗效，以进一步探讨股骨头缺血性坏死的病理机制及健骨复肢胶囊治疗本病的作用机理。将72例本病患者随机分为治疗组36例和对照组36例，治疗组给予健骨复肢胶囊口服治疗；对照组给予仙灵骨葆胶囊口服治疗，并观察了健骨复肢胶囊对本病患者的症状、体征、关节功能及X线检查表现的改善情况。结果：两组患者在治疗3个月后，两组患者治疗后疗效比较，治疗组症状、体征、关节功能及X线检查治疗效果强于对照组，健骨复肢胶囊治疗股骨头缺血性坏死疗效确切，安全，值得广泛应用。

5　炮制品

《中国药典》鹿茸片的炮制方法：取鹿茸，燎去茸毛，刮净，以布带缠绕茸体，自锯口面小孔灌人热白酒，并不断添酒，至润透或灌酒稍蒸，横切薄片，压平，干燥。叶志龙[18]等阐释鹿茸岭南特色炮制的合理性，对鹿茸极薄片的质量进行全面研究，并起草质量标准草案和说明，揭示鹿茸岭南特色饮片炮制内涵。丁倩男[19]等考察传统热炸工艺对梅花鹿鹿茸上、中、下部位的细胞增殖活性的影响。结果鲜鹿茸从上到下促进细胞增殖能力活性减弱，热炸炮制品促细胞增殖活性降低。洪勇[20]等对新疆塔里木马鹿鹿茸干鲜品的体外对小鼠前成骨细胞增殖作用进行比较，结果显示，鲜品多肽能显著促进MC3T3-E1细胞增殖，干品多肽对其细胞增殖效果不明显。

展望：

鹿科动物药材作为重要中药材已被人们重视，合理开发、利用鹿科动物中药材也成为当今研究的重点话题，为了明确其作用部位和活性，还需对其作用机制进行研究，为鹿产品质量、安全提供依据，为消费者提供健康服务。

参考文献

[1] 赵天一. 鹿茸多肽对缺血性心肌损伤的保护作用及机制研究 [D]. 长春：长春中医药大学，2013.

[2] 吴昊霖. 鹿茸多肽单体成分–thymosinβ10对脊髓神经元细胞凋亡抑制作用的研究 [D]. 长春：长春中医药大学，2014.

[3] 张然然，邢秀梅，刘华淼. 鹿茸抗骨质疏松作用的研究进展 [A]；鹿与生命健康"第五届（2014）中国鹿业发展大会暨中国（西丰）鹿与生命健康产业高峰论坛论文集 [C]；2014：112–116.

[4] 刘晓峰. 鹿茸多肽纳米复合材料对成骨细胞及骨愈合的影响 [D]. 长春：吉林大学，2011.

[5] 孙钦亮，范红艳，王艳春等. 鹿茸多肽对骨关节疾病及生殖系统作用的研究进展 [J]. 吉林医药学院学报，2013，34（5）：385–387.

[6] 孙志涛. 鹿茸归经靶向调控骨关节炎TGF–β/Smads信号通路机制研究 [D]. 广东：广州中医药大学，2013.

[7] 张梦莹. 鹿茸有效成分对小鼠的降血糖及免疫调节作用研究 [D]. 长春：吉林农业大学，2014.

[8] 刘唯佳. 鹿茸中水溶性蛋白质的提取及鹿茸综合利用的研究 [D]. 长春：吉林大学，2013.

[9] 金虹旭. 鹿茸中水溶性多糖提取方法的研究及应用 [D]. 长春：吉林大学，2014.

[10] 梁湖梅. 鹿茸生理活性成分的减肥降脂作用研究 [D]. 长春：吉林农业大学，2014.

[11] 张传奇. 鹿茸抗肥胖活性研究 [D]. 长春：吉林农业大学，2013.

[12] 高畅. 鹿产品抗肥胖及鹿茸抗糖尿病活性研究 [D]. 长春：吉林农业大学，2014.

[13] 赵玉红，张睿，潘强. 鹿茸醇提物对小鼠学习记忆功能的影响 [J]. 食品工业科技，2012，33（10）：343–346.

[14] 王春雷. 鹿茸分裂层细胞的分离培养及褪黑激素对间充质细胞的影响 [D]. 武汉：华中农业大学，2013.

[15] 王博. 不同鹿血对离体牛蛙心脏功能的影响 [D]. 长春：吉林农业大学，2013.

[16] 吴菲菲. 鹿角盘提取物的体外抗骨质疏松作用 [D]. 大连：大连理工大学，2013.

[17] 董启文. 健骨复肢胶囊治疗股骨头缺血性坏死的临床研究 [D]. 长春：长春中医药大学，2013.

[18] 叶志龙. 鹿茸岭南特色饮片（极薄片）的炮制工艺及质量研究 [D]. 广东：广州中医药大学，2014.

[19] 丁倩男，王春梅，吴帆等. 热炸工艺对不同部位梅花鹿鹿茸细胞增殖活性的影响 [J]. 中华中医药学刊，2014，32（9）：2 135–2 137.

[20] 洪勇，田泫，陈雪梅等. 新疆塔里木马鹿鹿茸干鲜品活性多肽的对比研究 [J]. 中国生化药物杂志，2011，32（3）：176–179.

此文发表于《吉林中医药》2015，36（9）

鹿茸、鹿血等五种鹿产品中氨基酸含量及组成对比分析

赵　卉* 　张秀莲[1]　王　峰

（中国农业科学院特产研究所，吉林长春　130112）

摘　要：目的：本文以梅花鹿的鹿茸、鹿血、鹿心、鹿尾和鹿角盘为材料，初步探索鹿产品的药用价值与其水解氨基酸含量之间的相关性。方法：采用高效离子交换色谱法测定样品中 17 种水解氨基酸的含量，对鹿产品中各氨基酸含量及构成进行比较分析的同时，采用 SPSS 统计分析系统进行聚类统计。结果：该五种鹿产品中均含有 17 种常规氨基酸，种类齐全。鹿血、鹿心、鹿尾、鹿茸和鹿角盘氨基酸总量分别为 58.45g/100g、52.97g/100g、45.54g/100g、39.61g/100g、21.38g/100g，明显高于其他同类型药用保健产品。其中鹿血的 E/T 值为 45%，E/N 值为 0.82，完全符合 FAO/WHO 提出的理想蛋白质的要求。结论：采用 SPSS 统计分析系统对鹿茸、鹿血等鹿产品的氨基酸构成进行聚类分析，发现所得到的聚类结果与其公认的疗效分类基本对应，从而可以推断鹿产品中水解氨基酸的含量及构成在一定程度上影响其药用价值。

关键词：氨基酸；鹿产品；聚类分析；药用价值；高效离子交换色谱法

Comparative analysis of amino acid composition in the velvet antler, deer blood and other three kinds of deer products

Zhao Hui[1], Zhang Xiulian[1], Wang Feng[1*]

（Chinese Academy of Agricultural Sciences, Institute of Special Wild Economic Animal and Plant, ChangChun 130021, China）

Abstract：AIM The paper analyzed and compared the amino acid composition of 5 deer products, and on this basis tried to do a tentative exploration in the relationship between medicinal value and amino acid composition by the SPSS statistic system. METHODS The 17 kinds of hydrolysate amino acid in the velvet antler, deer blood, cervi cauda, sika deer heart and deer antler base were determined by high-performance ion-exchange chromatography. RESULTS The results showed that 17 kinds of amino acids (Asp, Thr, Ser, Glu, Gly, Ala, Cys, Val, Met, Ile, Leu, Tyr, Phe, Lys, His, Pro and Arg) were found in all five deer products. The total amino acid of the deer blood, sika deer heart, cervi cauda, velvet antler and deer antler base was 58.45g/100g、52.97g/100g、45.54g/100g、39.61g/100g、21.38g/100g, respec-

*　作者简介：赵卉，女，硕士，助理研究员，经济动植物质量检测；联系电话：13756468643；E-mail：baobeihuihui815@163.com

tively. Obviously, the amino acid contents of above deer products were higher than that of other pharmaceutical health care products. Among them, the E/T value of deer blood was 45% and the E/N value also reached 0. 82. The compositions of amino acids were reasonable because it entirely consistent with the protein reference pattern provided by WHO/FAO. CONCLUSION The cluster analytical method has been applied to analyze the amino acid contents of these deer products by using SPSS statistic system. We found the result of cluster analysis was consistent with the acknowledged efficacy, it provided useful data for probing into the relationship between the amino acid composition of 5 kinds of deer products and their medicinal properties.

Key words: amino acid; deer products; cluster analytical method; medicinal property; high-performance ion-exchange chromatography

背景

梅花鹿作为一种具有悠久历史的珍贵药用动物，在历代医学典籍和现代药典中都有详细记述[1]。中国作为世界上最早将鹿产品作为药用材料的国家，从最早的药学典籍《神农本草经》，明代的药学名著《本草纲目》，到现代的《中药大辞典》，被记录在册的药用鹿产品多达40余种，有关鹿产品的成分、药性、药效、功能主治等记述更是不胜枚举[2]。而随着生活质量的逐步提高，绿色保健型产品也日益为人们所关注，近年来鹿产品更是凭借其卓越的药用保健价值，在医疗保健和食品领域受到广泛重视[3]。在对鹿产品药理作用的不断研发和深入探究过程中，各类鹿产品对人体机能的作用原理成为研究热点。由于蛋白质是生命的物质基础，氨基酸更是构成蛋白质的基本单元，因此，本文将探究鹿产品中不同的氨基酸组成是否影响其药用保健价值做为研究的切入点，通过SPSS统计分析系统对实验所得结果做进一步分析和讨论。

1 材料与方法

1.1 供试材料与仪器

鹿茸、鹿血、鹿心、鹿尾和鹿角盘样品由中国农业科学院特产所茸鹿养殖基地提供，试验所用浓盐酸、苯酚、柠檬酸钠、氢氧化钠、氯化钠等均为优级纯试剂。氨基酸混合标准溶液为日本和光纯药工业株式会社研制的 Amino Acid Mixture Standard Solution, Type H。

Milli-Q Advantage A1 超纯水器（美国密理博公司）；DHG-9240A 恒温干燥箱（上海一恒科技有限公司）；DZF6090 真空干燥箱；高速中药粉碎机，L-8900 型氨基酸自动分析仪（日本日立公司）。

1.2 试验方法

供试材料中17种氨基酸含量依照 GB/T5009.124—2003 法进行测定。用四分法缩减分取供试样品各25g，粉碎并过0.25mm孔径标准筛，精密称取粉碎后样品30mg，精确至0.0001g。于50mL水解管中，加入15mL酸解剂，氮气保护状态下封管。将水解管放在110℃恒温干燥箱中水解22h。待冷却到室温后用超纯水定容至50mL，用移液管吸取1.0mL滤液置于真空干燥箱中，70℃蒸干，残留物用同体积超纯水重复清洗蒸干2次，加入1.0mL上机缓冲液稀释，摇匀后过微孔滤膜上机待测。

2 结果与分析

2.1 鹿血、鹿心、鹿尾、鹿茸及鹿角盘中氨基酸总量分析

如表1所示，鹿血、鹿心、鹿尾、鹿茸和鹿角盘的氨基酸总质量分数分别为58.45g/100g、52.97g/100g、45.97g/100g、39.61g/100g、21.38g/100g，其中鹿血的氨基酸总质量分数高达58.45g/100g，在参与测试的五种鹿产品中含量最高，分别为鹿茸和鹿角盘的1.48倍和2.73倍。测试结果显示：与近几年被广泛认可的枸杞[4]、葡萄籽[5]、蜂胶[6]等药用保健品相比，以鹿血和鹿茸为代表的鹿产品总氨基酸含量远超其两倍之多，进一步说明鹿产品可以为人体提供更为丰富的氨基酸，是人体获得氨基酸的一种有效途径。

表1 五种鹿产品中氨基酸总量比较
Table 1 Compare the total amino acid of 5 deer products

部位	氨基酸总量（g/100g）	倍数
鹿血	58.45	—
鹿心	52.97	1.10
鹿尾	45.97	1.27
鹿茸	39.61	1.48
鹿角盘	21.38	2.73

2.2 五种鹿产品中人体必需氨基酸质量分数及其组成

2.2.1 人体必需氨基酸含量占氨基酸总量的比例

常见的必需氨基酸有8种，分别为苏氨酸（Thr）、缬氨酸（Val）、蛋氨酸（Met）、异亮氨酸（Ile）、亮氨酸（Leu）、色氨酸（Trp）、苯丙氨酸（Phe）和赖氨酸（Lys）[7,8]。表2中分别给出了鹿茸等五种梅花鹿产品中17种水解氨基酸的含量，结果显示：鹿血中人体必需氨基酸含量最高，达到26.29g/100g，鹿尾，鹿心略低分别为15.17g/100g和12.20g/100g，但也均超过10g/100g。其中，鹿血中人体必需氨基酸含量占总氨基酸的质量分数（E/T）更是高达45%，超出1973年FAO/WHO提出的理想蛋白质标准中所要求的40%[9]，能够充分满足人体对必需氨基酸的需求量。

2.2.2 人体必需氨基酸与非必需氨基酸的比值

可由人体直接合成或通过其他氨基酸进行转化，不需要从食物中获得的氨基酸被称为非必需氨基酸。参与测试的五种鹿产品中人体必需氨基酸与非必需氨基酸比值（E/N）分布在0.25～0.82。其中鹿血E/N值最高，达到0.82，不仅在五种梅花鹿制品中独占鳌头，还远高于理想蛋白质标准规定的0.60[10]。综上，鹿血E/T值为45%，E/N值达到0.82，完全符合理想蛋白质的要求。

2.2.3 人体必需氨基酸质量分数与模式谱的对比分析

氨基酸模式是指某种蛋白质中各种必需氨基酸的构成比例。与氨基酸模式谱比较，鹿血中人体必需氨基酸占总氨基酸含量的比例达到模式谱标准的氨基酸包括：Thr、Val、Leu、Phe + Tyr和Lys，其中Leu、Phe + Tyr和Lys的比例超过氨基酸模式谱近两倍之多。与鹿血同样有五项指

标符合氨基酸模式谱的鹿产品为鹿尾，除基本符合的 Leu 和不符合的 Met + Cys 外，其余指标均高于氨基酸模式谱。被定量的五种鹿产品中，Lys 占氨基酸总量的比例都大于或等于 5.00，接近氨基酸模式谱要求的赖氨酸比例。由于 Lys 在促进大脑发育、预防细胞退化、增强造血机能和机体抗病能力等方面具有卓越的功效，因此鹿茸、鹿血等产品可以作为提高人体免疫力、缓解贫血、延缓衰老的保健药物被广泛应用。

表 2　五种鹿产品中氨基酸含量及组成（g/100g）

Table 2　Amino acid compositions of 5 deer products（g/100g）

氨基酸	鹿茸	鹿心	鹿尾	鹿血	鹿角盘
天冬氨酸（Asp）	3.22	3.70	4.71	6.21	1.47
苏氨酸（Thr）	1.32	1.57	2.03	3.13	0.60
丝氨酸（Ser）	1.54	2.11	1.69	2.96	0.81
谷氨酸（Glu）	5.11	6.27	6.88	5.30	2.48
甘氨酸（Gly）	7.51	10.42	5.60	2.34	4.84
丙氨酸（Ala）	3.77	5.13	3.20	4.71	2.15
胱氨酸（Cys）	0.31	0.47	0.43	0.54	0.23
缬氨酸（Val）	1.51	2.15	2.42	4.53	0.65
蛋氨酸（Met）	0.04	0.13	0.92	0.66	0.04
异亮氨酸（Ile）	0.66	1.20	1.91	0.60	0.36
亮氨酸（Leu）	2.27	2.85	2.84	7.48	0.9
酪氨酸（Tyr）	0.51	0.69	1.48	1.37	0.15
苯丙氨酸（Phe）	1.38	1.62	1.81	4.52	0.6
赖氨酸（Lys）	2.20	2.68	3.24	5.37	1.07
组氨酸（His）	0.71	0.72	1.34	4.10	0.22
精氨酸（Arg）	3.13	4.18	3.30	2.69	1.99
脯氨酸（Pro）	4.42	7.08	2.17	1.94	2.82
T	39.61	52.97	45.97	58.45	21.38
E	9.38	12.20	15.17	26.29	4.22
N	30.23	40.77	30.80	32.16	17.16
E/N	0.31	0.30	0.49	0.82	0.25
E/T	0.24	0.23	0.32	0.45	0.20

注：T：氨基酸总量；E：必需氨基酸含量；N：非必需氨基酸含量

NOTE：T：total amino acids；E：essential amino acids；N：nonessential amino acids

表 3　人体必需氨基酸的比例与氨基酸模式谱的比较

Table 3　Compare the ratio of essential amino acid with the amino acids pattern

	Thr	Val	Met + Cys	Ile	Leu	Phe + Tyr	Lys
氨基酸模式谱	4.0	5.0	3.5	4.0	7.0	6.0	5.5
鹿茸	3.33	3.81	0.88	1.67	5.73	4.77	5.55
鹿心	2.96	4.06	1.13	2.27	5.38	4.36	5.06
鹿尾	4.42	5.26	2.94	4.15	6.18	7.16	7.05
鹿血	5.36	7.75	2.05	1.03	13.41	10.08	9.19
鹿角盘	2.81	3.04	1.26	1.68	4.21	3.51	5.00

2.3　鹿血等五种鹿产品中药用氨基酸含量探讨

常见的药用氨基酸主要包括 Asp、Glu、Gly、Met、Leu、Tyr、Lys、Phe 和 Arg 等 9 种，由于这些氨基酸能够与机体中的某些器官、元素和代谢产物产生协同作用或特异性反应，从而可以有效维持机体中微环境的平衡，防止器官病变，提高有益物质的吸收和利用效率，对维持人体健康水平具有重要作用，被定义为药用氨基酸[11]。本文将五种梅花鹿制品中 9 种药用氨基酸的含量和所占比例进行对比分析，如表 4 所示，结果如下：五种鹿产品中均包含全部的 9 种药用氨基酸，其总质量 E 在 13.54~35.94g/100g 之间，且药用氨基酸质量占氨基酸总量的比例都在 60% 以上，充分说明鹿茸、鹿血等梅花鹿制品具有丰富的药用价值。其中，鹿心中的 Gly 含量超过 10g/100g，使其在治疗重症肌无力和进行性肌肉萎缩、改善心肌功能，缓解风湿性心脏病等方面具有显著疗效；其次鹿血中含有丰富的支链氨基酸—Leu，合理摄入亮氨酸，能够更快的将食物分解转化为葡萄糖，进而有效防止肌肉组织受损，有助于促进训练后的肌肉恢复，更为重要的是鹿血中丰富的 Arg 含量，精氨酸不仅能够有效抑制促生长激素抑制素的分泌，提高人生长激素水平（HGH），还可以增加血管舒张因子的释放，抑制血管紧张素转化酶的活性，从而达到扩张血管，降低血压的作用。可以想象，随着对氨基酸调控人体机能领域的深入研究，鹿茸作为药用保健品在医药领域的应用将更为广阔。

表 4　五种鹿产品中药用氨基酸含量（g/100g）

Table 4　The composition of medicinal amino acids in these five deer products（g/100g）

氨基酸	鹿茸	鹿心	鹿尾	鹿血	鹿角盘
Asp	3.22	3.70	4.71	6.21	1.47
Glu	5.11	6.27	6.88	5.30	2.48
Gly	7.51	10.42	5.60	2.34	4.84
Met	0.04	0.13	0.92	0.66	0.04
Leu	2.27	2.85	2.84	7.48	0.9
Tyr	0.51	0.69	1.48	1.37	0.15
Lys	2.20	2.68	3.24	5.37	1.07
Phe	1.38	1.62	1.81	4.52	0.6
Arg	3.13	4.18	3.30	2.69	1.99
M	25.37	32.54	30.78	35.94	13.54
T	39.61	52.97	45.97	58.45	21.38
M/T	0.64	0.61	0.67	0.61	0.63

注：T：氨基酸总量；M：药用氨基酸含量

NOTE：T：total amino acids；M：medicinal amino acids

2.4　鹿血等五种鹿产品中水解氨基酸含量的聚类分析

聚类分析是指采用多元统计分析原理比较各指标间的性质和特征，依据事物的相似程度将彼此相近的样品分在一类，差异大的分在不同类的新型分类方法[12]。目前，聚类分析已经被广泛地应用于生物学、经济学等诸多研究领域[13]。在农副产品领域中，聚类分析已经成为研究其成分、功能和适用范围以及进行各种生产性能指标分类的重要手段。

本文采用 PASW Statistics 统计分析系统对鹿茸、鹿血等五种鹿产品进行聚类分析，采用 Euclidean distance 方法测量，各两两项对样品间用 Between-groups linkage 法连接，经过四步合并得到聚类谱系图（如图1）。由图1可知鹿茸与鹿尾中17种水解氨基酸含量最为接近，Euclidean distance 为4.588，其次为鹿茸与鹿心（Euclidean distance 为4.675），鹿茸与鹿角盘之间差别较大（Euclidean distance 为5.442），而鹿血与其他4种鹿产品中的水解氨基酸含量差别最大，Euclidean distance 均大于7。综上所述，鹿茸、鹿尾、鹿心、鹿角盘聚为一大类，鹿血为另一大类。在第一大类中，鹿茸与鹿尾为一类，鹿心和鹿角盘各自为一类。我们将聚类结果与参与测试的五种鹿产品药用价值进行比较分析，结果与中医药典籍记载基本一致。鹿茸和鹿尾都具有补肾血、强筋骨、增强机体免疫力和改善睡眠的功效[14]。与以上两类鹿产品相比，鹿心在治疗重症肌无力、改善心肌功能，缓解风湿性心脏病方面表现出色。而鹿角盘的独特疗效则表现在治疗乳腺增生，预防乳腺癌和胃癌等方面。鹿血作为五种鹿产品中氨基酸质量分数最高的产品，其丰富的亮氨酸和精氨酸含量则决定了其在治疗心血管疾病、提高人生长激素水平领域表现卓越[15]。可见，医药领域中对于5种梅花鹿产品的药用价值分类与水解氨基酸含量的聚类分析结果保持一致，充分说明了水解氨基酸含量在一定程度上决定了鹿产品的药用价值。

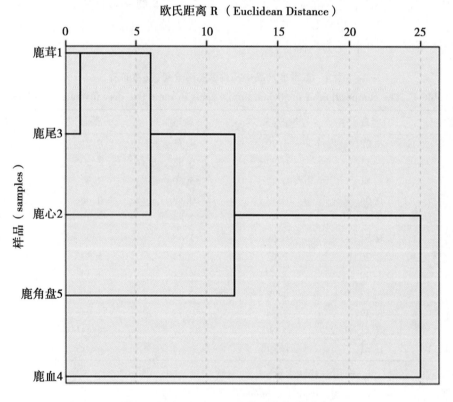

图1　两组之间用平均连接法的聚类谱系

Fig. 1　Clustering dendrogram was constructed with the between-groups linkage method

3　结论

我们以梅花鹿的鹿茸、鹿血、鹿心、鹿尾和鹿角盘为材料，通过高效离子交换色谱法测试了该五种鹿产品中的17种水解氨基酸。对其氨基酸含量及组成进行比较，结果显示，该五种鹿产品中均含有17种常规氨基酸，种类齐全。鹿血、鹿心、鹿尾、鹿茸和鹿角盘氨基酸总量分别为

58.45g/100g、52.97g/100g、45.54g/100g、39.61g/100g、21.38g/100g，与其他同类型产品相比，具有较高的营养价值和药用价值。其中鹿血的 E/T 值为 45%，E/N 值为 0.82，符合理想蛋白质的要求。采用 PASW Statistics 统计分析系统对鹿茸、鹿血等鹿产品中各氨基酸含量进行聚类分析，发现聚类结果与其公认的疗效分类基本对应，充分说明这些鹿产品所呈现出的药用价值在很大程度上取决于其各水解氨基酸的含量。

参考文献

[1] 宋胜利，葛志广，宋文辉等．鹿血资源的开发及利用前景 [J]．农牧产品开发，2000（11）：16-19．

[2] 宋胜利，宋文辉，葛志广等．中国鹿产品应用开发历史、现状及对策．2010 年中国鹿业进展，2010，28-36．

[3] 宋宪宗，等．鹿副产品加工现状及其产品发展方向．2012 中国鹿业进展 [C]，2012，33-35．

[4] 王益民，王玉，等．不同枸杞品种氨基酸含量分析研究 [J]．食品科技，2014，39（2）：74-77．

[5] 陈颖，陈德锋，等．山葡萄籽氨基酸和营养元素的分析 [J]．林业科技，2008，33（5）：55-56．

[6] 吴健全，高蔚娜，等．不同产地蜂胶中氨基酸含量的比较 [J]．氨基酸和生物资源，2012，34（4）：17-19．

[7] 王彬，蔡永强，等．火龙果果实氨基酸含量及组成分析 [J]．中国农学通报，2009，25（8）：210-214．

[8] 张泽煌，钟秋珍，等．3 个杨梅品种果实发育过程中氨基酸含量变化 [J]．热带作物学报，2011，32（12）：2240-2245．

[9] 张伟敏，魏静，等．诺丽果与热带水果中氨基酸含量及组成对比分析 [J]．氨基酸和生物资源，2008，30（3）：37-41．

[10] 严冬，杨鑫嵋，等．西藏不同产地冬虫夏草中氨基酸成分分析及其营养价值评价 [J]．中国农学通报，2014，30（3）：281-284．

[11] 卢金清，黄芳，等．金菊花中微量元素和氨基酸的含量分析 [J]．湖北中医学院学报，2006，3（8）：39-40．

[12] 王晓通，朱攀高，等．7 种梅花鹿产品中水解氨基酸含量的聚类分析 [J]．中国畜牧杂志，2004，40（12）：51-52．

[13] 马京民，刘国顺，等．主成分分析和聚类分析在烟叶质量评价中的应用 [J]．烟草农学，2009，7：57-60．

[14] 薄士儒，李庆杰，王春雨，等．鹿茸化学成分与药理作用研究进展 [J]．经济动物学报，2010，14（4）：243-248．

[15] 张志领，孙佳明，牛晓晖，等．鹿血化学成分及其药理作用研究 [J]．吉林中医药，2013，33（1）：61-63．

此文发表于《时珍国医国药》2015，26（5）

鹿肉的营养特性与生产概况[*]

林伟欣[**]　鞠贵春　张爱武[***]

（吉林农业大学中药材学院，吉林 长春　130118）

摘　要：本文综述了鹿肉的营养价值及其发展历史，重点阐述鹿肉生产和加工的国内外研究现状，我国鹿肉食用历史及各国鹿肉生产模式，以期为我国鹿肉生产与深加工的发展提供一定的参考。

关键词：鹿肉；营养特性；生产；加工

Nutritional properties and production situation of venison

Lin Weixin, Zhang Aiwu

（Chinese Medince Materials College of Jilin Agricultural University.

Changchun, Jilin 130118, China）

Abstract：Venison's nutritional value and development history was summarized, research development of venison's production and processing was especially focused on. The history of the venison in our country and venison's production mode of all over the world were described. Hope to provide certain reference for the development of the venison production and further processing

Key words：venison；nutritional properties；production；process

鹿是我国最重要的药用经济动物之一，不仅具有极高的观赏价值，药用价值，其食用价值也越来越受到人们的重视。梅花鹿又称药鹿，马鹿又称八叉鹿、黄臀赤鹿。分布于我国东北、内蒙古、西北、西南等地区。鹿肉系鹿科动物梅花鹿或马鹿的肉。随着人们生活水平的提高，人们不仅注重食用肉的口感，更注重其营养价值。鹿肉含有较丰富的蛋白质、无机盐、一些必需氨基酸和一定量的维生素，而脂肪及胆固醇含量显著低于牛肉[1]，且易于被人体消化吸收。

1　鹿肉的营养特性

1.1　鹿肉的食用历史

在我国，鹿肉的食用历史悠久，早在周朝，鹿肉就已经成为宴席上的主要食品，《礼记》上

＊　收稿日期：2013 - 12 - 27　　15714403396

项目资金：吉林省科技厅科技引导计划，国际科技合作项目（编号：20110730）

＊＊　作者简介：林伟欣（1989—），女，硕士，主要研究方向：特种经济动物。E - mail：772101228@ qq. com

＊＊＊　通讯作者：张爱武（1971—），女，教授，主要研究方向：经济动物营养与产品加工。E - mail：zhangaiwu@ jlau. edu. cn

载有"鹿肤"等。到了先秦时期，宫中的烹饪原料"六兽"（麋，鹿，野豕，熊，兔，麕）有一半是鹿科动物（《周礼·天宫·庖人》），并且已有鹿产品的食用记载。到了汉代，已发展出多种鹿副食品，如鹿脯（鹿肉干），鹿炙（烤鹿肉），鹿脍（鹿肉脍），鹿脊（生鹿脊肉）等。魏晋南北朝时期，鹿肉制品的食用又有了新的发展，出现了各种以鹿肉为原料的著名菜肴，如鹿肉鲍鱼笋白羹、小叔鹿荔白羹、鹿肉芋肉羹、鹿脍（长沙马王堆一号汉墓竹简）、鹿炙捣炙、脯炙、羌煮、苞鲊、馅炙、五味脯、甜脆脯、度夏白脯、肉酱、卒成肉酱（北魏《齐民要术》）等。隋唐五代时期，出现了许多新的鹿肉菜式如玉尖面（唐《清异录》）、热洛河（唐《卢氏杂说》）、干腊肉（唐《四时篹要》）、熊白啖（唐《资暇记》）、缶鹿蹄（唐《食心鉴》）等。宋辽金元明时期，鹿产品食用也很丰富，如炙麂（宋《山家清供》）、炙獐、清撺鹿肉、鹿脯（《辽史·艺文志》）、算巴条子、鹿头汤、鹿肾羹（元《饮膳正宴》）、鹿舌酱（辽《燕北杂记》）、鹿炙、鹿脯（明《宋氏养生部》）、鹿蹄汤等佳肴。清代，鹿产品菜式更加丰富，出现了煨鹿肉、烤鹿肝、烧鹿筋、炙鹿肉、肉煨鹿肉（《调鼎集》）、煮鹿筋（《醒园录》）、蒸鹿尾等新品。鹿肉产品味道鲜美，营养价值极高，在古代是只有帝王、达官贵族等上层社会才能享用的美味佳肴，普通百姓很难吃到。乾隆举办的"千叟宴"等宴席中就包括"鹿尾烧鹿肉"（《中国膳食文化》），而现在由于保护、人工驯养措施得当，使人工驯养梅花鹿的规模不断扩大，所以现在社会上流传一种"昔日帝王宴，今日百姓餐"的说法。

1.2 鹿肉的食用价值

现代社会随着人们生活水平提高，人们对肉制品的需求趋于多层次化、多样化。鹿肉的营养价值较高，鹿肉中富含人类需要的脂肪，蛋白质（约为18%～21%）[2]，矿物质（如Ge、Zn、Se、Li、Mg、Cu、Fe、K、Ca、P等)[3]、大量肽类及20多种必需氨基酸（含量约为48.79mg/g）[3]，以色氨酸、赖氨酸、胱氨酸及苯丙氨酸较为丰富[5]，和各种维生素（如VA、VE、VB_1、VB_2、VB_6、VB_{12}等)[4]。鹿肉中精氨酸含量较高，在机体免疫系统及参与氨基酸代谢中发挥重要作用[6]。鹿肽类能增加血红素红血球及网状红血球生成，促进肌体新陈代谢，增强肌体免疫力，提高肌体抗疲劳能力[2]。鹿肉具有高蛋白、低胆固醇（比牛肉低30.8%）[7]、低脂肪、味道鲜美、营养结构合理，适口性强，易消化的特点，是目前健康饮食所倡导的。鹿肉肉质细嫩、瘦肉多、结缔组织少，可烹制多种菜肴，倍受人们欢迎，是柔嫩易消化的滋养品。

1.3 鹿肉的药用价值

我国传统中医学认为，鹿产品具有"主阳萎、鼻衄、折伤、补虚、止腰疼、久服治肺痿吐血和狂犬伤、崩中带下。诸气痛欲危者饮之立愈，益精血，大补虚损，解药毒、痘毒"等功效[3]。《本草纲目》曾记载"鹿之一身皆益于人，或蒸，或脯，或煮，同酒食良之，大抵鹿为仙兽，纯阳多寿之物，能食良草，又通督脉，故其肉角有益无损"[8]。鹿肉具有补益肾气之功效，故对于肾气日衰的老人和新婚夫妇是很好的补益食品。民间也流传不少用鹿肉治病的验方，现代一些中药也有鹿肉配伍，如：鹿胎丸、龟鹿补丸、全鹿大补丸、鹿丽素等。鹿肉的主要功能为补脾胃、助肾阳、填精髓、益气血、暖腰脊，调血脉，补五脏。不同部位鹿肉也有着不同的功能效用，如鹿头肉的主要作用为补益精气，用于治疗虚劳、消渴、夜梦等症。鹿蹄肉具有治脚膝骨疼痛的作用[9]。现代临床医学研究表明，鹿产品还具有治心悸、健忘、失眠、风湿和类风湿等功效[10]。鹿肉高蛋白、低胆固醇、低脂肪的特点，不仅对人体的神经系统、血液循环系统有良好的改善调节作用，而且还有养肝补血、降低胆固醇、防治心血管疾病、抗癌的功效，是天然的纯绿色食品，因此，鹿肉可药食两用。分析目前市场需求，鹿肉成为人民生活中高级肉食品已成为必然发展趋势，给肉鹿发展提供了难得商机。

2 鹿肉的初加工

2.1 加工方法

2.1.1 脱腥

鹿肉具有属性强烈的腥味，为了改善风味，采用芹菜、洋葱、枸杞、蒜、葱等原料单独或混合使用进行处理，均有去腥效果。而用洋葱汁和枸杞汁混合处理去腥效果更佳，具体方法如下：洋葱汁和枸杞汁各取400ml加400ml蒸馏水煮沸10min过滤，取混合汁液6ml，对梅花鹿肉样品进行处理，煮沸30min，冷却。脱腥处理之前，按上述方法配比的脱腥剂要经过灭菌器灭菌，即将脱腥剂放入灭菌器中，将温度快速升至95±2℃，杀菌15～30秒[11]。

2.1.2 腌制

腌制可以抑制肉中腐败菌的生长，缓解pH的上升幅度，并能显著提高肉的保水力，合理的腌制剂还可以改善鹿肉的色泽，熟肉率，风味等。朱秋劲（2000）研究出鹿肉腌制过程中最佳腌制剂的组合，即：亚硝酸钠0.15%、偏磷酸钠0.40%、三聚磷酸钠0.40%、异抗坏血酸钠2.50%。且此腌制剂组合对鹿肉进行腌制后肉内以上各制剂含量均符合国家标准。此外在腌制剂中加入少量的糖，有利于控制肉中细菌的生长，改善肉的风味。一般采用干腌法进行腌制，将肉块与腌制剂充分混匀，腌制24～48h；腌制温度为4～6℃时效果最佳[11]。腌制能显著延缓肉类的腐败变质，通过腌制可使鹿肉色泽鲜艳，保水力强并且其新鲜度可延长48h。

2.1.3 嫩化

目前，我国养鹿的主要经济目的是获取鹿茸，因饲养时间长，导致鹿肉口感不佳，肉质差。适当地对鹿肉进行嫩化处理可改善肉的品质，且对肉的风味和品质不产生负面作用，还可提高适口性、食用性和利用率，因此嫩化将是鹿肉加工的必然趋势。鹿肉嫩化的方法主要分为化学法（盐、有机酸）、物理法（超声波、超高压）和外源酶法（胰蛋白酶、木瓜蛋白酶、菠萝蛋白酶）[12]。目前最常用的方法是外源酶法，主要采用中性木瓜蛋白酶，将鹿肉置于嫩化缸里，按原料肉添加0.40%～0.60%的β-环糊精，0.55‰～0.75‰的三聚磷酸钠、0.45%～0.75%的中性木瓜蛋白酶、同时调整pH至6.2～6.5。在4±2℃下放置4h[13]。处理后的鹿肉既降低了肉的腥味，增加了鹿肉的嫩度，提高了鹿肉的保水性，同时又不损失肉的营养物质。

2.2 鹿肉制品

2.2.1 传统鹿肉制品

近年来，许多学者对鹿肉制品的营养保健功能和加工工艺进行了深入研究[13]。张秀莲等[14]对香菇鹿肉酱、鹿肉松、鹿肉香肠及果蔬鹿肉脯等鹿肉制品的制作方法以及产品的质量标准进行了研究与详细阐述。随后，周亚军等人将果蔬复合鹿肉香肠配方进行了优化研究[15]；陈晓燕等[16]对高蛋白营养型鹿肉精粉的制作工艺作了初步研究，并就影响成品品质的一些关键因素进行了探讨，认为采用二次酶解工艺处理原料肉效果较好，制作过程中关键在于浓缩及干燥技术参数的选择，并提出使用适当的调味剂（如糖类、胡椒、肉桂等）可以有效改善鹿肉精粉的综合口感，同时达到一定的抗氧化和杀菌的目的。宋胜利等[17]研究了传统中式风味鹿肉干的生产工艺，确定了该产品的配方和质量标准，同时还对进一步提高产品质量的方法进行了探讨，为鹿肉的开发利用开辟了新方法。

2.2.2 发酵鹿肉制品

发酵肉制品是将传统肉制品和现代生物发酵技术结合而开发的一种高档产品。周亚军以鹿肉为原料、加鸡蛋、牛奶，借助菌种和酸性蛋白酶综合发酵[18]，研制出品质风味俱佳、具营养保健功能、肉蛋奶于一体的低温复合发酵鹿肉制品。同时，周亚军[19]以鹿肉为原料，采用双歧杆菌、嗜热链球菌、植物乳杆菌和酸性蛋白酶为发酵剂，比较了各发酵菌单独及配合作用效果。通过菌种的耐盐和发酵特性单因素试验得出：亚硝酸钠添加量为0.01%，食盐最佳用量为2.5%；植物乳杆菌比其他两种发酵菌产酸效果好，植物乳杆菌，嗜热链球菌，双歧杆菌降解亚硝酸盐的效果都比较好，而嗜热链球菌降解速度最快。发酵肉制品具有技术含量高、风味独特、营养价值高、易消化、适合室温贮藏、食用方便等优点，必将深受广大消费者的喜爱[20~22]。

2.2.3 重组鹿肉制品

重组鹿肉制品指借助辅料或机械提取鹿肉中的基本蛋白，以及利用添加剂使肉颗粒，肉块或肉糜组合，经冷冻或者预热处理的肉制品[23]。重组鹿肉制品不仅可以给企业带来巨大的经济利益[24]，而且可以充分利用低价值碎肉，提高碎肉的附加值，开发高档肉制品[25~27]。周亚军等[15]研究了重组鹿肉制品的加工特性，并以不同营养、价格、加工特性和风味的猪肉和鹿肉为原料，添加果蔬、低聚异麦芽糖和膳食纤维等营养强化物研制开发出风味独特、营养均衡的果蔬复合鹿肉香肠。祁智男[28]以鹿肉和猪肉为原料研制新型重组肉制品，探讨了各种功能性添加物和谷氨酰胺转氨酶对产品特性的影响，并优化得出其数学模型及最佳重组工艺参数。

2.3 国内外研究进展

2.3.1 鹿肉品质

国外有学者对鹿肉品质进行了研究探讨。2001年，Wiklund等[29]比较系统地研究了马鹿母鹿胴体经过电刺激后，对鹿肉系水力、pH值、肉色稳定性和嫩度的影响。证明宰后电刺激可以延缓宰后早期肌肉pH值降低，使肉色稳定性降低，肉嫩度得到一定改善，但会导致汁液流失率增加，系水力降低。2007年，Bekhitb等[30]研究了电刺激以及严格的温度对鹿肉品质的影响，得出了在尸僵早期可以通过严格控制温度改善鹿肉嫩度，在较少的破坏色泽的情况下达到消费者可接受的嫩度水平。2011年，Tešanovi等[31]对小鹿背成熟早期的生化和最长肌尸僵和感官特性变化的研究表明：尸僵成熟15天的小鹿背最长肌是最适烹饪加工和处理的。2012年，Quaresma等[32]对伊比利亚马鹿腰部肉的脂质馏分进行了营养成分分析，研究表明雌鹿比雄鹿含有更多的反式脂肪酸、α-生育酚等。鹿肉具有非常低的肌肉脂肪含量，主要出具有多不饱和脂肪酸比例较高的结构脂质成分（磷脂和胆固醇）组成[33]。然而，鹿肉具有一定的季节性，肉质受牧草的可用性和动物活动影响，例如，鹿肉交配秋冬季节后，有较少的脂肪储备[34]. 而研究表明鹿肉的PH值，肉色，嫩度，系水力都随季节变化而变化[35].

2.3.2 鹿肉加工

现在欧洲养鹿业已经形成了专业化生产管理模式，以满足季节性很强动物的饲养管理，而且认识到有必要保持高鹿肉的质量标准，并利用改进的农场生产力动物生长，以达到早期屠宰体重（约93公斤活重50千克胴体）[36]。一些国外学者对一些新型鹿肉制品的加工工艺进行了改进，希望得到更优的产品。2009年，Kim等[37]研究利用鹿肉的蛋白水解物（APVPH）制备抗氧化肽，选择了6种蛋白酶进行酶水解，使用自由基清除来测定水解酶抗氧化活性，研究表明鹿肉的蛋白质酶水解产物具有很强的抗氧化活性。2011 年，Yoshimura 等[38] 通过将不同量的谷物酒曲加到切碎的鹿肉中，蒸熟后，比较鹿肉风味变化以及物理性质的影响，结果表明添加了谷物酒曲的鹿肉比没添加的更加柔软，美味而且易吞咽。

3 鹿肉的生产概况

3.1 鹿肉的国际市场

西方国家养鹿起步比较晚，最初主要供富商贵族进行狩猎娱乐。1961 年，新西兰鹿肉首次出口，据报道，截止到 2008 年 12 月末，新西兰肉鹿生产量达 591 000只，在新西兰，每年鹿肉的收入要比鹿茸高 6 倍以上[39]。而在英国养鹿的目的主要是供给空军部队肉食。二战后韩国从北朝鲜引入极少数量的梅花鹿，包括日本梅花鹿、东北梅花鹿和台湾梅花鹿的杂合体，韩国养鹿者提出 5 年内在韩国打开鹿肉市场，再开辟国外市场。韩国食用鹿肉的主要形式是鹿蒸液（即全鹿液）[40]。鹿肉作为特殊的营养食品，具有很高的营养保健功能，因此它一直受到欧洲市场的欢迎。来自欧美的人较偏爱鹿肉，特别是美国、澳大利亚、英国、瑞士、德国等，这些国家每年人均鹿肉消费量很大，单靠本国的养鹿业供给已很难满足消费者的需求[41]，因此均需大量进口鹿肉，这就为我国鹿肉制品的发展提供了机会。总体来说，除日本、韩国、中国等亚洲国家养鹿主要目的是获取鹿茸外，加拿大、澳大利亚、新西兰等国养鹿以生产鹿肉为主。

目前在各国养鹿业中，新西兰是世界上养鹿规模最大的国家。而其养鹿业主要依靠鹿肉的出口。据报道截止到 2009 年 4 月 10 日，新西兰鹿肉的平均价格是 8.42 美元/kg，比去年同期价格上涨 26%，新西兰养鹿业的迅速发展得益于高效务实的管理机制，先进的加工技术，明确的产业走向，产品的多样化，以及行业协会的监管[42]。我们应积极借鉴与参考新西兰的成功经验，坚持以可持续发展的原则发展肉鹿养殖。

3.2 我国鹿肉的生产现状

1989 年实行的《中华人民共和国野生动物保护法》中规定，梅花鹿属于国家一级保护动物，2001 年卫生部下发的《关于限制野生动植物及其产品为原料生产保健食品的通知》规定，梅花鹿只能用作医药加工。这样一来，梅花鹿产品的应用范围、梅花鹿的饲养及运输等都受到严格限制。2011 年 1 月 17 日吉林省卫生厅上报了《关于明确部分养殖梅花鹿副产品作为普通食品管理的请示》。经研究，卫生部批复称：开发利用养殖梅花鹿副产品作为食品应当符合我国野生动植物保护相关法律法规。根据《中华人民共和国食品安全法》及其实施条例，以及卫生部《关于普通食品中有关原料问题的批复》和《关于进一步规范保健食品原料管理的通知》有关规定，除鹿茸、鹿角、鹿胎、鹿骨外，养殖梅花鹿其他副产品可作为普通食品。这一规定无疑为鹿养殖业发展提供了契机，加快了肉鹿养殖的步伐。

据中国畜牧业协会鹿业分会最新统计[43]，我国目前梅花鹿的存栏量大约为 100 万只，年产鲜鹿茸 320 吨。其中东北三省（黑龙江、吉林、辽宁）养殖梅花鹿约占 60%。目前，鹿业已向国际化发展，澳大利亚、加拿大、新西兰、瑞典、芬兰、俄罗斯等国养鹿发展迅猛，已成为我国养鹿业发展的强劲对手，因此国内企业应以技术支撑，规范管理，提高产品多样性，增强竞争力，在发展和巩固国内市场的同时，积极开发国外市场。我国养鹿业发展历史中，主要以鹿茸饲养为主，因此当前我国市场上的鹿产品也多是鹿茸的各种形式的产品，鹿肉以及鹿肉制品极少，开发鹿肉制品是形势下我国养鹿业的又一发展战略。我国养鹿业目前还处在传统的，分散的初级阶段，技术落后，产品原始严重制约着我国养鹿业的发展，我们应该总结过去经验教训，借鉴国外优秀发展模式，扬长避短，勇于创新，走联合，创新，开发，多样，规范的发展道路。根据我国的生态特点，分析目前我国养鹿业的发展现状，制定出适合我国的发展模式。

参考文献

［1］缪卓然．东北梅花鹿肉的化学成分及营养价值［J］．特产科学实验，1986（03）：1 - 2.

［2］陈晓燕，张敏．高蛋白营养型鹿肉精粉的研制［J］．食品科技，2003（4）：28 - 30.

［3］董万超．鹿肉的营养成分［J］．特种经济动植物，1999（4）：11.

［4］高贵，张作明，韩四平，等．鹿肉酶水解液中游离氨基酸的高效液相色谱分析［J］．中国生化药物杂志．2005，26（1）：32 - 33.

［5］张宝香．鹿肉的研究与开发利用概况［Z］．吉林省第五届科学技术学术年会（下册），2008.

［6］单永红，刘炳成．精氨酸——一种多功能的生化药物［J］．中国生化药物志，2001，22（5）：265 - 266.

［7］李秋玲．梅花鹿肉营养价值及肉质评价方法研究进展［J］．经济动物学报，2005（1）：54 - 56.

［8］张秀莲．鹿肉的营养价值及初加工概况［J］．特产研究．2006（04）：73 - 74.

［9］马丽娟，金顺丹，韦旭斌，等．鹿生产与疾病学［M］长春：吉林科学技术出版社，1998.

［10］孙德水，王守本．鹿肉的利用［J］．特种经济动植物，1999，4：10.

［11］张秀莲，魏海军，常忠娟．鹿肉的营养成分研究及生产概况［J］．会议论文．中国农科院特产研究所．2012.774 - 776

［12］苏丹．老龄梅花鹿肉嫩化方法研究［D］．长春：吉林大学，2012.

［13］姜媛媛，刘兆庆，王曙文．我国肉制品的生产加工与发展趋势［J］．肉类工业，2004（10）：40 - 43.

［14］张秀莲，常忠娟，李红．鹿肉四种产品的生产技术［J］．特种经济动植物，2007，10（8）：52 - 53.

［15］周亚军，刘妍菊，苏丹，等．果蔬复合鹿肉香肠工艺配方优化与特性研究［J］．食品科学2011（32）：288 - 291.

［16］陈晓燕，张敏．高蛋白营养型鹿肉精粉的研制［J］．食品科技，2003，11（4）：27 - 30.

［17］宋胜利，宋文辉，张凯．传统中式风味鹿肉干生产工艺及技术要点调控研究［J］．北京农业，2011（15）：30 - 31.

［18］Fortina M G，Nicastro G，Carminat D，et al. Lactobacillus helveticus heterogeneity in natural cheese starters：the diversity in phenotypic characteristics［J］. Journal of Appllied Microbiology，1998，84（1）：72 - 80.

［19］周亚军，王淑杰，苏丹，等．发酵鹿肉制品的加工特性研究［J］．食品科学，2009（30）．No. 19.

［20］李华丽，何煜波．酸肉生产主发酵期发酵条件的确定［J］．中国食物与营养，2005（4）：40 - 43.

［21］王艳梅，马俪珍．发酵肉制品的研究现状［J］．肉类工业，2004（6）：41 - 42.

［22］郭锡铎．我国发酵肉制品研究进展与未来［J］．肉类工业，2004（5）：1 - 4.

［23］ Jime' nez Colmenero F, Serrano A, Ayo J. Physicochemical and sensory characteristics of restructured beef steak with addedwalnuts ［J］. Meat Science, 2003, 65: 1 391 – 1 397.

［24］ 苏丹, 赖雪雷, 康建波, 等. 肉制品加工研究进展与新技术应用 ［J］. 农产品加工: 创新版, 2011 (3): 51 – 58.

［25］ Boem Jun Lee, Deloy G Hendrick, Daren P Cornforth. Effect of sodium phytate, sodium pyrophosphate and sodium tripolyphosphate on physico – chemical characteristics of restructured beef ［J］. Meat Science, 1998, 50 (3): 273 – 283.

［26］ 孔晓玲, 蒋德云, 韦山, 等. 关于肌肉嫩度评价方法的比较研究 ［J］. 农业工程学报, 2003, 19 (4): 216 – 219.

［27］ 周亚军, 王淑杰, 闫琳娜, 等. 重组鹿肉制品的加工特性 ［J］. 农业工程报, 2008, 24 (9): 268 – 275.

［28］ 祁智男. 新型重组鹿肉制品的重组特性研究 ［D］. 长春: 吉林大学, 2007.

［29］ Wiklunde, Stevenson – barry J M, DuncanS J, et al. Electrical stimulation ofred deer (Cervus elaphus) carcasses – effect on rate of pH – dedine, meat tenderness, colour stability and water – holding capacity ［J］. Meat Science, 2001, 59 (2): 211 – 220.

［30］ Bekhitb A E D, Farouka M M, Cassidya L, et al. Effects of rigor temperature and electrical stimulation on venison quality ［J］. Meat Science, 2007, 75 (4): 564 – 574.

［31］ Tešanoví D, Kalenjuk B, Tešanoví D, et al. Changes of biochemical and sensory characteristics in the musculus longissimus dorsi of the fallow deer in the early phase post – mortem and during maturation ［J］. African Journal of Biotechnology, 2011, 55 (10): 11 668 – 11 675.

［32］ Quaresma M A G, Trigo – rodrigues I, Alves S P, et al. Nutritional evaluation of the lipid fraction of Iberian red deer (Cervus elaphus hispanicus) tenderloin ［J］. Meat Science, 2012, 92 (4): 519 – 524.

［33］ Anonymous, Anonymous, Fallow deer, Forestry Commission, UK (2011) access date: February 2011.

［34］ E. Wiklund, P. Dobbie, A. Stuart, Seasonal variation in red deer (Cervus elaphus) venison (M. longissimus dorsi) drip loss, calpain activity, colour and tenderness, Meat Science, November 2010, 86 (3): 720 – 727.

［35］ L. C. Hoffmana, E. Wiklundb, Game and venison-meat for the modern consumer, Meat Science, September 2006, 74 (1): 197 – 208.

［36］ G. W. Asher, J. A. Archer, J. F. Ward, C. G. Mackintosh, The effect of prepubertal castration of red deer and wapiti – red deer crossbred stags on growth and carcass production, Livestock Science, 2011, 137 (1 – 3): 196 – 204.

［37］ Kim E K, Lee S J, Jeon B T, et al. Purification and characterization of antioxidative peptides from enzymatic hydro – lysates of venison protein ［J］. Food Chemistry, 2009, 114 (1): 1 365 – 1 370.

［38］ Yoshimura A M, Ooya H, Fujimura T, et al. Effects of added grain koji on the physical properties and palatability of sika deer meat product ［J］. Journal of The Japanese Society for Food Science and Technology: Nippon Shokuhin Kagaku Kaishi, 2011, 58 (11): 517 – 524.

［39］ 王全凯, 张辉, 孙振天. 新西兰养鹿业考察报告 ［J］. 特种经济动植物, 2001 (1): 10.

［40］ Kim J J. Production, marketing and consumption of deer and antler in Korea ［C］//The 1st International Symposium on Antler Science and Product Technology, Banff, Canada, 2002, 8 （3）：136 – 140.

［41］ 季忠梅. 鹿肉的营养价值与加工研究进展 ［J］. 肉类研究, 2013, 27 （02）：32 – 36.

［42］ 李和平. 新西兰鹿肉业当今形式及其过去和未来5年的战略方针经济动物 ［J］. 特种经济动植物. 2009, 10.5.

［43］ 赵贵香. 鹿产业发展战略研究及市场研究 ［J］. 中国鹿业进展, 2011, 58 – 60.

此文发表于《经济动物学报》2014, 18 （4）

梅花鹿公鹿尾对大鼠生长性能及营养物质消化代谢的影响[*]

徐海娜[**] 王 峰[***] 刘 操 齐俊生

（中国农业科学院特产研究所，长春 130112）

摘 要：为了解梅花鹿公鹿尾对 Wistar 大鼠在幼年生长性能和营养物质消化代谢影响，每天给试验组大鼠灌 30mg 梅花鹿公鹿尾粉，持续灌胃 4 周。在第 4 周对大鼠进行饲喂与消化代谢试验，分析大鼠蛋白消化率、脂肪消化率、氮沉积、氮生物学价值等指标，结合料重比及日增重，研究梅花鹿尾对大鼠生长发育及能量、蛋白质、脂肪等营养物质消化代谢的影响。试验结果表明，试验组大鼠平均日增重、料重比极显著高于对照组（$P < 0.01$）。试验组大鼠的粗蛋白质消化率、粗脂肪消化率、碳水化合物消化率与对照组相比差异不显著（$P > 0.05$）。试验组大鼠每日的消化能和代谢能极显著（$P < 0.01$）高于对照组。梅花鹿公鹿尾可以促进幼鼠生长发育，显著提高大鼠体增重；可产生较高的代谢能，为机体提供更多的能量。

关键词：梅花鹿尾；大鼠；消化代谢；能量代谢

Effect of Sika Deer Tail on the Growth Performance and the Regularity of Growth and Digestion Metabolism in Rats

Xu Haina, Wang Feng[*], Liu Cao, Qi Junsheng

（Institute of Special Wild Economic Animals and Plants, Chinese Academy of Agricultural Sciences, Changchun 130112, China）

Abstract：Fro investigateing the effect of sika deer tail on digestion and metabolism in rats at the period of the growth and development, 30mg sika deer tail were administrated in rat daily for 4 weeks. Digestibility of protein, fat nitrogen deposition and protein value were analysised. Results show that the average daily gain and the Feed gain ratio of rats with added sika deer tail were significantly higher（$P < 0.01$）than that in control group. The rats with the digestibilities of protein and of fat in ADT group were not significantly（$P > 0.05$）different compared with control group. Digestible energy and metabolic energy of the experiment rats were significantly increased comparing with the control group（$P < 0.01$）. The powder of deer tail administered to basic food significantly increased intaking total energy（IGE）of rats so that

---

* 收稿日期：2013 - 01 - 17

** 作者简介：徐海娜（1987—），女，内蒙古人，硕士研究生，从事特种经济动物饲养方向的研究

*** 通讯作者：王峰，E - mail：tcswf@126.com

digestive energy（DE）and metabolic energy（ME）of rats significant difference was found between control group and the ADT group（$P < 0.01$）. In conclusion，Sika deer tail can increase weight and improve growing development for rat，which provide the energy for organism.

Key words：sika deer tail；rat；digestion；metabolism

梅花鹿是中国经济动物，其鹿尾腺是极其重要的外分泌腺，在中医药和日常保健领域具有重要的应用价值。具四川中药志记载，鹿尾汇集鹿的阴血精华，有"阳气聚于角，阴血聚于尾"的说法。梅花鹿尾具有补肾、滋补壮阳、益精之功效[1]。雄鹿尾内含有睾丸酮、雄二醇、甘氨酸和多种无机元素。与鹿茸相比较，鹿尾燥热之性减，更偏于温和，具有温而不燥的特点。鹿尾作为药中珍品，产品具有很强的药理活性，其强大的功效特性实为药中上品[2]。为促进梅花鹿产品的应用，进一步发掘梅花鹿产品的药用和食用价值，为鹿尾作为中药食材提供理论基础。本文以大鼠为研究对象，初步探讨了梅花鹿鹿尾粉末对大鼠营养物质消化代谢的影响。

1　材料与方法

1.1　实验材料及试剂

实验大鼠为 3 周龄的 wistar 大鼠，购自吉林大学白求恩医学部实验动物饲养中心，体重 60 ± 5g；新鲜鹿尾取自配种期梅花公鹿，除去根部残肉及油脂，剪去毛，置烘箱内 65℃ 干燥 72h，粉碎[3]，−20℃ 保存待用；大鼠基础饲粮购自吉林大学白求恩医学部实验动物饲养中心，组成及营养水平见表 1。所用试剂，硫酸，甲苯，均购自 Sigma-aldrich 公司。

1.2　饲养管理与实验设计

20 只大鼠分成 2 组（试验组和对照组），每组 10 只，采用标准大鼠代谢笼，单笼饲养于无菌培养室。各组环境条件相同，室温 20 ~ 26℃，相对湿度 50% ~ 70%，氨浓度低于 11mg/m³，噪声小于 50dB，垫料经曝晒消毒，饮用灭菌自来水。

根据鼠类保健品灌胃量 0.033 ~ 0.083g/（kg·d）[4]，每日给试验组大鼠灌胃 30mg 配种期梅花公鹿鹿尾粉末。预饲 4 周后，每组随机挑选 6 只健康大鼠进行消化代谢试验。采用全收粪法连续收集 6d。每天收集的粪便称重后按鲜重的 5% 加入 10% 硫酸溶液，−20℃ 保存备用。每天收集尿液，按体积比 1/50 加入 10% 硫酸溶液，并加 2 滴甲苯用于防腐，−20℃ 保存备用。

表 1　基础饲粮组成及营养水平（干物质基础）
Table 1　Composition and nutrient levels of basal diets（DM basis） （%）

项目 Ingredients	含量　DM basis
玉米粉 Corn meal	46.00
鱼粉 Fish meal	12.00
面粉 Flour	15.00
大豆粉 Soybean meal	12.00

（续表）

项目 Ingredients	含量 DM basis
石灰石 Limestone，pulverized	0.5
磷酸钙 Calcium phosphate，dibasic	0.5
维生素预混料 Vitamin premix [a]	5.0
矿物盐预混料 Mineral premix [b]	5.0
猪油 Lard	4.0
总计 Total	100
营养物质 Calculated value	
粗蛋白 Crude protein [c]	18.74
粗脂肪 Crude fat	4.2
代谢能 ME（MJ/Kg）	18.03
钙 Calcium	1.7
磷 Total phosphorus	0.8

注：a. 每 kg 维生素预混料含有：VA 7 000IU、VD800IU、VE 60IU、VK 3mg、VB_1 8mg、$VB_2$10mg、VB_6 6mg、VB_{12} 0.02mg、泛酸35 mg、生物素50 μg、叶酸800 μg；b. 每 kg 矿物盐预混料含有：Fe（$FeSO_4 \cdot 7H_2O$，20.09%）120 mg，Cu（$CuSO_4 \cdot 5H_2O$，25.45%）10 mg，Mn（$MnSO_4 \cdot H_2O$，32.49%）75 mg，Zn（$ZnSO_4$，80.35%）30 mg；c. 每 kg 粗蛋白中含有（amino acid per kilogram of protein）精氨酸2.04%、苏氨酸1.12%、丝氨酸1.13%、谷氨酸4.07% 、甘氨酸1.02%、丙氨酸1.16、半胱氨酸0.40%、赖氨酸1.04%、蛋氨酸0.54%；2）. 粗蛋白质、钙、总磷为测定值，代谢能为计算值

Note：a. Vitamin premix supplied per kilogram of diet：vitamin A，7000IU；vitamin D，800IU；vitamin E，60IU；vitamin K，3mg；vitamin B1，8mg；vitamin B2，10mg；vitamin B6，6mg；vitamin B12，0.02mg；pantothenic acid，35 mg；biotin，50 μg；folic acid，800 μg

b. Mineral premix supplied per kilogram of diet：Fe（$FeSO_4 \cdot 7H_2O$，20.09% Fe），120 mg；Cu（$CuSO_4 \cdot 5H_2O$，25.45% Cu），10 mg；Mn（$MnSO_4 \cdot H_2O$，32.49%），Mn 75 mg；Zn（$ZnSO_4$，80.35% Zn），30 mg

c. Amino acid per kilogram of protein：Asp2.04%、Thr 1.12%、Ser1.13%、Glu 4.07% 、Gly 1.02%、Ala 1.16、Cys 0.40%、Lys1.04%、Met 0.54%；2）. Crude protein \ \ calcium \ \ total phosphorus were determined，metabolizable energy was calculated

1.3 检测指标及检测方法

日粮干物质含量采用65℃烘干法测定；凯式定氮法测定粗蛋白质含量参考 GB/T 6432—94[5]；索氏浸提法测定粗脂肪的含量参考 GB/T 6433—2006[6]。饲粮和粪中的干物质、粗灰分测定参照张丽英[7]的方法，营养物质消化代谢指标计算公式如下：

净蛋白质利用率（%）=（氮沉积/食入氮）×100；蛋白质生物学价值（%）=［氮沉积/（食入氮–氮）］×100；蛋白质效率比（%）=（体增重/蛋白质或氮的食入量）×100；大鼠能量消化代谢测定根据（1985 NRC）利用公式：GE（MJ）= 5.7（MJ）× CP + 9.4（MJ）× EE + 4.1（MJ）× CC；

DE（MJ）= 5.7（MJ）× DCP + 9.4（MJ）× DEE + 4.1（MJ）×DCC；

ME（MJ）= DE×1.25（MJ）×DCP[8]。

解剖称量大鼠睾丸、卵巢、肝脏、肾脏、脾脏，利用公式计算脏器指数：脏器指数 = 睾丸（卵巢、肝脏、肾脏、脾脏）重量/体重 × 100%[9]。

1.4 数据统计分析

实验数据使用 SAS 9.1 统计软件进行统计学分析。数据用平均值 ± 标准差表示，各组实验数据的显著性差异采用 t 检验进行分析。

2 结果

2.1 梅花鹿尾粉对大鼠生长发育的影响（表2）

表2 梅花鹿鹿尾粉末对大鼠生长性能的影响

Table 2 Effects of sika deer tail's powder on grow the performance of rats

项目 Items	初重（g） Initial weight	末重（g） Final weight	平均日增重（g） Average daily gain	饲料转化率（%） Feed conversion rate
对照组 Control group	222.07	242.59	4.09 ± 1.54^a	6.85 ± 2.22^a
试验组 Trail group	220.73	265.43	7.45 ± 1.82^b	3.90 ± 0.89^b

注：同列小写字母不同者表示差异显著（$P < 0.01$）。下同

Note：In the same column, values with different capital letter superscripts mean extremely significant difference（$P < 0.01$）. The same as below

由表2可见，试验组大鼠平均日增重极显著的优于对照组（$P < 0.01$）。试验组大鼠的饲料转化率极显著的高于对照组（$P < 0.01$）。

2.2 梅花鹿鹿尾对大鼠脏器指数的影响

如表3所示，试验组与对照组大鼠体内睾丸指数、肝脏指数、肾脏指数、脾脏指数无显著性差异（$P > 0.05$）。

表3 梅花鹿鹿尾对大鼠脏器指数的影响

Table 3 Effect of organ index by sika deer tail

项目 Items	睾丸指数 Testis index	肝脏指数 Liver index	肾脏指数 Kidney index	脾脏指数 Spleen index
对照组 Control group	1.12 ± 0.13^a	4.23 ± 0.77^a	0.84 ± 0.07^a	0.26 ± 0.02^a
试验组 Trail group	0.97 ± 0.09^a	4.57 ± 0.46^a	0.86 ± 0.05^a	0.26 ± 0.02^a

2.3 梅花鹿鹿尾对大鼠营养物质消化率的影响

如表4所示，试验组大鼠的干物质采食量极显著高于对照组（$P < 0.01$）。试验组大鼠干物质排出量极显著高于对照组（$P < 0.01$）。试验组大鼠干物质消化率、蛋白质消化率、脂肪消化率、碳水化合物消化率与对照组均无显著差异（$P > 0.05$）。

2.4 梅花鹿尾对大鼠氮代谢的影响

如表5所示，试验组大鼠的食入氮极显著高于对照组（$P < 0.01$）；试验组大鼠粪氮极显著高于对照组（$P < 0.01$）；大鼠尿氮水平组间差异不显著（$P > 0.05$）；试验组大鼠的氮沉积与对照组相比较无显著性差异（$P > 0.05$）；大鼠净蛋白利用率组间差异不显著性（$P > 0.05$）；大鼠蛋白质生物学价值组间无显著差异（$P > 0.05$）；试验组大鼠蛋白质效率比极显著高于对照组（$P < 0.01$）。

表4 试验组日粮与对照组日粮营养物质消化率比较

Table 4 The effect of the food of control group and of trial group on rats' nutrition digestibility

项目 Items	干物质采食量 （g） Intake dry food	干物质排出量 （g） Dry matter output	干物质消化率 （%） Digestibility of dry matter	蛋白质消化率 （%） Digestibility of protein	脂肪消化率 （%） Digestibility of fat	碳水化合物 消化率（%） Digestibility of carbohydrate
对照组 Control group	24.58 ± 1.44[a]	2.50 ± 0.15[a]	89.85 ± 0.47[a]	84.50 ± 0.99[a]	85.65 ± 1.67[a]	93.24 ± 0.35[a]
试验组 Trail group	27.09 ± 1.49[b]	2.74 ± 0.15[b]	89.86 ± 0.64[a]	84.69 ± 1.09[a]	87.58 ± 2.55[a]	93.17 ± 0.49[a]

表5 试验组日粮与对照组日粮对大鼠氮代谢影响的比较

Table 5 The effect of the food of control group and of

trial group on rats' nitrogenous metabolism

项目 Items	食入氮 （g/d） Intake nitrogen	粪氮 （g/d） Fecal nitrogen	尿氮 （g/mL·d） Urine nitrogen	氮沉积 （g/d） Nitrogen deposition	净蛋白质 利用率（%） Net protein utilization	蛋白质生物 学价值（%） Protein biological value	蛋白质效率比 Ratio of protein efficiency
对照组 Control group	0.78 ± 0.04[a]	0.12 ± 0.01[a]	0.27 ± 0.07[a]	0.44 ± 0.01[a]	56.52 ± 10.35[a]	66.83 ± 11.88[a]	0.83 ± 0.27[a]
试验组 Trail group	0.87 ± 0.05[b]	0.13 ± 0.01[b]	0.28 ± 0.08[a]	0.45 ± 0.09[a]	52.20 ± 9.64[a]	61.60 ± 11.16[a]	1.38 ± 0.33[b]

2.5 梅花鹿尾对大鼠能量代谢的影响

如表6所示，饲喂鹿尾粉末，试验组大鼠消化能极显著的高于对照组（$P < 0.01$）；试验组大鼠的代谢能极显著的高于对照组（$P < 0.01$）。

表6 梅花鹿尾对大鼠能量代谢的影响

Table 6 The effect of energy metabolism on sika tail for rats

项目 Items	食入总能（KJ） Intake energy	消化能（KJ） Digestibility energy	代谢能（KJ） Metabolize energy
对照组 Control group	443.08 ± 26.02[a]	401.41 ± 24.02[a]	379.94 ± 22.63[a]
试验组 Trail group	495.30 ± 27.24[b]	449.02 ± 26.48[b]	425.09 ± 25.02[b]

3　讨论

本实验每日用公鹿尾粉末大鼠灌胃，以研究公鹿尾对大鼠生长发育的影响。从表1可以看出，试验组大鼠的平均日增重、饲料转化率差异性极显著高于试验组，从而可以推测在配种期梅花鹿鹿尾可能含有某种激素或某种促生长因子能够有效的增加大鼠的体重。有研究表明鹿尾中含有大量的必需氨基酸和非必需氨基酸，必需氨基酸中以赖氨酸含量最高[10]。黄伟杰等对野猪的研究显示，不同赖氨酸水平对野猪的平均日增重、料重比的影响显著（$P < 0.05$）[11]。因此，日粮高水平赖氨酸含量，可能是试验组人鼠平均日增重、饲料转化率的显著性增加的原因。

陈华研究，随着年龄增长、体重的增加，脏器指数逐渐降低，以脑、肝、肾及雄性动物的脾脏变化明显[12]。而本试验大鼠睾丸、肝脏、肾脏、脾脏的脏器指数并没有显著性变化。该指数 = 脏器重/体重，因为试验组体重增加，脏器重量也增加，分子、分母均增加，所以比值变化不大，或是可能是由于本实验饲养期较短，灌胃大鼠4周未能引起脏器指数的显著变化。或是由于本实验中采用的烘干法，可能使鹿尾中某些活性物质的丧失，导致灌胃鹿尾并没有对睾丸等脏器指数产生影响。另一方面，本实验仅对脏器基本指标进行了评价，而对于脏器功能的评价还需要进一步研究。

在影响动物采食量的因素中，日粮适口性已成为饲料营养价值评定中必须考虑的项目之一[13]。试验组大鼠干物质采食量和干物质排出量极显著高于对照组，可以推断每日给大鼠灌胃鹿尾粉末，有可能带动大鼠采食日粮的适口性，增加大鼠的采食量。另一种原因可能是哺乳动物的采食控制中枢在下大脑的丘脑区，该区可对各种感觉刺激和调节机制产生反应[14]，由此可以推断梅花鹿配种期公鹿尾含有某种激素，能够刺激大鼠采食控制中枢，从而增加采食量。

食入氮的差异变化主要是由采食量的差异和蛋白质含量的不同而引起的。粪氮和尿氮是食入氮的2个损失部分，粪氮包括食物中未被吸收的氮、肠道分泌物及肠道脱落细胞中的氮，这部分氮受饲料蛋白含量的影响较大。当蛋白质水平达到一定程度时，过多的蛋白质被机体分解为尿素从尿液中排除[15]。本试验结果表明，随着进食氮的增加，粪氮排出量也在增加，这与张铁涛等[16]的研究结果相一致。净蛋白利用率是指动物体内沉积的蛋白质或氮占食入的蛋白质或氮的百分比。净蛋白利用率和蛋白质生物学价值用来衡量饲料蛋白质被利用的程度及动物对蛋白质的需要量。试验组大鼠的氮沉积、净蛋白利用率、蛋白质生物学价值没有明显高于对照组，说明试验组鹿尾粉末蛋白质利用程度没有明显高于对照组，可能是由于鹿尾没有改变大鼠粗蛋白消化率，进而对大鼠体内的净蛋白利用率和蛋白质生物学价值没有产生影响。

本试验组大鼠食入总能、消化能和代谢能与对照组比较有明显的提高。说明添加鹿尾日粮能增强大鼠的消化代谢能。实验动物营养需求中消化能占总能的90%～95%，代谢能占消化能的90%～95%[17]，这与本试验研究结果一致。试验组与对照组在消化能和代谢能上产生的显著性差异，可能是由于灌胃鹿尾粉末含有生长激素以及较高的赖氨酸含量[10]促进大鼠生长，从而增加了大鼠的消化代谢能。

4　结论

（1）从生长性能和氮的利用率方面考虑，梅花公鹿鹿尾粉末灌胃实验大鼠能促进大鼠采食量，增加大鼠体重。

（2）梅花公鹿鹿尾能显著提高大鼠的蛋白质效率比。

（3）大鼠在梅花公鹿鹿尾的活性作用下，能增加其消化能和代谢能，促进大鼠对营养物质的吸收，增加大鼠的体重。

参考文献

[1] 董万超，辛炎，张秀莲，等．梅花鹿茸和尾对大鼠性腺的影响 [J]．特产研究，1996，（1）：13.

[2] 赵伟，孙冬梅．鹿尾的独特功效及食用方法 [J]．中医中药，2010，19（8）：196－197.

[3] 佚名．鹿尾的加工 [N]．中国畜牧兽医报，2009，2－15（015）.

[4] 王晓丽．保健食品灌胃剂量对 Balb/c 小鼠体重增长的影响 [J]．中国自然医学杂志，2006，6（8）：89.

[5] GB/T 6432—94，饲料中粗蛋白测定法 [S]．

[6] GB/T 6433—2006，饲料中粗脂肪测定法 [S]．

[7] 张丽英．饲料分析及饲料质量检测技术 [M]．2 版．北京：中国农业大学出版社，2003.

[8] Ahlstrøm O，Skrede A. Comparative Nutrient Digestibility in Dogs，Blue Foxes，Mink and Rats [J]．Nutrition for Health，1998，128：2676S－2677S.

[9] 张茜，卢婷．黄连水提物及其活性成分小檗碱对大鼠生长发育的促进作用 [J]．中国畜牧杂志，2010，46（11）：46.

[10] 张高慧．鹿尾化学成分分析及质量评价模式研究 [D]．北京：中国农业科学院研究生院，2011.

[11] 黄伟杰，何若钢，李秀宝，等．不同能量、赖氨酸水平对特种野猪生产性能和屠宰性能的影响 [J]．饲料工业，2011，32（11）：50－51.

[12] 陈华，李春海，贺苏兰，等．年龄因素对 Wistar 大鼠部分血液学血液生化指标及脏器系数的影响 [J]．实验动物科学与管理，1996，13（2）：10.

[13] 杨加豹．动物饲料适口性与影响因素 [J]．饲料研究，2001，（1）：23.

[14] Peter R. Ferket，Abel G. Genat. Feedintake [J]．Poultry USA，2003，（8）：14－29.

[15] 张志强，张铁涛，耿业业，等．准备配种期雌性蓝狐对不同蛋白质水平日粮营养物质消化率及氮代谢的比较研究 [J]．中国畜牧兽医，2011，38（2）：25－26.

[16] 张铁涛，张志强，高秀华．冬季生长期公貂对不同蛋白质水平日粮营养物质消化率及氮代谢的比较研究 [J]．动物营养学报，2010，22（3）：723－728.

[17] Nutrient Requirements of Laboratory Animals，Fourth Revised Edition，by the National Research Council. Nutrient Requirements of Laboratory Animals [M]．Washington，D. C：national academy press，1995：16.

中图分类号：R282.740.5　　文献标识码：A

此文发表于《特产研究》2013 年第 1 期

两种鹿尾中总多糖含量测定

张高慧* 王 峰** 王玉方 李 艳 姜 英 李淑芬

（中国农业科学院特产研究所，吉林 长春 130112）

摘 要：采用水热回流法提取中药材鹿尾中的总多糖，经三氯乙酸除蛋白、活性炭脱色处理，用苯酚－硫酸比色法对鹿尾样品中的总多糖含量进行测定，检测波长为486nm。结果表明梅花鹿尾中总多糖平均含量为 4. 70mg · g^{-1}，马鹿尾中总多糖平均含量为5. 86mg · g^{-1}，两种鹿尾中总多糖含量差异不显著（$P > 0.05$）；该方法操作简便，结果可靠，适用性强，可以作为鹿尾药材的质量控制方法。

关键词：鹿尾；多糖；含量测定；苯酚－硫酸法

Determination of Polysaccharidesin Cauda Cervi of Two Different Species

Zhang Gaohui, Wang Feng*, Wang Yufang, Li Yan, Jiang ying, Li Shufen

（Institute of Special Wild Economic Animal and Plant Science, CAAS. , Jilin 132109, China）

Abstract：Polysaccharides was extracted from Cauda Cervi by water hot reflux extraction, with protein removed by trichloroacetic acid and then decolored by active carbon. The content of the polysaccharides was determined by phenol-sulfuric acid colorimetry method at 486nm. The results showed that the polysaccharides content in Cauda Cervi of *Cervus Nippon* Temminck is 4. 70 mg · g^{-1} while in *Cervus elaphus* Linnaeus is 5. 86 mg · g^{-1}, and there was no distinct differences in Cauda Cervi of two species （$P > 0.05$）；With the chatacter of simplify operation, reliable result and adaptable, the method can be effectively applied in the control of Cauda Cervi quality.

Key words：Cauda Cervi; polysaccharide; content determination; phenol-sulfuric acid method

　　鹿尾（Cauda Cervi）是鹿科动物梅花鹿（*Cervus Nippon* Temminck）或马鹿（*Cervus elaphus* Linnaeus）的尾巴，《中华本草》中记载：“鹿尾，其味甘、咸，性温，具有补肾阳，益精气等功效，可用于治疗腰脊疼痛，肾虚遗精，头昏耳鸣等疑难杂症”[1]。鹿尾在我国古代就作为名贵的滋补强壮剂，因比鹿茸难得且疗效显著，一直被人们视为珍品。据报道，鹿尾含氨基酸、多肽、

* 作者简介：张高慧（1985—），男（汉），山西临汾人，硕士研究生，研究方向为特种经济动物产品学 . E－mail：zhanggh_ fly@ 126. com

** 通讯作者：王峰（1962—），男（汉），研究员，硕士，从事特种经济动物饲养及产品 . E－mail：tcswf@ 126. com

多糖、微量元素、磷脂及脂肪酸等多种成分[2]，但其发挥药效作用的活性成分还不清楚，且尚无明确的质量控制指标。多糖是指由 10 个以上的单糖通过糖苷键连接而成的大分子化合物，其广泛参与细胞识别、生长、分化、代谢、病毒感染、免疫应答等多项生命活动，在生物体生命活动中具有重要的生物学功能，是生物体必不可少的成分[3]。目前，天然多糖以其具有抗肿瘤、抗肝炎、抗溃疡、抗衰老、抗凝血、刺激免疫活性增强机体免疫功能及调血脂、降血糖等较强的药理作用及安全性而倍受关注。因此，多糖含量的多少在一定程度上可影响药材的质量。为此，本实验采用苯酚—硫酸比色法法首次对不同品种鹿尾药材的总多糖含量进行测定，为中药鹿尾的品质评定提供一定依据。

1 材料与仪器

1.1 实验材料

梅花鹿尾、马鹿尾自 2009 年 8 月至 2010 年 4 月采集于中国农业科学院特产研究所实验鹿场。

1.2 仪器及试剂

DRC - 1100 型真空冷冻干燥机（日本 EYELA），高速粉碎机（天津市泰斯特仪器有限公司），SPECORD 205 型紫外/可见光分光光度计（德国）；超声清洗器（无锡超声电子设备厂）；AE200 电子天平（梅特勒公司）。

对照品 D - 无水葡萄糖（中国药品生物制品检定所）；浓 H_2SO_4 为优级纯，苯酚为分析纯。

2 方法与结果

2.1 样品处理

用 80 ~ 90℃ 水除去花、马鹿尾上的毛，并剔除其尾根上多余的脂肪和残肉，然后将其放入真空冷冻干燥机中冷冻干燥至水分含量少于 3%，粉碎过 40 目于 -20℃ 保存待用。

2.2 对照品溶液制备

准确称取葡萄糖对照品 0.0231g，置 50ml 容量瓶中，加超纯水溶解，并稀释至刻度，混匀，得到浓度为 0.462mg/ml 的对照品溶液。

2.3 供试品溶液制备[4~11]

精密称取干燥样品粉末（过 40 目）约 2g，置索氏提取器中，加乙醚回流提取 24 h，残渣挥干乙醚后，置圆底烧瓶中，加水 50ml，回流提取 3 次，每次 1.5h，合并 3 次提取液，浓缩至 50ml，用活性炭脱色，10% 三氯乙酸除蛋白，取上清液定容至 50ml。

2.4 最大吸收波长的确定[12]

准确称取各样品液 1ml 和标准品溶液 0.1ml，置 10ml 比色管中，精密加入 4% 苯酚溶液 1.0ml，混匀，迅速加入浓硫酸 5.0ml 摇匀；同法制备空白溶液，置 45℃ 水浴中 15min，冷却，按 2010 年版《中华人民共和国药典》一部附录 V A 中紫外 – 可见分光光度法，于 400 ~ 900nm 区间扫描，结果表明，标准品与各样品液均在 486nm 处有最大吸收波长，如图 1，故选择 486nm 为测定波长。

2.5 标准曲线绘制[13~15]

分别精密吸取葡萄糖标准品溶液 0、60、80、100、120、140μl，置 10ml 具塞试管中，加水补至 1.0ml，分别加 4% 苯酚溶液 1.0ml，混匀，迅速加入浓硫酸 5.0ml，混匀，置 45℃ 水浴加热 15 分钟，取出，冷却至室温，以第一份为空白，在 486nm 的波长处测定吸光度，结果见表 1、图 2。

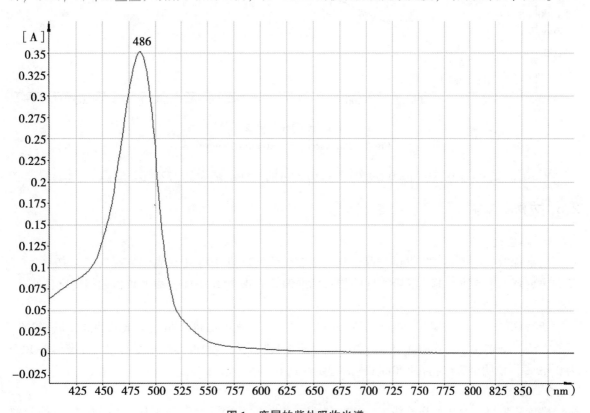

图 1　鹿尾的紫外吸收光谱

Fig. 1　Absorption curve of polysaccharide

表 1　不同多糖含量水平的吸光度

Table 1　he absorbance of different levels of polysaccharide

体积（mL）	葡萄糖量（μg）	吸光度（A）
60	27.72	0.2210
80	36.96	0.3094
100	46.20	0.3800
120	55.44	0.4414
140	64.68	0.5336

以无水葡萄糖含量为横坐标，吸光度为纵坐标，绘制标准曲线，其回归方程为：

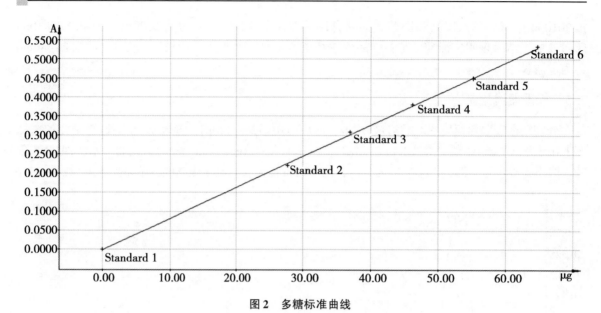

图2　多糖标准曲线

Fig. 2　Polysaccharide standard curve

$Y = 0.0082X - 0.0004$（$r = 0.9976$），多糖含量的线性范围为27.72~64.68μg。

2.6　方法学考察

2.6.1　精密度试验

精密称取"花鹿尾3"供试样品，按"2.2"项处理方法将其制成供试品溶液，按"2.5"项方法重复测定5次，测得其吸光度的相对标准偏差RSD为0.98%，表明仪器的精密度良好。

2.6.2　稳定性试验

精密称取吸"花鹿尾3"供试样品，按"2.2"项处理方法将其制成供试品溶液，按"2.5"项的方法，分别在0、30、60、90、120min时测定其吸光度，测得其吸光度的相对标准偏差RSD为0.49%，说明反应产物在120min内的稳定性良好。

2.6.3　回收率试验

准确称取已知含量的样品粉末（H2）5份，根据样品中的含量分别精密加入一定量的标准品，按"2.2"项的方法制备供试液，按"2.5"项的方法测定其吸光度，并计算加样回收率及回收率相对标准偏差，结果见表2。

表2　加样回收率试验

Tab. 2　Results of recovery test

称样量 （mL）	样品含量 （mg）	加入量 （mg）	测定总量 （mg）	回收率 （%）	RSD （%）
2.0032	12.96	13.00	25.95	99.96	
2.0011	12.95	13.00	25.48	98.2	
2.0016	12.95	13.00	25.87	99.7	1.38
2.0014	12.95	13.00	26.24	101.1	
2.0007	12.94	13.00	26.54	102.3	

2.7　样品中总多糖含量测定

分别精密称取各鹿尾样品粉末 2g，按 "2.2" 项的方法制备供试品溶液，按按 "2.5" 项的方法，在 486nm 处测其吸光度，计算总多糖的含量，测定结果见表 3。

表 3　两种鹿尾药材中总多糖含量（$mg \cdot g^{-1}$）

Table 3　The content of polysaccharide in *Cauda Cervi*

样品编号	花鹿尾	马鹿尾
1	3.31	6.92
2	6.47	3.93
3	3.69	8.09
4	3.16	3.60
5	3.38	5.37
6	4.05	4.92
7	6.14	7.53
8	7.39	6.58
$\overline{X} \pm SD$	4.70 ± 1.58	5.86 ± 1.56

3　结论与讨论

3.1　由表 3 可知，不同品种鹿尾中的总多糖含量存在一定差异。运用 SAS 8.0 统计软件对不同品种鹿尾中的总多糖含量进行 t 检验，结果表明它们的差异性均不显著（$P > 0.05$）。目前有关总多糖含量的计算方法主要有以对照品葡萄糖含量来计算和换算因子校正法两种计算方法。但是换算因子校正法与多糖的提取方法及纯度等因素有关，且其值较难确定。本实验采用葡萄糖法计算总多糖含量，结果较理想，更好的计算方法有待以后进一步探讨。

3.2　苯酚—硫酸法和蒽酮—硫酸法常作为多糖含量测定的主要方法，它们的原理相同，都是根据多糖显色反应后在某一波长显示出不同的吸光值，进而测定其含量。由于不同的多糖和单糖在发生显色反应后显示出不同的最大吸收峰，因此这两种方法测定多糖含量时会存在一定的差异。钟方晓等（2007）比较了苯酚—硫酸法和蒽酮—硫酸法显色反应后吸收曲线的稳定性，发现苯酚—硫酸法对显色后产生较好的吸收峰，稳定性也很好，线性关系也非常好；而蒽酮—硫酸法线性关系不理想，重现性、稳定性较差，尤其是加热后最大吸收峰偏移较大[16]。因此本试验最终选用苯酚—硫酸法测定中药材鹿尾中的总多糖含量。

3.3　用水提取多糖常含有蛋白质，尤其是动物样品中的蛋白质含量会更高。蛋白质的存在会影响多糖含量的测定，因此在提取样品供试品溶液过程中应除去蛋白质。脱蛋白的常规方法主要有三氯乙酸法、盐酸法和 Sevag 法等，李知敏等（2004）比较了这三种方法的除蛋白效果，发现脱蛋白效果盐酸最好，三氯乙酸次之，Sevag 法最差，但是盐酸在脱蛋白时多糖的损失率也较高，而三氯乙酸法较温和，在脱蛋白时较好地保证了多糖的活性[17]；刘芳等（2008）和谭敏等（2010）也通过试验发现用三氯乙酸法去除蛋白的同时多糖损失率较低，能达到较好效果[18,19]。因此，本试验最终采用采用三氯乙酸法除去蛋白，并取得了较理想的结果。

3.4 鹿尾样品供试液经三氯乙酸脱蛋白后,其颜色相对较深,对其吸光度有一定影响,从而会影响多糖含量的测定,所以在测定多糖之前需先进行脱色处理。朱越雄等(2005)通过比较活性炭、二乙氨乙基纤维素、H_2O_2和重蒸酚四种脱色剂对野生糙皮侧耳子实体多糖的脱色效果,发现样品经0.75%浓度的活性炭脱色后,有色杂志的去除效果最好,且光谱吸收峰最接近标准品[20];孙颉等(2001)、杨娜等(2007)和刘芳等(2008)在多糖提取试验中也发现用活性炭脱色效果较好,其是一种理想的脱色剂[18,20~21]。因此本实验选用粉末活性炭作为脱色剂,达到了减少干扰的目的,并取得良好效果。

参考文献

[1] 中华本草编委会.中华本草 [M].上海:上海科学技术出版社,1999:664.

[2] 董万超,赵景辉,潘久茹,等.梅花鹿七种产品的化学成分研究 [J].特产研究,1994,(1):36-43.

[3] 季宇彬.中药多糖的化学与药理 [M].北京:人民卫生出版社,2005.

[4] 张阳.鹿茸等四种商品药材质量评价模式研究 [D].沈阳:辽宁中医药大学,2008.

[5] 谢建华,申明月,刘昕,等.苦瓜中多糖含量测定方法的研究 [J].中国食品添加剂,209-213.

[6] 绿茶水溶性多糖含量测定方法研究 [D].北京:中国农业科学院,2009.

[7] S. R Sudhamani, R. N Tharanathan, M. S Prasad. Isolation and characterization of an extracellular polysaccharide from Pseudomonas caryophylli CFR 1705 [J]. carbohydrate polymers, 2004, 56 (4): 423-427.

[8] Ye Seul Na, Woo Jung Kim, Sung Min Kim, et al. Purification, characterization and immunostimulating activity of water-soluble polysaccharide isolated from Capsosiphon fulvescens [J]. International Immunopharmacology, 2010, 10 (3): 364-370.

[9] Yuhong Liu, Chunhui Liu, Haining Tan, et al. Sulfation of a polysaccharide obtained from Phellinus ribis and potential biological activities of the sulfated derivatives [J]. Carbohydrate Polymers, 2009, 77 (2): 370-375.

[10] 马丹.红芪多糖的提取分离纯化及组成分析 [D].兰州:兰州大学,2008.

[11] Yuhong Liu, Chunhui Liu, Haining Tan, et al. Sulfation of a polysaccharide obtained from Phellinus ribis and potential biological activities of the sulfated derivatives [J]. Carbohydrate Polymers, 2009, 77 (2): 370-375.

[12] 国家药典委员会.中华人民共和国药典 [M].北京:中国医药科技出版社,2010:附录30.

[13] 董群,郑丽伊,方积年.改良的苯酚-硫酸法测定多糖和寡糖含量的研究 [J].中国药学杂志,1996,31 (9):550-553.

[14] Chia Chi Wang, Shyh Chung Chang, Bing Huei Chen. Chromatographic determination of polysaccharides in Lycium barbarum Linnaeus [J]. Food Chemistry, 2009, 116 (2): 595-603.

[15] 师勤,马果玉,徐珞珊,等.比色法测定蒺藜中多糖的含量 [J].中国药科大学学报,1997,28 (5):291-293.

[16] 钟方晓,任海华,李岩.多糖含量测定方法比较 [J].时珍国医国药,2007,18 (8):1 916-1 917.

[17] 李知敏，王伯初，周箐，等．植物多糖提取液的几种脱蛋白方法的比较分析 [J]．重庆大学学报，2004，27（8）：57 – 59．

[18] 刘芳，朱学慧，刘玫，等．冬凌草多糖脱蛋白和脱色方法的研究 [J]．中药材，2008，31（5）：751 – 753．

[19] 谭敏，邱细敏，陆艳艳，等．白术多糖脱蛋白脱色工艺 [J]．中国新药杂志，2010，19（22）：2 100 – 2 102．

[20] 朱越雄，孙海一，曹广力．野生糙皮侧耳子实体多糖的脱色素效果比较 [J]．光谱实验室，2005，22（5）：1 070 – 1 073．

[21] 孙颉，何慧，谢笔钧．活性炭脱色对灵芝水提液活性成分的影响 [J]．化学工业与工程技术，2001，22（1）：5 – 9．

[22] 杨娜，杨栋梁，刘佳佳．颗粒活性炭脱色对发酵大蒜水提液中活性成分的影响 [J]．食品工业科技，2007，28（5）：75 – 77，80．

此文发表于《特产研究》2012 年第 1 期

双阳梅花鹿初角茸、二杠茸中氨基酸组成及含量分析*

张爱武** 翟 晶 范 敏 刘松啸 付 晶 鞠贵春

（吉林农业大学中药材学院，长春 130118）

摘 要： 本试验对双阳梅花鹿鹿茸中氨基酸组成和含量进行了测定，采用主成分分析法分析了鹿茸中氨基酸主成分。结果表明，二杠茸中氨基酸含量高于初角茸中氨基酸含量。主成分分析表明，初角茸氨基酸第一主成分为 Asp-Ser，第二主成分为 Thr-Gly；二杠鹿茸氨基酸第一主成分为 Cys，第二主成分为 Tyr。

关键词： 初角茸；二杠茸；氨基酸；梅花鹿

Amino acid composition and content inspiker antler and two tines antler of Shuangyang Sika deer

Zhang Aiwu, Zhai Jing, Fan Min, Liu Songxiao, Fu Jing, Ju Guichun

（College of Chinese Medicinal Materials, Jilin Agricultural University, Changchun 130118, China）

Abstract： In this study, amino acids composition and content in velvet antler of Shuangyang Sika deer (*Cervus nippon*) were determined. Principal component of amino acids was analyzed using principal component analysis. Results were shown that amino acids content of two tines antler was higher than that of spiker antler. Results of principal component analysis were indicated that the first principal components of amino acids were Asp-Ser, the second pricipal components of amino acids were Thr-Gly in spiker antler, while the first and second principal components of amino acids were Cys、Tyr separately of two tines antler.

Key words： Spiker antler; Two tines antler; Amino acid; Sika deer

1 前言

梅花鹿鹿茸是鹿科动物梅花鹿的雄鹿密生茸毛的尚未骨化的幼角，公鹿从三岁时开始锯茸。梅花鹿鹿茸每年可采收 1~2 次，采一次者，采收时间约在 7 月下旬；采二次者，采收时间第一次在清明后 45~50 天，习称"头茬茸"，第二次约在立秋前后，习称"二茬茸"[1]。鹿茸为常用滋补保健的中药，始载于汉代的《神农本草经》，主要有"生精补髓、养血益阳、益气强智、强

---

* 基金项目：吉林省科技厅项目（20150204069YY）；长春市科技局项目（14NK030）

** 作者简介：张爱武，女，博士，教授，主要从事特种经济动物饲养

筋健骨"的功效，鹿茸中化学成分比较复杂，Silaev 等分析了鹿茸和鹿茸精中氨基酸的组成，鹿茸中含量最多的是甘氨酸、脯氨酸和谷氨酸，组氨酸和异亮氨酸相对含量较少，同时鹿茸中还含有牛磺酸等[2,3]。范玉林和金顺丹等对梅花鹿茸中的氨基酸进行了研究，发现梅花鹿茸中游离氨基酸含量非常丰富[4,5]。氨基酸是鹿茸有机成分中含量居首的营养物质，种类繁多，同时含有人体不可合成的必需氨基酸 7 种，以赖氨酸和亮氨酸含量最为突出[6~9]。所以，在鹿茸研究中，氨基酸已成为鹿茸成分分析中必检的项目。为进一步了解梅花鹿各生长期鹿茸中氨基酸变化，本文对梅花鹿初角茸、二杠茸中氨基酸组成进行了测定，并对其含量进行了主成分分析。

2 材料与方法

2.1 材料

2.1.1 试验材料和试剂

双阳梅花鹿初角茸、二杠茸，6N 盐酸，高纯氮气。

2.1.2 主要仪器

水解管（耐压螺盖玻璃管），电热板

恒温干燥箱：联泰仪表有限公司

AB204N 电子天平（精确至 0.0001）：中国上海梅特勒—托利多仪器公司

氨基酸自动分析仪：日本岛津

2.2 方法

2.2.1 样品处理

取初角茸、二杠鹿茸，刮去外部茸毛，粉碎过 100 目筛，待用。

2.2.2 氨基酸的测定

参照 GB/T 5009.124—2003 食品中氨基酸的测定方法进行。将上述粉碎后鹿茸制成悬液，用移液枪取鹿茸悬液 0.15ml ~ 0.2ml（约含鹿茸 0.030g ~ 0.035g）于水解管中，加入 6N 的盐酸 10ml，充入高纯氮气状态下拧紧螺盖，将水解管放在 110℃ ±1℃的恒温干燥箱内，水解 22h，取出冷却后打开水解管，过滤水解液并反复冲洗水解管，将水解液全部转移到 50ml 容量瓶内定容至刻度。取 1ml 滤液于小烧杯中在 40℃ ~ 50℃电热板上干燥，残留物加 1.5ml 纯净水溶解过 0.22μm 滤膜待用。

2.2.3 主成分分析

利用 SPSS16.0 软件进行氨基酸主成分分析。

3 结果与分析

3.1 初角茸中氨基酸含量测定结果

表 1 可见，初角茸中氨基酸总含量在 28% 左右，除 Glu、Gly 外，其他氨基酸在鹿茸中含量较低。

表1　初角茸中氨基酸含量

Table 1　Amino Acid Content inSpiker Antler （%）

氨基酸	含量
Asp	2.3917
Thr	1.2833
Ser	1.1857
Glu	4.1047
Gly	4.0329
Ala	2.0739
Cys	0.8894
Val	1.3712
Met	0.3174
Ile	0.7526
Leu	2.5487
Tyr	0.2960
Phe	1.6553
Lys	1.8351
His	0.8144
Arg	1.4500
Pro	1.8605
合计	28.8627

3.2　二杠茸中氨基酸含量测定结果

由表2可见，二杠鹿茸中氨基酸总含量在32%左右，对比表1可知，二杠鹿茸中氨基酸总含量高于初角茸中氨基酸总含量。

表2　二杠茸中氨基酸含量

Table 2　Amino Acid Content in TwoTines Antler （%）

氨基酸	含量
Asp	2.6040
Thr	1.2906
Ser	1.1576
Glu	4.2912
Gly	4.8806
Ala	2.9058
Cys	0.9723

（续表）

氨基酸	含量
Val	1.6629
Met	0.4185
Ile	0.9213
Leu	2.0771
Tyr	0.4340
Phe	1.5920
Lys	1.9269
His	0.8140
Arg	1.9113
Pro	2.7908
合计	32.6508

3.3 初角茸氨基酸分析结果

Scree Plot

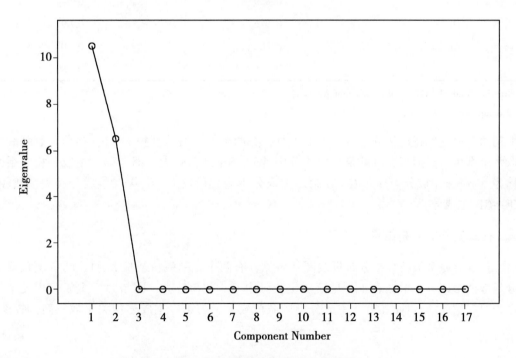

图1 初角茸氨基酸特征根分布折线

Fig. 1 Scree Plot of Amino Acid of Spiker Antler

表3　初角茸氨基酸成分矩阵

Table 3　Component Matrix of Amino Acid inSpiker Antler[a]

氨基酸	Component	
	1	2
Asp	0.927	− 0.376
Thr	− 0.237	0.971
Ser	0.945	− 0.327
Glu	− 0.795	− 0.606
Gly	0.153	0.988
Ala	0.859	0.512
Cys	0.388	− 0.922
Val	− 1.000	0.006
Met	0.784	0.621
Ile	− 0.880	0.475
Leu	0.919	− 0.395
Tyr	0.883	0.468
Phe	0.372	− 0.928
Lys	− 0.839	0.544
His	− 0.996	0.091
Arg	0.800	0.601
Pro	0.815	0.580

Extraction Method：Principal Component Analysis.

a. 2 components extracted.

　　由初角茸氨基酸特征根分布折线图1可见，有两个氨基酸特征根 λ > 1，初角茸氨基酸主成分只取两个即可。根据表3可见第一主成分中 Asp、Ser 载荷较大，即与第一主成分相关系数较高，称为 Asp-Ser 主成分。Thr、Gly 在第二主成分中的载荷较大，与第二主成分相关系数较高，故称 Thr-Gly 主成分。

3.4　二杠茸氨基酸分析结果

　　由二杠鹿茸氨基酸特征根分布折线图2可见，有两个氨基酸特征根 λ > 1，二杠鹿茸氨基酸主成分只取两个即可。根据表4可见第一主成分中 Cys 载荷较大，即与第一主成分相关系数较高，称为 Cys 主成分。Tyr 在第二主成分中的载荷较大，与第二主成分相关系数较高，故称 Tyr 主成分。

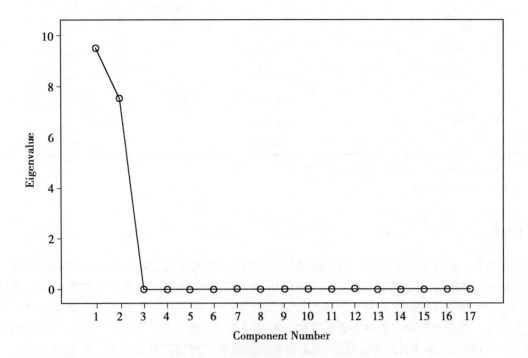

Scree Plot

图2　二杠茸氨基酸特征根分布折线

Fig. 2　Scree Plot of Amino Acid in TwoTines Antler

表4　二杠茸氨基酸成分矩阵

Table 4　Component Matrix of Amino Acid in Two Tines Antler

氨基酸	Component	
	1	2
Asp	0.256	−0.967
Thr	−0.821	0.571
Ser	0.490	0.872
Glu	0.449	0.894
Gly	−0.424	0.906
Ala	0.836	−0.549
Cys	0.990	−0.143
Val	−0.689	−0.725
Met	1.000	−0.002
Ile	−0.977	−0.215
Leu	0.888	−0.459
Tyr	0.246	0.969

（续表）

氨基酸	Component	
	1	2
Phe	− 0. 988	0. 156
Lys	− 0. 005	− 1. 000
His	0. 818	0. 576
Arg	− 0. 881	0. 472
Pro	0. 868	0. 497

Extraction Method：Principal Component Analysis.

a. 2 components extracted.

4 讨 论

表 1 可知，在本试验条件下，梅花鹿初角茸中有 17 种氨基酸，其中初角茸中谷氨酸含量最高，可达 4. 1047%，其次为甘氨酸，达 4. 0329%；二杠茸中此二种氨基酸含量也最高，分别为 4. 2912% 和 4. 8806%。因此梅花鹿谷氨酸和甘氨酸含量可以作为一项指标，为鹿茸内在质量评价提供参考。梅花鹿茸中含人体必需氨基酸七种，且含量较高，是一种含有多种氨基酸的营养物质[10~11]，可用于人体滋补的保健品[12]。本研究结果表明，初角茸氨基酸总含量为 28% 左右，二杠茸中氨基酸总含量在 32% 左右，氨基酸总量呈增加趋势。主成分分析显示，初角茸氨基酸第一主成分为 Asp-Ser 主成分，第二主成分为 Thr-Gly 主成分；二杠鹿茸氨基酸第一主成分为 Cys 主成分，第二主成分为 Tyr 主成分。

参考文献

[1] 中华人民共和国卫生部药典编委会. 中国药典 [M]. 广州：广东科技出版社，1995：284.

[2] 王本祥，周秋丽. 鹿茸的化学、药理及临床研究进展 [J]. 药学学报，1991，26（9）：714 − 720.

[3] Silaev, A. B., Razmakhnin, V. E. et al., Amino acid and lipid composition of reindeer antler [J]. Biologiya, 1978, (3)：68 − 71.

[4] 范玉林，刘铭山. 梅花鹿鹿茸、鹿角、鹿花盘化学成分的研究（I）——氨基酸成分的分析 [J]. 中草药通讯，1979（8）：4 − 5.

[5] 金顺丹，郑敏芝. 鹿茸中氨基酸的测定 [J]. 特产科学实验，1997（2）：5 − 12.

[6] 陈丹，孙晓秋. 梅花鹿茸、马鹿茸不同部位氨基酸、总磷脂、钙、磷含量的研究 [J]. 经济动物学报. 1998，2（3）：31 − 34.

[7] 董万超. 梅花鹿七种产品的化学成分研究 [J]. 特产研究，1994（1）：36 − 39.

[8] 姚玉霞，蔡建培，杜锐，等. 梅花鹿三杈茸和二杠茸氨基酸含量对比分析 [J]. 中国食品学报，2003，3（2）：67 − 71.

[9] 王艳梅，邹兴淮. 东北梅花鹿茸不同部位水解氨基酸含量的比较分析 [J]. 经济动物学报，2003，7（4）：18 − 21.

[10] 李泽鸿，姚玉霞，王全凯，等. 二杠鹿茸与三杈鹿茸中氨基酸含量的比较 [J]. 氨基酸和

生物资源，2003，25（1）：10-11.

［11］赵蒙，郑兴涛，李和平，等．东北马鹿乌兰坝品种鹿茸化学成分分析报告［J］．经济动物学报，1999，3（1）：28-34.

［12］聂庆喜．中药材学［M］．北京：科学出版社，1993：340-342.

此文发表于《经济动物学报》2015年第4期

杜马斯燃烧法和凯氏定氮法在鹿产品氮含量检测中的应用研究

张秀莲 赵 卉 王 峰 常忠娟 李 红 肖佳美

（中国农业科学院特产研究所，长春 130112）

摘 要： 选取梅花鹿鹿茸片、鹿血粉和鹿角盘 3 份样品以及氯化铵、硫酸铵、磷酸二氢铵和乙二胺四乙酸（EDTA）作为实验材料，以 EDTA 为标准品做标准曲线（相关系数 $R^2 = 0.99997$）。用杜马斯燃烧法和凯氏定氮法测定了各样本中的氮含量，对结果做方差分析，进行对比分析，并分析误差来源。结果表明，3 份样品和 4 个化学标准物质的两种方法的测定值间不存在显著差异（$P > 0.05$）。凯氏定氮法的测定值平均变异系数（CV = 0.217%），杜马斯燃烧法测定值平均变异系数（CV = 0.289%），2 组数据差异不显著（$P = 0.862 > 0.05$），大部分样品的凯氏定氮法测定值低于杜马斯燃烧方法的测定值。2 种方法的测定值比值平均值为 K/D = 0.990。杜马斯燃烧法和传统的凯氏定氮法测定结果差异不显著，因此，杜马斯燃烧法可以作为鹿产品氮含量的常规检测方法。

关键词： 凯氏定氮法；杜马斯燃烧法；鹿产品；含氮量

Application of Dumas Combustion Method for Nitrogen Content Analysis on deer products

Zhang Xiulian, Zhao Hui, Wang Feng, Chang Zhongjuan,

Li Hong, Xiao Jiamei

(1. Institute of Special Wild Economic Animals and Plants, Chinese Academy of Agricultural Sciences, Changchun130112, China)

Abstract： The velvet antler, deer blood, deer antler base and 3 standard reference materials (ammonium chloride, ammonium sulfate and ammonium dihydrogen phosphate) were selected as measure and test materials of this dissertation. Nitrogen contents in these samples were investigated by Dumas combustion method with EDTA as the standard material (curve correlation coefficients, $R = 0.99997$). The results determined by Dumas combustion were compared to that of the kjeldahl methods. Meanwhile the sources of errors were analyzed in detail. The results showed that no significant differences ($P > 0.05$) were found in the quantitative results of 7 samples. With the Kjeldahl determination, the average coefficient of variation (CV) was 0.217% and the CV was 0.289% which produced with the Dumas combustion method, there were no differences between the two groups. The nitrogen content obtained from the samples with Dumas combustion method was higher than those with Kjeldahl method. The average ratio of measured results which obtained by above two methods was 0. 990. It was concluded that Dumas combustion method can be used as a regular method for determination of nitrogen contents in deer products.

Key words：Kjeldahl method；Combustion method；deer products；nitrogen content

蛋白质是重要的营养物质之一，对于动物饲料[1,2]、食品[3]、肥料、烟草[4]等，氮和蛋白质含量的测定是不可或缺的。多年来，我国一直把凯氏定氮法作为测量蛋白质含量的主要方法，但由于这种方法成本较高，对环境污染严重。因此，一种环保、效率高、成本低的新型蛋白质检测技术——杜马斯燃烧法开始被广泛应用。目前，对于比较凯氏定氮法和杜马斯燃烧法测量结果精确度的研究还不多，本研究分别采用杜马斯燃烧法和凯氏定氮法测定 3 份样品和 4 种化学标准物质的蛋白质含量，并对比分析它们的检测结果及误差来源，为杜马斯燃烧法的普及与推广使用提供合理的科学依据。

1　材料与方法

1.1　样本来源和处理方法

梅花鹿鹿茸片、鹿血粉、鹿角盘（中国农业科学院特产研究所长白山野生试验站提供）。鹿角盘样品 10kg，取 200g 粉碎；鹿茸片和鹿血粉用四分法分别取样 5g 粉碎。以上样品均过 80 目筛。测定前，所有样品均在 70℃烘箱内干燥 72h 后放干燥器内，待测。

1.2　试剂

EDTA（意大利 VELP 公司），氯化铵、硫酸铵、磷酸二氢铵（优级纯，天津市光复精细化工研究所）。

1.3　仪器

BUCHI339 全自动定氮仪（瑞士 BÜCHI 公司），NDA701 杜马斯定氮仪（意大利 VELP 公司），GZX - 9240 MBE 电热鼓风干燥箱（上海博讯事业有限公司医疗设备厂）。

1.4　测定方法

1.4.1　凯氏定氮法

称取 0. 2g 左右待检干粉样品于消化管中，加入硫酸钾和硫酸铜混合催化剂 3. 2g，加入 10mL 浓硫酸，在消解仪上 360℃消解，至溶液变为蓝色后保持 2. 0h。冷却后，样品经全自动定氮仪测定。每个样品平行检测 11 次，结果取平均值。

1.4.2　杜马斯燃烧法

称取 100mg 以下待检干粉样品，用锡箔纸包好置于自动进样盘里，在燃烧反应器温度达到 1 030℃以上、还原反应器温度达到 650℃以上、氦气≥99.9% 压力 2bar，氧气≥99.9% 压力 2. 5bar、氮气≥99.9% 压力达 3bar 时自动进样检测。每个样品做 11 个平行，结果取平均值。

1.5 统计分析

利用 SA S（SPSS）[5]统计软件中的均值比较进行方差分析和单因素比较。

2 结果与讨论

2.1 EDTA 的标准曲线如下图1：以总氮质量（单位：mg）为横坐标，峰面积（Area：mv × s）为纵坐标做标准曲线。曲线方程：$Y = 4.372935E - 3 + X * 2.932333E - 4$，曲线的相关系数 $R^2 = 0.99997$。

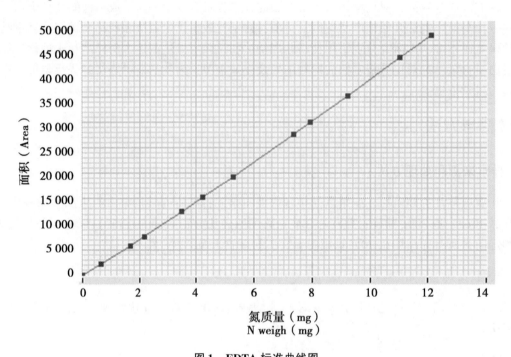

图1 EDTA 标准曲线图

Fig.1 Working calibration of EDTA

2.2 结果

凯氏定氮法和杜马斯燃烧法测定3份样品和4种化学标准物质含氮量的结果。

表1 7个样品含氮量的凯氏定氮法和杜马斯燃烧法的测定值（X = $\bar{X}$ ±S，n =11）

Table 1 Nitrogen contents of these samples were determined by Kjeldahl method and

Dumas combustion method（X = $\bar{X}$ ±S，n =11）

样品 Sample	凯氏定氮法 Kjeldahl		杜马斯燃烧法 Dumas combustion		K/D	P
	N（%）	cv（%）	N（%）	cv（%）		
EDTA	9.562 ± 0.052	0.544	9.570 ± 0.031	0.324	0.999	0.123
氯化铵 NH₄Cl	25.832 ± 0.078	0.302	25.942 ± 0.042	0.162	0.996	0.121

（续表）

样品 Sample	凯氏定氮法 Kjeldahl		杜马斯燃烧法 Dumas combustion		K/D	P
	N（%）	cv（%）	N（%）	cv（%）		
硫酸铵（NH₄）₂SO₄	20. 781 ± 0. 041	0. 197	20. 862 ± 0. 032	0. 153	0. 996	0. 084
磷酸二氢铵 NH₄H₂PO₄	12. 004 ± 0. 059	0. 492	12. 042 ± 0. 051	0. 424	0. 997	0. 095
鹿茸片 velvet antler	47. 428 ± 0. 036	0. 076	48. 025 ± 0. 048	0. 100	0. 988	0. 085
鹿角 deer antler base	29. 431 ± 0. 057	0. 194	30. 512 ± 0. 024	0. 787	0. 965	0. 073
鹿血粉 deer blood	87. 584 ± 0. 081	0. 092	88. 623 ± 0. 062	0. 070	0. 988	0. 082
平均值 average		0. 217		0. 289	0. 990	

注：CV. 变异系数；K/D. 凯氏法与杜马斯燃烧法测定值的比值。Note：CV. is the coefficient of variance；K/D. is the ratio of measured results which obtained by Kjeldahl method and Dumas combustion method.

统计分析结果表明，2 种方法测定的结果 95% 以上数据符合 $X \in \bar{X} \pm 2S$，$P > 0.05$，显著不差异。两组变异系数比较 $P = 0.862$，说明两组变异系数间不存在显著差异。

2.3　讨论

2.3.1　由表 1 可以看出，在测定样品中，2 种方法测定值之间差异不显著。

2.3.2　杜马斯燃烧法能够把凯氏定氮法不能转化的硝基氮完全转化。并且杜马斯燃烧法从进样到出结果是在一个完全密闭、连续的体系中完成的，弥补了传统凯氏定氮法在样品消煮和蒸馏过程中都存在氮流失的弊端。

2.3.3　凯氏法变异系数 CV = 0.217%，杜马斯燃烧法变异系数 CV = 0.289%，2 组变异系数比较 $P = 0.862$，差异不显著。

3　结论

3.1　综上所述，杜马斯燃烧法与凯氏定氮法相比较，在多方面均表现出明显的优势，不仅检测结果精密度高、节能环保，而且杜马斯燃烧法在检测时自动化程度高、步骤简化、易于操作，1 个样品检测仅需 5min，节省了大量的人力和时间。

3.2　2 种方法适合于不同类型样品。粉状样品 2 种方法检测均适合；液体样品，凯氏定氮法可以通过增加取样量来减少结果误差，而杜马斯燃烧定氮法取样量少，误差较大，需要进行脱水前处理，过程烦琐；对于黏度较大的膏状样品，杜马斯燃烧法可以直接取样检测，而凯氏定氮法取样时样品转移较难。因此，2 种方法虽可以通用，但目前还不能完全取代。但在未来的氮含量检测中，杜马斯燃烧法比凯氏定氮法具有更为明显的优势。

参考文献

［1］郭望山，孟庆翔. 杜马斯燃烧法与凯氏法测定饲料含氮量的比较研究［J］. 畜牧兽医学报，2006，37（5）：464 - 468.

［2］郭晓旭，郭望山，任丽萍，等. 饲料中硝态氮对燃烧法与凯氏法总氮测定含量测定结果的影响［J］. 动物生产，2008，44（21）：49 - 52.

［3］王钦权，翁佳妍，黄城，等．凯氏定氮法和杜马斯燃烧法测定食品中蛋白质含量的比较研究［J］．轻工科技，2014（3）：13－14．

［4］殷萍，孟兆芳，陈秋生．杜马斯燃烧法与凯氏定氮法测定肥料中总氮含量的比较研究［J］．天津农业科学，2012，18（6）：30－33．

［5］统计分析系统 SAS 软件的应用［J］．中国饲料，1998（9）：27－28．

中图分类号：Q503　　文献标识码：A

此文发表于《特产研究》2015 年第 1 期

汞分析仪固体直接进样测定鹿茸中
汞含量的方法研究[*]

商云帅 ^{**}刘继永 刘晗璐 王 峰 李光玉^{***}

（中国农业科学院特产研究所，吉林 长春 130112）

摘 要：利用 Hydra IIC 型汞分析仪建立了鹿茸中汞含量的分析方法。鹿茸直接称样后，无需任何前处理，5min 内即可完成汞含量的测定。该方法的线性范围 0～290ng，相关系数优于 0.999，检出限 0.0012ng，相对标准偏差 4.48%，加标回收率 99.9%～116.4%。此方法具有灵敏度高、精密度好、回收率高、简单省时、无需样品前处理等优点，适用于鹿茸中汞含量的测定。

关键词：汞；鹿茸；汞分析仪；方法学

Development of Mercury Analysis in Deer
Velvet with Direct Solid Sampling Method

（Shang Yun Shuai，Liu Ji Yong，Liu Han Lu，WangFeng，Li Guang Yu[*]）

（Institute of special animal and plant sciences of CAAS，Ji Lin Chang Chun 130112，China）

Abstract：The method for Hg content analysis in the deer velvet was established by using Hydra IIC mercury analyzer. The Hg content was detected within only 5min by using deer velet directly without pretreatment. This method performs well, of which the linear range was 0～290ng, the correlation coefficient reached beyond 0.999, the detection limit was 0.0012ng, the relative standard deviation was 4.48% and the recovery rate attained to 99.9%～116.4%. The so-established method is suitable for the analysis of Hg within deer velvet, in virtue of its advantages, such as high sensitivity, good precision, high recovery rate, time saving, pretreatment free and so on.

Key words：Mercury；Deer Velvet；Mercury analyzer；Methodology

引言

鹿茸为鹿科动物梅花鹿（Cervus nippon Temminck）或马鹿（Cervus elaphus Linnaeus）的雄鹿未骨化密生茸毛的幼角。夏秋二季锯取鹿茸，经加工后，阴干或烘干^[1]。有关鹿茸的研究多

* 基金项目：国家科技支撑计划课题（2013BAD16B09）；中国农业科学院特产研究所科研基金项目

** 作者简介：商云帅（1980—），女，吉林长春，博士，助理研究员，E - mail：yshuaishang80@163.com，联系电话：13039206960，通讯地址：吉林省长春市净月区聚业大街4899号，邮编：130112

*** 通讯作者：李光玉，E - mail：tcslgy@126.com

集中在其化学成分及药理作用等方面，对其质量的关注，主要是源于近年来食品、保健品、药品等重大安全事故的爆发。鹿茸中重金属元素主要来自于饲喂的饲料中，虽然在加工生产鹿饲料过程中高度重视重金属元素对鹿饲料的污染问题，但往往难以避免，重金属元素超标现象时有发生。汞是毒性较强的重金属，被人体吸收后在人体内蓄积，会严重影响人的中枢神经系统，导致听力减弱、语言失控、四肢麻痹甚至痴呆。鹿茸中汞含量是否超标问题值得深入跟踪。

鹿茸片标准中[2]规定了梅花鹿茸和马鹿茸的感官指标、理化指标、微生物指标，其中汞含量的限量值≤0.1mg/kg，规定其检测方法是依据食品中汞含量的测定[3]。孙娟等人[4]为了评价鹿茸商品药材的安全性，采用微波消解，ICP-MS测定，对不同地区的鹿茸商品药材中铅、砷、汞、镉、铜五种重金属元素含量进行了检测。刘佳佳等人[5]采用原子吸收光谱法测定不同鹿龄梅花鹿角盘矿质元素含量。综合相关国家标准和文献报道，汞含量测定的仪器分析方法有原子吸收法（AAS）、原子荧光法（AFS）、电感耦合等离子体质谱法（ICP-MS）等。这些方法均需进行样品前处理，常常采用干法消解、湿法消解、微波消解等方法。前处理方法繁琐、费时费力、消耗大量试剂，而且由于汞沸点低，极易挥发，无论采用哪种前处理方法，都避免不了前处理过程中汞的损失，给测量结果带来一定的影响。汞分析仪能够实现直接测定固体样品中的汞含量，与上述传统仪器分析方法相比，具有称样量少、灵敏度高、精密度好、准确度高、简单快速、无需进行样品前处理、无试剂污染等优点。近年来使用汞分析仪测定矿石[6]、煤[7]、奶粉[8]、螺旋藻粉[9]、谷物和蔬菜[10]等样品中汞含量均有文献报道，而用此法测定鹿茸中的汞含量未见报道，值得深入研究。本文采用Hyrda IIC型汞分析仪测定了鹿茸中汞含量，优化了仪器条件，进行了线性范围、检出限、精密度、准确度、基准物验证等方法学研究。研究结果表明，此方法适用于鹿茸中汞含量的测定。

1 实验部分

1.1 仪器

汞分析仪（Hydra IIC型，美国利曼公司）；马弗炉（MF-0912P，华港通科技公司）；超纯水器（Milli-Q Advantage A10，美国密理博公司）；电子天平（XS205，梅特勒-托利多仪器有限公司）。为了防止外源离子污染，每次实验结束均用超纯水清洗镍舟，并置于马弗炉800℃焙烧2h后备用。

1.2 试剂

土壤成分分析标准物质GBW07404（GSS-4），汞含量标准值为590±50ng·g⁻¹，购自地球物理地球化学勘查研究所。土壤成分分析标准物质GBW07405（GSS-5），汞含量标准值为290±30ng·g⁻¹，购自地球物理地球化学勘查研究所。氧气，纯度99.999%，长春氧气厂。实验所用水均为超纯水，电导率18.2 MΩ·cm，实验室自制。

1.3 实验方法

1.3.1 样品前处理

鹿茸片样品购于吉林省双阳地区，将其粉碎，过40目筛子，所得鹿茸片粉末用于实验。称取鹿茸样品约0.3g于镍舟中，放入进样盘中，按照2.3.3中所列仪器工作条件进行测定。鹿茸加标回收实验时，是在鹿茸样品中加入土壤标准物质 GSS – 5 约 0.01g 进行实验；基准物验证实验时，称取土壤标准物质 GSS – 4 约 0.25g；其余分析条件与上述鹿茸样品相同。

1.3.2 标准系列的配制

准确称取一定质量的土壤 GSS – 4 标准物质于镍舟中，低标曲线称样量为 0.00963g、0.02931g、0.03920g、0.04825g，高标曲线称样量为 0.10309g、0.20039g、0.40296g、0.49808g，并以空镍舟为空白，按照 2.3.3 中所列仪器工作条件进行测定，绘制汞含量为 0 ~ 28.47ng 和 60.82 ~ 293.87ng 的低标和高标两条标准曲线。

1.3.3 最佳仪器工作参数

Hydra IIC 型汞分析仪，由加热炉（催化管、金汞齐管）、光学池（长短吸收池）、检测器、汞灯、自动进样器、工作站等组成。根据鹿茸样品特性，经多次实验摸索，确定仪器分析条件为：干燥温度 300℃，干燥时间 30s，热分解温度 800℃，热分解时间 150s，催化温度 600℃，等待时间 60s，金汞齐温度 600℃，金汞齐释放时间 30s，积分时间 100s。载气为高纯氧气（纯度 99.999%），氧气流速 350mL·min^{-1}。

1.3.4 方法线性范围和检出限

Hydra IIC 型汞分析仪有长短两个吸收池，可自动选择。在所选仪器工作条件下，对低含量和高含量标准系列进行测定。所得标准曲线方程为：低标曲线，X = 6.1441 × 10^{-5}Y – 0.045823，R = 0.9999；高标曲线，X = 9.1082 × 10^{-4}Y – 10.112，R = 0.9996；结果表明，汞含量在 0 ~ 290ng 范围内，具有良好的线性关系。

检出限由低标曲线决定。当仪器空白响应值稳定在 200 μAbs 时，连续进 11 个空白样品，计算得检出限为 0.0012ng，详见表 1。计算公式 DL = 3 × SD/K（ng）[11~12]，式中：DL – 检出限，SD – 11 次空白样品响应值的标准偏差值，K – 低标曲线的斜率。

表 1 空白样品的响应值（n = 11）
Table 1 The response of blank samples（n = 11）

No	1	2	3	4	5	6	7	8	9	10	11
response（μAbs）	194	209	200	200	195	198	186	188	199	197	191

2 结果与讨论

2.1 方法原理分析

Hydra IIC 型汞分析仪参照 US EPA 方法 7473 设计[13]，采用模块组合模式，该系统包括自动进样器模块、加热炉模块、检测器模块三部分，可直接对样品进行检测。样品检测时需在高温条件下通氧促进样品燃烧分解。载气携带样品气进入催化剂除去卤素、氮氧化物、硫氧化物，剩余的含单质汞的燃烧产物通过金汞齐管。金汞齐捕获所有的汞然后加热释放出汞进入冷原子吸收检测器（CVAAS）进行检测。通过测量高灵敏度光学池和低灵敏度光学池的瞬间信号，对两个信号峰进行积分并结合两个光学池的最佳校正曲线对汞进行定量检测。其工作原理如图 1 所示。

2.2 样品取样量选择

对于汞含量未知的样品而言，为了避免较高汞含量对催化剂和金汞齐的污染，建议从较小的

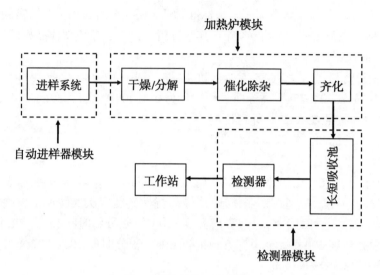

图1 汞分析仪工作原理

Fig. 1 Working principle of mercury analyzer

称样量进行分析，一般为0.03～0.05g，根据测定结果再适当改变称样量。本实验中最初称样量为0.05g，测得鹿茸中汞含量为6.0ng·g^{-1}左右，而低标曲线可达到28ng的汞含量，所以后续实验中将鹿茸样品的称样量确定为0.3g。

2.3 干扰因素控制

Hydra IIC型汞分析仪是经历催化—齐化过程测定样品中汞含量的，能够较好地保证汞的测定不受其他挥发物质的影响。但是，在处理高含量汞样品时，会存在较高的背景或明显的汞记忆效应，从而影响后续样品分析结果的准确性。为了排除可能存在的污染，本实验中开机进样前，先走空白，再进标品和样品，并且不同样品之间要走空白，以检查可能存在的污染。进样应该顺次测定大约汞含量数量级相同的样品，遵循先进低含量后进高含量样品的原则。理论上空白响应值低于7 000μAbs即可进样，本实验中开机后空白响应值稳定在200μAbs时进样，不同标品和样品之间用空白样间隔，实验完毕后进空白样品去除可能存在的残留。

2.4 方法精密度考察

准确称取鹿茸样品7份（每份约0.3g），连续测定，考察方法的精密度，详见表2。鹿茸中汞含量的平均值为6.14ng·g^{-1}，相对标准偏差（RSD，n=7）为4.48%。

表2 鹿茸中汞含量测定结果（n=7）

Table 2 The Hg content of deer velvet samples（n=7）

No	1	2	3	4	5	6	7
weight ofsample（g）	0.30120	0.29880	0.29179	0.29947	0.30908	0.29154	0.29341
Hg content（ng·g^{-1}）	6.4174	6.0163	5.8122	6.1091	6.6040	5.9608	6.0580

2.5 方法准确度考察

为了考察方法的准确度，进行加标回收实验。实验中准确称取鹿茸样品7份（每份约

0.3g)，分别加入土壤标准物质 GSS－5 约 0.01g，详见表 3。加标回收率在 99.9% ~ 116.4% 范围内，相对标准偏差（RSD，n = 7）分别为 6.5%，结果令人满意。

表3　鹿茸加标回收率实验结果（n = 7）
Table 3　The recovery rate of deer velvet samples（n = 7）

No	1	2	3	4	5	6	7
weight ofsample（g）	0.29442	0.29495	0.29441	0.29582	0.29249	0.29274	0.29440
adding amount（g）	0.00994	0.01284	0.00994	0.00988	0.01034	0.01025	0.00996
Hg content（ng）	16.1830	20.9493	17.5714	17.7512	18.2543	17.9112	16.1917
recovery（%）	99.9	115.0	113.4	116.4	115.0	100.2	112.8

方法的准确度一般采用加标回收实验和测定标准物质来考察，本方法采用汞分析仪测定汞含量，称完样品直接送进加热炉，样品先干燥后被热分解，无需做任何前处理，所以采用测定标准物质的方法能够很好地反映方法的准确度。实验中测定了土壤标准物质 GSS－4，7 次测定的平均值为 611.47ng·g^{-1}，相对标准偏差（RSD，n = 7）为 0.42%，详见表 4。实验结果表明，测定值均在标准值范围内，说明此方法准确可靠。

表4　土壤标准物质 GSS－4 中汞含量测定结果（n = 7）
Table 4　The Hg content of soil standard substance GSS－4（n = 7）

No	1	2	3	4	5	6	7
weight ofGSS－4（g）	0.25304	0.25093	0.25357	0.25463	0.25848	0.25590	0.25131
Hg content（ng·g^{-1}）	610.3900	611.4682	608.5754	615.1348	609.3201	614.8724	610.5472

3　结语

本研究采用固体直接进样，利用 Hydra IIC 型汞分析仪测定了鹿茸中的汞含量。鹿茸样品送入汞分析仪直接进行热分解、催化、齐化反应，事前无需任何前处理，5min 即可完成分析。还分析了方法原理以及取样量大小、背景记忆效应等因素的影响，优化了仪器条件，建立了分析方法，这对鹿茸质量评价提供了一定的技术支持。

参考文献

［1］中华人民共和国药典. 鹿茸［M］. 北京：中国医药科技出版社，2010，303 - 303.

［2］中华人民共和国农业行业标准. 鹿茸片 NY/T 1162—2006［S］. 北京：中国农业出版社，2006：1 - 5.

［3］中华人民共和国国家标准. 食品中总砷及无机砷的测定 GB/T 5009.11—2003［S］. 北京：中国标准出版社，2003：71 - 84.

［4］孙娟，张阳，李峰. 鹿茸商品药材中有害元素分析［J］. 辽宁中医杂志，2009，36（2）：250 - 251.

［5］刘佳佳，张浩，李然，等. 原子吸收光谱法测定不同鹿龄梅花鹿角盘矿质元素含量［J］.

安徽农业科学，2010，38（5）：2 121 – 2 122.

［6］陈永欣，刘顺琼，黎香荣，等．汞分析仪直接测定矿石中的痕量汞［J］．岩矿测试，2011，30（1）：67 – 70.

［7］赵雪莲，郭兴明，李童颜，等．现代仪器分析方法在煤中汞测定中的应用［J］．现代化工，2010，30（8）：87 – 91.

［8］刘俊娓，魏静，王冠．使用 AFS 和 DMA – 80 直接测汞仪测定奶粉中汞含量的方法比较［J］．分析与检测，2012，9：36 – 37.

［9］陈辉，林明珠．DMA80 直接测汞仪测定螺旋藻粉中的总汞［J］．现代预防医学，2007，34（6）：1144 – 1149.

［10］刘丽萍，张妮娜，李筱薇，等．直接测汞仪测定食品中的总汞［J］．中国食品卫生杂志，2010，22（1）：19 – 23.

［11］李海峰．检出限几种常用计算方法的分析和比较［J］．光谱实验室，2010，27（6）：2 465 – 2 469.

［12］陈国友．微波消解 ICP – MS 法同时测定蔬菜中 14 种元素［J］．分析测试学报，2007，26（5）：742 – 745.

［13］EPA Method 7473，Mercury in solids and solutions by thermal decomposition，amalgamation，and atomic absorption spectrophotometry［S］．1998.

此文发表于《中兽医学杂志》2015 年第 6 期

不同生理时期东北梅花鹿血液 SOD 含量分析*

马泽芳**　崔　凯　王晓松

（青岛农业大学动物科技学院，青岛　266109）

摘　要：（目的）本研究梅花鹿不同生理时期全血中的 SOD 含量变化，各生理时期鹿血的抗衰老作用是否存在差异。（方法）选用雄性梅花鹿不同生理时期的全血，经离心后用连苯三酚自氧化法测定三个时期溶血液、血细胞内容物、血浆和血细胞细胞膜中 SOD 含量并计算全血 SOD 含量。（结果）试验结果表明：全血 SOD 含量以生茸期最高（1007.07 ± 11.03 u/ml），且与配种期和生茸前期含量差异极显著（$P < 0.01$）；而配种期和生茸前期含量差异不显著（$P > 0.05$）。（结论）结果提示 SOD 的变化与梅花鹿生理的生理时期有相关性。生茸期鹿血的 SOD 含量最高，提高了鹿血的药用价值，特别是抗衰老功效。但各个生理时期鹿血中又以溶血液的 SOD 含量为最高，因此可以把溶血液作为生产鹿血抗衰老酶产品的原料。

关键词：东北梅花鹿；血液；超氧化物歧化酶

Analysis the Contents of SOD in Blood Taken from the Male Sika Deer in Different Physiological Periods

Ma Zefang, Cui kai, Wang Xiaosong

Tang Chao[3], Liu Yongju[2]

（Qingdao Agricultural University, Qingdao 266109, China）

Abstract：（Objective）Study on the SOD content of the whole blood of sika deer from different physiological period. （Method）The blood of male sika deer in different physiological periods was centrifugated, and then using pyrogallol method to detect the contents of SOD in blood corpuscle, plasma, dissolve blood and cell membrane, lastly estimated SOD content in whole blood. （Result）The results followed as：It showed that the highest contents of SOD （1007.07 ± 11.03 u/ml）appears during the time of developing antler, besides we found that there was a remarkable discrepancy between developing antler period and remaining two periods （$P < 0.01$）. But no significant difference there was between pre-antler period and service period （$P > 0.05$）. （Conclusion）The research demonstrated that there were some certainly

* 基金项目：青岛农业大学高层次人才启动基金（620813）资助项目

** 作者简介：马泽芳，教授，Tel：15092124338，E-mail：mazefang@163.com

correlative bewteen the change of SOD content and being different physiological periods. The developing anlter period have the highest SOD content in deer blood, that could be to improve and increase the medicine value, especially the function of anti-aging. In addition, during various physiological stages, we found the dissolve blood should be the best raw material for producing deer blood against aging, because of the highest SOD content has had been happening in it.

Key words: northeast spotted deer; blood; SOD

鹿血，为鹿科动物梅花鹿（Cerrus nippen Temminck）或马鹿（Celaohus L）的膛血或茸血，具有延缓衰老，抗疲劳，助强壮，促进创伤愈合，补肾益精，补血，提高机体免疫力，美容养颜，抗辐射等作用[1~4]。鹿血中含有超氧化物歧化酶（Superoxide Dismutase，SOD）和谷胱甘肽过氧化物酶（Glutathione Peroxidase，GSH－Px）等多种抗衰老酶类。其中 SOD 是生物体内重要的自由基清除剂。不仅在生物体内抗氧化、抗衰老，而且也有抗辐射、抗肿瘤、解毒等功效，因此受到科技界、医药界的极大关注[5~7]。研究雄性梅花鹿不同生理时期全血中 SOD 含量的变化规律，为鹿血 SOD 的提取提供理论基础，为鹿血生理生化研究提供数据支持。前人对鹿血研究较多[8~11]，大部分都集中在血液常规和微量元素检测。崔丽等[12]研究表明：以梅花鹿血清给予老龄 Wister 大鼠，结果表明能降低大鼠血清及肝组织、脑组织中 LPO 的含量，使 SOD 活性增高。宋高臣等[13]研究表明：服用适量的鹿血口服液可明显降低大鼠血、肝中过氧化脂质的含量，证明鹿血口服液具有对 LPO 代谢有明显的影响作用。各生理时期鹿血的抗衰老作用是否存在差异，至今未见报道。而且当前鹿全血的处理技术尚不成熟，未精确测定出血细胞和血浆中 SOD 的含量。本研究以雄性东北梅花鹿为试验对象，测定其生茸前期、生茸期和配种期溶血液、血细胞内容物、血浆和血细胞细胞膜中 SOD 含量，进而探明雄性梅花鹿不同生理时期全血中 SOD 含量的变化规律。

1 材料与方法

1.1 材料

1.1.1 鹿血

选择 3~7 岁，体重、体况相似，常规饲养条件下的健康雄性东北梅花鹿共计 16 头，分别于 2009 年 6 月中旬（生茸期，6 头）、2009 年 11 月上旬（配种期，5 头）和 2010 年 3 月上旬（生茸前期，5 头）进行颈静脉采血。

1.1.2 主要设备和药品

连苯三酚（分析纯）：贵州遵义佳宏化工有限责任公司；

肝素钠（160IU·mg⁻¹）：solarbio 公司；

胰蛋白酶（13 000IU·mg⁻¹）：大连保税区联合博泰生物技术有限公司；

三羟甲基氨基甲烷（分析纯）：天津市巴斯夫化工有限公司；

盐酸（分析纯）：莱阳市康德化工有限公司；

鹿眠宝 3 号：青岛汉河动植物药厂有限公司；

移液器（20μl、1 000μl）：德国 Eppendorf；

电子分析天平：奥豪斯国际贸易（上海）有限公司，Readability0.0001g；

低速冷冻离心机 GTR10 – 1：北京时代北利离心机有限公司，最高转速 10 000r/min；
UV—2102PC 型紫外可见分光光度计：尤尼柯（上海）仪器有限公司。

1.2　试验处理与设计

1.2.1　血样的采集和处理

用鹿眠宝 3 号麻醉梅花鹿，用 50mL 注射器抽取 40～50mL 颈静脉血液[14]，并立即将其移入已加有 0.2mL 肝素钠溶液（500IU · mL⁻¹）的 8 支 5ml 离心管内，放于 4℃冰盒冷藏，于 2 h 内送回实验室。试验采集血样共计 16 个（生茸期 6 个、配种期 5 个、生茸前期 5 个）。将每头鹿的全血制备成溶血液（成分为血浆和血细胞内容物）、血细胞内容物稀释液、血浆和细胞膜酶解液。

（1）溶血液的制备：取 1mL 全血加入等体积的蒸馏水，充分混匀后在 4℃下过夜，然后在 4℃下、3 000r/min 离心 15min，取上层液体即为溶血液。

（2）血细胞内容物稀释液的制备：取 1mL 全血在 4℃下、3 000r/min 离心 15min，弃去上清液，得血细胞；向血细胞中加入等体积的蒸馏水，充分混匀后在 4℃下过夜，然后在 4℃下、3 000r/min 离心 15min，取上层液体即为血细胞内容物稀释液。

（3）血浆的制备：取 1ml 全血在 4℃下、3 000r/min 离心 15min，收集上清液，得血浆。

（4）细胞膜酶解液的制备：取 1mL 全血加入等体积的蒸馏水，充分混匀后在 4℃下过夜，然后在 4℃下、3 000r/min 离心 15min，收集沉淀，向沉淀中加入 1mL 胰蛋白酶液体（浓度为 1 300IU · mL⁻¹），在 37℃下反应 2 h，得细胞膜酶解液。

将以上制备的样品置于 –80℃保存，用于测定 SOD 活力。

1.2.2　样品中 SOD 活力的测定方法

对上述样品采用连苯三酚自氧化法[15~17]进行 SOD 活力测定。根据吸光值的变化，计算出自氧化速率和加样抑制后的氧化速率。要求自氧化速率控制在 0.06～0.07 OD/min，加入样品后氧化的抑制率需控制在 50% 左右[18]。

计算公式：

$$SOD\ 活力\ (U \cdot mL^{-1}) = \frac{\dfrac{自氧化速率 - 抑制后速率}{自氧化速率} \times 100\%}{50\%} \times 反应液总体积\ (mL) \times \frac{样液稀释倍数}{待测样品体积\ (mL)}$$

1.2.3　全血中 SOD 含量的计算

取 1mL 全血在 4℃下、3 000r/min 离心 15min，上清液为血浆，下层为血细胞，用微量移液器测量血浆的体积，计算血细胞体积。向血细胞中加入等体积的蒸馏水，充分混匀后在 4℃下过夜，然后在 4℃下、3 000r/min 离心 15min，测量血细胞内容物稀释液体积，计算细胞膜体积。全血 SOD 含量（U · mL⁻¹）= 血细胞内容物稀释液体积 × 血细胞内容物稀释液 SOD 含量 + 血浆体积 × 血浆 SOD 含量 + 血细胞细胞膜体积 × 血细胞细胞膜 SOD 含量。

1.2.4　数据处理

试验所得数据采用 SPSS17.0 进行统计分析，组间比较采用单因素方差分析。文中数据用 Mean ± SD 表示，其中 Mean 为算术平均值，SD 为标准差。

2 结果与分析

2.1 全血中血细胞内容物、血浆、血细胞细胞膜所占体积

将1mL全血处理后，即可得到血细胞内容物、血浆、血细胞细胞膜所占体积，结果列于表2。

表1 每毫升全血中血细胞内容物、血浆、血细胞细胞膜所占体积
Table 1 Volume of Blood corpuscle, plasma and cell membrane in Per ml of whole blood

全血组分 BloodComponents	体积 $\bar{x} \pm s$（ml） Volume	百分比（%） Percentage
血细胞内容物 Blood Corpuscle	0.46 ± 0.003	45.85
血浆 Plasma	0.51 ± 0.004	50.90
血细胞细胞膜 BloodCell Membrane	0.03 ± 0.002	3.25

全血中绝大部分为血浆和血细胞内容物，两者体积之和占全血体积的96.75%，血细胞细胞膜占全血体积的3.25%，相较于血浆和血细胞内容物而言，其体积极其微小，几乎可以忽略不计。

2.2 全血中各组分SOD含量的测定结果

生茸期、配种期、生茸前期的血细胞内容物、血浆、细胞膜酶解液、溶血液、全血的SOD含量测定结果及统计分析结果见表3。

表2 全血中各组分SOD含量的测定结果
Table 2 SOD content of whole blood components

生理时期 Physiological Periods	组分 Components	SOD含量（U·mL^{-1}） $\bar{x} \pm s$ SOD Content	各组分SOD在全血中所占比例（%） Components Percentage
生茸期 Antler Development	血细胞内容物 Blood Corpuscle	$2\,021.19 \pm 24.56F$	95.26
	血浆 Plasma	$93.34 \pm 3.54B$	4.73
	细胞膜酶解液 BloodCell Membrane	$0.11 \pm 1.39A$	0.01
	溶血液 DissolvingBlood	$1\,023.94 \pm 21.41D$	101.68
	全血 whole blood	$1\,007.07 \pm 11.03D$	100

（续表）

生理时期 Physiological Periods	组分 Components	SOD 含量（U·mL^{-1}） （$\bar{x} \pm s$） SOD Content	各组分 SOD 在全血中 所占比例（%） Components Percentage
配种期 Service Period	血细胞内容物 Blood Corpuscle	1 848.80 ± 40.86Ea	95.38
	血浆 Plasma	83.39 ± 3.41B	4.62
	细胞膜酶解液 BloodCell Membrane	−0.06 ± 2.08A	0
	溶血液 DissolvingBlood	935.27 ± 11.41C	101.64
	全血 whole blood	920.17 ± 19.89C	100
生茸前期 Pre – antler Development	血细胞内容物 Blood Corpuscle	1 872.02 ± 42.03Eb	95.25
	血浆 Plasma	86.72 ± 3.84B	4.74
	细胞膜酶解液 BloodCell Membrane	0.10 ± 1.85A	0.01
	溶血液 DissolvingBlood	945.64 ± 14.95C	101.37
	全血 whole blood	932.88 ± 18.86C	100

注：同列肩标小写字母不同者表示差异显著（$P < 0.05$）；大写字母不同者表示差异极显著（$P < 0.01$）

Notes：Value with differetletter（a，b）in a column means significantly different（$P < 0.05$）；Within the same column values with different letters（A，B，C，D，E，F）were extremely significantly different（$P < 0.01$）

　　在同一生理时期内，血细胞内容物 SOD 的含量极显著高于血浆（$P < 0.01$）；血浆 SOD 含量极显著高于细胞膜酶解液（$P < 0.01$）；溶血液 SOD 含量虽高于全血，但差异不显著（$P > 0.05$）。不同生理时期间，血浆 SOD 含量虽以生茸期最高，但各时期无显著差异（$P > 0.05$）；血细胞内容物 SOD 含量以生茸期最高，且极显著高于配种期和生茸前期（$P < 0.01$），生茸前期显著高于配种期（$P < 0.05$）；全血 SOD 含量以生茸期最高，且极显著高于配种期和生茸前期（$P < 0.01$），配种期和生茸前期差异不显著（$P > 0.05$）；溶血液 SOD 含量以生茸期最高，且极显著高于配种期和生茸前期（$P < 0.01$），配种期和生茸前期差异不显著（$P > 0.05$）。

3　讨论

3.1　全血中 SOD 分布

　　朱希强等（2005）[19]报道 SOD 是自由基清除剂，多存在于细胞质、线粒体和细胞外，未见血细胞细胞膜上含 SOD 的相关报道。本试验中所测细胞膜酶解液 SOD 的含量极微（0.05 ± 1.65U·mL^{-1}），占全血 SOD 的比例为 0.005% 且所得数值有正有负，表明细胞膜不含 SOD，所得数值应是实验误差造成，这与朱希强等的报道相一致。因此在实践应用中可以去除血细胞细胞膜，而不会降低鹿血的 SOD 含量。

3.2 不同生理时期全血 SOD 含量

三个时期全血 SOD 含量分别为：生茸期 $1\,007.07 \pm 11.03U \cdot mL^{-1}$；生茸前期 $932.88 \pm 18.86U \cdot mL^{-1}$；配种期 $920.17 \pm 19.90U \cdot mL^{-1}$。生茸期极显著高于配种期和生茸前期（$P < 0.01$），这可能与生茸期特殊的体况有关。公鹿的生茸期正值春夏季节，公鹿在此时期内新陈代谢旺盛，需要大量的蛋白质、无机盐和维生素。为满足生茸的营养需要，不仅要供给大量精饲料和青饲料，而且还要提高日粮蛋白质的含量[20]。饲料中蛋白质含量的提高为体内 SOD 的生成提供了丰富的原料。在配种期公鹿性欲旺盛，食欲明显下降，争偶角斗体力消耗较大，身体变得瘦弱。生茸前期基本上处于冬末春初，公鹿经过配种后，体质偏瘦，又逢气温较低。这两个时期营养物质缺乏造成全血 SOD 含量减少。曹荣峰[21]等（2009）对不同饲养时期鹿血中卵磷脂的含量研究表明，生茸期血液卵磷脂含量最高。而卵磷脂能有效提高心、脑组织 SOD 活性，降低过氧化脂质和脂褐素含量[22]，所以生茸期血液卵磷脂含量升高与 SOD 含量的升高有一定的相关性。本实验中生茸期全血 SOD 含量极显著高于配种期和生茸前期（$P < 0.01$），这与曹荣峰的报道相符合。

3.3 不同生理时期溶血液 SOD 含量

三个时期溶血液 SOD 含量分别为：生茸期 $1\,023.94 \pm 21.41U \cdot mL^{-1}$；生茸前期 $945.64 \pm 14.95U \cdot mL^{-1}$；配种期 $935.27 \pm 11.41U \cdot mL^{-1}$。在各个生理时期内溶血液 SOD 的含量均高于同时期的全血，这是因为全血中血细胞细胞膜不含有 SOD，从而导致其总体含量降低。在传统鹿血酒生产中，完整的鹿血血细胞形成大量沉积物影响了鹿血酒的美观，因此可以把溶血液作为生产鹿血酒的原料，在增加鹿血酒美观性的同时也保证了 SOD 不损失。

4 结论

4.1 全血 SOD 主要集中在血细胞内容物上，其所占比例为 95.30%；血浆仅占 4.70%，细胞内容物 SOD 含量极显著高于血浆（$P < 0.01$），而细胞膜上不含有 SOD。

4.2 血细胞内容物的 SOD 含量最高（$1\,920.70U \cdot mL^{-1}$），且极显著高于溶血液（$971.76U \cdot mL^{-1}$）、全血（$956.73U \cdot mL^{-1}$）、血浆（$88.17U \cdot mL^{-1}$）；溶血液、全血的 SOD 含量极显著高于血浆（$P < 0.01$）；相同时期内溶血液 SOD 含量均高于全血 SOD 含量，但差异不显著。虽然血细胞内容物 SOD 含量最高，但为了不浪费血浆，考虑以溶血液为原料来制作酶制剂和鹿血酒效果最佳。

4.3 在三个生理时期的溶血液中，生茸期溶血液的 SOD 含量（$1\,023.94 \pm 21.41U \cdot mL^{-1}L$）极显著高于配种期和生茸前期（$P < 0.01$）。因此在利用梅花鹿血液制作鹿血酒和提取酶制剂时应考虑多使用生茸期溶血液。

参考文献

[1] 马泽芳，王伟峰. 中国的茸鹿产品及药用价值 [J]. 农牧产品开发，2000，3：23-25.
[2] 张晓莉，唐晓云，刘亚威. 鹿血酒口服液对小鼠免疫功能的影响 [J]. 中国林副特产，1997，11（4）：20-21.

［3］ 赵世臻. 鹿产品及其保健［M］. 北京：中国农业出版社，2001：42.

［4］ PORTER M B, Pereiar O M, Smith J R. Novel monoclonal antibodies identify antigenic determi-
nants unique to cellular senescence［J］. *Cell physiol*, 1990, 142：：425 – 433.

［5］ JANY K D. Studies on the digestive enzymes of the stomachless bony fish, Carassius auratus giblio
（Bloch）：Endopeptidases［J］. *Comp Biochem Physiol*, 1976, 536：31 – 38.

［6］ SATOMIS A, Hashimoto T. Tissue superoxide dismutase（SOD）activity and immunohistochemical
staining in acute appendicitis：Correlation with degree of inflammation［J］. *Journal of Gastroenter-
ology*, 1996, 31：639 – 645.

［7］ KEN J H, Makiya N. SOD derivatives prevent metastatic tumor growth aggravated by tumor removal
［J］. *Clinical and Experimental Metastasis*, 2008, 25（5）：531 – 536.

［8］ 韦旭斌，李进国，夏尊平. 鹿外周静脉血成分研究［J］. 特产研究，2001, 2：19 – 22.

［9］ 邓干臻，吴兴兵. 生茸期梅花公鹿血常规检测［J］. 河南畜牧兽医，1996, 17（3）：
18 – 19.

［10］ 张黎. ICP – AES 法测定鹿血及其产品中 11 种微量元素［J］. 云南大学学报，1994, 16
（2）：113 – 115.

［11］ 董万超. 鹿茸血酒生物效应研究［J］. 特产研究，1998（4）：13 – 15.

［12］ 崔丽，王宜，董崇田. 鹿血清对老龄大鼠抗衰老作用的实验研究［J］. 中国老年学杂志，
1995, 15（1）：44 – 45.

［13］ 宋高臣，初彦辉，崔荣. 鹿血口服液对大鼠体内代谢影响的实验研究［J］. 牡丹江医学院
学报，1999, 20（3）：6 – 8.

［14］ 孙泉云，潘水春，鞠龚讷. 动物采血技术［J］. 畜牧与兽医，2005, 37（4）：34 – 35.

［15］ JOSETTE B M, Bernard G. Evaluation of the efeects of GD complexes used as magnetic resonance
imaging contrast agents, on superoxide dismutase：comparison of two methods［J］. *Inflamma-
tion*, 1999, 23（5）：425 – 436.

［16］ PATEL S P, Katyare S S. Differential ph sensitivity of tissue superoxide dismutases［J］. *Indian
Journal of Clinical Biochemistry*, 2006, 21（2）：129 – 133.

［17］ PERCIVAL S S. Cu/Zn superoxide dismutase activity does not parallel copper levels in copper sup-
plemented HL – 60 cells［J］. *Biological Trace Element Research*, 1993, 38：63 – 72.

［18］ 张彩莹，袁勤生. 羊红细胞铜锌超氧化物歧化酶的纯化及部分性质研究［J］. 中国生化药
物杂志，2003, 24（1）：4 – 7.

［19］ 朱希强，袁勤生. EC – SOD 研究概况［J］. 食品与药品，2005, 7（4）：5 – 10.

［20］ 李振贵，何正涛. 梅花鹿的饲养及繁殖管理［J］. 黑龙江动物繁殖，2008, 16（4）：
41 – 42.

［21］ 曹荣峰，王继芳，崔丽春，马泽芳. 不同饲养时期雄性梅花鹿血液中抗衰老活性物质的
HPLC 分析［J］. 中国兽医学报，2009, 29（12）：1 607 – 1 612.

［22］ 衣艳君. 卵磷脂对大鼠过氧化损伤的保护作用［J］. 聊城师范学报，2001, 14（1）：
73 – 74.

此文发表于《畜牧兽医学报》2011, 42（2）

鹿油中脂肪酸和氨基酸分析[*]

李婉莹[**]　刘俊渤[***]　杨磊飞　唐珊珊　常海波

（吉林农业大学资源与环境学院，长春　130118）

摘　要：采用消化熬油法提取鹿油，并借助气相色谱—质谱联用仪（GC – MS）与氨基酸自动分析仪对试验得到的鹿油进行脂肪酸与氨基酸的成分和含量分析。研究表明：鹿油含有 11 种脂肪酸与 15 种氨基酸。其脂肪酸主要成分为十一烷酸、十三烷酸、十四烷酸、十五烷酸、十六烷酸、十七烷酸、十八烷酸、十四碳烯酸、十六碳烯酸、十八碳烯酸及十八碳二烯酸，不饱和脂肪酸相对含量为 38.48%，其中以十八碳烯酸含量最高，达 26.16%；而氨基酸主要成分为天门冬氨酸、苏氨酸、丝氨酸、谷氨酸、甘氨酸、丙氨酸、缬氨酸、蛋氨酸、异亮氨酸、亮氨酸、酪氨酸、苯丙氨酸、赖氨酸、组氨酸及精氨酸，其中必需氨基酸含量较高，占氨基酸总量为 35.73%。该研究为鹿油的深加工与开发应用提供了理论依据。

关键词：鹿油；消化熬油；提取；脂肪酸；氨基酸

The Analysisof Fatty Acids and Amino Acids in Deer Oil

Abstract：The compositions and contents of fatty acids and amino acids extracted from deer oil through digestive rendering process were analyzed and determined by gas chromatography/mass spectrometry （GC – MS） and amino acid automatic analysis. Eleven kinds of fatty acids and fifteen kinds of amino acids were detected in the deer oil according to this study. The fatty acids mainly included hendecanoic acid, tridecanoic acid, tetradecanoic acid, pentadecanoic acid, hexadecanoic acid, heptadecanoic acid, octadecanoic acid, myristoleic acid, hexadecenoic acid, oleic acid and linoleic acid. The content of unsaturated fatty acids was 38.48%, in which the oleic acid had the highest percent （26.16%）. The amino acids comprised aspartic, threonine, serine, glutamic, glycine, alanine, valine, methionine, isoleucine, leucine, tyrosine, phenylalanine, lysine, histidine and arginine. The essential amino acids had the highest percent （35.73%） of total amino acids. A theoretical basis for the deep processing development and application of deer oil is provided through this study.

Key words：deer oil, digestive rendering process, extract, fatty acid, amino acid

---

　＊　基金项目：长春市科技计划项目（13NK11）
　　收稿日期：2015 – 07 – 13
＊＊　作者简介：李婉莹（1992—），女，硕士研究生，主要从事天然产物化学研究
＊＊＊　通讯作者：刘俊渤（1964—），女，吉林长春人，教授．E – mail：liujb@ mail. ccut. edu. cn

鹿油是鹿体脂肪组织的油脂，也是一种极富经济价值和研发价值的绿色可再生天然资源[1]。近年来随着市场对鹿茸、鹿胎等产品需求的增加[2]，尤其是国内外对高蛋白低脂肪鹿肉产品需求的旺盛[3]，致使鹿产品开发的进程骤然加速，然而在此过程中产生了大量的鹿副产品，其中包括鹿脂肪组织的油脂，也就是鹿油。鹿油富含脂肪酸与氨基酸，特别是人体必需的不饱和脂肪酸、必需氨基酸及半必需氨基酸，它们易被皮肤吸收，防止皮肤水分流失，不仅能滋润细腻肌肤[4]、延缓衰老[5]，还可以预防皮肤癌，此外对动脉粥样硬化[6]、心血管疾病及老年性肥胖症的防治极为有利[7]，因此可应用于食品、医药保健品及化妆品等领域[8]。目前，文献中有关鹿油的研究主要集中在超临界 CO_2 萃取鹿油[9]与鹿油脱色工艺[10]，对鹿油脂肪酸成分研究报道较少，而对鹿油氨基酸组成成分和含量未见报道。因此，本文以梅花鹿脂肪为原料，采用消化熬油法提取鹿油，并用气相色谱—质谱联用仪（GC‐MS）与氨基酸自动分析仪对提取的鹿油进行脂肪酸与氨基酸组成成分和含量分析，旨为更好开发与应用鹿油提供理论依据。

1　材料与方法

1.1　材料与试剂

鹿脂肪，由吉林省双阳区鹿乡镇提供。

维生素 E、碘化钾、石油醚、甲醇、盐酸、硫酸、氢氧化钾、氢氧化钠均为分析纯，国药集团化学试剂有限公司提供；异辛烷为色谱纯。

1.2　仪器与设备

GC‐MS 气相色谱—质谱联用仪（5975），Agilent 公司；L‐8800 氨基酸自动分析仪，日本日立公司；DZF‐6020 真空干燥箱，上海一恒科学仪器有限公司；XW—80A 旋涡振荡器，上海青浦沪西仪器厂；KQ5200DE 超声波清洗器，昆山市超声仪器有限公司；SHB‐B95 循环水式真空泵，郑州长城科工贸有限公司；DWF‐100 电动粉碎机，嘉定粮油机械厂；TDL‐60B 低速台式离心机，上海安亭科学仪器厂。

1.3　试验方法

1.3.1　消化熬油法提取鹿油

准确称取冷冻、粉碎、干燥及超声处理后的鹿脂肪 200.0g 置于烧杯中，加 0.1000g 维生素 E 和 2 500mL 蒸馏水，加热升温至 120℃，熬油 120min 后过滤，分离后真空干燥鹿油。鹿油提取率计算公式：鹿油提取率 ＝ 鹿油质量／鹿脂肪质量 × 100

1.3.2　鹿油中脂肪酸的 GC‐MS 分析

三氟化硼法进行脂肪酸的甲酯化处理[11]。GC‐MS 分析测定条件为：毛细管玻璃柱为 60.00mm × 0.25mm × 0.25 μm；起始温度为 100℃，并以 10℃/min 的速度升温至 230℃后恒温 40min；鹿油样品进口温度为 250℃，接口温度为 250℃；载气为氢气，其流速、分流比分别为 1mL/min 和 10：1；EI 源：电子能量是 70 eV，离子进口温度为 230℃，四极杆温度 150℃；标准调谐：SCAN 质量扫描；溶剂延迟 3min；电子倍增器电压为 1.635 V；扫描质量范围为 10 ~ 550amu。

准确称取提取后的鹿油 0.2000g，加异辛烷使其鹿油完全溶解并定容至 10.00mL 容量瓶中，摇匀后用移液枪移取50μL于10mL试管中，加0.4mol/L的氢氧化钾—甲醇溶液2.00mL后置旋涡振荡器振荡2min，放置10min后再加1.95mL异辛烷于试管中，再然后将其放于旋涡振荡器振荡2min，然后用质量分数为8.0%的氯化钠溶液稀释至10mL，以2 000r/min离心10min后吸出上清液于微量试管中，在上述GC－MS分析测定条件下进样1μL，以峰的保留时间及谱库检索进行定性分析，然后与相应标准峰面积进行比较完成定量分析。

1.3.3　鹿油中氨基酸的分析

准确称取提取后的鹿油40.00mg，加6mol/L盐酸4.00mL于110℃水解24h后真空浓缩蒸干，加入0.01mol/L氢氧化钠溶液1.50mL，溶解4h后再加入0.01mol/L盐酸溶液1.50mL中和，蒸馏水稀释，过滤，滤液用pH值2.20的缓冲溶液制成分析溶液。将水解后的样品用移液枪吸取上清液50μL于样品贮存管中，用氨基酸自动分析仪测定试样中的氨基酸含量。

2　结果与分析

2.1　鹿油提取率的测定

采用消化熬油法提取鹿油，其提取率结果见表1。由表1可知，鹿油提取率平均值为72.50±0.36%。可见消化熬油法不仅提取率高，且操作简便，成本较低，是一种很好的提取鹿油方法。

表1　鹿油的提取率

Table 1　Extraction yield of deer oil

次数	1	2	3	4	平均值±标准差
提取率（%）	72.10	72.90	72.70	71.30	72.50±0.36

2.2　鹿油脂肪酸成分及相对含量分析

按照GC－MS分析条件对消化熬油所得到的鹿油脂肪酸甲酯液进行分析，得鹿油脂肪酸甲酯色谱图，见图1。质谱图中的各色谱峰与谱图库标准谱图进行对照，确定其化学成分，同时采用面积归一化法定量分析计算出各成分的相对含量，结果见表2。由表2可知，鹿油中共鉴定出11种脂肪酸，其脂肪酸成分为十一烷酸、十三烷酸、十四烷酸、十五烷酸、十六烷酸、十七烷酸、十八烷酸、十四碳烯酸、十六碳烯酸、十八碳烯酸及十八碳二烯酸，饱和脂肪酸和不饱和脂肪酸相对含量分别为61.19%、38.48%。

其中主要脂肪酸分别为十六烷酸、十八烷酸及十八碳烯酸。十六烷酸属于饱和的高级脂肪酸，又叫棕榈酸，属性温和稳定性好，是较好的食品乳化剂和强化剂，深受食品制造业的喜爱；棕榈酸异丙酯是一种很好的皮肤柔润剂，是高级化妆品原料；十八烷酸又称硬脂酸，具有很好的润滑性和光热稳定性，在塑料行业中有着广泛的应用，在护肤品中起乳化作用，是化妆品的主要原料；十八碳烯酸就是油酸，具有很强的渗透能力，不仅具有护肤抗皱功效，防止皮肤受伤害并预防衰老，使皮肤具有光泽，此外十八碳烯酸还可用作抗静电剂、柔软润滑剂及乳化剂等，因此在化妆品和毛纺等工业中得到广泛应用。

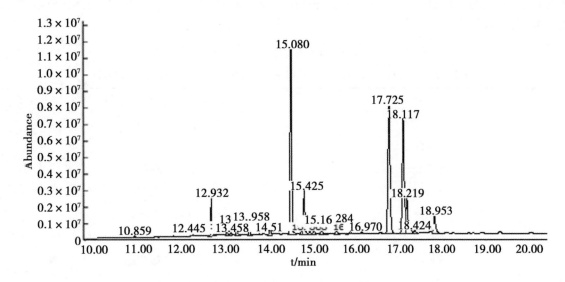

图 1　鹿油脂肪酸甲酯色谱图

Fig. 1　Fatty acids methyl esters chromatogram of deer oil

表 2　鹿油脂肪酸成分与含量

Table 2　Compositions and contents of fatty acids in deer oil

序号	脂肪酸	质量分数（%）	序号	脂肪酸	质量分数（%）
1	十一烷酸	0.181	8	十四碳烯酸	3.423
2	十三烷酸	0.125	9	十六碳烯酸	5.722
3	十四烷酸	2.001	10	十八碳烯酸	26.162
4	十五烷酸	1.909	11	十八碳二烯酸	3.175
5	十六烷酸	33.376	饱和脂肪酸总含量		61.19
6	十七烷酸	0.914	不饱和脂肪酸总含量		38.48
7	十八烷酸	22.686	不饱和脂肪酸/饱和脂肪酸		0.629

2.3　鹿油氨基酸成分及相对含量分析

利用氨基酸自动分析仪对消化熬油所得到的鹿油进行氨基酸成分和含量分析,其分析结果如表 3 所示。由表 3 可以得知:鹿油含有 15 种丰富的氨基酸,包括人体自身不能合成的 7 种必需氨基酸与 2 种半必需氨基酸,其相对含量分别为 35.73% 、7.67%。

在组成鹿油蛋白质的各种氨基酸中,含量最高的是丝氨酸,其次是甘氨酸。已有研究表明[12],丝氨酸是一种在脂肪和脂肪酸代谢中发挥作用的非必需氨基酸,它不仅有助于抗体产生,而且是维持健康免疫系统不可或缺的成分。目前丝氨酸作为营养增补剂还广泛应用于抗癌、抗艾滋病等新药物的研究和开发。甘氨酸属于甜味类氨基酸,在医药方面其单独使用可治疗营养失调,也可以做头孢菌素的原料;在食品方面,目前全世界谷氨酸钠和甘氨酸是用量最大的调味品。此外,氨基酸还能够提高皮肤免疫功能,改善敏感性皮肤的抗敏能力,防止皱纹的产生;激活皮肤细胞超氧化物歧化酶的活性,消除皮肤细胞过剩的自由基,有效延缓皮肤衰老,作为营养成分广泛应用于化妆品领域。由此可见，鹿油中氨基酸种类比较齐全，因此对其的研究和开发具有很重要的意义。

表3 鹿油氨基酸成分与含量
Table 3 Compositions and the relative contents of amino acids in deer oil

氨基酸种类	相对含量（mg·100g^{-1}）
天门冬氨酸	0.334
苏氨酸	0.254
丝氨酸	0.879
谷氨酸	0.281
甘氨酸	0.680
丙氨酸	0.242
缬氨酸	0.471
蛋氨酸	0.140
异亮氨酸	0.116
亮氨酸	0.219
酪氨酸	0.482
苯丙氨酸	0.432
赖氨酸	0.198
组氨酸	0.222
精氨酸	0.171
必需氨基酸占氨基酸比率/%	35.73
半必需氨基酸占氨基酸比率/%	7.67
总含量	5.122

3 结论

通过消化熬油法提取鹿油，确定其含有11种脂肪酸与15种氨基酸。其中，饱和脂肪酸和不饱和脂肪酸相对含量分别为61.19%、38.48%，主要脂肪酸分别为十六烷酸、十八烷酸及十八碳烯酸；15种氨基酸中，有7种必需氨基酸与2种半必需氨基酸，其相对含量分别为35.73%、7.67%，所测得氨基酸中以丝氨酸含量最高。总之，鹿油具有开发为药用动物油、保健药品及化妆品等产品的内在潜力，值得进一步深入研究。

参考文献

[1] 朱秋劲，李俐，国兴民，等. 梅花鹿鹿油肪酸组分的气象色谱分析 [J]. 山地农业生物学报，1999，18（5）：337－339.

[2] 宋胜利，吴宝江，王哲. 中国鹿产品药膳食疗的历史、现状及建议 [J]. 特产研究，2005，27（4）：56－59.

［3］ Hoffman L C, Wiklund E. Game and venison-meat for the modern consumer. ［J］. Meat Science, 2006, 74 (1)：197 – 208.

［4］ 宋永波. 天然植物油脂在化妆品中的应用 ［J］. 日用化学品科学, 2009, 8 (32)：4 – 9.

［5］ Hyungjae L, Woo J P. Unsaturated Fatty Acids, Desaturases, and Human Health ［J］. Journal of Medicinal Food, 2014, 17 (2)：189 – 197.

［6］ Russo G L. Dietary n – 6 and n – 3 polyunsaturated fatty acids：from biochemistry to clinical implications in cardiovascular prevention. ［J］. Biochemical Pharmacology, 2009, 77 (6)：937 – 946.

［7］ Trumbo P, Schlicker S, Yates A A, et al. Dietary reference intakes for energy, carbohydrate, fiber, fat, fatty acids, cholesterol, protein and amino acids ［J］. Journal of the American Dietetic Association, 2002, 102 (11)：1 621 – 1 630.

［8］ 郑晶. 马油不饱和脂肪酸提取及富集研究 ［D］. 新疆农业大学, 2014.

［9］ 刘俊渤, 王丽, 胡耀辉, 等. 鹿油的超临界二氧化碳萃取工艺及分析 ［J］. 华南农业大学学报, 2012, 33 (4)：580 – 584.

［10］ 王丽, 刘俊渤, 胡耀辉, 等. 鹿油脱色工艺条件优化 ［J］. 吉林农业大学学报, 2012, 34 (4)：454 – 458.

［11］ 刘帅, 王爱武, 李美艳, 等. 脂肪酸甲酯化方法的研究进展 ［J］. 中国药房, 2014, (37)：3 535 – 3 537.

［12］ 杨裕华, 贺法宪, 王际莘. 源于内脏脂肪组织的丝氨酸蛋白酶抑制剂研究进展 ［J］. 中国老年学杂志, 2012, 32 (14)：3 113 – 3 118.

中图分类号：TQ645.3　文献标识码：A

此文发表于《经济动物学报》2015, 19 (4)

七　基础研究

梅花鹿－牛异种体细胞核移植操作方法的研究[*]

王士勇[1][**]　郑军军[1]　杨月春[2]　刘宗岳[1]　于　淼[1]　杨福合[1][*][***]

(1. 中国农业科学院特产研究所，长春　130112；2. 吉林农业科技学院动物科学学院，吉林　132101)

摘　要： 本研究旨在对梅花鹿－牛异种体细胞核移植（Interspecies Somatic Cell Nuclear Transfer，ISCNT）的显微操作方法进行系统研究，从而优化其操作过程。以梅花鹿耳皮肤成纤维细胞为供核细胞，牛 M II 期卵母细胞为受体，分别采用盲吸法、挤压法和脱羰秋水仙碱（Demecoline，DEME）化学辅助的方法去核，带下注射（Perivitelline Microinjection，PM）、Pizeo 破膜细胞胞质内注射（Break－Membrane－Cell Intracytoplasmic Microinjection，BMCIM）和全细胞胞质内注射（Whole－Cell Intracytoplasmic Microinjection，WCIM）的方法注核，带下注核的卵母细胞电融合后化学激活，其余方法注核后直接化学激活，重组胚用 CR1aa 培养液体外培养。结果表明：（1）DEME 辅助法去核率最高，挤压法最低，三种去核方法的去核率差异显著（$P < 0.05$），去核时间差异不显著（$P > 0.05$）；（2）PM 组和 WCIM 组注核成功率分别为 100% 和 94.8%，注核时间分别为 31.0s 和 35.1s，显著低于 BMCIM 法（$P < 0.05$），但是注核成功率显著高于 BMCIM 法（$P < 0.05$），而且两者差异不显著（$P > 0.05$）；（3）BMCIM 组和 WCIM 组的激活率均显著高于 PM 组（$P < 0.05$），其中一步法的 BMCIM 组最高，一步法和两步法在激活率、卵裂率和囊胚率方面均无显著差异（$P > 0.05$）。结果提示：DEME 辅助去核、Pizeo 辅助破膜胞质内注射的一步法显微操作可有效用于梅花鹿－牛的异种体细胞核移植的研究。

关键词： 异种体细胞核移植；盲吸法；挤压法；Demecolcine 化学辅助去核；带下注核；胞质内注射

[*]　收稿日期：2014 – 01 – 21

　　基金项目：国家科技基础条件平台项目（2005DKA21102）和吉林省科技发展计划项目（20130101107JC）共同资助

[**]　作者简介：王士勇（1980—），男，汉族，吉林省永吉人，讲师，博士生，主要从事动物繁殖生物技术的研究，E – mail：shywang@ ybu. edu. cn；Tel：18043213689

[***]　通讯作者：杨福合，研究员，博士生导师，E – mail：yangfh@ 126. com

Study on Manipulation of Sika Deer – Bovine Interspecies Somatic Cell Nuclear Transfer

Wang Shiyong[1], Zheng Junjun[1], Yang Yuechun[1,2],

Liu Zongyue[1], Yu Miao[1], Yang Fuhe[1] *

(1. Institute of Specail Animal and Plant Sciences of CAAS, Changchun 130112, China;

2. College of Animal Science, Jilin Agriculture Science And Technology College, Jilin 132101, China)

Abstract: The purpose of this study was to optimize the manipulation of interspecies somatic cell nuclear transfer (ISCNT) between sika deer and bovine. It was used the sika deer ear skin fibroblast as nuclear donor cell, and bovine M II oocyte as recipient. McGrath – Solter, extrusion and DEME chemically assisted methods were used in enucleation. Perivitelline microinjection (PM), break – membrane – cell intracytoplasmic microinjection (BMCIM) and whole – cell intracytoplasmic microinjection (WCIM) were used in nuclear injection. Oocytes were electrofusion after enucleation of PM before chemical activated and others were chemically activated without electrofusion. Reconstructed embryos were cultured in media of CR1aa. The results were shown that: (1) The rate of enucleation with the DEME method was the highest, and the rate of extrusion method was the lowest. There was significantly difference ($P < 0.05$) in the rate of enucleation among all the three enucleate methods, but not significantly difference ($P > 0.05$) in duration of enucleation. (2) The rate of nuclear injection by PM and WCIM was 100% and 94.8% separately, and the duration of nuclear injection by PM and WCIM was 31.0s and 35.1s separately. There was no difference between them ($P > 0.05$), their rate of nuclear injection were higher than which in BMCIM group ($P < 0.05$), but duration of nuclear injection was converse ($P > 0.05$). (3) The rate of activation by BMCIM and WCIM group were higher than it in PM group ($P < 0.05$), and which in BMCIM group of one – step method was the highest. There was no difference among the rate of rate of activation, cleavage and blastocyst between one – step and two – step method ($P > 0.05$). The results suggest that one – step manipulative method of DEME assisted enucleation and pizeo assisted BMCIM was efficient in sika deer – bovine ISCNT.

Key words: interspecies somatic cell nuclear transfer; McGrath – Solter method; extrusion method; demecoline chemically assisted enucleation; perivitelline microinjection; whole – cell intracytoplasmic microinjection

自 1997 年[1]第一只体细胞核移植动物——"多莉"诞生以来，体细胞核移植 (Somatic cell nuclear transfer, SCNT) 技术发展迅速，在核质互作研究、濒危动物保护方面具有广泛的应用前景[2]，但是通常很难获得大量可利用的濒危动物卵母细胞，当前利用牛卵母细胞进行种间体细胞核移植 (Interspecies somatic cell nuclear transfer, ISCNT) 研究较多。去核技术主要有盲吸法[3]、挤压法[4]、Demecoline (DEME) 化学辅助法[5]等方法，注核技术主要有带下注射[6] (Perivitelline microinjection, PM) 和胞质内注射[7] (Intracytoplasmic microinjection, IM) 两种方法，IM 法注核时有破膜细胞胞质内注射[8] (Break – membrane – cell intracytoplasmic microinjection，BMCIM）和全细胞胞质内注射[9]（Whole – cell intracytoplasmic microinjection，WCIM）两种形式，各种操作方法都有各自的优点和缺点。本试验旨在系统研究梅花鹿 – 牛异种体细胞核移植操作的去核与注核方法，优化其操作过程，为进一步应用奠定基础。

1　材料与方法

1.1　药品与试剂

PBS、DPBS、DMEM、FBS 购自 Gibco 公司，激素 hCG 和 PMSG 购自宁波市二生药业有限公司，其余试剂均购自 Sigma – Aldrich 公司。

1.2　梅花鹿耳皮肤成纤维细胞的培养

耳皮肤组织取自健康幼年雄性梅花鹿，剪下来的组织块经消毒、刮毛、切割等处理，组织块法原代培养，酶消化与贴壁时间差法纯化，具体方法参见文献[10]。培养液为添加双抗和 10% FBS 的高糖 DEME。

1.3　卵母细胞的收集与体外成熟

牛卵巢采集于长春市本地屠宰场，8h 内带回实验室。抽吸法收集卵泡液，在体视显微镜下选择卵丘完整、胞质均匀的卵丘 – 卵母细胞复合体（Cumulus – oocyte – complexes，COCs），微滴法体外成熟培养 21h。成熟培养液组成：90% M199 + 10% FBS + 10μg · mL^{-1} PMSG + 10 μg · mL^{-1} hCG + 0.33 mmol · L^{-1}丙酮酸钠。

1.4　试验设计

1.4.1　牛卵母细胞去核方法的比较

M Ⅱ期卵母细胞随机分为 3 组，第 1 组手工操作盲吸法去核，卵母细胞洗净放入含 5μg · mL^{-1}细胞松弛素 B 和 20% FBS 的显微操作液中，显微镜下调整第一极体到 1 点钟或 5 点钟方向，持卵针在卵母细胞 9 点钟方向固定，去核针在 3 点钟方向插入，吸取第一极体及附近 1/5 ~ 1/4 的细胞质；第 2 组手工操作挤压法去核，按上述方法固定卵母细胞，调整第一极体到 2 ~ 4 点钟方向之间，去核针在 3 点钟方向插入，移出去核针后调整其 Z 轴位置到卵母细胞正上方，向下压卵母细胞，直到第一极体及附近 1/5 ~ 1/4 细胞质排出透明带为止；第 3 组 DEME 化学辅助去核，将成熟的 M Ⅱ期卵母细胞放入 0.5μg · mL^{-1} DEME 培养液中处理 60 ~ 90min，选择显核的卵母细胞（图 1）去核，按一组方法固定卵母细胞，去核针在 3 点钟方向打孔后插入，吸取核区突起及附近少量细胞质。去核的卵母细胞用 2μg · mL^{-1}的 Hochest 33342 染色，紫外光下检查去核的成功性。

1.4.2　梅花鹿 – 牛异种体细胞核移植注核方法的比较

DEME 化学辅助去核后的卵母细胞在 CR1aa 培养液中培养 1h，随机分 3 组洗净放入显微操作液中，第 1 组手工操作带下注核；第 2 组供核细胞破膜后胞质内注射，固定卵母细胞后，注核针吸取供核细胞后利用 Pizeo 在透明带 3 点钟方向打孔，同时供核细胞膜会破裂，胞质内注射供核细胞；第 3 组供核细胞全细胞胞质内注射，固定卵细胞，注核针打孔后吸取供核细胞，从打出的孔胞质内注射供核细胞。注核后培养 2h，镜下观察核 – 质重组体，卵胞质仍紧密、质膜平滑的视为注核成功。

1.4.3 显微操作方法对梅花鹿 – 牛异种体细胞核移植胚胎构建的影响

MII 期的卵母细胞随机分为两组，一组利用 DEME 化学辅助去核，去核后立即按照 1.4.2 所述的三种方法注核，为一步法；二组将 DEME 化学辅助去核的卵母细胞放到 CR1aa 培养液培养 1h 后注核，注核时分别采用 1.4.2 所述的三种注核方法，为两步法。

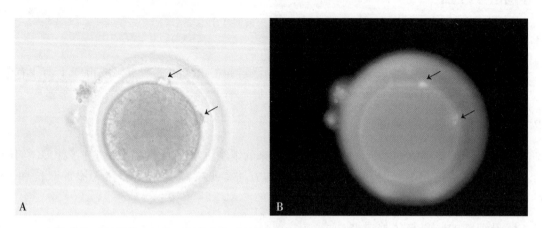

细箭头指示的是第一极体，粗箭头指示的是核物质所在的包状突起；A. 可见光下卵母细胞显核情况；B. Hoechst 33342 染色后紫外光下显核情况

thick arrow indicated the first polar body, thin arrow indicated nuclear extrusion; A. Nuclear extrusion of bovine oocytes under visible light; B. Nuclear extrusion of bovine oocytes under UV after staining with Hoechst 33342

图 1　DEME 诱导牛卵母细胞显核 ×200

Fig. 1　Nuclear extrusion of bovine oocytes induced by demecolcine ×200

1.5　电融合

带下注核操作的核 – 质重组体培养 2h 后进行电融合[11]，融合液为 0.3 mmol·L^{-1}的甘露醇溶液，用间隔 1s、场强 1 100 V·cm^{-1}、脉宽 20μs 的 2 次直流电脉冲诱导融合，1h 后观察，未融合的弃去。其余方法注核的不进行电融合，培养 1h 后直接激活。

1.6　激活和重组胚的体外培养

重组胚用 5μmol·L^{-1}离子酶素预激活处理 5min，用 2 mmol/L 6 – DMAP 洗 3 遍后，放入 6 – DMAP 微滴中激活培养 3h。将激活后的重组胚放置在培养液中冲洗 3 遍，放入事先平衡 2h 以上的微滴培养液中培养，培养液为添加 5% FBS 的 CR1aa，48h 后记录卵裂率，第 7～9d 记录囊胚发育率。

1.7　统计分析

结果以 Mean ± S. E. M. 表示，数据经 SPSS 21.0 软件进行方差分析和多重比较，差异显著标准为 $P < 0.05$。

2 结果

2.1 牛卵母细胞去核方法的比较

结果如表1所示，3种去核方法组间去核率差异显著（$P < 0.05$），其中DEME化学辅助法去核率最高为100%，挤压法最低为75.2%，3种去核方法的去核时间差异不显著（$P > 0.05$），但是盲吸法去核时间最长。

表1 牛卵母细胞去核方法的比较

Table1 Comparison of enucleate method in bovine oocytes

去核方法 Enucleate method	供试卵数（重复数） No. of oocytes （Replicates）	去核数 No. of enucleation	去核率/% Rate ofenucleation	去核时间/s Durationof enucleation
盲吸法 McGrath's method	75（7）	64	85.4 ± 3.4^{b}	41.8 ± 2.1^{a}
挤压法 Extrusion method	76（7）	57	75.2 ± 3.1^{c}	37.9 ± 0.9^{a}
DEME化学辅助法 DEME chemically assisted method	77（7）	77	100.0 ± 0.0^{a}	39.7 ± 1.3^{a}

同列肩标字母不同表示差异显著（$P < 0.05$）。下同

Values with different superscripts within a column are significantly different（$P < 0.05$）. Similarly here in after

2.2 梅花鹿－牛异种体细胞核移植注核方法的比较

结果如表2所示，PM组和WCIM组注核成功率分别为100%和94.8%，注核时间分别为31.0s和35.1s，显著低于BMCIM法（$P < 0.05$），但是注核成功率显著高于BMCIM法（$P < 0.05$），而且两者差异不显著（$P > 0.05$）。

表2 梅花鹿－牛异种体细胞核移植注核方法的比较

Table 2 Comparison of nuclear injection method in sika deer－bovine ISCNT

注核方法 Method of nuclear injection		供试卵数（重复数） No. of oocytes （Replicates）	注核数 No. of nuclear injection	注核率（%） Rate ofnuclear injection	注核时间（s） Durationof nuclear injection
带下注射 PM		56（5）	56	100.0 ± 0.0^{a}	31.0 ± 1.3^{b}
胞质内注射 IM	破膜 BMCIM	55（5）	48	87.2 ± 2.3^{b}	43.7 ± 1.4^{a}
	全细胞 WCIM	58（5）	55	94.8 ± 2.1^{a}	35.1 ± 1.3^{b}

表3　显微操作方法对梅花鹿－牛异种体细胞核移植胚胎构建的影响

Table3　Effect of manipulation on producing ISCNT embryo of sika deer – bovine

显微操作方法 Method ofmanipulation		供试卵数 （重复数） No. of oocytes （Replicates）	融合数 （率,%） No. of fusion	激活数 （率,%） Rate of activation	卵裂数 （率,%） Rate of cleavage	囊胚数 （率,%） Rate ofblastocyst
一步法 One – step method	带下注射 PM	46（5）	33 （71.6）	31 67.3 ± 3.2^c	22 48.0 ± 2.7^a	3 6.5 ± 2.7^a
	破膜注射 BMCIM	47（5）	—	44 93.8 ± 2.5^a	26 55.3 ± 3.9^a	3 4.2 ± 2.6^a
	全细胞注射 WCIM	45（5）	—	37 82.1 ± 2.9^b	22 49.1 ± 3.1^a	4 8.9 ± 2.3^a
两步法 Two – step method	带下注射 PM	46（5）	34 （74.0）	33 72.0 ± 1.2^c	23 50.5 ± 3.6^a	3 6.5 ± 2.7^a
	破膜注射 BMCIM	45（5）	—	42 93.3 ± 2.8^a	26 58.1 ± 4.6^a	2 6.2 ± 2.5^a
	全细胞注射 WCIM	44（5）	—	38 86.8 ± 3.9^{ab}	21 47.5 ± 3.1^a	4 11.2 ± 3.5^a

2.3　显微操作方法对梅花鹿－牛异种体细胞核移植胚胎构建的影响

结果如表3所示，一步操作和两步操作的相同注核方法处理组之间在激活率、卵裂率和囊胚率方面均无显著差异（$P > 0.05$），但是BMCIM和WCIM组的激活率均显著高于PM组（$P < 0.05$），其中一步法的BMCIM组最高。

3　讨论

体细胞核移植技术的一个关键步骤就是受体卵母细胞的去核，去核的成功率直接影响核移植的整体效率。各种去核方法都有各自的优缺点，同时也受实验室仪器设备的限制。盲吸法[6]是最为普通的一种去核方式，一般采用煅烧拔尖后的斜口针，利于针尖穿入透明带，以第一极体为参照去除一部分附近的细胞质，操作简便，但是细胞核与第一极体的相对位置会因为成熟培养时间[12]不同而发生改变，所以去核率较低，本试验结果与其一致。挤压法[4]一般采用封闭口的针，操作时造成透明带的创口较大，不易恢复，但也方便注核时从这一创口注入供体细胞。本试验中的挤压法采用口径稍大一点拔尖后的斜口针，操作时透明带创口较一般挤压法要小，与陈自洪等[13]报道的点击法相似。以上两种去核方法为了提高去核效率都要去除较大体积（1/5～1/4）的胞质，之后还需要在紫外光下照射以确定去核成功率，这会给受体胞质造成不可逆的伤害[14]。本试验中DEME诱导显核后采用Pizeo辅助去核，使用平口针，借助Pizeo从透明带打孔穿入，创口小，去除细胞质的量少，去核率达到100%（见表1），显著高于盲吸法和挤压法，且不需荧光染色检查去核准确性，与N. Costa – Borges等[15]及潘晓燕等[16]的报道一致。

注核是核移植显微操作的一个重要环节。采用带下注核时，由于供核细胞与受体胞质都有细胞膜包裹，所以供核细胞的核物质不能与受体胞质直接接触，一般利用电融合仪给予电脉冲将接触部分的胞质膜击穿形成微孔，从而使供核细胞与受体胞质相融合，再通过一些方法激活供核细胞染色体组，促使供核细胞指导发育[17]。这种操作方法在注核时一般不会对卵母细胞造成二次机械损伤，本试验中也达到了100%的注核率（表2）。采用IM法注核时，使用较多的是Pizeo辅助的BMCIM法[18]，这种方法可以将破膜后的供核细胞注射到受体胞质中，使之与受体胞质直接接触，省略电融合的步骤，同样能够获得体细胞核移植后代[19]，有报道称此种方法会造成重组胚的后期凋亡[20]，本试验中发现BMCIM法在打碎供核细胞膜时需要消耗一定的时间，所以注核时间显著高于PM法和WCIM法（$P < 0.05$）；另外一种IM法是WCIM法[21]，即将完整的供核细胞注入受体胞质中，这种方法同样不需电融合，在本试验中激活后发现有个别供核细胞不能与受体胞质达到有效融合，在显微镜下可观察到供核细胞膨大呈圆形，与受体胞质接触处有明显界限。本试验中发现这两种IM法在注核时如果受体胞质膜脆弱或操作不当会造成质膜破碎，从而使注核失败，在前人的研究中未见有关于注核成功率和注核时间的报道。

显微操作可分为两种方式：一种是在去核后直接注核[22]；另一种是在分批次操作时去核后将卵母细胞培养一段时间再注核[23]。本试验中分别比较了PM、BMCIM和WCIM等3种去核方法的一步操作与两步操作对梅花鹿 - 牛ISCNT的影响，试验过程中发现一步法和两步法处理组之间在激活率、卵裂率和囊胚率方面均无显著差异（$P > 0.05$），但是二者BMCIM和WCIM组的激活率均显著高于PM组（$P < 0.05$），这是因为PM法在电融合过程中有一部分未融合的被弃去的原因，说明一步法和两步法操作对梅花鹿 - 牛ISCNT并无显著影响，但是一步法可以节省一定的时间和体外操作过程。N. Costa - Borges 等[15]报道利用DEME对受体卵母细胞处理时能够破坏其微管稳定性，去核后在没有DEME的培养液中培养时即可恢复微管的聚集。我们发现采用IM注核的两步法组注核损失率较一步法低（数据未列出），这可能是由于两步法操作时去核与注核之间的培养有助于受体细胞骨架的恢复，具体原因有待进一步研究。

参考文献

［1］WILMUT I, SCHNIEKE A E, MCWHIR J, et al. Viable offspring derived from fetal and adult mammalian cells ［J］. Nature, 1997, 385 (6619)：810 - 813.

［2］KAEDEI Y, FUJIWARA A, TANIHARA F, et al. In Vitro Development Of Cat Interspecies Nuclear Transfer Using Pig's And Cow's Cytoplasm ［J］. Bull Vet Inst Pulawy, 2010, 54 (3)：405 - 408.

［3］LORTHONGPANICH C, LAOWTAMMATHRON C, CHAN A W, et al. Development of interspecies cloned monkey embryos reconstructed with bovine enucleated oocytes ［J］. J Reprod Dev, 2008, 54 (5)：306 - 313.

［4］林　涛, 方南洙, 宋君博, 等. 挤压去核法和盲吸去核法在延边黄牛体细胞核移植中的对比研究 ［J］. 江苏农业科学, 2009, 37 (2)：178 - 180.

［5］YIN X J, TANI T, YONEMURA I, et al. Production of cloned pigs from adult somatic cells by chemically assisted removal of maternal chromosomes ［J］. Biol Reprod, 2002, 67 (2)：442 - 446.

［6］WILLADSEN S M. Nuclear transplantation in sheep embryos ［J］. Nature, 1986, 320 (6057)：63 - 65.

［7］KIMURA Y, YANAGIMACHI R. Development of normal mice from oocytes injected with secondary spermatocyte nuclei ［J］. Biol Reprod, 1995, 53 (4)：855 - 862

［8］WAKAYAMA T, PERRY AC, ZUCCOTTI M, et al. Full - term development of mice from enucleated oocytes injected with cumulus cell nuclei ［J］. Nature, 1998, 394 (6691)：369 - 374.

[9] LEE J W, WU S C, TIAN X C, et al. Production of cloned pigs by whole – cell intracytoplasmic microinjection [J]. Biol Reprod, 2003, 69 (3): 995 –1001.

[10] 赵雪萍, 张寒莹, 王子玉, 等. 麋鹿耳皮肤成纤维细胞的分离、培养与核型分析 [J]. 南京农业大学学报, 2008, 31 (1): 67 –71.

[11] 杨月春, 王士勇, 李钟淑, 等. 延边黄牛体细胞克隆胚胎氧化损伤的初步研究 [J]. 江西农业大学学报, 2009, 31 (6): 1069 –1073.

[12] 董雅娟, 柏学进, 李建栋, 等. 牛体细胞核移植技术 [J]. 中国兽医学报, 2002, 22 (4): 347 –350.

[13] 陈自洪, 杨素芳, 谢英, 等. 水牛卵母细胞去核方法的比较 [J]. 中国兽医科学, 2006, 36 (6): 493 –496.

[14] RUSSELL D F, IBANEZ E, ALBERTINI D F, et al. Activated bovine cytoplasts prepared by demecolcine – induced enucleation support development of nuclear transfer embryos in vitro [J]. Mol Reprod Dev, 2005, 72 (2): 161 –170.

[15] COSTA – BORGES N, PARAMIO, MT, CALDERON G, et al. Antimitotic treatments for chemically assisted oocyte enucleation in nuclear transfer procedures [J]. Clon Stem Cells, 2009, 11 (1): 153 –166.

[16] 潘晓燕, 王正朝, 李质馨, 等. 化学辅助去核法对绵羊卵母细胞去核率和重构胚发育率的影响 [J]. 生物工程学报, 2009, 25 (4): 503 –508.

[17] SHIN S J, LEE B C, PARK J I, et al. A separate procedure of fusion and activation in an ear fibroblast nuclear transfer program improves preimplantation development of bovine reconstituted oocytes [J]. Theriogenology, 2001, 55 (8): 1697 –1704.

[18] YU Y, DING C, WANG E, et al. Piezo – assisted nuclear transfer affects cloning efficiency and may cause apoptosis [J]. Reproduction, 2007, 133 (5): 947 –954.

[19] CHEN D Y, JIANG M X, ZHAO Z J, et al. Cloning of Asian yellow goat (C. hircus) by somatic cell nuclear transfer: telophase enucleation combined with whole cell intracytoplasmic injection [J]. Mol Reprod Dev, 2007, 74 (1): 28 –34.

[20] LEE B C, KIM M K, JANG G, et al. Dogs cloned from adult somatic cells [J]. Nature, 2005, 436 (7051): 641.

[21] 杨素芳, 陈自洪, 韦精卫, 等. 水牛体细胞核移植方法比较及激活前的时间间隔对全细胞胞质内注射法核移植效果的影响 [J]. 畜牧兽医学报, 2009, 40 (12): 1735 –1740.

[22] ZHOU Q, RENARD J P, LE FRIEC G, et al. Generation of fertile cloned rats by regulating oocyte activation [J]. Science, 2003, 302 (5648): 1179.

[23] 龚国春, 戴蕴平, 朱化彬, 等. 供体细胞类型对体细胞克隆牛生产效率的影响 [J]. 中国科学 (C辑: 生命科学), 2004, 34 (3): 257 –262.

此文发表于《畜牧兽医学报》2014, 45 (8)

鹿卵母细胞体外成熟研究进展

郑军军[1]　王士勇[1]　杨月春[1,2]　于　淼[1]　杨福合[1]　邢秀梅[1]

(1. 中国农业科学院特产研究所，吉林省省部共建特种经济动物分子生物学国家重点实验室，
长春　130112；2. 吉林农业科技学院，吉林　132101)

摘　要：卵母细胞体外成熟培养作为现代胚胎生物工程的重要组成部分，是性别控制、体外受精、核移植和转基因等技术成功的前提和关键。本文就卵母细胞来源、培养液成分、培养时间、温度和气相环境等因素对鹿卵母细胞体外成熟的影响进行综述。

关键词：鹿卵母细胞；体外培养；影响因素

Research Progress on Maturation of Deer Oocyte In Vitro

Zheng Junjun[1], Wang Shiyong[1], Yang Yuechun[1,2], Yu Miao[1],
Yang Fuhe[1*], Xing Xiumei[1]

(1. Institute of Special Animal and Plant Sciences of Chinese Academy of Agricultural Sciences,
State Key Laboratory of Special Economic Animal Molecular Biology, ChangChun JiLin 130112, China;
2. College of JiLin Agricultural and Science Technology, JiLin JiLin 132101, China)

Abstract：Oocyte maturation culture in vitro, as an important component of the modern Embryo Bio - Engineering, is the prerequisite and key of success in sex control, in vitro fertilization, nuclear transfer and gene transfer technique. This review is to address the effect of deverse sources, different raise system, cultured time, temperature and gas environment and so on on in vitro maturation of deer oocyte.

Key words：Deer oocyte; In vitro maturation; Influencing factors

自 1935 年 Pincus 首次发现离体的兔卵母细胞在没有促性腺激素的条件下仍然可以完成成熟分裂开始，卵母细胞体外成熟就一直是胚胎学和发育生物学研究的热点内容。卵母细胞体外成熟（in vitro maturation，IVM）是指将通过活体采卵或屠宰后从卵巢获得的卵母细胞，在体外模拟体内生理生化条件使其成熟的过程。相比于体内成熟，体外成熟可以更充分地利用母畜的卵巢，是解决卵子来源的有效途径，具有重要的实用价值。鹿卵母细胞体外成熟研究较晚，主要是借鉴牛卵母细胞体外培养系统进行摸索，目前虽已建立了一套基本培养体系，但还需进一步完善、优化，在卵母细胞成熟机理及调控方面仍有许多尚未明确的问题。提高鹿卵母细胞体外成熟培养效率，对优良种鹿资源利用和濒危鹿种克隆保护均具有重要的理论和实践意义。本文对影响鹿卵母细胞体外成熟的因素进行综述。

1 鹿卵母细胞采集获取条件、方法等对其体外成熟培养的影响

1.1 季节因素

鹿属于季节性发情动物，而鹿卵母细胞体外成熟率与母鹿的发情季节有关。殷玉鹏[1]分别采集了梅花鹿母鹿繁殖季节（9—11月）和非繁殖季节（12月至翌年8月）的卵母细胞，进行体外培养。结果表明，2种不同季节梅花鹿卵母细胞成熟率差异极显著（$P < 0.01$），且繁殖季节成熟率75.4%，明显高于非繁殖季节23.3%。这与Locatelli Y等[2]在梅花鹿上的研究结果一致。季节因素对鹿卵母细胞体外成熟影响的原因可能是繁殖季节母鹿体内生殖激素如FSH、LH、E2的分泌量高于非繁殖季节，在发情季节采集的卵母细胞经体内生殖激素的作用后产生了更多激素受体，在体外条件下培养更容易成熟。

1.2 运输时间和温度

理论上，卵巢运输时间越短，卵母细胞体外培养的效果越好。但屠宰场或鹿场一般离实验室较远，免不了需要长途运输，这样就涉及到了鹿卵巢的运输时间和保存温度问题。目前，卵巢运输一般都是保存在含有抗生素的生理盐水中，但温度和时间却有差异。鹿卵巢在34℃、2h[3]，25℃、4h[4]和20℃、12h内运到实验室[5]，均能在体外培养出成熟的卵母细胞。库尔班·吐拉克等[6]以北海道野生梅花鹿为实验材料，深入研究了在远距离运输过程中温度和时间对鹿卵母细胞体外成熟的影响。结果显示，20℃~25℃保存12h，卵母细胞成熟率（77%）较高，时间延长至24h时卵母细胞成熟率（35%）明显降低，变形卵母细胞数量大幅增加；10℃~15℃保存12h，卵母细胞成熟率（45%）较低，且会出现变形卵子。10℃~15℃保存24h与20℃~25℃保存24h相比，卵母细胞变形率很低（35% VS 62%）。这表明鹿卵母细胞质量与运输时间和保存温度有很大关系。

1.3 采集方法

目前，普遍使用的方法有抽吸法和切割法。抽吸法是利用注射器产生的负压将卵巢表面卵泡内的卵母细胞吸出，这种方法吸出的卵母细胞可用率高，但是容易损伤卵丘细胞，对卵母细胞的成熟过程产生不利影响；切割法的操作较简单、效率高，能够在最短时间内采集到最多的卵母细胞，但是回收的卵可用率低。由于鹿的卵巢来源较少，选择合适的采集方法提高卵母细胞的回收率显得尤为重要。崔凯[7]通过试验比较了采用抽吸法和先抽吸再切割这2种方法所获得卵母细胞的数量。结果发现，先抽吸再切割比用纯抽吸法采集的卵母细胞数量多一倍。

1.4 卵丘细胞

卵丘-卵母细胞复合体（comulus oocyte complexes，COCs）的质量与卵母细胞成熟有极大关系，用于体外培养的鹿卵母细胞要根据包裹在卵母细胞外卵丘细胞的形态和数量进行分类。体外培养时尽量选择卵丘细胞较多的卵母细胞进行培养，可明显提高成熟率。崔凯[7]将马鹿卵母细胞分为4个等级进行体外培养，具体分级标准：A级至少包裹4层以上卵丘细胞；B级包裹1~3层卵丘细胞；C级为半裸卵，卵母细胞外面有部分卵丘细胞包裹；D级为裸卵、变形卵及退化的卵母细胞。培养结果表明，A级、B级卵母细胞体外成熟率显著（$P < 0.05$）或极显著（$P <$

0.01），高于 C 级、D 级。这与 Siriaroonrat 等[8]在白尾鹿上的研究结果一致。卵丘细胞不仅能影响卵母细胞的体外成熟，对其后期发育也有重要意义。库尔班·吐拉克等[6]发现，具有 3 层以上或 3 层以下卵丘细胞的梅花鹿卵母细胞中，受精卵均可发育，但前者有 13% 发育至囊胚，而后者未发育至囊胚。因此，在鹿卵母细胞体外成熟和胚胎生产中 A 级和 B 级 COCs 是主要来源。

2　培养液成分对鹿卵母细胞体外成熟的影响

2.1　激素类物质

培养液成分对卵母细胞的体外培养起着关键作用。用于卵母细胞体外成熟的基础培养液有 TCM-199、Ham's F-10、NUSC23 和 MEM 等，其中 TCM-199 应用最为广泛。这是由于 TCM-199 中核苷、黄嘌呤和次黄嘌呤等对卵母细胞细胞核成熟具有抑制作用的物质含量较少，故体外成熟培养的效果较其他培养基要好。有的培养液中还需要添加激素、必需氨基酸和细胞生长因子等辅助成分才能起到协同作用。

许多研究已经证明，促卵泡素（FSH）和促黄体素（LH）对哺乳动物卵母细胞体外成熟的启动发挥主要作用。FSH 主要是通过诱导卵丘细胞的扩散，暂时抑制了生发泡破裂（germinal vesicle breakdown，GVBD），使第 1 次成熟分裂的时间发生改变，从而促进了卵母细胞胞质的成熟。LH 主要通过 2 个途径对卵母细胞发挥间接作用：一是去除成熟抑制因子对卵母细胞的作用；二是显著增强了卵母细胞的存活力，降低异常卵母细胞的数量。Comizzoli 等[9]研究发现，在培养液中添加 50ng/mL 的 FSH 能显著提高梅花鹿和马鹿卵母细胞体外培养的成熟率（$P < 0.05$），能够达到 80% 左右。这一结果要高于 Fukui Y 等[10]在成熟液中添加 10mg/mLFSH 时马鹿卵母细胞的成熟率。FSH 和 LH 联合使用能明显提高体外成熟率和受精后胚胎的发育率，这点在山羊[11]等多种动物中得到证实，但不同动物 FSH 和 LH 的添加量却有很大差异。在马鹿[12]和梅花鹿[4]上的研究表明，在培养液中加入 10μg/mL FSH 和 1μg/mL LH 最有利于鹿类动物卵母细胞的体外成熟。

17-β-雌二醇对卵母细胞成熟的作用主要是同卵泡液中的其他甾体激素一起参与维持卵母细胞减数分裂的停滞，从而使胞核和胞质的成熟同步化，有利于卵母细胞的后期发育。Siriaroonrat 等[8]对白尾鹿未成熟卵母细胞进行体外成熟培养，发现在培养体系中加入 1μg/mL 17-β-雌二醇能显著提高卵母细胞的成熟率（$P < 0.05$）。但殷玉鹏[1]在梅花鹿上的研究结果相反，添加 1μg/mL17-β-雌二醇不但未显著提高卵母细胞的体外成熟率，反而对梅花鹿卵母细胞的成熟产生了抑制作用。这一结论与崔凯[13]在马鹿上的研究结果一致。造成这种差异的原因目前尚不明确，需要进一步地研究。

2.2　生长因子

大量研究已经证明，生长卵泡中存在几种促生长因子，如胰岛素样生长因子-1（IGF-1）、转化生长因子-α（TGF-α）和表皮生长因子（EGF）及其受体，对卵母细胞的生长、成熟起着重要调节作用。目前，在鹿卵母细胞体外成熟培养中应用最广泛的是表皮生长因子。EGF 是颗粒细胞强有力的分裂素，能影响卵膜细胞和颗粒细胞的增生与分化，可能是卵母细胞成熟分裂复始的一种信号因子，对卵母细胞成熟分裂启动、极体排出以及受精后卵裂均有促进作用[14]。殷玉鹏[1]研究发现，EGF 对梅花鹿卵母细胞体外成熟具有促进作用，分别添加 10ng/mL 和 50ng/mL

的 EGF 均能提高成熟率，且后者要高于前者，但差异不显著（$P > 0.05$）。Chapman 等[15]发现，在花鹿未成熟卵母细胞体外培养体系中加入 0.5μg/mLEGF 后，并没有提高受精卵母细胞的分裂率，但能够促进胚胎的后期发育。

2.3 血清

成熟培养液中添加血清对维持细胞的渗透压及 pH 稳定、增强细胞弹性和膜的完整性等具有重要作用。研究表明，血清蛋白质能提供卵丘 – 卵母细胞复合体生长、发育的营养需要，其中的胎球蛋白（Fetuin）还能与卵丘细胞协同作用防止透明带变硬，提高成熟卵母细胞的受精能力[16]。在鹿卵母细胞体外成熟培养中，血清的使用以胎牛血清（fetel bovine serum，FBS）的报道最多，添加量一般为 10% ~ 20%。崔凯[13]在体外培养马鹿卵母细胞时，将 FBS 的添加量由 10% 升高到 20%。结果显示，两者在成熟率方面差异不显著（$P > 0.05$）。故在鹿卵母细胞体外培养体系中，加入 10% FBS 较为合适。

2.4 其他物质

成熟液中其他添加物质如小分子硫醇化合物半胱氨酸、β – 巯基乙醇、巯基乙胺等，可以增加细胞中谷胱甘肽的合成，从而逐渐降低细胞中过氧化物的含量，对卵母细胞胞质的成熟有明显的促进作用。有研究表明，TCM-199 成熟培养液中，添加 0.2mmol/L 的半胱氨酸可以显著提高梅花鹿卵母细胞的体外成熟率（$P < 0.05$）[1]。

3 体外培养条件对鹿卵母细胞体外成熟的影响

3.1 培养温度

不同种类的动物体温存在差异，故其卵母细胞体外培养的最适温度也不相同。在一定范围内，温度越高细胞中酶的活性越高，细胞的代谢也越快。在已有的研究报道中，鹿卵母细胞的体外培养温度基本为 38.5℃，且均得到了成熟卵子。崔凯[7]的研究结果也表明，38.5℃组中马鹿卵母细胞体外培养成熟率（78.9%）显著高于 37℃组（44.4%）（$P < 0.05$）。

3.2 培养气相环境

卵母细胞体外成熟培养液主要以 HCO_3^- 作为酸碱平衡缓冲体系，这就需要在体外培养时维持一定的 CO_2 气相环境来保持培养液的酸碱度，否则会由于培养液中 CO_2 挥发，导致 pH 升高，使培养液变碱，不利于卵母细胞的成熟。最常用的气体环境是 5% CO_2 的空气，另外有一种是 5% CO_2、5% O_2 及 90% N_2 混合气体。目前，鹿卵母细胞体外成熟均采用了前一种气相环境。注入培养箱中的 CO_2 纯度要求较高，不纯净的 CO_2 中含有 CO 和酒精等物质，对培养的卵母细胞可能有毒害作用。

3.3 体外培养时间

由于卵母细胞核成熟和胞质成熟不同步，因此掌握合理的培养时间对卵母细胞的核质成熟非常重要。培养时间过短胞质未完全成熟，不能正常受精；时间过长，势必因卵母细胞代谢底物不足而影响其活力，导致受精率和胚胎发育率下降。Fukui 等[10]将马鹿卵母细胞体外培养的时间分为 16h、20h、24h、28h4 组。结果显示，培养 16h 卵母细胞成熟率（4.7%）极显著低于其他三组（68.9%）（$P < 0.001$），但 20h 和 24h 的体外受精率（18.3%、20.5%）要显著高于 16h 和 28h（7.1%、7.8%）。因此，鹿卵母细胞体外培养时间在 20～24h 较为合适。

4　结语

综上所述，鹿类动物卵母细胞体外培养体系尚未完全成熟，还需要进一步地完善和优化。但由于鹿卵源数量少的限制，难以进行大样本的体外培养实验。如何提高母鹿卵巢的利用率将是今后研究的重点之一。笔者认为可以从以下两方面进行考虑：一是优化现有的未成熟卵母细胞体外成熟培养系统，提高非繁殖季节鹿卵母细胞的成熟率；二是摸索出合适的鹿腔前卵泡卵母细胞的分离方法和体外培养条件，这将是解决鹿卵母细胞来源不足的有效途径。

参考文献

［1］殷玉鹏．梅花鹿体细胞克隆胚胎构建及 Ercc6l 基因表达的研究［D］．长春：吉林大学，2012.

［2］Locatelli Y，Vallet J. C，Huyghe F. P，et al. Laparoscopic ovum pick-up and in vitro production of sika deer embryos：effect of season and culture conditions［J］．Theriogenology，2006，66（5）：1334－1342.

［3］Locatelli Y，Cognié Y，Vallet J. C，et al. Successful use of oviduct epithelial cell coculture for in vitro production of viable red deer（Cervus elaphus）embryos［J］．Theriogenology，2005，64（8）：1729－1739.

［4］殷玉鹏，宋光启，魏吉祥等．梅花鹿卵母细胞体外成熟的研究［C］．中国畜牧业协会编．中国畜牧兽医学会动物解剖学及组织胚胎分会第十五次学术研讨会论文集．北京：中国畜牧业协会，2008：452－453.

［5］Krogenaes A，Ropstad E，Nilsen T，et al. In vitro maturation of oocytes from Norwegian semi-domestic reindeer（Rangifer tarandus）［J］．Acta Vet Scand，1993，34（2）：211－213.

［6］库尔班·吐拉克，高桥芳幸，片桐成二，等．卵巢运输保存温度和时间对野生梅花鹿卵母细胞体外成熟的影响．新疆农业大学学报，2008，（06）：63－66.

［7］崔凯．鹿卵母细胞体外成熟与体外受精的研究［D］．哈尔滨：东北林业大学，2004.

［8］Siriaroonrat B，Comizzoli P，Songsasen N，et al. Oocyte quality and estradiol supplementation affect in vitro maturation success in the white-tailed deer（Odocoileus virginianus）［J］．Theriogenology，2010，73（1）：112－119.

［9］Comizzoli P，Mermillod P，Cognie Y，et al. Successful in vitro production of embryos in the red deer（Cervus elaphus）and the sika deer（Cervus nippon）［J］．Theriogenology，2001，55（2）：649－659.

［10］Fukui Y，McGowan L. T，James R. W，et al. Effects of culture duration and time of gonadotropin addition on in vitro maturation and fertilization of red deer（Cervus elaphus）oocytes［J］．Theriogenology，1991，35（3）：499－512.

［11］Kordan，W，StrzezekJ，and Fraser L. Functions of platelet activating factor（PAF）in mammalian reproductive processes：a review［J］．Pol J Vet Sci，2003，6（1）：55－60.

［12］Berg D. K. , Li C, Asher G, et al. Red deer cloned from antler stem cells and their differentiated progeny ［J］. Biology of Reproduction, 2007, 77（3）: 384 – 394.

［13］崔凯，李和平，齐艳萍，等. 马鹿卵母细胞体外成熟培养初步研究 ［C］. 中国畜牧业协会编.《2010 中国鹿业进展》，北京：中国畜牧业协会，2010：295 – 299.

［14］Lorenzo P. L, Illera M. J, Illera J. C, et al. Enhancement of cumulus expansion and nuclear maturation during bovine oocyte maturation in vitro by the addition of epidermal growth factor and insulin-like growth factor I ［J］. J Reprod Fertil, 1994, 101（3）: 697 – 701.

［15］Chapman S. A, Keller D. L, Westhusin M. E, et al. In vitro production of axis deer（axis axis）embryos, a preliminary study ［J］. Theriogenology, 1999, 51（1）: 280 – 280.

［16］Assidi M, Dufort I, Ali A, et al. Identification of potential markers of oocyte competence expressed in bovine cumulus cells matured with follicle-stimulating hormone and／or phorbol myristate acetate in vitro ［J］. Biology of Reproduction, 2008, 79（2）: 209 – 222.

此文发表于《特产研究》2013 年第 2 期

鹿茸再生及分子调节研究进展*

刘　振** 　赵海平　杨　春　褚文辉　王大涛　李春义***

(吉林省特种经济动物分子生物学重点实验室, 中国农业科学院特产研究所, 吉林　132109)

摘　要: 鹿茸是唯一可以周期性完全再生的哺乳动物器官, 这种再生起源于骨膜干细胞。鹿茸再生伴随着皮肤、血管和神经的快速生成, 而且多种多肽和生长因子参与其中, 组成了一系列复杂而精密的信号调控通路。本文综述了鹿茸再生过程的组织学及分子信号通路研究现状, 以信号转导通路为研究重点揭示鹿茸再生之谜, 期望更好地了解哺乳动物器官再生机制。

关键词: 鹿茸再生; 形态组织学; 信号通路; 生长调控

Antler regeneration and the research progress of molecular regulate

Liu Zhen, Zhao Haiping, Yang Chun, Chu Wenhui, Wang Datao, Li Chunyi

(State Key Laboratory of Special Economic Animal Molecular Biology,

Institute of Special Wild Economic Animals and Plants, CAAS, Jilin 132109, China)

Abstract: Deer antlers, derivatives of periosteum cells, are the only mammalian appendages capable of full renewal in yearly cycle. Antler regeneration along with the rapid generation of skin, blood vessels and nerves, and a variety of peptides and growth factors are involved, all of that are regulated by a series of complex and sophisticated signal pathways. This paper summarizes the histological progress of antler regeneration and the present research status of signaling pathways thereof, with a focus on signal transduction pathways to reveal the mystery of antler regeneration, with the aim to gain a better understanding of the mechanism of mammalian organ regeneration.

Key word: Antler regeneration; Morphology and Histology; Signal pathway; Growth regulation.

近年来, 再生生物学研究表明鹿茸是唯一能够完全再生的哺乳动物附属器管 (Li 等, 2003)。鹿茸最初由额外脊上的生茸骨膜 (Antlerogenic periosteum, AP) 增殖分化而来, 即初角茸, 翌年, 初角茸脱落并留下永久性骨质残桩—角柄, 以后鹿茸都从角柄上年周期性再生。Li 等 (2000, 2001) 和 Kierdorf 等 (2007) 大量的研究表明, 鹿茸的形成与再生是基于干细胞的生

───────────────

* 基金项目: 973 前期研究专项, 2011CB111500; 吉林省自然科学基金, 20101575
** 刘振 (1987—), 男, 山东人, 硕士, 研究方向: 特种经济动物饲养, liuzhen19871224@126.com
*** 通讯作者: 李春义; E - mail: Chunyi.li@ agresearch.co.nz

长过程。鹿茸再生过程受到睾酮、表皮生长因子、胰岛素样生长因子等刺激因子的影响，并且多条信号通路参与和相互协调。通过多年对鹿茸研究发现：每年约有3百多万角柄骨膜细胞（Pedicle periosteum，PPCs）参与鹿茸再生过程，在60天内可以形成10 Kg的鹿茸组织（Li等2006），另外，鹿茸干细胞快速增殖分化，其本身未发生癌变。所以，以鹿茸为载体，探究其在形成再生过程中的分子调控机理，期望解决疾病和肢体再生等一系列临床医学重大难题。

1 鹿茸再生过程

鹿茸每年从角柄上再生，鹿茸再生过程分五个阶段：脱落前期、脱落期、伤口愈合早期，伤口愈合后期和鹿茸再生早期，主干和眉枝形成期（lincoln，1992）。春天，鹿角从角柄上脱落形成伤口，伤口快速愈合。伤口愈合过程中，鹿茸开始从角柄残桩远心端的角柄骨膜和皮肤交汇处再生。位于角柄前后部的角柄骨膜增殖分化形成前后生长中心，未来分别形成眉枝和主干。晚春和夏季是鹿茸的快速生长期。研究显示梅花鹿的鹿茸生长速度能达到12.5 mm/d（Li等，1988），马鹿的甚至可达27.5 mm/d（Goss等，1970）。到了秋季，鹿茸生长减缓，开始骨化，茸皮开始脱落。冬天，鹿角紧紧的附着在角柄上。翌年春天，鹿角脱落并触发新一轮的鹿茸再生。

2 鹿茸再生的组织学

鹿茸最初是由生茸骨膜生长发育而来，生茸骨膜只是额外脊上一个暂时性组织，一旦形成角柄，生茸骨膜就不复存在，以后鹿茸每年基于角柄骨膜周期性再生（Li等，2001）。Li等（2010）研究发现生茸骨膜、表皮以及部分真皮是茸形成的必要条件，只有皮下疏松结缔组织被压缩到一定程度时鹿茸才能形成，同时骨膜细胞层释放调节因子透过结缔组织诱导头皮向茸皮的转换。最后，被激活的真皮细胞通过自分泌和（或）旁分泌对表皮细胞发挥作用，头皮就转化成了茸皮（Rendl等，2008）。鹿茸形成除了头皮向茸皮的转变，还伴随着血管和神经的形成与快速生长，Clark（2006）研究发现鹿茸血管的生成过程是由不同的组织结构控制的，鹿茸生长顶端形成软骨和血管的细胞具有空间差异，推测在前软骨区存在特异性的血管生长调控因子。通过进一步研究，Suttie和Li等（1993）发现额颞和眼窝上三叉神经衍生出的角柄感觉神经是每年鹿茸神经再生的基础。

3 分子生物学方面的研究

3.1 鹿茸生长阶段的内在因子

鹿茸形成与再生过程受到很多激素和生长因子的调节，人们首先发现鹿茸的生长与体内睾酮的水平密切相关，春天血液中睾酮含量下降，鹿角脱落，鹿茸开始再生；夏季睾酮含量维持低水平，鹿茸快速生长；秋季睾酮含量急速增加，鹿茸骨化，褪掉茸皮；冬季睾酮处于高水平，鹿角紧紧附于角柄上；直到次年睾酮水平下降触发新一轮鹿茸再生。若在鹿茸快速生长期将鹿去势，鹿茸生长期延长，并且不会骨化（Suttie等，1991；Li等，1988）。Li等（2001）研究发现性激素并不能够直接促使生茸骨膜细胞的有丝分裂，Sadighi等（2001）研究证明胰岛素样生长因子（Insulin-like growth factor，IGF）是刺激鹿茸生长的主要生长因子。近年相继分离出多种对鹿茸生长发育有影响的细胞因子，例表皮生长因子、转化生长因子等。

鹿茸中含有多种表皮生长因子（Epidermal growth factor，EGF），其能促进细胞快速分裂。Ko等（1986）从鹿茸中半纯化EGF证明：鹿茸皮层是颌下腺EGF合成的最初部位。江润祥等（1987）发现EGF的受体主要存在于鹿茸表皮层。并且睾酮能促进EGF的合成（王秋玉等，2000）调节机制还不甚明了。

IGF包括胰岛素样生长因子-Ⅰ（IGF-Ⅰ）和胰岛素样生长因子-Ⅱ（IGF-Ⅱ），具有促进细胞增殖、分化和控制鹿茸生长发育的作用。Price等（2004）证实IGF-Ⅰ和IGF-Ⅱ在鹿茸组织内都有表达。Suttie等（1991）发现鹿茸顶部非骨化部分存在大量的IGF及其受体。IGF的合成、释放和活性与动物的营养状况直接相关。James等（1991）发现能量缺乏或者饥饿时候IGF-Ⅰ浓度降低，李光玉等（2005）的研究证实：营养状况可以影响IGF的水平，从而影响角柄和鹿茸的生长发育。

除了IGF和EGF以外还有很多特殊蛋白多肽存在。聂毅磊（2002）分离纯化出可促进神经纤维生长的多肽。Zhang等（1992）在鲜鹿茸中分离出可以促进软骨、成骨细胞增殖的多肽。Weng等（2001，2002）分离出可以促进原代细胞分裂并且明显抑制白细胞介素-1（IL-1）和IL-6合成的单体多肽。徐代勋（2011）对角柄的骨膜远端1/3（致敏区）和近端2/3（休眠区）研究发现了六种蛋白与鹿茸再生密切相关，参与了鹿茸再生的相关信号转导与分子调控。

3.2　转导通路对鹿茸细胞的调节

Li等（2012）研究发现PI3K/AKT通路和MAPK通路在AP和PP中普遍存在。PI3K/AKT是多种信号转导途径的共同通路，其经磷酸化过程激活后，便可对下游蛋白进行调节，最终抑制细胞凋亡。MAPK信号通路可以降低细胞粘附，促进细胞转移，而且还通过P38-P53-P21通路调节细胞的分裂或凋亡，MAPK可以上调血管内皮生长因子（VEGF）的表达，刺激新血管的形成。但是在两种干细胞中起主要作用的信号通路不尽相同，AP中主要信号通路是PI3K/AKT、14-3-3、基于Rho的肌动蛋白调控和ERK/MAPK通路；PP中起主要作用的调控通路是肌动蛋白骨架通路、ERK/MAPK、P38/MAPK和PI3K/AKT通路。

Li等（2012）研究发现SPARC和S100A4只在AP中大量表达，在PP和FP细胞没有表达。S100A4蛋白与钙离子结合后激活并与相应靶蛋白结合，在细胞粘附、运动、侵袭、细胞分裂、存活中发挥重要作用（Donato等，2001）。Ambartsumian等（2005）研究发现S100A4可以促进血管的生成。王大涛等（2011）等已经初步证实鹿茸中该蛋白具有促进血管形成作用。SPARC称作骨连接蛋白或基底膜40蛋白，该蛋白是一种多功能蛋白，由3个独立模块结构组成，具有调节骨骼生长，细胞增殖、分化，抗细胞粘附，抑制细胞对某些生长因子反应等功能（Rotllant等，2008）。

Li等（2012）发现相对于AP和FP细胞，IL8、ANXA2和CFL1只在PP中表达。IL-8是一种炎性细胞因子，能够促进血管再生和细胞快速增殖（Rosenkilde等，2004）。Li等（2012）推测正是因为IL-8通过PI3K/AKT通路上调MYC的表达促使PP快速增殖，才能让有限的PP细胞在60天内长成10 Kg重的鹿茸。研究发现ANXA2同样能够上调MYC的表达，调节细胞的增殖（Filipenko等，2004）。鹿茸再生需要PP细胞迁移至鹿茸生长顶端形成间充质层，此时CFL1、GSN、CALD1等在肌动蛋白骨架通路中被上调，调节PP细胞的定向迁移（Li等2012）。近年来研究表明cofilin（CFL）的活化使肌动蛋白链延长产生新的倒钩末端，并确定细胞运动的精确方向（Hitch等，2006）。

鹿茸每年的快速再生源于间充质细胞的快速增殖分化。Mount等（2006）研究发现经典wnt

通路调节间充质细胞的凋亡、生长和分化，而且 β-catenin 对间充质细胞群体积的维持有重要的作用，抑制 wnt 通路会促使细胞凋亡和分化。wnt 通路还抑制早期间充质细胞和软骨细胞的分化，但是具体调节机理还需进一步研究。

4 展望

鹿茸形成过程中，生茸骨膜仅存在于初角茸形成之前的生茸区，而且角柄骨膜也仅仅是很小的一部分区域，都不能满足大量的实验研究。目前研究都以体外培养 AP、PP 等细胞为主，然而体外培养所建立的微环境是否会改变鹿茸干细胞蛋白的表达仍然未知。Li 等（2009）已经采用异种嫁接的方式利用裸鼠研究鹿茸再生机理的可行性，但是还会受到物种间组织排异和物种间调节因子差异等诸多问题。为了避免上述问题的发生，我们可以基于 AP、PP 的干细胞特性，建立 AP、PP 细胞与上皮细胞培养的微环境，体外培植出完整的鹿茸，就可以解决实验季节性限制，研究成本较高，以及器官再生，器官移植排斥等问题，也为医治组织器官缺陷提供了可能。

总之，鹿茸作为哺乳动物中可以年周期性完全再生的器官，其再生的调控机制还未了解，假如鹿茸再生过程中蛋白多肽和转导通路的分子调节机制得以揭示，对于治疗人类癌症，诱使肢体再生，解决器官移植等疾病缺陷有着重要的意义。

参考文献

［1］江润祥，高锦明，叶大同，等. 鹿茸表皮生长因子［J］. 动物学报，1987，33（4）：301 - 308.

［2］李光玉. 梅花鹿、马鹿营养、血液 IGF1 浓度及鹿茸生长规律研究［D］. 北京：中国农业科学院，2005.

［3］聂毅磊. 鹿茸中神经生长因子的分离，纯化和表征［M］. 福州：福州大学，2002.

［4］王大涛，赵海平，褚文辉，等. 梅花鹿 S100A4 基因的克隆及融合蛋白的表达［J］. 兽类学报，2011，31（1）：103 - 107.

［5］王秋玉，王本祥. 论鹿茸生长因子［J］. 中医药学报，2000（6）：10 - 11.

［6］徐代勋，梅花鹿鹿茸角柄骨膜不同部位差异蛋白的筛选［D］. 江苏，江苏科技大学：2011.

［7］Adams JL. 1979. Innervation and blood supply of the antler pedicle of the red deer. N Z Vet J 27：200 - 201.

［8］Ambartsumian N，Grigorian M，Lukanidin E. Genetically modified mouse models to study the role of metastasis-promoting S100A4（mts1）protein in metastatic mammary cancer. J Dairy Res 2005；72 Spec No：27 - 33.

［9］Chunyi Li，Liu Z，Zhao S. Variation of testosterone and estradiol levels in plasma during each developmental stage of sika deer antler［J］. Acta Theriol Sin 1988；8（3）：224 - 231.

［10］Chunyi Li；Sheard PW，Corson ID，et al. Pedicle and antler development following sectioning of the sensory nerves to the antlerogenic region of red deer（Cervus elaphus）. J Exp Zool 1993（267）：188 - 197.

［11］Chunyi Li，James M. Suttie. Deer antlerogenic periosteum：a piece of postnatally retained embryonic tissue［J］. Anat Embryol（2001），204：375 - 388.

［12］Chunyi Li，Littlejohn RP，Corson ID，et al. Effects of testosterone on pedicle formation and its transformation to antler in castrated male, freemartin and normal female red deer (*Cervus ela-phus*). Gen Comp Endocrinology 2003; 131 (1): 21 – 31.

[13] Chunyi Li, Fuhe Yang and Allan Sheppard. Adult Stem Cells and Mammalian Epimorphic Regen-eration-Insights from Studying Annual Renewal of Deer antler [J]. Current Stem Cell Research & Therapy, 2009, 4: 237 – 251.

[14] Chunyi Li. Exploration of the mechanism underlying neogensis and regeneration of postnatal mam-malian skin: deer antler velvet [J]. Nova science publishers Inc 2010 (16).

[15] Chunyi Li, Anne Harper, Jonathan Puddick et al. Proteomes and Signalling Pathways of Antler Stem Cells [J]. PLosone, 2012.

[16] Dawn E. Clark, Chunyi Li, et al. Vascular Localization and Proliferation in the Growing Tip of the Deer Antler [J]. The Anatomical Record Part A, 2006: 973 – 981.

[17] Donato R. S100: a multigenic family of calcium modulated proteins of the EF-hand type with intra-cellular and extracellular functional roles [J]. Int J Biochem Cell Biol 2001, (33): 637 – 668.

[18] Filipenko NR, MacLeod TJ, Yoon C-S, Waisman DM. AnnexinA2 Is a Novel RNA-binding Pro-tein [J]. J Biol Chem, 2004, 279: 8723 – 8731.

[19] G. A. Lincoln. Biology of antlers [M]. Londen: JZoolLond, 1992, 226: 517 – 528.

[20] Goss, Richard J. Section III basic sciences and pathology 24 Problems of Antlerogenesis [M]. New York: Clin Orthopaed, 1970, 69: 227 – 238.

[21] Hitch cock-D egregori SE. Chemotaxis Cofilin in the driver's seat [J]. Curr Biol, 2006, 16 (24): 1030 – 1032.

[22] James M S, Robert G, et al, Photoperiod associated changes in insulin like growth factor-1 in Reindeer [J]. Endocrinology Printed in USA, 1991, 129 (2): 679 – 682.

[23] J G Mount, M Muzylak, S Allen, et al. Evidence that the canonical wnt signaling pathway regu-lates deer antler regeneration [J]. Developmental Gynamics 2006, 235: 1390 – 1399.

[24] K. M. KO, T. T Yip, S. W Tsao, et al. Epidermal growth factor from deer (Cervus elaphus) submaxillary gland and velvet antler [J]. Gen Comp Endocrinol, 1986, 63 (3): 431 – 440.

[25] Kierdorf U, Kierdorf H, Thomas Szuwart. Deer antler regeneration: cells, concepts, and con-troversies [J]. J Morphol, 2007, 268 (8): 726 – 738.

[26] Li C, Gao X, Yang F, et al. Development of a nude mouse model for the study of antlerogenesis mechanism of tissue interaction and ossification pathway [J]. J Exp Zoolog B Mol Dev Evol, 2009, 312 (2): 118 – 135.

[27] L Weng, Zhou QL, Wang B X, et al. A new polypeptide promoting epidermal cells and chondro-cytes proliferation from Cervus elaphus Linnaeus [J]. Chinese pharmaceutical 2001, 36 (12): 913 – 917.

[28] Michael Rendl, Lisa Polak, and Elaine Fuchs. BMP signaling in dermal papilla cells is required for their hair follicle-inductive properties [J]. Genes& Development, 2008, 22: 543 – 557.

[29] M Sadighi. Effect of insulin-like growth factor (IGF-1) and IGF-1 on the growth of antler cells in vitro [J]. J Endocrinal, 1994, 143 (3): 461 – 469.

[30] Price J. Allen S. Exploring the mechanisms regulating regeneration of deer antlers [J]. Philosoph-ical Trans R Soc Lond B Biology Science, 2004, 259 (1445): 809 – 815.

［31］ Rotllant J, Liu D, Yan YL, Postlethwait JH, Westerfield M, Du SJ. Sparc (osteonectin) functions in morphogenesis of the pharyngeal skeleton and inner ear ［J］. Matrix Biol, 2008, 27: 561 -572.

［32］ Rosenkilde MM, Schwartz TW. The chemokine system-a major regulator of angiogenesis in health and disease ［J］. Apmis, 2004, 112: 481 -495.

［33］ Suttie JM, Fennessy PF, Crosbie SF, *et al*. Temporal changes in LH and testosterone and their relationship with the first antler in red deer (Cervus elaphus) stags from 3 to 15 months of age ［J］. J Endocrinol, 1991, 131 (3): 467 -474.

［34］ Weng L, Zhou Q L, Wang B X, et al. A Novel Polypeptide from Cervus elaphus Linnaeus ［J］. Chin Chemical Letters, 2002, 13 (2): 147 -150.

［35］ Zhiguang Gao and Chunyi Li. The study on the relationship between antler's growth rate, relative bone mass and circulation testosterone, estradiol, AKP in sika deer ［J］. Acta Veterinaria et ZootechnicaSinica, 1988, 19 (30): 224 -231.

［36］ Zhang Z Q, Zhang Y, WANG BX, et al. Purification and partial characterization of anti-inflammatory peptide from pilose antler of Cervus Nippon Temminck ［J］. Yao Xue Xue Bao, 1992, 27 (5): 321 -324.

此文发表于《中国畜牧兽医》2013, 40 (2)

鹿茸再生相关蛋白研究进展[*]

王权威[**] 董 振 王桂武[***] 杨福合[****] 刘 慧 李春义

（中国农业科学院特产研究所 特种动物分子生物学国家重点实验室，长春 130112）

摘 要：鹿茸是迄今为止发现的唯一能够周期性再生的哺乳动物器官，它的生长速度极快却没有发生癌变。而蛋白质是生命活动的体现者，是生命活动的功能执行者，鹿茸相关蛋的研究是揭开鹿茸再生秘密的重要途径。综述了鹿茸再生相关蛋白的筛选、血管生成相关蛋白、软骨形成相关蛋白、神经再生相关蛋白以及其他与鹿茸再生相关蛋白的研究进展，旨在为从蛋白质水平上揭示鹿茸再生过程提供基础资料。

关键词：鹿茸再生相关蛋白；血管生成；软骨形成；神经再生

Rearch Progress in Proteins related to Deer Antler Regeneration

Wang Quanwei, Dong Zhen, Wang Guiwu, Yang Fuhe, Liu Hui, Li Chunyi

（State Key Lab for Molecular Biology of Special Animals/Institute of Special Animal and Plant Sciences, Chinese Academy of Agricultural Science, Changchun 130112）

Abstract：Deer antlers are the only known mammalian organs that can periodically regenerate, and can grow most rapidly but without going cancerous. Proteins are the carrier of life activities and the functionexecutor of life activities, the research of proteins related to deer regeneration is an important way to unlock the secrets of the antlers regeneration. The proteins that are involved in angiogenesis, cartilage formation, nerve regeneration and other functions during antler regeneration were reviewed, aims at providing basic data for revealing antler regeneration process at the protein level.

Key Words：Proteins related to deer antler regeneration；Angiogenesis；Cartilage formation；Nerve regeneration

鹿茸是迄今为止发现的唯一能够完全再生的哺乳动物附属器官[1]，生长速度极快却没有癌变。组织形态学研究发现[2,3]角柄骨膜（Pedicle periosteum，PP）是鹿茸再生必需的，鹿茸再生的生长中心也是由角柄骨膜细胞分化而来。而 PP 是由最初的生茸区骨膜（Antlerogenic perioste-

---

[*] 收稿日期：2014-11-03

　基金项目：国家科技支撑计划（2011BAI03B02），973 计划（2012CB722907），吉林省自然科学基金项目（201115129），吉林省科技支撑重点项目（20120965）

[**] 作者简介：王权威，男，硕士研究生，研究方向：鹿茸干细胞膜蛋白质组学；E-mial：wangquanwei@yahoo.com

[***] 通讯作者：王桂武，男，博士，副研究员，研究方向：特种经济动物遗传育种；E-mial：wangguiwu2005@163.com

[****] 杨福合，男，博士，研究员，研究方向：特种经济动物种质资源及遗传育种；E-mial：yangfh@126.com

um，AP）直接衍生出来的。鹿茸发生的组织基础是生茸区骨膜，即 AP[4,5]。AP 细胞和 PP 细胞不仅表现出了胚胎干细胞的一些特性，也具有多潜能性[4~8]。因此，AP 细胞和 PP 细胞都是鹿茸干细胞，它们分别驱动了鹿茸发生和鹿茸再生。

研究发现，角柄骨膜远心端 1/3 部分与皮肤结合紧密，受到角柄皮肤的作用而处于致敏状态，正常生理条件下能够发育成完成的鹿茸组织，Li 等称之为角柄骨膜致敏区（PPP）。相应的近心端 2/3 与皮肤结合疏松部分并没有被皮肤作用而处于休眠状态，正常生理条件下不能再生出完整的鹿茸组织，Li 等称之为角柄骨膜休眠区（DPP）[9]。因此，对于休眠区和致敏区的组织功能差异性研究是揭开鹿茸再生之谜的重要途径。

虽然鹿茸周期性再生过程的组织学研究已经有较好的基础，但是鹿茸周期性再生的具体分子机制尚不清楚，激活鹿茸再生的关键蛋白或信号调控网络尚未可知。因此，本文将从鹿茸再生相关蛋白筛选、血管生成相关蛋白、软骨形成相关蛋白、神经再生相关蛋白以及其他鹿茸再生相关蛋白等几方面对鹿茸再生相关蛋白研究进展做一综述，旨在为从蛋白质水平上揭示鹿茸再生过程提供基础资料。

1 鹿茸再生相关蛋白的筛选

鹿茸再生相关蛋白的筛选是找出鹿茸再生相关蛋白从蛋白质水平上揭示鹿茸再生分子机制的基础。目前，鹿茸再生相关蛋白筛选的主要途径是鹿茸蛋白质组学研究。Li 等[10]对鹿茸 AP 细胞（APC）、PP 细胞（PPC）以及面部骨膜细胞（FPC）三种细胞的蛋白质组进行分析。结果表明在 APC 中鉴定得到了 66 种蛋白，而 PPC 中鉴定得到了 98 种蛋白。其中可能与鹿茸发生相关的蛋白有钙结合蛋白（S100A4）、SPARC 蛋白、转移生长因子-1、COL1A1、白细胞介素 8（IL8）、COL6A1、凝溶胶蛋白（GSN）、丝切蛋白 1（CFL1）、原肌球蛋白（TPM2）、原肌球蛋白（TPM3）、POU5F1、SOX2、NANOG 蛋白等。对结果进行生物信息学分析发现 PI3K/Akt，ERK/MAPK，p38/MAPK 等细胞信号通路在鹿茸干细胞增殖时起作用。

徐代勋等[11,12]对 DPP 与 PPP 的蛋白质组进行比较分析与鉴定，发现 PP1/3 中存在着大量与生长与分化相关的生命活动。其中有 6 个与再生相关，即 PKM2、MAPK1、PEDF、PRDX4、HSP90a、FBLN5，这些蛋白可能参与了鹿茸再生的相关分子调节与信号通路转导。

赵东[13]和 Gao L 等[14]也分别用不同蛋白提取方法对不同鹿茸组织进行了蛋白质学研究，筛选出诸多鹿茸再生相关蛋白。

鹿茸蛋白质组学研究已经起步，为找到鹿茸再生关键蛋白奠定了基础。但同时可以看出，不同时期、不同部位、不同样品制备方法和不同分离鉴定技术所筛选出的与鹿茸生长发育相关蛋白的差异是很大的，这就为找到鹿茸再生关键蛋白带来了一定的困难。而对于筛选出的如何进一步的分析、筛选并验证出鹿茸再生最关键的蛋白也是相关科研工作者必须面临的问题。

2 鹿茸再生相关蛋白

2.1 血管生成相关蛋白

在一头赤鹿的生茸周期中有数百万角柄骨膜细胞的参与[15]。鹿茸生长最快的时候，能够在两个月内生长发育为多种生理功能的成熟器官。这个过程中需要机体提供大量的营养物质，排除代谢产物，这就要求鹿茸组织内部必须含有强大的血管系统。研究已证实鹿茸中有一个完善的血管系统[16]，其血管来自于浅层颞颥动脉的分枝。

2.1.1 成纤维细胞生长因子2

成纤维细胞生长因子2（Fibroblast growth factor 2，FGF-2）也称碱性成纤维细胞生长因子，活性 FGF-2 可以通过肝素硫酸盐蛋白多糖与酪氨酸激酶受体性质的 FGFR 结合，激活 PKC、Ras/Raf/MEK/ERK、JAK/STAT 和 PI3K 等信号传导通路，而这些信号通路之间也有相互作用，同时 FGF-2 对这些信号通路的激活也受到一些细胞因子的调节，以上过程形成了复杂的网络调节机制，参与调节细胞增殖、分化、恶性转化、损伤的修复以及血管发生等生理过程。在牛黄体溶解过程中，FGF-2 抑制血小板反应蛋白（THBS1）的表达[17]，而血小板反应蛋白是抑制血管生成的，因此 FGF-2 能够通过抑制 THBS1 的表达间接促进血管生成。Lai AK 等[18]研究发现 FGF-2 能够通过诱导 VEGF 的表达，刺激和维持鹿茸中的血管形成和血管新生。

2.1.2 血管生长因子和多效生长因子

血管内皮生长因子（Vascular endothelial growth factor，VEGF）在机体内分布广泛，有六个等型，在正常机体、病理性和肿瘤新生血管形成过程中起重要作用。其中 VEGF-D 可以作为诊断恶性肿瘤转移性胸腔积液的一种标记物[19]。

多效生长因子（Pleiotrophin，PTN）是肝素结合蛋白超家族的成员。在正常止血、血管再生和维持髓系和淋巴组织再生的平衡过程中起重要调控作用，在血管老化的过程中，PTN 能够诱导血管新生[20,21]。

鹿茸的前软骨区和软骨区内均有 VEGF 的表达，在前软骨区的内皮细胞中发现了 VEGF 受体，在前软骨区和血管平滑肌细胞有 PTN 的表达[22]。目前研究认为 VEGF 参与了鹿茸内血管生成，而前软骨区 PTN 基因的高表达表明 PTN 可能参与了血管生成和软骨形成。前软骨区均有 VEGF 和 PTN 的表达，它们在鹿茸血管再生过程中是否存在协同作用有待验证。

2.1.3 血管生成素

血管生成素（Angiopoietin，Ang）是一个重要的促血管生成因子家族。在梅花鹿中有 Ang-1 和 Ang-2 的表达，Ang-1 在间充质层和前软骨层、真皮层和过渡层、软骨层内的表达量逐次递减，而 Ang-2 在真皮层和间充质层内表达量很高。因此，血管生成素可能在鹿茸的快速生长、鹿茸内血管的快速形成、鹿茸软骨的发育成熟等方面起重要调节作用。Li R 等[23]研究发现剪应力可以通过 wnt 信号通路激活血管内皮细胞中的 Ang-2，进一步通过 Wnt-Ang-2 信号通路参与斑马鱼胚胎的血管发育和修复过程。VEGF 和 Ang 在促进血管生成的同时，也会导致炎症反应。不同的炎性细胞间通过自分泌或旁分泌作用与 VEGF 或 Ang 结合，反过来又可以为血管生成和成熟提供一个适宜的微环境[24]。

此外，在鹿茸和角柄骨膜中也存在着动物半乳糖凝集素1（Galectin-1）和色素上皮衍生因子（Pigment epithelium-derived factor，PEDF）。Galectin-1 参与血管生成过程，而 PEDF 则被认为能够抑制血管生成。

2.2 软骨形成相关蛋白

鹿茸再生过程包括鹿茸发生、生长、血管生成、神经再生、软骨形成等过程。最初间质细胞快速增殖，发育到一定程度以后间质细胞开始分化为前软骨细胞，前软骨细胞再分化为软骨细胞，至软骨形成。

2.2.1 甲状旁腺素相关肽

甲状旁腺素相关肽（Parathyroid hormone- related protein，PTHrP）是一种碱性单链多肽。

Kronenberg HM 等[25]研究发现，PTHrP 能在发育的骨骼调控软骨细胞的分化。研究证实 PTHrP 在鹿茸的软骨膜、间充质层、软骨祖细胞和鹿茸软骨的血管周围组织细胞中均有很高水平的表达，在覆盖在骨组织上的骨膜和软骨膜中也有表达，甚至被认为是鹿茸祖细胞的一个表型标记分子。在鹿茸中，PTHrP 能够抑制软骨细胞的分化却促进其增殖，这就可以防止鹿茸软骨细胞过早的肥大，保持增殖状态，这对鹿茸软骨的生长发育非常重要。在鹿茸再生过程中，PTHrP 还能够刺激鹿茸破骨细胞的形成。因此，PTHrP 对不同类型鹿茸细胞的分化均有调控作用。

2.2.2 转化生长因子

转化生长因子（Transforming growth factor，TGF）主要存在于成纤维细胞及上皮细胞内。在骨的形成和重建中，TGF-β1 能够协调调骨形成和重建中间充质细胞、成骨细胞以及破骨细胞的活动。鹿茸顶部存在 TGF-β1 和 TGF-β2 的表达，鹿茸 TGF 能够提高大鼠试验性骨折的愈合速度，TGF 可能参与了鹿茸再生过程中的软骨细胞增殖和生长。此外，TGF-β 能够与经典及非经典 Wnt 信号通路协同诱导激活上皮细胞向间质细胞转化，使之维持间质细胞状态[26]。而鹿茸组织中软骨细胞形成的最初始阶段就是间质细胞的快速增殖，因此 TGF-β 信号通路在鹿茸软骨组织快速形成过程的分子机制及作用有待研究。

2.2.3 骨形态发生蛋白

骨形态发生蛋白（Bone morpho-genetic proteins，BMPs）是一类与胚胎骨骼形成有关的生长分化因子家族，是促进成骨的主要因子，对骨原细胞的分化起决定性作用。研究发现驯鹿中 BMPs 具有较高的骨形成活性[27]，且一定量的的驯鹿 BMPs 和重组人骨形态发生蛋白能够有效诱导兔子桡骨骨折的愈合[28]。因此，BMPs 可能参与了鹿茸再生过程中软骨组织的生长发育。而 BMPs 又能够诱导间充质细胞分化为骨和软骨，软骨是鹿茸中最大的组织且鹿茸软骨形成的初始过程就是间充质细胞的快速增殖和分化，因此 BMPs 可能在鹿茸软骨形成过程中发挥重要作用。

此外，表皮生长因子（Epidermal growth factor，EGF）、神经生长因子（Nerve growth factor，NGF）等多种生长因子也参与了鹿茸软骨生成和发育过程。

2.3 神经再生相关蛋白

鹿茸再生除了茸皮转化、血管生成和软骨形成外，还包括神经组织的快速生长，神经组织的生长速度甚至能够达到 1cm/d。在鹿茸组织中，血管生成的区域一般都伴有神经生成。

2.3.1 神经生长因子

神经生长因子（Nerve growth factor，NGF）是神经元再生、生长发育过程中的重要调控因子。NGF 在赤鹿茸主干顶部、中部和根部 3 个部位均有表达，且含量递减[29]。在赤鹿鹿茸中也发现了神经生长因子-3（Neurotrophin 3，NT-3）的表达[30]，且 NT-3 在鹿茸中的分布特点与神经在鹿茸中的分布特点一致，即顶部表皮层高表达，软骨层低表达。因此，NT-3 可能与鹿茸再生过程中的神经组织快速生长发育有关。此外，NGF 主要存在于新生鹿茸的动脉和小动脉的平滑肌内。在新生在鹿茸神经轴突形成以前，NGF 能够促进和维持血管生成，还能指引神经织中的定向延伸[31]。因此，是否 NGF 就是导致鹿茸中神经组织伴随血管生成的主要因子有待进一步的研究。

2.3.2 可溶性半乳糖凝集素结合蛋白 1

可溶性半乳糖凝集素结合蛋白 1（LGALS1）是一种糖结合蛋白，是肿瘤发生的标志和治疗靶标，具有调节骨骼肌生长和促进神经组织生长等作用。研究发现 LGALS1 在 APC 和 PPC 中均有表达[10]。由于鹿茸中没有肌肉组织，所以 LGALS1 在鹿茸再生中可能参与了神经组织生长过程。LGALS1 的表达受许多因子的影响，包括视黄酸（Retinoic acid，RA）。RA 可以影响鹿茸再生的生长速度及位置信息，它在鹿茸再生中起着重要的作用。因此，LGALS1 可能在鹿茸再生中起到重要作用。LGALS1 蛋白可能调控 MYC、MYCN 和 NANOG 的表达等或者被它们调控，但有待证实。

此外，表皮生长因子能够促进神经干细胞生长分化。动物半乳糖凝集素 1、色素上皮衍生因子和多效生长因子参与神经修复、神经营养、神经系统发育等过程。从鹿茸中提取出的一些多肽如 PAP、CNTP-I、CNTP-II、CNTP-III 和 CNT14 等在促进神经生长发育等过程起到一定作用。Garcia-Gutierrez P 等[32]研究发现 PTN 能够间接提高诱导神经元分化水平。

3　其他鹿茸再生相关蛋白

3.1　动物半乳糖凝集素 1

动物半乳糖凝集素（Galectin-1，GAL-1）是动物半乳糖凝集素家族中的一员，可能参与了鹿茸再生的软骨形成、血管再生以及神经再生修复等过程。体外培养时，GAL-1 在 APC 和 PPC 中的表达量远高于 FPC[33]。同时，研究发现 GAL-1 也存在于鹿茸尖端，GAL-1 还在胚胎干细胞中起着重要的作用。因此，GAL-1 是否在激活鹿茸发生和年复一年的再生过程中起作用是一个非常值得探究的命题。人体内过表达一般会引发癌症，鹿茸干细胞中 GAL-1 高表达却并未引起鹿茸组织癌变，GAL-1 在鹿茸干细胞中的研究至关重要。对其在鹿茸再生过程和肿瘤发生过程中的作用机制做比对，将为肿瘤研究、预防和治疗等方面提供新的理论指导。

3.2　胰岛素样生长因子 1

胰岛素样生长因子家族（Insulin-like growth factors，IGF）包括 IGF-I 和 IGF2，是一类具有多种生理功能的因子，能够介导生长激素的生长活性的启动，对绝大多数的组织及特定类型的细胞生长、分化和分化后功能的维持进行调节。在快速生长的鹿茸中，IGF-I 的表达水平也上升。IGF1 不但与鹿茸生长有关，还与角柄的形成及鹿茸的骨化有关[34]。因此，IGF1 可能参与了鹿茸再生的激活。Sadighi M[35]证实了 IGF 具有刺激细胞分裂、促进细胞合成以及控制鹿茸生长的作用。IGF 参与鹿茸生长发育、细胞增殖分化等诸多生理过程，是鹿茸再生过程中刺激其生长的主要生长因子。

3.3　色素上皮衍生因子和周期素依赖性蛋白激酶抑制物

Lord E A 等[36]在快速生长的鹿茸茸尖中发现了两个显著的细胞周期调控因子：色素上皮衍生因子（Pigment epithelium-derived factor，PEDF）和周期素依赖性蛋白激酶抑制物（Cyclin dependent protein kinaseinhibitor，CDKN1）。其中，在皮肤、软骨和骨软骨内成骨等发育过程中均检测到 PEDF 的 mRNA，但只在前软骨内的不成熟的软骨细胞中检测到了 CDKN1C 的 mRNA 的表达。

PEDF 参与神经营养、抑制新生血管、抗肿瘤[37]等生理过程，具有抗炎以及抑制细胞凋亡等抗氧化活性。鹿茸在快速生长过程中，产生大量的活性氧族代谢产物，不及时清除可能会导致组织和细胞的死亡，PEDF 的存在可以清除这些代谢产物，保证鹿茸正常的生长发育。

周期素依赖性蛋白激酶抑制物（CDKN1）是细胞周期蛋白依靠性激酶抑制剂家族中的重要

成员，又称作 P21。CDKN1C 是胶原类型 X 表达所必需的调控因子，可能对软骨细胞分化具有直接作用。软骨细胞增殖时，CDKN1C 表达量下降，刺激 PTHrP 表达，进而刺激软骨细胞的增殖。此外，CDKN1 还具有细胞增殖分化、抗衰老和调控细胞凋亡的功能，能够抑制癌症发生。PEDF 和 CDKN1C 是鹿茸生长过程中参与细胞增殖和分化的重要蛋白。

4 结语

鹿茸是迄今为止发现的唯一能够完全周期性再生的哺乳动物附属器官。鹿茸周期性再生的组织学基础已经有了答案，但是激活鹿茸再生的关键蛋白或信号网络仍不得而知。从技术手段上看，蛋白质组学最新技术手段仍没有运用到鹿茸上；相关蛋白质组学研究也没能从鹿茸 APC、PPP 细胞、DPP 细胞和 FPC 等方面进行全面的研究。信号通路网络是解释分子机制的重要途径，研究鹿茸再生分子机制也可以从信号通路研究入手。对于已筛选出的可能与鹿茸再生相关蛋白质的进一步分析、筛选以及功能验证也是科研工作者需要面临的问题。

对鹿茸再生过程各阶段起重要作用的蛋白已有一些研究发现，但从鹿茸再生的各阶段看，激活和诱导了血管和神经的生成及迁移过程的主要蛋白尚未找到。鹿茸中血管生成的区域一般都伴有神经再生，所以神经再生与血管生成的分子机制的关系有待研究。鹿茸中软骨是主要组织，许多学者也找到了其调控过程的诸多蛋白，但是这些蛋白的具体分子机理和相互作用机制仍待进一步研究。

参考文献

[1] Li C，Littlejohn RP，Corson ID，et al. Effects of testosterone on pedicle formation and its transformation to antler in castrated male，freemartin and normal female red deer（Cervus elaphus）[J]. Gen Comp Endocrinol. 2003，131（1）：21 – 31.

[2] Li C，Suttie JM. Deer antlerogenic periosteum：a piece of postnatally retained embryonic tissue? [J]. Anat Embryol（Berl）. 2001，204（5）：375 – 388.

[3] Li C，Mackintosh CG，Martin SK，et al. Identification of key tissue type for antler regeneration through pedicle periosteum deletion [J]. Cell Tissue Res，2007，328：65 – 75.

[4] Li C. Development of deer antler model for biomedical research [J]. *Recent Adv Res Updates*，2003，4：256 – 274.

[5] Rolf HJ，Kierdorf U，Kierdorf H，et al. Localization and characterization of stro – 1 cells in the deer pedicle and regenerating antler [J]. PLoS One. 2008，3（4）：e2064.

[6] Beekman C，Nichane M，De Clercq S，et al. Evolutionarily conserved role of nucleostemin：controlling proliferation of stem/progenitor cells during early vertebrate development [J]. Mol Cell Biol. 2006，26（24）：9 291 – 9 301.

[7] Maki N，Takechi K，Sano S，et al. Rapid accumulation of nucleostemin in nucleolus during newt regeneration [J]. Dev Dyn. 2007，236（4）：941 – 950.

[8] Berg DK，Li C，Asher G，et al. Red deer cloned from antler stem cells and their differentiated progeny [J]. Biol Reprod. 2007，77（3）：384 – 394.

[9] Li C，Suttie JM. Tissue collection methods for antler research [J]. Eur J Morphol. 2003，41（1）：23 – 30.

［10］Li C，Harper A，Puddick J，et al. Proteomes and signalling pathways of antler stem cells ［J］. PLoS One，2012，7（1）：e30026.

［11］徐代勋．梅花鹿鹿茸角柄骨膜不同部位差异蛋白的筛选 ［D］．镇江：江苏科技大学，2011.

［12］徐代勋，王桂武，赵海平，等．梅花鹿角柄骨膜蛋白质组学初步研究 ［J］．特产研究，2011，33（1）：1-4.

［13］赵东．梅花鹿鹿茸双向电泳体系建立及蛋白质组学的研究 ［D］．镇江：江苏科技大学，2012.

［14］Gao L，Tao D，Shan Y，et al. HPLC-MS/MS shotgun proteomic research of deer antlers with multiparallel protein extraction methods ［J］. Journal of Chromatography B，2010，878（32）：3 370-3 374.

［15］Li C，Suttie J M，Clark D E. Morphological observation of antler regeneration in red deer （Cervuselaphus）［J］. J Morphol. 2004，262（3）：731-740.

［16］Park HJ，Lee DH，Park SG，et al. Proteome analysis of red deer antlers ［J］. Proteomics，2004，4（11）：3 642-3 653.

［17］Farberov S，Meidan R. Functions and transcriptional regulation of thrombospondins and their inter-relationship with fibroblast growth factor-2 in bovine luteal cells ［J］. Biol Reprod，2014，91（3）：58.

［18］Lai AK，Hou WL，Verdon DJ，et al. The distribution of the growth factors FGF-2 and VEGF，and their receptors，in growing red deer antler ［J］. Tissue and Cell，2007，39（1）：35-46.

［19］Maa HC，Chao TT，Wang CY，et al. VEGF-D as a Marker in the Aid of Malignant Metastatic Pleural Effusion Diagnosis ［J］. Appl Immunohistochem Mol Morphol. 2014 Sep 15. in press. doi：10. 1097/PAI. 0000000000000079.

［20］Istvanffy R，Kr ger M，Eckl C，et al. Stromal pleiotrophin regulates repopulation behavior of hem-atopoietic stem cells ［J］. Blood. 2011，118（10）：2 712-2 722.

［21］Besse S，Comte R，Fréchault S，et al. Pleiotrophin promotes capillary-like sprouting from senes-cent aortic rings ［J］. Cytokine. 2013，62（1）：44-47.

［22］Clark DE，Lord EA，Suttie JM. Expression of VEGF and pleiotrophin in deer antler ［J］. Anat Rec，2006，288A：1 281-1 293.

［23］Li R，Beebe T，Jen N，et al. Shear stress-activated wnt-angiopoietin-2 signaling recapitu-lates vascular repair in zebrafish embryos ［J］. Arterioscler Thromb Vasc Biol. 2014，34（10）：2 268-2 275.

［24］Sinnathamby T，Yun TJ，Clavet-Lanthier ME，et al. VEGF and angiopoietins promote inflam-matory cell recruitment and mature blood vessel formation in murine sponge/Matrigel model ［J］. J Cell Biochem. 2014，in press，doi：10. 1002/jcb. 24941.

［25］Kronenberg HM. Developmental regulation of the growth plate ［J］. Nature，2003，423：332-336.

［26］Scheel C，Eaton EN，Li SH. Paracrine and autocrine signals induce and maintain mesenchymal and stem cell states in the breast ［J］. Cell. 2011，145（6）：926-940.

［27］Jortikka L，Marttinen A，Lindholm TS. Partially purified reindeer （Rangifer tarandus） bone morphogenetic protein has a high bone – forming activity compared with some other artiodactyls [J]. Clin Orthop Relat Res. 1993, 207: 31 – 35.

[28] Pekkarinen T, J ms T, M tt M, et al. Reindeer BMP extract in the healing of critical – size bone defects in the radius of the rabbit [J]. Acta Orthop. 2006, 77 (6): 952 – 959.

[29] 郝林琳, 刘松财, 张明军, 等. 鲜马鹿茸不同部位多肽的提取及含量比较 [J]. 吉林农业大学学报, 2007, 29 (4): 378 – 380, 383.

[30] Garcial RL. Expression of NT – 3 in the growing valver antler of the red deer cervus elaphus [J]. JMol Endocrinol, 1997, 19 (2): 173 – 182.

[31] Li C, Stanton JA, Robertson TM, et al. Nerve growth factor mRNA expression in the regenerating antler tip of red deer (Cervus elaphus) [J]. PLoS ONE, 2007, 2 (1): e148 – 155.

[32] Garcia – Gutierrez P, Juarez – Vicente F, Wolgemuth DJ, et al. Pleiotrophin antagonizes Brd2 during neuronal differentiation [J]. J Cell Sci. 2014, 127 (11): 2 554 – 2 564.

[33] Harper A, Li C. Identifying ligands for S100A4 and galectin – 1 in antler stem cells. Queenstown Molecular Biology Meetings: Q35 [C]. New Zealand: The Queenstown Molecular Biology Meeting Society Inc, 2009.

[34] Boudignon BM, Bikle DD, Kurimoto P, et al. lnsulin – like growth factor 1 stimulates recovery of bone lost after a period of skeletal unloading [J]. J Appl Physiol, 2007, 103 (1): 125 – 131.

[35] Sadighi M. Effect of insulin – like growth factor – 1 (IGF – I) and IGF – II on the growth of antler cells in vitro [J]. J Endocrinal, 1994, 143 (3): 461 – 469.

[36] Lord EA, Martin SK, Gray JP, et al. Cell Cycle Genes PEDF and CDKN1C in Growing Deer Antlers [J]. The Anatomical Record. 2007, 290: 994 – 1 004.

[37] Hong H, Zhou T, Fang S, et al. Pigment epithelium – derived factor (PEDF) inhibits breast cancer metastasis by down – regulating fibronectin [J]. Breast Cancer Res Treat. 2014, 148 (1): 61 – 72.

此文发表于《生物技术通报》2015, 31 (8)

梅花鹿鹿茸双向电泳蛋白提取条件筛选[*]

刘华淼[**]　邢秀梅[***]　杨福合

（中国农业科学院特产研究所，吉林省特种经济动物分子生物学国家重点实验室，
农业部特种经济动物谱传育种与繁殖重点实验室，
吉林省特种经济动物分子生物学重点实验室，吉林 长春　130112）

摘　要：根据鹿茸组织血液含量较高、骨化较为严重的特点，设计了三种适合双向电泳的鹿茸提取方法。筛选出 2D-cleanup 纯化为梅花鹿鹿茸双向电泳的最佳提取方法。

关键词：鹿茸；蛋白质组；蛋白提取

The two-dimensional electrophoresis optimization of sika deer antler

Liu Huamiao, Xing Xiumei, Yang Fuhe

（Institute of Special Animal and Plant Sciences of CAAS, State Key Laboratory of Special Economic Animal Molecular Biology, Key Laboratory of Special Economic Animal Genetic Breeding and Reproduction, Ministry of Agriculture, Jilin Province Key Laboratory of Special Economic Animal Molecular Biology, ChangChun JiLin 130112, China）

Abstract：We designed three experiments according to higher blood levels of deer antler tissue and more severe ossification, 2D-cleanup purified protein was best extraction method for two-dimensional electrophoresis of sika deer antler.

Keywords：velvet; proteome; protein extraction

鹿茸位居动物药之首，有效成分至今不清，鹿茸中蛋白成分也不清。通过双向电泳技术，开展鹿茸蛋白质组学研究，挖掘鹿茸特异蛋白，为鹿茸蛋白应用研究奠定基础。鹿茸组织由软骨组织和骨组织组成，富含血管和神经，2-DE 图谱的分辨率和重复性很差。

本研究通过直接裂解法、TCA-丙酮沉淀法、2D-cleanup 纯化法提取鹿茸蛋白，筛选出适合双向电泳的鹿茸组织蛋白最佳提取条件。

　* 基金项目：中国农业科学院院长基金资助（采用蛋白质组学方法鉴别不同发育阶段鹿茸蛋白（201004））

　** 作者简介：刘华淼（1988—），男，山东人，硕士生，研究方向：蛋白质组学

　*** 通讯作者：邢秀梅（1973—），女，黑龙江人，研究员，博士，研究方向：特种经济动物种质资源保护与遗传育种。E - mail：xingxiumei2004@126. com

1 材料与方法

1.1 材料

四锯梅花鹿二杠鹿茸取自中国农业科学院特产研究所鹿场。生长期为 40 天，去茸皮，切成 3mm×3mm 小块，生理盐水冲洗鹿茸组织中的血液，于-80℃超低温冰箱保存。

1.2 主要试剂

尿素、硫脲、CHAPS、二硫苏糖醇（DTT）、两性电解质（Bio-Lyte）、Tris、丙烯酰胺、甲叉-双丙烯酰胺、甘氨酸、十二烷基磺酸钠（SDS）、过硫酸铵、四甲基二乙胺（TEMED）、碘乙酰胺、Mineral oil、17cm pH4~7 干胶条、Clean-up Kit 蛋白纯化试剂盒、甘油、甲醇、乙酸。

1.3 鹿茸组织蛋白提取

从 –80℃冰箱中取出预先切成小块的鹿茸组织块，用低温冷冻研磨机研磨成粉末。（说出条件）

1.3.1 直接裂解法

将研磨得到的鹿茸粉末按照 1：5（W/V）的比例加入蛋白裂解液（7M 尿素、2M 硫脲、4%CHAPS、65mM DTT、0.2% Bio-Lyte、1mmol/LPMSF），冰上裂解 2 小时，4℃、20 000g 离心 30min，取上清 –80℃保存。

1.3.2 TCA-丙酮沉淀法

参照骨细胞蛋白提取文献[1]。称取 0.2g 鹿茸组织研磨粉末，将粉末转至 1mL 离心管中加入 4 倍体积 –20℃预冷丙酮（含体积分数为 10% 的 TCA 和体积分数为 0.07% β-巯基乙醇），旋涡混匀后于 –20℃放置 2h，15 000rpm、4℃条件下离心 15min，弃上清，取沉淀，沉淀用 80% 预冷丙酮清洗 3 次，–20℃放置待沉淀中丙酮完全挥发后，加入 4 倍体积裂解液（7M Urea，2M Thiourea，4% CHAPS，65mM DTT，1%PMSF，1% 蛋白酶抑制剂），旋涡混匀，200W 超声 10s，间隔 10s，超声 10 次，15 000rpm、4℃条件下离心 15min，取上清，–80℃冰箱放存。

1.3.3 2D-cleanup 纯化法

将研磨得到的鹿茸粉末按照 1：5（W/V）的比例加入蛋白裂解液（7M 尿素、2M 硫脲、4%CHAPS、65mM DTT，0.2% Bio-Lyte、1mmol/LPMSF），200W 超声 10s，间隔 10s，超声 10 次。至于冰上裂解 2 小时，4℃、20 000g 离心 30min，上清用 2D-cleanup 蛋白纯化试剂盒进行纯化。

1.4 双向凝胶电泳

1.4.1 IPG 干胶条重水化

采用 pH 4~7、17cm 胶条[2]，取含等质量蛋白质（1 500μg）的蛋白提取液与上样缓冲液（7M 尿素、2M 硫脲、4%CHAPS、65mM DTT，0.2% Bio-Lyte、痕量溴酚蓝）充分混合，上样体积为 400μL，被动水化 2h，主动水化 12h。

1.4.2 等电聚焦电泳（IEF）

等点聚焦程序为：100V，1h，快速；200V，1.5h，快速；500V，1.5h，快速；1 000V，2h，

快速；10 000V，6h，线性；10 000V，70 000hr，快速；500V，任意时间，快速。

1.4.3 平衡

等点聚焦结束，将胶条至于5ml平衡缓冲液A（6M尿素、2%SDS、1.5MpH8.8Tris-HCL、30%甘油、1%DTT）平衡15min，再与5ml平衡缓冲液B（6M尿素、2%SDS、1.5MpH8.8Tris-HCL、30%甘油、2.5%碘乙酰胺）平衡15min。

1.4.4 SDS-PAGE电泳

配置12%分离胶，电泳条件为15mA/胶30min，30mA/胶恒流，直至溴酚蓝达胶底。

1.4.5 凝胶染色与脱色

参照文献采用改良的考马斯亮蓝染色（又称之为Blue Silver，蓝银染色)[3]。染色液的成份（0.12% G-250，10%（NH4）2SO4，10% H3PO4，20%甲醇）。染色固定：40%甲醇 + 10%乙酸30min或过夜；水洗：去离子水15min × 4；染色：（0.12% G250，10% ammonium sulfate，10% phosphoric acid and 20% methanol）过夜。脱色：去离子水至背景清楚

1.4.6 图像分析

使用Umax扫描仪扫描染色后的凝胶图像，用PDQuest软件分析图像。

2 结果分析

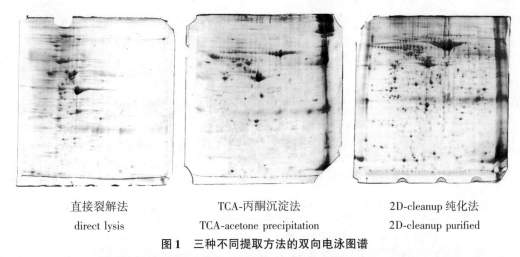

| 直接裂解法 | TCA-丙酮沉淀法 | 2D-cleanup 纯化法 |
| direct lysis | TCA-acetone precipitation | 2D-cleanup purified |

图1 三种不同提取方法的双向电泳图谱

Fig. 1 Dimensional electrophoresis profiles of three different extraction methods

采用PDQuest软件分析，直接裂解法、TCA-丙酮沉淀法、2D-cleanup纯化法分别检测到约92、237、584个蛋白点。通过比较三种不同提取方法得到的2D图谱，2D-cleanup纯化法图谱清晰，蛋白点最多，没有严重的横向拖尾与纵向拖尾。TCA-丙酮沉淀法得到的2D图谱清晰，蛋白点较少，蛋白提取过程中损失比较严重。直接裂解法得到2D图谱等点聚焦不完全，蛋白点最少，有严重横向拖尾。2D-cleanup纯化法为最优的鹿茸组织蛋白双向电泳提取方法。

3 讨论

样品制备为双向电泳中最为关键的一步，获得高质量的蛋白提取液对后续的蛋白双向电泳分离至关重要。梅花鹿鹿茸组织由软骨组织和骨组织组成，成分复杂，含有很多脂类、糖类、无机盐、核酸等物质[4]，严重影响蛋白水化和等点聚焦程序；组织中含有大量血液白蛋白等高丰度

蛋白严重影响了低丰度蛋白的分布。双向电泳试验中，常用的除杂方法有超高速离心、TCA-丙酮沉淀法、透析等。TCA-丙酮沉淀法能够有效的降低蛋白样品中的盐、糖类、脂类、核酸等杂质对试验的干扰[5,6]，对去除白蛋白也有明显的效果[7,8]，但是由于蛋白沉淀很难完全复溶，蛋白损失较为严重。超高速离心、透析对除杂效果较好但是并不能降低白蛋白等高风度蛋白的影响。经过研究，Bio-Rad2D-cleanup 蛋白纯化试剂盒对梅花鹿鹿茸组织蛋白提取过程中杂质的去除、降低白蛋白等高丰度蛋白的影响具有较好的效果。

参考文献

[1] 蒋兰兰. 大鼠成骨细胞分泌组双向电泳样品制备方法的建立 [J]. 南京医科大学学报，2007，27（7）：770 – 772.

[2] 赵东. 梅花鹿鹿茸总蛋白提取方法对双向电泳图谱的影响 [J]. 中国畜牧兽医，2012，39（7）：25 – 28.

[3] 姚宏亮. 胃癌和胃正常黏膜组织差异蛋白质组学和免疫组化研究 [D]. 广州：中山大学，2009.

[4] Pathak N N, Pattanaik A K, Patra R C, et al. Mineral composition of antlers of three deer species reared in captivity [J]. Small Ruminant Res, 2001, 42（1）：61 – 65.

[5] 赖童飞，董薇，贾银华，等. 棉花胚珠蛋白三氯乙酸丙酮法与酚抽提法的比较分析 [J]. 农业生物技术学报，2009，17（2）：317 – 322.

[6] 张彬，谭岩. 大鼠血清的 4 种处理方法对 2-DE 效果的影响 [J]. 中国实验诊断学，2012，16（9）：1544 – 1547.

[7] Yi-Yun Chen, Shu-Yu Lin, Yuh-Ying Yeh, et, al. A modified protein precipitation procedure for efficient removal of albumin from serum [J]. Electrophoresis, 2005, 26：2 117 – 2 127.

[8] 孙太欣. 双向凝胶电泳脑脊液蛋白质提取方法的比较 [J]. 中国医药生物技术，2007，2（3）：172 – 175.

此文发表于《特产研究》2013 年第 2 期

梅花鹿鹿茸再生干细胞蛋白质组双向电泳条件优化*

董 振 王权威 刘 振 李春义**

（中国农业科学院特产研究所，特种动物分子生物学国家重点实验室，长春 130000）

摘 要：鹿茸是目前唯一可以完全再生的哺乳动物附属器官，这种再生基于鹿茸再生干细胞。本研究以梅花鹿（*Cervus nippon*）鹿茸再生干细胞为样品，在处理方法、染色方法、蛋白纯化和等电聚焦条件4个方面对蛋白质组双向电泳进行优化，为不同发育期梅花鹿鹿茸再生干细胞比较蛋白质组学研究奠定基础。结果显示，利用Bullet Blender细胞组织破碎仪处理细胞优于超声破碎；双染法染色能够得到更多且更清晰的蛋白点；等电聚焦总volt-hours在15 000V-hrs左右时竖条纹相对较少；通过比较6种不同的蛋白提取方法与纯化方法组合，发现采用自制裂解液与双向电泳纯化试剂盒纯化相结合的方式获得的电泳图谱较好。通过综合优化后的双向电泳技术所得到的蛋白图谱中蛋白点相对较多且圆滑，条纹现象较轻，重复性较好，满足后续软件分析以及数据处理的要求，适用于梅花鹿鹿茸再生干细胞蛋白质组学研究。

关键词：鹿茸再生干细胞；蛋白质组；双向电泳；条件优化

The Optimization of two-dimensional electrophoresis for antler stem cells in sika deer （*Cervus nippon*）

Dong Zhen, Wang Quanwei, Liu Zhen, Li ChunYi***

（State Key Lab for Molecular Biology of Special Animals/Institute of Special Animal and Plant Sciences, Chinese Academy of Agricultural Science, Changchun 130000, China）

Abstract：Deer antlers are the only known mammalian organs which can periodically regenerate from pedicles. Antler regeneration is known as a stem cell-based process and antler stem cells reside in the pedicle periosteum. Conditions of two-dimensional electrophoresis for antler stem cells were optimized in the following four aspects including cell processing, staining method, isoelectric focusing condition and protein purification method. All these researches could provide foundation for the study of comparative proteomics in the different developmental

---

* 基金项目：国家自然科学基金项目（No. 31170950）、国家高技术研究发展计划（863）项目（No. 2011AA100603）

** 通讯作者：李春义，lichunyi1959@163.com

*** Corresponding author, lichunyi1959@163.com

stages of antler stem cells. Results showed that comparing with the method of ultrasonic, Bullet Blender had a better effect on cell breaking; It could get more and clearer protein points by combining coomassie brilliant blue stain and silver stain; When the total volt-hoursof isoelectric focusing was around 15 000 v-hrs, the vertical stripes were relatively lighter; Through the comparison of six kinds of protein extraction and purification methods, the one combining the manual lysate and 2D cleanup kit could get more protein points, lighter background and clearer maps. After the comprehensive optimization of two-dimensional electrophoresis, the acquired maps had more and clearer protein spots, less stripes and better reproducibility, at the same time, they could meet the requirements of software analysis and experimental treatments. The optimization could apply to the study of antler stem cell proteome.

Key words：Antler stem cells, Proteome, Two-dimensional electrophoresis, Condition optimization

引言

蛋白质组学研究是生命科学进入后基因组时代的重要特征，其对于治疗人类疾病、寻找特效药物等有至关重要的作用。O'Farrell（1975）建立了双向电泳技术（two-dimensional electrophoresis，2-DE），该技术能同时对大量基因表达产物进行系统分析，相对于其他蛋白质组学研究方法，该技术路线成熟，对实验设备等条件要求不高，因此成为目前蛋白质组学研究的首选方法。而现在流行的荧光差异双向电泳（differential gel electrophoresis，DIGE）定量蛋白质组学研究技术也是在2-DE的基础上建立的（Marouga，2005）。

再生生物学特别是割处再生是近年来生命科学研究的重点领域，鹿茸是迄今为止所发现的唯一可以割处完全再生的哺乳动物附属器官，以鹿茸为模型研究哺乳动物器官再生机理具有明显优势（C. Li，2014）。鹿茸再生基于具有干细胞特性的角柄骨膜细胞（C. Li，2013）。通过2-DE等研究手段证实：大量已知和未知蛋白与小分子多肽在鹿茸再生过程中起着举足轻重的作用（林冬云，2005；柯李晶，2009；H. J. Park，2004；C. Li，2012）。为了能够全面了解鹿茸再生干细胞引发鹿茸再生过程中所涉及的分子机制并找到潜在的小分子物质，必须对鹿茸再生干细胞蛋白进行分离鉴定。徐代勋（2011）曾对角柄骨膜组织不同发生部位的蛋白质组进行了比较分析与鉴定，但相对于细胞，骨膜组织成分复杂，不易获取与分析，所以本实验通过对角柄骨膜细胞2-DE过程中的样品制备、等电聚焦、SDS-PAGE电泳和染色等样品处理条件进行优化，从而排除上述骨膜组织研究的缺点并为后续梅花鹿鹿茸再生干细胞双向电泳实验奠定基础。另外，作为一种特殊的纤维细胞，目前鹿茸再生干细胞尚没有相关2-DE条件优化的研究报道，因此本文对此类纤维细胞以及其他类相关细胞进行蛋白质组学研究具有借鉴意义。

1 材料与方法

1.1 实验材料

梅花鹿（*Cervus nippon*）角柄骨膜取自中国农业科学院特产研究所实验鹿场。采集骨膜，利用冰盒带回实验室进行细胞培养，于液氮中保存。角柄骨膜细胞取材与培养方法见C. Li（2012）。

1.2 试剂与仪器

尿素，硫脲，磷酸三丁酯（Tri-Butyl-Phosphate，TBP），Bio-lyte（pH 3～10）（两性电解质），丙烯酰胺，甲叉-双丙烯酰胺，IPG 干胶条（pH3～10（NL）），2D Clean-up Kit（蛋白纯化试剂盒），全蛋白提取试剂盒（163-2086），蛋白定量试剂盒（500-0001），银染试剂盒（161-0449），购自 Bio-Rad 公司（美国）；山梨醇与蛋白酶抑制剂，购自 Sigma-Aldrich 公司（美国）；甘油、甲醇、乙酸等购自国药集团化学试剂北京有限公司（北京），均为分析纯试剂。

UP400S 超声波细胞破碎机（Hielscher，德国），高速冷冻离心机（Sigma，美国），Infinite 200 PRO 酶标仪（Tecan，瑞士），等电聚焦仪、垂直电泳仪、图象分析软件（Bio-Rad，美国），Power Look 2100XL-USB 扫描仪（UMAX，台湾），Bullet Blender 细胞组织破碎仪（NEXT AD-VANCE，美国）。

1.3 蛋白样品的制备与定量

弃去培养液，用山梨醇（李丽梅，2011）细胞清洗液清洗，并使用胰酶消化细胞。采用 2 种方法破碎细胞：①山梨醇细胞清洗液悬浮洗涤细胞 3 次后加入自制裂解液（7mol/L 尿素，2mol/L 硫脲，4% CHAPS，2mmol/LTBP 和 1% 蛋白酶抑制剂），经超声破碎处理；②山梨醇细胞清洗液处理并加入同样的自制裂解液后使用 Bullet Blender 细胞组织破碎仪处理，根据其操作指南按表 1 进行处理。两组所得到的蛋白冰浴震荡 4 小时后 12 000r/min，离心 30min，取上清并用 Bradford 微定量法对蛋白样品进行浓度测定，其余部分分装后于 -80℃ 冻存备用。

表 1 Bullet Blender 细胞破碎仪不同参数组合
Table 1 The different treatments of Bullet Blender

组别（Group）	A1	A2	A3	A4	A5	A6	A7	A8
时间（Min）	1	1	1	2	2	2	3	3
挡数（Shift）	3	6	9	3	6	9	3	6

1.4 SDS-PAGE 电泳与凝胶染色

将 1.3 中的 9 组蛋白（Bullet Blender 细胞破碎仪处理的 8 组 + 超声处理的 1 组）分别取 10ul 跑 SDS-PAGE 电泳，并同时进行 2 块相同凝胶的 SDS-PAGE 电泳，之后分别对 2 块凝胶做胶体考马斯亮蓝染色（姚宏亮，2009）、银染（Bio-Rad 银染试剂盒）与双染（先胶体考马斯亮蓝染色后银染）共三种染色方法。

1.5 蛋白样品的提取与纯化处理

按照 1.3 中的做法，培养相同的细胞，分别用自制裂解液与总蛋白提取试剂盒（Bio-Rad）处理细胞，并对细胞进行破碎处理得到蛋白溶液。两种不同的裂解液处理作为一组，一共准备 3 组（具体作法参照表2），其中一组作为对照组即不进行任何处理，另外两组分别进行丙酮沉淀处理（赵东，2012）以及 2D-cleanup 纯化处理。Bradford 微定量法测浓度后-80℃分装保存备用。

表2　六组不同的蛋白样品处理组合

Table 2　Six different treatment combinations of protein samples

组别（Group）	B1	B2	B3	B4	B5	B6
组合（Combinations）	自对	自丙	自纯	总对	总丙	总纯

1.6　双向凝胶电泳

1.6.1　上样

对6组蛋白溶液等量上样。4℃、12 000r/min离心10min，取上清加入聚焦盘槽中，选用7cm胶条。

1.6.2　水化

对样品先被动水化1h，之后将1ml矿物油覆盖在胶条上，50V主动水化12h。

1.6.3　等电聚焦

等电聚焦程序为①250V，1h，线性；500V，1.5h，快速；4 000V，3h，线性；4 000V，5 000Vhr，快速；500V，任意时间，快速。②250V，1h，线性；500V，1.5h，快速；4 000V，3h，线性；4 000V，10 000Vhr，快速；500V，任意时间，快速。③250V，1h，线性；500V，1.5h，快速；4 000V，3h，线性；4 000V，15 000Vhr，快速；500V，任意时间，快速。

1.6.4　平衡

将7cm胶条置于2.5ml平衡缓冲液中（6mol/L尿素、2% SDS、0.375 mol/L pH8.8 Tris-HCL、20%甘油、2mmol/LTBP）25min。

1.6.5　SDS-PAGE电泳

预先制备12%的分离胶，用低熔点琼脂糖固定胶条后进行SDS-PAGE电泳，先20V，待溴酚蓝出胶条形成一条线后，再80V直到溴酚蓝至凝胶底部结束。

1.7　凝胶的染色、脱色、扫描与分析

电泳结束后，先用胶体考马斯亮蓝法固定、染色并脱色；之后对其进行银染，按照银染试剂盒说明书的方法进行操作。用Umax扫描仪扫描凝胶，并用PDQuest软件对胶上的蛋白点进行分析。

2　结果与分析

2.1　细胞蛋白制备方法与染色方法的优化

好的蛋白样品对于2-DE而言是十分重要的前提。本试验比较超声和Bullet Blender细胞组织破碎仪两种细胞破碎方法。浓度见表3，由表可见超声所得到的浓度是所有处理中最低的，而A1、A2、A4与A7所得到的蛋白浓度较高，均超过了680ug/ml。

表3　不同细胞破碎方法得到的蛋白浓度

Table 3　The protein concentrations from different cell break methods

处理方法 Treatment	细胞组织破碎仪 Bullet Blender								超声细胞破碎仪 Ultrasonic Cell Disruption System
	A1	A2	A3	A4	A5	A6	A7	A8	
浓度（ug/ml）Density	707	688	586	682	643	645	704	644	575

将9组蛋白所得到的SDS-PAGE电泳凝胶进行胶体考染、银染与双染（图1）。从图2C中可以看出，A1与A2条带比较清晰，尤其是70KD以上的蛋白条带较多。超声处理的条带在35KD与15KD左右的蛋白条带不如Bullet Blender细胞组织破碎仪处理的明显。综合样品的浓度可知，Bullet Blender细胞组织破碎仪A2的处理条件适用于本试验的样品处理。在对三种染色方法的比较上可以看出，双染法（图2C）可以得到更多与更清晰的条带，尤其是对于40KD以下的小分子蛋白条带更为明显。

2.2　等电聚焦条件的优化

合适的等电聚焦条件可使图谱显示清晰的蛋白点，聚焦过度会产生竖条纹。图3所示为总聚焦24 000 volt-hours的胶条，可清楚看出在中间区域出现多条蛋白析出产生的竖条纹。相应的在2-DE图谱（图4A）中该区域的蛋白聚集以及竖条纹等现象严重。而总聚焦17 000 volt-hours的2-DE图谱（图4B）在蛋白聚集和竖条纹方面相对较轻；但当总聚焦12 000 volt-hours时，2-DE图谱（图4C）几乎没有蛋白点出现，表明此时聚焦不完全。由于双染法中银染易使图谱出现竖条纹，所以最终选择总聚焦15 000 volt-hours（图4D），即尽量找到一个既不因聚焦过低而导致聚焦不完全也不因聚焦过高而产生较多竖条纹之间的一个平衡，由图4D可以看出该聚焦条件相对较好。

2.3　样品处理条件的优化

2.3.1　不同样品处理的等电聚焦参数

根据1.5所知，将自制裂解液与总蛋白提取试剂盒提取得到的蛋白样品分别进行不作任何处理（对照组）、丙酮沉淀与2D cleanup三种处理方式，从而将以上6种处理组合依次命名为B1～B6。样品中的含盐量直接影响等电聚焦过程。从图5可以看出，自制裂解液处理的三组样品电流值在整个等电聚焦过程中变化不大。一般在250V～500V快速升压过程中电流会达到最高值，该数值一定程度上可反映样品制备的好坏。从图中可以看出自制裂解液的三个处理组电流最高值均远小于总蛋白提取试剂盒的电流最高值，由此可知自制裂解液处理所引入的盐量较总蛋白提取试剂盒所引入的低；而之后到500V维持的结尾段即等电聚焦除盐过程的末端电流值会降到整个等电聚焦过程的最低点；随后在升压到4 000V的过程中，电流会因电压的增大而略有上升，当升到4 000V后的聚焦过程电流将不再改变。总体来看，自制裂解液处理的样品比总蛋白提取试剂盒处理的在等电聚焦每一阶段电流都要相对低一些。由此可知自制裂解液处理的样品质量相对较高。

2.3.2　不同样品处理的双向电泳图谱双染色比较

对6种不同处理方法得到的样品分别进行2-DE并利用双染色法染色，每组相对应的2-DE图谱见图6。之后利用PDQuest软件对图像进行分析，结果见表4。可以看出B1（图6A）与B3

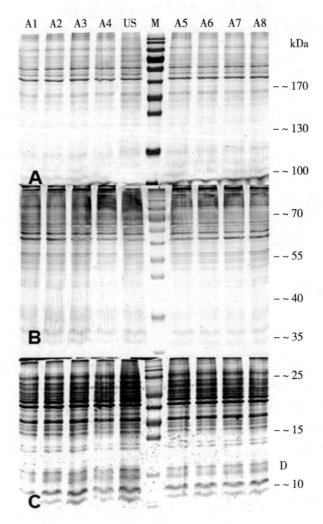

A：胶体考马斯亮蓝染色；B：硝酸银染色；C：双染色法（A＋B）；D：蛋白Marker的SDS-PAGE条带图谱；US：超声细胞破碎处理；M：蛋白Marker；A1-A8：Bullet Blender处理的8组

A：Colloid coomassie brilliant blue staining；B：Silver staining；C：Double staining（A＋B）；D：The SDS-PAGE standard of protein Marker；US：Ultrasonic Cell Disruption System；M：Protein Marker；A1-A8：Eight different treatments from Bullet Blender

图1 染色方法的优化

Fig. 1 Optimization of staining method

图2 总聚焦24 000volt-hours时的7cm胶条

Fig. 2 The IPG strip（total volt-hours ＝24 000）

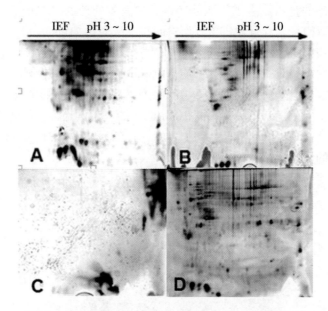

A：总聚焦 24 000volt-hours 的 2-DE 图谱；B：总聚焦 17 000volt-hours 的 2-DE 图谱；C：总聚焦 12 000volt-hours 的 2-DE 图谱；D：总聚焦 15 000volt-hours 的 2-DE 图谱

A：The 2-DE map when the total volt-hours is 24 000；B：The 2-DE map when the total volt-hours is 17 000；C：The 2-DE map when the total volt-hours is 12 000；C：The 2-DE map when the total volt-hours is 15 000

图3　等电聚焦条件的优化

Fig. 3　Optimization of isoelectric focusing conditions

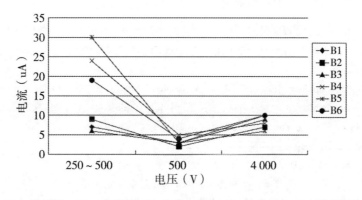

B1：自对组；B2：自丙组；B3：自纯组；B4：总对组；B5：总丙组；B6：总纯组

B1：the manual lysate group；B2：the manual lysate and acetone group；B3：the manual lysate and 2D cleanup group；B4：the total protein extraction kit group；B5：the total protein extraction kit and acetone group；B6：the total protein extraction kit and 2D cleanup group

图4　不同样品处理的等电聚焦参数

Fig. 4　The IEF parameters of different sample treatments

（图6C）两个组合处理的蛋白点多于其他处理。通过丙酮处理的两组样品（图6B与6E）所得到的蛋白点较少也比较模糊，背景比较重。而自制裂解液通过2D cleanup纯化处理的样品蛋白点（图6C）比较清晰，横竖条纹相对较少。另外，由总蛋白提取试剂盒处理的样品（图6D-6F）在凝胶底部有比较明显的山峰状蓝色斑块，可能是由于试剂盒中具有指示作用的物质与染料反应所导致的。而银染或多或少会造成凝胶背景重与胶面上出现部分杂质的情况，尤其是进行双染色，这些情况会更加明显，但由于其灵敏度很高很适用于制备胶的染色，所以出现此类情况应尽量在操作过程中注意从而使该现象降到最低。综上可知，自制裂解液与2D cleanup纯化结合的方式比较适合于本试验样品的处理。

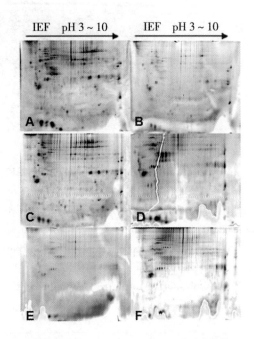

A：B1组2-DE双染色图谱；B：B2组2-DE双染色图谱；C：B3组2-DE双染色图谱；D：B4组2-DE双染色图谱；E：B5组2-DE双染色图谱；F：B6组2-DE双染色图谱

A：The double staining of 2-DE map（manual lysate）；B：The double staining of 2-DE map（manual lysate + acetone）；C：The double staining of 2-DE map（manual lysate +2D cleanup）；D：The double staining of 2-DE map（total protein kit）E：The double staining of 2-DE map（total protein kit + acetone）；F：The double staining of 2-DE map（total protein kit +2D cleanup）

图5　不同样品处理的2-DE双染色图谱

Fig. 5　The 2-DE double staining maps of different sample treatments

表4　不同处理方式2-DE图谱上的蛋白点数

Table 4　The protein points of 2-DE maps of different sample treatments

处理方法 Treatment	B1	B2	B3	B4	B5	B6
蛋白点数/个 Protein counts	304	155	283	246	138	263

3 讨论

鹿茸周期性再生来源于鹿茸再生干细胞。通过蛋白质组研究并利用基因工程等手段进一步探究其中相关未知蛋白的功能可以对了解鹿茸具有的独特生物学活性与其再生特性奠定重要基础，同时能够对相关蛋白质在哺乳动物器官再生中所具有的调节作用提供参考依据。目前，角柄骨膜材料昂贵，具有季节性限制，体外培养干细胞很好地解决了这一难题。本试验就是综合地对鹿茸再生干细胞蛋白样品的提取以及制备等进行优化，为后续鹿茸再生蛋白质组学分析打下坚实基础，同时对其他细胞类样品的处理也具有借鉴意义。

对于 2-DE 而言，样品的提取与制备十分关键。目前常用 PBS 去除细胞培养过程中的培养液，但其易引入盐类不利于等电聚焦，试验结果证实山梨醇可较好解决上述问题。另外，一般细胞样品破碎常用超声破碎法（王雪，2011），但此法有一个缺点，即针对不同样品超声条件不好选择，易因超声过度而导致蛋白断裂进而影响提取的蛋白质量。而 Bullet Blender 细胞组织破碎仪是一种比较有效的细胞破碎系统。本试验通过比对上述两种不同细胞破碎方法证明对鹿茸再生干细胞而言，Bullet Blender 细胞组织破碎系统不论是所提取的蛋白浓度，还是蛋白条带的数量与清晰程度都明显优于超声破碎法（表 3 与图 2）。

在细胞样品纯化方面，一般常用丙酮沉淀法（赖童飞，2009），但是通过本试验发现丙酮处理的鹿茸再生干细胞样品点数并不多，且背景较重。可能是因为操作不当导致蛋白被打碎成多个小片段，从而加深背景（图 6B、6E），而这个过程不好界定如何操作最为合理，并且费时与容易导致蛋白变性，所以舍弃。Bio-Rad 公司的总蛋白提取试剂盒也是样品处理的一个常用选择，但本试验发现这种试剂盒主要有两个问题：一是其中含有较多盐分（图 5），影响等电聚焦；另一个是其加入的一类具有指示作用的试剂会与染色剂反应从而在凝胶底部产生严重的山峰状蓝色斑块（图 6D-6F），影响后续图谱分析。

作者通过前期试验发现等电聚焦较易出现聚焦过度，而聚焦过度的蛋白样品在胶面上会出现较多竖条纹（图 4A），银染时竖条纹将会更加明显，所以有必要通过逐渐降低等电聚焦的总 volt-hours 从而找到鹿茸再生干细胞蛋白质组最佳的电泳图谱。另外不合格的硫脲或加入硫脲的样品聚焦过度的话，可能会产生"硫脲效应"。

对于染色方法一般常用的是考染法，但其灵敏度不如银染好。对于制备胶而言，提高染色灵敏度显得很重要。银染的灵敏度要大大高于考染的（范云峰，2008），但常规银染的一个主要问题是其不与质谱兼容，本试验选择的是 Bio-Rad 公司的一款能与质谱兼容的银染试剂盒，将其与胶体考马斯亮蓝染色相互结合从而进行双染色（唐秀英，2010），这样便能大幅度提高染色灵敏度同时与质谱兼容，很适用于凝胶的染色（图 2）。

本试验也存在一些不足之处，如鹿茸再生干细胞蛋白样品聚焦条件的探索并非最佳，还存在较多竖条纹，要继续优化；另外就是双染色法条件的优化，期望能够得到更加清晰并且背景较浅的图谱。这些都是后续试验应该进一步优化的地方。

4 结论

为建立与优化鹿茸再生干细胞蛋白质组双向电泳技术，本研究以鹿茸再生干细胞为样品，从处理方法、染色方法、蛋白纯化和等电聚焦条件等多个方面对双向电泳分离条件进行优化。结果显示，利用 Bullet Blender 细胞组织破碎仪处理优于超声破碎；双染法染色能够得到更多且清晰的蛋白点；等电聚焦总 volt-hours 在 15 000V-hrs 左右时竖条纹相对较少；通过比较 6 种蛋白提取方法与纯化方法组合发现，采用自制裂解液与双向电泳纯化试剂盒相结合的方式获得的电泳图谱较好。综合上述条件优化后的双向电泳技术所得到的蛋白图谱中蛋白点相对较多且圆滑，条纹现象较轻，重复性好，适用于后续梅花鹿鹿茸再生干细胞蛋白质组学研究。建立鹿茸再生干细胞 2-DE 体系可以为鹿茸再生蛋白质组学的相关研究奠定重要基础。

参考文献

[1] 范云峰，谢虹，梁建生. 双向电泳中 4 种常用染色方法的灵敏度比较 [J]. 扬州大学学报（农业与生命科学版），2008，29（4）：80 – 83，89.（Fan Y F, Xie H, Liang J S. Comparison of sensitivities of four protein staining methods in common use in two-dimensional electrophoresis [J]. Journal of Yangzhou University (Agricultural and Life Science Edition), 2008, 29 (4): 80 – 83, 89.）

[2] 柯李晶，聂毅磊，叶秀云，等. 梅花鹿鹿茸中促 PC12 细胞增殖蛋白的分离和活性研究 [J]. 中草药，2009，40（5）：715 – 718.（Ke L J, Nie Y L, Ye X Y, et al. Isolation and PC12 cell proliferative protein fraction from pilose antler and its activity [J]. Chinese Traditional and Herbal Drugs, 2009, 40 (5): 715 – 718.）. DOI: 10.7501/j. issn. 0253 – 2670.

[3] 林冬云，黄晓南，柯李晶，等. 鹿茸中促大鼠成骨样细胞增殖活性组分的纯化与表征 [J]. 中国中药杂志，2005，30（11）：851 – 855.（Lin D Y, Huang X N, Ke L J, et al. Purification and characterization of the proliferation of rat osteoblast-like cells ITMR-106 from Pilose Antler [J]. China Journal of Chinese Materia Medica, 2005, 30 (11): 851 – 855.）

[4] 李丽梅，王秀梅. HepG2 细胞蛋白质组双向电泳条件的优化与图谱的建立 [J]. 内蒙古医学志，2011，43（5）：527 – 529.（Li L M, Wang X M. Establishment and Optimization of Two-dimensional Gel Electrophoresis Technique for Proteomics of HepG2 Cells [J]. Inner Mongolia Medical Journal, 2011, 43 (5): 527 – 529.）

[5] 赖童飞，董薇，贾银华，等. 棉花胚珠蛋白三氯乙酸丙酮法与酚抽提法的比较分析 [J]. 农业生物技术学报，2009，17（2）：317 – 322.（Lai T F, Dong W, Jia Y H, et al. Evaluations of Trichloroacetic Acid-acetone Method and Phenol Method for Protein Extraction from Cotton Ovule [J]. Journal of Agricultural Biotechnology, 2009, 17 (2): 317 – 322.）

[6] 唐秀英，邵彩虹，谢金水. 双向电泳中 4 种常用染色方法的比较 [J]. 江西农业学报，2010，22（7）：100 – 102.（Tang X Y, Shao C H, Xie J S. Comparison of Four Protein Staining Methods in Common Use in Two-dimensional Electrophoresis [J]. Acta Agriculturae Jiangxi, 2010, 22 (7): 100 – 102.）

[7] 王雪，权春善，王建华，等. 不同细胞破碎方法对无细胞蛋白表达系统细胞抽提物活性的影响 [J]. 中国生物工程杂志，2011，31（1）：46 – 50.（Wang X, Quan C S, Wang J H, et al. The Influence of Different Cell Disruption Methods on the Activity of the Extract in Cell-free Protein Synthesis System [J]. China Biotechnology, 2011, 31 (1): 46 – 50.）

[8] 徐代勋. 梅花鹿鹿茸角柄骨膜不同部位差异蛋白的筛选 [D]. 镇江：江苏科技大学，2011.（Xu D X. Screening of Differential Proteins In Different Parts of Pedicle Periosteum of Sika Deer [D]. Zhen Jing: Jiangsu University of Science and Technology, 2011.）

[9] 徐代勋，王桂武，赵海平，等. 梅花鹿角柄骨膜蛋白质组学初步研究 [J]. 特产研究，

2011（01）：5－8.（Xu D X, Wang G W, Zhao H P, et al. Proteomics Study On Pedicle Periosteum of Sika Deer ［J］. Special Wild Economic Animal Plant Research, 2011,（01）：5－8.）

［10］姚宏亮. 胃癌和胃正常粘膜组织差异蛋白质组学和免疫组化研究 ［D］. 长沙：中南大学, 2009.（Yao H L. Study on Differential Proteome and Immunohistochemistry in Adenocarcinoma and Normal Mucosal Tissues of Stomach ［D］. Chang sha：Middle and Southern University, 2009.）

［11］赵东. 梅花鹿鹿茸总蛋白提取方法对双向电泳图谱的影响 ［J］. 中国畜牧兽医, 2012, 39（7）：25－28.（Zhao D. Methods of Antler Total Protein Extraction on the Effect of Map Quality of Two-dimensional Electrophoresis in Sika Deer ［J］. China Animal Husbandry and Veterinary Medicine, 2012, 39（7）：25－28.）

［12］C. Li, A. Harper, J. Puddick, et al. Proteomes and Signalling Pathways of Antler Stem Cells ［J］. PloS ONE, 2012, 7（1）：e30026. DOI：10. 1371/journal. pone. 0030026.

［13］C. Li, et al. Morphogenetic Mechanisms in the Cyclic Regeneration ofHair Follicles and Deer Antlers from Stem Cells ［J］. BioMed Research International. http：//dx. doi. org/10. 1155/2013/643601.

［14］C. Li, et al. Deer antler - A novel model for studying organ regeneration in mammals ［J］. The International Journal of Biochemistry & Cell Biology, http：//dx. doi. org/10. 1016/j. biocel. 2014. 07. 007.

［15］H. J. Park, et al. Proteome analysis of red deer antlers ［J］. Proteomics, 2004（4）：3642－3653. DOI：10. 1002/pmic. 200401027

［16］O'FARRELL P H. High resolution two-dimensional electrophoresis of proteins ［J］. JOURNAL OF BIOLOGICAL CHEMISTRY, 1975, 250（10）：4 007－4 021.

［17］Marouga R, David S, Hawkins E. The development of the DIGE system：2D fluorescence difference gel analysis technology ［J］. Analytical and Bioanalytical Chemistry, 2005, 382：669－678. DOI：10. 1007/s00216-005-3126-3.

此文发表于《农业生物技术学报》2015, 23（3）

基于干细胞的再生研究模型——鹿茸

褚文辉　鲁晓萍　王大涛　李春义

（中国农业科学院特产研究所，吉林省特种动物分子生物学重点实验室，吉林 长春　130000）

摘　要：

背景：鹿茸是唯一能够周期性再生的复杂哺乳动物器官，其再生过程是基于干细胞的存在。研究鹿茸再生机制，探索干细胞在哺乳动物器官再生中的作用对于再生生物学和再生医学研究具有重要的意义。

目的：综述鹿茸再生研究，干细胞及相关因子在鹿茸再生中的作用。

方法：应用计算机检索 1994-01/2012-10 PubMed 数据库（http://www.ncbi.nlm.nih.gov/PubMed）。

检索词为：deer antler; antler regeneration; stem cell，并限定文章语言种类为English。此外还手动查阅相关专著数部。

结果与结论：共检索文献87篇，最终纳入文献31篇。决定鹿茸发生及再生的关键组织分别为生茸区骨膜和角柄骨膜，这两种组织中的细胞被定义为鹿茸干细胞。鹿茸干细胞上覆盖的皮肤组织构成了这些干细胞活动所需的特定微环境。多种细胞因子IGF、性激素、EGF、VEGF等参与了鹿茸再生及快速生长调控。探索鹿茸干细胞微环境内各组分间相互作用所需的信号因子、阐明其调控机制，对了解鹿茸再生之谜，对于揭示干细胞在哺乳动物器官再生的作用具有十分重要的意义。

Stem cell based regeneration research model——Deer antler

Chu Wen-hui, Lu Xiao-ping, Wang Da-tao, Li Chun-yi

(Institute of Special Animal and Plant Sciences, Chinese Academy of agricultural Sciences, State key Laboratory for Molecular biology of Special Economic Animals, Changchun 130000, Jinlin Provinces, China)

Abstract

BACKGROUND: Deer antlers are the unique mammalian organs which can periodically regenerate, the process was known as stem cell-based. Exploring the underlying mechanism of deer antler regeneration and indentifying the functional role of stem cell in mammalian organ regeneration was of great importance to regenerative biology and regenerative medicine.

OBJECTIVE: To review the relevant literatures of the research progress in antler regeneration、antler stem cells and antler cytokines.

METHODS: A Computer-based online search of PubMed (1994-01/2012-10) was performed for acquiring the articles in English by using the key words "deer antler; antler regeneration; stem cell. In addition, manual search was also performed for those literatures that cannot be readily obtained from internet search. .

REAULTS AND CONLUSION: A total of 87 articles were obtained and finally 31 articles were selected. The key tissue types for antler regeneration were antlerogenic periosteum (AP) and pedicle periosteum (PP), the cells within which are known as antler stem cells. The covering skin of AP and PP constitutes the functional niche for antler stem cells. Numerous cytokines are involved in the process of antler fast growing and full regeneration, including IGF, sex hormones, EGF, VEGF etc. It is vitally important to identify the interacting molecules between the antler stem cells and their niche cell types, and to define the role of each molecule plays in antler regeneration, which will greatly advance our understanding of the stem cell-based mammalian organ regeneration.

引言

再生生物学和再生医学以实现人体受损或衰竭器官（有功能的组织）的部分或者完全的体内原位复制为最终目的（Ref）。遗憾的是，在进化过程中绝大多数的脊椎动物失去了完全再生器官的能力，人类仅保留了有限的能力再生出部分的毛发、牙齿、皮肤、肝脏等（Ref）。有趣的是，鹿茸作为复杂的哺乳动物器官却与进化规律相勃，能够周期性的完全再生（Ref）。春天，骨化的鹿角从永久性骨质残桩即角柄上脱落。新生的鹿茸随即从角柄的末端再生出来。新生的鹿茸被覆以特殊皮肤，人们称之为茸皮。夏天，鹿茸进入快速生长期，在此期间鹿茸的骨质、血管、神经及茸皮都保持着惊人的生长速率。秋天，逐渐钙化的鹿茸基部阻碍了血液对生长鹿茸的供给，导致了茸皮的脱落。冬天，鹿茸已经完全钙化成为裸露的骨质结构，也就是鹿角，这种情况一直保持到来年的春天。新一轮的鹿角脱落会再次触发周期性的鹿茸再生（Ref）。

鹿茸拥有令人惊异的再生能力，最初的研究认为鹿茸再生和低等两栖动物割处再生类似，都是源于断端细胞的反分化而实现的（Ref），但最新的研究结果发现鹿茸的再生是一个基于干细胞的过程。驱动鹿茸再生的干细胞来源于鹿额骨上永久性骨质残基——角柄上附着的一层角柄骨膜（Ref）。这便为我们提供了一个探索基于干细胞的哺乳动物器官完全再生的机会。现将鹿茸再生的组织基础，干细胞在鹿茸再生中的作用、干细胞微环境与鹿茸再生以及相关的细胞因子的作用作一综述。

1 资料和方法

1.1 文献来源

由第一作者检索，检索时限为 1994 年 1 月至 2012 年 10 月，检索数据库为 PubMed 数据库（http://www.ncbi.nlm.nih.gov/PubMed）。检索词为：deer antler；antler regeneration；stem cell。

1.2 资料筛选及评价

纳入标准：文章所述内容涉及鹿茸再生的组织学、形态学、鹿茸干细胞与微环境研究、相关细胞因子。

排除标准：排除重复研究和纳入标准无关的文章。

1.3 资料提取与文献质量评价

初检得到了 87 篇相关文献。最后符合要求的为 31 篇。主要是关于鹿茸再生的组织基础、干细胞与微环境以及与鹿茸再生相关因子，包括综述和研究论文，统一整理后进行综述。

2 结果

2.1 鹿茸再生的组织基础

组织学研究发现，鹿角脱落前期，在纵向切面上角柄远端部分变得粗糙且血管化明显。鹿角部分的陷窝 HE 染色较深，而角柄部分的陷窝颜色较浅，可以清晰地用一条虚拟的黑线将死的鹿角和活的角柄区分开来[1]。角柄的远端的皮肤紧密地覆着在骨质上，没有发现皮下存在疏松结缔组织。鹿角一旦脱落，角柄残桩远端的皮肤随即肿胀并向内迁移以覆盖于断面。这一皮层从外观上看，已经类似于茸皮：油亮且毛发稀疏。组织学分析显示，茸皮的表皮较厚并已经新生了毛囊和大的皮脂腺[2]。与此层紧紧相连的角柄骨膜（PP）组织也开始增厚，其内部是分化活跃的区域。随着时间的推移，两个新月形的生长中心直接从增厚的远端 PP 形成。一个在前部，另一个在后部。其内部是新生软骨组织，软骨组织上覆盖着一层增生的 PP 细胞。在其后的生长过程中，两个生长中心分别形成了向前及向后的生长点。这两个生长点进一步生长就变成后来的鹿茸主干及眉枝。由鹿茸再生的组织学及形态学研究可以看出，在鹿茸再生的早期阶段，角柄皮肤和 PP 都发生了增生及迁移。驱动鹿茸再生的生长中心则是 PP 的直接衍生物，骨质部分没有直接参与。然而，组织学及形态学的证据并不能确定鹿茸再生的组织基础。但是，可以得出的结论是鹿茸再生不同于低等两栖生物的断肢再生，它没有经历断端所有细胞的反分化过程[3]，也不是由再生芽基（blasterma）所驱动的，而是增生的 PP 衍生出的生长中心所驱动。因此，鹿茸再生是一种特殊的哺乳动物器官割处再生，很可能是基于干细胞的过程。另一个很有趣的现象是，角柄断面伤口的愈合过程中，在鹿场的开放环境中，如此大的一个创面（角柄直径 5~8cm），很少有感染或者炎症的发生，因此角柄/鹿茸可以作为一个天然免疫研究模型。

通过对鹿茸再生过程的组织学及形态学研究发现，鹿茸的周期性再生源于角柄骨膜组织膨大而形成的生长中心。Li 等[4]设计了一个巧妙的 PP 剔除实验，从角柄残桩上完全剔除 PP 组织，其后在 PP 缺失的情况下观察鹿茸的再生情况。结果发现，在 PP 完全剔除组，一头鹿在整个生茸季节完全没有生茸的迹象，而对照角柄却长出了完整的二杠茸。另一个精巧的实验[4]用以验证角柄的骨质部分是否参与了鹿茸再生，部分剔除角柄骨膜，结果发现鹿茸的发生/再生出现在剩余 PP 末端与其上覆盖着皮肤的交汇处，完全没有角柄骨质的参与。通过插膜实验[5]将一块不透膜插入到骨质和覆盖的皮肤之间。结果发现，插入的不透膜阻止了皮肤组织参与鹿茸的再生。所有三组不透膜插入组都再生出了无皮鹿茸。这些实验精准无误地将鹿茸再生的组织基础锁定为 PP，正是它驱动了每年周期性的鹿茸再生，没有皮肤和骨质的参与。

PP 无疑是驱动鹿茸再生的组织基础，但是包括 PP 在内的角柄并不是与生俱来的。在青春期雄鹿的额外脊上有一块被称之为生茸区骨膜的组织（AP），角柄则是它的直接衍生物。生茸区骨膜的发现被称之为鹿茸研究史上的里程碑[6]。将 AP 移植到鹿身体的其他部位，如前额或者前腿，可以在移植处形成完整的鹿茸，这种鹿茸和正常的鹿茸一样拥有角柄并能够每年周期性再生[7]。利用病毒载体对萌发前的 AP 进行 LacZ 标记[8]，结果发现随后生成的角柄及初角茸中，几乎所有类型的组织中都有 Xgal 阳性细胞的存在，包括间充质、前软骨、软骨、骨，说明角柄和鹿茸的组织细胞都来源于 AP。将 AP 细胞进行长时间离体培养，能形成一个较大的透明状骨质柱[9]。在组织学上，这些骨柱的结构井然有序，类似于角柄或鹿茸中的骨小梁。其中央区域较多的是分化了的细胞，它们活跃地形成胞外基质，在外围是分化程度低的锥形细胞[9]。AP 无疑是一块极为特殊的组织，其内的细胞包含了鹿茸发生及再生所需的全部信息。另外，AP 还具有类似胚胎组织的多能性，能衍生出间充质、前软骨、骨等多种组织。因此，决定鹿茸发生、再生的组织基础分别是 AP 及 PP，它们很有可能是一种多能干细胞组织。

2.2 鹿茸干细胞

AP 无疑是一块极其特殊的组织，Li 和 Suttie 将 AP 总结为一块后生遗留的胚胎组织[9]。因而，鹿茸的周期性再生是一种基于干细胞的过程，AP 的直接衍生物 PP 也是一种特殊的成体干细胞组织。最近的研究发现 AP、PP 细胞都表达相当水平的胚胎干细胞特异标记物 CD9，Oc4，SOX2 和 Naong[8]。另外，这两种细胞均有较高的端粒酶及 Nudeostemin 蛋白活性。端粒酶与细胞的自我更新能力紧密相关[10]。Nucleostamin 的表达与干细胞增殖及蝾螈的芽基再生形成有关[11,12]。最近，研究表明 PP 细胞表达 Stro-1[13]，一种间充质干细胞标记物。通过干细胞表面标记物测定，已经可以确定 AP 和 PP 细胞均为特殊的成体干细胞。鉴定干细胞，另一个极具说服力的是分化潜能实验。已有数个不同研究小组[13,14]对 AP 及 PP 细胞的分化潜能进行了研究。体外培养时，在微粒体培养体系中添加地塞米松和抗坏血酸，AP 和 PP 细胞都能分化为软骨细胞及成骨细胞[14,15]。有趣的是，当在 AP 及 PP 的培养基中添加亚油酸或者在 AP 细胞培养基中添加兔血清时[14]，它们会分化为脂肪细胞。最近，通过与已知的 C2C12 肌肉祖细胞系进行共培养，成功地将 AP 细胞成功诱导为多核的肌肉前体细胞。在培养基中添加半乳糖凝集素-1 也能达到相同的效果。当 AP 细胞被培养在能够促进神经元分化的 N2 培养基时，它能够分化为神经元样细胞，在细胞的四周有类似神经轴突的结构。这些实验清晰地证明了，AP 和 PP 细胞，特别是 AP 细胞均具有多能性，在适当的条件下能分化为多种类型的细胞，因而，鹿茸再生是一种基于干细胞的割处再生过程。

2.3 鹿茸干细胞微环境及组分间相互作用

在每年的再生周期中，角柄骨膜中的干细胞被激活、应答以驱动周期性的鹿茸再生。一般而言，成体器官内干细胞的维持需要它们与周围已分化的细胞紧密相连，处于特定的构造中，也就是干细胞的微环境中。干细胞与外界环境通过一系列的外因子包括特异的细胞基质组分及结合生长因子等相互作用，以应对组织间歇性有规律的自我更新，或者对一定情况的适当应答，如组织损伤，应答组织修复所需要的细胞群转移。干细胞微环境中特异的相互作用力是促发这一系列活动的关键。对鹿茸再生过程的解剖学及形态学研究表明，在鹿茸发生及鹿茸每年的再生过程中，均需要干细胞微环境的参与。

在研究 AP 萌发及异位茸形成的过程中，Goss[16]发现 AP 组织上覆盖的皮肤构成了 AP 萌发所需的特定微环境。但是有三个部位的皮肤不能提供 AP 萌发所需的微环境，他们分别是鼻子前端（鼻镜），尾巴腹面和鹿后背的皮肤，而将 AP 移植到鹿身体其他任意部位皮下都诱导 AP 萌发形成异位茸。最近的实验表明[17]，裸鼠的皮肤也不能构成 AP 萌发所需的微环境，也不能和移植的 AP 相互作用，并将自身转化成茸皮。将 AP 移植到鹿的后背，尾巴及裸鼠皮下，仅在皮下膨大形成骨粒。比较鹿的鼻镜，尾腹部皮肤，裸鼠的皮肤可以发现它们几乎都缺乏毛囊。鹿的背部皮肤确有毛发存在，但这一区域几乎是鹿身上毛发最稀疏的部分，且其中以针毛居多，因此毛囊包括真皮乳突细胞在内一定在相互作用中发挥了重要作用。进一步研究发现在裸鼠模型中共移植AP和鹿皮，AP可以有效地诱导共移植的鹿皮表皮转化为茸皮表皮，这种转化只有在与真皮相连接皮下疏松结缔组织及部分真皮剔除的情况下发生[5]。AP与其上覆盖皮肤构成的微环境，不但可以将鹿皮转化为茸皮，反过来分化的茸皮也激活了AP的快速分裂繁殖。AP细胞的分化命运依赖于它们相对于皮肤内表面的位置。那些贴近内层皮肤的AP细胞分化成了有丝分裂静止干细胞，稍许远离的成了过渡性扩增细胞，更远的分化成了前软骨细胞。鹿皮的相关特性在最近的AP移植实验中也有发现。实验中，将AP组织翻转后移植皮下（使AP细胞层正对皮肤），自然条件下应分化为过渡性扩增细胞的内层AP细胞却成了分裂静止的干细胞，而外层AP细胞发育成了过渡性扩增细胞[18]。因此，这一微环境中各组分间的作用是相互，必然存在着交换信息的信号物质。下一步的研究如果能够在离体条件下模拟三种不同的干细胞微环境：AP与茸皮相互作用微环境，AP与普通鹿皮相互作用微环境，AP与非萌发皮肤相互作用微环境（鼻镜/后背/尾巴腹部），并探索离体微环境中各种游离小分子物质的差异并研究其功能，必将有助于探索鹿茸再生之谜。

鹿茸的再生同样也需要PP被其上覆盖的皮肤通过物理或化学的方法相激发。在研究PP组织采样技术时，Li和Suttie[19]发现沿着角柄从远端到近段皮肤和角柄骨质的结合程度是不一样的。近端角柄皮肤和PP是疏松结合的，而远端是紧密结合的。由于先前的研究已经发现，AP和其上覆盖皮肤紧密结合是鹿茸生成的先决条件。那么鹿茸的再生是否也需要PP和其上皮肤的紧密结合？这样的结合是否也是有助于相关信号分子到达靶位点以诱导鹿茸再生？如果这个假设成立，那就不难解释为什么角柄远端区域PP和其上的皮肤结合非常紧密而近段比较疏松。也就是说，不同的结合程度说明了PP不同的应激状态，紧密结合区的PP是已经激活的，在条件具备是可以立即驱动鹿茸的再生，这样的结合也有助于相关信号分子的传递；而疏松结合区域的PP是还没有被其上皮肤所激活的。为了验证这个假设，再次进行了插膜实验[5]。插膜前，在紧密及疏松结合域的交界处截去远端部分从而人为制造了一个角柄残基。为确保截断的正确，沿着角柄的长轴做了一个纵向的皮肤切口以确定疏松和紧密结合的边界。当疏松结合域的PP和其上的皮肤被不透膜有效阻隔时，鹿茸再生被有效地抑制了，而阴性对照组却长出了一个完整的二杠茸。而紧密结合域的膜插入却未能阻碍鹿茸的再生，没有皮肤的参与PP长出了一个无皮茸，与疏松区插膜实验形成了鲜明的对比。实验的结果证明了，远端紧密结合区域的PP已被激活，隔离其和皮肤的信号传递并没有能够抑制鹿茸的再生。但是疏松区的信号交流通道一旦阻塞，鹿茸再生即停止。下一步的研究，应该集中于如何寻找抑制鹿茸再生的信号因子

总而言之，鹿茸的发生及再生都需要有适宜的皮肤参与，这种需求与不同鹿茸组织类型无关，而与鹿茸生成组织的结合程度有关，以驱动扩散诱导因子的分泌。鹿茸生成细胞接受这些信号后，快速增殖及分化以构建鹿茸组织。

2.4 细胞因子与鹿茸再生

鹿茸再生是一种基于干细胞的过程，这种干细胞定位于鹿的PP中。研究发现，干细胞微环境及其相互作用在鹿茸再生中起着至关重要的作用。这种相互作用很可能是通过多种生长因子在起作用。研究发现[20]，类胰岛素生长因子（IGF）在快速生长的鹿茸尖部各个分层：表皮/真皮层、间充质层、前软骨层、软骨层都有表达，但是表达量存在着差异。在真皮/表皮层中，IGF-1的含量都比其他三个层中的高。原位杂交和免疫组化发现IGF-1在鹿茸尖端及上部的软骨细胞及成骨细胞中均存在阳性信号。然而，在中间及底部部分，IGF-1仅在骨组织周围的成骨细胞中刚

刚可以检测到[21]。在体外培养时，通过放射性标记发现 IGF-1 对鹿茸软骨膜细胞、鹿茸间质细胞、鹿茸软骨细胞都有促有丝分裂作用[22]。进一步研究发现，鹿茸被锯掉后鹿血浆中的 IGF-1 浓度迅速升高，这表明鹿茸中存在 IGF 特异性结合位点，远距分泌途径产生的 IGF 通过血液循环对生长的鹿茸产生作用，刺激鹿茸的快速生长。直接的证据是表皮/真皮层中 IGF 的含量明显高于其他分层，而且越远离表皮/真皮层含量越低，到骨化区域仅在骨组织周围的成骨细胞中刚刚可以检测到。因而，随着 IGF 在鹿茸中由尖部到基部含量的下降，各个部分相应的增殖潜能也下降。但是，IGF 是如何影响鹿茸快速增殖的，是通过单一的靶位点还是多个信号通路，这一方面的研究还不是非常明确。另一方面，鹿茸的生长周期、体内的 IGF 水平周期以及性激素周期之间存在着微妙的关系。Suttie 等[23,24]报导周期性 IGF-1 水平与角柄及初角茸的生长显著地正相关。鹿茸的快速生长期总在睾酮周期的低水平期，而在 IGF-1 的高水平期或上升期[23]，对生茸期的雄鹿去势并不影响鹿茸的生长。然而在体外的无血清培养基中无论是在正常的生理水平还是低谷期睾酮对来源于鹿茸增殖层的细胞都没有直接的促有丝分裂作用。并且，在体外条件下大范围的睾酮浓度并不能促进这些细胞的有丝分裂，但在一定的浓度下（0.1 ~ 5 nM）能够降低 IGF1 的促有丝分裂作用。[25]

鹿茸拥有不可思议的生长速度，在一些大的鹿种中可达到 1 ~ 2cm/天[26]。鹿茸的延长是通过软骨内成骨重塑进行的。TUNEL 检测[27]发现在软骨膜，未分化的间充质和鹿茸软骨膜细胞中凋亡的比例较高，而皮肤细胞中凋亡比例低。其中，间充质层 TUNEL 阳性细胞高达 64% 这比任何报道的成体组织中的含量都要高。有趣的是，较高的增殖的速率恰恰也保持在间充质细胞，皮肤（尤其是毛囊中）和骨膜的细胞中。在软骨膜和骨膜组织的纤维层中，增殖的速率较低，在软骨组织几乎没有。在间充质层细胞中同时存在高度的细胞凋亡及增殖表明这一区域是鹿茸的生长区。这种大范围的细胞程序性死亡及增殖反映了器官发生和组织重塑之间异乎寻常的同步速率。因而，内在的或者系统的调控因子保持着鹿茸组织中生长和凋亡之间的平衡，这正是下一步需要进行的重点。检测凋亡相关基因发现[27]，在鹿茸软骨膜/间充质和非矿化的软骨中 bcl-2 和 bax 的表达量均比皮肤和矿化的软骨中的高。免疫组化发现，bax 表达于间充质，成软骨细胞，软骨细胞，成骨细胞，骨细胞和破骨细胞中。也就是说，在鹿茸的快速再生过程中伴随着细胞的程序性死亡，这一现象贯穿于鹿茸骨骼的发育、生长及重塑过程。这也许可以解释为什么鹿茸保持着惊人的生长速率而不发生癌变。

鹿茸是一种特殊的骨组织，在其纵切面上由远端至近端依次可分为表皮/真皮层、间充质层、前软骨层、过渡区、软骨层及骨。鹿茸免疫组化研究发现[28]，表皮生长因子（EGF）定位于鹿茸的皮肤、间充质、软骨细胞中以及成骨细胞系包括成骨前体细胞，成骨细胞，破骨细胞中。表皮生长因子受体 EGFR 同样表达于间充质、软骨和成骨细胞中。在皮肤中，EGFR 的分布更加广泛，在真皮层深处的细胞中强烈表达在浅层却没有，在真皮细胞的细胞核及其附属物中也没有信号。EGFR 在覆盖物中的分布和人类皮肤中情况类似。相反，在发育的鹿茸软骨中，信号的分布和啮齿类胎骨类似，这说明，在成体条件下，覆盖着茸皮的鹿茸中快速生长的软骨，具有类似胚胎软骨的特性。鹿茸另一个引人注目的特性是血管化的软骨。这是任何其他软骨组织所不具备的。Li[29] 等通过血管造影发现鹿茸中血管大多为动脉，它们主要分布于真皮内准确讲是真皮的底部，也就是所谓的血管层。这些血管来源于鹿茸的基底穿行于真皮内几乎不分叉。它们在鹿茸尖部开始变弯曲并开始分叉。鹿茸尖端的大量血管分支产生了前软骨，软骨，及骨中的静脉血管。有两种理论来解释这一现象。一种可能性是血管延伸，主动脉沿着管槽或管槽上特定的位点通过内皮细胞和支持细胞的增殖自我进行生长。另一种可能是新生血管或摄入性重塑导致的血管萌发，由细小的分支融合，或者由主动脉迁徙分支。血管内皮生长因子（VEGF），它是一种高度特异的内皮细胞有丝分裂源，可通过与血管内皮细胞上的受体结合，对内皮细胞发挥强烈的促分裂和趋化作用；同时，VEGF 可提高血管通透性，使内皮细胞接受刺激因子的作用增强。检测发现[30]鹿茸中存在 VEGF121 和 VEGF165，且在鹿茸的前软骨和软骨层发现 VEGF mRNA 的存在。已发现的 VEGF 受体有三种：Fl-t 1（fms-like yrosinekinase-1，VEGFO1），KDR（kinase domain region，VEGFRO2），Fl-t 4（VEGFRO3）。三者均属酪氨酸激酶受体，主要分布于内皮细胞。在鹿茸前软骨区域的内皮细胞中有 KDR 的 mRNA 存在。这一发现和 VEGF 在鹿茸中有促血管生长作用相吻合。另一个有趣的发现是再生鹿茸中的神经总是跟随着血管的生长。Li 等[31]探索鹿茸中神经分布时发现，再生的轴突沿着主要的血管分布，位于真皮层和鹿茸间充质的交界处。NGF 的 mRNA 表达于再生的鹿茸中，尤其是鹿茸尖部动脉及微动脉的平滑肌细胞中。因此，鹿茸中血管化软骨中血管的新生或者延伸，很可能是神经调控的，而血管的生成又为神经的快速生长提供了基础。揭示两者的关系，有可能为骨损伤修复和多种软骨疾病的治疗提供新的思路和方法

3 结论

鹿茸可以作为一种良好的生物医学模型来研究哺乳动物器官的完全再生。与人的皮肤、牙齿、毛发再生类似，鹿茸再生也是基于干细胞的过程。这种干细胞被称为鹿茸干细胞定位于鹿的 AP 和 PP 中，其上的皮肤构成了鹿茸干细胞所需的特殊微环境。如何寻找该系统中的信号物质并鉴定其功能，应该成为下一步的研究重点。驱动鹿茸再生的生长中心保持着极高的细胞增殖及凋亡水平，这也许可以解释为什么鹿茸拥有可以媲美肿瘤的生长速度而不癌变。但是，其中的调控机理还知之甚少，对其深入研究不但有助于揭示鹿茸再生之谜，也为肿瘤研究提供了新的模型和思路。鹿茸再生包含了骨组织、皮肤、血管、神经组织的完全再生，多种细胞因子参与其中，添加和绘制完整的调控机制网络图谱需要更多的实验数据支持。总之，将鹿茸作为一种特殊的生物医学模型探索哺乳动物器官再生机制，可以给迅速发展的人类再生生物学和再生医学研究提供有益的内容。

参考文献

［1］Li C，Suttie JM，Clark DE. Histological examination of antler regeneration in red deer（cervus elaphus）［J］. Anat Rec A Discov Mol Cell Evol Biol 2005；282：163 – 174.

［2］Li C，Suttie JM，Clark DE. Morphological observation of antler regeneration in red deer（cervus elaphus）［J］. J Morphol，2004，262：731 –740.

［3］Call MK，Tsonis PA. Vertebrate limb regeneration［J］. Adv Biochem Eng Biotechnol，2005，93：67 –81.

［4］Li C，Mackintosh CG，Martin SK，Clark DE. Identification of key tissue type for antler regeneration through pedicle periosteum deletion［J］. Cell Tissue Res，2007，328：65 –75.

［5］Li C，Yang F，Li G，Gao X，Xing X，Wei H，Deng X，Clark DE. Antler regeneration：A dependent process of stem tissue primed via interaction with its enveloping skin［J］. J Exp Zool A Ecol Genet Physiol，2007，307：95 –105.

［6］Goss RJ. Deer antlers. Regeneration，function and evolution［M］. New York，NY：Academic

Press, 1983.

[7] Goss RJ, Powel RS. Induction of deer antlers by transplanted periosteum [J]. I. Graft size and shape. J Exp Zool, 1985, 235: 359 - 373.

[8] Li C. Development of deer antler model for biomedical research [J]. Recent Adv Res Updates, 2003, 4: 256 - 274.

[9] Li C, Suttie JM. Deer antlerogenic periosteum. A piece of postnatally retained embryonic tissue [J]. Anat Embryol (Berl), 2001, 204: 375 - 388.

[10] Yang C, Przyborski S, Cooke MJ, Zhang X, Stewart R, Anyfantis G, Atkinson SP, Saretzki G, Armstrong L, Lako M. A key role for telomerase reverse transcriptase unit in modulating human embryonic stem cell proliferation, cell cycle dynamics, and in vitro differentiation [J]. Stem Cells, 2008; 26: 850 - 863.

[11] Beekman C, Nichane M, De Clercq S, Maetens M, Floss T, Wurst W, Bellefroid E, Marine JC. Evolutionarily conserved role of nucleostemin. Controlling proliferation of stem/progenitor cells during early vertebrate development [J]. Mol Cell Biol, 2006, 26: 9 291 - 9 301.

[12] Maki N, Takechi K, Sano S, Tarui H, Sasai Y, Agata K. Rapid accumulation of nucleostemin in nucleolus during newt regeneration [J]. Dev Dyn, 2007, 236: 941 - 950.

[13] Rolf HJ, Kierdorf U, Kierdorf H, Schulz J, Seymour N, Schliephake H, Napp J, Niebert S, Wolfel H, Wiese KG. Localization and characterization of stro-1 cells in the deer pedicle and regenerating antler [J]. PLoS One, 2008, 3: e2064.

[14] Berg DK, Li C, Asher G, Wells DN, Oback B. Red deer cloned from antler stem cells and their differentiated progeny [J]. Biol Reprod, 2007, 77: 384 - 394.

[15] Li C, Suttie JM, Clark DE. Deer antler regeneration. A system which allows the full regeneration of mammalian apendages. : Advances in Antler Science andProduct Technology [M]. New Zealand Mosgiel, Taieri Print Ltd, 2004: 1 - 10.

[16] Goss RJ. Induction of deer antlers by transplanted periosteum. Ii. Regional competence for velvet transformation in ectopic skin [J]. J Exp Zool, 1987, 244: 101 - 111.

[17] Li C, Harris AJ, Suttie JM. Tissue interactions and antlerogenesis. New findings revealed by a xenograft approach [J]. J Exp Zool, 2001, 290: 18 - 30.

[18] Gao X, Yang F, Zhao H, Wang W, Li C. Antler transformation is advanced by inversion of antlerogenic periosteum implants in sika deer (cervus nippon) [J]. Anat Rec (Hoboken), 2010, 293: 1 787 - 1 796.

[19] Li C, Suttie JM. Tissue collection methods for antler research [J]. Eur J Morphol, 2003, 41: 23 - 30.

[20] Francis SM, Suttie JM. Detection of growth factors and proto-oncogene mrna in the growing tip of red deer (cervus elaphus) antler using reverse-transcriptase polymerase chain reaction (rt-pcr) [J]. J Exp Zool, 1998, 281: 36 - 42.

[21] Gu L, Mo E, Yang Z, Zhu X, Fang Z, Sun B, Wang C, Bao J, Sung C. Expression and localization of insulin-like growth factor-i in four parts of the red deer antler [J]. Growth Factors, 2007, 25: 264 - 279.

[22] Price JS, Oyajobi BO, Oreffo RO, Russell RG. J Endocrinol, 1994, 143: R9 - 16.

[23] Suttie JM, Gluckman PD, Butler JH, Fennessy PF, Corson ID, Laas FJ. Insulin-like growth factor 1 (igf-1) antler-stimulating hormone [J]. Endocrinology, 1985, 116: 846 – 848.

[24] Suttie JM, Fennessy PF, Gluckman PD, Corson ID. Elevated plasma igf 1 levels in stags prevented from growing antlers [J]. Endocrinology, 1988, 122: 3 005 – 3 007.

[25] Sadighi M, Li C, Littlejohn RP, Suttie JM. Effects of testosterone either alone or with igf-i on growth of cells derived from the proliferation zone of regenerating antlers in vitro [J]. Growth Horm IGF Res, 2001, 11: 240 – 246.

[26] Goss RJ. Problems of antlerogenesis [J]. Clin Orthop Relat Res, 1970, 69: 227 – 238.

[27] Colitti M, Allen SP, Price JS. Programmed cell death in the regenerating deer antler [J]. J Anat, 2005, 207: 339 – 351.

[28] Barling PM, Lai AK, Nicholson LF. Distribution of egf and its receptor in growing red deer antler [J]. Cell Biol Int, 2005, 29: 229 – 236.

[29] Clark DE, Li C, Wang W, Martin SK, Suttie JM. Vascular localization and proliferation in the growing tip of the deer antler [J]. Anat Rec A Discov Mol Cell Evol Biol, 2006, 288: 973 – 981.

[30] Clark DE, Lord EA, Suttie JM. Expression of vegf and pleiotrophin in deer antler [J]. Anat Rec A Discov Mol Cell Evol Biol, 2006, 288: 1 281 – 1 293.

[31] Li C, Stanton JA, Robertson TM, Suttie JM, Sheard PW, Harris AJ, Clark DE. Nerve growth factor mrna expression in the regenerating antler tip of red deer (cervus elaphus) [J]. PLoS One, 2007, 2: e148.

此文发表于《中国组织工程研究》2013 年第 17 卷第 45 期

鹿作为生物医学模型的研究进展

孙红梅　金美伶　路　晓　李春义

（中国农业科学院特产研究所特种经济动物分子生物学国家重点实验室，长春　130112）

摘　要： 鹿为偶蹄目有角的反刍动物，具有很高的经济价值。在生物医学领域，鹿还可以作为独特的研究模型。本文综述了鹿的一些生理特性，并对其在生物医学模型上的应用前景进行了分析。

关键词： 再生；软骨损伤修复；骨质疏松；伤口愈合；鹿；生物模型

ResearchProgress of Deer as A biomedical Model

Sun Hongmei，Jin Meiling，Lu Xiao，Li Chunyi

（State Key Laboratory for Molecular Biology of Special Economic Animals，
Institute of Special Wild Economic Animals and Plants，Chinese Academy of
Agricultural Sciences，Changchun 130112，China）

Abstract： Deer belong to artiodactyla horned cud chewer. They have high economic value. Deer can also be used as unique biomedical model. In this paper，some biological properties of deer were summarized，the prospects of deer as biomedical models were reviewed.

Key words： regeneration；cartilage injury and repair；osteoporosis；wound healing；deer；biological models

在生物学和医学发展过程中，动物模型起到了不可磨灭的作用。尤其是哺乳动物，在进化关系上与人类最近，更是研究者们所青睐的。鹿为偶蹄目有角的反刍动物，长久以来就具有很高的经济价值。鹿茸是名贵中药材，鹿肉可食用，鹿皮可制革，目前，国内外已大量进行人工饲养。此外，在生物医学领域，鹿所产的鹿茸还是非常独特的研究模型。首先，鹿茸作为目前所知的唯一一个能够周期性完全再生的哺乳动物器官，可以为再生医学领域提供了解哺乳动物器官再生的研究模型；鹿茸成骨过程与长骨形成过程相似，且含血管软骨快速生长、完全再生的特性，可以为长骨生长及关节软骨损伤修复的研究提供优秀的研究模型；鹿角柄（着生于鹿头部额骨的永久性骨桩，鹿茸角在其上脱落与再生）的无伤疤愈合现象可以为生物医学领域研究伤口愈合提供模型；此外，鹿茸骨化期鹿体骨骨质疏松，但骨化后很快恢复正常水平的现象也为骨质疏松的治疗提供了很好的研究契机。

1　鹿茸作为再生医学模型

近年来，再生医学的迅猛发展为机体损伤组织和器官的再生带来了新的希望。最引人注目的器官再生莫过于割处再生（Epimorphic regeneration）[1]。至今我们对割处再生的了解主要来自于低等脊椎动物，特别是两栖类，如蝾螈断肢再生的研究[2]。这些动物之所以能够实现断肢再生，是由于位于其肢体残桩断面的已完全分化的细胞有进行反分化变成胚胎样细胞的能力[3]。这些胚胎样细胞随后在愈合的表皮之下进行分裂并积聚，在断面上形成一个锥形体。这个锥形体被称为胚芽（Blastema）。这个胚芽就具备了完全再生出失去那部分肢体的潜力[4]。因此，两栖类断肢再生被称为基于胚芽的割处再生[5]。哺乳动物肢体残桩断面的细胞是否也存在着这种反分化的潜力，如果要刺激哺乳动物割处再生是否也要首先诱导胚芽的生成才能实现目前还不清楚。而鹿茸是目前所知的唯一一种在自然情况下能够周期性完全再生的复杂哺乳动物器官[6]，为我们提供了一个难得的了解自然界是怎样解决哺乳动物器官再生的机会。鹿茸的再生是以年为周期的[7]。每年春天，鹿茸在鹿角（完全骨化的鹿茸）脱落后由角柄（着生于鹿头部额骨上的永久性骨桩）处开始再生；春末夏初，再生的鹿茸进入快速生长期，其生长速度可达2cm/d；到了秋季，鹿茸生长由于茸组织的快速骨化而中止。其后茸皮干枯、剥落，露出坚硬的骨角，这时的鹿茸就变成了鹿角；在冬季，裸露的死骨角牢牢地附着在活组织角柄上；直到第2年春天，鹿角才由角柄上脱落，这就又触发了新一轮的鹿茸再生。

鹿茸具有惊人的再生能力，因此，引起了广大学者的广泛关注，。近年来，通过对鹿茸的形态[8]、组织学[9]以及细胞生物学的研究，探讨了鹿茸再生的机制，结果表明，鹿茸再生的生长中心由有限的被激活的角柄末端骨膜细胞所形成。鹿的角柄骨膜是鹿茸再生的关键组织。为了揭示为什么如此有限的角柄骨膜细胞（由立体组织学得出约3.3百万个）在这么短暂的时间内（约60d）能再生出近10kg重的复杂鹿茸组织的机制，许多研究者从不同的角度对角柄骨膜细胞进行了深入的研究[8,10]，结果发现，这些细胞具备胚胎干细胞的一些特性。如，表达关键的胚胎干细胞的标记物Oct4、Nanog、CD9、Telomerase和Nucleostemin，这就解释了为什么角柄骨膜细胞具有自我更新能力和巨大的分裂潜力。另外，角柄骨膜细胞能在离体条件下被诱导分化成成骨细胞、成软骨细胞、脂肪细胞、肌纤维细胞和神经样细胞，这就解释了为什么能由角柄骨膜细胞再生出复杂的含有神经、血管和不同发育阶段的软骨及骨组织的鹿茸。因此得出结论，鹿茸再生是基于干细胞的割处再生，鹿茸再生的干细胞存在于角柄的骨膜中。鹿茸再生从本质上不同于基于胚芽再生的两栖类断肢再生[11]。

鹿茸的再生开始于鹿角脱落。鹿角脱落后，角柄末端留下一个硕大的伤口，角柄皮肤整层向心生长，逐渐覆盖角柄断端，同时角柄末端的角柄骨膜细胞被激活，分化形成鹿茸的生长中心，支持鹿茸的再生，最后形成鹿茸的主干和眉枝。鹿茸的再生过程与老鼠断肢的愈合过程非常相似，老鼠长骨砍断之后，伤口处长骨的断端死掉，也是断肢整层皮肤向伤口中心迁移，同时激活长骨骨膜细胞，分化形成软骨，软骨向长骨开口处迁移，逐渐将伤口封闭，最后变成骨质。与鹿茸再生不同之处仅在于，老鼠长骨伤口愈合后软骨停止了生长，不能再生出新的长骨。因此，研究鹿茸的再生，对老鼠等哺乳动物断肢再生具有一定的指导意义。

作为雄性鹿的副性器官（驯鹿除外），鹿茸再生受到鹿体内雄激素水平的控制[12]。Li等的薄膜插入试验和裸鼠异体移植试验揭示[13,14]，鹿茸再生是鹿体内雄激素水平降到一定临界值以下时所触发的角柄骨膜细胞和包裹角柄的皮肤细胞间相互作用的结果。角柄骨膜细胞诱导角柄皮肤表皮变成鹿茸表皮；反过来，鹿茸表皮细胞的反馈信号激活了角柄骨膜细胞的快速分裂繁殖，从而形成再生鹿茸的生长中心。角柄骨膜和皮肤细胞间的相互作用是鹿茸再生所必须的，而这种相互作用是通过交换游离的小分子物质而实现的。因此，鉴别和分离出这些参与鹿茸再生过程的游离小分子物质，不但对研究哺乳动物器官再生的机制具有重要意义，而且也可能是实现除鹿茸以外其他哺乳动物（包括人在内）器官再生的有效途径之一。今天的再生医学已清楚地证明哺乳动物同样存在着组织和器官再生的潜力，研究如何去激活这种潜力是当代再生医学的任务之所在[14-17]。研究认为，使用刺激鹿茸再生的物质可能是激活哺乳动物器官再生潜力的有效方法之一。因此，对鹿茸再生机理的研究，有利于为哺乳动物乃至人类断肢的再生开辟有效途径。

2 鹿茸作为骨发育及软骨损伤修复模型

鹿茸是一个骨质性器官，生长于体外，易于观察，成对出现呈镜像对称，具备作为研究模型的主要特性，而且其组织的发生与骨骼骨质的发生是相同的，包括膜内成骨和软骨内成骨2种成骨形式，但茸骨组织的形成是膜内成骨还是软骨内成骨，许多专家观点不一。有些人认为是由膜内成骨而来；有些人认为是由软骨内成骨而来；还有的人认为是既有膜内成骨，又有软骨内成骨[18,19]。Banks 等[20]通过组织化学实验对此做了详尽的研究，得出鹿茸组织是由不同于典型软骨内成骨的特殊的软骨内成骨而来，其标志是角柄顶端软骨膜下出现连续的骨小梁。在整个生茸期内，软骨膜持续存在，通过附加增生来实现鹿茸的生长。发育到一定程度的肥大软骨细胞向细胞间质中分泌 X 型胶原纤维等，引起间质的钙化，进而骨组织替换软骨组织。与长骨的形成相比，鹿茸的组织结构分化非常细致，既包括成软骨细胞、成骨细胞，又包括前成软骨细胞和前成骨细胞。研究鹿茸软骨内成骨的发生机制可为研究长骨的骨化机制、骨质疏松病发病机理提供一些重要的理论依据。

众所周知，软骨是唯一没有血管分布且细胞组成很单一的一种独特组织[21]，具有很强的抗压、抗撞击能力。也正因为如此，软骨组织几乎丧失了自我修复能力[22]。因此，临床上修复软骨损伤的途径和方法以导入脉管系统或移植细胞到受损部位为核心[23]。为了获得脉管系统，许多研究者通过软骨下骨钻孔来使软骨暴露给血管，驱动内部软骨修复然而这种途径驱动软骨形成只能提供暂时的纤维软骨环，而不具备持久的生物学功能[24]；一些研究者也曾尝试着采用多种方法移植细胞到受损关节软骨，然而，这些修复过程缺乏移植组织与宿主组织之间的完全融合，愈后结果都不理想[25,26]。目前为止，仍然没有一个已证明的令人信服的通用方法能将损伤的软骨修复到正常功能水平[27]。

鹿茸软骨是非常独特的软骨组织，它不仅在自然条件下能够修复、再生，而且每年以一种惊人的速度（可达 2cm/d）再生[4,5]。研究表明，鹿茸具有这种能力主要原因就是鹿茸软骨结构比较独特，软骨组织内分布着大量的血管网[28,29]。与体骨的软骨内骨化过程不同，鹿茸软骨形成与血管形成是一体的，间充质细胞分化首先形成含有血管的前骨质，然后被骨所替代，不经历血管侵入的过程。由于鹿茸软骨含有血管的特性，鹿茸的前骨质组织是否为真正的软骨这一问题在20世纪中期一直存在争议。为了弄清楚这一问题，Banks 和 Frasier[30]分别进行了鹿茸超微结构和鹿茸软骨基质的免疫化学研究，确定了鹿茸前骨质组织具有软骨的结构特点，得出鹿茸的含血管前骨组织为真正的软骨结论[20,33,31]。鹿茸含血管软骨的形成是鹿茸快速生长期高代谢水平的需要。鹿在进化的过程中，以鹿茸作为第二性征，为了在发情季节使用鹿茸作为争夺配偶的武器，鹿必须在有限的时间内完成大量的（对马鹿来说，鹿茸将近1m高）骨质器官-鹿茸的快速生长[32]。形成骨组织最快的方式莫过于软骨内骨化（先形成软骨，然后通过软骨重塑被骨所替换），但是软骨组织有它的缺点，即无血管特性，只能通过扩散获得营养，而扩散距离终究是有限的。按常规理论，为了按时完成鹿茸的快速生长，间充质细胞必须以绝对快的速度增殖，然后分化成软骨，这样就需要软骨重塑和成骨替换过程与之保持相同的速度，以保证深层细胞获得充足的营养和氧气。然而，鹿茸的形成并不完全遵循这样的过程，在鹿茸生长中心保留着大量的软骨，鹿茸创造了一种允许间充质细胞在低氧环境的软骨中心分化成血管内皮细胞，形成血管系统的途径，这样不仅保持了软骨的快速形成，也不会因滞后的软骨重塑和骨替换而抑制鹿茸的快速生长。如果将鹿茸再生来源的骨膜组织移植到裸鼠体内或者弥散腔中，限制鹿茸干细胞的分裂分化速度，结果这些细胞可以分化成无血管的常规软骨[34,35]。因此，鹿茸含血管软骨的形成是鹿茸完成快速生长的需要。鹿茸生长速度越快，血管形成也就越多。因此，对鹿茸软骨及软骨内血管形成机制的研究，可以为软骨损伤修复打开一个新的通路。

3 无伤疤伤口愈合模型

鹿茸的再生是由角柄末端伤口愈合开始的。大型鹿种（如赤鹿和马鹿）的角柄末端伤口直径可达60~70mm（最大的可达10cm）。形态学研究结果表明[31]，鹿角脱落后，角柄末端周围的皮肤开始在断面上向心生长。与角柄的皮肤（典型的头皮）相比，新生皮肤具有被毛稀疏并具光泽的明显不同特性，即为包裹未来鹿茸的茸皮。鹿角脱落2~3d后，角柄伤口愈合已接近中期，中央为新生茸皮围绕的结痂；3~4d后，伤口愈合接近晚期，中央部的结痂进一步缩小；4~5d后，伤口愈合达到末期，中央部的结痂几乎全部消失。这种巨型伤口不仅能在5d左右的时间完全愈合，而且几乎是无伤疤的完美愈合。角柄的伤口愈合现象令人吃惊。对茸皮和角柄皮肤所进行的组织学比较研究[36,37]表明，茸皮具有比角柄皮肤更厚的表皮层和更大且多叶的皮脂腺，具有不同发育阶段的毛囊组织，但不具汗腺和竖毛肌。另外，茸皮血管的管壁更厚，管腔更小，神经纤维与角柄的基本相同。因此，虽然茸皮与角柄皮肤存在明显差异，但茸皮应当属于一种正常有序的生理皮肤，而不是一种伤疤（以Ⅰ型胶原纤维为主的无序组织）。所以，鹿茸再生早期的伤口愈合应该是名副其实的无伤疤伤口愈合。研究表明，鹿茸再生早期之所以能够实现快速无伤疤伤口愈合是由于角柄骨膜的存在[37]。如果在伤口愈合开始前将角柄骨膜剔除，角柄皮肤会沿着角柄骨干向近心端收缩，暴露出末端无骨膜的角柄骨质突，导致角柄末端伤口愈合失败；如果用缝合线收紧角柄末端皮肤以阻止角柄皮肤收缩，可促进该伤口愈合，但愈合的最终结果是伤疤；如果只切开角柄皮肤，但不剔除角柄骨膜，不但完成了无伤疤伤口愈合，而且再生出了一个多分支的鹿茸。这个结果证明了角柄骨膜是导致无伤疤伤口愈合的关键组织。要想使角柄伤口无伤疤愈合模型有效地应用于再生医学，必须清楚无伤疤伤口愈合是角柄皮肤的固有特性还是后天获得的属性。为此，Li等进行了角柄骨膜移植试验，结果移植的骨膜使异位正常皮肤（不具备无伤疤伤口愈合的能力）获得了无伤疤伤口愈合的能力。因此证明，角柄皮肤无伤疤愈合的能力是由角柄骨膜诱导后获得的，而不是先天固有的。同时，研究还证明了角柄骨膜分泌的诱导物质不具有种的特异性，其不仅对鹿的皮肤有效，对大鼠的伤口愈合速度和愈合质量也有明显改善。给药12d后，处理组伤口愈合已达96%且无明显伤疤，而对照组愈合面积仅为76%并具有明显伤疤。这一发现有可能为治疗如糖尿病人的伤口等慢性难愈合的伤口开辟新的候选药物。

4 鹿体骨骨质疏松/矿物质沉积模型

鹿茸在快速生长过程中，骨组织的生长需要大量的矿物质。在生茸骨化期，鹿体骨主要骨骼中的矿物质会发生剧烈的变化，在7月份驯鹿鹿茸快速生长阶段，其肋骨是多孔的、活跃的，并有高的流通率，经历着骨损失，这些损失最后在鹿茸生长停止时得到补偿。鹿体内发生脱矿作用越大的骨骼，在茸角骨化后恢复过程亦发生得越强烈。Banks研究发现，黑尾鹿在鹿茸生长季节出现相似的情形，并将其描述为生理性骨质疏松[20]。黑尾鹿在鹿茸生长和骨化期内，无论饲料中矿物质多么丰富，其肋骨、掌骨和胫骨的外层密质骨都经历一次周期性的疏松变化，这些骨骼的重吸收点均随茸角骨化的加快而明显增多，骨质密度显著下降。茸角完全骨化后，黑尾鹿体骨骼又会重新沉积矿物质，使已变得疏松的密质骨重新恢复到正常状态。说明茸角中沉积的矿物质除了部分来源于饲料外，主要来源于鹿体的骨骼，在茸角骨化结束后能很快从饲料中得到补偿。因此，对鹿周期性体骨骨质疏松及矿物质沉积机制的研究，有利于为人类骨质疏松疾病的治疗开辟新的突破口。

除此之外，鹿还有很多生物学特性，可以作为研究模型来开发利用。如鹿的远缘杂交，后代可育特性；鹿角脱落后，如此大的伤口在完全开放的鹿场条件下，不感染发炎等特性。可见，鹿作为研究模型具有广阔的应用前景。

参考文献

[1] Carlson B. Principles ofRegenerative Biology [M]. New York：Academic Press，2007.

[2] Stocum D. Regenerative Biology and Medicine [M]. New York：Academic Press，2006.

[3] Mescher A. TheCellular Basis of Limb Regeneration in Urodeles [J]. Int J Dev Biol，1996，40 (4)：785 –95.

[4] Wallace H. Vertebrate Limb Regeneration [M]. Chichester：John Wiley & Sons，1981.

[5] Goss RJ. Deer Antlers Regeneration，Function and Evolution [M]. New York，NY：Academic Press，1983.

[6] Goss RJ. FutureDirections in Antler Research [J]. Anat Rec，1995，241 (3)：291 –302.

[7] 李春义，赵世臻，王文英. 鹿茸 [M]. 北京：中国农业出版社，1988.

[8] Li C，Suttie JM，Clark DE. MorphologicalObservation of Antler Regeneration in Red Deer (Cervuselaphus) [J]. J Morphol，2004，262 (3)：731 –40.

[9] Li C，Suttie JM，Clark DE. HistologicalExamination of Antler Regeneration in Red Deer (Cervuselaphus) [J]. Anat Rec A Discov Mol Cell Evol Biol. 2005，282 (2)：163 –74.

[10] Li C，Mackintosh CG，Martin SK，et al. Identification ofKey Tissue Type for Antler Regeneration through Pedicle Periosteum Deletion [J]. Cell Tissue Res. 2007，328 (1)：65 –75.

[11] Li C，Suttie JM，Clark DE. Deer Antler Regeneration：A System which Allows the Full Regeneration of Mammalian Appendages. Suttie JM，Haines SR，Li C. Advances in Antler Science and Product Technology. Mosgiel，New Zealand：Taieri Print Ltd，2004.

[12] Li C，Suttie JM. Recent Progress in Antler Regeneration and Stem Cell Research. Bartos L，Dusek A，Kotrba R，Bartosova J. Advances in Deer Biology. Prague，Czech Republic. Research Institute of Animal Production：2006.

[13] Li C，Yang F，Sheppard A. AdultStem Cells and Mammalian Epimorphic Regeneration – – –Insights from Studying Annual Renewal of Deer Antlers [J]. Current Stem Cell Research & Therapy，2009，(3)：237 –251.

[14] Bubenik GA. EndocrineRegulation of the Antler Cycle. Brown RD. Antler Development in Cervidae. Kingsville Texas，Caesar Kleberg Wildlife. Res. Inst：1982.

[15] Li C，Yang F，Li G，et al. AntlerRegeneration：a Dependent Process of Stem Tissue Primed via Interaction with its Enveloping Skin [J]. J Exp Zool Part AEcol Genet Physiol，2007，307

(2): 95 - 105.

[16] Li C, Gao X, Yang F, et al. Development of aNude Mouse Model for the Study of Antlerogenesis - Mechanism of Tissue Interactions and Ossification Pathway [J]. Exp Zoolog B Mol Dev Evol, 2008, 312B (2): 118 -135.

[17] La Barge MA, Petersen OW, Bissell MJ. Micro - environsubsents and Mammary of Stem Cells [J]. Stem Cell Rev, 2007, 3 (2): 137 -46.

[18] Lasher R. Studies on Cellular Proliferation and Chondrogenesis, Developmental Aspects of the Cell Cycle. [M]. New York: Academic Press, 1971.

[19] Modell W. B. Histogenesis of Bone in the Growing Antler of the Cervidae [J]. Amer J Anat, 1981, 49 (1): 65 -95.

[20] Banks W J. Histological andUltrastructural Aspects of Cervine Antler Evelopment [J]. Anat Rec, 1973, 175 (2): 481 -487.

[21] 史剑波, 江逊, 狄静芳, 许庚, 崔蕴霞. 成纤维细胞生长因子和胰岛素促小鼠软骨细胞增殖分化的效应 [J]. 中国临床康复, 2005, 9 (10): 234 -236.

[22] Newman AP. ArticularCartilage Repair [J]. Am J Sports Med, 1998, 26 (2): 309 -324.

[23] Khan IM, Gilbert SJ, Singhrao SK. Cartilage Integration: Evaluation of the Reasons for Failure of Integration during Cartilage Repair [J]. A review. Eur Cell Mater, 2008, 16 (2): 26 -39.

[24] Shapiro F, Koide S, Glimcher MJ. CellOrigin and Differentiation in the Repair of Full - thickness Defects of Articular Cartilage [J]. J Bone Joint Surg Am, 1993, 75 (4): 532 -553.

[25] O'Driscoll SW, Salter RB. TheRepair of Major Osteochondral Injoint Surfaces by Neochondrogenesis with Autogenous Osteoperiosteal Grafts Stimulated by Continuous Passive Motion [J]. Clin Orthop Relat Res. 1986, 208 (8): 131 -140.

[26] Frenkel SR, Di Cesare PE. Scaffolds forArticular Cartilage Repair [J]. Ann Biomed Eng, 2004, 32 (1): 26 -34.

[27] Ahmed TA, Hincke MT. Strategies forArticular Cartilage Lesion Repair and Functional Restoration [J]. Tissue Eng Part B Rev, 2010, 16 (3): 305 -329.

[28] Berg DK, Li C, Asher G, et al. Red Deer Cloned from Antler Stem Cells and Their Differentiated Progeny [J]. Biol Reprod, 2007, 77 (3): 384 -394.

[29] Li C, Yang F, Sheppard A. Adult Stem Cells and Mammalian Epimorphic Regeneration - insights from Studying Annual Renewal of Deer Antlers [J]. Curr Stem Cell Res Ther, 2009, 4 (3): 237 -251.

[30] Frasier MB, Banks WJ. Characterization ofAntler Mucosubstances by Selected Histochemical Techniques [J]. Anat Rec, 1973, 175 (5): 323.

[31] Li C, Suttie JM, Clark DE. HistologicalExamination of Antler Regeneration in Red Deer (Cervuselaphus) [J]. Anat Rec A DiscovMol Cell Evol Biol, 2005, 282A (2): 163 -174.

[32] Banks WJ, Newbrey JW. LightMicroscopic Studies of the Ossification Process in Developing Antlers. Brown RD. Antler Development in Cervidae. Kingsville Texas, Caesar Kleberg Wildlife. Res. Inst: 1982.

[33] Li C, Suttie JM, Clark DE. MorphologicalObservation of Antler Regeneration in Red Deer (Cervuselaphus) [J]. Morphol, 2004, 262 (3): 731 -740.

［34］Chunyi Li，Kennetha，Waldrup，et al. Histogenesis of Antlerogenic Tissues Cultivated in Diffusion Chambers In Vivo in Red Deer（Ceruus eluphus）［J］. Journal of experimental zoology，1995，272（5）：345 － 355.

［35］Chunyi Li，John Harris，James M Suttie. Tissue Interactions and Antlerogenesis：New Findings Revealed by a Xenograft Approach［J］. Journal of experimental zoology，2001，290（1）：18 － 30.

［36］Li C. Exploration of theMechanism Underlying Neogenesis and Regeneration of Postnatal Mammalian Skin—Deer Antler Velvet［J］. International Journal of Medical and Biological Frontiers，2010，16（11）：1 － 19.

［37］Li C，Mackintosh CG，Martin SK，et al. Identification of Key Tissue Type for Antler Regeneration Through Pedicle Periosteum Deletion［J］. Cell Tissue Res，2007，328（1）：65 － 75.

中图分类号：S825；R - 332　文献标识码：A

此文发表于《特产研究》2015 年第 2 期

鹿茸细胞生长因子的研究进展*

吴　炎** 牛永梅　司　博　王蒙蒙　胡　薇***

（吉林农业大学，长春　130118）

摘　要：梅花鹿或马鹿的鹿茸不仅是哺乳动物肢体再生领域一种理想的研究模型，也是独一无二的再生哺乳动物器官。细胞生长因子在鹿茸快速生长过程中起到重要的作用。本文对胰岛素生长因子、表皮生长因子、神经生长因子、转化生长因子、成纤维细胞生长因子、血管内皮细胞生长因子在鹿茸再生发育过程中的作用进行简要综述，以期有助于对鹿茸再生机理的深入研究。

关键词：梅花鹿；马鹿；鹿茸；细胞生长因子；生长发育；再生机理；

The research progress of antler cell growth factor

Wu Yan, Niu Yongei, Si Bo, Wang Mengmeng, Hu Wei

（1. Jilin Agricultural University, Changchun 130118, China）

Abstract：Antler of sika deer or red deer is not only the ideal research model in the field of mammalian limb regeneration, but also an unique regenerative mammalian organ. Cell growth factor plays an important role in the proliferation role of in antler growing process. The role of Insulin – like growth factor, epidermal growth factor, nerve growth factor, transforming growth factor, fibroblast growth factor, and vascular endothelial growth factor on the antler growth development process are summarized in this article to help deeper research antler regeneration.

Key words：sika deer; red deer; antler; cell growth factor; growth and development; mechanism of regeneration

鹿茸系鹿科动物梅花鹿（*Cervus nippon Temminck*）或马鹿（*Cervus elaphus*）雄性未骨化带有密生茸毛的幼角，也是独特的哺乳动物的附属肢体。鹿茸的生长速度快，是其他哺乳动物无法比拟的。同时，鹿茸是哺乳动物再生的典型模型，是唯一一个每年都会脱落后能完全再生的哺乳动物器官。

---

　* 国家自然科学基金（30972083）；吉林省科技发展计划项目（20090574）资助

　** 第一作者简介：吴炎（1989—），女（汉族），硕士研究生，研究方向：鹿茸再生发育机理，电子信箱：349755769@qq. com，联系电话：15144182503. 通讯地址：吉林省长春市新城大街2888号吉林农业大学生命科学院，邮编130118

　*** 通讯作者简介：胡薇（1966—），女（汉族），博士，教授，硕士生导师，研究方向：鹿茸再生发育的分子机理，电子信箱：huwei9002@126. com，联系电话：15699561990

鹿茸是由角柄生长发育而来的，然后逐渐骨化形成鹿角，周期性脱落[1]。角柄是从骨膜细胞分化而来。大量干细胞聚集在骨膜中，使鹿茸具有分化能力。骨膜细胞解剖学和组织学的定义为鹿茸生长期前两个覆盖额骨顶部的突起，是鹿茸再生的关键组织。每年的4月份鹿开始生茸。70d左右，鹿的生茸速度达到高峰，高峰期过后鹿的骨化速度大于鹿的生茸速度。鹿茸干细胞所具有的特异的自我分化能力，为探索动物器官的形成提供了新的思路。许多研究表明，鹿茸中存在许多生长因子，这些生长因子均可使增殖区细胞具有活性，因此，本文将对胰岛素样生长因子、表皮生长因子、神经生长因子、转化生长因子、成纤维细胞生长因子及血管内皮细胞生长因子的研究现状及其对鹿茸生长发育的调节作用进行综述。

1 胰岛素样生长因子

胰岛素样生长因子（IGF）是一类多功能细胞增殖调控因子，也是一类受生长激素调控的、与胰岛素功能类似的、分子质量大小为7.5 ku的激素。胰岛素样生长因子家族包括胰岛素样生长因子Ⅰ（IGF-Ⅰ）及其受体、胰岛素样生长因子Ⅱ（IGF-Ⅱ）及其受体、胰岛素样生长因子结合蛋白（IGFBPs）和胰岛素样生长因子结合蛋白酶。

IGF-Ⅰ是胰岛素样生长因子家族的重要成员，也是最早在人血清中发现的合成细胞和有丝分裂的生长激素。IGF-Ⅰ含有多个基因启动子，由70个氨基酸组成的，分子量约为7 650ku的单链多肽[2]。IGF-Ⅰ在鹿茸的生长中心含量最高的，并且IGF-Ⅰ可以促进鹿茸间充质细胞和软骨细胞的增殖，这说明IGF-Ⅰ具有促进细胞的增殖、分化、合成和鹿茸生长的功能。IGF-Ⅰ和IGF-Ⅱ对鹿茸的生长都有刺激作用，但方式不同。IGF-Ⅰ以内分泌方式，IGF-Ⅱ是以自分泌或旁分泌方式。研究发现，鹿茸提取物中IGF-Ⅰ可加快伤口愈合。在幼年马鹿和成年马鹿中，IGF-Ⅰ主要负责控制鹿茸的生长快慢程度[3]。C. Li等[4]已经证明，IGF-Ⅰ可以促进体外生茸细胞的大量增殖。李婷等[5]通过microRNA转染鹿茸细胞，使IGF-Ⅰ表达水平受到抑制，这样鹿茸软骨细胞的增殖速度也受到影响。孟星宇等[6]研究结果表明，体外重组表达的梅花鹿IGF-Ⅰ可促进NIH3T3细胞的增殖和改变细胞的周期。后来，又有学者证明IGF-Ⅰ促进鹿茸的骨形成。这些研究结果进一步验证IGF-Ⅰ对鹿茸的生长调节有重要作用，是鹿茸生长的主效因子之一。

2 表皮生长因子

表皮生长因子（EGF）是一种多肽类细胞因子，也是强有力的促细胞分裂因子，与EGF受体密切相关。短时间内作用即可增强细胞对无机离子和氨基酸的转移，长时间作用则可促进细胞合成核酸和蛋白质，并使细胞分裂。EGF与其受体结合协同促进上皮细胞的分裂和增殖。有学者检测鹿茸不同组织中EGF的mRNA表达量，发现鹿茸表皮层EGF的mRNA表达量最高，也有学者在鹿茸表皮中纯化出EGF，其相对分子质量在5 500~13 000之间[7]。随后，苏凤艳[8]证明了鹿茸表皮既是EGF的合成组织，也是EGF的靶组织，鹿茸细胞茸表皮及上皮细胞可在EGF的刺激下进行增殖、分化。褚文辉[9]研究发现，EGF存在于鹿茸的茸皮层、间充质、软骨细胞中以及成骨细胞中。EGF可以明显促进鹿茸细胞的增殖分裂，是细胞的促有丝分裂剂，调控鹿茸的生长速度。

3 神经生长因子

神经生长因子（NGF）是神经营养因子家族的成员之一，也是多肽类生长因子，参与各种神经生长及促进细胞的分裂和分化。NGF 是由两个 118 个氨基酸组成的单链组成二聚体，它由 α、β、γ 三个亚基构成，功能区是 β 亚基，它的生物效应也无明显的种属差异。NGF 是分泌型的二聚体蛋白，通过轴突生长，从而促进神经系统细胞生成。NGF 不能单独发挥其生物活性，必须与其受体结合才能发挥作用。鹿茸 NGF 位于神经系统丰富的鹿茸顶端位置，鹿茸神经生长的速度与鹿茸生长速度相似。张锐[10]已经证实 NGF 能诱导分化期鹿茸细胞形态发生变化。因为鹿茸顶端茸皮层的神经最多，所以 NGF 在茸皮层最丰富，在软骨区最少。郝琳琳等[11]采用酸提纯沉法提取马鹿茸多肽，利用印迹分析发现鹿茸顶端不同部位存在 NGF 的表达，ELISA 结果进一步提示 NGF 的含量从鹿茸顶部、中部、根部依次递减。因此，NGF 与鹿茸的神经生长有关，神经的快速生长可以激发鹿茸各组织快速生长，对鹿茸的神经元的生长、发育、再生整个循环过程均具有重要促进作用。

4 转化生长因子

转化生长因子（TGF）是多肽类生长因子，包括 TGF-α 和 TGF-β，是 beta 家族重要成员。转化生长因子-β（TGF-β）是一多种生物功能蛋白质，分子量为 $23\sim25kDa$，它可以影响多种细胞的生长、分化、凋亡及免疫调节等功能。TGF-β 属于 TGF-β 超家族细胞因子，包括 TGF-β1、TGF-β2、TGF-β3、TGF-β4 和 TGF-β5。TGF-β 超家族成员的生物学特性相近，且共用受体。但因细胞种类不同、细胞所处微环境的不同和细胞自身状态的不同，它们表现出不同的生理作用。哺乳动物细胞中有 33 个因子，包括转化生长因子-β、促进抑制激素、活化素、骨形态建成蛋白、生长分化因子等。X. H. Yan 等[12]用 RT-PCR 方法测出在鹿茸顶部存在多种转化生长因子的 mRNA，其中包括 TGF-β1、TGF-β2 的 mRNA。TGF-β 可以刺激鹿茸骨膜中成骨细胞的增殖及细胞外基质的合成，同时也促进成骨细胞形成和成熟。韩玉帅[13]利用原位杂交方法检测 TGF-β 家族在梅花鹿茸角中的表达量。结果表明，TGF-β1、TGF-β2 和 TGF-β3 的 mRNA 在鹿茸顶端组织表皮层有少量表达，并且由外至内，表达量逐渐增加。提示 TGF-β 可能对鹿茸表皮细胞、真皮层成纤维细胞、软骨细胞和间充质层细胞起促进增殖的作用；TGF-β 可能对前成软骨细胞起促进分化、抑制生长的作用。TGF-β 能够调节鹿茸软骨层，有明显的促进增殖和成熟的作用，其中起主要作用的是 TGF-β3。TGF 可与 EGF、IGF 和 VEGF 等细胞生长因子相协同完成生物生长转化的过程。TGF 通过与它同源的丝氨酸/苏氨酸激酶受体结合，信号通路传导，对鹿茸进行调控作用。

5 成纤维细胞生长因子

成纤维细胞生长因子（FGF）是一个超家族细胞因子，拥有数量众多的成员，现已知 FGFs 家族共包括 25 个因子，存在于人和哺乳动物体内，它们在蛋白质一级结构上有一定的同源性并有相类似的生物学效应，对细胞有促增殖和促分泌作用。FGF-2 是 FGFs 家族中有代表性的成员，又称为碱性成纤维细胞生长因子（bFGF），是一种碱性蛋白。在骨基质中存在大量的 FGF-2，通过与其受体结合对靶细胞（成纤维细胞、血管内皮细胞、软骨细胞、成骨等细胞）有增殖促进分化和有丝分裂作用。在赤鹿的表皮、间质、软骨和成骨中，FGF2 和 FGF 的受体 FGFR1、FGFR2、FGFR3 都有大量的表达[14]，这充分说明 FGF 在鹿茸生长调节过程中有重要的作用。FGF 信号能激发鹿茸血管生成，刺激骨生成组织中软骨和成骨的有效生成。FGFs 家族对鹿茸的上皮细胞、内皮细胞、软骨细胞和成骨细胞都有促进增殖和分化作用。

6 血管内皮细胞生长因子

血管内皮细胞生长因子（VEGF）是一种由多种正常细胞和肿瘤细胞共同合成和分泌的糖蛋白，也是一种具有高度生物活性的功能性糖蛋白。由于其具有很强的促进血管内皮细胞分裂和增生的能力，并能增强毛细血管的通透性，所以又称为血管通透性因子。VEGF 是由 VEGF–A、VEGF–B、VEGF–C、VEGF–D 及 VEGF–E 和胎盘生长因子（PLGF）组成，其中 VEGFA 是 VEGF 家族中最早发现的。VEGF 基因是由 8 个外显子和 7 个内含子组成，转录后，它的 mRNA 剪切形成不同的同分异构体，然后与 3 种酪氨酸激酶受体结合发挥其生物学功能。VEGF 通过一系列的信号传导，细胞因子被激活释放出来，直接或间接参与血管生成。因此，VEGF 是生物体内一种强有力的促血管生成因子，也是血管生成的重要介质。VEGF–A 是一种促生长和修复蛋白，特异性地促进鹿茸血管内皮细胞增殖，也是鹿茸血管生成和发育的主要调节因子。U. Kierdorfa 等[15]研究发现鹿茸顶端前软骨和软骨中存在 VEGF121 和 VEGF165。VEGF 对鹿茸的调节机理还有待于近一步验证。

综上所述，鹿茸是一个天然的细胞生长因子库，在其自身生长过程中，成骨、造血、神经生长、纤维细胞、上皮细胞生长同步进行，作为鹿体最活跃的生长点在其骨化之前贮存大量的生长因子，它们是鹿茸临床作用的生物化学基础。细胞生长因子相互协同促进鹿茸间充质细胞、软骨细胞、成骨细胞、上皮细胞的增殖分化，使鹿茸组织不断修复和新生。但具体的调节机理还有待于更深入研究。

参考文献

[1] PRICE J, ALLEN S. Exploring the mechanisms regulating regeneration of deer antlers [J]. Philos Trans R Soc Lond B Biol Sci, 2004, 359 (1445): 809–22.

[2] ZHANG J Y, YANG R J, SUN S C, et al. Cloning and characterization of new transcript variants of insulin–like growth factor–I in Sika deer (Cervus elaphus) [J]. Growth Horm IGF Res, 2013, 23 (40): 120–27.

[3] LUDEK Bartoš, DIETER Schams, GEORGE A. Bubenik Testosterone, but not IGF–1, LH, prolactin or cortisol, may serve as antler–stimulating hormone in red deer stags [J]. Bone, 2009, 44: 691–698.

[4] LI C, WANG W, MANLEY T, et al. No direct mitogenic effect of sex hormones on antlerogenic cells detected in vitro [J]. Gen Comp Endocrinol, 2001, 124 (1): 75–81.

[5] 李婷, 李沐, 孟星宇, 等. microRNA 介导的 IGF1 基因沉默对鹿茸软骨细胞增殖的影响 [J]. 西北农林科技大学学报, 2013, 4 (11): 7–18.

[6] 孟星宇. 鹿茸顶端组织 IGF–1 的 cDNA 克隆、原核表达及 miR–1 在鹿茸细胞增殖中的作用 [D]. 长春: 吉林农业大学, 2012.

[7] 赵丽红, 岳占碰, 张学明, 等. 鹿茸的软骨内骨化及其调控机理的研究进展 [J]. 经济动物学报, 2006, 10 (4): 239–241.

[8] 苏凤艳, 宗颖, 何忠梅. 梅花鹿鹿茸表皮生长因子基因原核表达载体的构建及鉴定 [J]. 经济动物学报, 2012, 16 (3): 129–132.

[9] 褚文辉, 王大涛, 鲁晓萍, 等. 基于干细胞的器官再生研究模型–鹿茸 [J]. 中国组织工

程研究, 2013, 17 (45): 7 961 - 7 967.

[10] 张锐, 俞颂东. 梅花鹿茸提取物及 TGF - β1 对山羊切割后胚胎修复和发育的影响 [J]. 漳州师范学院学报, 2009, (1 上): 80 - 83.

[11] 郝琳琳. 鹿茸多肽研究及 IGF - 15' 端调控序列分析 [D]. 长春: 吉林大学, 2006.

[12] YAN X H, PAN J, XIONG W W, et al. Yin Yang 1 (YY1) synergizes with Smad7 to inhibit TGF - β signaling in the nucleus [J]. Sci China Life Sci, 2014, 57 (1): 128 - 36.

[13] 韩玉帅. TGF - β 家族及其受体在梅花鹿茸角中的表达与调节 [D]. 长春: 吉林大学, 2011.

[14] 刘文龙. 梅花鹿鹿茸快速生长过程中转录组测序分析及差异表达基因筛选 [D]. 长春: 长春中医药大学, 2013.

[15] KIERDORFA U, LI C Y, PRICE J S, et al. Improbable appendages: deer antler renewal as a unique case of mammalian regeneration [J]. Semin Cell And De Biol, 2009, 20 (5): 535 - 542.

此文发表于《黑龙江畜牧兽医》科技版 2015 年 10 月

鹿茸发育的组织来源及其
相互作用机制研究进展*

鲁晓萍** 王大涛 孙红梅 褚文辉 赵海平

郭倩倩 刘 振 李春义***

（中国农业科学院特产研究所，特种经济动物分子生物学重点实验室，长春　130112）

摘　要：本综述介绍了鹿茸发育的组织来源及其相互作用机制的研究进展，阐明了鹿茸发育的组织细胞特性，进一步分析了鹿茸发育机制中待解决的问题。

关键词：鹿茸；皮肤；骨膜；组织；干细胞

Tissue sources and interaction mechanism of antler development

Lu Xiaoping, Wang Datao, Sun Hongmei, Chu Wenhui,

Zhao Haiping, Guo Qianqian, Liu Zhen, Li Chunyi*

(Institute of Special Wild Economic Animal and Plant Science, State Key Laboratory
for Molecular Biology of Special Economical Animals, CAAS. Changchun 130112, China)

Abstract：This review introduces the tissue sources and interaction mechanism of velvet antler development, illuminates the cell properties of these tissue types, further analyzes the problems to be solved in the deer antler development mechanism.

Key words：velvet antler; deer skin; periosteum; tissue; stem cells

　　鹿茸为雄性鹿头盖骨部分的附属器官，不同于其他反刍动物中空的角组织，其为皮肤包裹的骨组织，富含有血管，神经。鹿茸是唯一一个能够每年周期性和完全再生的哺乳动物器官。鹿茸再生过程伴随着皮肤，血管，神经的再生，生长速度为 1~2cm/d 且无癌变发生。鹿茸再生的过程中，鹿角脱落面无伤疤形成，同时鹿茸作为鹿头部表面附属器官方便观察和获取，发育和再生在同一机体上产生有利于比较，发育和再生过程可以人工诱导等优势，因此将成为一个很好的再生医学研究模型。为了更好的发展鹿茸这一再生医学模型，必须对鹿茸发育机制进行更深的研究，其发育过程包括发生和再生两个阶段，鹿茸再生重演鹿茸发生的过程。鹿茸发生过程包括角柄形成和鹿茸发育两个过程，鹿茸角柄和鹿茸都是由外部皮肤和内部骨组织两部分组成，其中富含神经和血管。鹿茸发育过程先有内部骨组织形成变化，然后外部鹿茸角柄远端皮肤由鹿皮转变

＊ 基金名称：973 前期研究专项 2011CB111500，国家自然科学基金 31070878，吉林省自然科学基金 20101575

＊＊ 作者：鲁晓萍（1981—），女，山东临沂人，研究实习员，硕士，研究方向：鹿茸生物学。E-mail：luxiaoping. fh100@ aliyun. com

＊＊＊ 通讯作者：李春义（1959—），男，博导，研究员，从事鹿茸生物学研究。E-mail：chunyi. li@ agresearch. co. nz

为天鹅茸皮肤。鹿茸的发育、再生是基于鹿茸生茸区骨膜（antlerogenic periosteum，AP）和角柄骨膜（pedicle periosteum，PP）同其上覆盖的皮肤相互作用的过程。实验证明这个相互作用过程是基于干细胞的分裂、分化过程，AP 细胞为鹿茸干细胞[1]，是鹿出生后遗留的胚胎组织[2]。鹿茸发育的机制受多种因素的调控如外界的光照，生长因子，激素以及自身小分子物质及细胞信号通路等调控，其自身的调控作用占主导地位，自身的调控包括自身发育的组织组成，组织细胞特性，组织间的相互作用。本文就目前鹿茸发育的组织来源，组织细胞特性及其组织间的相互作用的研究现状做一综述。

1　调控鹿茸发生和再生的组织来源

鹿茸发生时不是直接生长于额骨上，而是从角柄（永久性骨桩组织）上长出，角柄不是与生俱来的，角柄来源于额外脊上的 AP。母鹿和公鹿额骨处都有 AP，但是在大多鹿种中只有雄鹿生茸，而母鹿不能生茸，这是因为鹿茸的生成需要有雄激素的刺激[3]。组织学观察和遗传标记追踪细胞分裂趋向证明角柄和鹿茸都来源于 AP 细胞的分裂和分化[4]。此外组织学实验证明鹿茸发生和再生来源于 PP，经过 PP 全部和部分切除实验证实 PP 为鹿茸再生组织，PP 由 AP 分化而来[5]。骨膜异位移植实验证实了 AP 具备胚胎组织的特性，在体外培养时，具有巨大的再生潜力，AP 细胞表面富含糖原[6]。通过实验方法切除掉 AP 导致角柄不能发生，将 AP 进行同体异位移植将产生异位角柄和鹿茸，AP 切除和移植实验证实了诱导鹿茸发生的 AP 阈值面积是 15 mm²，AP 细胞可以分化成鹿茸，同时 AP 包含有鹿茸形态生成的信息[7]，将 AP 分成前、后、中间，侧边四个部分进行异位移植进一步证实了 AP 包含有鹿茸形态的信息[8]。

异位移植 AP 需要与相应的皮肤相互作用，才能使鹿茸发生和皮肤转变为茸皮。但是鹿的鼻子，脊背部，尾巴腹侧三个部位的皮肤不可以和 AP 进行这种相互作用，因为这三个部位缺少毛囊细胞[9]。通过在皮肤和 AP 之间插入不透膜实验证实了异位移植 AP 需要与相应的皮肤相互作用才能导致鹿茸的生成和鹿皮肤类型的转变[10]。只有皮肤和骨膜接触紧密时候，骨膜才能和皮肤相互作用[11]，内部不断生长的角柄由雄性激素刺激，不同鹿种这两种组织达到紧密接触的时间不同，因此生长出鹿茸时，角柄的高度也不一样[12]。PP 组织发育成鹿茸时，只有角柄主干远端与皮肤紧密接触，该区域大约为角柄高度的 1/3（称为致敏区）部分能够诱导鹿茸产生，而近端与皮肤松散接触，该区域大约为角柄高度的 2/3（称为休眠区）部分不能诱导鹿茸产生[13]，并且这两个区域的划分是个动态过程，伴随着年龄增长，角柄变短，依旧是角柄主干远端大约1/3 处同皮肤接触紧密，角柄主干近端大约 2/3 处同皮肤接触松散。插膜实验同样证实了鹿茸再生过程也需要 PP 和覆盖的皮肤相互作用，鹿茸发生和再生均需要皮下 AP 和其上的皮肤发生紧密接触后才能诱导鹿茸的发生和再生[13]。

研究证实鹿茸再生过程和鹿茸发生过程相似，鹿茸再生基因表达研究表明鹿茸再生分子机制重演鹿茸发生的过程[14,15]，细胞水平上的研究表明鹿茸发育和再生过程都依赖于 AP 和 PP 中的细胞群[16]，鹿茸发育和再生过程都是由皮肤和骨膜的相互作用激发的[17]，首先骨膜导致鹿皮肤转化为茸皮，然后茸皮反馈激发骨膜细胞分裂增殖，形成鹿茸组织。因此，鹿茸发生和再生的组织来源于 AP，PP 及其与它们紧密接触的皮肤。

2　AP，PP 细胞特性及其与覆盖皮肤组织相互作用的机制

AP 和 PP 细胞都具有巨大的细胞扩增潜力，直径大约 2.5cm，厚度为 2.5 ~ 3 mm 的 AP 组

织，大约 5 百万个细胞维持着鹿茸季节性再生，在短短的 60 天时间内，AP 大约提供 3 百万个细胞，生长出大约 10kg 鹿茸组织，AP 和 PP 都具有巨大的增生潜力，研究证实 AP 和 PP 组织细胞表面表达标记干细胞群的 CD9 抗原，标记多潜能细胞的 Oct4，Nanog 等抗原，此两种组织具有很高的端粒酶活性（与细胞自我更新有关）和表达核干细胞因子（控制干细胞分裂和蝾螈肢体再生）。PP 细胞表达 stro－1，为间充质祖细胞的标志。AP 和 PP 表达标记的性质和范围都表明 AP 和 PP 细胞具有胚胎干细胞性质。AP 和 PP 细胞在分别有地塞米松和抗坏血酸盐的微粒体培养时均能被诱导成软骨细胞，成骨细胞，AP 和 PP 在形成角柄和鹿茸时分裂出软骨细胞和成骨细胞是必须的。当 AP 和 PP 细胞在有亚油酸或者兔血清的介质中培养时它们均能分化成脂肪细胞。这些都证明了这些细胞群为成体干细胞，表达干细胞表面标记物具有多潜能分化特性[18,1]。

鹿茸 AP 和 PP 细胞具有维持鹿一生当中细胞快速分裂形成鹿茸的能力，AP 为胚胎来源的组织，一旦长出角柄就不存在了，鹿茸发生和再生都源于 PP 组织，PP 组织是真正的干细胞群，一般来说机体需要的干细胞存在于一定的细胞池中，以往研究证明鹿茸发育和再生过程中具有不止一个干细胞池。覆盖于 AP 和 PP 上面的皮肤组织是干细胞微环境的重要组成成分[1]，AP 移植实验证实是 AP 和皮肤的紧密接触导致了鹿茸生长，在鹿茸的皮肤转变为茸皮前除掉 AP 将中断鹿茸皮肤类型转变和鹿茸形成，皮下移植 AP 诱导鹿的皮肤向天鹅绒茸皮肤转变和鹿茸生成[9]。这些转变过程中，AP 细胞分化产生的组织给皮肤增加的机械张力起了重要作用，但这只能促使皮肤生成而不能导致皮肤类型转变。因此 AP 分化过程中的分子诱导作用在这过程起了重要作用。异位移植 AP 和其上的皮肤，并且除掉皮下结缔组织（Subcutaneous layer connective tissue，SLCT），证实了 SLCT 和部分皮肤在茸皮转变过程中不是必须的，是 AP 分化过程中的分子诱导作用促使了鹿茸皮肤类型的的转变[19]。在移植的 AP 和上层皮肤之间插入半透膜两年后鹿茸皮肤由头皮转变为茸皮肤，然而插入不透膜的鹿茸皮肤依旧没有转变。这实验说明皮肤转变需要 AP 诱导，这种诱导是通过分子扩散的方式进行的[10]。

鹿茸发生和再生之前鹿骨膜和皮肤之间有 SLCT 将他们分开，当 AP 和 PP 细胞分裂形成的组织导致 SLCT 被压缩，AP 和 PP 细胞释放诱导扩散因子穿过纤维层和 SLCT，同其上的皮肤组织进行相互作用[10]。这些小分子通过长距离的旁分泌途径作用于皮肤组织的毛囊根部，这些被诱导的皮肤细胞通过旁分泌或者近分泌途径释放小分子物质同其上的其他部分皮肤组织相互作用，诱导皮肤转变为天鹅茸皮肤。反过来，类型转变的皮肤组织释放小分子物质反馈作用于 AP 或者 PP 细胞层，诱导鹿茸发生或者再生[1]。分离 PP 中作用于皮肤的小分子物质并研究其作用机制将能更好地理解鹿茸发育机制，更好的应用于伤口愈合和人类组织再生，将对再生医学有重大的影响。

3　鹿茸发育研究现状及待解决的问题

研究证实鹿茸再生过程是由于 PP 同其上覆盖的皮肤相互作用诱导的，诱导这种作用的物质不能透过一定厚度的纤维滤膜，主要是一些小肽物质（暂称为小分子物质），这种小分子物质是通过细胞旁分泌途径进行的，因此分离这些小分子物质将成为研究鹿茸发育机制的重点。因为这些小分子物质是通过旁分泌的途径进行的，因此可以在培养液中将这些小分子物质通过生物技术的方法进行分离。细胞共培养技术是将不同的细胞共培养于同一个环境中，这种技术可以模拟体内生成的微环境，便于更好地观察细胞与细胞、细胞与培养环境之间的相互作用。目前我室的科研人员已建立了鹿 PP 细胞同 PP 毛囊细胞进行共培养的平台，为分离这些有效小分子物质做了良好的铺垫，同样的细胞共培养方法可以将刺激鹿茸血管、神经再生的物质进行分离。

PP 来源于 AP，鹿茸再生过程和鹿茸发生过程相似，但是 PP 组织不同于 AP 组织，AP 导致了角柄的产生，PP 导致了鹿茸的发生，皮下移植 PP 不能导致异位茸发生[16]，然而皮下移植 AP 能导致异位角柄和茸发生，但是该研究没有进一步将角柄主干致敏区和休眠区的骨膜，分别进行异位移植，以及将 AP 异位移植到角柄骨组织上面，只是初步证实 AP 一旦分化成 PP 就不具备鹿茸发育的能力，PP 只能局限于再生。因此 AP 组织和 PP 组织在诱导鹿茸再生能力方面有巨大的不同。这种不同是由于 PP 位于角柄而 AP 位于额外脊处这种物理位置造成的生物力学效应导致 PP 再生能力改变还是由于 AP 转变为 PP 时细胞信号通路发生改变导致的，或者是因为 PP 包括致敏区和休眠区两个异质的部分，而整个 AP 区域与皮肤的相连的机密程度没有明显的不同导致的这些都需要进一步的研究，此外角柄主干致敏区和休眠区的骨膜分别进行异位移植将会有什么不同也需要进一步的验证，这些机制的研究将为如何将 PP 诱导成 AP，然后进行异位移植产生更多的鹿茸打下基础。

导致鹿茸发育和再生的 AP 和 PP 细胞具有干细胞特性，干细胞在调控鹿茸发育和再生的过程中具有复杂的机制，目前我们已经明确的了解了鹿茸发育和再生的组织来源及其相互作用机制，需要进一步将生物力学，生物电学，分子生物学及细胞生物学等学科进行结合，从而更有力地去挖掘鹿茸发育和再生机制中的未知领域。

参考文献

[1] Li C, Yang F, Sheppard A. Adult stem cells and mammalian epimorphic regeneration – insights from studying annual renewal of deer antlers [J]. Curr Stem Cells Res Ther, 2009, (4): 237 – 251.

[2] Li C, J. M. Suttie. Deer antlerogenic periosteum: A piece of postnatally retained embryonic tissue ? [J]. Anat Embryol, 2001, (204): 375 – 388.

[3] J. M. Suttie, PF Fennessy, KR Lapwood, et al. Role of steroids in antler growth of red deer stags [J]. Exp Aool, 1995a, (271): 120 – 130.

[4] Li C, J. M. Suttie. Light microscopic studies of pedicle and early first antler development in red deer (*Cervus elaphus*) [J]. Anat Rec, 1994, (239): 198 – 215.

[5] Li C, Mackintosh CG, Martin SK, et al. Identification of key tissue type for antler regeneration through pedicle periosteum deletion [J]. Cell Tissue Rres, 2007, (328): 65 – 75.

[6] Li C, Bing G, Zhang X, et al. Measurement of testosterone specific – binding (receptor) content of antlerogenic site periosteum in male and female sika deer [J]. Acta Vet Zoo – technica sinic, 1990, (21): 11 – 14.

[7] Goss RJ, Powel RS. Induction of deer antlers by transplanted periosteum. . I. Graft size and shape [J]. Exp Zool, 1985, (235): 359 – 373.

[8] Gao Z, Yang F, Mcmahon Chris, et al. Mapping the morphogenetic potential of antler fields through deleting and transplanting subregions of antleogenic periosteum in sika deer (*cervus Nippon*) [J], Anat, 2012, (220): 131 – 143.

[9] Goss RJ. Induction of deer antlers by transplanted periosteum. II. regional competence for velvet transformation in ectopic skin [J]. Exp Zool, 1987, (244): 101 – 111.

[10] Li C, Yang F, Xing X, et al. Role of heterotypic tissue interactions in deer pedicle and first antler formation – revealed via a membrane insertion approaxh [J]. Exp Zool B Mol Dev Evol,

2008，（310B）：267 – 277.

［11］ Li C, Suttie J. Histological studies of pedicle skin formation and its transformation to antler velvet in red deer (*cervus elaphus*) ［J］. Anat Rec, 2000, （260）：62 – 71.

［12］ Li C. Dvelopment of deer antler model for biomedical research ［J］. Recent advances and research updates, 2003, （4）.

［13］ Li C, Yang F, Li G, et al. Antler regeneration：A dependent process of stem tissue primed via interaction with its enveloping skin ［J］. Exp Zool Part A Ecol Genet Physiol, 2007, （307）：95 – 105.

［14］ Fau cheu xc, Nicholls BM, Allen S, Danks JA, et al. Recapitulation of the parathyroid hormone – related peptide – indian hedgehog pathway in the regenerating deer antler ［J］. Dev Dyn, 2004, （231）：88 – 97.

［15］ Mount JG, Muzylak M, Allen S, et al. Evidence that the canonical Wnt signaling pathway regulates deer antler regeneration ［J］. Dev Dyn, 2006, （235）：1390 – 1399.

［16］ Li C, Mackintosh CG, Martin SK, et al. Identification of key tissue type for antler regeneration through pedicle periosteum deletion ［J］. Cell Tissue Res, 2007a, （328）：65 – 75.

［17］ Li C, Yang F, Li G, et al. Antler regeneration：A dependent process of stem tissue primed via interaction with its enveloping skin ［J］. Exp Zool A Ecol Genet Physiol, 2007b, （307）：95 – 105.

［18］ Rolf HJ, Kierdorf U, Kierdorf H, et al. Localization and characterization of STRO – 1 cells in the deer pedicle and regenerating antler ［J］. PloS one, 2008, （34）：e2064.

［19］ Li C. Eploration of the mechanism underlying neogenesis and regeneration of postnatal mammalian skin deer antler velvet ［J］. LJMBF, 2012, （16）.

此文发表于《特产研究》2014 年第 1 期

器官形态发生探索：独特的
哺乳动物模型——鹿茸*

赵海平[1]**　褚文辉[1]　陈广信[2]　李春义[1]***

(1. 中国农业科学院特产研究所，特种动物分子生物学国家重点实验室，长春　130112；
2. 陈广信，广东海洋大学农学院，湛江　524000)

摘　要：生物电编码器官形态发生在低等动物方面已被证实。然而两者之间的关系是否同样适用于哺乳动物？由于缺乏哺乳动物的形态发生研究模型，至今依然未知。鹿茸是一个复杂的哺乳动物器官，其形态发生信息存储于形态发生原胚中（鹿前额未来生茸区的骨膜）。本文 1) 综述了鹿茸的形态发生原胚及鹿茸发生与再生的影响因素，提出了：鹿茸是哺乳动物器官形态发生研究的最佳模型的观点；2) 分析了鹿茸形态发生信息的存储位点和复制方式、转移路径，并预测了通过生物电追踪形态发生信息来破解哺乳动物器官生物电密码的研究思路。相信通过鹿茸这一模型的研究发现，将会为人类器官形态发生的研究奠定理论基础。

关键词：生物电密码；鹿茸；形态发生

Exploration of Organ Morphogenesis Ⅱ：
Unique Mammalian Model—Deer antler

ZHAO Haiping[1]，CHU Wenhui[1]，CHEN Guangxin[2]，LI ChunYi[1]*
(1. State Key Laboratory for Molecular Biology of Special Economic Animals，
Institute of Special Wild Economic Animals and Plants，Chinese Academy of
Agricultural Sciences，Changchun 130112，China；2. College of Agriculture，
Guangdong Ocean University，Zhanjiang 524088，China)

Abstract：Morphogenesis is the subject to investigate "How do organisms and organs generate morphologically and how to maintain their shape?" Lower form animals were usually used for studying morphogenesis，as some of them can regenerate some parts of their bodies，such as *Planaria*. Regeneration can recapitulate process of morphogenesis，so suits for the purpose. Discovery for the correlation between bioelectricity and organ morphogenesis is solely made using lower form animals，such as amphibians. Whether this finding also applies to the situation of mammals including humans is unknown. This is an undesirable situation，and this situation is cause by the lacking of mammalian models.

---

* 赞助项目：国家 863 课题（2011AA100603）；国家自然科学基金（31170950）
** 作者简介：赵海平（1980—），男，山东丘安，助理研究员，在读博士，从事鹿茸生物学研究，hpzperic@163.com
*** 通讯作者：李春义（1959—），男，河北唐山，研究员，博士生导师，从事鹿茸生物学研究，lichunyi1959@163.com

Deer antler is the unique mammalian organ that can fully regenerate. It regenerates annually. Deer antler development initiates from AP (antlerorgenic periostuem, the periosteum overlying the frontal crest of a prepubertal deer) tissue. Subsequent studies show that AP controls morphogenesis of deer antler. 1) Ectopic antlers formed when APs were removed from normal position to everywhere of deer body. 2) Backward morphology of antlers developed when AP were rotated 180^0 in original position. 3) Duplication of APs resulted in the growth of normal antlers. 4) Minced APs can also developed organized antlers. Morphogenetic potential of the different regions of AP were also asscssed. Results showed that antler morphogenetic information was mainly held in the anterior and medial halves of AP: the former is responsible for antler brow tine; and the latter responsible for other branches of antler. All these features, such as full regeneration and a simple tissue – derivative, only exist in antlers comparing to other mammalian organs. Antlers morphogenesis can be studied by simply manipulating AP. Therefore, we think that deer antler is an ideal model for organ morphogenesis study in mammals.

Research result of bioelectricity on deer antlers morphogenesis is the best beginning to understand the mystery of organ morphogenesis in mammals. In this review, we analyzed the storage, duplication and transferring pathway of morphogenetic information for deer antlers and outlined preliminary idea for how to crack the secret codes of morphogenesis of mammalian organs through tracing bioelectricity. We believe the findings made using deer antler model will be able to apply to human health and the dream of artificially controlling organ morphogenesis for mammal will be realized.

Key words: Bioelectricity code; Deer antler; Morphogenesis

引言

形态发生被认为是一个能够解决，却悬而未决的问题[1]。这一问题的解决将会是在有机体整体而不是局部上解释"生命现象"的"第一站"（相对于行为、思维、进化、起源来说）。目前，对遗传密码和中心法则的解读，不能解释器官形态发生。形态发生的研究需要寻找新的突破口。直到近年来，Levin 实验室在生物电的研究中取得了重大发现，提出了生物电密码的理论，认为生物电作为一个密码系统控制着器官的形态发生[2]。但是，目前几乎所有的探索生物电与形态发生的研究都集中的低等动物方面，未见有哺乳动物研究方面的报道，这主要是由于缺乏哺乳动物模型所致。研究哺乳动物的形态发生机制，对于克服人类出生缺陷、器官再生、器官老化和肿瘤发生具有重要意义。因此，构建一个合适的哺乳动物器官形态发生模型是哺乳动物器官形态发生研究领域的最迫切的任务之一。通过综合分析，我们认为鹿茸是一个完美的哺乳动物器官形态发生模型。

1　鹿茸是一个完美的哺乳动物器官形态发生模型

1.1　鹿茸的形态发生及形态发生原胚

鹿茸是雄鹿的头部附属器官，由两部分组成：鹿茸本身和鹿茸赖以发生的角柄，鹿茸每年从角柄上脱落再生一次，角柄永久性的存在于鹿头上[3]。鹿茸的形态发生包含两个过程：发生和再生。这两个过程既可以单独用来研究形态发生，又可以合起来作为一个过程来看待。

大多数的鹿种，角柄发生于冬末春初，当鹿进入青春期时，从鹿头部额外脊处的未来生茸区发起。当角柄生长到种的特异性高度时，顶部逐渐转化成初角茸，角柄和初角茸交界处出现明显的界限，角柄和初角茸可以通过皮肤的形态区别开来，角柄的皮肤是典型的头皮样，而初角茸的皮肤是明显的天鹅茸样的茸皮。夏天，初角茸进入快速生长期。秋天，初角茸快速骨化，脱去茸皮，露出骨质，这时候我们将这些初角茸称之为鹿角。整个冬季，鹿角牢固的附着在角柄上，直到第二年的春天[4]。初角茸一般不分枝。第二年春天，鹿角脱落，再生茸从角柄上发起。与初角茸相比，再生茸具有相似的生长周期：春季发生，夏季快速生长，秋季脱皮、骨化成鹿角，冬季鹿角牢固地附着于角柄上，来年春天脱落，下一个再生循环开始[5]。但是，再生茸具有典型的种属特异性的分枝。

研究表明鹿茸的形态发生原胚是位于未来生茸区的骨膜，我们称之为生茸区骨膜（AP）。AP与周围的骨膜组织没有明显的边界界定，其大小具有种属特异性，Goss等通过骨膜移植试验确定黇鹿的AP直径为大约1.5cm[6]，我们试验中发现梅花鹿的AP是一个直径大约为2~3cm的椭圆形骨膜（未发表数据）。AP最早是由Hartwig and Schrudde（1974）在寻找鹿茸发生的组织基础时发现的，将AP移除，鹿茸将不再发生；将AP移植到鹿体的任何部位，移植部位形成异位鹿茸[7]。通过遗传标记进行细胞来源示踪和组织学观察确认，角柄和鹿茸来源于AP细胞[8]。显然，从一片小小的骨膜能在短短的60~70d的生茸期内发育成数十公斤重的鹿茸，AP需要具有很强的自我更新和分化能力。Li and Suttie（2001）认为AP是一片在鹿出生后仍保留胚胎组织特性的组织，形成于妊娠早期胎儿的未来生茸区对应部位，在后来的妊娠过程中有所发育，但不久后发育停滞，直到小鹿出生后的青春期，AP再次发育，形成角柄和初角茸[8]。

初角茸脱落后，我们最关注的鹿茸的生物学特性之一——再生现象——便开始了。再生茸从预先存在的角柄上再生，这时AP已经不再存在，于是便出现了一个的问题：再生茸的组织基础是什么？这个问题的答案多年来一直存在着争议。Goss一直认为是角柄的皮肤提供了鹿茸再生的组织基础[9]。直到2007年，Li等通过试验确认鹿茸的再生来源于角柄骨膜（PP），将PP移除后，角柄失去了再生鹿茸的能力[10]。

1.2 鹿茸作为哺乳动物形态发生模型的潜力

与形态发生研究相比，分子生物学和遗传学能够吸引研究人员的注意力并得以快速崛起的原因在于，后者的研究可以实行体外操作。如：遗传密码的破译就是通过体外试验完成的；再如当前比较热门的基因组学和蛋白质组学，其测序和定性完全是在体外进行。然而形态发生的研究目前还必须依靠活体试验，当然也有人提出了通过计算机模拟形态发生的概念，然而形状的计算机模拟需要足够多的生物信息学数据为基础，当前有关形态的生物信息学数据几乎空白。因此，形态发生的研究必须以活体动物模型为载体。生命科学研究的最大的意义是为人类健康事业服务，对形态发生的探索也是这样。遗憾的是，迄今为止，形态发生的实验结果多来自于低等动物，尽管低等动物形态发生的研究成果具有重要的参考意义，但毕竟在同源性方面与高等动物相距甚远。因此，结合具体的哺乳动物生物学机制，构建形态发生模型，提出可供检验的预测，势在必行[11]。在形态发生研究即将进入快速发展之际（生物电编码形态发生信息的发现就像为形态发生的研究注入了一支强心剂，必将引领形态发生的研究走向高速公路入口），一个理想的哺乳动物形态发生模型成为本领域研究的一个必要条件。

通过我们多年来对鹿茸的研究，我们认为鹿茸形态发生过程中所具有的生长周期稳定、形状位置固定、大小一致、能够年度完整再生、遗传稳定、形状可操作等特性[11-12]，使得鹿茸当之无愧地成为一个完美的哺乳动物形态发生模型。鹿茸的形态发生具有典型的种属特异性，主要体现在如下几个方面：发生及再生时间、形状和大小。

大部分鹿种，鹿茸发生时间和再生周期间差异不大，基本一致。初角茸在春天发生，夏天生长，秋天骨化脱皮，春天脱落。然而却也有例外，如：麋鹿的初角茸于冬末发生，春天生长，夏天骨化，冬天脱落（我国冬至节气的第二候称为"麋角解"，意为麋鹿脱角的时节）。大部分鹿种，鹿角脱落后，鹿茸再生相继开始，驼鹿、驯鹿和白尾鹿则例外，鹿角脱落到再生茸萌发之间有长达几周的残桩期。相比一生中只能发生一次的哺乳动物器官来说，鹿茸年度再生的周期性及其再生周期的种间差异，为我们提供了研究哺乳动物器官形态发生的"时间特性（形态发生只在特定的时间发起）"机会和良好的参照。

鹿种间鹿茸形状上的差异存在于前后（沿头部的前后方向）、内外（单侧鹿茸的内表面到外表面）、远近（从鹿茸尖端到基部，远心端到近心端）的三个轴向上[4]，具体体现在鹿茸的分枝形状、分枝类型和数量、两侧分枝的对称性等方面。一般来说，初角茸并不分枝，我们称之为"spike"，从第二年开始的再生茸才具有种属特异性的分枝。这种现象，是形态发生"渐进性"（任何形态都不是一次成型，而是在发育过程中一边调整，一边固定）的表现。营养水平很高的鹿初角茸也能分枝，但没有种属的特异性，说明营养水平的提高能使鹿茸超常发育，超常的这一部分便脱离了形态发生信息的指导，对我们从营养水平上探索形态发生信息的作用机理具有借鉴意义。初角茸不分枝的机理目前还不清楚，但却极具生物学意义：1）生长初角茸的一岁龄小鹿，刚刚进入青春期，其体况并没有发育成熟，尚不是交配的合适年龄，首要生理任务是身体发育，应把采食获得的更多的能量用来增强体质；2）同时由于其体形较小，在争偶过程中没有优势，即使形成了完美分枝的鹿茸，也无法对大年龄、大体型的成年鹿形成威胁。因此初角茸只是形成了一个鹿茸形态发生的基础，聪明的生物体有效地使摄取到的有限的能量达到了最佳配置。

再生茸在三个轴向上具有共性，据 Thompson 等描述，鹿茸的空间位置就像是贴在了一个球的表面上[13]，PococK 等的描述是，鹿茸所有分枝组成一个杯子的形状[14]。有些鹿种的鹿茸形状除了具有上述两个特点外，更像是一个皇冠，如赤鹿鹿茸。或许鹿茸最上面的分枝被称为"royal（皇家的）"，正是由于鹿茸形状类似于至高无上的皇冠的原因。鹿茸在三个轴向上的分布具有种属的特异性，PococK 等对鹿科动物鹿茸的形状进行了详细专门的描述，并通过鹿茸的形状对鹿的种属进行了分类[14]。文章中对鹿茸不同的部位专业术语进行了规范，对"主干（beam）"、"眉枝（brow，第一个分枝）"、"冰枝（bez，部分鹿种才有的眉枝上方的分枝）"、第三枝（trez）和"顶枝（royal，最上面的分枝的总和）。鹿茸的种属特异性体现在：1）绝大多数的鹿茸都具有眉枝，只有一部分鹿种具有冰枝，如马鹿、赤鹿等；2）部分鹿种的最多分枝数是固定的，如：梅花鹿有四个分枝，水鹿有 3 个分枝。部分鹿种的最多分枝数是不固定的，有个体差异，如：驯鹿；3）部分鹿种的分枝融合成掌状，如：驼鹿和黇鹿；4）然而有一些鹿种，其鹿茸具有独特的形状，如：麋鹿茸向后分枝（一般鹿茸都是向前分枝），发育完整的麋鹿角的尖都在一个平面上，能平稳地倒立放置。麋鹿在中国被称为四不像，被认为是一种神奇的祥兽，可能与其鹿茸的独特性有关。

左右对称似乎是生命体偶数器官形态发生的一个"共性规则"，大部分鹿种的鹿茸是左右对称的，就像我们的双手一样，然而部分鹿种的鹿茸却意外的打破了这个"规则"，两侧呈现一种蓄意的不对称状态。驯鹿两侧鹿茸的"眉枝"就出现了这种明显的不对称现象，通常一侧形成分枝状或者融合成掌状，另一侧却不分枝或缺失，较大的一侧眉枝向前向中间生长至鼻子的前上方，眉枝占优势地位的鹿茸出现在哪侧是随机的，今年出现左侧，明年就可能出现在右侧[15]，较大的眉枝一出现，较小的眉枝就会"主动让路"。无独有偶，我们在杂交鹿生长的鹿茸上也发现了这种现象：梅花鹿与马鹿的杂交后代同时继承了两种鹿的鹿茸形态特征，也出现了两侧鹿茸不对称的现象，一侧继承了马鹿的鹿茸形状，具有"冰枝"，另一侧却继承了梅花鹿的鹿茸形状，缺失"冰枝"。并且，梅花鹿鹿茸出现在哪一侧也不是固定的。这种蓄意的形态不对称的现象具有重要的研究意义：不对称的双方都具有发育成对方的能力，说明其形态发生原胚同时含有双方完整的形态发生信息，但是这些信息在形态发生过程中并不是完全表达（最终形态不同时具有双方特征），其中必然存在一个形态发生信息的远程调控机制。这个机制在宏观和微观上控制着鹿茸的形状，不仅使鹿茸能够蓄意的调节两侧的不对称状态，还使得鹿茸能够形成固定的"杯子"形、"球"形、"皇冠"形，使得麋鹿鹿角尖都在一个平面上。目前，我们还不知道什么是这个远程调控信息的实质和信息传输的载体，信息的供体和受体分别是谁。或许我们可以通过对鹿茸的研究找到打开"形态发生信息的远程调控机制"这个黑匣子的钥匙。

鹿茸的大小各不相同，总的来说，其差异主要是来自种和年龄上。鹿茸最小的当数发现于南美的普度鹿（Pudu），只能产生很小的鹿茸，甚至只形成角柄，不产生鹿茸。最大的应该是爱尔兰大鹿（Giant Irish Deer），鹿角与鹿角之间最大的距离可达到 3.65 米，重量可 40.8kg。鹿茸的大小与体重具有一定的关系，一般来说体型越大，鹿茸越大。其次，激素水平、营养状态，光照周期等方面也有影响。最近，李春义等通过实例归纳发现，鹿茸的大小还与两角柄之间的距离和角度有关（尚未发表）。

AP 的发现是鹿茸研究史上一个里程碑式的事件，鹿茸的形态发生信息就存储于 AP 中[12~15]。这套信息系统使得 AP 就像植物的种子一样，"种植"到哪里就能在哪里"发芽"，并把自己当成异位的"原住居民"，形成异位鹿茸。实验证明，AP 能够在鹿体的任何部位形成鹿茸（尾巴、背部、鼻镜部除外）[7,16]。更让人惊奇的是，AP 能够在异种动物体上发起鹿茸样物质形成，在实验中，将 AP 及其上的皮肤一起移植到裸鼠头上，移植部位形成鹿茸样的骨质柱[17,18]。异位鹿茸具有与正常鹿茸完全相同的形态发生过程：生长期结束即脱去茸皮，并保持与正常鹿茸同步的季节性的脱落与再生[19]。说明 AP 具有的完整的鹿茸生成能力。其意义不仅仅如此，更在于一片直径 2.5cm 左右的骨膜形成了一个能够年度完全再生的哺乳动物器官。因此引起了研究人员对这片独特的骨膜的重视，Li 等证实 AP 组织的细胞具有干细胞的特性，能够表达 CD9、Oct4、Nanog 等胚胎干细胞标记物，并且能够分化成多种细胞类型，如：软骨细胞、脂肪细胞、肌肉细胞和神经样细胞[20]。鉴于 AP 上述独特的特性，为我们提供了一个探索自体分化（self-differentiation）系统在胚胎发育过程中的作用的理想模型（Li and Suttie，2001）。

鹿茸的发生是骨膜在起着决定性作用，这就为我们研究鹿茸的形态发生发提供了一个明确的目标组织，把形态发生原胚的研究简化到了单一目标上。AP 在发起鹿茸形态发生方面，具有区域性，不同区域的生茸能力并不完全相同。1985 年，Goss 在探索 AP 的生茸能力时发现，对于相等面积的 AP 来说，从中间分开的半片比圆形的 AP 具有更高的生茸能力，说明 AP 在鹿茸生成能力方面形状比面积更为重要[6]。暗示了鹿茸的形态发生信息在 AP 中可能呈区域状分布。鹿茸发生前，通过外科手术将 AP 原位旋转 180 度，导致了前后轴极性颠倒的鹿茸的发生[21]，这为形态发生信息在 AP 中呈区域性分布提供了直接证据。为了进一步验证 AP 不同区域的生茸能力，Gao 等[12]选择最适合异位鹿茸生长的前额[4,16,22]作为移植位点，将 AP 分为前半区、后半区、内半区、外半区四个区域进行移植，结果发现鹿茸的形态发生信息主要存在于前半区和内半区：前半区主要负责鹿茸眉枝的形成，前半区和内半区均能形成完整的分枝鹿茸，而后半区和外半区只能形成单枝茸。

我们无法用简单的语言来定义生命体，如果要定义的话，笔者建议：既相互独立，又协调统一应该是在生命体的定义中必须包含的内容。这是因为生命体的任何一个部件都符合这个规律。鹿茸的形态发生也不例外。AP 在启动鹿茸形态发生方面，具有区域化的同时，又是协调统一的整体。外科手术将黇鹿 AP 摘下后，切成 1~2mm 直径的不规则的小块，然后原位移回，依然能在原位生成一个可分枝的鹿茸；将 AP 原位摘除，上下颠倒移植于对侧生茸位点（前后极性不变，左右 AP 互换），移植部位生成正常的鹿茸；将左侧 AP 上下颠倒移植到右侧原位 AP 之上（维持原位象限），移植部位生成正常的鹿茸，与上述单独上下颠倒移植的 AP 形成的鹿茸相比，长度超出 53%，分枝数超出 38%[21]。我们在进行梅花鹿 AP 翻转实验（为了解答鹿茸发生启动信号来源的问题，是来源于 AP 的细胞层还是纤维层，还是两者都有?)[23]时发现，AP 原位上下颠倒翻转（前后极性没有发生变化，内外极性改变），第二个季节生成的鹿茸依然具有正常的内外极性（未发表数据），说明鹿茸再生过程中，内外极性进行了向正常方向的重新调整。上述实验都说明了一个问题，鹿茸形态发生信息受到外界干扰以后，在一定程度上具有重新进行区域化调整，以尽量维持正常的秩序，形成有序的鹿茸极性的能力。并且双层骨膜叠加后，生茸能力增强（形成更大的具有更多分枝的鹿茸），说明形态发生信息在一定程度上也有叠加。

鹿茸的形态发生过程与哺乳动物四肢生成有许多共性的地方[4]：1）它们都来源于区域化的形态发生原胚，分别是侧板中胚层（lateral plate mesoderm，LPM）和 AP。如果 LPM 去除，肢体就不能形成；如果将 LPM 移植到胚胎的侧面，就会在移植部位形成异位肢体[24]；将 LPM 旋转后，就形成极性相反的肢体。2）肢体的发育开始于 LPM 上的一群激活的间充质细胞群[25]。鹿茸角柄的形成同样起始于 AP 分化而来的间充质细胞[26]。研究哺乳动物四肢的形态发生需要从四肢形成之前的胚胎期着手，操作难度大，要求条件高，相关研究一般实验室难以开展。以鹿茸为模型开展相关研究，无疑会大大简化研究程序和操作难度。

鹿茸的年度再生为探索哺乳动物表观遗传特性提供了便利条件。鹿茸再生具有遗传记忆现象，Bubenik 等[27]将这个现象定义为"营养记忆（trophic memory）"：外界创伤可导致鹿茸的伤口处在第二年形成一个小的分枝，这个小的分枝能够遗传到随后的几年，直到第四个生茸周期，之后不再出现，未受伤的对侧没受任何影响。这种与基因组改变无关的创伤引起的反应不仅能够"遗传"到未来几年的再生茸上，且随着传代数的增加而逐渐减弱。这个过程包含着两个方面的生物学信息：1）表观遗传；2）器官三维模式的维持。以这种创伤的方式，在鹿茸上追踪哺乳动物表观遗传信息和研究器官形态的维持机理具有诸多优势，如：周期短，费用低等。从进化角度考虑，"营养记忆"现象与鹿茸种属特异性分枝的形成有没有直接关系，我们不得而知。如果有，鹿茸的分枝必然是这样形成的：长期进化过程中，"营养记忆"在原始动力和选择压力双重作用下逐渐固定下来，形成稳定的遗传性状。这种稳定的遗传性状表现为种属特异性的分枝。

鹿茸作为形态发生模型，还有一个明显的优势就是：鹿茸属于第二性征，其形态发生受性激素的控制，这为我们研究形态发生提供了一个简洁的控制方法。雌鹿和雄鹿都具有 AP，但是只有雄鹿生成角柄和鹿茸，这是因为 AP 只有受到高水平的雄激素刺激后才能发起角柄的生长[3,28,29]。雌鹿也具有生茸潜力，雄性激素能够介导雌鹿 AP 发育成角柄和鹿茸[3,29~32]。关于雄性激素的作用，有关专家这样认为：睾酮刺激角柄形成但是抑制鹿茸发育[3,19,33]。生茸周期内血浆中睾酮浓度的变化规律[29]，证实这种观点是可靠的。睾酮驱动了鹿茸的骨化、茸皮的脱落[33~35]。将雄鹿在青春期前去势，角柄和鹿茸将不再发生[29]；如果在秋季去势（鹿角已经骨化），鹿角将在几周内脱落，即使在深冬，新的再生茸也会形成；如果在鹿茸的生长期去势，鹿茸将不会脱去茸皮，也不会骨化，而是持续生长，形成永久不脱皮和也不脱落的肿瘤样的畸形茸，这种畸形茸在不同鹿种上具有不同的表现形式，如：狍上呈假发样（peruke），駞鹿上呈蘑菇状（mushroom）等[9]。睾酮是通过什么样的方式控制着角柄和鹿茸的发育？Fennessy 等[36]认为：角柄的形成起源于睾酮对 AP 的直接刺激。Li et al. 通过实验证实了这个观点，DNA 结合[37]和放射自显影[38]都显示 AP 含有特异的睾酮结合受体，睾酮通过与这些受体的结合启动了角柄的形成过程。因此青春期前去势，此时角柄发育过程还没有开始，AP 接收不到睾酮的刺激，造成角柄发育停滞。

基于上述依据，我们提出这样假设：鹿茸形态发生的时效性受性激素的调控，性激素是一个剂量依赖性的"调控开关"。失去睾酮来源后，鹿茸的形态发生脱离了形态发生信息的指导而变成无序的肿瘤样组织。形态发生具有时效性是自然界的"定律"，其时效恰好与物种的寿命相对应。这样便会产生一个对这个时效性研究具有重要意义的问题，假如某种哺乳动物能延长寿命（寿命超出种的限制年限），生命体将会以怎样的形态出现？由于我们无法人为延长一个生命体或者器官的寿命（这是人类自诞生以来一直孜孜追求，却又求而不得的），这个问题一直得不到解答。但在鹿茸上，出现了例外，可以通过调控性激素而延长鹿茸的寿命，无疑这对于寿命延长后形态的研究，提供了一个绝无仅有的范例。性激素调控第二性征形态发生的现象在自然界也是一个普遍性的规律，以鹿茸为模型着手研究也是一个难得的选择。

鹿茸和肿瘤似乎是来源于干细胞的一对孪生兄弟，它们具有许多共同的特性，其中所富含的血管和所具有的生长迅速是最引人瞩目的。不同的是，鹿茸一直处于形态发生信息的指导下，安分守己，有序发育，肿瘤脱离了形态发生信息的控制，桀骜不驯，发育紊乱。研究鹿茸正常发育，生长迅速而不癌化的形态发生机制，是研究如何使肿瘤回归到形态发生信息的控制之下，"逆向"发育而走向正常化的理想"路标"。

2 鹿茸作为哺乳动物器官形态发生模型的应用前景

生物电的研究成果，将会加快形态发生领域的研究步伐，也必将会突出鹿茸在作为哺乳动物器官形态发生研究模型方面的重要意义。Levin 等[11]认为哺乳动物畸胎瘤是研究模块化（对应到形态发生原胚上表现为区域性）的形态发生信息编码的恰当模型，但是畸胎瘤有一个明显的缺点就是形成的概率太低，中国围产儿发生率为 0.053‰[40]。鹿茸是大自然赋予哺乳动物的独特瑰宝，资源丰富。通过生物电的手段来研究鹿茸的形态发生将会填补这一领域的空白，有望成为哺乳动物方面验证并破解生物电密码的第一步，必将为生物电密码应用到人类健康事业提供理论基础。

生物电密码破解和应用的最重要的一步，就是追踪生物电信息。为此，我们不妨把 AP 想象成一个内部存储器，内部存储着由生物电元素组成的形态发生信息，那么如何读取这些信息，识别这些信息，便是研究生物电密码的核心内容。检测鹿茸发生前 AP 中生物电的动态值是读取生物电信息的基础，现代技术的发展使其成为可能，如 FBRs 的应用使我们能够观测到活体动物生物电的动态变化。分析生物电参数与形态发生表观现象的对应关系，绘制生物电参数对应形态发生信息的图谱，从中发现生物电的编码方式（二进制编码，还是更高级的信号运行方式？），找到具有普遍意义的规律，这个规律便是鹿茸的形态发生所使用的生物电的密码。

通过生物电追踪鹿茸的形态发生信息，需要我们明确鹿茸形态发生信息的运行路线。在鹿茸出生前的胚胎期，具有种的特异性的鹿茸形态发生信息就已存储于 AP 中，但是这个信息并没有得到表达。鹿进入青春期后，在雄性激素的刺激下，这个信息的表达被启动，于是在形态发生信息的指导下，AP 发育成永久存在于额骨上的角柄和暂时性的鹿茸。在这个过程中，AP 消失，之后再生茸的形态发生便来源于角柄骨膜（PP），这说明在这 AP 逐渐消失时，AP 将这个信息转交给了 PP。于是 PP 便在这个信息的指导下，每年分出顶端的一小部分（致敏区）来参与鹿茸再生[41]。说明 PP 的致敏区包含了再生茸形态发生的全部信息。对这个过程中形态发生信息由 AP 转交给 PP 的方式，我们提出到两个推测：（1）AP 将形态发生信息复制成若干份（份数与鹿茸产生年头相等），从上到下按一定的规律分节段地存储在 PP 上，于是 PP 每年激活一份来完成鹿茸的再生。（2）AP 并不将形态发生信息复制，而是在初角茸发生时直接转交给 PP，PP 丁每年鹿茸再生启动时，复制一份传递给致敏区，并保留原来的一份。这两个猜测可以通过如下实验来验证：1）鹿茸再生前，将 PP 从休眠区和致敏区交接地带做横向环型切割，去掉交界处的 PP，将致敏区围绕骨桩原位旋转 180 度，观测再生茸的形状，如果再生茸的形状发生改变，说明形态发生信息原先就存在于致敏区，反之，如果形状未发生改变，说明形态发生信息是后来复制上去的，如果鹿茸再生废止，极有可能是手术操作造成 PP 没有存活。2）鹿茸再生前，将 PP 分节段做横向环型切割，分别保留或剔除某一节段的 PP，观测再生茸的形状，如：休眠区某节段单独形成再生茸形状具有种属特异性，说明鹿茸形态发生信息是分节段存储的，反之则反。但是不论是哪个推测，都会涉及到一个形态发生信息复制的过程。相比来说，哺乳动物四肢的形成过程中，由 LPM 的相关部位形成四肢后，并不存在 PP 样组织，因此缺少了存储形态发生信息的组织载体。鹿茸能够再生的关键应该是具有形态发生信息的复制和存储载体（PP）。

鹿茸预期模式的形成也是通过生物电追踪形态发生信息可行性的一个例证。在鹿茸分枝以前，虽然从外部无法看到鹿茸具有分枝的迹象，但通过组织学研究发现，鹿茸的前后两个生长中心已经具备[39]，这个阶段可以看作鹿茸的终末形态与形态发生原胚的过渡阶段，鹿茸正在按形态发生虚模式所设定的框架进行三维结构的填充。这个发现与蝌蚪胚胎上预期形态的发现类似。既然能够通过生物电可以在胚胎期呈现蝌蚪脸部轮廓，那么如果条件合适，我们同样可以通过生物电在 AP 或 PP 上发现鹿茸的预期形态。

性激素对第二性征的形态发生的影响，给我们提供了一个研究形态发生的切入点。然而性激素与生物电之间具有什么样的关系，目前依然不清楚。性激素是不是处于生物电的上游，改变生物电的一个剂量依赖性调控因素？还需要我们去探索。

鹿茸在形态发生过程中形态发生信息的动态转移、复制给我们提供了一个非常好的追踪形态发生信息的机会（如果形态发生信息是固定在某个位置而不发生动态转移，我们很难发现它的存在，更别提对这个信息进行追踪和研究了）。期待有一天，在控制形态发生信息的生物电密码破解以后，我们借助鹿茸这个独特的模型探明哺乳动物器官的形态发生信息的复制方式和存储路径，就可以通过改变生物电的手段，在形态发生前，将原本不能复制的形态发生信息进行复制，并将其存储到合适的组织载体上，在恰当的时机将这个信息还原到断裂的残肢上，以此来指导形体发生，赋予哺乳动物器官再生的能力。届时，人类将彻底打开通往生命科学研究殿堂的大门，当我们完全理解了形态，我就有可能解释行为，甚至思维。

参考文献

［1］Rupert S. 生命新科学：形态发生场假说（赵泓译）［M］. 北京：社会科学文献出版社，
　　　1987，3 – 81.

［2］Tseng A，Levin M. Cracking the bioelectric code：Probing endogenous ionic controls of pattern formation [J]. Commun Integr Biol, 2013, 6 (1): 1 - 8.

[3] Goss R J. Deer Antlers, Regeneration, Function and Evolution [M]. Academic Press, New York, 1983.

[4] Li C, Suttie J M. Deer antler generation: a process from permanent to deciduous [J]. In: 1st International Symposium on Antler Science and Product Technology (eds Sim JS, Sunwoo HH, Hudson RJ, Jeon BT), 2001, PP. 15 - 31. Banff: Canada.

[5] Li C, Suttie J M, Clark D E. Morphological observation of antler regeneration in red deer (Cervus elaphus) [J]. J Morphol, 2004, 262 (3): 731 - 40.

[6] Goss R J, Powel R S. Induction of deer antlers by transplanted periosteum I. Graft size and shape [J]. J Exp Zool, 1985, 235 (3): 359 - 73.

[7] Hartwig H, Schrudde J. Experimentelle Untersuchungen zur Bildung der primaren Stirnauswuchse beim Reh (CAPreolus cAPreolus L.) [J]. Z Jagdwiss, 1974, 20: 1 - 13.

[8] Li C, Suttie J M. Deer antlerogenic periosteum: a piece of postnatally retained embryonic tissue [J]. Anat Embryol (Berl), 2001, 204 (5): 375 - 88.

[9] Goss R J. Future directions in antler research [J]. Anat Rec, 1995, 241 (3): 291 - 302.

[10] Li C, Yang F, Li G, et al. Antler regeneration: a dependent process of stem tissue primed via interaction with its enveloping skin [J]. J Exp Zool A Ecol Genet Physiol, 2007, 307 (2): 95 - 105.

[11] Levin M. Morphogenetic fields in embryogenesis, regeneration, and cancer: non - local control of complex patterning [J]. Biosystems, 2012, 109: 243 - 61.

[12] Gao Z, Yang F, McMahon C, et al. Mapping the morphogenetic potential of antler fields through deleting and transplanting subregions of antlerogenic periosteum in sika deer (Cervus nippon) [J]. J Anat, 2012, 220 (2): 131 - 43.

[13] Thompson D W. On Growth and Form [M]. Cambridge: at the University Press, 1917, pp. 628 - 632.

[14] PococK R I, F. R. S., F. Z. S. The Homologies between the Branches of the Antlers of the Cervidse based on the Theory of Dichotomous Growth [J]. 1933, PP. 377 - 406. Article first published online: 2009 | DOI: 10. 1111/j. 1096 - 3642. 1933. tb01600. x.

[15] Goss R J. Is antler asymmetry in reindeer and caribou genetically determined? In: Proc. Second Internat. ReindeerKaribou Symp. E. Reimers, E. Gaare, and S. Skjenneberg, eds. Direktoratet for vilt og ferskvannsfisk, Trondheim, 1980: 364 - 372.

[16] Goss R J. Induction of deer antlers by transplanted periosteum II. Regional competence for velvet transformation in ectopic skin [J]. Journal of Experimental Zoology, 1987, 244 (1): 101 - 111.

[17] Li C, Harris A J, Suttie J M. Tissue interactions and antlerogenesis: new findings revealed by a xenograft Approach [J]. J Exp Zool A Ecol Genet Physiol, 2001, 290: 18 - 30.

[18] Li C, Gao X, Yang F, et al. Development of a nude mouse model for the study of antlerogenesis - mechanism of tissue interactions and ossification pathway [J]. J Exp Zool B Mol Dev Evol, 2009, 312 (2): 118 - 35.

[19] Goss R J. Horns, pronghorns, and antlers: Of antlers and embryos [M]. New York: Springer -

Verlag: 1990: 298.

[20] Li C, Yang F, Sheppard A. Adult stem cells and mammalian epimorphic regeneration – insights from studying annual renewal of deer antlers [J]. Curr Stem Cell Res Ther, 2009, 4 (3): 237 – 251.

[21] Goss R J. Induction of deer antlers by transplanted periosteum III. Orientation [J]. J Exp Zool, 1991, 259: 246 – 251.

[22] Li C, Yang F, Haines S, et al. Stem cells responsible for deer antler regeneration are unable to recapitulate the process of first antler development – revealed through intradermal and subcutaneous tissue transplantation [J]. J Exp Zool B Mol Dev Evol, 2010, 314 (7): 552 – 70.

[23] Gao X, Yang F, Zhao H, et al. Antler transformation is advanced by inversion of antlerogenic periosteum implants in sika deer (Cervus nippon) [J]. Anat Rec (Hoboken), 2010, 293 (10): 1 787 – 96.

[24] Kieny M. Variation de la capacite inductrice du mesoderme et de la comptence de l' ectoderme au cours de l' induction primaire du bourgeon de membre chez l' embryon de poulet [J]. Arch Anat Microsc Morphol Exp, 1968, 57: 401 – 418.

[25] Todt W, Fallon J. Development of the Apical ectodermal ridge in the chick wing bud [J]. J Embryol Exp Morphol, 1984, 80: 21 – 41.

[26] Li C, Suttie J M. Light microscopic studies of pedicle and early first antler development in red deer (Cervus elAPhus) [J]. Anat Rec, 1994, 239: 198 – 215.

[27] Bubenik A B, Pavlansky R. Trophic responses to trauma in growing antlers [J]. J Exp Zool, 1965, 159 (3): 289 – 302.

[28] Suttie J M, Fennessy P F, LAPwood K R, et al. Role of steroids in antler growth of red deer stags [J]. J Exp Zool, 1995, 271: 120 – 130.

[29] Li C, Littlejohn R P, Corson I D, et al. Effects of testosterone on pedicle formation and its transformation to antler in castrated male, freemartin and normal female red deer (Cervus elaphus) [J]. Gen Comp Endocrinol, 2003, 131 (1): 21 – 31.

[30] Wislocki G B, Aub J C, Waldo CM. The effects of gonadectomy and the administration of testosterone propionate on the growth of antlers in male and female deer [J]. Endocrinology, 1947, 40 (3): 202 – 226.

[31] Jaczewski Z. Further observations on the induction of antler growth in red deer females [J]. Folia Biol., 1981, 29: 131 – 140.

[32] Jaczewski Z, Doboszynska T, Krzywinski A. The induction of antler growth by amputation of the pedicle in red deer (Cervus elAPhus L.) males castrated before puberty. Folia Biol [J]. Krakow 24, 1976: 299 – 307.

[33] Bubenik A B. Endocrine regulation of the antler cycle. In: Brown, R. D. (Ed.), Antler Development in Cervidae [J]. Caesar Kleberg Wildl. Res. Inst., Kinsville, TX, 1982: 73 – 107.

[34] Suttie J M. Lincoln G A, Kay R N. Endocrine control of antler growth in red deer stags [J]. J. Reprod. Fertil., 1984, 71: 7 – 15.

[35] Suttie J M, Fennessy P F, Crosbie S F, et al. Temporal changes in LH and testosterone and their relationship with the first antler in red deer (Cervus elAPhus) stags from 3 to 15 months of age

[J]. J. Endocrinol. , 1991, 131: 467 – 474.

[36] Fennessy P F, Suttie, J M. Antler growth: nutritional and endocrine factors. In: Fennessy PF, Drew KR (eds) Biology of deer production, R Soc N Z Bull, 1985, 22: 239 – 250.

[37] Li C, Bing G, Zhang X, et al. Measurement of testosterone specific – binding (receptor) content of antlerogenic site periosteum in male and female sika deer [J]. Acta Vet Zootechnica Sinica, 1990, 21: 11 – 14.

[38] Li C, Harris A J, Suttie J M. Autoradiographic localization of androgen – binding in the antlerogenic periosteum of red deer (Cervus elAPhus) [J]. In: Milne JA (ed) Recent developments in deer biology. 1998: 220.

[39] Li C, Suttie J M. Morphogenetic aspects of deer antler development [J]. Front Biosci (Elite Ed), 2012, 4: 1836 – 42.

[40] Li D, Wu Y Q, Zhu J, et al. An Epidemiological Investigation of Perinatal Teratomas in China [J]. J WCUMS, 2002, 33 (1): 111 – 114.

[41] Li C, Mackintosh C G, Martin S K, et al. Identification of key tissue type for antler regeneration through pedicle periosteum deletion [J]. Cell Tissue Res, 2007, 328 (1): 65 – 75.

中图分类号：Q954.48

此文发表于《浙江大学学报（农业与生命科学版)》2015，41（2）

不同生长时期梅花鹿鹿茸差异蛋白质组学分析

张然然 刘华淼 邵元臣 周盼伊 苏 莹 王 磊 邢秀梅

（中国农业科学院特产研究所 特种经济动物分子生物重点实验室，长春 130112）

摘 要：为了解梅花鹿鹿茸生长过程中蛋白质表达特征，从分子水平认识鹿茸生长机制，本研究以 10 d、40 d、60 d 与 130 d 的梅花鹿鹿茸为试验材料，运用双向凝胶电泳（2 - DE）和 MALDI - TOF/TOF 质谱鉴定技术对梅花鹿鹿茸生长过程中差异表达蛋白质进行筛选，并结合生物信息学方法对差异表达蛋白质进行功能分析。结果显示有 46 种蛋白质差异性表达，且主要参与了细胞骨架、转运过程、信号转导、细胞凋亡、骨发育、蛋白质合成、核酸代谢、免疫、能量代谢、细胞增殖、抗氧化、蛋白质折叠等生物学过程。结合鹿茸的快速生长与快速骨化的独特生长过程，对差异表达蛋白质中的骨发育相关蛋白、抗氧化蛋白、细胞凋亡相关蛋白做进一步分析，发现 P4HB、SPARC、过氧化物还原酶2、过氧化物还原酶4、半乳糖凝集素1、视黄酸结合蛋白1 等6 种蛋白质在鹿茸快速生长与快速骨化过程中起着重要的作用，为鹿茸生长与骨化机制的进一步研究奠定基础。

关键词：梅花鹿；鹿茸；不同生长时期；双向凝胶电泳；蛋白质组学

Comparative Proteomic Analysis in
Different Growth Stages of Sika Deer Velvet Antler

Zhang Ranran，Liu Huamiao，Shao Yuanchen，
Zhou Panyi，Su Ying，Wang Lei，Xing Xiumei

（State Key Laboratory of Special Economic Animal Molecular Biology，

Institute of Special Wild Economic Animal and Plant Science，

Chinese Academy Agricultural Sciences，Changchun 130112，China）

Abstract：To investigate into the proteome profiling of the velvet antler and clarify velvet antler development mechanism in the level molecular biology，the sika deer velvet antlers aged 10 d、40 d、60 d and 130 d were selected as experimental material. Two - dimensional gel e-lectrophoresis（2 - DE）was employed to separate and quantify proteins of the velvet antlers during their four days development，the differentially expressed proteins were identified by MALDI - TOF /TOF - MS，and the function of proteins were analyzed using bioinformatics methods. The result showed that 46 proteins were differentially expressed significantly，which were involved the biology process of cytoskeleton、transportation、signal transduction、apop-totic process、bone development、protein synthesis、nucleotide biosynthesis、immunity、energy metabolism、cell proliferation and antioxidant activity. We focused on the proteins involved in bone development、antioxidant activity and apoptotic process due to the special growth process with rapid growth and ossification，and found that P4HB、SPARC、peroxiredoxin 2、peroxiredoxin 4、galectin 1 and retinoic acid binding protein 1 may play vital role in velvet antler growth and ossification process. Taken together，the result provided a basis for further research on the molecular mechanisms involved in the accelerated growth and ossification of deer velvet antler.

Key words：sika deer；velvet antler；different growth stages；two dimensional gel electrophoresis；proteome

鹿茸，唯一完全再生的哺乳动物器官，并具有独特的生长过程。每年春天鹿角自动脱落，并从角柄上长出新鹿茸，随后快速生长并形成分支，到了秋天，鹿茸的生长速度变慢，软骨组织逐渐骨化形成硬骨，次年春天再次脱落，开始新一轮的循环。鹿茸的生长可分为两个阶段：生长期与骨化期。在生长期，鹿茸生长速度惊人，最高可达 2.75cm/d（加拿大马鹿）[1]，同时还伴随着皮肤、神经与血管的快速生长；在骨化期，鹿茸的骨化速度急剧加快，并完成皮肤、血管、神经的退化过程。鹿茸快速生长与快速骨化的机制一直是生物学家研究的重点，但迄今为止，并未取得突破性进展。

近些年，蛋白质组学技术逐渐发展成熟，可从整体水平上揭示蛋白质表达特征，实现对生物体功能的解析。现今蛋白质组学技术也逐渐应用于鹿茸生长机制的探究，如韩国学者 H. J. Park 首次采用双向凝胶电泳结合 MALDI - TOF 质谱技术建立了鹿茸蛋白质表达谱，并成功鉴定出了 130 种蛋白质[2]，使我们对鹿茸蛋白质表达特征有了初步了解。

本研究以不同生长时期梅花鹿鹿茸为试验材料，应用双向凝胶电泳与 MALDI - TOF - TOF 质谱鉴定技术揭示鹿茸生长过程中蛋白质表达特征，从分子水平进一步认识鹿茸的生长与骨化过程。

1 材料与方法

1.1 化学试剂

尿素、硫脲、3 -［（3 - 胆酰胺基丙基）二甲基铵基］- 2 - 羟基 - 1 - 丙磺酸盐（CHAPS）、二硫苏糖醇（DTT）、两性电解质（Bio - Lyte，pH3 ~ 10）、Clean - up Kit 蛋白纯化试剂盒、固定化的 pH 梯度胶条（pH 4 ~ 7，非线性）、矿物油、碘乙酰胺、丙烯酰胺、甲叉双丙烯酰胺、十二烷基硫酸钠（SDS）、N，N，N′，N′- 四甲基乙二胺（TEMED）、Tris 碱、过硫酸铵（AP）、甘氨酸均为 Bio - Rad 公司产品（Hercules，CA，USA）；牛血清白蛋白（BSA）为 Sigma 公司产品（St. Louis，MO，USA）；胰酶为 Roche 公司产品（Mannheim，Germany）；甲醇、碳酸氢铵、三氟乙酸、乙腈、甲酸、甘油甲醛购自长春试剂公司。

1.2 试验样品

试验所需样品均取自中国农业科学院特产研究所中心鹿场所饲养 5 岁梅花鹿，取样时间分别为 10d、40d、60d 与 130d。

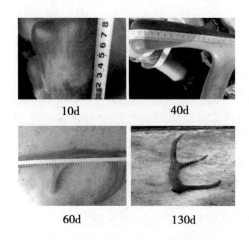

图 1　不同生长时期梅花鹿鹿茸组织

Fig. 1　Velvet antlers of sika deer in different growth stages

1.3　蛋白质提取

新鲜鹿茸组织切成 1 mm×1 mm 小块，PBS 洗去鹿茸组织表面的血液及杂质，液氮研磨机研磨成细粉。取 2g 细粉加入 10mL 蛋白质裂解液（$7mol \cdot L^{-1}$ 尿素、$2mol \cdot L^{-1}$ 硫脲、4% CHAPS、$65mmol \cdot L^{-1}$ DTT、0.2% Bio – Lyte、1% PMSF），超声 3min，冰上裂解 2h，每隔 30min，振荡器震荡 1min。20 000g、4℃、15min 离心，收集上清液，使用 2D – clean up 蛋白纯化试剂盒进一步除去蛋白质溶液中的脂类等杂质。

1.4　蛋白质浓度测定

Bradford 法测定蛋白浓度[3]，BSA 作标准曲线，测定 595nm 波长处的吸光度。

1.5　双向电泳

梅花鹿鹿茸双向凝胶电泳采用 pH4 – 7，17cm IPG 非线性胶条，加入 300μL 蛋白质溶液，等电聚焦程序设置：50V 水化 14h；100V 快速升压 1.5h；200V 快速升压 1.5h；500V 快速升压 1h；1 000V 快速升压 1.5h；10 000V 线性升压 6h；10 000V 快速升压，最终累积增压达到 70000 Vhr，完成蛋白质等电聚焦。

将等电聚焦完全的胶条从聚焦盘中取出，湿润滤纸擦去胶条表面的矿物油，置于 5mL 胶条平衡缓冲液 I 中（$6mol \cdot L^{-1}$ 尿素、1% DTT、2% SDS、30% 甘油和 $0.375 mol \cdot L^{-1}$ Tris – HCl），摇床上平衡 15min，时间不易过长。取出胶条，擦去表面残余液体，然后置于 5 mL 胶条平衡缓冲液 II（$6mol \cdot L^{-1}$ 尿素、2.5% 碘乙酰胺、2% SDS、30% 甘油和 $0.375mol \cdot L^{-1}$ Tris – HCl pH 8.8），摇床上避光平衡 15min。完成后，将胶条转移至聚丙烯酰胺分离胶上（1.0 mm 厚，12% T），0.5% 溶点琼脂糖封胶液封胶，使用 PROTEAN xi Cell II（Bio – Rad Hercules，CA，USA）系统，15mA/gel 电泳 1h，30mA/gel 电泳至溴酚蓝到达胶下缘 0.5cm。采用考马斯亮蓝 G250 染色法对 2 – DE 胶进行染色。

1.6　凝胶扫描及质谱鉴定

凝胶用扫描仪进行扫描，分辨率为 300 dpi。每一时期分别进行 3 次生物学重复。凝胶图像用伯乐公司 PDQuest™8.0（Bio – Rad Hercules，CA，USA）图像分析软件进行图像剪裁、蛋白质点检测、凝胶匹配分析等步骤。将相对体积比在 2 倍以上的蛋白质点视为表达差异蛋白质。手动切取凝胶上的差异蛋白质点，并送至国家蛋白质组中心进行 MALDI – TOF – TOF 质谱分析。使用 Mascot 软件对质谱序列进行检索。检索条件：数据库为 NCBInr；允许有 1 个不完全裂解位点；固定修饰为 ［Carboxymethyl（C）］ 或者 ［Carbamidomethyl（C）］；可变修饰为 ［Oxidation（M）］；离子选择 MH⁺ 和单同位素；肽段质量数最大容许误差范围是士 0.2D。匹配肽段数≥2；氨基酸序列覆盖率 >5%；分值≥80 分（$P < 0.05$），被认为是鉴定成功的蛋白质。

2 结果

2.1 不同生长时期梅花鹿鹿茸蛋白质表达图谱分析

为了解梅花鹿鹿茸在不同生长时期蛋白质表达特征，选取了 10d（鹿茸生长初期）、40d（二杠茸生长末期）、60d（三杈茸生长末期）、130d（茸皮脱落）的梅花鹿鹿茸组织为试验材料，运用比较蛋白质组学方法，获得不同生长时期梅花鹿鹿茸双向凝胶电泳图谱，每个时期样品分别进行三次双向凝胶电泳试验。通过 PDQuest™ 软件对双向凝胶图谱进行分析发现，10d、40d、60d、130d 样品分别检测到 511 ± 7.62、559 ± 7.84、494 ± 6.23、261 ± 5.46 个蛋白质点，其中 63 个蛋白点的表达丰度存在显著差异。

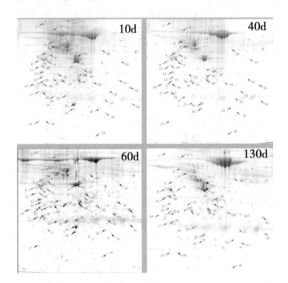

图2　梅花鹿鹿茸蛋白质 2 – DE 图谱
图中数字标出的点为鉴定蛋白质点
Fig. 2　2 – DE proteome profile of velvet antler of sika deer with different stages
The marked spots were identified.

2.2 差异表达蛋白质的鉴定与分类

差异蛋白点经挖点、胶内酶解，以及生物公司质谱鉴定分析，并采用 Mascot 软件检索，63 个差异蛋白点中的 46 个成功鉴定，蛋白质鉴定成功率约为 73%。并对成功鉴定的 46 个差异蛋白质进行生物学功能分类，结果详见表1。它们分别参与了细胞骨架、转运过程、信号转导、细胞凋亡、骨发育、蛋白质合成、核酸代谢、免疫、能量代谢、细胞增殖、抗氧化、蛋白质折叠等生物学过程。其中细胞骨架蛋白质最多（13 个），占差异蛋白质总数的 29%，其次是转运过程、信号转导、细胞凋亡、骨发育相关蛋白，分别有 4 个，占总差异蛋白质的 9%，各类别蛋白质在成功鉴定的差异蛋白质总数中所占比例见图 3。

2.3　差异蛋白质层次聚类

使用 Cluster 3.0 软件对 46 种差异蛋白质进行聚类分析，结果显示，10d、40d、60d 与 130d 鹿茸组织中分别有 6、22、12 与 6 个蛋白质表达上调。其中，10d 鹿茸组织表达上调的 6 个蛋白质中包括蛋白质合成相关蛋白 1 个（点 9），核酸代谢蛋白 1 个（点 29），能量代谢蛋白 1 个（点 30），细胞骨架蛋白 1 个（点 43），细胞增值蛋白 1 个（点 50），信号转导蛋白 1 个（点 19）；40d 表达上调的 22 个蛋白质中包括细胞骨架蛋白 6 个（点 12、点 47、点 6、点 1、点 13、点 15），细胞凋亡蛋白 4 个（点 17、点 48、点 52、点 5），骨发育蛋白 3 个（点 3、点 40、点 46），信号转导蛋白 3 个（点 22、点 41、点 51），转运蛋白 2 个（点 20、点 8），蛋白质合成相关蛋白 1 个（点 14），能量代谢蛋白 1 个（点 38），细胞增值蛋白 1 个（点 2）及未知功能蛋白 1 个（点 16）；60d 表达上调的 12 个蛋白质中包括细胞骨架蛋白 3 个（点 32、点 7、点 28），转运蛋白 2 个（点 25、点 23），抗氧化蛋白 2 个（点 26、点 31），核酸代谢蛋白 1 个（点 37），蛋白质合成相关蛋白 1 个（点 21）、骨发育蛋白 1 个（点 34），免疫蛋白 1 个（点 33），未知功能蛋白 1 个（点 4）,；130d 表达上调的 6 个蛋白质中包括细胞骨架蛋白 4 个（点 42、点 45、点 10、点 11），蛋白质合成相关 1 个（点 36），免疫蛋白 1 个（点 44）。

3　讨论

鹿茸具有独特的生长过程，其快速生长与快速骨化的机制一直是生物学家研究的重点。本研究中筛发现有 46 种蛋白质在鹿茸生长过程中发生显著性差异表达，且主要参与了 12 个生物学过程，其中骨发育、抗氧化与细胞凋亡生物过程在鹿茸的快速生长与骨化过程中尤为重要。

鹿茸的快速生长是通过软骨内骨化过程实现的，软骨细胞增值、分化为肥大软骨细胞，然后逐渐被骨组织所代替[4]。本研究中鉴定出 4 种骨发育相关蛋白质，并在鹿茸生长过程中发生了显著性差异表达，分别为 I 型胶原蛋白前体、II 型胶原蛋白、P4HB、SPARC。其中 P4HB 与 SPARC 可促进胶原蛋白的折叠、加工、分泌与成熟，在骨重建及骨量维持中具有重要作用[5-7]。另外 SPARC 可趋化并诱导多能间充质干细胞向成骨细胞分化，是正常成骨细胞形成、成熟和存活所必须的因子[8-10]。鹿茸生长过程中 P4HB 与 SPARC 表达水平的变化预示着这两种蛋白可能与鹿茸骨化过程的发生与发展密切相关。

鹿茸旺盛的代谢活动势必会产生较多的活性氧，如氧离子、过氧化氢、羟基自由基等，这些物质的大量积累会导致细胞结构、基因结构、生物大分子的破坏，严重时可导致细胞和组织的死亡[11]。研究显示抗氧化蛋白过氧化物酶广泛存在与鹿茸组织中，包括过氧化物还原酶 1、过氧化物还原酶 2、过氧化物还原酶 3、过氧化物还原酶 4、过氧化物还原酶 6[12-14]，其中过氧化物还原酶 2 与过氧化物还原酶 4 的表达水平在鹿茸生长过程中发生了显著性变化。过氧化物还原酶除了抗氧化活性，还参与各种生物功能，例如细胞增殖、分化、凋亡、基因表达、细胞内信号传导等生物过程[15,16]。其中过氧化物还原酶 2 又称为自然杀伤细胞增强因子（NK-EF-B），能够在细胞病变或者受到严重损伤时保护组织免受进一步的损害，而且能增强肿瘤细胞对抗肿瘤药物

表1 不同生长时期梅花鹿鹿茸差异表达蛋白质鉴定结果与功能分类

Table 1　Identification and functional categorization of the differentially expressed proteins of sika deer in different growth stages

点编号 Spot No.	登录号 Accession No.	蛋白名称 Protein name	蛋白得分 Protein score	覆盖率 Sequence coverage (%)	分子量 Mr	等电点 pI	蛋白质丰度 Protein abundance			
							10d	40d	60d	130d
蛋白质合成 Protein synthesis										
21	gi|57164211	转录延伸因子 EF-1 delta	94	43%	30 802	5.42	1 454.85	1 441.56	1 545.36	483.83
14	gi|62460568	转录延伸因子 EF-1 beta 2	126	56%	24 789	4.51	2 803.30	3 386.03	2 416.16	962.96
9	gi|161761214	核糖体蛋白 40S ribosomal protein SA	224	72%	28 150	6.60	3 608.50	3 148.00	2 024.07	750.90
36	gi|85542053	热激蛋白 27kD Heat shock 27 kDa protein	246	62%	22 379	5.98	827.35	1 335.37	1 455.23	1 650.17
骨发育 Bone development										
34	gi|180396	II型胶原蛋白 collagen alpha-1 (II)	109	21%	46 701	7.70	1 288.90	1 532.00	2 255.57	0.00
3	gi|148878430	脯氨酸羟化酶 β 亚基 P4HB protein	338	41%	57 168	4.80	4 758.40	6 442.30	2 508.83	1 485.10
40	gi|14043011	I型胶原蛋白前体 pro alpha 1 (I) collagen	167	34%	31 678	5.46	14 430.27	17 045.20	12 700.63	4 222.20
46	gi|2624793	富含半胱氨酸的酸性分泌蛋白 SPARC	217	51%	27 054	5.53	1 645.60	13 430.50	5 385.17	6 631.30
核酸代谢 Nucleotide biosynthesis										
37	gi|115497092	腺苷激酶 adenosine kinase	125	40%	38 556	5.85	641.47	723.73	922.70	0.00
29	gi|150383501	UMP - CMP 激酶 UMP - CMP kinase	135	59%	22 265	5.66	2 274.60	1 360.80	1 433.17	743.97
抗氧化 Antioxidant activity										
26	gi|27807469	过氧化物还原酶 2 peroxiredoxin 2	156	35%	21 932	5.37	2 502.83	4 921.93	5 157.20	3 978.13
31	gi|148708896	过氧化物还原酶 4 peroxiredoxin 4	121	45%	32 053	8.18	991.00	1 288.23	1 562.70	707.27

（续表）

点编号 Spot No.	登录号 Accession No.	蛋白名称 Protein name	蛋白得分 Protein score	覆盖率 Sequence coverage（%）	分子量 Mr	等电点 pI	蛋白质丰度 Protein abundance			
							10d	40d	60d	130d
免疫 Immune response										
44	gi丨2864707	MHC I 类分子 MHC class I heavy chain	83	27%	19439	5.34	680.20	574.53	738.97	1 409.17
33	gi丨55583761	蛋白酶激活复合体 Proteasome activator complex subunit 1	157	62%	28 599	5.78	810.27	1 005.53	1 132.30	0.00
能量代谢 Energy metabolism										
38	gi丨4139392	细胞色素 b-c1 复合体 Cytochrome b-c1 Complex subunit 1	131	39%	49 181	5.46	863.37	3 928.97	952.97	946.27
30	gi丨110591027	ATP 合成酶 ATP synthase subunit D, mitochondrial	111	53%	18 550	6.02	2 316.43	1 137.77	1 295.77	917.77
细胞凋亡 Apoptotic process										
17	gi丨71042776	14-3-30 蛋白 14-3-3 protein theta	174	56%	29 180	5.17	946.85	2 170.37	2 048.37	1 288.27
48	gi丨57164313	半乳糖凝集素 Galectin 1	195	47%	14808	5.02	11 265.30	17 190.20	12 599.00	8 338.10
52	gi丨119910404	半乳糖凝集素 Galectin 7	126	50%	15 381	6.08	1717.60	3 527.60	1 859.90	2 254.40
5	gi丨1353212	波形蛋白 Vimentin	249	52%	51 817	4.94	2 636.55	5 478.10	2 123.67	1 148.00
细胞骨架 Cytoskeleton										
42	gi丨164451511	肌动蛋白 actin	115	39%	41 797	5.30	0.00	1 508.00	1 501.10	10 079.40
45	gi丨119936529	肌球蛋白调节轻链 myosin regulatory light polypeptide 9	115	64%	19 399	4.74	463.17	0.00	139.40	1 566.30
10	gi丨109081383	原肌球蛋白 Tropomyosin 1 alpha chain isoform 5	110	26%	32 602	4.67	1 131.17	2 493.90	1 438.77	5 830.57
11	gi丨114624373	原肌球蛋白 Tropomyosin 2 (beta) isoform 6	168	35%	33 483	4.64	1 006.63	2 691.67	1 569.47	3 653.93

（续表）

点编号 Spot No.	登录号 Accession No.	蛋白名称 Protein name	蛋白得分 Protein score	覆盖率 Sequence coverage（%）	分子量 Mr	等电点 pI	蛋白质丰度 Protein abundance			
							10d	40d	60d	130d
32	gi|149603575	肌动蛋白加帽蛋白 F-actin-capping protein subunit beta	111	44%	33 452	6.61	2 730.93	2 907.40	4 104.77	1 563.10
7	gi|134085649	角蛋白 Keratin 33B	242	45%	43 242	4.81	383.90	1 570.37	1 971.15	0.00
28	gi|197692339	微管解聚蛋白 Stathmin 1	128	48%	17 320	5.76	1 356.00	1 041.40	1 534.60	345.40
12	gi|207355	原肌球蛋白 Brain alpha-tropomyosin（TMBr-1）	224	43%	32 490	4.72	1 426.30	3 888.23	2 486.33	638.70
47	gi|195036998	GH19077	208	52%	41 657	5.29	22 172.63	31 321.83	10 358.10	15 848.67
6	gi|115495321	角蛋白 Keratin 31	207	54%	47 043	4.79	1 613.57	3 045.20	1 866.40	0.00
1	gi|1216294	原肌球蛋白 Non-muscle tropomyosin	250	35%	28 508	4.69	1 101.15	1 721.73	475.93	214.90
13	gi|82469907	原肌球蛋白 Tropomyosin 1 alpha	185	43%	32 843	4.68	999.43	2 097.17	1 418.33	323.75
15	gi|4507651	原肌球蛋白 Tropomyosin 4 isoform 2	359	53%	28 504	4.67	2 418.33	5 870.33	3 630.86	2 055.50
43	gi|809561	肌动蛋白 Gamma-actin	153	39%	40 992	5.56	30 975.40	9 343.53	14 825.45	13 535.33
细胞增殖	Cell proliferation									
2	gi|114053019	糖蛋白 alpha-1-B glycoprotein	201	17%	53 520	5.29	1 521.30	4 347.17	2 459.27	1 296.45
50	gi|74007983	SH3 域结合谷氨酸富蛋白 similar to SH3 domain-binding glutamic acid-rich-like protein	132	78%	11 773	4.89	1 005.40	862.10	773.00	156.00
信号转导	Signal transduction									
22	gi|90075174	膜联蛋白 Annexin	235	58%	35 838	4.90	3 824.13	6 288.90	1 082.47	1 374.45

（续表）

点编号 Spot No.	登录号 Accession No.	蛋白名称 Protein name	蛋白得分 Protein score	覆盖率 Sequence coverage（%）	分子量 Mr	等电点 pI	蛋白质丰度 Protein abundance			
							10d	40d	60d	130d
41	gi|27806317	膜联蛋白 Annexin A8	184	47%	36 764	5.30	1 669.47	3 613.15	1 902.73	1 216.43
51	gi|999883	视黄酸结合蛋白 Retinoic – Acid – Binding Proteins I	215	85%	15 451	5.30	2 272.90	4 925.50	2 620.80	1 933.40
19	gi|149721895	钙蛋白酶 Calpain small subunit	92	26%	28 082	5.14	2 715.70	2 211.35	1 860.63	603.56
转运 Transport proteins										
25	gi|245563	载脂蛋白 apolipoprotein A – I	314	56%	28 415	5.57	12 046.33	4 328.33	13 213.60	5 496.60
23	gi|73964747	Rho GDP 离解抑制因子 Rho GDP dissociation inhibitor（GDI）alpha	111	37%	23 379	5.12	2 588.27	3 656.80	5 327.20	2 575.63
20	gi|83638582	Coatomer subunit epsilon	192	41%	34472	4.98	863.70	1 285.57	940.20	362.50
8	gi|157073966	网钙蛋白 reticulocalbin – 1	112	27%	38 728	4.70	826.10	2 333.00	1 257.30	513.60
未知功能蛋白 Unknown proteins										
4	gi|47221548	未知蛋白	415	53%	49 655	4.78	2 110.40	8 395.70	8 691.30	2 582.80
16	gi|57997573	假设蛋白	449	64%	27159	4.71	2 573.03	5 310.73	3 147.07	1 700.30

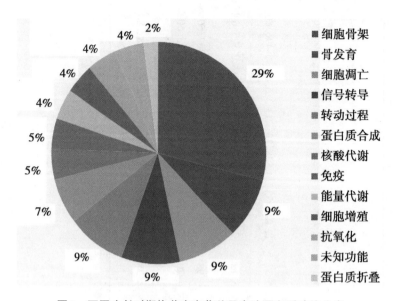

图3　不同生长时期梅花鹿鹿茸差异表达蛋白质功能分类

Fig. 3　Functional categories of the differentially expressed proteins of sika deer in different growth stages

的抵抗能力[17]。本研究结果显示过氧化物还原酶2与过氧化物还原酶4的表达量随鹿茸生长速度的增快而逐渐增加，表明在鹿茸快速生长过程中过氧化物还原酶在抵抗氧化损伤中发挥着极其重要的作用。

鹿茸的快速生长主要取决于其生长中心细胞的分裂繁殖速度，其速度比癌细胞还要快三十几倍[18]，但在如此快速生长状态下，鹿茸并没有出现癌变的迹象，而是有条不紊的完成自身的快速生长过程，所以鹿茸可能具有一种特殊的调控机制防止癌变的发生。本研究中发现半乳糖凝集素1在鹿茸生长过程中发生了显著差异表达，该蛋白是一种细胞凋亡相关蛋白，也是鹿茸干细胞重要的信号分子[14]，可通过与NANOG、MYCN与SMAD4相互作用参与角柄骨膜干细胞的14 - 3 - 3信号通路，从而促进角柄骨膜干细胞的分化过程，在鹿茸生长过程中具有重要的调节作用。在人体内，半乳糖凝集素1的过表达通常会引起癌症的发生，而鹿茸中半乳糖凝集素的过表达并没有引起鹿茸组织的癌变。半乳糖凝集素1的表达通常受多种因子的调控，包括视黄酸[19]。视黄酸作为一种重要的信号分子，不仅能够调控蝾螈断肢的再生[20]，还能够调控成骨细胞与破骨细胞的分化过程[21]，在鹿茸再生中起重要调控作用。本研究中发现半乳糖凝集素1与视黄酸结合蛋白1的表达模式是一致的，因此推测视黄酸可能是调控半乳糖凝集素1防止鹿茸癌变的重要信号分子之一。

4　结论

本研究通过蛋白质组学技术对梅花鹿鹿茸生长过程中蛋白质表达特征有了初步了解，又结合鹿茸的快速生长与快速骨化的独特生长过程，对差异表达蛋白质中的骨发育相关蛋白、抗氧化蛋白、细胞凋亡相关蛋白做了进一步分析，并发现P4HB、SPARC、过氧化物还原酶2、过氧化物还原酶4、半乳糖凝集素1、视黄酸结合蛋白1等6种蛋白质在鹿茸的快速生长与快速骨化过程中起着重要的作用，为鹿茸生长与骨化机制的进一步研究奠定基础。

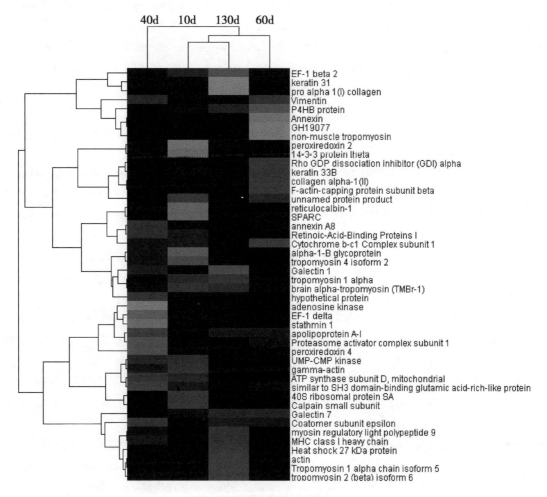

图 4 差异蛋白质层次聚类分析

上调蛋白质和下调蛋白分别用红色和绿色条带，颜色的深浅代表蛋白质表达量的差异

Fig. 4 Hierarchical clustering of significant differential proteins

The up – or down – regulated proteins are indicated in red and blue，respectively. The intensity of the colors increases with increasing expression differences as shown on the top of the indicator

参考文献

［1］ SUI Z G，ZHANG L H，HUO Y S，et al. Bioactive components of velvet antlers and their pharmacological properties ［J］. *J Pharm Biomed Anal*，2014，87：229 – 240.

［2］ PARK H J，LEE D H，PARK S G. Proteome analysis of red deer antlers ［J］. *Proteomics*，2004，4（11）：3 642 – 3 653.

［3］ BRADFORD M M. A rapid and sensitive method for the quantitation of microgram quantities of protein utilizing the principle of protein – dye binding ［J］. *Anal Biochem*，1976，72（1）：248 – 254.

［4］ LI C，SUTTIE J M. Light microscopic studies of pedicle and early first antler development in red deer（*Cervus elaphus*）［J］. *Anat Rec*，1994，239（2）：198 – 215.

［5］CHUA J，SEET L F，JIANG Y. Increased SPARC expression in primary angle closure glaucoma i-ris ［J］. *Mol Vis*，2008，14：1 886 - 1 892.

［6］PAJUNEN L，JONES T A，GODDARD A. Regional assignment of the human gene coding for a multifunctional polypeptide（P4HB）acting as the beta - subunit of prolyl 4 - hydroxylase and the enzyme protein disulfide isomerase to 17q25 ［J］. *Cytogenet Cell Genet*，1991，56（3 - 4）：165 - 168.

［7］TERMINE J D，KLEINMAN H K，WHITSON S W，et al. Osteonectin，a bone - specific protein linking mineral to collagen ［J］. *Cell*，1981，26（1）：99 - 105.

［8］BRADSHAW A D，SAGE E H. SPARC，a matricellular protein that functions in cellular differenti-ation and tissue response to injury ［J］. *J Clin Invest*，2001，107（9）：1 049 - 1 054.

［9］DELANY A M，HANKENSON K D. Thrombospondin - 2 and SPARC/osteonectin are critical regu-lators of bone remodeling ［J］. *J Cell Commun Signal*，2009，3（3 - 4）：227 - 238.

［10］REIS L M D，KESSLER C B，ADAMS D J，et al. Accentuated osteoclastic response to parathy-roid hormone undermines bone mass acquisition in osteonectin - null mice ［J］. *Bone*，2008，43（2）：264 - 273.

［11］GIUSTARINI D，DALLE - DONNE I，TSIKAS D，et al. Oxidative stress and human diseases：Origin，link，measurement，mechanisms，and biomarkers ［J］. *Crit Rev Clin Lab Sci*，2009，46（5 - 6）：241 - 281.

［12］徐代勋. 梅花鹿鹿茸角柄骨膜不同部位差异蛋白的筛选 ［D］. 镇江：江苏科技大学，2011. XU D X. Screening of differential proteins in different parts of pedicle periosteum of Sika deer. Zhenjiang：Jiangsu University of Science and Technology，2011.

［13］赵东. 梅花鹿鹿茸双向电泳体系建立及蛋白质组学的研究 ［D］. 镇江：江苏科技大学，2012. ZHAO D. Establishment of two - dimensional electrophoresis system and proteome analysis of Sika deer antler. Zhenjiang：Jiangsu University of Science and Technology，2012.

［14］LI C，HARPER A，PUDDICK J，et al. Proteomes and signalling pathways of antler stem cells ［J］. *PLoS One*，2012，7（1）：e30026.

［15］MARTIN A，S F D，EDUARDO P，et al. Typical 2 - Cys peroxiredoxins - - modulation by co-valent transformations and noncovalent interactions ［J］. *FEBS Journal*（Online），2009，276（9）：2 478 - 2 493.

［16］RHEE S G，CHAE H Z，KIM K. Peroxiredoxins：A historical overview and speculative preview of novel mechanisms and emerging concepts in cell signaling ［J］. *Free Radical Bio Med*，2005，38（12）：1 543 - 1 552.

［17］任丽平. 鮸鱼过氧化物还原酶 Peroxiredoxin 基因的分子克隆与表达分析 ［D］. 浙江：浙江海洋学院，2014. REN L P. Molecular cloning and expression of peroxiredoxins from *Miichthys miiuy* ［D］. Zhejiang：Zhejiang Ocean University，2014.

［18］冯海华，闭兴明，赵丽红. 胰岛素样生长因子1对不同生长时期鹿茸生长中心细胞体外增殖的影响 ［J］. 中国组织工程研究与临床康复，2007（37）：7 373 - 7 376. FENG H H，BI X M，ZHAO L H. Effects of insulin - like growth factor 1 on the in vitro proliferation of antler or-ganic center cells at different growing periods ［J］. *Journal of Clinical Rehabilitative Tissue Engi-neering Research*，2007（37）：7 373 - 7 376.

［19］LU Y, LOTAN D, LOTAN R. Differential regulation of constitutive and retinoic acid – induced galectin – 1 gene transcription in murine embryonal carcinoma and myoblastic cells ［J］. *Biochim Biophys Acta*, 2000, 1491 (1 – 3): 13 – 19.

［20］BLUM N, BEGEMANN G. The roles of endogenous retinoid signaling in organ and appendage regeneration ［J］. *Cell Mol Life Sci*, 2013, 70 (20): 3 907 – 3 927.

［21］WESTON A D, HOFFMAN L M, UNDERHILL T M. Revisiting the role of retinoid signaling in skeletal development ［J］. *Birth Defects Res C Embryo Today*, 2003, 69 (2): 156 – 173.

此文发表于《畜牧兽医学报》2016, 47 (3)

利用慢病毒表达载体干扰
梅花鹿角柄骨膜细胞 *P 21* 基因

郭倩倩[1,2]　王大涛[2]　褚文辉[2]　鲁晓萍[2]　秦　欣[1,2]　赵海平[2]　李春义[2]

(1. 江苏科技大学，镇江　212018；2. 中国农业科学院特产研究所，
吉林省特种经济动物分子生物学国家重点实验室培育基地，长春　130112)

摘　要：利用慢病毒干扰系统，对东北梅花鹿角柄骨膜干细胞（PP 细胞）*P21* 基因进行干扰。结果表明：1）筛选出的两条针对梅花鹿 *P21* 基因的 siRNA 与载体质粒 PLVTHM 连接成功，并与 pMD2. G、pCMV – dr8. 9 质粒共转染到 293t 细胞，获得重组慢病毒；2）通过感染 PP 细胞并利用流式细胞仪进行分选，获得了纯度 90% 以上的感染细胞；3）荧光定量 RT – PCR 检测表明 *P21* 基因的 mRNA 水平大幅度下调，干扰效率达到 70%。表明本实验成功干扰了 *P21* 基因在 PP 细胞中的表达，获得了低表达 *P21* 的 PP 细胞系，为以后研究 P21 基因在鹿茸再生过程中的作用奠定了基础。

关键词：鹿茸再生；P21 基因；RNAi；角柄骨膜；慢病毒表达载体

RNAInterference targeting *P21* gene of pedicle
periosteum cells from sika deer by shRNA lentivirus

Guo Qianqian[1,2]，Wang Datao[2]，Chu Wenhui[2]，

Lu Xiaoping[2]，Qin Xin[1,2]，Zhao Haiping[2]，Li Chunyi[2*]

(1. Jiangsu University of Science and Technology，Zhenjiang Jiangsu 212018，China；

2. Institute of Special Wild Economic Animals an Plants，CAAS，Changchun 130112，China)

Abstract：*P21* gene of pedicle periosteal cells，antler stem cells for regeneration，of sika deer were interfered using RNAi in lentiviral vector system. The results showed that：1）Two sequences of small interfering RNAs，targeting *P21* gene of sika deer，were successfully ressembled into the lentiviral plasmids（Plvthm）. Positive clones were identified based on the results of both PCR and sequencing. Recombinant lentiviral were acquired by each positive plasmid cotransfecting into 293 T cells with the plasmids pMD2. G and pCMV – dr8. 9. 2）Recombinant lentiviral were successfully interfered into the PP cells，and the GFP positive cell proportion obtained by flow cytometry（FCM）sorting was about 90%. 3）The result of RT – PCR show that the expression level of *P21* mRNA in cells infected with recombinant lentiviral was obvious decreased，and the interferential efficiency was about 70%. Therefore，in this study，we successfully interfered the expression of *P21* gene in the pp cells，and obtained pp cell line with decreased expression of P21 gene，which lay the foundation for revealing the regulatory mechanism of *P21* underlying antler regeneration.

Key words：antler regeneration；P21gene；RNAi；pedicle periosteum；lentiviral vector

　　鹿茸是目前哺乳动物中唯一可以完全再生的附属器官，每年都会进行周期性的脱落与完全再生。近年来的研究表明，鹿茸再生是基于干细胞的割处再生[1~3]，即鹿茸再生是依赖于鹿茸干细胞 AP/PP 的过程。鹿茸干细胞以较少的细胞数目和在较短的时间内就能生成大量井然有序的鹿茸组织，这在其他正常组织器官中是不可能的。组织器官再生是源于细胞的分裂增殖，细胞的分裂增殖依赖于细胞周期循环，因此对鹿茸干细胞周期的研究对揭示鹿茸再生机制具有重要意义。

　　在早期的研究中，我们了解到低等动物损伤后再生多组织器官和附肢的能力是很常见的，如海绵、涡虫、水螅、蝾螈等，但在哺乳动物中这种能力却是很少见的。最近的报道指出 MRL 鼠能够关闭穿孔的耳洞，具有独特的能力[4~7]。在最新一个研究中发现普通小鼠敲除 P21 基因后也能获得这种再生能力[8]。揭示了 *P21* 蛋白与再生有着非常密切的关系，鹿茸作为一种再生模型，我们推测 *p21* 蛋白在鹿茸再生过程中扮演着重要角色。

　　P21 蛋白是细胞周期的重要调控因子，是一种周期蛋白依赖性激酶抑制剂，主要作用于 G1/S 检测点，若 DNA 损伤发生在 G1 期，则 *P21* 通过抑制 CDK 活性阻碍细胞进入 S 期；若损伤发生于 S 期，则可通过使 PCNA（增殖细胞核抗原）失活而停止 DNA 合成。若 *P21* 缺乏则会使细胞周期跳过 G1 检查点直接进入 G2 期。许多研究表明，*P21* 与多种细胞反应有关，如 DNA 损伤、抑制细胞周期的进程等[9,10]。

　　对双链 RNA 的研究发现，外源或内源性 dsRNA 可明显抑制细胞同源序列的基因表达，故称之为 RNA 干扰[11]。本实验旨在通过构建 RNA 干扰所需的病毒载体并通过感染鹿茸干细胞干扰 *P21* 基因的表达，获得稳定的 P21 低表达细胞系，为下一步研究 *P21* 蛋白在鹿茸再生中的功能作用奠定基础。

1　研究方法

1.1　主要材料

　　PP 细胞、感受态细胞 DH5α、细胞株人胚肾细胞 293t、载体质粒 pLVTHM、包膜质粒 pMD2.G、包装质粒 pCMV-dr8.91 均有本实验室保存。T4DNA 连接酶（New England，北京）；限制性内切酶：Cla I、Mlu I；小量/大量质粒 DNA 提取试剂盒（QIAGEN，美国）；琼脂糖凝胶回收试剂盒（QIAGEN，美国）；100 bp、1 kb DNA 分子量标志物（全式金，北京）；改良型杜氏培养基（DMEM）、标准胎牛血清（FBS）、胰蛋白酶（Invitrogen，美国）；酵母提取物、胰化蛋白胨（OXOID，英国）、氨苄青霉素（华北制药，石家庄）；NaCl、氯仿、无水乙醇（北京化工，北京）；离心超滤管（Millipore，美国）；其他常规试剂均为进口或国产分析纯。

1.2　方法

1.2.1　梅花鹿 *P21* 基因 shRNA 寡核苷酸链的获得

　　本实验室已测序获得梅花鹿 *P21* 基因 cDNA 序列。根据筛选法则选择了 2 条针对东北梅花鹿 *P21* 基因的高分 RNAi 靶序列，并将筛选的 RNAi 靶序列在 NCBI 中进行序列同源性比对（Blast），以保证靶序列不会对鹿的其他基因及包装细胞的相关基因产生 RNAi 效应。在筛选好的 RNAi 靶序列两端分别接上相应的酶切位点、内成环结构、终止信号等以构成 shRNA 结构，本实验选用的载体质粒为 PLVTHM 质粒，如下为设计的寡核苷酸序列：

shRNA1 正义链 5'– cgcgtcccc GCGGTGGAACTTCGACTTT*ttcaagaga* AAAGTCGAAGTTCCAC-CGC **ttttt** ggaaat – 3'

shRNA1 反义链 5'– cgatttcca **aaaa** GCGGTGGAACTTCGACTTT *tctcttgaa* AAAGTCGAAGTTC-CACCGC ggggga – 3'

shRNA2 正义链 5'– cgcgtcccc CCAGCATGACAGA TTTCTA *ttcaagaga* TAGAAATCTGTCAT-GCTGG **ttttt** ggaaat – 3'

shRNA2 反义链 5'– cgatttcc **aaaaa** CCAGCATGACAGA TTTCTA *tctcttgaa* TAGAAATCTGT-CATGCTGG ggggga – 3'

将 shRNA 的正义链和反义链交由上海生工进行化学合成。合成后进行体外退火，并将其分别命名为 P1siRNA、P2siRNA。

1.2.2　重组质粒的构建与鉴定

用限制性内切酶 ClaⅠ与 MluⅠ对载体质粒进行双酶切。用 T4DNA 连接酶在 22℃将退火产物分别与酶切后载体连接。将连接产物转化到感受态细胞 DH5α 中，涂布，培养箱中 37℃ 过夜培养。挑取大小适宜的单菌落，220 rpm/min、37℃，过夜摇菌。取 3mL 菌液使用 QIAGEN 质粒小提试剂盒提取质粒。按照通用 PCR 引物设计法则，使用 Primer 5.0 软件在双酶切位点的上、下游设计一对引物，以未连接的空白 pLVTHM 质粒作为阴性对照，对小量提取的重组质粒进行 PCR 鉴定：

上游引物 5'– ctgggaaatcaccataaacg – 3′（up）

下游引物 5'– ttattcccatgcgacggtat – 3′（down）

将 PCR 鉴定为阳性克隆的质粒送交上海生工进行测序。

1.2.3　慢病毒三质粒系统的无内毒素大量提取

将上步中测序为阳性的载体质粒 pLVTHM 与包膜质粒 pMD2.G 及包装质粒 pCMV – dr8.91 分别进行转化、涂布、挑菌及小量扩增。然后，按 1∶500 的比例将菌液稀释到 LB 液体培养基（含 Amp 100μg/ml）中，37℃、220rpm/min 震荡培养 15h，进行大量培养。并每隔一段时间测一次 OD 值，当 OD 值达到 0.8 左右时，使用 QIAGEN 大量质粒提取试剂盒提取质粒。

1.2.4　重组慢病毒的包装及病毒的浓缩收集

利用 0.25% 胰酶消化 293t 细胞并计数，接种细胞于 10cm 细胞培养皿中，当细胞融合度达到 90% 以上时，即可进行转染。对于每板细胞，用 1.5ml 无血清 DMEM 稀释 24μg DNA（pLVTHM∶pCMV – dr8.91∶pMD2.G 质量比为 2∶1.5∶0.75）与 60μl Lipofectamine 2000，室温下孵育 15min。将细胞培养皿中更换 DMEM 完全培养基，然后分别逐滴加入复合物，并轻轻摇动培养皿使其混匀。将细胞培养皿在 37℃，5% CO_2 孵箱孵育 24h 后，倒置荧光显微镜下检测 GFP 表达情况以确定转染效率。若转染效果良好，则进行第一次收毒，冻存于液氮中，可长期保存。转染 48h 后进行第二次收毒。

1.2.5　包装病毒对 PP 细胞的感染与分选

复苏一定数目的鹿茸角柄骨膜干细胞即 PP 细胞，胰酶消化后进行细胞计数，接种细胞于六孔板中，每板加 2 ml 含胎牛血清与抗生素的 DMEM，待细胞贴壁且细胞密度在 50% ~70% 之间时，接种上步中浓缩的病毒，37℃，5% CO_2 孵箱孵育 24h 后，每隔 12 小时在倒置显微镜下观察荧光的表达情况以确定感染效率。实验设稳定转染 P21 干扰质粒组（P1、P2）、稳定转染空白载体组（blank）以及对照未感染组（control）。当感染 72 小时后进行传代，扩增被感染的 PP 细胞。细胞计数，并调整浓度到 1×10^7 个/ml，400 目筛网过滤后，利用流式细胞仪（BD influx）分选出表达 GFP 的阳性细胞。

1.2.6 荧光定量 PCR 检测 P21mRNA 的表达

取分选后的 PP 细胞与对照细胞使用 Bioteke 试剂盒提取总 RNA，并利用分光光度计在 260 及 280nm 处检测 OD 值，以确定所提 RNA 的浓度及纯度。总 RNA 使用 Takara 试剂盒进行反转录，得到 cDNA，以其为模板使用 Roche 试剂盒进行荧光定量 PCR 反应，每个样品设三个重复。为了避免实验误差，并对目的基因的定量结果进行校正，选择 actin 基因作为内参基因，以未感染的 PP 细胞作为对照，反应条件设定为：

95℃预变性 15min；

94℃变性 15sec；

56℃退火 30sec；

72℃延伸 32sec，共 40 个循环。针对 *P21* 设计的荧光定量 PCR 上下游引物为：

上游引物 5' – GACCACTTGGACCTGTCGCT – 3'（up）

下游引物 5' – GGGTTAGGGCTTCCTCTTGG – 3'（down）

针对 actin 内参基因设计的荧光定量 PCR 上下游引物为：

上游引物 5' – GCGTGACATCAAGGAGAAGC – 3'（up）

下游引物 5' – GGAAGGACGGCTGGAAGA – 3'（down）

2 结果

2.1 载体质粒阳性克隆的 PCR 鉴定结果

空白质粒 PLV PCR 扩增后片段大小为 85bp，连接上 SiRNA 后载体质粒扩增后片段大小为 141bp。如图 1 所示，1 号泳道为空白质粒扩增后的阴性对照，接近 100bp；2、3 号泳道分别为连接了 P1siRNA 与 P2siRNA 的质粒扩增后的电泳结果，位于 100bp 和 200bp 之间，明显大于阴性对照，这与实验预期相符，说明挑选的阳性克隆正确，送于上海生工进行测序，测序结果最终确定阳性克隆中正确插入了所需的 RNAi 靶位点序列，重组质粒连接成功。

2.2 重组慢病毒三质粒共转染效果检测

在 293t 细胞中进行由 Lipofectamine 2000 介导的 plvthm、pCMV – dr8.91、pMD2.G 三质粒共转染。如图 2 所示，24h 后在倒置荧光显微镜下可观察到大量的 GFP 绿色荧光，均匀分布于视野中，并且在可见光下观察，293t 细胞生长旺盛、紧密排列，细胞呈圆粒型，无死细胞或细胞碎片，表明质粒成功共转染 293t 细胞。

2.3 病毒感染结果

用包装成功的慢病毒感染 PP 细胞，约三天后在倒置荧光显微镜下观察，如图 3 所示，感染慢病毒载体的 PP 细胞，有大量绿色荧光分布于视野中（左图），在可见光（相差）下可看到 PP 细胞生长状况良好（右图）。通过细胞计数得出感染效率约为 30% 左右，将细胞进行传代培养得到大量已感染细胞以用于后续阳性细胞分选。

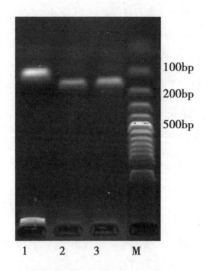

图1　阳性克隆质粒 PCR 结果

Fig. 1　PCR results of the positive clones

M：DNA Marker；1：空白质粒阴性对照；2：P1siRNA；3：P2siRNA

图2　三质粒共转染 24h 后 293t 细胞生长（右）及 GFP 表达情况（左）

Fig. 2　293t cells at 24 h after co – transfection（right，phase contrast）

GFP expressionof 293t cells 24 h after co – transfection（left）

2.4　流式细胞术分选阳性感染细胞结果

以未感染的 PP 细胞作为阴性对照，由于不含其 GFP 蛋白，因此不发绿色荧光，由此可以利用流式细胞仪分选出纯度较高的感染细胞。图4 为分选结果，如图所示，感染质粒组细胞约占30%（图4A – b、图4B – b），经过流式分选后，感染细胞纯度达到90% 左右，利于后续检测对 $P21$ 基因的感染效率。

2.5　荧光定量 PCR 检测结果

以未干扰 PP 细胞为阴性对照进行 RT – PCR，通过熔解曲线分析，发现 actin 基因（图5 – A）与 $P21$ 基因（图5 – B）各有单一的峰，表明两个基因均被特异扩增。

利用 $2^{-\triangle\triangle Ct}$ 分析方法进行数据分析，图6 为 P1siRNA 与 P2siRNA 干扰 PP 细胞后基因的相对表达量，由图显示与空白载体组（blank）以及对照未感染组（control）相比，干扰组 P1 – siR-

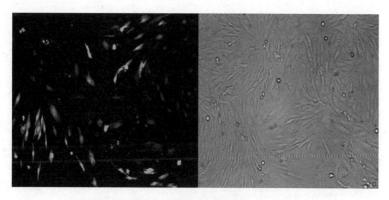

图 3 PP 细胞感染重组质粒后细胞生长（右）及 GFP 表达情况（左）

Fig. 3 PP cells after infection（right，phase contrast）

GFP expressionof pp cells after infection（left）

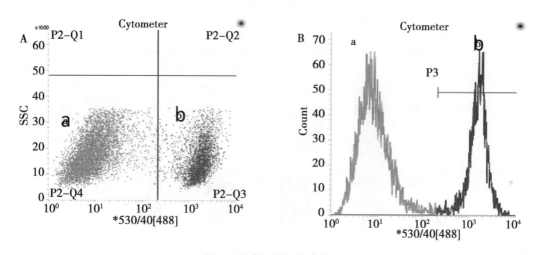

图 4 流式细胞仪分选结果

Fig. 4 the detection result by FCM

A－a、B－a：分选出的未感染重组质粒的 PP 细胞；A－b、B－b：分选出的感染重组质粒的
PP 细胞

NA 与 P2－siRNA 干扰 PP 细胞后，$P21$ 的转录均受到明显抑制，干扰效率达 70% 左右，而空白载体组与对照未感染组之间虽有差异但不明显，说明载体本身对细胞 $P21$ 表达影响较小，可以忽略。因此可确定携带 P1－SiRNA 与 P2－siRNA 的表达载体可有效沉默 $P21$ 基因的表达，成功获得 $P21$ 低表达的梅花鹿 PP 细胞系。

3 讨论

鹿茸作为哺乳动物唯一可以再生的附属器官，其再生机制的研究近年来已成为一个研究热点。与传统的再生模式生物相比，鹿茸再生有着独特的特点。例如成年蝾螈受伤或截肢后肢体的代替就是起始于芽基的形成[12,13]，这种能力是再生的一个典型特点，而鹿茸再生却是基于干细胞的一种割处再生[2,14~16]。并且几种典型的再生模型细胞周期都存在着 G2 期的积累，在最近有关具有再生能力的 MRL 鼠的研究中，去除 $P21$ 基因后普通小鼠具有了可再生能力[8]，并且同样

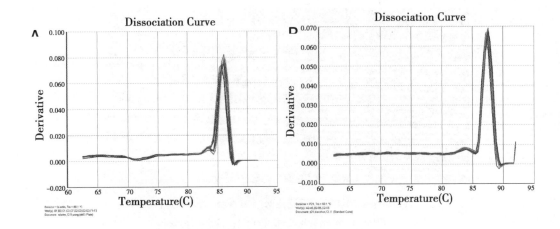

图 5   real – time PCR 熔解曲线

Fig. 5   Dissociation curve of Real – time PCR

A：actin 基因熔解曲线   B：*P*21 基因熔解曲线

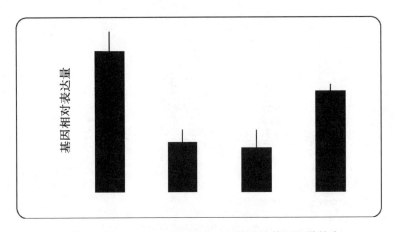

图 6   Real – time PCR 检测 *P*21 基因的基因沉默效应

Fig. 6   Gene silencing effects of *P*21 gene detected by real – time PCR

control：未感染对照组 PP 细胞；P1：P1 – siRNA 干扰的 PP 细胞；

P2：P2 – siRNA 干扰的 PP 细胞；blank：空白载体组 PP 细胞

发现了 G2 期细胞的积累，而在鹿茸再生中还没相关研究的报道，因此本实验成功构建了针对 *P*21 基因的 RNA 干扰表达载体，并通过荧光定量 PCR 检测，确定了实验设计的小干扰 RNA 对鹿茸骨膜干细胞具有明显的干扰效果，获得了稳定低表达 *P*21 基因的鹿茸干细胞系，为以后研究 *P*21 基因沉默对鹿茸干细胞在鹿茸再生上的影响奠定了基础，从而确定 *P*21 蛋白是否是鹿茸再生中的一个重要因素，明确 *P*21 在鹿茸再生中的作用。

　　*P*21 蛋白作为周期蛋白依赖性激酶抑制剂的一员，在细胞周期的 G1 检测点发挥作用，可以被 G1 期的主要调控蛋白 *P*53 所转录激活[17,18]，阻滞 G1 期，抑制细胞增殖。因此，没有 *P*21 蛋白，则 G1 检查点就不能完全起作用，就导致对 G2 检查点的依赖，从而导致特殊的细胞周期[8]。最近的一个研究中，人类成纤维细胞去除 *P*21 后，观察到了与在再生表型中相类似的细胞增殖与 *P*53 上调[19]。有其他研究也为细胞周期调控对再生其重要作用提供了证据。在体外，蝾螈肌

小管和 Rb -/- 鼠肌小管再生潜能与 Rb 的高度磷酸化是相关的[20,21]，这与 P21 的缺乏在功能上效果是一样的，cyclin - cdk 不会被抑制，因此会绕过 G1 检查点。在突变的小鼠中 P21 的缺乏加强了肝再生以及肌细胞的增殖[22~24]，并且，在这些试验中这些组织都正常再生。可见，P21 的下调起着惊人的作用，仅这一个分子的去除便可导致整个动物体的附属器官再生。因此对于鹿茸再生，这样一个哺乳动物中特殊的再生模型来说，探究清楚与 P21 的关系对进一步揭示鹿茸再生方式有着重要的意义。

作为哺乳动物唯一可以完全再生的附属器官，鹿茸再生对于器官再生，特别是肢体再生的研究具有重要意义。肢体再生的突破点是骨再生，而鹿茸恰恰是这样一种主要由骨组成的器官，有限的骨膜干细胞能在短短的两个月内完成整个鹿茸的再生，细胞的增殖速度令人吃惊，这为最终实现人类肢体再生提供了曙光。并且有着惊人的细胞增殖速度却不发生癌变，这也为人类研究癌症提供了一个良好的生物模型，因此鹿茸再生机制的研究具有重要的意义。

参考文献

[1] Li, C., J. M. Suttie, and Clark, D. E., Histological examination of antler regeneration in red deer (Cervus elaphus) [J]. Anat Rec A Discov Mol Cell Evol Biol, 2005, 282 (2): 163 - 174.

[2] Li, C. and Suttie J. M. Deer antlerogenic periosteum: a piece of postnatally retained embryonic tissue [J]. Anat Embryol (Berl), 2001, 204 (5): 375 - 388.

[3] Li, C., Martin, S. K., Clark, D. E., et al., Identification of key tissue type for antler regeneration through pedicle periosteum deletion [J]. Cell Tissue Res, 2007, 328 (1): 65 - 75.

[4] Gourevitch, L. Clark L., Bedelbaeva K., et al., Dynamic changes after murine digit amputation: the MRL mouse digit shows waves of tissue remodeling, growth, and apoptosis [J]. Wound Repair Regen, 2009, 17 (3): 447 - 455.

[5] Fitzgerald, J., Rich, C., Burkhardt, D., et al., Evidence for articular cartilage regeneration in MRL/MpJ mice [J]. Osteoarthritis Cartilage, 2008, 16 (11): 1 319 - 1 326.

[6] Chadwick, R. B., Bu, L., Yu, H., et al., Digit tip regrowth and differential gene expression in MRL/Mpj, DBA/2, and C57BL/6 mice [J]. Wound Repair Regen, 2007, 15 (2): 275 - 284.

[7] Clark, L. D., Clark R. K., and Heber - Katz E., A new murine model for mammalian wound repair and regeneration [J]. Clin·Immunol Immunopathol, 1998, 88 (1): 35 - 45.

[8] Bedelbaeva, K., Snyder, A., Gourevitch, D., et al., Lack of P21 expression links cell cycle control and appendage regeneration in mice [J]. Proc Natl Acad Sci U S A, 2010, 107 (13): 5 845 - 5 850.

[9] Weiss, R. H., P21Waf1/Cip1 as a therapeutic target in breast and other cancers [J]. Cancer Cell, 2003, 4 (6): 425 - 429.

[10] Cazzalini, O., Scovassi, A. I., Savio, M., et al., Multiple roles of the cell cycle inhibitor P21 (CDKN1A) in the DNA damage response [J]. Mutat Res, 2010, 704 (1 - 3): 12 - 20.

[11] Montgomery, M. K., S. Xu, and A. Fire, RNA as a target of double - stranded RNA - mediated genetic interference in Caenorhabditis elegans [J]. Proc Natl Acad Sci U S A, 1998, 95 (26): 15 502 - 15 507.

［12］ Stocum, D. L., Amphibian regeneration and stem cells. ［J］. Curr Top Microbiol Immunol, 2004, 280: 1 – 70.

［13］ Brockes, J. P. and Kumar A., Appendage regeneration in adult vertebrates and implications for regenerative medicine ［J］. Science, 2005, 310 (5756): 1 919 – 1 923.

［14］ Li, C., Harris A. J., and Suttie J. M., Tissue interactions and antlerogenesis: new findings revealed by a xenograft approach ［J］. J Exp Zool, 2001, 290 (1): 18 – 30.

［15］ Li, C. and Suttie J. M., Histological studies of pedicle skin formation and its transformation to antler velvet in red deer (Cervus elaphus) ［J］. Anat Rec, 2000, 260 (1): 62 – 71.

［16］ Li, C., Yang, F., Li, G., et al., Antler regeneration: a dependent process of stem tissue primed via interaction with its enveloping skin ［J］. J Exp Zool A Ecol Genet Physiol, 2007, 307 (2): 95 – 105.

［17］ Kastan, M. B. andLim D. S., The many substrates and functions of ATM ［J］. Nat Rev Mol Cell Biol, 2000, 1 (3): 179 – 186.

［18］ Wahl, G. M. and Carr A. M., The evolution of diverse biological responses to DNA damage: insights from yeast and p53 ［J］. Nat Cell Biol, 2001, 3 (12): E277 – 286.

［19］ Perucca, P., Cazzalini, O., Madine, M., et al., Loss of P21 CDKN1A impairs entry to quiescence and activates a DNA damage response in normal fibroblasts induced to quiescence ［J］. Cell Cycle, 2009, 8 (1): 105 – 114.

［20］ Schneider, J. W., Gu, W., Zhu, L., et al., Reversal of terminal differentiation mediated by p107 in Rb − ╱ − muscle cells ［J］. Science, 1994, 264 (5164): 1 467 – 1 471.

［21］ Tanaka, E. M., Gann, A. A., Gates, P. B., et al., Newt myotubes reenter the cell cycle by phosphorylation of the retinoblastoma protein ［J］. J Cell Biol, 1997, 136 (1): 155 – 165.

［22］ Hawke, T. J., Jiang N., and Garry D. J., Absence of P21CIP rescues myogenic progenitor cell proliferative and regenerative capacity in Foxk1 null mice ［J］. J Biol Chem, 2003, 278 (6): 4 015 – 4 020.

［23］ Stepniak, E., Ricci, R., Eferl, R., et al., c – Jun╱AP – 1 controls liver regeneration by repressing p53╱P21 and p38 MAPK activity ［J］. Genes Dev, 2006, 20 (16): 2 306 – 2 314.

［24］ Willenbring, H., Sharma, A. D., Vogel, A., et al., Loss of P21 permits carcinogenesis from chronically damaged liver and kidney epithelial cells despite unchecked apoptosis ［J］. Cancer Cell, 2008, 14 (1): 59 – 67.

中国分类号: Q2

本文发表于《吉林农业大学学报》2014, 36 (1)

鹿茸成骨过程及其相关调控机制研究进展*

张　伟** 褚文辉 李春义***

（中国农业科学院特产研究所；吉林省特种动物分子生物学
国家重点实验室，吉林长春 130000）

摘　要：鹿茸是一种特殊化的周期性再生哺乳动物附属骨质器官，鹿茸的发生起始源于生茸区骨膜，通过膜内成骨，过渡成骨和特殊的软骨内成骨而实现。鹿茸的成骨过程是多种因素综合调控下的周期性再生过程，本文概述了鹿茸成骨过程的组织基础及其相关调控机制，以期为鹿茸成骨机制研究及鹿茸产量提高提供借鉴。

关键词：鹿茸；成骨过程；调控机制

Regulatory Mechanisms of Deer Antler Ossification

ZHANG Wei，CHU Wenhui，LI Chunyi

Institute of Special Animal and Plant Sciences，Chinese Academy of Agricultural Sciences；
State Key Laboratory for Molecular Biology of Special Economic Animals，
Changchun 130000，Jilin Province，China

Abstract：Deer antlers are unique mammalian bony organs with periodic regeneration. Development of deer antlers initiates from antlerogenic periosteum，and realized through intramembranous，transition and modified endochondral ossification. Regulatory factors and signal pathways involve in the antler ossification processes and then antler regeneration. This article reviews regulatory factors of antler ossification，and provides some reference for the study of ossification mechanisms and the improvement of antler production.

Key words：Deer antler；Ossification；Regulatory mechanisms

0　前言

鹿茸是自然界唯一能够周期性完全再生的哺乳动物骨质附属器官。鹿茸的再生有别于低等动物如蝾螈的断肢再生，它是一种干细胞依赖性再生而非典型的胚芽依赖性再生。决定鹿茸发生和再生的干细胞分别位于青春期前雄鹿头部额外嵴上的生茸区骨膜（Antlerogenic Periosteum，AP）和角柄骨膜（Pedicle Periosteum，PP）组织中，被称之为生茸区骨膜干细胞和角柄骨膜干细胞，它们统称为鹿茸干细胞。每年周期性的鹿茸再生通过软骨内成骨的方式进行，这一成骨过程是在

*　基金项目：项目来源"国家863计划"（2011AA100603）；"国家自然科学基金"（31170950）

**　第一作者简介：张伟（1992—），福建屏南人，在读硕士，主要从事鹿茸分子生物学研究.

***　通讯作者：李春义（1959—），研究员，博士，主要从事鹿茸生物学研究。E-mail：lichunyi1959@163.com

多种因素综合调控下进行的。由于鹿茸这一特殊的骨组织拥有极其明显的成骨带，包括间充质层、前成软骨层，过渡区、软骨层及骨组织，因此鹿茸可以作为一个研究不同成骨过程各阶段及其分子机制的天然独特模型。

1 鹿茸成骨过程

1.1 鹿茸发生与再生

鹿茸并不是生来具有的，而是雄鹿进入青春期后，在其头部的额外嵴上发育而来。通过外科手术将额外嵴上覆盖的骨膜组织同体移植到鹿的其他部位，可以在异位形成完整的角柄和鹿茸。Li C & Suttie JM[1]认为生茸区骨膜是一块后生遗留的胚胎组织，该组织即为鹿茸发生的组织基础。生茸区骨膜是一种过渡性组织，当鹿茸发生一旦完成，则在原位形成永久性的骨质残桩即角柄。每年周期性的鹿茸再生和脱落便起始于从角柄的顶端。角柄为一种骨质残桩，由中间的骨质及其覆盖的骨膜和皮肤组成。那么角柄的哪一部分决定了鹿茸的再生，或者说决定鹿茸再生的组织基础是什么？Li C 等[2~3]认为角柄骨膜组织是决定鹿茸再生的组织基础。为了验证该假设，首先，设计了一个角柄骨膜组织剔除实验，发现剔除侧角柄在整个生茸季节未生茸，而对照侧却形成了完整的三叉茸。将角柄骨膜组织部分剔除后发现鹿茸的再生出现在剩余骨膜组织与皮肤连接处，而角柄骨质部分不参与鹿茸再生过程。最后，将不透膜插入骨质和皮肤之间，不透膜阻碍了皮肤参与鹿茸再生，但实验组却再生出了无茸皮鹿茸，这一结果便排除了皮肤参与鹿茸再生的可能。综上所述，鹿茸发生与再生的组织基础即为生茸区骨膜和角柄骨膜，正是骨膜驱动了鹿茸的发生与周期性再生，在该过程中皮肤以及骨质部分并未有实质性的参与。

1.2 角柄骨组织形成过程

Li C 等[4]研究发现，赤鹿角柄骨组织由骨膜或软骨膜、软骨、过渡骨（软、硬骨混合物）和骨组成。角柄骨组织的形成起始于生茸区骨膜细胞层，并经过 3 个角柄成骨阶段增殖和分化形成。

1.2.1 膜内成骨阶段（Intramembranous ossification，IMO）

外观上，角柄骨组织不断生长，高度达到 1.0cm 左右时，可以触摸到角柄的存在；AP 细胞不断增殖变厚，在活跃的成骨细胞作用下，骨小梁也快速形成，此时由 AP 细胞衍生的组织仅仅是骨松质。

1.2.2 过渡成骨阶段（Transitional ossification，TO）

角柄骨组织继续生长，高度介于 1.0~2.5cm 之间时，可以观察到角柄。此时，位于角柄顶端骨小梁区域的 AP 细胞开始分化成软骨细胞，紧接着替换成骨细胞，此时，骨和软骨的混合物（过渡骨）开始形成。

1.2.3 角柄软骨内成骨（Pedicle endochondral ossification，pECO）

角柄骨组织进一步生长，高度达到 2.5~3.0cm，角柄停止生长。此时，AP 组织细胞层细胞开始定向分化，首先分化为前成软骨细胞，然后再分化为软骨细胞。

1.3 鹿茸软骨内成骨（Antler endochondral ossification，aECO）

角柄与初角茸的生长均含有软骨内成骨过程，值得注意是，pECO 和 aECO 内成骨，两者在组织学上难以区别，均属于修饰性软骨内成骨。但前者有丰富的血管，而后者是相对缺乏血管。在 aECO 中，鹿茸生长中心增殖区域的细胞，一部分迅速分裂，另一部分慢慢地分化成鹿茸的不同组织[5]；因此，鹿茸保持一定的增长速率快速生长。不断生长的鹿茸顶端被人为划分为增殖带、肥大带、成熟带、钙化带、初级松质区以及次级松质区这六个区域。这些区域代表从由骨膜衍生而来的间充质细胞分化的不同阶段[6]。此外，鹿茸基部区域最先骨化，与此同时鹿茸顶端还在生长。鹿茸骨皮质部转化为包含哈弗斯系统（骨单位）的密质骨，然而，内部多孔组织由少数粗糙的松质骨骨针组成，从而封闭相对宽阔的髓腔。

2　调控鹿茸成骨的相关激素

2.1　睾酮（Testosterone，T）

鹿血清中睾酮含量随着鹿茸的再生过程而呈现周期性变化。在鹿角脱落、新生茸发生以及快速生长时期，鹿血清中睾酮水平最低；在鹿茸骨化和蜕皮时期，睾酮含量逐渐增加，直到交配季节时升至最高。毫无疑问，在众多的研究报道中，鹿茸的发生与再生总是伴随着睾酮含量的季节性变化而进行的，包括白尾鹿、黑尾鹿、狍、赤鹿、印度星鹿、欧洲黇鹿、黑鹿等[7]。另外，去势公鹿睾酮代谢物实验表明：19 - OH - 睾酮只能暂时性地诱导鹿茸骨化，该骨化过程不能持续到鹿茸角脱落。5β - 雄烷二醇具有减缓鹿茸生长发育的作用，并导致鹿茸骨化，同时，5α - 雄酮具有促进鹿茸骨组织发育和矿化的作用[8]。此外，Price JS 等[9]认为睾酮具有诱导鹿茸顶端细胞增殖和分化的作用，同时，Rolf H 等[10]认为高浓度的雄性激素（睾酮和二氢睾酮）能够刺激鹿茸细胞增殖，但是，Li C 等[11]认为睾酮必须与 IGF - 1 相互作用后，才具有刺激成骨阶段鹿茸细胞增殖的作用。

2.2　雌二醇（Estradiol，E2）

自 1935 年首次利用外源雌二醇激素诱导去势公鹿鹿茸骨化，此后进一步试验证明雌二醇诱导鹿茸骨化的作用效果是睾酮的几十倍[12]。Bubenik G A 等[13]利用雌激素拮抗药处理成年雄性白尾鹿，结果表明：鹿茸的骨化程度很低，且主干上部依然存在具有活性的成骨细胞。此外，在众多的睾酮代谢物中，19 - OH - 睾酮由于能够芳香化成雌二醇，因此对鹿茸的骨化作用最为有效。若用 19 - OH - 睾酮及抑制其芳香化药物（ADT）同时处理，此时 19 - OH - 睾酮几乎不具有骨化作用。此外，Bubenik G A[14]研究发现在白尾鹿血清、鹿茸茸皮及鹿茸骨质中 T：E2 比值分别为 1：10~60、1：3.5 和 1：2~3，因此，可以确定生长期鹿茸能够利用睾酮产生雌二醇，同时雌二醇在鹿茸组织发生、成骨以及矿化等方面具有相关作用。

2.3　甲状旁腺素多肽（Parathyroid - hormone - related peptide，PTHrP）及甲状旁腺素（Parathyroid - hormone，PTH）

PTHrP 是一类生长板软骨细胞分化的重要调节因子。通过原位杂交，在梅花鹿茸前软骨细胞和软骨细胞中均高度表达 PTHrP 及其受体 PTH1R mRNA。研究发现利用 PTHrP 处理能够降低鹿茸前肥大软骨细胞标记物 Col Ⅸ以及肥大软骨细胞标记物 Col Ⅹ的表达。而肥大是软骨分化的显著特质，因此，推定 PTHrP 处理能够阻止或延缓鹿茸软骨细胞分化。此外，原位杂交结果显示，鹿茸软骨中高度表达周期蛋白 D1，而周期蛋白 D1 主要与胞增殖相关，已知外源 PTHrP 通过多条信号通路诱导周期蛋白 D1 的表达，只利用 PTHrP 处理能够显著刺激前成软骨周期蛋白 D1 mRNA 的表达。通过抑制剂 H–89 和抑制剂 GF109203X 分别阻断信号通路 PKA 和 PKC，结果发现经过处理均能显著抑制 PTHrP 表达，从而进一步抑制周期蛋白 D1 的表达[15-16]。此外，基质金属蛋白酶 MMP9 和 MMP13 在梅花鹿鹿茸软骨中高度表达，该因子与鹿茸软骨成熟以及软骨基质降解有关，研究发现 PTHrP 能够通过 JNK 通路抑制 MMP9 的表达，通过 p38MAPK 和 PKC 通路抑制 MMP13 的表达，因此，PTHrP 参与鹿茸软骨成熟及软骨基质降解过程[17]。此外，PTHrP/IHH（印度豪猪蛋白）通路在再生鹿茸生长中心形成、软骨形成以及骨形成中具有一定的调控作用。综上所述，PTHrP 具有调节鹿茸软骨细胞增殖以及抑制其分化的功能。

此外，位于鹿茸生长中心的许多细胞均高度表达 PTH 受体，而 PTH 主要作用于骨质吸收过程，因此，PTH 可能在鹿茸破骨细胞吸收骨基质过程中具有重要的调节作用[18]。

2.4 甲状腺素（Thyroxine，T3、T4）

Bubenik GA 等[19]以白尾鹿为研究对象，研究了 T3 含量在生长期鹿茸、颈静脉以及大隐静脉中的变化，在生长期鹿茸中 T3 含量较颈静脉以及大隐静脉中的低，因此，说明 T3 可能参与了鹿茸的成骨过程，而鹿茸中 T3 的利用程度取决于鹿茸的生长强度。Brown RD 等[20]研究认为，在白尾鹿血清中 T4 在小鹿和成年鹿中伴随鹿茸发生与再生而呈现季节性变化，且在秋天含量升高，因此，推定 T4 在鹿茸发生、再生以及生长过程中具有一定的作用。

3 调控鹿茸成骨的相关因子

3.1 胰岛素样生长因子（Insulin–like growth factor，IGF）

IGF 包括 IGF–I 及 IGF–II，是一类鹿茸软骨生长调控因子，在鹿茸顶端非骨化区域富含 IGF 蛋白及其受体。鹿茸顶端 IGF–I mRNA 的表达量由上至下逐渐减少，在软骨层达到高峰。鹿茸顶端细胞体外培养实验表明：IGF–I 具有促进骨膜细胞、间充质细胞及软骨细胞分裂的作用。对间充质及软骨细胞进行 IGF–I 及 IGF–II 处理可促进该类细胞的分裂，但两种 IGF 类型间无显著的协同作用[21]。

赵振美[22]利用 RNA 干扰技术沉默了鹿茸间充质及软骨细胞中 IGF–I 及 IGF–II 基因，结果表明 IGFs 对鹿茸间充质及软骨细胞的增殖和凋亡具有显著的调节作用。同时，IGF 对其自身蛋白及 mRNA 表达亦具有显著的调控作用。此外，Gu L 等[23]通过检测赤鹿鹿茸顶端不同部位 IGF–I mRNA 及其蛋白的表达量，分析 IGF 在鹿茸顶端的分布规律，并认为 IGF–I 在赤鹿鹿茸软骨形成以及骨形成中具有重要的作用。

3.2 骨成型蛋白（Bone morphogenetic protein，BMP）及转化生长因子（Transforming growth factor，TGF）

BMP 及 TGF 能够刺激多种骨细胞的增殖和分化，是骨形态发生及骨质修复过程的重要调控因子。

3.2.1 BMP 的作用

BMP 是一类细胞增殖及凋亡的调节因子。其中，BMP–2 能够诱导未分化的中间层骨膜细胞向成骨细胞及成软骨细胞分化，并参与膜内成骨过程，但对已经分化的骨膜细胞几乎不具作用。BMP–2 及人重组 BMP–2 具有促进体外软骨及骨形成的作用。鹿茸生长中心的大部分已分化的细胞均表达 BMP - 3β。BrdU 染色发现，该区域中间充质细胞大量增殖，但与此同时也发生大量的细胞凋亡，据此推测高水平的细胞凋亡可能是鹿茸特有的一种抵抗突变的方式，因此 BMP - 3β 在这一过程可能具有重要的调控作用。此外，研究发现 BMP - 3βmRNA 在驯鹿鹿茸已经分化细胞中大量表达，因此该因子可能在鹿茸成骨以及骨矿化中发挥作用。软骨发生包括间充质细胞迁移于特定部位并聚集，同时开始向软骨细胞分化，并进一步形成软骨原基等，在此过程中，BMP 信号的 Ⅰ 型受体及配体拮抗分子如 TSG、Noggin 均有表达，因此，推测 BMP 信号在鹿茸软骨发生过程中发挥作用。BMP 信号通过调控 Sox 从而诱导软骨发生[24-25]。此外，BmpR2 编码一种骨成型蛋白受体——Bmp Ⅱ 型受体，该受体为苏氨酸/丝氨酸激酶受体，其与相应配体结合后能与 Ⅰ 型受体形成多肽复合体后参与鹿茸骨形成调控过程[26]。综上所述，BMP 信号对鹿茸软骨发生具有重要的调控乃至主导作用。

3.2.2　TGF 的作用

TGFβ 在鹿茸骨膜细胞向成骨细胞转化、成骨细胞的增殖、细胞外基质合成以及新骨形成和成熟等方面具有重要的促进作用。利用 TGFβ 特异拮抗分子 SB - 431542 处理体外培养的间充质细胞和前成软骨细胞，并检测其增殖活性变化。结果表明，TGFβ 可能对维持间充质细胞的快速增殖以及诱导其向软骨细胞分化过程中具有重要的调控作用[27-28]。

p311 基因是鹿茸的 TGFβ 信号通路的典型代表，在鹿茸软骨中优势表达。在鹿茸软骨中的 p311 基因可以负向调节 TGFβ1 和 TGFβ2，此外，P311 的表达控制着血管周围成肌纤维细胞样细胞的增殖[29]。

3.3　视黄酸（Retinoic acid，RA）及其受体（Retinoic acid receptor，RAR）

RA 是一种软骨分化因子。对鹿茸间充质细胞进行 RA 处理能够促进成骨细胞形成及分化。RA 可能沿着成骨细胞途径作用于进一步分化细胞的自分泌或旁分泌。利用 RA 处理体外培养的单层间充质细胞，能够增加碱性磷酸酶（AKP）的表达量——一种成骨细胞标记物。在鹿茸软骨衍生物微细胞团中添加 RA，导致了 GAG（glycosaminoglycan，葡糖氨基葡聚糖）成分的减少，而 GAG 主要参与矿化过程。无 RA 处理的间充质细胞因为受到抑制而不分化为软骨细胞，只有在其培养基中添加 RA 时，才能诱导其开始向软骨细胞分化[30-31]。因此，RA 在鹿茸成骨过程中具有一定的调节作用。

RA 对鹿茸软骨细胞的分化作用主要依赖于 RAR 通路，且该通路受拮抗物 Ro41 - 5253 抑制。在微粒体中软骨细胞表达 RARβ，其外周血管组织表达 RARα，因此，推定 RA 处理首先作用于血管外围并得到其响应，随后发出信号使邻近软骨细胞诱导分化，此外，RA 能够直接通过视黄酸效应元件和催化剂被诱导为 RARβ，其似乎具有调节 RA 影响的作用。在胚胎发育时期 RA 来源于软骨膜，RARα 在软骨膜及外周血管中表达，能够表达胶原蛋白 Ⅰ，但在前成软骨中下调。RA 通过 RXRβ（retinoid X receptor，类视黄醇 X 受体）调节前成软骨细胞向成熟软骨分化过程，RXRβ 能够表达胶原蛋白 Ⅱ，而胶原蛋白 Ⅱ 是一种软骨分化的标记物[32]。总而言之，鹿茸角的再生是一个软骨内成骨过程，RA 通过类似于胚胎骨形成机制调节细胞分化之间的过渡。

3.4　硫酸软骨素（Chondroitin sulfate，CS）

硫酸软骨素是鹿茸结蹄组织中主要的一类粘多糖，其参与再生生物学过程，如细胞增殖和伤口愈合。利用鹿源的硫酸软骨素处理人类胚胎成骨细胞系，结果发现其直接通过胶原蛋白 Ⅰ、碱性磷酸酶和骨钙蛋白的上调而影响成骨细胞分化[33]。

3.5 胶原蛋白（Collagen，Clo）Ⅰ、ⅡA、ⅡB和X

多种胶原蛋白在鹿茸中表达，原位杂交实验表明，Ⅰ型胶原 mRNA 自最外侧的皮肤至中心软骨区都有分布。而ⅡA型、ⅡB型、X型胶原蛋白的分布开始于软骨柱细胞，并由成软骨细胞表达并分泌。此外，当鹿茸软骨细胞开始肥大时，即开始大量表达十型胶原蛋白。因此，Clo X 是鹿茸软骨内成骨阶段中软骨肥大时期的可靠标志[34~35]。

3.6 碱性磷酸酶（Alkaline phosphatase，AKP）

在鹿茸整个生长周期中，AKP 活力呈现周期性变化。在生长期，鹿茸骨化程度低且生长相对缓慢，此时 AKP 活力同步缓慢上升。在骨化初期，鹿茸生长迅速，AKP 活力随着骨化程度的提升进一步增强，但在骨化后期，鹿茸生长变慢，此时 AKP 活力同步下降[36]。在赤鹿鹿茸顶端组织中，AKP 的活性在肥大软骨细胞区域最高，而在未分化的间充质细胞层最低。与之相对照的是，将鹿茸组织各个分层细胞进行体外培养，结果发现各分层细胞均没有表现出分化现象，同时 AKP 活性逐渐丧失。因此，推测 AKP 与鹿茸顶端细胞分化有关[37]。在鹿茸血管、颈静脉以及大隐静脉中，生长期鹿茸 AKP 含量显著高于颈静脉以及大隐静脉，而在矿化时期，鹿茸血管中 AKP 的含量急剧下降。此外，由于 AKP 参与小鹿的骨代谢过程，因此小鹿血清中 AKP 含量较成年鹿和青年鹿高，并且在成年鹿鹿茸生长期，AKP 活性也显著增高[38]，因此说明 AKP 含量变化与鹿茸软骨和骨形成以及骨矿化过程有关。

3.7 端粒酶（Telomerase，TERT）

端粒酶主要参与细胞增殖过程，在鹿茸组织快速生长期，孙浩然等[39]采用 TRAP 检测鹿茸尖部间充质层、前软骨层和软骨层细胞及成熟软骨区的端粒酶活性，同时，利用 RT‑PCR 检测各分层细胞中 TERT mRNA（端粒酶催化亚基）的表达水平。结果表明，在鹿茸顶端区域，端粒酶活性随着细胞分化程度的提高而逐渐降低，因此，端粒酶在鹿茸快速生长过程中具有重要的调节作用。

4 调控鹿茸成骨过程的相关机制

4.1 Wnt/β‑catenin 通路

刘振等[40]认为经典 Wnt/β‑catenin 通路具有调节鹿茸间充质细胞凋亡、生长和分化的功能。其中，β‑catenin 对维持间充质细胞群体积具有重要作用，Wnt 通路能够抑制早期间充质和软骨细胞分化，Wnt 通路的抑制会导致细胞凋亡并刺激分化。但是 Li C 等[41]认为典型的 Wnt 信号通路在 AP 细胞和 PP 细胞的生物学方面起的作用越来越小。在鹿茸顶端，一些细胞分化为软骨组织，与此同时，其他细胞则在增生。这或许是不同时期 Wnt 信号程度不同的原因。SOX2，作为干细胞维护的第三种转录因子，能够通过下调 COL1A1 从而弱化 Wnt 信号的影响。

4.2 血管生成素（Angiopoietins，Ang）

ANG 家族能有效地促进血管形成，并参与调控其他血管生成因子，已被证实与血管网状系统的再生、成熟和稳定有关。张璐[42]利用原位杂交及免疫印迹研究 Ang‑1 及其蛋白在梅花鹿鹿茸生长顶端不同区域的表达，其结果表明，Ang－1 mRNA 在真皮层成纤维细胞、即将成熟的成软骨细胞、软骨层成软骨细胞、软骨细胞、破骨细胞、肥大软骨细胞以及血管周围细胞中高度表达。此外，在表皮层、过渡层及间充质层中也可以检测到 Ang－1mRNA 信号，但表达量较低。

4.3　核结合因子（Core binding factor alpha1，Cbfa1）

Cbfa1 是 cbfa 家族中的一员，在哺乳动物中该基因的氨基酸序列高度保守。利用慢病毒转染 RNA 干扰途径，将鹿生茸区干细胞中的 Cbfa1 基因沉默后，进行离体软骨诱导微粒体培养，经过组织学及免疫组化鉴定得知 Cbfa1 的沉默抑制了鹿茸干细胞的软骨内成骨过程[43、44]。

4.4　miRNA

已鉴定的 miRNA－18a 作为 IGF－1 的一种新的调节物在鹿茸增殖和再生过程中发挥作用。将 miRNA－18a 转染进入鹿茸软骨组织，双荧光试验揭示其结合到了 IGF－1 基因的 3'－UTR 端，因此可以得知 IGF－1 是 miRNA－18a 的一个靶基因。MTT 试验和细胞循环分析进一步证实 miRNA－18a 能够显著抑制软骨细胞的增殖。相反，抑制 miRNA－18a 能促进软骨增殖。此外，Western blot 分析表明 miRNA－18a 的过表达会下调 IGF－1 蛋白水平，但抑制 miRNA－18a 则能促进 IGF－1 表达[45]。此外，miR1 能够与 IGF－1 的 3'－UTR 靶向结合并抑制梅花鹿鹿茸软骨细胞的增殖[46]。与此同时，microRNA let－7a 和 let－7f 能够通过作用于 IGF－1 受体，并抑制鹿茸软骨细胞的增殖，相反，利用 microRNA let－7a 和 let－7f 抑制剂处理后，则具有促进鹿茸软骨细胞增殖的作用[47]。因此，miRNA 是一类调节鹿茸软骨增殖的新的调节因子。

5　展望

鹿茸是仅有的干细胞依赖性再生的哺乳动物骨质器官，其通过软骨内成骨过程进行成骨，具有分层清晰，是研究骨化机制的良好模型。目前，关于鹿茸骨化的研究主要集中在形态学及组织学方面，对其成骨调控机制有一定的研究，但是具体的内容没有形成完整的体系，还有待深入研究。探讨鹿茸成骨机制，对人类骨组织修复及骨再生等具有重要的临床意义，同时将促进鹿茸质量和产量的进一步提高。

参考文献

［1］Li C, Suttie JM. Deer antlerogenicperiosteum：a piece of postnatally retained embryonic tissue? ［J］. AnatEmbryol（Berl），2001，204（5）：375－388.

［2］Li C, Mackintosh CG, Martin SK, et al. Identification of key tissue type for antler regeneration through pedicle periosteum deletion ［J］. Cell Tissue Res, 2007, 328（1）：65－75.

［3］Li C, Yang F, Li G, et al. Antler regeneration：A dependentprocess of stem tissue primed via interaction with itsenveloping skin ［J］. J ExpZool A Ecol Genet Physiol, 2007, 307（2）：95－105.

［4］Li C. Histogenetic aspects of deer antler development ［J］. Front Biosci（Elite Ed），2013, 5a：479－489.

［5］Li C, J. M. Suttie, D. E. Clark. Histological examination of antler regeneration in red deer（Cervuselaphus）［J］. Anat Rec A Discov Mol Cell Evol Biol, 2005, 282（2），163－174.

［6］ Banks W J and Newbrey J W. Antler development as aunique modification of mammalian endochondral ossification ［C］. Kingsville, Texas: Caesar Kleberg Wildl Res Inst, 1982, 279 – 306.

［7］ Bartos L, Bubenik GA, Kuzmova E. Endocrine relationships between rank – related behavior and antler growth in deer ［J］. Frontiers in Bioscience E4, 2012, 4a: 1 111.

［8］ Mourik SV, Stelmasiak T. Endocrine Mechanisms and Antler Cycles in Rusa Deer, Cervus (Rusa) timorensis ［C］. New York, Usa: Springer – Verlag New York Inc, 1990: 416.

［9］ Price JS, Faucheux C, Allen S. Deer antlers as a model of mammalian regeneration ［J］. Curr Top Develop Biol, 2005, 67: 1 – 48.

［10］ Rolf H, Wiese K G, Siggelkow H, et al. In vitro – studies with antler bone cells: Structure forming capacity, osteocalcin production and influence of sex steroids ［J］. Osteology, 2006, 15 (4): 245.

［11］ Li C, Littlejohn RP, Corson ID, et al. Effects of testosterone on pedicle formation and its transformation to antler in castrated male, freemartin and normal female red deer (Cervuselaphus) ［J］. Gen Comp Endocrinol, 2003, 131 (1): 21 – 31.

［12］ 高志光. 梅花鹿生茸区骨膜和角柄骨膜在鹿茸生长发育中的作用研究 ［D］. 北京: 中国农业科学院, 2009: 29 – 32.

［13］ Bubenik GA, Brown GM, Bubenik AB, et al. Immunohistological Localization of Testosterone in the Growing Antler of the White – Tailed Deer (Odocoileus virginianus) ［J］. Calc Tiss Res, 1974, 14 (2): 121 – 130.

［14］ Bubenik GA, Miller KV, Lister AL, et al. Testosterone and Estradiol Concentrations in serum, velvet skin, and growing antler bone of male white – tailed deer ［J］. J of experimental zoology, 2005, 303 (3): 186.

［15］ Faucheux C, Nicholls BM, Allen S, et al. Recapitulation of the parathyroid hormone – related peptide – Indian hedgehog pathway in the regenerating deer antler ［J］. Dev Dyn, 2004, 231 (1): 88 – 97.

［16］ Guo B, Wang ST, Duan CC, et al. Effects of PTHrP on chondrocytes of sika deer antler ［J］. Cell Tissue Res, 2013, 354 (2): 451.

［17］ Wang ST, Gao YJ, Duan CC, et al. Effects of PTHrP on expression of MMP9 and MMP13 in sika deer antler chondrocytes ［J］. Cell Biol Int, 2013, 37 (12): 1 300.

［18］ Barling PM, Liu H, Matich J, et al. Expression of PTHrP and the PTH/PTHrP receptor in growing red deer antler ［J］. Cell Biol Int, 2004, 28 (10): 661.

［19］ Bubenik GA, Sempere AJ, Hamr J. Developing antler, a model for endocrine regulation of bone growth. Concentration gradient of T3, T4, and alkaline phosphatase in the antler, jugular, and the saphenous veins ［J］. Calcif Tissue Int, 1987, 41 (1): 38 – 43.

［20］ Brown RD, Chao CC, Faulkner LW. Thyroxine levels and antler growth in white – tailed deer ［J］. Comp Biochem Physiol A Comp Physiol, 1983, 75 (1): 71.

［21］ 胡薇, 孟星宇, 田玉华, 等. 梅花鹿 IGF1 全长 cDNA 克隆及在鹿茸组织的表达 ［J］. 东北林业大学学报, 2011, 39 (11): 71 – 75.

［22］ 赵振美. IGFs 基因沉默对梅花鹿鹿茸软骨及间充质细胞生长发育的作用机制研究 ［D］. 武汉: 华中农业大学, 2013: 32 – 38.

［23］Gu L, Mo E, Yang Z, et al. Expression and localization of insulin – like growth factor – I in four parts of the red deer antler ［J］. Growth Factors, 2007, 25 (4): 264.

［24］Feng JQ, Chen D, Ghosh – Choudhury N, et al. Bone morphogenetic protein 2 transcripts in rapidly developing deerantler tissue contain an extended 5X non – coding region arising from adistal promoter ［J］. Biochimica et Biophysica Acta, 1997, 1350 (1): 47 – 52.

［25］Kapanen A, Ryhänen J, Birr E, et al. Bone morphogenetic protein 3b expressing reindeer antler ［J］. J Biomed Mater Res, 2002, 59 (1): 78 – 83.

［26］Gyurján I Jr, Molnár A, Borsy A, et al. Gene expression dynamics in deer antler: mesenchymal differentiation toward chondrogenesis ［J］. Mol Genet Genomics, 2007, 277 (3): 221.

［27］杨冠, 杨晓 . TGF – β 超家族在软骨发生、发育和维持中的作用 ［J］. 遗传, 2008, 30 (8): 953.

［28］张璐, 韩玉帅, 郭斌, 等 . 梅花鹿鹿茸间充质层与前成软骨层细胞的培养及 SB – 431542 对其增殖的影响 ［J］. 中国农学通报, 2011, 27 (11): 35 – 38.

［29］Pan D, Zhe X, Jakkaraju S, et al. P311 induces a TGF – beta1 – independent, nonfibrogenic myofibroblast phenotype ［J］. J Clin Invest, 2002, 110 (9): 1 349.

［30］Ballock RT, Heydemann A, Wakefield LM, et al. Inhibition of the chondrocyte phenotype by retinoic acid involves the upregulation of metalloprotease genes independent of TGF – beta ［J］. J Cell Physiol, 1994, 159 (2): 340.

［31］Allen SP, Maden M, Price JS. A Role for Retinoic Acid in Regulating the Regeneration of Deer Antlers ［J］. Developmental Biology, 2002, 251 (2): 409.

［32］Blum N, Begemann G. The roles of endogenous retinoid signaling in organ and appendage regeneration ［J］. Cell Mol Life Sci, 2013, 70 (20): 3 907.

［33］Pothacharoen P, Kodchakorn K, Kongtawelert P. Characterization of chondroitin sulfate from deer tip antler and osteogenic properties ［J］. Glycoconj J, 2011, 28 (7): 473.

［34］刘晶莹, 张帆, 房金波, 等 . 鹿茸角生成过程中的调控因子 ［J］. 特产研究, 2005, 2: 61 – 64.

［35］褚文辉, 赵海平, 杨福合, 等 . 梅花鹿 Col X 基因的 RNAi 重组慢病毒载体的构建及鉴定 ［J］. 中国农业大学学报, 2009, 14 (4): 29 – 34.

［36］高志光 . 梅花鹿鹿茸生长及骨化与碱性磷酸酶的关系 ［J］. 吉林林学院学报, 1999, 5 (4): 233.

［37］Price JS, Oyajobi BO, Oreffo RO, et al. Cells cultured from the growing tip of red deer antler express alkaline phosphatase and proliferate in response to insulin – like growth factor – I ［J］. J Endocrinol, 1994, 143 (2): R9 – 16.

［38］Van der Eems KL, Brown RD, Gundberg CM. Circulating levels of 1, 25 dihydroxyvitamin D, alkaline phosphatase, hydroxyproline, and osteocalcin associated with antler growth in white – tailed deer ［J］. Acta Endocrinol (Copenh), 1988, 118 (3): 407.

［39］孙浩然, 郑伟, 吴山力, 等 . 梅花鹿鹿茸细胞端粒酶活性及其 mRNA 表达的检测 ［J］. 安徽农业科学, 2011, 39 (2): 1 073.

［40］刘振, 赵海平, 杨春, 等 . 鹿茸再生及其分子调节机理研究进展 ［J］. 中国畜牧兽医, 2013, 40 (2): 50 – 53.

［41］Li C，Harper A，Puddick J，et al. Proteomes and Signalling Pathways of Antler Stem Cells ［J］. plos one，2012，7（1）：1 – 11.

［42］张璐. 血管生成素及其受体在鹿茸角中的表达与调节 ［D］. 长春：吉林大学，2012，42 – 48.

［43］孙红梅. RNA 干扰沉默 Cbfal 基因对鹿茸干细胞成骨抑制作用的研究 ［D］. 北京：中国农业科学院，2010，85 – 92.

［44］Sun H，Yang F，Chu W，et al. 2012. Lentiviral – Mediated RNAi Knockdown of Cbfa1 GeneInhibits Endochondral Ossification of Antler Stem Cells in Micromass Culture ［J］. plos one，2012，7（10）：1 – 10.

［45］Hu W，Li T，Wu L，et al. Identification of microRNA – 18a as a novel regulatorof the insulin – like growth factor – 1 in the proliferation and regeneration of deer antler ［J］. Biotechnol Lett，2014，36（4）：703.

［46］Hu W，Meng X，Lu T，et al. MicroRNA1 inhibits the proliferation of Chinese sika deerderived cartilage cells by binding to the 3′– untranslated region of IGF1 ［J］. Mol Med Rep，2013，8（2）：523.

［47］Hu W，Li T，Hu R，et al. MicroRNA let – 7a and let – 7f as novel regulatory factors of the sika deer（Cervusnippon）IGF – 1R gene ［J］. Growth factors，2014，32（1）：27 – 33.

中图分类号：S858.25　文献标识码：A

此文发表于《中国农学通报》2015，31（8）

鹿茸干细胞基因组 DNA 甲基化检测方法的比较

杨　春　褚文辉　路　晓　李春义

（中国农业科学院特产研究所，吉林省特种动物分子生物学
省部共建国家重点实验室，古林 长春　130012）

摘　要：本研究旨在应用甲基化敏感性扩增多态性（MSAP）和荧光标记的甲基化敏感性扩增多态性（F－MSAP）两种技术对鹿茸组织进行全基因组 DNA 甲基化检测，通过实验结果对两种方法进行比较，为今后鹿茸干细胞基因组 DNA 甲基化分析奠定基础。甲基化敏感性扩增多态性（MSAP）技术是一种从全基因组水平检测 DNA 甲基化状态的方法，是一种经过改进的扩增片段长度多态性（AFLP）技术。荧光标记的甲基化敏感性扩增多态性（F－MSAP）技术也是一种经过改进的 AFLP 方法，将选择性扩增引物进行了荧光标记，这样就可以利用测序仪自动完成实验。结果表明，F－MSAP 方法具有安全、高效、高通量和自动化等特点。F－MSAP 方法更适合于检测全基因组胞嘧啶甲基化。

关键词：甲基化敏感扩增多态性；荧光标记甲基化敏感扩增多态性；甲基化；鹿茸干细胞

Comparison the methods using in detect
Genome－wide DNA methylation of Antler stem cell

Yang Chun，Wenhui Chu，Lu Xiao，Chunyi Li

（State Key Laboratory for Molecular Biology of Special Economic Animals，Institute of Special Animal and Sciences，Chinese Academy of Agricultural Sciences，Changchun 130112，China）

Abstract：In the study，we used The methylation－sensitive amplification polymorphism（MSAP）and fluorescence－labeled methylation－sensitive amplification polymorphism（F－MSAP）methods to analysis of DNA methylation in antler stem cells，and according to the results to compare the MSAP and F－MSAP methods. The MSAP is a modified AFLP（amplified fragment length polymorphism）technique to investigate cytosine methylation in genomes. F－MSAP is a new modification of MSAP technique，in which selective amplification is performed with fluorescently labeled and the selective products coulde detected by DNA sequencer. In the study，we used MSAP and F－MSAP methods to analysis of DNA methylation in antler stem cells，and according to the results to compare the MSAP and F－MSAP methods. The results shown that compared to MSAP method，the F－MSAP method has the main advantages of safety，time efficiency，high sensitivity and automation. The F－MSAP method was more suitable for detection of cytosine methylation of the whole genome.

Key words：MSAP；F – MSAP；DNA methylation；antler stem cell

在真核生物中，胞嘧啶 DNA 甲基化是一种重要的表观遗传学修饰方式，其是在 DNA 甲基化转移酶的作用下将 S – 腺苷硫氨酸的甲基基团添加到 DNA 分子中特定的碱基基团上的一种修饰过程[1]。DNA 甲基化在生物界基因组中广泛存在，对生物生命过程中起到重要调控作用。近年来，DNA 甲基化调控成为了组织和器官再生领域研究热点。研究表明，基因和基因组 DNA 甲基化状态的变化能够影响相关组织和器官的再生。比如，爪蟾尾部再生[2]、啮齿类脊髓再生[3]、斑马鱼鳍再生[4]、斑马鱼视网膜再生[5]、肌肉再生[6]、和人毛囊再生[7] 等。这些研究表明，DNA 甲基化能够调控哺乳动物组织和器官的再生。

断肢再生是再生医学研究领域的热点。目前，断肢再生的研究还仅仅局限于，蝾螈、爪蟾和斑马鱼等低等动物，但是，这些低等动物与哺乳动物的遗传距离甚远并且断肢的再生形式不同，所以这些研究所取得的结果无法真正应用与哺乳动物尤其是人断肢再生中。鹿茸是目前已知的唯一能够完全再生的哺乳动物附属器官[8]，因此将鹿茸作为哺乳动物断肢再生模型将更有针对性。鹿茸每年春季由雄鹿的角柄上再生，角柄骨膜是鹿茸再生的关键组织[9]。研究发现，鹿茸角柄骨膜细胞能够表达胚胎干细胞特征基因和分化成为多种细胞类型，因此，鹿茸的再生是基于干细胞的再生[10]。那么，是否鹿茸再生和 DNA 甲基化调控间也存在紧密联系呢？如果能够获得鹿茸干细胞基因组 DNA 甲基化数据将有助于揭示鹿茸再生的分子调控机制。

DNA 甲基化敏感性扩增片段多态性（methylation sensitive amplifiedpolymorphism，MSAP）技术是在 AFLP 技术基础上建立起来的一种检测动植物基因组 DNA 甲基化的方法。目前，MSAP 技术术已经被广泛的应用到动植物中检测基因组 DNA 甲基化程度与特定功能和性状分析中。昆虫基因组 DNA 甲基化[11]、鸡的肌肉和卵巢组织的基因组 DNA 甲基化程度和模式[12]、二倍体和同源四倍体西瓜幼苗 NaCl 胁迫后 DNA 甲基化情况[13] 等。荧光标记 DNA 甲基化敏感性扩增片段多态性（fluorescence – labeled methylation sensitive amplified polymorphism，F – MSAP）技术是一种改进的 MSAP 技术，只是将 MSAP 中的选择扩增产物进行了荧光标记。目前 F – MSAP 已经应用在鸡、猪、玉米基因组 DNA 甲基化检测中[14-16]。两种方法都可以检测 DNA 甲基化情况，但是之间的优缺点还不清楚，到目前为止还没有有关两种方法比较的报道。本研究通过 MSAP 和 F – MSAP 方法检测鹿茸干细胞基因组 DNA 甲基化状态，从操作步骤流程和后续数据分析对两种方法进行比较，为今后研究鹿茸再生与 DNA 甲基化调控机制间关系提供依据和奠定基础。

1　材料和方法

1.1　鹿茸干细胞基因组 DNA 的提取

将鹿茸干细胞，按照细胞基因组 DNA 提取试剂盒（QIAGEN）操作手册的要求和方法进行 DNA 提取以及纯化，结果与 0.8% 琼脂糖凝胶电泳检测，Biophotometer 分光光度计（Eppendorf）检测浓度。

1.2　引物与接头

接头和引物参考 Yang 方法设计[15]。引物与接头（如表1）由上海生工生物工程公司合成。

1.3 MSAP 和 F – MSAP

取两份鹿茸干细胞 DNA 250ng（100ng/μL），同时进行 HpaII/EcoRI 和 MspI/EcoRI 双酶切，体系如下：DNA，EcoRI 10U，HpaII 和 MspI 各为 20U，37℃ 8h，水浴 65℃ 20min 灭活，酶切产物 0.8% 琼脂糖凝胶电泳检测。将酶切产物用 T4 DNA ligase 与接头进行连接。连接产物稀释 20 倍作为预扩增模版进行扩增，预扩增引物见表 1，预扩增条件为：94℃ 5min；94℃ 30s；56℃ 1min；72℃ 1min；72℃延伸 7min；30 个循环，4℃保存。反应结束后，预扩增产物 0.8% 琼脂糖凝胶电泳检测。将预扩增产物稀释 10 倍作为选择性扩增模板，选择性扩增引物序列（见表 1），扩增条件为：94℃ 5min；94℃ 30s；65℃ 30s（每循环降低 0.7℃）；72℃ 1min；13 个循环，94℃ 30s；56℃ 30s；72℃ 1min；72℃延伸 7min，23 个循环。4℃保存，选择性扩增产物 1% 琼脂糖凝胶电泳检测。所有限制性内切酶均购于 Thermo 公司，PCR 聚合酶均购于 TaKaRa 公司。

表1 引物和接头序列
Table 1 The primers and adapers

引物/接头	序列（5–3）
EcoRI 接头	5 – CTCGTAGACTCGTACC – 3 3 – CATCTGACGCATGGTTAA – 5
E + 1 预扩增引物	5 – GACTGCGTACCAATTC + A – 3
E + 3 选择性扩增引物	5 – GACTGCGTACCAATTC + AAC – 3 5 – GACTGCGTACCAATTC + AAG – 3 5 – GACTGCGTACCAATTC + ACA – 3 5 – GACTGCGTACCAATTC + AGT – 3 5 – GACTGCGTACCAATTC + ATC – 3 5 – GACTGCGTACCAATTC + ACT – 3 5 – GACTGCGTACCAATTC + AGA – 3 5 – GACTGCGTACCAATTC + ATG – 3
HpaII/MspI 接头	5 – GACGATGAGTCTAGAA – 3 3 – CTACTCAGATCTTGC – 5
HM + 1 预扩增引物	5 – GATGAGTCTAGAACGG + T – 3
HM + 3 选择性扩增引物	5 – FAM – GATGAGTCTAGAACGG + TAC – 3 5 – FAM – GATGAGTCTAGAACGG + TAG – 3

1.4 变性聚丙烯酰胺凝胶电泳（MSAP）

在 90mL 5% 聚丙烯酰胺胶中加入 10% APS 320μL，TEMED 80μL。90W 预电泳 30min 后，取 MSAP 选择性扩增产物 5μL 中加入，加入同体积的变性缓冲液，95℃变性 10min，冰上 10min，上样。60W 恒功率下电泳，当溴酚蓝到达板底部，时间大约为 3.5h 结束，进行银染。

1.5 ABI 3730xl 测序仪毛细管电泳（F – MSAP）

所有 FAM 荧光标记好的选择性扩增产物在 ABI3730xl 测序仪上进行毛细管电泳检测，具体步骤如下：将 5μL 选择扩增样品分别加入 96 孔板中，6.5μL 甲酰胺，0.25μL ROX500 分子量内标，95℃变性 10min 后冰上放置 10min，进行毛细管电泳。数据结果通过 GeneScan3.0 软件已 Excel 表格形式输出，最后通过自主开发的 MSA 分析软件对荧光图谱进行数据统计。

2 结果

2.1 鹿茸干细胞基因组 DNA 甲基化 MSAP 检测结果

利用 16 对引物对 DNA 酶切产物进行了选择性扩增，通过 MSAP 技术对选择性扩增产物进行了检测，由于引物数量比较多，图片只展示部分结果。结果见图 1。

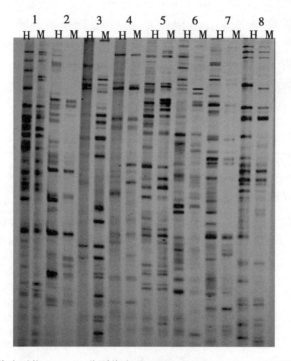

1～8，分别代表引物；H，M 分别代表 *Hpa*II/*Eco*RI 和 *Msp*I/*Eco*RI 两种双酶切；

图 1 MSAP 图谱

Fig. 1 The MSAP prifiles

2.2 选择性扩增产物荧光标记的 F – MSAP 图谱

将荧光标记的选择性扩增产物在 ABI 3730xl 测序仪上进行毛细管电泳，电泳结束后，数据通过 GENESCANTM3.0 软件处理后已 Excel 表格形式输出，最终得到原始的 F – MSAP 数据。荧光标记的 F – MSAP 图谱如图 2 所示。F – MSAP 相应的 Excel 表格数据如图 3 所示。

2.3 MSAP 和 F – MSAP 数据统计

在 MSAP 的数据统计过程中，由于 MSAP 通过聚丙烯酰胺胶板对产物进行分离，所以需要人工在胶板上对每个泳道的条带进行计数，再通过手动计算各种类型条带的个数，最后统计得出 DNA 甲基化程度。而 F – MSAP 体系中，产物通过毛细管电泳分离后，数据通过 Genscan 3.0 软件处理后以 Excel 表格的形式输出，无需人工进行统计，能够更直观和准确的得到分析数据，另外，针对 F – MSAP 输出数据我们开发了数据分析软件（MSA）。软件分析如图 4 所示。大大缩短了数据分析时间，提高了数据的准确性。MSAP 数据统计见表 2；F – MSAP 数据统计见表 3。

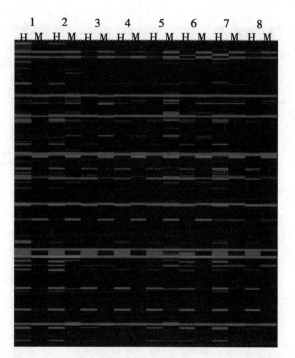

1~8，分别代表引物；H，M 分别代表 *Hpa*II /*Eco*RI 和 *Msp*I /*Eco*RI 两种双酶切；

图 2 F – MSAP 图谱

Fig. 2 The F – MSAP prifiles

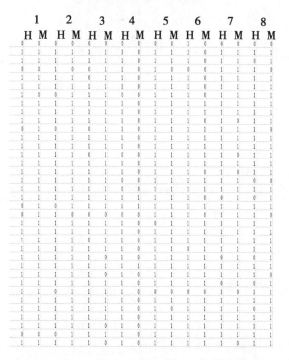

1~8，分别代表引物；H，M 分别代表 *Hpa*II /*Eco*RI 和 *Msp*I /*Eco*RI 两种双酶

图 3 F – MSAP 图谱输出数据的 Excel 表格

Fig. 3 The Excel date from F – MSAP prifiles

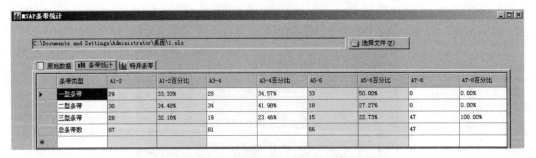

图4 F – MSAP 数据分析软件
Fig. 4 The date analysis software of F – MSAP

在 MSAP 和 F – MSAP 技术中，基因组被同裂酶酶切后能够得到 3 种甲基化片段类型：Ⅰ型，同一样品两种酶切组合中都出现的条带（非甲基化条带）；Ⅱ型，只出现在 HpaII 泳道中的条带（半甲基化条带）；Ⅲ型，出现在 MspI 酶切泳道中的条带（全甲基化条带）。F – MSAP 数据统计见表2；MSAP 数据统计见表3。

表2 MSAP 数据分析
Table 2 The date of MSAP

引物编号	总带数	Ⅰ型带数	Ⅱ型带数	Ⅲ型带数
1	29	19	4	6
2	33	18	11	4
3	25	14	5	6
4	19	11	4	4
5	38	24	8	6
6	27	17	8	3
7	22	9	9	4
8	26	17	5	4
9	16	9	3	4
10	30	20	7	3
11	18	10	4	4
12	19	9	6	4
13	25	15	3	7
14	24	10	8	4
15	17	10	4	3
16	29	17	6	6
总计:	387	203	95	89

表3　F - MSAP 数据分析

Table 3　The date of F - MSAP

引物编号	总带数	Ⅰ型带数	Ⅱ型带数	Ⅲ型带数
1	86	37	35	14
2	82	45	33	4
3	104	46	44	14
4	102	49	39	14
5	95	44	31	20
6	86	35	30	21
7	95	47	23	25
8	88	49	23	16
9	98	43	40	15
10	86	39	26	21
11	91	40	27	24
12	49	31	12	6
13	111	57	33	21
14	117	49	41	27
15	116	71	27	18
16	108	58	30	20
总计:	1524	740	494	290

　　同一样品经过两种方法进行检测后，通过两种所得到的数据进行统计。在 F - MSAP 技术中，我们一共检测到 1524 个位点，其中，Ⅰ型条带 740 个；Ⅱ型条带 494 个；Ⅲ型条带 290 个；在 MSAP 技术检测中，在胶板共找到 387 个位点，其中Ⅰ型条带 203 个；Ⅱ型条带 95 个；Ⅲ型条带 89 个。在 F - MSAP 中 16 对引物所得到条带数范围 49 ~ 117；MSAP 条带范围在 16 ~ 38。两组数据中均发现，Ⅰ型条带数最多，Ⅲ型条带数最少。结果表明 MSAP 和 F - MSAP 方法都能应用到鹿茸干细胞基因组 DNA 甲基化检测中。但是，F - MSAP 方法中得到的条带更多，对于后面的结果统计更具有精确性。另外，在实际操作过程中我们发现，在 MSAP 在银染过程中存在更多的人为因素，这些因此能够导致银染胶中出现条带模糊现象，而且重复性不是很好，会对最终数据统计造成影响导致数据的准确性。而 F - MSAP 技术很少有人为因素参与，结果的重复性非常好，结果可以通过软件自动完成统计，避免了人为统计的错误。因此我们认为 F - MSAP 方法更适合用于鹿茸干细胞基因组 DNA 甲基化和其他物种基因组 DNA 甲基化检测。

3　讨论

　　鹿茸是目前已知的唯一可周期再生哺乳动物附属器官，由于目前鹿基因组还未测定，所以鹿茸再生的分子生物学调控机制，尤其是表观遗传学调控机制还知之甚少。如果获得鹿茸干细胞再生前后基因 DNA 甲基化数据，可能为我们打开另外一扇通往成功的大门，发现鹿茸再生的机制。MSAP 是一种全基因组 DNA 甲基化的技术，是一种经过修饰的 AFLP 技术[9]，已经广泛应用在各种动植物基因组 DNA 甲基化研究中，并且被证明是一种能够高效检测基因组 DNA 甲基化方法[17]。另外，MSAP 技术中用同裂酶 HpaII 和 MspI，代替了 AFLP 技术中的 MseI，来对基因组进行酶切。同裂酶 HpaII 和 MspI 能够识别基因组中 CCGG 片段中的胞嘧啶甲基化位点，但是这两种酶对胞嘧啶位点甲基化的敏感性不同，所以通过这两种酶分别对基因组进行酶切后就可以根据对胞嘧啶甲基化位点敏感性的不同产生不同的条带。甲基化条带通过与接头后通过引物进行 PCR 扩增，最终获得特异性甲基化敏感条带。理论上讲，AFLP 技术的推动的 MSAP 技术的发展。Huang 和 Sun[18] 在 1999 年通过应用荧光标记方法改良了 AFLP 技术取得了具有更高可辨性结果，与传统的方法比较能够多检测出 10% ~30% 的多态性条带。很多研究也证明，通过改进的荧光标记系统具有更安全性、更灵敏、更便于操作的特点。所以，通过荧光标记的方法对 MSAP 进行了改进就形成了现在的 F – MSAP 技术。

在本研究中，我们首次应用 MSAP 和 F – MSAP 技术检查了鹿茸干细胞基因组 DNA 甲基化水平。结果表明，F – MSAP 方法相对于 MSAP 方法具有以下几个优点：1 选择性扩增引物通过荧光标记并结合自动化的 DNA 测序仪，更好的提高了对扩增产物的分辨率和检测结果；2 扩增片段不受胶条大小的限制，所有片段能够更好的完成分离；3 无需进行银染操作，所以更加的安全和快捷，提高了实验的灵活性，可以在任何时间进行片段扩增和进行 F – MSAP 检测，对比与 MSAP 技术在实验时间上节省了大量的时间；4 通过 DNA 测序仪对样品进行检测，使几乎所有的扩增片段都可以通过荧光信号检测出来，增加数据的准确性。综上所述，F – MSAP 技术对比与 MSAP，具有更加安全、高通量和高分辨率等优点。

结果清晰的证明了 F – MSAP 对比与 MSAP 具有高通量和高分辨率的优点，另外，通过自主开发的软件对 F – MSAP 数据进行分析不仅大大的节省了时间，避免了人工统计中出现的认为错误，使数据的统计更加准确。所以我们认为 F – MSAP 更适合应用到对鹿茸干细胞及其他物种的基因组 DNA 甲基化检测中。为今后深入研究鹿茸再生与表观遗传学间相互关系奠定了基础。

参考文献

［1］谭建新，孙玉洁. 表观基因组学研究方法进展与评价［J］. 遗传，2009，31（1）：3 – 12.

［2］Yakushiji N, Suzuki M, Satoh A, Sagai T, Shiroishi T, et al. Correlation between Shh expression and DNA methylation status of the limb – specific Shh enhancer region during limb regeneration in amphibians［J］. Developmental Biology, 2007, 312：171 – 182.

［3］Iskandar BJ, Rizk E, Meier B, Hariharan N, Bottiglieri T, et al. Folate regulation of axonal regeneration in the rodent central nervous system through DNA methylation［J］. Journal of Clinical Investigation, 2010, 120：1 603 – 1 616.

［4］Hirose K, Shimoda N, Kikuchi Y. Transient reduction of 5 – methylcytosine and 5 – hydroxymethylcytosine is associated with active DNA demethylation during regeneration of zebrafish fin［J］. Epigenetics, 2013, 8：899 – 906.

［5］Powell C, Elsaeidi F, Goldman D. Injury – dependent Muller glia and ganglion cell reprogramming during tissue regeneration requires Apobec2a and Apobec2b［J］. J Neurosci 2012, 32：1 096 – 1 109.

［6］Tyaqi SC, Joshua IG. Exercise and nutrition in myocardial matrix metabolism, remodeling, regeneration, epigenetics, microcirculation, and muscle［J］. Can J Physiol Pharmacol, 2014, 92：521.

［7］Qi Shen, Hongchuan Jin, Xian Wang. Epidermal stem cells and their epigenetic regulation［J］.

Int. J. Mol. Sci，2013，14：17 861 – 17 880.

［8］ Stocum DL. Regenerative biology and medicine，2012，Academic Press.

［9］ Li CY，Mackintosh CG，Martin SK，Clark DE. Identification of key tissue type for antler regeneration through pedicle periosteum deletion ［J］. Cell and Tissue Research，2007，328：65 – 75.

［10］ Li CY，Yang FH，Sheppard A. Adult Stem Cells and Mammalian Epimorphic Regeneration – Insights from Studying Annual Renewal of Deer Antlers ［J］. Current Stem Cell Research & Therapy，2009，4：237 – 251.

［11］ 张梅，陈佳林，周晓穗，梁士可，李广宏，工方海．MSAP 在水稻害虫白背飞虱中的应用研究 ［J］. 中山大学学报，2015，54（1）：98 – 102.

［12］ 李金龙，唐韶青，赵萌，王海潮，徐青。北京油鸡肌肉和卵巢组织基因组 DNA 甲基化状态检测与分析 ［J］. 畜牧兽医学报，2014，45（11）：1 784 – 1 792.

［13］ 朱红菊，刘文革，赵胜杰，路绪强，何楠，豆峻岭，高磊。NaCl 胁迫下二倍体和同源四倍体西瓜幼苗 DNA 甲基化差异分析 ［J］. 中国农业科学，2014，47（20）：4 045 – 4 055

［14］ Xu Q，Zhang Y，Sun D，Wang Y，Yu Y. Analysis on DNA methylation ofvarious tissues in chicken ［J］. Anim Biotechno，2007：231 – 241.

［15］ Yonghong Zhang，Jiang Guo，Yan Gao，Shuling Niu，Chun Yang，Chunyan Bai，Xiaozhong Yu，Zhihui Zhao. Genome – wide methylation changes are associated with muscle fiber density and drip loss in male three – yellow chickens ［J］. Mol Biol Rep，2014：3 214 – 3 216.

［16］ Yang C，Zhang MJ，Niu WP，Yang RJ，Zhang YH. Analysis of DNA Methylation in Various Swine Tissues ［J］. Plos One，2011，6（1）：1 – 9.

［17］ Lu YL，Rong TZ，Cao MJ. Analysis of DNA methylationin different maize tissues ［J］. J Genet Genomics，2008，35（1）：41 – 48.

［18］ Vanyushin BF. Enzymatic DNA methylation is an epigenetic control forgenetic functions of the cell ［J］. Biochemistry（Mosc），2005，70：488 – 499.

［19］ Huang J，Sun M. A modified AFLP with fluorescence – labelled primersand automated DNA sequencer detection for efficient fingerprinting analysis inplants ［J］. Biotechnol Tech，1999，13：277 – 278.

此文发表于《吉林农业大学学报》2016，38（1）

梅花鹿 *FGF*10 基因的生物信息学分析

鞠　妍[*]　刘华淼　魏海军[**]

（中国农业科学院特产研究所，长春　130112）

摘　要：应用生物信息学的方法对梅花鹿 *FGF10* 基因的核苷酸和氨基酸序列进行了初步的生物信息学分析，包括理化性质分析、信号肽和跨膜结构域分析、磷酸化位点和疏水性分析、蛋白质二级结构分析、功能结构域分析以及系统进化分析。结果表明：梅花鹿 *FGF10* 基因编码213个氨基酸，蛋白相对分子量为23.84kDa，为碱性不稳定蛋白；存在信号肽和跨膜结构域；共有26个磷酸化位点；二级结构主要由 α 螺旋、β 转角、延伸链和随机卷曲组成。具有 FGF 典型的 FGF 结构域。系统进化分析显示，梅花鹿 FGF10 与哺乳动物 FGF10 相似性较高，并且与牛、羊在亲缘关系上最相近。本文为梅花鹿 *FGF10* 基因的结构和功能的进一步研究打下了坚实的理论基础。

关键词：梅花鹿；*FGF*10；生物信息学分析

Bioinformatics Analysis of on*FGF*10 in *Cervus nippon*

Ju Yan, Liu Huamiao, Wei Haijun

（Institute of special animal and plant sciences of caas, Changchun 130112, China）

Abstract：Using bioinformatics approach to analysis the nucleotide and amino acid sequence of *FGF*10 of *Cervus nippon*. Such as the character of phsical and chemical, the sigal peptide and transmembrane domain prediction, analysis of phosphorylation sites and hydrophobicity, secondary structure prediction domains, prediction of the conserved domains and phylogenetic analysis. The results showed that FGF10 of *Cervus nippon* encode a deduced 213 amino acid, had a predicted molecular weight of 23.84kDa, and the protein which had sigal peptide, transmembrane domain and 26 phosphorylation sites is alkaline and instability. Helix secondary structure mainly composed of α helix, β turn, extended strand and random crimped. And it's also had a special FGF domain. Phylogenetic analysis showed that FGF10 of deer had a very high homology with mammals', and with cattle and sheep on the closest genetic relationship. These studies built a theoretical foundation for the further research on the structure and function of *FGF*10.

　＊　作者简介：鞠妍（1988—），女，吉林省长春人，硕士，研究实习员，从事分子生物学方面研究。E－mail：jyyaohappy@sina.com

　＊＊　通讯作者：魏海军（1961—），男，吉林长春人，在读博士，研究员，主要从事鹿类动物和毛皮动物繁育基础和技术的研究工作。E－mail：weihaijun2005@sina.com

Key words：*Cervus nippon*；*FGF*10；Bioinformatics Analysis

梅花鹿（*Cervus nippon*），是珍贵的具有药用价值的经济动物，鹿茸及鹿产品的应用有着悠久的历史，除此之外，鹿肉、鹿鞭、鹿尾等也都具有较高的药用价值，所以对梅花鹿的研究越来越受到人们的关注[1]。随着分子生物学研究的深入开展，从分子角度对影响梅花鹿生长发育的相关基因的研究的重要性也越来越突出。

成纤维细胞生长因子 10（fibrobast growth factor 10，FGF10）是 FGF 家族的成员之一，在组织器官的形成发育过程中以及成年组织修复中起着重要作用。1996 年，Yamasaki 首次从大鼠胚胎中分离出了 FGF10[2]，编码 215 个氨基酸（相对分子质量：24kDa），并具有一个包含 120 个氨基酸核心的保守区域，与 FGF 家族的氨基酸序列有 30% ~60% 的相似性。随后，研究者又相继开展了对其他物种 *FGF*10 基因的克隆及功能研究等，并取得了较大进展。2005 年，邵明玉等，克隆得到了梅花鹿的 *FGF*10 基因并且已经得到编码区序列[3]。本文利用生物信息学方法对该基因及其编码蛋白进行了初步的生物信息学分析，包括理化性质分析、蛋白质信号肽和跨膜结构域分析、磷酸化位点分析和疏水性分析等。以期为该基因的深入研究提供一定的理论依据。

1　材料和方法

1.1　材料

从美国国家生物信息中心（National Center for Biotechnology Information，NCBI）数据库中检索得到梅花鹿 *FGF*10 基因的核苷酸（登录号：AY487246）和氨基酸（登录号：AAR37413.1）序列。同时查找得到白犀牛（*Ceratotherium simum simum*，XP_ 004422851.1）、斑马鱼（*Danio rerio*，AAN62915.1）、地中海雪貂（*Mustela putoriusfuro*，XP_ 004815559.1）、虎鲸（*Orcinus orca*，XP_ 004265993.1）、虎皮鹦鹉（*Melopsittacus undulatus*，XP_ 005152023.1）、鸡（*Gallus*，NP_ 990027.1）、家猫（*Felis catus*，XP_ 003981474.1）、家犬（*Canis lupus familiaris*，XP_ 005619394.1）、猎隼（*Falco cherrug*，XP_ 005443986.1）、马（*Equus caballus*，XP_ 001498159.1）、绵羊（*Ovis aries*，NP_ 001009230.1）、牛（*Bos taurus*，NP_ 001193255.1）、人（*Homo sapiens*，CAG46489.1）、西部锦龟（*Chrysemys pictabellii*，XP_ 005282243.1）、野猪（*Sus scrofa*，XP_ 003133972.1）、原鸽（*Columba livia*，XP_ 005500928.1）、中华鳖（*Pelodiscus sinensis*，BAD74123.1）的 *FGF*10 基因的氨基酸序列。

1.2　分析方法

1.2.1　结构分析

通过 ProtParam 预测蛋白理化性质；通过蛋白分析工具或软件，如 Psipred、TMHMM 等分析蛋白的二级结构、跨膜结构域、亲/疏水性等，如表 1 所示。

表 1 生物信息学方法

Table 1 Bioinformatics methods

预测功能	网址或软件
理化性质分析	http：//www. expasy. ch/tools/protparam. html
二级结构和功能结构域分析	http：//bioinf. cs. ucl. ac. uk/psipred/http：//smart. embl – heidelberg. de/
跨膜结构分析	http：//www. cbs. dtu. dk/services/TMHMM – 2. 0/
信号肽分析	http：//www. cbs. dtu. dk/services/SignalP/
磷酸化分析	http：//www. cbs. dtu. dk/services/NetPhos/
疏水性分析	http：//www. expasy. org/cgi – bin/protscale. pl

1.2.2 进化分析

利用 MEGA4 软件中的 ClustalW 比对功能，对查找得到的 22 个物种 *FGF*10 基因编码区氨基酸序列进行比对，将结果导入 MEGA4 中采用邻近法（NJ 法）构建进化树。

2 结果

2.1 理化性质分析

利用 ProtParam 对查找得到的梅花鹿 FGF10 氨基酸序列进行理化性质分析，结果表明，该基因编码 213 个氨基酸；其蛋白相对分子量大小为 23.84；终止密码子为 TAA；理论等电点为 9.67，呈碱性；不稳定系数为 44.17，为不稳定蛋白。

2.2 磷酸化位点分析和疏水性分析

通过 NetPhos 2.0 Server 对 FGF10 进行磷酸化位点分析，分析结果如图 1 所示，丝氨酸（Ser）有 19 处，苏氨酸（Thr）有 4 处，酪氨酸（Tyr）有 3 处可能被磷酸化，可见丝氨酸磷酸化位点明显多于其他两种。通过 ProtScale 对 FGF10 进行疏水性分析，结果如图 2 所示，疏水性最强是第 25 位的亮氨酸（Leu），亲水性最强是第 196 位的赖氨酸（Lys）。

2.3 蛋白质信号肽和跨膜结构域分析

利用 SignalP[4] 和 TMHMM[5] 在线程序对梅花鹿 FGF10 蛋白进行信号肽和跨膜结构域预测。信号肽预测显示，FGF10 在第 38 ~ 39 位点间可能存在剪切位点（图 3），则该蛋白可能是一种分泌蛋白，这类分泌型的蛋白，在核糖体合成后，由信号肽引导其前体蛋白到达指定部位，在剪切位点切除信号肽而成为成熟蛋白质发挥作用；跨膜结构域预测显示，在 13 ~ 35 位点处形成高峰，即此处为跨膜结构域区（图 4）。

2.4 蛋白质二级结构和功能结构域分析

通过 PSIpred 服务器预测 FGF10 蛋白的二级结构，该服务器是通过严格交叉验证预测的，预测结果准确率高达 80%。结果表明 FGF10 蛋白二级结构主要由 α 螺旋（占 16.9%）、β 转角（占 9.86%）、延伸链（占 26.29%）和随机卷曲（占 46.95%）组成（图 5）。

利用 SMART 软件对梅花鹿 FGF10 功能结构域进行预测，梅花鹿的 FGF10 具有 FGF 典型的

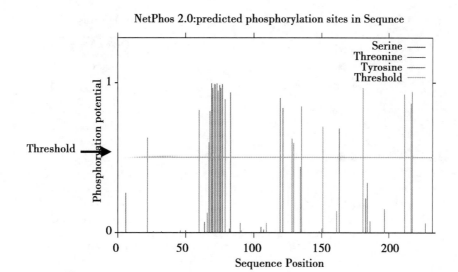

图1　FGF10 磷酸化位点分析

Fig. 1　Analysis of phosphorylation sites of FGF10

注：丝氨酸位点分别位于 49、52 ~ 62、64、68、104、114、120、148、203；
苏氨酸位点分别位于 7、106、197、202；酪氨酸位点分别位于 113、136、166

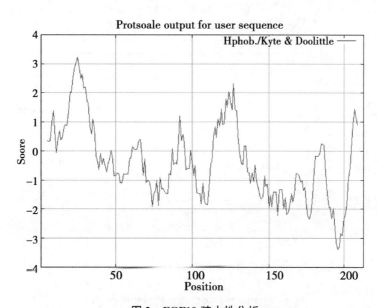

图2　FGF10 疏水性分析

Fig. 2　Hydrophobicity analysis of FGF10

FGF 结构域，具有生长因子活性，这个区域起始于位点 82，结束于位点 210（图 6）。这与其他物种得到的结果相近，说明这一保守区域对 FGF 家族基因的结构和功能具有重要作用。

2.5　进化分析

将从 NCBI 上查找得到的不同物种的 FGF10 的氨基酸序列进行序列比对，利用 MEGA4 软件，

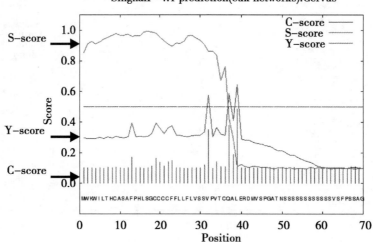

图3 FGF10 蛋白的信号肽预测分析

Fig. 3 The signal peptide prediction of FGF10

注：C 为原始剪切位点的分值；S 值：信号肽的分值；Y 值：综合剪切位点的分值

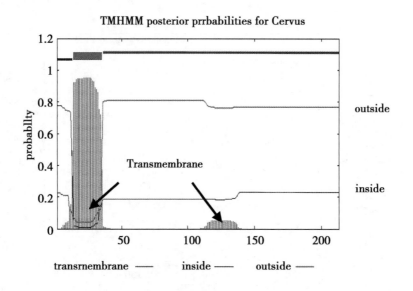

图4 FGF10 蛋白的跨膜结构域的预测分析

Fig. 4 The transmembrane domain prediction of FGF10

采用 NJ 法，构建进化树，如图 7 所示。结果显示，FGF10 蛋白首先分成了两支，第一个分枝为包括梅花鹿在内的哺乳类、鸟类和爬行类；第二个分枝为鱼类（斑马鱼），处在 FGF10 编码蛋白质的分枝的最底部。第一个分枝又分为两个桠枝，爬行类为一枝，鸟类和哺乳类聚成一枝，梅花鹿在此分枝中与哺乳类形成一桠枝，与牛、羊聚成一小簇，说明梅花鹿与牛、羊在亲缘关系上最近。

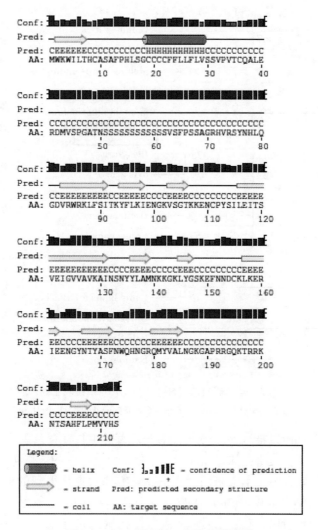

图 5 FGF10 蛋白的二级结构域预测

Fig. 5 Secondary structure prediction domains of FGF10 protein

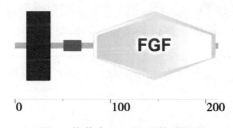

图 6 梅花鹿 FGF10 结构域预测

Fig. 6 Prediction of the conserved domains of FGF10 in Cervus nippon

3 讨论

梅花鹿是重要的特产经济动物，而鹿茸又是其重要的经济产品之一。鹿茸可以周期性再生和脱落，所以对其机制的研究具有重要的经济价值。研究表明 FGF10 对骨组织、角质组织的分化

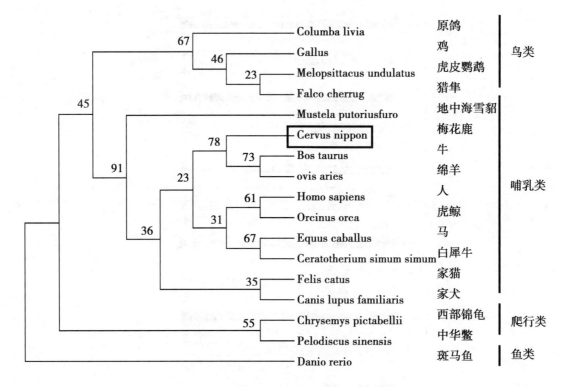

图7 基于邻接法（NJ）的 FGF10 系统发生树

Fig. 7 Phylogenetic tree of FGF10 based on NJ method

发育起重要调控作用[6]，所以推测 FGF10 可能参与鹿茸的生长发育及脱落。

近年来，随着基因组相关研究的不断开展，生物信息学方法的应用越来越受到研究学者的关注，并被应用到实际的研究中。本文采用生物信息学方法对查找得到的梅花鹿 FGF10 进行了初步的生物信息学分析。结果表明，梅花鹿 *FGF10* 基因编码 213 个氨基酸，蛋白相对分子量为 23.84kDa，为碱性不稳定蛋白；存在信号肽和跨膜结构域；共有 26 个磷酸化位点；二级结构主要由 α 螺旋、β 转角、延伸链和随机卷曲组成。功能预测结果显示，梅花鹿 FGF10 具有 FGF 典型的 FGF 结构域。该结构域具有生长因子活性，并在脊椎动物胚胎发育过程中发挥重要作用。系统进化树分析显示，梅花鹿 FGF10 与哺乳动物 FGF10 相似性较高，并且与牛、羊在亲缘关系上最相近。这与梅花鹿和牛、羊同属偶蹄目类动物与其他哺乳类动物、鸟类、爬行类和鱼类在进化亲缘关系的远近上是相符的。

以上这些生物信息学的研究，为深入研究梅花鹿 *FGF10* 基因的结构和功能提供了必要的理论基础。

参考文献

[1] 宋延龄，刘志涛. 珍稀动物——梅花鹿及其研究［J］. 生物学通报，2005，40（7）：1-3.

[2] Masahiro Yamasklm, Ayumi Miyake, Shuzou Tagashira, et al. Structure and expression of the rat mRNA encoding a novel member of the fibroblast growth factor family［J］. J BiolChem, 1996, 271（27）: 15918-15924.

[3] 邵明玉，万敏，王莉，等. 吉林双阳梅花鹿成纤维细胞生长因子 10 的克隆和基因分析

[J].辽宁师范大学学报（自然科学版），2005，28（2）：215 - 218.

[4] Nielsen H，Engelbrecht J，Brunak S，et al. Identification of prokaryotic and eukaryotic signal peptides and prediction of their cleavage sites [J]. Protein Eng. 1997，10（1）：1 - 6.

[5] Moller S，Croning M D，Apweiler R. Evaluation of methods for the prediction of membrane spanning regions [J]. Bioinformatics. 2001，17（7）：646 - 653.

[6] Sekinek. FGF10 is essential for limb and lung formation [J]. Nat Genet，1999，21（1）：138 - 141.

此文发表于《辽宁师范大学学报》2014，37（1）

梅花鹿鹿茸 S100A4 融合蛋白 在大肠杆菌中的表达纯化*

刘　东[1,2]** 　邢秀梅[2] 　赵海平[2] 　褚文辉[2] 　鲁晓萍[2] 　王大涛[2] 　李春义[2]***

(1. 江苏科技大学, 江苏 镇江　212018;

2. 中国农业科学院特产研究所, 吉林 吉林　132109)

摘　要: 我们前期的研究表明, 鹿茸发生和再生都是依赖干细胞的过程。鹿茸的干细胞存在于鹿未来鹿茸发生区的骨膜中, 即生茸骨膜。AP 细胞表达特有的分子 S100A4, 推测为鹿茸发生的关键调节分子。进一步从分子水平阐述 S100A4 在鹿茸发生中的调节机制需要高质量 S100A4 的纯品。为了解决这一问题, 我们针对已从梅花鹿 AP 细胞反转录出的 S100A4 基因序列, 设计了含有 *Eco*R I 和 *Bam*H I 酶切位点的上下游引物, 并扩增出了目的片段。其后将 S100A4 基因片段和 PGEX – 6P—1 载体酶切并进行了连接, 转入 Top10F' 感受态细胞中, 涂板筛选出了阳性克隆, 进行了菌液 PCR 及双酶切鉴定, 再将重组质粒转入了 BL21 (DE3) pLys S 表达菌株进行了 IPTG 诱导表达。用聚丙烯酰胺凝胶电泳及 western blot 鉴定表明融合蛋白成功表达, 随后对融合蛋白进行了纯化。本研究成功地实现了鹿本身特有的 S100A4 基因的体外表达。

关键词: S100A4; PGEX – 6P – 1; BL21 (DE3) pLys S; 蛋白表达

Vector Construction, Expression and Purification of S100A4 Fusion Protein of Deer Antler

Liu Dong[1,2], Xing Xiumei[2], Zhao Haiping[2],

Chu Wenhui[2], Lu Xiaoping[2], Wang Datao[2], Li Chunyi[2]*

(1. Jiangsu University of Science and Technology, Zhenjiang 212018, China;

2. Institute of Special Wild Economic Animals and Plants, CAAS, Jilin 132109, China)

Abstract: Our early research demonstrated that antler generation and regeneration both depend on stem cells. Stem cells of antlers exist in periosteum that will develop into an antler. The periosteum of this area is called antlerogenic periosteum (AP). AP expresses S100A4 molecµLe, which is thoµght to be critical for regµLating antler generation. High quality of pure S100A4 is required to explore the regµLatory mechanism of S100A4 in antler regen-

* 收稿日期: 2011 – 04 – 15

基金项目: 国家自然科学基金 (31070878)

** 作者简介: 刘东 (1986—), 男, 山东聊城人, 硕士研究生, 从事鹿茸再生生物学研究

*** 通讯作者: 李春义, E – mail: tcslichunyi@126.com

eration. In order to meet this demand, we designed the primers which include the cutting sites of *Eco*R I and *Bam*H I to clone the gene of S100A4. We digested the fragment and PGEX – 6p – 1 vector with restriction enzymes, and linked them together. The products of linking was transformed into competent cells (Top10F'). We selected positive colonies which were verified with PCR and gel electrophoresis. We transformed the recombinant vector into competent cells (BL21 (DE3) pLys S), and expression of protein was induced by the lactose analog isopropyl β – D thiogalactoside (IPTG). SuccessfμL Expression of S100A4 protein was demonstrated by SDS – PAGE and western blot. In the end we purified the fusion protein. This experiment successfμLly produced S100A4 molecμLe belonging to sika throμgh prokaryotic expression system.

Key words：S100A4；PGEX – 6P – 1；BL21 (DE3) pLys S；Protein expression

鹿茸是哺乳动物器官在失去后还能完全再生的惟一器官，在鹿茸再生机制的研究中发现，异位移植的鹿茸生茸骨膜（Antlerogenic Periosteum，AP）能够形成鹿茸，而角柄骨膜（Pedicle Periosteum，PP）则不能形成[1]。对两种组织中表达蛋白的分析发现 AP 中表达 S100A4 蛋白，而 PP 不表达（尚未发表）。Ambartsumian 等的研究表明 S100A4 具有很强的促进血管生成的作用，并参加了肿瘤发生、发展及其转移的整个病理过程[2]。Grigoria 等研究表明，S100A4 蛋白可以通过与 P53 蛋白的调控区结合，使 P53 丧失其在细胞周期中的调控作用，从而引起增殖[3,4]。说明 S100A4 蛋白有可能在鹿茸再生过程中起到关键作用。本实验对 AP 细胞中的 S100A4 基因进行了克隆，利用大肠杆菌表达系统进行 S100A4 蛋白的大量表达，并进行了纯化，获得 S100A4 蛋白，为下一步鉴定 S100A4 蛋白在鹿茸再生中的作用奠定基础。

1 材料与方法

1.1 菌种和质粒

Top10F' 大肠杆菌（invitrogen）、BL21（DE3）pLys S、PGEX – 6P – 1 表达载体均由中国农业科学院特产研究所生物技术实验室保存。

1.2 主要试剂和材料

100 bp DNA Ladder、1 Kb DNA Ladder（天根生化科技有限公司）；限制性内切酶（*Eco*R I、*Bam*H I）、T4DNA 连接酶、Takara *Taq*™酶、Takara Minibest Plasmid Purification Kit、PCR 产物纯化试剂盒、Takara 胶回收试剂盒、异丙基硫代半乳糖苷 IPTG（sigma）；蛋白质分子量标准（宽）（大连宝生物工程有限公司）；氨苄青霉素（Amp）（石家庄中诺药业）；丙烯酰胺、甲叉双丙烯酰胺（bio – rad）；GST 融合蛋白纯化试剂盒（中科晨宇生物科技公司）；硝酸纤维素膜（Amersham Biosciences）；兔 S100A4 多克隆抗体（Abcam 公司）；HRP 标记羊抗兔 IgG 二抗（Abcam 公司）；增强型 DAB 显色试剂盒（福建迈新生物技术公司）。

1.3 S100A4 基因片段的扩增、重组及鉴定

根据本实验室已经反转录出的 S100A4 基因设计分别含有 *Eco*R I 和 *Bam*H I 酶切位点的上下游引物并进行 PCR 扩增。

上游引物：5' CTGACTGGATCCATGGCATATCCC 3'

下游引物：5' GAGGAGAATTCATTTTTTCCGGGGT 3'

分别用 *Bam*H I 和 *Eco*R I 酶切 S100A4 基因目的片段和 PGEX - 6P - 1 载体，然后切胶回收酶切产物，通过 T4 连接酶 37℃ 连接 1h，取 10μL 连接产物加入到 200μL Top10F'感受态细胞中，冰上放置 30min，然后 42℃ 热击 90s，再于冰上放置 3~5min，随后加入 800μL LB 培养基，37℃，100r/min 摇床培养 1h。取 100μL 培养菌液涂布含 100μg/mL 氨苄青霉素（Amp）的 LB 板，37℃ 培养 14h。挑取 8 个单菌落接种在含有 Amp + 抗性的 LB 液体培养基中培养将鉴定结果为阳性的菌株测序鉴定。

1.4 重组载体转入 BL21 表达菌株并进行诱导表达

取阳性重组载体 1μL 加入到 200μL BL21 感受态细胞，冰上放置 30min，然后 42℃ 热击 90s，再于冰上放置 3~5min，加入 800μL LB 培养基，37℃，100r/min 摇床培养 1h。取 100μL 培养菌液涂布含 100μg/mL 氨苄青霉素的 LB 板，37℃ 培养 14h，挑取单菌落，接种于 Amp + 抗性（200μg/mL）的液体 TB 培养基中，37℃ 220rpm/min 摇床培养过夜，第 2 天以 1:100 比例接种于 5mL Amp + 抗性（200μg/mL）的 TB 液体培养基中培养 3h（OD≈0.8），加入 IPTG 使终浓度为 0.5mM，25℃、220r/min 培养条件下，诱导 4h。同时设立空载体菌株表达的阴性对照。

1.5 SDS - PAGE 及 Western Blot 分析

取诱导表达后的菌液 5mL，11 000g 离心 2min，取菌体沉淀，并用 10mL pH 7.4 的 PBS 重悬菌体，超声波破碎功率 400W、作用 2s、间隔 3s，作用 100 次。然后 6 000g 离心 5min，取上清做 SDS - PAGE 分析（浓缩胶浓度为 5%，分离胶浓度 15%，上样量为 15μL）。

将上述得到的上清液进行聚丙烯酰胺凝胶电泳后，再电转移到硝酸纤维素膜上（电压 100V，15min），封闭液（含 5% 脱脂奶粉的 TBST）封闭 3h 后，分别与兔 S100A4 多克隆抗体（1:1 000稀释）和羊抗兔 IgG 二抗（1:3 500稀释）孵育，二氨基联苯胺（DAB）显色，并保存结果。

1.6 GST 融合蛋白的纯化

培养 30mL BL21 大肠杆菌并 IPTG 诱导表达，离心取菌体沉淀，用 PBS 重悬，超声波破碎功率 400W，作用 2s，间隔 3s，作用 100 次。将裂解后的溶液 6 000g 离心 5min，取上清，用 0.45μm 滤膜过滤。取滤液与谷胱甘肽琼脂糖 4B 混匀，上柱，500g 离心 1min，将底部收集的液体保存。然后用 PBS 漂洗谷胱甘肽琼脂糖 4B 2 次，500g 离心 1min。再用还原型谷胱甘肽洗脱融合蛋白，500g 离心，得到的洗脱液即为纯化的 S100A4 融合蛋白。

2 结果

2.1 S100A4 基因扩增

用含有 *Bam*H I 的上游引物和 *Eco*R I 的下游引物扩增目的基因片段，通过琼脂糖凝胶电泳分析，片段位于 300~400bp 之间，与理论值相符，见图 1。

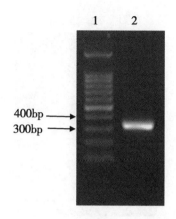

1. 100bp marker；2. 目的基因 S100A4 扩增片段

图 1　S100A4 基因扩增结果

2.2　PGEX −6P −1 重组载体鉴定结果

　　挑选单克隆菌落进行 PCR 鉴定（图 2），结果均为阳性，且大小一致。提取质粒双酶切鉴定（图 3），结果显示双酶切后，小片段大小与预期大小相符。测序结果显示片段与载体连接正确。

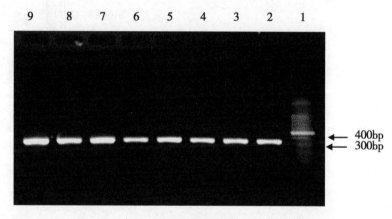

　　1. 100bp marker；2、3、4、5、6、7、8、9 鉴定结果均为阳性，且条带大小与预期相同在 300bp ~ 400bp 之间

图 2　菌液 PCR 鉴定结果

2.3　GST 融合蛋白表达鉴定和 western blot 验证

　　取上清进行 SDS − PAGE 电泳，检测到了融合蛋白（图 4），并且融合蛋白在 BL21 菌体内以可溶的形式存在。融合蛋白大小在 30 KD ~ 40 KD 之间，与预期结果相符。第 2 条泳道为阴性对照 GST 标签大小为 29 KD 左右（含酶切位点部分）。Western blot 结果（图 5）第 1 列为阴性对照，第 2 列为重组表达菌，表明 BL21 表达菌株中表达的蛋白为含 GST 标签的 S100A4 蛋白。

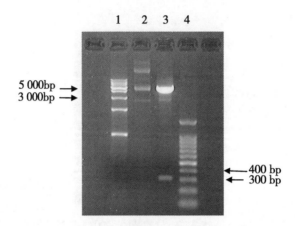

1. 1Kbp Marker；2. 没有经过酶切的重组质粒；3. 重组质粒经 EcoR I 和 BamH I 双酶切后的产物；4. 100 bp Marker

图 3 双酶切鉴定结果

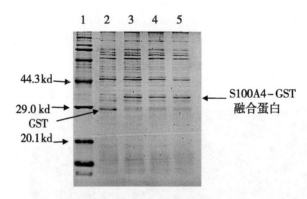

1. 蛋白质 Marker；2. 空质粒阴性对照上清表达蛋白为 GST，大小在 29KD 附近；3 ~ 5. 重组质粒上清表达 GST 与 S100A4 的融合蛋白，大小在 29KD ~ 44.3KD 之间

图 4 超声波破碎后取上清电泳验证结果

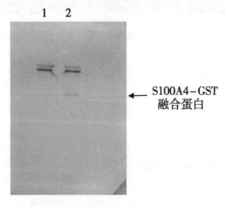

1. 空质粒阴性对照；2. 重组质粒结果

图 5 Western blot 验证结果

2.4 S100A4 – GST 融合蛋白的纯化

聚丙烯酰胺凝胶电泳验证结果（图6），第2泳道的蛋白是将蛋白样品和谷胱甘肽琼脂糖4B混合，上柱500g离心后收集得到的液体，表明有大部分 S100A4 – GST 融合蛋白没有结合到柱子上。第3泳道为含空质粒的菌株蛋白。第4泳道为含重组质粒的菌株蛋白。第5泳道为纯化得到的蛋白。结果表明，纯化得到了单一的 S100A4 – GST 融合蛋白。

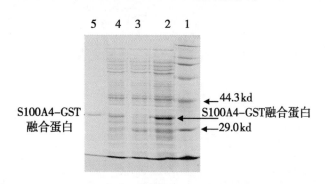

1. 蛋白质 Marker；2. 离心收集的液体；3. 空质粒菌体裂解液；4. 含重组质粒的菌体裂解液；5. 纯化得到的 S100A4 – 融合蛋白

图 6　GST 融合蛋白的纯化

3　讨论

鹿茸的发生依赖于生茸骨膜，生茸骨膜细胞可能是出生后保留的胚胎组织。并且其表达一些干细胞标记分子，如 CD9、OCT4 等[5]。而且在生茸骨膜细胞内表达 S100A4 蛋白，而角柄骨膜细胞不表达（尚未发表）。在肿瘤的研究中发现 S100A4 蛋白具有促进血管生成的作用[2]。在鹿生茸过程中伴随有血管的生成。这可能表明 S100A4 蛋白在生茸过程中发挥重要的调控作用。

获取单一的 S100A4 蛋白对于研究该蛋白在鹿茸发生过程中的调控作用是必要的，因此通过将 GST 标签与 S100A4 蛋白融合的方法，可以方便纯化单一的 S100A4 蛋白。本实验首次将梅花鹿生茸骨膜中的 S100A4 基因进行原核表达，并对表达后的融合蛋白进行了纯化。通过 BL21（DE3）pLys S 原核表达系统成功地表达出了含有 GST 融合标签的 S100A4 蛋白，SDS – PAGE 电泳结果显示 GST 标签大小为 29 KD，融合后的蛋白大小在 37 KD 左右，并通过 western blot 分析表明表达的蛋白为 S100A4 蛋白。为后续研究 S100A4 蛋白在鹿茸再生机制中所起的作用打下基础。

参考文献

[1] Li C Y, Yang F H, et al. Stem cells responsible for Deer Antler regeneration are unable to recapitµLate the process of first antler development—revealed throµgh intradermal and subcutaneous tissue transplantation [J]. J. Exp. Zool, (Mol. Dev. Evol.) 2010, 314B：552 – 570.

[2] 贾富鑫，张东，刘江伟. S100A4 蛋白与肿瘤血管生成的研究进展 [J]. 现代生物医学进展，2010，10（2）：389 – 391.

[3] 陈永锋，张令达. 钙结合蛋白 S100A4 与肿瘤 [J]. 肿瘤学杂志，2006，12（3）：248 –

251.

［4］ 赵玉泽，王宏坤，郑会霞. S100A4 基因在肿瘤研究中的进展［J］. 山西医药杂志，2009，38（8）：731－732.

［5］ Li C Y, Yang F H, Sheppard A. Adμlt stem cells and mammalian epimorphic regeneration – insights from studying annual renewal of deer antlers［J］. Current Stem Cell Research&Therapy，2009，4：237－251.

文献标识码：A

此文发表于《特产研究》2011 年 2 期

梅花鹿致敏与休眠鹿茸干细胞
差异蛋白表达的 2D – DIGE 分析*

董　振** 　王权威　刘　振　孙红梅　李春义***

（中国农业科学院特产研究所，特种动物分子生物学国家重点实验室，长春　130000）

摘　要：【目的】对梅花鹿（*Cervus nippon*）致敏鹿茸干细胞与休眠鹿茸干细胞表达蛋白进行差异筛选、鉴定及生物信息分析，为深入探讨鹿茸独特的再生分子调节机制奠定基础。【方法】采用双向荧光差异凝胶电泳（Two – dimensional fluorescence difference in gel electrophoresis, 2D – DIGE）分离蛋白样品；利用 DeCyder 7.2 分析软件对 2D – DIGE 图像进行统计学分析寻找差异表达蛋白；MALDI – TOF – MS（Matrix – assisted laser desorption/ionization time – of – flight tandem mass spectrometry）鉴定差异蛋白，通过 Mascot 软件搜索 NCBInr 数据库寻找匹配的蛋白；采用 PANTHER（Protein Analysis Through Evolutionary Relationships）软件对差异蛋白进行聚类分析，REACTOME 数据库分析差异蛋白所参与的信号通路。【结果】得到了致敏鹿茸干细胞与休眠鹿茸干细胞 2D – DIGE 图谱，致敏鹿茸干细胞与休眠鹿茸干细胞蛋白丰度相比较比值 ≥1.1 倍以及比值 ≤ −1.1 倍（$P < 0.05$）的差异蛋白点有 159 个，其中 110 个上调表达，49 个下调表达，EDA（Extended data analysis）分析得到了多个 Marker 蛋白，质谱鉴定了 84 个差异蛋白质点，48 个为阳性结果，共来自 27 种蛋白质。并对已鉴定蛋白进行了 GO 分析以及信号通路富集分析。【结论】致敏鹿茸干细胞与休眠鹿茸干细胞蛋白差异明显，质谱鉴定获得了来自多种可能与鹿茸再生相关的差异蛋白。由此可知，鹿茸再生是鹿茸干细胞从休眠到致敏的转化过程，需要多种蛋白分子以及信号通路的综合调控。

关键词：鹿茸干细胞；再生；蛋白质组学；2D – DIGE

* 基金项目：国家高技术研究发展计划（863）项目（2011AA100603）；国家自然科学基金项目（31170950）；吉林省重点科技攻关项目（20150204071NY）；吉林省自然科学基金项目（20140101139JC）

** 作者简介：董　振（1989—），男，吉林白城人，硕士生，主要从事鹿茸蛋白质组学研究，E – mail：xi. andz@ 163. com

*** 通讯作者：李春义，博士，研究员，主要从事鹿茸生物学研究，E – mail：lichunyi1959@ 163. com

Analysis of Differentially Expressed Proteins in the Potentiated and the Dormant Antler Stem Cells through 2D – DIGE

Dong Zhen, Wang Quanwei, Liu Zhen, Sun Hongmei, Li Chunyi *

(State Key Lab for Molecular Biology of Special Animals,

Institute of Special Animal and Plant Sciences, Chinese

Academy of Agricultural Science, Changchun 130000, China)

Abstract：【Objective】The objective of this study was to screen, identify and analyze the differentially expressed proteins in the potentiated and the dormant antler stem cells in sika deer (*Cervus nippon*), and then to shed new lights on the molecular mechanisms underlying antler regeneration. 【Method】Differences in two – dimensional fluorescence of gel electrophoresis (2D – DIGE) was utilized for the help to separate the protein spots; Differentially expressed protein spots were selected by DeCyder 2D (version 7.2); Matrix – assisted laser desorption/ionization time – of – flight tandem mass spectrometry (MALDI – TOF – MS) was carried out to obtain peptide mass fingerprinting, Mascot software was used to search against the NCBInr database; PANTHER (Protein Analysis Through Evolutionary Relationships) and REACTOME analysis were performed to further explore the involved signal pathways about these identified proteins. 【Result】The proteomic profile of the potentiated antler stem cells compared with the dormant antler stem cells was explored by 2D – DIGE. There were 159 protein spots with more than 1.1 – fold changes and less than −1.1 – fold changes and *P* values less than 0.05 differentially expressed by the potentiated over the dormant antler stem cells, including 110 up – regulated and 49 down – regulated protein spots. Multiple markers were obtained by extended data analysis module. MALDI – TOF – MS identified 84 differentially expressed protein spots and 48 of them were positive results which came from 27 kinds of proteins. 【Conclusion】There is a significant difference in proteomic level between the potentiated and the dormant antler stem cells, some proteins identified which are involved in multiple functional categories might be related to antler regeneration. Therefore, antler regeneration, which is regulated by multiple proteins and a complicated signal network, is a process from the dormant to the potentiated states in antler stem cells.

Key words：antler stem cell; regeneration; proteomics; 2D – DIGE

近年来，再生生物学尤其是割处再生（Epimorphic regeneration）是生命科学研究的重点领域，鹿茸是迄今为止所发现的唯一一个可以割处完全再生的哺乳动物附属器官。以鹿茸为模型深入研究其独特再生分子调节机制对于揭开哺乳动物器官再生之谜具有重要意义[1]。鹿茸是以年为周期而再生的[2~3]，春天鹿角从角柄脱落随即引发新一轮鹿茸再生；夏天，由茸皮覆盖的新生鹿茸迅速生长；进入秋天，成熟的鹿茸便会快速骨化并伴随茸皮脱落；到了冬天，骨化的鹿角会与角柄紧密相连从而等待新一轮鹿茸再生过程。在再生周期中，鹿茸可在短短几个月内完成生长发育[4]，这一过程需要强大的血管营养供给系统才能辅助完成[5~6]。更令人惊奇的是，鹿茸具有远超癌细胞分裂速度的生长速度，但并不发生癌变[7~8]。鹿茸再生组织学研究表明其周期性再生是来源于角柄骨膜中的细胞，这些细胞具有胚胎干细胞的特性，因此被称为鹿茸干细胞[2]。角柄高度具有种的特异性，如梅花鹿在5cm左右[9]。C. Li 等[10]发现角柄骨膜根据与皮肤接触的紧密程度有一个比较明显的分界，即远心端大约1/3部分骨膜与所包裹的皮肤是紧密接触的；而近心端大约2/3部分骨膜与包裹皮肤连接疏松。C. Li 等[11]进一步利用插膜实验表明仅远心端角柄骨膜组织在与包裹皮肤相隔后仍具有再生鹿茸能力，而近心端插膜后则失去此能力。由此 C. Li 等将近心端骨膜与皮肤非紧密接触部分培养得到的细胞称为休眠鹿茸干细胞，相应的远心端骨膜与皮肤紧密接触部分培养所得到的细胞称为致敏鹿茸干细胞[2]。

在鹿茸蛋白质组学方面，H J. Park 等[12]通过双向电泳对赤鹿茸尖与血浆组织进行差异蛋白质组学研究发现两者相近度高达43%，结果显示鹿茸组织中含有一个发达的血管系统供给鹿茸快速生长的营养需求[13]。并且鹿茸中含有多种代谢酶及基因表达调控蛋白等。但这仅是针对鹿茸的蛋白质组学研究，而 C. Li 等[14]利用双向电泳分别对鹿生茸区骨膜、角柄骨膜以及面部骨膜三种骨膜细胞蛋白质组进行比较。结果表明生茸区骨膜细胞与角柄骨膜细胞中都鉴定到了大量差异蛋白，同时发现 PI3K/Akt，ERK/MAPK，p38 MAPK 等细胞信号通路在致敏鹿茸干细胞增殖时起关键作用，并在鹿茸干细胞中找到了胚胎干细胞的特异性标记物 SOX2，NANOG 和 MYC 等，从而推测鹿茸干细胞可能是一种介于成体干细胞与胚胎干细胞间的兼性干细胞。

目前对于与鹿茸再生关系密切的致敏鹿茸干细胞与休眠鹿茸干细胞的蛋白质组差异研究无人涉及。本试验首次采用双向荧光差异凝胶电泳（Two – dimensional fluorescene difference in gel electrophoresis，2D – DIGE）与 MALDI – TOF – MS（Matrix – assisted laser desorption/ionization time of flight mass spectrometry）对致敏鹿茸干细胞与休眠鹿茸干细胞进行差异蛋白质组研究，以期获得一些与鹿茸再生相关的差异表达蛋白，为最终发现刺激鹿茸再生的分子奠定基础。

1 材料与方法

1.1 供试材料

试验于2014年4月在中国农业科学院特产研究所实验鹿场进行，对一头屠宰后的梅花鹿（*Cervus nippon*）采集了角柄骨膜。利用冰盒将骨膜带回实验室进行细胞培养，鹿茸干细胞取材与培养方法见 C. Li 等[14]，将培养后收获的细胞于液氮中保存备用。

1.2 蛋白质样品的准备

细胞培养瓶中培养好的致敏鹿茸干细胞与休眠鹿茸干细胞弃去培养液，用山梨醇（Sigma – Aldrich 公司）细胞清洗液清洗2次后收集细胞。再用山梨醇细胞清洗液悬浮洗涤细胞3次，每次悬浮后1 000r·min^{-1}离心5min，并再次加入山梨醇细胞清洗液，最后一次加入500 uL 自制裂解液（7mol·L^{-1}尿素，2mol·L^{-1}硫脲，4% CHAPS 和1% 蛋白酶抑制剂）。之后将得到的两种细胞混合液中分别加入等量直径为0.5mm的不锈钢珠并利用 Bullet Blender 细胞组织破碎仪对细胞进行破碎，之后，将其放在冰盒中震荡4h左右，随后12 000r·min^{-1}离心5min，上清便为提取得到的蛋白。用 Bradford 法对蛋白样品进行浓度测定，并将含有蛋白的上清液100ul 每管分装后于－80℃冻存备用。

1.3 2D – DIGE

2D – DIGE 具体操作参照丁新伦方法[15]，与其操作不同的地方如下。利用 Bio – Rad 公司的

2D Cleanup 试剂盒按照说明书将蛋白样品进行纯化处理。采用 GE 公司的 CyDye™ DIGE Fluor，minimal labeling kit 对致敏鹿茸干细胞与休眠鹿茸干细胞蛋白样品进行荧光标记，Cy3 和 Cy5 分别用于标记致敏鹿茸干细胞与休眠鹿茸干细胞蛋白，Cy2 标记两种细胞等量混合后的蛋白作为内标。第一向等电聚焦程序为：S1 stp 250 V 1h；S2 stp 500 V 1.5h；S3 grd 1 000 V 1h；S4 grd 4 000 V 7 000 V h；S5 grd 8 000 V 6 750 V h；S6 stp 8 000 V 35 000 V h，整个聚焦过程总电压为 56kVh。第二向 SDS – PAGE：将平衡好的胶条与 12.5% SDS – PAGE 凝胶紧密结合并用封胶液进行封胶，将胶板置于 GE ETTAN DALTsix 电泳系统，第二向电泳的程序为：S1 2W · gel^{-1} 30min；S2 17W · gel^{-1}，直至溴酚蓝跑到底，约 4.5h。

1.4　扫描与图像分析

利用 Typhoon FLA 9500（GE 公司）获得 2D – DIGE 的蛋白表达图像，分析软件为 DeCyder 2D 7.2（GE）。整个分析使用 DeCyder DIA（Difference in – gel analysis）、DeCyder BVA（Biological variation analysis）和 DeCyder EDA（Extended data analysis）软件模块完成。每一匹配点的统计分析均采用 Student's t 检验比较致敏鹿茸干细胞与休眠鹿茸干细胞蛋白丰度的均值和标准差。并通过 EDA 模块进行 Marker Selection 分析，即使用偏最小二乘搜索（Partial Least Squares Search）与最邻近分类法（K – Nearest Neighbors）来鉴定两组样品中重要的差异蛋白。并取每组蛋白样品 500μg，混合后按与 2D – DIGE 试验相同的电泳参数进行双向电泳，之后进行 SYPRO RUBY 染色并切取在 2D – DIGE 胶中丰度具有显著性改变（比值≥1.1 倍以及≤ – 1.1 倍，P < 0.05）以及 EDA 模块分析得到的重要蛋白质点用于质谱分析。

1.5　差异蛋白质点的酶解和 MALDI – TOF – MS 质谱鉴定

委托北京蛋白质组研究中心进行质谱检测。参照曹晓艳等方法[16]，质谱检测仪器为 ABI 4800 Proteomics Analyzer MALDI – TOF/TOF。MALDI – TOF 质谱分析获得肽指纹图谱（Peptide Mass Fingerprint）数据以及 MS – MS 数据，用 MASCOT 软件搜索 NCBInr 数据库。检索条件为：胰酶解，允许最大的未被酶切位点数为 1，物种来源分别为人、野牛与牛，没有固定修饰，可变修饰 Oxidation（M），maximum peptide rank 设为 10，片段离子质量容差为 0.3D。MASCOT 检索蛋白质得分（P < 0.05）野牛 >57 分；牛 >61 分；人 >61 分。

1.6　差异蛋白的生物信息分析

采用 PANTHER[17]（http：//www. pantherdb. org/，SRI International，Menlo Park，California，USA）对差异蛋白进行聚类分析，其主要根据蛋白分子功能、生物过程以及蛋白类别进行分类。由 DAVID[18,19]（http：//david. abcc. ncifcrf. gov/home. hsp）数据库对以鉴定蛋白所参与的信号通路进行富集分析。

2　结果

2.1　致敏鹿茸干细胞与休眠鹿茸干细胞蛋白表达差异分析

对 Typhoon 扫描的致敏鹿茸干细胞与休眠鹿茸干细胞蛋白标记的 2D – DIGE 图谱进行多通道叠加（图 1）。DeCyder 7.2 软件分析每张胶平均得到约 2850 个蛋白质点（胶 1：2832；胶 2：

2805；胶3：2937），各组间凝胶上蛋白点分布模式较为一致。共选出有统计学意义（比值≥1.1以及≤-1.1倍，$P < 0.05$）的差异蛋白质点159个（图2），其中，致敏鹿茸干细胞/休眠鹿茸干细胞蛋白表达丰度升高的点有110个，表达丰度下降的点有49个。图3显示了部分蛋白质点上调和下调蛋白的曲线图和三维图。通过EDA模块Marker Selection分析得到所研究的两种细胞中重要的Marker蛋白，这些是后续质谱分析与功能验证的重点蛋白。

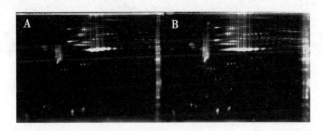

A：Cy3标记休眠鹿茸干细胞蛋白；Cy5标记致敏鹿茸干细胞蛋白；Cy2标记内标蛋白　B：Cy3标记致敏鹿茸干细胞蛋白；Cy5标记休眠鹿茸干细胞蛋白；Cy2标记内标蛋白

A：Cy3 labeling of proteins of dormant antler stem cells；Cy5 labeling of proteins of potentiated antler stem cells；Cy2 labeling of internal standard proteins of a mixture of dormant and potentiated region　B：Cy3 labeling of proteins of potentiated antler stem cells；Cy5 labeling of proteins of dormant antler stem cells；Cy2 labeling of internal standard proteins of a mixture of dormant and potentiated antler stem cells

图1　休眠与致敏鹿茸干细胞蛋白2D-DIGE三通道合成图谱

Fig. 1　2D-DIGE composite map of dormant and potentiated antler stem cells

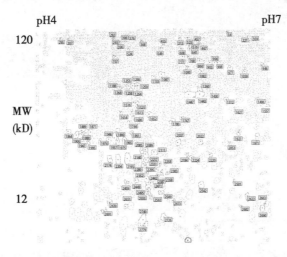

图2　双向凝胶图以及差异表达蛋白位点（图中序号为差异蛋白在主胶中的蛋白编号）

Fig. 2　2-DE map and differentially expressed protein spots（the number in map from the spot number of protein spots differentially expressed in master gel）

2.2　差异表达蛋白MALDI-TOF-MS鉴定

综合DeCyder软件BVA与EDA分析结果，从后续制备SYPRO RUBY蛋白胶中挖取84个差异蛋白质点进行质谱分析，通过数据库检索成功鉴定出48个蛋白质点，分属27种蛋白，有多个点经鉴定为同种蛋白，其中，12个蛋白质点表达上调，15个蛋白质点表达下调。表1概括了质谱鉴定差异蛋白点的相关信息。

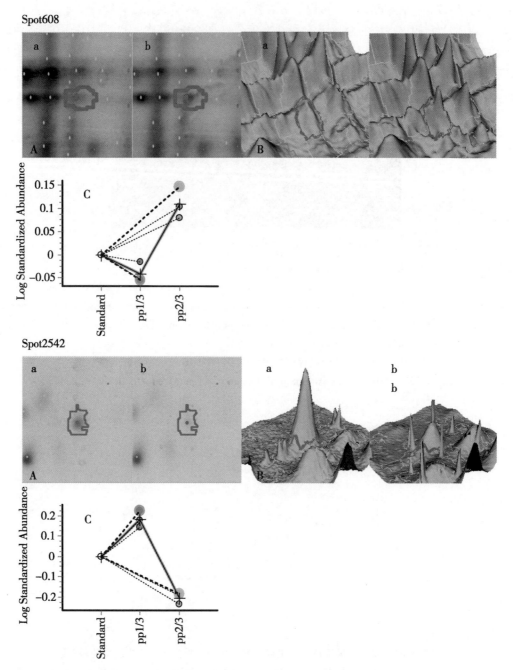

A：电泳图像局部放大图；B：三维模拟图；C：曲线图；a：致敏鹿茸干细胞样品；b：休眠鹿茸干细胞样品

A：Image view；B：Three – dimensional graph；C：Graph view of DeCyder BVA module；a：Samples from potentiated antler stem cells；b：Samples from dormant antler stem cells；+：Volume of each group.

图 3　经质谱鉴定的部分蛋白质点的差异表达

Fig. 3　2D – DIGE analysis of representative differential proteins identified by mass spectrometry

表 1　通过 2D – DIGE 得到的经质谱鉴定的差异表达蛋白

Table 1　Differentially expressed proteins identified by mass spectrometry（MS）after 2D – DIGE analysis

条目 Entry	编号 Master No.	NCBI 登录号 Accession No.	蛋白质名称 Protein name	分值 score	分子量/ 等电点 Mass kD/pI	差异蛋白 比值 Ratio
在致敏鹿茸干细胞中下调的蛋白 Down – regulated proteins in potentiated antler stem cells						
1	1360	gi｜4504307	组蛋白 H4［人］ Histone H4［Homo sapiens］	70	11. 3/11. 3	− 1. 93
2	1430	gi｜134133226	POTE 锚定结构域家族 E［人］ POTE ankyrin domain family member E［Homo sapiens］	74	121. 3/5. 83	− 1. 69
	641	gi｜134133226	POTE 锚定结构域家族 E［人］ POTE ankyrin domain family member E［Homo sapiens］	70	121. 3/5. 83	− 1. 17
3	903	gi｜119395750	角蛋白, II 型细胞骨架 1［人］ keratin, type II cytoskeletal 1［Homo sapiens］	74	66. 0/8. 15	− 1. 66
	837	gi｜119395750	角蛋白, II 型细胞骨架 1［人］ keratin, type II cytoskeletal 1［Homo sapiens］	155	66. 0/8. 15	− 1. 50
	457	gi｜119395750	角蛋白, II 型细胞骨架 1［人］ keratin, type II cytoskeletal 1［Homo sapiens］	100	66. 0/8. 15	− 1. 23
	54	gi｜119395750	角蛋白, II 型细胞骨架 1［人］ keratin, type II cytoskeletal 1［Homo sapiens］	111	66. 0/8. 15	− 1. 14
4	1443	gi｜578831328	预测: 肌动蛋白, 细胞质 2 同工型 X1［人］ PREDICTED: actin, cytoplasmic 2 isoform X1［Homo sapiens］	375	51. 2/6. 77	− 1. 63
	1416	gi｜578831328	预测: 肌动蛋白, 细胞质 2 同工型 X1［人］ PREDICTED: actin, cytoplasmic 2 isoform X1［Homo sapiens］	251	51. 2/6. 77	− 1. 53
	1447	gi｜578831328	预测: 肌动蛋白, 细胞质 2 同工型 X1［人］ PREDICTED: actin, cytoplasmic 2 isoform X1［Homo sapiens］	404	51. 2/6. 77	− 1. 50
	608	gi｜578831328	预测: 肌动蛋白, 细胞质 2 同工型 X1［人］ PREDICTED: actin, cytoplasmic 2 isoform X1［Homo sapiens］	262	51. 2/6. 77	− 1. 41
	1442	gi｜578831328	预测: 肌动蛋白, 细胞质 2 同工型 X1［人］ PREDICTED: actin, cytoplasmic 2 isoform X1［Homo sapiens］	436	51. 2/6. 77	− 1. 41
	96	gi｜578831328	预测: 肌动蛋白, 细胞质 2 同工型 X1［人］ PREDICTED: actin, cytoplasmic 2 isoform X1［Homo sapiens］	173	51. 2/6. 77	− 1. 17
5	768	gi｜528953236	预测: alpha-S1-酪蛋白同工型 X2［牛］ PREDICTED: alpha-S1-casein isoform X2［Bos taurus］	126	23. 5/5. 12	− 1. 50
6	1426	gi｜4885049	肌动蛋白, alpha 心肌 1 蛋白原［人］ actin, alpha cardiac muscle 1 proprotein［Homo sapiens］	372	42. 0/5. 23	− 1. 45
7	721	gi｜555996418	预测: 锌指蛋白 280A［野牛］ PREDICTED: zinc finger protein 280A［Bos mutus］	56	59. 7/8. 4	− 1. 40

（续表）

条目 Entry	编号 Master No.	NCBI 登录号 Accession No.	蛋白质名称 Protein name	分值 score	分子量/ 等电点 Mass kD/pI	差异蛋白 比值 Ratio
8	323	gi | 27807313	1，4，5-三磷酸肌醇受体 1 型［牛］ inositol 1，4，5-trisphosphate receptor type 1 ［Bos taurus］	61	308.1/5.77	−1.37
9	293	gi | 126165258	SUMO 激活酶亚基 1［牛］ SUMO-activating enzyme subunit 1［Bos taurus］	65	38.3/5.15	−1.35
	292	gi | 126165258	SUMO 激活酶亚基 1［牛］ SUMO-activating enzyme subunit 1［Bos taurus］	61	38.3/5.15	−1.29
	1744	gi | 555978088	SUMO 激活酶亚基 1［野牛］ SUMO-activating enzyme subunit 1［Bos mutus］	57	38.3/5.15	−1.25
10	398	gi | 153791352	POTE 锚定结构域家族 F［人］ POTE ankyrin domain family member F［Homo sapiens］	191	121.3/5.83	−1.34
11	359	gi | 530399828	预测：角蛋白，II 型细胞骨架 80 同工型 X2［人］PREDICTED：keratin, type II cytoskeletal 80 isoform X2［Homo sapiens］	73	54.2/5.25	−1.29
12	1512	gi | 156120545	锌指蛋白 596［牛］ zinc finger protein 596［Bos taurus］	61	59.4/9.09	−1.21
13	481	gi | 4502337	锌-alpha-2-糖蛋白前体［人］ zinc-alpha-2-glycoprotein precursor［Homo sapiens］	88	34.2/5.71	−1.16
14	2037	gi | 254540086	ATP 结合盒子，D 族，成员 4［牛］ ATP-binding cassette, sub-family D, member 4［Bos taurus］	59	3.3/7.98	−1.13
15	2607	gi | 5454090	易位子相关蛋白 delta 亚基同工型 2 号前体［人］translocon-associated protein subunit delta isoform 2 precursor［Homo sapiens］	68	19.0/5.76	−1.12
在致敏鹿茸干细胞中上调的蛋白 Up-regulated proteins in potentiated antler stem cells						
16	2542	gi | 195972866	角蛋白，I 型细胞骨架 10［人］ keratin, type I cytoskeletal 10［Homo sapiens］	527	58.8/5.13	2.45
9	2433	gi | 126165258	SUMO 激活酶亚基 1［牛］ SUMO-activating enzyme subunit 1［Bos taurus］	65	38.3/5.15	1.79
	1891	gi | 555978088	SUMO 激活酶亚基 1［野牛］ SUMO-activating enzyme subunit 1［Bos mutus］	57	38.3/5.15	1.48
	2663	gi | 126165258	SUMO 激活酶亚基 1［牛］ SUMO-activating enzyme subunit 1［Bos taurus］	61	38.3/5.15	1.43
	2280	gi | 555978088	SUMO 激活酶亚基 1［野牛］ SUMO-activating enzyme subunit 1［Bos mutus］	55	38.3/5.15	1.43

（续表）

条目 Entry	编号 Master No.	NCBI 登录号 Accession No.	蛋白质名称 Protein name	分值 score	分子量/ 等电点 Mass kD/pI	差异蛋白 比值 Ratio
	1971	gi｜555978088	SUMO 激活酶亚基 1 ［野牛］ SUMO-activating enzyme subunit 1 ［Bos mutus］	57	38.3/5.15	1.36
	2484	gi｜126165258	SUMO 激活酶亚基 1 ［牛］ SUMO-activating enzyme subunit 1 ［Bos taurus］	70	38.3/5.15	1.28
3	1747	gi｜119395750	角蛋白，II 型细胞骨架 1 ［人］ keratin，type II cytoskeletal 1 ［Homo sapiens］	76	66.0/8.15	1.59
	1627	gi｜119395750	角蛋白，II 型细胞骨架 1 ［人］ keratin，type II cytoskeletal 1 ［Homo sapiens］	129	66.0/8.15	1.57
	2140	gi｜119395750	角蛋白，II 型细胞骨架 1 ［人］ keratin，type II cytoskeletal 1 ［Homo sapiens］	192	66.0/8.15	1.39
	946	gi｜119395750	角蛋白，II 型细胞骨架 1 ［人］ keratin，type II cytoskeletal 1 ［Homo sapiens］	153	66.0/8.15	1.38
17	1525	gi｜30794280	血清白蛋白前体 ［牛］ serum albumin precursor ［Bos taurus］	78	69.3/5.82	1.56
18	2204	gi｜555992414	预测：血红蛋白 beta 样亚基 ［野牛］ PREDICTED：hemoglobin subunit beta-like ［Bos mutus］	82	16.0/7.06	1.53
19	295	gi｜40354205	果糖二磷酸醛缩酶 B ［人］ fructose-bisphosphate aldolase B ［Homo sapiens］	71	39.4/8	1.52
20	1258	gi｜4504351	血红蛋白 delta 亚基 ［人］ hemoglobin subunit delta ［Homo sapiens］	93	16.0/7.85	1.48
21	524	gi｜16507237	78 kDa 葡萄糖调控蛋白前体 ［人］ 78 kDa glucose-regulated protein precursor ［Homo sapiens］	161	72.3/5.07	1.43
22	1243	gi｜94966827	三角形四肽重复蛋白 36 ［牛］ tetratricopeptide repeat protein 36 ［Bos taurus］	62	20.5/5.09	1.27
23	1331	gi｜32189394	ATP 合成酶 beta 亚基，线粒体前体 ［人］ ATP synthase subunit beta, mitochondrial precursor ［Homo sapiens］	563	56.5/5.26	1.22
24	455	gi｜4501885	肌动蛋白，细胞质 1 ［人］ actin，cytoplasmic 1 ［Homo sapiens］	435	41.7/5.29	1.17
25	1133	gi｜62414289	波形蛋白 ［人］ vimentin ［Homo sapiens］	94	53.6/5.06	1.13
26	1094	gi｜4504963	载脂运载蛋白-1 同工型 1 号前体 ［人］ lipocalin-1 isoform 1 precursor ［Homo sapiens］	191	19.2/5.39	1.10
27	1423	gi｜155371891	一个带有血小板反应蛋白结构域 1 的解聚素和金属蛋白酶 ［牛］ A disintegrin and metalloproteinase with thrombospondin motifs 1 ［Bos taurus］	66	105.2/7.42	1.10

2.3 差异蛋白的生物信息分析

从生物学过程、分子功能及蛋白分类 3 方面进行 PANTHER 功能分析（图 4）。图中显示已鉴定的差异蛋白涉及多个生物学过程，包含生物起源、细胞代谢、定位、生殖、生物调节、刺激反应、发育过程、生物附着和免疫系统调节等；在分子功能上分属 7 类，包括核苷酸结合转录因子活性、连接酶活性、受体活性、酶调节活性、结构分子活性、催化活性和载体活性；在蛋白分类上，差异蛋白来自多种类别，主要有转移/载体蛋白、细胞骨架蛋白、结构蛋白、受体蛋白、转运蛋白、核酸结合蛋白、转录因子以及水解酶类等。DAVID 中 REACTOME 通路分析结果如图 5 所示。

3 讨论

梅花鹿致敏鹿茸干细胞与休眠鹿茸干细胞差异蛋白质组学研究尚未见报道。本试验首次采用改进于传统双向电泳的荧光差异凝胶电泳技术对鹿茸干细胞进行研究。2D – DIGE 技术因其灵敏度高，重复性好以及统计学可信度高等特点已成为与 iTraq（Isobaric tag for relative and absolute quantitation）和 SILAC（Stable isotope labeling with amino acids in cell culture）齐名的定量蛋白质组学技术。

3.1 质谱鉴定中部分多点重复蛋白与鹿茸再生的关系

POTE 可编码包含三个结构域的肿瘤睾丸抗原，并因主要在前列腺、卵巢、睾丸及胎盘中表达而得名。T K. Bera 研究发现[20]，POTE 蛋白在人胚胎干细胞系中表达，尤其是 POTE – 2 会显著表达[21]。而本试验中 POTE（spot1430、spot641 和 spot398）高度在休眠鹿茸干细胞中表达，可能预示着休眠鹿茸干细胞与胚胎干细胞相似，这与 C. Li 等[2]研究结果一致。而研究报道[20~21]该蛋白是灵长类动物特异表达蛋白，本试验首次在梅花鹿中找到了该蛋白，这表明其并不是灵长类特异表达的蛋白。

质谱数据发现致敏鹿茸干细胞中 SAE1（SUMO – activating enzyme subunit 1）（spot292 和 spot293 等）蛋白高度表达，研究发现 Myc 驱使的肿瘤生成依赖于 SAE 蛋白与 SUMOylation 修饰[22~23]，从而维持肿瘤发生的特征[24]。C. Li 等[14]证明在角柄骨膜细胞中存在 Myc，其具有包括调控细胞周期、细胞增殖、肿瘤生成、细胞分化以及细胞凋亡等多重作用[22,25]，但 Myc 的具体生物学功能是相应细胞微环境中参与的细胞因子所涉及的调控机制决定的[25]。由此可知 SAE1 可能作为 Myc 的一类调控因子从而使 Myc 具有促使细胞快速增殖的作用，具体过程表现为当 Myc 因突变等而超极化后便会使细胞进行不可控的增殖甚至是肿瘤生成[24]。而 SAE1 不存在时，Myc 驱使的细胞便会死亡。在 Myc 含量较高，SAE1 较少时，Myc 表达的细胞有更长的无转移存活率；但是 SAE1 较多时，Myc 表达的细胞会癌变。结合试验结果，休眠鹿茸干细胞中 SAE1 相对含量较低，则表现为该细胞相对更稳定；而致敏鹿茸干细胞 SAE1 较多，则 Myc 被激活，使得该细胞具有高度分化的特性与快速分裂增殖能力。生命体是一个平衡体，当抑癌作用高于致癌作用时，细胞便不会癌变，反之生命体便会失调致癌[24]；而鹿茸干细胞可能同样如此，即存在抑癌调控体系，又存在致癌快速增殖体系如 SAE – Myc，也许正是这些过程间的相互作用与相互制约从而使鹿茸组织既能快速生长又不癌化，具体机制有待进一步研究。

3.2 生物信息分析已鉴定差异蛋白与鹿茸再生的关系

DAVID 信号通路富集分析表明差异蛋白主要参与止血通路与糖尿病通路。在鹿茸锯茸过程

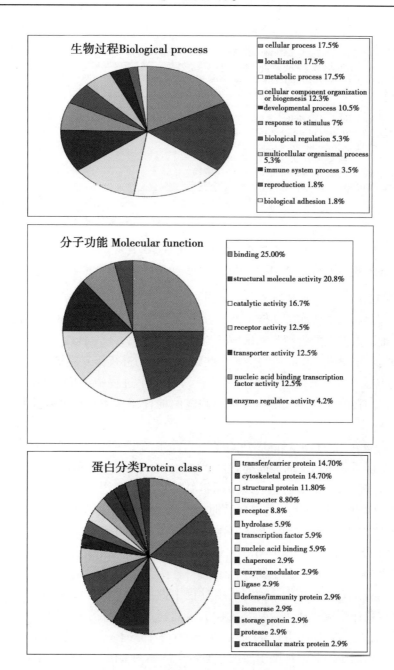

图4　已鉴定差异表达蛋白的功能分类

Fig. 4　Functional classifications of the identified proteins according to their
biological processes, molecular functions and protein classes by PANTHER

中，其截断面会因过大压力而喷出血柱，如果不能快速止血，鹿将会因失血过多衰竭而死，但实际情况表明止血过程很快，所以鉴定到的蛋白可能在角柄骨膜中高度表达从而促使快速止血。而V. Stéger 研究发现鹿茸骨组织中的糖含量要高于正常骨组织的 5 倍以上[26]，在正常组织中应表现为糖尿病症状，但对于鹿茸而言其需要大量的能量消耗来满足自身的快速生长，所以应该有一套完善的机制对高血糖进行消耗与利用从而促进鹿茸再生。

糖尿病通路所富集的蛋白中，ALDOB（Aldolase B）参与糖代谢，并涉及糖酵解与糖异生过

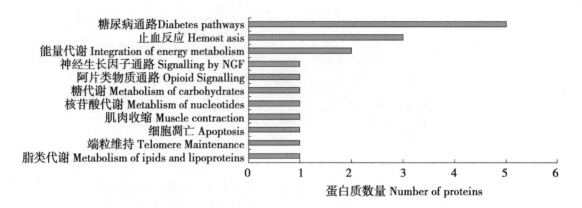

图 5　差异表达蛋白 REACTOME 通路分析

Fig. 5　Histogram showing REACTOME pathway analysis of differentially expressed proteins

程[27]。ALDOB 蛋白还是一种胞内胰岛素结合蛋白[28]，其与胰岛素结合的复合体涉及细胞生长调控，细胞分化以及蛋白质代谢等功能。所以在致敏鹿茸干细胞中 ALDOB（spot295）高表达可协助胰岛素利用细胞内的糖类为细胞大量增殖与分化供能。另外，ALDOB 也参与 Wnt 通路[29]的正调控。在动物发育最早期，Wnt 通路会对某些组织的损伤进行修复并修正促进再生的相关位置信息[30]。Wnt 通路也涉及鹿茸再生过程，主要针对骨再生过程中的成骨细胞[31]。所以 ALDOB可能既通过直接或间接作用参与致敏鹿茸干细胞内的糖代谢作用，也可调控其 Wnt 通路，从而促进鹿茸再生。

GRP78（Glucose－regulated peptide 78）是内质网中高度表达的分子伴侣，其能够促使蛋白正确折叠并降解错误折叠蛋白从而提高细胞存活率[32~33]。UPR（Unfolded protein response）是一个当内质网腔内聚集的未折叠蛋白超过内质网折叠能力后（即内质网应激）所激活的高度保守的信号通路反应。GRP78 是 UPR 信号出现后抑制内质网应激反应的主要调控者。GRP78 主要由insulin/IGF－1 通路调控来影响细胞增殖与存活，是其下游调控靶点[34]。最近研究表明 PI3K/AKT 通路与 GRP78 蛋白互作以利于 GRP78 调控肿瘤生长以及阻止细胞凋亡，在肿瘤环境下，GRP78 既可作为 PI3K/AKT 通路的下游靶点，又可作为其上游调控者。所以致敏鹿茸干细胞中GRP78（spot524）含量较高，可能是鹿茸再生过程中内质网蛋白合成活动比较激烈，细胞分泌比较旺盛且细胞增殖速率较快从而需要大量 GPR78 进行调控导致的。

ITPR1（Inositol 1，4，5－trisphosphate receptor type 1）是一个在受三磷酸肌醇（IP3）刺激后从内质网中调控钙离子释放的细胞内通道，通过激活钙调蛋白，细胞内钙离子便会从内质网中释放从而引发细胞凋亡，最终导致下游细胞凋亡通路的活化[35]。由此可知，ITPR1（spot323）在休眠鹿茸干细胞中高表达可能起监控作用，即确保细胞正确合成调节型分泌途径的蛋白并诱导癌变细胞凋亡。ITPR1 参与内质网应激的调控可能与 GRP78 的作用有一定的联系，其在鹿茸干细胞中的具体作用机制有待进一步研究。

3.3　2D－DIGE 图谱 EDA 判定的 Marker 与鹿茸再生的关系

DeCyder 软件 EDA 模块可对 2D－DIGE 图谱进行统计分析从而做 Marker 判定，其结果相对可信。本试验鉴定到的阳性蛋白中有 4 个重要蛋白排行在 EDA 所判定的 Marker 前 30 位，按照Marker 判定排序具体如下。

3.3.1　三角形四肽重复蛋白 36（Tetratricopeptide repeat protein 36，HBP21）

本试验鉴定到的 HBP21（spot1243）是一个新发现的包含肽重复序列结构域（tetratricopeptide repeat TPR）的蛋白并能够与 Hsp70 羧基端互作。HBP21 几乎在所有的恶性组织中表达，并在有肿瘤转移的组织中高表达。HBP21 可通过抑制 Hsp70 参与对肿瘤细胞恶化与转移的抑制。与 HBP21 类似，HspBP1 在细胞中大量广泛表达并与 Hsp70 亲合力高且能抑制 Hsp70 的活性[36]。HeLa 细胞中抗癌药物（长春新碱、紫杉醇以及依托泊苷）在不影响 Hsp70 表达的同时诱导 HspBP1 在肿瘤细胞上调 2.0 ~ 2.5 倍，之后 HspBP1 特异性结合并拮抗 Hsp70，因此 HspBP1 使肿瘤细胞更容易在组织蛋白酶调控下凋亡。

致敏鹿茸干细胞中 HBP21 高表达，推测其可由角柄中活性分子的激活而拮抗 Hsp70 活性从而抑制细胞癌化并促使癌化细胞凋亡。

3.3.2　组蛋白 H4（Histone H4）

组蛋白折叠微区有多种翻译后修饰如乙酰化[37]与磷酸化[38]等。不同修饰态组蛋白能为不同染色体调控因子提供结合位点[39]。蝾螈晶状体是通过色素上皮细胞（pigmented epithelial cells，PECs）转分化再生的，而去分化的 PECs 有类胚胎干细胞特性[40]。其中乙酰化 Histone H4 的增加是蝾螈 PECs 去分化过程中染色质调控的重要特征。

在胚胎发育中细胞内端粒会在快速增殖过程内持续缩短直到极短而激活 DNA 损伤通路，并最终限制细胞增殖能力。而端粒长度在斑马鱼鳍重复截断再生过程[41~42]中维持不变甚至延长，这可解释相关细胞所具有的高增殖分化能力。所以端粒长度维持及组织再生能力间存在直接关系。Histone H4 等组蛋白表达量降低可引发由 DNA 损伤[43]导致的端粒功能异常。而乙酰化 Histone H4 的显著减少也会限制端粒功能。说明组蛋白尤其是 Histone H4 表达量与修饰状态可调控端粒功能。

本试验中休眠鹿茸干细胞中 Histone H4（spot1360）的含量更高，结合上面说明该细胞可能与胚胎干细胞相近并可能存在较大再生潜力。而致敏鹿茸干细胞中 Histone H4 下调，细胞大量增殖分化导致端粒缩短。

3.3.3　ATP 合成酶 beta 亚基（ATP synthase subunit beta，ATP5B）

ATP 合成酶在线粒体中涉及氧化能量代谢并对细胞功能的发挥起重要作用[44]。ATP5B 是催化真核细胞 ATP 合成过程的限速步骤[45]。由试验结果可知 ATP5B（spot1331）在致敏鹿茸干细胞中高表达，即致敏鹿茸干细胞需进行更多的氧化能量代谢以支撑其快速增殖与分化等；但休眠鹿茸干细胞相对稳定，不需过多能量消耗。

3.3.4　波形蛋白（Vimentin）

本试验中得到的波形蛋白（spot1133）是主要存在于间充质细胞中的第三类中间纤维[46]，是细胞骨架以及核被膜的主要成分。在成体组织中波形蛋白[47]是唯一能够在不同细胞类型中表达的中间纤维。在组织培养中，波形蛋白缺乏的成纤维细胞有异常的 actin 细胞骨架结构。另外，波形蛋白缺乏的成纤维细胞机械稳定性、运动性以及定向迁移能力会减弱[48]。在（去）分化、胚胎发育及肿瘤形成过程中，波形蛋白均起到重要作用。其在上皮间质转化（EMT, Epithelial - Mesenchymal Transition）过程中被快速诱导表达。EMT 在胚胎发育和伤口愈合等生理过程以及癌症侵袭、转移等病理过程中发挥重要作用，而波形蛋白在 EMT 中起关键作用[49~50]。

与体外培养的牙髓总细胞相比，在 CD105 阳性牙髓干细胞中波形蛋白的 mRNA 与蛋白均高表达。因此尽管波形蛋白不是牙髓特异性表达的，但它可作为牙髓再生的质量评价标准。体外培养的 CD105 阳性牙髓干细胞中敲除波形蛋白基因后细胞迁移活动会明显降低，表明波形蛋白在再生牙髓组织中表达可促使牙髓干细胞的迁移从而促进再生[51]。

由上可知，在鹿茸再生过程中，致敏鹿茸干细胞中波形蛋白高表达表明其具有更好的迁移性从而能较快的进行增殖与分化等；而休眠鹿茸干细胞的运动性较差，稳定性较高。且波形蛋白可能对两种细胞actin的差异表达有一定影响。

3.4 本研究蛋白鉴定结果的不足

试验部分差异点由于凝胶点较淡，蛋白表达量过少或实际蛋白质与理论推断的蛋白质分子量和等电点不符等因素导致未被质谱鉴定出来。与此同时，由于目前没有梅花鹿的全基因组，导致缺乏特异数据库，从而只能选择物种相近数据库，这便使得数据库针对性较差，不能获得更准确的结果并出现假阴性，最终质谱阳性鉴定率下降。而所得数据中，actin、POTEE以及keratin等蛋白出现了多点重复鉴定，在蛋白图谱中这些蛋白点分离清晰、相距不远、具有不同的等电点，可能是其发生了磷酸化、甲基化或乙酰化等修饰。

综上表明鹿茸再生是一个鹿茸干细胞从休眠到致敏的转化过程，这个过程需要多种蛋白分子参与以及信号通路网络的综合调控。

参考文献（References）

[1] LI C, ZHAO H, LIU Z, et al. Deer antler – A novel model for studying organ regeneration in mammals [J]. Int J Biochem Cell B, 2014, 56: 111 – 122.

[2] LI C, YANG F, SHEPPARD A. Adult stem cells and mammalian epimorphic regeneration – insights from studying annual renewal of deer antlers [J]. Curr Stem Cell Res Ther, 2009, 4 (3): 237 – 251.

[3] LI C, PEARSON A, MCMAHON C. Morphogenetic mechanisms in the cyclic regeneration of hair follicles and deer antlers from stem cells [J]. Biomed Res Int, 2013, 2013: 643 601.

[4] UNSAL C, ORAN M, TURELI H O, et al. Detection of subclinical atherosclerosis and diastolic dysfunction in patients with schizophrenia [J]. Neuropsychiatr Dis Treat, 2013, 9: 1 531 – 1 537.

[5] GARCIA M, CHARLTON B D, WYMAN M T, et al. Do Red Deer Stags (Cervus elaphus) Use Roar Fundamental Frequency (F0) to Assess Rivals [J]. PLoS One, 2013, 8 (12): e83946.

[6] CLARK D E, LI C, WANG W, et al. Vascular localization and proliferation in the growing tip of the deer antler [J]. Anat Rec A Discov Mol Cell Evol Biol, 2006, 288 (9): 973 – 981.

[7] LI C. Deer antler regeneration: a stem cell – based epimorphic process [J]. Birth Defects Res C Embryo Today, 2012, 96 (1): 51 – 62.

[8] KIERDORF U, KIERDORF H, SZUWART T. Deer antler regeneration: cells, concepts, and controversies [J]. J Morphol, 2007, 268 (8): 726 – 738.

[9] LI C. Exploration of the mechanism underlying neogenesis and regeneration of postnatal mammalian skin – deer antler velvet [J]. Int J Med Biol Front, 2010, 11/12 (16): 1 – 19.

[10] LI C, SUTTIE J M. Tissue collection methods for antler research [J]. Eur J Morphol. 2003, 41 (1): 23 – 30.

[11] LI C, YANG F, LI G, et al. Antler regeneration: a dependent process of stem tissue primed via interaction with its enveloping skin [J]. J Exp Zool A Ecol Genet Physiol, 2007, 307 (2):

95 – 105.

[12] PARK H J, LEE D H, PARK S G, et al. Proteome analysis of red deer antlers [J]. Proteomics, 2004, 4 (11): 3 642 – 3 653.

[13] PRICE J, FAUCHEUX C, ALLEN S. Deer antlers as a model of Mammalian regeneration [J]. Curr Top Dev Biol, 2005, 67: 1 – 48.

[14] LI C, HARPER A, PUDDICK J, et al. Proteomes and signalling pathways of antler stem cells [J]. plos one, 2012, 7 (1): e30026.

[15] 丁新伦, 谢荔岩, 吴祖建. 水稻草状矮化病毒侵染寄主水稻差异表达蛋白的鉴定和分析 [J]. 中国农业科学, 2014, 47 (9): 1 725 – 1 734. DING X, XIE L, WU Z. Identification and Analysis of Differentially Expressed Proteins of Host Rice (Oryza sativa) Infected with Rice Grassy Stunt Virus [J]. Scientia Agricultura Sinica. 2014, 47 (9): 1 725 – 1 734. (in Chinese)

[16] 曹晓艳, 冯建荣, 王大江, 白茹, 刘月霞. 2D – DIGE 技术研究自交不亲和杏品种'新世纪'花柱表达蛋白 [J]. 中国农业科学, 2011, 44 (4): 789 – 797. CAO X, FENG J, WANG D, et al. Reaserch of Protein Expression of Style In Self – Incompatibility Cultivar Prunus armeniaca L. cv. Xinshiji by 2D – DIGE Technique [J]. Scientia Agricultura Sinica. 2011, 44 (4): 789 – 797. (in Chinese)

[17] MI H, MURUGANUJAN A, THOMAS PD. PANTHER in 2013: modeling the evolution of gene function, and other gene attributes, in the context of phylogenetic trees [J]. Nucleic Acids Res, 2013, 41 (D1): D377 – D386.

[18] HUANG D W, SHERMAN B T, LEMPICKI R A. Systematic and integrative analysis of large gene lists using DAVID bioinformatics resources [J]. Nat Protoc, 2009, 4: 44 – 57.

[19] HUANG D W, SHERMAN B T, LEMPICKI R A. Bioinformatics enrichment tools: paths toward the comprehensive functional analysis of large gene lists [J]. Nucleic Acids Res, 2009, 37: 1 – 13.

[20] BERA T K, SAINT FLEUR A, LEE Y, et al. POTE paralogs are induced and differentially expressed in many cancers [J]. CANCER RES, 2006, 66 (1): 52 – 56.

[21] BERA T K, FLEUR A S, HA D, et al. Selective POTE paralogs on chromosome 2 are expressed in human embryonic stem cells [J]. STEM CELLS DEV, 2008, 17 (2): 325 – 332.

[22] KESSLER J D, KAHLE K T, SUN T. A SUMOylation – dependent transcriptional subprogram is required for Myc – driven tumorigenesis [J]. Science, 2012, 335 (6066): 348 – 353.

[23] AMENTE S, LAVADERA M L, DI PALO G, et al. SUMO – activating SAE1 transcription is positively regulated by Myc [J]. AM J CANCER RES, 2012, 2 (3): 330.

[24] EVAN G. Taking a backdoor to target Myc [J]. Science, 2012, 335 (6066): 293 – 294.

[25] SUMI T, TSUNEYOSHI N, NAKATSUJI N, et al. Apoptosis and differentiation of human embryonic stem cells induced by sustained activation of c – Myc [J]. Oncogene, 2007, 26 (38): 5 564 – 5 576.

[26] STÉGER V, MOLNÁR A, BORSY A. Antler development and coupled osteoporosis in the skeleton of red deer Cervus elaphus: expression dynamics for regulatory and effector genes [J]. MOL GENET GENOMICS, 2010, 284 (4): 273 – 287.

［27］ WANG Y, KURAMITSU Y, TAKASHIMA M. Identification of four isoforms of aldolase B down – regulated in hepatocellular carcinoma tissues by means of two – dimensional Western blotting ［J］. In Vivo, 2011, 25 (6): 881 – 886.

［28］ LOKHOV P G, MOSHKOVSKII S A, IPATOVA O M, et al. Cytosolic insulin – binding proteins of mouse liver cells ［J］. protein peptide lett, 2004, 11 (1): 29 – 33.

［29］ CASPI M, PERRY G, SKALKA N, et al. Aldolase positively regulates of the canonical Wnt signaling pathway ［J］. Mol cancer, 2014, 13 (1): 164.

［30］ CLEVERS H, LOH K M, NUSSE R. An integral program for tissue renewal and regeneration: Wnt signaling and stem cell control ［J］. Science, 2014, 346 (6205): 1248012.

［31］ MOUNT J G, MUZYLAK M, ALLEN S, et al. Evidence that the canonical Wnt signalling pathway regulates deer antler regeneration ［J］. dev dynam, 2006, 235 (5): 1 390 – 1 399.

［32］ LIU L, CHOWDHURY S, FANG X, et al. Attenuation of unfolded protein response and apoptosis by mReg2 induced GRP78 in mouse insulinoma cells ［J］. febs letters, 2014, 588 (11): 2 016 – 2 024.

［33］ PFAFFENBACH K T, PONG M, MORGAN T E, et al. GRP78/BiP is a novel downstream target of IGF - 1 receptor mediated signaling ［J］. j cell physiol, 2012, 227 (12): 3 803 – 3 811.

［34］ PFAFFENBACH K T, LEE A S. The critical role of GRP78 in physiologic and pathologic stress ［J］. curr opin cell biol, 2011, 23 (2): 150 – 156.

［35］ PARYS J B, DECUYPERE J P, BULTYNCK G. Role of the inositol 1, 4, 5 – trisphosphate receptor/Ca 2 + – release channel in autophagy ［J］. Cell Commun Signal, 2012, 10: 17.

［36］ TANIMURA S, HIRAN A I, HASHIZUME J, et al. Anticancer drugs up – regulate HspBP1 and thereby antagonize the prosurvival function of Hsp70 in tumor cell ［J］. j biol chem, 2007, 282 (49): 35 430 – 35 439.

［37］ MERSFELDER E L. PARTHUN M R. The tale beyond the tail: Histone core domain modifications and the regulation of chromatin structure ［J］. Nucleic Acids Res, 2006, 34: 2 653 – 2 662.

［38］ KOUZARIDES T. Chromatin modifications and their function ［J］. Cell, 2007, 128 (4): 693 – 705.

［39］ RUTHENBURG A J, ALLIS C D, WYSOCKA J. Methylation of lysine 4 on histone H3: intricacy of writing and reading a single epigenetic mark ［J］. mol cell, 2007, 25 (1): 15 – 30.

［40］ MAKI N, TSONIS P A, AGATA K. Changes in global histone modifications during dedifferentiation in newt lens regeneration ［J］. mol vis, 2010, 16: 1 893.

［41］ ANCHELI M, MURCIA L, ALCARAZ – PÉREZ F, et al. Behaviour of telomere and telomerase during aging and regeneration in zebrafish ［J］. plos one, 2011, 6 (2): e16955.

［42］ LUND T C, GLASS T J, TOLAR J, et al. Expression of telomerase and telomere length are unaffected by either age or limb regeneration in Danio rerio ［J］. plos one, 2009, 4 (11): e7688.

［43］ DI FAGAGNA F A, TEO S H, JACKSON S P. Functional links between telomeres and proteins of the DNA – damage response ［J］. Genes Dev. 2004, 18, 1 781 – 1 799.

［44］ KARRASCH S, WALKER J E. Novel features in the structure of bovine ATP synthase ［J］. j mol biol, 1999, 290: 379 – 384.

［45］ IZQUIERDO JM. Control of the ATP synthase beta subunit expression by RNA – binding proteins

TIA – 1, TIAR, and HuR [J]. Biochem Biophys Res Commun, 2006, 348: 703 – 711.

[46] ERIKSSON J E, DECHAT T, GRIN B, et al. Introducing intermediate filaments: from discovery to disease [J]. j clin invest, 2009, 119: 1 763 – 1 771.

[47] ECKES B, COLUCCI – GUYON E, SMOLA H, et al. Impaired wound healing in embryonic and adult mice lacking vimentin [J]. j cell sci, 2000, 113 (13): 2455 – 2462.

[48] ECKES B, DOGIC D, COLUCCI – GUYON E. Impaired mechanical stability, migration and contractile capacity in vimentin – deficient fibroblasts [J]. j cell sci, 1998, 111: 1 897 – 1 907.

[49] LANG S H, HYDE C, REID I N. Enhanced expression of vimentin in motile prostate cell lines and in poorly differentiated and metastatic prostate carcinoma [J]. Prostate, 2002, 52: 253 – 263.

[50] SINGH S, SADACHARAN S, SU S, et al. Overexpression of vimentin: role in the invasive phenotype in an androgen – independent model of prostate cancer [J]. Cancer Res, 2003, 63: 2 306 – 2 311.

[51] MURAKAMI M, IMABAYASHI K, WATANABE A. Identification of novel function of vimentin for quality standard for regenerated pulp tissue [J]. J endodont, 2012, 38 (7): 920 – 926.

此文发表于《畜牧兽医学报》2016, 47 (1)

以鹿茸为模型探索软骨组织发生

路　晓　孙红梅　张　伟　李春义

（中国农业科学院特产研究所 特种经济动物分子生物学国家重点实验室，长春　130000）

摘　要：软骨组织的研究一直依赖于哺乳动物胚胎模型，这种方法存在诸如取材困难、难以明确界定分层边界等弊端。而鹿茸非常独特，可以作为一种新的生物医学模型对软骨发育进行研究。本文将传统的软骨研究模型和鹿茸这种新型的模型进行了对比，分析了鹿茸作为软骨研究模型的优势，同时对鹿茸软骨组织发生与生长的组织基础及分子调控机制的研究进展进行了综述，并对调控鹿茸软骨组织中血管生成的调控因子进行了探讨，以期为寻找更有效的软骨发育研究模型提供理论参考。

关键词：鹿茸；软骨发生；调控机制

Exploration of Cartilage Development Using Deer Antler Model

Lu Xiao，Sun Hongmei，Zhang Wei，Li Chunyi

（State Key Laboratory of Special Economic Animal Molecular Biology，

Institute of Special Animal and Plant Sciences of CAAS，Changchun 130000，China）

Abstract：Studies on cartilage tissues has been relying on embryo model of mammals. This method has difficulties in obtaining material and clearly defining layered boundaries. While，the antler is unique that can be used as a new biomedicine model to study cartilage development. Through comparing the traditional cartilage research model with the new antler model，this paper analyzed the advantages of antlers being a new cartilage research model，reviewed the turning up of antler cartilage and tissue foundation of its growth，and molecular regulation mechanism，discussed the regulatory factors in angiogenesis of antler cartilage，so as to provide theoretical basis for finding a more effective model in studying cartilage development.

Key words：antler；cartilage generation；regulation mechanism

软骨是细胞组成很单一的一种独特组织[1]，具有很强的抗压、抗撞击能力。由于没有血管分布，软骨组织几乎丧失了自我修复能力[2]，因此，肋软骨炎等软骨性疾病一直无法得到根治，而目前修复软骨损伤的途径和方法主要包括以导入脉管系统或移植细胞到受损部位[3]。为了获得脉管系统，许多研究者通过软骨下骨钻孔来使软骨暴露给血管，驱动内部软骨修复。然而这种途径驱动软骨形成只能提供暂时的纤维软骨环，而不具备持久的生物学功能[4]。一些研究者也曾尝试采用多种方法移植细胞到受损关节软骨，然而，这些修复过程缺乏移植组织与宿主组织之间的融合，愈后结果都不理想[5]。目前为止，仍然没有一个已证明的令人信服的通用方法能将受损的软骨修复到正常功能水平[6]。

软骨再生与修复的机制的研究由于缺乏有效的研究模型而受到很大的制约。研究发现，鹿茸软骨是非常独特的软骨组织，它不仅在自然条件下能够修复、再生，而且每年以一种惊人的速度再生（可达2cm/d）[7]。此外，与体骨的软骨内骨化过程不同，鹿茸软骨形成与血管形成是一体的，间充质细胞分化首先形成含有血管的前骨质，然后被骨所替代，不经历血管侵入的过程。由于鹿茸软骨的这些特性[8]，鹿茸的前骨质组织是否为真正的软骨这一问题，在20世纪中期一直存在争议。为了弄清这一问题，Banks和Frasier等[9,10]分别进行了鹿茸超微结构和鹿茸软骨基质的免疫学研究，确定了鹿茸前骨质组织具有软骨的结构特点，因此，Banks和Frasier等得出结论，鹿茸的含血管前骨组织为真正的软骨。后来Price等[11]从分子水平研究了软骨标志性基因的表达，证实了这一结论。孙红梅[12]从细胞水平研究了鹿茸干细胞的成软骨细胞分化，同样也得出了一致的结论。上述研究为以鹿茸作为研究对象研究软骨发育奠定了理论基础。

1 鹿茸作为软骨发生研究模型的优势

许多学者在研究软骨过程中使用的生物模型多为哺乳动物的胚胎，然而，胚胎期的软骨组织结构，其层与层之间由于距离较窄（一般分为休眠层、增殖层、成熟层与钙化层）而难以明确界定边界，并且常以胚胎长骨的生长板作为研究对象，其取材会受到一定的限制，故不利于研究的开展。

目前公认的脊椎动物骨骼形成方式有两种，分别是软骨内成骨和膜内成骨。其中软骨内成骨是脊椎动物成骨的主要方式，而鹿茸软骨组织的发生与哺乳动物的软骨形成过程非常相似，即都是经过了间充质细胞分化为软骨细胞和软骨膜细胞，最终分化为肥大软骨细胞的过程。

与胚胎软骨研究模型相比，鹿茸有着得天独厚的优势。首先，鹿茸独一无二的周期性再生特性[13]为软骨研究模型的方便取材提供了极好的机会；其次，鹿茸空前的生长速度（生长高峰期可达2.75cm/d）为快速修复受损的软骨组织提供了一个难得的模型[14]；第三，鹿茸生长顶端由不规则排列的细胞构成并且未形成软骨柱，该部分存在着处于不同分化阶段的软骨细胞，一般纵向由外向内分为皮肤层、间充质层、前成软骨层、过渡层和软骨层[15]（图1），Li等[16]用3岁龄赤鹿生长60d后的鹿茸，取其顶端组织，依据形态学特征和组织学特征进行了分层，由于每一分层的跨度较大，易于分离，他们尝试在肉眼观察的情况下使用针线打孔做标记，之后切片用组织学染色，二者对比，发现打孔位置与染色位置相差无几，进一步说明鹿茸分层方便可行；最后，鹿茸干细胞的一些非典型性特征，比如胚胎干细胞标记和多效分化潜能，为了解胚胎干细胞的一些属性，从而使软骨组织完全修复成为可能提供了宝贵的模型[17~18]。

2 鹿茸软骨组织的发生与形成

鹿茸顶端组织可分为3个明显的部分，即间充质层、前成软骨层和软骨层。最顶端的一层为间充质层，也是分化程度最低的一层，其慢慢向软骨分化过渡。在鹿茸皮肤（表皮和真皮）下，有一层软骨膜纤维层，包含许多狭长细胞并富含丰富的纤维细胞外基质。当鹿茸生长时，软骨膜细胞层发展成骨膜，并在其上开始膜内成骨过程[19]。鹿茸组织的发生是基于鹿生茸区骨膜（antlerogenic periosteum，AP）与其上覆盖的皮肤相互作用的结果[20]。鹿茸的形成起始于生茸区骨膜细胞层，经过角柄成骨阶段和鹿茸软骨内成骨过程后形成[19]。

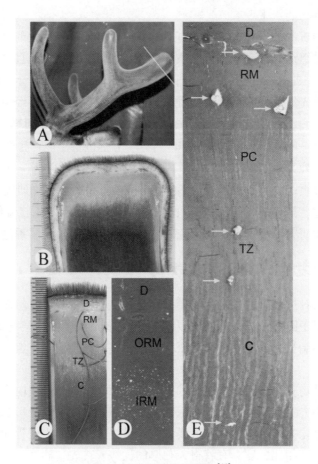

图 1　鹿茸顶端分层结果[16]

Fig. 1　the result of tip tissue sectioned sagittally along the longitudinal axis[16]

　　A：鹿茸生长到一定时间，在虚线处切割，获得顶端组织。B：纵向切开鹿茸顶端。C：通过形态学标记分层，以针线打孔作标记 D：BrdU 结合在外部间充质层（outer reserve mesenchyme，ORM）和内部间充质层（inner reserve mesenchyme，IRM）。E：组织学染色切片，针孔部分是肉眼观察的情况下对鹿茸组织进行分层

　　图中大写字母含义：D 为真皮层；RM 为间充质层；PC 为前成软骨层；TZ 为过渡层；C 为软骨层

　　A：Antler ready to be harvested, and line indicating amount oftip removed. B：Tip after being cut sagittally. C：Layers as identified bythe distinct morphological markers and marked by thestitches. D：BrdUincorporation in the dermis（D）, outer reserve mesenchyme（ORM）, andinner reserve mesenchyme（IRM）. E：Histological section of the antler tip, with holes from the stitches evident（arrows）

　　Capital letters in Fig. 1 indicated：D, dermis；RM, reservemesenchyme；PC, precartilage；TZ, transition zone；C, cartilage

2.1　角柄成骨

　　角柄成骨过程可分为 3 个阶段：①膜内成骨阶段：从外观上看，角柄骨组织不断生长，当高度达到 1.0cm 左右时，可以触摸到角柄的存在；同时 AP 细胞不断增殖变厚，在成骨细胞的作用下，骨小梁也快速形成，但此时由 AP 细胞衍生出的组织仅仅是骨松质[19]。②过渡成骨阶段：角柄骨组织继续生长，当高度介于 1.0～2.5cm 之间时，可以肉眼观察到角柄。此时，位于角柄顶

端骨小梁区域的 AP 细胞开始分化成软骨细胞，紧接着替换成骨细胞，此时，骨和软骨的混合物（称为过渡骨）开始形成[19]。③角柄软骨内成骨：角柄骨组织的高度达到 2.5～3.0cm 时，角柄组织完成生长。此时，AP 组织细胞层细胞开始定向分化，先分化为前成软骨细胞，再分化为软骨细胞[19]。

2.2 鹿茸软骨内成骨

角柄与初角茸的生长均含有软骨内成骨过程，值得注意的是，鹿茸软骨内成骨和角柄软骨内成骨，二者在组织学上难以区别，均属于修饰性软骨内成骨。在鹿茸软骨内成骨中，鹿茸生长中心增殖区域的细胞，一部分迅速分裂，另一部分慢慢地分化成鹿茸的不同组织[8]；因此，鹿茸保持一定的增长速率快速生长。不断生长的鹿茸顶端被人为划分为增殖带、肥大带、成熟带、钙化带、初级松质区以及次级松质区这六个区域。这些区域代表从由骨膜衍生而来的间充质细胞分化的不同阶段[21]。此外，鹿茸基部区域最先骨化，同时鹿茸顶端还在生长[21]。

3 鹿茸软骨组织发育的调控因子

近年来的研究发现，鹿茸组织的发生发育及其再生与多种生物小分子有关，这些生长因子的自分泌及旁分泌的刺激作用与鹿茸的生长有着密不可分的联系[15,22~25]，例如胰岛素样生长因子（insulin – like growth factor，IGF）、骨形成蛋白 2（bone morphogenetic protein，BMP2）、表皮生长因子（epidermal growth factor，EGF）、甲状旁腺素相关肽（parathyroid hormone related peptide，PTHrP）、神经生长因子（nerve growth factor，NGF）、成纤维细胞生长因子（fibroblast growth factors，FGFs）和转化生长因子（transforming growth factor，TGF）等。以下主要介绍几种与鹿茸软骨组织发生相关的生物小分子：

3.1 *Sox* 家族

Sox 基因属于 HMG box 超家族。Wegner M 等[26]早在 1999 年就已证实，*Sox* 家族在不同的组织和器官中均有表达，但表达水平却存在着显著差异，江玲霞[27]在研究中发现该基因在大脑组织、性腺和软骨组织中表达最强。赵辰等[28]在研究中发现，*Sox*9 基因在软骨形成过程中并不是单独起作用的，通常都是协同 BMP2 作用从而提高后者的成软骨能力，也可能是 *Sox*9 抑制了 BMP2 诱导下高表达的成软骨负性调控因子 Smad7 的表达，继而进一步增强了 BMP2 的成软骨效应。Mount 等[29]也通过实验证实 *Sox*9 基因可能是通过一些信号通路起作用的，如 FGFs 可通过 MAPK 途径使 *Sox*9 的表达上调，同时 PTHrP 可使 Sox9 磷酸化，从而激活其转录活性。

3.2 Runx2 转录因子

Runx2 转录因子也称 Cbfal，是一种比较复杂的多功能转录因子，一些实验结果证明，重要的转录因子会决定干细胞的多向分化潜能[30,31]。Runx2 作为特异性转录因子，在骨形成中起着重要的调节作用，Gersbach[32]在 2004 年通过实验证明，敲除 *Runx*2 基因的小鼠因在胚胎时期不能形成肋骨而在出生后由于呼吸困难而死亡，因此确定 *Runx*2 可启动一系列的成骨细胞功能分子的表达。Sun 等[33]指出，通过基因沉默的方式抑制 *Cbfa*1 的表达，证明了软骨的发生是通过一定的信号通路形成的，而且该基因的沉默可导致 I 型胶原和骨钙素的表达受阻，从而使得增殖型软骨细胞向肥大型软骨细胞的分化过程受阻。

3.3 胰岛素样生长因子 – Ⅰ（IGF – Ⅰ）

IGF 及其受体大量存在于鹿茸顶部的非骨化部位，是软骨组织生长的调节因子，包括 IGF – Ⅰ和 IGF – Ⅱ。实验表明，通过沉默 IGF – Ⅰ基因能够抑制鹿茸软骨细胞的增殖，说明 IGF – Ⅰ表达水平与鹿茸软骨细胞增殖呈正相关的关系[34]。

3.4 胶原蛋白Ⅰ、ⅡA、ⅡB和X

曾有研究报道[11]了鹿茸尖部基因的表达情况，并将鹿茸与胎鹿软骨基因的表达及定位情况进行了比较，发现鹿茸中主要表达的蛋白是胶原酶。通过原位杂交发现，鹿茸顶部从外侧的皮层到软骨区都有Ⅰ型原胶原 mRNA 分布，通过冠状面观察，发现其主要存在于皮肤、纤维软骨膜以及与软骨膜紧密相邻的细胞密集区。在这些区域下方，随着细胞开始成柱状并与脉管系统和软骨基质的出现保持一致，可以发现原胶原Ⅰ型、ⅡA型、ⅡB型和X型的转录。ⅡA型胶原主要在软骨区的前软骨细胞中表达，而在整个软骨区，ⅡB型和X型胶原均由成软骨细胞表达[11]。

3.5 *CGI*99

本实验室构建的抑制性差减杂交（Suppression Subtractive Hybridization，SSH）文库在筛选基因时发现了一个在鹿茸研究中从未报道过的基因，称为 *CGI*99，通过原位杂交试验发现，*CGI*99 在鹿茸软骨柱中高度表达，而在鹿茸的其他部位如血管中则几乎不表达（数据未发表），因此，推测该基因在鹿茸软骨发育、成骨中具有重要的调节作用，可能与软骨发生的分子调控有关。

根据其他物种该同名基因的相关报道，该基因主要与肿瘤细胞增殖及转移、脑组织发育以及家禽流感病毒等的调控有关[35~44]。

4 鹿茸软骨内血管生成的调控

鹿茸含血管软骨的形成是鹿茸快速生长期高代谢水平的需要。鹿在进化的过程中，以鹿茸作为第二性征，为了在发情季节使用鹿茸作为争夺配偶的武器，鹿必须在有限的时间内完成很大的骨质器官——鹿茸的快速生长[8]。形成骨组织最快的方式莫过于软骨内骨化，但是软骨组织有它的缺点，即无血管特性，只能通过营养物质扩散获得营养，而扩散距离终究是有限的。按常规，为了按时完成鹿茸的快速生长，间充质细胞必须以绝对快的速度增殖，然后分化成软骨，这样就需要软骨重塑和成骨替换过程与之保持相同的速度，以保证深层细胞获得充足的营养和氧气。然而，鹿茸的形成并不完全遵循这样的过程，在鹿茸生长中心保留着大量的软骨，鹿茸创造了一种允许间充质细胞在低氧环境的软骨中心分化成血管内皮细胞，形成血管系统的途径，这样不仅保持了软骨的快速形成，也不会使滞后的软骨重塑和骨替换抑制鹿茸快速生长[45]。因此，鹿茸含血管软骨的形成是鹿茸完成快速生长的需要。鹿茸生长速度越快，血管形成也就越多。我们在研究中发现：鹿茸含血管软骨的形成并不是生茸组织（鹿茸含血管软骨的来源）本身固有的特性，因为，如果把鹿茸含血管软骨来源的生茸组织从原始位置移出，培养于裸鼠皮下，鹿皮下的弥散腔里或进行体外微粒体培养，也能形成无血管软骨[45~47]。这些结果清楚地证明了有血管软骨或无血管软骨的形成可以通过改变干细胞所在的环境而决定，即软骨表型的转变是可以调控的。

鹿茸软骨表型的改变可能是干细胞环境中的外源性因子参与调控了血管形成相关因子，因此找到这种驱动鹿茸软骨中血管生成的因子，对理解鹿茸软骨形成机制具有重要的推进作用，也可以为软骨损伤修复开辟一条新途径。血管内皮生长因子（vascular endothelial growth factor, VEGF）是一种特异性很高的内皮细胞有丝分裂源，可以通过与血管内皮细胞上的受体结合发挥促进内皮细胞分裂的作用。Clark 等[48]研究了 VEGF 在鹿茸尖部的表达，分离出了鹿茸中的 VEGF121 和 VEGF165，并在前软骨区和软骨带发现了 VEGF 的 mRNA，通过原位杂交技术，在前软骨的内皮细胞中探测到了 VEGF 受体 KDR 的存在。这些发现都说明了 VEGF 在鹿茸软骨的促进血管形成中起到重要的作用。Li 等[49]在鹿茸生长的调控机理以及信号通路方面也有一定的成果，他们发现 PI3K/AKT 通路和 MAPK 通路在 AP 和角柄骨膜（pedicle periosteum, PP）中普遍存在，调控细胞的分裂、凋亡等过程。

5　展望

鹿茸惊人的生长速度引起了研究者们极大的兴趣。鹿茸季节性再生的特性使其成为研究器官及肢体再生基本过程的一个极具潜力的天然医学模型，然而进行活体研究存在周期长、耗资大等缺点，而且鹿茸的生长始于头皮上一块小小的骨膜，如果进行大量活体试验，取材就会受限，所以目前的实验基本都是在细胞水平进行。根据鹿茸软骨发生机制、鹿茸干细胞、鹿茸软骨组织发生及血管生成相关的调控因子的研究成果，可以对天然鹿茸发生进行模拟，在体外建立培养体系诱导生成鹿茸软骨，有助于建立可重复、易用的软骨发生模型。孙红梅[12]在干细胞体外培养体系的建立中取得了阶段性的成果，可以将鹿茸再生干细胞进行成骨诱导，模拟鹿茸软骨内骨化的生长过程。此外，Li 等[18]利用裸鼠本身的低免疫性的特点采用异体嫁接的方式将 AP 组织"种"到裸鼠头部，用以研究鹿茸软骨的再生机理，但是或多或少还会受到物种间差异的影响。鹿茸体外培育并研究是个美好的思路，是否能顺利进行下去却受到多方面因素的影响，比如物种间的排斥、体外培养细胞时微环境的自我调节等，所以这些方法仍然需要继续探索和创新。

以鹿茸为模型，对其软骨组织修复、再生机制及其调控因子的研究，不仅能够为软骨组织发生、修复提供基础数据，而且对软骨内血管生成调控机制的理解具有一定的指导意义，这对人类健康和人类组织与器官工程的研究具有很深远的意义。鹿茸软骨的再生研究只是鹿茸整个再生研究过程的一部分，鹿茸周期性再生的特性为其作为一个有潜力的医学模型提供了基础。由于鹿茸再生与肢体发育有着极其相似的机制，希望未来的人类医学也能够对由于受损或者疾病等原因摘除的器官进行重建。然而肢体再生或重建毕竟是一个复杂的过程，鹿茸的再生调控机制也还在研究中，从基础研究到真正应用到人类健康，仍然面临很多问题需要突破。

参考文献

［1］Shi Jianbo, Jiang Xun, Di Jingfang, *et al*. . Effect of basic fibroblast growth factor and insulin on the proliferation and differentiation of mouse chondrocyte［J］. CJTER, 2005, 9（10）: 234–236.

［2］Newman AP. Articular cartilage repair［J］. Am J Sports Med, 1998, 26（2）: 309–324.

［3］Khan I M, Gilbert S J, Singhrao S K, *et al*. . Cartilage integration: evaluation of the reasons for failure of integration during cartilage repair. A review［J］. Eur Cell Mater, 2008, 16: 26–39.

［4］Shapiro F, Koide S, Glimcher M J. Cell origin and differentiation in the repair of full–thickness defects of articular cartilage［J］. J Bone Joint Surg Am, 1993, 75（4）: 532–553.

［5］ Frenkel S R, Di Cesare P E. Scaffolds for articular cartilage repair ［J］. Ann Biomed Eng, 2004, 32 (1): 26 – 34.

［6］ Ahmed T A, Hincke M T. Strategies for articular cartilage lesion repair and functional restoration ［J］. Tissue Eng Part B Rev. , 2010, 16 (3): 305 – 329.

［7］ Goss R J. Future directions in antler research ［J］. Anat Rec, 1995, 241 (3): 291 – 302.

［8］ Li C, Suttie J M, Clark D E. Histological examination of antler regeneration in red deer (Cervuselaphus) ［J］. Anat Rec, 2005, 282 (2): 163 – 174.

［9］ Banks W J. Histological and ultrastructural aspects of cervine antler development ［J］. Anat Rec, 1973, 175 (2): 175 – 487.

［10］ Frasier M B, Banks W J, Newbrey J W. Characterization of developing antler cartilage matrix. I. Selected histochemical and enzymatic assessment ［J］. Calcif Tissue Res, 1975, 17 (4): 273 – 88.

［11］ Price J S, Oyajobi B O, Nalin A M, et al. . Chondrogenesis in the regenerating antler tip in red deer: expression of collagen types I, IIA, IIB, and X demonstrated by in situ nucleic acid hybridization and immunocytochemistry ［J］. Dev Dyn, 1996, 205 (3): 332 – 347.

［12］ 孙红梅, 杨福合, 邢秀梅, 等. 鹿茸再生干细胞成骨诱导 (微粒体) 培养体系的建立 ［J］. 吉林农业大学学报, 2010, 32 (6): 680 – 683.
Sun H M, Yang F H, Xing X M, et al. . Establishment of Micromass Culture System for Antler Stem Cell Induction Toward Osteoblast Differentiation in Vitros ［J］. Journal of Jilin Agricultural University, 2010, 32 (6): 680 – 683.

［13］ Li C, Littlejohn R P, Carson I D, et al. . Effects of testosterone on pedicle formation and its transformation to antler in castrated male, freemartin and normal female red deer (Cervuselaphus) ［J］. Gen Comp Endocrinol, 2003, 131 (1): 21 – 31.

［14］ Price J, Faucheux C, Allen S. Deer antlers as a model of mammalian regeneration ［J］. Curr Top Dev Biol, 2005, 67: 1 – 48.

［15］ Nieto – Diaz M, Pita – Thomas D W, Munoz – Galdeano T, et al. . Deer antler innervation and regeneration ［J］. Frontiers in bioscience: a journal and virtual library, 2012, 17: 1 389 – 1 401.

［16］ Li C. Clark D E, Lord E A, ea al. Sampling technique to discriminate the different tissue layers of growing antler tips for gene discovery ［J］. Anat Rec, 2002, 268 (2): 125 – 130.

［17］ Kierdorf U, Li C, Price J S. Improbable appendages: Deer antler renewal as a unique case of mammalian regeneration ［J］. Semin Cell Dev Biol, 2009, 20 (5), 535 – 542.

［18］ Li C, Yang F, Sheppard A. Adult stem cells and mammalian epimorphic regeneration – insights from studying annual renewal of deer antlers ［J］. Curr Stem Cell Res Ther, 2009, 4 (3), 237 – 251.

［19］ Li C. Histogenetic aspects of deer antler development ［J］. Front Biosci (Elite Ed), 2013, 5: 479 – 489.

［20］ Li C, Suttie J M, Clark D E. Morphological observation of antler regeneration in red deer (Cervuselaphus) ［J］. J Morphol, 2004, 262 (3): 731 – 740.

［21］ Banks W J, Newbrey J W. Antler development as·aunique modification of mammalian endochondral ossification ［A］. Antler development in Cervidae, Caesar Kleberg Wildlife Research Institute Kingsville, Texas, 1983, 1: 279 – 306.

［22］ Yang Z H, Gu L J, Zhang D L, et al.. Red deer antler extract accelerates hair growth by stimulating expression of insulin – like growth factor I in full – thickness wound healing rat model ［J］. Asian – Australasian journal of animal sciences, 2012, 25 （5）: 708 – 716.

［23］ 李沐. MicroRNA 介导的 IGF – 1 基因沉默与端粒酶对鹿茸细胞增殖抑制的影响 ［D］. 长春: 吉林农业大学, 硕士论文, 2013.
Li M. Study on IGF – 1 Gene Silence Mediated by microRNA and the Effect of Telomerase Against Proliferation of Antler Cells ［D］. Changchun: Jilin Agricultural University, Master Dissertation, 2013.

［24］ 王守堂. PTHrP 及其受体在梅花鹿茸角中的表达与调节 ［D］. 长春: 吉林大学, 硕士论文, 2013.
Wang S T. Expression and Regulation of PTHrP and Its Receptor in Sika Deer Antler ［D］. Changchun: Jilin University, Master Dissertation, 2013.

［25］ Barling P M, Lai A K, Nicholson L F. Distribution of EGF and its receptor in growing red deer antler ［J］. Cell BiolInt, 2005, 29 （3）: 229 – 236.

［26］ Wegner M. From head to toes: the multiple facets of Sox proteins ［J］. Nucleic Acids Res, 1999, 27 （6）: 1 409 – 1 420.

［27］ 江玲霞. 猪 Sox9 基因 cDNA 的全长克隆及功能预测 ［D］. 南京: 南京农业大学, 硕士学位论文, 2008.
Jiang L X. Cloning and Function Prediction of the Full – Length cDNA of Porcine Sox9 Gene ［D］. Nanjing: Nanjing Agricultural UniVersity, Master Dissertation, 2008.

［28］ 赵辰, 黄伟, 梁熙, 等. Smad7 在 Sox9 增强 BMP2 成软骨效应中的作用 ［J］. 第三军医大学学报, 2015, 37 （2）: 95 – 100.
Zhao C, Huang W, Liang X, et al.. Role of Smad7 in Sox9 – potentiated and BMP2 – induced differentiation of mouse mesenchymal stem cells into chondrocytes ［J］. J Third Mil Med Univ, 2015, 37 （2）: 95 – 100.

［29］ Mount J G, Muzylak M, Allen S, et al.. Evidence that the canonical Wntsignalling pathway regulates deer antler regeneration ［J］. Dev Dyn, 2006, 235 （5）: 1 390 – 1 399.

［30］ Zhang Y, Marsboom G, Toth P T, et al.. Mitochondrial respiration regulates adipogenic differentiation of human mesenchymal stem cells ［J］. PLoS One, 2013, 8 （10）: 1 – 12.

［31］ Huang P I, Chen Y C, Chen L H, et al.. PGC – 1α mediates differentiation of mesenchymal stem cells to brown adipose cells ［J］. J AtherosclerThromb, 2011, 18 （11）: 966 – 980.

［32］ Gersbach C A, Byers B A, Pavlath G K, et al.. Runx2/Cbfa1 stimulates transdifferentiation of primary skeletal myoblasts into a mineralizing osteoblastic phenotype ［J］. Exp Cell Res, 2004, 300 （2）: 406 – 417.

［33］ Sun H, Yang F, Chu W, et al.. Lentiviral – mediated rnai knockdown of cbfa1 gene inhibits endochondral ossification of antler stem cells in micromassculture ［J］. PloS one, 2012, 7 （10）: e47367.

［34］ 李婷, 李沐, 孟星宇, 等. microRNA 介导的 IGF1 基因沉默对鹿茸软骨细胞增殖的影响

［J］. 西北农林科技大学学报，2013，41（11）：7－12.

Li T, Li M, Meng X Y, et al.. Effect of microRNA－mediated IGF1 gene silencing on the proliferation of deer antler cartilage cells［J］. Journal of Northwest A & F University, 2013, 41（11）：7－12.

［35］ Huarte M, Sanz－Ezquerro J J, Roncal F, et al.. PA subunit from influenza virus polymerase complex interacts with a cellular protein with homology to a family of transcriptional activators［J］. J Virol, 2001, 75（18）：8 597－8 604.

［36］ Guo J, Wang W, Liao P, et al.. Identification of serum biomarkers forpancreaticadenocarcino－ma by proteomic analysis［J］. Cancer Sci, 2009, 100（12）：2 292－2 301.

［37］ 张登禄，韩金祥，崔亚洲，等. 胰腺癌转移相关基因 C14orf166 的真核表达及其蛋白相互作用的蛋白质组学筛选［J］. 中国医药生物技术，2010，5（3）：189－192.

Zhang D L, Han J X, Cui Y Z, et al.. The eukaryotic expression of pancreatic cancer relted gene C14orf166 and screening of its interacting proteins by Proteomics methods［J］. Chin Med Biotechnol, 2010, 5（3）：189－192.

［38］ 张登禄，韩金祥，崔亚洲，等. C14orf166 异位表达对 Hela 细胞增殖与迁移能力的影响［J］. 中国肿瘤防治杂志，2010，17（10）：740－743.

Zhang D L, Han J X, Cui Y Z, et al.. Ectopic expression of C14orf166 and its effect on Hela cell proliferation and immigration［J］. CHIN J CANCER PREV TREAT, 2010, 17（10）：740－743.

［39］ 郭静会. 胰腺癌血清蛋白质指纹图谱及 CCR7 与胰腺癌淋巴结转移相关性研究［D］. 上海：复旦大学，2010.

Guo J H. The study of Protein Profiling of Pancreatic cancer and correlation of CCR7 with lymph node metastasis of Pancreatic caneer［D］. Shanghai：Fudan University, Doctoral Dissertation, 2010.

［40］ Howng S L, Hsu H C, Cheng T S, et al.. A novel ninein－interaction protein, CGI－99, blocks ninein phosphorylation by GSK3β and is highly expressed in brain tumors［J］. FEBS letters, 2004, 566（1）：162－168.

［41］ 王静. 脑发育不同阶段蛋白质组学及血清脑红蛋白含量的研究［D］. 北京：中国人民解放军军医进修学院，2006.

Wang J. Brain Porteomie Study in Dieffrent Developmental Stages And The Study On Expression Level of Neuorglobin in Serum［D］. Beijing：Chinese PLA Postgraduate Medical School, Master Dissertation, 2006.

［42］ Pérez－González A, Pazo A, Navajas R, et al.. hCLE/C14orf166 associates with DDX1－HSP C117－FAM98B in a novel transcription－dependent shuttling RNA－transporting complex［J］. PloS one, 2014, 9（3）：e90957.

［43］ Ariel Rodriguez, Alicia Pe'rez－Gonza'lez, Amelia Nieto. Cellular Human CLE/C14orf166 Protein Interacts with Influenza Virus Polymerase and Is Required for Viral Replication［J］. Journal of virology, 2011, 85（22）：12 062－12 066.

［44］ 宋家升. H5N1 亚型禽流感病毒对家鸭致病力分子机制的研究［D］. 北京：中国农业科学院，2010.

Song J S. Detecting virulence determinants of H5N1 avain influenza virus for ducks [D]. Beijing: Chinese Academy of Agricultural Sciences, Doctoral Dissertation, 2010.

[45] Li C, Waldrup K A, Corson I D, *et al.*. Histogenesis of antlerogenic tissues cultivated in diffusion chambers in vivo in red deer (Cervuselaphus) [J]. J Exp Zool, 1995, 272 (5): 345 – 355.

[46] Li C, Harris A J, Suttie J M. Tissue interactions and antlerogenesis: new findings revealed by a xenograft approach [J]. J Exp Zool, 2001, 290 (1): 18 – 30.

[47] Li C, Suttie J M. Deer antlerogenic periosteum: a piece of postnatally retained embryonic tissue [J]. Anat Embryol, 2001, 204 (5): 375 – 388.

[48] Clark D E, Lord E A, Suttie J M. Expression of VEGF and pleiotrophin in deer antler [J]. Anat Rec A Discov Mol Cell Evol Biol, 2006, 288 (12): 1 281 – 1 293.

[49] Li C, Harper A, Puddick J, *et al.*. Proteomes and signalling pathways of antler stem cells [J]. PLoS One, 2012, 7 (1): e30026.

此文发表于《中国农业科技导报》2015, 17 (4)

通过梅花鹿 P21 基因的检测比较
相对和绝对荧光定量 PCR

王大涛　郭倩倩　朱宏伟　刘　振　李春义

（中国农业科学院特产研究所，长春　130112）

摘　要：实时荧光定量 PCR 是具有高度灵敏性和特异性的核酸分析技术，以 SYBR Green 染料法为基础的相对定量和绝对定量检测方法，由于操作简单、成本较低而倍受青睐。本文以梅花鹿 P21 基因为待检测基因，β-actin 作为内参基因，对不同浓度稀释的模板进行相对实时荧光定量 PCR 检测，然后分别对 P21 基因和 β-actin 基因进行绝对定量检测。结果表明，绝对定量的结果比相对定量结果更准确可靠，但是在模板浓度较低时两种方法都会出现较大误差。

关键词：实时荧光定量 PCR；相对定量；绝对定量；P21

Compare relative and absolute quantity PCR
through sika deer P21 gene detection

Wang Datao, Guo Qianqian, Zhu Hongwei, Liu Zhen, Li Chunyi

（Institute of special Wild Economic Animals and Plants, Chinese
Academy of Agricultural Sciences, Jilin, Changchun 130112, China）

Abstract：Real time fluorescent quantitative PCR is a highly sensitivity and specificity nucleic acid analysis technology, relative and absolute quantification base on SYBR Green dye is using widely because of simple operation and low cost. In this paper, we detected P21 gene of sika deer using β-actin as internal control gene. Sample was diluted to different concentration and P21 and β-actin genes were detected through absolute quantification separately. The result show that absolute quantification is more accurate and reliable compared with relative quantification. Both methods shown big deviations when the template concentration is too low.

Key words：real time fluorescent quantitative PCR；relative quantification；absolute quantification；P21

实时荧光定量 PCR 方法是对基因进行 PCR 扩增、实时荧光信号检测和定量的核酸检测方法，它的主要依据是在 PCR 扩增过程的指数增长期，模板的起始浓度与 Ct 值存在线性关系，Ct 值是到达设定荧光信号强度是 PCR 的循环数[1]。在目的基因 mRNA 水平检测和细菌、病毒粒子浓度检测方面应用广泛[2]。由于建立在 PCR 基础上，能精确测量和鉴别非常微量的特异性核酸，从而可通过监测值而实现对原始目标基因的含量定量。根据荧光信号的来源不同对荧光定量的方法进行划分，包括荧光标记探针法，SYBR Green 染料法和最新出现的一种 dsDNA 结合染料 LC Green TM I[3]。

SYBR GreenI 是一种结合于所有 dsDNA 双螺旋小沟区域的具有绿色激发波长的染料。在游离状态下，SYBR Green I 发出微弱的荧光，但一旦与双链 DNA 结合后，荧光大大增强。与其他标记方法相比，SYBR Green 染料法，操作方便，成本低，应用广泛。荧光定量依据定量的标准分成绝对定量和相对定量。绝对定量指用已知的标准曲线来推算未知的样本量；相对定量指通过内参基因比较不同样品中目的基因的差异[4]。通常作为选内参的是 β – actin，GAPDH 等管家基因[5]，他们在细胞中表达量比较恒定，受外界影响较小。本文分别利用绝对定量和相对定量测定同种模板的同同种基因，并对模板进行梯度稀释，对两种方法测定的结果进行比较分析。

1 材料和方法

1.1 材料与主要试剂

梅花鹿角柄骨膜细胞（本实验保存）；DMEM，FBS（Gibco）；RNA 提取试剂盒离心主型，RT – PCR Kit（大连宝生物），SYBR Green QPCR Kit（Qiagen）

1.2 细胞培养与 RNA 提取与反转录

复苏冻存的角柄骨膜细胞[6]，37℃迅融化后，加入含有 10mlDMEM 的离心管中，1000rpm 离心 5min。弃上清后，用 10ml 完全培养基（10% FBS，100mg/ml 青霉素和 100mg/ml 链霉素）悬浮后移入 10cm 细胞培养皿中，37℃，5% CO_2 培养箱中培养。根据试剂盒提供的操作手册提取角柄骨膜细胞总 RNA。利用紫外分光光度计测定样品 RNA 在 260/280nm 处的吸光度，计算总 RNA 浓度。

1.3 cDNA 合成

配制 40μl 反转录体系，包含 Oligo dT 2μl、dNTP Mixture 2μl、总 RNA2μg、加 RNase Free H_2O 至 20μl 在 PCR 仪上，65℃变性 5min、4℃保存。继续加入 5×PrimeScrip Buffer 8μl、RNase Inhibitor1μl、RTase 1μl、RNase Free H_2O 至 40μl。在 PCR 仪上 42℃ 20min，95℃ 5min，4℃保存。

1.4 相对定量

根据荧光定量引物设计法则设计 β – actin 和 P21 引物：
上游 P21　5' – GACCACTTGGACCTGTCGCT – 3'
下游 P21　5' – GGGTTAGGGCTTCCTCTTGG – 3'
上游 actin　5' – GCGTGACATCAAGGAGAAGC – 3'
下游 actin　5' – GGAAGGACGGCTGGAAGA – 3'
反转录所得的 cDNA，进行梯度稀释×4，×16，×64，×256。配制荧光定量 PCR 反应体系，同样的模板分别设有内参组和样品组，每个样品设置三个重复。上下游引物各 1μl，模板 1μl，2×QuantiTec SYBR PCR Mix 25μl，RNase Free H_2O 22μl。荧光定量 PCR 仪上进行扩增反应，
热激活 95℃ 15min，

循环 (40 次) 变性 94℃　　　　15s

退火 50～60℃　　30s

延伸 72℃　　　　32s

添加溶解曲线测定 95℃ 15s，60℃ 1min，95℃ 15s，60℃ 15s。

利用仪器自带的软件对结果进行分析。

1.5　绝对定量

以 cDNA 为模板进行普通 PCR 扩增，分别扩增 β－actin 和 P2 凝胶电泳回收 150～200bp 条带，紫外分光光度计测定回收的 DNA 浓度，根据片段大小计算模板数量，一次稀释到 10^8，10^7，10^6，10^5，10^4，10^3/ml，以这些稀释的 DNA 为模板，配制荧光定量 PCR 反应体系 (同 1.4)，每个浓度设置三个重复，制作标准曲线[7]。以梯度稀释的 cDNA 模板为待检测样品，进行绝对定量，反应体系配制同上。

2　结果

2.1　相对定量结果

由溶解曲线可以看出，两种引物的特异性比较好，P21 扩增产物的 Tm 值为 87.6，β－actin 扩增产物的 Tm 值为 85.9，扩增条带均为单一峰 (图 1a，b)。相对定量值随着模板浓度的稀释而逐渐降低 (图 1c)。

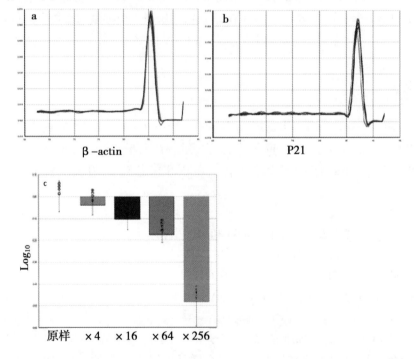

图 1　相对定量结果，a：β－actin 溶解曲线，b：P21 溶解曲线，c：相对定量数值

2.2　绝对定量结果

两个基因的扩增效率接近 P21 为 99.2%，β－actin 为 98.5%，P21 几乎所有的浓度都落在标

准曲线上，可信度为 99.6%（图 2a），β‑actin 的标准曲线的可信度达到 98.9%，也可以满足实验要求（图 2b）。绝对定量结果显示 P21 基因的表达量大约相当于 β‑actin 的一半，随着模板浓度的稀释两个基因的表达量也成梯度下降（图 2c，d）。

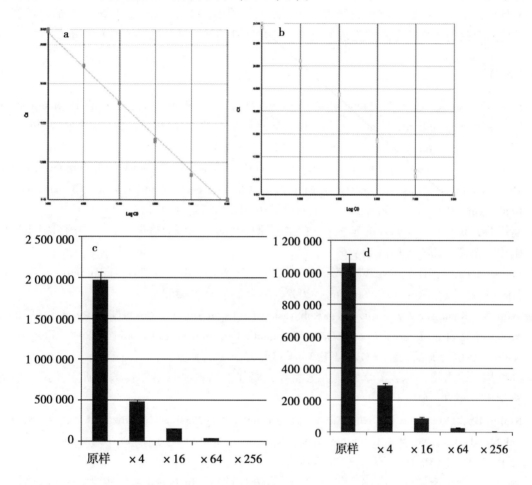

图 2　绝对定量结果，a：P21 基因的标准曲线，b：β‑actin 标准曲线，
c：β‑actin 绝对定量 copy 数，d：P21 绝对定量 copy 数。

3　讨论

　　实时荧光定量 PCR 技术广泛地应用于分子生物学和医学研究领域。本文分别利用绝对定量和相对定量两种荧光定量方式对梅花鹿 P21 基因进行测定。绝对定量随着模板浓度的稀释，无论是 P21 基因还是 β‑actin 基因均成梯度下降，与已知的稀释倍数相近，符合实验预期。相对定量的测定结果也随着模板浓度的稀释有所下降，而根据相对定量的计算原理，同一个样品，待测基因相对于内参基因的比值是不应该引物样品稀释而该变的，但是我的测定结果却呈下降趋势，稀释倍数越大偏离的越多，特别在稀释到 256 倍时，测定浓度是样品浓度的 31.8%。我们推测可能随着模板数的减少 PCR 反应的循环数相应的增加，原本就存在于内参基因和待测基因之间的扩增效率差异被不断放大，造成测定值的偏离。相对定量是在默认内参基因和待测基因扩增效率一致的基础上的[8]，筛选引物时应尽量选择引物扩增效率相近的引物，以避免因此带来的误差。

比较这两种定量方式，我们得出绝对定量的结果更准确可靠。这一结论与朱振洪[9]利用两种方法检测大鼠缺氧后 Caspase-3 基因的结论一致。但是绝对定量需要首先获得已知浓度的标准品，本文首先利用普通 PCR 扩增，通过电泳和切胶回收目的片段作为标准品，应用效果很好。绝对定量相比于相对定量操作比较繁琐，为了获得一条比较准确的标准曲线，可能需要重复多次，但是能否提供一个可靠的实验结果应该是衡量一种检测方法优劣最重要的标准。

参考文献

［1］Fernandez M, del Rio B, Linares DM, Martin MC, Alvarez MA. Real-Time Polymerase Chain Reaction for Quantitative Detection of Histamine-Producing Bacteria：Use in Cheese Production ［J］. Journal of dairy science, 2006, 89 (10)：3 763-3 769.

［2］Baigent SJ, Petherbridge LJ, Howes K, Smith LP, Currie RJ, Nair VK. Absolute Quantitation of Marek's Disease Virus Genome Copy Number in Chicken Feather and Lymphocyte Samples Using Real-Time Pcr ［J］. Journal of virological methods, 2005, 123 (1)：53-64.

［3］赵焕英, 包金凤. 实时荧光定量 pcr 技术的原理及其应用研究进展 ［J］. 中国组织化学与细胞化学杂志, 2007, 16 (4)：6.

［4］Zimmermann B, Holzgreve W, Wenzel F, Hahn S. Novel Real-Time Quantitative Pcr Test for Trisomy 21 ［J］. Clinical chemistry, 2002, 48 (2)：362-363.

［5］Tsuji N, Kamagata C, Furuya M, Kobayashi D, Yagihashi A, Morita T, Horita S, Watanabe N. Selection of an Internal Control Gene for Quantitation of Mrna in Colonic Tissues ［J］. Anticancer research, 2002, 22 (6C)：4 173-4 178.

［6］孙红梅, 邢秀梅, 丛波, 李春义, 杨福合. 鹿茸干细胞体外培养技术的研究 ［J］. 经济动物学报, 2007, 11 (1)：4.

［7］Kuhne BS, Oschmann P. Quantitative Real-Time Rt-Pcr Using Hybridization Probes and Imported Standard Curves for Cytokine Gene Expression Analysis ［J］. BioTechniques, 2002, 33 (5)：1 078, 1 080-1 072, 1 084 passim.

［8］李敏, 汪洋, 李银萍, 李娟, 陈学平. Taqman 探针与 sybr Green 实时定量 pcr 法检测转基因植物外源基因拷贝数的差异分析 ［J］. 安徽农业大学学报, 2012, 39 (4)：3.

［9］朱振洪, 李金辉, 万海同. 不同荧光定量 pcr 分析方法检测大鼠脑缺血再灌注损伤中 caspas-3 基因的表达研究 ［J］. 激光生物学报, 2011, 20 (3)：7.

此文发表于《特产研究》2013 年第 4 期

icroRNA 介导的 IGF1 基因沉默
对鹿茸软骨细胞增殖的影响*

李 婷** 李 沐 孟星宇 刘 宁 胡 薇***

（吉林农业大学 生命科学学院，长春 130118）

摘 要：【目的】构建靶向梅花鹿胰岛素样生长因子 1 （*IGF*1） 基因的 microRNA 真核表达载体，研究 microRNA 介导的 *IGF*1 基因沉默对鹿茸软骨细胞增殖的影响。【方法】根据 *IGF*1 mRNA 序列设计并合成 4 对 pre‑microRNA 前体片段，定向克隆于 pcD-NA6. 2‑GW/EmGFP‑miR 真核表达载体中，构建重组质粒 pcDNA6. 2‑Gw/EmGFP‑IGF1‑miR‑1，pcDNA6. 2‑Gw/EmGFP‑IGF1‑miR‑2，pcDNA6. 2‑Gw/EmGFP‑IGF1‑miR‑3 和 pcDNA6. 2‑Gw/EmGFP‑IGFl‑miR‑4。测序分析插入序列的完整性；将重组质粒转染鹿茸软骨细胞，利用相对荧光定量 PCR 技术检测 *IGF*1 基因 mRNA 的表达量；在此基础上选择表达量最低的 pcDNA6. 2‑Gw/EmGFP‑IGF1‑miR 重组质粒转染鹿茸软骨细胞，Western blotting 分析 *IGF*1 的蛋白表达水平，MTT 法和流式细胞仪检测重组质粒对鹿茸软骨细胞体外增殖和细胞周期的影响。【结果】测序结果显示，构建的 4 组重组质粒插入片段的碱基序列完全正确。转染 pcDNA6. 2‑Gw/EmGFP‑IGF1‑miR 重组质粒后，鹿茸软骨细胞中 *IGF*1 基因 mRNA 的表达水平均有所下降，其中转染 pcDNA6. 2‑Gw/EmGFP‑IGF1‑miR‑2 组的表达水平最低，筛选出 pcDNA6. 2‑Gw/EmGFP‑IGF1‑miR‑2 组为最佳干扰靶点质粒。与对照组比较，*IGF*1 的蛋白表达水平降低；pcDNA6. 2‑Gw/EmGFP‑IGF1‑miR‑2 转染组的鹿茸软骨细胞的增殖受到抑制，细胞周期 S 期细胞百分比减少，表明鹿茸软骨细胞停滞在 G_0/G_1 期。【结论】梅花鹿 *IGF*1 的表达水平受 miRNA 的调控，表明在鹿茸快速生长过程中 miRNA 具有重要的调控作用。

关键词：MicroRNA；胰岛素样生长因子 1；基因沉默；鹿茸软骨细胞

* 基金项目：国家自然科学基金项目 （30972083）；吉林省科技发展计划项目 （20090574）

** 作者简介：李 婷 （1987—），女，吉林长春人，在读硕士，主要从事鹿茸再生调控机理研究。E‑mail：LT13404760646@ 126. com

*** 通讯作者：胡 薇 （1966—），女，吉林长春人，教授，主要从事鹿茸再生调控机理研究。E‑mail：huwei9002@ 126. com

Effect of microRNA – mediated IGF1 gene silencing on the proliferation of deer antler cartilage cells

Li Ting, Li Mu, Meng Xingyu, Liu Ning, Hu Wei

(College of Life Sciences, Jilin Agriculture University, Changchun, Jilin 130118, China)

Abstract: 【Objective】 To construct Cervus nippon Insulin – like growth factor 1 (*IGF*1) gene microRNA eukaryotic expression vector and research the effect of microRNA – midiated *IGF*1 gene silenceing on the proliferation of antler cartilage cells. 【Method】 According to the sequence of *IGF*1 mRNA, four pairs of pre – microRNA were designed and synthesized, then cloned into the GFP reporter pcDNA6. 2 – GW/EmGFP – miR vector, the recombinant plasmid were pcDNA6. 2 – Gw/EmGFP – IGF1 – miR – 1, pcDNA6. 2 – Gw/EmGFP – IGF1 – miR – 2, pcDNA6. 2 – Gw/Em GFP – IGF1 – miR – 3 和 pcDNA6. 2 – Gw/EmGFP – IGFl – miR – 4. The integrity of the insert fragrents was verified through sequencing analysis. Then transfected into the antler cartilage cells. The *IGF*1 gene expression levels was detected by real – time PCR, and the protein levels was detected by western blotting respectively, then chose the lowest expression level of pcDNA6. 2 – Gw/EmGFP – IGF1 – miR recombinant plasmid and transfected the recombinant into the cartilage cells. The cells proliferation and cell cycle were measured by MTT and FCM. 【Result】 The sequence analysis showed that the sequences of insert fragments in microRNA expression recombinants completely correct. The expression of *IGF*1 mRNA in antler cartilage cells transfected was down – regulated, the expression level of the pcDNA6. 2 – Gw/EmGFP – IGF1 – miR – 2 group was the lowest, and the pcDNA6. 2 – Gw/EmGFP – IGF1 – miR – 2 was selected the best interference target plasmid. Compared with the negative control group, the protein expression in antler cartilage cells transfected was down – regulated, the cells proliferation of pcDNA6. 2 – Gw/EmGFP – IGF1 – miR – 2 transfected group was inhibitied, and the cells percentage of S phase in the cell cycle were reduced. The result indicated that the deer antler cartilage cells arrested in the G_0/G_1 phase.

【Conclusion】 The expression level of *IGF*1 in Cervus nippon is regulated by the miRNA, and displayed that the miRNA has an important role in the antler growth process.

Key words: MicroRNA; insulin – like growth factor 1; gene silencing; deer antler cartilage cells

鹿茸是哺乳动物中唯一可以完全再生的器官。同时又是研究器官再生及创伤修复的理想模型。鹿茸以异常速度快速生长，却没有出现任何癌变现象，人们推测指出可能存在特殊的活性物质促进鹿茸软骨细胞的快速生长。胰岛素样生长因子 1 （Insulin – like growth factor 1, *IGF*1）是由 70 个氨基酸组成的单链碱性多肽，在细胞分化、增殖、个体生长发育等方面具有重要的促进作用[1]。Suttie 等[2]报道，在鹿茸顶端非骨化部分存在大量的胰岛素样生长因子及其受体，可促进鹿茸的生长。Barling 等[3]研究发现，*IGF*1 和 *EGF* 等生长因子参与鹿茸组织中不同细胞的增殖与分化。*Price* 等[4]体外试验证实，在鹿茸组织内有 *IGF*1 和 *IGF*2 的表达，二者均可促进鹿茸软骨细胞的增殖。

MicroRNA 是近年来发现的一种内源性非编码蛋白质的单链小 RNA[5]。MicroRNA 通过与靶基因 mRNA 3 UTR 不完全或完全互补配对结合，使靶 mRNA 降解或翻译受到抑制，进而调节生物体相关基因的表达[6]。MicroRNA 的主要功能是调节生物体胚胎形成、发育、分化、器官形成、生长和凋亡等有关基因的表达[7~8]。Yu 等[9]通过实验证明 miR－1 参与调节 IGF－1 对抗高血糖引起的细胞凋亡信号通路。鹿茸的生长发育是在一种复杂的调控网络下进行的，虽然已经陆续发现 *IGF*1、色素上皮衍生因子（*PEDF*）和 *Wnt* 信号通路等参与调控鹿茸的生长发育[10]。但目前鹿茸生长发育的调控机制仍然不清楚。

本研究通过设计靶向 *IGF*1 基因的 pre－microRNA 片段，产生出与其靶位点完全互补的成熟 microRNA，从而使靶基因 *IGF*1 表达异常。在此基础上利用 MTT 法和流式细胞仪检测重组质粒对鹿茸软骨细胞体外增殖的影响以及细胞周期的变化，从 RNA 水平上探讨细胞生长因子在鹿茸的生长规律和再生调节机制等方面可能具有的重大意义。

1 材料与方法

1.1 材料

1.1.1 试验材料

新鲜东北梅花鹿鹿茸于 2011 年 6 月采自吉林农业大学试验鹿场，保存于冰中带回实验室备用。

1.1.2 主要试剂

胶原酶Ⅰ、胶原酶Ⅱ、透明质酸酶（Sigma），高糖 DMEM 培养基（Gibco），胎牛血清（FBS，天津灏洋），HP 转染试剂（Roche），Western 及 IP 细胞裂解液（碧云天），兔抗人 IGF－1 抗体、羊抗兔 IgG－HRP（北京博奥森生物技术公司），ECL 发光显色试剂盒（北京康为），RNAase、PI（长春鼎国）；PVDF 膜（长春百金）。

1.2 方法

1.2.1 靶向 *IGF*1 基因 microRNA 真核表达载体的构建与鉴定

根据 GenBank 梅花鹿 IGF1 的全长 cDNA 序列（GenBank 登录号：HQ890468），利用 Invitrogen 公司的在线设计软件 Invitrogen's RNAi Designer，设计 4 条长 64 nt 的靶向 *IGF*1 基因的 pre－microRNA 及阴性对照寡核苷酸单链 DNA 序列，并得到其互补序列（表1），经 Blast 序列同源性分析，所设计的靶 mRNA 与人类细胞内任何基因没有同源性。设计好的序列由 Invitrogen 公司合成。

将 4 对寡聚单链 DNA 退火成双链，克隆入 pcDNA6.2－Gw/EmGFP－miR 真核表达载体，构建重组质粒，将重组质粒转化至 DH5α 感受态大肠杆菌，过夜培养，挑取 LB 平板上的单菌落，提取质粒进行双酶切鉴定并测序，正确的重组质粒分别命名为 pcDNA6.2－Gw/EmGFP－IGF1－miR－1、pcDNA6.2－Gw/EmGFP－IGF1－miR－2、pcDNA6.2－Gw/－EmGFP－IGF1－miR－3 和 pcDNA6.2－Gw/EmGFP－IGFl－miR－4。

表1 pre–microRNA 寡聚单链 DNA 序列

Table 1 Oligo nucleotide pre–microRNA sequences

Oligo 名称 Oligo name	寡聚单链 DNA 序列 Oligo nucleotide sequences
IGF1-miR-1	F：5'-TGCTGAAGAGATGCGAGGAGGATGTGGTTTTGGCCACTGACTGACCACATCCTTCGCATCTCTT-3' R：5'-CCTGAAGAGATGCGAAGGATGTGGTCAGTCAGTGGCCAAAACCACATCCTCCTCGCATCTCTTC-3'
IGF1-miR-2	F：5'-TGCTGCACTCATCCACTATTCCCGTCGTTTTGGCCACTGACTGACGACGGGAAGTGGATGAGTG-3' R：5'-CCTGCACTCATCCACTTCCCGTCGTCAGTCAGTGGCCAAAACGACGGGAATAGTGGATGAGTGC-3'
IGF1-miR-3	F：5'-TGCTGAGCACTCATCCACTATTCCCGGTTTTGGCCACTGACTGACCGGGAATAGGATGAGTGCT-3' R：5'-CCTGAGCACTCATCCTATTCCCGGTCAGTCAGTGGCCAAAACCGGGAATAGTGGATGAGTGCTC-3'
IGF1-miR-4	F：5'-TGCTGATCTCCAGCCTCCTCAGATCAGTTTTGGCCACTGACTGACTGATCTGAAGGCTGGAGAT-3' R：5'-CCTGATCTCCAGCCTTCAGATCAGTCAGTCAGTGGCCAAAACTGATCTGAGGAGGCTGGAGATC-3'
阴性对照 Negative control	F：5'-TGCTGAAATGTACTGCGCGTGGAGACGTTTTGGCCACTGACTGACGTCTCCACGCAGTACATTT-3' R：5'-CCTGAAATGTACTGCGTGGAGACGTCAGTCAGTGGCCAAAACGTCTCCACGCGCAGTACATTTC-3'

1.2.2 鹿茸软骨细胞的分离培养

根据李春义等[11]的取材方法，取新鲜鹿茸顶端软骨组织并剪碎，依次加入胶原酶Ⅰ、透明质酸酶及胶原酶Ⅱ，37℃水浴充分消化，待有细胞从组织中游离出，收集细胞，用含体积分数10% FBS 的高糖 DMEM 培养基于37℃、体积分数5% CO_2 培养箱中培养。

1.2.3 鹿茸软骨细胞转染

转染前1 d 选择对数生长期的鹿茸软骨细胞按 1×10^6 细胞/孔将细胞接种于6孔细胞培养板，加入无双抗、含体积分数10% FBS 的 DMEM 培养基培养，待细胞融合度达到80%以上，采用罗氏 HP 转染试剂转染细胞，于37℃、体积分数5% CO_2 恒温培养。试验分为正常细胞组、阴性对照组（转染阴性质粒）和试验组（转染4组重组质粒），每组设3个平行孔。

1.2.4 *IGF*1 的 mRNA 表达水平的 Real–time PCR 检测

以鹿的持家基因 β–actin 作为内参基因对 *IGF*1 mRNA 的表达水平进行 Real–time PCR 检测。设计合成用于 Real–time PCR 的 *IGF*1 基因的特异引物（上游引物：5'–TGTGATTTCTTGAAG-CAGGTGA–3'，下游引物：5'–CGTGGCAGAGCTGGTGAAG–3'）及 IGF1 探针序列（5'–TGC-CCGTCACATCCTCCT CGC–3'）；以 GenBank 中鹿的 β–actin 基因序列（GenBank 登录号：AY345228），设计 β–actin 引物（上游引物：5'–TGACCCTTAAGTACCCCATCGA–3'，下游引物：5'–TTGTAGAAGGTG TGGTGCCAGAT–3'）及 Taqman 探针（5'–FCACGGCATCGTCAC-CAACTGGGA P–3'），设计的引物和探针由上海基康生物公司合成。

取转染后48h各组细胞，提取总 RNA 并反转录合成 cDNA，以 cDNA 为模板、PCR 分别扩增 *IGF*1 和 β–actin。采用 Real Master Mix 试剂和 7500 Real Time PCR System 检测各组中 *IGF*1 的 mRNA 表达量，并使用 Step One Software v2.1 软件分析 *IGF*1 相对内参 β–actin 基因的差异表达 △Ct 值（Cycle threshold）。根据 *IGF*1 的 mRNA 表达水平的 Real–time PCR 检测结果，选择使 *IGF*1 mRNA 表达量最低的重组质粒转染鹿茸软骨细胞进行后续实验。

1.2.5 IGF1 表达的 Western blotting 分析

收集6孔培养板中转染48h 的鹿茸软骨细胞，PBS 洗涤细胞1次，加入 Western 及 IP 细胞裂解液，使裂解液和细胞充分接触；细胞充分裂解后，4℃ 12 000r/min 离心5min 收集蛋白，分装后 –80℃保存。将蛋白进行120g/L 的 SDS–PAGE 电泳后，转印到 PVDF 膜上，以50g/L 的脱脂奶粉进行封闭；TBST 洗涤干净后，将 PVDF 膜置于含有一抗兔抗人 *IGF* – 1 抗体（1∶200）的封闭液中 37℃温育 2h；TBST 洗涤干净后，置于含有二抗羊抗兔 IgG – HRP（1∶500）的封闭液中37℃孕育 1h；最后用 TBST 洗涤干净，ECL 显色。

1.2.6　重组质粒对鹿茸软骨细胞体外增殖影响的 MTT 法检测

转染后在 24，48，72h 时向培养板中加入 MTT 溶液 20μL（质量浓度为 5mg/mL），37℃继续孵育 4h 后终止培养，弃去孔中上清液。每孔加入 200μL DMSO，在 490nm 波长下测定各孔光吸收值（OD490）。

1.2.7　重组质粒对鹿茸软骨细胞周期影响的流式细胞仪检测

于转染后 24、48h 收集细胞，制成单细胞悬液，4℃ 1 000r/min 离心 5min，体积分数为 70%冷乙醇重悬细胞，于 4℃固定 12h 以上；PBS 洗 2 次，调整细胞浓度为 $1 \times 10^5 mL^{-1}$，RNAase 消化后，加入 1 mL PI 染色 1h，混匀后利用流式细胞仪检测细胞周期的变化并做数据分析。

1.2.8　统计学分析

试验数据采用 SPSS13.0 统计学软件进行独立样本 *t* 检验，判断其统计学意义。数据以"平均值 ±标准差（x ± s）"表示。

2　结果与分析

2.1　重组质粒 pcDNA6.2 – Gw/EmGFP – IGF1 – miR 的鉴定

对提取的 4 组重组质粒 pcDNA6.2 – Gw/EmGFP – IGF1 – miR – 1、pcDNA6.2 – Gw/EmGFP –IGF1 – miR – 2、pcDNA6.2 – Gw/EmGFP – IGF1 – miR 和 pcDNA6.2 – Gw/EmGFP – IGFl – miR – 4进行测序，结果显示插入片段核苷酸序列正确，证明该重组质粒即为携带了编码 *IGF*1 的 Pre –microRNA 前体的寡核苷酸重组质粒。

2.2　重组质粒转染鹿茸软骨细胞后 *IGF*1 表达水平的 Real – time PCR 检测

从图 1 可以看出，正常细胞组、阴性对照组及 pcDNA6.2 – Gw/EmGFP – IGF1 – miR – 1、pcDNA6.2 – Gw/EmGFP – IGF1 – miR – 2、pcDNA6.2 – Gw/EmGFP – IGF1 – miR – 3 和pcDNA6.2 – Gw/EmGFP – IGFl – miR – 4 4 个试验组的 IGF1 基因 mRNA 表达水平存在明显的差异，与正常细胞组及阴性对照组比较，转染 pcDNA6.2 – Gw/EmGFP – IGF1 – miR – 2 质粒组细胞miRNA 的表达量最低，表明其能明显抑制 IGF1 基因的表达，干扰效果最佳（图 1）。

2.3　重组质粒转染鹿茸软骨细胞后 *IGF*1 表达的 Western blotting 杂交分析

利用 Western blotting 检测转染重组质粒 pcDNA6.2 – Gw/EmGFP – IGF1 – miR – 2 后 IGF1 的蛋白表达水平，结果显示，与正常细胞组、阴性对照组相比，转染 pcDNA6.2 – Gw/EmGFP –IGF1 – miR – 2 组的 *IGF*1 基因蛋白表达水平相对最低，而正常细胞组和阴性对照组相比则无明显变化。这一结果进一步说明重组质粒能抑制 *IGF*1 基因的表达，而重组质粒 pcDNA6.2 – Gw/EmGFP – IGF1 – miR – 2 的沉默效果最好（图 2）。

2.4　鹿茸软骨细胞增殖的 MTT 法检测结果

利用 MTT 法对转染后的鹿茸软骨细胞生长状态进行观察，发现鹿茸软骨细胞的生长曲线在转染 pcDNA6.2 – Gw/EmGFP – IGF1 – miR – 2 后变化明显 pcDNA6.2 – Gw/EmGFP – IGF1 – miR –

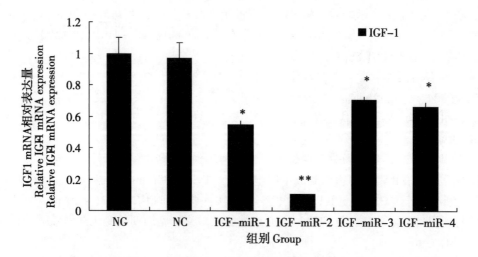

图1 Real-time PCR检测转染48h后鹿茸软骨细胞中IGF1 mRNA的表达水平

Fig.1 The detection of IGF1 mRNA levels transfected after 48h by real-time PCR

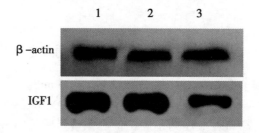

图2 转染pcDNA6.2-Gw/EmGFP-IGF1-miR-2后鹿茸软骨细胞
IGF1蛋白表达的western blotting检测

Fig.2 Western blotting for detection of the expression of IGF1protein after
transfect the pcDNA6.2-Gw/EmGFP-IGF1-miR-2

1. 阴性对照组；2. 正常细胞组；3. 转染pcDNA6.2-Gw/EmGFP-IGF1-miR-2组

1. Negative control group；2. Normal control group；
3. Transfect pcDNA6.2-Gw/EmGFP-IGF1-miR-2 group

2转染组与阴性对照组、正常细胞组相比，鹿茸软骨细胞的生长曲线明显趋缓。这一结果表明 pcDNA6.2-Gw/EmGFP-IGF1-miR-2转染后鹿茸软骨细胞的增值速度变慢，细胞的增值受到抑制（图3）。

2.5 重组质粒对鹿茸软骨细胞周期影响的流式细胞仪检测

流式细胞仪检测鹿茸软骨细胞周期结果（图4）表明，24、48h后的pcDNA6.2-Gw/EmGFP-IGF1-miR-2转染组与阴性对照组、正常细胞组相比，S期细胞百分比减少，说明pcDNA6.2-Gw/EmGFP-IGF1-miR-2转染组的鹿茸软骨细胞增殖受到抑制，停滞在G_0/G_1期。

3 讨论

MicroRNA属于调控RNA家族的一员，在生物进化过程中高度保守[12]。miRNA的调控几乎

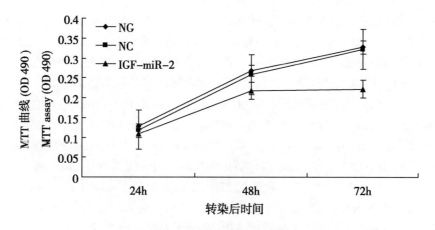

图 3　重组质粒鹿茸软骨细胞增殖的影响

Fig. 3　Effect of recombinant plasmid on the proliferation

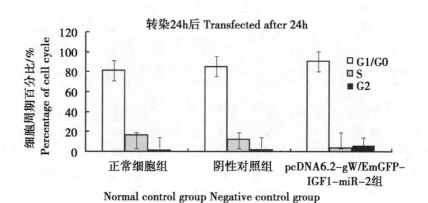

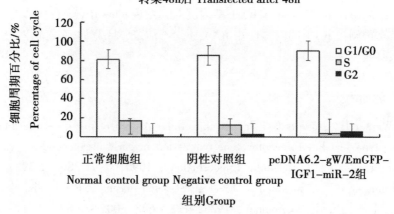

图 4　转染 24、48h 后细胞周期各时期百分比

Fig. 4　Percentage of phases in cell cycle after the transfected of 24 and 48 hours

涉及生物体生长、发育的所有方面，包括：细胞的维持、发育、分化和转录后沉默[13~15]。本研究首次尝试在体外试验中，以人工构建表达 miRNA 前体的质粒调控鹿茸再生过程重要细胞生长因子 IGF-1 的表达。本试验所利用的 pcDNA6.2-GW/EmGFP-miR 载体是一个真核表达质粒，通过插入人工设计的靶向目的 mRNA 的 pre-microRNA 前体片段，能够产生出与其靶位点完全互补的成熟 microRNA，从而使靶向 mRNA 降解，达到干扰目的基因表达的目的。插入的 pre-microRNA 片段中的 18nt 的正义靶序列能在重组质粒表达的成熟 microRNA 序列中间形成一个小的内部茎环结构，这个结构可以导致靶基因的有效沉默。载体中的 pCMV 是一个高效的早期即刻启动子，这个启动子能被 RNAPolymerase II 识别，控制 microRNA 和报告基因在哺乳动物细胞中高水平表达。插入序列两端的 5′和 3′miR 的侧翼区则可以促进人工设计的 pre-microRNA 前体的形成。siRNA 介导的 RNAi 与细胞内部内源性的 miRNA 存在竞争。而本试验构建的载体所表达的 miRNA 前体，与内源性 miR-155 具有一定的同源性，从而可以尽量避免与体内 miRNA 形成竞争的关系。本研究结果也印证了人工构建的 miRNA 分子对鹿茸软骨细胞的增殖确有调控作用。

鹿茸生长顶端的增生区是鹿茸的生长分化中心，也是鹿茸生长的关键部位，与鹿茸角的生长速度密切相关[16]。相对荧光定量 PCR 检测表明，pcDNA6.2-Gw/EmGFP-IGF1-miR-1、pcDNA6.2-Gw/EmGFP-IGF1-miR-2pcDNA6.2-Gw/EmGFP-IGF1-miR-3 和 pcDNA6.2-Gw/-EmGFP-IGFl-miR-4 4 个重组质粒都能使 IGF1mRNA 的表达水平降低，其中 pIGF1-miR-2 组表达水平最低，说明 4 个 pIGF1-miR 重组质粒都有干扰 IGF1 基因表达的生物活性，其中 pcDNA6.2-Gw/EmGFP-IGF1-miR-2 组的干扰效果最为明显，该点为最佳干扰效率的靶点。

与对照组比较，pcDNA6.2-Gw/EmGFP-IGF1-miR-2 转染组的软骨细胞增殖受到抑制，细胞停滞在 G_0/G_1 期，此期细胞百分比增加。因此，模拟内源性 miRNA 介导 IGF1 基因沉默，能抑制鹿茸软骨细胞的增殖，说明当 IGF1 表达水平受到抑制，鹿茸软骨细胞的增殖速度减慢。本试验从 RNA 组学的角度初次发现 miRNA 可以调控 IGF1 的表达，鹿茸软骨细胞的快速生长受到 miRNA 的调控，为进一步验证 IGF1 作为鹿茸再生调控的主效因子提供新的研究依据，通过 microRNAs 在鹿茸软骨细胞中的作用研究，可进一步阐明鹿茸软骨细胞自我更新及分化过程的内在机制。

本研究通过模拟内源性 miRNA 介导 IGF1 基因沉默，发现 microRNAs 在鹿茸的快速生长中具有重要意义，但是真正调控 IGF1 的内源性小 RNA 还尚不清楚，究竟如何发挥作用，其作用机制还有待于后续深入研究。

参考文献

[1] Bondy C A, Werner H, Roberts C T Jr, et al. Cellular pattern of insulin-like growth factor-1 (IGF-1) and type 1 IGF-1 receptor gene expression in early organogenesis: comparison with IGF-2 gene expression [J]. Molecular Endocrinalogy, 1990, 4: 1 386-1 398.

[2] Suttie J M, Fennessy P F, Gluckman P D, et al. Elevated plasma IGF 1 levels in stags prevented from growing antlers [J]. Endocrinology, 1988, 122 (6): 3005-3007.

[3] Barling P M, Lai A K, Nicholson L F. Distribution of EGF and its receptor in growing red deer antler [J]. Cell Biol Int, 2005, 29 (3): 229-236.

[4] Price J, Allen S. Exploring the mechanisms regulating regeneration of deer antlers [J]. Philos Trans R Soc Lond B Biol Sci, 2004, 359: 809-22.

［5］ Bartel D P. MicroRNAs：genomics，biogenesis，mechanism，and function ［J］. Cell，2004，116：281 –297.

［6］ Zhang B，Pan X，Anderson T A. MicroRNA：a new player in stem cells ［J］. J Cell Physiol，2006，209（2）：266 –269.

［7］ Hwang H W，Mendell J T. MicroRNAs cell proliferation，cell death，and tumorigenesis ［J］. Br J Cancer，2006，94（6）：776 –780.

［8］ Vancheret H. Post –transcriptional small RNA pathways in plants：mechanisms and regulations ［J］. Genes Dev，2006，20（7）：759 –771.

［9］ Sheng Y，Engström P G，Lenhard B. Mammalian microRNA prediction through a support vector machine model of sequence and structure ［J］. PLoS One，2007，2（9）：e946.

［10］ Yu X Y，Song Y H，Geng Y J，et al. Glucose induces apoptosis of cardiomyocytes via micro RNA –1 and IGF –1 ［J］. Biochem Biophys Res Commun，2008，376（3）：548 –552.

［11］ Mount J G，Muzylak M，Allen S，et al. Evidence that the canonical Wnt signalling pathway regulates deer antler regeneration ［J］. Dev Dyn 2006；235（5）：1390 –1399.

［12］ Li C，Suttie J M. Tissue collection methods for antler research ［J］. Eur J Morphol，2003，41（1）：23 –30.

［13］ Moazed D. Small RNAs in transcriptional gene silencing and genome defence ［J］. Nature，2009，457（7228）：413 –420.

［14］ Lee Y，Kim M，Han J，et al. MicroRNA genes are transcribed by RNA polymerase Ⅱ ［J］. EMBO J，2004，23（20）：4 051 –4 060.

［15］ Zeng Y. Principles of micro –RNA production and maturation ［J］. Oncogene，2006，25（46）：6156 –6162.

［16］ Li X，Carthew R W. A microRNA mediates EGF receptor signaling and promotes photoreceptor differentiation in the Drosophila eye ［J］. Cell，2005，123（7）：1267 –1277.

此文发表于《西北农林科技大学学报（自然科学版）》2013 年 11 期

原癌基因 c-fos 在塔里木马鹿茸
不同组织表达特性的研究[*]

韩春梅[1,2][**]　赵书红[3]　唐继伟[1]　马万才[1]

任　科[1]　李　杰[3]　武延凤[1]　高庆华[12]

（1. 塔里木大学动物科学学院；2. 兵团塔里木畜牧科技重点实验室，阿拉尔　843300；
3. 华中农业大学动物遗传育种与繁殖教育部重点实验室，武汉　430070）

摘　要：为探讨原癌基因 c-fos 对鹿茸生长的调控作用，分析采用三头成年塔里木马鹿生长期为 30d、60d 的新鲜鹿茸，剖分成茸皮层、间充质细胞层、成软骨细胞层和软骨细胞层。首先用两种免疫组化的方法进行基因表达定位，然后通过荧光定量 PCR 技术对不同组织基因的表达定量分析。免疫组化分析结果：该基因在茸皮的毛囊内根鞘和毛母质呈阳性表达，在动脉血管的环形平滑肌处也呈阳性表达，真皮乳头层与表皮基部连接的基底层呈弱阳性表达。而在静脉血管、神经和其他附属器反应均呈阴性。在间充质细胞层、成软骨层和软骨层两种方法均没有观察到 c-fos 的阳性表达细胞。定量分析发现，c-fos 基因在不同生长阶段不同组织层均有表达，且在茸皮的表达量显著的高于间充质细胞层，成软骨层和软骨层（$P < 0.05$）。在同一生长期间充质细胞层、成软骨层和软骨层 c-fos 的表达量很低；从生长 30d 和 60d，c-fos 在间充质细胞层和成软骨层变化不大，而在茸皮层和软骨层表现为下调表达。结论：本研究表明，在鹿茸快速生长期，c-fos 在鹿茸的快速生长期表达活跃，但在鹿茸的不同组织表达有明显差异，其中在对维持鹿茸生长起重要作用的茸皮内表达量最高，而在成骨类相关组织中表达较低。这在一定程度上证明了 c-fos 基因在鹿茸快速生长期参与了茸皮干细胞的增殖与分化，并对成骨细胞的分化起着调控作用。。

关键词：塔里木马鹿；鹿茸；原癌基因 c-fos

＊ 基金项目：国家自然基金项目，编号：30860188
＊＊ 第一作者：韩春梅，（1968—），女，四川射洪县人，副教授，硕士。研究方向：动物遗传育种与繁殖
Tel：13289974573 E-mail：chunmeihan224@163.com

Expression of Proto – oncogene c –*fos* in the Tarim Deer Antler in different growth stages

Han Chunmei[12]* Zhao Shuhong[3] Tang Jiwei[1] Ma Wancai[1] Ren Ke[1] Li Jie[3] WU Yan –feng[1] Gao Qinghua[12]

（1. *College of Animal science*，*Tarim university Alar Xinjiang* 843300；

2. *Key Laboratory of Tarim Animal Husbandry Science &Technology*，

Xinjiang Production & Construction Group，*Alar Xinjiang* 843300；

3. *Key Laboratory of Animal Heredity and Breeding of Ministry of*

Education，*Huazhong Agricultural University*，*Wuhan* 430070，*China*）

Abstract：To study the effect of oncogene c – fos on growth of the antler，Antler tips were collected from 3 adult Tarim wapiti deers with 30 or 60 – day – old growing anters，respectively，and the samples were dissected into four zones，including epidermis/dermis，mesenchyme，precartilage，and cartilage. Locations of c – fos expressions in the four zones of antler were determined by two immunohistochemical methods while quantitative analysis of c – fos expression was conducted with fluorescent quantitative PCR. The results demonstrated that the expression of c – fos was discovered in inner root sheath of hair follicle，hair matrix of dermal layer，and vascular smooth muscle of arteries while weak expression of it was found in the basal cells between the papillary dermis and basal layers. There was no detectable expression in veins，nerve，or other subsidiary organs. Analysis of quantitative PCR revealed that c – fos expressed in all layers of different growth phases. Higher expression level of c – fos was observed in dermal layer than that in mesenchymal cells layer，precartilage cells layer or cartilage （p < 0. 05）. And low expression of c – fos was found in mesenchymal cells layer，precartilage cells layer and cartilage. Little variation was found between the expressions of c – fos in mesenchymal cells layer and precartilage cells layer in the 30d antlers and those in 60d ones while c – fos expression in cartilage layer decreased with the increasing age. The results suggested that Oncogene c – fos participated in the regulation of the proliferation and differentiation of stem cells in dermal layer during the rapid growth of the antlers，and，c – fos may promote the differentiation of osteoblast into bone cells in cartilage cells layer.

Key words：Tarim wapiti deer；antler；oncogene ；c – fos

原癌基因 c –*fos*、c –*myc* 均属于即刻早期基因 （Immediately Early Genes，IEGs），c –*fos* 与 FBJ 和 FBR 小鼠成骨肉瘤病毒 （HSVs） 中致癌基因 v – fos 的细胞同源。从近 30 年的研究结果发现，作为转录因子，该基因 c –*fos* 及其蛋白产物不仅参与细胞的正常生长、分化及凋亡过程，而且也参与细胞内信息传递过程和细胞的能量代谢过程，在生命活动中起着极为重要的作用[1]。在正常情况下，c –*fos* 在胎鼠的中胚层器官如枢神经系统和骨、软骨部位有较高表达[2]；出生后在骨髓细胞中的某些特定的造血细胞，如巨噬细胞、粒细胞和生殖细胞中有较低水平表达[3]。在诸多影响因子的诱导下 c – fos 能维持高表达。如组织创伤、癌变、应急等，转化生长因子、成纤维细胞生长因子、和血清多肽、表皮生长因子、肿瘤坏死因子、与分化过程有关的有丝分裂原，此外机械刺激、电生理刺激等均能引起 c –*fos* mRNA 及其蛋白产物快速短暂诱导。

原癌基因 c‐fos 对骨组织形成有关键的作用。成骨细胞是骨形成的主要功能细胞，负责骨基质的合成、分泌和矿化。该基因能够通过促使成骨细胞的增殖分化完成骨组织的形成和重建。

马鹿茸生长快，产量高，一年可收获两茬，其快速生长及割后再生的特点形似肿瘤。本课题以塔里木马鹿茸为材料研究原癌基因 c‐fos 对茸生长的作用，一方面为鹿茸生长机制提供理论依据，另一方面也为肿瘤研究提供线索。

1 材料与方法

1.1 材料

选择库尔勒地区农二师 34 团鹿场 3 头 2 岁至 3 岁的成年塔里木马鹿，采集生长期为 30d、60d 的新鲜鹿茸。用药棉清理表面污物后，用手术刀取距顶端 5cm 长的部分组织，纵剖，在解剖显微镜下按 Andrea Molnar 等的方法将鹿茸分成茸皮层、间充质细胞层、成软骨细胞层和软骨细胞层共四层，尽量切去两层过渡的部分[4]。分别用 A、B、C、D 标记样本。样本均分成两份，一份液氮保存，用于荧光定量 PCR 分析；另一份 4℃ 保存，用于免疫组化分析。

1.2 试剂

兔抗 c‐fos 多克隆抗体（1∶50～100），Hong Kong Abcam Ltd 生产。异硫氰酸荧光素（FITC）标记羊抗兔 IgG（1∶100～200）、抗兔链霉菌抗生物素蛋白‐过氧化酶免疫组化超敏 SP 试剂盒 SP‐0023 和 DAB 染色试剂盒，以上药品试剂均购自北京博奥森生物公司。

1.3 方法

1.3.1 组织切片制作

用常规石蜡切片制作方法生长期为 30d、60d 的新鲜鹿茸四个组织层 8 份样本各制作组织切片 20 个，共计 160 张。

1.3.2 免疫组织化学

为确定基因在组织中的表达位置，实验选用两种方法。一是免疫组化 sp 法，二用免疫荧光组织化学法。实验程序（1）、脱蜡。将切片在 60℃ 的恒温箱中烘烤后，经二甲苯两次脱蜡，依次用不同浓度乙醇处理。（2）修复。在微波炉里加热用 0.5mol/L，pH 8.0EDTA 缓冲液至沸腾后将组织切片放入修复 10min，PBS 洗涤 2～3 次各 5 分钟。（3）灭活。PBS 新鲜配制 3% H_2O_2，在湿盒中室温 5～10 分钟以灭活内源性酶，蒸馏水洗 3 次。（4）封闭。滴加正常山羊血清封闭液，在湿盒中室温 20min，除去多余液体，不洗（5）一抗。滴加适当稀释的一抗（兔抗 c‐fos 多克隆抗体），对照片滴加同样稀释度的免疫前的 PBS，在湿盒中 4℃ 过夜。0.01MPBS 洗 2min × 3 次。（6）二抗。滴加生物素化山羊抗兔 IgG，室温 2h，0.01MPBS 洗 2min × 3 次。（7）SABC。滴加 SABC，室温 20min，0.01MPBS 洗 5min × 4 次。（8）显色。滴加 DAB 显色液，室温显色，在 DAB 底物溶液里显色 5 分钟。蒸馏水洗涤。（9）Ehrlich 苏木精复染。（10）脱水、透明、封片。免疫荧光组织化学法在上述程序中的二抗用异硫氰酸荧光素（FITC）标记羊抗兔 IgG。四个组织各设一个阴性对照组，即用 PBS 代替一抗。

1.3.3 不同鹿茸组织层 c‐fos 定量分析

根据 Genebank 数据库提供的鹿 c‐fos 基因序列和 13‐actin 基因序列，用 Primer 5.0 软件设计 PCR 的一对引物，c‐fos：Forward AGTGGAGCCCGTCAAGAGCGTCG Reverse ACAGGTCCAT-

GTCTGGCACAGAGCG，内参 β – actin 的引物。

　　分别提取液氮中保存的茸皮层、间充质细胞层、成软骨细胞层和软骨细胞层总 RNA，反转录成 cDNA，用上述特异引物于 Bio—LadieycleriQ Multicolor Real – Time PCR DetectionSystem 上进行实时定量 PCR 扩增。PCR 扩增参数为：94℃ 2min；94℃ 20s，65℃ 20s，72℃ 20s 45 个循环；溶解曲线程序：94℃ 30s，63℃ 30s，40℃ 20s。基因相对表达量用 2 – ΔΔct 计算，利用 spss17.0 统计分析软件分析数据间的差异。

2　实验结果

2.1　c – fos 在鹿茸组织中的表达定位

　　不能从形态上区分不同生长期免疫组化检测结果的差异。

　　通过两种方法，可以明确看到在茸皮组织中有 c – fos 基因表达，阳性细胞分布在毛囊、皮脂腺、动脉血管和真皮乳头层与表皮基部连接的基底层。见图 1 和图 2。从图 3 可明显看到 c – fos 基因在动脉血管的环形平滑肌处阳性表达；在毛囊的内根鞘、毛母质和初级毛囊呈有表达，见图 4；在皮脂腺靠近基膜的立方体细胞阳性表达，图 5。在而静脉血管、神经和其他附属器反应均呈阴性。在间充质细胞层、成软骨层和软骨层两种方法均没有观察到 c – fos 的表达。

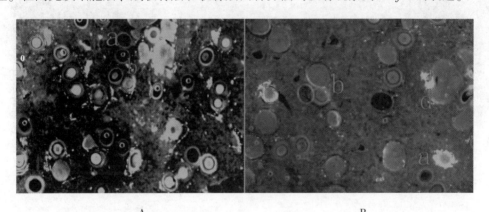

A　　　　　　　　　　　　　　　　　　B

图 1　用免疫荧光组织化学法检测 c – fos 在茸皮中的表达 A. 实验组　B. 对照组（100 ×）

Fig. 1　The expression of c – myc was detected inepidermis/dermis by immunofluorescence（100 ×）A Experimental group；B Control section

2.2　c – fos 在不同生长期鹿茸组织中的表达

　　定量分析发现，c – fos 基因在不同生长阶段的不同组织层均有表达。如图 6 和图 7 所示，无论在生长 30d 还是 60d，c – fos 在茸皮的表达量都显著高于间充质细胞层、成软骨层和软骨层（p < 0.05）。在同一生长期间充质细胞层、成软骨层和软骨层 c – fos 的表达量很低。

　　从生长 30d 到 60d，c – fos 在间充质细胞层和成软骨层变化不大，而在茸皮层和软骨层表现为下调表达。而 c – myc 基因在间充质细胞层、成软骨层和软骨层上调表达，特别是软骨层，在生长 60d 时 c – myc 基因的软骨层的表达量高于茸皮。见图 8。

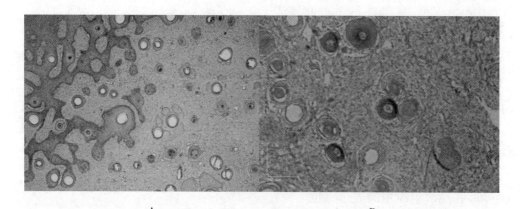

A   B

图2　免疫组化 sp 法检测 c–fos 在茸皮中的表达 A. 实验组　B. 对照组（100×）

Fig. 2　The expression of c–*fos* was detected in epidermis/dermis by immunohistochemistry（100×）

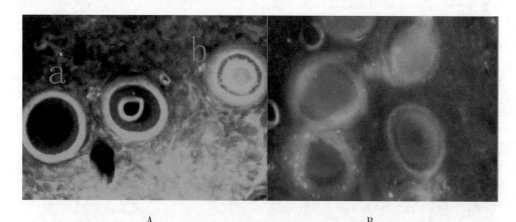

A   B

图3　c–*fos* 茸皮血管弱阳性表达 SP 法　A. 实验组 B. 对照组（400×）

Fig. 3　The expression of c–*fos* was peaked in artery by immunohistochemistry（400×）

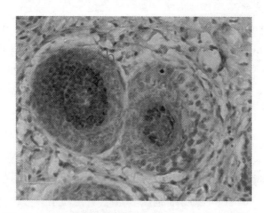

图4　c–*fos* 在毛囊内根鞘阳性表达 SP 法（400×）

**Fig. 4　The expression of c–*fos* was detected in
internal root sheath of hair follicle by immunohistochemistry（1000×）**

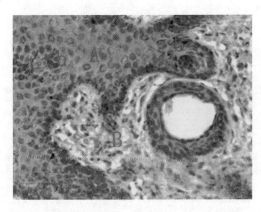

图 5　在茸皮基底层阳性表达 SP 法（400×）

Fig. 5　The expression of c−*fos* was detected in stuatum basale by immunohistochemistry（400×）

注：图 1−5 中 A 表皮 B 真皮；a. 动脉 b. 毛囊 c. 神经 d. 皮质腺 e. 静脉

Note：A epidermis layer B dermis layer；a. arteries b. the hair follicles. c. nerves d. sebaceous gland e. veins

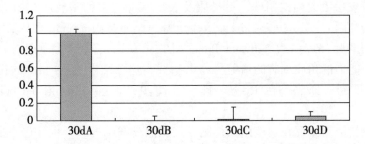

A、B、C、D：鹿茸的茸皮、间充质细胞层、前软骨组织和软骨组织。（下同）。

A、B、C、D were the epidermis/dermis，mesenchyme，precartilage，and cartilage，respectively。

图 6　c−*fos* 在生长期为 30 天不同组织的表达量

Fig. 6　c−*fos* expression in the different tissues in 30d

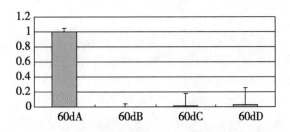

图 7　c−*fos* 在生长期为 60 天不同组织的表达量

Fig. 7　c−*fos* expression in the different tissues in 60d

3　讨论

3.1　c−*fos* 在鹿茸茸皮中的表达定位

动物表皮中的基底细胞包含具有分裂能力的角质细胞附于基底膜上，离开基底层的细胞在向

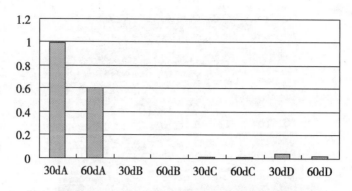

图 8　自然生长 30 天和 60 天 c－fos 在不同组织中表达比较

Fig. 8　The expression difference of c－fos gene in the
different tissues and the different priod of growth

皮肤表面移动的同时，完成终末分化过程，最终形成无细胞核的角质层。毛囊间基底层的角质细胞与毛囊及皮脂腺基底层角质细胞是连续的，同样能终末分化成高度特化的细胞－毛干或皮脂细胞[5]。在鹿茸的茸皮层毛囊内根鞘处、毛母质及表皮基部连接的基底层均由具有分裂能力的角质细胞构成，原癌基因 c－fos 能够通过 LZ 途径与另一原癌基因 c－jun 形成异源二聚体（Jun－Fos）的核蛋白复合物，AP－1（Activator Protein 1），再结合在靶基因的 DNA 相关序列即结合区，调控具有分裂能力的角质细胞的增殖与分化[6-10]。这一结果与 c－myc 的作用结果和机理相同[10]。因此可以推断，原癌基因 c－fos 具有促使 TA 细胞（transitional cells）增殖分化的作用[10]。

动脉血管的侧壁或下壁存在一些内皮细胞，这些内皮细胞可进一步分化，管腔化基底膜至血管管腔。原癌基因 c－fos 在动脉管外层的表达，可作用这些内皮细胞，促进分化，维持鹿茸血管的快速生长[5]。

定量分析发现茸皮 30d 的 c－fos、c－myc 表达量均高于 60d，说明两个基因对细胞分化增殖的作用大于细胞生长。

3.2　c－fos 对茸皮生长的影响

在鹿茸生长过程中，茸皮的快速分化是与鹿茸角的快速生长有密切关系的。以往的大量实验证明尽管茸皮不参与茸角的发生，但茸角生长却依赖茸皮和皮下组织。茸皮的增殖分化主要是茸角生长时对茸皮的机械牵拉，刺激骨膜和成软骨细胞产生信号一起表皮等干细胞的分化增殖[11]。而机械刺激能够促使 c－fos 基因的大量表达。在软骨细胞培养时细胞的机械分离等都能使 c－fos mRNA 的量在短期水平内提高，但该结果并不代表对细胞分化或凋亡起着某种作用[12-14]。但茸角柄生长对茸皮的机械牵引是否作为一种信号通过 c－fos 基因的大量表达促使表皮干细胞的快速分化增殖还有待于研究。

3.3　c－fos 和 c－myc 对鹿茸软骨组织中的不同影响

c－fos 在间充质细胞层、成软骨层表达下调的作用结果相同于 c－myc，但在软骨层的表达也表现为下调不同于 c－myc。大量实验结果表明，c－fos 对骨的生成有着特殊的作用。Ellen I. Closs 等人以新生小鼠脚踝软骨为材料，通过体外培养观察了不同时期 c－fos 和 c－myc 基因的表达情况，发现 c－fos 表达时间早于 c－myc；在软骨生长过程中 c－fos 的主要作用是促进成骨细胞向骨细胞分化，促进骨的形成，完成软骨内生骨的模式[12~14]。

在马鹿茸生长过程中既有膜内生骨模式也有软骨内生骨模式。c - myc 基因在软骨中表现为上调表达而 c - fos 表现为下调表达。c - myc 基因起着促使成软骨细胞层、软骨组织退出细胞周期走向终末分化从而阻止软骨骨化的进程的作用，而 c - fos 基因的下调表达同样说明，在茸生长最快的 60 天里，成骨细胞向骨细胞的分化进程减慢，阻碍软骨内生骨模式，以维持软骨的快速生长[14]。c - fos 基因对骨形成的调控也是通过 AP - 1 途径完成骨的形成与重建[15~16]。

Nissim Hay 等通过体外实验认为 FOS 蛋白和 JUN 蛋白的复合物参与了 MYC 的负调控[17]。在鹿茸软骨生长过程是否 c - fos 负调控 c - myc 基因还需要进一步证明。

参考文献

[1] G Reiner, L Heinricy, B Brenig, H Geldermann, V Dzapo. Cloning, structural organization, and chromosomal assignment of the porcine c - fos proto - oncogene, FOS [J]. Cytogenetics and Cell Genetics, 2000, 89: 59 - 61.

[2] Carola Dony, Peter Gruss. Proto - oncogene c - fos expression in growth regions of fetal bone and mesodermal web tissue [J]. Nature, 1987, 328: 711 - 714.

[3] KENNETH A. LORD, ABBAS ABDOLLAHI, BARBARA HOFFMAN - LIEBERMANN, AND DAN A. LIEBERMANN. Proto - Oncogenes of the fos/jun Family of Transcription Factors Are Positive Regulators of Myeloid Differentiation [J]. molecular and cellular biology, 1993, 13 (2): 841 - 851.

[4] Andrea molnar, Istvan Gyurjan, Ena Korpos as. Identification of differentially expressed genes in the developing antler of red deer Cereus alphas [J]. Mol Genet Genomics, 2007, 277: 237 - 248.

[5] Stem Cell Biology. Danel R. Marshak, Richard L. Gardner, David Gottlieb. Cold Spring Harbor Laboratory Pr, 2000: 380 - 381.

[6] Jochen Hess, Peter Angel and Marina Schorpp - Kistner. AP - 1 subunits: quarrel and harmony among siblings [J]. Journal of Cell Science, 117: 5 965 - 5 973.

[7] E F Wagner, K Matsuo, Signalling in osteoclasts and the role of Fos/AP1 proteins [J]. Ann Rheum Dis. 2003, 62: ii83 - ii85.

[8] Gian Paolo Dotto, Michael Z. Gilman, Midori Maruyama and Robert A. Weinberg. c - myc and c - fos expression in differentiating mouse primary keratinocytes [J]. The EMBO Journal, 1986, 5 (11): 2 853 - 2 857.

[9] Chris Fisher1, Margaret R. Byers, Michael J. Iadarola and Elaine A. Powers. Patterns of epithelial expression of Fos protein suggest important role in the transition from viable to cornified cell during keratinization [J]. Development, 1991, 111: 253 - 258.

[10] Fiona M. Watt1, Michaela Frye, and Salvador Aznar Benitah. Myc in mammalian epidermis: how can an oncogene stimulate differentiation [J]. Nat Rev Cancer, 2008, 8 (3): 234 - 242.

[11] U. KIERDORF, Giel - en, and H. KIERDORF, Hildesheim. Pedicle and first antler formation in deer: anatomical, histological, and developmental aspects [J]. Z. Jagdwiss, 2002, 48: 32 - 34.

[12] Ellen I. Closs, A. Beatrice Murray, Jtrg Schrnidt, Annemarie Schfn, Volker Erfle, and

P. Giinter Strauss. c – fos Expression Precedes Osteogenic Differentiation of Cartilage Cells In Vitro [J]. The Journal of Cell Biology, 1990, 111: 1 313 – 1 323.

[13] M. Sandberg1, T. Vuorio1, H. Hirvonen2, K. Alitalo1 and E. Vuorio1. Enhanced expression of TGF – ⁄3 and c – fos mRNAs in the growth plates of developing human long bones [J]. Development, 1988, 102: 461 – 470.

[14] M. Elisa Piedra, M. Dolores Delgado, Maria A. Ros, Javier Leon. c – Myc Overexpression Increases Cell Size and Impairs Cartilage Differentiation during Chick Limb Development [J]. Cell Growth & Differentiation, 2002, 13: 185 – 193.

[15] Zhao – Qi Wang, Catherine Ovitt†, Agamemnon E. Grigoriadis, Uta Möhle – Steinlein, Ulrich Rüther & Erwin F. Wagner. Bone and haematopoietic defects in mice lacking c – fos [J]. Nature, 1992, 360: 741 – 745.

[16] Rainer Zenz, Robert Efer, Clemens Scheinecker, Kurt Redlich3 Josef Smolen, Helia B Schonthaler, Lukas Kenner1, Erwin Tschachler and Erwin F Wagner. Activator protein 1 (Fos⁄Jun) functions in inflammatory bone and skin disease [J]. Arthritis Research & Therapy, 2008, 10: 201.

[17] N Hay, M Takimoto and J M Bishop. A FOS protein is present in a complex that binds a negative regulator of MYC [J]. Genes Dev, 1989, 3: 293 – 303.

此文发表于《畜牧兽医学报》2012, 43 (2)

鹿科与牛科动物 IGF −1 基因序列比较及分子进化分析*

宋兴超** 徐 超 王 雷 巴恒星 王桂武 杨福合***

（中国农业科学院特产研究所，吉林省特种经济动物
分子生物学重点实验室，长春 130112）

摘 要： 以 GenBank 中已登录的梅花鹿（Cervus nippon）、马鹿（Cervus elaphus）、普通牛（Bos taurus）、水牛（Bubalus bubalis）、山羊（Capra hircus）和绵羊（Ovis aries）胰岛素样生长因子 −1（IGF −1）基因 mRNA 序列为研究材料，通过 DNAStar 7.0 等生物信息学软件对 6 个物种的 IGF −1 基因进行序列比较及分子进化分析。结果表明：（1）鹿科与牛科动物 IGF −1 基因编码区均为 465 bp，并且碱基组成表现为 G > C > A > T，且 G + C 含量高于 A + T；（2）6 个物种 IGF −1 基因密码子第 1 位富含 A，密码子第 2 位 4 种碱基的分布相对均匀，密码子的第 3 位碱基 C 含量较高；（3）编码区碱基序列中共检测到 20 个变异位点，包括 10 个单一变异和 10 个简约变异，鹿科和牛科动物 IGF −1 基因核苷酸和氨基酸序列的相似性均较高；（4）NJ 和 UPGMA 两种方法构建的分子进化树均把 6 个物种聚为 2 个大类：鹿科和牛科，其中牛科又分支出牛亚科和羊亚科两类。

关键词： 鹿科；牛科；胰岛素样生长因子 −1 基因；序列比较；密码子

Sequence Compariation and Molecular Evolution Analysis of IGF −1 Gene Between Cervidae and Bovidae Species

SONG Xing − chao，XU Chao，WANG Lei，Ba Heng − xing，WANG Gui − wu，YANG Fu − he
（State Key Laboratory of Special Economic Animal Molecular Biology，
Institute of Special Animal and Plant Science of CAAS，Changchun 130112，China）

Abstract： Based on the IGF −1 gene nucleotide and amino acid sequences of Cervus nppon，Cervus elaphus，Bos taurus，Bubalus bubalis，Capra hircus and Ovis aries registed in GenBank，sequence variation and molecular evolution of IGF −1 gene were analyzed by means of bioinformatics software. The results showed that：（1）The length of Cervidae and Bovidae

* 基金项目：国家重点基础研究发展计划（2012CB722907）；国家科技支撑计划项目（2011BAI03B02）

** 作者简介：宋兴超（1982—），男，河北保定人，在读博士研究生，助理研究员，研究方向：特种经济动物遗传育种。E − mail：tcssxc@126.com

*** 通讯作者：杨福合（1956—），男，河北人，研究员，博士生导师，研究方向：特种经济动物种质资源收集、评价及遗传育种。E − mail：yangfh@126.com

species IGF – 1 gene coding sequence is 465 bp，which encodes 154 amino acid. Base composition is G > C > A > T and the content of G + C is higher than that of A + T. （2）The first position of IGF – 1 gene codon in 6 species contains A rich，and the four base in the second position distributed relatively even，however，there is higher base C content in the third position. （3）A total of 20 polymorphic sites，including 10 singleton sites and 10 parsimony informative sites were detected among 6 species. In addition，there are higher similarity of nucleotide and amino acid sequence between Cervidae and Bovidae species. （4）The molecular evolutionary tree of 6 species was constructed by NJ and UPGMA method that together into two broad categories：Cervidae and Bovidae，in which Bovidae and Capinae were belong to the Bovidae.

Key words：Cervidae；Bovidae；IGF – 1 gene；Sequence compariation；Codon

胰岛素样生长因子（Insulin – like growth factors，IGFs）是一类广泛存在于动物体组织内且能够促进细胞分化、蛋白质沉积、骨骼增长以及个体生长发育的多功能细胞增殖调控因子[1]。IGFs 系统包括 I 型胰岛素样生长因子（IGF – 1）、II 型胰岛素样生长因子（IGF – 2）、胰岛素样生长因子受体（IGF – 1 R 和 IGF – 2 R）、胰岛素样生长因子结合蛋白（IGFBP）、IGFBP 相关蛋白及 IGFBP 酶等[2]。其中，IGF – 1 基因被认为是影响动物生长性状的重要候选基因，随着分子生物学技术在畜禽育种研究中的逐渐应用，IGF – 1 基因也作为一种有效的遗传标记在猪[3]、牛[4]、羊[5]和鸡[6]等畜禽上进行了较为深入的研究，特别是近年来，有关鹿科动物 IGF – 1 基因分离、鉴定及其与鹿茸生长关系的研究资料相对丰富。杜智恒等[7]首次在国内对梅花鹿 IGF – 1 基因进行了克隆，获得 DNA 核苷酸序列长度为 764bp 且与猪、牛和羊该基因同源性均为 90% 以上。胡薇等[8]通过 RT – PCR 方法分离得到梅花鹿 IGF – 1 基因 465bp mRNA 序列，相对荧光定量 PCR 差异分析发现该基因在鹿茸顶端的前软骨和软骨组织的表达水平高于真皮和间充质组织。郝林琳等[9]采用生物信息学方法预测马鹿该基因 5′调控区含有 CpG 岛和 253 个潜在的转录因子结合位点并且与牛、羊存在差异。李兆志等[10]利用 PCR – SSCP 技术检测到左家地区梅花鹿群体 IGF – 1 基因启动子区包括多个突变位点。到目前为止，IGF – 1 基因被认为是刺激鹿茸细胞分裂增殖最强的生长因子，并且 NCBI 的 GenBank 数据库中已经能够检索到多个鹿科动物 IGF – 1 基因序列，同时，牛科与鹿科动物同属偶蹄目反刍动物，而生长发育对于这两种动物都是非常重要的经济性状。因此，本研究利用生物信息学方法对鹿科和牛科动物 IGF – 1 基因 mRNA 序列进行比较，进一步构建 6 个物种的分子进化树，旨在探讨鹿科和牛科动物该基因序列变异特点及物种进化关系，为进一步寻找 IGF – 1 基因功能分化位点提供生物学基础资料。

1 材料与方法

1.1 序列来源

从 GenBank 的核苷酸序列数据库中下载梅花鹿、马鹿、普通牛、水牛、山羊和绵羊的胰岛素样生长因子 –1（IGF –1）基因全长 cDNA 序列，各物种序列信息见表1。

表1 从 NCBI 中获取的鹿科和牛科动物 IGF − 1 基因核苷酸和氨基酸序列

Table 1 nucleotide and amino acid sequences of IGF − 1 gene for*Cervidae* and *Bovidae* species from NCBI

序号 No	中文种名 Species name in Chinese	英文种名 Species name in English	拉丁种名 Species name in Latin	核苷酸 序列号 Nucleotide accession number	氨基酸 序列号 Amino acid accession number	来源 Source
1	梅花鹿	Sika deer	*Cervus nippon*	HQ890468	ADY38578	Hu W (2011)
2	马鹿	Wapiti	*Cervus elaphus*	JN998114	AFD20691	Zhang J (2012)
3	普通牛	Cattle	*Bos taurus*	HQ324241	AEA06507	Zhang J (2011)
4	水牛	Water buffalo	*Bubalus bubalis*	GQ301206	ACX46360	Kataria, R. S (2009)
5	山羊	Goat	*Capra hircus*	D11378	BAA01976	Yoshikawa, G (2008)
6	绵羊	Sheep	*Ovis aries*	EF012204	ABK20345	Wang, Y (2006)

1.2 分析方法

鹿科和牛科动物 IGF − 1 基因核苷酸序列碱基组成由 BioEdit 7.0 和 DNAStar 7.0 软件完成；采用 DNAStar 7.0 软件中 MegAlign 程序对 6 个物种 IGF − 1 基因编码区核苷酸和氨基酸序列进行差异分析及相似性比较；利用 Clustal X 1.83 对 IGF − 1 基因氨基酸序列进行完全比对，进一步基于 MEGA 5.05 软件的 NJ（neighbor − joining，邻近法）和 UPGMA（unweighed pair group method with arithmetic mean，非对组算数平均法）2 种方法分别进行鹿科与牛科动物 IGF − 1 基因分子进化分析。

2 结果与分析

2.1 cDNA 序列碱基组成

IGF − 1 基因 cDNA 序列碱基组成如表 2 所示，表明鹿科与牛科动物该基因编码序列碱基组成基本一致，均为 G > C > A > T，且 G + C 含量高于 A + T，梅花鹿和马鹿的 T 碱基百分含量最低。从 4 种碱基在密码子的分布情况可知，鹿科和牛科动物密码子中碱基分布存在相似的规律，密码子第 1 位富含 A，密码子第 2 位 4 种碱基的分布相对均匀，密码子的第 3 位 C 碱基含量较高，A 碱基含量最低，其中梅花鹿 C 碱基含量达 39.4%，而水牛的 A 碱基含量最低，为 11.0%。

表2 鹿科和牛科动物 IGF − 1 基因 cDNA 序列碱基组成

Table 2 Base composition of IGF − 1 gene between*Cervidae* and *Bovidae* species

| 物种
Species | 碱基组成 Base composition（%） | | | | | | | | | |
	A	C	G	T	A + T	G + C	A1/A2/A3	C1/C2/C3	G1/G2/G3	T1/T2/T3
梅花鹿 *C. nippon*	22.58	27.95	28.82	20.65	43.23	56.77	29.7/26.5/11.6	20.6/23.9/39.4	26.5/25.2/34.8	23.2/24.5/14.2
马鹿 *C. elaphus*	22.58	27.53	28.82	21.07	43.65	56.35	29.7/26.5/11.6	20.6/23.9/38.1	25.8/25.2/35.5	23.9/24.5/14.8
普通牛 *B. taurus*	22.58	27.31	28.60	21.51	44.09	55.91	29.7/26.5/11.6	20.6/23.9/38.1	25.8/25.2/35.5	23.9/24.5/14.8
水牛 *B. bubalis*	22.37	27.10	28.82	21.71	44.08	55.92	29.7/26.5/11.0	20.6/23.9/36.8	25.8/25.2/35.5	23.9/24.5/16.8
山羊 *C. hircus*	23.23	26.88	28.17	21.72	44.95	55.05	29.7/26.5/13.5	20.6/23.9/36.1	25.8/25.2/33.5	23.9/24.5/16.8
绵羊 *O. aries*	22.58	26.67	29.25	21.50	44.08	55.92	29.0/26.5/12.3	20.0/23.9/36.8	27.1/25.8/34.8	23.9/24.5/16.1

注：表中数字 1，2，3 分别代表密码子的第 1、2、3 位。Note：No.1，2 and 3 represent the 1st, 2nd and 3rd codon position, respectively.

2.2 核苷酸与氨基酸序列变异

GenBank 数据库中公布的鹿科和牛科动物 IGF－1 基因 mRNA 序列长度不一致，其中鹿科中的梅花鹿和马鹿分别为 465bp 和 809bp，牛科动物中普通牛、水牛、山羊和绵羊分别为 874bp、538bp、978bp 和 595bp，但鹿科与牛科动物该基因完整编码区序列均为 465bp，这 6 个物种编码序列碱基变异情况如图 1 所示，以梅花鹿 IGF－1 基因序列作为标准，共检测到 20 个变异位点，其中，10 个单一变异位点（Singleton variable sites）为：g.84A＞G，g.111C＞T，g.131C＞G，g.201C＞T，g.240C＞T，g.258G＞A，g.343C＞G，g.354G＞A，g.435C＞G，g.439G＞T，10 个简约变异位点（Parsimony informative sites）为：g.78C＞A，g.79G＞A，g.105C＞T，g.153 C＞T，g.270 G＞A，g.276A＞C，g.330C＞T，g.346A＞G，g.352G＞T，g.429C＞T。在梅花鹿与马鹿及普通牛与水牛 IGF－1 基因序列中，仅存在 3 个变异位点，而山羊与绵羊间却产生了 8 个碱基变异。另外，在变异的碱基中，发生在第 3 密码子位置上有 14 处，占 70.00%，密码子第 1 位存在 5 处碱基变异，只有 1 处变异发生在密码子第 2 位，表现出密码子的第 2 位非常保守，密码子碱基第 3 位的变异率明显高于第 1 和第 2 位，符合密码子摆动性的特点。序列相似性比对表明梅花鹿与马鹿、普通牛、水牛、山羊和绵羊 IGF－1 基因编码区核苷酸序列相似性分别为 99.4%、98.1%、97.6%、97.6% 和 97.6%。

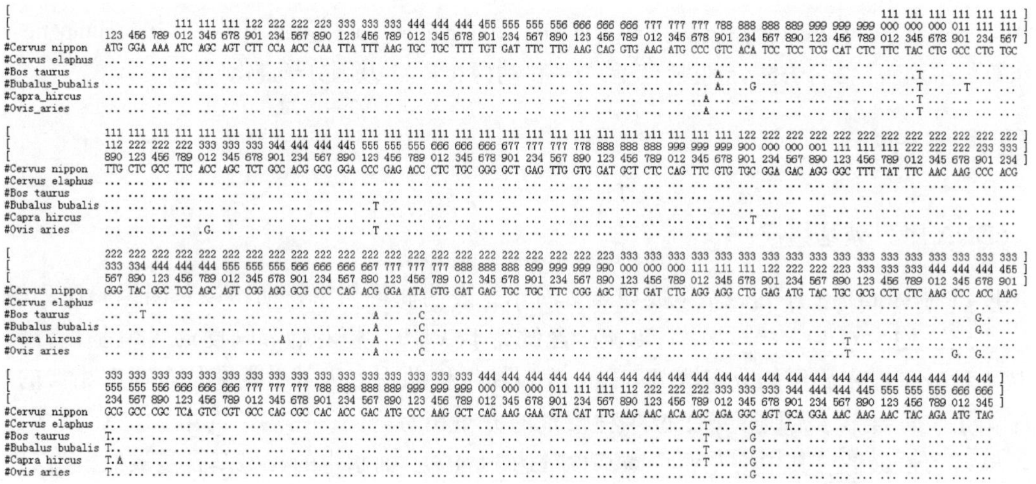

图 1　鹿科与牛科动物 IGF－1 基因编码区碱基变异位点（．表示相同核苷酸）

Fig. 1　Nucleotide variable sites of IGF－1 gene between Cervidae and Bovidae species（. Indicates the identity of nucleotides）

从氨基酸序列比对结果来看（图 2），鹿科与牛科动物 IGF－1 基因均编码 154 个氨基酸，鹿科动物中梅花鹿与马鹿 IGF－1 基因编码氨基酸序列相似性为 99.4%，牛科动物中普通牛与水牛、山羊和绵羊的相似性分别为 100%、98.7% 和 98.1%，普通牛和水牛的氨基酸序列完全一致。

2.3 分子进化树构建

鹿科和牛科动物的 IGF－1 基因编码区核苷酸序列通过 MEGA 5.0 软件的 NJ 法和 UPGMA 法分别构建 6 个物种分子进化树（图 3 和 4），Bootstrap 值是基于 1000 次模拟产生的，各个分支的

```
[                    1 1111111112 2222222223 3333333334 4444444445 5555555556 6666666667 7777777778 ]
[           1234567890 1234567890 1234567890 1234567890 1234567890 1234567890 1234567890 1234567890 ]
#Cervus nippon    MGKISSLPTQ LFKCCFCDFL KQVKMPVTSS SHLFYLALCL LAFTSSATAG PETLCGAELV DALQFVCGDR GFYFNKPTGY
#Cervus elaphus   .......... .......... .......... .......... .......... .......... .......... ..........
#Bos taurus       .......... .......... .......I.. .......... .......... .......... .......... ..........
#Bubalus bubalis  .......... .......... .......I.. .......... .......... .......... .......... ..........
#Capra hircus     .......... .......... .......... .......... .......... .......... .......... ..........
#Ovis aries       .......... .......... .......... .......... .......S.. .......... .......... ..........

[                    1 1111111111 1111111111 1111111111 1111111111 1111111111 1111]
[           8888888889 9999999990 0000000001 1111111112 2222222223 3333333334 4444444445 5555]
[           1234567890 1234567890 1234567890 1234567890 1234567890 1234567890 1234567890 1234]
#Cervus nippon    GSSSRRAPQT GIVDECCFRS CDLRRLEMYC APLKPTKAAR SVRAQRHTDM PKAQKEVHLK NTSRGSAGNK NYRM
#Cervus elaphus   .......... .......... .......... .......... .......... .......... ....S..... ....
#Bos taurus       .......... .......... .......... .......A.S. .......... .......... .......... ....
#Bubalus bubalis  .......... .......... .......... .......A.S. .......... .......... .......... ....
#Capra hircus     .......... .......... .......... .........S. .......... .......... .......... ....
#Ovis aries       .......... .......... .......... ......AA.S. .......... .......... .......... ....
```

图2　鹿科与牛科动物 IGF−1 基因编码区氨基酸变异位点（. 表示相同氨基酸）

Fig. 2　Amino acid variable sites of IGF − 1 gene in Cervidae and

Bovidae species（. Indicates the identity of amino acid）

置信度较高，结果表明，两种方法构建的进化树均把 6 个物种聚为 2 个大类：鹿科和牛科，其中牛科又分支出牛亚科和羊亚科两类，这种聚类与 NCBI 中动物系统分类结果基本相符。

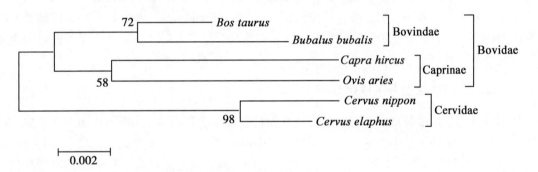

图3　NJ 法构建的分子系统进化树

Fig. 3　Molecular phylogenetic tree with NJ method

注：Bovindae 牛亚科，Caprinae 羊亚科，Cervidae 鹿科，Bovidae 牛科，下图同

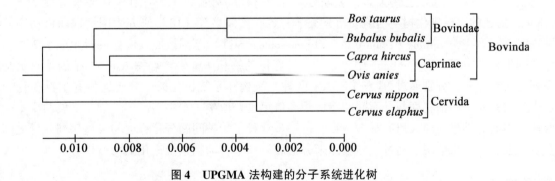

图4　UPGMA 法构建的分子系统进化树

Fig. 4　Molecular phylogenetic tree with UPGMA metho

3　讨论

3.1　鹿科与牛科动物 IGF－1 基因序列差异

本研究通过生物信息学方法分析了鹿科与牛科动物 IGF－1 基因的碱基组成特点，同时参考了前人的研究结果，最终发现，该研究中所涉及到的 6 种动物的 A、T、C、G 的含量与胡薇等[8] 研究结果基本一致，均为 G＋C 含量明显高于 A＋T。王宁等[11] 研究表明，G＋C 含量与核苷酸替代速率之间呈反比，由于 IGF－1 基因在哺乳动物进化过程中起主要调控作用，该基因的表达量决定了物种的生长速度，其编码区核苷酸替代速率必然低于非功能基因，因此导致该基因 G＋C 含量较高。根据本研究结果，鹿科和牛科动物 IGF－1 基因核苷酸序列中共检测到 20 个变异位点，其中梅花鹿与马鹿间变异位点较少，相似性达到 99.4％，胡薇等[8] 对梅花鹿 IGF－1 基因克隆测序表明，梅花鹿与马鹿 IGF－1 基因核苷酸序列同源性达到 99.78％，与本研究结果相似；而山羊和绵羊之间存在 8 个变异位点，这些变异位点与 IGF－1 基因的表达产物以及与鹿科和牛科物种表型差异的关系将是我们今后的工作目标。此外，从 IGF－1 基因编码区密码子碱基的分布情况可以看出，鹿科和牛科动物该基因存在相同的变化规律并且密码子第 3 位的变异率明显高于第 1 和第 2 位，符合摇摆假说（wobble hypothesis），即密码子第 3 位碱基允许有一定程度的摆动[12]。这与李鹏飞等[13] 分析鱼类线粒体 DNA Cyt b 基因序列密码子组成特点的研究结果一致。

3.2　鹿科与牛科动物的分子进化分析

从动物分类学角度分析，本研究中梅花鹿和马鹿属于鹿科物种[14]，普通牛、水牛、山羊和绵羊同属牛科物种，其中普通牛和水牛属牛科中的牛亚科，而山羊和绵羊则属于牛科中的羊亚科[15]。众多研究者以不同基因为研究对象，采用不同方法对鹿科与牛科动物的遗传分化进行了分析。Wada 等[16]（2007）分别通过 NJ 和 MP 方法，构建了包括鹿科和牛科在内的 12 个物种线粒体基因组核苷酸及其编码氨基酸序列系统进化树，发现鹿科、牛亚科及羊亚科在不同的进化枝上。Klungland 等[17]（1999）利用核基因黑素皮质激素受体－1（MC1R）基因分析了鹿科与牛科动物的遗传分进化关系，表明鹿科和牛科动物的 MC1R 基因核苷酸歧异度为 5.3～6.8％，构建的有根进化树与当前动物分类学一致。侯佩兴等[18] 研究表明，偶蹄目动物的性别决定（Sex－determining Region of Y－chromosome，SRY）基因按照其所处的科聚成了 2 类，即鹿科和牛科。本研究以 GenBank 中公布的 2 种鹿科动物和 4 种牛科动物 IGF－1 基因编码氨基酸序列为研究对象，分别通过 NJ 和 UPGMA 两种方法构建系统进化树，分析鹿科和牛科动物的分子进化关系，表明梅花鹿与马鹿间的遗传距离最短且普通牛、水牛与山羊、绵羊分属两个不同的亚科。本研究结果与前人研究基本一致，进一步解释了物种间的分化程度与碱基序列差异之间存在相关性，同时也证明了通过核内基因来分析鹿科和牛科动物系统进化的可行性。

参考文献

[1] Tang S Q, Sun D X, Ou J T, et al. Evaluation of the IGFs（IGF1 and IGF2）genes as candidates for growth, body measurement, carcass, and reproduction traits in Beijing you and silkie chickens [J]. Animal Biotechnology, 2010, 21：104－113.

［2］ Duan C M, Ren H X, Gao S. Insulin – like growth factors（IGFs）, IGF receptors, and IGF – binding proteins：Roles in skeletal muscle growth and differentiation［J］. General and Comparative Endocrinology, 2010, 167：344 – 351.

［3］ Niu P X, Kim S W, Choi B H, et al. Porcine insulin – like growth factor 1（IGF1）gene polymorphisms are associated with body size variation［J］. Genes Genom, 2013, 35：523 – 528.

［4］ Maskur, Arman C, Sumantri C, et al. A novel single nucleotide polymorphism in exon 4 of insulin – like growth factor – 1 associated with production traits in bali cattle［J］. Media Peternakan, 2012, 8：96 – 101.

［5］ Bahrami A, Behzadi S, Miraei – Ashtiani S R, Roh S G, et al. Genetic polymorphisms and protein structures in growth hormone, growth hormone receptor, ghrelin, insulin – like growth factor 1 and leptin in mehraban sheep［J］. Gene, 2013, 527：397 – 404.

［6］ Paswan C, Bhattacharya T K, Nagaraja C S, et al. Nucleotide variability in partial promoter of IGF – 1 gene and its association with body weight in fast growing chicken［J］. Animal Research, 2013, 3（1）：31 – 36.

［7］ 杜智恒, 王宇祥, 白秀娟. 梅花鹿胰岛素样生长因子Ⅰ（IGF1）基因的克隆及序列分析［J］. 黑龙江畜牧兽医, 2007, 5：98 – 99.

［8］ 胡薇, 孟星宇, 田玉华, 等. 梅花鹿 IGF1 全长 cDNA 克隆及在鹿茸组织的表达［J］. 东北林业大学学报, 2011, 39（11）：71 – 75.

［9］ 郝林琳, 刘松财, 赵志辉, 等. 马鹿茸 IGF – 1 基因端克隆及生物信息学分析［J］. 畜牧与兽医, 2007, 39（12）：47 – 49.

［10］ 李赵志, 严昌国, 张立春, 等. 吉林梅花鹿 IGF – 1 基因启动子区单核苷酸多态性分析［J］. 安徽农业科学, 2010, 38（13）：6 729 – 6 730.

［11］ 王宁, 陈润生. 基于内含子和外显子的系统发育分析的比较［J］. 科学通报, 1999, 44（19）：2 095 – 2 102.

［12］ 邹思湘. 动物生物化学［M］. 北京, 中国农业出版社, 第四版, 2005：287 – 306.

［13］ 李鹏飞, 周永东, 徐汉祥. 大黄鱼、鮸鱼及美国红鱼线粒体 DNA 的 Cyt b 基因序列比较［J］. 南方水产, 2008, 4（3）：43 – 47.

［14］ 赵世臻. 中国养鹿大成［M］. 北京：中国农业出版社, 2001：257 – 265.

［15］ 杨秋丽, 哈福, 李大林, 等. 牛科物种 FSHb 基因外显子 3 编码区遗传多态性及其生物信息学分析［J］. 华北农学报, 2013, 28（2）：52 – 59.

［16］ Wada K, Nishibori M, Yokohama M. The complete nucleotide of mitochondrial genome in the Japanese Sika deer（Cervus nippon）, and a phylogenetic analysis between Cervidae and Bovidae［J］. Small Ruminant Research, 2007, 69：46 – 54.

［17］ Klungland H, RΦED K H, NESBΦ C, et al. The melanocyte – stimulating hormone receptor（MC1 – R）gene as a tool in evolutionary studies of Artiodactyles［J］. Hereditas, 1999, 131：39 – 46.

［18］ 侯佩兴, 孙立彬, 赵洪波. 偶蹄目牛科和鹿科 SRY 基因编码区进化研究［J］. 上海交通大学学报（农业科学版）, 2009, 27（4）：350 – 352.

此文发表于《家畜生态学报》2014, 35（3）

中国梅花鹿种群演化史研究进展*

白红女[1]** 朴海仙[2] 金 一[2]***

(1. 延边州农业科学研究院，2. 延边大学农学院)

摘 要：梅花鹿曾广泛分布于亚洲东北部，中国是梅花鹿的主产区，但迄今为止，对中国梅花鹿地史分布、种和亚种的划分、演化历史问题的系统研究报道甚少。本文收集了过去研究人员所积累的有关资料，结合野外调查研究所得结果，进行了简要汇总。

关键词：梅花鹿；种群；演化

Research Progress in Evolution of Chinese Sika Deer Population

Zhang Linghe[1], Piao Haixian[2], Jin Yi[*2]

(1. Medical College of Yanbian University,

2. Agricultural College of Yanbian University, Yanji Jilin 133000, China)

Abstract：The sika deer is widely distributed in northeast Asia, China is the main production area of sika deer, but so far, and the geological distribution of sika deer, partition of species and subspecies, the reports for the system research of evolution history is precious little in China. This article collected the accumulated information of the past researchers combined the research results of the field, made a brief summary.

Key words：Sika deer, Population, Evolution

梅花鹿（*Cervus Nippon*）别名花鹿，属于偶蹄目鹿科鹿属，英文名为 Sika deer。梅花鹿曾广泛分布在亚洲东北部，具有非常高的经济价值。因此也成为捕猎者的目标，作为医药成分、贸易、食物等等。过度的捕猎、栖息地的破坏、种群隔离、种间竞争、天敌动物等原因使梅花鹿成为濒危物种[1]。长期以来梅花鹿受到严重的狩猎压力，国内的野生梅花鹿种群大部分已经灭绝，是我国的国家一级重点保护动物。

1 古生物学者对梅花鹿种、亚种划分

1.1 依据化石和亚化石对种划分

除现生种（*Cervus nippon*）外，古生物学者依据已发现化石的角、牙齿、头骨等的形态将我

* 基金项目：中韩合作课题
** 作者简介：白红女，延边州农业科学研究院
*** 通讯作者：金一（1967—），男，博士，博士生导师。E - mail：yijin@ybu. edu. cn

国的梅花鹿定为 6 个种[2]：（1）新竹斑鹿［*Cervus*（*Pseudaxis*）*sintikuensis* Shikama，1937］个体很小，下颌骨很窄，牙齿侧扁，底柱不很发达，M_3 的宽度不超过 10 mm。发现于台湾，早更新世；（2）台湾斑鹿［*C.*（*P.*）*taevanus* Blyth，1860］大小与新竹斑鹿相近，下颌骨也很窄，但 M_3 的宽度超过 10 mm，分布于台湾，早更新世至现代；（3）葛氏斑鹿［*C.*（*P.*）*grayi zdansky*，1925］个体较前两者大，角的第二枝与第三枝分叉的距离较远，第三枝与第四枝几乎同样大小。分布于华北、东北、华中；（4）大斑鹿［*C.*（*P.*）*magnus zdansky*，1925］角较葛氏斑鹿小，第二枝与第三枝分叉的距离很短，第三枝比第四枝小。发现于河南、山东、江苏，早更新世至中更新世；（5）北京斑鹿［*C.*（*P.*）*hortulorum Swinhoe*，1864］角较纤细，第二枝与第三枝分叉的距离较远，第三枝比第四枝小，成年的角较粗糙，分布于华北、东北等地，晚更新世至现代；（6）东北斑鹿［*C.*（*P.*）*manchuricus Swinhoe*，1865］角较北京斑鹿粗壮，表面粗糙，且宽有明显的沟，分布于吉林、辽宁，晚更新世。发现的亚化石及兽骨有北京斑鹿和梅花鹿（*C. nippon*）。我国已报道的化石、亚化石及兽骨发现地点约有一百多处。

1.2　依据古籍、方志及近代文献记载对亚种划分

自古以来，我们祖先就将梅花鹿视为灵性吉祥之物，并从这种动物身上获取了宝贵的财富，不仅以皮为衣以肉为食，更取得鹿茸作为名贵的药材。我国历代古籍、方志中有很多关于梅花鹿的记载。

用现代科学的观点和方法对梅花鹿的研究始于 19 世纪。自 1860 年到 20 世纪，先后有 20 多位中外学者从事过我国梅花鹿标本的采集、分类研究、地理分布和资源状况的调查，有关资料散见于各种中外文献中[3,4]。经统计，在此期间我国曾发现和记载有梅花鹿的地点约有 30 处，分别分布于东北、华北、华中、华南及西南等地。通过对已有标本的形态及其地理分布的研究，我国的梅花鹿被订为 6 个亚种[5,6]：

（1）台湾亚种（*C. n. taiouanns* Blyth，1860）体小，夏皮和冬皮都有明显的白斑；夏毛为黄棕色，后颈色较深，白斑大，分布于台湾。

（2）东北亚种（*C. n. hortulorum* Swinhoe，1864）体大；颈有鬣毛；冬皮无白斑或有不明显的白斑；夏毛红棕色，白斑大而稀，分布较均匀，腹部青灰色。分布于黑龙江、吉林、辽宁，此外还分布于朝鲜和俄罗斯西伯利亚东南部乌苏里江流域。

（3）华北亚种（*C. n. mandarinns* Milne2Edwards，1871）体较大，夏毛褐棕色，白斑大而稀，腹部白色，眶间宽大于上齿列长。分布于河北、山东等地。

（4）山西亚种（*C. n. grassianus* Heude，1884）体较大，尾较长；冬皮有不显著的白斑；上齿列与眶间宽几乎相等。分布于山西西部山区。

（5）四川亚种（*C. n. Sinchuanicus* Guo1chenetwang，1978）体大；冬皮无白斑或有不明显的白斑；夏毛深红棕色，白斑小而密，有成行的趋势；腹部白色，上齿列大于眶间宽。分布于四川若尔盖、红原、甘肃迭部。

（6）江南亚种（*C. n. kopschi* Swinboe，1873）体较小，冬皮无白斑或有不明显的白斑；夏毛黄棕色，白斑大，体侧白斑连成 4 条条纹，体侧中部白斑排列较稀疏，腹部淡棕色；眶间宽与上齿列长近相等。分布于江苏、安徽、浙江、江西、湖南、广东、广西。

2　现代学者对梅花鹿亚种划分

我国化石及现生的梅花鹿可划分为 9 个亚种（我国古生物学界一直用 Pseudaxis 作为梅花鹿

亚属的拉丁学名，而动物学界却用 Sika。根据 Lydekker 1915 出版的英国自然博物馆馆藏有蹄类标本目录著录："Sika sclater，1870；Pseudaxis Gray 1872"；英国、法国、日本等国的文献中一致使用 Sika 这一拉丁学名，笔者认为应统一将 Sika 作为梅花鹿亚属的学名。

（1）新竹亚种 *Cervus（Sika）nippon sintikuensis* Shikama，1937［= *C.（Pseudaxis）sintikuensis*］；早更新世；台湾等地。

（2）台湾亚种 *C.（S.）n. taiouanus* Blyth，1860［= *C.（P.）taevanus*］；早更新世至现代；台湾。

（3）葛氏亚种 *C.（S.）n. grayi zdansky*，1925［= *C.（P.）grayi*、*C.（P.）magnus*］；早更新世至晚更新世；东北、华北、华中、华南、西南，此外还分布于日本。

（4）东北亚种 *C.（S.）n. hortulorm* Swinhoe，1864［= *C.（P.）manchuricus*、*C.（P.）hortulorum*］；晚更新世至现代；东北、内蒙古，国外分布于俄罗斯西伯利亚东南部、朝鲜。Loukshkin（1939）在记述我国东北地区兽类时，认为东北梅花鹿有两种，一种个体较大，夏毛红褐色，订名为乌苏里花鹿［*Cervus（P.）hortulorum* Swinhoe 1864］，另一种个体较小，夏毛淡红栗色，定为满州梅花鹿（*C. n. manchuricus* Swinhoe，1864），并指出这两种鹿的角型一样，分布区重叠。但后来 Ellermann（1951）和中国科学院动物研究所兽类组认为东北梅花鹿皆为 *C. n. hortulorum*[6,7]。20 世纪 80 年代中期吉林省梅花鹿类型调查组在汪清县发现野生梅花鹿有两种类型，并指出一种个体较大，毛色为深赤褐色，花斑条列明显，黑色背线宽约 2 寸；另一种类型个体较小，毛色为浅黄褐色，花斑散在分布，无背线，提出重新考虑它们在分类上的地位[8]。铁布自然保护区对四川梅花鹿长达 13 年的野外观察中发现，每一聚集群中总有几只雄鹿体况非常强壮，个体很大，夏毛为深赤褐色，背线很明显，远处望去像一只只大黑鹿；而那些处于劣势的雄鹿和雌鹿夏毛为黄棕色，背线不明显或没有；花斑的分布在不同的个体身上也有一些差异。因此认为上述差异是亚种内的个体和性别差异，Ellermann 和中国科学院动物研究所兽类组将东北梅花鹿皆归为东北亚种（*C. n. hortulorum*）是正确的。

（5）华北亚种 *C.（S.）n. mandarinus* Milne - Edwards，1871；［= *C.（P.）horttulorum*］；晚更新世至现代。分布于辽宁西南部、北京、河北、河南、陕西、湖北西北部、甘肃的榆中、环县。

（6）山西亚种 *C.（S.）n. grassianus* Heade，1884；晚更新世至现代。分布于山西。

（7）四川亚种 *C.（S.）n. sinchuanicus* Guo Chen et Wang，1978；晚更新世至现代。分布于四川西部，甘肃迭部。

（8）江南亚种 *C.（S.）n. Kopschi* Swinhoe，1873；晚更新世至现代。分布于江苏、上海、安徽、江西、湖北、湖南、福建、广东和广西的北部、贵州、四川的会理和盐边、云南的丽江。

（9）越南亚种 *C.（S.）n. pseudaxis* Eydouxet Souleyet，1838；［= *C. dugennianus*］；晚更新世至现代。分布于广西西南部、越南北部。1977 年 Dao Van Tien 对采于越南北部的梅花鹿（*C. n. pseudaxis*）标本进行了描述[9]与江南亚种相比较，越南亚种腹部近白色，眶间宽明显小于上齿列长，而江南亚种腹部为淡棕色，眶间宽与上齿列长近于相等。

3 梅花鹿演化史

弗辽罗夫（1957）认为，梅花鹿是在上新世晚期由古北界三趾马动物群中的 *Axis speciasus* 或 *Axis pardinensis* 演化而来[10]。迄今，我国最早的梅花鹿化石发现于陕西渭南张家坡下下更新统三门组的地层中，与其共生的动物有真枝角鹿（*Euctenoceros* sp.）、古中华野牛（*Bison palaeosi* nensis)、三门马（*Eguus sanmeniensis*）[11]。早更新世的化石地点除台湾外都分布于华北区。新竹亚种的个体很小，牙齿侧扁，底柱不很发达等特征反映出它是一种原始的类型。虽然其化石现仅发现于台湾，但从台南左镇动物群中与其共生的早坂犀（*Rhinoceros hayasakal*）、步氏麂（*Muntiacus cf. bohlini*）、台湾四不像鹿（*Elaphurus formous*）、黑鹿（*cervus*（*Rusa*）*sp.*）、东方剑齿象（*Stegodon orientalis*）、明石剑齿象（*Stegodon akashirnsis*）、台湾猛犸象（*Mammathus armeniacus taiwanicus*）推测[12,13]，它可能是在早更新世的冰期沿海地区发生海退时，从华北经东部滨海平原迁移到台湾，随后演化出台湾亚种。

早更新世一直生活在华北区的梅花鹿休形增大形成葛氏亚种，并分三路扩展开来。一路经华中区的东部丘陵平原向南分布到广东、广西和越南北部及中部，并向西扩展到贵州和云南的丽江盆地，在此扩展过程中葛氏亚种逐渐演化成江南亚种和越南亚种。Otsuka（1988）在对日本濑户内海毕西——濑户地区获得的更新世梅花鹿角化石进行了深入的研究后认为，日本现生的 3 个亚种是由葛氏亚种在晚更新世之后演化而来[14,15]。

4　梅花鹿养殖现状

东北亚种有很大的饲养种群，但野生鹿却十分稀少。1975 年至 1976 年的调查资料显示：黑龙江见于东宁、宁安、海林、林口、尚志、延寿等县；吉林省分布于抚松、安图、敦化、汪清、龙井、珲春等县[16]。但 1984 年吉林省的野生种群数量仅 148 只，黑龙江 1990 年调查[8,17]估计已不足 20 只。值得庆幸的是，通过近几年中国、美国、俄罗斯 3 国专家在珲春地区对东北虎的调查和全国陆生野生动物资源调查证实在吉林省珲春与俄罗斯交界处仍保留着一个健壮的野生种群，种群数量在 300 只左右。东北亚种现在主要的栖息环境是次生林灌及林间、林缘草地。随着东北林区森林资源的大面积开发，东北亚种的大多数栖息地均已遭到破坏，残留的栖息地也还在不断减小。

我们的祖先不仅将梅花鹿视为灵性吉祥物，更从其身上获取了宝贵的财富，并在 200 年前开始了对梅花鹿的人工饲养[19]。现在国内饲养的梅花鹿全部是东北亚种，已分布全国各地[20]。包括双阳梅花鹿品种、长白山梅花鹿品系、西丰梅花鹿品种和兴凯湖梅花鹿品种，是我国科研工作者经几十年努力选育而成的各具特征的优良茸用品种（品系）[21,22]。这些品种和品系不仅具有高产性能，而且有较高的种用价值和改良效果，对提高中国梅花鹿种群数起到了极为重要的作用[23,24]。

参考文献

[1] 郭延蜀，郑惠珍. 中国梅花鹿地史分布、种和亚种的划分及演化历史 [J]. 兽类学报，2000，20（3）：168 – 179.

[2] 中国科学院古脊椎动物与古人类研究所. 中国脊椎动物化石手册 [M]. 北京：科学出版社，1979.

[3] Kumar S, Tamura K, Jakobsen IB, Nei M. Molecular evolutionary genetics analysis software [J]. Bioinformatics, 2001, 17 (12): 1 244.

[4] Wu H, Wan QH, Fang S G. Two genetically distinct units of the Chinese sika deer (*Cervus nippon*): analyses of mitochondrial DNA variation [J]. Biological Conservation, 2004, 119: 183 – 190.

［5］郭卓甫，陈恩渝，王酉之. 四川梅花鹿的一新亚种——四川梅花鹿［J］. 动物学报，1978，24（2）：187－191.

［6］EllermanJ R, Morrison2scott T C S. Checklist of palaearctic and Inda mammals［M］. London: Brit. Mus. Nat. Hist, 1950.

［7］Goodman SJ, Tamate HB, Wilson R, Nagata J, Tatsuzawa S, Swanson GM, Pemberton JM, McCullough DR. Bottlenecks, drift and differentiation: the population structure and demographic history of sika deer（Cervus nippon）in the Japanese archipelago［J］. Mol Ecol, 2001, 10（6）：1 357.

［8］中国科学院动物研究所. 东北兽类调查报告［R］. 北京：科学出版社，1958.

［9］马逸清等. 黑龙江省兽类志［M］. 哈尔滨：黑龙江科学技术出版社，1986.

［10］Dav Van Tien. Some rare mammals in Northern Vietnam［J］. Mitt zool Mus Berl, 1977, 53 2: 325－330.

［11］弗辽罗夫. 鹿总科在其进化过程中的形态学和生态学［J］. 古生物学译报，1957，1－2：2－16.

［12］袁复礼，杜恒俭. 中国新生代地层学［M］. 北京：地质出版社，1984.

［13］Otsuka H. shikma T. Fossil cervidaefrom the Toakou2shan Group in Taiwan［R］. Rep Fac Sci kagoshima univ, 1978, II: 27－59.

［14］Shikama T, Otsuka H, Tomida Y. Fossil proboscidea from Tanwan［R］. Sci Rep Yokohama Nat Univ, 1975, 122: 13－62.

［15］Otsukaa H. Grouth of antler in the subgenus sika cervidae mammal from the pleistocene. Formation in the sato inland sea west［M］. Japan. Tean. Proc. Palaeontol. Soc Japan New Ser, 1988: 625－643.

［16］Grovcs C P, Smccnk C. On the type material of cervus nippon Temminck, 1836; With a revision of sika deer the main Japanese Islands［J］. Zoologische Mcdcd Lcidcn, 1978, 53 2: 11－28.

［17］Wu P, Zhang E. The resource conservation and utilization of wild Sika deer in China. Zhong Yao Cai, 2001, 24（8）：552.

［18］何敬杰. 东北梅花鹿种群现状与生境保护［J］. 吉林林业科技，1987，5：38－40.

［19］宋延龄，刘志涛. 珍稀动物——梅花鹿及其研究［J］. 生物学通报，2005，40（7）：1－3.

［20］张德晨. 我国人工饲养的茸用鹿品种. 引种指南.

［21］李顺才. 我国人工选育的茸用鹿品种（品系）简介［J］. 中国草食动物，2004，24（5）：61－62.

［22］Wu H L, Wu X B, Gong G B. Current status of sika deer resource in Wanjia town, Ningguo city, Anhui Province［J］. Chinese Journal of Zoology, 2003, 38: 54－57.

［23］李和平. 中国茸鹿品种（品系）的遗传繁殖性能［J］. 东北林业大学学报，2002，30（3）：35－37.

［24］郑兴涛，骆云和. 我国茸鹿科学研究的发展和成就［C］. 全国养鹿技术研讨会论文集第一辑（1991—1993），1994，10：1－7.

鹿复合麻醉剂对鹿无创血压、血浆 ANP、CGRP 及 RAAS 的影响[*]

尹柏双[1][**] 李雨航[2] 付 莹[1] 王 楠[1] 王雪莹[1] 沙万里[1] 付连军[1][***]

(1. 吉林农业科技学院动物科技学院，吉林，132101；

2. 吉林农业大学动物科技学院，长春 130118)

摘 要：为明确鹿复合麻醉剂作用下鹿血压变化与血浆肾素–血管紧张素–醛固酮系统、心钠素、降钙素基因相关肽相关性。试验选取 6 只健康成年梅花鹿，肌注鹿复合麻醉剂 $0.04mL \cdot kg^{-1}$，注药前及注药后 15、30、45、60、75、90 及 120min 进行血压监测，并同步采集颈静脉血样测定肾素（PRA）、血管紧张素（AⅡ）、醛固酮（ALD）、心钠素（ANP）和降钙素基因相关肽（CGRP）含量。结果表明，梅花鹿麻醉期血浆中 ANP、PRA、AⅡ 和 ALD 含量下降，与对照组比较降低显著（$P < 0.01$ 或 $P < 0.05$）；CGRP 含量升高，与对照组比较升高显著（$P < 0.01$）；SBP、DBP 和 MAP 显著将低于对照组（$P < 0.01$）。结果显示，鹿复合麻醉剂作用下引起肾素–血管紧张素–醛固酮系统、心钠素、降钙素基因相关肽变化参与鹿血压变化的调节。

关键词：鹿复合麻醉剂；肾素；血管紧张素Ⅱ；血压

Effect the Compound Anesthetic for Deer on Blood Pressure, ANP, CGRP and RAAS in Deer

Yin Baishuang[1], Li Yuhang[2], Fu Ying[1], Wang Nan[1], Wang Xueying[1],

Sha Wanli[1], Fu Lianjun[1]

(1. Department of Animal Medicine, JiLin Agricultural Science and technology, JiLin JiLin 132101, China; 2. School of Animal Science and Technology, Jilin Agricultural University, Changchun 130118, China)

Abstract: In order to investigate the Compound anesthetic for deer (CAD) on the relationship ANP, CGRP, RAAS in plasma and the changing of blood pressure in deer. 6 healthy grown deer were injected drug ($0.04mL \cdot kg^{-1}$), Jugular vein blood was collected at 0, 15, 30, 45, 60, 75, 90 and 120min before and after administration, and Systolic blood pressure

---

[*] 基金项目：国家自然科学基金项目（31302150）；吉林省科技厅发展计划项目（20140204062NY）；吉林省教育厅"十二五"科学技术项目（吉教科合字 2014379）；吉林农业科技学院博士启动基金项目（吉农院合字 2012307）；吉林农业科技学院种子基金项目（吉农院合字 2013905）。

[**] 作者简介：尹柏双（1978—），男，副教授，博士，研究方向为麻醉与镇痛，Email：ybs3421@126.com

[***] 付连军：与第一作者同等贡献

was monitored at the same time. The atrial natriuretic peptide, calcitonin gene related peptide, rennin, Renin (RPA), angiotensin (AⅡ) and aldosterone (ALD) in plasma were determined by Elisa. Results showed that the contents of ANP, PRA, AⅡ and ALD in plasma were significantly lower than the control group (P < 0.01 or P < 0.05). CGRP was significantly higher than the control group (P < 0.01). The blood pressure was also significantly lower than the control group (P < 0.01). It was concluded that ANP, CGRP, PRA, AⅡ and ALD participated in changing of hemodynamics caused by the CAD.

Key words: the compound anesthetic for deer; renin; angiotensin Ⅱ; blood pressure

鹿复合麻醉剂是依据反刍动物生理特点，根据平衡麻醉理论，利用麻醉剂塞拉嗪、替来他明和强痛宁单剂药理特点，通过正交试验及动物临床麻醉效果监测试验，研制的鹿专用复合麻醉剂。临床试验监测结果表明，该制剂对梅花鹿镇静、镇痛和肌松效果良好，具有麻醉诱导迅速，维持时间较长，苏醒平稳等优点。ANP是由心房肌细胞分泌的神经肽类血管活性物质，具有调节心血管系统和维持内环境稳态等功能[1]。CGRP是舒血管物质，广泛存在于中枢和外周神经系统[2]；具有舒张动脉和静脉、降低血液黏度[3]，参与运动、睡眠、呼吸、体温、痛觉及摄食的调节等功能[4~7]。肾素－血管紧张素－醛固酮系统（RAAS）是生物体内一种激素调节系统，大量失血或血压下降时该系统会被启动。当血压下降时，肾脏分泌肾素，肾素催化血管紧张素Ⅱ生成[8]，同时刺激肾上腺皮质分泌醛固酮，血管紧张素Ⅱ引起血管收缩，醛固酮促进肾脏对水和钠离子重吸收，从而使血压升高[9]。研究发现，许多麻醉剂引起动物血压变化与ANP、CGRP、RAAS及信号分子存在着相关性[10~15]。因麻醉过程中动物会出现血压下降，当血压下降超过一定范围时将严重影响动物生理状态，所以研究全麻过程中ANP、CGRP、RAAS及血压变化尤为重要[16]。为此，本试验开展鹿复合麻醉剂对鹿血浆ANP、CGRP及RAAS影响研究，旨在探讨梅花鹿麻醉状态下血压变化与其相关性，明确药物对机体作用，指导该药物临床应用。

1 材料与方法

1.1 材料

1.1.1 实验动物

成年梅花鹿6只，12~14月龄，体重50±5kg，雌雄各半，营养状态良好，临床检查健康，吉林农业科技学院左家鹿场提供。梅花鹿在动物饲养室适应性饲养1周后进行试验。

1.1.2 主要仪器

MP30监护仪（购自Philips公司，荷兰），酶标仪（购自Thermo公司，美国），微量移液器（购自Eppendorf公司，德国）。

1.1.3 药品及试剂

鹿复合麻醉剂（吉林农业科技学院动物外科学教研室配制，噻啦嗪：替来他明：强痛宁 = 0.90：0.82：0.26），硫酸阿托品注射液（吉林省华牧动物保健品有限公司，批号100312），心钠素、降钙素基因相关肽、肾素、血管紧张素及醛固酮Elisa测定试剂盒（购于南京建成生物技术有限公司，批号依次为140523、140522、140614、140617、140725）。

1.2 方法

麻醉中动物血压指标监测方法参见卢德章等[17]，略有改动。利用专用保定笼对梅花鹿进行保定，受试动物平静后，连接监护仪器，监测 SBP、DBP 及 MAP 指标，利用真空抗凝采血管采集颈静脉血液 4 mL，该时间点设为 0min 对照期。随后肌内注射硫酸阿托品 0.01mg·kg^{-1}，10min 后肌内注射鹿复合麻醉剂 0.04mL·kg^{-1}，于麻醉剂注射后 15、30、45、60、75、90 及 120min，分别监测上述指标，并在相同时间点采集血液样品。血样以 2 000r·min^{-1} 离心 5min，取上清液后，按心钠素、降钙索基因相关肽、肾素、血管紧张素及醛固酮 Elisa 测定试剂盒说明书操作进行测定。

1.3 统计分析

试验数据以均数 ± 标准差（X̄ ± SD）表示，用 SPSS 17.0 数据统计分析软件对试验数据进行统计分析，$P < 0.01$ 表示差异极显著，$P < 0.05$ 表示差异极显著，$P > 0.05$ 表示差异不显著。

2 结果与分析

2.1 鹿复合麻醉剂对鹿无创血压影响

由表1、图1可以看出，梅花鹿在全麻过程中 SBP、DBP 和 MAP 均呈现先降低后升高的波动变化。鹿复合麻醉剂注射后 75min 时 DBP 和 MAP 降至最低值，分别较 0min 时降低 21.26% 和 20.16%，与 0min 时比较降低极显著（$P < 0.01$）；SBP 在 45min 时降至最低值，较 0min 时降低 17.56%，与 0min 时比较降低极显著（$P < 0.01$）。随后各项指标逐渐恢复，120min 时各项指标基本恢复至麻醉前水平，与 0min 时比较差异不显著（$P > 0.05$）。

表1 鹿复合麻醉剂对梅花鹿无创血压影响（X ± SD，n = 6）

Table 1　Effectthe compound anesthetic for deer on blood pressure in deer（X ± SD，n = 6）

时间 time （分钟 min）	舒张压 DBP （毫米汞柱 mmHg）	收缩压 SBP （毫米汞柱 mmHg）	平局动脉压 MAP （毫米汞柱 mmHg）
0	92.2 ± 3.1	124.2 ± 4	102.7 ± 2.5
5	88.5 ± 2.3	120.6 ± 2	98.7 ± 2.0
10	82.4 ± 3.4*	108.3 ± 3*	90.7 ± 2.4*
15	81.3 ± 1.7*	107.5 ± 4*	89.6 ± 2.7*
20	79.3 ± 3.1*	105.3 ± 3*	87.6 ± 2.8*
30	77.5 ± 2.5*	104.6 ± 2*	86.0 ± 1.9*
45	74.3 ± 4.2**	102.4 ± 1**	83.3 ± 2.6**
60	73.7 ± 2.3**	103.6 ± 2**	83.0 ± 2.1**
75	72.6 ± 1.8**	102.8 ± 2**	82.0 ± 2.3**
90	76.2 ± 2.5**	108.2 ± 3*	86.7 ± 2.8*
105	84.1 ± 3.4*	113.2 ± 4	93.7 ± 3.2

（续表）

时间 time （分钟 min）	舒张压 DBP （毫米汞柱 mmHg）	收缩压 SBP （毫米汞柱 mmHg）	平局动脉压 MAP （毫米汞柱 mmHg）
120	86.8 ± 1.8	116.8 ± 2	96.0 ± 1.7
135	88.5 ± 2.3	118.6 ± 3	98.0 ± 2.4
150	90.3 ± 3.2	122.5 ± 2	100.7 ± 2.6

*：与 0min 比较，差异显著（P < 0.05），**：与 0min 比较，差异极显著（P < 0.01）

*. Indicates that the difference is significant compared with 0min in group（P < 0.05）；**. Indicates that the difference is extremely significant compared with 0min in group（P < 0.01）

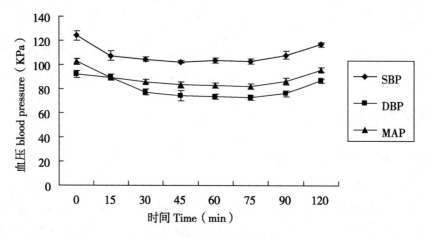

图 1　麻醉全程鹿血压变化

Fig. 1　The changes of blood pressure in deer during anesthesia

2.2　鹿复合麻醉剂对鹿血浆 ANP 含量影响

药物作用下鹿血浆 ANP 含量变化见表 2、图 2 所示，麻醉过程中梅花鹿血浆 ANP 含量出现先降低后升高趋势。药物注射后 75min 时鹿血浆 ANP 含量降到最低值，较 0min 下降 20.55%，与 0min 时比较降低极显著（P < 0.01）；120min 时恢复到麻醉前水平，与 0min 时比较无显著差异（P > 0.05）。

表 2　鹿复合麻醉剂对梅花鹿血浆中心钠素含量影响（X ± SD，n = 6）

Table 2　Effectthe compound anesthetic for deer on ANP content in deer（X ± SD，n = 6）

	0 （min）	15 （min）	30 （min）	45 （min）	60 （min）	75 （min）	90 （min）	120 （min）
心钠素（ANP） （ng·mL^{-1}）	367.25 ± 19.65	354.60 ± 21.46	340.07 ± 22.858	330.97 ± 18.65 **	322.53 ± 17.69 **	291.78 ± 24.53 **	332.02 ± 20.74 *	361.26 ± 19.47

*：与 0min 比较，差异显著（P < 0.05），**：与 0min 比较，差异极显著（P < 0.01）

*. Indicates that the difference is significant compared with 0min in group（P < 0.05）；**. Indicates that the difference is extremely significant compared with 0min in group（P < 0.01）

2.3　鹿复合麻醉剂对鹿血浆 CGRP 含量影响

药物作用下鹿血浆 CGRP 浓度变化见表 3、图 3 所示，麻醉过程中梅花鹿血浆 CGRP 浓度先

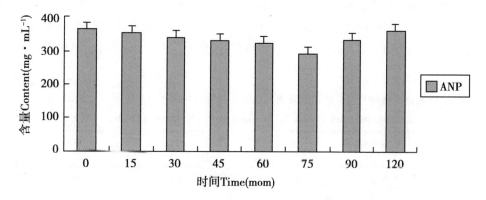

图 2　麻醉全程鹿血浆 ANP 含量变化

Fig. 2　The changes of ANP in plasma during anesthesia

升高，随后逐渐降低。药物注射后 75min 时鹿血浆 CGRP 浓度升至最高值，较 0min 升高 16.81%，与 0min 时比较差异极显著（$P < 0.01$）；120min 时恢复到麻醉前水平，与 0min 时比较无显著差异（$P > 0.05$）。

表3　鹿复合麻醉剂对梅花鹿血浆中降钙素基因相关肽浓度影响（X ± SD，n = 6）

Table 3　Effectthe compound anesthetic for deer on CGRP content in deer（X ± SD，n = 6）

	0 (min)	15 (min)	30 (min)	45 (min)	60 (min)	75 (min)	90 (min)	120 (min)
降钙素基因相关肽 （CGRP） （mmol·L⁻¹）	124.43 ± 6.56	123.94 ± 7.48	131.93 ± 9.72	134.88 ± 5.69*	139.33 ± 8.52**	145.18 ± 11.47**	135.35 ± 5.27	127.62 ± 9.75

＊：与 0min 比较，差异显著（$P < 0.05$），＊＊：与 0min 比较，差异极显著（$P < 0.01$）

＊. Indicates that the difference is significant compared with 0min in group（$P < 0.05$）；＊＊. Indicates that the difference is extremely significant compared with 0min in group（$P < 0.01$）

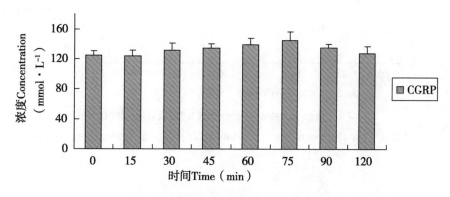

图3　鹿麻醉全程血浆 CGRP 浓度变化

Fig. 3　The changes of CGRP in plasma during anesthesia

2.4　鹿复合麻醉剂对鹿血浆 RAAS 影响

药物作用下鹿血浆 RAAS 系统变化见表 4、图 4 所示，麻醉过程中梅花鹿血浆 PRA、AⅡ 和

ALD 含量先降低，而后又逐渐恢复。药物注射后 75min 时鹿血浆 PRA、A II 和 ALD 含量下降到最低值，分别较 0min 下降 47.17%（$P < 0.01$）、33.82%（$P < 0.01$）和 34.17%（$P < 0.01$）；随后各指标含量逐渐回升，120min 时恢复到麻醉前水平，与 0min 时比较无显著差异（$P > 0.05$）。

表4　鹿复合麻醉剂对梅花鹿血浆肾素－血管紧张素－醛固酮系统影响（X±SD，n=6）
Table 4　Effectthe compound anesthetic for deer on RAAS content in deer（X±SD，n=6）

时间（min）Time	肾素（ng·L⁻¹）PRA	血管紧张素 II（ng·L⁻¹）AII	醛固酮（ng·L⁻¹）ALD
0	466.46 ± 24.65	412.32 ± 21.36	547.12 ± 25.67
15	444.36 ± 13.85	362.74 ± 24.87	516.53 ± 15.93
30	434.46 ± 15.68	341.79 ± 18.64**	487.18 ± 20.04*
45	321.54 ± 25.13**	315.62 ± 19.68**	466.65 ± 19.54**
60	296.34 ± 21.74**	300.65 ± 22.13**	444.56 ± 27.48**
75	246.44 ± 21.95**	272.88 ± 19.34**	360.17 ± 22.36**
90	291.67 ± 26.52*	297.89 ± 15.37**	431.24 ± 24.71*
120	461.66 ± 18.47	392.17 ± 13.96	541.12 ± 14.48

*：与 0min 比较，差异显著（P < 0.05），**：与 0min 比较，差异极显著（$P < 0.01$）

*. Indicates that the difference is significant compared with 0min in group（P < 0.05）；**. Indicates that the difference is extremely significant compared with 0min in group（P < 0.01）

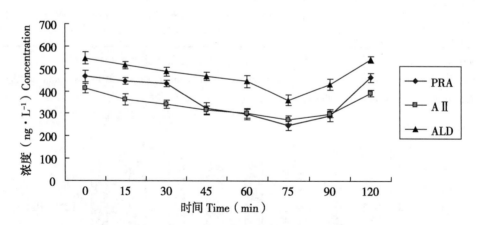

图4　麻醉全程鹿血浆 PRA、A II 及 ALD 含量变化
Fig. 4　The changes of PRA、A II and ALD in plasma during anesthesia

3　讨论

3.1　鹿复合麻醉剂研制

梅花鹿作为反刍动物因自身生理特点，使麻醉风险增大，诸如麻醉过程中致瘤胃蠕动功能降低，嗳气排除障碍，腹压增加，导致胸腔压力增加，回心血流量减少；生命中枢受到抑制，使心脏收缩力降低，心率迟缓，导致心、脑等重要器官供血、供氧不足等。这些客观因素要求反刍动

物临床麻醉过程中，除保障麻醉过程安全有效外，还必须保持机体各项生理机能相对恒定。本项目研制的鹿复合麻醉剂是由塞拉嗪、替来他明和强痛宁复合组方研制。塞拉嗪是国内外常用动物麻醉剂，具有肌松和轻度镇静作用，作为复合麻醉剂主要成分已被广泛用于野生动物麻醉[18]。近年来研究发现，塞拉嗪不仅能引起动物血浆胰岛素和胰高血糖素含量升高、丘脑中脑啡肽浓度下降、大脑皮质细胞胞浆内钙离子浓度升高、海马脑区谷氨酸和 GABA 浓度下降[19~20]，还会产生心室传导阻滞、呼吸抑制、心率减慢、静脉压下降、体温降低等不良反应[21]。替来他明是一种分离麻醉药，具有良好的体表镇静和肌松作用，无循环、呼吸抑制等不良反应，具有极高安全性；其与唑拉西泮 1∶1 混合制成的舒泰被广泛应用于动物麻醉领域[22]。强痛宁是一种常用麻醉性镇痛药，被广泛应用于野生动物制动保定，对呼吸功能产生轻度抑制，且易产生耐受性和成瘾性[23]。

3.2　麻醉梅花鹿无创血压指标监测

本试验采用国际先进 MP30 监护仪对麻醉期间梅花鹿进行连续动态监测，具有以下优点：①监测仪具有报警功能，可及时提醒试验人员动物异常情况，以便及时采取应对措施；②可以保证连续地观察监测结果，并输出报告，在监测点密集情况下，保障试验数据完整性和连续性；③可以减少人力、物力，保证试验顺利进行。试验采用专用梅花鹿保定笼，可在注药前对动物进行较长时间保定，减轻受试动物应激反应，待动物情绪平稳后对其进行指标监测和血样采集，保证对照期和麻醉各期监测指标和血浆中 RAAS 检测指标可靠性。

3.3　鹿复合麻醉剂对梅花鹿无创血压影响

循环系统是动物生命活动的基础，在评价药物安全性能时，其功能监测更是必备的项目和手段。在临床与科研试验中，发现几乎所有的麻醉剂都会引起血压出现不同程度下降，其主要原因是动物在全麻过程中，中枢神经系统抑制而所致。本研究发现，肌注 $0.04\text{mL} \cdot \text{kg}^{-1}$ 鹿复合麻醉剂后，诱导期梅花鹿 DBP、SBP 及 MAP 开始下降，进入麻醉期各指标下降明显，75min 时 DBP 和 MAP 降至最低值，45min 时 SBP 降至最低值，与给药前比较降低显著；各指标变化持续于麻醉全程，进入催醒期后各指标值开始逐渐恢复。从梅花鹿的麻醉状态分析，循环呼吸各项指标变化均在动物生理耐受范围，机体可自行调整适应，不构成有害作用。

3.4　ANP 及 CGRP 对鹿复合麻醉剂麻醉下鹿血压影响

ANP 是一种缩血管活性肽，CGRP 是体内最强的扩血管活性多肽，起到维持机体循环稳定作用[24]。ANP 和 CGRP 作用于细胞膜降低膜对钙离子通透性，降低细胞内钙离子浓度，从而起到调节血压作用[25]。据报道，隆朋麻醉可引起犬血浆 CGRP 浓度升高，机体应激反应加强[10]；七氟烷麻醉可显著提高脑动脉肿瘤患者血浆中 CGRP 水平，明显降低术后脑血管痉挛发生率[11]；异丙酚麻醉下提高机体 CGRP 浓度，使血管扩张，引起血压下降[12]，减轻围手术期患者心血管应急反应[13]。卢德章等研究表明[26]，小型猪复合麻醉剂（XFM）引起小型猪血浆 ANP、CGRP 和内皮素含量变化参与小型猪血流动力学的调节。卢健芳等研究发现[27]，盐酸布比卡因连续腰旁麻醉引起 ANP 释放，使被麻醉者心率增快、血压升高。

本研究结果表明，肌注鹿复合麻醉剂 $0.04\text{mL} \cdot \text{kg}^{-1}$ 后，麻醉梅花鹿血浆 ANP 含量随麻醉时间延长呈现先降低后升高的波动性变化，最低值出现在药物注射后75min，随后又逐渐回升，当动物苏醒时 ANP 含量恢复到注药前水平；CGRP 浓度与 ANP 变化趋势相反，且最高值也出现在给药后75min；而麻醉梅花鹿血流动力学指标SBP、DBP、MAP及HR的变化趋势ANP波动大致相似，与CGRP变化相反，但波动趋势相同。鹿复合麻醉剂作用下引起麻醉梅花鹿血浆中ANP和CGRP含量发生波动性变化，两指标协同作用下使血管容量及心肌活动发生相应变化，导致梅花鹿血浆动力学发生改变。结果提示，鹿复合麻醉剂引起鹿血浆ANP和CGRP含量变化是导致鹿血流动力学变化的原因之一。

3.5 RAAS对鹿复合麻醉剂麻醉下鹿血压影响

RAAS在维持机体内环境稳态中起着重要作用，机体在应激、血流动力学变化及血容量改变等情况下，AⅡ、PRA出现显著变化[28]。研究发现，多种麻醉药、激素、反射性交感神经兴奋等均引起肾动脉收缩，肾脏血流量下降，引起PRA释放，导致AⅡ增高[29]。目前国内关于麻醉剂引起动物血压变化与血浆RAAS关系报道较少。刘焕奇等研究发现，犬眠宝注射后引起犬血浆RAAS的变化是导致犬血压改变重要原因之一[30]；宋旭东等研究表明，小型猪复合麻醉剂引起小型猪血浆PRA、AⅡ和ALD变化是导致小型猪血压变化主要原因[14]。张昊等研究乳化异氟醚麻醉下巴马猪血流动力学变化试验结果表明，RAAS参与该制剂对巴马猪无创血压调控，RAAS变化可能是引起无创血压变化重要因素[31]。

本研究发现梅花鹿肌注鹿复合麻醉剂0.04mL·kg^{-1}后，血浆中DBP、SBP和MAP在麻醉过程中均出现波动，麻醉初期呈现不同程度降低，到给药后75min均降至最低，随后又逐渐回升，到给药后120min各值均回升至麻醉前水平。相关性分析结果表明，鹿复合麻醉剂引起麻醉梅花鹿血浆RAAS变化与SBP、DBP、MAP变化存在着一定相关性。由此可以认为RAAS参与鹿复合麻醉剂作用后鹿血压变化调控，该复合麻醉剂引起鹿血浆RAAS变化可能是导致鹿血压变化原因之一。

4 结论

试验结果表明，鹿复合麻醉剂作用下引起麻醉期间梅花鹿无创血压呈现波动性变化；鹿复合麻醉剂引起梅花鹿血浆心钠素、降钙素基因相关肽、血浆肾素–血管紧张素–醛固酮系统变化参与鹿血压变化调节。

参考文献

[1] Nishikimi T, Maeda N, Matsuoka H. The role of natriuretic peptides in cardio protection [J]. Cardiovascular Research, 2006, 69 (2): 318 – 328.

[2] 陈祖荣，林秋泉，冯华. 降钙素基因相关肽与脑血管疾病的关系研究进展 [J]. 中国实用医药, 2009, 4 (6): 233 – 235.

[3] 刘再英，金昌道，苏艾中，等. 吸入麻醉预处理诱导降钙素基因相关肽对脑胶质细胞胶质纤维酸性蛋白表达的影响 [J]. 临床麻醉学杂志, 2006, 22 (7): 534 – 537.

[4] 付华 王颖 杨胜男，等. 降钙素基因相关肽参与外侧缰核对痛觉的调节作用 [J]. 中国免疫学杂志, 2014, 30 (4): 449 – 454.

[5] Dobolyi A, Irwin S, Makara G, et al. Calcitonin gene – related peptide – containing pathways in the rat forebrain [J]. J Comp Neurol, 2005, 489 (1): 92 – 199.

[6] Gupta S, Amrutkar D V, Mataji A, et al. Evidence for CGRP re – uptake in rat dura mater en-

cephali [J]. Br J Pharmacol, 2010, 161 (8): 1 885 – 1 898.

[7] 卢镜宇, 严莉君, 马梅芳, 等. 降钙素基因相关肽（CGRP）对鸡摄食调控的影响 [J]. 畜牧与兽医, 2014, 46 (5): 67 – 71.

[8] 肖梅芳. 肾素 – 血管紧张素系统在心血管疾病进展中的作用 [J]. 心血管病学进展, 2005, 26 (2): 137 – 140.

[9] 金天明. 动物生理学 [M]. 北京: 清华大学出版社, 2012, 387.

[10] 刘本君, 戴波涛, 王洪伟, 等. 隆朋麻醉及其手术下对犬内皮素和降钙素基因相关肽的影响 [J]. 中国兽医杂志, 2010, 46 (10): 15 – 17.

[11] 付强, 冯灿, 杨军, 等. 七氟烷对脑动脉瘤手术患者血浆内皮素和降钙素基因相关肽的影响分析 [J]. 中国医药导报, 2013, 10 (4): 93 – 95.

[12] 刘刚, 孙艳林, 申岱. 异丙酚麻醉中血浆降钙素基因相关肽及神经降压素改变的观察 [J]. 临床麻醉学杂志, 2000, 16 (2): 57 – 58.

[13] 蓝胜文, 高晓枫, 易仁合, 等. 异丙酚全麻对患者血浆内皮素、降钙素基因相关肽含量的影响 [J]. 山西医科大学学报, 2004, 35 (1): 48 – 49.

[14] 宋旭东, 姜胜, 侯金龙, 等. 小型猪特异性麻醉颉颃剂对小型猪血浆 RAAS 的影响 [J]. 中国兽医杂志, 2014, 50 (3): 24 – 27.

[15] 范宏刚, 冯国峰, 郭蔚, 等. 外源性 H_2S 对氯胺酮全麻大鼠麻醉时间、麻醉效果的影响 [J]. 东北农业大学学报, 2013, 44 (12): 78 – 83.

[16] Picker O, Schwarte L A, Rot H J, et al. Comparison of the role of endothelin, vasopressin and angiotensin in arterial pressure regulation during sevoflurane anesthesia in dogs [J]. Br J Anaesth, 2004, 92 (1): 102 – 108.

[17] 胡魁, 侯金龙, 宋旭东, 等. 小型猪乳化异氟醚全身麻醉效果监测 [J]. 东北农业大学学报, 2013, 44 (6): 23 – 27.

[18] Saifzadeh S, Pourjafar M, Naghadeh B D, et al. Caudal extradural analgesia with lidocaine, xylazine, and a combination of lidocaine and xylazine in the Iranian river buffalo [J]. Bull Vet Inst Pulawy 2007, 51, 285 – 288.

[19] GaoL, Zhang Z G, Zhang J F, et al. Effects of xylazine on thyroid hormones, insulin, and glucagons in dogs [J]. Bull Vet Inst Pulawy, 2010, 54, 401 – 403.

[20] Yin B S, Wang H B, Gong D Q, et al. Effects of Xylazine on Glutamate and GABA contents in the hippocampus and thalamencephal in the rat [J]. Bull Vet Inst Pulawy, 2011, 55: 537 – 539.

[21] Ndeerch D R, Mbithi P M, Kihurani D O. The reversal of Rompum hydrochloride by yohimbine and 4 – aminopyridine in goats [J]. J S Afr Vet Assoc, 2001, 72, 64 – 70.

[22] Massolo A, Sforzi A, Lovari S. Chemical immobilization of crested porcupines with tiletamine Hcl and zolazepam Hcl (Zoletil) under field conditions [J]. J Wild life Dis, 2003, 39 (3): 727 – 731.

[23] 范宏刚, 刘焕奇, 高利, 等. 强痛宁在犬血浆中的药代动力学研究 [J]. 中国兽医学报, 2009, 29 (3): 327 – 330.

[24] 刘海涛, 彭旭, 吴曙粤. 血浆内皮素及降钙素基因相关肽的研究进展 [J]. 内科, 2006, 1 (2): 173 – 174.

［25］Brain S D，Grant A D. Vascular Actions of Calcitonin Gene – related peptide and Adrenomedull – in［J］. Physiol Rev，2004，84（3）：903 – 934.

［26］卢德章，范宏刚，胡魁，等. 小型猪复合麻醉剂对小型猪部分心肺指标及血浆内皮素和降钙素基因相关肽含量的影响［J］. 中国农业科学，2010，43（10）：2162 – 2167.

［27］卢健芳，郭曲练，王锷，等. 连续腰麻与硬膜外麻醉下老年手术病人血浆内皮素、心钠素的变化［J］. 中华麻醉学杂志，2005，25（9）：693 – 694.

［28］Verdonk K，Danser A H，van Esch J H. Angiotensin II type 2 receptor agonists：where should they be applied？［J］. Expert Opin Investig Drugs，2012，21：501 – 513.

［29］Franklin S S，Pio J R，Wong N D，*et al*. Predictors of new – onset diastolic and systolic hypertension. The Framingham Heart Study［J］. Circulation，2005，111：1 121 – 1 127.

［30］刘焕奇. 噻拉唑及其复方制剂 – QFM 合剂全麻分子机理的实验研究［D］. 哈尔滨：东北农业大学，2004，86 – 87.

［31］张昊，胡魁，杨同涛，等. 乳化异氟烷复合麻醉对巴马猪无创血压与血浆中肾素 – 血管紧张素 – 醛固酮系统的影响［J］. 畜牧与兽医，2013，45（5）：75 – 77.

中图分类号：S767.5；X172　文献标志码：A

此文发表于《东北农业大学学报》2015，46（11）